OLDENBOURGS

TECHNISCHE HANDBIBLIOTHEK

BAND XI:

LUDWIG DIETZ

LEHRBUCH DER LÜFTUNGS- UND HEIZUNGS-TECHNIK

MÜNCHEN UND BERLIN
DRUCK UND VERLAG VON R. OLDENBOURG
1920

LEHRBUCH
DER
LÜFTUNGS- UND HEIZUNGS-TECHNIK

MIT EINSCHLUSS DER WICHTIGSTEN UNTERSUCHUNGS-VERFAHREN

VON

Dipl.-Ing.
DR. LUDWIG DIETZ
STÄDT. OBERINGENIEUR UND LEITER DES HOCHBAUAMTES
FÜR HEIZUNGS- UND MASCH. ANLAGEN DER STADT BERLIN

MIT 337 IN DEN TEXT GEDRUCKTEN ABBILDUNGEN
UND 12 TAFELN

**ZWEITE, UMGEARBEITETE
UND VERMEHRTE AUFLAGE**

MÜNCHEN UND BERLIN
DRUCK UND VERLAG VON R. OLDENBOURG
1920

Vorwort zur 1. Auflage.

Einem an mich gerichteten Antrage der Verlagshandlung R. Oldenbourg folgend, habe ich es übernommen, für die »Technische Handbibliothek« das Fach Ventilations- und Heizungsanlagen zu bearbeiten. Neben dem für den ausführenden Ingenieur bestimmten, grundlegenden »Leitfaden zum Berechnen und Entwerfen von Lüftungs- und Heizungsanlagen« von Rietschel war seit Jahren der Mangel eines Buches fühlbar, das den augenblicklichen Stand unseres Könnens auf diesem Gebiete in allgemeinerer Betrachtungsweise mitteilt, und das dabei die Anforderungen der Hygiene, Technik und Architektur nach ihrer Bedeutung gleichmäßig berücksichtigt. Dementsprechend ist das hauptsächliche Ziel der vorliegenden Bearbeitung, den dem Fache fernerstehenden Ingenieur, den Architekten, den Hygieniker sowie den Studierenden in das Gesamtgebiet der Heizung und Ventilation einzuführen und auch sonst den Interessenten in den Stand zu setzen, sich ein Urteil über den Wert der bezüglichen Anlagen zu bilden.

Um auch dem Fachmann ein lesenswertes Buch zu bieten, war ich bemüht, aus der Literatur das wertvolle Material mit besonderer Berücksichtigung der neueren, als sicher geltenden Forschungsergebnisse kritisch herauszuschälen, und habe die Quellen dem Texte als Fußnoten angefügt: wer sein Wissen weiter zu vertiefen wünscht, der findet in diesen zahlreichen Hinweisen reichlich Gelegenheit zum speziellen Studium der Originalarbeiten. Ferner dürfte sowohl für den Spezialisten als auch für den Abnehmer und Betriebsleiter die ausführliche Behandlung der Untersuchungsmethoden und die spezielle Verwendung der Meßinstrumente zur Betriebskontrolle der Heizungs-

und Ventilationsanlagen von besonderem Werte sein, da auch über diesen Gegenstand ein zusammenfassendes, für die Praxis bequem und sicher zu benutzendes Werk zurzeit noch fehlt.

Durch eine kurze historische Einleitung bin ich dem in letzter Zeit erfreulicherweise zunehmenden Interesse an der geschichtlichen Entwicklung der Technik entgegengekommen. Aber nicht die trockene Nebeneinanderstellung der zeitlichen Tatsachen konnte dabei meine Aufgabe sein; vielmehr suchte ich der historischen Erkenntnis durch Aufzeigung der inneren Zusammenhänge gerecht zu werden. Betrachtet man nämlich das Wohlbefinden des Menschen oder die Erfüllung der hierher gehörenden Aufgaben der Hygiene als den Zweck, die Technik als das Mittel und die Architektur, im weiteren Sinne, als die Form der Heizungs- und Ventilationseinrichtungen, so eröffnet sich bei der historischen Betrachtung eine interessante Perspektive durch die gegenseitige Beeinflussung der genannten drei Disziplinen auf ihren jeweiligen Entwicklungsstufen. Bemerkenswert ist dabei der hohe Kulturwert, der auch in diesem Zusammenhange wieder der Maschinentechnik zukommt. Wäre es denkbar gewesen, daß die in der zweiten Hälfte des 18. Jahrhunderts von einem Peter Frank, Grafen Rumford, Lavoisier aufgestellten hygienischen Forderungen größtenteils so ganz und gar unfruchtbar blieben, wenn es damals eine wissenschaftliche Technik gegeben hätte? Erst ein Jahrhundert später konnten die segensreichen Forschungen v. Pettenkofers nur mit Hilfe einer sich auf wissenschaftlicher Grundlage mächtig entwickelnden Technik zum Wohle der Menschheit nutzbar gemacht werden.

Um zunächst die Richtschnur und die Ziele des technischen Schaffens auf dem Gebiete der Ventilation und Heizung festzulegen, habe ich der eigentlichen Behandlung des Faches die grundlegenden einschlägigen Lehren der Hygiene in knapper Behandlung vorausgeschickt und dabei die notwendigsten hygienischen Untersuchungsmethoden besprochen. Jeder auf dem Gebiete der Heizung und Ventilation schaffende Ingenieur sollte sich eine tiefere Beschäftigung mit der Wohnungshygiene zur Pflicht machen, die er seinem Auftraggeber schuldet. Der Abnehmer aber, sei er Privatmann, Gemeinde oder Staat, wird aus der Kenntnis der Hygiene die Überzeugung schöpfen, daß die Anlage einer einwandfreien Ventilation oder Heizung nicht nur dem eigenen Wohle dient, sondern eine Frage der Volksgesundheit bedeutet. Ist der Bauherr Leiter größerer Unternehmungen und Fabriken, so wird sich ihm die Erkenntnis aufdrängen, daß die zweckentsprechende Versorgung seiner Arbeitssäle mit frischer Luft und zusagendem Temperaturgrade einen nicht zu unterschätzenden Gewinn für ihn darstellt. Denn in Fabriken ist nach der Einrichtung guter Lüftungs- und Heizeinrichtungen vielfach eine erhöhte Leistungsfähigkeit des Personals, also Steigerung des Umsatzes und Gewinnes bestätigt worden.

Besonderer Begründung bedarf vielleicht meine an verschiedenen Stellen des Buches hervortretende Stellungnahme zu Fragen der Kunst. Auf diesem Gebiete sind die Anschauungen in erfreulicher Klärung begriffen. Noch am Schlusse des abgelaufenen Jahrhunderts wurde der Ingenieur als Schöpfer der Maschinenarbeit fast allgemein für die herrschende Unkultur auf gewissen Gebieten des Bauwesens verantwortlich gemacht. Nur allmählich erwachte das Schönheitsempfinden für die Ästhetik des Eisenhochbaues (Bahnhofshallen, Brücken, Krane), des eigentlichen Maschinenbaues (Dampfschiffe, Lokomotiven, Automobile, Luftschiffe) und der durch Maschinen hergestellten Erzeugnisse für den Innenbau (Aufzüge, Zentralheizung, Beleuchtungskörper, Gebrauchsgegenstände jeder Art). In den beiden ersten Gattungen — dem Eisenhochbau und eigentlichen Maschinenbau — treten die Schöpfungen des Ingenieurs durchaus als selbständige Kunstwerke in die Erscheinung und haben als solche zur erwünschten Erweiterung des Architekturbegriffes beigetragen. Diese Stellung der Ingenieurkunst hat u. a. Muthesius neuerdings in einem Vortrage »Die Einheit der Architektur« treffend beleuchtet. Auch in der dritten Gattung — dem Innenbau — ist deshalb den neuartigen Erzeugnissen der Ingenieurtätigkeit als Kunstfaktor Rechnung zu tragen. So ist es z. B. mit dem bequemen Verstecken der Heizeinrichtungen hinter »schönen« Verkleidungen — auch schon aus gesundheitlichen Rücksichten — keineswegs getan, die Arbeit des Architekten ist dabei vielmehr in der ästhetischen Einfügung des neuen Kunstelementes in die hergebrachten Architekturformen zu erblicken. Diese Forderung setzt ein besonderes Verständnis des Bauleitenden für die betreffenden Konstruktionen voraus, damit er sie nicht entstelle, sondern vollenden helfe. Mit welchen künstlerischen Mitteln diese Aufgabe im einzelnen zu lösen ist, das muß freilich dem Künstler-Baumeister überlassen bleiben: meine Absicht ging nur dahin, an den betreffenden Stellen des Buches daran zu erinnern, daß hier ein Problem des Innenbaues vorliegt, dessen Lösung unter Berücksichtigung der hygienischen Forderungen eine der vornehmsten Aufgaben der modernen Baukunst bedeutet. Die Technik soll eben nicht nur ein Mittel zur Erlangung gesteigerter Zivilisation darstellen, sondern sie muß unter Einreihung in die Architekturidee eine typische Gegenwartskultur erfüllen helfen. Hier liegt ein Baustein zu dem so lange vergeblich gesuchten neuen Architekturstile! —

Den Hauptanteil in dem Buche nimmt naturgemäß die Behandlung der rein maschinentechnischen Seite des Faches ein, mit der die Besprechung der wirtschaftlichen Fragen als untrennbar Hand in Hand geht.

Jedes Erzeugnis der Technik, so auch die Anlage einer Ventilation und Heizung, stellt neben seinem Kulturwert an sich einen wirtschaftlichen Wert dar: unter sonst gleichen Bedingungen wird der wirtschaftlicher arbeitenden Anlage der Vorzug zu geben sein. In der Behandlung des eigentlichen Themas wurde deshalb der Beschreibung und Anwendung der einschlägigen technischen Meßinstrumente und Meßmethoden zur Kontrolle und zur wirtschaftlichen Verbesserung bestehender Einrichtungen hervorragende Sorgfalt gewidmet. Ich hoffe, dem Ausführenden wie dem Abnehmer die nötige Anleitung zur erfolgreichen Untersuchung ihrer Anlagen gegeben zu haben. Für den rationellen Betrieb größerer Anlagen kann die ausgedehnteste Anwendung brauchbarer Meß- und Kontrollapparate nicht dringend genug empfohlen werden. Denn die angemessene Wirtschaftlichkeit eines Betriebes läßt sich nur durch genaue Messungen und laufende Aufzeichnung der Betriebsergebnisse einhalten.

In dieser eben bezeichneten Richtung wurden bei der Bearbeitung besonders berücksichtigt: die betriebstechnische Überwachung der Feuerungsanlagen, die Kontrolle der fortgeleiteten Heizmedien Luft, Wasser und Dampf sowie der von ihnen getragenen und abgegebenen Wärmemengen, ferner der rationelle Betrieb der Ventilatoren und Pumpen, die wirtschaftliche Regelung der Ventilations- und Heizungsanlagen sowie die Zentralisation ihrer Bedienung. Auf die Durchführung der Abwärmeverwendung, des planmäßigen Wärmeschutzes, der automatischen Temperaturregelung sowie der Verbindung von Kraft-, Licht- und Heizbetrieben wurde in der Darstellung besonderer Wert gelegt. Ein breiterer Raum ist, dem Stande der Technik entsprechend, dem mechanischen Betriebe der Lüftungs- und Heizungsanlagen mittels Ventilatoren und Pumpen, sowie deren Auswahl und der Bestimmung ihrer Wirkungsgrade gewidmet worden.

Bei der Behandlung des gesamten Stoffes habe ich mich mit Vorliebe der graphischen Darstellung bedient, die erstens die Wiedergabe von langen Zahlentabellen überflüssig macht und zweitens das beste Bild von dem Verlaufe und der funktionalen Abhängigkeit der einzelnen Größen liefert. Ferner wurde streng an dem Grundsatze festgehalten, die aufgestellten Behauptungen durch Angabe der experimentellen Grundlagen zu stützen. Die Berechnungen sind in ihren Grundzügen gegeben und lehnen sich in der Hauptsache an die in der Praxis bewährten Methoden von Rietschel an. Dabei sind die neuesten Forschungen im weitesten Umfange berücksichtigt, so die Untersuchungen von Biel, Lang, Fritzsche, Eberle, Nusselt über Zentrifugalpumpen und Ventilatoren, über den Druckhöhenverlust in Luft-, Wasser- und Dampfleitungen sowie über den Wärmeverlust in Dampfleitungen und den Wärmeschutz.

Die verwendeten mathematischen Hilfsmittel sind durchweg elementarer Natur; so wurde z. B. auch bei den Ventilatoren auf die Berücksichtigung der thermodynamischen Vorgänge — Kompression, Lufterwärmung — wegen ihrer bei Ventilationsanlagen zu vernachlässigenden Kleinheit verzichtet. Bei der Besprechung der strömenden Bewegung der drei technischen Medien — Luft, Wasser, Dampf — habe ich die in der physikalischen und technischen Literatur oft sich widersprechenden Bezeichnungen »dynamischer«, »hydraulischer« und »statischer Druck« vermieden und dafür lieber durchgehends die eindeutigen Bezeichnungen »Geschwindigkeitsdruck« und »Widerstandsdruck« gebraucht, analog den bereits eingebürgerten Ausdrücken »Geschwindigkeitshöhe« und »Widerstandshöhe«.

Vielfach wurde im Laufe der Beschreibung auf amerikanische Vorbilder hingewiesen — nicht etwa in dem Glauben, daß die dortigen Anlagen bedeutend günstiger (besonders in hygienischer

Beziehung) arbeiteten als die unsrigen, sondern um unsere oft allzu vorsichtig veranlagten Interessentenkreise auf die drüben freiheitlicher sich entwickelnde und praktisch überlegene Ausführungsart hinzuweisen, die ja allmählich auch bei uns Boden gewinnt. Im übrigen sind für die Textfiguren nur typische Konstruktionen ausgewählt worden, wobei allerdings auf vorbildliche Zusammenstellung Wert gelegt und minderwertiges Material ausgeschlossen wurde.

Die in dem Buche niedergelegte Arbeit ist neben den Ergebnissen eigener Praxis zum großen Teil ein Produkt meiner Tätigkeit als Assistent an der von Herrn Professor Dr. Rietschel geleiteten Prüfungsanstalt für Heizungs- und Lüftungseinrichtungen, an deren Neubau mir mitzuwirken vergönnt gewesen ist, und in deren Betrieb ich Gelegenheit hatte, mich mit den meisten der beschriebenen Meßverfahren theoretisch zu beschäftigen und sie praktisch anzuwenden. Dem Meister gebührt dafür des Schulers Dank, insbesondere auch für die weitgehende Genehmigung zur Veröffentlichung für den vorliegenden Zweck.

Bei der Anfertigung der zahlreichen Zeichnungen hat mich Herr Dipl.-Ing. Margolis in unermüdlicher Ausdauer unterstützt. Von vielen Seiten ist mir aus der schaffenden Praxis durch Auskunft und Zusendung von Abbildungen die Arbeit erleichtert worden. Auch Herrn Regierungsrat v. Boehmer bin ich für die wiederholte freundliche Angabe und Überlassung von Literatur dankbar. Der Verlagshandlung endlich gebührt Anerkennung für die bereitwillige Erfüllung meiner Wünsche bezüglich der Ausstattung des Buches in Satz und Bild. — Ich bitte den sachverständigen Leser um nachsichtige Aufnahme des Werkes, gerechte Kritik und Mitteilung fördernden Rates aus der Praxis für die weitere Verbesserung des Buches.

Charlottenburg im Juni 1909.

Ludwig Dietz.

Vorwort zur 2. Auflage.

Die im Jahre 1909 erschienene erste Auflage meines Lehrbuches hatte sowohl durch die zahlreichen inländischen und ausländischen Besprechungen als auch durch das berufliche Leben selbst eine so überaus günstige Aufnahme gefunden, daß sie schon im Jahre 1913 vergriffen war. Infolge starker dienstlicher Bindung durch meine damalige Stellung als Abteilungsvorstand beim städtischen Bauamt Nürnberg und, seit 1914, als Bauamtsleiter beim Magistrat Berlin verzögerte sich eine Neubearbeitung und wurde schließlich durch den Ausbruch des Weltkrieges jäh unterbrochen. Mitte 1915 zur Fahne einberufen, kehrte ich erst nach $3\frac{1}{2}$ jährigem Kriegsdienst in meine amtliche Tätigkeit zurück und konnte nun die zweite Auflage des Lehrbuches vorbereiten; die ich hiermit der Öffentlichkeit vorzulegen wage, nachdem also das Werk 6 Jahre lang im Buchhandel gefehlt hat.

Das letzte Jahrzehnt der Entwicklung des Heizungsfaches ist durch einen engeren Anschluß an den Maschinenbau gekennzeichnet, in welchem das Heizungswesen mehr und mehr die Wurzeln seiner Kraft nährt. Ich habe diesem Umstande durch eine weitere maschinentechnische Auffassung und Behandlung des Stoffes Rechnung getragen und habe dem auch im Einvernehmen mit der Verlagshandlung rein äußerlich durch den neuen Buchtitel »Lehrbuch der Lüftungs- und Heizungstechnik« Ausdruck gegeben. Dieser Zusammenhang mit der Maschinentechnik tritt heute überall deutlich sichtbar zutage, und deshalb habe ich mich bemüht, den Leser schon durch die weiter ausgebaute geschichtliche Einleitung mitten in diese technischen Gedankengänge hineinzuführen, ohne dabei auf der anderen Seite die engen Beziehungen der Heizungsbaukunst zur Gesundheitslehre und zu den allgemeinen Wirtschafts- und Lebensfragen zu vernachlässigen, die heute in der Forderung gipfeln: hauszuhalten mit unserem jetzt wertvollsten Gemeinschaftsgute, der Kohle. Bei der heute schon weit vorgeschrittenen Umstellung unseres Wirtschaftslebens von der handwerkmäßigen auf die triebwerkmäßige Arbeitsweise kann mit noch größerem Rechte als bisher gesagt werden, daß letzten Endes in der Kohle die Grundlage aller Kultur zu suchen ist. Die wirtschaftliche Wärmeausnutzung der uns noch verbliebenen Kohlenschätze läßt sich aber nur mit maschinentechnischen Erkenntnissen erreichen, deren Klarstellung sich das Buch, wie früher so auch jetzt, in seiner vorliegenden neuen Bearbeitung zur Aufgabe gemacht hat. Ich rechne hierher alle Fragen der Energie- und Wärmewirtschaft, vor allem das Zusammenarbeiten von Kraft-, Licht- und Wärmebetrieben, die wirtschaftliche Verwertung von Abfallwärme und Abfallkraft, die Umwandlung der Energieformen ineinander, ihre zeitliche Speicherung zwecks Verwendung bei eintretendem Bedarfe, dann aber auch die Rücksichtnahme auf die allmähliche Umstellung unserer gesamten Kohlenwirtschaft von der Verbrennung auf die Vergasung der Kohlen und auf die Gewinnung der Nebenerzeugnisse. Unter dem Druck der Kriegsfolgen steht die heutige Technik im Zeichen innigster Durchdringung von Wissenschaft und Betrieb. Ihre Kennzeichnung ist: Normung, Typenbildung, wirtschaftliche Fertigung, wissenschaftliche Betriebsführung, Brennstoff-, Energie- und Wärmewirtschaft, Ausbeutung der Abfall- und Nebenerzeugnisse, wärmetechnische Kuppelung der Maschinenbetriebe. Die Heizungstechnik ist sich ihrer volkswirtschaftlichen Sendung stark bewußt geworden. In diesem Zusammenhange möge nur die eine Aufgabe herausgegriffen sein, die der engere Wärmekraftmaschinenbau aus sich heraus nicht zu lösen vermochte, nämlich die Steigerung des so geringen thermischen Wirkungsgrades von kaum 15 v. H. der Dampfmaschinenanlagen im laufenden Betriebe: die Heizungstechnik hat die Lösung dieser Aufgabe zielbewußt durchgeführt, indem sie heute Kraftheizungsanlagen, d. h. Dampfkraftanlagen mit Abdampfheizungen baut, die mit einer Wärmeausnutzung von 70 v. H. und mehr arbeiten. Der Gewinn bedeutet Kohlenersparnis. Wie die neuzeitliche Heizungstechnik dergestalt den Maschinenbau befruchtend durchdringt und erneuert, das deutlicher zu zeigen, war eine der Aufgaben der Neuauflage des Buches.

Im übrigen ist die Anlage des Werkes die gleiche geblieben wie in der ersten Auflage, die durch die vorliegende Neubearbeitung, wie ich hoffe, auf die Höhe der heute an eine Heizungslehre zu stellenden Anforderungen gebracht worden ist. So habe ich beispielsweise, nachdem ich in der 1. Auflage, neben dem Kohlensäure- und dem Temperaturmaßstab, die Kontrolle des Luftwechsels durch eine nicht zu überschreitende Luftfeuchtigkeit eingeführt hatte, nun in der 2. Auflage die Bestimmung des Luftwechsels durch die Forschungen Krells erweitert, die ich zu einem »Druckmaßstab« für den einzurichtenden Luftwechsel verarbeitete. Veranlassung hierzu gaben besonders die überaus günstigen Betriebsergebnisse der von mir ausgeführten Lüftung im Nürnberger Volksbad, die ich in meiner Schrift über »Die technischen Einrichtungen im Städtischen Volksbad Nürnberg«, München 1918, niedergelegt hatte. Im Zusammenhang mit dem Druckmaßstab ist dann weiter in der vorliegenden Auflage die Abhängigkeit der Betriebsführung von der Dichtigkeit und der Wärmehaltung der Umfassungswände und von der Abkühlung der Gebäude besprochen, alles Fragen, die freilich noch nicht restlos geklärt sind. Ein breiterer Raum ist auch den Gebläseheizkörpern nach ihrer großen Bedeutung in der neueren Heiztechnik, besonders bei Vorhandensein von Abwärme, gewidmet worden.

Weitere Ergänzungen hat das Buch durch die Aufnahme eigener Arbeiten aus der Zwischenzeit erfahren. So sind u. a. meine neuen Formeln zur Berechnung der Raumheizkörper, die Einführung der Venturiluftmengenmessung, Schalttafelanordnungen aus Heizungs- und Kesselbetrieben sowie die Besprechung der Durchflußmengen durch Drosselorgane neu aufgenommen. Meine Abhandlung über die »Technische Energieversorgung der Krankenanstalten« in dem von Professor Dr. Grober herausgegebenen Handbuch »Das deutsche Krankenhaus« (Jena 1911) und meine Denkschrift über das »Heizungs- und Maschinenbauwesen im Städtebau« (München 1919) wurden ebenfalls benutzt. Auch sonst sind die Forschungsergebnisse und das technische Schrifttum bis auf die neueste Zeit ausgiebig herangezogen worden, um sie für die Darstellung einer wissenschaftlichen Betriebskunde der Heiz- und Lüftungsanlagen nutzbar zu machen, die sich durch das ganze Buch hinzieht. Der Ersatz der kostbaren menschlichen Arbeitsleistung durch selbsttätige Einrichtungen hat auch auf diesem Gebiet unaufhaltsame Fortschritte zu verzeichnen. Im engsten Zusammenhang hiermit steht der unverkennbare Zug nach zwangläufiger Gestaltung des Betriebes, um die Wirkung der Anlagen unabhängig von den Einflüssen der Witterung zu machen, was die — allerdings nicht kritiklose — Anwendung von Meßgeräten erfordert. Hier hilft kein Sträuben: die Meßgeräte bilden überhaupt erst den Schlüssel für das Verständnis der einzelnen Anlage und ihrer wirtschaftlichen Wartung. Sie sind auch gleichzeitig das unentbehrliche Verständigungsmittel zwischen der Betriebsleitung und den Heizern und Maschinenwärtern, und es dürfte der Wirklichkeit entsprechen, wenn ich auf Grund meiner Erfahrungen behaupte, daß vielfach erst durch die Einführung der messenden Betriebsführung bei den Heizungs- und Maschinenwärtern eine seelische Anteilnahme an ihrer Tätigkeit, gesteigerte Arbeitsfreudigkeit und Pflichtbewußtsein geweckt werden.

So wird der Leser überall herausfinden, daß dem Buche als Leitgedanken die aus wissenschaftlicher Erkenntnis entsprungene Forderung eines den vielseitigen Verhältnissen des Lebens Rechnung tragenden, dabei einfachen, aber sicheren und wirtschaftlichen Betriebes für den Entwurf und den Bau der Heiz- und Lüftungsanlagen zugrunde liegt. —

Für vielfache Unterstützung bin ich wieder einigen Fachgenossen der ausführenden Praxis dankbar, durch deren Mithilfe die Zahl der Abbildungen um mehr als hundert — meistens ausgeführte Beispiele — vermehrt werden konnte. Insbesondere verdanke ich Herrn Dipl.-Ing. Margolis manche Anregungen.

So hoffe ich denn, daß auch die neue Auflage im Dienste am Gemeinwohl zur Förderung der Heizungs- und Lüftungstechnik ihren bescheidenen Anteil beitragen möge und wiederhole meine in der 1. Auflage ausgesprochene Bitte um weitere Unterstützung aus dem schaffenden Berufsleben.

Berlin im November 1919.

Ludwig Dietz.

Inhaltsverzeichnis.

I. Teil. Geschichte und Hygiene der Heiz- und Lüftungstechnik.

II. Teil. Die Lüftungsanlagen.

III. Teil. Die Heizungsanlagen.

I. Teil.

Geschichte und Hygiene der Heiz- und Lüftungstechnik.

I. Abschnitt.

Einleitung und geschichtliche Übersicht.

Wo immer der Mensch feste Wohnsitze bezog, da mußte, den jeweiligen Forderungen der fortschreitenden Entwicklung entsprechend, die erbaute Wohnung für die Lebensbedürfnisse in zweckmäßiger Weise brauchbar gestaltet werden. Die wichtigsten Lebensforderungen sind, namentlich in kälteren Klimaten, vor allem der äußere Schutz der Behausung gegen die Einflüsse

Schriften zum I. Abschnitt.

Dachler: Die Ausbildung der Beheizung bis ins Mittelalter. (Berichte und Mitteilungen des Altertumsvereins zu Wien), 1907, Bd. 40, 2. Abt.

Vetter: Die Entwicklung der Zentralheizungen bis zum Beginne der Neuzeit. Vortrag auf dem Kongreß für Heizung und Lüftung 1911 in Dresden. Verlag R. Oldenbourg, München 1911.

Vetter: Aus der Geschichte der Zentralheizungstechnik bis zum Jahre 1870, Gesundheits-Ingenieur 1907, Festnummer.

Abhandlung von Vetter in den »Beiträgen zur Geschichte der Technik und Industrie«, Jahrg. 1911, herausgegeben vom Verein Deutscher Ingenieure.

Schröder: Die wirtschaftliche Entwicklung der Zentralheizungsindustrie, Zeitschrift »Technik und Wirtschaft«, Verlag Julius Springer, Berlin, Jahrg. 1911, Heft 7 u. 8.

der Witterung, dann aber auch die ausreichende Beschaffung von Licht, Luft und Wärme. Die mit der Zeit steigende Kultur der Völker verlangte endlich die Versorgung des Hauses mit Wasser sowie Einrichtungen zur Beseitigung der Abfallstoffe. Solange die Ansprüche, die an diese Einrichtungen gestellt wurden, keine hohen waren, konnte deren Erfüllung in einer Hand vereinigt werden, und der Baumeister des Hauses war gleichzeitig der Schöpfer aller inneren Einrichtungen. —

Von den hier aufgeführten Lebensbedingungen ist die Wärme die Voraussetzung aller Kulturentwicklung. Wir gewinnen die Wärme entweder unmittelbar und mittelbar aus der Sonnenenergie und den Brennstoffen oder durch mechanische Arbeit. Von dem Augenblicke an, wo der Mensch gelernt hatte, das Feuer — wie angenommen wird — aus der Arbeit des zwischen den Händen gequirlten Holzbohrers zu erzeugen, war er fortan nicht mehr allein auf die natürliche Sonnenwärme zur Beleuchtung und Erwärmung angewiesen: er konnte sich vielmehr jederzeit den Funken selbst herstellen, der ihn zur künstlichen Wärmeentwicklung aus der Verbrennung des Holzes befähigte. Die weiteren Fortschritte der Heizungsmethoden, die der Mensch im Laufe der Jahrtausende vom einfachen Holzfeuer an bis zu der verfeinerten Heizungskunst unserer heutigen Tage durchgemacht hat, sind sehr langsame und stetige. Die Entwicklung wird erst sprunghaft mit dem Einbruch des Maschinenzeitalters mit seiner Massenherstellung etwa von der Mitte des vorigen Jahrhunderts ab und weiter mit dem Entstehen der großen Elektrizitäts-, Kraft- und Heizungswerke um die letzte Jahrhundertwende.

Als die älteste und einfachste Heizungsart wird jene gelten müssen, bei der ein im Raume auf einer zweckentsprechenden Unterlage angemachtes **offenes Holzfeuer** seine Wärme vorzugsweise durch Strahlung an den Raum übertrug. Rauch und Verbrennungsgase traten dabei direkt in die Raumluft über und konnten durch hochgelegene oder im Dach angebrachte Öffnungen ins Freie entweichen. Das offene Holzfeuer ist bei den alten Römern genau so im Gebrauch gewesen wie später bei den Germanen; selbst zur Zeit des Kaisers Augustus wurde es in den römischen Wohnräumen noch verwendet, wie einzelne Baureste offener Feuerstellen beweisen. Dabei scheint der Schornstein, und zwar merkwürdigerweise nur für gewerbliche Zwecke (wie eine im Hause des Sallust in Pompeji erhaltene kaminartige Anlage mit Rauchmantel zeigt), erst in späterer Zeit bei den alten Römern angewendet worden zu sein.

Allerdings wurde diese einfachste Heizungsart des offenen Feuers durch die Holzkohlenbeckenheizung abgelöst, die schon damals die allgemein übliche Heizung für Wohnräume gewesen zu sein scheint. Die Entstehung von Rauch kann nämlich durch besondere Maßnahmen bei Anwendung von Holzkohle vermieden werden, wie solche in Kohlenmeilern gewonnen wird. Vor den alten Römern machten auch schon die Hellenen von dieser Kenntnis Gebrauch und verwendeten metallene **Feuerbecken** oder **Kohlenpfannen** ohne Rost, in denen Holzkohle in nur flacher Schicht in Glut gehalten wurde. Die Verbrennung geht hier, wie neuere Versuche ergaben, unter geringem Luftzutritt langsam und mit niedriger Verbrennungstemperatur vonstatten, wobei kein Rauch und als Verbrennungsgase bei vollkommener Verbrennung nur Kohlensäure und Stickstoff entstehen, während bei unvollkommener Verbrennung noch Kohlenoxyd in geringer Menge erzeugt wird[1]). Diese Feuerbeckenheizung hat sich, wo genügender Waldreichtum vorhanden war, nicht nur auf die Römer, sondern auf die meisten südlichen Völkerschaften bis nach Asien ausgebreitet. Selbst in England sind noch im Jahre 1790 die Sitzungssäle des Londoner Parlamentsgebäudes mit Holzkohlenbecken beheizt worden. In südlicheren Ländern ist die Holzkohlenheizung in Pfannen auch heutigentags vielfach noch als alleinige Heizungsart in Gebrauch. Ihr Wirkungsgrad ist der denkbar größte, denn die gesamte entwickelte Wärme kommt dem Raum zugute: Räume mittlerer Größe können bequem mit tellergroßen Pfannen ausreichend geheizt werden. In welcher hochkünstlerischen Vollendung solche Heizbecken für architektonisch wertvolle Räume bereits von den Alten hergestellt wurden, veranschaulicht die Fig. 1, die uns von dem hochentwickelten Formensinn der Römer Kunde gibt. Selbst die altrömischen Caldarien und Tepidarien der Bäder zu Pompeji und anderwärts können, nach Krell[1]), durch solche Holzkohlenbecken geheizt worden sein, von denen

---

[1]) O. Krell sen.: Altrömische Heizungen. Verlag R. Oldenbourg, München 1901.

das größte, in den pompejanischen Forumsthermen, 2,33 m lang, 0,80 m breit und 0,58 m hoch war.

Die in unserer Zeit vorgenommenen Ausgrabungen altrömischer Bäder in Pompeji haben gezeigt, daß diese Caldarien

Fig. 1.[1])
Altrömisches bronzenes Feuerbecken von 0,5 m Durchmesser

und Tepidarien einen unterkellerten, auf Pfeilern ruhenden Fußboden und Wände mit Hohlziegeln hatten, wie es Fig. 2 zeigt.

[1]) Die Figuren 1 bis 3 sind aus O. Krell, sen.: Altrömische Heizungen, Verlag R. Oldenbourg, München 1901, entnommen.

Die darauf bezüglichen mangelhaften Schilderungen des unter Cäsar und Augustus lebenden römischen Kriegsingenieurs Vitruvius[1]) sind — nach Krell — vielfach mißverstanden worden und hätten zu irrigen Anschauungen über die Heizungen der alten Römer geführt. Man habe geglaubt, es mit den sog. Hypokaustenheizungen zu tun zu haben, die den Fußboden und die hohlen Wände der Baderäume direkt zu erwärmen imstande gewesen wären. Diese Ansicht habe sich jahrhundertelang erhalten und habe vielfach die Überzeugung hervorgerufen, »daß die Alten in ihrem einfachen, ungetrübten Natursinn besser geheizt und ventiliert haben, als wir es tun, und daß wir, wenn

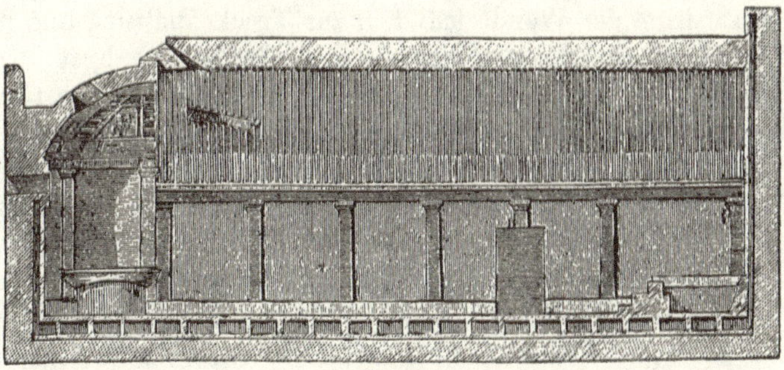

Fig. 2.
Durchschnitt des Kaldariums der Männerabteilung in den Forumsthermen zu Pompeji.

wir es zu einiger Vollkommenheit in diesem Kapitel bringen wollen, unbedingt zu den Prinzipien der Alten zurückkehren müssen«[2]). Durch rechnerische Untersuchungen meint Krell diese u. a. auch noch von Overbeck[3]) vertretene Ansicht als unhaltbar widerlegt zu haben: Unbedingt wären zu solcher Heizungsart Rauchzüge und Schornsteine nötig gewesen, von denen nach dem Befunde der Ausgrabungen nirgends eine Spur zu entdecken sei; auch die Abkühlung der Heizgase wäre viel zu groß

[1]) Marcus Vitruvius Pollio: De architectura. (Das Werk wurde um 16—13 v. Chr. geschrieben und ist dem Kaiser Augustus gewidmet.)

[2]) Berger: Moderne und antike Heizungs- und Ventilationsmethoden, Berlin 1870.

[3]) Overbeck-Mau: Pompeji, Leipzig 1875.

gewesen, als daß eine derartige Feuerung in normalem Gange hätte erhalten werden können; ferner seien in den beim Feuerherde gelegenen Unterkellerungen keinerlei Spuren von Glanzruß oder auch von Zerstörung durch Stichflammen nachzuweisen; solche hätten aber eintreten müssen, da keine feuerfesten Baustoffe verwendet worden sind; auch der dicke Fußboden der steinernen, wassergefüllten Wannen hätte zweifellos Sprünge erhalten müssen, wenn er durch heiße Gase erwärmt worden wäre; ferner wäre die Wärmeverteilung bei einer solchen Fußboden- und Wandheizung viel zu ungleichmäßig gewesen. Endlich sei man nach der Beschreibung des Vitruvius nur anzunehmen berechtigt, daß die fragliche Unterkellerung und die Hohlziegel der Wände lediglich zur Trockenhaltung und zum Schutze der Innenräume gegen zu große Wärmeabgabe nach außen gedient hat. Dasselbe gelte für die Thermen des Caracalla in Rom, ebenso wie für die Thermen von St. Barbara bei Trier, den römischen Kaiserpalast und die Basilika in Trier, die Badenweiler Bäder und für die Ausgrabungen von Römerbauten in Eining. Alle diese Gebäude dürften nach Krell lediglich durch Holzkohlenpfannen beheizt worden sein.

Diese Auffassung wird jedoch nicht von allen Seiten geteilt[1]). Namentlich gibt Fusch in einer neueren Arbeit[2]) beachtenswerte Gründe gegen diese Auffassung Krells, indem er die Hypokausten-Bodenheizung, die Boden-Wandheizung und die Hypokausten-Luftheizung gemäß den Angaben römischer Schriftsteller in römischen Bauresten als weit verbreitet gewesene Heizungen nachweist und ebenso das Vorhandensein von durch Feuergase beheizten römischen Steinwannen feststellt. Nach Fusch sind also die Hypokaustenheizungen nicht nur ausnahmsweise von den Römern ausgefuhrt worden, sondern sie waren im Gegenteil weit verbreitet für offentliche und Wohngebäude. Ein Fundrest zeigt sogar den Anschluß eines oberen Stockwerks, wobei die Warmluftöffnungen als Löwenmäuler ausgebildet waren (Winkelmann).

---

[1]) Vgl. Vetter: Aus der Geschichte der Zentralheizungstechnik bis zum Jahre 1870, Gesundheits-Ingenieur 1907, Festnummer.

[2]) Fusch: Über Hypokausten-Heizungen und mittelalterliche Heizungsanlagen. Verlag Gebr. Jänecke, Hannover 1910.

Jedenfalls haben die **römischen Hypokaustenheizungen**, die wohl im letzten Jahrhundert vor Chr. Geb. entstanden sind, und die man als die Erfindung der Zentralheizung durch die alten Römer anzusprechen hat, eine Einrichtung gehabt wie in Fig. 3, die aus Krells Buch, in Anlehnung an Jacobi[1]), entnommen ist, und welche die römische Hypokaustenluftheizung im Römerkastell Saalburg darstellt, die nach einer Mitteilung in der

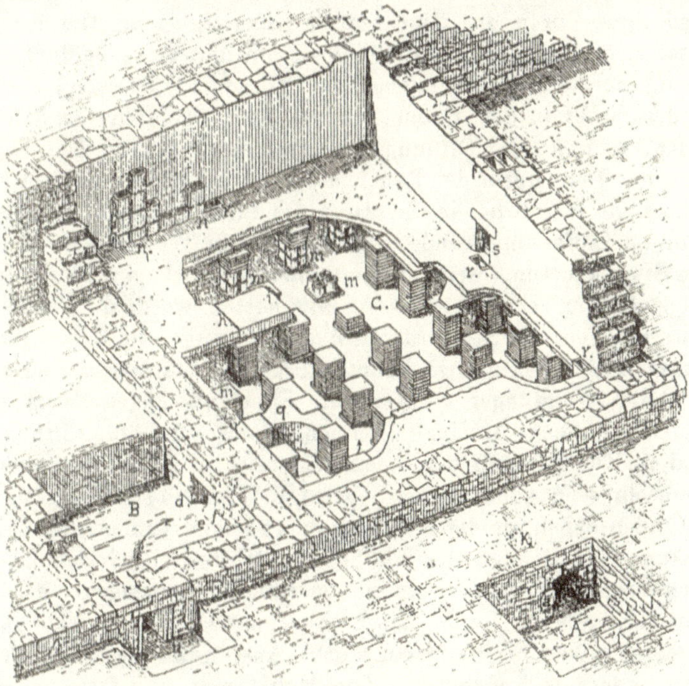

Fig. 3.
Hypokausten-Luftheizung im Römerkastell Saalburg.

Zeitschrift »Gesundheits-Ingenieur«, S. 554 vom Jahre 1909, noch jetzt in Benutzung genommen wird: Der schwebende Fußboden (suspensura) des zu heizenden Raumes ist aufgeschnitten dargestellt, so daß man in die Unterkellerung, das sog. Hypokaustum mit den 74 cm hohen Pfeilern, hineinblicken kann.

[1]) Jacobi: Das Romerkastell Saalburg, Homburg 1897.

Auf den Pfeilern (pilae), die aus Ziegeln oder zum Ersatz aus Tonröhren (wie bei *m*) bestehen, liegen zunächst 5 cm dicke Ziegelplatten, die den 15 cm starken Estrich tragen. Dieses Hypokaustum steht nun durch die Kanäle *J K* und durch das Feuerloch mit dem Heizerstand (praefurnium) *A* in Verbindung, von wo aus die Holzkohlen in den Feuerraum (fornax) *K* eingebracht wurden. Letzterer liegt, wie bei allen Hypokaustenheizungen, außerhalb der Umfassungsmauern des Gebäudes, weil diese durch die Glut hätten leiden können. Die heißen Gase strömten nun in das Hypokaustum und von hier durch die wenig über Fußboden reichenden Öffnungen (fenestrae) *r* entweder direkt in den Raum ein oder durch Tonröhren *n n* über Dach, während die Öffnungen *r* geschlossen waren. Die Regelung der Temperatur der Rauchgase konnte durch Zumischen von Außenluft von *B* her in Richtung der Pfeile erfolgen. Nachdem nun die Umfassungswände und Pfeiler, zum Teil auch die Decke des Hypokaustums wegen ihrer großen Wärmekapazität eine genügende Wärmemenge aufgenommen hatten, wurde die Feuerung unterbrochen, die Schornsteine *n n* geschlossen, die Öffnungen *r* dagegen geöffnet, und so konnte durch die letzteren die an den erhitzten Wandungen vorgewärmte Frischluft in den Raum eintreten und ihn erwärmen, um schließlich durch die Abluftöffnung *s* und die Tonröhren *f g* ins Freie zu entweichen. Durch die Schornsteinrohre *n n* kann nur eine geringe Wärmeübertragung stattgefunden haben, da die Rauchgase dort schon ziemlich abgekühlt ankamen, und auch der Fußboden ist wohl absichtlich 20 cm dick ausgeführt worden, um eine merkbare Wärmeabgabe an den darüberliegenden Raum auszuschließen. Hierfür spricht auch die anderwärts bis zu 50 cm starke Ausführung des Fußbodens oder sogar die Verwendung von Hohlziegeln in letzterem, was aber beides eine unerwünschte spätere Wärmeübertragung — nach inzwischen aufgehörtem Wärmebedürfnis — nicht ausschloß.

Es ist aus dieser Beschreibung leicht zu erkennen, daß eine befriedigende Regelbarkeit der Raumtemperatur wegen der sehr großen Wärmeaufstapelungsfähigkeit der Mauermassen unmöglich war. Ferner wird aufgefallen sein, daß nach Unterbrechung der Feuerung die Außenluft durch die gleichen Hohlräume, die vorher von den Feuergasen bestrichen waren, geleitet wurde und erwärmt in die zu beheizenden Räume eintrat. In der Tat waren auch — wie die Untersuchungen von Fusch ergeben haben — den alten Römern Luftheizungen in unserem heutigen Sinne, mit Trennung der Luft- und Rauchgaswege, unbekannt.

Ein entschiedener Fortschritt sind die **Kanalheizungen,** wie sie die Römer — in Weiterbildung der Hypokaustenheizung — hauptsächlich in den Grenzkastellen der tributpflichtig gemachten nördlichen Provinzen ausgeführt haben, um sich gegen den dort herrschenden kälteren Winter besser zu schützen. Die Heizkanäle dieser Kanalheizungen haben, der unmittelbaren Wärmeabgabe wegen, eine dünnere Steindecke und führen nach den Ecken des Raumes, von wo aus die Heizgase durch Schornsteine ins Freie geleitet wurden, wie es die Fig. 4 veranschaulicht. Im Gegensatz zu den neueren Kanalheizungen diente bei den römischen nur die Kanaldecke zur Wärmeübertragung, während die Wände und die Sohle der Kanäle im Erdreich lagen und die Wärme an das letztere ungenutzt verloren ging.

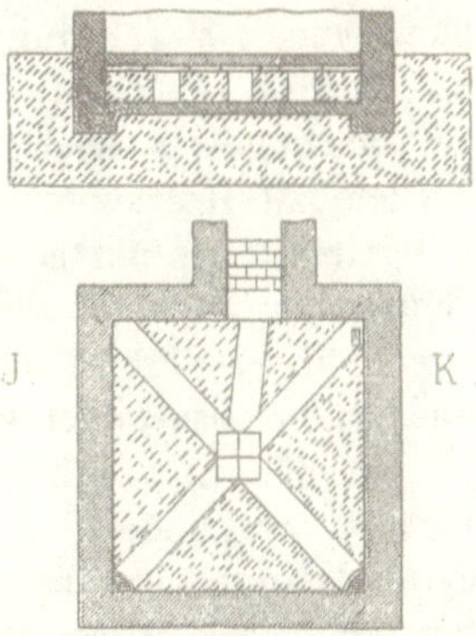

Fig. 4.
Grundriß und Schnitt einer Kanalheizung im Römerkastell Saalburg.

Wegen ihrer eigenartigen Grundrißform hat Jacobi diese Heizung Kreuzheizung genannt. Es kamen auch Mittelarten zwischen der Hypokausten- und der Kanalheizung zur Anwendung, wobei nicht alle senkrechten Kanäle nach oben ins Freie, sondern ein Teil derselben in den beheizten Raum ausmündeten, so daß — ebenso wie bei den Hypokausten — frische, vorgewärmte Luft in den Raum eingelassen werden konnte. Auch bei den Kanalheizungen haben die Römer die Feuerstelle außerhalb des Gebäudes angeordnet.

Nach dem Untergange des römischen Reiches finden wir[1]) bei den Germanen in den ersten Jahrhunderten zuerst nur wieder den ursprünglichen **Herd mit dem offenen Feuer,** dessen Verbrennungsgase durch ein Deckenloch aus der Halle abzogen. Der Rauchfang war zunächst unseren Vorfahren noch nicht

[1]) Dachler: Die Ausbildung der Beheizung bis ins Mittelalter. (Berichte und Mitteilungen des Altertumsvereins zu Wien.) 1907, Bd. 40, 2. Abt.

bekannt, so daß durch den Rauch des Holzfeuers die Decken geschwärzt wurden.

Im Kloster von St. Gallen, einer Stätte damaliger Bildung, erscheint sodann in einem vom Jahre 820 erhaltenen Bauplane neben dem offenen Herdfeuer und der Kanalheizung zum erstenmal als Raumheizung nachweisbar[1]) der **Heizkamin** mit rundem Mantel und in Verbindung mit dem Schlote, wie die Bezeichnungen »caminus ad calefaciendum« und »evaporatio fumi« bestätigen. Das heizbare Gemach hieß »caminata«, woraus später »Kemenate« wurde; aus der gleichdeutigen Bezeichnung »pisalis« entstand der nordwestdeutsche Ausdruck »Piesel, Pesel«, in Frankreich »poêle«, in Skandinavien »Peis«. Heizkamine finden sich dann vom 10. Jahrhundert ab regelmäßig als Heizung in den deutschen Burgen. In Frankreich wurde bis zur Mitte des 12. Jahrhunderts noch mit »réchauds«, d. i. tragbaren Feuerbecken mit Holzkohlen, geheizt, worauf sich dann ebenfalls die »cheminées« einführten, die im Laufe des Mittelalters und der Neuzeit nach den verschiedenen einander folgenden Stilrichtungen sowohl in Frankreich als auch in England architektonisch reich und schön ausgebildet wurden.

In den deutschen Bauerngehöften findet sich, etwa vom 8. Jahrhundert ab, die »stuba«, eine getrennte Badstube, deren Ofen auch sonst zu anderen Heiz- und Wärmezwecken benutzt wurde. Diese Heizungsart wurde als **Ofenheizung** wahrscheinlich vom Jahre 1000 ab in den Wohnraum des süddeutschen Bauernhauses übertragen, und ersterer entlehnte daher seinen Namen »Stube«. In den Burgen fand der Ofen zunächst nur für die Dienstleute Anwendung; die betreffenden Räume führten den Namen »Dörnse« oder »Dürnitz«. Die Vornehmen und Reichen übernahmen erst später den ansehnlicheren und schöneren **Kachelofen** seit dem 14. Jahrhundert und bedienten sich seiner an Stelle des Kamines, dessen Bedeutung von jetzt ab in Deutschland mehr in den Hintergrund tritt. Der wirtschaftliche Aufstieg und der Glanz des mittelalterlichen deutschen Städtewesens im 12. und 13. Jahrhundert belebten das Handwerk, und so gaben auch der

[1]) Offene Feuerstellen mit kaminartigem Rauchfang und mit Rauchabzugskanal waren von den alten Römern schon in gewerblichen Anlagen angewendet worden, wie eine solche noch vollständig erhaltene Backereifeuerung in der Casa di Sallustio in Pompeji beweist.

Aufschwung und die Blüte des Töpferhandwerkes in der Folge reichlich Gelegenheit zu der bekannten kunstvollen äußeren Vollendung der alten Kachelöfen. Treffend sagt über diese Kunst eine Werbeschrift[1]) des »Bundes für deutsche Kachelwerkkunst« aus dem Jahre 1918: ». . . . . wohlerhaltene Kachelöfen aus früheren Jahrhunderten in zahlreichen Schlössern und Burgen sind ein Denkmal der hohen Blüte der Werkkunst der alten Töpfer. Da bewundern wir nicht nur die kunstvolle Einzelkachel, sondern zugleich den gesamten Ofenaufbau. Ein jeder dieser Öfen ist ein Meisterwerk für sich, sowohl hinsichtlich der kunstvoll gestalteten Ofenansicht, wie auch durch die technisch gut gelungene Ausführung jeder Kachelfläche und Kachelecke beim Formen sowie hinsichtlich der Schönheit ihrer Farben und Glasuren. Für alles das war der Ofentöpfer oder Hafner selbstschaffender Künstler, Erzeuger und Erbauer. So werden diese alten Meister noch heute durch ihre Werke gelobt, und Denkmäler der alten Töpferkunst sind hochgeschätzte Erzeugnisse der alten Kachelwerkkunst geblieben und werden es bleiben.«

Bemerkenswert ist hier besonders die Entwicklung des sog. Berliner Ofens, dessen Einrichtung und Aufbau sich wesentlich auf eine Preisaufgabe zurückführen läßt, die Friedrich der Große im Jahre 1763 erlassen und mit deren Prüfung er die Kgl. Preuß. Akademie der Wissenschaften betraut hatte[2]), um den Ofenbau zu fördern und dadurch der Holzverschwendung und dem Hinschwinden des wertvollen Waldbesitzes zu steuern. Die Kachelöfen wurden also damals mit Holz gefeuert, erst später ging man zur Torffeuerung über und kam schließlich nach Einführung des Preßverfahrens auf die neuzeitliche Feuerung mit Preßbraunkohlen.

Neben den genannten Heizungsarten wurde im Mittelalter, jedenfalls nach römischem Muster, seit der St. Gallener Anlage die Kanalheizung für größere Räume vielfach ausgeführt, so z. B. um das Jahr 1000 im Kaiserhause zu Goslar. Seitdem ist die Kanalheizung bis in die neuere Zeit, etwa bis Ende des vergangenen Jahrhunderts, viel angewendet worden und hat sich

[1]) Deutsche Kachelwerkkunst in der Friedenszukunft (Geschäftsstelle Velten bei Berlin).

[2]) Veröffentlicht durch G. Gericke, Velten bei Berlin, Verlag Keramische Rundschau, Berlin 1912.

ihr Anwendungsgebiet als Gewächshausheizung und Kirchenheizung gegenüber den anderen, teureren Zentralheizungen nur langsam abringen lassen. Heute wird sie — wenigstens bei uns — kaum mehr angewendet. Auch eine Abart der Kanalheizung, nämlich die vermutlich von den Engländern eingeführte Rauchrohrheizung, wurde — namentlich von der Wende des 18. zum 19. Jahrhundert — in England und Frankreich angewendet. Bei dieser Heizung bestanden die langen Feuerzüge aus Eisenrohr und lagen nicht wie bei der Kanalheizung im Erdboden, sondern frei im Raum. Wegen ihrer Feuergefährlichkeit ist diese Heizart aber schon seit der Mitte des vorigen Jahrhunderts außer Anwendung.

Eine bemerkenswerte Heizungsart — man könnte sie **Steinluftheizung** oder **Steinofenheizung** nennen — taucht im 14. Jahrhundert im Ordensschlosse Marienburg und auch in anderen Burgen und Schlössern auf. Durch ein Holzfeuer wurden hier in unterirdischen Heizräumen, deren Gewölbe durchlöchert waren, Feldsteine bis zum Glühen erwärmt, worauf nach erloschenem Feuer die Rauchrohre abgesperrt wurden. Die von außen zuströmende frische Luft wurde dann über die erhitzten Steine und weiter durch Fußbodenkanäle unmittelbar in die zu beheizenden Räume geleitet. Die aus dem Buche von Fusch entnommene Fig. 5 zeigt die Steinluftheizung im Ordensschlosse Marienburg[1]). Bei x ist ein Lockfeuer vorhanden. Im Jahre 1822 wurde die Steinluftheizung in der Marienburg von der preußischen Regierung auf ihre Wirkung untersucht und als durchaus brauchbar befunden. Der im ersten Feuerungsabschnitt auf den noch verhältnismäßig kalten Steinmassen ausgeschiedene Ruß wird im weiteren Feuerungsverlauf an den in glühenden Zustand kommenden Steinen wieder verbrannt. Daß trotzdem der Geruch beim späteren Durchleiten der Frischluft sich in den beheizten Räumen mehr oder weniger fühlbar machte, ist einleuchtend, da eine Trennung der Heizgas- und Luftwege auch hier noch nicht vorhanden war. Besonders bemerkenswert ist die große Aufstapelungsfähigkeit der Steinmassen für die Wärme. Weitere Steinluftheizungen sind in den Schlössern zu Marburg und Lüneburg gefunden worden.

[1]) Nach Taf. I der Verh. des Ver. z. Beforderg. d. Gewerbefleißes in Preußen, IX. Jahrg.

Zwischen der Hypokaustenheizung und der Steinluftheizung kamen ferner Übergangsformen vor, in der Art, daß bei der Steinluftheizung die Steinfüllung fehlte, so daß nur die Feuergewölbe selbst den Wärmespeicher bildeten.

Die eigentliche **Luftheizung** ist eine deutsche Erfindung, sie hängt aufs engste mit den Bedürfnissen des sich in den folgenden Jahrhunderten glanzvoll entwickelnden Städtewesens zusammen. Wir treffen die Luftheizung zum ersten Male im 13. Jahrhundert im Rathause zu Lüneburg und im Ordensschlosse zu Marburg. Die

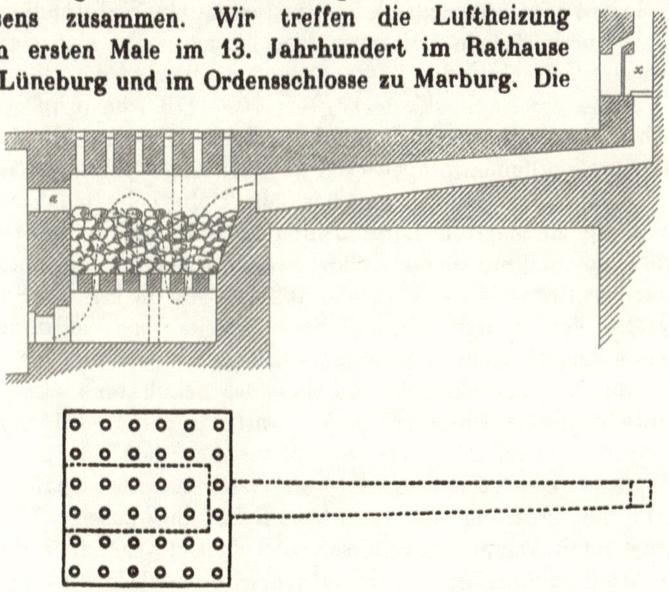

Fig. 5.
Steinluftheizung im Ordensschloß Marienburg.

im Keller liegenden Heizöfen waren gemauert bzw. aus Kacheln zusammengesetzt; die Außenluft[1]) erwärmte sich an diesen durch Feuer geheizten Öfen und strömte durch verschließbare Fußbodenöffnungen in die Räume ein. Oft war die Heizkammer mit dem zu heizenden Raume auch nur durch einen einzigen Kanal verbunden, so daß also sowohl der Frischluft- als auch der Umluftkanal fehlen. Abluftkanäle waren noch nicht vorhanden. Von dieser Art sind jedenfalls auch noch die Luftheizungen vom Ende

[1]) Allerdings erkennt Fusch in der Marburger Heizung die erste sog. Umluftheizung, da keine Frischluftzuführung in der Heizkammer gefunden wurde.

des 18. Jahrhunderts, z. B. im Arbeitszimmer Friedrichs des Großen im Neuen Palast bei Potsdam und im Wiener Burgtheater. (Russische Luftheizungen.) Wenige Jahre später (1792) werden die englischen Luftheizanlagen bekannt, die bereits aus Kesselblechen genietete Öfen sowie außer den Zuluftöffnungen in den Räumen auch Luftabführungskanäle mit auf die Mündung der letzteren aufgesetzten drehbaren Windkappen besaßen.

Damit tritt uns zugleich zum erstenmal eine vollständig und richtig durchgeführte **Lüftungsanlage** entgegen, da hier ständig erwärmte Frischluft durch die Räume geführt wird.

Schon der Engländer Pringle (1707—1782) hatte in einem Buche über die Heeresseuchen auf die Notwendigkeit der Lüftung von Krankenräumen hingewiesen[1]). Überhaupt treten um diese Zeit gewisse Forderungen der **Gesundheitspflege** in den Vordergrund, die im engsten Zusammenhange mit dem Zeitgeist der Aufklärung und mit medizinischen Fragen standen. Der deutsche Mediziner Peter Frank (1745—1821) stellte in seinem Buche »System der medizinischen Polizei« bereits eine vollständige Theorie der öffentlichen Gesundheitspflege auf und betonte u. a. auch die Notwendigkeit der Lüftung der Schulräume. Der bekannte englische Physiker Graf Rumford (1753—1814), der, in bayerischen Diensten lebend, viel fur die öffentliche Gesundheitspflege geleistet hat, erklärte als erster in wissenschaftlicher Weise die Ursachen der natürlichen Lüftung unserer Wohnräume durch Temperaturunterschiede, die Luftverderbnis durch den Atmungsvorgang; er zog die deutsche Ofenheizung und die englische Kaminheizung in den Kreis seiner Betrachtungen und machte bei ersterer auf die Staubverbrennung an den heißen Ofenflächen und bei letzterer auf die schlechte Wärmeausnutzung der Brennstoffe aufmerksam; er vervollkommnete in hervorragender Weise die Kaminheizung; er wies auf die Notwendigkeit der Rußbeseitigung aus der Luft hin und beschäftigte sich mit dem Luft- und Feuchtigkeitsgehalte der Kleidung und deren Bedeutung für die Wärmehaltung. Dem französischen Gelehrten Lavoisier (1743—1794) verdanken wir ebenfalls reiche Aufklärung auf unserem Gebiete: er behandelte das Gefängniswesen, die Überfüllung, schlechte Luft usw. von Räumen, die Schäd-

[1]) Siehe Rubner: Lehrbuch der Hygiene. Verlag Deuticke, Leipzig-Wien 1907.

lichkeit zu hoher Feuchtigkeit, die durch künstliche Lüftung mit vorgewärmter Luft entfernt werden könne, sowie die Verstärkung des Luftumlaufes durch Heizung.

Trotzdem aber um das Jahr 1800 herum bereits in Deutschland, Österreich, England und Frankreich (1819) Luftheizungen, Dampf- und auch Wasserheizungen in großer Zahl gebaut wurden, so blieben alle diese genannten wertvollen Anregungen der Gesundheitslehre infolge der französischen Staatsumwälzung und der Napoleonischen Kriege ohne Erfolg und wurden etwa ein halbes Jahrhundert lang nicht beachtet. Jedenfalls aber sehen wir die Lüftung und Heizung bereits in Beziehung zur Gesundheitslehre gebracht zu einer Zeit, wo derartige Anlagen noch rein handwerksmäßig ausgeführt wurden. Zur Umsetzung der mannigfachen Anregungen aus dem Gedanken in die Tat fehlte eben die wissenschaftliche Technik.

Der erste, der sich in wissenschaftlicher Weise mit der Ausführung von Luftheizungen befaßt hat, ohne allerdings deren Berechnung zu finden, war der Professor Meißner am k. k. Polytechnischen Institut zu Wien, der 1821 ein Buch »Die Heitzung mit erwärmter Luft« herausgab. Ursprünglich wurden die Luftheizungen so ausgeführt, daß der Luftheizofen unmittelbar unter dem zu beheizenden Raume lag; durch Deckenöffnungen oder Gitter strömte die Warmluft nach oben in den Raum ein. In dieser Weise wurden die Luftheizungen vielfach in Klöstern und auch sonst ausgeführt; und die gleiche Anordnung der Heizkammern finden wir noch heute im Germanischen Museum in Nürnberg im Betrieb. Meißner fügte dem alten Bestande der Luftheizung den »Umluftkanal« hinzu, der es ermöglicht, die abgekühlte Raumluft stets von neuem zur Erwärmung dem Luftheizofen wieder zuzuführen, wodurch an Brennstoff gespart wird. Ferner wendete Meißner bei seinen Luftheizungen den Abluftkanal vom Fußboden des beheizten Raumes über Dach an. Statt des gemauerten Luftheizofens wendete Meißner den eisernen Ofen, die Ursprungsform des neuzeitlichen sog. »Kalorifers«, an; und nach dieser Bauart entstanden in den nächsten Jahrzehnten Tausende von Luftheizungen. Die erste wissenschaftliche Berechnung der Luftheizung gaben Wagenmann und darauf im Jahre 1829 der württembergische Hauptmann v. Bruckmann durch die Ermittlung der Luftgeschwindigkeit aus dem Temperaturunterschiede zwischen der erwärmten Luft und der Außenluft und aus der Höhe des Warmluftkanales.

Zu dieser Zeit waren neben der Luftheizung schon lange die zentralen Dampf- und Wasserheizungen bekannt, so daß Joseph Green im Jahre 1793 bereits die erste Dampfluftheizung ausführen konnte, bei der zur Lufterwärmung Dampfheizkörper verwendet wurden. Die Luftheizung wurde dann, allerdings ohne grundsätzliche Änderungen, weiter vervollkommnet und erreichte ihre Blütezeit um die Mitte des 19. Jahrhunderts, von wo ab sie durch die Wasserheizung allmählich zurückgedrängt wurde.

Die **Dampfheizung** wurde zuerst 1745 durch den englischen Obersten Cook vorgeschlagen. Dann war es James Watt, der bald darauf (wohl um 1770) seine Fabrik- und Wohnräume usw. mit Dampfheizung — später wahrscheinlich mit Abdampfheizung — versehen hat. In den Jahren 1791 und 1793 wurden dann englische Patente auf Verbesserungen an der Dampfheizung genommen. In den beiden folgenden Jahrzehnten scheinen die Engländer außer in ihren eigenen Fabriken und ganz besonders in Gewächshäusern auch in Deutschland verschiedentlich Dampfheizungen ausgeführt zu haben, bis der Baumeister Catel in Berlin 1817 ein Buch »Die Heizung mit Wasserdämpfen« herausgab und zuerst ein Orangeriegebäude im Schloßgarten zu Pankow-Schönhausen bei Berlin sowie mehrere Gebäude mit Dampfheizung ausstattete. Die zur Verwendung gelangte Spannung des Dampfes war so niedrig, daß das Niederschlagswasser bei den ersten Anlagen ohne Zuhilfenahme von Pumpen wieder in den Kessel zurückfließen konnte; die Heizkörper bestanden aus Rohrschlangen. Die erst erwähnte Anlage, die verschiedentlich umgebaut werden mußte, wurde übrigens auch vom Großherzog Karl August von Weimar in Gemeinschaft mit Goethe besichtigt. (Geitel.) Die ersten wissenschaftlichen Erwägungen über die Vorgänge und besonders Berechnungen für die Dampfheizung stellt der Engländer Tredgold 1824 in seinem Werke »Principles of Warming and Ventilating public buildings« an und macht in diesem Buche Vorschläge für die schwierige Frage der Lüftung von Theatern, Krankenhäusern, Schulen und Gefängnissen. Tredgold beschreibt auch eine im Jahre 1818 erbaute kleine Fernheizung für eine Anzahl von Gewächshäusern, wobei der Dampf etwa 270 m weit geleitet wurde. (Vetter.) Ferner enthält sein Buch Angaben über die wichtigsten Teile der Dampfheizung, wie Kessel, Rohrleitungen, Heizkörper und sonstige Ausrüstungen, die vorbildlich für die spätere Bauart dieser Heizungen wurden. Im Jahre 1827 erscheint dann in Stuttgart ein deutsches »Handbuch der Heizung« von Dr. Heigelin. Als bemerkenswerte Dampfheizung wurde ferner 1828 die der Börse in Paris[1]) bekannt, und 1830 heizte der deutsche Ingenieur Alban seine Maschinenfabrik mit dem Abdampf der Betriebsdampfmaschine. 1842 führten Gebr. Sulzer bereits die erste Dampfheizung in einer Schule aus. Ohne große Verbesserungen wurden solche Heizungen, bei denen die Dampfspannung etwa ½ bis 2 Atmosphären betrug und die deshalb Pumpen und Dampfwassertöpfe benötigten, bis zum Jahre 1871 ausgeführt.

Nach Vetter sollen bereits die alten Römer das Wasser heißer Quellen durch metallene Hohlkörper zur Raumbeheizung verwendet haben, ebenso wie seit undenklichen Zeiten in Chaudes aignes in Frankreich die Baderäume in derselben Weise geheizt worden seien. Auch in England weisen Fundreste eines Römerbades darauf hin, daß es mit heißem Quellwasser durch Röhren und Hohlziegel beheizt worden ist.

Die Erfindung der eigentlichen **Warmwasserheizung** wird allgemein dem Franzosen Bonnemain in Paris zugeschrieben (denn die Vorrichtungen zur Bereitung warmen Wassers für Badezwecke bei den alten Römern können füglich nicht als »Heizungseinrichtungen« angesprochen werden, obgleich ja dabei bereits Kessel und Umlaufröhren in Anwendung kamen). Bonnemain führte zuerst im Jahre 1777 eine aus Kessel, Heizleitung, Ausdehnungsgefäß und selbsttätigem Feuerungsregler bestehende Warmwasserheizung aus, die zum künstlichen Ausbrüten von Eiern in den Brutkästen einer Hühnerzucht diente[2]). Der Pariser Marquis de Chabannes errichtete darauf um 1817 in London die ersten Warmwasserheizanlagen für mehrstöckige Häuser, indem er den Wasserkessel mit der Küchen-

[1]) Nach Debesson: Le chauffage des habitations, Verl. Dunod & Pinat, Paris 1908, S. 20, wurde diese erste große Dampfheizung für ein öffentliches Gebäude in Frankreich durch Gay-Lussac, Thénard und Darcet begutachtet.

[2]) Diese Anlage ist in der Festnummer des Ges.-Ing., Jahrg. 1907, mit Kessel und Rohrleitungen zeichnerisch dargestellt.

feuerung verband. In den nächsten Jahren wurden in England besonders zahllose Gewächshäuser mit Warmwasserheizung versehen, wobei der Name Bacon genannt wird. 1829 nahmen u. a. die Brüder Price in Bristol ein Patent auf das Ausdehnungsgefäß. Sodann tauchen in den Jahren 1834 und 1839 die ersten Gewächshausheizungen mittels warmen Wassers in Deutschland und Österreich auf. Bemerkenswert ist um diese Zeit eine Schrift «On Warming buildings and on Ventilation« vom Engländer Hood, der sich als erster mit der Theorie der Warmwasserheizung beschäftigt, den Wasserumlauf in den Röhren durch die verschiedene Schwere der warmen und kalten Wassersäule richtig erklärt und die Reibungswiderstände der Rohrleitungen bei der Bewegung des Wassers berücksichtigt. Während in Deutschland Warmwasserheizungen fur Wohngebäude um diese Zeit sehr spärlich ausgeführt zu sein scheinen, so erwähnt Péclet in seinem aufsehenmachenden Werke »Traité de la Chaleur considérée dans ses applications« bereits größere Anlagen in den verschiedensten Pariser öffentlichen Gebäuden, wie in Kirchen, Gefängnissen, Irrenhäusern, Hospitälern. Seit den Jahren 1840 bis 1850 haben in Frankreich die Häuser Grouvelle, Laurens, Duvoir-Leblanc, Geneste und Herscher große Heizanlagen, namentlich Warmwasser- und Dampfheizungen gebaut. Grouvelle führte 1850 die erste Dampfwarmwasserheizung im Mazas-Gefängnis aus. Erst in den sechziger Jahren des verflossenen Jahrhunderts werden die deutschen Anlagen von Warmwasserheizungen zahlreicher, indem gleichzeitig an Stelle des bis dahin verwendeten Kupfers für die Hauptleitungen Gußrohre mit Kittdichtung, für die Anschlußleitungen der Heizkörper Bleirohre, für die Kessel und Heizkörper Schmiedeeisen verwendet wurde. 1864 wurde die erste Schule und 1867 das Rathaus in Berlin mit Warmwasserheizung versehen.

Nachzuholen ist noch kurz die Entwicklung der **Heißwasserheizung,** auf welche im Jahre 1831 der Engländer Perkins ein Patent nahm. Sie bestand schon damals aus einem Rohr ohne Ende, dessen einer Teil als Heizschlange dem Feuer ausgesetzt war, während ein anderer Teil als wärmeabgebende Heizfläche in den Räumen und der Rest als Zu- und Rückleitung diente. Diese Heizung arbeitete unter sehr hohem Druck und besaß Ausdehnungsrohre, in denen Luft durch die Ausdehnung des

Wassers zusammengedrückt wurde. Zuerst führte sich diese Heizungsart spärlich ein; sie kommt 1838 in Frankreich, dann in Dänemark und endlich in Deutschland zur Anwendung, wo sie in der zweiten Hälfte des vorigen Jahrhunderts, um 1860, besonders auch in Herrensitzen und Landhäusern zu außerordentlicher Verbreitung gelangte, weil sie erheblich billiger war als die fast gänzlich aus Kupfer hergestellte Warmwasserheizung. Erst als die letztere ebenso wie die Niederdruckdampfheizung infolge des großen Aufschwunges besonders der Gießereitechnik preiswerter hergestellt werden konnten, mußte ihnen die Heißwasserheizung wegen ihrer Gefährlichkeit und Gesundheitsschädlichkeit (Staubverbrennung auf den hocherwärmten Heizflächen) gegen Ende des vorigen Jahrhunderts weichen und wird heute als Heizung von Wohnräumen so gut wie nicht mehr ausgeführt. —

Viel später und weniger dringend als das Bedürfnis nach Erwärmung ist von den Menschen die Notwendigkeit der **Lüftung** in den Aufenthaltsräumen empfunden worden. Freilich unterhielt von jeher der natürliche Luftwechsel durch die Fugen, Ritzen und Poren einige Lufterneuerung in den menschlichen Wohnstätten. Auch im Altertume wurde schon während der römischen Kaiserzeit durch Bauordnungen für eine luftige Bauweise der Häuser gesorgt und ein bestimmtes Verhältnis der Straßenbreite zur Häuserhöhe sowie die Anlage von Höfen gefordert. Aber während des Mittelalters, das doch gerade am heftigsten von verheerenden Seuchen heimgesucht worden ist, finden wir keine Spur derartiger öffentlicher Wohlfahrtseinrichtungen mehr. Erst um die Mitte des 18. Jahrhunderts wurden in England wieder die ersten bauhygienischen Maßnahmen zur Verbesserung der Krankenhäuser getroffen, wurde das Newgategefängnis in London mit einfachsten Lüftungseinrichtungen versehen mit dem Erfolge, daß sich die früher täglichen Todesfälle bald auf einen im Monat verminderten. Obgleich dann, wie wir gesehen haben, besonders Peter Frank, Graf Rumford, Lavoisier in ihren gesundheitlichen Forderungen auch die Notwendigkeit der Lüftung betonten, wurden doch keine praktischen Erfolge gezeitigt. Beispielsweise wurden die Sitzungssäle des Londoner Parlamentsgebäudes noch im Jahre 1790 durch Holzkohlenbecken erwärmt, ohne daß für eine Lüftungsanlage zum Abführen der Verbrennungsgase gesorgt gewesen wäre. Solche Zustände herrschten, bis die Engländer 1793, und bis Meißner mit seiner Luftheizung 1821 zugleich die Bauart der **Lüftungsanlagen mit vorgewärmter Luft** schufen. Dann waren es wieder hauptsächlich die Engländer Whitwell und Tredgold, von denen praktisch brauchbare Anregungen bezüglich der Lüftung von Versammlungsräumen ausgingen. Überhaupt vollzog sich ein langsamer Wandel, als im Anfang des 19. Jahrhunderts eine vertiefte wissenschaftliche Erkenntnis auf allen Gebieten menschlichen Schaffens Platz griff.

Gemäß dem Gutachten einer 1842 eingesetzten hygienischen Untersuchungsabordnung wurde in den Jahren 1845 bis 1847 das Londoner Parlamentsgebäude nach den Vorschlägen von Dr. Reid in Edinburg mit einer Drucklüftung durch Gebläsebetrieb nach der Bauart »von unten nach oben«, d. h. mit Aufwärtslüftung, ausgestattet, die jedoch infolge von Zugerscheinungen nach Jahren durch eine Saugelüftung ersetzt wurde. Im Jahre 1843 wurde für das in Paris zu erbauende Mazasgefängnis ebenfalls eine Abordnung zur wissenschaftlichen Prüfung der Lüftungs- und Heizungsfrage eingesetzt, der u. a. auch Péclet angehörte. Die Abordnung schlug die Bestimmung des Luftwechsels in den Gefängniszellen bereits auf Grund der Kohlensäureerzeugung des Menschen vor, und die Lüftungsmengen wurden nach der Ausführung der Anlage im Jahre 1849 mit Hilfe von Anemometern nachgeprüft. Péclet hat diese Messungen im 3. Bande seines 1860 bereits in 3. Auflage erschienenen, ausgezeichneten Werkes[1]) »Traité de la chaleur« ausführlich beschrieben. In demselben Bande sind Beschreibungen und Meßergebnisse einer großen Anzahl ausgeführter Heizungs- und Lüftungsanlagen für Gesellschaftssäle, Paläste, Theater, Kirchen, Gefängnisse, Krankenhäuser, Schulen, Kasernen usw. mit hervorragender Sachkenntnis aufgeführt. Die Luftmengen, die Widerstände der Luftkanäle, die Pressung der Luftgebläse, der Luftdruck in den Räumen unter Berücksichtigung der Spalten und Ritzen, des Öffnens der Fenster usw. sind gemessen und in Zahlen wiedergegeben. Auch die Betriebsersparnis wird von Péclet hervorgehoben, die darin besteht, daß der Abdampf von den

[1]) Péclet: Traité de la chaleur, considérée dans ses applications, Paris 1843. Deutsch bearbeitet von C. Hartmann, Verlag Patz, Naumburg.

Maschinen, die zum Betriebe der Luftgebläse dienen, wieder zur Heizung verwendet wird. Die ganze Darstellung des Stoffes ist in dem Buche von Péclet außerordentlich plastisch. — Auch der französische Artilleriegeneral Morin hat sich große Verdienste um die Förderung der Lüftungsanlagen erworben. Er gab 1861 eine Schrift »Etudes sur la Ventilation« heraus. Im Gegensatz zu Reid vertrat er das Lüftungsverfahren »von oben nach unten«, d. h. Einführung im oberen Teile des Saales, Luftabführung unten. Ausgedehnte Untersuchungen über Heizung und Lüftung stellte ferner der Franzose Grassi an und veröffentlichte sie 1856 unter dem Titel »Etude comparative des deux systèmes de Chauffage et de Ventilation établis à l'hôpital Lariboisière«.

Im Anschluß an diese vorbereitenden Untersuchungen Grassis ging nunmehr der mächtigste Anstoß zur Weiterentwicklung von Deutschland aus, wo in München Max v. Pettenkofer (1819—1901) der Begründer der **wissenschaftlichen und untersuchenden Hygiene** wurde[1]). Durch ungezählte bahnbrechende Forschungen, von denen die über Lüftung und Heizung an erster Stelle zu nennen sind, hat v. Pettenkofer seinen Namen unsterblich gemacht. In diesem Zusammenhange seien nur seine folgenden Arbeiten erwähnt: der Kohlensäuremaßstab zur Berechnung des Luftwechsels in Räumen, eine Methode zur Bestimmung des Kohlensäuregehaltes der Luft, ferner seine klassischen Untersuchungen über den Luftwechsel in Wohngebäuden[2]), über die atmosphärische Luft in Wohngebäuden, über die Beziehung der Luft zu Kleidung, Wohnung und Boden[3]). Nachdem auf solche Weise genaue wissenschaftlich-hygienische Grundlagen für das Heizungs- und Lüftungswesen angebahnt und stetig weiter ausgebaut waren, setzte eine lebhafte

---

[1]) v. Pettenkofer: Über Hygiene und ihre Stellung an den Hochschulen. Verlag Vieweg & Sohn, Braunschweig 1877.

[2]) München 1858, Verlag J. G. Cotta, und: Annalen der Chemie und Pharmazie, 1862, 2. Ergänz.-Band.

[3]) Die letztgenannten Untersuchungen sind auch als »Populäre Vorträge«, gehalten im Albert-Verein zu Dresden, im Verlag Vieweg & Sohn, Braunschweig 1877, erschienen; ihr Lesen bietet sowohl dem Fachmanne wie dem gebildeten Laien einen hohen Genuß.

Entwicklung dieses Faches[1]) ein, die ihrerseits wieder durch den gewaltigen Aufschwung der Maschinentechnik erst möglich wurde. So ging auch die Herstellung von Lüftungs- und Heizungsanlagen fast ausschließlich in die Hände von Sonderfachleuten über, ebenso wie andere Unternehmungszweige, die gleichfalls der Gesundheitspflege dienen. Bereits 1843 gründete Johannes Haag in Kaufbeuren die noch heute in Augsburg rühmlichst bestehende Zentralheizungsfabrik gleichen Namens. Weitere bedeutende Heizungsbauanstalten der Gegenwart sind die von Rietschel & Henneberg, Gebr. Sulzer, Gebr. Körting, Rud. Otto Meyer, David Grove, Beehem & Post, Käuffer & Co. und andere, von denen viele auch sonstige gesundheitstechnische Anlagen bauen. In Rußland, dem klassischen Lande der Kälte, war es besonders Krell (gest. 1913), der als Leiter der Petersburger Metallfabrik für das Heizungs- und Lüftungsfach seit 1870 durch wissenschaftliche Untersuchungen bestehender Anlagen und darauf aufgebaute Neuanlagen unermüdlich Erfolge errungen hat. Seit 1892 wirkte Krell wieder in seiner deutschen Heimat und hat hier in ersprießlichster wissenschaftlicher Beratung und tätiger Mitwirkung in unserem Fache entscheidende Erfolge erzielt, z. B. in der Lüftung der Theater und Bäder, durch die Einführung von Meßgeräten, durch den Bau des Einrohrsystems der Warmwasserheizung und vieles andere[2]).

Auf diesem Wege sehen wir aus dem Zusammenwirken zwischen Hygiene und Technik die neue Industrie der **Gesundheitstechnik** herauswachsen, deren Aufgaben vor allem zu suchen sind in der Schaffung von Einrichtungen für: die Wasserversorgung, das Badewesen, die Städtereinigung, Abwasserbeseitigung, die Feuerung, Heizung und Lüftung, das Beleuchtungswesen, die Krankenhaus-, Schul- und Gewerbehygiene, die Entseuchung, das Abdeckereiwesen und Leichenwesen, die Luft- und Straßenhygiene, die Schlachthaus- und Kuhlhauseinrichtungen u. a. m. Die Heizungs- und Lüftungstechnik fand sich also auf einmal mitten in den großen Aufgaben der praktischen Gesundheitspflege wieder, und der ausführende Techniker mußte sich mit den

[1]) Dietz: Die neuere Entwicklung der Zentralheizungs- und Luftungstechn., Prometheus 1907, Nr. 7—9, Verlag R. Muckenberger, Berlin.

[2]) Nachruf siehe Ges.-Ing. 1913, Nr. 51.

einschlägigen Aufgaben und Forderungen, zum Teil auch mit den ihn angehenden Untersuchungsverfahren der hygienischen Wissenschaft vertraut machen[1]).

Auf dem Gebiete der Ofenheizung und überhaupt der häuslichen Feuerstätten verdanken wir dem bekannten Physiker Meidinger (1831—1905) eine Menge Versuchsbeiträge sowie seit 1870 die Einführung der nach ihm benannten Dauerbrandöfen. A. Wolpert (1832—1907) gab vielfache Anregungen durch sein 1860 in erster Auflage erschienenes Buch »Prinzipien der Ventilation und Luftheizung«. Vor allem aber galt es, der wissenschaftlichen Technik als Führerin bei den Ausführungen der Anlagen zu folgen und Physik und Chemie als Hilfswissenschaften im Dienste des Faches heranzuziehen. So wurden die einzelnen Heizungsbauarten verbessert und neue geschaffen. Bechem, Gründer der Firma Bechem & Post in Hagen, baute 1878 die **Niederdruckdampfheizung** mit 0,3 Atm. Betriebsdruck und mit selbsttätigem Feuerungsregler sowie mit Schutzmänteln zur Regelung der Wärmeabgabe der Heizkörper. An Stelle dieser Mäntel, die auch im Jahre 1875 bereits der Amerikaner Tudor anwendete, führte 1884 Käuffer in Mainz (1837—1897) die Ventilregelung ein, indem er den Dampfdruck auf 0,1 Atm. herabsetzte. Die Fig. 6 veranschaulicht eine der ersten Formen von freistehenden Käufferschen Heizkörpern, deren Vorbild in den Vereinigten Staaten von Nordamerika der sog. »Radiator« (Wärmestrahler) war. Durch diese Heizkörperart wurden die sonst üblich gewordenen, zwar billigen, aber wegen ihrer Verstaubung gesundheitsschädlichen Rippenheizkörper mehr und mehr verdrängt, so daß heute in den Aufenthaltsräumen fast ausschließlich Radiatoren als Sammelheizkörper aufgestellt werden. Durch Ausbildung der verschiedenen vereinigten Heizungs- und Lüftungsarten lernte man allmählich die größten Bauten in zweckentsprechender Weise mit Wärme und Luft versorgen. Die gelehrten Arbeiten eines Ferrini (Tecnologia del Calore, Milano 1876), Grashof (Theor. Maschinenlehre, Leip-

[1]) Herzberg: Die Aufgaben des Ingenieurs in der Hygiene, Zeitschrift d. Ver. Deutscher Ing. 1894. Pfutzner: Die moderne Heizungs- und Luftungstechnik in ihren Beziehungen zur Hygiene, Bericht über den Kongreß fur Heizung und Luftung in Dresden 1911, Verlag R. Oldenbourg, München.

zig 1875), Fischer (Heizung und Lüftung der Räume, Handb. d. Arch., Darmstadt, 1. Aufl. 1881), G. Recknagel (Lüftung des Hauses, im Handbuch d. Hygiene, v. Pettenkofer und v. Ziemssen, Leipzig 1894) dienten zur weiteren wissenschaftlichen Vertiefung. Das Verdienst, die wissenschaftlichen Ableitungen in einer für den Fachmann unmittelbar brauchbaren Form aufgestellt zu haben, gebührt Rietschel, und deshalb ist sein »Leitfaden zum Berechnen und Entwerfen von Lüftungs- und Heizungsanlagen« ein wertvolles Hilfsmittel für den ausführenden Techniker geworden. Von grundlegender Bedeutung für den Beruf sind ferner die von Rietschel (gest. 1914)[1]) durchgeführten Untersuchungen sowohl an bestehenden Anlagen (Lüftung und Heizung von Schulen, Verlag Springer 1886) als auch die zahlreichen Versuchsergebnisse aus der von ihm ins Leben gerufenen »Prüfungsanstalt für Heizungs- und Lüftungseinrichtungen« an der Kgl. Technischen Hochschule zu Berlin. — Im übrigen ist die von nun ab sprunghaft schnelle Weiterentwicklung des Heizungs- und Lüftungsfaches von den Fortschritten der allgemeinen Maschinen-

Fig. 6.
Einer der ersten unverkleideten Zierheizkörper von Käuffer in Mainz.

[1]) Nachruf siehe Ges.-Ing. 1914, Nr. 12.

technik abhängig geworden, namentlich von denen der Gußtechnik und der Rohrherstellung. Diese ermöglichten den Übergang von den teuren Kupferrohren zu gußeisernen Rohrleitungen und endlich zu schmiedeeisernen und Stahlrohren und gaben weiter seit dem Anfang der 90er Jahre des abgelaufenen Jahrhunderts zu der Einführung der freistehenden gußeisernen Gliederkessel für Wasser- und Niederdruckdampfheizungen Anlaß, einer Neuerung, die ebenfalls aus Nordamerika stammt.

Die Fortschritte in der Feuerungstechnik der Heizungsanlagen treten in dem Umstand in die Erscheinung, daß die Holzkohlenfeuerung des Altertums und die Holzfeuerung des Mittelalters verlassen wurden, um zunächst in England, dann in den übrigen Bildungsländern im 18. Jahrhundert der Steinkohlenfeuerung Platz zu machen. Endlich gelang mit der weiteren Entwicklung des Hüttenwesens und der Erfindung der Gasherstellung die seit etwa 1890 für Sammel-Niederdruckheizungen fast ausschließliche Verwendung des rauch- und rußlos verbrennenden Kokses in selbsttätigen Schüttfeuerungen. Mit der Gasheizung ist schon bei Gelegenheit der ersten Gasherstellung aus der Holzverkohlung durch den französischen Ingenieur Lebon 1786 begonnen worden, aber erst seit etwa 1900 sind auf diesem Gebiete die Anwendungsmöglichkeiten des Leuchtgases zum Heizen und Kochen allgemeinere geworden, namentlich auch durch die Einführung der gußeisernen Gasöfen. Wir nennen an dieser Stelle den bekannten Hochschullehrer Bunte, Karlsruhe, als Vorkämpfer der Gasheizung.

Der große Einfluß der Elektrizitätserzeugung und der Verteilung der elektrischen Arbeit überallhin auf die Entwicklung unseres Faches, namentlich zum Antrieb von Lüftungs- und Pumpmaschinen und sonstigen Hilfsapparaten, sowie zur Ozonisierung usw., braucht ja nur erwähnt zu werden, um sogleich die gebührende Würdigung zu finden.

Ein weiterer Schritt in der Entwicklung des Heizungsbauwesens war der Übergang zur Fernleitung beim Bau ausgedehnter Heil- und Pflegeanstalten. Zu den ersten Fernheizungen zählen die der Irrenanstalten des Rheinlandes vom Ende dee 70er Jahre des vergangenen Jahrhunderts. Als bemerkenswertr Dampffernheizung wurde dann 1897 von Rietschel & Henneberg die der großen Nürnberger Krankenanstalten für 30 Häuser gebaut, und im Jahre 1900 wurde die durch Temper und Pfützner geschaffene erste deutsche Städteheizung eröffnet, nämlich das Staatliche Fernheiz- und Elektrizitätswerk zu Dresden, Fig. 7. Dieses versorgte im Jahre 1905 von seiner im Mittelpunkte der Stadt an der Elbe gelegenen Zentrale aus auf eine Entfernung von 1040 m 11 Gebäude mit Heizungsdampf und 20 Gebäude mit

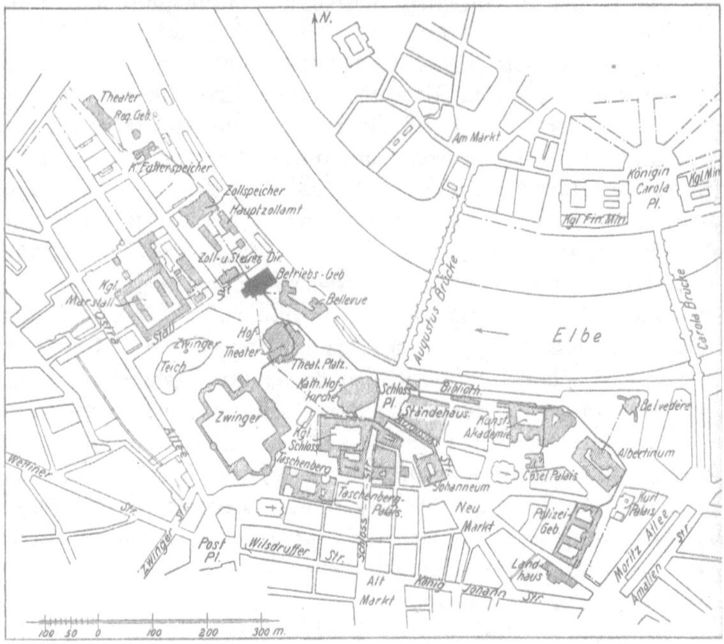

Fig. 7.
Staatl. Fernheiz- und Elektrizitätswerk zu Dresden.

elektrischem Strom für Kraft und Beleuchtung, darunter die hauptsächlichsten Staats- und öffentlichen Prachtgebäude Dresdens. Wirklich wirtschaftlich arbeitende Anlagen im Sinne unserer heutigen Energie- und Wärmewirtschaft konnten freilich erst durch die Ausnutzung der Abwärme von Kraft- und Lichtwerken mit Hilfe von Fernwasserheizungen durch Pumpenbetrieb geschaffen werden. Im Jahre 1898 plante Karsten in Dänemark seine erste derartige Anlage. Heute besitzen wir eine große Anzahl solcher Anlagen in Deutschland. Eine der bemerkenswertesten ist die von Hauser entworfene des III. Krankenhauses in München-Schwabing (1910—1914), weil hier die höchste wirtschaftliche Ausnutzung der Kohle auf dem Wege der Verbrennung dadurch erreicht ist, daß die Größe des Werkes nach dem Wärmebedarf der Krankenanstalt bemessen wurde, so daß fast alle Wärme als Abwärme geliefert werden kann, während der überschüssig erzeugte elektrische Strom in das städtische Netz gespeist wird. In dem richtigen Zusammenarbeiten der großen Wärme-, Licht- und Kraftwerke wird auch in Zukunft der weitere Entwicklungsgang der Heizungstechnik zu suchen sein.

Wertvolle Anregungen sind dem Heizungs- und Lüftungsbauwesen in den letzten Jahrzehnten aus den Vereinigten Staaten von Nordamerika geworden, wo der gesunde Wirklichkeitssinn und rege Unternehmungsgeist der Amerikaner zu ebenso bemerkenswerten wie technisch und wirtschaftlich günstig arbeitenden Anlagen selbst größten Umfanges (darunter viele Distrikt- und Städteheizungen in Verbindung mit Kraft- und Lichtwerken) geführt hat. Neben den Architekten stehen hier die sog. beratenden Ingenieure (consulting engineers), die alle zu einem Gebäude gehörenden maschinentechnischen Anlagen im Zusammenhang entwerfen und dann von Sonderunternehmern ausführen lassen. Der bedeutendste beratende Ingenieur war Alfred R. Wolff in New-York (gest. 1909), der sich durch Hunderte von Entwürfen solcher Anlagen, die zum Teil unter der Oberleitung von Arthur K. Ohmes ausgeführt wurden[1]), einen Namen gemacht hat.

Bei uns hat sich die Einrichtung der beratenden Ingenieure nicht recht eingeführt. Am nächsten kommen ihnen die bei den Landes- und Stadtverwaltungen bestehenden Heizungs- und Maschinenbauämter, die alle einschlägigen wärmetechnischen und maschinellen Anlagen der Gemeinden zu planen haben[2]), wobei im tunlichsten Zusammenarbeiten der Betriebe eine ord-

[1]) Ohmes: Heizungs-, Luftungs- und Dampfkraftanlagen in den Vereinigten Staaten von Amerika, Verlag R. Oldenbourg, Munchen 1912.

[2]) Dietz: Das Heizungs- und Maschinenbauwesen im Stadtebau. Eine Denkschrift mit besonderer Berucksichtigung der Berliner und Groß-Berliner Verwaltung, Gesundheits-Ingenieur 1919, Nr. 32.

nungsmäßige Energie- und Wärmewirtschaft durchzuführen ist. Hier zeigt sich so recht, daß der Wärmetechniker des ganzen Rüstzeuges der Maschinen- und Elektrotechnik bedarf, um die seiner harrenden Aufgaben erfolgreich zu lösen. Hierher gehören — um nur einige Beispiele herauszugreifen — alle Fragen des Kesselbaues und der wirtschaftlichen Feuerungstechnik zur Verminderung der Rauch- und Rußplage sowie zur möglichsten Ausnutzung der in den Brennstoffen aufgespeicherten Wärmemengen; ferner die immer wiederkehrenden Forderungen zur Schaffung derjenigen Voraussetzungen, bei denen die Gebläse und Pumpen mit dem günstigsten Wirkungsgrad arbeiten; dann die ausgedehnte Verwendung des elektrischen Stromes zum Betriebe der Lüftungs- und Pumpmaschinen; vor allem die von Fall zu Fall neu zu lösende Aufgabe, ob und unter welchen Bedingungen es in gewissen Betrieben wirtschaftlicher ist, die Dampfmaschinen mit Verdichtern zu betreiben und Frischdampf aus der Kesselanlage zur Speisung der Heizung zu verwenden, oder aber die Maschinen mit Auspuff oder Zwischendampfentnahme arbeiten zu lassen und den Ab- oder Nebendampf in die Heizung zu schicken, oder endlich, ob es sich lohnt, besondere Heizkessel zur Erzeugung des Heizdampfes oder daneben irgendeine andere Kraftmaschinenanlage für Abkraft zu bauen. Derartige Fragen hat der Maschinen- und Heizungsbaumeister bei der Entwurfsbearbeitung nach wirtschaftlichen Gesichtspunkten zu entscheiden und die Lösung ziffernmäßig zu belegen, ebenso wie nach der Fertigstellung der Anlage den Beweis für die Richtigkeit durch umfassende technische Untersuchungen zu erbringen. Neben der selbstverständlichen Forderung der Arbeitssicherheit und Erreichung des vorgeschriebenen Wirkungsgrades von Kesseln und Maschinen hat also der Ingenieur sein Hauptaugenmerk auf die Wirtschaftlichkeit der Gesamtanlagen zu richten. In dieser Beziehung hat zur wesentlichen Vervollkommnung der Anlagen bei uns in neuerer Zeit die Ausbildung der Meßtechnik[1]) in erheblichem Maße beigetragen. Ein besonderes Gewerbe hat sich mit Fleiß dieser Aufgabe gewidmet und hat ausgezeichnete Meßgeräte und brauchbare Fernmeßapparate

[1]) Gramberg: Maschinentechnisches Versuchswesen, Bd. I u. II; Technische Messungen bei Maschinenuntersuchungen und im Betriebe, Verlag Julius Springer, Berlin 1918.

hergestellt, deren richtige Anwendung im Betriebe oft bedeutende Ersparnisse erzielen läßt und von ausschlaggebender Bedeutung für den richtigen Gang der Anlage sein kann. Um hier nur einige Namen zu nennen: G. A. Schultze, Dr. Koepsel, R. Fueß, Rosenmüller, Hartmann & Braun, Siemens & Halske.

Aber vergessen wir schließlich eines nicht: wir sind von der Baukunst ausgegangen und müssen uns dessen bewußt bleiben, daß die Lüftungs- und Heizungseinrichtungen in den Aufenthaltsräumen in die Erscheinung treten und somit, besonders in öffentlichen Bauten, einen Teil der Raumgestaltung bilden. Bei der Einrichtung einer Heizung und Lüftung wird also der Architekt stets ein gewichtiges Wort mitzureden haben: er ist im wahrsten Sinne des Wortes der ἀρχιτέκτων, d. h. der erste, der führende Künstler, der — unter voller Würdigung aller gesundheitlichen und technischen Gesichtspunkte und Forderungen — alle am Baue Mitwirkenden im Sinne seiner Raumkunst zum gemeinsamen Ziele zu leiten berufen ist. Jeder Fortschritt wird erst zur Kultur durch das Mittel der Kunst. Die allen maschinentechnischen Bauwerken eigene künstlerische Zweckschönheit muß also notwendigerweise auch bei den Heizungs- und Lüftungsanlagen als Ausgangspunkt für ihre harmonische Einfügung in die Innenräume dienen.

Gesundheitslehre, Maschinentechnik und Baukunst, das sind demnach die drei Grundpfeiler, auf denen der Heizungs- und Lüftungsbaumeister im Rahmen der Wirtschaftlichkeit seine Anlagen zu errichten hat. Die Beherrschung dieser drei Gebiete bis zu dem notwendigen Grade ist Vorbedingung für das völlige Gelingen der Gesamtanlage.

An einigen unserer technischen Hochschulen wird »Heizung und Lüftung« als besonderes Fach gelehrt, das der neueren Entwicklung entsprechend nicht mehr wie früher der Abteilung für Architektur, sondern der für Maschineningenieurwesen zugeteilt ist. Zum ersten Hochschullehrer unseres Faches wurde Anfang der 80er Jahre des vergangenen Jahrhunderts Hermann Rietschel an die Technische Hochschule Berlin berufen. Als jetzige Hochschulvertreter möchte ich hier u. a. nur nennen: Brabbée-Berlin, Gramberg-Danzig, Hüttig-Dresden, Nusselt-Darmstadt, Pfützner-Karlsruhe. Die Technischen Hochschulen Berlin und Karlsruhe haben nach dieser Richtung die Führung, indem sie außer der allgemeinen Ausbildung im Maschinenwesen noch durch besondere Lehrpläne für die Vermittlung eingehender Kenntnisse in der Heizungs- und Luftungstechnik sorgen. Die Technische Hochschule Berlin verfügt ferner neben den Vorlesungen über Heizung und Lüftung noch über eine besondere »Prüfanstalt für Heiz- und Lüftungsanlagen«, die von dem Altmeister der Heizungs- und Luftungstechnik, Hermann Rietschel, im Jahre 1888 ins Leben gerufen wurde und 1907 von ihm durch Neubau erheblich erweitert und zu einer einzigartigen Forschungsstätte, der einzigen an deutschen Hochschulen, ausgebildet worden ist. Diese dient außer den Übungen für die Studierenden hauptsächlich der Durchführung von Forschungsarbeiten, die zur unmittelbaren Verwendung im Berufe bestimmt sind. Die Anstalt hat die weitere Aufgabe, Apparate und Bauarten aus der Heizungs- und Lüftungstechnik auf besonderen Antrag gegen Vergütung der festgesetzten Gebühren auf ihren Wert zu untersuchen und über das Ergebnis amtliche Prufungsscheine auszustellen. Seit dem Jahre 1902 sind ferner aus dem von Linde gegründeten und seitdem von Knoblauch geleiteten Laboratorium für technische Physik der Technischen Hochschule München eine große Reihe wissenschaftlich besonders wertvoller Arbeiten auf dem Gebiete der Wärmetechnik hervorgegangen. So sind diese Anstalten zu einem sehr segensreichen Wirken berufen und so recht geeignet, eine Brücke zwischen Forschung und Beruf zu bilden. Im übrigen haben auch die Dampfkessel-Überwachungs-Vereine durch wertvolle Versuche und Ratschläge viel zur Hebung des Faches beigetragen. Die gesundheitlichen Fragen der Heizung und Lüftung werden ferner an allen technischen Hochschulen, ebenso wie an den Universitäten, in den Vorlesungen uber Wohnungs- und Bauhygiene behandelt.

Zum Vorteil einer gedeihlichen Entwicklung des Heizungsfaches war es mit Freuden zu begrüßen, daß sich Fachverbände bildeten. Seit dem Jahre 1898 besteht der »Verband der Zentralheizungs-Industrie«. Der Verband bezweckt die Pflege und Förderung der beruflichen, fachwissenschaftlichen und wirtschaftlichen Entwicklung des Heizungs- und Lüftungsfaches. Er hat vor allem einheitliche Grundlagen zur Regelung des Wettbewerbswesens sowie Normen fur die Aufstellung von Entwürfen und für die Ausführung der Anlagen geschaffen.

Seit 1910 sind »Heiztechnische Kommissionen« in Berlin und anderen Städten zur Verbesserung des Kachelofens gegründet worden. Im Jahre 1917 wurde der »Bund für Deutsche Kachelwerkkunst« mit dem Zwecke der Nutzbarmachung, Verbreitung und Förderung der Kachelwerkkunst geschaffen, um zur weiteren Einführung der Kachelöfen für Heiz- und Küchenanlagen in den Wohn- und Wirtschaftsstätten beizutragen. In München besteht eine Zentrale für das deutsche Ofensetzergewerbe unter der Leitung von Ecker.

In einzelnen Städten haben sich »freie Vereinigungen« von Heizungsingenieuren, wie z. B. in Berlin und Dresden, gebildet.

Die Vertreter der öffentlichen Bauverwaltungen haben sich 1903 zu einem Verbande zusammengeschlossen, der unter dem Namen »Vereinigung behördlicher Ingenieure des Maschinen- und Heizungswesens« bezweckt, durch Austausch der Erfahrungen, durch Vorträge und Verhandlungen in Versammlungen, durch Rundschreiben und durch statistische Erhebungen nutzbringend für ihre Mitglieder zu wirken.

Auch ein Zusammenschluß im Wärmeschutzgewerbe hat stattgefunden mit dem Ergebnis, daß im Jahre 1918 ein »Forschungsheim für Wärmewirtschaft« in München gegründet wurde, das die wissenschaftlichen Grundlagen des Wärmeschutzes vertiefen und deren Ergebnisse bei allen Wärmeerzeugungs- und Verwertungsanlagen zur Anwendung bringen soll.

So kann die für die Volksgesundheit und unsere gesamte Kultur eine gleich wichtige Grundlage bildende Heizungs- und Lüftungstechnik die besten Fortschritte verzeichnen, und immer mehr kommen ihre Vorteile der Allgemeinheit zugute. Die Welt-Hygieneausstellung in Dresden im Jahre 1911, an der das Fach der Heizung und Lüftung mit vollem Erfolge durch eine wissenschaftliche Gruppe und eine Sammelausstellung des Verbandes der Zentralheizungs-Industrie beteiligt war, gab einen glanzvollen Überblick über den Stand und über die auf unserem sehr schwierigen Wissens- und Berufsgebiete gemachten langsamen, aber stetigen Errungenschaften und schließlich über die — an den Jahrtausenden gemessene — ungemein schnelle Entwicklung der letzten Jahre. Wenn auch noch etwa 95 v. H. aller Wohnungen in Deutschland Ofenheizung besitzen, so gibt es anderseits in den

Großstädten Entwicklungssprünge: so hatten z. B. in dem neu erstandenen Kurfürstendammviertel in Charlottenburg im Jahre 1908 bereits 71 v. H. aller Häuser Sammelheizungen. Im Jahre 1911 betrug die Jahresherstellung an Warmwasser- und Niederdruckdampfheizungen in den Bildungsländern schätzungsweise 300 bis 400 Mill. Mk., wovon 80 bis 100 Mill. Mk. auf Deutschland entfielen. —

Inzwischen hat der Weltkrieg getobt und nach 5 Jahren in Deutschland auch die gedeihliche Entwicklung der Heizungsindustrie beinahe zum Stillstand gebracht. In dieser Zeit der wirtschaftlichen Abschnürung Deutschlands vom Weltmarkte haben wir endlich auch auf unserem Gebiete der Wärmetechnik, der Feuerungs- und Heizungsanlagen volkswirtschaftlich denken gelernt, und wir wollen hoffen, daß nicht umsonst berufene Sachverständige ihre warnende Stimme erhoben haben, um uns vor der weiteren Vergeudung unserer Kohlenschätze zu bewahren. Wir müssen erkennen, daß Deutschlands Kohlenvorräte beschränkt sind, sowohl dem Umfang als auch der Zeit nach; wir besitzen nur ungefähr 5 v. H. der Weltvorräte und reichen damit einige hundert, vielleicht tausend Jahre. Durch Verbrennung der Kohlen auf dem Roste gehen uns wertvolle Nebenerzeugnisse verloren, die wir durch Vergasung, allerdings nur bei einem gewissen Mehraufwand der Kohle, gewinnen könnten, und die sich jährlich auf mehrere Milliarden Mark beziffern, als da sind: Gas, Koks, Ammoniak, Teer, Benzol, Schwefel, Pech, Naphthalin und eine große Reihe anderer Stoffe, die als Heiz- und Treibmittel, in den Farben- und chemischen Gewerben, zur Sprengstofferzeugung, zum Düngen, als Heilmittel in der Arzneikunde usw. Verwendung finden. Wenn wir auch nicht plötzlich eine volle Umstellung der jetzigen Wirtschaftsweisen durchführen können, so müssen wir doch soweit wie möglich daraufhin arbeiten, von der Verbrennungstechnik dort, wo es angebracht ist, zur Vergasungstechnik zu gelangen.

Im Jahre 1915 wurde das Kaiser Wilhelm-Institut für Kohlenforschung bei Mülheim a. d. Ruhr gegründet, das berufen ist, wissenschaftliche Studien auf den genannten Gebieten der wirtschaftlichsten Verwertung unserer Kohlenschätze zum Nutzen der Volkswirtschaft durchzuführen. Eine weitere Kriegsschöpfung ist die 1917 gegründete Brennkrafttechnische

Gesellschaft in Berlin, die ebenfalls eine Verbesserung der gesamten Energie- und Wärmewirtschaft anstrebt.

Alles hier über die Kohlenwirtschaft Gesagte zusammen mit der Tatsache der Verarmung Deutschlands durch den Krieg, die Teuerung und weiter die ganze Richtung der gesellschaftlichen Verhältnisse, wie auch die Entwicklung der Technik selbst treiben zu einer immer weiteren Vergewerblichung aller verwandten Gebiete der Wohlfahrtspflege, die auf der Anwendung der Wärme beruhen. So wird auch die Entwicklung der Heizungstechnik — abgesehen von der technischen Vervollkommnung jedes Einzelbauteiles, Heizkörpers, Feuerungsapparates usw. und unbeschadet der durchaus richtigen Vereinheitlichungsbestrebungen — in der Richtung der weiteren Zusammenfassung der Kraft-, Licht- und Heizbetriebe, in dem Zusammenarbeiten mit der Wind- und Wasserkraft, der Abfallenergieen — auch über den Eigenbedarf hinaus — und in der weiteren Vergasung der festen Brennstoffe unter Ausbeutung der Nebenerzeugnisse zu suchen sein, wobei die Wärmehaltung der Bauten und sparsamster Brennstoffverbrauch leitende Grundsätze sein müssen.

II. Abschnitt.

Die gesundheitlichen Grundlagen.

1. Wechselwirkung zwischen menschlichem Körper und künstlicher Umgebung.

Jede Heizungs- und Lüftungsanlage, mag sie in technischer und künstlerischer Hinsicht noch so sehr befriedigen, muß als minderwertig bezeichnet werden, wenn sie den Forderungen der Gesundheitslehre nicht entspricht. Uns in Kürze mit den einschlägigen grundlegenden Lehren der Hygiene bekannt zu machen, soll deshalb unsere nächste Sorge sein.

Schriften zum II. Abschnitt:

Flugge: Grundriß der Hygiene, Verlag Veit & Co., Leipzig 1908. — Rubner: Lehrbuch der Hygiene, Verlag Deuticke, Leipzig und Wien 1907. — v. Esmarch: Hyg. Taschenb., Verlag Springer 1908. — Weyl: Handbuch der Hygiene, IV. Band, Abt. 3. v. Weyl, Hottinger und Berlowitz; ferner Bd. VII, Abt. 2. v. Konrad Hartmann,

Der **Aufenthalt in geschlossenen Räumen** bedingt für den Menschen eine künstliche Umgebung, deren Beschaffenheit durch mancherlei äußere, besonders Witterungseinflüsse, durch die Lebenstätigkeit des Körpers selbst und durch die Art der Beschäftigung des Menschen vielfachen Veränderungen unterliegt. Daß diese kein der Gesundheit schädliches Maß erreichen und im Laufe der Zeit die Leistungsfähigkeit des Körpers schwächen können, dagegen Mittel und Wege anzugeben sowie die krankmachenden Störungen der Umgebung aufzudecken, ist die Aufgabe der Wohnungshygiene.

Das Mittel, in dem wir uns ununterbrochen zu bewegen gezwungen sind, um leben zu können, ist die Luft. Mit ihr steht unser Körper in ständigem Wechselverkehr, indem er ihr durch Atmung sowohl einen Teil seiner Nahrung entnimmt, als auch durch entsprechende Wärmeabgabe seine erforderliche Eigentemperatur aufrecht erhält: der erwachsene Mensch atmet in 24 Stunden im Mittel 9 cbm Luft und gibt in derselben Zeit etwa 2300 bis 3300 Wärmeeinheiten an die Luft ab. Die stoffliche Zusammensetzung und chemische Beschaffenheit der Luft und ihre Verunreinigungen einerseits sowie die physikalischen und thermischen Wirkungen der Umgebung anderseits dürfen deshalb in der Wohnung gewisse durch unseren Organismus bestimmt gezogene Grenzen nicht verlassen, damit der regelmäßige Ablauf der Lebensäußerungen des Körpers sich vollziehen kann. Zur Erreichung dieses Zweckes bedienen wir uns der Lüftung und der Heizung, und unterstützen diese durch die Wahl einer entsprechenden Kleidung. Sind die genannten Mittel unzureichend oder mangelhaft, so stellen sich regelwidrige Verhältnisse in der künstlich geschaffenen Umgebung ein, und auf jede zu starke oder zu lange andauernde Schwankung antwortet der Organismus mit krankhaften Störungen. Die Ur-

Verlag Johann Ambrosius Barth, Leipzig 1913. — Wolpert: Ventilation und Heizung, 2. u. 3. Bd., Verlag Loewenthal, Berlin 1901. — Nußbaum: Leitfaden der Hygiene, Verlag R. Oldenbourg, Munchen und Berlin 1902. — Gärtner: Leitfaden der Hygiene, Verlag Karger, Berlin 1909. — Prausnitz: Atlas und Lehrbuch der Hygiene mit besonderer Berucksichtigung der Städtehygiene, Verlag J. S. Lehmann, Munchen 1909. — Albrecht: Handbuch der praktischen Gewerbehygiene. — Hoffmann: Lehrbuch der Militärhygiene.

sachen der letzteren sind oft so fein und versteckt oder liegen zeitlich so weit zurück, daß sie durch unsere Sinne gar nicht unmittelbar erkannt werden können. Dies trifft z. B. bei mangelhafter Beheizung, ganz besonders aber bei schlechter Lüftung zu; deshalb ist es nötig, die hierbei stattfindenden gesundheitlichen Beziehungen wissenschaftlich zu betrachten, wie dies im folgenden kurz geschehen soll.

2. Stoffliche Zusammensetzung u. Beimengungen der Luft.

Die Luft bildet keine chemische Verbindung, sondern ist ein **Gemenge** verschiedener Gase. Die Luft im Freien enthält dem Rauminhalt nach nahezu 21 Hundertteile Sauerstoff, etwas mehr als 78 Hundertteile Stickstoff, 1 Hundertteil Argon, 0,04 Hundertteile Kohlensäure (in Städten bis 0,07) und Spuren anderer Gase wie Ozon, Ammoniak usw. Ferner sind in der Luft schwebend wechselnde Mengen von Wasserdampf, Staub und Kleinlebewesen enthalten. Die beiden letzteren bilden zusammen mit gewissen, je nach der Lebensbeschäftigung der Menschen in den Aufenthaltsräumen erfolgenden chemischen Veränderungen der Luft, die hauptsächlichen Verunreinigungen der Raumluft.

Im **Luftstaub** der Aufenthaltsräume kann man größere Staubteilchen, Ruß und Sonnenstäubchen unterscheiden, die sich alle infolge geringster Luftströmungen schwebend halten und durch Einfallenlassen eines Lichtbündels in den verdunkelten Raum leicht wahrnehmbar gemacht werden können.

Zur **Zählung** der in der Luft enthaltenen Staubteilchen benutzt man gewöhnlich einen von Aitken erfundenen Apparat: in einen kleinen mit Wasserdampf gefüllten Zylinder wird staubfreie Luft gebracht und mittels einer Luftpumpe verdünnt; alsdann läßt man eine bestimmte Menge der zu untersuchenden Luft durch Öffnung eines Hahnes ein; sofort bildet sich um jedes Stäubchen je ein Wassertropfen, die sich auf einer quadrierten Glasplatte absetzen und nun mikroskopisch gezählt werden können. H. Recknagel hat in Verbindung mit Hahn einen anderen Staubzähler vorgeschlagen[1]), dessen Bauart darauf beruht, daß

[1]) H. Recknagel, Über Staubgehaltsuntersuchungen der Luft in gewerblichen Betrieben. Gesundh.-Ing. 1908, Nr. 19.

die zu untersuchende Luft mit Einatemgeschwindigkeit von 1,4 m/sek durch eine Röhre von 14 mm Durchmesser angesaugt wird und im Apparat ein Wattefilter durchströmt. Der in letzterem abgesetzte Staub wird gewogen.

Leider fehlt es zurzeit noch an einer wissenschaftlichen Grundlage darüber, welcher Staubgehalt gesundheitlich noch zulässig ist. Für gewisse Fabrikbetriebe wäre eine Lösung dieser Frage von außerordentlichem Nutzen. In jedem Kubikzentimeter Zimmerluft sind nach Aitkens Messungen gewöhnlich Hunderttausende bis mehrere Millionen Staubteilchen enthalten. Die gröberen Staubteilchen bestehen zum größten Teil aus anorganischen Gesteinsplittern und Sandteilchen, das übrige ist organischen Ursprungs, wie Kleidungsfasern, Haare, Pflanzenabfälle, Pferdedünger. Der Ruß besteht aus feinen Kohlenteilchen, die der unvollkommenen Verbrennung entstammen. Die Sonnenstäubchen bestehen meist aus den feinst zerriebenen Fasern der Kleidungsstoffe, abgestorbenen Kleinlebewesen usw. und setzen sich auch in ruhender Luft nicht zu Boden. In den Unterrichtsräumen ist der »Schulstaub« ein gefürchteter Gast.

Das Einatmen des Staubes ist besonders in manchen gewerblichen Betrieben sehr gesundheitsgefährlich, in denen dazu noch vielfach giftige **Gase und Dämpfe** entstehen. Gasförmige Verunreinigungen der Raumluft kommen auch in Wohnungen häufig als Folge mangelhafter Feuerungen vor: von den Verbrennungsgasen ist besonders das Kohlenoxyd gefährlich; letzteres ist u. a. auch als Erzeugnis unvollkommener Verbrennung dem Zigarrenrauche beigemischt. Gasförmige Stoffe, z. B. Ammoniak, entstehen beim Schwelen des organischen Staubes auf zu heißen Heizflächen[1]) bei einer Temperatur von über 70—80° C. Solch verschwelter Staub reizt die Schleimhäute der Atmungswege und ruft auf diese Weise das Gefühl »trockener Luft« hervor. Auch die offene Beleuchtung trägt zur Verunreinigung der Raumluft durch Gase, besonders Kohlensäure, bei.

[1]) v. Esmarch: Die Staubversengung auf unseren Heizkörpern. Hygien. Rundschau 1905, Nr. 1, Verlag Hirschwald, Berlin; und: Gesundh.-Ingenieur 1905, Nr. 4, Verlag R. Oldenbourg, München.

Nußbaum: Staubzersetzung auf Heizkörpern, Gesundh.-Ingenieur 1905, Nr. 16.

Häufig finden sich innerhalb der Decken, namentlich in älteren Häusern, in Fäulnis übergegangene, kleinste organische Beimengungen, deren Erzeugnisse sich der Raumluft mitteilen und so einen üblen Geruch hervorrufen.

Die **Kleinlebewesen** haften entweder (wie z. B. die Tuberkelbazillen) an den in der Wohnungsluft schwebenden Staubteilchen oder (wie die Cholera-, Diphtherie-, Influenzabazillen) an den in die Luft versprühten Tröpfchen; sie werden durch Staubaufwirbelung und beim lauten Sprechen, Husten und Niesen mit dem in Tröpfchenform herausgeschleuderten Speichel in die Luft übergeführt. Nur die Schimmelpilzsporen können auch unvermittelt in der Luft schweben. — Während eine Ansteckungsmöglichkeit durch krankmachende Kleinlebewesen im Freien kaum gegeben ist, enthält die Luft bewohnter Räume je nach Benutzung oft eine ganz bedeutende Anzahl davon, und zwar unter gleichen Umständen desto mehr, je bewegter und staubhaltiger sie ist, im Mittel mehrere tausend im cbm. Durch Einatmen gelangen solche ansteckenden Luftkeime in die Schleimhäute der Atmungswege oder werden mit dem Speichel verschluckt.

3. Chemische Beschaffenheit der Luft.

Die im vorigen Paragraphen angegebene chemische Zusammensetzung der Luft ist im Freien überall fast die gleiche, sie wird aber in den Aufenthaltsräumen durch die Lebensäußerungen der Menschen und Tiere wesentlich geändert. Infolge des Atmungsvorganges gelangt die Luft in die Lungen, wobei beim Menschen täglich bis 1000 g Sauerstoff an die Blutkörperchen und von hier in den Blutkreislauf übergehen und etwa die gleiche Gewichtsmenge Kohlensäure ausgeschieden wird. Die ausgeatmete Luft enthält im Mittel 4,4% Kohlensäure. Die Luft bewohnter Räume wird also, wenn sie nicht dauernd erneuert wird, arm an Sauerstoff und reich an Kohlensäure. Jedoch darf der **Sauerstoffgehalt** schon eine sehr bedeutende Abnahme, bis herunter zu 11—12%, in den Wohnräumen erfahren, wie sie unter gewöhnlichen Verhältnissen gar nicht vorkommen kann, um eine merkbare Gesundheitsschädigung herbeizuführen; erst bei etwa 7,2% tritt der Tod ein.

Auch die **Kohlensäure** als solche hat nicht die große Schadlichkeit, wie gewöhnlich angenommen wird: während die freie Atmosphäre an allen Orten fast gleichmäßig verteilt im Mittel 0,04% Kohlensäure enthält, kann ein Gehalt bis 1% in geschlossenen Räumen noch längere Zeit ohne Schaden ertragen werden; 1—2% erregen Atemnot, Schwindel und Ohnmacht; erst ein Kohlensäuregehalt der Raumluft von etwa 20—30% führt den Tod des Menschen herbei. Im Jahre 1848 erstickten auf dem Schiffe Londonderry in einem dichtgeschlossenen Raume von 40 cbm 70 Personen. Einen so hohen Kohlensäuregehalt wird die Luft bewohnter Räume nie erreichen, weil stets ein geringer Luftaustausch zwischen Raum- und Außenluft durch die luftdurchlässigen Raumumfassungswände und durch die Tür- und Fensterfugen unterhalten wird: in Schulen, wo besonders ungünstige Verhältnisse vorliegen, sind bis zu 1,1% Kohlensäure gemessen worden.

Außer durch die Kohlensäure, die der menschlichen Atmung und gegebenen Falles der Beleuchtung (zusammen mit Spuren von Kohlenoxyd, schwefliger, salpetriger Säure usw.) entstammt, wird die Luft bewohnter Räume aber noch durch übelriechende Gase und andere Stoffwechselerzeugnisse, durch zersetzliche Absonderungen der Hauttätigkeit sowie infolge Ausscheidung von Wasserdampf durch die Menschen verunreinigt. Man glaubte eine Zeit lang, daß in der Ausatemluft des Menschen ein Atemgift, das sog. Anthropotoxin, enthalten sei. Eine solche Annahme hat sich, nachdem sie verschiedene Forscher durch Versuche als unrichtig erwiesen haben, in der Folge nicht halten können. Diese Güteverminderung verleiht der Wohnungsluft einen ekelerregenden Geruch. Bekanntlich haben wir in unserer Nase den besten Gasprüfer, den es gibt, und durch den wir die feinsten Veränderungen in der Luftzusammensetzung gefühlsmäßig zu unterscheiden vermögen. Die Güteverminderung der Raumluft geht erfahrungsgemäß unter den gewöhnlich gegebenen Umständen fast verhältnismäßig mit der Kohlensäurevermehrung, entzieht sich jedoch im einzelnen vollständig der gasanalytischen Bestimmung. Aus diesem Grunde hat v. Pettenkofer vorgeschlagen, die der Menge nach genau zu ermittelnde Kohlensäure selbst als Maßstab für die Verunreinigung der Wohnluft zu benutzen.

Auf dieser Grundlage bezeichnete v. Pettenkofer unter Zuhilfenahme seines Geruchsinnes diejenige Luft eines dauernd von Menschen bewohnten Raumes, in dem andere Luftverunreinigungsquellen (CO_2 durch Gasbeleuchtung!) nicht vorhanden sind, als gesundheitlich noch zulässig, deren Kohlensäuregehalt den Grenzwert 0,1% nicht übersteigt. Manchmal läßt sich diese Forderung nicht erfüllen, weil der Luftwechsel zu groß wird und leicht Zugerscheinungen zu befürchten sind; dieser Fall tritt z. B. in Schulklassen ein, für die Rietschel den Wert von zeitweise 0,15% noch gelten läßt. Gegenüber manchen Angriffen, denen die Gütebestimmung der Raumluft mittels des Kohlensäuremaßstabes ausgesetzt gewesen ist, hat in neuerer Zeit besonders Rubner nachdrücklich auf die physiologisch nachweisbar akute Wirkung verdorbener Luft in Aufenthaltsräumen hingewiesen: übelriechende Gase setzen nach Rubner (Lehrb. 07, S. 210) die Atemgröße herab; mit einer Verminderung des Stoffwechsels geht Ermüdung und Erschlaffung einher.

Auf einen anderen in dieser Beziehung gesundheitlich wichtigen, vielfach außer acht gelassenen Umstand hat uns Kißkalt durch seine Untersuchungen aufmerksam gemacht[1]), daß nämlich die Geruchsstoffe die Eigenschaft haben, bei längerer Einwirkung auf den Umfassungswänden der Räume festzuhaften. Der Nachweis wurde mit Ammoniak geführt, also einem Gase, das sich den Geruchstoffen bedeutend ähnlicher verhält als die Kohlensäure. Es wurde nachgewiesen, daß solche Gerüche, die aus an den Oberflächen festhaftenden Geruchsstoffen stammen, zwar nach kräftiger Lüftung für kurze Zeit aus der Luft verschwinden, um sich aber nach Schließen der Fenster von den Wänden her schnell zu ergänzen. Gewöhnlich nach langer Zeit, nach Wochen und noch viel länger, ist oft erst die Sättigung an den Oberflächen so stark gesunken, daß die Gerüche nur noch in einer Menge abgegeben werden, daß sie nicht mehr riechbar sind.

Zur **Bestimmung der Raumluft auf Kohlensäure** für einen bestimmten Zeitpunkt ist durch v. Pettenkofer folgendes Ver-

---

[1]) Kißkalt: Die Entfernung der Geruchsstoffe durch Ventilation, Archiv für Hygiene, Bd. 71, 4. Heft, 1909, Verlag R. Oldenbourg, München.

fahren angegeben worden, das voraussetzt, daß die zu untersuchende Luft keine anderen Säuren enthält, was für die gewöhnlichen Verhältnisse als zutreffend angenommen werden kann: Eine trockene, reine Flasche, deren Luftinhalt bis zum Rande geeicht ist und $V = 6000$ ccm betragen möge (Fig. 8), dient zur Aufnahme der Luftprobe. Man führt die Mündung eines Handblasebalges in den Hals der Flasche, pumpt diese (ohne hineinzuatmen) durch etwa 30 bis 50 Züge mit der Luft

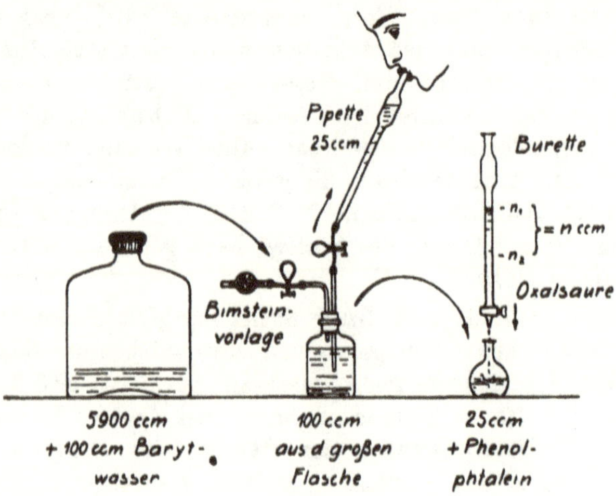

Fig. 8.
Kohlensäurebestimmung der Luft nach v. Pettenkofer

des zu untersuchenden Raumes voll und gießt $v = 100$ ccm Barytwasser von bekanntem Titer hinein. Dann verschließt man die Flasche rasch mit einer Gummikappe und vermerkt den Barometerstand, beispielsweise $b = 751$ mm Q. S., und die Lufttemperatur, z. B. $t = 18^0$ C. Der auf 0^0 und 760 mm umgerechnete Luftinhalt ist alsdann

$$V_0 = \frac{(V - v) \cdot b}{\left(1 + \frac{t}{273}\right) \cdot 760} \quad . \quad . \tag{1}$$

$$= \frac{5900 \cdot 751}{1,066 \cdot 760} = 5470 \text{ ccm.}$$

Jetzt beschleunigt man die Aufnahme der Kohlensäure aus der Flaschenluft durch das Barytwasser, indem man die Flasche etwa eine halbe Stunde lang schwenkt oder rollt. Die nach beendeter Aufnahme trüb aussehende Flüssigkeit gießt man nun in eine kleinere Flasche, verschließt diese und läßt sie 1 bis 2 Stunden ruhig stehen, bis sich der Baryumkarbonatniederschlag abgesetzt hat. Sodann entnimmt man unter Anwendung einer Vorlage, die Bimsstein mit gesättigter Natronlauge enthält, durch Saugen mit einem Stechheber (vorsichtig, ohne hineinzuatmen) eine Probe von genau 25 ccm, die man in ein Kölbchen bringt und mit 2 Tropfen Phenolphtaleïn rot färbt. Jetzt titert man mit einer Oxalsäurelösung, die 2,864 g kristallisierter Oxalsäure auf 1 l abgedampften Wassers enthält (wobei 1 ccm der Lösung genau 1 mg CO_2 entspricht), indem man die Lösung aus einem in ccm geteilten Meßglas tropfenweise in das untergehaltene Kölbchen einfließen läßt und dabei letzteres fleißig schüttelt. Die Titerung ist mit dem Augenblick beendet, in dem der Umschlag der rot gefärbten Flüssigkeit in Gelb erfolgt. Waren beispielsweise vor der Kohlensäureaufnahme $N = 15{,}8$ ccm Oxalsäure als zum Unwirksammachen des Barytwassers nötig an der Bürette abgelesen worden und nach der Aufnahme $n = n_1 - n_2 = 13{,}3$ ccm, so beträgt der Unterschied für 25 ccm Flüssigkeit $N - n = 15{,}8 - 13{,}3 = 2{,}5$ ccm, also für die 100 ccm Barytwasser viermal so viel, d. i. 10 ccm Oxalsäure, was nach unserer Annahme genau 10 mg CO_2 gleichkommt. Da der spezifische Raumgehalt der Kohlensäure 0,51 ist, so entspricht dieser $k = 10 \cdot 0{,}51 = 5{,}10$ ccm Kohlensäure auf $V_0 = 5470$ ccm Luft. Also war der Kohlensäuregehalt der Raumluft:

$$K = \frac{k \cdot 100}{V_0} \quad \text{. , ...} \quad (2)$$

$$K = \frac{5{,}1 \cdot 100}{5470} = \frac{510}{5470} = 0{,}09\%.$$

v. Pettenkofer hat noch ein anderes Verfahren der mittleren Kohlensäurebestimmung für einen längeren Zeitraum angegeben, auf das wir aber in diesem Zusammenhange nicht eingehen wollen. Außerdem sind noch eine Reihe einfacherer Verfahren vorgeschlagen worden, so von Lunge, Hesse, H. Wolpert, Rüdorff, Bender und Hahn, jedoch ist die Pettenkofersche Methode allgemein als die beste und zuverlässigste anerkannt.

Während die Pettenkofersche Methode einen mittelbaren Maßstab für die Luftverschlechterung darstellt, haben Henriet und Bouyssy ein unmittelbares Verfahren angegeben. Sie gehen davon aus, daß reine Luft nur oxydierende Eigenschaften hat, während alle Luftverunreinigungen, die aus Absonderungsvorgängen, Gärungen, Hautausdünstungen, aus der Lungenatmung usw. herrühren, reduzierenden Charakter haben. Dabei bildet die Maßzahl der reduzierenden Fähigkeit einer Luftmenge einen sehr genauen Verhältnismaßstab für den Verdorbenheitsgrad der Luft (Gesundh.-Ing. 1912, S. 117).

Neben dem Sauerstoff und der Kohlensäure spielt in gesundheitlicher Beziehung namentlich das **Ozon** (O_3) eine Rolle. Dieses farblose, einen erfrischenden Geruch besitzende Gas wurde 1840 entdeckt. Es entsteht in der freien Luft hauptsächlich bei Gewitterentladungen und kommt in größeren Mengen am Meere, auf Bergen und in Wäldern vor. Die frühere Annahme, daß Ozon ein besonders hervorragendes Oxydationsvermögen habe, daß Metalle, auch organische Körper, Kleinlebewesen, Rauch, organischer Staub und überhaupt die organischen Verunreinigungen der Luft bei Anwesenheit von Ozon in kurzer Zeit zerstört werden, läßt sich nach den neueren wissenschaftlichen Anschauungen nicht ohne weiteres aufrechterhalten. Jedenfalls ist es bisher nicht gelungen, durch überzeugende Versuche eine abtötende Wirkung des Ozons auf Kleinlebewesen sicher nachzuweisen. Dagegen lehren Erfahrungen aus der Anwendung des Ozons, daß es z. B. in Fleischkühlräumen eine hervorragend erhaltende Wirkung ausübt, das Verderben des Fleisches durch Schimmelbildung verhütet, daß es in Wirtschaften eine auffallend niederschlagende Wirkung auf den Zigarrenrauch hat, daß es unangenehme Gerüche (besonders von Fäulnis herrührende) zu beseitigen, mindestens aber zu verdecken vermag, soweit sie frei in der Luft auftreten, und daß es überhaupt in allen möglichen Aufenthaltsräumen, Badeanstalten, Sitzungssälen, Theatern, Auswandererschiffen, Untergrundbahnen, Leichenräumen, Darmschleimereien u. a. eine besonders luftreinigende Wirkung hat. Dazu gehören allerdings sehr verschiedene Dosierungen, auch ist die Ozonwirkung in feuchter Luft besser als in trockener.

Dabei ist aber auf eine Zerstörung der organischen Stäubchen in der Luft nicht zu rechnen. Jedenfalls gründet sich die seit etwa 1904 besonders von Siemens & Halske geförderte Ozonlüftung auf praktische Erfahrungen. Dr. Lübbert weist, wie auch schon andere vor ihm, mit Recht darauf hin, daß es Fälle gibt, in denen selbst die beste Lüftung in einem Raume nicht genügt, die gesundheitsschädliche Entstehung übelriechender Gase zu verhindern, und daß es deshalb kein anderes Mittel gebe, als diese zu verdecken. Er schreibt[1]):

»Nun schränke jemand aber einmal die Produktion der pestilentialischen Emanationen ein, die man im Zwischendeck eines Auswandererschiffes findet! — Die kostspieligste Ventilationsanlage aber wird unzureichend, wenn bei schlechtem Wetter alle Luken geschlossen, wenn bei schwerem Regen die Preßköpfe aus dem Wind gedreht werden müssen, und wenn zu dem normaliter von diesen Menschen produzierten Gestank noch die Folgen der Seekrankheit kommen. Im Zwischendeck von Auswandererschiffen haben wir eben Verhältnisse, bei denen die Produktion von Gestank ganz exzessiv ist, indem derselbe längst schon lästig fällt und die normale Atmung stört, ehe der sonst für Luftverderbnis in Betracht kommende Faktor, Temperatursteigerung und Wasserdampfsättigung der Luft, überhaupt einen zu beachtenden Wert erreicht. Und was vom Schiff gilt, das gilt in mannigfachster Variation für viele andere Verhältnisse, Kasernen, Schulen, Gefängnisse, öffentliche Anstalten aller Art, ebenso wie für Versammlungsräume, Vergnügungsetablissements, Fabriken usw. In diesem Falle werden wir oft an der Kohlensäurebestimmung keinen Anhaltspunkt finden, denn wir sehen den Fall eintreten, daß unter dem Einfluß der Ventilation keine nennenswerte Anhäufung von Kohlensäure stattfindet, obwohl die Luft verdorben erscheint. Das heißt aber nichts anderes, als daß die Ventilation zwar unter Entfaltung ihrer Höchstleistung die für normale Verhältnisse ausreichende Luftmenge pro Stunde liefert, daß sie aber nicht der exzessiven Produktion von offensiven Riechstoffen Herr werden kann.«

[1]) Lübbert, Über die Gesundheitsschädlichkeit der Luft bewohnter Räume und ihre Verbesserung durch Ozon. Gesundheits-Ingenieur 1907, Nr. 49, Verlag R. Oldenbourg, München.

In solchen Fällen können nun die oben geschilderten reinigenden Eigenschaften des Ozons benutzt und kann eine Luftreinigung durch Ozonbeimischung erzielt werden. Die Aufstellung von Ozonapparaten hat in vielen Fällen überraschende Ergebnisse gezeitigt. Zu starker Ozongehalt der Luft wirkt jedoch schädlich: Schläfrigkeit und Reizung der Atmungsschleimhäute sind beim Menschen die Folgeerscheinungen. Jedenfalls ist das Ozon in reinem Zustande in die Frischluft überzuführen, eine Ozonanwendung bei lediglich eingeschlossener Luft in Aufenthaltsräumen ist verwerflich[1]).

4. Die thermischen Wirkungen der Raumluft.

Temperatur, Luftfeuchtigkeit und Bewegung, diese drei physikalischen Zustände der Luft haben, sowohl einzeln als auch in ihrem Zusammenwirken, für die Entwärmung des menschlichen Korpers die größte gesundheitliche Bedeutung, und sie werden deshalb unter der gemeinsamen Bezeichnung »thermische Verhältnisse« der Luft zusammengefaßt. Dauernd übermäßige Wärmeabgabe des Körpers führt zur Erkältung, und dauernd gehemmte Entwärmung ruft Wärmestauung hervor, als deren Anzeichen Beklemmung, Übelbefinden, Kopfschmerz, Schwindelgefühl bis zur Ohnmacht auftreten.

Jedoch ist der Körper vermöge seiner Fähigkeit der unwillkürlichen **Wärmeregelung** unausgesetzt bestrebt, jene Gesundheitsstörungen durch Erhaltung der normalen Eigenwärme des Körpers, die ständig auf der gleichen Höhe von etwa 37° C bleibt, zu vermeiden. Die Wärmeregelung erfolgt in doppelter Weise: erstens bei niedrigeren Temperaturen bis etwa 20° C durch chemische Regelung der Wärmeerzeugung, mit deren Hilfe die vom Körper abgegebene Wärme ersetzt wird. Dieses geschieht durch Erregung der auf der Haut endigenden wärmeempfindlichen Nervenstränge; diese übertragen den Reiz auf das Nervenzentrum, von wo aus die Muskeln zu entsprechend stärkerer oder schwächerer Zersetzung der Nahrungsstoffe angeregt werden.

[1]) Czaplewski: Über die Verwendung des Ozons bei der Lüftung in hygienischer Beziehung. Bericht uber den in Koln a. Rh. abgehaltenen IX. Kongreß fur Heizung und Luftung, Verlag R. Oldenbourg, München 1913. (Der Aufsatz enthalt das gesamte Ozonschrifttum bis 1913 bezuglich Luftungsanlagen.)

Zweitens setzt bei den höheren Temperaturen der Umgebung, von etwa 20° C aufwärts, die physikalische Wärmeregelung ein. Sie besteht darin, daß die etwas gehemmte Entwärmung des Körpers wieder beschleunigt wird, und zwar durch Erleichterung der Wärmeabgabe mit Hilfe des Blutumlaufs und durch vermehrte Wasserverdunstung von der Hautoberfläche. Die Vermittlung übernehmen dabei die Blutgefäße und Hautdrüsen. — Zur Unterstützung der Wärmeregelung des Körpers dient eine zweckentsprechende Bekleidung. Bei reichlicher körperlicher Tätigkeit einerseits und beim Aufenthalt im freien Winde verschieben sich die Grenzen der chemischen und physikalischen Wärmeregelung etwas gegeneinander.

Die Wärmeabgabe des Körpers an die Umgebung erfolgt beim Aufenthalt in geschlossenen Räumen zum geringsten Teile durch Leitung, in erheblicherem Maße dagegen durch Strahlung und durch Wasserverdunstung. Der **Wärmeverlust durch Leitung** an die Luft steigt zunächst mit sinkender Temperatur. Bei niedrigen Temperaturen ist die Wärmeableitung in feuchter Luft größer als in trockener. Dabei hat nach Rubner eine Steigerung der verhältnismäßigen Feuchtigkeit um 12,5% für die Wärmeentziehung durch die Haut dieselbe Wirkung wie eine Erniedrigung der Lufttemperatur um 1° C. Bei höheren Raumtemperaturen, etwa bis 26°, wird dagegen mit steigender Luftfeuchtigkeit auch das Wärmegefühl gesteigert, während bei noch höherer Temperatur andere Verhältnisse (Wasserabdünstung) eintreten. Die Wärmeabgabe des Körpers durch Leitung steigt ferner in bewegter Luft, jedoch in anderer Weise als etwa bei leblosen Gegenständen, weil der Körper durch seine Lebensäußerungen tätig beteiligt ist. Im geschlossenen Raume können »Zug« oder auch unfühlbare Luftströmungen nach Rubner[1]) zu übermäßiger Wärmeentziehung, also zur Erkältung führen, wenn der Reiz nicht richtig empfunden und vom Körper verarbeitet wurde.

Bemerkenswerte Beiträge zur Wärmeableitung des Körpers haben Hoffmann und Hilde Mollier durch ihre Untersuchungen über die Wärmeableitung durch die Füße

---

[1]) Rubner: Über insensible Luftstromungen. Archiv für Hygiene 1904, Bd. 50.

an den Fußboden[1]) geliefert. Im Gegensatz zur Wärmedurchlässigkeit ist für die Wärmeempfindung des auf dem Fußboden ruhenden Fußes diejenige Wärmemenge maßgebend, die in der Zeiteinheit aus dem Fuß in die Bodenoberfläche und von hier nicht nur quer durch den Boden, sondern an der Oberfläche nach allen Richtungen abgeleitet wird, also auch horizontal, da ja der ganze Boden kälter ist als der Fuß. Deshalb ist neben der Temperatur des Bodens die oberste Schicht hierfür das maßgebende. Man erkennt den Unterschied sofort, wenn man sich den Holzfußboden eines Raumes mit einer metallenen Platte belegt vorstellt: der Wärmeverlust des Raumes wird zwar dadurch verkleinert, während die Wärmeentziehung des Körpers durch die Füße größer wird, weil das Metall die Fußwärme schnell nach allen Richtungen ableitet und deshalb als kalt empfunden wird. Man ersieht aus der vorliegenden Veröffentlichung, in welcher der Zementestrich als Vergleichsmaßstab den Wert 1 erhielt, daß ein einfacher Linoleumbelag einen Holzfußboden gar nicht, einen Steinboden unbedeutend wärmer macht; etwas besser wirkt Korklinoleum, noch besser Linoleum mit Korkunterlage. Ein mit 8 mm dickem Korkment und Linoleum belegter Steinboden ist aber noch erheblich kälter als ein unbedeckter Parkettboden. Sehr gut wirken die Kokosläufer. Dies gilt für Dauerbetrieb. Für kurze Berührung, also beim Gehen, bleiben die guten Wirkungen der Kokosläufer die gleichen, die der verschiedenen Linoleumbeläge dagegen ergeben selbst dem Zementestrich gegenüber kleinere Werte, wirken also beim Gehen kälter als dieser.

Die **Wärmeabgabe durch Strahlung** erfolgt nicht an die Luft — denn selbst Luftbewegung vermag Wärmestrahlung nicht aufzuheben —, sondern an die umgebenden Gegenstände, und verhält sich umgekehrt wie der Unterschied der 4. Potenzen der absoluten Temperaturen, wobei die Strahlungsstärke mit dem Quadrate der Entfernung abnimmt. Besonders unangenehm kann die Ausstrahlung der Körperwärme an nicht genügend erwärmte Wände eines Raumes werden. Deshalb wird man in einem nach längerer Unterbrechung frisch angeheizten Raume noch lange das Gefuhl des Fröstelns haben: die Wände sind eben noch zu sehr ausge-

[1]) Hoffmann: Archiv f. Hygiene, Bd. 68, Heft 1. — Mollier: Über die Wärmeableitung der Fußböden, Ges.-Ing. 1910, Nr. 5 u. 26.

kühlt, trotzdem die Raumluft selbst längst ihre normale Temperatur angenommen haben kann. In geschlossenen und geheizten Räumen spielt also die Wärmeabgabe des Menschen durch Strahlung eine bedeutende Rolle, weil die Körperentwärmung in ununterbrochen geheizten Räumen bei sonst gleicher Lufttemperatur eine viel geringere ist — wegen der höheren Temperatur der Wandoberfläche — als in Räumen, die über Nacht auskühlen.

Kißkalt hat nachgewiesen[1]), daß in einem schlecht angeheizten Raume, dessen Lufttemperatur 17,5° C und dessen Wandtemperatur weniger betrug, von einer Person für jeden Grad Temperaturunterschied zwischen Luft und Wand etwa 8—10% Wärme mehr abgegeben wird als bei Temperaturgleichheit. Dagegen kann das Umgekehrte in Räumen eintreten, die ohne Unterbrechung sehr gleichmäßig geheizt werden, ein Fall, der bei Zentralheizungen sehr oft vorkommt. Dann sind alle Gegenstände und Wände des Raumes bis zu größerer Tiefe so gut durchwärmt, daß die Wärmeabgabe des Menschen durch Strahlung erheblich gehemmt ist. Deshalb macht besonders Nußbaum[2]) darauf aufmerksam, daß für solche Räume aus gesundheitlichen Gründen eine um 1—2° niedrigere Temperatur innegehalten werde, die uns dann behaglicher ist als die gewöhnlich als normal geltende. Ähnliches gilt von Räumen, in denen sich viele Menschen längere Zeit aufhalten, z. B. für Schulklassen, in denen die Luftfeuchtigkeit infolge der Wasserausscheidung der Schüler einen hohen Grad erreicht und deshalb die Entwärmung ebenfalls gehemmt ist. Überhaupt läßt sich für manche Fälle gar nicht eine bestimmte, allen Personen eines Raumes in gleicher Weise angenehme Temperatur angeben, wie z. B. in Schulsälen, wo der Lehrer sich in höheren Luftschichten bewegen kann, während die Schüler zum Stillsitzen gezwungen sind; hier muß eben die Kleidung ausgleichend mithelfen.

Die **Wärmeabgabe der Haut durch Wasserverdunstung** hängt wesentlich von der Temperatur, vom Feuchtigkeitsgehalt (Sättigungsfehlbetrag) und von der Bewegung der Luft ab. Die Wasser-

[1]) Kißkalt: Die Wärmeabgabe des Menschen in ungleichmäßig temperierten Räumen. Archiv für Hygiene 1907, Bd. 63.

[2]) Nußbaum: Zeigen zweckmäßig durchgebildete Sammelheizungen Nachteile gegenüber der Ofenheizung? Haustechnische Rundschau 1908, Nr. 17, Verlag Marhold, Halle a. S.

ausscheidung des Menschen erfolgt teils in Dampfform, teils in Form von Schweiß und Harn. Die Wasserdampfabgabe geschieht zu etwa $^1/_3$ aus der Lunge, zu $^2/_3$ von der Hautoberfläche. Nach Wolpert[1]) hat die Wasserdampfausscheidung des Menschen von der Haut in ruhender, mittelfeuchter Luft bei 18—20° C einen niedrigsten Wert; steigt jedoch bei gleicher verhältnismäßiger Feuchtigkeit die Raumtemperatur, so nimmt die Wasserverdunstung und damit die Wärmeentziehung des Körpers schnell zu. Der Anfangswert der Wasserdampfabgabe wird bei 22° C und 40% relativer Feuchtigkeit der Umgebungsluft bereits um rund 30% übertroffen und steigt bei 25° C fast auf das Doppelte. Gegenuber der ruhenden Luft ist die Wasserdampfabgabe in bewegter Luft bei Temperaturen bis 20° etwas gesteigert, von 20—35° jedoch wesentlich herabgesetzt. Unter normalen Verhältnissen kann man rechnen, daß der Mensch in 24 Stunden 500—1500 WE durch Wasserverdunstung an die Umgebung verliert. — Bei regelwidriger hoher Luftfeuchtigkeit ist die Wärmeabgabe durch Wasserverdunstung behindert; an ihre Stelle tritt Schweißausscheidung und gleichzeitig stellen sich die Anzeichen der Wärmestauung ein. In Versammlungsräumen, in denen die Temperatur der Luft, infolge der Wärmeabgabe der Insassen, und somit auch der Feuchtigkeitsgehalt rasch ein gesundheitlich unzulässiges Maß erreichen können, gilt nach Rietschels Vorschlag die Wärme als Maßstab fur den einzurichtenden Luftwechsel. Letzterer muß so reichlich bemessen sein, daß eine von Fall zu Fall als zulässig anzusetzende obere Grenze der Temperatur nicht uberschritten wird. Diese Forderung hat sich, trotz anfänglicher Angriffe Wolffhügels[2]), als vollauf berechtigt und ihre Erfüllung in der Praxis als fruchtbar erwiesen. —

Alle **irdischen Wärmequellen,** mit Ausnahme der in größeren Erdtiefen, entstammen in letzter Linie der strahlenden Energie der Sonne, von der durch das Luftmeer bei senkrechtem Durchgange und unbewölktem Himmel rund 30% verschluckt

[1]) H. Wolpert: Einfluß der Luftbewegung auf die Wasserdampf- und Kohlensaureabgabe des Menschen. Archiv fur Hygiene 1898, Bd. 33.

[2]) Wolffhugel: Zur Lehre vom Luftwechsel. Verlag R. Oldenbourg, Munchen 1893.

werden, während 70% der Strahlung auf die Erdoberfläche gelangen. Das Vorhandensein des Luftmeeres verhindert wiederum eine zu beträchtliche Wiederausstrahlung der Erdwärme in den Weltenraum und ermöglicht damit ein gleichmäßigeres Klima. Zur Kennzeichnung des Klimas eines Ortes gehören: 1. die mittlere Jahrestemperatur, 2. die absoluten und jährlichen äußersten Temperaturen, 3. die mittlere Schwankung der Temperatur innerhalb 24 Stunden, 4. die mittlere Jahresschwankung und 5. die Temperaturänderung von einem Tage zum andern. In unseren Breitegraden beträgt die mittlere Temperatur des kältesten Tages —18 bis —20° C und die höchste Tagesschwankung etwa 15—20° C.

Zur **Messung der Temperatur** im Freien und im Raume benutzt man die verschiedenen Arten der Thermometer, für deren Anzeigen bei uns die 100gradige Celsiusteilung als Maßstab gilt. In jedem Aufenthaltsraume sollte stets ein richtig zeigendes Thermometer in Kopfhöhe möglichst an der Stelle der mittleren Temperatur und vor Strahlung geschützt aufgehängt sein. Die billigen Thermometer zeigen meist falsch. Für genauere Messungen, besonders bei der Prüfung von Heizanlagen, verwende man nur Thermometer aus Jenaer Normalglas, die von der Physikalisch-Technischen Reichsanstalt in Charlottenburg oder von der Sächsischen Prüfungsanstalt Ilmenau geeicht sind. Um das Quecksilbergefäß von Strahlungseinflüssen frei zu halten, wird es zweckmäßig mit einer hochglanzpolierten, vernickelten Strahlungshülse umgeben. Bis ein gewöhnliches Quecksilberthermometer die richtige Lufttemperatur angenommen hat, darüber vergehen gewöhnlich mindestens 10 Minuten. Die Zeit in Sekunden, die ein bestimmtes Thermometer braucht, um sich von einer beliebigen Anfangstemperatur auf die Hälfte zwischen Thermometer- und Raumtemperatur abzukühlen, ist stets die gleiche und heißt nach Krell[1]) die Abkühlungs- oder Empfindlichkeitszahl. Z. B. kühlt sich ein Thermometer in einer Umgebung von ±0° von 20° auf 10° in derselben Zeit ab wie von 10° auf 5°, von 5° auf 2,5° usw.

[1]) O. Krell sen.: Empfindlichkeit der Thermometer. Zeitschr. fur Heizung, Luftung und Beleuchtung 1906, Nr. 4 und 6, Verlag Marhold, Halle a. S.

oder in einer Umgebung von + 10° von 20° auf 15° usw. Jedes Thermometer hat also seine eigene unveränderliche Empfindlichkeitszahl, und ein Thermometer ist um so brauchbarer, je kleiner diese Zahl ist. Im allgemeinen würde ich ein Thermometer, dessen Empfindlichkeitszahl größer als 100 ist, zur Messung von Raumtemperaturen für ungeeignet erklären, da es Temperaturschwankungen nicht schnell genug zu folgen vermag; eine brauchbare Empfindlichkeitszahl ist 16. — Die Ablesung muß schnell genug erfolgen, damit keine Temperaturerhöhung durch die Nähe des Kopfes stattfindet. Bei Temperaturmessungen in größeren Räumen genügt ein Thermometer nicht, sondern es müssen deren

Fig. 9.
Thermograph.

mehrere in verschiedenen Höhen und in entsprechender horizontaler Verteilung gleichzeitig angebracht werden. — Zur Aufzeichnung des Temperaturverlaufes für einen längeren Zeitraum dienen Temperaturschreiber (Thermographen) (Fig. 9), welche die Bewegungen einer wärmeempfindlichen Metallfeder *d* mit Hilfe einer Hebelübersetzung *C S* auf eine sich drehende Trommel *T* übertragen. Auf letzterer wird mit Hilfe eines Stabes *b* das Schreibpapier befestigt, das als Wagerechte die Zeit und als Senkrechte die Temperaturen enthält. Eine am Hebelwerke befestigte Schreibfeder zeichnet alsdann den Temperaturverlauf selbsttätig auf. — Maximum- und Minimumthermometer werden angewendet, wenn es nur darauf ankommt, den höchsten und tiefsten Stand der Temperatur innerhalb einer gewissen Zeit zu kennen. Gebräuchlich sind die Bauarten von Rutherford, Six, Bellani und Bunten, Negretti und Zambra. — Im Freien müssen die Thermometer, um lediglich die Lufttemperatur anzuzeigen, der Sonnenstrahlung entzogen werden und auch mit Schutzvorrichtungen gegen Regen und Schnee versehen sein. Diesem Zwecke dienen Thermometergehäuse, wie sie z. B. von R. Fueß in Steglitz hergestellt werden. Auch das Aßmannsche Ansaugeverfahren findet Anwendung, wobei durch eine das Thermometergefäß umgebende Strahlungshülse mittels eines kleinen Federkraftgebläses Luft angesaugt wird.

Der **Feuchtigkeitsgehalt** der Luft wechselt sowohl im Freien als auch innerhalb der Wohnungen außerordentlich und ist besonders stark zeitlichen und örtlichen Schwankungen unterworfen. Die Feuchtigkeit ist der Luft in Form von Wasserdampf beigemischt. Jedes Raummeter Luft wird bei einer bekannten Temperatur eine gewisse Menge Wasserdampf enthalten, dessen Gewicht sich in Grammen angeben läßt. Außerdem übt dieser Dampf eine Spannung oder einen bestimmten Teildruck aus, der in Millimeter-Quecksilbersäule gemessen wird. Die beiden Zahlenwerte g/cbm und Millimeter-Quecksilbersäule stimmen zufällig fast genau überein. Dieser Dampfgehalt im cbm Luft in Grammen oder Millimeter-Quecksilbersäule heißt die absolute Feuchtigkeit f bei der beobachteten Temperatur. Höher erwärmte Luft vermag bis zur vollen Sättigung eine größere Menge Feuchtigkeit aufzunehmen als kalte Luft im Sättigungszustande, wie es die Spannungs- oder die Wasserdampfkurve in Fig. 10 dartut. Gewöhnlich wird die Luft nicht gesättigt sein, sondern nur einen bestimmten Teilbetrag Wasserdampf enthalten: diesen nennt man die verhältnismäßige Feuchtigkeit f_r. 1 cbm Luft von 30° C mit 50% Feuchtigkeit enthält also z. B. nach Fig. 7 nur 15 g, während 1 cbm Luft der gleichen absoluten Feuchtigkeit schon bei etwa 18° C gesättigt ist. Die Temperaturen der größten Feuchtigkeit bezeichnen gleichzeitig den Taupunkt der Luft, bei denen der Beginn des Niederschlagens der entsprechenden Dampfmenge, d. h. Taubildung, eintritt. Statt der relativen Feuchtigkeit findet man öfter das Sättigungsdefizit angegeben, d. i. den Unterschied in g/cbm zwischen der vollen Sättigung und der vorhandenen absoluten Feuchtigkeit, oder es ist der Spannungsfehlbetrag genannt, d. i. derselbe Unterschied in Millimeter-Quecksilbersäule.

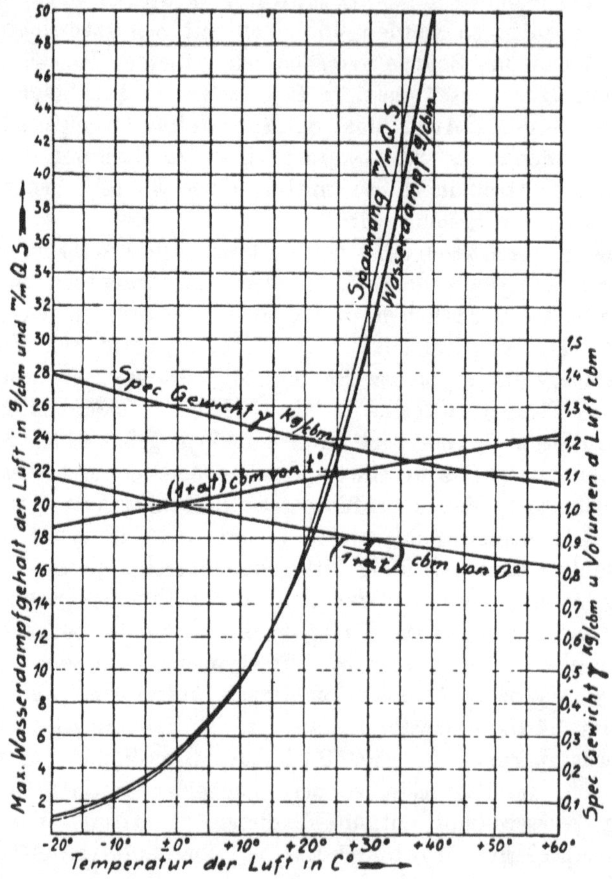

Fig. 10.
Temperatur, Rauminhalt, Gewicht und hochster Wasserdampfgehalt der Luft

Zur Beurteilung der **hygienischen Bedeutung der Luftfeuchtigkeit** muß stets die relative Feuchtigkeit bzw. das Defizit herangezogen werden. Den Einfluß der Luftfeuchtigkeit auf die Wasserdampfausscheidung und die Wärmeabgabe des Menschen haben wir bereits kennen gelernt und haben gesehen, daß dabei die Temperatur und Bewegung der Luft eine ausschlaggebende Rolle spielen. Aus diesen Gründen ist es nicht möglich, einen normalen Feuchtigkeitsgehalt herauszufinden, bei dem sich der Mensch unter allen Umständen dauernd behaglich fühlt. Nur das eine erscheint erwiesen, daß der Mensch im allgemeinen eher eine zu trockene als eine zu feuchte Luft leichter erträgt. Bei Ruhe, gemischter Kost, normaler Raumtemperatur und unbewegter Luft scheinen 40 bis höchstens 60% relativer Feuchtigkeit, bei höherer Temperatur 30—40% am zuträglichsten zu sein. Bei höherem Gehalte treten leicht Wärmestauungen auf; nur bei niederen Temperaturen ist das Umgekehrte, nämlich vermehrte Wärmeentziehung, der Fall. Hohe Luftfeuchtigkeit begünstigt im allgemeinen die Lebensfähigkeit und Vermehrung der Kleinlebewesen, während einige Arten der letzteren in trockener Luft sogar absterben. Die Feuchtigkeit ist ferner auf den Wassergehalt unserer Kleidung von Einfluß und bestimmt darum wiederum mittelbar die Wärmeabgabe des Körpers durch Leitung. Die austrocknende Wirkung der Luft ist trotz gleichen verhältnismäßigen Feuchtigkeitsgehaltes sehr verschieden bei hoher und niedriger Lufttemperatur und hängt lediglich vom Sättigungsfehlbetrag ab, gleichen Bewegungszustand der Luft vorausgesetzt. Beispielsweise ist bei 50% Feuchtigkeit der Sättigungsfehlbetrag der Luft bei 25° C ungefähr doppelt so groß wie bei 13° C Lufttemperatur (vgl. Fig. 10). Daher erklärt sich auch das leichtere Reißen der Möbel[1]) in überheizten Räumen, in denen trotzdem der Teilbetrag der Luft an Feuchtigkeit reichlich groß sein kann. In unserem Klima beträgt die mittlere Luftfeuchtig-

[1]) Die Möbel reißen vorzugsweise da, wo infolge ununterbrochenen Heizens (Tag und Nacht) und deshalb dauernden Luftwechsels sich ein längerer Trockenvorgang einstellt, also z. B. beim Dauerbetrieb einer Zentralheizung ebenso wie bei dem einer Ofenheizung. Auch die Pflanzen gehen ein, sobald der Sättigungsfehlbetrag zu groß wird, oder sobald der erwähnte Trockenvorgang anhält. Bei unterbrochener Heizung dagegen — also vor allem bei Ofenheizungen — vermindert sich das Sättigungsdefizit der Luft während der nächtlichen Auskühlung der Räume, so daß die Möbel und Pflanzen periodisch Wasser aus der wieder feuchter gewordenen Raumluft aufnehmen können und so vor dem Reißen bzw. vor dem Eingehen leichter bewahrt bleiben.

keit im Juli 60—70%, im Winter im Freien etwa 80—90%; gleichwohl ist das Sättigungsdefizit und somit die austrocknende Wirkung der Luft im Sommer um ein Mehrfaches größer als im Winter, was ja aus dem vorher Gesagten ohne weiteres einleuchtet.

In Versammlungsräumen übersteigt der Feuchtigkeitsgehalt infolge der Wasserdampfausscheidung der Menschen leicht die gewöhnlichen Grenzen; deshalb ist hier grundsätzlich von jeder künstlichen Zufuhr von Feuchtigkeit abzusehen. Jedoch ist es nur bedingt angängig, die Feuchtigkeit als Maßstab für den Luftwechsel zu nehmen; denn erstens schwankt der Wasserdampfgehalt der Umgebungsluft selber zu bedeutend, zweitens ist er anteilmäßig von der Temperatur abhängig und drittens wird er durch die außerordentlich verschiedene Wasseraufnahmefähigkeit der Umfassungswände und Gegenstände des betreffenden Raumes in einer Weise beeinflußt, die sich der Berechnung entzieht[1]). Doch muß selbstverständlich, wie auch Rubner neuerdings betont, die Forderung gestellt werden, daß durch die Lüftungsgröße eine über das normale Maß gehende Steigerung der relativen Luftfeuchtigkeit verhütet wird.

Zur **Messung der Luftfeuchtigkeit** ist eine sehr große Anzahl von Meßgeräten gebaut worden, jedoch ist es bis heute nicht gelungen, mit irgendeinem auf hinlänglich bequeme Weise genaue Ergebnisse zu erhalten. Man kann eine Einteilung in 4 Gruppen vornehmen:

a) Das chemische oder Absorptionsverfahren beruht auf der Entziehung der Feuchtigkeit durch einen Trockenkörper. Dieses Verfahren ist so umständlich und zeitraubend, daß es für technische Messungen nicht in Betracht kommt.

b) Das Kondensations- oder Taupunktverfahren ist ebenfalls im praktischen Gebrauche wenig handlich und wird daher im Heizungs- und Lüftungswesen selten angewendet, obwohl das Verfahren als sehr genau zu bezeichnen ist. Es beruht auf der Beobachtung des eintretenden Beschlagens einer blanken Metallfläche bei der Abkühlung der Luft auf den Taupunkt. Zu dieser Taupunktstemperatur t_0 wird dann aus einer Dampfdruck-

---

[1]) Rubner und Wolpert: Grundlagen fur die Beurteilung der Luftfeuchtigkeit in Wohnräumen. Archiv für Hygiene 1904, Bd. 50.

kurve Fig. 10 die zugehörige höchste Dampfspannung (Sättigungsdruck) p_0 abgelesen und also die absolute Feuchtigkeit der Luft $p_0 = f$ bei der untersuchten Temperatur T erhalten. Aus der Fig. 10 findet man dann wieder, daß bei der Temperatur T ein Höchstdruck P_0 möglich ist; folglich ist die relative Feuchtigkeit der Luft bei der Temperatur T:

$$f_r = 100 \frac{f}{P_0} \% \quad . \quad . \quad . \quad . \quad . \quad . \quad . \quad . \quad . \quad (3)$$

Statt aus der Fig. 10 kann man die Ermittlung der relativen Feuchtigkeit auf umständlichere Weise auch mit Hilfe von umfangreichen, besonders berechneten Tabellenwerken vornehmen, wie sie z. B. von Jellinek aufgestellt worden sind. Hierhergehörige Instrumente sind der Taupunktspiegel von Lambrecht-Göttingen und das Kondensationshygrometer von Nippoldt-Frankfurt a. M.

Fig. 11. Haarhygrometer nach Koppe.

c) Das hygroskopische Verfahren eignet sich besonders auch zum Gebrauche für Laien; es beruht auf der Gestaltänderung verschiedener Körper, wie Stroh, Seide, Haaren usw. infolge der verschiedenen Wasseraufnahme aus der Luft. Die Genauigkeit dieser Hygrometer schwankt zwischen 5 und 10%, wobei sie aber den großen Vorzug haben, daß sie die relative Feuchtigkeit unmittelbar anzeigen. Als sehr empfehlenswertes Meßgerät ist das Haarhygrometer nach Koppe, Fig. 11, zu nennen: Um den mit Vierkant versehenen Stift a ist ein Haar befestigt, das unten, am besten mit Hilfe eines beschwerten Seidenfadens, um eine Achse geschlungen ist, welche einen auf einer Teilung spielenden Zeiger trägt. Zur Berichtigung der Zeigerstellung oder Eichung des Hygrometers wird ein Rahmen mit befeuchteter Gaze M in das Gestell geschoben und letzteres hinten und oben mit einem Blechdeckel, vorne mit einer Glasscheibe verschlossen. Dann sättigt sich die im Apparat eingeschlossene Luft in wenigen Minuten mit Wasserdampf, das Haar längt sich, und der Zeiger schlägt nach rechts aus. Man dreht nun die Achse a mit einem Schlüssel so, daß der Zeiger nach längstens einer halben Stunde gerade auf 100 steht, was der vollen Sättigung bei der am Thermometer abgelesenen Temperatur entspricht. Wird nun das Meßgerät geöffnet und die Gaze entfernt, so geht der Zeiger auf den der jeweiligen relativen Feuchtigkeit entsprechenden Strich der Teilung zurück. Diese Eichung muß in gewissen Zeitabschnitten ständig wiederholt werden, da sich die Anzeigen leicht ändern und das Meßgerät ohnehin keine große Genauigkeit besitzt. Aus letzterem Grunde empfiehlt sich auch eine öftere Vergleichung innerhalb des Benutzungsbereiches mit den Anzeigen eines Taupunktmeßgerätes oder eines Psychrometers. Am zweckmäßigsten verwendet man blondes, durch Laugen oder Äther entfettetes Menschenhaar. — Auf dem gleichen Grundsatze beruht das ebenfalls viel verwendete Polymeter von Lambrecht-Göttingen, bei dem statt eines Haares ein an einem Hebel befestigtes Haarbündel verwendet ist.

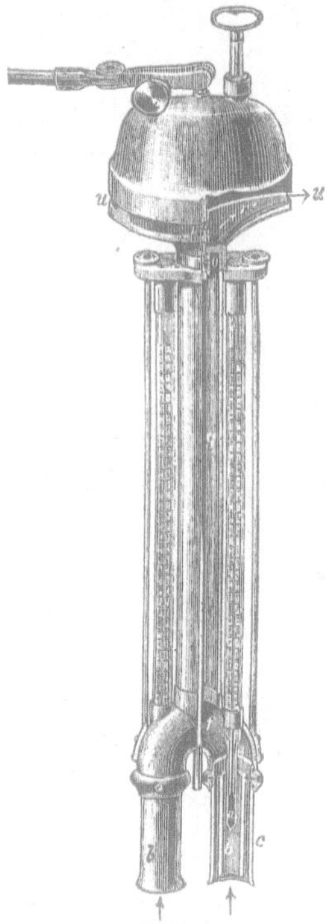

Fig. 12. Aspirationspsychrometer nach Aßmann.

d) Auf dem psychrometrischen Verfahren beruht der Bau des Aspirationspsychrometers nach Aßmann von der Firma R. Fueß-Steglitz, Fig. 12. Dieses Meßgerät wird hauptsächlich bei den Messungen der Witterung benutzt und ist auch für unsere Zwecke am meisten zu empfehlen, weil es mit der Zuverlässigkeit der Messung den Vorteil bequemer Handhabung und leichter Tragfähigkeit verbindet und gleichzeitig gestattet, die Luftfeuchtigkeit innerhalb von sonst unzugänglichen Luftkanälen zu messen, wobei nur die Hülsen b durch je ein Röhrchen mit dem Kanale verbunden zu werden brauchen. Den Hauptbestandteil des Apparates bilden, wie bei allen Psychrometern, zwei gleiche Thermometer, von denen das eine als »trockenes« Thermometer dient, während die Thermometerkugel des anderen, des sog. »feuchten«, mit einer Gaze umgeben ist, die zum Gebrauche des Gerätes mit Wasser zu befeuchten ist. Das trockene Thermometer zeigt also die richtige Lufttemperatur T an, das feuchte dagegen eine tiefere Temperatur t, die sich infolge der verbrauchten verborgenen Wärme bei der Wasserverdunstung einstellt. Der Unterschied der beiden Temperaturen ($T—t$) heißt der psychrometrische Unterschied und ist eine Funktion der Geschwindigkeit, mit der die Luft an der feuchten Thermometerkugel vorbeistreicht. Zur Erzeugung eines stets gleichbleibenden Luftstromes dient beim Aßmannschen Psychrometer, Fig. 12, ein im oberen Gehäuse angeordnetes, durch Federkraft betätigtes kleines Flügelrad, der sog. Sauger (Aspirator), der durch einen Schlüssel aufgezogen wird. Dieses Gebläse saugt die Raumluft durch einen Kanal g, der sich unten teilt, bei bb an den beiden Thermometerkugeln vorbei und stößt sie oben bei u aus. Da die am feuchten Thermometer vorbeistreichende Luft sich augenblicklich sättigt, so gehört zur Temperatur t der aus der Kurve Fig. 10 abgelesene Sättigungsdruck p_0. Der zur Raumtemperatur T des trockenen Thermometers gesuchte Teildruck oder die absolute Feuchtigkeit f ist also um einen dem psychrometrischen Unterschiede verhältnismäßigen Betrag $k \cdot (T - t)$ kleiner als p_0. Da für die beim Aßmannschen Psychrometer vorkommenden Luftgeschwindigkeiten $k = 0{,}5$ gesetzt werden kann, so ergibt sich der absolute Feuchtigkeitsgehalt der Luft aus der Gleichung

$$f = p_0 - 0{,}5\ (T - t) \text{ mm QS.}, \quad . \; . \; . \; . \quad (4)$$

wobei der geringe Einfluß der Schwankungen des Barometerstandes für den vorliegenden Zweck zu vernachlässigen ist. Bestimmt man aus der Fig. 10 wieder den bei der Raumtemperatur T möglichen Sättigungsdruck P_0, so erhält man nach Gl. (3) die relative Feuchtigkeit f_r als das Verhältnis der absoluten zur möglichen höchsten Dampfspannung. Mancher wird auch hier wieder lieber die Jellinekschen Tafeln zur Ermittlung der verhältnismäßigen Feuchtigkeit benutzen, obgleich das Ergebnis kaum nennenswert genauer ausfallen wird. Zu bemerken ist noch, daß bei dem Aßmannschen Instrumente die Saugkanäle gleichzeitig sehr zweckmäßig als Strahlungshülsen für die Thermometer ausgebildet sind.

Ein äußerst handliches und dabei doch genügend genaues Meßgerät, das auch Verfasser seit Jahren mit Erfolg anwendet, ist das von Katz in Waiblingen ebenfalls auf dem psychrometrischen Meßverfahren aufgebaute »Draka«-Hygrometer nach Fig. 13. Auf einer zum Aufhängen eingerichteten Grundplatte ist links das »trockene« und rechts das »feuchte« Thermometer angebracht, welch letzterem mit Hilfe einer Gaze aus einem kleinen Wassergefäß (dessen Inhalt die Temperatur des Raumes haben muß!) durch Kapillarwirkung Wasser zufließt, das auf der Thermometerkugel verdunstet. Mit Hilfe des abgelesenen »psychrometrischen Unterschiedes« braucht nun die Luftfeuchtigkeit weder aus Zahlentafeln umständlich bestimmt noch mit Hilfe von Formeln berechnet zu werden, sondern sie wird auf dem zwischen den beiden Thermometern angebrachten Diagramm unmittelbar abgelesen. Die in diesem Diagramm enthaltenen Kurven geben alle zusammengehörigen Größen auf kleinem Raume genau so wie die Jellinckschen Zahlentafeln auf vielen großen Seiten, nämlich die psychrometrischen Unterschiede, die Ablesungen am feuchten Thermometer und die verhältnismäßigen Feuchtigkeiten. Man hat also weiter nichts zu tun, als mit Hilfe des Knopfes den oberen Zeiger auf den abgelesenen psychrometrischen Unterschied der oberen Teilung zu drehen und den Knopf in dem senkrechten Schlitz parallel zu verschieben, bis die untere Zeigerspitze auf dem Kreisbogen steht, der die Ablesung des feuchten Thermometers anzeigt; alsdann liest man auf den Diagonalkurven die relative Feuchtigkeit unmittelbar ab. Dieses Meßgerät vereinigt also die Bequemlichkeit der Haarhygrometer mit der Genauigkeit des psychrometrischen Verfahrens und hat also auch den großen Vorzug, keiner Nacheichung zu bedürfen, solange die Thermometer richtig anzeigen. Man kann annehmen, daß man mit diesem Gerät im allgemeinen bis auf

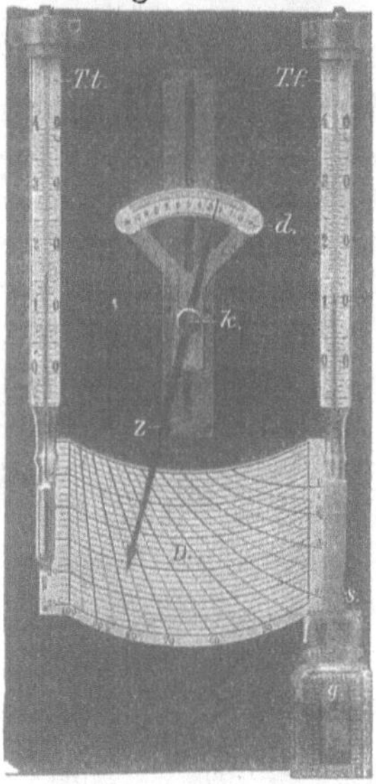

Fig. 13.
Draka-Hygrometer nach Katz.

± 2% genaue Werte der verhältnismäßigen Feuchtigkeit erhält.

Es gibt auch aufzeichnende Feuchtigkeitsmesser, sog. Hygrographen, bei denen durch Längung und Kürzung eines Haares der zeitliche Verlauf der Feuchtigkeitsschwankungen mittels Hebelübersetzung auf eine umlaufende Rolle aufgezeichnet wird. Ihr Bau ist ähnlich wie der in Fig. 9. —

Wir sahen, daß die **Luftbewegung** auf das Temperaturempfinden bzw. die Wärme- und Wasserdampfabgabe des Körpers Einfluß hat. Im Freien sind stets fühlbare Luftströmungen von mindestens 0,5 m/sek bis zum heftigsten Winde vorhanden, von dem allerdings in der nächsten Nähe der Häuser in den Städten nach Wolpert d. J.[1]) selten mehr als 10% gemessen wird. Im Freien wirkt auch eine größere Luftbewegung als kräftiger Hautreiz abhärtend, weil der Körper selbst in Bewegung zu sein pflegt. In geschlossenen, geheizten Räumen dagegen wird die Luftbewegung kaum gespürt, jedoch kann sie sich leicht als »Zug« bemerkbar machen. Rietschel hat durch seine Messungen[2]) in Schulklassen gefunden, daß bewegte Luft bei einer Temperatur von 18—20° C noch als Zug empfunden werden kann, wenn ihre Geschwindigkeit schon unter 0,16 m/sek liegt. Diese kleinen Geschwindigkeiten konnten durch Anemometer nicht mehr gemessen werden, deshalb wurden zur Auffindung der Bewegungsrichtung der Luft brennende Kerzen und Pulverdampf benutzt.

Den Einfluß der Luftbewegung auf die Entwärmung des Körpers haben Flügge und seine Schüler im Hygienischen Institute der Universität Breslau durch den Versuch festgestellt[3]): Verschiedene Versuchspersonen wurden nacheinander in einen geschlossenen Glaskasten von 3 cbm Inhalt gebracht und die Luft darin geheizt, bis infolge der Überwärmung

---

[1]) H. Wolpert: Luftbewegung in der Nähe unserer Wohnungen. Archiv fur Hygiene, Bd. 52, Heft 1.

[2]) Rietschel: Lüftung und Heizung von Schulen. Verlag J. Springer, Berlin 1886.

[3]) Flugge: Über Luftverunreinigung, Wärmestauung und Lüftung in geschlossenen Räumen. Zeitschrift für Hygiene und Infektionskrankheiten 1905, Bd. 49. — Heymann und Paul, ebenda.

und des hohen Feuchtigkeitsgrades der Aufenthalt im Kasten unerträglich geworden war. Es stellten sich dann alle Anzeichen der Wärmestauung infolge der Behinderung der Wärmeabgabe ein: Kopfdruck, Benommenheit, Beklemmung, schließlich Schwindelgefühl und Übelkeit, d. h. dieselben Empfindungen, die als Folge des Aufenthaltes in überfüllten Räumen beobachtet werden. Wurde nun ein Luftgebläse in Gang gebracht, das die Luft des Kastens einfach in Umwälzung versetzte, so hörten diese Anzeichen fast augenblicklich auf, und die Versuchsperson hatte das Gefühl, als würde ihr frische Luft zugeführt. Flügge zieht daraus den Schluß, daß die thermischen Verhältnisse der uns umgebenden Luft (Wärme, Feuchtigkeit, Bewegung) fur unser Wohlbefinden von erheblich größerer Bedeutung sind als die chemische Luftreinheit. Auch das erfrischende Gefühl, welches bei ausgiebiger Lüftung geschlossener Räume oder im Freien empfunden wird, komme nicht von der größeren chemischen Reinheit der Luft her, sondern von der besseren Entwärmung des Körpers. (Öffnen der Fenster im heißen Sommer bei bewegter Luft!)

Es möge noch nachgetragen werden, daß die **Luft in physikalischer Beziehung** innerhalb der für uns in Frage kommenden Grenzen des Feuchtigkeitsgehaltes fast streng dem Gesetze von Boyle-Mariotte folgt. Wird ein Luftinhalt L_0 von 0^0 auf t^0 erwärmt, so entsteht der größere Inhalt:

$$L_t = L_0 \left(1 + \frac{t}{273}\right) \cdot \qquad (5)$$

Wird L_t auf T^0 erwärmt, so wird sein Inhalt:

$$L_T = L_t \frac{1 + \frac{T}{273}}{1 + \frac{t}{273}} \cdot \qquad (6)$$

Das Einheitsgewicht trockener Luft ist 1,293 kg/cbm, 0^0, 760 mm QS. Das Einheitsgewicht des Wasserdampfes, auf Luft bezogen, ist 0,623. Ist die Gesamtspannung der feuchten Luft oder der Barometerstand $= b$, der Teildruck des Wasserdampfes $= P_0$ bei voller Sättigung, so ist das Gewicht dieses Dampfluftgemisches oder der gesättigten Luft nach Daltons Gesetz:

$$G = \frac{1{,}293\,(b - P_0)}{\left(1 + \frac{t}{273}\right) \cdot 760} + \frac{1{,}293 \cdot 0{,}623 \cdot P_0}{\left(1 + \frac{t}{273}\right) \cdot 760}$$

$$G = \frac{1{,}293\,(b - 0{,}377\,P_0)}{\left(1 + \frac{t}{273}\right) \cdot 760}\,\text{kg} \quad . \; . \; . \; . \quad (7\text{a})$$

Ist die Luft nicht voll gesättigt, sondern nur zu $p\%$ der absoluten Sättigung, so folgt:

$$G = \frac{1{,}293\left(b - 0{,}377 \cdot \frac{p\,P_0}{100}\right)}{\left(1 + \frac{t}{273}\right) \cdot 760}\,\text{kg} \quad . \; . \; . \quad (7\text{b})$$

als Gewicht des Gemisches für 1 cbm.

II. Teil.

Die Lüftungsanlagen.

III. Abschnitt.

Der Luftwechsel in geschlossenen Räumen.

Die vielfache Güteverminderung, welche die Luft geschlossener Räume durch den Aufenthalt der Menschen erfährt, muß mit Hilfe von zweckentsprechender Lüftung soweit verhindert werden, daß für die Insassen mit der Zeit keine gesundheitlichen Nachteile entstehen. Den in einem Raume stattfindenden Luftwechsel beziehen wir immer auf die Stunde als Zeiteinheit und geben ihn entweder als Vielfaches des Rauminhaltes oder in Raummetern von Raumtemperatur an.

Man unterscheidet 1. den natürlichen Luftwechsel durch die Undichtigkeiten der Umfassungswände des Raumes, 2. die Fenster- und Türlüftung und 3. die künstliche Lüftung der Räume.

5. Leistung der Lüftung.

Die Aufgabe der Lüftung besteht zunächst in der hinreichenden Verdünnung der unvermeidlichen **gasigen Verunreinigungen** der Luft. Wie schon v. Pettenkofer betont hat, helfen aber alle Lüftungseinrichtungen wenig ohne durchgreifende Reinlichkeit. Hier gilt eben das oft angeführte drastische Wort v. Pettenkofers: »Wenn ein Misthaufen im Zimmer ist, wird man nicht versuchen, durch Lüftung den Geruch zu vertreiben, sondern man wird den Misthaufen beseitigen«. Bei Anwesenheit von Fäulnisstoffen darf man also nicht die Folgen durch Lüftung fortschaffen wollen, man muß vielmehr die Ursache aufheben. Zur Herbeiführung der Reinlichkeit kann viel durch Erziehung getan werden, z. B. durch Errichtung von Brausebädern in Schulen, Kasernen, Fabriken. In Gewerbebetrieben, Laboratorien, in denen schädliche Gase entstehen, würde die kräftigste Lüftung machtlos sein, wenn diese Verunreinigungen nicht unmittelbar von der Entstehungsstelle durch Absaugungskanäle weggeschafft würden; dasselbe gilt vom Wrasen in Küchen, von den staubförmigen Abfällen an Bearbeitungsmaschinen in Fabriken usw.

Eine zweite wichtige Aufgabe der Lüftung ist nach Rietschel und Flügge die Verhütung zu **hoher Temperaturgrade** die im Winter leicht gelingt, im Sommer dagegen schwierig und mit großen Kosten verknüpft ist.

Im engsten Zusammenhange mit dieser Forderung steht drittens die Fortleitung **überschüssiger Feuchtigkeit,** z. B. bei Gasbeleuchtung, dann aber besonders in Bädern, Koch- und Waschküchen und ähnlichen Räumen.

Viertens soll die Lüftung in gewissen Räumen durch Überdruck den **kalten Zug** von den Insassen fernhalten, der durch die Fugen und Ritzen der Türen und Fenster der Umfassungswände im Winter, besonders in hohen Versammlungsräumen, Theatern usw. aufzutreten pflegt.

Fünftens kommt die mögliche Entfernung des **Staubes** in Betracht; jedoch genügen hier die üblichen Lüftungseinrichtungen in keiner Weise, und nur bei unbesetzten Räumen gelingt es, durch kräftige Fenster- und Türlüftung, z. B. in Schulräumen während der Pausen, den Staub zu entfernen. Doch setzt sich der Staub stets in toten Winkeln zu Boden, wo keine hinreichende Luftbewegung stattfinden kann. In den mechanisch betriebenen Entstaubungsapparaten hat die Gesundheitstechnik ein wirksames Mittel geschaffen, um den Staub aus den Aufenthaltsräumen zu entfernen, ohne ihn vorher aufzuwirbeln.

---

[1]) Stern: Einfluß der Ventilation auf in der Luft suspendierte Mikroorganismen. Zeitschrift für Hygiene, Verlag Veit & Co., Leipzig 1889, Bd. 7.

Ebensowenig hat die Luftung, sechstens, auf die Wegschaffung ansteckender **Krankheitskeime** Einfluß[1]). Diese Erkenntnis ist für die Lüftung von Krankenhäusern wichtig, da man früher glaubte, die Luft durch Lüftung keimfrei machen zu können. Aber selbst wenn es gelänge, die am Staube und an Tröpfchen haftenden Krankheitserreger wegzulüften, so würden sie doch immer noch an den Gegenständen und Kleidern haften bleiben, von denen sie nur durch Wegwischen oder Abbürsten entfernt werden können. Hierzu würden sich ebenfalls jene Entstaubungsapparate eignen, die mittels Dampfstrahles wirken, da dieser die abgesaugte Luft durch Erhitzung entkeimt.

6. Berechnung und Annahme des Luftwechsels.

Als brauchbaren Maßstab für den einzurichtenden Luftwechsel hatten wir einerseits die Kohlensäure zur Erhaltung einer gewissen chemischen Reinheit der Luft, und anderseits die Temperatur zur Verhütung der Wärmestauung erkannt. Beide Berechnungsweisen haben sich gegenseitig zu ergänzen insofern, als im Zweifelsfalle zu prüfen ist, welche von beiden den größeren Luftwechsel fordert. Hierzu kommen für besondere Fälle noch der Druckmaßstab und der Feuchtigkeitsmaßstab.

a) Der Kohlensäuremaßstab nach v. Pettenkofer.

Nach dem vorigen Abschnitt darf die Luftverschlechterung in dauernd von Menschen benutzten Räumen nur einen solchen Grad erreichen, daß der Kohlensäuregehalt K höchstens 0,1 bis ausnahmsweise 0,15%, d. h. 1—1,5 l/cbm beträgt. Bedeutet:

L den Luftwechsel des Raumes von Raumtemperatur in cbm/Std.,

k den Kohlensäuregehalt der Außenluft = 0,0004 cbm/cbm,

K den zulässigen Kohlensäuregehalt der Raumluft in cbm/cbm,

n die Anzahl der Kohlensäurequellen (Menschen und Beleuchtung) des Raumes,

p die Kohlensäureerzeugung einer Kohlensäurequelle in cbm/Std.,

so besteht für den Beharrungszustand die Beziehung, daß der Kohlensäuregehalt der Raumluft zu Anfang und Ende jeder Stunde ungeändert, nämlich $= L \cdot K$ sein muß, d. h. gleich der in den Raum eingeführten Kohlensäure $L \cdot k$ vermehrt um die im Raume erzeugte Kohlensäure $\Sigma\,(n \cdot p)$, also

$$L \cdot K = L \cdot k + \Sigma(n \cdot p),$$

woraus der stündliche Luftwechsel folgt:

$$L = \frac{\Sigma(n \cdot p)}{K - k} \text{ cbm} \quad . \quad . \quad . \quad . \quad . \quad . \quad . \quad . \quad (8)$$

Bei der Ableitung dieser Formel ist angenommen, daß die Kohlensäure in der Raumluft vollkommen gleichmäßig verteilt ist. Trotzdem die Kohlensäure um die Hälfte schwerer ist als die Luft, so haben angestellte Messungen doch die obige Annahme bestätigt, zu deren Erklärung die fortwährende Durcheinanderwirbelung der Luft und die Diffusionserscheinung dienen. Nur in Schlafräumen, in denen die Luft über Nacht in Ruhe ist, kann der Kohlensäuregehalt dicht über Fußboden etwas größer werden als in höheren Luftschichten.

In Gl. (8) ist unter n nicht nur die Zahl der Menschen, sondern auch die Anzahl der kohlensäureerzeugenden Gasflammen verstanden. Nach verschiedenen Verfassern sind in folgender Tafel **Mittelwerte** zusammengestellt, die sich auf normale Raumtemperatur beziehen.

	Kohlensäure-entwickelung cbm/Std.	Wärme-entwickelung WE/Std.	Wasserdampf-entwickelung kg/Std.	Lichtstärke Kerzen:
Mann bei der Arbeit	0,036	200	0,130	
Mann in Ruhe	0,020	100	0,070	
Halberwachsener	0,016	90	0,040	
Kind	0,010	50	0,020	
Säugling	0,005	26	0,013	
berechnet für 1 Kerzenstunde:				
Gasbeleuchtung: Schnittbrenner	0,0047	80	0,017	12
Gasbeleuchtung: Argandbrenner	0,0035	60	0,013	25
Gasbeleuchtung: Regenerativbrenner		18		
Gasbeleuchtung: Glühlicht	0,0006	10	0,002	55
Kerzen: Stearin	0,0060	81	0,011	1
Kerzen: Paraffin	0,0063	80	0,010	1
Petrol.: Flachbrenner	0,0050	62	0,008	4
Petrol.: Rundbrenner	0,0028	34	0,005	25
Spiritusglühlicht	0,0026	10	0,004	45
Elektr. Beleucht.: Kohlefadenglühlicht	—	2,6	—	16
Elektr. Beleucht.: Nernstlicht	—	1,3	—	25
Elektr. Beleucht.: Bogenlicht	Spuren	0,4	—	600

Ist die zur Gasbeleuchtung erforderliche Menge Leuchtgases gegeben, so kann man auf 1 cbm verbrannten Gases eine stündliche Erzeugung von 1,3 kg Kohlensäure, 1 kg Wasserdampf und 5000 WE rechnen.

Natürlich ist die in obiger Tafel angegebene Verunreinigung der Raumluft durch die Beleuchtung nur dann in Ansatz zu bringen, wenn es sich um offene Beleuchtung handelt, oder wenn die Verbrennungsgase nicht durch eine dicht über der Entstehungsstelle angeordnete Lüftungseinrichtung abgeführt werden.

Für einen Erwachsenen in Ruhe mit einer Kohlensäureentwicklung von 0,02 cbm/Std. würde sich demnach der stündlich erforderliche Luftwechsel gemäß Gl. (8) berechnen zu:

$$L = \frac{0{,}02}{0{,}001 - 0{,}0003} = \sim 30 \text{ cbm/Std.}$$

Soll z. B. ein Schulzimmer von 220 cbm Inhalt mit einer Besetzung von 46 Kindern und 1 Lehrer gelüftet werden und der Kohlensäuregehalt nicht über 0,10% steigen, so sei gesetzt: $n_1 = 46$, $p_1 = 0{,}012$, $n_2 = 1$, $p_2 = 0{,}020$, $K = 0{,}0010$, $k = 0{,}0004$. Demnach berechnet sich der Luftwechsel bei Tage zu:

$$L_1 = \frac{n_1 p_1 + n_2 p_2}{K - k} = \frac{46 \cdot 0{,}012 + 1 \cdot 0{,}020}{0{,}0010 - 0{,}0004} = 953 \text{ cbm/Std.},$$

d. h. gleich dem 4,4fachen des Rauminhaltes.

Brennen in diesem Schulzimmer 8 Gasglühlichtkörper von je 40 Kerzen Lichtstärke, so ist $n_3 = 8$ und nach der Tafel $p_3 = 40 \cdot 0{,}0006 = 0{,}024$, und der am Abend erforderliche Luftwechsel beträgt nach Gl. (8):

$$L_2 = 953 + \frac{8 \cdot 0{,}024}{0{,}0010 - 0{,}0004} = 953 + 320 = 1273 \text{ cbm/Std.},$$

d. h. es ist der 5,8fache Luftwechsel notwendig.

Läßt man einen Kohlensäuregehalt von 0,15% zu, so berechnet sich die zuzuführende Luftmenge zu:

$$L_3 = \frac{46 \cdot 0{,}012 + 1 \cdot 0{,}020 + 8 \cdot 0{,}024}{0{,}0015 - 0{,}0004} = \sim 700 \text{ cbm},$$

d. h. gleich dem 3,2fachen Luftwechsel.

Anmerkung. In Wirklichkeit dauert der Unterricht meistens nur ¾ Std., während der Kohlensäuregehalt der Raumluft zu Beginn der Stunde niedriger ist. Deshalb hat für diesen Fall die Gl. (8) nicht strenge Gültigkeit, doch kann die Abweichung vernachlassigt werden.

b) Der Wärmemaßstab nach Rietschel.[1])

Diese Berechnungsweise ist in allen denjenigen Fällen anzuwenden, in denen durch den Luftwechsel das Anwachsen der Raumtemperatur über eine gewisse höchste Grenze verhütet werden soll. Dies tritt in der Regel in Versammlungsräumen, besonders des Abends bei Beleuchtung ein. Als Normaltemperaturen, in Kopfhöhe gemessen, können die folgenden gelten:

Krankenräume, Baderäume für Schwimm- und Wannenbäder	22° C
Wohn- und Geschäftsräume	18—20° »
Versammlungsräume	18° »
Schulklassen, Hörsäle	17—19° »
Flure, Treppenhäuser, Vorräume	12—18° »
Schlafräume	12—15° »
Gefängnisräume bei Tage	18° »
Gewächshäuser: Warmhaus	25° »
Kalthaus	15° »
Kirchen	10—12° »

Diese Temperaturen dürfen im höchsten Falle um nicht mehr als 3 bis 4 Grade vorübergehend überschritten werden. Im Winter kann meistens die Heizung des Versammlungsraumes abgestellt sein, wenn er voll besetzt ist, denn dann wird soviel Wärme durch die Anwesenden (W_1) und am Abend durch die Beleuchtung (W_2) (siehe Tafel Seite 65) erzeugt, daß der Raum allmählich überheizt wird, d. h. es wird ($W_1 + W_2$) größer als die durch die Umfassungswände nach außen übergeführte Wärme W_3. Der Unterschied W zwischen der im Raum erzeugten und der nach außen übertragenen Wärme würde also die Überheizung des Raumes bewirken und muß durch einen entsprechend großen Luftwechsel beseitigt werden. Demnach besteht die Beziehung

$$\left.\begin{array}{l} W = W_1 + W_2 - W_3 \text{ für den Winter} \\ \text{und } W = W_1 + W_2 + W_3 \text{ » » Sommer} \end{array}\right\} \quad \ldots \quad (9)$$

[1]) Rietschel: Über die Bestimmung und die Grenzen des Luftwechsels in geschlossenen, von Menschen benutzten Räumen. Vierteljahrsschrift für öffentliche Gesundheitspflege 1890, Bd. 22, S. 225. — Derselbe: Leitfaden zum Berechnen und Entwerfen von Lüftungs- und Heizungsanlagen, Verl. J. Springer, Berlin.

Damit die Luft diese Wärmemenge W aufzunehmen imstande ist, muß sie mit einem niedrigeren Temperaturgrade t' eingeführt werden als die mittlere Raumtemperatur t_m beträgt. Da die spezifische Wärme der Luft = 0,306 ist, so vermag ein Luftinhalt L die Wärmemenge aufzunehmen:

$$W = \frac{0{,}306 \cdot L\,(t_m - t')}{1 + \frac{t_m}{273}},$$

oder es muß der stündliche Luftwechsel betragen:

$$L = \frac{W\left(1 + \frac{t_m}{273}\right)}{0{,}306\,(t_m - t')} \text{ cbm von } t_m{}^0\,\mathrm{C}, \quad . \quad (10)$$

wo W aus Gl. (9) zu berechnen ist.

Die Erzielung des Luftwechsels L bereitet im Winter meistens nur dann Schwierigkeiten, wenn es sich um Gasbeleuchtung handelt, die sehr bedeutende Wärmemengen erzeugt. Für diesen Fall schlägt Rietschel vor, die Gasbeleuchtung möglichst hoch anzubringen und die Erzeugnisse der Beleuchtung kurzerhand aus dem Raum abzuführen. Alsdann kann die Lüftung für die Atemzone und für die Beleuchtungszone getrennt berechnet und angeordnet werden, und zwar für die letztere mit einer höheren zulässigen Temperatur.

Im Sommer hört der Luftwechsel auf, wirksam zu sein, sobald Temperaturgleichheit zwischen Raumüberheizung und Außenwärme eingetreten ist, da alsdann die Luft nicht mehr kühler eingeführt werden kann. Hilft in diesem Falle auch nicht kräftige Luftumwälzung, etwa durch Fächerlüfter, die Wärmestauung zu beheben, so muß künstliche Kühlung der einzuführenden Luft stattfinden, um die gestellten Bedingungen zu erfüllen.

Wenn man den zeitlichen Temperaturanstieg in einem besetzten Versammlungsraume verfolgt, so wird man regelmäßig zuerst eine schnelle, später eine langsamere Zunahme feststellen. Pfützner[1]) gibt hierfür eine Formel, aus der sich die Raumtemperatur t_m für verschiedene Zeitabschnitte berechnen läßt:

$$t_m = t_e - (t_e - t_a)e^{-\frac{L}{J}z},$$

[1]) Pfützner: Die moderne Heizungs- und Lüftungstechnik in ihren Beziehungen zur Hygiene. Ges.-Ing. 1911, Nr. 34.

worin bedeuten:

t_e die Raumtemperatur, wenn der Beharrungszustand erreicht ist,

t_a die Raumtemperatur zu Beginn der Lüftung,

L die stündlich zu- und abzuführende Luftmenge in kg,

J den Rauminhalt in kg,

z die Zeit in Stunden seit Beginn der Lüftung.

Diese Formel gilt für den Fall, daß alle im Raume abgegebene Wärme ausschließlich zur Erwärmung der Raumluft und der Zuluft verwendet wird, wenn also weder Wärmeübertragung noch Wärmeaufnahme durch die Umfassungswände des Raumes stattfindet.

Für unsere unter a) angefangene Lüftung einer Schulklasse betrage die stündlich nach außen übergeführte Wärme $W_3 =$ 8600 WE bei $+18^0$ C Innen- und -20^0 C Außentemperatur, $W_3 = 4000$ WE bei $\pm 0^0$, $W_3 = 2000$ WE bei $+10^0$. Nach der Tafel Seite 65 beträgt die Wärmeerzeugung der Insassen:

$$W_1 = 46 \cdot 50 + 1 \cdot 100 = 2400 \text{ WE/Std.},$$

die Wärmeerzeugung der Beleuchtung:

$$W_2 = 8 \cdot 40 \cdot 10 = 3200 \text{ WE/Std.},$$

und demnach die gegebenen Falles durch den Luftwechsel abzuführende Wärmemenge nach Gl. (9):

$$W = W_1 + W_2 - W_3, \text{ also bei:}$$

α) -20^0 C bei Beleuchtg.:	$W = 2400 + 3200 - 8600 = -3000$ WE/Std.
β) $\pm 0^0$ » » »:	$W = 2400 + 3200 - 4000 = +1600$ »
γ) $+10^0$ » » »:	$W = 2400 + 3200 - 2000 = +3600$ »
δ) $+10^0$ » ohne »:	$W = 2400 + 0 - 2000 = + 400$ »
ε) $+20^0$ » » »:	$W = 2400 + 0 - 0 = +2400$ »

Diese Ergebnisse besagen, daß bei α) noch 3000 WE durch die Heizung stündlich geliefert werden müssen, während bei β) bis ε) die Beträge 1600, 3600, 400 und 2400 WE/Std. durch die Lüftung zu beseitigen sind.

Die größte durch den Luftwechsel zu beseitigende Wärmemenge $W = 3600$ WE/Std. erfordert schon einen sehr hohen Luftwechsel. Läßt man in diesem Falle ausnahmsweise die mittlere Klassentemperatur auf $t_m = 25^0$ C ansteigen (in Kopfhöhe 22^0 und an der Decke 28^0 C angenommen) und führt die

Luft mit $t' = 18^0$ C in den Raum ein, so ergibt sich eine Luftmenge nach Gl. (10):

$$L = \frac{W\left(1 + \frac{t_m}{273}\right)^{1)}}{0{,}306\,(t_m - t')} = \frac{3600 \cdot \left(1 + \frac{25}{273}\right)}{0{,}306 \cdot (25 - 18)} = \sim 1800 \text{ cbm/Std.},$$

was einem 8fachen Luftwechsel entspricht. Ein so hoher Luftwechsel dürfte nach unseren Verhältnissen kaum mehr »zugfrei« einzurichten sein, weshalb wir auch den 5fachen Luftwechsel nicht gern überschreiten. Die Amerikaner wenden dagegen eine 8malige Lufterneuerung in ihren Schulen auch bei Tage ohne Bedenken an, wohl weil sie körperlich abgehärteter sind als wir. Jedenfalls ist aus den Berechnungen ersichtlich, daß der mit dem Kohlensäuremaßstab berechnete Luftwechsel von 1273 bzw. 700 cbm nicht mehr ausreicht, um eine Überwärmung in den Abendstunden bei $+10^0$ Außentemperatur auszuschließen. Es ist daher dringend zu raten, die Gasbeleuchtung nicht in Anwendung zu bringen und dafür elektrische Beleuchtung einzurichten. Für den Fall β), also außen $\pm 0^0$, $t_m = 23^0$ und $t' = 18^0$ berechnet sich $L = 1100$ cbm, was noch angängig ist.

c) Der Druckmaßstab nach Krell.

Gegenüber der vorangegangenen Berechnungsweise nach dem Wärmemaßstab macht Krell[2]) geltend, daß das Berufsleben — obwohl nur zögernd — den veränderten Grundlagen Rechnung trage, welche sich in den letzten Jahren teils infolge eingehender Betriebsaufsicht bestehender Anlagen, teils durch veränderte Anschauungen und Forderungen der Hygieniker, besonders aber durch Einführung der elektrischen Beleuchtung an Stelle des Gases für Versammlungsräume wie Konzertsäle, Theater, Schulen und andere herausgestellt haben, die meistens nur 4—6 Stunden besetzt sind. Bei dieser kurzen Benutzungsdauer sind die wirklichen Zustände des Wärmeflusses von dem erst nach Tagen,

[1]) Dieser Ausdruck $(1 + \alpha t)$ ist stets aus Fig. 10 zu entnehmen. also im vorliegenden Falle: $\left(1 + \frac{25}{273}\right) = 1{,}09$.

[2]) Krell sen.: Die Berechnungsweise von Lüftungsanlagen für Versammlungsräume, welche jeweils nur kurze Zeit benützt werden. Ges.-Ing. 1911, Nr. 43, Verl. R. Oldenbourg, München.

ja Wochen eintretenden, der bisherigen Rechnung zugrunde gelegten Beharrungszustande zeitlich weit entfernt. Die selbst in stark besetzten Versammlungsräumen während ihrer Benutzung beobachteten nur geringen Temperatursteigerungen stehen in einem so auffallenden Gegensatz zu den hohen Temperaturen, die sich aus der Verfolgung des Temperaturmaßstabes ergeben, daß sie nur aus der Wärmeaufstapelungsfähigkeit der Umfassungswände zu erklären sind, die in allen bisherigen Berechnungen außer Ansatz geblieben ist. Da aber einerseits der Vorgang der Wärmeaufstapelung der Wände rechnerisch nicht in Ansatz gebracht ist, und da anderseits die wirkliche geringe Temperatursteigerung während kurzer Benutzung hygienisch unbedenklich erscheint, so folgert Krell umgekehrt, daß es in der Hauptsache gar nicht die Lüftungsmenge ist, die eine unzulässige Temperatursteigerung verhütet. Auf Grund jahrelang fortgesetzter Messungen kommt Krell zu dem Satze: »Die Temperaturzunahme eines besetzten Versammlungsraumes ist unabhängig vom Temperaturunterschied zwischen innen und außen, also Sommer und Winter die gleiche, und unabhängig von der Größe der Anfangstemperatur im Raum unter normalen Betriebsverhältnissen[1]), aber bei elektrischer Beleuchtung einzig abhängig von der Anzahl der Besucher«.

Krell hat daher beim Sitzungssaal der städtischen Körperschaften, beim Kulturvereinssaal und beim Theater in Nürnberg abweichend und mit Erfolg einen anderen Lüftungsmaßstab zugrunde gelegt, nämlich diejenige Luftmenge, die bei der tiefsten Außentemperatur imstande ist, den Raum eben unter Überdruck gegenüber der Außenluft zu erhalten mit dem Ziele, den gesundheitlich schädlichen kalten Luftzug zu verhüten, der sonst bei niedriger Außentemperatur durch Spalten und Ritzen der Umfassungswände und beim jedesmaligen Öffnen der Außentüren in den

[1]) Unter die »normalen Betriebsverhältnisse« ist natürlich auch der einigermaßen normale Ablauf der äußeren Witterungsverhältnisse zu rechnen: es braucht wohl kaum erwähnt zu werden, daß gegen plötzlich durch die Fenster voll zur Geltung kommende Sonnenbestrahlung und dadurch hervorgerufene Überwärmung eines nach Süden gelegenen, voll besetzten Klassenzimmers nur die Zuhilfenahme von Sonnenschutzvorrichtungen helfen kann, niemals aber die Lüftungsanlage.

Raum hereindringen würde[1]). Die Leitsätze, die Krell auf der Versammlung der Heizungsfachleute in Wien im Jahre 1907 vorgetragen hat, und gegen deren wissenschaftliche Auffassung und Behandlung sich aus der Versammlung kein Widerspruch erhoben hat, sind zwar im besonderen für Theaterlüftungen aufgestellt; wir können aber mit Krell die folgenden Forderungen ganz allgemein für Versammlungsräume, die für kurze Zeit stark besucht werden, erheben:

1. Zur Vermeidung von Zug und daher zur Erzeugung von Überdruck im Rauminnern muß die sog. neutrale Zone (siehe nächsten Abschnitt) wenigstens auf Fußbodenhöhe, möglichst noch tiefer, gesenkt werden.

2. Je höher ein Raum ist, um so dichter muß seine bauliche Herstellung geschehen, damit bei größter Kälte mit mäßigen Luftmengen ein hinreichender Überdruck erzielt werden kann. Die größten Undichtigkeiten sind die Fenster- und Türspalten. Leider sind Undichtigkeitsmessungen in genügender Anzahl zur Feststellung des natürlichen Luftwechsels noch nicht durchgeführt worden. Eine Vorstellung von der Größe der Undichtigkeiten eines Raumes gibt aber der Betrieb der Lüftung des Sitzungssaales der gemeindlichen Kollegien in Nürnberg, der 1600 cbm Inhalt faßt, nur eine Außenwand mit vier großen Fenstern besitzt und seitlich sowie oben und unten an Amtsräume bzw. Flure grenzt; bei Überdrucklüftung (neutrale Zone unter Fußboden) wurden durch die Undichtigkeiten folgende stündliche Luftmengen nach außen gedrückt: bei —20° C Außentemperatur 4640 cbm und bei —10° C 3770 cbm, wobei die Zuluftmengen ebenfalls 4640 bzw. 3770 cbm betrugen, so daß die Abluft geschlossen bleiben konnte. Im allgemeinen wird man bei derartigen Räumen mit dem 2- bis 3fachen Luftwechsel Überdruck erzeugen können. Natürlich hängt dies eben von der Dichtigkeit des Raumes ab: für den Grenzfall eines gänzlich luftdichten Raumes würde zur Erzeugung eines Überdruckes überhaupt keine Luftmenge mehr erforderlich sein. Mit der dichteren Herstellung

---

[1]) O. Krell sen.: Überdrucklüftung ohne Ventilatorbetrieb des Sitzungssaales der städtischen Kollegien in Nürnberg. Ges.-Ing. 1906, Nr. 40. Derselbe: Bau und Betrieb der Luftungseinrichtungen des neuen Theaters in Nurnberg. Ges.-Ing. 1907, Nr. 20 und 21.

der Räume nimmt also die zur Erzielung von Überdruck erforderliche Luftmenge rasch ab.

3. Die im Betrieb erforderliche Zuluftmenge wird nicht durch die Anzahl der jeweils anwesenden Menschen, sondern **nur durch die für Herstellung des Überdruckes erforderte Luftmenge** bestimmt, soweit solche nicht weniger als 30 cbm für die Person (Kohlensäuremaßstab!) beträgt.

4. Die Zulufttemperatur soll im Mittel gleich der Raumtemperatur sein; nur bei sehr feiner Verteilung der Zulufteinführung wird man ausnahmsweise noch Zugerscheinungen vermeiden können, wenn die Untertemperatur der Zuluft höchstens etwa 3—4° beträgt; im allgemeinen muß die Wärmeaufstapelungsfähigkeit[1]) der Wände so groß sein, daß sie imstande ist, den Rest der durch die Anwesenden erzeugten Wärme aufzunehmen. Die Wärmeaufstapelungszahl ist die Wärmemenge, die erforderlich ist, um das Gebäude um 1° C zu erwärmen. Diese Wärmemenge beträgt nach Messungen von Krell:

Für einen Radiator	117 WE	bei 4,5 qm Heizfläche, 170 kg Gewicht und 48,8 l Wasserinhalt;
» ein Schulzimmer	3 620 »	bei 10 m Länge, 6,5 m Tiefe, 4 m Höhe und 66 cm Stärke der Außenwand;
» das Neue Theater in Nürnberg	670 000 »	bei 1420 Zuschauerplätzen;
» die Egydienkirche in Nürnberg	900 000 »	bei 7700 cbm Inhalt, einfachen Fenstern und Wänden aus Sandstein;
» die Olaikirche in Reval	4 500 000 »	bei 24 300 cbm Inhalt, einfachen Fenstern und Wänden aus 2,2 m Kalkstein;
» die Isaakskirche in Petersburg	65 500 000 »	bei 100 000 cbm Inhalt und einer Mauerdicke bis 6 m Kalkstein.

Würde beispielsweise das Nürnberger Theater bei einer dreistündigen Vorstellungsdauer mit 1200 Menschen besetzt sein, von denen jeder stündlich 100 WE entwickelt, so würden dem Gebäude $3 \times 1200 \times 100 = 360000$ WE bis zum Schluß der Vor-

[1]) O. Krell: Abkühlung von Gebäuden, Ges.-Ing. 1907, Nr. 1.

stellung zugeführt werden, eine Wärmemenge, durch die nur eine Temperaturzunahme von

$$\frac{360\,000}{670\,000} = \sim 0{,}5\,^{0}\mathrm{C}$$

bewirkt werden würde. —

Mit welchen technischen Hilfsmitteln die voraufgehenden vier Forderungen erfüllt werden können, das werden wir in einem späteren Abschnitt lernen.

d) Der Feuchtigkeitsmaßstab.

Trotzdem die Außenluft in unserem Klima im Winter mit Feuchtigkeit fast gesättigt zu sein pflegt (die mittlere rel. F. beträgt 80 bis 90%), so ist doch ihr absoluter Feuchtigkeitsgehalt wegen ihrer niedrigen Temperatur sehr gering. Wird nun die Luft in einer Lüftungsanlage erwärmt und in die Raume übergeführt, ohne daß sie weitere Feuchtigkeit aufzunehmen Gelegenheit hat, so wird sie dadurch verhältnismäßig trocken, da die ihr absolut beigemischte Wasserdampfmenge trotz des vergrößerten Luftinhalts dieselbe geblieben ist.

Es sei bezeichnet mit:

p_a der Sättigungsgrad der Außenluft in %,
p_i » » » Innenluft in %,
t_a die Temperatur der Außenluft in C⁰,
t_i » » » Innenluft in C⁰,
s_a der Wassergehalt der Außenluft von $t_a\,^0$C bei voller Sättigung derselben in kg/cbm, siehe Fig. 10,
s_i desgl. der Innenluft von $t_i\,^0$C in kg/cbm,
L der Luftwechsel in cbm/Std. von der Temperatur $t_i\,^0$C, oder:

$$L \text{ cbm von } t_i\,^0\mathrm{C} = \frac{L\left(1+\frac{t_a}{273}\right)}{1+\frac{t_i}{273}} \text{ cbm von } t_a\,^0\mathrm{C},$$

dann besteht die Beziehung:

Wassergehalt der Außenluft = Wassergehalt der Innenluft

$$L \cdot \frac{1+\frac{t_a}{273}}{1+\frac{t_i}{273}} \cdot \frac{s_a p_a}{100} = L \cdot \frac{s_i p_i}{100}.$$

Hieraus berechnet sich der Sättigungsgrad der Innenluft zu

$$p_i = \frac{s_a p_a}{s_i} \cdot \frac{1 + \frac{t_a}{273}}{1 + \frac{t_i}{273}} \text{ v. H.} \quad . \quad . \qquad (11)$$

Hat z. B. die Außenluft bei $t_a = -15^0$ C eine relative Feuchtigkeit von $p_a = 80\%$, so kann sie nach der Kurve Fig. 10 im Höchstfalle $s_a = 0{,}0016$ kg/cbm aufnehmen und bei $t_i = +18^0$C Innentemperatur $s_i = 0{,}0153$ kg/cbm; dann ergibt sich die verhältnismäßige Feuchtigkeit im Raume zu:

$$p_i = \frac{0{,}0016 \cdot 80}{0{,}0153} \cdot \frac{0{,}945}{1{,}066} = 10{,}8\,\%.$$

Die Luft wird also bei der Erwärmung verhältnismäßig um so trockener, je weiter die Temperaturgrenzen auseinander liegen. Da aber nach S. 53 in bewohnten Räumen ein Feuchtigkeitsgrad von 30% das hygienische Mindestmaß ist, so muß in die den Räumen zugeleitete Luft vorher eine gewisse Wassermenge A kg in Dampfform übergeführt werden, damit sie einen gewünschten Sättigungsgrad p_i erlangt. Wir erhalten dann zur Berechnung von A den Ansatz:

Wassergehalt der Außenluft + zugeführte Wassermenge = Wassergehalt der Innenluft:

$$L \frac{1 + \frac{t_a}{273}}{1 + \frac{t_i}{273}} \cdot \frac{s_a p_a}{100} + A = L \cdot \frac{s_i p_i}{100},$$

oder es ist:

$$A = \frac{L}{100} \left(s_i p_i - s_a p_a \frac{1 + \frac{t_a}{273}}{1 + \frac{t_i}{273}} \right) \text{kg} \quad . \quad . \qquad (12)$$

Sind in dem betreffenden Raume noch eine Anzahl dampfabgebende Quellen n (Menschen, Beleuchtung), die je B kg Dampf stündlich in die Luft überführen, so geht die letzte Gleichung über in die folgende:

$$A = \frac{L}{100} \left(s_i p_i - s_a p_a \frac{1 + \frac{t_a}{273}}{1 + \frac{t_i}{273}} \right) - \Sigma (n \cdot B) \quad . \qquad (13)$$

Für unser Beispiel der Schulklasse war bei $t_a = \pm 0^0$ und $t_i = t_m = +23^0$ der zuletzt berechnete Luftwechsel $L = 1100$ cbm bei Abendbeleuchtung. Die 46 Schulkinder erzeugen nach der Tafel Seite 65 eine Wasserdampfmenge:

$$n_1 B_1 = 46 \cdot 0{,}02 = 0{,}92 \text{ kg},$$

der Lehrer

$$n_2 B_2 = 1 \cdot 0{,}07 = 0{,}07 \text{ kg},$$

die 8 Glühlichtkörper von je 40 Kerzen Lichtstärke

$$n_3 B_3 = 8 \cdot 40 \cdot 0{,}002 = 0{,}64 \text{ kg},$$

$$\text{also } \Sigma (n B) = 1{,}63 \text{ kg/Std.}$$

Nehmen wir noch $p_a = 80\%$ an, bestimmen nach der Kurve (Fig. 10) $s_a = 0{,}0049$ und $s_i = 0{,}0204$ kg/cbm und verlangen, daß in den Klassen ein Feuchtigkeitsgehalt $p_i = 40\%$ aufrechterhalten werde, so muß nach Gl. (13) stündlich eine Wassermenge A in die Lüftungsmenge übergeführt werden:

$$A = \frac{1100}{100}\left(0{,}0204 \cdot 40 - 0{,}0049 \cdot 80 \frac{1{,}000}{1{,}084}\right) - 1{,}63 = 3{,}39 \text{ kg}.$$

Bei Tage hatte sich für dieselbe Klasse bei einem zulässigen Kohlensäuregehalt von 0,15% der Luftwechsel $L = 700$ cbm ergeben. Für $t_i = 18^0$ C ist dabei $s_i = 0{,}0153$ und $\Sigma (nB) = 0{,}92 + 0{,}07 = 0{,}99$; während die übrigen Zahlen dieselben bleiben, ergibt sich:

$$A = \frac{700}{100}\left(0{,}0153 \cdot 40 - 0{,}0049 \cdot 80 \frac{1{,}000}{1{,}066}\right) - 0{,}99 = 0{,}72 \text{ kg}.$$

Aus den beiden letzten Werten für A ersehen wir, daß die der Luft künstlich zuzusetzende Wassermenge desto kleiner wird, je geringer der Luftwechsel L ist; ja es kann A negativ werden, wenn L einen gewissen Grenzwert unterschreitet, oder bei höherer Außentemperatur. Z. B. würde sich für $t_a = +10^0$C die Wassermenge A berechnen zu:

$$A = \frac{700}{100}\left(0{,}0153 \cdot 40 - 0{,}0094 \cdot 80 \frac{1{,}037}{1{,}066}\right) - 0{,}99 = -1{,}79 \text{ kg/Std.},$$

d. h.: es müßte der Zuluft 1,79 kg Feuchtigkeit stündlich entzogen werden, damit der geforderte anteilige Feuchtigkeitsgehalt von 40% in der Klasse nicht überschritten wird. Um nun die Luft nicht erst künstlich trocknen zu müssen, begnügt man sich vorläufig damit, den Feuchtigkeitsgehalt der

Innenluft und den Luftwechsel bis an die zulässige Grenze anwachsen zu lassen. Es ergibt sich also für Räume, in denen sich viele (n_1) Personen aufhalten, ein Mindestmaß des Luftwechsels nach Maßgabe eines Höchstwasserdampfgehaltes der Luft, wenn $A = m \cdot L = m \cdot n_1 \cdot Q$ gesetzt wird (s. Gl. 16):

$$L = \frac{m \cdot n_1 \cdot Q + \Sigma (n \cdot B)}{\frac{s_i p_i}{100} - \frac{s_a p_a}{100} \cdot \frac{1 + \frac{t_a}{273}}{1 + \frac{t_i}{273}}} \text{ cbm/Std.}, \quad . \quad . \quad . \quad (14)$$

wobei freilich die Wasseraufnahmefähigkeit der Umfassungswände und Gegenstände des Raumes unberücksichtigt blieb, weil sie außerordentlich verschieden sein kann und sich der Rechnung entzieht.

In Anbetracht aller der schwankenden Verhältnisse und der vielfältigen den Wasserdampfgehalt beeinflussenden Umstände ist die Anwendung zuverlässiger Feuchtigkeitsmesser sehr zu empfehlen, wenn anders die Forderungen der Gesundheitslehre erfüllt werden sollen. Wollte man auch im Sommer in menschenerfüllten Räumen auf dem gesundheitlich zulässigen Feuchtigkeitsgehalte der Luft bestehen, so müßte man die Luft künstlich trocknen, indem man sie zuerst bis unter den Taupunkt abkühlt, wobei sich Wasser ausscheidet, das abgeführt werden muß, und dann wieder auf die zulässige Temperatur erwärmt.

e) Luftanteil und Lüftungsgröße.

Hat ein Raum, in dem sich n Personen aufhalten, J cbm Inhalt, so nennt man den auf jede Person entfallenden Raum- oder Luftinhalt den Luftanteil (Luftkubus) C cbm:

$$C = \frac{J}{n} \quad . \quad . \quad . \quad . \quad . \quad . \quad . \quad . \quad (15)$$

Beträgt der stündliche Luftwechsel dieses Raumes L cbm, so heißt der Anteil, den jede Person an diesem Luftwechsel hat, die Lüftungsgröße (Ventilationsquantum) Q cbm/Std.:

$$Q = \frac{L}{n} \quad . \quad . \quad . \quad . \quad . \quad . \quad . \quad . \quad (16)$$

Nach Gl. (8) würde sich letztere berechnen, wenn jede Person in der Stunde 0,02 cbm CO_2 erzeugt, und wenn der CO_2-Gehalt auf 0,1% ansteigen darf, zu:

$$Q = \frac{p}{K - k} = \frac{0{,}02}{0{,}001 - 0{,}0004} = 33{,}3 \text{ cbm/Std.}$$

In Krankenhäusern ist im allgemeinen ein CO_2-Gehalt von nur 0,07% zulässig, daher die Lüftungsgröße:

$$Q = \frac{0{,}02}{0{,}0007 - 0{,}0004} = 66{,}6 \text{ cbm/Std.}$$

Unter Zugrundelegung der Gleichungen für den erforderlichen Luftwechsel nach der Kohlensäure, der Wärme und der Feuchtigkeit und unter Berücksichtigung des üblichen Luftanteiles haben sich in der Ausübung gewisse Mittelwerte für die Lüftungsgröße eingebürgert, die etwa folgendermaßen angesetzt werden können:

	Lüftungsgröße Q cbm/Std.	Luftwechsel L
für einen gewohnlichen Kranken . . .	65—80	—
» » Kinderkranken	35—70	—
» » Verwundeten, eine Wöchnerin	80—100	—
» » Kranken bei Volksseuchen . .	120—180	—
» » Gefangenen	25—40	—
» » Anwesenden in Versammlungsraumen, Kasernen usw. . .	20—40	1—2 fach
» » Schüler bis zu 10 Jahren . .	15—30	3—5 »
» » » über 10 Jahre . . .	20—40	
» Treppenhäuser, Flure, Vorraume . .	—	1—4 »
» Küchen und Aborte	—	3—5 »

Bei gleicher Lüftungsgröße kann der Luftwechsel desto kleiner sein, je größer der Luftanteil gewählt wurde. Fällt also z. B. in manchen Fällen (Hörsälen) der Luftwechsel zu groß aus, so daß Zugerscheinungen zu befürchten wären, dann kann man sich durch Vergrößerung des Luftanteiles, also Erhöhung des Saales, entsprechend helfen.

7. Natürlicher Luftwechsel.

Unsere Baustoffe sind nicht vollkommen luftdicht, sondern mehr oder minder durchlässig, und sie vermitteln deshalb bei eintretenden Druckunterschieden zwischen der Innen- und Außenluft einen gewissen Luftwechsel, den man den natürlichen oder spontanen zu nennen pflegt. Besonders die Spalten und Ritzen der Fenster und Türen tragen in erheblichem Maße zu einem solchen Luftaustausche bei. Bereits Graf Rumford hatte den natürlichen Luftwechsel erklärt, aber erst durch v. Pettenkofer sind diese Anschauungen allgemeiner bekannt geworden. Pettenkofer zeigte, daß man mit der Vorrichtung Fig. 14 durch einen Ziegelstein hindurch ein Licht auszublasen vermag, sobald die vier Außenflächen des Steines durch Firniß luftdicht gemacht sind.

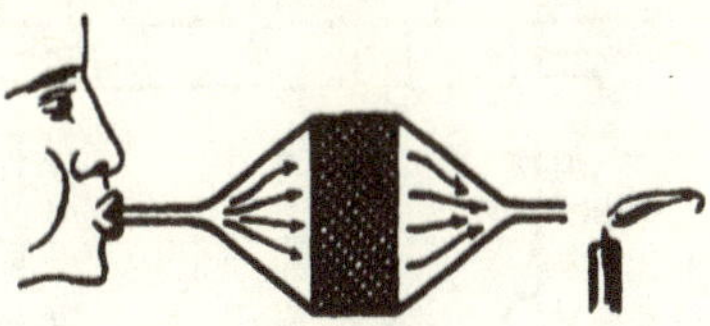

Fig. 14.
Nachweis der Luftdurchlässigkeit eines Bausteines.

Der zur Erzielung des Luftaustausches infolge der Durchlässigkeit der Umfassungswände eines Hauses notwendige Druckunterschied kann erfolgen: 1. durch Temperaturunterschiede zwischen der Innen- und Außenluft, 2. durch Windanfall und 3. durch künstliche, mechanische Erniedrigung oder Erhöhung der Pressung der Raumluft gegenüber der Atmosphäre. Vom Falle 3 wird ausführlich erst in § 14 die Rede sein.

a) Die Lehre von der neutralen Zone nach G. Recknagel.

Ein sehr anschauliches Bild von den bewegenden Kräften, die den Luftdurchgang durch die Wände hervorrufen, hat G. Recknagel gegeben[1]). Wir nehmen nach Fig. 15 einen Raum *ABCD* von gleichmäßig porigen Wänden an, der innen auf eine gleichbleibende Temperatur geheizt und allseitig von kälterer Außenluft umgeben ist, wobei Windstille vorausgesetzt sei. Dann hat die warme Innenluft von der Temperatur t_i ein kleineres spezifisches Gewicht als die kalte Außenluft von der Temperatur t_a. Es findet also ein Auftrieb der inneren Luftsäule statt, d. h.

[1]) Handbuch der Hygiene von v. Pettenkofer und v. Ziemssen, 1. Teil: Die Wohnung von Emmerich und G. Recknagel. Verlag Vogel, Leipzig 1894.

die Innenluft wird durch die Decke des Raumes gepreßt, während durch den Fußboden Außenluft eindringt, die nach unserer Annahme dauernd auf die Temperatur t_i nachgeheizt wird. Da aber die Seitenwände ebenfalls luftdurchlässig sind, so muß die Innenluft auch durch den oberen Teil der Seitenwände austreten, die Außenluft durch den unteren Teil einströmen. Daraus folgt, daß in irgendeiner Schicht NN ungefähr in der Mitte der Raumhöhe eine Umkehr der Drucke stattfinden muß, und man nennt diese Zone des Spannungsgleichgewichtes zwischen innen und außen die neutrale Zone NN des Raumes. Von ihr aus nehmen die Druckkräfte nach oben und unten hin allmählich zu, und zwar annähernd linear, so daß sie graphisch durch Fig. 15 dargestellt werden können. Ist h der Abstand der neutralen Zone vom Fußboden in Metern, so ergibt sich der von außen nach innen gerichtete wirksame Druck p (auch Druckgefälle genannt) in Millimetern Wassersäule oder kg/qm an irgendeiner Stelle a Meter vom Fußboden aus folgender, sofort verständlicher Gleichung:

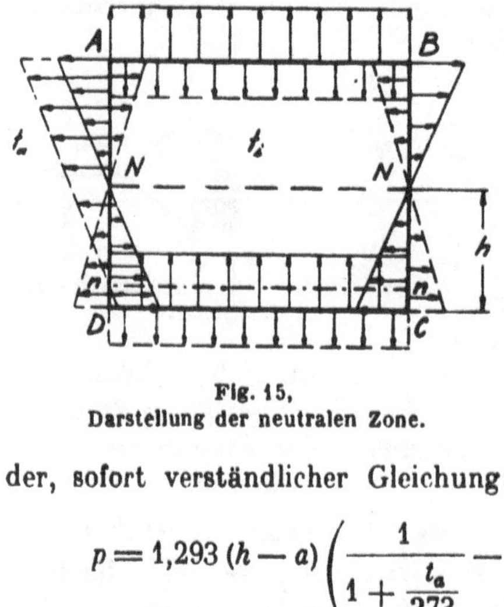

Fig. 15.
Darstellung der neutralen Zone.

$$p = 1{,}293\,(h - a)\left(\frac{1}{1 + \frac{t_a}{273}} - \frac{1}{1 + \frac{t_i}{273}}\right)\text{kg/qm} \quad . \quad (17)$$

Es ist leicht einzusehen, daß bei Temperaturgleichheit zwischen innen und außen der Druck p verschwindet, d. h. die Druckbegrenzungslinien fallen dann mit AD bzw. BC zusammen. Ist im Sommer t_i kleiner als t_a, so pendeln die Begrenzungslinien in die punktierten Lagen, d. h. die Druckverhältnisse sind nun gerade umgekehrt wie im Winter, das Druckgefälle hat seine Richtung oder sein Vorzeichen geändert.

Liegen mehrere Räume von gleicher Temperatur, z. B. von $+20^0$ wie in Fig. 16 gegen -10^0 Außentemperatur, übereinander, so setzen sich die für die verschiedenen Höhen berechneten Druckkräfte algebraisch zusammen. Bei gleichen Geschoßhöhen würde auf den Fußboden des höhergelegenen Raumes jedesmal der doppelte Druck wirken wie in derselben Höhenlage auf die Außenwand. In der Abbildung sind die Drucklinien zunächst getrennt eingetragen und dann die Druckkräfte zusammengesetzt und schraffiert worden. Auf diese Weise ist auch die Wirkung des danebenliegenden Treppenhauses, das $+5^0$ C Temperatur habe, kenntlich gemacht. Infolge der bedeutenden Höhe herrscht im Treppenhause, falls die untere Eingangstür und die Bodentür geschlossen sind, unten ein beträchtlicher Unterdruck und an der Decke ein hoher Überdruck. Daraus geht hervor, daß die oberen Stockwerke vom Treppenhause her Überdruck erhalten, die unteren dagegen Unterdruck. — Eine Nutzanwendung aus dieser Tatsache ist folgende:. Es kommt oft vor, daß die Öfen des obersten Stockwerkes infolge zu geringer Auftriebhöhe der Verbrennungsgase schlecht »ziehen«. In einem solchen Falle hätte man weiter nichts zu tun, als eine Verbindung des betreffenden Raumes mit der Treppe durch Öffnen der Türen herzustellen: dann pflanzt sich der im oberen Teile des Treppenhauses herrschende Überdruck bis zum Roste des nicht ziehenden Ofens ungehindert fort und treibt die Rauchgase durch den Schornstein nach außen, wodurch dem Übelstande abgeholfen ist. In den unteren Räumen würde ein Öffnen der Verbindungstüren nach der Treppe natürlich hemmend auf den Schornsteinzug wirken. — Wird die Bodentür geöffnet, so rückt die neutrale Zone nach oben, beim Öffnen der Haustür findet das Umgekehrte statt. Dadurch ändern sich jedesmal die Drucke, die den Luftzufluß und -abfluß nach und von den Wohnräumen beeinflussen.

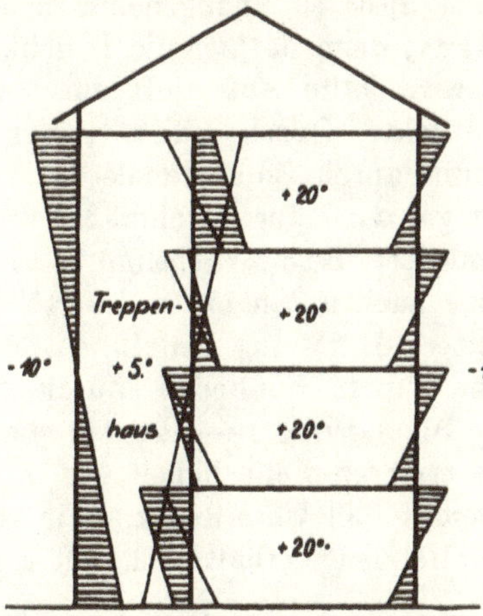

Fig. 16.
Darstellung der Luftdruckverteilung in einem Hause.

Vorstehende Betrachtungen, die sich fur besondere Fälle noch weiter ausdehnen lassen, gelten nur für Windstille. Bei Windanfall auf die Wände eines Hauses können die gewonnenen Ergebnisse oft beträchtlich geändert werden. Übrigens mag hier noch besonders betont sein, daß die in Fig. 15 und 16 eingezeichneten Pfeile noch keinen Maßstab für die durch die Wände gedrückten Luftmengen abgeben, sondern lediglich die Druckkräfte darstellen.

Die Lehre von der neutralen Zone hat naturgemäß fur die Lüftungstechnik grundlegende Bedeutung erlangt. Beispielsweise verstehen wir jetzt aus vorangegangenen Überlegungen das Auftreten des an der Fensterwand eines Raumes im Winter so unangenehm sich bemerkbar machenden Luftzuges; denn da hier die Druckkräfte nach innen gerichtet sind, so wird kalte Außenluft durch die Fensterritzen in den Raum gedrückt. Durch künstliches Einpressen von Luft in den Raum durch Zuluftkanäle kann die Spannung in letzterem in der ganzen Höhe gleichmäßig vergrößert werden, so daß wir die punktierte Begrenzungslinie in Fig. 15 erhalten, wobei die neutrale Zone nach unten bis in die Höhenlage *n* verschoben ist. Durch weitere Erhöhung der Innenspannung kann die neutrale Zone sogar unter Fußboden, durch Absaugen — also Erniedrigung des Innendruckes — dagegen oberhalb der Decke verlegt werden. Im ersteren Falle haben wir im ganzen Raum Überdruck, im zweiten Fall Unterdruck. Wir kommen auf diese künstlich zu schaffenden Verhältnisse später zurück.

b) Messung der Druckverteilung in einem Raume.

Da die hier auftretenden Drucke sehr gering sind und oft nur Bruchteile von 1 mm WS betragen, so kann man einen gewöhnlichen Wasserdruckanzeiger zur Druckbestimmung nicht gebrauchen und verwendet statt dessen den empfindlicheren Feindruckmesser (Differentialmanometer) nach G. Recknagel, Fig. 17, ein Meßgerät, das sich besonders für wissenschaftliche und sehr feine Messungen eignet, und das in unvollkommenerer Ausführung schon Péclet benutzt hat. Beim Recknagelschen Feindruckmesser wird der eine Schenkel durch ein Metallgefäß von 100 mm Durchmesser gebildet, mit dem der andere Schenkel, eine in beliebig geringer Neigung feststellbare

Glasröhre von 2 bis 3 mm innerem Durchmesser, verbunden ist. Mit Hilfe einer Libelle wird das Gerät genau wagrecht eingestellt. Als Sperrflüssigkeit verwendet man, da sich Wasser wegen seiner wechselnden Adhäsion als unbrauchbar erwiesen hat, reines Petroleum oder am besten 90 proz. Alkohol. Einem in das Metallgefäß eingeleiteten Luftdrucke p mm WS entspricht ein um so größerer Ausschlag n mm der Sperrflüssigkeit, je geringere Röhrenneigung zur Verwendung kommt. Um das Gerät zu eichen, ersetzt man den Luftdruck p mm WS durch Zugießen einer entsprechenden, auf der Chemikerwage abgewogenen Menge p g der Sperrflüssigkeit und beobachtet dazu den Ausschlag n mm der letzteren in der geneigten Glasröhre. Ist der Querschnitt des Metallgefäßes q qcm, so erhält man durch Zugießen von p g eine Wassersäulenhöhe $h = \frac{p}{q}$ cm $= 10 \frac{p}{q}$ mm, der n mm Ausschlag entsprechen. Diejenige lotrechte Wassersäule, die 1 mm Ausschlag in der Teilung entspricht, heißt die Übersetzungszahl des Meßgerätes, die sich demnach berechnet zu:

Fig. 17. Feindruckmesser.

$$f = \frac{10 \cdot p}{n \cdot q} \text{ mm W S.} \qquad (18)$$

Wirkt nun auf den einen Schenkel ein Druck p mm WS, und ist infolgedessen der Flüssigkeitsfaden im Glasschenkel vom Nullpunkt n_0 bis zum Ausschlage n_1 vorgerückt, so besteht die Beziehung:

$$p = f(n_1 - n_0) \qquad (19)$$

Krell sen. hat diese Ausführungsform für die Praxis brauchbarer gestaltet[1]) und nannte sein Meßgerät, das von G. A. Schultze in Charlottenburg und R. Fueß in Steglitz gebaut wird, Mikromanometer (Fig. 18). Es ist bis zu Drucken von etwa 0,03 mm WS herab für feste Meßbereiche mit unveränderlichen Neigungen $c\,e\,f$ versehen, für die der feste Eichungsfaktor mitgegeben ist. Hinter der Glasröhre e ist eine Teilung $o\,q$ angebracht, auf der die dem Ausschlage entsprechend geeichte Druckhöhe in mm WS

[1]) Krell sen.: Hydrostatische Meßinstrumente. Verlag Julius Springer, Berlin 1897.

unmittelbar abgelesen werden kann. Außerdem besitzt dieses Gerät Wechselhähne *n n*, so daß durch Umlegung einer Handhabe *m* die Saug- und Druckseiten leicht vertauscht werden können. Es eignet sich besonders für Schalttafelzwecke.

Den Nachteil des festen Übersetzungsverhältnisses vermeidet der im übrigen für Laboratoriums- und praktische Messungen auf das vollkommenste ausgestattete Feindruckmesser nach Berlowitz, dessen Glasschenkel schwenkbar und für alle Neigungen feststellbar und bis zu Übersetzungsverhältnissen von 1:50 herab verwendbar sind. Dieses Gerät wird von G. Rosenmüller in Dresden ausgeführt und besitzt unveränderlichen Nullpunkt und Schwingungsdämpfung.

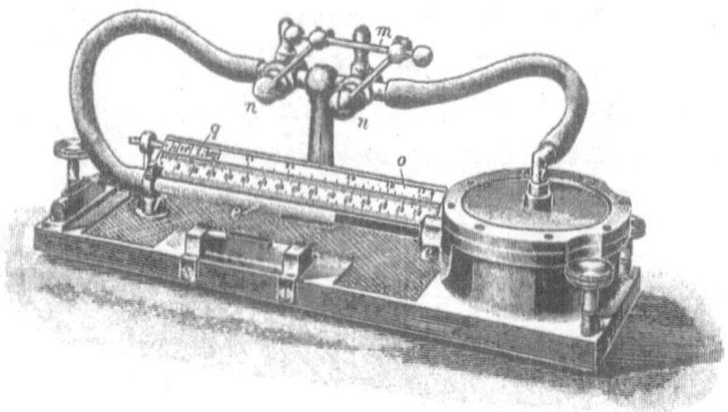

Fig. 18.
Feindruckmesser nach Krell.

Um nun in einem Raume die augenblickliche Lage der neutralen Zone zu bestimmen, verbindet man die beiden Schenkel eines Feindruckmessers *M* (Fig. 19) durch enge Schläuche oder Röhren von 2 bis 10 mm Durchmesser in gleichen Höhenlagen mit der Innenluft und Außenluft. Der bestehende Druckunterschied bewirkt dann einen Ausschlag $(n—n_0)$ bzw. $(n_0—n)$, und man erhält nach Gl. (19) für verschiedene Höhenlagen 1, 2, 3, 4 die wirksamen Drucke h_1, h_2, h_3, h , die man zeichnerisch aufträgt (Fig. 19). Die Verbindungslinie der Endpunkte ergibt eine nahezu gerade Linie, deren Schnittpunkt mit der Mauerbegrenzung die Höhenlage der neutralen Zone angibt. Bei windstillem Wetter erhält man leicht gute Ergebnisse; herrscht jedoch Wind, so übt dieser auf die Mündung des äußeren Schlauches außer dem statischen Drucke noch eine dynamische Wirkung aus, die je nach der Windrichtung und -stärke fortwährend stark wechselt und vollkommen ungenaue Meßergebnisse hervorruft. Um diesen Windeinfluß unschädlich zu machen, verwendet man am besten den Windkopf (Kollektor) von Nipher (Fig. 20), der aus zwei auf dem Ende des äußeren Rohres *a* sitzenden runden Platten *s* besteht, zwischen denen mehrere Schichten Drahtgewebe *d* sich befinden. Der Wind wird dabei teils abgelenkt, teils verliert er im Maschengewirre seine Geschwindigkeit und kann also seinen

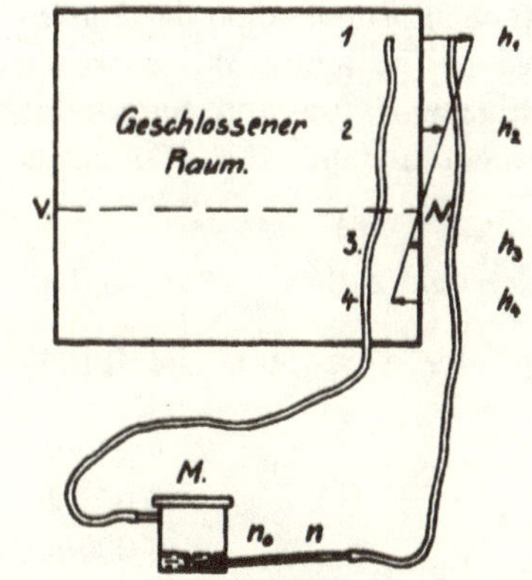

Fig. 19.
Bestimmung der neutralen Zone durch den Versuch.

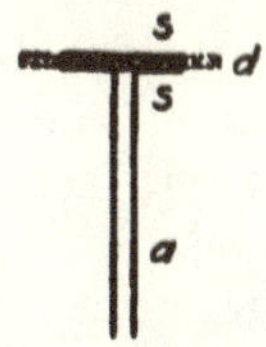

Fig. 20.
Nipherscher Windkopf.

Geschwindigkeitsdruck nicht auf den Druckmesser übertragen. Durch probeweises gleichzeitiges Herauf- und Herunterfahren mit den beiden Rohrenden kann man die neutrale Zone unmittelbar finden als diejenige Höhenlage, bei der das Meßgerät keinen Ausschlag anzeigt.

c) Die Luftdurchlässigkeit der Baustoffe.

Diese ist, besonders von Lang[1]) und von Gosebruch[2]), auf dem Wege des Versuchs ermittelt worden. Unter Durchlässigkeit *D* (Permeabilitätskonstante) sei diejenige Luftmenge in cbm verstanden, die durch 1 qm des betreffenden Baustoffes von 1 m Dicke unter einem Druckunterschied von 1 mm WS zwischen den beiden Endflächen in der Std. hindurchtritt, wobei vorausgesetzt ist, daß die vier Seitenflächen

[1]) Lang: Über natürl. Ventilation und die Porosität der Baumaterialien, Verlag Meyer & Zeller, Stuttgart 1877.

[2]) Gosebruch: Über die Durchlässigkeit der Baumaterialien, Dissertation, Berlin 1897.

luftundurchlässig hergestellt sind. Dann ist eine durchlässige Wand als ein System kapillarer Röhren aufzufassen, für die das Bunsensche Gesetz der Gasströmung gilt, nach welchem die Ausflußgeschwindigkeit der Gase eine lineare Funktion des Spannungsunterschiedes ist. Die stündlich durch eine poröse Wand strömende Luftmenge L ist sonach proportional der Durchlässigkeit D, dem Druckunterschied (p_1-p_2) mm WS zwischen den Endflächen, der Größe der Fläche F qm und umgekehrt proportional der Dicke des untersuchten Baustoffes d in m zu setzen:

$$L = \frac{D \cdot F\,(p_1 - p_2)}{d} \text{ cbm/Std.} \qquad (20)$$

Hierin ist nach Lang in steigender Anordnung die Durchlässigkeit für:

Klinker, glasiert	0,000000
Eichenholz über Hirn	0,000007
Gips, gegossen	0,000041
Ziegel	0,000087—0,000383
(Mittel aus 4 Sorten = 0,000201)	
Grünsandstein	0,000124
Portlandzement	0,000137
Klinker, unglasiert	0,000145
Beton	0,000258
Luftmörtel	0,000907
Fichtenholz über Hirn	0,001010
Schlackensteine, englische feinkörnige	0,002633
» von Zuffenhausen	0,004169—0,006666
(Mittel aus 4 Sorten = 0,005514)	
Kalktuffstein	0,007980

Neuerdings hat von Thielmann[1]) im Laboratorium für technische Physik der Technischen Hochschule in München erneute Bestimmungen der Luftdurchlässigkeit von Baustoffen ausgeführt. Dabei ist die Luftdurchlässigkeitszahl D aus der Gl. (20) berechnet worden als die stündliche Luftmenge in Litern, die bei 1 mm WS Überdruck durch 1 qm eines Steines von 1 m Dicke strömt, und zwar auf 760 mm Quecksilberdruck und 0° umge-

[1]) von Thielmann: Die Luftdurchlässigkeit von Baustoffen. Ges.-Ing. 1915, Nr. 23.

rechnet. In der folgenden Tabelle sind die gewonnenen Zahlen zusammengestellt:

Baustoffe	Luftmenge in l/Std. $p_1 - p_2 = 100$ mm WS. $F = 1$ qm, $d = 30$ cm	Durchlässigkeitszahl D	Mittelwert von D
Schwemmsteine	5 680 500 bis 762 400	1704 bis 228	997
Ampertuff (Peißenberg) . .	564 760	169	169
Kalksandsteine Probe 1 . .	76 060 bis 29 060	22,8 bis 8,7	14,4
» » 2 . .	96 740 » 16 080	29,0 » 4,8	14,3
» » 3 . .	53 440 » 20 470	16,0 » 6,1	12,1
» » 4 . .	55 000 » 20 860	16,5 » 6,3	10,3
» » 5 . .	9196 » 6865	2,8 » 2,1	2,4
» » 6 . .	12 060 » 3465	3,6 » 1,04	2,05
» » 7 . .	4890 » 2670	1,47 » 0,80	1,23
» » 8 . .	5410 » 536	1,62 » 0,16	0,77
» » 9 . .	2200 » 1070	0,66 » 0,32	0,47
» » 10 . .	2085 » 1070	0,63 » 0,32	0,46
Lochsteine	36 640 » 4547	11 » 1,36	5,83
Handziegel, hart gebrannt .	7540	2,26	2,26
Maschinenziegel	8346 bis 1880	2,5 » 0,56	1,42
Desgl., hart gebrannt . . .	1660	0,50	0,50
Reichssteine (Ziegel) . . .	7140 bis 1066	2,15 » 0,32	1,11
Putzprobe:			
4 Sand, 1 Kalk nach 13 Tg.	16 630	4,99	4,99
Desgl. nach 10 Tagen . .	14 170	4,25	4,25
Verlängerter Romanzement:			
1 Zement, 1 Kalk, 3 Sand	4530	1,36	1,36
Verlängert. Portlandzement:			
1 Zement, 1 Kalk, 3 Sand	2130	0,64	0,64
Portlandzement	1916	0,57	0,57
1 Kalk, 1 Roman . . .	1700	0,51	0,51
Grensheimer Muschelkalk .	1490	0,45	0,45
Kehlheimer Donaukalkstein	1230	0,37	0,37
Ochsenfurter Muschelkalk .	451	0,14	0,14

Bei kleineren Überdrucken unter 100 mm WS fand v. Thielmann (übrigens in Übereinstimmung mit Gosebruch) eine Abnahme der Durchlässigkeitszahl mit größer werdendem Druckunterschiede, die dadurch zu erklären ist, daß durch die gesteigerte Durchgangsgeschwindigkeit Hemmungs- und Wirbelungserscheinungen in den Poren sich mehr geltend machen als bei geringerem Überdruck.

In vorstehenden Aufzählungen sind die Mörtelfugen der Wände nicht berücksichtigt. Im allgemeinen wird man annehmen können, daß eine Wand zu etwa $^1/_{10}$ aus Mörtel besteht, wonach sich dann die Durchlässigkeit berechnen läßt. Es ist klar, daß durchnäßte Wände bedeutend undurchlässiger sind als trockene; daher kann die natürliche Lüftung während oder nach längerem Regen um etwa 80 bis 100% verringert sein. Eine weitere Verminderung findet durch die Tapeten und besonders durch den Anstrich der Wände statt, und zwar durch

Tapeten	um 18—40%
Anstrich mit Kalkfarbe	» 25%
» » Leimfarbe	» 50%
» » Wachs, Paraffin usw.	» 100%.

Durch Ölfarbenanstrich wird die Durchlässigkeit sofort aufgehoben, durch Wasserglasanstrich verschwindet sie mit der Zeit.

Auf die Druckunterschiede $(p_1—p_2)$ hat vor allem der Winddruck den größten Einfluß. Die freie Windgeschwindigkeit beträgt im allgemeinen mindestens 0,5 m/sek und erreicht 20 m/sek bei starkem Sturme; das Jahresmittel der Windgeschwindigkeit kann für Deutschland zu etwa 5 m/sek angesetzt werden. Nimmt man nach Fig. 21 den günstigsten Fall, nämlich senkrechtes Auftreffen des Windes auf die Wand eines (im Grundriß gezeichneten) Hauses an, so beträgt der Winddruck nach G. Recknagel etwas weniger als $\frac{v^2}{2g}\gamma$ kg/qm oder mm WS, wenn v die Windgeschwindigkeit in m/sek und γ das Einheitsgewicht der Luft bezeichnet. Gleichzeitig entsteht auf der Rückseite ein Unterdruck von der Größe $-0{,}37\,\frac{v^2}{2g}\gamma$ gegenüber dem herrschenden Barometerstande. Wird letzterer im Innern des Hauses vorausgesetzt, so kann der Druckunterschied $(p_1—p_2)$ höchstens betragen:

$(p_1—p_2)$ = 0,06	1,50	6,00	24,00 mm WS	für die dem Winde zugekehrte Seite,
» = 0,02	0,56	2,22	8,88 mm WS	für die dem Winde abgekehrte Seite,
bei v = 1	5	10	20	m/sek Windgeschwindigkeit.

Unter den Verhältnissen der Fig. 21 würde also in die linksseitigen Zimmer Luft von außen eingepreßt, aus den rechtsseitigen dagegen abgesaugt werden. Bei mittlerer Windstärke würde also für die Vorderseite $(p_1—p_2) = 1{,}5$ mm WS in Rechnung zu setzen sein. Nehmen wir ferner eine $F = 20$ qm große Raumwand aus Ziegelstein von $d = 0{,}38$ m Dicke an, so ist nach der Tabelle die Durchlässigkeit $D = 0{,}0002$ zu setzen. Somit würde sich der stündliche Luftwechsel nach Gl. (20) stellen auf:

$$L = \frac{0{,}0002 \cdot 20 \cdot 1{,}5}{0{,}38} = 0{,}016 \text{ cbm}.$$

Bei starkem Sturme würde sich $L = 0{,}25$ cbm/ Std. ergeben. Dies sind Werte, die je nach der Tapete, dem Wandanstrich, der Verwendung von Mörtelfugen nach der Durchnässung und erheblich schwanken werden, jedoch niemals einen wesentlichen Einfluß auf die Selbstlüftung des Raumes gewinnen können.

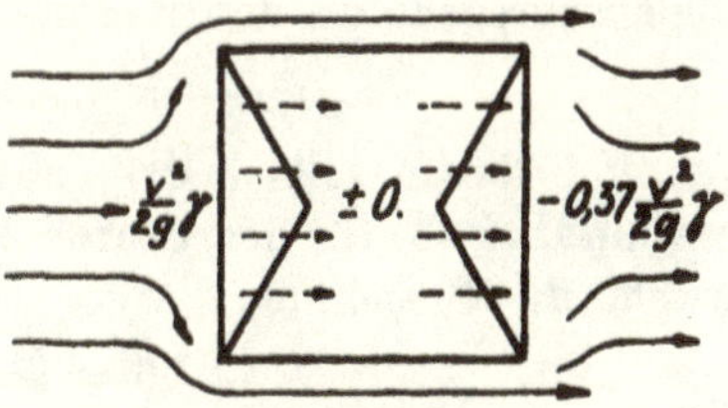

Fig. 21.
Winddruck auf ein Haus.

Besser steht es jedoch mit der **Luftdurchlässigkeit der zufälligen Fugen und Ritzen der Fenster und Türen.** Leider sind dafür allgemein gültige versuchsmäßige Bestimmungen fast unmöglich, da die Undichtigkeiten sowohl an und für sich als auch mit dem Einflusse des wechselnden Klimas außerordentlich schwanken. Jedenfalls sind aber die Luftmengen, die durch die zufälligen Undichtigkeiten in die Räume eindringen, bedeutend größer als die durch die Poren der Wände. Da nun die Fensterritzen einen sehr kleinen Querschnitt haben, so folgt daraus, daß die kalte Luft bei starkem Windanfall mit großer Geschwindigkeit in den Raum eintreten wird und dann im allgemeinen an der Außenwand einen belästigenden **Zug** verursachen kann.

Der **gesamte natürliche Luftwechsel** eines Raumes kann unter günstigen Verhältnissen, d. h. bei großen Temperaturunterschieden oder bei geringen Mauerstärken und großen Außenflächen, im Mittel etwa das Einfache des Rauminhaltes erreichen, wird aber im allgemeinen viel geringer sein.

d) Die Messung des natürlichen Luftwechsels.

Hat ein geschlossener Raum den Inhalt J cbm, so kann auf Grund der Kohlensäureabnahme zwischen Anfang und Ende (K_a—K_e) mit der Zeit Z der natürliche Luftwechsel bestimmt werden, wenn der Anfangskohlensäuregehalt K_a bekannt ist und wenn innerhalb der Versuchsdauer keine Kohlensäure im Raume entwickelt wird, während von außen ständig Luft mit dem Kohlensäuregehalt k infolge des natürlichen Luftwechsels in den Raum eintritt. Eine solche Messung bezeichnet man als anthrakometrische Bestimmung des Luftwechsels. Nimmt die eingeführte Luftmenge L um das Differential $d\,L$ zu, so strömt damit $k \cdot d\,L$ Kohlensäure in den Raum ein und $K \cdot d\,L$ Kohlensäure ab. Der Unterschied beider ist die Abnahme des Kohlensäuregehaltes des Raumes:

$$K \cdot d\,L - k \cdot d\,L = d\,L\,(K - k).$$

Während dieser selben Zeit nimmt der Kohlensäuregehalt in cbm um $d\,K$ ab, für den ganzen Raum also um $J \cdot d\,K$. Folglich besteht die Beziehung

$$d\,L\,(K - k) = J \cdot d\,K$$

oder

$$d\,L = \frac{J \cdot d\,K}{K - k}.$$

Durch Integration dieser Gleichung in den Grenzen (K_a — K_e) erhält man

$$L = J \int_{K_e}^{K_a} \frac{d\,K}{K - k},$$

woraus sich die Formel von Seidel ergibt:

$$L = J \cdot \ln \frac{K_a - k}{K_e - k} \text{ cbm in } Z \text{ Stunden,}$$

also ist der stündliche Luftwechsel:

$$L = \frac{J}{Z} \ln \frac{K_a - k}{K_e - k} \qquad (21)$$

Zur Anwendung dieses Verfahrens bringt man einen hohen Kohlensäuregehalt K_a z. B. in Form von flüssiger Kohlensäure, oder mit Kerzen oder Leuchtgas in den Raum und bestimmt K_a nach der auf Seite 40 angegebenen Methode. Nach einer bestimmten Zeit Z, während welcher der Raum geschlossen gehalten wird und sich keine Menschen in ihm befinden, wird der Endkohlensäuregehalt K_e ebenfalls festgestellt. Nimmt man noch den Kohlensäuregehalt der Außenluft $k = 0{,}0004$ cbm/cbm an, so hat man alle Daten zur Berechnung des stündlichen Luftwechsels L.

Es gibt noch eine Reihe ähnlicher Methoden[1]) jedoch ist die beschriebene wohl die bequemste.

8. Fenster- und Türlüftung.

Die einfachste, oft auch die bequemste und gesündeste, Lüftung eines Raumes wird durch Öffnen der Fenster erzielt. Solange es in der warmen Jahreszeit die Witterung und die Reinheit der Luft zulassen, wird man dauernd die Fenster offenhalten und dadurch eine fortwährende Ergänzung der verbrauchten Luft durch frische erreichen.

Soll aber diese Art der Lüftung nur zeitweise zu Hilfe genommen werden, so müssen, damit eine hinreichende Wirkung stattfinden kann, gewisse Bedingungen erfüllt sein. Zunächst müssen Druckunterschiede, also entweder innen und außen verschiedene Temperaturen, oder Wind vorhanden sein. Jedoch dauert es unter alleiniger Anwendung der Fenster auch dann immerhin noch sehr lange, bis die Luft im Raume wirklich vollkommen durch frische ersetzt ist. Im Winter kann unterdessen eine starke Auskühlung der Raumwände eintreten. Wird jedoch gleichzeitig die Türe geöffnet, so findet innerhalb weniger Minuten ein vollständiger Luftwechsel statt, wobei in der kalten Jahreszeit zwar die Temperatur der Raumluft erheblich abfällt; doch wird dann die normale Temperatur bald wieder durch die Heizung hergestellt sein, da gleichzeitig die nicht ausgekühlten Wände als Wärmespeicher wirken und genügend Wärme an die nun kühlere Raumluft wieder abgeben. Die Wirkung der Lüftung ist also in diesem Falle die Zugluft, die voraussetzt, daß sich die anwesenden Personen aus ihrem Bereiche entfernen, um einer Erkältung zu entgehen.

---

[1]) Eine Zusammenstellung der anthrakometrischen Methoden findet sich bei Wolpert: Ventilation und Heizung, Bd. 3, S. 247 bis 306. Verlag W. & S. Loewenthal, Berlin 1901.

Von manchen Seiten taucht immer wieder die Behauptung auf, daß die Lüftung durch die Fenster, gegebenen Falles mit Zuhilfenahme der Türen, vollauf genüge, und daß eine künstliche Lüftung selbst in solchen Räumen nicht nötig sei, in denen sich viele Menschen aufhalten, beispielsweise in unseren Schulklassen. Dem ist entgegenzuhalten[1]), daß Wind und Wetter, Staub und Straßenlärm es oftmals verbieten, auch nur auf kurze Zeit die Fenster ohne Störung oder Gesundheitsschädigung der Insassen zu öffnen. Ferner ist zu bedenken, daß der Luftwechsel durch zeitweiliges Fensteröffnen im günstigsten Falle immer nur ein einmaliger sein kann, während wir doch im Vorhergehenden bereits des längeren die Notwendigkeit eines vielfachen Luftwechsels nachgewiesen haben.

Bei Überheizung eines Raumes ist oft das Öffnen des Fensters die einzige Rettung, da die hereinströmende Luft eine angenehme Entwärmung des Körpers hervorruft und somit die Wärmestauung verhindert oder aufhebt. In Schulen sollte es Vorschrift sein, daß während jeder Pause die Fenster und Türen geöffnet werden, nachdem die Schüler die Klasse verlassen haben; denn eine kräftige Zuglüftung hat auf die Entfernung des in der Schulluft überreichlich schwebenden Staubes immerhin eine sehr günstige Wirkung.

IV. Abschnitt.

Die Luftbewegung in Lüftungsanlagen.

Die Wirkung der bisher besprochenen Lüftungsarten, nämlich der natürliche Luftwechsel und die Lüftung mit Hilfe der Fenster und Türen, ist vollkommen abhängig von dem fortwährenden Wechsel der Witterung. Trotzdem kommt man mit diesen Lüftungsmethoden besonders für Einzelwohnräume, so gut oder so schlecht es geht, in den weitaus meisten Fällen aus. Für alle öffentlichen Aufenthaltsräume jedoch fordert die Hygiene einen bestimmten Luftwechsel, dessen Berechnung wir im vorigen Abschnitt ausführlich kennengelernt haben. Zur Erfüllung dieser Forderung müssen künstliche Lüftungs-

[1]) Dietz: Das Problem der Schulluftung nach dem Stande neuerer Forschungen. Ges.-Ing. 1906, Nr. 9. Verlag R. Oldenbourg, München.

anlagen gebaut werden, deren Aufgabe es ist, jedem einzelnen Raum eines Hauses seine ihm zugemessene Lüftungsmenge durch besondere Luftwege beliebig regelbar und unabhängig von allen äußeren Einflüssen jederzeit in einwandfreier Weise zuzuführen. Bis zu welchem Grade diese Forderung jeweils erfüllt werden kann, ist in letzter Linie bei dem heutigen Stande der Technik nur mehr eine Energie- und Kostenfrage, die nach wirtschaftlichen Gesichtspunkten im einzelnen Falle zu entscheiden ist.

9. Einteilung und allgemeine Einrichtung der Lüftungsanlagen.

Die Einteilung der künstlichen Lüftungsanlagen kann erfolgen:

1. nach der zur Verwendung kommenden Energieform in:
   a) Anlagen, die auf Temperaturunterschieden beruhen (Auftriebs- oder Schwerkraftlüftung),
   b) Anlagen, die mit Hilfe des Windes arbeiten (Windkappenlüftung),
   c) Anlagen, die mittels Luftgebläse (Ventilatoren) betrieben werden (mechanische Lüftung);
2. nach den Druckverhältnissen in den zu lüftenden Räumen in:
   d) Druck-(oder Pulsions-)lüftung,
   e) Sauge- (oder Aspirations-)lüftung.

Um vorerst einen ganz allgemeinen Überblick zu gewinnen, wollen wir uns nach Fig. 22 ein Schema denken, in dem alle Arten der Lüftung nebeneinander enthalten sind. Dieses Schema ist natürlich nicht im geringsten für alle vorkommenden Fälle maßgebend, sondern soll nur zur Veranschaulichung des Luftganges dienen. Wir nehmen also die folgende Anordnung an: Aus der Atmosphäre wird an einer gemeinsamen Stelle bei E die Luft durch einen Schacht entnommen und in die geräumige Staubkammer S geleitet, in der die Filter untergebracht sind. Die gröberen Beimengungen der Luft setzen sich in der Staubkammer infolge der sehr geringen Luftgeschwindigkeit zu Boden, die feineren werden durch das Filter zurückgehalten. Mit Hilfe eines Luftgebläses oder Ventilators V wird die Luft durch den Heizkörper H gedrückt, auf erforderliche Temperatur vorgewärmt und in die Verteilungsluftleitungen *L* geblasen. Von hier strömt sie in senkrechten Zuluftkanälen *Z*, die in den Mauern untergebracht sind, nach oben und tritt durch Gitter in die Räume I und II ein.

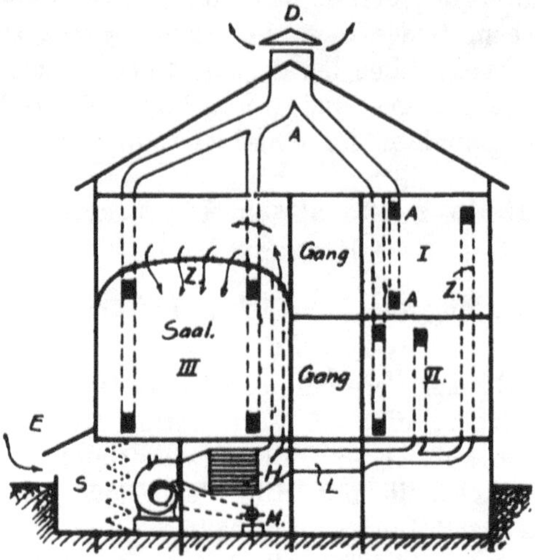

Fig. 22. Schema der Lüftungsanlage eines Hauses

Die Luftzuführung in den Saal III erfolge durch die hohl ausgeführte Decke. Von jedem Raume führen dann wieder senkrechte Abluftkanäle *A* zum Dachboden und von hier entweder getrennt über Dach oder, in einem gemeinsamen Kanale gesammelt, durch eine Dachkappe *D* ins Freie.

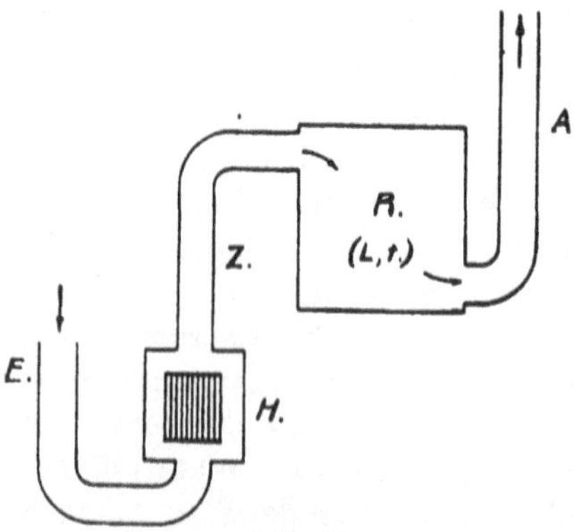

Fig. 23
Schema der Lüftungsanlage für einen Raum

10. Die Widerstände der künstlichen Luftbewegung.

Nehmen wir in der Darstellung Fig. 22 irgendeinen beliebigen Raum an, so können wir für diesen einen ununterbrochenen Kanalzug verfolgen, dessen Schema durch Fig. 23 wiedergegeben sein möge. Die Hauptteile dieses Luftweges sind:

E Luftentnahme aus dem Freien,
H Heizkammer,
Z Zuluftkanal,
R zu lüftender Raum,
A Abluftkanal, ins Freie ausmündend.

Die Querschnitte $f_1, f_2, \ldots$ und Luftmengen L der einzelnen Teilstrecken des Luftweges sind im allgemeinen voneinander verschieden. Bedeutet L den stündlichen Luftwechsel in cbm des Raumes von der Temperatur t, so läßt sich für die Luftgeschwindigkeit in einem beliebigen Querschnitte f_n des zugehörigen Kanalzuges die Beziehung aufstellen:

$$v_n = \frac{L}{3600\, f_n} \cdot \frac{1 + \frac{t_n}{273}}{1 + \frac{t}{273}} \text{ m/sek}, \quad \ldots \quad (22)$$

wobei die in den Lüftungsanlagen vorkommenden geringen Spannungsänderungen der Luft unberücksichtigt gelassen sind.

Zur Erzeugung einer Geschwindigkeit v m/sek eines freien reibungslosen Luftstromes ist nach den Gesetzen der Mechanik der Gase eine Geschwindigkeitshöhe nötig von der Größe eines Überdruckes:

$$\left.\begin{aligned} p_v &= \frac{v^2}{2g} \text{ m Luftsäule} \\ \text{oder} \quad p_v &= \frac{v^2}{2g}\,\gamma \text{ mm WS} = \text{kg/qm}, \end{aligned}\right\} \quad \ldots \quad (23)$$

wenn γ das Einheitsgewicht der Luft in kg/cbm bedeutet. Ein Überdruck von 1 mm WS = 1 kg/qm würde also imstande sein, einen freien Luftstrom von 18° C unter Vernachlässigung der Luftreibung mit einer Geschwindigkeit

$$v = \sqrt{\frac{2gp}{\gamma}} = \sqrt{\frac{2 \cdot 9{,}81 \cdot 1}{1{,}21}} = 4 \text{ m/sek}$$

fortzubewegen.

Ist der Luftstrom nicht frei, sondern bewegt er sich in irgendwie geformten Luftkanälen, so wird der Druck p größer sein müssen, so daß er außer zur Erzeugung der Geschwindigkeit v noch zur Überwindung aller im Rohrzuge auftretenden Bewegungswiderstände W ausreicht. Diese letzteren verzehren demnach einen Teil der Geschwindigkeitshöhe. Der Widerstand W, den die Rohrleitung der Luftbewegung entgegenstellt, setzt sich aus dem stetigen Reibungswiderstande R und den einmaligen Widerständen Z, bestehend aus Richtungs- und Querschnittsänderungen der Kanäle, zusammen. Die Gleichung des zum Betrieb einer Lüftungsanlage erforderlichen Druckhöhenaufwandes kann also geschrieben werden:

$$\text{Wirksame Druckhöhe} = \text{Geschwindigkeitshöhe} + \text{Reibungshöhe} + \text{einmalige Widerstandshöhe}$$

$$p = p_v + \underbrace{p_R + p_Z}_{p_W}$$

oder

$$\left.\begin{aligned} p_1 - p_2 &= \frac{v^2}{2g} + \Sigma R + \Sigma Z \text{ m LS} \\ p_1 - p_2 &= \gamma\left(\frac{v^2}{2g} + \Sigma R + \Sigma Z\right) \text{mm WS,} \end{aligned}\right\} \qquad (24)$$

wenn p_1 und p_2 den Anfangs- und Enddruck in einer Lüftungsanlage bedeuten. In der Gl. (24) haben wir also auf der linken Seite die zur Erzeugung der gewünschten Luftbewegung erforderliche wirksame Druckhöhe oder das Druckgefälle, während auf der rechten Seite die Geschwindigkeits- und Widerstandshöhe angegeben ist. Die letztere wollen wir nun in diesem Abschnitt zunächst näher untersuchen.

a) Reibungswiderstände.

Bei der Bewegung der Luft in Rohrleitungen treten zweierlei Arten von Reibung auf: 1. innere Reibung durch Wirbelbildung der Gasteilchen und infolge des Voreilens gewisser Teile des Luftstromes gegenüber anderen, 2. äußere Reibung zwischen der Rohrwandung und den anstoßenden Gasteilchen. Dieser Reibungswiderstand bewirkt eine ungleichmäßige Geschwindigkeitsverteilung der Luft über den Querschnitt der Rohrleitung in der Weise, daß die die Rohrwandung berührenden Teilchen eine bedeutende Verzögerung, hervorgerufen durch eine Kraft, den sog. Reibungswiderstand, erfahren. In Fig. 24 sind die gewöhnlich vorkommenden Geschwindigkeitsverteilungen 1 bis 4 über den Durchmesser eines Rohres zeichnerisch dargestellt. Dabei ergeben sich in den seltensten Fällen symmetrische Verteilungslinien wie 1, 2, 3, wobei die entstehende Figur ein

Drehkörper wäre; sondern meistens findet man als Verbindungslinie der aufgetragenen Geschwindigkeiten ganz unregelmäßige Kurvenzüge wie bei 4, die von ungleichmäßiger Rohrführung, Krümmungen usw. herrühren.

Der Reibungswiderstand R einer Leitung wird analytisch durch Einführung einer Reibungszahl ϱ ausgedrückt, welcher der Reibungswiderstand proportional ist, und die den Einfluß der inneren und der äußeren Reibung gleichzeitig enthält. Aus der Betrachtung der Fig. 24 kann man ferner richtig

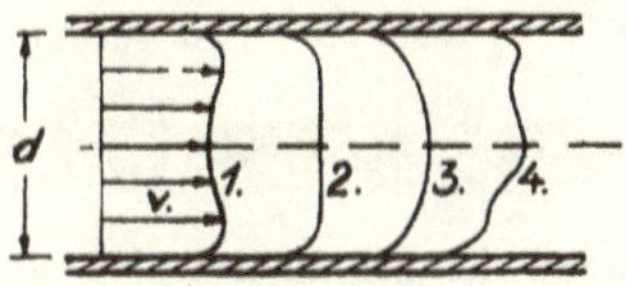

Fig. 24.
Geschwindigkeitsverteilung in Luftkanälen.

vermuten, daß der Reibungswiderstand mit dem bespülten Rohrumfang u und mit der Länge des Rohres l wachsen, mit größer werdendem Querschnitt f der Leitung dagegen abnehmen wird. Unter diesen Annahmen erhalten wir die durch Versuche in der Tat bestätigte annähernde Gleichung für eine Rohrlänge l:

$$R = \frac{\varrho l u}{f} \cdot \frac{v^2}{2g} \quad \ldots \ldots \quad (25\,a)$$

Für einen quadratischen Querschnitt von der Seitenlänge d folgt $\frac{u}{f} = \frac{4d}{d^2} = \frac{4}{d}$, ebenso für einen runden Querschnitt $\frac{u}{f} = \frac{d\pi}{d^2\frac{\pi}{4}} = \frac{4}{d}$, so daß die letzte Gleichung übergeht in

$$R = \frac{4\varrho l}{d} \cdot \frac{v^2}{2g} \quad \ldots \ldots \quad (25\,b)$$

oder auch

$$R = \frac{\varrho l}{\mathfrak{r}} \cdot \frac{v^2}{2g}, \quad \ldots \ldots \quad (25\,c)$$

wenn wir unter $\frac{f}{u} = \frac{d}{4} = \mathfrak{r}$ den hydraulischen Radius verstehen.

Der Druckhohenverlust einer Leitung durch Reibung ist also annähernd:

$$p_R = \frac{v^2}{2g}\gamma \cdot \frac{\varrho l u}{f} \text{ kg/qm oder mm WS} \quad . \quad . \quad (26)$$

Der Wert der Reibungszahl ϱ selbst hängt natürlich vom Rauhheitsgrade der Leitung ab und ist für die hier in Betracht kommenden Mauerkanäle und Blechleitungen untersucht worden. Er wird von den Untersuchern teils als feste Zahl angegeben, teils als Funktion des Durchmessers d, des Umfanges u der Leitung, und der Luftgeschwindigkeit v. Nach H. Fischer ist für gemauerte Kanalwände zu setzen:

$$\varrho = 0{,}0007 \text{ bis } 0{,}0004\left(\frac{1}{v} + 20\right).$$

Rietschel hat für die geringen Luftgeschwindigkeiten, wie sie bei Auftriebslüftungen vorkommen, aus Versuchen mit sauber gemauerten und nur gefugten Kanälen bis herab zu $u = 48$ cm Umfang gefunden (u in cm!):

$$\varrho = 0{,}0065 + \frac{0{,}0604}{u - 48}.$$

Für Blechluftleitungen hat Rietschel ebenfalls sehr sorgfältig angestellte Versuche durchgeführt [1]) und eine Abhängigkeit der Reibungszahl ϱ von der Luftgeschwindigkeit v und vom Kanalumfang u gefunden. Diese Abhängigkeit läßt sich analytisch in folgender Form [1]) ausdrücken, wobei u in Metern einzusetzen ist:

$$\varrho = 0{,}00309 + \frac{0{,}00209}{v} + \frac{0{,}000337}{u} + \frac{0{,}000878}{v \cdot u}.$$

Brabbée fand aus Versuchen an genieteten Tunnelleitungen von 500—800 mm Durchm., die bereits 3 Jahre in unausgesetztem Betriebe gestanden hatten [2]), den festen Wert $4\varrho = 0{,}0195$ oder $\varrho = 0{,}0049$ für $v = 5$ bis 17m/sek. Die

[1]) Rietschel: Versuche über den Widerstand bei Bewegung der Luft in Rohrleitungen. Gesundh.-Ing., 1. Juli 1905.

[2]) Brabbée: Die Lüftungsanlagen beim Baue der großen Alpentunnels in Österreich. Gesundheits-Ingenieur 1905, Nr. 28/29, und 1906, Nr. 45.

graphische Darstellung Fig. 25 gibt eine Übersicht über die Reibungszahlen in Luftkanälen. Zusammenfassende wissenschaft-

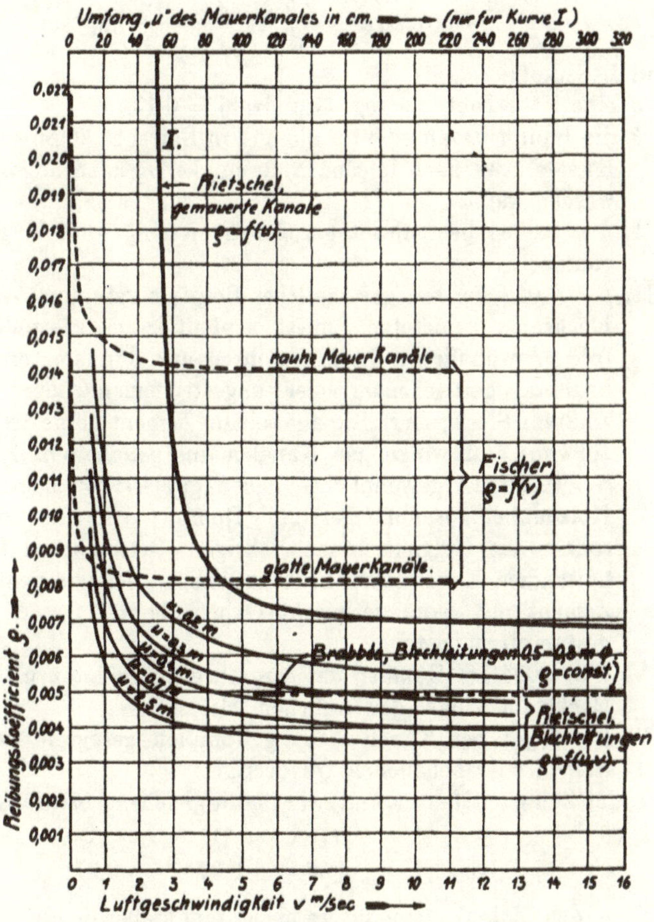

Fig. 25.
Reibungszahlen für Luftkanäle nach verschiedenen Untersuchungen.

liche Untersuchungen über den Druckhöhenverlust liegen endlich aus neuester Zeit vor.

Zunächst fand Biel eine Formel, die den Rauhigkeitsgrad der Wandungen sowie die Zähigkeit des strömenden Gases berücksichtigt, und die für die kleinsten bis größten Leitungsquerschnitte bei Luft, Wasser und Dampf Geltung hat. Biels Gleichung lautet mit unseren Bezeichnungen[1]):

$$p_R = \frac{v^2}{2g}\gamma\frac{l}{d}\cdot 0{,}0785\left(a + \frac{2b}{\sqrt{d}} + \frac{2c}{v\sqrt{d}}\cdot\frac{[\eta]}{\gamma}\right)\ \text{kg/qm} \qquad (27)$$

worin bedeutet:

a eine feste Zahl, die sog. Grundzahl $= 0{,}12$,

b die Rauhheitszahl, die für die hier in Betracht kommenden Kanäle etwa nach folgenden Rauhigkeitsgraden abgestuft werden kann:

I. $b = 0{,}0064$ bei nahtlos gezogenen Messing- und Kupferrohren;

II. $b = 0{,}018$ bei mit gewöhnlicher Sorgfalt gefugtem Weißblechrohr; genietetem, meist asphaltiertem Eisenblechrohr; gewöhnlichen Lüftungsrohren aus dünnem, unverbeultem, gestrichenem oder ungestrichenem oder verzinktem Blech; sorgfältig aus reinem Zement hergestellten Rohren; rechtwinkeligen Kanälen aus gehobeltem Holz;

III. $b = 0{,}036$ bei gewöhnlichen neuen gußeisernen oder aus Holzdauben zusammengesetzten Rohren; Grubenlüftungsrohren aus Holz, nach mehrjährigem Betriebe mit festhaftendem Kohlenstaub bedeckt; ebenen Wandungen aus Zement mit Sand vermischt; sehr ebenmäßig und fest gestampftem Beton;

IV. $b = 0{,}054$ bei Kanälen mit sorgfältig ausgefugten glatten Backsteinen oder gewöhnlichem Beton;

V. $b = 0{,}072$ bei Kanälen aus gewöhnlich gefugten Backsteinen oder behauenen Quadern;

c den Zähigkeitsfaktor, und zwar für die gleichen Abstufungen:

	I	II	III	IV	V
$c =$	0,95	0,71	0,46	0,27	0,27;

$\frac{[\eta]}{\gamma}$ den Zähigkeitsmodul in absolutem Maße für Luft von 20° C und mittlerem Barometerstand:

$$\frac{[\eta]}{\gamma} = 0{,}152 \quad 0{,}114 \quad 0{,}074 \quad 0{,}043 \quad 0{,}043. —$$

[1]) Biel: Über den Druckhöhenverlust bei der Fortleitung tropfbarer und gasförmiger Flussigkeiten; Forschungsarbeiten, Heft Nr. 44, Verlag Jul. Springer, Berlin 1907.

Ferner hat Fritzsche[1]) aus fremden und eigenen Versuchen für technische Rohrleitungen eine Gleichung für den Reibungswiderstand abgeleitet, die in den Grenzen von 2,5 bis 58 m/sek, 0,2 bis 11,1 Atm. abs. und 14 bis 115° C Geltung hat, und die sich etwa auf den Rauhigkeitsgrad II beziehen würde:

$$p_R = \varphi \, l \, \gamma^{0,852} \cdot \frac{v^{1,852}}{d^{1,269}} \quad \ldots \ldots \quad (28)$$

Hierin haben die Bezeichnungen dieselbe Bedeutung wie früher, nur ist γ der mittlere Luftdruck in der Leitung in Atm. abs., während der Beiwert φ aus einer Tafel[1]) zu entnehmen ist.

Die Genauigkeit der letzten Druckhöhengleichung von Fritzsche beträgt nach seiner Angabe $\pm$ 10%, wenn man die tafelmäßig berechneten Werte auf einen mittleren Rauhigkeitsgrad der Rohrleitung bezieht.

In Anlehnung an die letzte Form der Reibungsgleichung haben dann Brabbée und Bradtke[2]) auf Grund der Beziehung

$$p_R = 6{,}61 \, l \frac{v^{1,924}}{d^{1,281}} \quad \ldots \ldots \quad (29)$$

für alle vorkommenden Lüftungsanlagen bequeme Zahlentafeln zur Berechnung der Luftnetze ausgearbeitet. Die Formel gilt auch für Leitungen mit Rechtecksquerschnitt $a \times b$, wenn statt d der gleichwertige Durchmesser

$$d_g = \frac{2ab}{a+b}$$

eingesetzt wird.

Bisher haben wir den Reibungsverlust nahezu abhängig vom Quadrate der Luftgeschwindigkeit gesetzt. Diese Ab-

---

[1]) Fritzsche: Untersuchungen über den Strömungswiderstand der Gase in geraden zylindrischen Rohrleitungen; Forschungsarbeiten, Heft 60. Verlag Julius Springer, Berlin 1908.

[2]) Brabbée und Bradtke: Vereinfachtes zeichnerisches oder rechnerisches Verfahren zur Bestimmung der Rohrleitungen von Lüftungs- und Luftheizanlagen (21. Mitteilung). Verlag R. Oldenbourg, München 1915.

Brabbée: Rohrnetzberechnungen in der Heiz- und Luftungstechnik auf einheitlicher Grundlage. Verlag Julius Springer, Berlin 1918.

hängigkeit gilt annähernd nur von einer gewissen Geschwindigkeit ab, unterhalb deren die so berechneten Werte nicht mehr mit der Erfahrung übereinstimmen. Diese Grenze heißt nach Reynolds die kritische Geschwindigkeit v_k, die abhängig ist vom Rohrdurchmesser, vom mittleren Luftdruck in der Leitung und vom Rauhigkeitsgrad, und die für die großen Durchmesser sehr klein (0,3 bis 0,1 m) ist und für die ganz kleinen Rohre etwa bis zu 1,5 bis 4 m beträgt. Unterhalb dieser kleinen Luftgeschwindigkeiten gilt das Poiseuillesche Gesetz, wonach der Druckverlust im Verhältnis mit der Luftgeschwindigkeit v wächst. Diese Tatsache hatten wir bereits beim natürlichen Luftwechsel angewendet und werden sie später bei der Filterung der Luft bestätigt finden.

b) Einmalige Widerstände.

Die zweite Art Widerstände, die bei der Bewegung von Luft in Kanälen vorkommen, entstehen infolge plötzlicher Krümmungen und Querschnittsänderungen der Luftleitung, durch eingesetzte Klappen, Schieber, Gitter usw., nämlich:

$$Z = \zeta_1 + \zeta_2 + \zeta_3 + \ldots \zeta_n = \Sigma \zeta \quad . \quad . \quad . \quad . \quad (30)$$

Der dadurch auftretende Druckhöhenverlust, die einmalige Widerstandshöhe, ist also mit Gleichnng (24) zu berechnen aus:

$$pz = \frac{v^2}{2g} \gamma \cdot \Sigma \zeta \text{ mm WS.} \quad . \quad . \quad . \quad . \quad . \quad (31)$$

Im Gegensatze zur Reibungszahl ϱ sind die Beiwerte ζ der einmaligen Widerstände bis herab zu sehr kleinen Geschwindigkeiten unabhängig von der Geschwindigkeit der Luft. Allmähliche Leitungsübergänge und -Krümmungen, deren Halbmesser mindestens gleich dem sechsfachen des Leitungsdurchmessers ist, ergeben keinen einmaligen Widerstand, andernfalls treten nach den oben genannten Versuchen von Rietschel mitunter bedeutende Druckhöhenverluste ein, die von Brabbée größtenteils noch erheblich höher angegeben werden.

Es fanden u. a. folgende Werte des einmaligen Widerstandes:

	Rietschel:	Brabbée:
1. ein rechtwinkliges scharfes Knie .	$\zeta = 1{,}1$	2,0
2. eine scharfe Ablenkung mit 135°	$\zeta = 0{,}3$	0,5
3. ein rechtwinkliger Bogen,		
dessen Radius gleich dem Leitungsdurchmesser	$\zeta = 0{,}25$	1,0
dessen Radius gleich dem 2—4-fachen Leitungsdurchmesser .	$\zeta = 0{,}15$	0,3
dessen Radius gleich dem 5—6-fachen Leitungsdurchmesser .	$\zeta = 0{,}07$	0,0
4. eine Bogenablenkung mit 135° . .	$\zeta = 0{,}15$	0,2
5. ein Ausbiegestück	$\zeta = 0{,}4$	0,5
6. ein Gitter, bei dem das Verhältnis der freien zur gesamten Gitterfläche 0,5 ist		
a) freier Querschnitt = Kanalquerschn.	$\zeta = 1{,}5$	—
b) » » = 1,5 × »	$\zeta = 0{,}75$	—
7. ein Gitter, bei dem das Verhältnis der freien zur gesamten Gitterfläche 0,2 ist		
a) freier Querschnitt = Kanalquerschn.	$\zeta = 2{,}0$	—
b) » » = 1,5 × » . . .	$\zeta = 1{,}0$	—
8. ein Gitter		
a) weitmaschig aus dünnen Drähten	$\zeta = 0{,}0$	—
b) aus Drahtgaze . . . . (Filter vergl. V. Abschnitt.)	—	$\zeta = 0{,}3$—$0{,}6$
9. a) schräge runde Abzweige, die sich an die Hauptleitung gut anschmiegen	—	$\zeta = 1{,}5$
b) die verengerte, geradlinige, runde Weiterführung der Hauptleitung, aber mit keinen oder nur geringen Geschwindigkeitsumsetzungen . . .	—	$\zeta =$ bis 1,0
c) T förmige runde Abzweige	—	$\zeta = 3{,}0$
d) hosenförmige runde Abzweigungen	—	$\zeta = 1{,}0$
10. Querschnittsänderungen, die klein sind und allmählich verlaufen	$\zeta = 0$	—
11. plötzliche großere Querschnittsänderungen (z. B. bei einer Heizkammer, die nicht groß genug ist, um die Geschwindigkeit der Luft = 0 zu setzen. Fig. 26):		

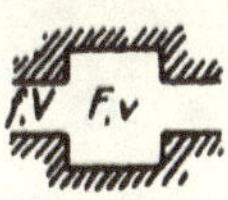

Fig. 26.

$$\left.\begin{aligned} \zeta &= \left(\frac{F}{f} - 1\right)^2 \text{ bezogen auf } v \\ \zeta &= \left(1 - \frac{f}{F}\right)^2 \text{ bezogen auf } V \end{aligned}\right\} \quad \ldots\ldots \quad (32)$$

12. **Ferner ist zu setzen fur:**
eine scharfe Eintrittsverengung (Fig. 27) in ebener Wand . . . . . $\zeta = 1{,}0$

Fig. 27.

13. eine Eintrittsverengung (Fig. 28) mit abgerundeter Mundung . . . . $\zeta = 0{,}5$ bis $0{,}2$

Fig 28

14. eine Eintrittsverengung (Fig 29) in ein scharfes Rohr . $\zeta = 1{,}5$

Fig. 29.

15. fur Ausströmen der Luft ins Freie oder in einen undichten großen Raum, wobei $v = 0$ wird . . . . $\zeta = 1{,}0$

Erwähnt möge noch werden, daß der Druckhöhenverlust durch eingesetzte Führungsbleche nach Fig. 30 ganz bedeutend vermindert werden kann, wenn es in einem bestimmten Falle nicht möglich war, einen allmählichen runden Krümmungsübergang zu schaffen. Im allgemeinen soll man trachten, die einmaligen Widerstände durch richtige Anlage der Luftleitung so klein wie nur irgend möglich zu machen. Denn da sie mit dem Quadrate der Luftgeschwindigkeit wachsen, wie aus Gl. (31) hervorgeht, so bedeutet eine ungeschickte Kanalanordnung für eine größere Lüftungsanlage oft einen unverhältnismäßig großen Arbeitsverlust. Wie groß unter Umständen diese Verluste sein können, geht aus Messungen hervor, die Prandtl[1]) an einer Entstaubungsanlage in einer Werkstatt der Vereinigten Maschinenfabrik Augsburg und Maschinenbaugesellschaft Nürnberg angestellt hat und die ergaben, daß der Kraftbedarf dieser Anlage von 110 auf 35 PS abnahm, nachdem

Fig. 30. Leitbleche in einem Knie

[1]) Zeitschr. d. Ver. Deutsch. Ing. 1903, S. 1248 und 1249; ferner Gumbart: Exhaustoranlagen, Zeitschr. »Sozial-Technik« 1907, Heft 9, Verlag Seydel, Berlin.

die falsch angelegte Luftleitung in sachgemäßer Weise umgestaltet worden war. Die sorgfältige Beachtung solcher scheinbar nebensächlicher Fragen kann für die Wirtschaftlichkeit eines großen Fabrikbetriebes, wie aus diesem Beispiel hervorgeht, einschneidende Bedeutung erlangen. Neuerdings weist besonders wieder Brabbée darauf hin, daß die Einzelwiderstände einen verhältnismäßig viel größeren Anteil des Gesamtwiderstandes eines Rohrnetzes ausmachen, als man im allgemeinen anzunehmen geneigt ist. Der Anteil der einmaligen Widerstände wächst z. B. bei Blechluftleitungen von 30% auf etwa 70% bei Durchmessern von etwa 1 m und darüber; bei gemauerten Kanälen wächst der Anteil sogar bis auf etwa 85% an.

Aus den oben gegebenen Zahlenwerten geht hervor, daß fast kein Verlust an Druckhöhe stattfindet, wenn man die Kanalübergänge in einen großen Raum so allmählich herstellt, daß Luftwirbelungen und Verengungen tunlichst vermieden werden. Alsdann wird beim Überströmen der Luft in einen großen, dichten Raum die Geschwindigkeit $v = 0$, d. h.: die gesamte lebendige Kraft wird in nutzbaren Druck umgesetzt und der betreffende Klammerausdruck in Gl. (24) heißt einfach $(R_n + Z_n)$. Beim Wiederabströmen durch einen engeren Kanal mit allmählichem Übergang und mit der Geschwindigkeit V steht also der gesamte Luftüberdruck im Innern des Raumes zur Verfügung, um der Luft diese neue Geschwindigkeit V zu erteilen. Es vollzieht sich eine allmähliche Umwandlung von Geschwindigkeits- in Spannungsenergie und umgekehrt, ähnlich wie beim Spannen und Entspannen einer Feder. Eine Anwendung dieses Grundsatzes finden wir bei dem Baue des Übergangsstutzens von Schleuder gebläsen.

Findet jedoch, wie es meistens vorkommt, eine scharfe Eintrittsverengung nach Nr. 12 statt, so ist ein Druckhöhenverlust $\zeta \cdot \frac{V^2}{2g}$ mit $\zeta = 1{,}0$ in Ansatz zu bringen, d. h. es ist eine Mehrpressung vorzusehen, die gerade genügt, um die Geschwindigkeit V von neuem zu erzeugen. In letzterem Falle ist also diese Mehrpressung nutzlos aufgewendet, da sich der entsprechende Energiebetrag durch Wirbelbildung in eine gleichwertige, wenn auch noch so unmeßbar kleine Wärmemenge umsetzt.

Findet plötzliches Ausströmen der Luft ins Freie oder in einen undichten Raum statt, so tritt ebenfalls ein entsprechender Druckhöhenverlust auf. Für alle in solche Räume mündenden Kanäle ist dann die Geschwindigkeitshöhe in Ansatz zu bringen und der Klammerausdruck in Gl. (24) zu schreiben $(1 + R_n + Z_n)$.

11. Messung von Druck und Geschwindigkeit bewegter Luft.

Für die Bestimmung der Leistung von Lüftungsanlagen ist die Messung von Druck und Menge der geförderten Luft im Zusammenhange mit ihrer Temperatur notwendig. Durch diese drei Größen ist der augenblickliche Zustand der Luftförderung in einer Anlage bestimmt. Die Menge wird aus dem Kanalquerschnitt und aus der Luftgeschwindigkeit berechnet. Man unterscheidet zwei Arten der Luftgeschwindigkeitsmessung: die manometrische und anemometrische, die wir beide nach einem Überblick über die Druckverhältnisse besprechen wollen[1]).

a) Druckmessung in Luftleitungen.

Nach Gl. (24) setzt sich der durch Messung festzustellende Gesamtdruck p kg/qm oder mm WS, den eine mit der Geschwindigkeit v m/sek an der Meßstelle sich in einer Leitung bewegende Luft auszuüben vermag, zusammen aus dem dynamischen oder Geschwindigkeitsdruck p_v und dem statischen oder Widerstandsdruck p_W:

$$p = p_v + p_W \quad . \quad . \quad . \quad . \quad . \quad . \quad . \quad (33)$$

Der Geschwindigkeitsdruck p_v kommt lediglich durch die kinetische Energie des Luftstromes zustande; er kann dementsprechend nur in der Richtung der Luftbewegung

---

[1]) Vgl. Krell jun.: Über Messung von statischem und dynamischem Druck bewegter Luft. Verlag Oldenbourg 1904. Marx: Über Messung von Luftgeschwindigkeiten. Gesundh.-Ing. 1904, Nr. 23—27. Ferner: Regeln für Leistungsversuche an Ventilatoren und Kompressoren, aufgestellt vom Ver. Deutsch. Ingenieure und dem Ver. Deutsch. Maschinenbauanstalten im Jahre 1912, Berlin.

gemessen werden und hat nach den physikalischen Gesetzen der Flüssigkeitsbewegung die Größe

$$p_v = \frac{v^2}{2g} \cdot \gamma \text{ mm WS.} \quad \ldots \ldots \quad (34)$$

Den Widerstandsdruck p_W können wir entsprechend als die Wirkung der potentiellen Energie (genau so wie bei einem gehobenen Gewichte) auffassen: er wirkt in allen Richtungen des Luftstromes, wir können ihn als solchen nur senkrecht zur Luftrichtung messen, so nämlich, daß die Wirkung von v ausgeschaltet wird. Strömt also z. B. in einer verschieden geformten Leitung mit widerstandslos angenommenen Übergängen die Luft aus einem großen Querschnitt in einen kleinen, so nimmt sie eine größere Geschwindigkeit an, d. h. es wird ein gleichwertiger Teil der vorhandenen potentiellen Energie in kinetische umgesetzt, weshalb im kleineren Querschnitt der Widerstandsdruck p_W abnehmen muß, was genau dem auf Seite 105 Gesagten entspricht.

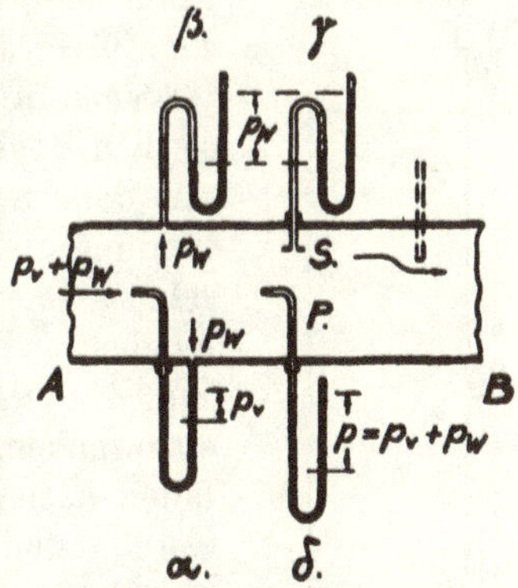

Fig. 31.
Druckmessung in Luftleitungen.

Bringen wir also nach Fig. 31 an einer Luftleitung, in der sich die Luft von A nach B mit der Geschwindigkeit v bewegt, einen Wasserdruckmesser α derart an, daß beide offene Schenkel mit dem Luftstrome verbunden sind, und biegen wir die Öffnung des einen Schenkels der Luftbewegung entgegen, während die des anderen senkrecht in die Rohrwand mündet, so wirkt auf die eine Seite des Druckmessers der Gesamtdruck $(p_v + p_W)$ und auf die andere nur p_W. Da der Unterschied $(p_v + p_W) - p_W = p_v$ ist, so messen wir mit der Druckmeßvorrichtung α unmittelbar den Geschwindigkeitsdruck p_v in mm WS. — Bohren wir die Wandung fein an, entfernen innen sorgfältig den Grad und setzen einen Wasserdruckmesser β stumpf gegen die Bohrung von etwa 1 mm Durchmesser, so kommt p_v nicht zur Geltung; und wir lesen nur den Widerstandsdruck p_W mm WS ab. Ist die Rohrwandung innen nicht ganz eben, so liegt die Gefahr nahe, daß eine Komponente des Geschwindigkeitsdruckes mitgemessen wird. Im allgemeinen wird aber im Gegenteil durch die Anordnung β der Wandungsdruck etwas zu gering gemessen, nach Prandtl etwa 1—3% der Geschwindigkeitshöhe geringer als im Kanalinnern. Um dieses zu verhindern, hat man es mit der Anordnung γ der Serschen Scheibe S versucht, die aus einer möglichst dünnen, genau ebenen, runden Platte mit kleiner Bohrung von etwa 1 mm Durchmesser besteht, durch die auch etwa schief auftreffende Luftfäden wieder gerade geführt werden sollten. Aber auch diese hat sich nicht als zuverlässig erwiesen. Einwandfrei ist das sog. Staurohr von Brabbée oder von Prandtl, Fig. 32. Das letztere besitzt einen halbkugelförmigen Kopf mit einer feinen Bohrung und seitlich Bohrungen oder einen Ringschlitz, der mit dem zweiten Kanal des Staurohres in Verbindung steht. Mit diesem Staurohr ist eine sehr genaue Messung des statischen Druckes möglich. Das Druckmeßrohr nach der in Fig. 31 punktierten Art in die Luftleitung einzusenken, ist nicht angängig, weil die Luftfäden nach dem gekrümmten Pfeil abgelenkt werden und alsdann eine starke Saugewirkung auf die Rohrmündung ausüben. — Der Gesamtdruck p endlich wird in der Weise gemessen, daß der eine Schenkel des Druckmessers δ mit der freien Luft verbunden wird, während auf den anderen, der der Luftrichtung entgegen gebogen ist, die Summe der Drucke $(p_v + p_W) = p$ wirkt. Das umgebogene Ende P der Vorrichtungen a und δ wird, um die Wirkung der sich bildenden Luftwirbel auszuschließen, zweckmäßig zu einer feinen Öffnung ausgezogen; ein solches Rohr führt nach seinem Erfinder die Bezeichnung Pitotsche Röhre.

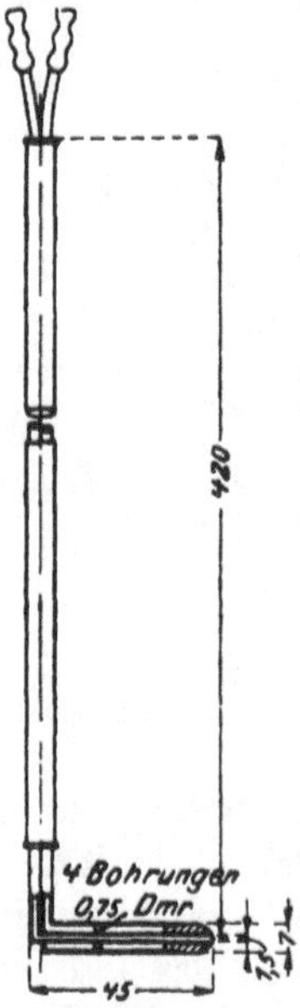

Fig. 32. Staugerät von Prandtl.

Für Pressungen bis zu 20 mm WS empfiehlt es sich, wegen genauerer Ablesung den Feindruckmesser von Krell (S. 84) anzuwenden[1]) und ihn durch Schläuche oder $^3/_8$'' Gasrohre mit

[1]) O. Krell sen.: Hydrostatische Meßinstrumente, Verlag Springer. Berlin 1896.

den Druckmesserröhren zu verbinden. Die Entfernung von der Meßstelle kann beliebig groß sein, nur muß dafür Sorge getragen werden, daß beide Verbindungsrohre auf ihrer ganzen Länge gleichmäßig den Temperaturschwankungen ausgesetzt sind, also am besten eng nebeneinanderlaufend verlegt werden. Die Meßleitungen müssen dicht und dürfen auch nicht durch Wasseransammlung verstopft sein, sie müssen daher zeitweise kräftig mit Luft durchgepumpt werden. Je geringer die zu messenden Drucke sind, desto sorgfältiger muß auf die einwandfreie Beschaffenheit der Meßleitungen geachtet werden, weil sonst leicht sehr große Fehler bei der Messung entstehen können.

Es möge noch erwähnt sein, daß öfters die Verteilung der statischen Pressung über den Rohrquerschnitt nicht gleichmäßig gefunden wurde, sondern daß p_W von der Rohrachse nach den Wandungen hin zunahm. Krell jun. erklärt diese Erscheinung aus einer schraubenförmigen Luftbewegung im Rohre, wobei infolge der Schleuderwirkung der Druck nach dem Umfange hin anwachsen muß.

b) Die manometrische Messung der Luftgeschwindigkeit.

Dieses Meßverfahren ist von G. Recknagel[1]) ausgebildet worden. Recknagel fand durch Versuche, daß ein freier Luftstrom von der Geschwindigkeit v m/sek und dem Einheitsgewichte γ kg/cbm in der Mitte einer ihm senkrecht entgegen gehaltenen runden Platte einen Staudruck

$$B + \frac{v^2}{2g}\gamma$$

erzeugt, wenn B den Druck der ruhenden Luft von gleicher Dichte bedeutet. Gleichzeitig entsteht nach Recknagel auf der Rückseite der Platte ein Saugdruck

$$B - 0{,}37\frac{v^2}{2g}\gamma.$$

Da nun die Drücke dieser Gleichungen gemessen werden können, so bleibt die Geschwindigkeit v als Unbekannte übrig und kann berechnet werden. Recknagel bohrte eine kreis-

[1]) G. Recknagel: »Lüftung des Hauses« im Handbuch der Hygiene von v. Pettenkofer und v. Ziemssen, 1. Teil, Verlag Vogel, Leipzig 1894.

förmige Scheibe von 10—20 mm Durchmesser vorn und hinten in der Mitte an, wie Fig. 33 zeigt. Diese Bohrungen wurden getrennt seitlich bis zum Rande der Scheibe geführt und hier zwei dünne Röhrchen angelötet, die ihrerseits durch Schläuche mit der Vorder- und Rückseite eines Feindruckmeßgerätes verbunden wurden. Wird eine solche **Stauscheibe** in eine Luftleitung eingeführt (Fig. 33), so wirken die + und — Pressung auf die Flüssigkeitsspiegel des Feindruckmessers in demselben Sinne, wie die Pfeile zeigen. Der Unterschied der beiden Pressungen kommt also in der vom Druckmeßgerät angezeigten Pressung p zum Ausdruck:

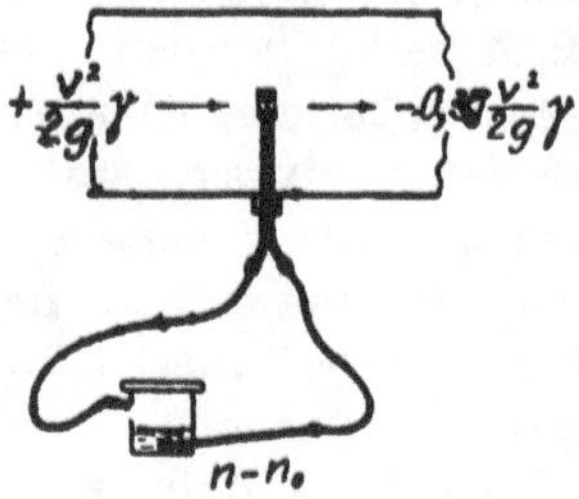

Fig. 33.
Geschwindigkeitsmessung in Luftleitungen.

$$p = \left(B + \frac{v^2}{2g}\gamma\right) - \left(B - 0{,}37\frac{v^2}{2g}\gamma\right) = 1{,}37\frac{v^2}{2g}\gamma \text{ mm WS.}$$

Aus der letzten Gleichung berechnet sich also die gesuchte Luftgeschwindigkeit:

$$v = \sqrt{\frac{2gp}{1{,}37\cdot\gamma}} = 3{,}78\sqrt{\frac{p}{\gamma}}.$$

γ hängt von der Temperatur, vom Barometerstand und vom Feuchtigkeitsgehalte der Luft ab; für die Praxis genügt es jedoch, wenn ein Mittelwert $\gamma \doteq 1{,}2$ eingeführt wird, womit die letzte Gleichung übergeht in

$$v = 3{,}46\sqrt{p} \text{ m/sek} \quad \ldots\ldots\ldots \quad (35)$$

Nach Gl. (19) ist aber der Druck p gleich dem Produkt aus der Übersetzungszahl f und dem Fadenausschlage $(n-n_0)$, so daß wir auch schreiben können:

$$v = 3{,}46\sqrt{f(n-n_0)} \text{ m/sek} \quad \ldots\ldots \quad (36)$$

Da nun die Luftmenge L cbm/Std. gleich $3600 \cdot v$ mal dem Querschnitt F der Luftleitung ist, so ergibt sich

$$L = 3{,}46 \cdot 3600 \cdot F\sqrt{f(n-n_0)}$$

oder, wenn die festen Werte zu einem Faktor C zusammengefaßt werden:

$$L = C\sqrt{n-n_0} \text{ cbm/Std.} \quad \ldots\ldots\ldots \quad (37)$$

Für einen gegebenen Feindruckmesser mit fester Übersetzungszahl kann der Wert C ein für alle Male bestimmt, und es können somit die in jedem Augenblicke durch die Leitung strömenden Luftmengen L bei einem Ausschlage $(n—n_0)$ auf einer Teilung unmittelbar abgelesen werden, wenn diese hinter der geneigten Glasröhre des Druckmessers verschiebbar befestigt ist, so daß der Nullpunkt der Teilung vor der Ablesung auf den Nullpunkt des Flüssigkeitsfadens eingestellt werden kann. Die Angaben der Teilung können entweder auf die gewöhnlich vorkommende mittlere Temperatur der Leitung bezogen werden oder sie können. um genauere Werte zu erhalten, auf 0° und 760 mm QS umgerechnet werden. Eine Anwendung dieses Verfahrens der Luftmengenmessung in einer Lüftungsanlage beschreibt Krell sen.[1]) in einer Abhandlung über das Nürnberger Theater.

Durch Messungen an der Prüfanstalt für Heiz- und Lüftungsanlagen der Technischen Hochschule Berlin hat sich indessen herausgestellt[2]),daß die Stauscheibe innerhalb von Rohrleitungen unzuverlässig ist, da sich ihr Beiwert 1,37 stark ändert. Man verwendet deshalb an ihrer Stelle die Staugeräte (Fig. 32), die nicht den Beiwert 1,37, sondern mit $\pm 2\%$ Abweichung den Beiwert 1,00 haben: es entfällt einfach der Druck — 0,37 der Rückseite.

Wir wollen nicht unterlassen, zu erwähnen, daß die Messung mit Hilfe der Staugeräte mitunter ganz erhebliche Schwierigkeiten bereitet. Diese Methode setzt vor allen Dingen einen sehr gleichmäßigen Luftstrom voraus, dessen Luftfäden unter sich gleichgerichtet sind und keine groben Luftwirbel bilden. Von Natur aus neigt die Luft besonders in runden Leitungen zu schraubenförmigen Bewegungen; diese können durch Einschaltung eines Bündels dünnwandiger, den ganzen Querschnitt der Luftleitung anfüllender Messingrohre beseitigt werden, die etwa 20—40 mm Durchmesser und 300—500 mm Länge haben. Wirbelbildungen der Luft werden zweckmäßig durch in die Luftleitung eingespannte engmaschige Filter aus feiner Messinggaze ver-

[1]) Krell sen.: Bau und Betrieb der Heizungs- und Lüftungseinrichtungen des Neuen Theaters in Nürnberg, Gesundh.-Ing. 1907, Nr. 20/21.

[2]) Siehe Heft 1 der »Mitteilungen der Prüfanstalt«, Verlag R. Oldenbourg, München 1910.

mindert. Diese Gaze bewirkt gleichzeitig eine gleichmäßigere Verteilung der Luftgeschwindigkeit über den Querschnitt der Luftleitung. Natürlich treten bei allen diesen Vorrichtungen oft sehr erhebliche Widerstände auf, die das Luftgebläse mit größerer Arbeitsleistung überwinden muß. Zweckdienlich ist auch das Einsetzen einer entsprechend langen Kreuzschalung, was den Vorteil bietet, daß der Leitungswiderstand dadurch nicht wesentlich erhöht wird. Bei von vornherein höherer Luftpressung scheint sowohl die Wirbelbildung geringer als auch die Verteilung der Luftgeschwindigkeit eine bessere zu sein. In nächster Nähe von Gebläsen, die gleichzeitig saugen und pressen, ist jedoch fast immer im Saugrohre die günstigere Geschwindigkeitsverteilung zu erwarten, da hinter dem Gebläse immer Wirbelbildungen auftreten. Die von der Stauscheibe zum Meßgerät führenden Verbindungsschläuche müssen vor der Messung sorgsam daraufhin nachgesehen werden, ob sie dicht sind. Ferner muß geprüft werden, ob Verstopfungen durch Staub oder Fremdkörper oder auch durch Eindringen der Meßflüssigkeit von Feindruckmessern her ausgeschlossen sind, weil sonst besonders bei geringen Drücken die verhängnisvollsten Meßfehler begangen werden könnten. Das Staugerät muß an der Stelle der **mittleren** Luftgeschwindigkeit angebracht sein, sonst könnten die erhaltenen Angaben bei ungleicher Luftgeschwindigkeit (vgl. Fig. 24) leicht bedeutend von der Wirklichkeit abweichen. Die mittlere Luftgeschwindigkeit v_m kann bei gleichbleibender Luftmenge und gleichbleibenden Widerständen dadurch gefunden werden, daß die Verteilung der Luftgeschwindigkeit über mehrere Durchmesser des Luftkanales gemessen, nach Fig. 34 aufgezeichnet und aus dem sich ergebenden Umdrehungskörper die Höhe v_m des inhaltgleichen Zylinders bestimmt wird. Aus der Schnittlinie der mittleren Geschwindigkeitsebene dieses Zylinders mit der oberen Begrenzung des Drehkörpers ergibt sich der radiale Abstand a des anzubringenden Staurohres von der Mittelachse des Luftkanales. Da erfahrungsgemäß das Verhältnis der mittleren zur axialen Geschwindigkeit $\frac{v_m}{v_{ax}}$ trotz wechselnder Luftförderung bei der-

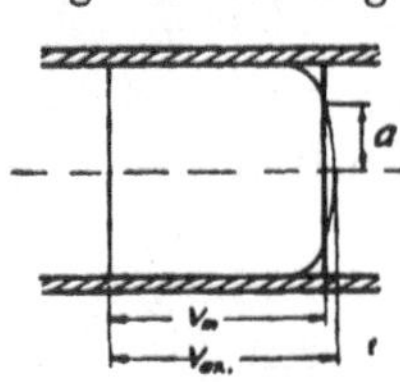

Fig. 34. Mittlere Luftgeschwindigkeit in Kanälen.

selben Leitung stets gleichbleibt[1]), so kann auch die Stauscheibe in der Mitte des Kanales angebracht sein, wenn nur ihre Angaben stets mit dem durch Versuche ermittelten Verhältnis $\frac{v_m}{v_{ax}}$ vervielfältigt werden. Statt dessen kann man auch eine größere Anzahl von Staugeräten über den (genügend großen!) Querschnitt verteilt in dem Kanal anbringen, die dann durch eine gemeinsame Leitung mit dem Druckmesser verbunden sind und somit selbsttätig einen annähernden Mittelwert der Luftgeschwindigkeit zur Anzeige bringen. Daß das Staugerät nur auf gerader Strecke in die Leitung eingesenkt werden darf, ist selbstverständlich; denn an den Krümmungen treten stets Verengungen und Ablenkungen des Luftstromes auf, die das Meßergebnis ganz bedeutend beeinflussen würden. Deshalb muß die Entfernung der Stauscheibe von den Kanalbiegungen mindestens 1—2 m (bei großen Kanälen natürlich das Vielfache davon!) betragen, und zwar sowohl nach vorwärts als auch nach rückwärts.

Eine andere manometrische Luftmengenmessung ist die mit Hilfe der Drosselscheibe[2]), die als einfache Blechscheibe mit einer Öffnung oder auch als Drosseldüse mit abgerundeter Öffnung in die Luftleitung eingesetzt wird. Die algebraische Summe der auf der Vorder- und Rückseite entstehenden Stau- und Unterpressung wird in der beschriebenen Weise auf ein Feinmeßgerät übertragen. Diese Methode erscheint zwar für die Messung bequemer, weil der Nachteil der sehr ungleichen Verteilung der Luftgeschwindigkeiten über den Kanalquerschnitt hier nicht in Frage kommt, sie ergibt jedoch einen größeren Druckverlust, der auf Kosten der Wirtschaftlichkeit der Anlage vom Luftgebläse dauernd überwunden werden muß.

In Anbetracht dieser Sachlage hatte sich Verfasser schon im Jahre 1911 entschlossen, in die Lüftungstechnik ein von diesen beiden Nachteilen freies Meßgerät einzuführen, dessen Leistungen auf dem Gebiete der Wassermessung neuerdings auch in Deutsch-

[1]) Forschungsarbeiten, Heft 44, S. 26, Verlag Springer, Berlin 1907.

[2]) O. Müller: Messung von Gasmengen mit der Drosselscheibe. Forschungsarbeiten, Heft 49, Verlag J. Springer, Berlin 1908.

land sehr geschätzt sind, nämlich den Venturimesser[1]). Im Jahre 1913 ist diese erste Venturi-Meßvorrichtung in dem neuen Städtischen Volksbad in Nürnberg für eine stündliche Luftmenge von 80000 cbm nach den Angaben und unter der Leitung des Verfassers erstmalig zur Ausführung gelangt und hat ihre praktische Brauchbarkeit und ihre großen Vorzüge durch vorgenommene Untersuchungen bewiesen[2]).

Auch Professor Dr. Prandtl hat in den obengenannten »Regeln für Leistungsversuche an Ventilatoren und Kompressoren« ganz kurz auf die Möglichkeit der Verwendung des Venturimessers hingewiesen, indem er auf Seite 45 sagt: »Will man — beim Einbau im Innern der Rohrleitung — die durch den Druckabfall (bei Düsen) bedingte Energie nicht ganz verlieren, so kann man an die Verengung wieder eine allmähliche Erweiterung anschließen und erhält so eine Einrichtung ähnlich dem Venturi-Wassermesser. Wegen des bequemeren Ein- oder Anbaues wird man aber meist die ersteren Formen (d. h. die Düsen) vorziehen.« Nun ist es aber gerade in Gebäudelüftungsanlagen, wo es sich meistens um sehr geringe Druckunterschiede, z. B. 3—6 mm WS handelt, die ein Luftgebläse zu überwinden hat, sehr mißlich, wenn zu diesen noch ein erheblicher Druckverlust für das Meßgerät selbst hinzukommt; denn die Möglichkeit der Verwendung maschineller Lüftung wird ja durch diesen Umstand bei Niederdrucklüftungsanlagen geradezu in Frage gestellt. Auch hat sich gezeigt, daß der Einbau von Venturimessern selbst großer Abmessungen keine Schwierigkeiten bietet.

Betrachten wir in Fig. 35 ein Venturirohr, dessen Querschnitt F sich zunächst von A nach B auf f verengt und sich darauf bis C ganz allmählich wieder auf F erweitert, und das von der Luftmenge Q in der Pfeilrichtung durchflossen werde, dann nimmt die mittlere Geschwindigkeit v in A bis zur engsten Stelle B zunächst auf V zu, um allmählich bis C wieder auf v abzunehmen. Die entsprechenden Drücke an der weitesten und engsten Stelle A bzw. B mögen P bzw. p sein.

---

[1]) So genannt nach dem italienischen Gelehrten Venturi, der diese Lehre als Professor an der Universität Bologna im Jahre 1796 wissenschaftlich begründet haben soll.

[2]) Dietz: Die technischen Anlagen im Stadtischen Volksbad Nurnberg, Verlag R. Oldenbourg, München 1918.

Für die weitere Betrachtung kommen wir bei den in Niederdrucklüftungsanlagen vorhandenen geringen Druckunterschieden mit den folgenden einfachen Beziehungen aus:

Bei gleichbleibender Strömung gilt der Satz, daß die mechanische Energie der Raumeinheit der strömenden Flüssigkeit unveränderlich ist. Diese mechanische Energie setzt sich aus einem potentiellen Teile (Wandungsdruck) und einem kinetischen Teile (Geschwindigkeitsdruck) zusammen; mithin müssen die Gesamtdrucke in den beiden Querschnitten F und f einander gleich sein:

$$P + \frac{v^2}{2g}\gamma = p + \frac{V^2}{2g}\gamma \quad . \quad . \quad . \quad . \quad . \quad . \quad (38)$$

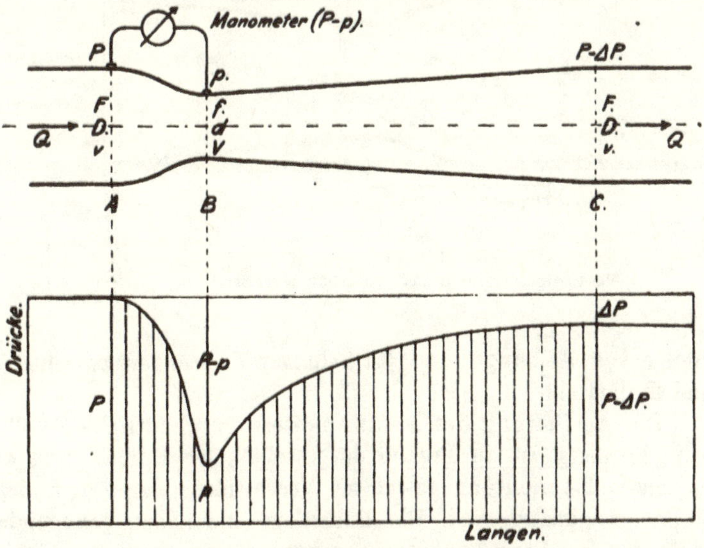

Fig. 35.
Die Grundlage der Venturimessung.

Schaltet man nun zwischen diesen beiden Querschnitten einen Druckmesser ein, so kann man den Druckunterschied $(P - p)$ messen, der sich aus Gl. (38) bestimmt zu:

$$P - p = \frac{V^2 - v^2}{2g}\gamma \quad . \quad . \quad . \quad . \quad . \quad . \quad (39)$$

Nach dem in Fig. 35 eingezeichneten Diagramm wird die Drucklinie annähernd verlaufen, die zuerst bis zur engsten Stelle von P auf p fällt, um dann in der allmählichen Düsenerweiterung von B bis C auf einen Druck $(P-\Delta P)$ wieder anzusteigen. Der Anstieg erfolgt auf Grund des oben angeführten Satzes infolge allmählicher Umsetzung des größten Teiles der Geschwindigkeitshöhe in nutzbare Druckhöhe. Dabei wird der Anfangsdruck P innerhalb physikalisch bestimmter Grenzen um den nur kleinen Bruchteil ΔP unterschritten, der den Druckumsetzungsverlust

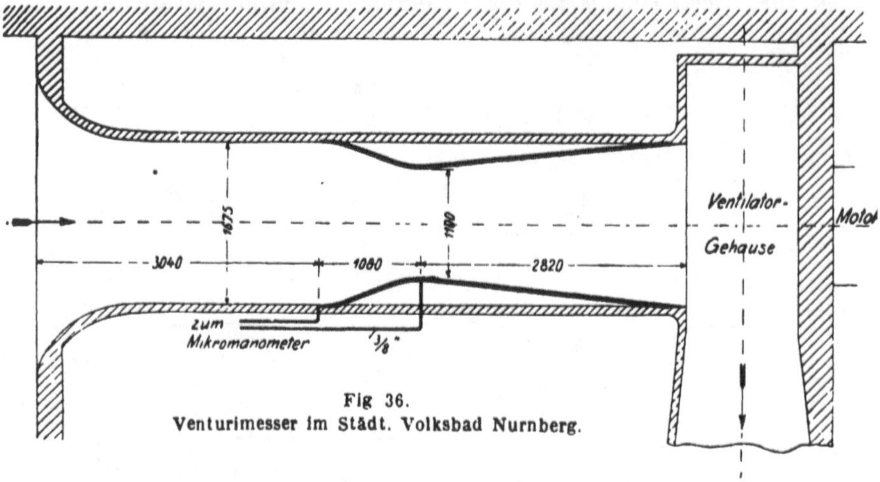

Fig. 36.
Venturimesser im Städt. Volksbad Nürnberg.

infolge von Reibungs- und Wirbelungswiderständen zwischen A und C darstellt.

Die Ausführung des Venturimessers im Städtischen Volksbad Nürnberg ist in Fig. 36 dargestellt. Der Einbau und die für die Meßeinrichtung gewählten Verhältnisse waren hier nicht besonders günstig, weil die Bauanlage nicht den genügenden Platz für die Längenentwicklung bot. In ein aus Zementrabitz hergestelltes, innen glattes Rohr von 1,675 m Durchmesser ist die Venturieinrichtung aus Gipsrabitz von 3,90 m Länge mit einem kleinsten Durchmesser von 1,10 m eingespannt worden. Die Wandungen sind innen sorgfältig geglättet und die Herstellung der allmählichen Querschnittsübergänge ist mit Hilfe von Holzleeren erfolgt, die genau nach den in der Zeichnung eingeschriebenen Maßen angefertigt waren. Der knappen Raumverhältnisse wegen mußte die konische Düsenerweiterung unmittelbar am Gebläsegehäuse endigend ausgeführt werden. Die mithin durch die

Flügel erzeugte Drehbewegung der Luft im konisch erweiterten Teil wird aber auf die 2,82 m zurückliegende Druckmessung keinen Einfluß mehr ausüben. Die an die Innenwandungen bündig angesetzten und von hier nach einem Krellschen Kleindruckmesser führenden Meßleitungen sind als $^3/_8''$ Rohre ausgeführt.

Die Vorzüge der Venturimessung liegen klar vor Augen: Unabhängigkeit von der Luftgeschwindigkeitsverteilung über den Kanalquerschnitt, Erzielüng eines großen Druckabfalles für die Meßanzeige infolge der starken Einschnürung, die aber ohne erheblichen Druckverlust vor sich geht, daher genau und augenblicklich scharf erfolgende Ausschläge des Mengenanzeigers, Fortfall des Meßgerätes im Kanalinnern und daher auch Fortfall der Eichung von Meßgeräten und jeglicher Vorversuche bei der Inbetriebsetzung, da die Bestimmung der Meßteilung des Mengenanzeigers durch einfache Rechnung nach der Gl. (39) erfolgt.

Seit dem Jahre 1917 werden Venturimesser für Gas- und Luftmengenmessung von Siemens & Halske in den Handel gebracht, und zwar in 18 Listennummern für Rohrdurchmesser von 50—1000 mm (darüber nach besonderen Angaben) mit selbsttätigen Anzeige- bzw. Schreibvorrichtungen für die in der Zeiteinheit geförderten Luftmengen.

Eine weitere Art der Luftmessung, deren Einrichtung außer der Anzeigevorrichtung nicht einmal Kosten verursacht, besteht darin, daß der durch vorherige Eichung festgestellte natürliche Druckverlust zwischen zwei Punkten der Luftleitung als Maß für die geförderten Luftmengen benutzt wird.

Die Luftmengenanzeige mit Hilfe des Feindruckmessers mit geneigter Glasröhre hat sich in den letzten 10 Jahren als Schalttafelgerät sehr eingebürgert und gut bewährt, obgleich der Maschinist gewohnt ist, die Anzeigen der Meßgeräte auf einem runden Zifferblatt abzulesen. Apparate, die diese Bedingung erfüllen, werden z. B. von R. Fueß in Steglitz nach Patent Ellinghaus, von de Bruyn in Düsseldorf, von S. Elster in Berlin nach System Dietzius-Brabbée und neuerdings von Siemens & Halske A.-G., Wernerwerk in Charlottenburg, hergestellt. Sie können durch Meßleitungen entweder mit einem Venturirohr oder mit einem Staurohr oder auch mit einer doppelseitigen Stauscheibe verbunden werden, die in dem zu messenden Luftstrome angebracht ist. Der Luftdruckunterschied wird zur Hebung eines Schwimmerkörpers benutzt, der seine Bewegung einem auf einem geeichten Zifferblatt spielenden Zeiger mittelt, so daß die in jedem Augenblick geförderte Luftmenge unmittelbar abgelesen werden kann.

c) Die anemometrische Messung der Luftgeschwindigkeit.

Sie kommt für geschlossene Luftkanäle gegenüber der manometrischen Messung nur für kleine Geschwindigkeiten in Betracht, ist jedoch für freie Luftströme in der Lüftungstechnik die einzig brauchbare Methode. Während die sog. Schalenkreuz-Anemometer für meteorologische Zwecke im Freien benutzt werden, kommen für Lüftungsanlagen nur die Flügelradanemometer in Frage. Fig. 37 stellt ein solches Meßgerät dar, das auf einen Stab aufgeschraubt und mit dessen Hilfe vor beliebige Luftöffnungen gehalten werden kann. Die durch den Luftstrom erfolgende Drehung der Flügel wird auf ein Zählwerk übertragen. Aus der Anzahl der Umdrehungen innerhalb einer bestimmten Zeit schließt man auf die Luftgeschwindigkeit. Die Ein- und Ausrückung des Zählwerkes erfolgt mittels Schnüre. Für Kanalmessungen ist die Achse in einer Hülse nach der Außenseite des Kanales geführt, wo das Zählwerk angebracht ist. Gleichzeitig kann dabei eine Vorrichtung vorhanden sein, durch deren Betätigung der Zeiger jedesmal auf Null zurückspringt und sodann das Meßergebnis nach genau einer Minute anzeigt. Die Flügelradanemometer dürfen nur bis zu etwa 10 m/sek Luftgeschwindigkeit verwendetwerden, weil sonst eine Verbiegung der Flügel zu befürchten ist.

Fig. 37.
Flugelrad-Anemometer.

Erfahrungsgemäß erhält man die Luftgeschwindigkeit v bei diesen Meßgeräten als lineare Funktion der Umdrehungszahl n, nämlich:

$$v = a + b\,n, \qquad (40)$$

wenn a und b Festwerte bedeuten, die durch Eichung bestimmt werden. Die Ergebnisse der Eichung können nach Fig. 38 zeichnerisch dargestellt werden, wobei statt v auch die Luftmenge L bestimmt werden kann. Aus der Fig. 38 erkennt man, daß der Zeiger erst eine Umdrehungszahl n anzeigt, wenn eine gewisse Luftgeschwindigkeit $v = a$ überschritten ist. Deshalb führt a die Bezeichnung »Trägheitswert« oder »Empfindlichkeit« des Anemometers (gewöhnlich: $a = 0{,}03$—$0{,}12$ m/sek), während $b = \operatorname{tg} \alpha$ ist. Die Festwerte a und b werden jedem Meßgeräte vom Verfertiger beigegeben; da jedoch die Anemometer durch Stoß, Beschädigung, Abnutzung usw. leicht leiden, so muß eine öftere Eichung[1]) stattfinden. Grundsätzlich kann man zwei Arten von Eichungen unterscheiden: die Zwanglauf- und die Freilaufeichung. Bei der Zwanglaufeichung wird das Anemometer auf das Ende eines Rohres aufgeschraubt, dessen Durchmesser gleich dem des Flügelringes ist, so daß die ganze das Rohr durchströmende Luftmenge auch das Anemometer zu durchströmen gezwungen ist. Diese Eichweise ist zuerst in der Prüfungsanstalt für Heizungs- und Lüftungseinrichtungen der Technischen Hochschule zu Charlottenburg ausgebildet worden. Zu der aus einem Gasmesser ausströmenden Luftmenge L werden die Umdrehungen beobachtet, dann wird nach Fig. 38 verfahren und daraus die Gl. (40) abgeleitet. Bei der Freilaufeichung wird das Anemometer in der freien Luft herumgeführt, so daß es in einer bestimmten Zeit eine gemessene Wegstrecke zurücklegt. Die Eichung wird in der Weise ausgeführt, daß das Anemometer an einem langen Arme mit Hilfe eines Rundlaufapparates im Kreise mit bekannter Geschwindigkeit v herumbewegt wird. In Ermangelung eines solchen Apparates kann man die Eichung zur Not so vornehmen, daß man das Anemometer an einem Stabende befestigt und um die eigene Körperachse möglichst gleichförmig herumschwingt. Aus dem Durchmesser, der Zahl der

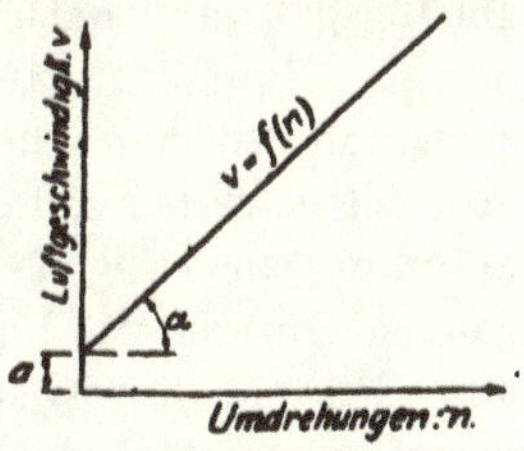

Fig 38. Eichkurve eines Anemometers.

[1]) Vgl. Stach: Die Anemometer-Prüfungsstation der Westfäl. Berggewerkschaftskasse in Bochum, Wochenschrift »Glückauf« 1902, Nr. 47, und 1903, Nr. 48, Verlag Baedeker, Essen a. Ruhr.

Drehungen und der Zeit berechnet sich v, welches, wie beschrieben, gleich $f(n)$ gesetzt wird. — Der Freilaufeichung haftet die Ungenauigkeit an, daß ein »Mitwind« entsteht, durch dessen Wirkung die Geschwindigkeit v etwas zu klein gemessen wird und Fehler bis zu 5% entstehen können. Bei dieser Freilaufeichung kann die Luft, wenn sie im Anemometer einen zu hohen Widerstand findet, zum Teil seitlich abfließen. Soll also ein so geeichtes Gerät später innerhalb eines Kanales Verwendung finden, so muß dieser wenigstens den 5fachen Durchmesser des Anemometers haben, damit auch hier die Luft seitlich abfließen kann, wobei jedoch wiederum noch Fehler von etwa 5% zu gewärtigen sind. Mit der Größe des Kanales werden die Fehler kleiner. Im übrigen muß natürlich das Anemometer an derjenigen Stelle des Kanalquerschnittes angebracht sein, wo die mittlere Geschwindigkeit herrscht. Strömt die Luft frei aus einem Kanal aus, wie etwa bei Zuluftgittern, so muß das Anemometer vor der Mündung in einigen Zentimetern Abstand langsam über den ganzen Querschnitt hin und her bewegt werden. Obgleich durch das Gitter Luftwirbel entstehen, die sicher das Meßergebnis beeinflussen, darf doch das Gitter während der Messung nicht entfernt werden, damit nicht andere Druckverhältnisse und somit andere Geschwindigkeiten in der Luftleitung geschaffen werden, als im normalen Betriebe vorhanden sind.

12. Mittel zur Erzielung der Luftbewegung.

Zur Berechnung einer Lüftungsanlage waren wir von der Grundgleichung (24) ausgegangen, die lautete:

$$p_1 - p_2 = \gamma\left(\frac{v^2}{2g} + \Sigma R + \Sigma Z\right) \text{mm WS.}$$

Die in der rechten Seite dieser Gleichung enthaltene Widerstandshöhe haben wir im § 10a und b berechnen gelernt, so daß wir die obige Gleichung nun schreiben können:

$$p_1 - p_2 = \gamma\left(\frac{v^2}{2g} + \Sigma \varrho \cdot l \frac{v^{1,924}}{d^{1,281}} + \Sigma \zeta \frac{v^2}{2g}\right) \tag{41}$$

Es bleibt uns jetzt die Besprechung der linken Seite der obigen Gleichung übrig, d. h. die Erzeugung der wirksamen Druckhöhe $H = p_1 - p_2$, durch welche die Luftbewegung in der geforderten Weise ermöglicht wird. Da nun stets eine

Luftmenge $Q = L \cdot \gamma$ auf die Druckhöhe H zu fördern ist, so haben wir einen theoretischen Arbeitsaufwand $Q : H$ mkg oder seinen Gegenwert zu leisten. In unseren Lüftungsanlagen stehen uns nun als Arbeitsquellen zur Verfügung: Temperaturunterschiede, Wind, Lüftungsmaschinen und Strahlgebläse, die wir der Reihe nach besprechen wollen. Je nach Art und Umfang der auszuführenden Lüftungsanlage ist dann unter diesen vier Möglichkeiten die entsprechendste Triebkraft zu wählen oder auch nach Umständen eine Vereinigung der verschiedenen Fälle in Anwendung zu bringen.

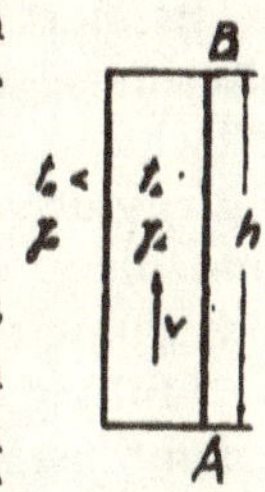

Fig. 39. Auftrieb in einer lotrechten Luftleitung.

a) Auftrieb durch Temperaturunterschiede[1]).

Denken wir uns in einer Umgebung von nicht bewegter Luft mit der Außentemperatur t_a einen unten und oben offenen Schacht $A B$ (Fig. 39) von der Höhe h m, dessen Innentemperatur ständig auf der Höhe $t_i > t_a$ gehalten werde, dann wird die innere warme Luftsäule mit dem kleineren Einheitsgewicht γ_i von der äußeren mit dem größeren Einheitsgewicht γ_a gehoben werden. Der in der Richtung $A B$ erzeugte Auftrieb berechnet sich zu

$$h \cdot \gamma_a - h \cdot \gamma_i = h(\gamma_a - \gamma_i) \quad . \; . \; . \; . \; . \quad (42)$$

Da h eine Luftsäule vom Querschnitt 1 ist, so können wir auch die äußere und die innere Luftsäule mit Hilfe von Gl. (5) auf 0° umrechnen und erhalten als Unterschied der beiden alsdann verschieden hohen Luftsäulen die wirksame Druckhöhe in m LS von 0°:

$$H = \frac{h}{1 + \frac{t_a}{273}} - \frac{h}{1 + \frac{t_i}{273}} \text{ m LS} \quad . \; . \; . \; . \quad (43)$$

Ebenso ist die rechte Seite der Gl. (24) in Luft von 0° auszudrücken, und wir finden somit für den Fall der Fig. 39 die Beziehung:

$$h\left(\frac{1}{1 + \frac{t_a}{273}} - \frac{1}{1 + \frac{t_i}{273}}\right) = \frac{v^2}{2g\left(1 + \frac{t_i}{273}\right)} + \Sigma R + \Sigma Z \text{ m LS} \quad . \; . \; . \; . \quad (44)$$

[1]) Siehe Rietschel u. Brabbée: Leitfaden z. Berechn. u. Entw. v. Luftungs- u. Heizungsanlagen, Verl. Springer, Berlin 1913.

Dieses Lüftungsverfahren, welches den Gewichtsunterschied verschieden warmer Luft benutzt, heißt Lüftung durch Temperaturunterschiede oder Lüftung mittels natürlichen Auftriebes oder Schwerkraftlüftung; es wird fast stets neben anderen Lüftungsarten mit in Frage kommen, da die den Räumen zuzuführende Luft vorgewärmt werden muß, damit Zugerscheinungen vermieden werden können.

Befindet sich umgekehrt die warme Luft außen und die kalte innen, wie es oft im Sommer der Fall ist, oder wenn der Luftschacht zu sehr ausgekühlt ist, so tritt eine Abwärtsbewegung der Luft im Kanal ein. Diese Erscheinung führt oft ein »Umschlagen« der Lüftungswirkung herbei. Ist gar kein Temperaturunterschied vorhanden, so hört jede Luftbewegung auf. Die Lüftung mittels Temperaturunterschiede hört also meistens in den Übergangsjahreszeiten auf zu wirken, wenn die Heizung nicht in Betrieb ist und die Notwendigkeit eines Luftwechsels gerade am dringendsten empfunden wird.

Vielfach kommt es vor, daß die Überdruckhöhe H nicht ausreicht, um die Widerstandshöhe zu überwinden, dann muß entweder ein Lockfeuer im Abluftschlote oder aber eine der anderen Lüftungsarten (Wind, Luftgebläse, Strahlapparate) zu Hilfe genommen werden. Manchmal soll nach Maßgabe der verlangten Druckverhältnisse in den Räumen noch ein Überdruck $+D$ oder ein Unterdruck $-D$ erzeugt werden, dann lautet die allgemeine Gleichung:

$$H \pm D = \frac{v^2}{2g} \cdot \frac{1}{\left(1 + \frac{t}{273}\right)} + \Sigma R + \Sigma Z \quad . \quad . \quad (45)$$

Soll die Luftbewegung in einem Kanalzuge von wechselnden Querschnitten und Temperaturen stattfinden, so ist die algebraische Summe der positiv und negativ wirkenden Druckhöhen gleich der Summe der Widerstands- und Geschwindigkeitshöhen zu setzen.

Es ist das Verdienst Rietschels, diese Beziehungen für die rechnende Praxis klargelegt zu haben. Beispielsweise sei ein Kanalzug nach Fig. 40 gegeben, dessen Buchstabenbezeichnungen dieselbe Bedeutung haben wie in Fig. 22. Die Zuluftleitung Z und der Abluftkanal A haben außer den Abzweigen zu dem zu lüftenden Raume 4 noch andere Abzweigleitungen, die weitere

Räume mit Luft versorgen. In der Heizkammer H wird die Wärme entwickelt, und wir nehmen zur leichteren Rechnung vollkommene Wärmeundurchlässigkeit aller Kanalwandungen an.

Jeden Kanalzug mit sich gleichbleibendem Querschnitte und gleicher Luftmenge nennt man eine Teilstrecke. Diese Teilstrecken sind von rückwärts, d. h. von der Dachausströmung angefangen bis zur Entnahme der Luft, mit Ziffern 1 bis 10 bezeichnet, und es gelten die folgenden bekannten Benennungen wie bisher:

- h die geometrische Höhe der betr. Teilstrecke in m,
- l die Länge der Teilstrecke in m, längs ihrer Mittellinie gemessen,
- v die Geschwindigkeit der Luft in der Teilstrecke in m/sek,
- t die Temperatur der Teilstrecke in C⁰,
- t_a die Außentemperatur in C⁰.

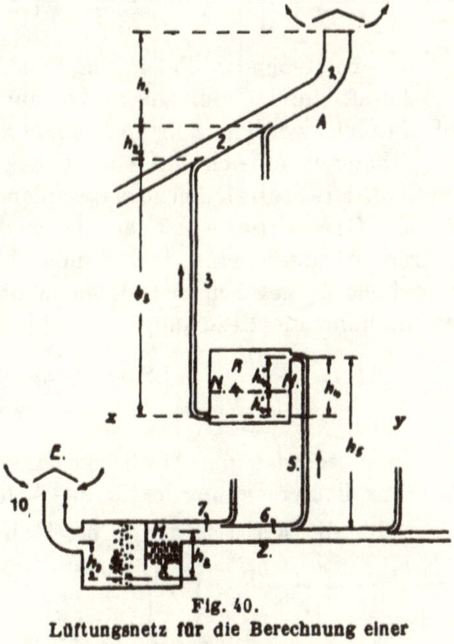

Fig. 40.
Lüftungsnetz für die Berechnung einer Lüftungsanlage.

Die ganze Anlage denken wir uns, wenn keine besonderen Druckverhältnisse vorgeschrieben sind, für den Raum 4 durch die neutrale Zone NN in die Abluft- und die Zuluftanlage zerlegt mit den Teilhöhen $h_4' + h_4''$, so daß $h_4' + h_4'' = h_4$ ist. Die wirksame Druckhöhe muß alsdann lauten:

a) für die Abluftanlage:

$$\left(\frac{h_1}{1+\frac{t_a}{273}} - \frac{h_1}{1+\frac{t_1}{273}}\right) + \left(\frac{h_2}{1+\frac{t_a}{273}} - \frac{h_2}{1+\frac{t_2}{273}}\right)$$

$$+ \left(\frac{h_3}{1+\frac{t_a}{273}} - \frac{h_3}{1+\frac{t_3}{273}}\right) - \left(\frac{h_4'}{1+\frac{t_a}{273}} - \frac{h_4'}{1+\frac{t_4}{273}}\right),$$

b) für die Zuluftanlage:

$$-\left(\frac{h_4''}{1+\frac{t_a}{273}}-\frac{h_4''}{1+\frac{t_4}{273}}\right)+\left(\frac{h_5}{1+\frac{t_a}{273}}-\frac{h_5}{1+\frac{t_5}{273}}\right)$$

$$+\left(\frac{h_8}{1+\frac{t_a}{273}}+\frac{h_8}{1+\frac{t_8}{273}}\right)-\left(\frac{h_9}{1+\frac{t_a}{273}}-\frac{h_9}{1+\frac{t_9}{273}}\right).$$

Im vorstehenden Falle sind die wirksamen Druckhöhen der Abluft- und Zuluftanlage bis zur neutralen Zone gerade aufgebraucht worden. Soll noch ein gewisser Druck übrigbleiben, d. h.: handelt es sich um eine Druck- oder Saugelüftung, so empfiehlt Rietschel, den zu erzielenden Über- oder Unterdruck D in einer Grenzebene XY anzugeben, die durch die Mitte der unteren Abzugsöffnung der Räume hindurchgeht. Für diese Druckhöhe D, gegeben in Luftsäulenhöhe von Raumtemperatur, besteht dann die Beziehung:

$$D=\frac{D}{1+\frac{t_i}{273}}\ \text{m LS von } 0^0=\frac{1{,}293\,D}{1+\frac{t_i}{273}}\ \text{mm WS} \quad . \quad (46)$$

Somit würden die Ausdrücke lauten, wenn XY als Grenzebene für die Berechnung der Zu- und Abluftanlage angesehen wird,

a) für die Abluftanlage bei Drucklüftung:

$$\left(\frac{h_1}{1+\frac{t_a}{273}}-\frac{h_1}{1+\frac{t_1}{273}}\right)+\left(\frac{h_2}{1+\frac{t_a}{273}}-\frac{h_2}{1+\frac{t_2}{273}}\right)+$$

$$+\left(\frac{h_3}{1+\frac{t_a}{273}}-\frac{h_3}{1+\frac{t_3}{273}}\right)+\frac{D}{1+\frac{t_4}{273}}$$

b) für die Zuluftanlage bei Drucklüftung:

$$-\left(\frac{h_4}{1+\frac{t_a}{273}}-\frac{h_4}{1+\frac{t_4}{273}}\right)+\left(\frac{h_5}{1+\frac{t_a}{273}}-\frac{h_5}{1+\frac{t_5}{273}}\right)$$

$$+\left(\frac{h_8}{1+\frac{t_a}{273}}-\frac{h_8}{1+\frac{t_8}{273}}\right)-\left(\frac{h_9}{1+\frac{t_a}{273}}-\frac{h_9}{1+\frac{t_9}{273}}\right)-\frac{D}{1+\frac{t_4}{273}}.$$

Die umgekehrten Vorzeichen von D würden in den beiden letzten Ausdrücken für Saugelüftung zu setzen sein.

Nach den gegebenen Erläuterungen wird es nicht schwer sein, für einen beliebigen in einer Lüftungsanlage vorkommenden Fall mit Temperaturunterschieden die Berechnung richtig durchzuführen. Die Aufstellung der Gleichung läuft einfach darauf hinaus, daß die Summe aller wirksamen Druckhöhen H mindestens gleich der Summe aller Geschwindigkeits- und Widerstandshöhen sein muß, damit die Luftbewegung erfolgen kann:

$$\Sigma H \pm D = \frac{1}{\left(1+\frac{t}{273}\right)}\left(\frac{v^2}{2g}+\Sigma \varrho\, l \frac{v^{1,924}}{d^{1,281}}+\Sigma \zeta \frac{v^2}{2g}\right). \quad (47)$$

Dabei ist zu beachten, daß jede wirksame Druckhöhe positiv in Ansatz zu bringen ist, wenn die wärmere Luft in der betreffenden Teilstrecke Aufwärtsbewegung hat, negativ dagegen, wenn die Bewegung der wärmeren Luft nach abwärts stattfindet. Ist die wärmere Luft außen, so gilt das Umgekehrte.

Für die zahlenmäßige Durchrechnung von Lüftungsanlagen sei auf das Werk von Brabbée verwiesen[1]), dem eine Anzahl von sehr bequemen Hilfstafeln zur Vereinfachung des Rechnungsganges beigefügt ist.

Übrigens mag nochmals betont werden, daß die vorstehende Berechnung nur für Windstille Gültigkeit hat. Stärkerer Wind kann die Wirkung einer Lüftungsanlage, die auf Temperaturunterschieden beruht, ganz empfindlich stören oder gar aufheben, ja sogar in ihr Gegenteil verkehren. Derartige unerwünschte Saug- oder Pressungswirkungen des Windes können in dreifacher Weise auftreten, nämlich: an den Umfassungswänden infolge der Luftdurchlässigkeit der letzteren, an der Luftentnahmestelle und an den Auslaßöffnungen über Dach. Infolge der Durchlässigkeit der Baustoffe können wie gesagt die berechneten Druckverhältnisse in den Räumen durch die Wirkung des Windes vollkommen umgedreht werden. Deshalb ist es ratsam, die Umfassungswände eines Hauses möglichst luftdicht herzustellen, sobald eine künstliche Lüftung geplant ist. Die Entnahmestelle der Luft empfiehlt es sich, in ihrer Lage so anzuordnen, daß der Einfluß störender Luftbewegungen möglichst eingeschränkt wird.

---

[1]) Brabbée: Rohrnetzberechnungen in der Heiz- und Luftungstechnik auf einheitlicher Grundlage, Verlag Julius Springer, Berlin 1918.

Von dem Schutze der Abluftöffnungen soll unter § 12b gehandelt werden.

Wegen Ermittlung der den Lüftungsmengen zuzuführenden Wärme wird auf den III. Teil »Heizungsanlagen« dieses Buches verwiesen.

b) Lüftung mit Hilfe von Dachaufsätzen.

Während die atmosphärischen Luftbewegungen, wenn man sie ungehindert wirken läßt, die Lüftung geschlossener Räume zu stören vermögen, kann man im Gegenteil die bewegende Kraft

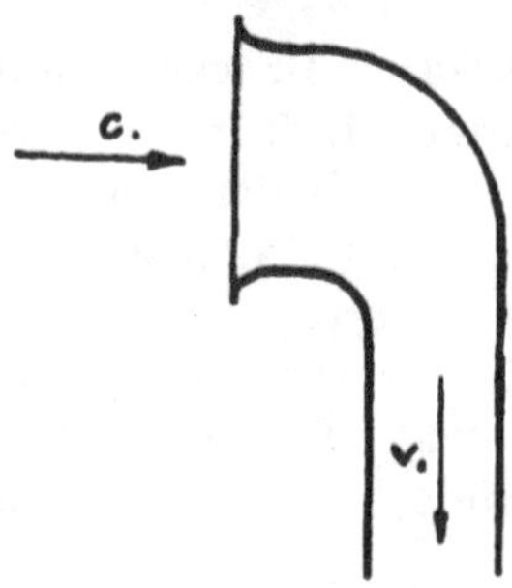

Fig. 41.
Preßkopf.

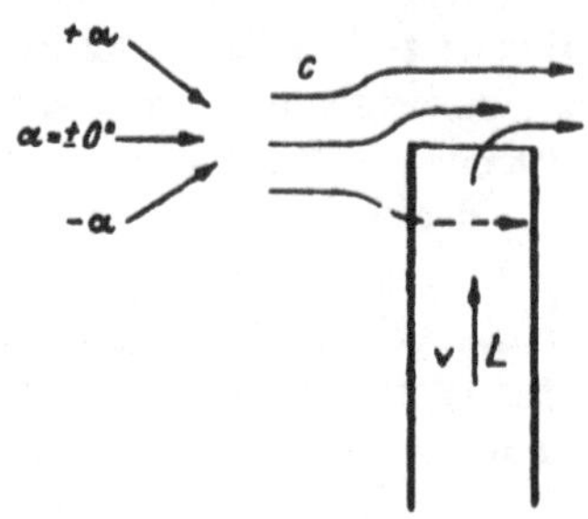

Fig. 42.
Saugende Wirkung des Windes auf ein offenes Lüftungsrohr.

des Windes planmäßig zur Lüftung benutzen, wenn man die Lüftungsschlote mit entsprechend geformten Aufsätzen ausstattet. Solche Aufsätze nennt man Preßköpfe, wenn sie dazu dienen, die Luft in die Räume einzudrücken, dagegen Saugköpfe oder Lufthauben, Windkappen, Luftsauger usw., wenn sie die Abführung der verbrauchten Luft aus den Räumen besorgen sollen. Gemeinschaftlich heißen die Apparate auch Deflektoren, weil sie den Wind aus seiner ungünstigen in eine für den beabsichtigten Zweck nützliche Richtung ablenken. Auf den Gebäuden dienen diese Aufsätze hauptsächlich als Bekrönung der Luftschächte, um Regen und Schnee aus diesen fernzuhalten. Lufthauben finden ferner ausgedehnteste Anwendung auf Fahrzeugen (Schiffen, Eisenbahnen usw.), um durch deren Eigenbewegung auch bei Windstille eine entsprechende Lüftung herbeizuführen.

Die Wirkung der Lufthauben wird natürlich je nach der Windrichtung und -stärke eine außerordentlich wechselnde sein.

Ist die Windgeschwindigkeit c m/sek, so ist der mittlere auf eine senkrecht entgegengehaltene Fläche eines Preßkopfes ausgeübte Einheitsdruck rund: $0{,}9 \frac{c^2}{2g} \gamma_a$ kg/qm, wenn γ_a das Einheitsgewicht der Außenluft ist. Kommt der Wind unter dem Winkel α gegen die Fläche, so ist der Druck rund:

$$0{,}9 \frac{c^2}{2g} \gamma_a \sin \alpha \text{ kg/qm}.$$

Nach der schematischen Fig. 41 wird der Blechrand der Fangfläche des Preßkopfes gut abgerundet, damit die Eintrittsverengung des Luftstromes möglichst gering ausfällt.

Ist nun v m/sek die Geschwindigkeit der Luft im Kanale, ΣH die algebraische Summe aller wirksamen Druckhöhen und D der Unter- oder Überdruck in dem Raume, in Luft von 0°, so gilt nach Gl. (47) die Beziehung:

$$\frac{0{,}9\, c^2 \sin \alpha}{2g\left(1+\frac{t_a}{273}\right)} + \Sigma H \pm D = \frac{1}{\left(1+\frac{t_i}{273}\right)} \cdot \left(\frac{v^2}{2g} + \Sigma \varrho\, l \frac{v^{1,924}}{d^{1,281}} + \Sigma \zeta \frac{v^2}{2g}\right) \quad \ldots \quad (48)$$

Als Grenzfall der Saugköpfe[1]) kann die gerade offene Kanalmündung gelten, Fig. 42. Der in der Pfeilrichtung mit c m/sek, in wagerechter Richtung $\alpha = \pm 0°$ ankommende Wind erleidet an der Mündung eine Ablenkung und ruft somit im Kanale einen Unterdruck, also Luftbewegung v m/sek hervor. Auch bei der Windrichtung $-\alpha$ tritt Saugewirkung ein; bei $+\alpha$ dagegen übt der Wind Pressung aus, d. h. er würde in den Kanal hineinblasen. Die Umkehr zwischen Saug- und Preßwirkung findet jedoch nicht bei $\pm 0°$, sondern erst bei $\alpha = +22°$ statt. Bei einem offenen Schornstein oder Luftkanal darf also der Wind noch unter einem Winkel bis zu 22° gegen die Wagerechte von oben her gerichtet sein, ohne dabei den Auftrieb im Kanal in hemmendem Sinne zu beeinflussen! Die erzeugte Geschwindigkeit v oder die Luftmenge L cbm/Std. ist für jeden Winkel α eine lineare Funktion der Windgeschwindigkeit c m/sek, und zwar ist für ein Versuchsrohr

[1]) Rietschel: Über die Wirkung von Saugern, Gesundh.-Ing. 1906, Nr. 29, Verlag R. Oldenbourg, München.

aus Messing von 70 mm Durchmesser bei wagerechtem Windanfall und für $c > 2{,}5$ annähernd:

$$L = 3\,c - 1{,}45 \text{ cbm/Std.} \quad \ldots \ldots \quad (49)$$

bei dem praktisch kleinsten Kanalwiderstande. In Fig. 43 sind

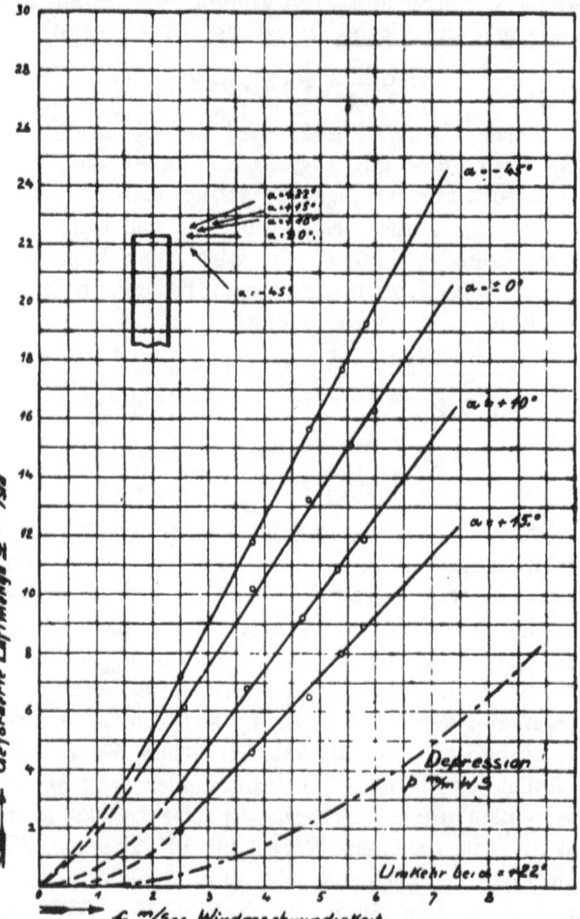

Fig. 43.
Fördermenge und erzeugter Unterdruck eines offenen Luftkanales in Abhängigkeit von der Windgeschwindigkeit.

die geförderten Luftmengen L in Abhängigkeit von der Windgeschwindigkeit c für verschiedene a aufgetragen. Diese Luftmengen gelten für unveränderte Widerstände des Kanales; mit größerem Unterdruck, d. h. größeren Widerständen, wird die Luftmenge kleiner und umgekehrt. Der erzeugte Unterdruck (Depression) p selbst wächst annähernd mit dem Quadrate der Windgeschwindigkeit c:

$$p = a \cdot c^2 \quad \ldots \ldots \ldots \quad (50)$$

Die in Fig. 43 strichpunktiert gezeichnete Unterdruckkurve ist also mit hinreichender Annäherung eine Parabel mit dem Parameter $\frac{1}{a}$, dessen zahlenmäßiger Wert von der Formgebung der Mündung abhängt.

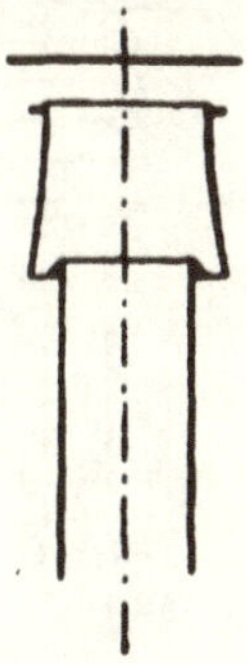

Fig. 44.
Wolpert-Sauger.

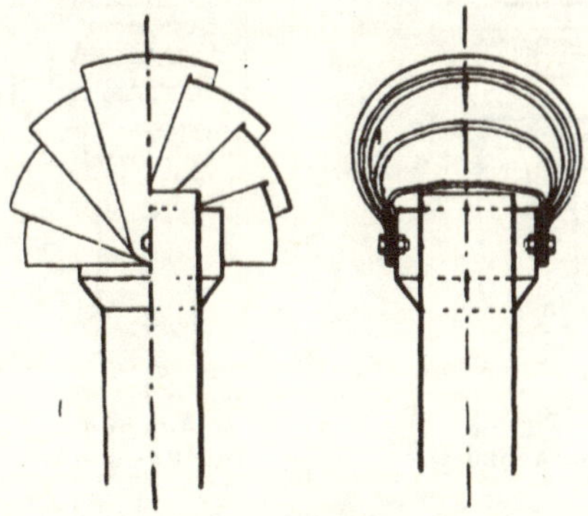

Fig. 45.
Grove-Sauger.

Die oben durch den Druck hervorgehobenen drei Sätze gelten in der gleichen Fassung für fast alle Saugköpfe.

Aus dem ersten Satze folgt beispielsweise das bemerkenswerte Ergebnis, daß die Abteile eines mit Saugkappen ausgerüsteten Personenzuges annähernd[1]) die doppelte Lüftung erhalten, wenn die Geschwindigkeit des Zuges sich verdoppelt, oder die dreifache, wenn die Fahrgeschwindigkeit sich verdreifacht usw., Windstille und gleiche Klappenstellung vorausgesetzt. Die folgenden Abbildungen (Fig. 44—48) geben einige Ausführungsformen von Saugern. Näheres über diese und andere Dachaufsätze mit vergleichenden Versuchsergebnissen findet sich

[1]) Nicht genau die doppelte Lüftung, da die Volumenkurven in Fig. 36 nicht geradlinig durch den Nullpunkt gehen.

in der bereits als Anmerkung bezeichneten Abhandlung von Rietschel.

c) Lüftmaschinen.

Die sicherste und vollkommenste Art der Luftbewegung wird auf mechanischem Wege mit Hilfe von Luftgebläsen (Ventilatoren, Bläser, Lüfter, Lüftmaschinen) erzielt. Die richtige Wahl eines Gebläses macht den Betrieb der Lüftungsanlage vollkommen unabhängig von den Witterungseinflussen durch Wind und Wärme und gestattet die genaueste Regelung des Druckes und der Luft-

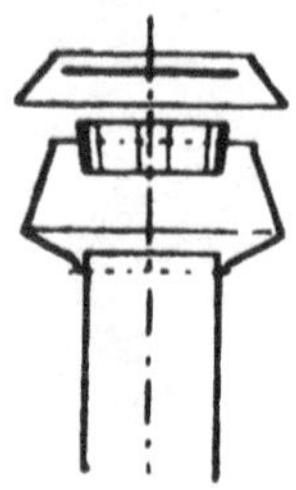

Fig. 46. John-Sauger.

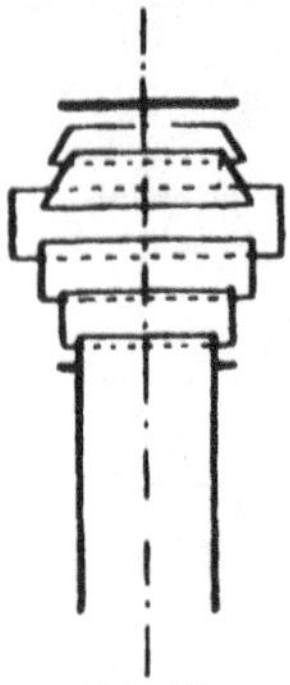

Fig. 47. Aeolus-Sauger.

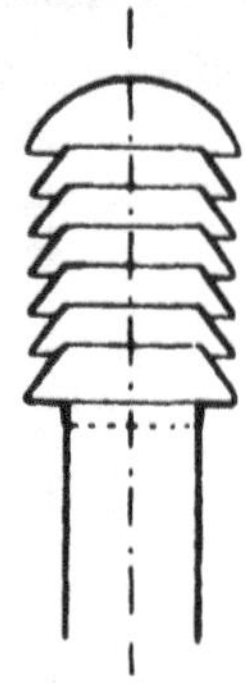

Fig. 48. Potsdamer Sauger.

menge nach dem jeweiligen Bedarfe. Die Lüftmaschinen gehören zu den Gebläsen[1]), d. h. zu den Maschinen, die eine Ortsveränderung der Luft bewirken.

Ganz allgemein kann man die Lüftmaschinen im engeren Sinne nach dem zu überwindenden Luftwiderstande in Hochdruck-, Mitteldruck- und Niederdruckgebläse einteilen, von denen in der Lüftungstechnik nur die letzteren zur Verwendung kommen, die nach ihrer Wirkung in Fächerlüfter, Schrauben- und Schleudergebläse (Zentrifugalventilatoren) sich gliedern.

Die Fächerlüfter bezwecken nur die Luftumwälzung innerhalb eines Raumes und haben deshalb nur die sehr geringe Pressung zu überwinden, die sich aus der Geschwindigkeitshöhe der Luft berechnet zu:

$$p = \frac{v^2}{2g} \gamma \text{ mm WS.}$$

[1]) v. Ihering: Die Gebläse, Verlag J. Springer 1903.

Für eine schon nennenswerte Geschwindigkeit von 4 m/sek ergibt sich z. B. $p = 1$ mm WS. Zum Fortbewegen der Luft durch längere Kanäle sind also diese Art Gebläse nicht geeignet. Fig. 49 und 50 zeigen einen Tisch- und einen Deckenfächer der Siemens-Schuckert-Werke in Berlin, mit Elektromotoren gekuppelt.

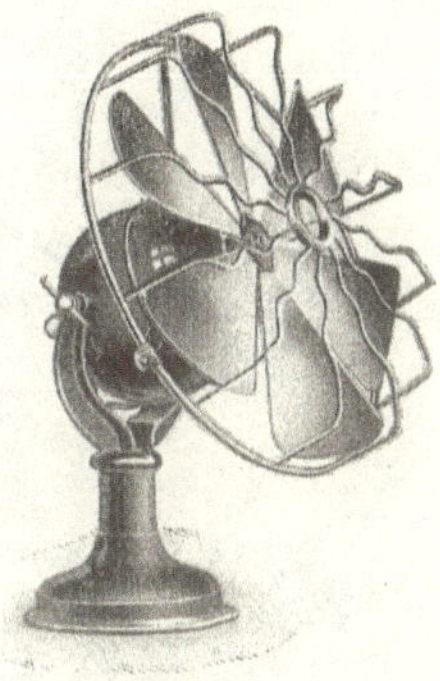

Fig. 49.
Tischfächer der Siemens Schuckert-Werke.

Die Schraubengebläse dienen zur Fortbewegung sehr großer Luftmengen in axialer Richtung gegen nur geringe Widerstände, gewöhnlich bis zu 10 mm, in seltenen Ausnahmefällen bis zu 20—25 mm WS. Die Flügel sind entweder gerade Fig. 51 von Danneberg & Quandt, Schiele) oder entsprechend gebogen (Fig. 52, Blackman-Ventilator, und Fig. 53, Sirocco-Propeller). In Fig. 54 ist ferner die Bauart eines Doppel-Blackman-Gebläses dargestellt, das sich besonders zur Luftförderung in beiden Richtungen eignet, je nachdem man es links oder rechts betreibt.

Durch die Flügeldrehung wird die axial angesaugte Luft nach dem Umfange zu getrieben, wobei um die Achse herum eine geringere Pressung herrscht. Hier findet deshalb oft ein Rück-

Fig. 50.
Deckenfächer der Siemens Schuckert-Werke.

strömen der Luft statt, das um so leichter auftritt, je größer die zu überwindenden Widerstände, je länger und enger also die angeschlossene Luftleitung ist. Infolge der Wirbelbildungen und der Rückströmarbeit, die nutzlos geleistet werden muß, kann man bei den Schraubengebläsen im allgemeinen nur mit sehr geringem Wirkungsgrade rechnen, namlich $\eta = 0{,}2$—$0{,}5$. Es empfiehlt sich also stets, da die Widerstände annähernd mit dem Quadrate der Luftgeschwindigkeit wachsen, die Kanalquerschnitte

Fig. 51.
Schraubengebläse von Danneberg und Quandt.

Fig. 52.
Blackman-Schraubengebläse.

Fig. 53.
Sirocco-»Propeller«

Fig. 54.
Doppel-Blackman-Schraubengebläse.

reichlich groß zu wählen, um kleine Geschwindigkeiten anwenden zu können. Am richtigsten ist es, die Kanalquerschnitte vor und hinter dem Schraubengebläse bedeutend zu erweitern.

Im Gegensatze hierzu eignet sich die dritte Gattung, die Schleudergebläse, zur Luftförderung in engen Kanälen mit hoher Luftgeschwindigkeit gegen große Widerstände. Das besondere Merkmal der Schleudergebläse (Fig. 55) ist das axiale Ansaugen der Luft durch die Öffnung *A* und das Fortschleudern in einer hierzu senkrechten Richtung, wobei die Geschwindigkeit der Luft in einem sich spiralförmig erweiternden Umfangsraume, dem sog.

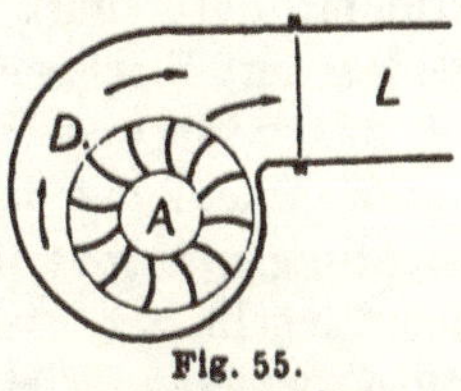

Fig. 55.
Schleudergebläse.

Fig 56.
Schleudergebläse mit Elektromotor gekuppelt.

Diffusor *D*, allmählich in nutzbaren Druck umgesetzt wird, bevor die Luft in die Leitung *L* gelangt. Infolge der Verringerung der Luftgeschwindigkeit findet eine Verwandlung eines

Teiles der erlangten Strömungsenergie der Luft in Spannungsenergie statt, ähnlich dem Vorgange beim Spannen einer Feder.

Die Flügel können gerade, vorwärts oder rückwärts gekrümmt ausgeführt werden. Die Fig. 56 zeigt ein Schleudergebläse mit Blechgehäuse von Danneberg & Quandt; ähnlich ist das Siemens-Schuckert-Gebläse u. a. Trotz der plötzlichen Ablenkung der Luft aus der axialen in die dazu radiale Richtung und trotz der lebhaften Wirbelbildung der Luft zwischen den Flügeln haben diese Schleudergebläse doch im allgemeinen einen besseren Wirkungsgrad als die Schraubengebläse. Eine weitere Verbesserung der Flügelausführung weist der Sirocco-

Fig. 57.
Flugelrad eines Sirocco-Schleudergebläses.

bläser auf, dessen vorwärts gekrümmte Schaufeln (Fig. 57) in axialer Richtung sehr lang, in radialer dagegen sehr kurz, dafür aber in ganz geringen Zwischenräumen angeordnet sind. Die dadurch erzielten Vorteile sind: Verminderung der bei den großen Flügelflächen auftretenden Stoßwirkung und Reibungsverluste, Verringerung der Wirbelbildung und Rückströmung, weil die Zahl der Angriffsflächen ganz bedeutend vergrößert ist und die Luft in gleichmäßigerem Strome ausgeworfen wird, Vergrößerung des Saugraumes und somit Herabsetzung der Eintrittszusammenziehung. Der Wirkungsgrad dieser Gebläse kann deshalb unter günstigen Bedingungen bis zu 80% betragen. Fig. 58 zeigt die Ausführung eines Sirocco-Schleudergebläses in der Ansicht, Fig. 59 im Querschnitt, mit Dampfmaschine gekuppelt, das Flügelrad fliegend auf der Welle befestigt.

In der Berechnung der Kanalanlage tritt durch die Anwendung eines Gebläses keinerlei grundsätzliche Änderung ein. Nach früheren Bezeichnungen ist:

ΣH die Summe aller wirksamen Druckhöhen des längsten Kanalzuges in m LS von 0°,

$\pm D$ der Über- oder Unterdruck, der im Raume in der Grenzebene zwischen Zu- und Abluftanlage herrschen soll, in m LS von 0°,

v die einzelnen Geschwindigkeiten im längsten Kanalzuge der Anlage in m/sek;

Fig. 58.
Sirocco-Schleudergebläse.

ferner:

H_F die Widerstandshöhe des Filters in m LS von 0°,

H_V der durch das Gebläse zu erzeugende Druck in m LS von 0°.

Bei Drucklüftung ist H_V der linken Seite der Gleichung für die Zuluftanlage, bei Saugelüftung der linken Seite der Gleichung für die Abluftanlage hinzuzufügen. Für ersteren Fall gilt demnach:

$$\Sigma H \pm D - H_F + H_V = \frac{1}{\left(1 + \frac{t_1}{273}\right)} \cdot \left(\frac{v^2}{2g} + \Sigma \varrho \, l \frac{v^{1,924}}{d^{1,281}} + \Sigma \zeta \frac{v^2}{2g}\right) \quad . \quad . \quad (51)$$

Um aus dieser Gleichung den Druck H_V des Luftgebläses berechnen zu können, werden am bequemsten sämtliche Kanalquerschnitte des betreffenden Kanalzuges unter Annahme der passend erscheinenden Luftgeschwindigkeiten festgelegt. Dann können sämtliche Glieder der Gl. (51) berechnet werden, so daß sich die Größe von H_V ohne weiteres ergibt, das wohl den Wert von 100 mm WS selbst bei den größten Lüftungsanlagen kaum überschreiten wird.

Bei der Annahme der Luftgeschwindigkeit v in den Luftleitungen wird man sich zweckmäßig in den Grenzen bis 6 m/sek halten müssen. Je höher v angenommen wird, desto kleiner werden die Luftkanäle, desto größer wird aber im quadratischen Verhältnis der Widerstand und mit der 3. Potenz der Geschwindigkeit wächst die Leistung des Gebläses. Es werden sich also bei jeder Anlage bestimmte wirtschaftlich günstigste Grenzwerte finden lassen, bei denen die Anlage- und Tilgungskosten der ganzen Einrichtung im richtigen Verhältnis zu den Betriebskosten des Gebläses stehen. Die letzteren hängen natürlich von der Wahl der Arbeitsquelle ab. Es ist klar, daß z. B. bei vorhandener Dampfkesselanlage die Kuppelung des Gebläses mit einer Dampfmaschine im Winter den günstigsten Betrieb ergeben muß, weil der Abdampf der Maschine ohne Kosten zur Vorwärmung der Lüftungsmengen Verwendung finden kann.

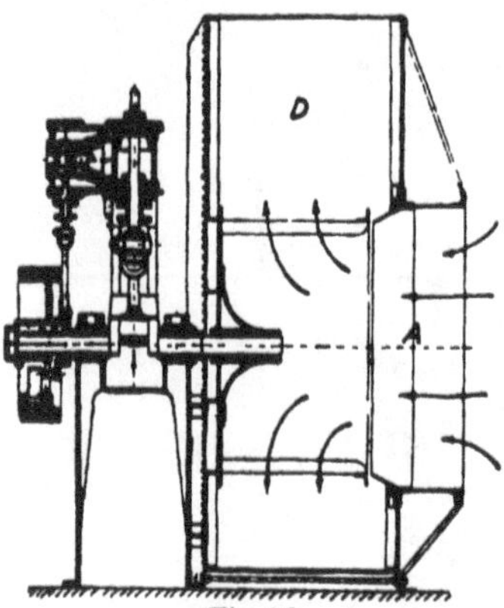

Fig. 59.
Sirocco-Gebläse mit Dampfmaschine gekuppelt.

Die Betriebsarbeit eines Gebläses berechnet sich aus der bekannten Beziehung:

$$N = \frac{L \cdot H}{\left(1 + \frac{t}{273}\right) \cdot 75\,\eta}\ \text{PS}, \qquad (52)$$

worin bedeutet:

L die zu fördernde Luftmenge in cbm/sek,

$H = (H_v + H_W)$ die vom Gebläse zu überwindende Gesamtdruckhöhe in mm WS (siehe § 11a),

η den mechanischen Gesamtwirkungsgrad des Gebläses, d. h. das Verhältnis der vom Gebläse nutzbar gewonnenen Leistung N_e zu der von der Triebmaschine abgenommenen, also dem Gebläse zugeführten Leistung N_m[1]):

$$\eta = \frac{N_e}{N_m} \quad \ldots \ldots \ldots \quad (53)$$

Als Antriebe können Dampfmaschinen, Wasserkraftmaschinen, Elektromotoren usw. dienen[2]). Die letzteren werden am besten als Gleichstromnebenschlußmaschinen ausgeführt und bei

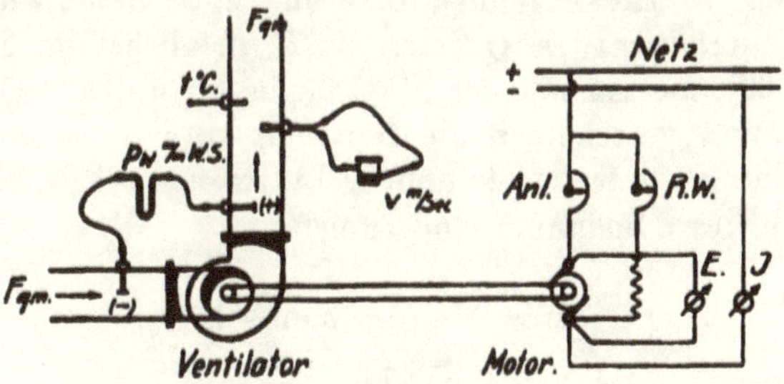

Fig. 60.
Schema zur Leistungsmessung eines Luftgebläses.

großen Spannungsschwankungen im Netz mit Nebenschlußwiderstand zwecks Umlaufregelung in weitesten Grenzen versehen.

Auf elektrischem Wege kann auch am bequemsten die Leistungsmessung eines Gebläses vorgenommen werden, indem ein Gleichstromnebenschlußmotor mit dem Gebläse gekuppelt wird. Die Fig. 60 gibt das Schaltungsschema wieder. Die Leistungsbestimmung des Gebläses gliedert sich gemäß Gl. (53) in zwei Teile: in die vom Gebläse abgegebene und in die von ihm aufgenommene Arbeit.

---

[1]) Hiervon ist zu unterscheiden der Wirkungsgrad der Gebläseanlage als das Verhältnis der Nutzleistung zu der der Treibmaschine zugeführten Arbeit, d. h. also der Wirkungsgrad des ganzen Maschinensatzes.

[2]) Weiteres hierüber s. Huttig: D. Zentrifugalventilatoren u. Zentrifugalpumpen u. ihre Antriebsmaschinen, d. Elektromotor u. d. Kleindampfmaschine i. d. Heizungstechnik, Verl. O. Spamer, Leipzig 1919.

1. Die **Nutzleistung** oder die vom Gebläse abgegebene Arbeit berechnet sich aus

$$N_e = \frac{L \cdot H}{\left(1 + \frac{t}{273}\right) \cdot 75} = \frac{F \cdot v\,(H_v + H_W)}{\left(1 + \frac{t}{273}\right) \cdot 75}\ \text{PS}, \quad . \quad (54)$$

worin F den Querschnitt in qm der Luftleitung möglichst dicht hinter dem Gebläse und v die dort herrschende mittlere Luftgeschwindigkeit in m/sek bedeutet. Nach den bei der Besprechung der Luftgeschwindigkeitsmessung gemachten Angaben suchen wir uns in gehöriger nicht zu großer Entfernung vom Gebläse einen auf gerader Strecke liegenden und eine gute Geschwindigkeitsverteilung aufweisenden Querschnitt F, möglichst im Saugrohr, aus (Fig. 60), messen mit der Stauscheibe die mittlere Geschwindigkeit v und verzeichnen die Lufttemperatur t. Dann ist die vom Gebläse geförderte sekundliche Luftmenge bei 0°, abgesehen von den kleinen Spannungsänderungen:

$$L = \frac{F \cdot v}{1 + \frac{t}{273}}\ \text{cbm/sek.}$$

Gleichzeitig messen wir mit Hilfe eines Staurohres die in tunlichster Nähe des Gebläses in gleichen Querschnitten der Leitung herrschende Saug- und Druckpressung; deren algebraische Summe einschließlich des nötigenfalls zu berechnenden und hinzuzuzählenden Reibungsverlustes zwischen den beiden Meßstellen ist gleich der Widerstandshöhe H_W und wird am Druckmesser in mm WS direkt abgelesen. Zur Bestimmung der Geschwindigkeitshöhe H_v bedienen wir uns der Gleichung

$$H_v = \frac{v^2}{2g}\gamma\ \text{mm WS},$$

indem wir für v den oben gefundenen Wert verwenden und ihn, wenn nötig, auf den Querschnitt, in dem p_W gemessen wurde, mit Hilfe des Stetigkeitssatzes $f_1 v_1 \gamma_1 = f_2 v_2 \gamma_2 = f_m v_m \gamma_m$ umrechnen. Waren dagegen die beiden Meßquerschnitte einander gleich, so fällt H_v beim Abziehen aus der Rechnung heraus. Somit berechnet sich N_e, wenn die gemessenen Größen in Gl. (54) eingesetzt werden.

2. Die vom Gebläse aufgenommene Arbeit ist bei gleichbleibender Drehzahl gleich der vom Elektromotor abgegebenen Leistung, nämlich

$$N_m = \frac{E \cdot J \cdot \eta_m}{736} \text{ PS}, \quad \ldots \ldots \ldots \quad (55)$$

worin bedeutet:

J den Ankerstrom des Motors in Ampere,

E die Klemmenspannung in Volt,

$E \cdot J$ die zugeführte Leistung in Watt,

$\frac{1}{736}$ PS den Arbeitswert für 1 Watt in mechanischem Maße,

η_m den Gesamtwirkungsgrad des Elektromotors,

der aus den Kennlinien (der sog. Charakteristik) des Motors zu entnehmen ist. In Fig. 61 ist eine solche kennzeichnende Wirkungsgradkurve, und zwar in Abhängigkeit von der Belastung der Maschine gegeben. Die genauen Kennlinien sind für Dauerbetrieb von der Firma anzugeben, die den Motor geliefert hat. Die Belastung des Motors ergibt sich aus dem Verhältnis der mit Hilfe von Gl. (55) näherungsweise berechneten Leistung N_m zu der auf dem Motorgehäuse aufgedruckten Angabe der normalen Leistung. Somit haben wir den Gesamtwirkungsgrad des Motors η_m gefunden, in dem die folgenden Verluste[1]) enthalten sind: Stromwärme im Anker und in der Schenkelwickelung, Hysteresis und Wirbelströme, Selbstinduktion, Lager-, Zapfen-, Bürstenreibung und Luftwiderstand. Ist der Motor mit dem Gebläse nicht unmittelbar gekuppelt, sondern mittels Riemens verbunden, so ist η_m noch um 5% kleiner anzusetzen. Dabei ist noch voraus-

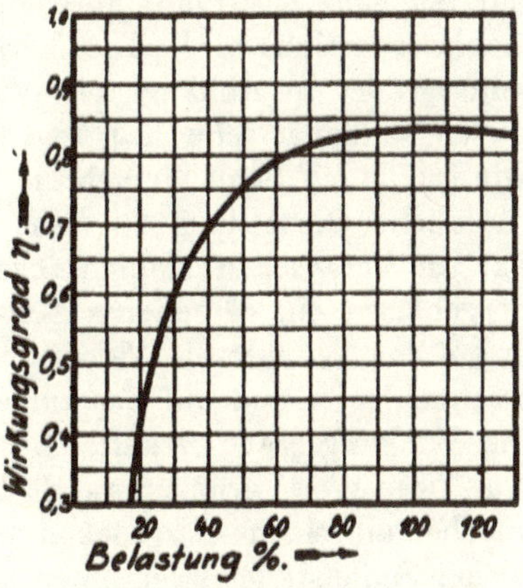

Fig. 61.
Wirkungsgradkurve eines Elektromotors.

[1]) Vorschriften und Normen des Verbandes Deutscher Elektrotechniker, Abschnitt C, § 34—44.

gesetzt, daß kein störender Riemenrutsch eintritt, weshalb nur gebrauchte oder gestreckte Riemen verwendet werden sollen, wenn es nicht möglich ist, den Motor mit dem Gebläse unmittelbar zu kuppeln. Haben wir E und J beobachtet, so ergibt sich aus Gl. (55) die Motorleistung N_m.

Aus dem Verhältnis der Gl. (54): (55) erhalten wir schließlich den Gesamtwirkungsgrad η des Gebläses für gleichbleibende Drehzahl und für die gemessene Belastung. Nun ist aber der Wirkungsgrad eines Gebläses keineswegs eine feste Zahl, sondern eine Funktion der drei veränderlichen Größen: Luftmenge L, Druckhöhe H, Drehzahl n. Daraus folgt ohne weiteres, daß der beste Wirkungsgrad für eine gewisse zu fördernde Luftmenge nur bei ganz bestimmtem Druck und bestimmter Drehzahl des Gebläses erzielt wird. Die Verfolgung des Verlaufes des Wirkungsgrades in Abhängigkeit von allen diesen Betriebsverhältnissen ist daher schwierig, und für die Vorstellung müßte man, wie es für ein Schleudergebläse O. Krell jun.[1]) getan hat, die räumliche Darstellung zu Hilfe nehmen (siehe Fig. 65): Krell hat zur Veranschaulichung seiner Versuchsergebnisse mit Schleudergebläsen ein räumliches Koordinatensystem benutzt, indem er auf der X-Achse die Widerstandshöhe H_W, auf der Y-Achse die Drehzahlen n und auf der zur XY-Ebene senkrechten Z-Achse die Wirkungsgrade η auftrug, wie es die Fig. 65 verdeutlicht. Auf diese Weise erhält man als Begrenzung für η eine räumliche Fläche, die einem Bergrücken verglichen werden kann, der bei vielen Schleudergebläsen einen ziemlich steil abfallenden Kamm zeigt. Somit kann man sich leicht vorstellen, daß, wenn eine der drei Größen L, H oder n geändert wird, η dann erheblich schnell absinkt. Hierin liegt die Schwierigkeit bei der Verwendung von Schleudergebläsen, die zwar auf dem Versuchsstande einen vorzüglichen Wirkungsgrad aufwiesen, im Betriebe dagegen mit einem viel geringeren, vielleicht mit $\eta = 0{,}2$ arbeiten. Der Betrieb von Lüftungsanlagen bietet eben derartig wechselnde Verhältnisse, daß ganz selten L, H und n gleichzeitig diejenigen Werte haben, für welche η ein Höchstwert ist.

---

[1]) O. Krell jun.: Die Erprobung von Ventilatoren, und Versuche über den Luftwiderstand von Panzergrätings. Jahrb. d. Schiffbautechnischen Gesellschaft 1906, Verlag Springer, Berlin.

Einen wichtigen Anhalt für die gegenseitige Änderung der drei Größen L, H und n bieten die durch Versuche vielfach bestätigten Verhältnisgesetze bei Schleudergebläsen:

1. Die in einer gewissen Zeit geförderten Luftmengen L verhalten sich annähernd wie die Umdrehungszahlen n in derselben Zeit.

2. Bei gleichbleibenden Luftmengen L verhalten sich die erzeugten Druckhöhen H wie die Quadrate der Umdrehungszahlen n.

3. Daraus folgt, daß die Betriebsarbeit annähernd mit der dritten Potenz der Umdrehungszahl zunimmt.

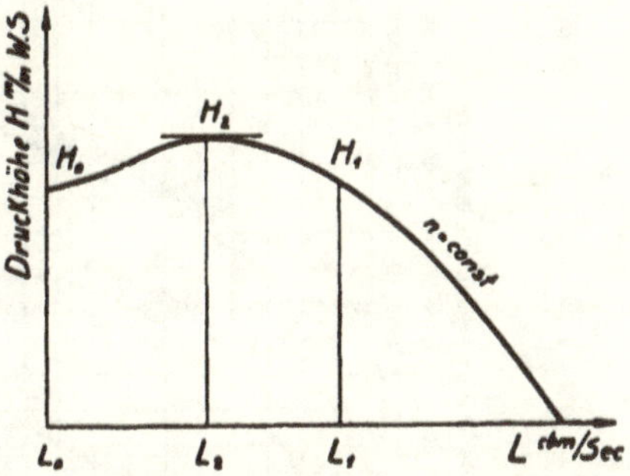

Fig. 62.
Kennlinie eines Schleudergebläses.

Wollen wir die Betriebsverhältnisse eines Schleudergebläses durch Versuche im einzelnen kurz verfolgen[1]), so können wir bei gleichbleibender Umlaufzahl n den Widerstandsdruck H_W in der Luftleitung durch Verstellen eines Schiebers beliebig ändern und die sich damit gleichzeitig ändernde Luftmenge L messen. Werden die so gefundenen zusammengehörigen Werte in einem Diagramm aufgetragen, so erhalten wir für $n =$ konst. eine $H \cdot L$-Kurve, die sog. Kennlinie des Gebläses, die gewöhnlich einen der Fig. 62 ähnlichen Verlauf zeigt. Aus dieser Leistungskurve finden wir zunächst die bekannte Tatsache bestätigt, daß L_{max} bei $H = 0$, d. h. bei freiem Ausblasen, geliefert wird. Drosseln wir jetzt den Schieber in der Luftleitung immer mehr, so wächst H allmählich an, während L ungefähr im umgekehrten Verhältnis abnimmt bis zu einem Punkte *1*, von dem ab L_1 be-

[1]) Schütt: Die Wirkungsgrade von Ventilatoren und Zentrifugalpumpen, Z. d. V. d. Ing. 1906, Nr. 42. Biel: Die Wirkungsweise der Kreiselpumpen und Ventilatoren, Forschungsarbeiten, Heft 42, Verlag Springer 1907. Blaeß: Zur Theorie der Zentrifugalpumpen und Ventilatoren, Z. f. d. ges. Turbinenwesen 1907, Verlag Oldenbourg. Wegen der besonderen Berechnung vgl. u. a. Lorenz: Neue Theorie und Berechnung der Kreiselräder, Verlag Oldenbourg 1906.

deutend schneller abnimmt, als H_1 zunimmt. Letzteres erreicht gewöhnlich einen höchsten Wert H_2, um bei weiter abnehmender Luftmenge nur noch um ein geringes zu sinken, bis der Schieber ganz geschlossen ist. Dann ist $L = 0$, es wird keine Luft mehr gefördert, während der Druck bei gleichgehaltener Drehzahl immer noch einen Wert H_0 beibehält, der nicht viel niedriger ist als H_{max}. Würden wir die für diesen Zustand erhaltenen Werte

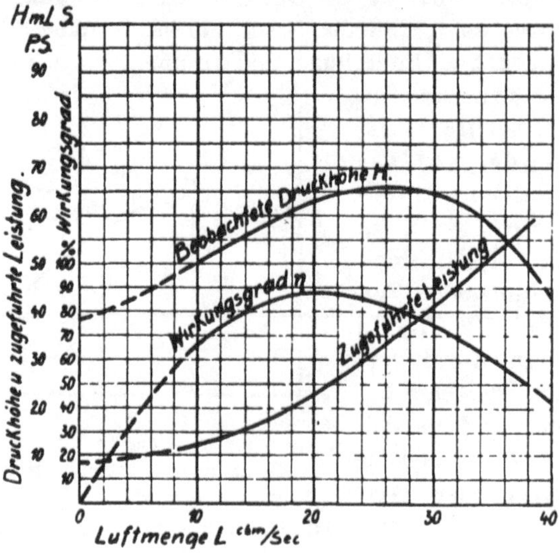

Fig. 63.
Leistungskurven eines Schleudergebläses.

in Gl. (54) einsetzen, so erhielten wir wegen $L = 0$ auch $N = 0$, d. h. es wird keine Nutzarbeit mehr geleistet, während doch nach Gl. (55) mit den abgelesenen Werten E und J noch eine Arbeit $N_m = \frac{E \cdot J \cdot \eta_m}{736}$ PS übertragen wird. In der Tat wird die ganze zugeführte Arbeit nutzlos teils als Verdichtungsarbeit aufgezehrt, teils in Wärme, teils in Rückströmarbeit und Wirbelbildung usw. umgesetzt: man sagt unter solchen Verhältnissen, das Gebläse »schwimmt«. Hätten wir nun einen Hauptstrommotor verwendet und bei der vorgenommenen vollständigen Absperrung der Luftleitung die Drehzahl mit Hilfe des Regelwiderstandes nicht auf eine feste Höhe nachgeregelt, so hätte der sich selbst überlassene Motor wegen verminderter Arbeitsleistung des Gebläses von selbst angefangen immer schneller zu laufen: die Gefahr des Durchgehens hätte nahegelegen. Ebenso kann ein Durchbrennen bei plötzlicher Entlastung, also bei verminderten Widerständen der Luftleitung auftreten, da nach Fig. 63 dabei der Kraftverbrauch stark ansteigt.

Aus dieser Überlegung geht hervor, daß Hauptstrommotoren zum Gebläseantrieb ungeeignet sind. Denn den bei Lüftungsanlagen vorkommenden Belastungsschwankungen muß beim Hauptstrommotor die Drehzahl durch Vorschaltwiderstände angepaßt werden, wobei Arbeit unnötig vernichtet wird. Nebenschlußmotoren dagegen behalten bei wechselnder Belastung annähernd ihre feste Umdrehungszahl bei. —

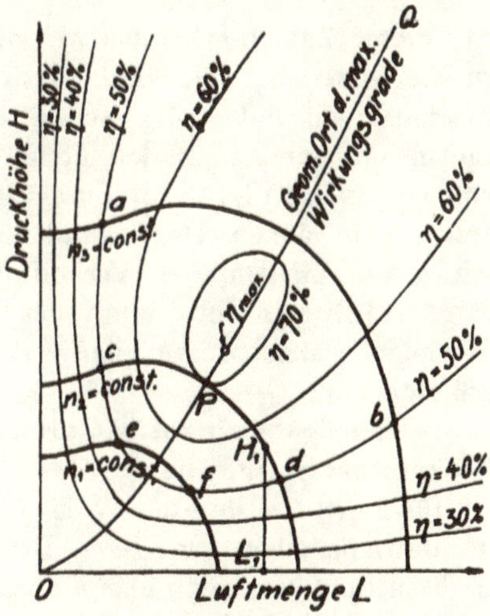

Fig. 64.
Linien der höchsten Wirkungsgrade eines Gebläses bei verschiedenen Umdrehungszahlen.

Den Verlauf des Wirkungsgrades η von Schleuderluftgebläsen können wir zunächst in Abhängigkeit von der $H \cdot L$-Kurve bei einer gleichbleibenden Umlaufzahl n darstellen. Fig. 63 gibt z. B. Leistungsversuche[1]) wieder, die an einem Rateau-Gebläse aufgenommen wurden. Wir ersehen daraus, daß der günstigste Wirkungsgrad $\eta = 86\%$ bei einer Druckhöhe $H = 63$ m LS $= 63 \cdot 1{,}2 = 75{,}7$ mm WS und bei einer Förderung von $L = 20$ cbm/sek liegt.

Daraus ergibt sich die zugeführte Leistung

$$N = \frac{L\,H}{\left(1 + \frac{t}{273}\right) 75\,\eta} = \frac{20 \cdot 75{,}7}{1{,}07 \cdot 75 \cdot 0{,}86} = 22 \text{ PS}.$$

[1]) Biel: Die Wirkungsweise der Kreiselpumpen und Ventilatoren, Forschungsarbeiten, Heft 42, Verlag Springer 1907.

Behalten wir dieselbe Drehzahl bei und rechnen die Leistung für einen nur wenig geringeren Druck, z. B. $H = 55$ m LS aus, so erhalten wir zwei Werte für N, da sich, je nachdem die Luftleitung geöffnet oder gedrosselt wird, eine größere oder kleinere Luftmenge zwangsweise einstellt; diese beiden Werte sind: $L = 36{,}5$ bzw. 13,5 cbm/sek. Hierzu ergeben sich die beiden zugehörigen Leistungen:

$$N = \frac{36{,}5 \cdot 1{,}2 \cdot 55}{1{,}07 \cdot 75 \cdot 0{,}55} = 54{,}8 \text{ bzw. } \frac{13{,}5 \,.\, 1{,}2 \cdot 55}{1{,}07 \cdot 75 \cdot 0{,}80} = 14 \text{ PS.}$$

Aus diesen Zahlen erkennen wir, daß bei derselben vom Gebläse zu überwindenden Druckhöhe das eine Mal eine viermal so große Betriebsarbeit notwendig ist wie das andere Mal, während die Luftmenge nur knapp den dreifachen Betrag erreicht. Ferner können wir aus Fig. 63 die Forderung ableiten, daß für Lüftungsanlagen, in denen Druck und Luftmenge außerordentlich zu schwanken pflegen, der Verlauf der Wirkungsgradkurve möglichst flach sein soll, damit das Gebläse in weit auseinanderliegenden Betriebszustä nden mit gleich hohem Wirkungsgrad arbeiten kann. —

Hier möge auch auf den grundsätzlichen Unterschied in der Wirkung der Schraubengebläse hingewiesen sein. Hat nämlich ein für einen bestimmten Widerstand gebautes Schleudergebläse im Betriebe einen geringeren Druck über den günstigsten Betriebszustand hinaus zu überwinden, so nimmt sein Arbeitsbedarf bei gleicher Umlaufzahl zu. Umgekehrt zeigen Schraubengebläse in diesem Falle das der Anschauung näherliegende Verhalten, da ihr Kraftbedarf bei verringertem Widerstand abnimmt; bei Drosselung der Luftleitung hingegen nimmt — wieder im Gegensatze zu Fig. 63 — der Kraftverbrauch der Schraubengebläse rasch zu. —

Ein vollständiges Bild des Wirkungsgrades η für Schleuderluftgebläse gibt noch die Darstellung Fig. 64. Es sei die Kennlinie eines Gebläses, d. h. die Leistungskurven ($H \cdot L$) für verschiedene gleichbleibende Umdrehungszahlen n_1, n_2, n_3 . . . gegeben. Aus der vorhergehenden Fig. 63 können wir ferner entnehmen, daß der gleiche Wirkungsgrad stets für zwei bestimmte Zustände LH vorhanden ist, da die η-Kurve zuerst einen ansteigenden und dann einen abfallenden Verlauf hat. Denken wir uns nun je diese beiden Punkte gleichen Wirkungsgrades a und b, c und d, e und f usw. auf den einzelnen LH-Kurven in Fig. 64 aufgetragen, so können wir durch diese Punkte eine Kurve $\eta =$ konst. legen, die den geometrischen Ort gleicher Wirkungsgrade darstellt. Dieses Verfahren können wir für $\eta = 30$, 40, 50, 60 . . . . % wiederholen und erhalten nach Fig. 64 auf diese Weise eine Schar Wirkungsgradkurven, die gewöhnlich offen sind, aber unter Umständen (wie z. B. für $\eta = 70\%$) geschlossen verlaufen können. Ein gewisser Mittelpunkt dieser letzteren geschlossenen Kurve würde demnach der höchste Wirkungsgrad η_{max} sein, dem also nur ein ganz bestimmter Zustand LH entspricht. Ein solches η_{max} können wir nun auf jeder LH-Kurve finden. Dabei können wir den Erfahrungssatz benutzen, daß für alle Zustände mit höchstem Wirkungsgrade sich die geförderten Luftmengen verhalten wie die Umlaufzahlen[1]). Zu demselben Ergebnis gelangen wir folgendermaßen: Verbinden wir die jeweiligen Berührungspunkte P der LH- mit den η-Kurven, so erhalten wir einen durch den Nullpunkt gehenden Linienzug OPQ, d. h. den geometrischen Ort, auf dem die verhältnismäßigen Höchstwirkungsgrade η_{max} liegen. Haben wir ein so vervollständigtes Kurvenblatt für ein untersuchtes Gebläse zur Hand und läuft dieses mit einer beliebigen Umlaufzahl n_2, so stellt sich bei einer Liefermenge L_1 zwangsweise der Druck H_1 ein, und wir können jetzt mit Hilfe unserer Darstellung Fig. 64 sofort angeben, daß der Wirkungsgrad für den augenblicklichen Betriebszustand L_1H_1 zwischen 50 und 60%, nämlich bei etwa 56% liegen muß. Man kann nun auch den jedesmaligen Wirkungsgrad η in einem räumlichen Koordinatensystem auf der Z-Achse auftragen und würde dann ein Gebilde ähnlich der Fig. 65 erhalten. Diese Darstellung stammt von Krell jun., der die zugehörigen Werte H, n und η als Koordinaten gewählt hat, was natürlich ziemlich auf dasselbe hinausläuft, da die Umlaufzahlen den Luftmengen proportional sind.

Im praktischen Betriebe werden diese Verhältnisse zurzeit noch in den allerseltensten Fällen genügend berücksichtigt. Daher kommt es auch, daß so viele Gebläse mit einem außer-

[1]) Mit Hilfe dieses Satzes konnten auch schon die einzelnen LH-Kurven für die verschiedenen Umlaufzahlen n_1, n_2 . . aufgezeichnet werden, wenn nur eine einzige Kennlinie vorliegt.

ordentlich niedrigen Wirkungsgrad arbeiten und daß in einem größeren Gebäude die Kosten des Lüftungsbetriebes oft unverhältnismäßig hohe sind. Derartigen unwirtschaftlichen Zuständen könnte vielfach durch sorgfältige Leistungsmessungen und zielbewußte Änderungen der Anlage und ihrer Führung abgeholfen werden. Bei Neuanlagen muß aber jedenfalls

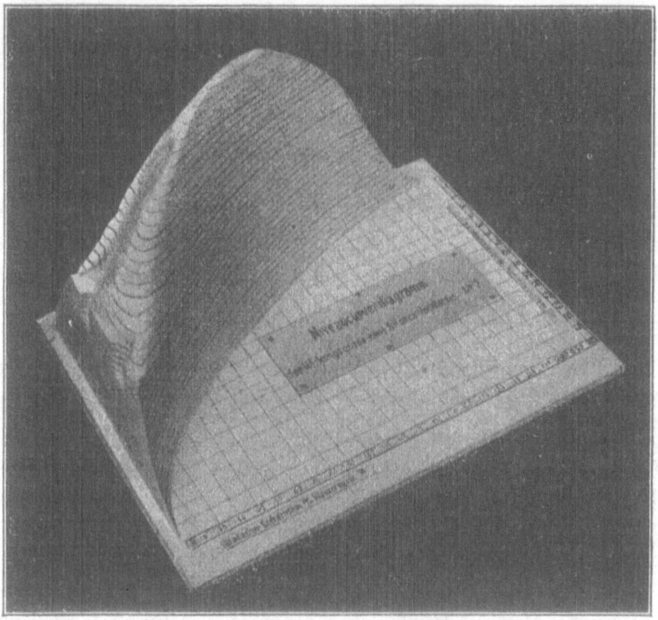

Fig. 65.
Räumliche Darstellung der Wirkungsgrade eines Sirocco-Schleudergebläses.
(Aus: Jahrb. d. Schiffbautechn. Gesellschaft 1906.)

das Hauptgewicht auf genaueste Berechnung der Kanalanlage gelegt werden, so daß dem Gebläselieferer vom Auftraggeber möglichst genaue Zahlen über das verlangte Gebläse vorgelegt werden können. Letzteres muß alsdann unter Gewähr mit den zugehörigen Leistungskurven geliefert werden, die etwa auf Grund des gleichwertigen Austrittsquerschnittes (siehe folgenden Absatz) in der Fabrik gewonnen sein können. Alsdann sollte durch einen gemeinschaftlichen Abnahmeversuch in der fertigen Anlage nachgewiesen werden, daß die gegebenen Gewährleistungen eingehalten werden können. Dazu ist allerdings Vorbedingung, daß nun im Betriebe auch wirklich die Bedingungen gegeben sind, für die das Gebläse gebaut wurde, daß es also möglich ist, bei einer bestimmten Luftförderung den verlangten Gegendruck zu schaffen.

Es wurde soeben der Ausdruck gleichwertiger Austrittsquerschnitt erwähnt, der der Theorie der Grubengebläse entlehnt ist und dort nach dem Franzosen Murgue »äquivalente Grubenweite« heißt[1]). Darunter versteht man einen freien Öffnungsquerschnitt in ebener dünner Wand, durch den die gleiche Luftmenge mit demselben Druckunterschiede vom Gebläse hindurchgetrieben wird, wie durch die fertige Luftleitung der später anzuschließenden Anlage. Die bei geringen Drucken durch den gleichwertigen Querschnitt A qm mit der Geschwindigkeit v m/sek ausfließende Luftmenge ist $L = A \cdot v$ cbm/sek. Für den Ausfluß aus ebener Wand kann die Ausflußzahl unter Berücksichtigung der Zusammenziehung nach Murgue zu $\sim 0{,}65$ angesetzt werden, so daß bei den niedrigen Gebläsedrucken von H mm WS geschrieben werden kann:

$$L = A \cdot v = A \cdot 0{,}65 \sqrt{\frac{2gH}{\gamma}},$$

woraus die gleichwertige Öffnung der an das Gebläse angeschlossenen Lüftungsanlage mit $\gamma = 1{,}2$ folgt zu

$$A = \frac{L}{0{,}65 \sqrt{\frac{2gH}{1{,}2}}} = \frac{L}{2{,}63 \sqrt{H}}$$

oder

$$A = 0{,}38 \frac{L}{\sqrt{H}} \text{ qm} \quad \ldots\ldots \quad (56)$$

Dieses ist eine Parabelgleichung von der Form $H = \text{konst } L^2$ oder auch $= \text{konst } v^2$. Läßt man also auf dem Versuchsstande in der Fabrik das Gebläse in einen geräumigen Druckkasten blasen, in dem an einer Stelle geringster Luftströmung (also nicht unmittelbar gegenuber dem Ausblas des Gebläses!) die gleichwertige Öffnung A angebracht ist, so kann man zunächst durch Veränderung der Drehzahl die parabelförmige Wider-

[1]) Murgue: Über Grubenventilatoren. Deutsch von v. Hauer, Leipzig 1884.

standskurve OP aufnehmen (Fig. 66) und sodann bei gleichbleibenden Umdrehungen n_1, n_2, n_3 . . . die Leistungskurven LH oder die Kennlinie des Gebläses feststellen. Ist dann gemäß der Voraussetzung OP der Widerstand, den auch die spätere Lüftungsanlage entgegensetzt, so bestimmen die Durchschnittspunkte die einzelnen Liefermengen und Drucke, die im späteren Betriebe bei den betreffenden Umlaufzahlen auftreten müssen. Somit können auch die Wirkungsgradkurven und das ganze Diagramm Fig. 64 aufdem Versuchsstande aufgenommen werden[1]).

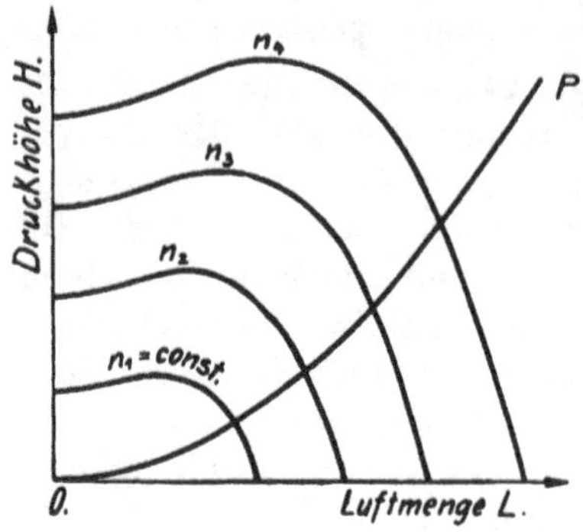

Fig. 66.
Pressungswiderstand bei verschiedenen Umdrehungen eines Schleudergebläses.

[1]) In den »Regeln für Leistungsversuche an Ventilatoren und Kompressoren« vom Jahre 1912 ist hierüber noch gesagt: »Die allgemeine Einführung einer solchen Größe (gleichwertige Öffnung) zur Beurteilung von Ventilationsanlagen ist deshalb empfehlenswert, weil auch der Betriebszustand des Ventilators dadurch zutreffend gekennzeichnet wird. Ein bestimmter Ventilator erreicht bei einem bestimmten Werte der gleichwertigen Öffnung den Höchstwert seines Wirkungsgrades.

Um die Willkür, die in der Wahl von μ (= 0,65) liegt, zu beseitigen, wird zum praktischen Gebrauch eine der gleichwertigen Öffnung verwandte Größe empfohlen, indem $\mu = 1$ gesetzt wird. Zur Unterscheidung von der gleichwertigen Öffnung wird für die neue Größe der Name »gleichwertige Düse« vorgeschlagen.

$$\left(A_1 = \frac{L}{\sqrt{\frac{2gH}{1,2}}} \right)$$

Die Kennlinien einer Ventilatorart geben die gleichen Größen (Druckziffer ψ und Wirkungsgrad η) abhängig von dem Verhältnis $\frac{\text{gleichwertige Düse}}{\text{Ausblasequerschnitt}} = \frac{A_1}{F_a}$ oder von dem Verhältnis

$$\frac{\text{dynamischer Druck im Ausblasquerschnitt}}{\text{Gesamtdruckunterschied}} = \frac{p_{da}}{p_2 - p_1}$$

Es soll jedoch jetzt gezeigt werden, daß diese Methode mit der Parabelgleichung für Lüftungsanlagen nur angenähert richtig ist. Für letztere besteht der Widerstand 1. aus einem linearen Teil (Fig. 67), dem vom Luftgebläse zu leistenden Nutzdruck H_N, nämlich der Druckhöhe ΣH infolge der Temperaturunterschiede und dem Überdrucke D, der in den zu lüftenden Räumen innegehalten werden soll, 2. aus dem sich mit der Luftgeschwindigkeit ändernden Widerstandsdrucke H_W infolge der Kanalreibung und der einmaligen Widerstände und 3. aus dem Drucke, der zur Erzeugung der Luftgeschwindigkeit v dient, der sog. Geschwindigkeitshöhe H_v, die einen parabelförmigen Verlauf zeigt. Es

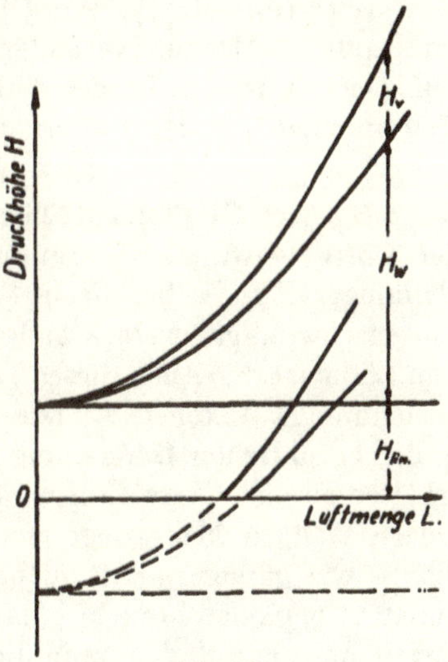

Fig. 67.
Widerstandslinie von Lüftungsanlagen.

(das zweite Verhältnis ist das Quadrat des ersten). Unter Druckziffer wird dabei das Verhältnis des Gesamtdruckunterschiedes zu dem der Umfangsgeschwindigkeit u des Schaufelrades entsprechenden dynamischen Druck verstanden:

$$\psi = \frac{p_2 - p_1}{\gamma \frac{u^2}{2g}}.$$

In den Kennlinien sind sämtliche möglichen Betriebszustände des Ventilators enthalten. Wird der Ventilator an ein Leitungsnetz von der gleichwertigen Düse A_1 angeschlossen, so ergibt sich mittels der zugehörigen Druckziffer der erzeugte Gesamtdruckunterschied abhängig von der Umfangsgeschwindigkeit des Schaufelrades; aus der gleichwertigen Düse und dem Druckunterschied ergibt sich nun die Fordermenge und aus dieser mittels des zu dem Wert von A_1 gehörgen Wirkungsgrades die aufzuwendende Leistung.

Verwendet man als Abszisse die Verhältnisse $\frac{A_1}{F_a}$ oder $\frac{p_{da}}{p_2 - p_1}$, so ergeben sich fur geometrisch ähnlich gebaute Ventilatoren ubereinstimmende Kennlinien, so daß diese also fur die Ventilatorart kennzeichnend sind.«

kann vorkommen, daß die lineare Nutzdruckhöhe negativ ist, nämlich dann, wenn der Anteil eines im Sinne der Luftbewegung mitwirkenden Temperaturgefälles größer ist als der Druck D im Raume. Alsdann verlaufen die Drucklinien, wie in Fig. 67 punktiert, unterhalb der Nullinie OL. Was nun den zweiten Teil anbetrifft so ist dieser nach Gl. (24) zu setzen:

$$H_W = H_R + H_Z,$$

worin H_R nach Gl. (25) und (26) nur annähernd mit dem Quadrate der Luftgeschwindigkeit zunimmt, da ja die darin enthaltene Reibungszahl ϱ selbst nach Fig. 25 für $v < 5$ m sich mit der Luftgeschwindigkeit stark ändert, was übrigens auch die Gl. (28) und (29) dartun. Auch dieser Teil des Widerstandes wird also der Gleichung $H =$ konst. L^2 nur angenähert genügen und deshalb in der graphischen Darstellung von der Parabel abweichen. Wir erhalten also als Gesamtkurve für die Widerstände einer Lüftungsanlage vielfach keineswegs eine auch nur angenäherte Parabel, die — wie gezeigt — oft nicht einmal im Koordinatenanfangspunkt zu beginnen braucht. Man kann die hierin liegende Schwierigkeit umgehen, indem man die Widerstände für verschiedene L ausrechnet und die daraus abgeleitete und aufgezeichnete Widerstandslinie der gebläseausführenden Maschinenbauanstalt zum Aussuchen des passendsten Luftgebläses übermittelt.

Wirtschaftlich von Bedeutung ist ferner noch die Regelung der elektrisch angetriebenen Gebläse[1]), die entweder durch in die Hauptluftleitung eingebaute Drosselorgane oder durch Veränderung der zugeführten elektrischen Energie mit Hilfe von Regelwiderständen erfolgen kann. In der Hauptsache handelt es sich bei Lüftungsanlagen natürlich um die je nach der Benutzung der Räume wechselnde Lieferung einer bestimmten Luftmenge, mit deren Änderung jedoch, wie wir soeben ausführlich gesehen haben, sich auch der Kraftverbrauch des Gebläses erheblich ändert, da je nach der Drehzahl der Druck sich zwangsweise von selbst einstellt und umgekehrt. Wünschen wir also eine wirtschaftliche Betriebsführung, so müssen wir uns in jedem Augenblick über die Wirkung der vorgenommenen Regelung des Gebläses unterrichten können. Aus alledem geht hervor,

[1]) Vgl. auch Brabbée: Druckluftung in Gebauden Z. d. V. d. I. 1908, Nr. 9.

daß in diesem Falle Meßgeräte für das Gebläse zur Anzeige der geförderten Luftmenge (Volumeter) und des erreichten Druckes (Manometer) einerseits und für die Triebmaschine zur Ablesung der zugeführten Arbeit anderseits (Ampere- und Voltmesser) nicht entbehrt werden können. Wünschenswert ist ferner ein Umlaufzähler, der als Fernmeldegerät auf der gemeinsamen Schalttafel untergebracht werden kann. Die Praxis hat von diesem Gedankengange erfreulicherweise im letzten Jahrzehnt immer ausgedehnteren Gebrauch gemacht. Gleichwohl möge hier etwas näher auf diese Verhältnisse eingegangen werden.

Würden aus Sparsamkeitsrücksichten der Luftmengenanzeiger und Druckmesser fortgelassen werden, so wären wir auf die Regelung mit Hilfe des Strommessers angewiesen, der uns höchstens bei ungeändertem Widerstande der Luftleitung der Beschaffenheit nach einen ungefähren Anhalt über den neuen Betriebszustand geben könnte, während wir in Hinsicht seiner Größe vollkommen ununterrichtet blieben. Dazu kommt, daß zwischen der Stromstärke und der geförderten Luftmenge an und für sich gar keine sonstige Abhängigkeit besteht. Würde aber noch irgendeine Klappenstellung in der Luftleitung vorgenommen, so würden wir mit der Regelung nach der Stromstärke ganz und gar im Dunkeln tappen und unter Umständen das gerade Gegenteil von dem erreichen, was wir anstrebten.

Wollten wir wieder unter Vermeidung des Mengen- und Druckmessers, lediglich nach der Klappenstellung regeln, so würde uns dieses in keiner Weise ein Maß für die zugeführte Luftmenge sein können, weil für die Lieferung einer bestimmten Luftmenge bei einer bestimmten Drosselung lediglich der Druck maßgebend ist, unter dem die Luft gefördert wird. Dazu kommt, daß die Klappenstellung in den mittleren und oberen Grenzen sehr unempfindlich, in den unteren dagegen äußerst empfindlich ist[1]). Auch hier ist also jegliche Kontrolle unmöglich, weil durch eine kleine Klappenöffnung unverhältnismäßig viel mehr Luft hindurchgeht als durch eine weitere Öffnung.

Bei weitem besser ist schon die Regelung nach den Angaben eines Mengenanzeigers (selbst unter Weglassung

[1]) Dietz: Versuche uber die Regelung der Durchflußmengen von Wasser und Luft durch Drosselorgane, Gesundh.-Ing. 1917, Nr. 36.

der elektrischen Meßgeräte), denn dann sind wir wenigstens in jedem Augenblick über die tatsächlich geförderte Luftmenge unterrichtet. Und unter dieser Voraussetzung ist natürlich auch die soeben als unzulässig erklärte Klappenregelung vollkommen brauchbar (wenn auch unwirtschaftlich), da ja nun auf jede Änderung der Klappenstellung augenblicklich die Anzeige der Luftmenge erfolgt.

Bei dieser grundsätzlich richtigen Regelungsart fehlt aber immer noch die Beobachtung der mit jeder Klappenstellung sich zwangsweise einstellenden Pressung. Würden wir also einen Druckmesser einbauen, so könnten wir aus Luftmenge und Druck unter Zuhilfenahme von Kennlinien nach Fig. 64 erkennen, mit welcher Drehzahl und mit welchem Wirkungsgrade das Gebläse augenblicklich arbeitet. Kommt es dabei auf den Druck nicht an, der etwa eingehalten werden müßte, so könnten wir aus den Kennlinien leicht feststellen, ob vielleicht der augenblickliche Wirkungsgrad zu klein ist. Wir könnten in diesem Falle (unter Einhaltung der geförderten Luftmenge mit Hilfe der Klappe) die Drehzahl mit dem Regelwiderstand unter Beobachtung des Druckanzeigers so lange steigern, bis wir aus den Kennlinien die Erreichung eines günstigsten Wirkungsgrades ersehen würden. Jedoch erfordert diese Methode zu viel Überlegung und Umsicht, als daß man ihre richtige Anwendung von einem Maschinenführer im allgemeinen erwarten könnte.

Für einen wirklich verständigen Betrieb bleibt also weiter nichts übrig, als neben dem Luftmengen- und Druckanzeiger auch noch den Strom- und Spannungsmesser zu beobachten. Jetzt haben wir alle Größen L, H, E und J beisammen und können aus ihrer gegenseitigen Änderung leicht jeden gewollten Betriebszustand herstellen. Kommt es dabei auf die Pressung nicht an, so kann nunmehr jede gewünschte Luftförderung auf zwei Wegen eingestellt werden: einmal mit Hilfe der Klappenstellung und das andere Mal mit Hilfe des Regelwiderstandes. In beiden Fällen werden Druck und Umlaufzahl natürlich verschieden sein; aber, was wichtiger ist, wir können nun unmittelbar aus der Beobachtung der zugeführten Arbeit aus Stromstärke und Spannung den gewünschten Betriebszustand so herstellen, daß der geringste Arbeitsverbrauch erzielt wird. Würden wir beide Methoden, die mechanische durch

Klappendrosselung und die elektrische durch Drehzahlregelung, nacheinander anwenden und jedesmal die zugeführte Energie feststellen, so würden wir sofort erkennen, daß die elektrische Regelung bei weitem wirtschaftlicher ist als die Drosselung mit dem Luftschieber. Dies ist ja auch einleuchtend, wenn man bedenkt, daß durch Drosselung stets eine Druckvernichtung in der Luftleitung bewirkt wird, und daß somit immer ein erheblicher Teil der kinetischen Energie des Luftstromes nutzlos durch Stoß und Wirbelung abgedrosselt wird. Vielfach vorgenommene Versuche[1]) bestätigen diese Tatsache. Zur Beurteilung mag hier eine Gegenüberstellung der Meßergebnisse folgen, die Stach und Goetze bei Grubengebläsen gefunden haben:

Wettermenge L	Gebläseleistung PS		Zugeführte kW		Umdrehungen	
	Umlauf-Reg.	Drosselung	Umlauf-Reg.	Drosselung	Umlauf-Reg.	Drosselung
5824	192	351,7	264	402	180	244
6715	298,5	405,5	364	444	210	244
7840	473,5	473,5	500	500	244	244

Aus dem Vergleiche der Zahlen geht auch unmittelbar hervor, daß die Regelung durch Drosselung um so ungünstiger wird, je kleiner die Luftbelastung des Gebläses ist. Der Unterschied in der zugeführten Energiemenge beträgt für die kleinere Luftmenge im vorliegenden Falle 50%!

Auch die Versuche, die Verfasser[2]) im Städtischen Volksbad Nürnberg durchgeführt hat, lassen die große Unwirtschaftlichkeit der Klappenregelung erkennen. Beispielsweise wurden mit der gleichen Stromstärke von 50 bzw. 48 Amp. und bei der gleichen Spannung von 118,0 bzw. 118,5 V bei ganz geöffneter Klappe und 1,2 mm Druckunterschied 49500 cbm Luft gefördert, bei einer Klappenöffnung von nur 4,4 mm und einem Druckunterschied von 7,9 mm dagegen nur 9000 cbm/Std. Beim gleichen

[1]) U. a. Stach und Goetze: Ventilatorenuntersuchungen, Zeitschrift »Glückauf« 1907, Nr. 13. — Seidl: Veränderung der Wettermenge bei Ventilatoren mit unmittelbarem Drehstromantrieb. Berg- und hüttenmänn. Rundschau 1908, S. 108 bis 113.

[2]) A. a. O.

Arbeitsaufwand wurde also im zweiten Falle noch nicht der fünfte Teil der Luftmenge des ersten Falles gefördert!

Die Angabe von Krell sen.[1]), daß die Regelung durch Drosselung derjenigen durch Umlaufverstellung vorzuziehen sei, würde also falsch sein, wenn man sie verallgemeinern wollte, und ist in seinem angeführten Falle wohl auf den Umstand zurückzuführen, daß eine Veränderung der Umdrehungszahl bei der in Rede stehenden Anlage um nur 15% möglich war.

d) Strahlapparate.

Die Verwendung von Strahlgebläsen zum Bewegen der Luft in Wohngebäuden tritt zurzeit völlig in den Hintergrund. Nur in Gewerbebetrieben werden sie unter Umständen mit Vorteil verwendet. Als bewegendes Mittel kommen Druckwasser, Druckluft und Dampf in Frage. Der Grundgedanke geht aus

Fig. 68.
Druckluft-Strahlgebläse beim Bergbau vor Ort. (Gebr. Körting, Hannover.)

der Fig. 68 hervor: die Treibflüssigkeit tritt aus einer Düse mit großer Geschwindigkeit in der Richtung des Luftstromes strahlenförmig in die Luftleitung ein und reißt die Luft mit sich fort, indem sie unter Abgabe eines Teiles ihrer eigenen Strömungsenergie diesen an die Luft überträgt. Bekannt sind die Strahlapparate von Gebr. Körting in Hannover. Die Fig. 68 zeigt einen solchen Strahlapparat, der mit Druckluft betrieben wird, in Verwendung beim Bergbau vor Ort.

[1]) Siehe: Gesundh.-Ing. 1907, S. 342, Verlag R. Oldenbourg.

V. Abschnitt.

Ausführung der Lüftungsanlagen.

Wir haben uns in § 9 bereits in großen Zügen ein allgemeines Bild von der Einrichtung einer Lüftungsanlage entworfen. Indem wir jetzt deren Ausführung im einzelnen näher kennen lernen wollen, besprechen wir die notwendigen Einrichtungen der Reihenfolge nach und behandeln nacheinander die Zuluftanlage, die Zu- und Abströmung der Luft in den Räumen und die Abluftanlage. Dabei besprechen wir alle Teile im Zusammenhange und lassen es vorläufig dahingestellt, ob im gegebenen Falle gewisse Einrichtungen wirklich ausgeführt werden oder nicht. Beispielsweise können in der Zuluftanlage unter Umständen die Filter oder die Luftbefeuchtung oder die Gebläse weggelassen sein; oder es kann eine Lüftungsanlage ausgeführt werden, die eigentlich nur aus der Zuluftanlage besteht, während eine besondere Kanalführung für die Abluft vollständig fehlt usw. Welche Umstände zu derartigen Abweichungen führen, soll bei der Erörterung über die Auswahl der Lüftungsbauarten zur Sprache kommen.

Während in den beiden letzten Abschnitten bei der Berechnung des Luftwechsels rein gesundheitliche Erörterungen und bei der Erzeugung der Luftbewegung maschinentechnische Untersuchungen im Vordergrunde der Betrachtung standen, müssen wir bei der praktischen Ausführung stets darauf achten, daß die Lüftungs- und Heizungsanlage einen organischen Bestandteil des Gebäudes ausmacht. Daher werden uns im folgenden vielfach bautechnische und baukünstlerische Fragen beschäftigen. Leider versäumen aus Unkenntnis viele Bauherren, auf die Lüftungsanlage schon beim Rohbaue des Hauses die nötige Rücksicht zu nehmen und lassen es bei der Ausführung der zur Lüftung in Beziehung stehenden Maurerarbeiten an der erforderlichen Sorgfalt und Aufsicht fehlen. Die Tätigkeit des Lüftungstechnikers beginnt dagegen vielfach erst mit Vollendung des Rohbaues. Nur aus diesem Mangel des Zusammenwirkens ist es zu erklären, daß oft zu spät Fehler entdeckt werden, die während des Aufmauerns hätten vermieden werden können, die aber nach Fertigstellung der Maurerarbeiten entweder nur mit großen Kosten oder gar nicht zu beseitigen sind. Die bautechnischen Aufgaben[1]) liegen, insbesondere bei der Ausführung einer Lüftungsanlage, dem mehr auf die Festigkeit und das Künstlerische gerichteten Empfinden des Architekten oft so fern, daß er es niemals versäumen sollte, von vornherein den Rat des Lüftungstechnikers in weitgehendem Maße in Anspruch zu nehmen. Oft sind es scheinbar Kleinigkeiten, die beim Baue versäumt werden, die aber den späteren Gang der Lüftungsanlage vielleicht auf das empfindlichste zu stören vermögen. Nur derjenige, der sich eingehend mit der Lehre von der Luftbewegung beschäftigt hat, kennt die Schwierigkeiten, die vielfach für die Entscheidung der Ausführung nach der einen oder anderen Richtung hin mitsprechen.

Eine Bestätigung des erfolgreichen Zusammenwirkens zwischen Baumeister und Techniker gewinnen wir z. B. aus der Schilderung von O. Krell sen.[2]) über den Bau der Heizungs- und Lüftungsanlage des Neuen Theaters in Nürnberg. Einige Sätze dieses erfahrenen Fachmannes mögen zur Erläuterung hier angeführt sein. Es handelte sich in diesem Falle um die baulich-dichte Herstellung des Theaters:

»Die Hauptursache der Undichtigkeit der Theatergebäude besteht in dem mangelhaften Abschluß der nach preußischer Bauvorschrift an der Bühnen- und Zuschauerraumdecke verlangten großen Rauchklappen, welche eine Durchgangsöffnung von $^1/_{20}$ der ganzen Bühnengrundfläche freigeben müssen. Die allgemein für diese Klappen gebräuchliche Konstruktion gestattet nicht, dieselben gleichzeitig dichtschließend herzustellen. Sehr oft besteht die obere Bühnenhausabdeckung nur aus Eisendach mit Bretterverschalung, ja ich habe in dem zugigen Theater einer Universitätsstadt als Bühnenhausabdeckung ein auf Latten verlegtes unverschaltes Ziegeldach gefunden. Auf die dichte Herstellung der Bühnendecke ist aber besonderes Gewicht zu legen, weil dort die größte Druckdifferenz zwischen der Innen- und Außenluft stattfindet. Der Heizungsingenieur hat keine Mittel, um durch Anordnung und Betrieb der von

[1]) Dietz: Bautechnische und kunstlerische Aufgaben bei Sammelheizungs- und Lüftungsanlagen. Gesundh.-Ing. 1905, Nr. 10 und 12.

[2]) Siehe: Gesundh.-Ing. 1907, Nr. 20 und 21.

ihm gebauten Apparate für Heizung und Lüftung die Nachteile einer so fehlerhaften Bauweise auszugleichen. Es ist Sache des Architekten, ein Haus in so weit dichtem Zustand dem Heizingenieur zur Verfügung zu stellen, daß er imstande ist, mit mäßigen Luftmengen Überdruck zu erzielen. Ein drastisches Beispiel des Kampfes des Heizingenieurs mit den Verfehlungen des Baues wird vom Kollegen Herbst in Nr. 1 des Gesundh.-Ing. 1907 geliefert. Es ist in dem von ihm beaufsichtigten sehr undichten Kölner Theater trotz aller speziellen Vorkehrungen nur dadurch möglich, die Insassen des Theaters vor Zug zu bewahren, daß besondere Leute angestellt sind, deren Aufgabe ausschließlich darin besteht, während der Vorstellung für Schließung der Bühnentüren zu sorgen, und daß an die Logenschließer das strenge Gebot, für Schließung der Türen während der Vorstellung Sorge zu tragen, ergangen ist. Im Nürnberger Theater kann jede innere Tür ohne allen Nachteil offen gelassen werden — ein Verbot gibt es nicht,« und weiter: »Es ist jedoch erforderlich, festzustellen, daß der Heizingenieur nur dann eine Verantwortung für die zugfreie und zweckentsprechende Wirkung der Heizung und Lüftung eines Theaters übernehmen kann, wenn der Architekt dessen notgedrungen zu stellenden Anforderungen an die Dichtigkeit des Hauses entsprochen hat, und ihm schon bei Beginn des Baues der entsprechende Einfluß auch bezüglich der baulichen Anordnungen gewährt worden ist.«

Bei diesem Nürnberger Theaterneubau ist von seiten der Bauleitung keine Mühe gescheut worden, die zur Erstellung einer guten Lüftung notwendigen, oft schwierigen Bauarbeiten sachgemäß auszuführen: der Erfolg ist denn auch eine Anlage, die allen Anforderungen, die von der Öffentlichkeit gerechterweise überhaupt gestellt werden können, entsprochen hat. Ähnlich wichtige Fragen wie die hier nur angedeutete harren bei den meisten Bauten der eingehenden Beratung zwischen der Bauleitung und der die Heizungs- und Lüftungsanlage ausführenden Bauanstalt. Sind solche Besprechungen versäumt worden, so rächt sich das bei der späteren Benutzung des Hauses oft auf das empfindlichste. Was hier an einem besonderen Beispiele nachgewiesen worden ist, läßt sich leicht verallgemeinern: je mehr Entgegenkommen, ja Anregung der Lüftungstechniker von seiten des Baukunstlers findet, desto behaglicher wird infolge besserer Heizungs- und Lüftungsanlagen der Aufenthalt in unseren Gebäuden werden. Dabei handelt es sich vorläufig gar nicht um Mehraufwendung an Kosten, obgleich auch dies oft wünschenswert erscheint, sondern lediglich um sachgemäße Ausführung der baulichen Arbeiten.

Noch eines kommt hinzu: je eingehender sich der Baumeister vom Beginn des Baues an mit den Heizungs- und Lüftungseinrichtungen beschäftigt hat, desto mehr bleiben ihm bei der Durcharbeitung der Innenkunst peinliche Überraschungen erspart, mit desto größerer Bereitwilligkeit und Freude wird er jeden Lüftungsgegenstand und jeden Heizkörper als willkommenen Anlaß zur künstlerischen Gestaltung seiner Räume begrüßen. Er wird diese gesundheitstechnischen Einrichtungen, mit deren Vorhandensein er von Anfang an zu rechnen gelernt hat, nicht als störende Beigabe betrachten, sondern er wird der vom Heizungs- und Lüftungsfachmann folgerichtig entwickelten Zweckform durch eine künstlerisch angepaßte Umrahmung zu einer schönen Wirkung verhelfen. Die Zeiten, in denen die gesundheitlichen Zwecken dienenden Heizungs- und Lüftungsgegenstände vom Baukünstler durch hinzugefügte »schöne« Verkleidungen in Schmutzwinkel der allerschlimmsten Art umgewandelt wurden, sollten für immer vorüber sein.

13. Die Zuluftanlage.

Die Führung der Zuluft bis in die Räume durchläuft folgende Stufen: Entnahme der Luft, Staub- und Filterkammer, Vorwärmkammer, Kanalnetz.

a) Die Entnahme der Luft aus dem Freien.

Die Schöpfstellen für die Entnahme der Frischluft müssen an gesundheitlich einwandfreien Teilen des Gebäudes untergebracht werden. Staubige Straßen, gerucherzeugende Gewerbeanlagen, Dungstätten bilden eine für die Luftentnahmestelle weniger empfehlenswerte Umgebung als Gartenanlagen, Wiesen, ruhige und luftige Höfe. Besonders in Großstädten ist es oft schwer, Stellen zu finden, die vor schädlichen Gasen, Rauch, Staub, Gerüchen usw. geschützt sind. Auch nach der Ausführung der Lüftungsanlage muß auf Reinhaltung der Umgebung der Luftentnahme gesehen werden. Der Hinweis hierauf erscheint nicht unnötig, da Verfasser, um nur ein Beispiel anzuführen, bei der Besichtigung einer Schule dicht neben der Schöpfstelle der Luft zwei gefüllte Abfuhrkästen stehen sah!

Die Luftentnahme kann einzeln (lokal) oder zusammengefaßt (zentral) erfolgen.

Die lokale Entnahme der Frischluft geschieht für jeden zu lüftenden Raum gesondert entweder durch die Außenwand oder vom Flur her. Die Benutzung der Fenster zur Lüftung der Räume haben wir bereits in § 8 gewürdigt und auch ihre Nachteile hervorgehoben. Oft werden unter den Fenstern Z-förmige Kanäle, wie in Fig. 69 gezeigt, angeordnet und an der Fassade des Gebäudes mit Außengittern *A* versehen. Diese Ausführung hat gegenüber der Fensterlüftung den Vorteil, daß die Luft vorgewärmt werden kann, wenn vor die Eintrittsöffnung ein Heizkörper *H* gestellt wird. Zwecks Regelung der Luftzufuhr werden Klappen oder Schieber *K* angebracht. Die Klappenöffnung ist dabei möglichst dicht unter dem Fensterbrett anzuordnen, weil die einströmende kalte Luft sonst leicht unerwärmt den Fußboden überfluten könnte. Die ganze Anordnung bietet jedoch keinen Schutz vor dem Eindringen des Staubes, und bei Windanfall treten leicht Zugbelästigungen ein. Auch ist der Lüftungsnutzen je nach der Windrichtung und -stärke sehr wechselnd. Man hat diese Nachteile zu vermeiden gesucht, indem man den Flur durch Z-förmige Kanäle mit den Räumen verband. Jedoch hat diese Art den Nachteil der Schallübertragung aus dem Innern des Gebäudes. Ferner ist die Flurluft doch nicht immer als gesundheitlich einwandfrei zu betrachten, sofern die Flure nicht ihrerseits mit Frischluft durch eine sicher wirkende Einrichtung versorgt werden. Endlich aber spielt bei der Flurlüftung die Lage der neutralen Zone in den verschiedenen Stockwerken eine große Rolle: auf Seite 81 ist die Luftdruckverteilung besprochen und gezeigt worden, daß diese bald nach den Zimmern hin, bald von denselben weggerichtet ist. Je nach dieser Richtung wird also auch die Wirkung der Mittelkraft, die die Luftströmung durch den Z-Kanal hervorruft, verschieden erfolgen müssen.

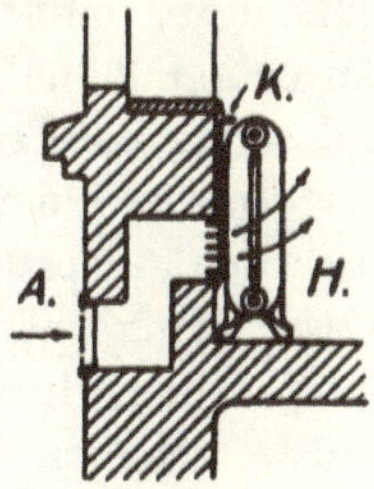

Fig. 69. Lokale Luftentnahme.

Unvorsichtige Anwendung dieser Lüftungsart kann demnach zu den unliebsamsten Störungen führen.

Die zusammengefaßte Luftentnahme ist aus den angeführten Gründen in den meisten Fällen vorzuziehen. Damit soll jedoch nicht gesagt sein, daß es wünschenswert ist, für ein sehr ausgedehntes Gebäude die Luft nur an einer einzigen Stelle aus dem Freien zu entnehmen. In letzterem Falle würde die Luft oft 100 m und mehr in Kanälen zurückzulegen haben, ehe sie in den letzten ihr zugewiesenen Raum gelangt. Da nicht geleugnet werden kann, daß es oft schwierig ist, die Luftkanäle in gesundheitlich zulässigem Zustande zu erhalten, so wird die Luft desto mehr von ihrer reinen Beschaffenheit einbüßen, je länger der Kanalweg ist, den sie zu machen hat. In großen Verwaltungsgebäuden namentlich ist es oft angängig und wünschenswert, mehrere Schöpfstellen für die Luft vorzusehen, wodurch auch den Ansprüchen eines wirtschaftlichen Betriebes manchmal besser genügt wird. Gleichzeitig würde damit einer Forderung entsprochen, die aus gesundheitlichen Gründen schon v. Pettenkofer erhoben hat: es solle die Luft nicht unnötig im Gebäude spazieren geführt werden.

Bei Lüftungsanlagen, die nur auf der Wirkung von Temperaturunterschieden beruhen, hat, wie wir gesehen haben, der Wind einen großen Einfluß auf die gute Verteilung der Luft nach den Bedarfsstellen; auch aus diesem Grunde lohnt es sich also, mindestens zwei Entnahmestellen an gegenüberliegenden Gebäudeseiten vorzusehen, damit sie je nach der Windrichtung abwechselnd benutzt werden können.

Im allgemeinen ist die ebenerdige Luftentnahme nicht so gut wie die aus einer gewissen Höhe, da am Erdboden ein größerer Staubgehalt vorhanden zu sein pflegt und auch die Bodenausdünstungen von der Luft mit ins Gebäude geführt werden. In größerer Erhebung, also z. B. in Dachhöhe, ist dagegen die schmutzführende Luft bereits wieder genügend rein, falls nun nicht Schornsteine oder Abzugsrohre aus Aborten usw. zur neuerlichen Verunreinigung beitragen. Bei der Entnahme der Luft über Dach ist jedoch zu berücksichtigen, daß dann natürlich eine größere Kanalreibung zu überwinden, also z. B. der Gebläsebetrieb teurer wäre, da die Vorwärmung aus technischen Gründen und auch wegen der leichteren Bedienung doch vorteilhaft im Keller angeordnet wird. In den weitaus meisten Fällen findet also die Luftentnahme in geringer Höhe über Erdboden statt. Zweckmäßig ist es, die Schöpfstelle in Gartenanlagen anzuordnen, wo das Laub der Sträucher den größten Teil des Staubgehaltes und sonstige Verunreinigungen zurückhält und dann im Sommer die Luft schon beim Eintritt in das Kanalnetz etwas gekühlt wird. Zum Schutze gegen das Eindringen von Regen und Schnee wird die Entnahmeöffnung zweckmäßig mit einem Dache versehen. Zur Verhinderung des unbefugten Einsteigens von dieser Stelle aus dienen Gitterstäbe, während Blätter, Getier und sonstige grobe Verunreinigungen durch ein Drahtnetz von entsprechender Maschenweite ferngehalten werden.

Des öfteren wird die Entnahme an einem Brunnen vorgeschlagen und auch derartig ausgeführt, daß die Luft durch den Sprühregen des dicht niederfallenden Wassers zu ziehen gezwungen ist und dadurch natürlich im Sommer angenehm gekühlt wird.

Die Eintrittsgeschwindigkeit der Luft ist zu etwa 0,5 bis höchstens 1 m/sek zu wählen, damit nicht unnötig Staub in das Gebäude mitgerissen wird.

b) Die Staubkammer.

Beim Eintritt in das Gebäude ist der Luft zunächst Gelegenheit zu geben, die mitgeführten, nicht schwebenden Bestandteile möglichst vollkommen abzulagern. Das geschieht durch weitgehende Verringerung der Geschwindigkeit in einer geräumigen Staubkammer. Dieser Raum soll, wenn irgend angängig, durch Tageslicht erhellt sein, da hier gewöhnlich gleich die Filter untergebracht sind. Was über die sonstige Bauausführung hier anschließend gesagt ist, gilt gleichzeitig für die gesamte Kanalanlage.

Grundluft und Grundwasser sind durch geeignete Vorkehrungen fernzuhalten. Auf die sachgemäße Ausführung der Innenmauerflächen ist das größte Gewicht zu legen. Mörtelputz ist unzulässig, da er beim Reinigen, Auswechseln der Filter usw. leicht abfällt und nun seinerseits zur Verstaubung der Zuluft führt. Die Mindestforderung ist: Anwendung von Klinkern bester Beschaffenheit, wobei die Fugen mit Zementmörtel sauber auszustreichen sind, aber nicht tief wie in Fig. 70a, sondern flach nach Fig. 70b, damit sich der Staub nicht ablagern kann, die Wände dagegen leicht zu waschen und zu reinigen sind. Wenn irgend angängig, sollte man dagegen über diese einfachste Ausführungsart noch hinausgehen. Wenn man sich vergegenwärtigt, daß die Geldmittel für die Wandbekleidung der Bedürfnisräume mit Glasursteinen stets ohne weiteres zur Verfügung stehen, so sollte diese Ausgabe für diejenigen Räume, aus denen wir unsere Atemluft schöpfen, erst recht nicht gescheut werden. Auch sorgfältig geglätteter Zementputz würde sich zur Ausführung für die Luftkammern empfehlen. Im Reichstagsgebäude ist für die Wandungen der Luftkanäle zunächst ein Untergrundputz aus Portlandzement, darüber ein Überputz aus englischem, weißem Zement, im trockenen Zustande geschliffen, angewendet worden, eine Ausführung, die sich ausgezeichnet bewährt.

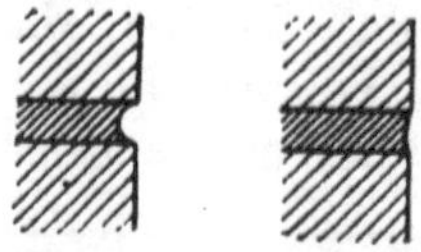

Fig. 70a. Fig. 70b. Fugen der Luftungskanäle. (falsch) (richtig)

Zwischen Luftentnahme und Staubkammer ist die Anbringung eines dichtschließenden Hauptluftabschlusses zu empfehlen, damit bei strenger Außenkälte die Lüftung eingeschränkt oder unter Umständen ganz abgestellt werden und keine zu große Abkühlung der Luftkammern eintreten kann. Zweckmäßig werden gleichzeitig die Fenster zum bequemen Abschlusse benutzt. Für die Bedienung ist eine bequeme, mindestens 0,60 × 1,60 m große, dichtschließende Tür zur Luftkammer notwendig.

c) Die Filterung der Luft.

Im Anschluß an die Staubkammer werden in einer geräumigen Filterkammer die Luftfilter aufgestellt, die entweder aus rauhen Woll- oder aus Baumwollgeweben (Barchent, Nesseltuch) oder aus Koks, Holzwolle, Watte usw. bestehen. Sie haben die Aufgabe, der Luft bei ihrem Durchgange durch die Maschen und Zwischenräume des Filterstoffes die in der Staubkammer noch nicht abgesetzten, schwebenden Unreinigkeiten (Staub, Ruß, Pflanzenfasern, Fliegen usw.) abzunehmen.

Was die Stoffilter betrifft, so darf, damit sich die Maschen nicht zu schnell zusetzen, die Beanspruchung keine zu große sein, und man rechnet etwa eine Luftmenge von

50—100 cbm je qm/Std. bei gerauhetem Barchent,
100—200 » » » » Nesseltuch,

was einer sehr kleinen Luftgeschwindigkeit, nämlich $v = 0{,}014$ bis 0,06 m/sek entspricht. Bei größerer Beanspruchung liegt die Gefahr nahe, daß die Unreinigkeiten weniger auf der Oberfläche des Filters haften bleiben, als in die Maschen hineingepreßt werden, so daß das Filter alsbald verstopft sein würde. Die deshalb notwendige große Filterfläche wird durch zickzackartige Anordnung des Filters erreicht. Fig. 71 zeigt eine der üblichen Ausführungen von Haberl in Berlin, wobei die Filtertücher auf auswechselbare Holzrahmen aufgespannt sind.

Fig. 71.
Filterrahmen von Haberl.

Fig. 72 veranschaulicht die Ausführung der Firma Möller in Brakwede: die Filter sind in herausnehmbaren Rahmen taschenförmig aufgehängt, und die Luft geht von unten nach oben hindurch, so daß der an der Unterfläche abgesetzte Staub nach

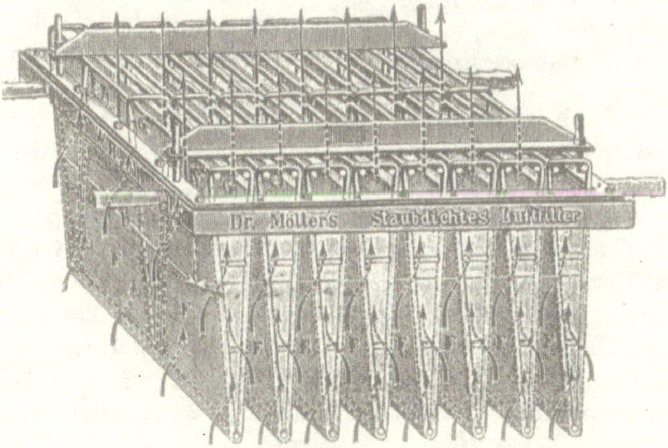

Fig. 72.
Möllers Luftfilter.

Herausnahme der Taschen leicht abgebürstet oder abgeklopft werden kann.

Vielfach werden zum Reinigen der Filter mit gutem Erfolge Staubsauger angewendet, die elektrisch angetrieben werden und und den Staub in den Aschen- und Kehrichtaufzug befördern. Da dieses Verfahren bei großen Filteranlagen als äußerst bequem, zeitsparend und gesundheitlich einwandfrei zu bezeichnen ist, wogegen der Kraftaufwand zum Betriebe des Staubsaugers gar nicht ins Gewicht fällt, so sei erwähnt, daß u. a. die Siemens-Schuckertwerke in Berlin Entstäubungspumpen bauen, die sich zu dem beschriebenen Zweck eignen. Von der Reinigung der Filtertücher durch Waschen ist entschieden abzuraten, weil das Gewebe leidet und leicht fault. Aus diesem Grunde sind die folgenden unter e) besprochenen Befeuchtungseinrichtungen für die Luft stets nach der Filterung einzubauen. Andernfalls würde auch infolge der Durchnässung des Filters dessen Durchlässigkeit fast aufgehoben werden.

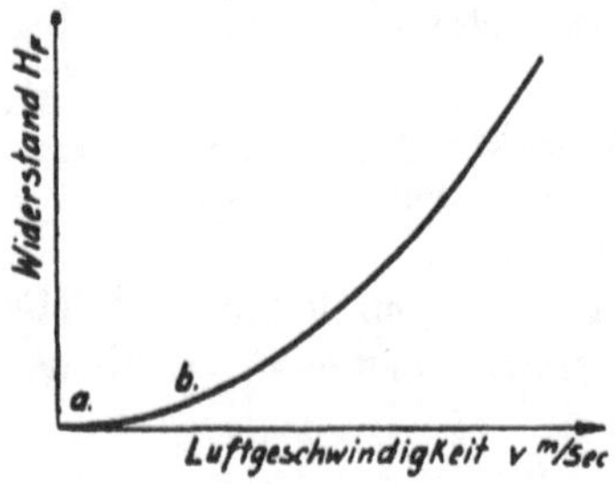

Fig. 73.
Filterwiderstand.

Der Widerstand H_F, den ein Filter der durchströmenden Luft entgegensetzt, wächst natürlich mit dem Quadrate der Luftgeschwindigkeit v, er nimmt ferner im Verhältnis der Beanspruchung m zu und im umgekehrten Verhältnis der Filterfläche F ab. Für die kleinen Geschwindigkeiten ist der Filterwiderstand von Rietschel[1]) untersucht worden. Dabei zeigte es sich, daß die Widerstandskurve, die nach Fig. 73 eine Parabel sein sollte, auf der kleinen Strecke zwischen a und b, d. h. unterhalb der kritischen Geschwindigkeit zwischen 0 und 0,1 m/sek eine Gerade war, daß also der Widerstand für diese Strecke linear abhängig von L oder v gefunden wurde. Dieses Ergebnis ist in Übereinstimmung mit dem Gesetze von Bunsen, S. 86, und von Poiseuille sowie von Reynolds, S. 102. Die Gleichung von Rietschel für den Filterwiderstand lautet also:

$$\frac{H_F}{1 + \frac{t_0}{273}} = \frac{m \cdot L}{F\left(1 + \frac{t}{273}\right)} \text{ mLS} \quad . \quad . \quad . \quad (57)$$

[1]) Rietschel: Untersuchung von Filterstoffen für Lüftungsanlagen, Gesundh.-Ing. 1889, Nr. 4.

worin bedeutet:

H_F die Widerstandshöhe des Filters in m Luftsäule,

F die Filterfläche in qm,

L die Luftmenge in cbm/Std.,

t_0 die Temperatur der zu filternden Luft in °C,

t die Raumtemperatur in °C, bei der die Luftmenge gegeben ist,

$m = 0{,}0015—0{,}002$ für gewöhnliches Nesseltuch (ungefähr 25 Faden auf 1 cm Länge),

$= 0{,}024—0{,}03$ für Möllersches Filtertuch (ungefähr 17 Faden Schuß und 27 Faden Kette auf 1 cm Länge),

wobei die Werte von m desto größer anzusetzen sind, je seltener eine Reinigung stattfinden soll.

Die Zeit, die ein Filter, ohne gereinigt werden zu müssen, in ununterbrochenem Betriebe bleiben kann, wird natürlich in rußigen Großstädten viel kleiner sein als auf dem luftreineren Lande. Im allgemeinen kann man in den rußreichen Städten mit nur einigen Wochen Benutzungsdauer rechnen. Verbindet man, wie von Rietschel vorgeschlagen, den Raum vor und hinter den Filtern durch dünne Röhren (unter der Annahme, daß die Luftgeschwindigkeit bei genügend großen Räumen sehr klein ist, so daß kein Geschwindigkeitsdruck auf die Rohrenden ausgeübt werden kann) mit einem auf einer Schalttafel angebrachten Feindruckmeßgerät, so kann auf der geneigten Glasröhre des letzteren eine Strichmarke angebracht werden, welche die durch das Filter hervorgerufene Höchstpressung bedeutet, die nicht überschritten werden soll, damit der Gebläsebetrieb nicht unwirtschaftlich wird. Hat die Sperrflüssigkeit bei steigender Verschmutzung des Filters diese Marke erreicht, z. B. Punkt b in Fig. 73, so heißt das für den Wärter, daß nunmehr die Filter zu reinigen sind, um die Betriebskosten der Lüftungsmaschine herabzusetzen, und um die Filter zu schonen.

In neuerer Zeit kommen hier und da Koksfilter in Aufnahme. Nach einer Notiz[1]) werden dazu Koksstücke von etwa 4 cm Größe in Schichthöhen von etwa 0,5—1,5 m auf einem Roste verwendet, wobei die Luft von unten her durch die Koksschüttung nach oben zieht. Dabei soll der Widerstand des Koks-

[1]) Gesundh.-Ing. 1905, Nr. 10.

filters etwa 3 mm WS bei 4 m/sek (?) Luftgeschwindigkeit betragen. Die Reinigung der Koksfilter von abgesetztem Staube erfolgt durch Spülen mit Druckleitungswasser von oben her.

Auch Filter aus Holzwolle, Filz und Watte werden ausgeführt. So sind beispielsweise im Rudolf-Virchow-Krankenhaus in Berlin sämtliche Frischluftversorgungen mit Wattefiltern ausgerüstet worden.

Für Lüftungsanlagen, die nur auf Temperaturunterschieden beruhen, bieten gewöhnlich die beschriebenen Filter einen zu großen Widerstand. Deshalb läßt man sie hier fort oder baut sog. Streiffilter oder Staubfänger ein, deren Verwendungs-

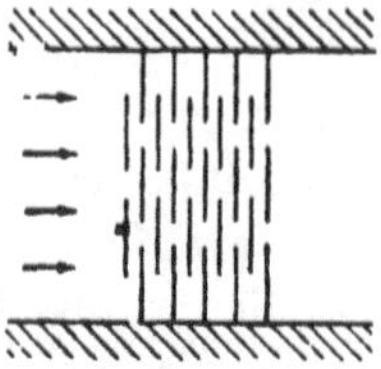

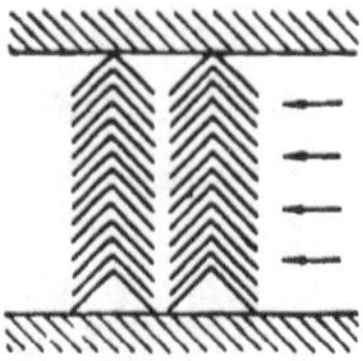

Fig. 74. Fig. 75.
Streiffilter oder Staubfänger.

grundsatz aus Fig. 74 und 75 hervorgeht: die Luft strömt in der Pfeilrichtung zwischen den aufgespannten, sehr rauh zu wählenden Filtertüchern hindurch und streift dabei die meisten der mitgeführten Unreinigkeiten ab. Fig. 75 gibt das Schema des von David Grove in Berlin eingeführten Streiffilters wieder.

d) Das Reinigen der Luft durch Wasserschleier.

Die Versuche, eine Reinigung der Frischluft durch Waschen zu erzielen, sind nur mittels des Sprühregens gelungen. Natürlich muß eine Vorwärmung der Luft voraufgehen, damit das Wasser bei Kältegraden nicht gefriert, oder es ist eine Wassererwärmung vorzusehen, die dann gleichzeitig eine Verdunstung und Befeuchtung der durchströmenden Luft zur Folge hat. Durch eine Reihe Brausen wird alsdann ein breiter Wasserschleier erzeugt, den die Luft zu durchstreichen hat, und der die in ihr enthaltenen Verunreinigungen niederschlägt. Das Wasser kann in großen Auffangbecken den Schmutz absetzen und mittels Pumpe im Kreislaufe wieder zur Luftreinigung verwendet werden, bis es verschmutzt ist. Die Nachteile dieser

Luftwaschung sind der teuere Betrieb und die unvermeidliche Aufnahme von Wasser. Letzterer Umstand ist benutzt worden, um, wie gesagt, gleichzeitig eine Befeuchtung der Luft (siehe unter e) zu erzielen. Danach ist dann die Wassermenge so zu regeln, daß die Luft nach ihrer Nachwärmung gerade den verlangten Sättigungsgrad besitzt. Die Aufrechterhaltung dieses Normalzustandes kann bei größeren Anlagen durch selbsttätige Feuchtigkeitsregler gewährleistet werden.

e) Die Befeuchtung der Luft.

Nach den Ausführungen auf Seite 53 wird aus hygienischen Gründen eine Luftfeuchtigkeit verlangt, die sich in den Grenzen von 30—60% in den Räumen zu bewegen hat. In Gemäldegalerieen und Webereien soll ein höherer Feuchtigkeitsgehalt, und zwar je nach Erfordernis 50—75%, herrschen. Natürlich haben die Angaben einer verhältnismäßigen Feuchtigkeit nur dann Wert, wenn sie sich auf eine bestimmte Temperatur beziehen, und diese muß daher in jedem Falle, der vorliegt, berücksichtigt werden. Die von außen entnommene kalte Luft ist nun fast gesättigt; bei der Erwärmung auf Raumtemperatur nimmt jedoch der Feuchtigkeitsgehalt ab, die Luft wird trockener und der Fehlbetrag an Feuchtigkeit muß bis zu dem verlangten Grade künstlich ersetzt werden. Dieses kann entweder örtlich in jedem einzelnen Raume oder aber nach der Reinigung und einer erstmaligen Vorwärmung an einer gemeinsamen Stelle, also zentral geschehen.

Zur örtlichen Befeuchtung sind die verschiedensten Methoden versucht worden. Von vornherein auszuschließen sind für Aufenthaltsräume jene Apparate, die den Dampf aus der Zentralheizungsanlage durch zeitweiliges Öffnen von Hähnen oder Ventilen benutzen, weil dieser Dampf stets einen eigentümlichen Geruch aus der Rohrleitung her besitzt. Die Wasserverdunstung in offenen Gefäßen über Heizkörpern ist oft nicht im entferntesten ausreichend, da die nötige Luftbewegung fehlt. Mehr zu empfehlen ist daher die Aufstellung von Verdunstungspfannen in oder vor den Mündungen der Zuluftkanäle. Auch die Verdunstung des Wassers von Flächen ist angewendet worden, indem Tücher oder Löschpapier nach System Katz in Waiblingen mit dem unteren Rande in Wasser getaucht wurden, wobei letzteres durch kapillare Wirkung an der Stofffläche hochstieg. An den Stoffflächen setzt sich aber nach kurzer Benutzungsdauer bereits viel Staub ab. — Ferner werden unglasierte Tongefäße aufgestellt, durch deren Wandungen das Wasser auf die Außenoberfläche austritt und von hier an die Luft abdunstet (Keramische Kunstwerkstätten, Berlin W). Fast alle diese Vorrichtungen leiden an dem Umstande, daß die Feuchtigkeit der Luft nicht regelbar ist. Wirkungsvoller und auch regelungsfähig sind Apparate, die ein Fortschleudern von Wassertröpfchen bewirken. Hierher gehören die auf Seite 154 erwähnten Strahlgebläse von Mestern & Cie., die unter gleichzeitiger Lieferung von Frischluft besonders für Webereien zu empfehlen sind. Ferner sind Springbrunnen in ihren verschiedensten Ausführungen z. B. in Wirtschaftsräumen bei Vorhandensein der nötigen Luftbewegung, etwa durch Deckenfächer, äußerst zweckerfüllende Vorrichtungen. Für medizinische Zwecke im besonderen liefert die Allgemeine Elektrizitäts - Gesellschaft einen mittels elektrischen Gebläses betriebenen Tischluftbefeuchter nach System Prött, den die Fig. 76 veranschaulicht: Er befeuchtet und erfrischt die Raumluft durch Beimischung von Arzneimitteln in die Flüssigkeit nach ärztlicher Vorschrift, z. B. mit Tannenduft, Ozon, durch welches die Bakterien abgetötet werden.. Auch für Fabriksäle eignet sich der Apparat.

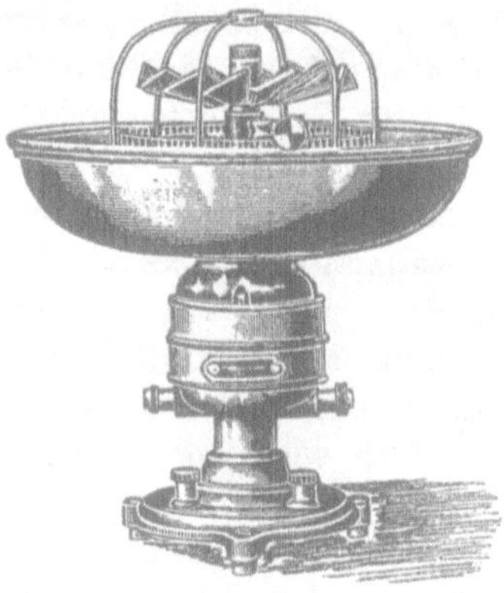

Fig. 76.
Luftbefeuchtungsapparat nach Prött.

Bei einem von Rietschel angegebenen selbsttätigen Befeuchtungsapparate wird ein Wasserstrahl aus einer feinen Düse gegen ein Prellblech geschleudert und feinst zerstäubt. Bei Überschreitung der normal eingestellten Raumfeuchtigkeit längt sich das Haar eines Haarhygrometers und schließt durch Kontaktwirkung einen elektrischen Stromkreis, so daß durch Anziehung eines Ankers auf einen Elektromagneten ein mit dem ersteren verbundenes Wasserventil den Zutritt des Wassers zur Düse abschließt. Bei Unterschreitung der Zimmerfeuchtigkeit wird der Stromkreis und damit das Ventil geöffnet, und dei Apparat tritt wieder in Tätigkeit. So geht das Spiel um einen Normalzustand hin und her.

Bei der zentralen Befeuchtung werden im allgemeinen dieselben Hilfsmittel in Anwendung gebracht wie bei der Einzelbefeuchtung. Eine sehr verbreitete und bewährte Einrichtung sind die Wasserverdunstungsschalen (Fig. 77), bei denen durch eine eingelegte Heizschlange das Wasser zum Verdampfen gebracht wird. Durch ein Schwimmkugelgefäß wird der Wasserstand auf gleichbleibender Höhe erhalten. Die Verdunstung erfolgt rascher oder langsamer, je nachdem die Heizschlange durch das außerhalb der Heizkammer sitzende Regelventil *V* mehr oder weniger in Tätigkeit gesetzt wird. Die Verdunstungsschalen werden meist über der Heizung in der Heizkammer aufgestellt und sollen mit Füll- und Entleerungshahn zum Ausspülen versehen sein. Als sehr wirksam sind die Zerstäubungsbefeuchter zu bezeichnen, bei denen Druckwasser von der Wasserleitung aus feinen Düsen austritt und gegen Prellbleche geschleudert wird, wo es zerstäubt. Dieselbe Wirkung wird in gröberer Weise durch die unter »Luftwaschung« beschriebenen Brauseapparate erzielt. Auch werden Wasserschleier in der Weise verwendet, daß das Wasser aus Düsen gegen ein Messingnetz geschleudert wird, das über den ganzen Querschnitt der Luftkammer vom Fußboden bis zur Decke ausgespannt ist und von der Luft durchzogen werden muß. Damit das ausgeworfene Wasser sich besser der Luft mitteilt, wird auch vielfach dieses Brausewasser erwärmt, indem es vermittelst einer Schleuderpumpe im Kreislaufe durch ein mit Heizschlangen versehenes Gefäß gepreßt wird. Trotzdem geht noch sehr viel Wasser in Form von Tröpfchen an die Lüftungsmenge über und muß deshalb durch besondere Lufttrockner wieder ausgeschieden werden. Dies sind eine Anzahl Reihen von schräg gegen den Luftstrom gestellten Blechen, an denen sich die Luft beim Durchströmen stößt und das mechanisch mitgerissene Wasser

Fig. 77.
Verdunstungspfanne.

auf diese Weise abscheidet. Fig. 78 stellt eine Reihe solcher Trockenbleche im Grundriß und Aufriß dar, von denen mehrere Reihen hintereinander angeordnet werden, so daß sie von der Luft im Zickzackwege durchstrichen werden müssen.

In der Fig. 79 ist eine Luftwasch- und Trockeneinrichtung der Buffalo Forge Co. dargestellt: Die Luft strömt von vorn nach hinten zunächst durch die Doppelreihe senkrechter Wasserröhren *r*, die aus je 10 Düsen *d* Wasser zerstäuben. Darauf muß der mit feinsten Tröpfchen belastete Luftstrom die dahinter befindlichen eng aneinander stehenden Trockenbleche *b*, von denen natürlich nur die vordere Reihe sichtbar ist, im Zickzack durchstreichen, um das mechanisch mitgerissene Wasser abzusondern. Die ganze Einrichtung ist in einem Blechkasten zusammengebaut.

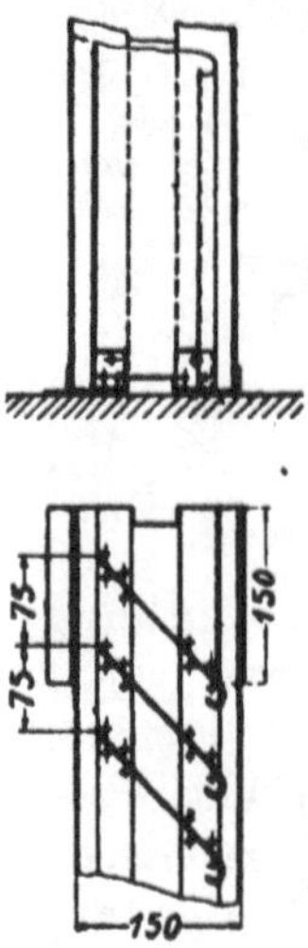

Fig. 78. Lufttrocknungsbleche.

Die Firma Gebr. Körting in Hannover führt eine Luftbefeuchtung mittels überhitzten Wassers nach System Sconfietti[1]) aus. Das überhitzte Wasser, das unmittelbar aus einem Dampfkessel entnommen werden kann, verdampft beim Austritt aus Düsen und bewirkt eine fast vollständige Sättigung der Luft.

Auf eine sichere Regelung der zuzuführenden Feuchtigkeit wird bei uns noch viel zu wenig geachtet. Sie kann am einfachsten in der Weise durchgeführt werden, daß man die Luft bei einer bestimmten, unveränderlichen Vorwärmtemperatur voll mit Wasserdampf sättigt, so daß sie bei der darauf erfolgenden Nachwärmung auf Raumtemperatur gerade den verlangten Sättigungsgrad besitzt. Dieser berechnet sich nach der früher abgeleiteten Gl. (11).

Jedoch ist die Regelung von Hand nicht so einfach zu bewerkstelligen, wenn sie einigermaßen befriedigend ausfallen soll. Denn jede vorgenommene Änderung des Feuchtigkeitsgehaltes bedingt naturgemäß die längere Beobachtung eines an der Heizkammerwand von außen ablesbaren Feuchtigkeits-

[1]) Luftbefeuchtungsanlagen nach Sconfietti, Gesundh.-Ing. 1904, Nr. 26, Verlag R. Oldenbourg, München.

messers. Hinzu kommt, daß sowohl die Wassertemperatur als auch die Luftgeschwindigkeit einen Einfluß auf die Aufnahmefähigkeit der Luft für Wasserdampf haben, und daß demnach mit jeder Verstellung der geförderten Luftmenge zugleich eine Veränderung der zugeführten Feuchtigkeit erfolgen müßte. Daraus ergeben sich große Schwierigkeiten für die Bedienung.

Die Amerikaner haben als die ersten die selbsttätige Regelung des Feuchtigkeitsgehaltes der Luft durchge-

Fig. 79.
Luftwaschung mit Streudüsen.

führt. Zum Beispiel hat Johnson einen Feuchtigkeitsregler »Humidostat« gebaut, der auf demselben Grundsatz beruht wie die Johnsonschen selbsttätigen Temperaturregler, wegen deren Anwendung auf den dritten Teil dieses Werkes verwiesen werden muß. Diese Apparate werden in Deutschland von der Gesellschaft für automatische Temperaturregelung in Berlin bezogen. Hier sei nur kurz erwähnt, daß der Humidostat ein feuchtigkeitsempfindlicher Aufnahmekörper ist, der in dem

Raume angebracht wird, dessen Feuchtigkeit selbsttätig auf gleicher Höhe erhalten werden soll. Ist letzteres für alle Räume gleichmäßig der Fall, so genügt für eine ganze Anlage ein einziger Regler, der in den auf die Lufttrocknung folgenden Raum gehängt wird. Ist ein solcher Feuchtigkeitsregler, dessen äußere Ansicht Fig. 80 zeigt, mittels des Drehknopfes auf eine normale Feuchtigkeit eingestellt, so wirkt er auf kleinste Schwankungen der letzteren nach oben und unten. Durch die erfolgende Bewegung des empfindlichen Teiles wird dann eine Auslösevorrichtung inTätigkeit gesetzt. Dadurch wiederum wird ein Ventil geschlossen oder geöffnet, das zur Heizschlange des Befeuchtungswassers gehört, so daß die Wasseraufnahme der Luft gehemmt oder beschleunigt wird, je nach der selbsttätigen Steuerung durch den Feuchtigkeitsregler. Ist keine Heizschlange vorhanden, so wird durch die Auslösevorrichtung das Ventil für die Wasserzuführung zu den Düsen oder Brausen betätigt. Freilich bietet auch die Anbringung eines Feuchtigkeitsreglers im Keller noch nicht Gewähr genug, wenn an der Lüftung Räume teilnehmen, die zeitweilig von vielen Menschen benutzt werden. Letztere erzeugen ebenfalls große Mengen Feuchtigkeit, und es muß in einem solchen Falle der Humidostat im Raume selbst aufgehängt sein, was besonders in Gemäldesammlungen zu fordern ist.

Fig. 80. Feuchtigkeitsregler.

Diejenige Wassermenge, die der Luft beizumischen ist, damit sie bei Raumtemperatur gerade den gewünschten Sättigungsgrad habe, ist aus den auf Seite 75 abgeleiteten Gl. (12) und (13) zu berechnen.

Im übrigen entwickeln in Versammlungsräumen die anwesenden Menschen soviel Feuchtigkeit, daß hier meistens von besonderen Befeuchtungsvorrichtungen abgesehen werden kann: im Gegenteil muß hier nach längerem Aufenthalt sogar für eine Entfernung des überschüssigen Wasserdampfgehaltes der Luft durch entsprechenden Luftwechsel Sorge getragen werden.

f) Die Erwärmung der Zuluft.

Die Frischluft kann in einer zentral angeordneten, sich an die Filterkammer anschließenden Heizkammer sofort auf die Temperatur erwärmt werden, mit der sie in die Räume strömen soll. Bei besseren Lüftungsanlagen wird jedoch aus zwei Gründen eine Trennung in Vorwärmung und Nachwärmung vorgenommen: Erstens wird, wie wir gesehen haben, die Befeuchtung bequemer, wenn sie bei gleichbleibender Temperatur, also nach der Vorwärmung, erfolgen kann; auch ist es in diesem Falle ausgeschlossen, daß die Befeuchtungseinrichtung einfriert. Zweitens kann aber auch ein Einfrieren der Vorwärmheizkörper nie erfolgen, da diese schon bei Temperaturen, die weiter über Null liegen, voll im Betriebe sind, während bei einer einzigen Lufterwärmung und schon bei Kältegraden, die nur wenig unter Null liegen, stets ein Teil der Heizfläche ausgeschaltet und deshalb der Einfriergefahr ausgesetzt ist. In Fig. 94 und 95 sind die Vorwärme- und die Nachwärmeschlangen gekennzeichnet.

Auch die Regelung der Temperatur der Zuluft, die bei uns gewöhnlich durch den Heizer vorgenommen werden muß, ist auf selbsttätige Weise eingerichtet worden. Die dazu dienenden selbsttätigen Temperaturregler sollen bezüglich ihrer baulichen Durchbildung wieder im dritten Teile dieses Werkes Besprechung finden; hier genügt es, wenn wir ihre Anwendung kennen lernen: Soll die Zuluft mit stets gleichbleibendem Temperaturgrade in das Luftverteilungsnetz gelangen, so müssen ihr bei schwankender Außentemperatur verschieden große Wärmemengen zugeführt werden. Zu diesem Zwecke sitzt am Anfange des Hauptluftkanales ein selbsttätiger Regler, der das Ventil der Nachwärmeheizfläche steuert und unter Umständen vollkommen geschlossen hält, so daß in letzterem Falle bei noch nicht zu niedriger Außentemperatur nur die Vorwärmung voll im Gange bleibt. Diese wird ihrerseits wieder durch einen Regler beeinflußt, der in der Luftentnahme angebracht ist. Der Aufnahmekörper dieses Reglers wird also stets von Außenluft umspült und bewirkt eine Öffnung des Ventiles zu den Luftvorwärmheizkörpern, sobald die Außentemperatur unter die festgesetzte Grenze sinkt.

Die Anordnung einer Luftwasch- und Vorwärmanlage der amerikanischen Firma Buffalo Forge Co. ist in Fig. 81 wiedergegeben: Die ganze Einrichtung ist maschinell gestaltet und unabhängig vom Gebäude aufgestellt, im Gegensatze zu

Fig. 81.
Luftgebläse-Anlage mit Luftwaschung und -befeuchtung.
(Aus. The Engineering Magazine 1903)

den Lüftungseinrichtungen auf unserem Erdteil, die bis in die neueste Zeit fast ohne Ausnahme gemauerte Luftkammern haben. In Fig. 81, deren innere Einrichtung aus dem Vergleiche mit Fig. 95 zu ersehen ist, tritt die Luft bei *E* in den Apparat ein; *V* ist die Dampfleitung zur Vorwärmung, *N* zur Nachwärmung; *Th* ist ein Thermostat; *W* ist die Wasserleitung zur Luftwaschung, *P* die Pumpe, die das aus der ersteren kommende Abflußwasser wieder zur erneuten Benutzung zurückpumpt. Das Gebläse wird elektrisch durch den Motor *M* betrieben. Die Einrichtung ist also fast die gleiche wie in Fig. 95, wobei jedoch das Gebläse in dem einen Fall am Anfange, im andern Fall am Ende aufgestellt ist.

Die Heizkörper zur Lufterwärmung sind im dritten Teile dieses Werkes besprochen. Hier sei darauf hingewiesen, daß Rippenheizkörper vermieden werden sollen, weil sich zwischen den Rippen der Staub ablagert, der dann fast nicht mehr zu entfernen ist. Am zweckmäßigsten erscheinen Radiatorenheizkörper mit geringem Luftwiderstand bei Lüftung mit natürlichem Auftrieb bzw. — bei Gebläselüftung — glatte Röhren, die durch Dampf oder Warmwasser geheizt und von der Luft umspült werden, das sog. Sturtevant-System; oder auch Röhrenkessel, deren Rohre von der Luft längs durchzogen, außen aber von Dampf oder warmem Wasser umgeben sind. Dabei ist die Wärmeabgabe desto größer, je höher die Luftgeschwindigkeit gewählt wird. Natürlich gibt es hier eine wirtschaftliche Grenze, da der Widerstand mit dem Quadrate der Luftgeschwindigkeit wächst. Die Amerikaner wählen im allgemeinen Luftgeschwindigkeiten von 6—9 m/sek, bezogen auf den zwischen den Röhren frei bleibenden Querschnitt. Näheres hierüber findet sich im dritten Teile dieses Werkes. Infolge der erhöhten Luftgeschwindigkeit wird also die Wärmeabgabefähigkeit der Heizfläche gesteigert.

Eine Anordnung von Heizflächen einer Luftvorwärmung der ersteren Art zeigt Fig. 82. Die Heizkörper sind über den Luftzuführungsöffnungen immer zu zweien dachförmig gegeneinander gestellt, so daß die von unten her zuströmende Luft zwischen den schrägliegenden Heizkörpergliedern hindurch muß und sich dabei erwärmt; dabei ist vorausgesetzt, daß die an den Endseiten übrigbleibenden Dreiecksöffnungen durch Blechwände abgeschlossen werden können, damit die Möglichkeit gegeben ist, den Durchtritt von nicht vorgewärmter Luft zu verhindern bzw. zu regeln. Die Endverschlüsse sind, wie in Fig. 82 erkennbar, durch Handbügel verstellbar eingerichtet. Die Anordnung in dieser Weise zu treffen, ist aus dem Grunde vorteilhaft, weil von einer derartigen Vorwärmekammer gewöhnlich Warmluftkanäle nach den verschiedensten Gebäuderichtungen

Fig. 82.
Große Luftraumkammer des städt. Volksbades Nürnberg mit dachförmig aufgestellten Heizkörpern und verschließbaren Endflächen der letzteren.

hin abzweigen, so daß es nicht immer möglich ist, in allen diesen Kanälen die gleiche Zulufttemperatur zu erzielen; ja oft ist es sogar wünschenswert, die Zulufttemperaturen der einzelnen Räume verschieden hoch zu halten: bei Verstellung der Neigung der erwähnten Abschlußbleche ist es in beiden Fällen bequem möglich, durch Beimischung von unerwärmter Zuluft nach beliebigen Gebäuderichtungen hin die Zulufttemperaturen gleich oder auch verschieden hoch zu halten. Auf der linken Hälfte der

Fig. 82 ist ferner noch eine große Tellerklappe angebracht, die als Umgehungsklappe dient, um entweder die Luft auch unerwärmt zur Lüftung benützen oder auch kalte Luft nach Belieben zumischen zu können. Die Betätigung dieser Umgehungsklappe ist durch ein Drahtseil von einer Schalttafel aus mittels Handrades durchführbar. Aus der Abbildung ist auch zu erkennen, daß diese Heizkammer geräumig, aufrecht begehbar und elektrisch beleuchtet ist, so daß alle Bedingungen für die Möglichkeit einer Säuberung und unbedingten Reinhaltung dieser »Lunge« eines Gebäudes gegeben sind.

Werden, wie neuerdings auch bei uns mit Erfolg versucht wurde, die in das Gebäude abzweigenden Luftleitungen aus Eisenblechen hergestellt, so wird ein erheblicher Teil der Wärme nach außen abgeleitet, der nach den Grundsätzen der Wärmeüberleitung (siehe dritter Teil) zu berechnen ist. Um jedoch den Wärmeverlust zu ersparen, findet die Ausführung oft in der Weise statt, daß die Nachwärmung nicht zentral, sondern verzweigt, d. h. am Fuße eines jeden nach den Räumen aufsteigenden Kanales, erfolgt. Ja, unter Umständen wird die nur etwas vorgewärmte Luft bis in die Räume geleitet, wo sie sich an den vor der Ausströmung aufgestellten Heizkörpern erwärmt. Dabei ist in der Berechnung zu berücksichtigen, daß natürlich bei der Erwärmung im Keller ein größerer Auftrieb wirksam ist. Je tiefer also die letztmalige Erwärmung der Luft gelegt wird, desto wirtschaftlicher arbeitet die Anlage, wenn der Wärmeverlust der Kanäle durch schlechtleitende Umhüllung aufgehoben wird.

In der warmen Jahreszeit werden die eingebauten Heizflächen des öfteren als Kühlkörper in der Weise benutzt, daß man durch sie Leitungswasser hindurchfließen läßt.

Dient die den Räumen zuzuführende Luft keinem anderen Zwecke als der Lüftung, so ist sie auf etwa Raumtemperatur vorzuwärmen; soll sie dazu dienen, Wärme zu übertragen, so muß sie über die Raumtemperatur hinaus erwärmt werden. ein Fall, der bei der Luftheizung zur Sprache kommen wird; soll jedoch durch den Luftwechsel L cbm/Std. dem Raume die Wärmemenge W WE/Std. gemäß Gl. (9) entzogen werden, so muß, wenn t_m die mittlere Raumtemperatur bedeutet, die Zulufttemperatur t' aus der früher abgeleiteten Gl. (10) berechnet werden:

$$L = \frac{W\left(1 + \frac{t_m}{273}\right)}{0{,}306\,(t_m - t')},$$

woraus sich durch Umrechnung die Einströmungstemperatur ergibt zu:

$$t' = t_m - \frac{W\left(1 + \frac{t_m}{273}\right)}{0{,}306 \cdot L} \quad . \quad . \quad . \quad (58)$$

Da jedoch Zugerscheinungen unter allen Umständen vermieden werden müssen, so darf t' höchstens etwa 3° C unter der Raumtemperatur liegen. (Das Weitere hierüber wird in Abschnitt 14 noch näher besprochen werden.) Dabei ist noch die Abkühlung, die in den Luftzuleitungen auftritt, zu berücksichtigen.

Für die Größenbestimmung der Heizfläche, die im dritten Teile gegeben wird, muß die niedrigste äußere Temperatur, bei welcher der Luftwechsel noch voll erzielt werden soll, angegeben werden, die in der Regel zu — 10° C anzunehmen ist. Würde man jedoch für diese Temperatur die Luftkanäle berechnen, so würden die letzteren zu klein ausfallen, da der wirksame Auftrieb für den größten Temperaturunterschied seinen Höchstwert erreicht. Die Kanäle müssen vielmehr für die höchste Außentemperatur berechnet werden, bei der noch vollgelüftet werden soll. Nach Rietschel sind die höchsten Außentemperaturen wie folgt anzunehmen:

$t_a = +25°$ C, sofern der Luftwechsel durch die Anlage sowohl im Winter als im Sommer erzielt werden soll, wie bei mehrstöckigen Krankenhäusern, Theatern, Versammlungssälen usw. Da hier kein Temperaturunterschied zur Erzeugung des nötigen Auftriebes vorhanden ist, so kommt dabei nur mechanische Lüftung in Frage;

$t_a = +10°$ C, sofern nur während des jährlichen Heizabschnittes die volle Lüftung verlangt wird, wie bei einstöckigen Krankenhäusern, Schulen, Gerichtsgebäuden, Gesellschafts-, Konzert-, Versammlungs-, Verhandlungs-, Kassenräumen usw. Auch hier ist für größere Anlagen nur mechanische Lüftung anzuwenden, für kleinere Anlagen genügt bereits Auftriebslüftung;

$t' = 0$ bis $+5^0$ C, sofern die volle Lüftung nur durchschnittlich im Winter erzielt zu werden braucht, wie in Wohnräumen, gering besetzten Geschäftsräumen usw. Hier genügt meistens die Lüftung mit natürlichem Auftrieb.

g) Die Aufstellung der Luftgebläse.

Die Luftgebläse können entweder vor oder nach der vollständigen Luftreinigung und Erwärmung eingebaut werden. Beide Arten haben ihre Vor- und Nachteile. Bei der Aufstellung am Anfange der Luftreinigung wird, falls den Antrieb ein unmittelbar gekuppelter Elektromotor besorgt, dieser durch den Luftstrom stets gekühlt; dafür ist er den in der Luft noch enthaltenen Unreinigkeiten voll ausgesetzt. Letzterer Umstand läßt sich durch Verkapselung oder durch Riemenverbindung zwischen Antrieb und Gebläse vermeiden, wobei die Triebmaschine in einem abgetrennten Nebenraum aufgestellt ist.

Bei der Frage, ob unmittelbare Kuppelung oder Riemenübertragung gewählt werden soll, ist zu beachten, daß bei Riemenübersetzung die schnellaufenden Normaltypen der Elektromotoren verwendet werden können, weshalb bei Betriebsunfällen leichter Ersatz zu schaffen ist. Dagegen bedarf der Riemenbetrieb stets eines größeren Raumes und größerer Wartung, er verursacht bei zu starker Nachspannung einseitigen Lagerdruck und Heißlaufen der Lager. Auch ein Durchgehen infolge Abfallens des Riemens ist bei Hauptstrommotoren nicht ausgeschlossen.

Während bei Riemenbetrieb durch entsprechende Übersetzung angemessen kleine Drehzahlen des Gebläses sich erzielen lassen und damit störendes Brummen des letzteren vermieden wird, verursacht unter Umständen gerade wieder das Schlagen des Riemens ein unvermeidliches Geräusch.

Der Schalldämpfung ist aus hygienischen Rücksichten bei der immer weiter sich einführenden Zuhilfenahme von Maschinen zum Betriebe der Heizungs- und Lüftungsanlagen erhöhte Aufmerksamkeit zu widmen. Wir unterscheiden zwei Arten der Schallfortpflanzung[1]), nämlich durch die Luft (Luft-

[1]) Hencky: Der gegenwärtige Stand unserer Kenntnis vom Schutz gegen Schall und Erschütterungen, Zeitschrift »Die Naturwissenschaften«, Jahrg. 1917, Heft 7, Verlag Jul. Springer, Berlin. (Hierin enthalten die Arbeiten von Berger und von Ottenstein.)

schall) und durch feste Körper (Bodenschall). Bei der hier zur Besprechung stehenden Anwendung von Gebläsen kommt eine Schallübertragung in die benutzten Räume oft durch eine Vereinigung von Luftschall und Bodenschall zustande. Einesteils dient die in den Zuluftkanälen aufsteigende Luft als unmittelbarer Schallträger, andernteils dienen die Wände, Decken und Fußböden als Mittel für die Fortleitung der Schallschwingungen, die letzten Endes von den Wandoberflächen an die Raumluft der Aufenthaltsräume übergehen und als Luftwellen unser Ohr treffen. Daher kommt es, daß man — nach Beobachtungen des Verfassers — beim Abschreiten eines Raumes nacheinander

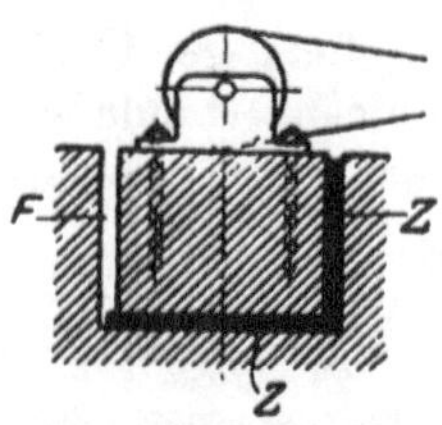

Fig. 83.
Schalldämpfung durch Luftschlitze und Zwischenlagen.

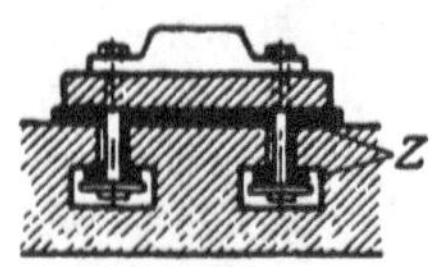

Fig. 84.
Befestigung von Motoren an Dachträgern.

von Stellen völliger Unhörbarkeit des Schalles laufender Maschinen an Stellen von deutlicher Schallwahrnehmung gelangt. Oft wird daher in ein und derselben Schulklasse das Brummen des Gebläses nur von bestimmten Schülergruppen gehört, von anderen dagegen nicht. Es empfiehlt sich daher, vertragliche Abmachungen[1]) über die zulässige Wahrnehmbarkeit der Geräusche zu treffen.

Zur Abfangung oder Dämpfung des Bodenschalles trenn man am besten den ganzen Maschinensatz mit seinem Funda ment durch Luftschichten oder Luftschlitze mit Einlagen aus gepreßten Korkplatten (Fig. 83), Eisenfilz, oder auch durch geschichtete Baustoffe, wie losen Sand, Korkmehl u. a. von den Grundmauern ab. Die Fig. 84 zeigt die Schalldämpfung bei der Befestigung der Elektromotoren an den Dachträgern oder Decken, wobei gepreßte Filzunterlagen die Maschinenschwingungen aufnehmen. Auch alle an die Lüftungsmaschinen anschließenden

[1]) Arnoldt: Nachprüfbare Vorschriften bezügl. d. zuläss. Geräusches v. Maschinen i. Wohngeb. Ges.-Ing. 1916, Nr. 10.

Luftleitungen müssen natürlich als Schallträger gegen die Gebäudeteile mit Korkplatten abgetrennt werden.

Die Übertragung der Schallwellen durch die geförderte Luft selbst wird naturgemäß am besten durch die Aufstellung des Gebläses am Anfange der Anlage, also vor der Lufterwärmung und vor den Filtern gemildert, weil sowohl die Filter als auch die Heizröhren außerordentlich schalldämpfend wirken.

Im übrigen sollten aus den gleichen Gründen die Luftgeschwindigkeiten sich innerhalb der auch schon aus wirtschaftlichen Gründen vorgeschriebenen Grenzen halten, um störendes Luftgeräusch auszuschließen.

Die Anordnung des Gebläses am Ende der Erwärmung der Luft hat dagegen den großen Vorzug, daß ungleichmäßig erwärmte Luftschichten durch die Flügeldrehung noch einmal energisch durcheinander gewirbelt werden. Letzteres ist besonders in den Fällen wichtig, in denen neben der Luftvorwärmung noch eine Umgehungsklappe vorgesehen ist, so daß zur Herstellung einer beliebigen Temperatur in den Zuluftkanälen eine Mischung von warmer und kalter Luft vorgenommen werden muß. Ferner arbeitet die Triebmaschine in dieser Anordnung in gereinigter Luft und ist somit weniger dem Verschmutzen ausgesetzt, und die reibenden Teile sind weniger dem Verschleiß unterworfen. Im übrigen sind die Geräusche, die sich wegen der kleineren Entfernung zu den Räumen fortpflanzen würden, durch die oben angedeuteten Maßnahmen zu vermeiden. Gegen das Brummen des Gebläsegehäuses, das als ein Mitschwingen der Blechwandungen zu erklären ist, läßt sich durch Beschwerung des Gehäuses oder durch die Ausführung des letzteren nicht in Blech, sondern in Eisenbeton, Rabitz oder Zement, oft mit Erfolg ankämpfen. Auch die Einschaltung eines dehnbaren Mittels, z. B. einer Lederverbindung, zwischen Gebläse und Hauptluftleitung, sofern letztere aus Blech besteht, ist zu empfehlen, um die Fortleitung der Geräusche zu verhindern. Schließlich ist das beste Mittel die möglichste Herabsetzung der Drehzahlen durch Wahl eines möglichst großen Raddurchmessers. Umdrehungszahlen von nicht mehr als 100 bis 200 in der Minute haben sich als die brauchbarsten erwiesen, wobei eine Umfangsgeschwindigkeit von 20 m/sek nicht überschritten werden sollte.

h) Die Ozonlüftung.

Auf der in durchgreifender Weise luftreinigenden Wirkung des Ozons, von der wir in § 3 bereits gesprochen haben, beruht die Anwendung von Ozonanlagen in der Lüftungstechnik. Die Brauchbarkeit derartiger Ozonapparate ist durch viele Anwendungen in den verschiedensten Aufenthaltsräumen bewiesen.

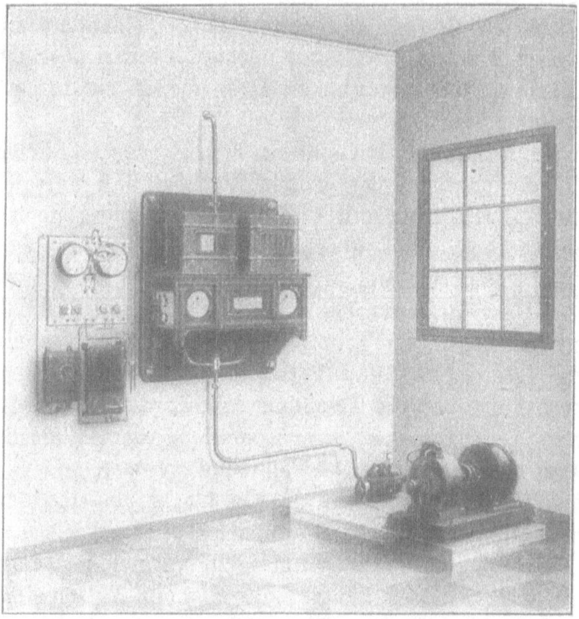

Fig. 85.
Ozoneinrichtung für eine zentrale Lüftungsanlage.

Solche Apparate werden an passender Stelle in den Luftzuführungsanlagen untergebracht, wobei die Luft das entwickelte Ozon aufnimmt und in die zu lüftenden Räume trägt. Eine Ozonentwickelung lediglich in geschlossenen Lufträumen ist wegen der Gefahr zu hoher Dosierung unstatthaft: es muß immer eine Frischluftzuführung damit verbunden sein.

Im Jahre 1857 stellte Werner v. Siemens das Ozon zum ersten Male auf elektrischem Wege dar. 1889 gelang es Siemens & Halske, aus Luftsauerstoff Ozon mit Hilfe der Siemensröhre durch hochgespannte Ströme und Glimmentladung herzustellen. Praktische Bedeutung erlangte die Ozonlüftung erst durch die Versuche von Lübbert[1]) in dem Zwischendeck eines Auswandererschiffes, und seit einem Jahrzehnt hat sich die Ozonlüftung immer mehr und mehr eingeführt — nicht in dem Sinne, daß sie die eigentliche Lüftung mit Frischluft überflüssig macht, sondern zur Unterstützung der letzteren für allerlei Arten von Aufenthalts- und Versammlungsräumen, Sitzungssälen, Theatern, Schiffszwischendecks, Untergrundbahnen, Badeanstalten, Kühlhallen, Darmschleimereien, Seziersäle. Für alle solche Räume hat die eigentliche Lüftungsanlage die Aufgabe, für eine gute Verteilung des Ozons zu sorgen und zu verhindern, daß sich Inseln bilden.

Was die Dosierung anbelangt, so gehen die Forderungen noch auseinander. Erlwein setzt voraus, daß der Ozongehalt einer Lüftungsanlage denjenigen, wie er im Freien aufzutreten pflegt, nämlich etwa 0,1 mg O_3 auf 1 cbm Luft, nicht überschreiten soll. Czaplewski empfiehlt: 1. für allgemeine Lüftungszwecke 1,1 mg = 0,05 ccm O_3 auf 1 cbm Luft, 2. für eine besonders der Nahrungsmittelerhaltung dienende gewerbliche Dauerlüftung höchstens 0,3 mg = 0,15 ccm O_3 auf 1 cbm Luft. v. Kupffer gibt an, daß die als zulässige, von der Technik aus Erfahrungen heraus festgesetzte Höchstgrenze unter 0,5 mg/cbm liege, jedoch kämen selbst in Schlachthöfen usw. selten über 0,3 mg/cbm liegende Beimengungen vor, wie denn überhaupt für reine Lüftungsanlagen für Menschenaufenthalt selten Mengen von über 0,09 mg O_3 auf 1 cbm Luft angewendet werden[2]). Solche geringen, kaum noch riechbaren Beimengungen wirken oft nicht sofort, sondern erst nach Tagen oder Wochen fortgesetzter Lüftung, wenn die Gerüche an den Raumoberflächen haften, wobei je nach Umständen entweder eine täglich kurze, 1 bis

[1]) Gesundh.-Ing. 1907, Nr. 49.

[2]) Unklar ist bei diesen Angaben allerdings, ob sie sich auf 1 cbm Raumluft oder auf 1 cbm stündliche Lüftungsmenge beziehen; doch scheint dem Sinne nach die Raumluft gemeint zu sein. Dabei ist zu beachten, daß es ein Meßverfahren zur Feststellung so geringer Ozonmengen zurzeit nicht gibt: wir sind allein auf den Geruchsinn angewiesen der überdies noch trügt, weil Ozon in feuchter Luft schwerer riechbar ist als in trockener.

3 Stunden dauernde oder aber auch anhaltende Betriebsweise anzuwenden ist.

Die Ausführung und Anwendung von Ozonisatoren der Firma Siemens & Halske hat zuerst Erlwein[1]) beschrieben: Handelt es sich um große Lüftungsanlagen mit mehreren Luftgebläsen, so wird das Ozon in konzentrierter Form an einer außerhalb der Anlage befindlichen Zentralstelle hergestellt. Die Ozonapparate haben dann Entladungselektroden entweder aus zwei Glaszylindern (Fig. 85) oder aus einem äußeren Glas- und einem inneren Aluminiumzylinder. Durch die Felder der stillen Entladungen der Elektroden wird eine geringe Luftmenge stark

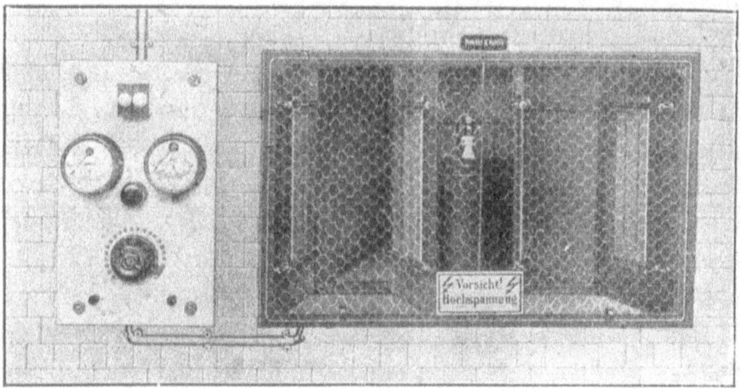

Fig. 86.
Lüftungsschacht mit eingebautem Ozonapparat

ozonisiert und mittels Gebläses dem eigentlichen Hauptluftschacht der Lüftungsanlage regelbar zugeführt. Diese Apparate werden mit Wechselstrom betrieben, der entweder aus dem Netz entnommen oder mittels Gleichstrom-Wechselstromumformers wie in Fig. 85 erzeugt wird. Der Kraftbedarf für den Betrieb der letzteren Anlage mit zwei Kastenelementen beträgt nur etwa 2 kW.

Auch zum unmittelbaren Einbau in Luftschächte kleinerer Lüftungsanlagen haben Siemens & Halske entsprechende Apparate gebaut, wie die Fig. 86 und 87 in der Ansicht und im Schnitt zeigen. Hier sind Plattenelektroden angewendet, die mit dem dazu gehörigen Hochspannungsumformer mittels eines Rahmens im Luftschachte selbst so untergebracht sind, daß

[1]) Erlwein: Luftreinigung durch Ozon, Gesundh.-Ing. 1908, Nr. 13; ferner: Journ. f. Gasbel. und Wasserversorg. 1903 Nr. 43 u. 44.

die Luftströmung zur günstigsten Ausnutzung gelangt. Auch andere Ozonelemente kommen noch zur Anwendung. Der Energieverbrauch ist gering und beträgt etwa 100—400 W für Luftmengen von 2000—8000 cbm/Std.

Auch für einzelne größere Räume, Krankensäle, Markt- und Schlachthallen usw. werden tragbare Ozonapparate, verbunden mit Gebläsebetrieb, gebaut, die einfach frei in diesen Räumen aufgestellt werden.

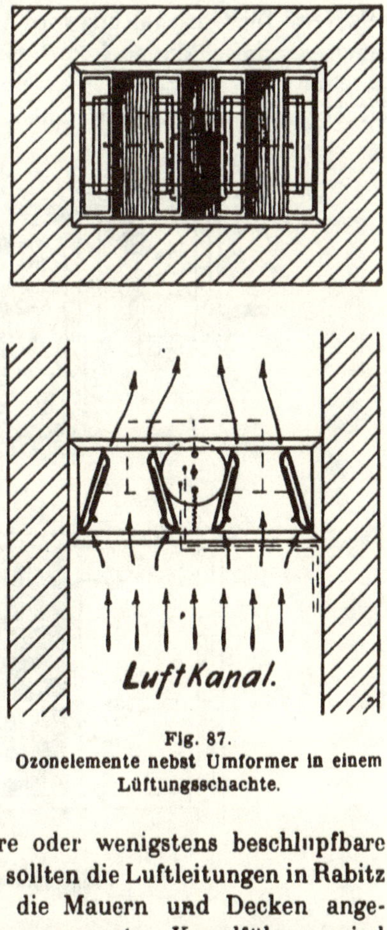

Fig. 87.
Ozonelemente nebst Umformer in einem Lüftungsschachte.

i) Die Kanalführung bis zu den Räumen.

Wie bereits angedeutet, werden die Luftwege in den Gebäuden in der weitaus größten Mehrzahl gemauert, wobei die, durch die natürlichen Bauverhältnisse des Gebäudes gegebenen Kellerräume und Gänge zu Luft- und Heizkammern, Luftkanälen usw. unter möglichster Anpassung an ihre ursprüngliche Gestalt benutzt werden. Daraus ergeben sich dann in den meisten Fällen große, begehbare oder wenigstens beschlupfbare Kanäle. Nur in Ausnahmefällen sollten die Luftleitungen in Rabitz oder ähnlicher Ausführung an die Mauern und Decken angehängt werden. Die Folge dieser gemauerten Kanalführung sind also geringe Luftgeschwindigkeiten, die in den Hauptluftkanälen 2 m/sek selten überschreiten. Beispielsweise sind in Fig. 88 drei Kellerfensterschächte als Luftentnahme ausgebildet. Daran schließt sich die geräumige Staubkammer mit den Filtern und weiterhin die Heizkammer mit den Heizkörpern an. Verbunden sind diese Luftkammern durch die oberen Luftöffnungen und durch die untere Umgehung, die im Sommer benutzt wird, wenn die Heizung abgestellt ist, um die Heizkörper vor dem Rosten zu bewahren und um den unnötigen Heizkammerwiderstand auszuschalten. Die Umschaltung wird durch eine Klappe bewerkstelligt. Auch als Mischklappe kann die letztere während des Heizabschnittes benutzt werden: wenn sie je nach Bedarf ein wenig geöffnet gehalten wird, so strömt kalte Luft zu und vermischt sich

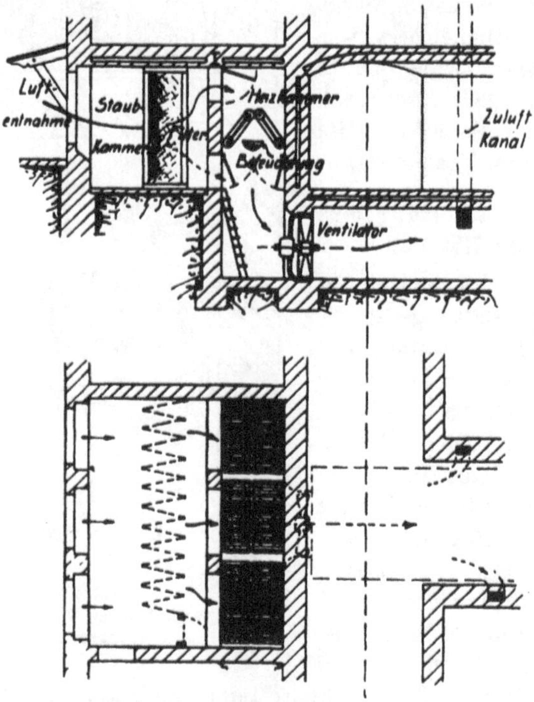

Fig. 88.
Zentralluftkammer

mit der von oben kommenden erwärmten, so daß auf solche Weise die Möglichkeit der Einstellung einer beliebigen Zulufttemperatur gegeben ist. Sämtliche Luftkammern sind durch dichtschließende, bequeme und begehbare Türen verschlossen. Nachdem die Luft noch aus der Befeuchtungspfanne die notwendige Wasseraufnahme erfahren hat, wird sie durch ein Gebläse in den Hauptluftkanal geblasen, der, ebenfalls gemauert, begehbar und zwischen den Fundamentmauern der Kellergänge oft durch das ganze Gebäude hindurchgeführt wird. Von diesem Hauptkanal, in dem meistens die Dampf- und Wasserleitungen der Heizung mit untergebracht werden, zweigen endlich die einzelnen kleinen Mauerkanäle, wie angedeutet, nach den darüber gelegenen Räumen hin ab. Infolge der zunehmenden Zahl der Abzweigkanäle könnte der Hauptluftkanal eigentlich allmählich im Querschnitte kleiner werden; jedoch wird meistens davon abgesehen und dieser Kanal in der gleichen Breite bis zu Ende geführt.

Die beschriebene Anordnung kann nach den gegebenen Umständen die allerverschiedenste Abänderung erfahren. Bei Lüftung mit Temperaturunterschieden würde es notwendig sein, daß die Heizröhren von unten nach oben durchströmt werden, daß überhaupt jegliche Abwärtsbewegung der warmen Luft in den Kanalzügen vermieden wird. Hier muß man sich also etwa mit an der Kellerdecke angehängten Rabitzkanälen behelfen, die mit gehöriger Steigung verlegt werden und gewöhnlich nicht länger als 10 m in wagrechter Richtung geführt werden dürfen, da der zur Verfügung stehende Auftrieb durch Temperaturunterschiede zu gering ist, als daß ein Umschlagen längerer Kanäle mit Sicherheit verhütet werden könnte. Aus diesem Umstande folgt dann ohne weiteres meistens die Notwendigkeit, mehrere Luftkammern anzulegen, von denen die einzelnen Kanäle gruppenweise zusammengefaßt nach den Bedarfsstellen hinführen. Bei der Temperaturlüftung bedarf es einer guten Berechnung der Kanalanlage nach den in der voraufgegangenen Theorie der Luftbewegung erörterten Gesetzen, da sonst zu leicht eine umgekehrte, nicht gewollte Bewegung der Luft, z. B. aus den Erdgeschoßräumen in die Räume der oberen Stockwerke hinein, erfolgen kann. Begünstigt wird ein solches Umschlagen bei zu langen, wagrecht geführten Kanälen, in denen dann unterwegs leicht eine Abkühlung der Luft eintritt. Eine umgekehrte Luftbewegung kann für die Bewohner des Hauses lebensgefährlich werden, wenn z. B. aus einem Krankenraume ansteckende Krankheitskeime in andere Räume übertragen werden. Aber selbst wenn eine Ansteckung nicht zu befürchten steht, ist es ekelerregend, die von anderen Personen bereits geatmete Luft noch einmal atmen zu müssen, während es ja gerade der

Zweck der Lüftungsanlage ist, für den Ersatz reiner Luft zu sorgen.

Deshalb geht man immer mehr von der einfachen Temperaturlüftung zur mechanischen Lüftung mittels Gebläse über. Dann ist ein Umschlagen der Kanäle mit Sicherheit ausgeschlossen, und die ganze Anlage ist auch von den äußeren, besonders den Windeinflüssen, unabhängig. Die mechanische Lüftung gestattet — soweit dies für jeden Einzelfall wünschenswert erscheint — eine Zusammenfassung der sonst notwendigen vielen kleinen Luftkammern in eine einzige Zentralluftkammer, von der nun Kanäle von beliebiger Länge mit Steigung und Gefälle abzweigen können. Hier wird dann meistens der oben erwähnte unterirdische Hauptluftkanal ausgeführt. Um bei langer Luftführung die eingetretene Abkühlung zu ersetzen, werden oft

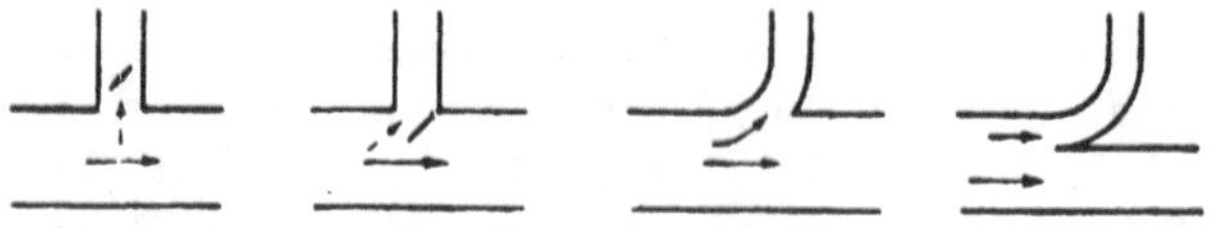

Fig. 89. Fig. 90. Fig. 91. Fig. 92.
Luftleitungen mit Abzweigen

am Fuße der nach oben abzweigenden Mauerkanäle Nachwärmenischen eingerichtet; jedoch kommen diese mehr bei der später zu besprechenden Luftheizung als hier bei der Lüftung in Frage. Die in einem weitverzweigten Kanalnetze zu erwartende Abkühlung der Luft ist nach den im zweiten Teil angegebenen Grundsätzen der Wärmeübertragung zu berechnen und bei der Bemessung der Heizfläche in Rücksicht zu ziehen.

Die einzelnen zu lüftenden Räume erhalten nun je einen oder mehrere Zuluftkanäle, die vom Hauptluftkanal abzweigen und in den Mauern nach oben geführt werden. Bei den Abzweigungen der Kanäle sollen scharfe Ecken wie in Fig. 89 vermieden werden. Da es trotz genauer Berechnung selten gelingen wird, daß jeder Zweigkanal genau die ihm zugeschriebene Luftmenge auch wirklich zugeführt erhält, so empfiehlt es sich, jeden Kanal mit einer Widerstandsklappe wie in Fig. 89 oder auch mit einer Schöpfklappe wie in Fig. 90 auszuführen, an deren Stellung, nach erfolgter Einregelung auf die notwendige Luftmenge, im Betriebe nichts mehr geändert wird. Vorzuziehen ist noch die

Abrundung der Abzweigungen nach Fig. 91 und 92, weil dabei die Widerstände erheblich geringer ausfallen.

Um uns ein ungefähres Gesamtbild zu machen, wie eine solche Lüftungsanlage in ihren bisher besprochenen Teilen etwa in Wirklichkeit aussieht, sei in Fig. 93 der Kellergrundriß einer ausgeführten Lüftungsanlage vorgeführt und gezeigt, wie sich die einzelnen Kammern, Kanäle usw. in den Bau einzugliedern haben. Wir erkennen die Frischluftkammern *F* mit den im Zickzack aufgebauten Filtern, dann die zylindrischen Vorwärmeapparate für die Zuluft, weiter die beiden von einem gemeinsamen Elektromotor in der Mitte angetriebenen Gebläse *V*, anschließend die Waschvorrichtungen *W* mit den Brausen *B*, endlich die Nachwärmeheizkörper *N* und dahinter noch eine Luftverteilungskammer. Von letzterer zweigen die einzelnen Warmluftkanäle *W* ab, die schließlich in senkrechte Mauerkanäle nach oben münden. Die Zuluftkanäle sind, damit sie sich gut dem Baugrundriß anschmiegen, im vorliegenden Fall aus verbleitem Eisenblech hergestellt.

Das Mauern und Fugen gemauerter Luftkanäle kann aus hygienischen Gründen gar nicht sauber genug erfolgen: die Kanalwände sollen innen vollkommen glatt sein, Ungleichheiten der Bausteine können außen durch den Verputz leicht beseitigt werden. Die Fugen sollen nicht vertieft wie Fig. 70a, sondern voll wie Fig. 70b ausgeführt werden, damit die Luftreibung auf ein Mindestmaß beschränkt wird. Aus dem letzteren Grunde sollen auch die aufsteigenden Mauerkanäle möglichst senkrecht hochgeführt werden; das »Schleifen« oder »Ziehen« der Kanäle soll, wo es überhaupt nötig ist, in großen Bögen erfolgen, wobei lieber der Kanalquerschnitt an der Übergangsstelle etwas reichlich gemauert werden möge.

Solche Stellen, wo die Kanäle geschleift worden sind, setzen sich leicht zu, weil beim Hochmauern Mörtel von oben hereinfällt, der auf den inneren Kanalschrägen liegen bleibt. Dies ist besonders dann hinderlich, wenn die Kanalwände im Innern unordentlich gefugt worden sind. Dann verstopfen sich die Kanäle bereits während des Rohbaues dermaßen, daß an ein Reinigen, besonders bei Kanälen mit geringen Querschnitten, kaum mehr zu denken ist. Es sollte deshalb in jedem Geschosse beim Mauern mindestens je eine Reinigungsöffnung mit schräg hineingelegtem

Abfang vorgesehen werden. Beim Verputzen wird dann der angesammelte Schmutz herausgeholt und die Reinigungsöffnung sauber zugesetzt. Freilich ist dieses Verfahren auch nur ein Notbehelf. Deshalb ist die Anwendung von Tonröhren mit innerer Glasur, wie sie bei den französischen Luftheizungen ausgeführt werden, angelegentlich zu empfehlen. Dadurch wird erstens der Luftwiderstand infolge verminderter Reibung der Luft an den Kanalwandungen sehr verringert, also an laufenden Betriebskosten bei der Lüftungsanlage gespart. Zweitens ist ein Verschmutzen oder Verstopfen solcher Röhren so gut wie ausgeschlossen; denn während des Baues kann von oben kein Mörtel in die Rohre hineinfallen, weil dieselben zunächst auf die letzte Mauerschicht hochgestellt werden, worauf dann das Nachmauern um die Rohre herum vorgenommen wird. Ist die Oberkante erreicht, so wird ein neues Rohrstück aufgesetzt usw. Wegen des Setzens des Mauerwerkes empfiehlt es sich, die Tonröhren nicht fest einzumauern, sondern eine Luftschicht von wenigen Millimetern um das Rohr herum frei zu lassen. Die einzelnen Rohrstöße müssen natürlich mit Zement gut gedichtet werden, um Störungen in der Luftführung zu vermeiden.

Einen Weg, der die Anforderungen der Hygiene und der Technik zugleich noch besser erfüllt, haben die Amerikaner zuerst eingeschlagen. Wir sahen bereits in den Fig. 79 und 81, daß die amerikanischen Lüftungsbaumeister bemüht sind, ihre technischen Einrichtungen möglichst unabhängig von der baulichen Ausführung der Gebäude zu machen, indem sie die Heizungs- und Lüftungsanlagen sozusagen als fertige Maschinen in den Bau einfügen. Dadurch hat man es in der Hand, die ganze Anlage so vollkommen wie möglich einzurichten, und ist nicht wie bei uns auf die Mitwirkung des Architekten und fremder Bauhandwerker angewiesen. Es ist nur notwendig, im Rohbau den nötigen Raum zu lassen. Beispielsweise stellen die dem Engineering Record entnommenen Fig. 94 und 95 einen Teil der Heizungs- und Lüftungsanlage des Verwaltungsgebäudes der American Bridge Company in Ambridge dar, das ein Erdgeschoß und drei Stockwerke besitzt. Fig. 94 zeigt einen Teil des rechten Flügels des Erdgeschosses und Fig. 95 gibt die Luftgebläseanlage mit Luftreinigung und Vorwärmung im einzelnen wieder. Das durch einen Elektromotor angetriebene Schleudergebläse drückt die ange-

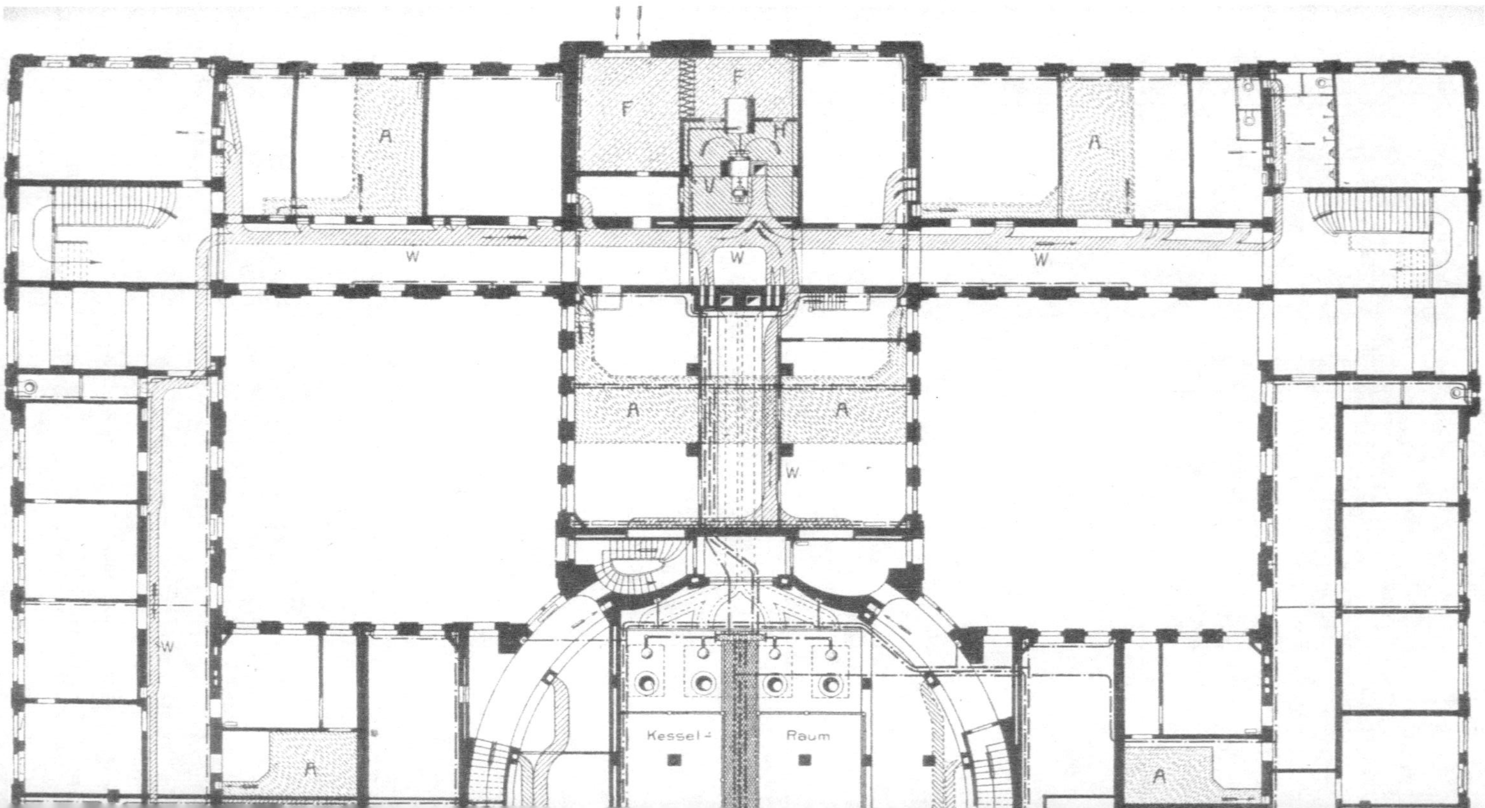
F
F
H
V
A
A
W
W
W
A
A
W
W
Kessel-
Raum
A
A

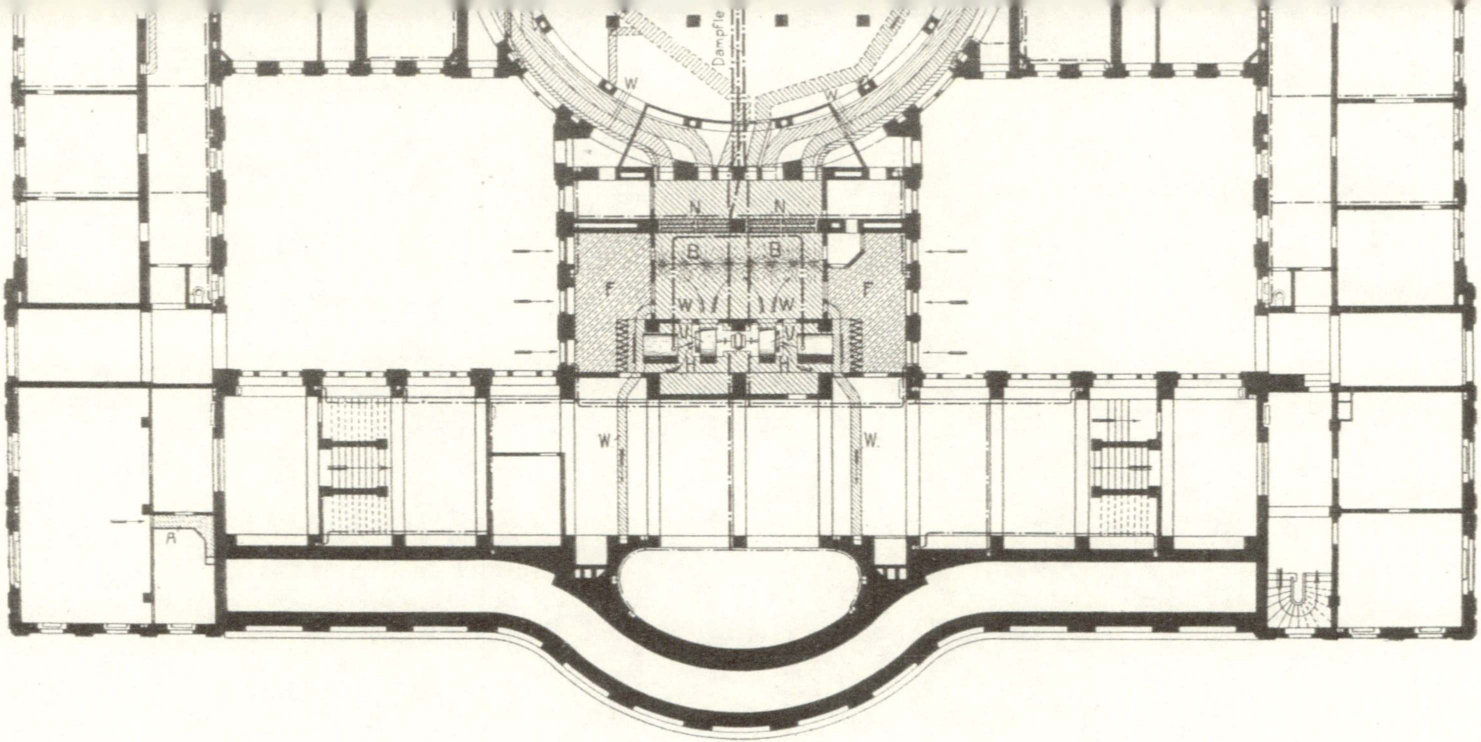

Fig. 93.
Kellergrundriß der Lüftungsanlage im Vorlesungsgebäude in Hamburg.
Ausgeführt von Rud. Otto **Meyer**, **Hamburg**, 1911

saugte Luft zunächst durch Vorwärmeschlangen, dann durch ein Messingdrahtnetz und Wasserbrausen, durch Lufttrockenbleche und schließlich durch die Nachwärmeröhren in die Hauptluftleitung. Das Äußere haben wir uns ähnlich vorzustellen wie in Fig. 81. Die ganze Anordnung ist in Blechverbindungen ausgeführt und in der Fabrik fertig zusammengepaßt. Die Arbeit auf dem Baue beschränkt sich also auf das Wiederaufstellen und Zusammenschrauben der einzelnen Teile. Die Luftkanäle, deren

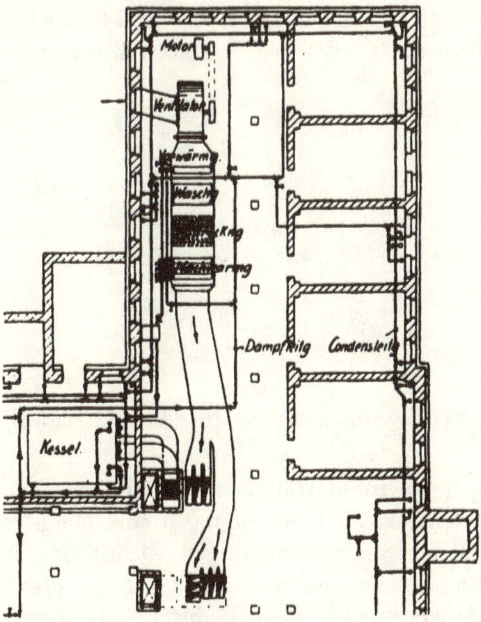

Fig. 94.
Amerikanische Lüftungsanlage eines Fabrikgebäudes.

Führung aus Fig. 94 hervorgeht, sind aus Blechen in sehr geschickter Weise zusammengesetzt. Bei uns werden Blechluftleitungen bis jetzt selten in Wohngebäuden, wohl aber für Fabriken und auf Schiffen verwendet. Über die praktische Herstellung solcher Blechkanäle berichtet uns Ohmes[1]) in einer Be-

1) Ohmes: Einiges über Stahl- oder Eisenblechkonstruktionen für Heizungs- und Ventilationsanlagen in den Vereinigten Staaten von Amerika. Gesundh.-Ing. 1906, Nr. 15.

schreibung, die aufmerksamer Durchsicht empfohlen sei. Bei guten Ausführungen wird das beste weiche, galvanisierte Stahlblech verwendet; dieses läßt sich, ohne brüchig oder rissig zu werden, leicht biegen und zusammenhämmern. Die Blechstärke beträgt $^5/_8$ mm, wenn die Seitenlänge des Kanalquerschnittes nicht großer als 250 mm ist, $^4/_5$ mm für Seitenlängen von 250 bis 1100 mm, 1 mm für Größen von 1100—2000 mm, darüber hinaus ebenfalls 1 mm mit guten Versteifungen aus 25 mm L-Eisen. Die Kanäle sind aus Schüssen von 2—3 m Länge zusammengesetzt. Die einzelnen Kanalschüsse werden fix und fertig in der Werkstatt hergestellt. Bei der gesamten Kanalführung werden

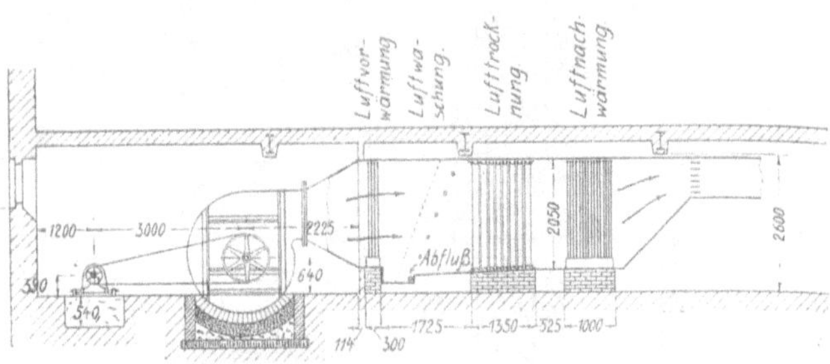

Fig. 95
Luftgebläseanlage in der »American Bridge Company«.

alle Nietungen als zu umständlich und undicht möglichst vermieden. In den folgenden Abbildungen sind einige wenige Beispiele der im übrigen mannigfaltigen Ausführung für die Anfertigung der Kanäle gegeben: Fig. 96 zeigt die Herstellung eines Kanalquerschnittes, wobei durch das eigenartige Zusammenbiegen nur eine einzige Längsnaht (für größere Kanäle allerdings deren mehrere) entsteht, die durch Zusammenhämmern vollkommen dicht gemacht wird. Die so vorbereiteten Schüsse werden an Ort und Stelle durch ebenfalls in der Werkstatt hergestellte stopfbüchsenartige Verbindungen, z. B. nach Fig. 97, zusammengesteckt. Dadurch ist gleichzeitig auf die Ausdehnung längerer Rohre durch Temperaturänderungen Rücksicht genommen. Fig. 98 gibt die Anfertigung eines Kanalabzweiges wieder, die ebenfalls in der Werkstatt vorgenommen wird. Fig. 99 zeigt den Bau eines Krümmers. Weitere Angaben über die verschiedenartigste Herstellung und Unterbringung der Blechkanäle enthält der angegebene Aufsatz von Ohmes. Die fertiggestellte Rohrleitung wird dann unter Zuhilfenahme von Drahtnetzen mit einer Wärmeschutzmasse bedeckt und letztere mit Segeltuch umspannt. Die Fig. 94 endlich gibt ein übersichtliches Bild von der bei amerikanischen Anlagen gebräuchlichen Führung der

Fig. 96.

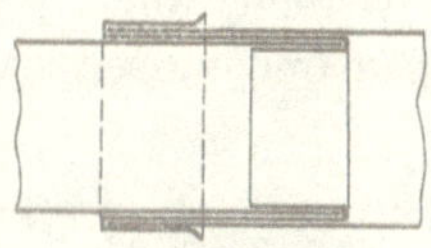

Fig. 97.

Herstellung von Luftkanälen aus Stahlblech.

Luftleitungen, die übrigens heute für Fabrikbauten auch bei uns bereits gang und gäbe geworden ist. Die Fig. 100 gibt als Beispiel[1]) die Ausführung einer Luftabsaugeleitung eines Motorprüfraumes der Maschinenfabrik Augsburg-Nürnberg. Bemerkenswert ist die peinliche Vermeidung von stumpfen Abzweigungen, zu deren Herstellung vielmehr möglichst spitze Winkel zur Erzielung

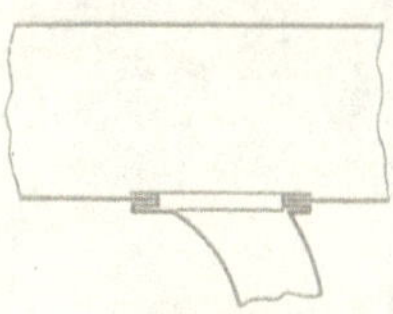

Fig. 98.

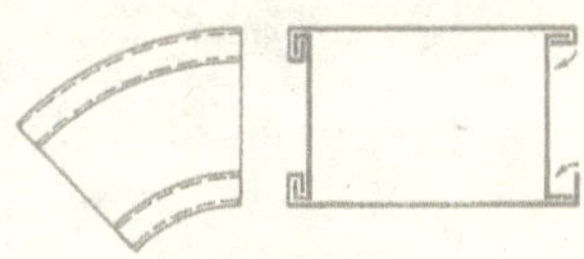

Fig. 99.

Herstellung von Luftkanälen aus Stahlblech.

tunlichst gleichgerichteter Zusammenführung der Luftströme angewendet werden.

Die Vorteile der Blechluftleitungen sind: geringe Luftreibung an den Kanalwandungen und geringe einmalige Widerstände, weil Abzweigungen in kleinen Winkeln und Richtungsänderungen in großen Bögen ausgeführt werden; daher ist die Anwendung großer Luftgeschwindigkeiten, also kleiner Kanalquerschnitte, und leichtere Unterbringung im Gebäude möglich; Blechleitungen sind vollkommen luftundurchlässig, weshalb eine Luftverderbnis durch Eindringen schädlicher Gase während des

[1]) Konrad Hartmann: Unfallverhütung und Betriebssicherheit, Gesundh.-Ing. 1911, Nr. 33.

Stillstandes der Lüftungsanlage ausgeschlossen erscheint. Die Verstaubung ist auf das erreichbare geringste Maß zurückgeführt; eine Verschmutzung schon beim Rohbau ist gänzlich ausgeschlossen; beim Hochmauern des Rohbaues kommt das leidige, zeitraubende und so oft doch ohne Erfolg ausgeführte Fugen der Luftkanäle in Fortfall; das ganze Mauerwerk kann in Rohbau hochgeführt werden, wobei nur die Hohlräume für die späteren Blechleitungen freizulassen sind.

Fig. 100
Luftleitung zur Entlüftung eines Fabrikraumes.

Bei unseren Heizungs- und Lüftungsanlagen wird oft ein unter Kellerfußboden angelegter Hauptluftkanal zur Unterbringung der Rohrleitungen für die Heizung mitbenutzt. Dieser Umstand verführt oft dazu, daß auch noch die Wasserleitungen, die elektrischen Kabel für die Licht- und Kraftleitung usw., ja in manchen Fällen die Gasleitungen (!) im Hauptluftkanale untergebracht werden. Auch in dem Umstande ist also ein großer Vorzug der Blechluftleitungen zu erblicken, daß diese naturgemäß von der eben erwähnten unangenehmen Mitbenutzung verschont bleiben. Die Verlegung der Rohrleitungen im Hauptluftkanal sollte schon aus hygienischen Gründen unterbleiben, da die verschiedenen Rohrumhüllungen, Anstriche und Dichtungsstoffe der Zuluft Gerüche mitteilen, die natürlich eine bedenkliche

Güteverminderung der Luft zur Folge haben. Auch durch die im Laufe der Jahre unvermeidlichen Instandsetzungsarbeiten an den Leitungen werden dann störende Geräusche in die Aufenthaltsräume übertragen. Beim Undichtwerden eines Dampfrohres kann durch die senkrechten Abzweigkanäle Dampf in die oberen Geschosse gelangen usw. Die Herstellungskosten der Blechluftleitungen dürften im Vergleiche mit sauber gemauerten und gefugten Kanälen mit Klinkerverblendung kaum teurer zu stehen kommen. Die Blechkanäle können endlich keine Änderungen im Feuchtigkeitsgehalte der Luft hervorbringen, wie dies bei der Aufnahmefähigkeit für Feuchtigkeit der Stein- und Rabitzkanäle stets der Fall sein wird.

Durch die Anwendung von Blechkanälen auf unseren Schiffen sowie durch eine große Reihe neuerer Lüftungsanlagen an Land, besonders in Fabriken, endlich durch die Entstaubungsleitungen in Werkstätten ist die gute Brauchbarkeit solcher Luftleitungen erwiesen.

14. Die Lüftungs-Einrichtungen innerhalb der Räume.

Bei der Lüftung eines von Menschen benutzten Raumes ist die eigentliche Schwierigkeit nicht so sehr die, dem Raume auch wirklich die geforderte stündliche Luftmenge zuzuführen, als vielmehr ist sie darin zu suchen, daß diese Luftmenge gut verteilt an allen Stellen des Raumes zur Wirkung kommt, ohne Zugerscheinungen hervorzurufen[1]).

Wir müssen uns also im folgenden zunächst Klarheit über die anzuwendende Bauart, ob Saug- oder Drucklüftung, zu verschaffen suchen. Alsdann wird es sich darum handeln, die in einem benutzten Raum auftretenden Luftströmungen kennen zu lernen, die durch äußere Verhältnisse, durch die anwesenden Personen und durch die Zuluft selbst entstehen. Schließlich werden wir dann unter Berücksichtigung der Eintrittsgeschwindigkeit und Lufttemperatur die Anlage der Lüftungsöffnungen in den Räumen zu betrachten haben.

---

[1]) Vgl. auch Hermann Fischer: Heizg., Lüftg. u. Beleuchtg. der Theater und sonstigen Versammlungssäle. Darmstadt 1894. — Rietschel: Leitfaden zum Ber. u. Entwerfen von Lüftgs.- u. Heizgs.-Anlagen. 1913.

a) Drucklüftung und Sauglüftung.

Soll ein Raum gelüftet werden, so muß natürlich stets frische Luft zu- und die gleiche Menge verbrauchter Luft abgeführt werden. Damit ist noch keineswegs behauptet, daß auch stets besondere Zu- und Abluftkanäle angelegt werden müßten; denn wir haben in § 7 bereits gesehen, daß ein Raum unter Umständen auch durch die Poren und Ritzen der Umfassungswände, durch Fenster und Türen einen natürlichen Luftwechsel erhalten kann. Dabei wird die neutrale Zone im allgemeinen in der Mitte zwischen Fußboden und Decke des Raumes sich einstellen. Infolgedessen kann auch die Luft aus einem Raume entweichen, dem durch Zuluftkanäle frische Luft zugeführt wird, der aber keine besonderen Abluftkanäle erhalten hat. In diesem Falle wird natürlich die Raumluft unter Erhöhung ihrer Spannung alle Poren und Ritzen der Umfassungswände suchen, um nach außen zu gelangen: man spricht in diesem Falle von Überdruck oder Pulsionslüftung. Dabei rückt, wie wir früher lernten, die neutrale Zone nach unten. Der entgegengesetzte Fall, Saug- oder Aspirationslüftung, liegt vor, wenn für die Luft wohl wirksame Abluftkanäle, aber entweder keine besonderen Zuluftkanäle oder Zuluftkanäle mit großen Luftwiderständen vorhanden sind: dann strömt während des Ganges der Anlage die Außenluft durch alle Poren und Ritzen in den unter Unterdruck stehenden Raum nach, wobei die neutrale Zone nach oben rückt.

Leider ist die Durchlässigkeit der Umfassungswände so sehr von allen möglichen wechselnden Verhältnissen abhängig, daß der dabei auftretende Widerstand auch nicht annähernd als bekannt in die Rechnung eingeführt werden kann. Man nimmt deshalb praktisch bei der Berechnung an, daß der beim Einströmen der Zuluft in den Raum entstehende Druck der Luft vollkommen durch die Undichtigkeiten der Umfassungswände wieder verloren geht, so daß also die Geschwindigkeitshöhe beim Überströmen der Luft in den Raum in Ansatz gebracht werden muß. Der im Raume selbst zu erzeugende Überdruck D muß alsdann besonders in die Rechnung eingeführt werden, woraus sich weiter der Querschnitt des Abflußkanales ergibt. Dieser wird bei gehörigem Überdrucke gewöhnlich sehr klein; dabei kann jedoch der Fall eintreten, daß die Umfassungswände dermaßen undicht sind, daß es trotzdem unmöglich ist, den verlangten

Überdruck D zu halten: deshalb müssen in die Abluftkanäle Drosselklappen eingebaut werden, die unter Umständen eine erhebliche Drosselung der Luftabfuhr zu bewirken haben, so daß der Druck D durch Stellung der erwähnten Klappen nach Belieben eingeregelt werden kann. Oft wird es sogar vorkommen, daß die natürlichen Undichtigkeiten des Gebäudes so bedeutend sind, daß der berechnete Luftwechsel selbst bei geschlossenen Abluftkanälen schon voll erzielt wird. Die letzteren brauchen alsdann, solange es sich darum handelt, Überdruck im Raume zu halten, gar nicht benutzt zu werden.

Gerade das Umgekehrte von dem, was eben gesagt wurde, tritt natürlich bei Saugelüftung ein.

Bezüglich der Wahl der Bauart[1]), ob Überdruck- oder Unterdrucklüftung anzuwenden ist, ist folgendes zu sagen. Da infolge von Druckunterschieden zwischen dem Innern eines Raumes und der Außenluft ein Luftaustausch durch die Baustoffe hindurch stattfindet, so werden im Winter kalte Luftströme durch die Poren und Ritzen der Außenwände in den geheizten Raum hineinziehen, solange die Druckkräfte von außen nach innen gerichtet sind, d. h., wenn die neutrale Zone sich in höherer Lage im Raume befindet, unterhalb derselben. Diese kalten Luftströme verursachen Zugluft, und zwar um so empfindlicher, je höher der betreffende Raum ist und je höher die neutrale Zone liegt. Bei längerem Sitzen an der Fensterwand eines solchen Raumes führt diese einseitige Wärmeentziehung des Körpers leicht zu Erkältungen. Hauptsächlich in Schulen, besonders wenn sie noch starkem Windanfall ausgesetzt sind, haben die an der Fensterwand sitzenden Kinder unter diesem Übelstande zu leiden. Die Wirkung der Zugluft verspüren wir besonders unangenehm auch in manchen Theatern, wenn beim jedesmaligen Öffnen der unteren Türen des Zuschauerraumes kalte Luftwellen sich in das Innere ergießen, ebenso in Kirchen, hohen Festsälen und so fort.

In allen diesen Fällen muß das Streben des Lüftungsfachmannes darauf gerichtet sein, durch Tieflegung der neutralen

---

[1]) Schiele: Die Lüftung der Säle, Vortrag auf dem Kongreß für Heizung u. Lüftung 1909 in Frankf. a. M., Gesundh.-Ing. 1909, Nr. 29.
Hottinger: Lüftung und Kuhlung von Sälen, Schweiz. Bauzeitung vom 10. Dez. 1910, mit Fortsetzung.

Zone, möglichst in die Nähe des Fußbodens, Überdruck im Raume zu schaffen, so daß die Luft gezwungen ist, ihren Weg von innen nach außen zu nehmen. Diese Forderung ist bei hohen Räumen oft keineswegs leicht zu erfüllen. Wenn diese nicht baulicherseits besonders dicht hergestellt werden, so bedarf es unter Umständen einer ganz bedeutenden Maschinenarbeit und großer Luftmengen, um den erforderlichen Überdruck zu halten. Nach Versuchen von O. Krell sen. z. B. sollen 100000 cbm/Std. in den größten Theatern hinreichen, wenn das Gebäude entsprechend dicht ausgeführt ist. Weiteres ist bereits in § 6c gesagt worden. Gelingt es, die neutrale Zone durch eine Überdrucklüftung in tiefer Lage, womöglich unter dem Fußboden, zu halten, so können in solchen Theatern, Kirchen usw. die unteren Eingangstüren zeitweilig geöffnet werden, ohne daß Zugerscheinungen zu befürchten wären.

In Räumen jedoch, von denen Gerüche ausgehen, z. B. in Küchen, Aborten, Lagerräumen, muß das umgekehrte Prinzip Platz greifen, wenn sich diese Gerüche nicht in die Nebenräume verbreiten sollen. Hier muß dann durch eine Saugelüftung Unterdruck im Raume geschaffen werden, so daß die mit Gerüchen beladene Innenluft sich nicht in die Nebenräume zu ergießen vermag. Derselbe Fall liegt auch für diejenigen Krankenräume vor, die mit ansteckenden Kranken belegt sind. Zugerscheinungen sind alsdann durch möglichst dichte Herstellung der Umfassungswände und sorgfältige Berechnung und Anordnung der Zuluftkanäle auszuschließen. (Alle gewöhnlichen Krankenräume sind natürlich möglichst mit Überdrucklüftung zu versehen.) Ein weiteres Mittel zur Verhütung von Erkältungen bietet in diesem Falle die Aufstellung der Heizkörper längs der Außenwände, wodurch die hereinziehenden Luftströme vorgewärmt werden.

b) Die Luftströmungen in beheizten und gelüfteten Räumen.

Innerhalb unserer Aufenthaltsräume ist die Luft nie ganz in Ruhe; stets sind, wenn auch meistens unfühlbar, Luftbewegungen vorhanden, die durch Temperaturunterschiede oder unmittelbar durch Druckunterschiede hervorgerufen werden.

Die Heizkörper bewirken einen Auftrieb der sich an ihnen erwärmenden Raumluft, letztere steigt nach der Decke, gelangt zu Abkühlungsflächen, z. B. zu den Außenwänden, wird schwerer und sinkt nach dem Fußboden, um wieder zum Heizkörper zurückzuströmen. Auch durch Temperaturunterschiede zwischen der Zuluft und der Raumluft selbst werden Zuglufterscheinungen verursacht. Empfindlicher können diese Luftströme werden, wenn sehr große und hohe Abkühlungsflächen vorhanden sind, wie z. B. in Kirchen, in denen von der Kuppel kalte Luft mit um so größerer Geschwindigkeit auf die Köpfe der Gemeinde herabfällt, je kälter sie ist. Hier bilden sich leicht geschlossene Luftströme, die die warmen Luftschichten durchbrechen und an bestimmten Stellen des Raumes ganz unerträglichen Zug verursachen. Dasselbe ist in Theatern der Fall, wo das hohe Bühnenhaus ebenfalls ringsherum großer Abkühlung ausgesetzt ist. Ferner können viele dicht versammelte Personen zu erheblichen Luftströmungen Veranlassung geben, da sie alsdann ebenso wie ein großer Heizkörper wirken und einen erheblichen Auftrieb der Raumluft hervorrufen. Deshalb ist es beispielsweise ganz falsch, diesen Auftrieb noch dadurch zu verstärken, daß — wie dies unrichtigerweise oft geschieht — die Heizung in Form von Heizröhren unter den Bänken angeordnet wird.

Ferner sind Druckunterschiede zwischen benachbarten Lufträumen die Ursache von Luftströmungen. Beim Öffnen von Verbindungstüren wird die Luft stets von der Stelle höheren zur Stelle niederen Druckes strömen. Besonders deutlich bemerken wir diese Erscheinung, wenn in einem Theater[1]) nicht dafür gesorgt ist, daß vor und hinter dem Vorhange derselbe Luftdruck herrscht: dann treten beim Beginn eines jeden Aufzuges oft außerordentlich lebhafte, lästige Luftströmungen auf.

Endlich kann freie, strömende Luft infolge des Geschwindigkeitsdruckes zu Zugerscheinungen führen. Besonders bei falscher und unachtsamer Anlage der Zuluftmündungen tritt dieser Übelstand ein, während die Luftbewegung in der Nähe der Abluftgitter nicht wahrgenommen wird, da die Luft von allen Seiten gleichmäßig zuströmt und somit eine sehr kleine Geschwindigkeit besitzt. Ist die Geschwindigkeit der in den Raum eingeführten Zuluft zu groß angenommen, so kann sie

[1]) Pfutzner: Die Luftung der Theater. Ges.-Ing. 1906, Nr. 3.

um die Einmündungsstelle herum eine Saugewirkung auf die Raumluft ausüben. Dann wird die letztere mitgerissen, und es entstehen fühlbare Nebenluftumwälzungen im Raume.

Durch Vereinigung dieser verschiedenen Möglichkeiten entstehen innerhalb der Räume meistens ganz unberechenbare Luftströmungen. Zur Feststellung derselben ist man oft genötigt, Pulverdampf oder Zigarrenrauch zu verwenden[1]), dessen Bewegungen nun leicht beobachtet werden können.

c) Die Anlage der Zuluft- und Abluftmündungen.

Aus den letzten Erörterungen wird sich leicht der Schluß ziehen lassen, daß es in vielen Fällen, besonders wenn es sich um große Räume handelt, in denen sich viele Menschen versammeln, keineswegs leicht ist, die Zuluft derart in den zu lüftenden Raum einzuführen, daß einerseits der volle Luftwechsel mit Sicherheit erzielt wird, daß aber anderseits auch keinerlei unangenehme Zugluft auftreten kann. Wir Deutschen scheinen besonders empfindlich selbst gegen geringfügige Luftbewegungen innerhalb unserer Räume zu sein. Vielfach ist diese Empfindlichkeit wirklich unangebracht, oft spielt die Einbildung mit. In den meisten Fällen aber kann man sagen, daß wir durch unsere guten, neueren Lüftungs- und Heizungsanlagen mehr verwöhnt sind als andere Völker, die noch dazu, wie die Schweden, Engländer und vor allem die Nordamerikaner, ihren Körper durch Sportbetätigung und Leibesübungen aller Art abgehärtet haben.

Nichtsdestoweniger bleibt unsere Aufgabe bestehen, nämlich nach Möglichkeit »zugfrei« zu lüften. Dabei ist zunächst ein grundsätzlicher Unterschied zu machen, je nachdem Warmhaltung des zu lüftenden Raumes beabsichtigt ist, oder aber die Abführung von überschüssigen Wärmemengen durch die Lüftung in Frage kommt.

Im ersteren Falle wird die Luft mit gleicher Temperatur wie die des Raumes oder nur wenig höher erwärmt eingeführt. Hierbei stellen sich keine nennenswerten Schwierigkeiten in den Weg: Die Zuluft kann alsdann an allen Stellen in den Raum eingeleitet werden, wo ihre Strömung die anwesenden Personen nicht unmittelbar zu treffen vermag. Man führt also

[1]) Rietschel: Luftung und Heizung von Schulen. Verlag Jul. Springer, Berlin 1886.

die Zuluft über Kopfhöhe in den Raum ein und gibt ihr je nach der Raumtiefe eine solche Geschwindigkeit, daß sie sich in horizontaler Richtung gut auszubreiten imstande ist. Im allgemeinen ist es dabei wünschenswert, daß die kleinste zulässige Geschwindigkeit auch wirklich angewendet wird, daß also der Luftzuführungskanal allmählich entsprechend erweitert wird, um unnötige Verluste bei der Umsetzung der Geschwindigkeitshöhe in nutzbare Druckhöhe tunlichst zu vermeiden. Es sind also Eintrittsgeschwindigkeiten unter 0,5 m/sek anzuwenden; 1 m/sek ist schon als ein hoher Wert zu bezeichnen; bei 3 m/sek tritt bereits hörbares Luftgeräusch auf; und 4 m/sek bedeutet schon einen Druckverlust

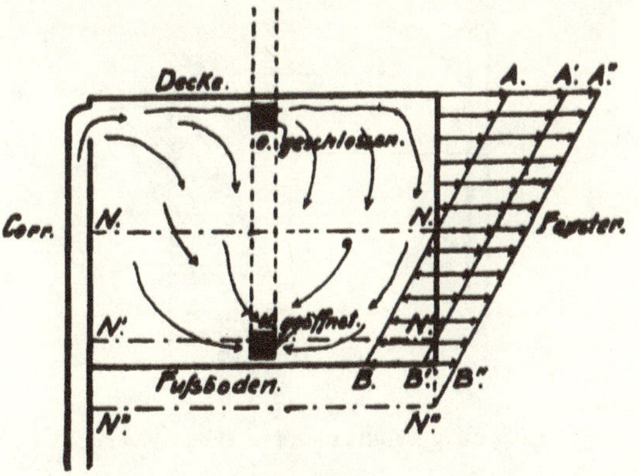

Fig. 101
Zuluft- und Abluftkanal in einem Raume.

von 1 mm WS! Die Luft breitet sich nach ihrem Eintritt horizontal aus und soll sich über den ganzen Raumgrundriß möglichst gut verteilen.

Die Erfüllung dieser Forderung hängt bei größeren Sälen von der Anzahl der Zuluftmündungen, weniger von ihrer Lage zu den Abluftöffnungen ab. Ist die eintretende Luft etwas wärmer als der Raum, so steigt sie zur Decke empor, kühlt sich auf Raumtemperatur ab und sinkt nach unten zu den Abluftgittern hin, die natürlich dicht am Fußboden angebracht sein müssen, da der Raum warmgehalten werden soll; andernfalls würden die warmen Luftschichten in größerer Höhe aus dem Raume abziehen, wobei der letztere unnötig Wärme verlieren würde, die auf dem Wege der Heizung wieder ersetzt werden müßte.

Am besten ist es, die warme Luft dicht unter der Decke einzuführen, falls diese keine störenden Vorsprünge hat; dann kann sich die Luft an der Decke, wie in Fig. 101 angedeutet, ausbreiten und, den ganzen Raum erfüllend, in dem Maße ihrer erfolgenden Abkühlung nach unten sinken.

Zu gewissen Zeiten, wenn eine Überwärmung des Raumes eintritt, wird natürlich immer das Bedürfnis bestehen, die überschüssige Wärme vorübergehend abzuführen. Deshalb sollte jeder Raum auch außer mit einer unteren noch mit einer **oberen** Abluftmündung versehen sein. Aus Zweckmäßigkeitsgründen führt man die untere und die obere Abluftöffnung in **denselben**

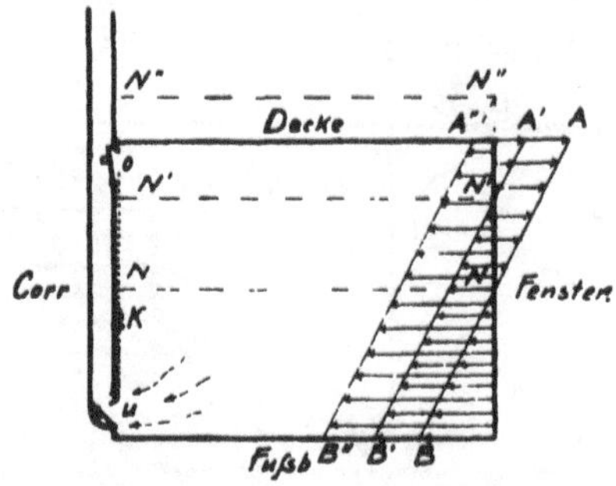

Fig. 102.
Anlage des Abluftkanales in einem Raume.

aufsteigenden Kanal, wie es Fig. 102 zeigt, und versieht die beiderseitigen Mündungen mit Klappen, die mit Hilfe einer in bequemer Höhe an der Wand angebrachten Stellvorrichtung geöffnet oder geschlossen gehalten werden. Man hat die untere Luftöffnung auch wohl kurz »Winterlüftung«, die obere dagegen »Sommerlüftung« genannt, um damit auszudrücken, daß die letztere zur Abführung von Wärme dient. Fig. 103 zeigt eine Ausführung einer Abluftklappe. Hier ist das Gitter auf dem Klappenrahmen mit Metallschrauben (Eisenschrauben verrosten!) befestigt, und die Klappe selbst ist in Metallbolzen drehbar und aus dem Rahmen herausnehmbar einzurichten. Die Fig. 104 veranschaulicht die Lüftungsklappe von **Riegelhof**, die zwecks Reinigung türartig zum Öffnen eingerichtet ist.

Die Gitter der Zuluft- und Abluftmündungen sollen möglichst weitmaschig sein, um der durchströmenden Luft den geringsten Widerstand entgegenzusetzen. Ein bequemes Mittel, die Wirkung irgendeines Kanales sichtbar zu machen, bietet der Ventilations-Kontrollflügel nach H. Recknagel. Er besteht aus einem dünnen, schmalen, schwingenden Blechstreifen, der vor der Luftmündung aufgehängt wird, und aus dessen Lage die Luftrichtung zu beurteilen ist. Mit Hilfe dieses Kontrollflügels kann man beobachten, wenn die Luftrichtung »umschlägt«.

Bei weitem schwieriger ist die Frage der zugfreien Lüftung für den Fall, daß es sich darum handelt, durch die Lüftung beträchtliche Wärmemengen aus Versammlungsräumen abzuleiten, in denen sich, besonders des Abends, viele Menschen aufhalten. Hier ist die Temperatur der Zuluft niedriger

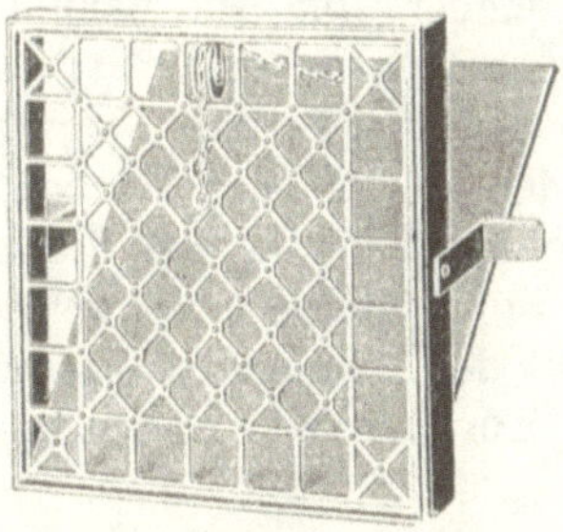

Fig 103.
Lüftungsgitter mit Klappe.

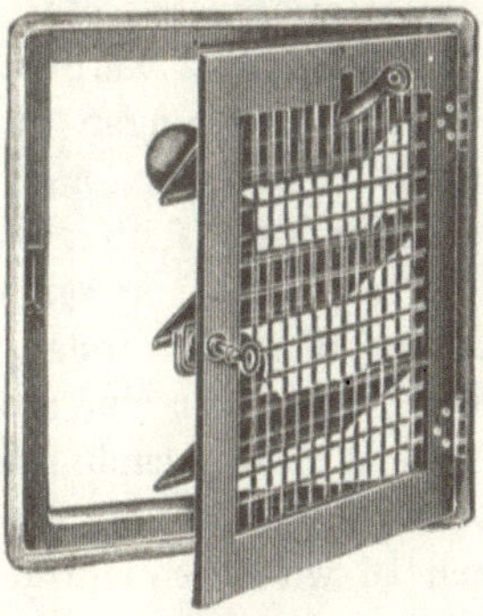

Fig. 104.
Türartige Lüftungsklappe von Riegelhof.

zu halten als die der Raumluft. Das einfachste wäre also, die kühle Luft unten eintreten zu lassen: sie würde sich erwärmen und die warmen Luftschichten gleichmäßig zur Decke heben, von wo sie mit Hilfe von Abluftkanälen weiter zu befördern wären. Jedoch ist eben die direkte Einführung der kühlen Luft am Fußboden wegen der leicht eintretenden Zugerscheinungen nicht ohne besondere Vorsichtsmaßregeln statthaft.

Will man trotzdem diese Aufwärtslüftung anwenden, so hat man dafür zu sorgen, daß erstens die Zuluft nur um höchstens etwa 2—3^0 kälter ist als die Raumluft, daß zweitens die Luftgeschwindigkeit sehr gering ist, d. h. nur wenige Zentimeter bis höchstens 0,3 m in der Sekunde beträgt, und daß drittens die Luft in möglichster Verteilung über den ganzen Raumgrundriß hereintritt. Die letzte Bedingung bietet die größten Hindernisse. In Zuschauerräumen hat man die Zuluft unter den Sitzen feinst verteilt eingeführt, oder man hat die Gegentritte der Balkons usw. zur Anbringung sehr zahlreicher kleiner Zuluftöffnungen benutzt. Dabei muß natürlich der Fußboden zur Aufnahme der Luftverteilung zum Teile hohl ausgeführt werden. Die Luft strömt nun senkrecht nach oben, bestreicht die einzelnen Personen und bewirkt bei gelungener Ausführung eine angenehme Entwärmung des Körpers. An der Decke tritt dann die Luft in die Abluftleitung ein. Eine ganze Reihe großer, bekannter Theater sind nach dieser Methode gelüftet worden[1]), die den Vorteil bietet, daß die Atmungsgase sofort aus dem Bereiche der Menschen nach oben abgeführt werden. Hierzu tritt jedoch der Nachteil, daß Staubaufwirbelungen unvermeidlich sind, die dann in die Atmungszone der Personen hineingelangen. Auch ist es unmöglich, sehr hohe Räume mit bedeutenden Abkühlungsflächen auf diese Art zu lüften, weil von den abkühlenden Flächen kalte Luftströme an den Wänden herunterfallen und den Fußboden überfluten, was durch eine andere Lüftungsart leichter vermieden werden kann. Die Gleichmäßigkeit der Temperaturverteilung in senkrechter Richtung läßt bei der Lüftung von unten nach oben oft auch zu wünschen übrig.

Eine zweite Lüftungsart für den Fall der Wärmeabführung aus den Räumen ist die entgegengesetzte Luftführung, nämlich die Abwärtslüftung. In Versammlungssälen ist diese die bei weitem am häufigsten angewendete Art. Man läßt die Luft, einige Grade kühler als die Raumluft, unter der Decke in den Saal eintreten, aber nicht in geschlossenem Strome, sondern so verteilt wie möglich. Die Luftströmung findet bei geschickter Anordnung in gleichmäßiger Verteilung nach unten statt. Für die Anbringung der Zuluftgitter müssen die vorhandenen Vorsprünge an der Decke, die Hohlkehlen usw. in der richtigen Weise ausgenutzt werden, so daß sich nirgends geschlossene kalte Luftströme bilden können. Die Umspülung der einzelnen Personen durch die Luftbewegung erfolgt bei der Abwärtslüftung natürlich nicht in dem ausgiebigen Maße wie bei den aufwärts

[1]) Pfutzner: Die Luftung der Theater, Gesundh.-Ing. 1906, Nr. 3.

gerichteten Luftströmungen; jedoch bietet die Abwärtslüftung in den meisten Fällen eine staubreinere Atmungsluft und den großen Vorteil, daß der Luftwechsel reichlicher gehalten werden darf, so daß doch die nötige Entwärmung der Menschen gesichert bleibt.

Für viele Fälle empfiehlt Rietschel die Lüftung von oben nach oben, vorausgesetzt, daß sich in höheren Luftschichten keine Menschen aufhalten, und daß die Luft erheblich kühler als die Raumtemperatur eingeführt wird. Die Zuluft sinkt dann nach unten, durchbricht die aufwärts gerichteten Luftströme, und es findet eine lebhafte Durcheinanderwirbelung der Luftmassen statt, die dann unter der Raumdecke in die Abluftgitter strömen.

15. Die Abluftanlage.

Die Abführung der Luft aus den Räumen ist unter Berücksichtigung einer guten Luftverteilung in diesen anzuordnen. Wir haben über die Anlage der Abluftöffnungen bereits in § 14 das Notwendigste mitgeteilt und wollen noch hinzufügen, daß Abluftkanäle nicht in den Außenwänden untergebracht werden dürfen, wenn es sich nur um Lüftung durch natürlichen Auftrieb handelt: die Luft würde zu stark abgekühlt werden, und die Wirkung der Anlage könnte unter Umständen ein Umschlagen der Kanäle, also verkehrte Luftströmung, sein.

In Bädern, Trockenanlagen und Küchen sind — soweit es sich nicht um Drucklüftung handelt — die Abluftöffnungen wegen Abführung des aufsteigenden leichten Wasserdampfes unter der Decke anzuordnen. In Laboratorien empfiehlt es sich, etwa entstehende Gerüche dadurch abzufangen, daß die Lüftungsleitungen bis an die Quelle der Verunreinigung hingeführt werden, ähnlich wie bei den Staubabsaugevorrichtungen in gewerblichen Betrieben. Auch in Klosetts ist die Ausführung dieses Grundsatzes durch unmittelbaren Anschluß der Luftleitung an die Sitze[1]) vorgeschlagen worden; doch hat sich diese Ausführungsart leider nicht groß eingebürgert.

---

[1]) Nußbaum: Leitfaden der Hygiene, Verlag R. Oldenbourg, Munchen 1902, S. 505—508.

a) Die Führung der Abluftkanäle.

Die Abluftkanäle werden innerhalb der Mauerwände in derselben Weise ausgeführt, wie dies bei der Zuluftanlage beschrieben wurde. Man kann nun die Kanäle entweder einzeln unmittelbar über Dach führen oder sie in den Dachraum münden lassen oder sie in einen gemeinschaftlichen Sammelkanal leiten.

Die getrennte Hochführung der Abluftkanäle[1]) über Dach ist in vielen Fällen notwendig, besonders in Krankenhäusern, wo eine Übertragung der Luft eines Raumes in einen anderen unter allen Umständen ausgeschlossen bleiben muß. Ferner führt man die Abluft von Aborten, Bedürfnisräumen, Küchen usw. je getrennt über Dach. Einen Nachteil bei der einzelnen Ausmündung der Luftkanäle auf dem Dach erblicken die Baukünstler zumeist in der Verunstaltung des Daches: mit Unrecht, weil sich die Größe und Bedeutung des Baukünstlers eben darin zeigt, daß er fähig ist, den hygienischen Anforderungen durch brauchbare Bauformen den künstlerischen Ausdruck zu geben. Auch die Dächer — und dazu gehören die Lüftungsaufsätze und Schornsteine ebenfalls — müssen uns durch ihre Bausprache von der Bestimmung des Gebäudes zu überzeugen vermögen!

Die Abluftkanäle gleichartiger Aufenthaltsräume kann man zweckmäßig einzeln innerhalb des Dachraumes ausmünden lassen. Dabei kann je nach Bedarf eine Einzel- oder auch Gruppenabdeckung der Kanalmündungen im Dach stattfinden, die durch Drahtseile von einer gemeinsamen Schalttafel aus regelbar sind. Durch einen auf den First aufgesetzten »Dachreiter« findet die Luft dann ihren Weg ins Freie. Der Hauptvorteil dieser Anordnung ist der, daß bei Temperaturlüftung die einzelnen Kanäle unter vollkommen gleichen Druckverhältnissen arbeiten können. Als Nachteil ist anzuführen, daß der Dachraum im Winter angewärmt ist, so daß bei Schneeschmelze und darauf folgendem Froste leicht eine Zerstörung der Dachverdeckung auftreten kann. Auch schlägt sich bei Unterschreitung des Taupunktes der Dachluft der Wasserdampf an dem Gebälke nieder und kann zum Faulen der Hölzer und Verrosten der Eisenbinder führen. In Berlin ist die Einmündung der Kanäle unter Dach wegen der damit verbundenen Feuersgefahr verboten.

---

[1]) Hartmann: Heizung und Lüftung, 2. Band der »Baukunde des Architekten«, 1905.

Endlich kann man die Kanäle in den Mauern getrennt nach dem Dache oder nach dem Keller führen und in einen gemeinschaftlichen Sammelkanal münden lassen. Diese Anordnung zeigen Fig. 22 und 40. Die Sammelkanäle bestehen

Fig. 105.
Abluftsammelkanäle im Dachgeschoß eines Schulhauses.

aus Rabitz oder aus verzinktem Eisenblech in der bereits besprochenen Ausführung. Die heute fast allgemein übliche Anordnung von Rabitzsammelkanälen im Dachgeschoß einer Schule veranschaulicht die Fig. 105. Die Sammlung der Luft im Keller ist für die Bedienung bequemer, weil in die einzelnen Kanäle leicht Thermometer eingeführt werden können, wonach dann die Regelung der Lüftung in den Räumen erfolgen kann. Dies gilt jedoch nur für den Fall, daß keine zentrale Regelung der Lüftungsanlage durchgeführt ist, wie sie im folgenden Abschnitt beschrieben werden soll.

Bei der Sammlung der Abluft im Keller und Hochführung in einem gemeinsamen Schacht über Dach ist zu berücksichtigen, daß infolge des längeren Luftweges und der Abwärtsleitung der warmen Luft, entgegen dem Auftriebe, eine größere wirksame Druckhöhe für die Luftbewegung zur Verfügung gestellt werden muß. Die Anlage wird deshalb in den meisten Fällen unwirtschaftlicher arbeiten als bei der anderen Ausführung, wo die Abluft unmittelbar nach oben geleitet wird. Zur Sicherung der Wirkung kann im Keller am Fuße des gemeinsamen Abluftschachtes entweder ein Lockfeuer oder ein Heizkörper oder auch eine mechanische Absaugevorrichtung angebracht werden. Eine Wirtschaftlichkeitsberechnung hat zu entscheiden, welche Ausführungsform in jedem einzelnen Falle zur Anwendung zu bringen ist. Im allgemeinen wird die unmittelbare Hochführung der Abluftkanäle die größeren Vorteile bieten, schon aus baulichen Gründen, weil dabei die unteren tragenden Mauern weniger durch die vielen Luftkanäle geschwächt werden.

b) Die Mündung der Abluft ins Freie.

In allen besprochenen Fällen wird schließlich die Luft durch Abluftschächte über Dach geführt. Bei vorheriger Sammlung der Abluft ist es zweckmäßig, in den Hauptschacht noch eine Drosselklappe einzubauen, teils um die gesamte Ablüftung ganz abstellen zu können, teils um eine Art zusammengefaßter Regelung der Druckverhältnisse durch Stellung dieser Klappe zu ermöglichen.

Die Ausmündungen über Dach müssen sodann gegen Regen durch eine Überdeckung geschützt sein. Dazu verwendet man bei großen Schächten sog. Dachreiter mit jalousieartig angebrachten Lammellen; im übrigen aber kommen vorteilhaft die Seite 129 besprochenen Lufthauben (Deflektoren) zur Verwendung, um das Eindringen des Regens zu verhindern.

VI. Abschnitt.

Überwachung und Regelung der Lüftungsanlagen.

Mit der Messung und Kontrolle der zugeführten Luftmenge haben wir uns eingehend bereits bei der Besprechung der Luftbewegung beschäftigt. Aufgabe des zur Bedienung der Heizungs- und Lüftungsanlagen angestellten Maschinenmeisters ist es nun, die geförderte Luftmenge so in die Räume einzuführen, daß deren zulässige Temperatur nicht über- oder unterschritten wird, und daß der etwa für die einzelnen Säle vorgesehene Luftdruck eingehalten wird. In ausgedehnten Gebäuden würde die für diesen Zweck zu leistende Arbeit eine außerordentlich mühsame und dabei unvollkommene und störende sein, wenn immer erst die betreffenden Räume durch die Bedienung betreten werden müßten, damit die Nachschau ausgeübt werden kann. Der Gewerbefleiß hat diesem Mangel durch den Bau von ungezählten Arten von Fernmeßgeräten und Fernstellvorrichtungen abgeholfen. Deren Anwendung bietet den nicht zu unterschätzenden Vorteil, daß es durch Unterbringung solcher Apparate in einem gemeinschaftlichen Raume nahe der Kesselanlage für den Maschinenmeister möglich ist, die Wirkung der jeweils vorgenommenen Regelung sofort verfolgen zu können, ohne den Bedienungsraum verlassen zu müssen.

16. Fernmeſs- und Fernstellgeräte.

a) Ferntemperaturmesser[1]).

Eine der einfachsten Fernübertragungen von Temperaturen ist schematisch in Fig. 106 gezeichnet. Das in dem zu beobachtenden Raume befindliche Quecksilberthermometer hat drei in das Glas eingeschmolzene Platinstromschlüsse, und zwar einen im Quecksilbergefäß sowie je einen für die Mindest- und Höchsttemperatur. Der Hauptstromkreis enthält im zentralen

[1]) Osk. Knoblauch und Hencky: Anleitung zu genauen technischen Temperaturmessungen mit Flüssigkeits- und elektrischen Thermometern. Verlag R. Oldenbourg, München 1919.

Regelungsraume für die Bedienung die Stromquelle (Batterie), eine Klingel und einen Schalter. Die Mindest- und Höchstklemmen des letzteren sind durch je einen Draht mit den bezüglichen Stromschlußstellen des Fernthermometers verbunden. Hat nun der Faden des letzteren den Mindestkontakt erreicht, so ertönt die Glocke beim Einrücken des Schalters auf »Mind.«; ist der Höchstkontakt erreicht, so ertönt sie auch bei der Schaltung auf »Höchst«. Ist die Temperatur im Raume noch unter der mindesten, so erfolgt bei der Einrückung kein Glockenzeichen. Diese Einrichtung läßt sich leicht für mehrere Fernthermometer vervielfältigen; dabei ergeben sich ebensoviele Drähte, wie Stromschlüsse vorhanden sind. Statt der Klingel kann eine

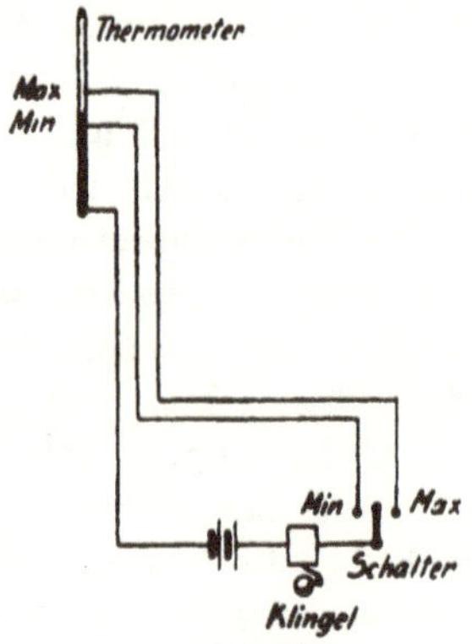

Fig. 106.
Quecksilber-Fernthermometer mit eingeschmolzenen Stromschlussen

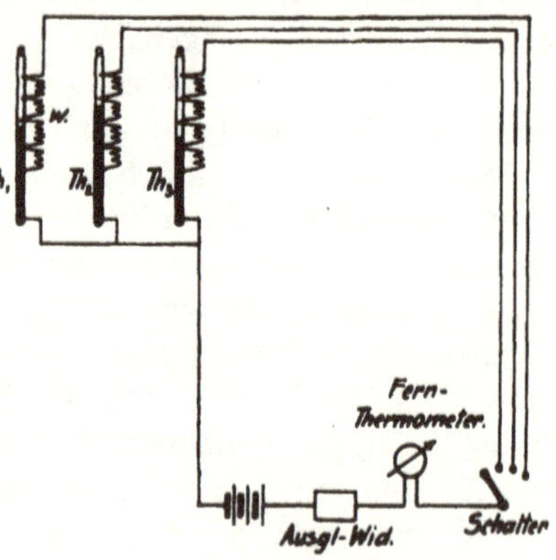

Fig. 107
Quecksilber-Fernthermometer mit eingeschmolzenen Widerständen.

Klappentafel eingerichtet werden, ähnlich wie bei der Vereinigung der Hausklingeln. Es fällt dann jedesmal diejenige Klappe vor, für welche die betreffende Temperatur erreicht ist. Diese Vorrichtung muß mit einer Auslösung ausgestattet sein, damit der Strom nicht eingeschaltet bleibt, weil sonst beim Zurückgehen des Quecksilberfadens und Abreißen desselben vom Kontakte Funkenbildung eintritt. Dadurch würde allmählich ein Oxydieren der Kontakte bedingt sein, so daß der Stromschluß nicht mehr stattfinden könnte.

Beim Höchst- und Niedrigstmeldethermometer nach Rietschel werden zwei Thermometer mit flachen Quecksilbergefäßen verwendet, die zwischen Bügeln mit Stellschrauben wenig zusammengedrückt werden können. Dadurch kann der Quecksilberfaden in der Thermometerröhre hoch oder niedrig eingestellt und somit können die Grenztemperaturen beliebig geändert werden, bei denen durch die Berührung der Stromschlüsse der Stromdurchfluß erfolgt. Diese Einrichtung wird von G. A. Schultze in Charlottenburg geliefert.

Von derselben Firma ist das in Fig. 107 dargestellte Quecksilber-Widerstandsfernthermometer gefertigt worden: Die Quecksilberthermometer Th_1, Th_2, Th_3 . . . befinden sich in den betreffenden Aufenthaltsräumen und enthalten beliebig viele eingeschmolzene Stromschlußstellen, die untereinander durch kleine Widerstände w verbunden sind. Die obersten Stromschlüsse führen einzeln zu einem Schalter im Bedienungsraum, während die Kontakte der Quecksilbergefäße mit nur einem Draht in Verbindung stehen, der über die Batterie und einen Ausgleichswiderstand zum Fernthermometer-Galvanometer führt. Je nach dem Vorrücken der Quecksilberfäden in den einzelnen Thermometern werden nun die kleinen Widerstände w nacheinander kurzgeschlossen und somit der Gesamtwiderstand im Hauptstromkreise nach Maßgabe der erreichten Temperatur geändert. Beim Einrücken des Schalters auf den Stromschluß des betreffenden Raumes wird also der Zeiger des versuchsmäßig als Fernthermometer geeichten Galvanometers sofort auf die bezügliche Temperatur springen, die im Raum erreicht ist. Die Anordnung hat den Vorteil, daß, außer dem Hauptzuleitungsdrahte, für jedes Thermometer nur je ein Draht zum Regelraume geführt zu werden braucht, trotz beliebig vieler Stromschlußstellen in den Thermometerröhren. Als Nachteil ist die mit der Zeit eintretende Oxydierung der eingeschmolzenen Drahtstellen anzuführen, da der Faden beim Zurückgehen von einer Schmelzstelle während des Stromschlusses Funkenbildung bewirkt. Im allgemeinen ist außerdem sämtlichen Quecksilberfernthermometern eine vielfach störend wirkende Trägheit[1]) nachzusagen, die besonders bei der Betriebskontrolle da schwer ins Gewicht fällt, wo eine größere Anzahl

[1]) Vgl. O. Krell d. Ä.: Empfindlichkeit der Thermometer. Zeitschrift f. Heizg., Lüftg. u. Beleuchtg. 1906, Nr. 4 und 6, Verlag Marhold, Halle a. S.

solcher Thermometer nachgesehen werden müssen, wobei durch den entstehenden Zeitverlust auch die Regelung sehr erschwert wird.

Diese Nachteile vermeidet das Metall-Widerstandsfernthermometer nach Koepsel[1]), das außerdem eine fortlaufende, also nicht sprunghafte, und sofortige Fernablesung der Temperaturen gestattet. In Fig. 108 ist das Metallthermometer abgebildet, das in dem Raume aufgehängt wird, dessen Temperatur ferngemeldet werden soll. Das damit verbundene Queck-

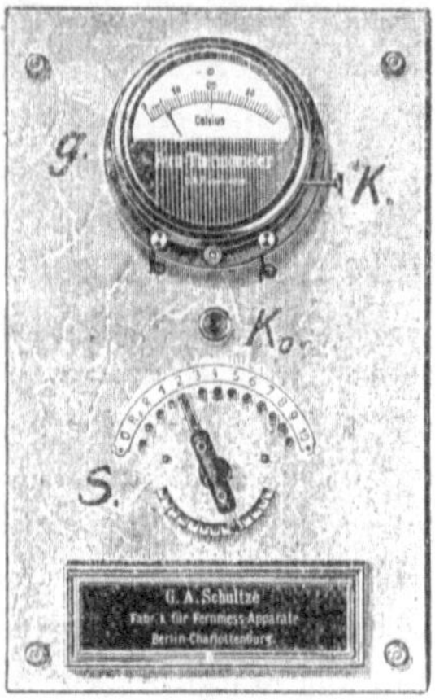

Fig. 108. Fig. 109.
Metallwiderstands-Fernthermometer nach Koepsel mit Schaltbrett

silberthermometer dient nur zur örtlichen Temperaturablesung für die Insassen des Raumes und hat mit dem Fernthermometer keinerlei innere Verbindung. Das eigentliche Metallthermometer besteht aus eng gewundenen Spiralen von dünnem Nickeldraht, die innerhalb des durchbrochenen Blechzylinders ausgespannt sind. Ein solches Metallthermometer ist sehr empfindlich; seine Empfindlichkeitszahl (vgl. Seite 50) beträgt um 8—10 Sekunden. Dieser mit der Temperatur veränderliche Thermometerwiderstand t ist nun in eine Ausgleichsschaltung nach Fig. 109 und 110 eingebaut. Mit ihm in Reihe geschaltet sind der unveränderliche Widerstand w und zwei Akkumulatoren E und E'; ein Strom-

[1]) Koepsel: Über neue Fernmeßapparate der Firma G. A. Schultze-Charlottenburg. Zeitschr. f. chem. Apparatenkunde 1907, Nr. 7, Verlag Mückenberger, Berlin.

zeiger g bildet die Brücke, wie gezeichnet. Ist $E = E'$ und $t = w$, so heben sich die entgegengesetzt gerichteten Ströme gegenseitig auf. Ändert sich jedoch die Temperatur im Raume, so wird dadurch der elektrische Widerstand t des Metalldrahtes geändert, und der Strommesser g gibt einen Ausschlag. Die Stromanzeigen werden versuchsmäßig auf Temperaturen geeicht, so daß am Ausschlage des Zeigers unmittelbar die Raumtemperaturen abgelesen werden. Eine etwaige Verschiedenheit der elektromotorischen Kräfte E und E' wird vorher durch einen Schleifknopf c ausgeglichen, der so lange verschoben wird, bis die Nadel des Stromanzeigers g (Fig. 109) auf R_0 zeigt. Auch für den Fall der Entladung der Stromquellen E und E' ist ein Schleifwiderstand vorgesehen, nach dessen Einschaltung die Nadel auf die Regelmarke R einspielen muß. Dieselben Bezeichnungen sind auf dem Schaltbrett in Fig. 109 enthalten, während 1, 2, 3 . . . die Temperaturen der einzelnen Räume bezeichnen. Die Ablesung erfolgt also für Fig. 109 folgendermaßen. Zuerst wird der Schalter S auf R_0 gerückt und der Knopf K_0 so lange gedreht, bis der Zeiger des Stromzeigers g ebenfalls auf R_0 zeigt; dann wird der Schalter S auf die Regelmarke R gestellt, der Knopf K gedreht und gleichfalls ein Einspielen des Zeigers auf R herbeigeführt. Alsdann kann jede beliebige Temperatur der Räume 1, 2, 3 . . . durch Einstellen des Schalters auf diese Zahlen bei g unmittelbar abgelesen werden. Da das Meßgerät ununterbrochene Temperaturangaben liefert, so können die Änderungen der einzelnen Temperaturen am Vorrücken des Zeigers bequem verfolgt werden.

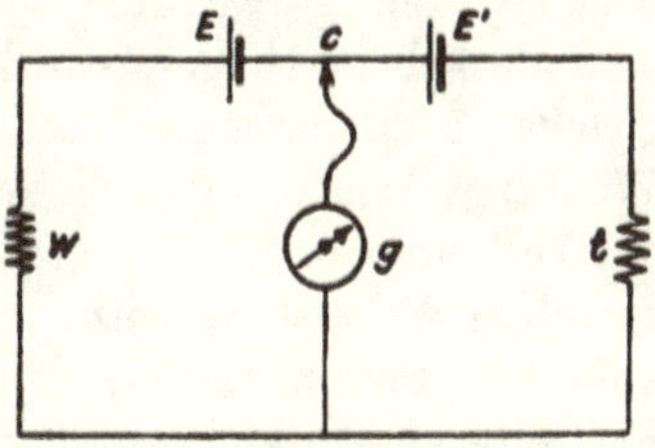

Fig. 110.
Differentialschaltung zum Koepselschen Widerstandsthermometer.

Wichtig ist bei der Herstellung von elektrischen Fernthermometeranlagen die Verwendung bester, gut umhüllter Kabel für Starkstrom; gewöhnliches Schwachstromkabel, Klingelleitungen oder ähnliche Leitungen sind wegen der Leichtigkeit von Kurzschlüssen völlig ungeeignet und führen mit Sicherheit zu großen Unannehmlichkeiten und schwer wieder gut zu machenden Betriebsstörungen.

Ein sehr empfehlenswertes elektrisches Widerstandsfernthermometer wird von Hartmann & Braun hergestellt, wobei die Wheatstonesche Brückenschaltung zur Anwendung gebracht ist. Siemens & Halske bauen ihr bekanntes Quarzglaswiderstandsthermometer mit eingeschmolzenem Platinwiderstandsdraht, der also in besonderem Maße gegen Veränderungen geschützt, allerdings auch mit seiner Hülle weniger empfindlich ist.

Nicht bewährt hat sich dagegen in der Praxis das Mönnichsche Fernthermometer, bei dem die Änderung der Induktionswirkung zur Verwendung gelangt, die zwei Drahtspulen mit veränderlichem Neigungswinkel ihrer Windungsebenen auf zwei gleiche Sekundärspulen ausüben. Bei gleicher Stellung der Windungsebenen verschwindet der induzierte Strom, was durch das Verstummen eines eingeschalteten, ans Ohr zu legenden Fernsprechers festgestellt wird. So sinnreich diese Bauart in physikalischer Beziehung ist, so umständlich ist das Abhören des Fernsprechers, wenn, wie meist im Beruf, eine ganze Reihe von Temperaturen nachgesehen werden soll.

b) Ferndruckmesser.

Bei der Fernmeldung von Luftdrucken in Lüftungsanlagen kommt es in der Hauptsache darauf an, in bestimmten Räumen einen gewissen Über- oder Unterdruck von höchstens einigen Millimetern Wassersäule durch den Lüftungsbetrieb aufrecht zu erhalten. Dabei handelt es sich um die auf Seite 80 und 81 dargelegten Verhältnisse, also im wesentlichen um die Kenntnis der Lage der neutralen Zone. Zur Fernmeldung gelangt stets die durch Fig. 19 wiedergegebene Anordnung in Anwendung, d. h. es wird der Druckunterschied zwischen innen und außen an einer bestimmten Stelle des Raumes durch zwei nebeneinander geführte Leitungen zum Regelraum übertragen. Um richtige Angaben zu erhalten, müssen diese Leitungen stets dicht nebeneinander liegen, am besten in gemeinsame Umhüllung gebettet sein, so daß sich Temperatureinflüsse aufheben. Bei langen Leitungen müssen größere Rohrdurchmesser, mindestens $^3/_8$ bis $½''$, angewendet werden, damit ein etwaiger innerer Wasserniederschlag keine Verstopfung infolge Tropfenbildung herbeiführen kann. Diese Leitungen werden dann mit den beiderseitigen Druckräumen eines Feindruckmessers verbunden. Als solches kann entweder ein Meßgerät mit geneigter Glasröhre verwendet werden (Fig. 18) oder aber ein Apparat mit Zeigerablesung auf runder Teilung.

Zu der letzteren Art gehört z. B. der Druckmesser von de Bruyn in Düsseldorf, Fig. 111, der sich auch zur Luftmengenmessung eignet (vgl. Seite 112), jedoch bisher hauptsächlich als Zugmesser bei Kesselanlagen verwendet worden ist. Ein Hohlschwimmer C trennt zwei Druckräume a und b durch eine Sperr-

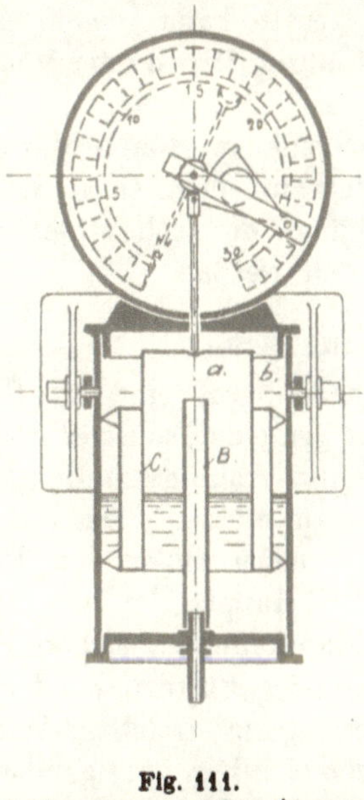

Fig. 111.
Luftmengen- und Druckmesser von de Bruyn.

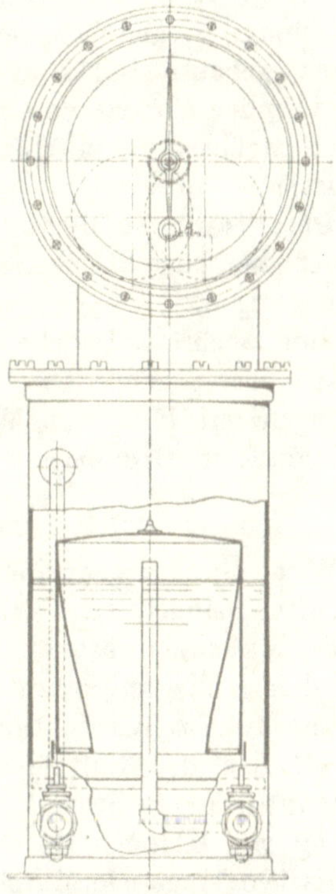

Fig. 112.
Luftdruckmesser nach Dietzius-Brabbée.

flüssigkeit (Glyzerin). Unter dem Schwimmer mündet das Rohr B in den Raum a, während der Raum b hinten angebohrt und mit dem zweiten Rohre verbunden ist; die beiden Rohre führen dann in der beschriebenen Weise zu den Meßstellen. Die Bewegung des Schwimmers wird durch einen Zahnbogen auf den Zeiger übertragen. Da also eine gewisse Luftmenge zur Hebung oder Senkung der Glocke durch die Leitung strömen muß, so empfiehlt es sich, lange Leitungen für diesen Fall noch weiter als eben angegeben zu machen, um die zu überwindende Reibungsarbeit auf ein Geringstmaß herabzudrücken. Obgleich dieses Gerät äußerst bequem für die Ablesung ist, so ist seine Empfindlichkeit für die kleinsten Drucke aus dem genannten Grunde doch nicht so groß wie bei dem Feindruckmesser mit der geneigten Glasteilung. Gegenüber dem Meßgerät nach Fig. 111 hat der ähnlich gebaute Luftmengenmesser von Dietzius-Brabbée (Fig. 112) den Vorzug, daß die Genauigkeit der Anzeige über den ganzen Meßbereich, in Hundertteilen ausgedrückt, unveränderlich ist[1]).

Die Betätigung dieser Art Meßgeräte kann sowohl durch Stauscheiben oder Staurohre als auch durch Düsen oder Venturirohre erfolgen.

Sind mehrere Drucke in verschiedenen Höhen desselben Raumes oder verschiedener Räume fernzumelden, so können die Leitungen mit Hilfe von Wechselhähnen dennoch abwechselnd mit demselben Druckmesser verbunden werden.

c) Fernstellvorrichtungen.

Wird durch irgendeinen Fernmeßapparat eine im Gange der Lüftung eingetretene Veränderung gemeldet, so ist es wichtig, daß der Maschinenwärter nun auch sofort Abhilfe schaffen kann, ohne den Bedienungsraum verlassen zu müssen. Dazu dienen ihm die Fernstellvorrichtungen, als welche außer den Regelwiderständen der Luftgebläse in der Hauptsache die Fernstellklappen[2]) in Frage kommen. Man kann eine sichere Fernstellung von Klappen durch Wasser- oder Luftdruck oder auf elektrischem Wege oder durch Seilübertragung erreichen. Wichtig ist dabei, daß zu jeder Fernstellung auch eine Fernanzeige über die in jedem Augenblick erreichte oder bewirkte tatsächliche Stellung der betreffenden Klappe eingebaut wird.

Die Einrichtungen mit Wasserdruck haben sich für stetige Klappenstellungen nicht bewährt, da die vielen in den Kolben-

---

[1]) Siehe Rietschel: Mitteilungen der Prüfungsanstalt fur Heizungs- und Lüftungseinrichtungen, Heft 1, Seite 16, Verlag R. Oldenbourg, München 1910.

[2]) Vetter: Erfahrungen und Neuerungen an Fernstellklappen, Gesundh.-Ing. 1901, Nr. 24, Verlag R. Oldenbourg, München.

und Stopfbüchsenführungen auftretenden Undichtigkeiten sowie die Ausdehnung der Flüssigkeit mit der Temperatur Unzuträglichkeiten ergaben und die genaue Einstellung der Klappen auf bestimmte Zwischenstellungen unmöglich machten.

Am verbreitetsten und sichersten ist die handmäßige Fernstellung der Klappen mit Hilfe von Drahtseilen, die aus Litzen gedreht und über Rollen geführt sind. Die Fig. 113 zeigt eine solche von Rietschel und Henneberg ausgeführte Klappenwinde, die durch Kurbel mit Hilfe eines Schneckenradtriebes betätigt wird. Die Seiltrommel mit dem Drahtseil ist im Bilde zu erkennen. Das Seil wird anschließend über eine entsprechende

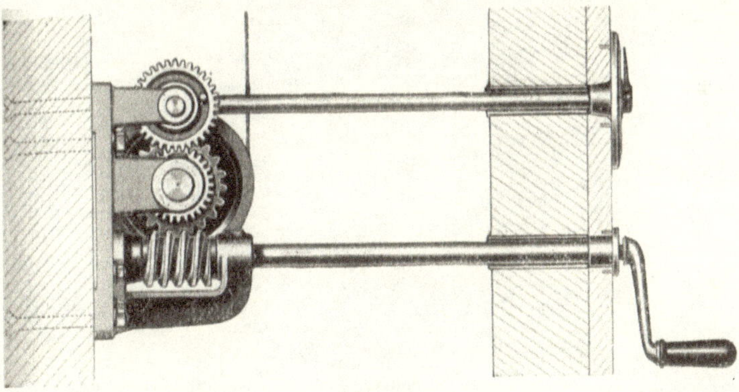

Fig. 113.
Klappenfernstellwinde.

Anzahl von Rollen bis zur Klappe geführt. Man nehme als Rollendurchmesser die 30—40fache Drahtseilstärke an, um ein Brüchigwerden des Seiles zu vermeiden. Ein durch Zahnradübersetzung betätigter Zeiger muß die erreichte Stellung der Klappe auf einer Teilung genau erkennen lassen. Das Klappengewicht selbst empfiehlt es sich, wo erforderlich, durch Gegengewicht am Ende des Seiles auszugleichen, damit der Hebel in jeder Lage ohne besondere Feststellung sicher stehen bleibt, und damit die Bewegung sanft erfolgt. Verfasser hat im Nürnberger Volksbad sämtliche Klappen als Gliederklappen (sog. Jalusieklappen) ausführen lassen, was den großen Vorteil hat, daß sie alle, selbst die größte von 3,40×2,17 m Querschnitt, für die volle Öffnung auf den gleichen Hub gebaut werden konnten[1]), so daß sämtliche Fernstellvorrichtungen in diesem Falle sehr bequem als Handräder ausgebildet werden konnten, die von »Auf« bis »Zu« nur einer Dreivierteldrehung bedürfen. Daher konnte hier auch der Zeiger unmittelbar auf der Handradachse befestigt werden. Ein Nachteil der Seilübertragung ist die Längung der Seile mit der Zeit und mit der Temperatur. Deshalb ist ein öfteres Nachstellen erforderlich, was zweckmäßig bei derselben Temperatur erfolgt, bei welcher der Betrieb stattfindet.

Die elektrische Klappenfernstellung schließt irgendwelche störenden Änderungen aus. Diese Bauart ist von G. A. Schultze

Fig. 114.
Fernanzeiger für Klappenfernstellung von Siemens & Halske

in Charlottenburg ausgebildet worden, wird aber auch von anderen Firmen, wie Siemens & Halske usw. ausgeführt. Ihre Einrichtung und ihr Betrieb ist natürlich teurer als der mechanische und nur da vorteilhaft, wo Starkstrom zur Verfügung steht. Der Fernanzeiger für die Klappenstellung (Fig. 114) wird dabei zweckmäßig derart ausgeführt, daß die Anzeige durch einen doppelarmigen Zeiger erfolgt, dessen Stellung schematisch die Klappenstellung im Luftkanal wiedergibt.

Neben der Fernklappenstellung von Hand führt sich in neuerer Zeit auch die selbsttätige Klappenregelung ein. Diese kann z. B. in Verbindung mit der Johnson-Temperatur-

[1]) Dietz: Die technischen Anlagen im Städtischen Volksbad Nürnberg, Verlag R. Oldenbourg, München 1918.

regelung (vgl. III. Teil dieses Buches) gebracht werden, deren Einrichtung von der Gesellschaft für selbsttätige Temperaturregelung in Berlin geliefert wird. Als bewegende Kraft dient dabei Druckluft von 1 Atm. Spannung, die durch einen mittels Leitungswassers betriebenen Verdichter erzeugt wird. Die Steuerung für das Öffnen oder Schließen einer solchen Klappe erfolgt durch den Temperaturregler, der je nach der Über- oder Unterschreitung der Temperatur an einer bestimmten Stelle

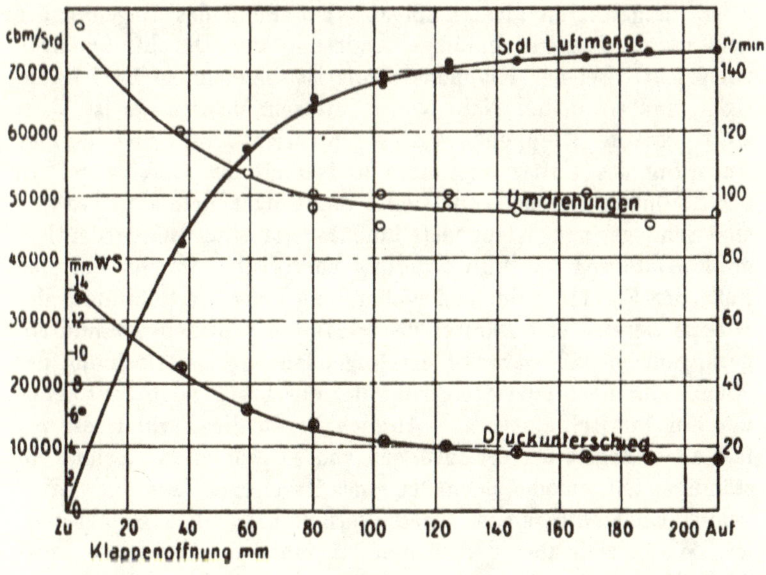

Fig. 115.

Abhängigkeit der durchfließenden Luftmengen von der Öffnungsweite einer Gliederklappe bei veränderlicher Umdrehungszahl des Gebläses.

(z. B. eines Saales) der Druckluft den Weg zur Wirkung auf Membranhebel freigibt oder versperrt. Für Zuluft sind aber derartige selbsttätige Klappen mit Vorsicht anzuwenden, da durch plötzliches Einströmen von Luft in den Raum Zugerscheinungen auftreten können; für die oberen Abluftkanäle ist jedoch die Einrichtung brauchbar. Die Verwendung der Druckluft in der beschriebenen Weise ist natürlich auch zur Klappenfernstellung von Hand geeignet und durch Einbauen von Umschalthähnen möglich, wenn nur vollständiges Öffnen und Schließen der Klappen, jedoch keine Zwischenstellung verlangt wird.

Wie unentbehrlich gerade die Fernanzeigevorrichtungen der Klappenstellungen für den Betrieb von Lüftungsanlagen sind, das haben die vom Verfasser im Städtischen Volksbad Nürnberg durchgeführten Versuche bewiesen. Eine der aus diesen Versuchen abgeleiteten zeichnerischen Darstellungen ist in Fig. 115 wiedergegeben. Sie bestätigt die alltägliche Erfahrung, daß bei der dem jeweiligen Bedarf anzupassenden Regelung der Luftmengen einer fortgesetzten gleichmäßigen Verstellung des Regelorganes keineswegs eine gleichmäßige Änderung der Durchflußmengen entspricht. Bei der Klappenstellung ist vielmehr zu berücksichtigen, daß sie in der Nähe von »Auf« sehr unwirksam ist, d. h. einer großen Klappenbewegung entspricht nur eine geringe Änderung des Luftwiderstandes und somit der Luftmenge. In der Stellung nahe bei »Zu« findet das Umgekehrte statt, so daß eine sehr geringe Klappenstellung bereits eine außerordentlich große Änderung der Luftförderung hervorruft. Im vorliegenden Falle der Fig. 115 sind nach Vollendung einer Viertelöffnung der Klappe bereits vier Fünftel der gesamten Luftmenge hindurchgegangen, so daß während der folgenden Dreiviertelöffnung der Klappe nur noch eine Steigerung der durchfließenden Luftmenge um ein Fünftel stattfand. Ähnlich liegen die Verhältnisse bei fast allen Regelungsvorrichtungen von Flüssigkeiten. Beim vollständigen Öffnen oder Schließen eines Regelorgans aus einer seiner beiden Endstellungen ist dieses Verhalten ziemlich bedeutungslos. Wo es sich aber darum handelt, einen bestimmten Luftdurchfluß einzustellen bzw. zwei oder mehrere Flüssigkeits- oder Luftleitungen gegeneinander in ihren Liefermengen abzustimmen, da wäre — abgesehen von dem erheblichen Zeitaufwand — zur Erzielung eines einigermaßen befriedigenden Erfolges schon eine erhebliche Geschicklichkeit und Feinfühligkeit in der Betätigung der Regelvorrichtungen erforderlich, wenn diese Vornahmen nicht durch Anzeigevorrichtungen unterstützt werden würden, an denen die Durchflußmengen unmittelbar abzulesen sind. Es empfiehlt sich daher, die geschilderte Eigentümlichkeit bei der Zeigerbewegung zu berücksichtigen oder aber die Zeigerteilung ungleichmäßig zu machen. Im ersteren Falle kann man z. B. durch Anwendung exzentrischer Seiltrommeln, also Veränderung des Halbmessers bei der Trommeldrehung, zum Ziele gelangen.

17. Zentrale Bedienung von Lüftungsanlagen.

Nur als Ausnahme wird es vorkommen, daß eine Lüftungsanlage für sich allein zu bedienen ist; in den meisten Fällen wird eine Heizungsanlage mit ihr verbunden sein. Der Maschinenwärter hat dann beide Anlagen gleichzeitig zu beaufsichtigen. Bei größeren Anlagen ist auch ein entsprechend zahlreiches Bedienungspersonal erforderlich, das unter Umständen — wie z. B. beim Reichstaghause oder in Anlagen, die sich auf mehrere Gebäude erstrecken — einem Betriebsingenieur unterstellt ist. Die gesamte Bedienung erfolgt dann von einem zentralen Regelungsraum aus, der unter Umständen mit einer Hausfernsprechanlage auszurüsten ist. Die Einrichtung dieses Bedienungsraumes kann so getroffen werden, daß die Apparate für Lüftung und Heizung nach den durch die Eigenart des Gebäudes bedingten Gruppen zusammengefaßt sind, oder aber auch so, daß die Lüftung von der Heizung getrennt wird. Wir wollen diese letztere Anordnung für die Lüftung besprechen. Daß eine solche zentrale Regelung einer ausgedehnteren Anlage notwendig ist, ergibt sich einfach aus der Unmöglichkeit für eine Bedienungsperson, für so und so viele Räume gleichzeitig alle möglichen Ablesungen von Temperaturen, Luftmengen usw. an Ort und Stelle selbst abzulesen: die entsprechende Neueinstellung der Temperaturen usw. würde verpaßt werden und Wärme- und Energieverschwendung wäre die natürliche Folge. Daher ist die zentrale Regelung ein Gebot der Wirtschaftlichkeit für größere Anlagen. Aber auch rein technisch wird man sich gerade in denjenigen Fällen, wo die nötigen Fernmeßgeräte und -stellvorrichtungen eingebaut sind, erst recht der eigentlichen Schwierigkeit — besonders bei der gegenseitigen Abstimmung von Leitungsnetzen — bewußt, die darin besteht, daß sich mit jeder Änderung der Flüssigkeitsmenge irgendeines Stranges infolge der dadurch hervorgerufenen Druckänderung sofort andere, nicht gewollte Liefermengen in den benachbarten Strängen von selbst einstellen, die aber erst an der Hand der Meßanzeigen leicht geändert werden können. Der Einregelnde gewinnt bei solchen Vornahmen die zweifellos richtige Überzeugung, daß er bei einer etwaigen Wiederholung seiner Aufgabe ohne Benutzung von Meßgeräten eine befriedigende Einstellung keinesfalls erreichen würde. Ganz besonders ist dies da der Fall, wo die Einstellung einer bestimmten Liefermenge nur die eine Forderung ist, zu der die andere in Gestalt einer bestimmten, einzuhaltenden Temperatur bei möglicherweise sich ändernder Druckhöhe noch hinzukommt. Diese Forderung tritt beispielsweise hauptsächlich bei Lüftungsanlagen auf, bei denen die Temperatur der in die Räume einzuführenden Luftmengen gleich oder wenig höher oder auch nur wenig niedriger als die Raumtemperatur sein soll. Bei einigermaßen verzweigten Lüftungs- und Heizungsanlagen ist hier das einzige Mittel in der Verwendung von Luftmengen- und Temperaturfernmeßgeräten in Verbindung von Fernstell- und Anzeigevorrichtungen zu erblicken. Diese Erkenntnis hat sich im letzten Jahrzehnt in der gesamten Heiz- und Lüftungstechnik auch durchgesetzt. Die Nichtbeachtung oder Verkennung der geschilderten Tatsachen aber ist zum großen Teil schuld an der unbefriedigenden Wirkung so mancher Lüftungsanlagen, die nur mangels richtiger Einstellung nicht zweckentsprechend arbeiten können.

a) Einrichtung der Schalttafel.

Die sämtlichen zur zentralen Regelung einer Lüftungsanlage notwendigen Kontroll-, Fernmeß- und Fernstellapparate sowie Anzeigevorrichtungen können auf einer gemeinsamen Schalttafel übersichtlich angeordnet werden. Die Reichhaltigkeit der Ausstattung richtet sich natürlich nach der Bedeutung der Anlage, und demgemäß wird die Anordnung von Fall zu Fall von der hier zu gebenden Beschreibung verschieden gestaltet werden müssen. In Betracht zu ziehen sind zusammenfassend folgende Geräte für Lüftungsanlagen:

1. Strom- und Spannungsmesser, gegebenen Falles Wattmesser, nebst Fernumlaufzähler für die Gebläse, dazu die verschiedenen Schalthebel, Sicherungen, Anlaß- und Regelwiderstände;

2. Mengenmesser zur Messung der gesamten Luftmenge der Anlage bzw. für die Einzellieferung nach den wichtigeren Teilen des Gebäudes, den Sälen usw., und für die Abluftförderung;

3. Druckmesser zur Ablesung des Druckes kurz vor und hinter den Gebläsen, gegebenen Falles in besonderen Druck-

kammern, zur Verfolgung des Filterwiderstandes, zur Kontrolle des Über- oder Unterdruckes in den wichtigeren Räumen meistens über Fußboden, in Sälen, Küchen, bei Theatern in verschiedenen Höhen im Zuschauerraume und auf der Bühne usw.;

Fig. 116.
Schalttafel für die Lüftungsanlage im Stadttheater zu Rio de Janeiro.

4. Fernthermometer für die Außentemperatur, für die erste Vorwärmung, für den Hauptzuluftkanal, für den am schwersten zu heizenden Raum, für sonstige wichtigere Räume, bei Versammlungssälen in verschiedenen Höhenlagen, in Kopfhöhe, auf den Umgängen und unter der Decke, ferner im Abluftschachte;

Fig. 117.
Schalttafel für die Lüftungsanlage im Neuen Stadttheater zu Nürnberg.
Ausgeführt von Emil Kelling, Berlin.

5. Klappenfernstellwerke für die Hauptluftklappen der Zu- und Abluftkanäle, für die Abzweige nach und von den bevorzugten Räumen.

Zum Betriebe der Fernthermometeranlage ist eine Stromquelle notwendig, für die meistens eine Akkumulatorenbatterie in Frage kommt. Dazu ist eine Ladevorrichtung einzubauen.

Wie solche Schalttafeln praktisch angeordnet werden, zeigen die beigegebenen Abbildungen. Fig. 116 ist eine von den Siemens-Schuckert-Werken für das Stadttheater in Rio de Janeiro ausgeführte Schalttafel. Sie enthält links die Schalthebel nebst Ampere- und Voltmesser für die Luftgebläse, rechts die Mengenmesser, Druckmesser und Fernthermometer, unten die Handräder für die Regelwiderstände.

In Fig. 117 ist die Schalttafel für die Lüftungsanlage des Nürnberger Stadttheaters veranschaulicht. Diese Schalttafelanlage[1]) ist in mustergültiger Weise von der Firma Kelling in Berlin nach den Vorschlägen von O. Krell sen. gebaut worden. Sie war gleichzeitig die erste ihrer Art in Deutschland und hat in ihrem planmäßigen Aufbau unter Krells Führung viel zur wissenschaftlichen Auffassung und Durchdringung des Überwachungsgedankens bei Lüftungs- und Heizanlagen beigetragen, so daß man sagen kann, daß seit der Eröffnung des Nürnberger Theaters im Jahre 1905 keine irgendwie bedeutende Lüftungsanlage mehr ohne solche Schaltanlage gebaut wird. In der Mitte der Schalttafel sitzen acht Fernthermometer, System Hartmann & Braun, mit stetiger Zeigerablesung, darunter sieben Luftmengenmesser bzw. Feindruckmesser, Bauart Krell, rechts und links Ampere- und Voltmesser, Schalthebel, Regelwiderstände und Sicherungen; ganz unten sind acht Drehvorrichtungen mit Steckhebel für die Fernbetätigung der Luftklappen angebracht. Links auf der Wand ist noch einzeln ein Fernthermometer, Bauart Koepsel, sichtbar.

Die ganze Anordnung eines solchen Schaltbrettes muß wohl durchdacht und übersichtlich sein. Sämtliche Geräte sind unter Bezeichnung der Räume, zu denen sie gehören, genau zu bestimmen und mit Kontrollmarken zu versehen. Der Raum vor der

[1]) Gesundh.-Ing. 1907, Nr. 20 u. 21, Verlag R. Oldenbourg, München.

Schalttafel muß durch Tageslicht oder künstliche Beleuchtung gut erhellt sein.

In Nürnberg werden während jeder Theatervorstellung stündlich folgende Aufschreibungen nach den Anzeigen der Schalttafel in ein Tagebuch eingetragen:

1. Zuluftmenge für den Zuschauerraum,
2. » » das Bühnenhaus,
3. Voltmesser für das Luftgebläse des Zuschauerraumes,
4. desgl. des Bühnenhauses,
5. Druckunterschied vor und hinter dem Gebläse für den Zuschauerraum,
6. desgl. für die Bühne,
7. Über- oder Unterdruck am Boden des Zuschauerraumes gegen außen,
8. Temperaturen:
   der Außenluft,
   » Zuluft für Zuschauerraum,
   » » » Bühne,
   für Sperrsitz 1½ m über Fußboden,
   » III. Rang,
   » Wandelhalle,
   » Bühnenfußboden,
   » Schnürboden,
   » Eintrittshalle,
9. Größe der Öffnung der beiden Zuluftklappen,
10. Größe der Öffnung der 6 Abluftklappen,
11. Dampfdruck am Ventilstock,
12. Größe der Öffnung der 16 Dampfventile,
13. Täglicher Brennstoffverbrauch,
14. Angabe des gespielten Stückes,
15. Anzahl der anwesenden Personen,
16. Windverhältnisse,
17. Außerdem sind im Theater zur weiteren Kontrolle 4 Temperaturschreibgeräte aufgestellt, und zwar an folgenden Stellen: Sperrsitz, Bühne, Eintrittsstelle der Zuluft in den Zuschauerraum, desgl. nach der Bühne.

Zur Heizung der Dampfkessel, zur Bedienung der Heizung und Lüftung und zur Führung des Tagebuches sind nur ein Oberheizer und ein Heizer angestellt, die den Dienst im Stadttheater ohne besondere Anstrengung zur Zufriedenheit versehen. Der Oberheizer braucht den Schaltraum während der Vorstellung nicht zu verlassen: er beherrscht von hier aus die gesamte Aufsicht und Regelung der Anlage[1]).

Die Fig. 118 zeigt einen vereinigten Luftgebläse- und Schaltraum der Firma Rud. Otto Meyer: links der Ventilstock für die Vor- und Nachwärmung der Frischluft, in der Mitte das Luftgebläse mit der Zuluftleitung, im Hintergrunde die Schalttafel, rechts Druck- und Luftmengenmeßgeräte.

Fig. 118.
Gebläse und Schaltraum einer Lüftungsanlage.

Als letztes Beispiel diene die unter Leitung des Verfassers im Städtischen Volksbad Nürnberg von H. Schaffstaedt ausgeführte Schalttafel Fig. 119. Die Beschreibung ihrer Einrichtung ist der Abbildung beigedruckt.

[1]) Von einem anderen großen Theater berichtet Krell im Jahre 1907, daß die Regelung der Lüftungseinrichtungen mit gutem Erfolg durch drei während der Vorstellungen sich im Innern der Kanäle aufhaltende Personen besorgt werde, die in Fernsprechverbindung mit dem Maschinenraume stünden.

b) Regelung der Lüftungsanlagen.

Die Bedienung und Regelung einer Lüftungsanlage kann nun auf die allerverschiedenste Weise erfolgen, und es ist unmöglich, hier bestimmte Richtlinien zu geben. Eigentlich ist die gesamte Regelung jeder einzelnen Anlage bereits durch ihren Entwurf bzw. durch die Ausführung festgelegt. Deshalb ist die ausführende Firma anzuhalten, bei der Übergabe oder kurze Zeit nach der Inbetriebnahme eine genaue und ausführliche Bedienungsvorschrift auszuarbeiten und diese dem Bauherrn zur Aushändigung an den Maschinenwärter zu überreichen. Auch ist das Bedienungspersonal durch die ausführende Firma zur richtigen Behandlung der Anlage anzuleiten und mit der Handhabung der Geräte vertraut zu machen. Denn die best erdachte und sorgfältigst ausgeführte Lüftungsanlage muß notwendigerweise versagen, sobald sie unrichtig bedient wird.

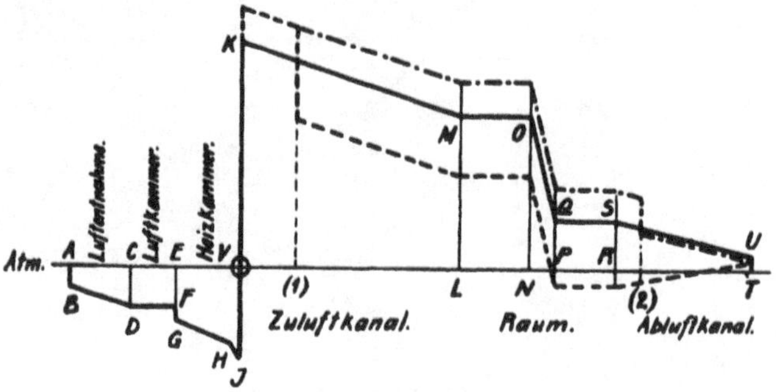

Fig 120.
Druckverhältnisse in einer durch Gebläse betriebenen Überdrucklüftungsanlage

Was zunächst die in den Räumen **einzuhaltenden Druckverhältnisse** anbetrifft, so ist wohl ohne weiteres klar, daß ein geforderter Überdruck mit Hilfe der **Abluftklappe** zu regeln ist, nicht etwa durch Drosseln der Zuluft. Denn bei jeder Überdrucklüftung herrscht von der Wärmequelle im Keller bzw. vom Gebläse ab ein Druckgefälle, das durch den Zuluftkanal, über den zu lüftenden Raum und längs des Abluftschachtes bis zum Austritt ins Freie allmählich und sprungweise bis auf Atmosphärendruck abnimmt. In Fig. 120 sei die Summe des Geschwindigkeits- und Widerstandsdruckes längs der Luft-

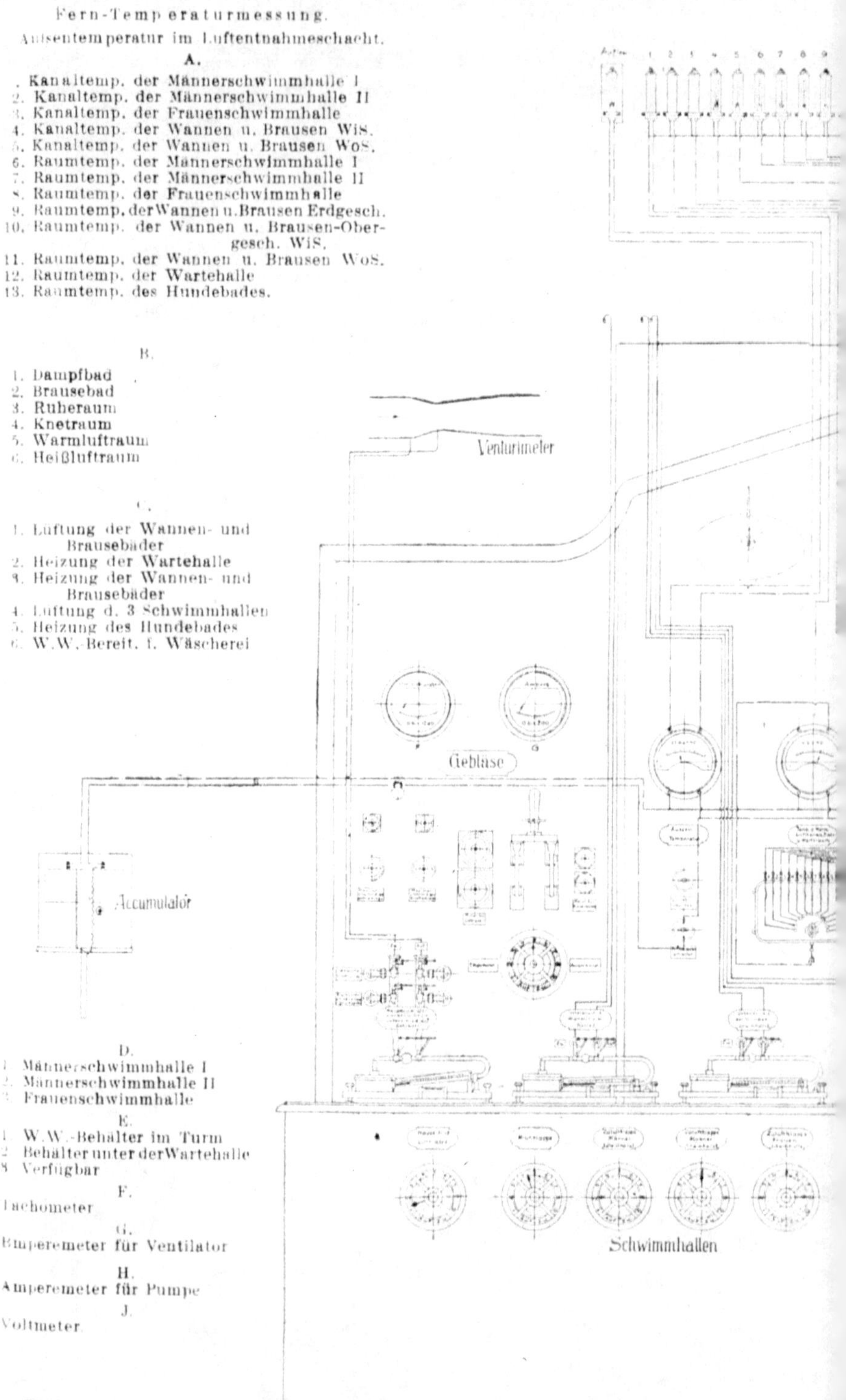

Fig. 119. Schalttafel im Städt. Volksbad Nürnberg. Aus: Dietz, Die technischen

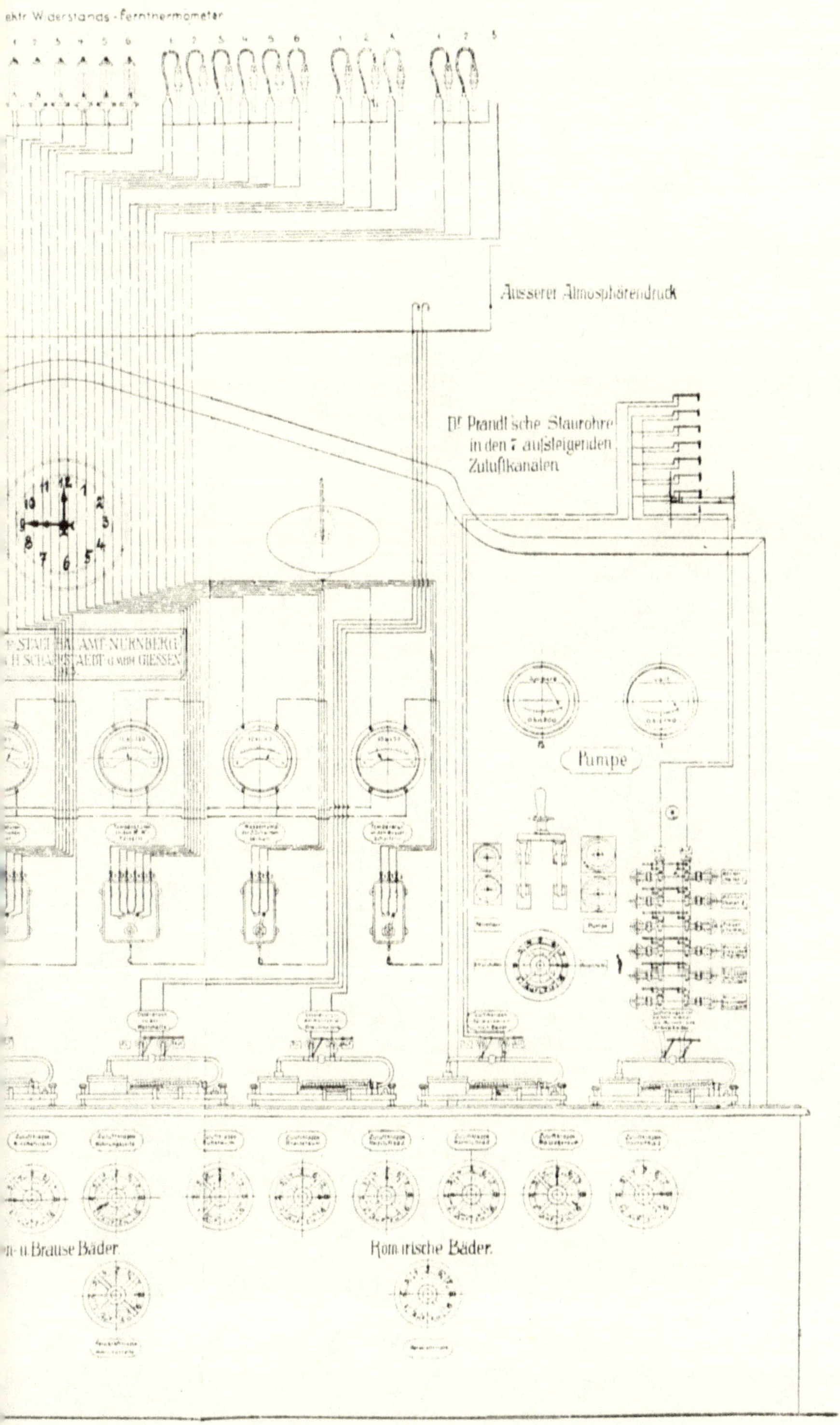

gen im Städtischen Volksbad Nürnberg. Verlag R. Oldenbourg, München 1918.

leitung aufgetragen, so daß die Senkrechten unter der Wagerechten die Unterdrucke, die über der Nulllinie die Überdrucke darstellen. Beim Lufteintritt wird zunächst die Geschwindigkeitshöhe AB erzeugt. Dann fällt der Druck im Luftentnahmeschacht allmählich bis CD, bleibt in der Luftkammer unverändert bis EF und sinkt infolge des Filterwiderstandes bis EG. In der Heizkammer kommt dann die algebraische Summe aus Auftriebsdruck infolge Erwärmung und Druckverlust durch die Heizkörperwiderstände von G bis H zur Geltung. Sodann kommt der kurze Saugkanal bis zum Gebläse V, wobei der Druck seinen Kleinstwert VJ annimmt, um im Gebläsegehäuse auf seinen Höchstwert VK erhöht zu werden. Alsdann folgt der Druckverlust längs der Zuluftleitung, so daß beim Eintritt an der Decke des zu lüftenden Saales der Druck LM herrscht, der über den Saal hin unverändert bleibt bis NO, um bis zur Höhe der unteren Abluftmündung auf den geforderten Überdruck $+PQ$ abzufallen. Der letztere bleibt über den Saal erhalten bis zur Abluftöffnung RS. Von hier ab folgt der letzte Druckabfall längs des Abluftkanales, so daß beim Austritt ins Freie die Geschwindigkeitshöhe TU sich auf Atmosphärendruck ausgleicht.

Wollte man nun den Überdruck PQ im Saale mit Hilfe einer bei (1) im Zuluftkanale befindlichen Klappe regeln, so würde beim Drosseln dieser Klappe der Gebläsedruck VK zwar bis zur punktierten Höhe ansteigen, dann aber durch die Drosselung in (1) plötzlich stark absinken und nun nach der unteren punktierten Linie verlaufen, d. h. unter Umständen im Saale sogar Unterdruck hervorrufen. Findet dagegen die Drosselung im Abluftkanale mit Hilfe einer bei (2) sitzenden Klappe statt, dann erhöht sich der Druck vor der letzteren, d. h. im Saale bis zur oberen strichpunktierten Linie, so daß am Gebläse vielleicht derselbe Druck herrscht, wie früher bei der Drosselung mit der Zuluftklappe. Der Unterschied ist nur der, daß bei der Drosselung mit Klappe (1) der Saaldruck sinkt, während bei der Drosselung mit Klappe (2) der Luftdruck im Saale steigt. Im ersteren Falle erhebt sich die neutrale Zone, so daß in den unteren Teil des Saales Außenluft eintreten kann, im letzteren Falle sinkt die neutrale Zone unter Fußboden, und alle Druckkräfte sind von innen nach außen gerichtet.

Ähnliche Überlegungen gelten für den Fall der Unterdrucklüftung, wobei die Größe des durch ein Abluftgebläse zu erzielenden Unterdruckes natürlich mit der Zuluftklappe einzustellen wäre.

Bei den nach Fig. 120 vorgenommenen Drosselungen würde beide Male der Gebläsedruck sich erhöht haben. Dabei wird im allgemeinen die Luftmenge bei gleichbleibender Drehzahl abnehmen, wenn sich das Gebläse (vgl. Fig. 62) vorher in einem Zustande rechts von $L_2 H_2$ befand. Dieses würde nach Fig. 63 einer Abnahme der Leistung entsprechen. Da nun aber die durch den Saal zu führende Luftmenge auch nach der Drosselung die gleiche bleiben soll, so muß die Umlaufzahl des Gebläses erhöht werden, was mit Hilfe des auf der Schalttafel angebrachten Regelwiderstandes so lange zu geschehen hat, bis der Luftmengenmesser wieder die geforderte Luftmenge anzeigt. Dabei wird der Ferndruckanzeiger des Saales gleichzeitig die Druckzunahme melden. So hat es der Wärter in der Hand, bei wechselnden Wärme- oder Windverhältnissen doch stets die gewünschten Druckverhältnisse in dem Saale zu halten.

Steigt nun die Saaltemperatur durch die Ansammlung der Menschen oder durch die Wärmeabgabe der Beleuchtung, was am Fernthermometer beobachtet werden kann, so muß die Lüftungsmenge erhöht werden. Dadurch würde vielleicht die neutrale Zone sich weiter als unbedingt notwendig senken, und es kann nun, um den Widerstand zu vermindern, d. h. das Gebläse — unter entsprechender Regelung des Nebenschlußwiderstandes — mit geringerer Umdrehungszahl laufen zu lassen, die Abluftklappe mit Hilfe des Fernstellhebels am Schaltbrette langsam so lange geöffnet werden, bis die geforderten Druckverhältnisse im Saale wieder bestehen.

Wird nun im Saale stark geraucht — was dem Maschinenwärter durch Fernsprecher gemeldet werden müßte — so würde es sich nicht empfehlen, mit der unteren Abluftklappe weiter zu lüften, weil dadurch der Rauch stets wieder in die Atemzone herabgezogen werden würde. Es ist in diesem Falle vorzuziehen, die obere Abluft zu öffnen und die neutrale Zone vorübergehend ansteigen zu lassen, falls sie nicht zu halten ist.

Sind die genügende Zahl von Kontroll- und Fernstellapparaten eingebaut, so kann mit deren Hilfe z. B. in Theatern vor dem Hochziehen des Vorhanges stets dafür gesorgt werden, daß im Zuschauerraum und auf der Bühne in derselben Höhe der gleiche Luftdruck und die gleiche Temperatur herrschen. Würde dies nicht der Fall sein, so würden bei Beginn des Aufzuges unangenehme Zugerscheinungen[1]) durch den Ausgleich der Luftmassen eintreten.

In Küchen kann mit Anwendung der Ferndruckanzeiger stets Unterdruck gegenüber den angrenzenden Räumen gehalten werden.

Endlich ist es möglich, mit Hilfe der in genügender Anzahl vorgesehenen Fernmeßgeräte den Gebläsebetrieb so zu regeln, daß sich seine Kosten innerhalb der durch die Wirtschaftlichkeit gezogenen Grenzen halten. Dazu ist vor allen Dingen die Einhaltung derjenigen Betriebsbedingungen notwendig, unter denen die Gebläse mit dem günstigsten Wirkungsgrad arbeiten. So kann unter Umständen der Fall eintreten, daß bei nur geringer Luftförderung der Gegendruck künstlich erhöht werden muß, damit die Energiezufuhr des Schleudergebläses so klein wie möglich wird. Ist in einer Anlage eine größere Anzahl Gebläse vorhanden, die lange unter derartigen Verhältnissen zu arbeiten haben, so können erhebliche Ersparnisse erzielt werden, wenn der Wärter angeleitet wird, bei einer bestimmten Luftförderung den Gegendruck mit Hilfe der Zu- und Abluftklappen so einzustellen, daß ihm Volt- und Amperemesser oder Wattmesser den geringsten Energieverbrauch anzeigen.

---

[1]) Pfützner: Die Lüftung der Theater. Ges.-Ing. 1906, Nr. 3.

III. Teil.

Die Heizungsanlagen.

VII. Abschnitt.

Die leitenden Grundsätze der Raumheizung.

Der normale Verlauf der Lebenstätigkeit unseres menschlichen Körpers ist von Natur an den sog. Kraftwechsel gebunden. Diesen messen wir nach Rubner, indem wir die Verbrennungswärme sämtlicher in 24 Stunden umgesetzten Nahrungsstoffe zusammenzählen. Danach ergibt sich für einen Erwachsenen bei Ruhe oder nur mäßiger Bewegung ein Kraftwechsel von 2300 bis 3300 WE in 24 Stunden im Mittel, bei stärkerer Arbeit mehr. Dieser Wärmeerzeugung steht ein gleichgroßer Kraftaufwand des Körpers, nämlich innere und äußere Arbeitsleistung und Wärmeabgabe an die Umgebung gegenüber, so zwar, daß die Eigentemperatur des Körpers vermöge seiner physikalischen und chemischen Wärmeregelung (§ 4) auf gleicher Höhe von etwa 37° C erhalten bleibt. Auf wärmemechanischer Grundlage könnte man also den menschlichen Körper als eine Wärmekraftmaschine auffassen, die mit selbsttätiger Temperaturregelung ausgestattet ist. Der Gesamtwirkungsgrad dieser menschlichen Maschine wird je einen günstigsten Wert bei einem gewissen Unterschied zwischen seiner eigenen und der umgebenden Lufttemperatur haben. Sinkt die Umgebungstemperatur während des Winters unter eine normale Grenze, so muß die dem in Ruhe befindlichen menschlichen Körper jeweils behaglichste Temperatur der Luft künstlich wieder hergestellt werden. Dieses bedingt die Schaffung von Heizungsanlagen in unseren Wohnstätten, da letztere ihre Wärme wiederum an die kühlere Außenluft verlieren.

Wir haben also ein doppeltes Temperaturgefälle: 1. von Körpertemperatur auf Raumtemperatur und 2. von Raumtemperatur auf Außentemperatur. Da Wärme ohne Arbeitsleistung nur von einem wärmeren auf einen kälteren Körper übergehen kann, so müssen wir zur dauernden Erhaltung dieser beiden Zustände Arbeit in doppelter Weise aufwenden: 1. durch Zuführung von Nahrungsstoffen, die durch chemische Umsetzung dem menschlichen Körper die Lebenswärme und die Befähigung zur Arbeitsleistung verleihen, und 2. durch Freimachung der in den Brennstoffen gebundenen Wärmemengen zur Ersetzung der ständig verloren gehenden Raumwärme. Die Lösung dieser zweiten Aufgabe — der Raumheizung — auf wirtschaftlicher Grundlage nach Maßgabe der gesundheitlichen Forderungen und im Rahmen technisch-künstlerischer Formen bildet im folgenden unsere Beschäftigung.

18. Die Verbreitung der Wärme.

Die Ausbreitung der Wärme findet nach Naturgesetzen auf dem Wege der Strahlung, der Leitung und der Strömung statt. Die richtige Anwendung dieser Erscheinungen ist in der Heizungstechnik von höchstem Werte einerseits für die Berechnung und den Bau von Feuerungsanlagen, Kesseln und Heizkörpern, bei denen es darauf ankommt, eine möglichst große Wärmeübertragung zu erzielen, anderseits für die Wahl der Wohnungsbaustoffe und Wärmeschutzmittel bei der Fernleitung von Wärme, wo also im Gegenteil der größtmögliche Wärmeschutz, also tunlichst kleine Wärmeverluste erreicht werden sollen. Gerade die letztere Aufgabe des besten Wärmeschutzes hat durch den Krieg und die Verpflichtung, mit unserem selten und teuer gewordenen Volksgut »Kohle« sparsam umzugehen, erhöhte wirtschaftliche Bedeutung gewonnen; denn die Wahl eines in Beziehung auf Wärmehaltung ungeeigneten Baustoffes hat erhöhte laufende Brennstoffausgaben zur Folge, bedeutet also einen fortgesetzten Verlust an Volksvermögen. Deshalb wollen wir die Gesetze von der Wärmeverbreitung zunächst in kurzer Übersicht betrachten.

a) Die Wärmeübertragung durch Strahlung.

Die wärmende Strahlung wurde am frühesten zur Heizung mittels des offenen Feuers benutzt und findet heute noch bei den Kaminen und der Gasheizung, zum Teil auch bei der elektrischen Heizung Anwendung. Außer diesen sichtbaren Strahlen empfinden wir dunkle Strahlung als Wärme, die von jeder Heizquelle ausgeht.

Wir fassen die Strahlung als Schwingungsarbeit des Äthers auf. Dabei besteht zwischen den sichtbaren (Licht-) Strahlen und den dunkeln (Wärme-) Strahlen der Natur nach kein Unterschied, nur daß die letzteren eine größere Wellenlänge haben als die sichtbaren Strahlen. Wegen der nachgewiesenen Gleichheit dieser Strahlengattungen ist die frühere Unterscheidung der dunkeln Strahlung als »Wärmestrahlung« in der neueren Naturkunde nicht mehr angebracht. Die in der Heiztechnik eine besondere Rolle spielenden dunkeln Strahlen gehören dem infraroten Teile des Spektrums an und haben eine Wellenlänge von 0,76 bis 60 μ (= 0,00076 bis 0,06 mm). Gibt also ein nicht leuchtender warmer Körper Wärme ab, so geht ein Teil seiner Molekelbewegung an seiner Oberfläche in transversale Ätherschwingungen, d. h. strahlende Energie, über, die beim Auftreffen auf einen kälteren Gegenstand je nach dessen Oberfläche in Körperwärme sich zurückverwandeln oder als dunkle Strahlung zurückgeworfen oder auch hindurchgelassen werden kann. Die dazwischenliegende Luft verhält sich bei diesem Vorgange wärmedurchlässig (diatherman), d. h. sie erwärmt sich durch Strahlung selbst nicht merkbar. Den Beweis dafür können wir sofort durch einen Versuch erbringen: Befinden wir uns in der Nähe des Ofens, so empfinden wir dessen starke wärmende Strahlung, die jedoch sofort aufhört, wenn wir eine Platte vorhalten. Durch ein hinter die Platte gebrachtes Thermometer finden wir bestätigt, daß die Luft dahinter in der Tat ebenso kalt ist wie die der übrigen Umgebung, die nicht von der Strahlung getroffen wurde.

Gleichzeitig bemerken wir, daß im allgemeinen die vorgehaltene Platte, wie die meisten festen Körper, fur dunkle Strahlung wärmeundurchlässig (atherman) ist. Dies gilt z. B. auch für Glas, das nur die sichtbaren Strahlen durchläßt. Die

Glaswände der Gewächshäuser nehmen also die von innen kommende dunkle Strahlung zum größten Teil auf, lassen jedoch die Sonnenstrahlung, die zum Leben der Pflanzen notwendig ist, herein.

Die Strahlungsstärke nimmt im umgekehrten Verhältnis des Quadrates der Entfernung ab. In der dreifachen Entfernung von der Wärmequelle ist also z. B. nur der neunte Teil der Strahlung wirksam. Ferner ist nach Newton die durch Strahlung übertragene Wärmemenge eines Körpers bei kleinen Temperaturunterschieden bis 40° annähernd im Verhältnis des Temperaturunterschiedes zwischen dem strahlenden und dem bestrahlten Stoffe. Bei größeren Temperaturunterschieden besteht diese Verhältnismäßigkeit mit dem Unterschiede der 4. Potenzen der absoluten Temperaturen. Nach dem Stefan-Boltzmann-Lambertschen Gesetze gilt für die Wärmemenge W, die ein Körper von der Oberfläche F und der Temperatur t_1 durch Strahlung an umgebende Körper von der Temperatur t_2 verliert, die folgende Beziehung in der Fassung von Nusselt:

$$W = F \cdot c \frac{\left[\left(\frac{t_1 + 273}{100}\right)^4 - \left(\frac{t_2 + 273}{100}\right)^4\right]}{\frac{1}{c_1} + \frac{1}{c_2} - \frac{1}{c}} \text{WE/Std.}, \quad . \quad (59)$$

wobei die Strahlungszahl des wärmeabgebenden Körpers, c_2 die der umgebenden Körper und c die des absolut schwarzen Körpers aus den Zusammenstellungen S. 270 und 271 zu entnehmen sind.

Das Aussendungs-(Emissions-)vermögen der Körper für dunkle Strahlung hängt von der Beschaffenheit ihrer Oberfläche ab. Je rauher und dunkler die letztere, desto mehr strahlt sie, je heller oder glänzender sie ist, desto weniger Strahlung geht von ihr aus. Das beste Beispiel haben wir an dem weiß glasierten Kachelofen, in dessen nächster Nähe kaum eine Strahlung fühlbar ist, während der gewöhnliche, schwarze, eiserne Ofen bereits durch Strahlung außerordentlich belästigen kann, lange bevor er zu glühen beginnt. Dasselbe Gesetz gilt vom Wärmeaufnahme-(Absorptions-)vermögen des bestrahlten Körpers. Ein Körper mit dunklem Anstrich wird also bedeutend mehr Strahlen aufnehmen, als etwa einer mit weißlackierter Oberfläche; bei letzterer ist die aufgenommene wie die ausgesandte Strahlung kaum merkbar, und glanzpolierte Metalle strahlen praktisch fast gar nicht, selbst wenn ihre Oberfläche dunkel ist wie beim Kupfer. Die Kenntnis dieser Tatsachen sollte in der Heiztechnik noch besser benutzt werden. In Schulklassen beispielsweise ist es aus Gründen, die wir noch kennenlernen werden, vorteilhaft, die Heizkörper an der Fensterwand aufzustellen. Hiergegen wird bei Dampfheizung oft eingewendet, daß die Kinder zu sehr unter der Strahlung der Dampfheizkörper zu leiden hätten. Es gibt jedoch zwei Mittel, diese fast unfühlbar zu machen: Erstens dürfen die Heizflächen nicht auf einen kleinen Raum als Radiatorenheizkörper zusammengezogen werden, sondern sie werden zweckentsprechend in Form von Rohrschlangen über die ganze Länge der Fensterwand verteilt, wodurch zunächst jedes Kind einen erheblich kleineren Teil der Strahlung empfängt. Zweitens aber muß die Oberfläche der Heizkörper hellglänzend gestrichen sein, und es können dann unter solchen Umständen ganz unbedenklich Dampfschlangen in nächster Körpernähe zur Anwendung kommen. Die Farbe hat also auch auf die Wärmeabgabe der Heizkörper durch Strahlung Einfluß: die heizende Oberfläche eines dunkeln Heizkörpers kann bei derselben Wärmelieferung kleiner sein als die eines hellen.

Ganz ähnlich beeinflußt der Wandanstrich oder die Farbe der Tapete die Wärmeaussendung der Wand. Dunkelrote Wände senden die dunkeln Strahlen gut aus, von hellen oder hellblauen Wänden wird die Strahlung minder gut ausgesandt. Bei gleicher Lufttemperatur werden wir also in einem Zimmer mit dunkeln Wänden ein stärkeres Wärmegefühl haben, während hellere Wände kälter wirken.

Die Widerstrahlung (Reflexion der strahlenden Energie) ist bei den Gasöfen mit »Strahlungswerfern« aus poliertem Kupferblech nutzbar gemacht worden, um den Fußboden nach Möglichkeit warmzuhalten. Auch hier folgt die wärmende Strahlung denselben Gesetzen wie die Lichtstrahlung. Allerdings ist die Brechbarkeit der unsichtbaren Strahlen weniger groß als die der roten. Ein weiteres Beispiel der Wider- oder Gegenstrahlung haben wir beim Aufenthalt in dauernd beheizten Räumen, in denen deshalb die Oberfläche der Innenwände eine höhere Temperatur annimmt, als in unterbrochen geheizten Räumen. In letzteren ist daher bei gleichen Lufttemperaturen der Wärmeverlust des menschlichen Körpers durch Strahlung größer. Die Gegenstrahlung eng beieinander sitzender Menschen kann im Verein mit hoher Raumtemperatur und unbewegter Luft sogar zu Wärmestauungen des menschlichen Körpers führen.

b) Wärmeleitung.

Die zweite Art der Ausbreitung der Wärme ist die durch eigentliche Wärmeleitung. Diese erfolgt durch unmittelbare Berührung der Luftteilchen mit der wärmenden Oberfläche einerseits und durch Übertragung der Molekelbewegung von Schicht zu Schicht der ruhend gedachten Luft anderseits. Da die Luft zu den schlechten Wärmeleitern zählt, so kommt auch der Wärmeübertragung infolge wirklicher Leitung durch die Luftschichtungen hindurch kein erheblicher Anteil zu. Nur die unmittelbare Überleitung der Wärme von der Heizkörperoberfläche oder sonst einer Fläche höherer Temperatur aus ist natürlich bedeutend und nimmt mit steigenden Temperaturunterschieden zwischen wärmender Wand und berührender Luft zu. Die Überleitung der Wärme von der Heizfläche wird also in dem Maße erheblich gesteigert, als durch Bewegung der Luft immer neue noch nicht erwärmte Luftteilchen mit der Heizkörperoberfläche in Berührung kommen.

Auf die gleiche Weise gibt die erwärmte Luft ihre Wärme an die Raumwände ab; letztere leiten sie wiederum an die Außenluft über. Auch die Entwärmung des menschlichen Körpers findet zum einen Teil auf diesem Wege statt. Die Wärmeüberleitung des Körpers an feuchte Luft ist größer als die an trockene Luft. — Bei diesen Vorgängen sind jedoch, wie in der hygienischen Einleitung gezeigt wurde, die Wärmeempfindungen des menschlichen Körpers scharf von den physikalischen Vorgängen am toten Stoffe zu trennen. — Sturm und Regen kann unter Umständen bewirken, daß der Wärmeverlust eines Hauses durch Leitung bei nicht so tiefer Außentemperatur größer ausfällt als bei kaltem, ruhigem, trockenem Wetter. Eine andere Art der Wärmeableitung findet durch die Füße der Rauminsassen an den Fußboden statt. Durch gut leitende Baustoffe des Fußbodens wird die Wärmeableitung durch die Füße oft bis zu Erkältungen oder Fußreißen gesteigert. Dagegen hilft natürlich die beste Raumheizung nichts; als einziger Ausweg bleibt nur der, den Fußboden entsprechend warm herzustellen, also mit schlecht leitenden Belegungen zu versehen, um die Abkühlung durch die Fußberührung zu vermindern.

c) Wärmeströmung.

Der dritte Weg der Wärmeübertragung ist der, den man Strömung (Konvektion) nennt, hervorgerufen durch die gegenseitige Verschiebung oder strömende (nicht molekulare) Bewegung der Luftmassen infolge Änderung ihres spezifischen Gewichtes durch Erwärmung und darauf folgende Abkühlung. Diese strömende Bewegung der Wärme spielt eine wichtige Rolle bei der Erwärmung eines jeden Raumes als Folge der Luftströmungen und Mischung bewegter Luftteile.

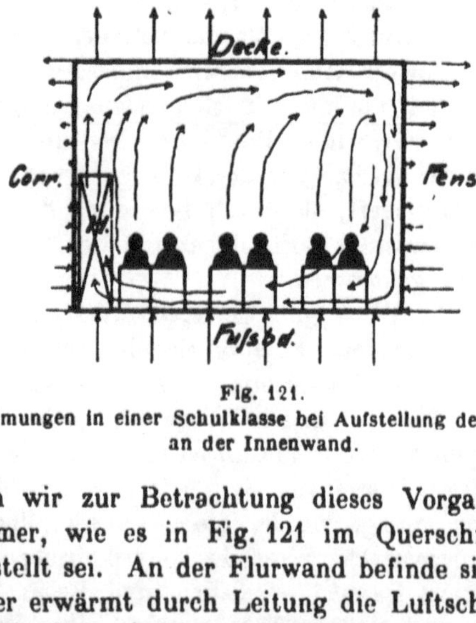

Fig. 121.
Luftströmungen in einer Schulklasse bei Aufstellung der Heizkörper an der Innenwand.

Wählen wir zur Betrachtung dieses Vorganges z. B. ein Klassenzimmer, wie es in Fig. 121 im Querschnitte[1]) schematisch dargestellt sei. An der Flurwand befinde sich der geheizte Ofen. Dieser erwärmt durch Leitung die Luftschichten, die ihn berühren. Die dadurch leichter gewordene Luft wird zur Decke emporgehoben. Zu gleicher Zeit kühlt sich die Raumluft an der kalten Fensterwand ab und sinkt nach unten zum Fußboden herab. Die Folge davon ist, wie die Untersuchungen von Mei-

[1]) Fig. 121 und 122 entnommen aus: Dietz, Über Heizung und Lüftung der Schulräume, Sonderabdruck der Zeitschrift »Das Schulzimmer«, 1905, Verlag P. J. Müller & Co., Charlottenburg.

dinger[1]) lehren, daß sich ein geschlossener Luftstromkreis vom Heizkörper zur Decke, an der Decke entlang zur Fensterwand, an letzterer nach unten und am Fußboden zum Heizkörper zurück herstellt. Zu diesem Luftstrome gesellen sich die durch die Körperwärme der Schüler erzeugten Wärmeströme, wie es die Pfeile in Fig. 121 andeuten.

Die an der Fensterwand abgekühlte Luft kann im Verein mit der (je nach Lage der neutralen Zone) von außen hereindringenden kalten Luft auf ihrem Wege unter den Schulbänken hinweg für die Kinder lästig werden und als Zugluft wirken. Man vermindert diesen Übelstand durch Aufstellung der Heizkörper an der Fensterwand, wie Fig. 122 zeigt. Hier haben

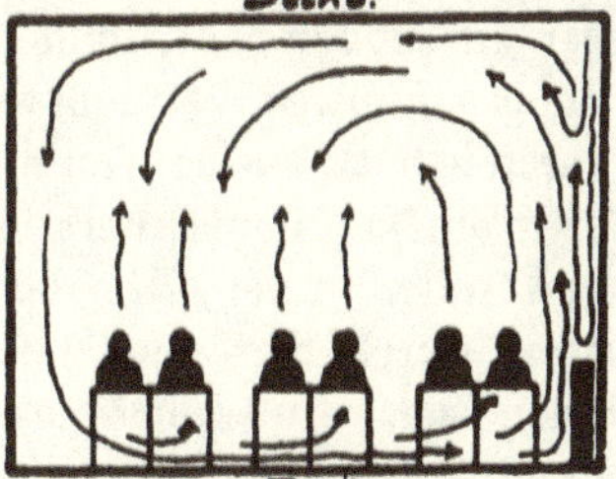

Fig. 122.
Luftströmungen in einer Schulklasse bei Aufstellung der Heizkörper an der Außenwand

wir ebenfalls eine Strömung der Luft vom Heizkörper zur Decke, nach der gegenüberliegenden Wand, und am Fußboden entlang zur Heizquelle zurück. Der Unterschied gegen die erste Anordnung fällt jedoch sofort auf; er besteht darin, daß die vom Fenster herabfallende abgekühlte Luft von der am Heizkörper erwärmten unmittelbar wieder emporgehoben wird, so daß von den an der Fensterwand sitzenden Schülern kein kalter »Zug« empfunden werden kann.

Die Luftbewegung wird im zweiten Falle langsamer vor sich gehen als im ersten, weil die Wirkungen des wärmenden Heizkörpers und der kühlenden Fenster gegenläufig sind. Unter Umständen genügt der Auftrieb am Heizkörper gar nicht, um die Luft zur Decke zu treiben; alsdann strömt Luft mit Misch-

[1]) Meidinger, Vierteljahrsschr. f. öff. Ges.-Pflege 1898, Bd. 30.

temperatur über den Heizkörper wagerecht ins Rauminnere. Aus der Betrachtung der beiden Abbildungen folgt auch unmittelbar, daß die Wärmeverteilung im Raume infolge dieser Wärmeströme der Luft im zweiten Falle viel gleichmäßiger[1]) ist als im ersten, weil am Fenster bereits eine Mischtemperatur zustande kommt. Vielfach abgeändert werden diese Luftströme natürlich noch durch die Bewegung der Zuluft und der Abluft.

Jedenfalls findet durch die gegenseitige Verschiebung der verschieden warmen Luftströme eine Wärmeverschiebung statt, die an der gleichmäßigen Verteilung der Wärme in einem Raume den Hauptanteil hat. Dabei wollen wir uns darüber im klaren bleiben, daß der eigentliche Begriff der Wärmeströmung (Konvektion) physikalisch genommen nicht etwa auf die Bewegung der Luftmassen im großen geht, sondern daß darunter im engeren Sinn immer die gegenseitige Wärmebewegung von benachbarten Luftteilen zu verstehen ist, aus der erst die Wärmebewegung als Gesamterscheinung in einem Aufenthaltsraume folgt. Die stärksten Wärmeströmungen finden in der Nähe der Heizflächen statt.

Diese Wärmeleitung durch Strömung[2]) finden wir auch in Gebäudemauern bei den sog. »Luftschichten«, die der Wärmehaltung dienen sollen, am Werke. Große und besonders hohe Luftschichten schützen weniger gegen Wärmeverluste als kleine und besonders niedrige, weil mit der Höhe die Beschleunigung der Luftbewegung durch Temperaturunterschiede und damit die Wärmeübertragung zunimmt. Daher sind stehende Luftschichten unwirksamer als liegende. Die beste Wärmeschutzwirkung wird also durch möglichst kleine und fein verteilte Lufträume erzielt, wie sie in porösen Steinen, in der Kieselgurmasse, in Stroh oder Federn usw. vorhanden sind.

19. Übersicht über die Heizungsanlagen.

Die Beheizung eines Raumes kann grundsätzlich auf zweierlei Art geschehen: Entweder wird die Wärme für jeden Raum einzeln entwickelt, sei es innerhalb oder außerhalb desselben;

[1]) v. Esmarch, Versuche über Fensternischenheizung, Gesundh.-Ing. 1901, Nr. 18, Verl. R. Oldenbourg, München.

[2]) Vgl. auch O. Knoblauch, Die wissenschaftlichen Grundlagen des Wärmeschutzes, Bayer. Industrie- u. Gewerbeblatt, Nr. 7/8, Jahrg. 1919, Süddeutsche Verl.-Anstalt München.

oder aber die Heizung aller Räume eines Hauses wird von einer gemeinsamen Heizstelle besorgt und von hier aus die Wärme nach den einzelnen Räumen übertragen. Im ersteren Falle spricht man von Ofen- oder Einzel(Lokal)heizung, im letzteren von Sammel- oder Zentralheizung. Werden von einer gemeinsamen Heizstelle aus mehrere Häuser, entweder in weiten Entfernungen oder in zusammenliegenden Gruppen, mit Wärme gespeist, so bezeichnet man diese Art mit dem Namen Fernheizung bzw. Gruppenheizung (Distriktheizung).

Bei der Zentralheizung und Fernheizung wird die erzeugte Wärme zunächst auf einen geeigneten Wärmeträger übertragen, als welcher Luft, Wasser oder Dampf dienen kann, und mit diesen zur Verbrauchsstelle geleitet. Davon ist die Fernleitung des Heizstoffes selbst wohl zu unterscheiden. Als solcher können entweder Flüssigkeiten und Gase (Öl- und Gasfernleitungen) oder in diesem Zusammenhange auch die Elektrizität dienen.

a) Einteilung und Anforderungen.

Nach diesen Gesichtspunkten läßt sich das gesamte Gebiet der Heizung gegenwärtig folgendermaßen einteilen:

I. Einzelheizung.
- 1. Kaminheizung.
- 2. Kanalheizung.
- 3. Ofenheizung.
- 4. Petroleumheizung.
- 5. Gasheizung.
- 6. Elektrische Heizung.

II. Zentralheizung.
- 7. Luftheizung.
  - a) Feuerluftheizung mit natürlichem Auftrieb.
  - b) Feuerluftheizung mit Gebläsebetrieb.
- 8. Wasserheizung.
  - a) Warmwasserheizung.
    - α) Niederdruck- } Warmwasserheizung.
    - β) Mitteldruck- } Warmwasserheizung.
    - γ) Schnellumlauf- } Warmwasserheizung.
  - b) Heißwasserheizung.
    - α) Mitteldruck- } Heißwasserheizung.
    - β) Hochdruck- } Heißwasserheizung.

9. Dampfheizung.
   a) Hochdruck-
   b) Niederdruck- } Dampfheizung.
   c) Unterdruck-
   d) Abdampfheizung.
10. Vereinigte Heizung.
   a) Dampfwarmwasserheizung.
   b) Dampfwasserheizung.
   c) Dampf- und Wasserluftheizung usw.

III. Fernheizung.
11. Hochdruckdampffernheizung.
12. Warmwasserfernheizung.
13. Abdampffernheizung.

Die große Zahl der verschiedensten Heizungsbauarten macht natürlich die richtige Wahl im gegebenen Einzelfalle oft schwierig, da jede Bauart ihre besonderen Vorzüge und Nachteile hat. Ganz allgemein müssen an eine gute Raumheizung eine Reihe von Anforderungen gestellt werden, die sich etwa folgendermaßen aussprechen lassen:

In gesundheitlicher Beziehung muß die Forderung erhoben werden, daß die entsprechende normale Temperatur mit möglichst kurzer Anheizdauer sicher erreicht und auf gleichmäßiger Höhe erhalten werden kann. Eine Überheizung des Raumes muß durch entsprechende Anpassung der Wärmelieferung an die wechselnden Witterungsverhältnisse vermieden werden. Die Heizung darf in keiner Weise die Atemluft verschlechtern. Deshalb sollten vor allem die Heizkörper eine Oberflächentemperatur besitzen, die — nach den bisherigen Forschungen — etwa 80° C nicht überschreitet, um Zersetzungen des auf den Heizflächen abgelagerten organischen Staubes zu vermeiden. Aus demselben Grunde sind auch Verkleidungen unangebracht, die leicht zur Bildung von Schmutzwinkeln Veranlassung geben. Belästigungen der Bewohner durch das Tragen von Kohle und Asche, durch Verbreitung von Rauch und Geräusch müssen nach Möglichkeit vermieden werden. Die Stellung der Heizeinrichtung im Raume muß so getroffen sein, daß Zugbelästigungen nicht auftreten.

Die technische Durchbildung einer Heizung soll derartig erfolgen, daß sie mit dem geringsten Baustoffaufwande den beabsichtigten Zweck erreichen läßt. Die Einrichtung muß einfach und, falls eine Heizung in ein fertiges Haus eingebaut werden soll, ohne große Umbauten möglich sein. Die Heizkörper müssen bequem und leicht gereinigt werden können. Die Bedienung darf, sofern nicht besonderes Personal dafür angestellt ist, nicht schwierig und umständlich sein. Die Regelung der Wärmeerzeugung und Wärmeabgabe soll möglichst selbsttätig sich vollziehen und schnell genug auf äußere Einflüsse antworten, um gröbere Temperaturschwankungen auszuschließen. Die ganze Heizung soll dauerhaft, betriebssicher und ungefährlich sein.

Hinzu tritt die künstlerische Gestaltung der Heizvorrichtungen. Sie hat, soweit letztere in den Räumen in die Erscheinung treten, den Eigentümlichkeiten der betreffenden Heizungsart Rechnung zu tragen, eine Forderung, die — besonders bei den Zentralheizungsbauarten — nicht immer leicht zu erfüllen ist. Dabei ist zu unterscheiden: 1. die Formgebung des Heizkörpers selbst und 2. die künstlerisch befriedigende Einfügung der Heizstelle in den Rahmen der Innenausstattung des Raumes. Als vorbildliche Beispiele dafür möge etwa an die Kaminbauten der Franzosen und Engländer erinnert sein. Jedoch ist nicht die äußerliche Nachahmung geschichtlich-architektonischer »Motive« gemeint, sondern der in die jedermann verständliche Formensprache der Kunst übersetzte Geist des Werkes soll uns durch die Zeichensprache der Baukunst verständlich gemacht, sinnenfällig mitgeteilt werden. Nicht die Vergewaltigung der Zweckschöpfung des Ingenieurs durch »architektonische« und »stilvolle« Verkleidungen darf das Ziel des Baukünstlers sein, sondern die kunstgerechte Weiterbildung des baumäßig Richtigen und seine Abstimmung auf das Raumganze, wobei auch die Forderungen der Hygiene ihre wahrhaftige Berücksichtigung finden sollen.

Schließlich gehört die Wirtschaftlichkeit des Heizbetriebes zu den selbstverständlichen Anforderungen, die jederzeit erfüllt werden müssen. Durch gute Beaufsichtigung, fortlaufende Aufzeichnungen und Messungen, besonders bei der Feuerungs- und Kesselanlage der Zentralheizungen, mehr aber noch durch zielbewußte Betriebsführung, wie richtige Anpassung an die Witterungsverhältnisse, guten Wärmeschutz der Rohrleitungen, Vermeiden der Überheizung von Räumen und der

Überanstrengung der Kessel, Beseitigung von Undichtigkeiten an Dampfwasserableitern u. a. m. lassen sich oft überraschende Ersparnisse erzielen. Die richtige Wahl des Brennstoffes spielt dabei eine große Rolle. Ferner hat die bautechnische Ausführung des Hauses auf die Wärmewirtschaft den einschneidendsten Einfluß: je wärmedurchlässiger die Umfassungswände, desto teurer die Heizung; Doppelfenster machen sich immer in kurzer Zeit durch entsprechende Wärmeersparnis bezahlt. In Fabrik- und Gewerbebetrieben ist im geldlichen Belange das Augenmerk besonders darauf zu richten, daß etwa vorhandene Abwärme von Kraftmaschinen zu Heizungszwecken so weit wie möglich ausgenutzt werde. Und bei den Fernheizwerken werden wir sehen, daß die Verkuppelung des Kraft-, Licht- und Heizbetriebes aus Ersparnisrucksichten anzustreben ist.

Bis zu welchem Maße die aufgeführten Grundsätze von den einzelnen Heizungsgattungen erfüllt werden, das wird uns die Beschäftigung mit ihnen lehren. Wir wenden uns zunächst mit wenigen Worten den Bauarten der Einzelheizungen zu, um dann in den folgenden Abschnitten das umfangreichere Gebiet der Sammelheizungen genauer kennenzulernen.

b) Kaminheizung.

Der Kamin in seiner ursprünglichen Anordnung war eine rechteckige Maueröffnung, in der ein Holzfeuer unterhalten wurde, wobei die Rauchgase unausgenutzt durch einen Schlot abzogen. Das Besondere der Kaminheizung ist somit das offene Feuer, dessen Strahlung fast ausschließlich den Raum zu erwärmen hat. Der Wirkungsgrad dieser einfachen Kamine ist also sehr gering, und fast alle im Brennstoff enthaltene Wärme geht zum Schornstein hinaus, nur etwa 10 bis 15 v. H. der Brennstoffwärme kommen — abgesehen von der Strahlung — im allgemeinen dem Raume zugute.

Die Vervollkommnungen waren deshalb neben der künstlerischen Ausgestaltung möglichst auf Verbesserung der Wärmeausnutzung gerichtet: Die Kaminöffnung wurde zunächst aus der Wand vorgebaut und mit einem schmückenden Steinrahmen umgeben; die Holzscheite erhielten zur Unterlage den Rost; in den Abzug wurde zur Regelung der Verbrennung eine Klappe eingebaut.

Dann wurde über den Kaminen der Rauchmantel angebracht, der zur Wärmeübertragung durch Leitung beizutragen bestimmt war. Graf Rumford verbesserte die Wärmeausnutzung der Kamine, indem er alle Umfassungswände aus verzierten Gußplatten herstellen ließ, die die aufgenommene Wärme an die Raumluft gut übertragen konnten. Zur Heizung verwendete er Kohlen statt des sonst üblichen Holzes. Weiter wurde nach einer englischen Bauart von Dalton die Luft des Raumes zum Durchzug durch den Kamin gezwungen, indem ein weiter Kanal in der Mauer vom Kamine bis zur Zimmerdecke ausgeführt wurde und dort ein Ausströmgitter erhielt. In dem Kanal befand sich der eigentliche Rauchabzug als Eisen- oder Tonrohr, durch dessen Wände ein Teil der Wärme der Rauchgase an die Umluft abgegeben wurde. Durch Öffnen oder Schließen der oberen Klappe konnte somit die Wärmeabgabe geregelt werden. Statt aus dem Raume selbst kann bei dieser Anordnung die Luft auch aus dem Freien entnommen und dem Raume vorgewärmte Frischluft zugeführt werden. Nach einem Vorschlage von Péclet wurde die Frischluft in einem von den Kamingasen umspülten Eisenrohre im Schornsteine hochgeführt und strömte durch ein Gitter oben in das Zimmer ein.

In neuerer Zeit endlich vereinigte man den Kamin mit einem Ofen, wodurch der Ofenkamin bzw. der Kaminofen entstanden. Bei ersterem ist das Feuer noch sichtbar, bei letzterem nicht mehr.

In Deutschland werden, im Gegensatze zu England und Frankreich, Kamine meistens nur noch des Prunkes halber ausgeführt. In der Tat kann durch eindrucksvollen Aufbau im Verein mit dem Spiele des offenen Feuers eine überwältigende Stimmung ausgelöst werden. Demgegenüber müssen alle Versuche, das Feuer künstlich vorzutäuschen, als verfehlt und vom Schönheitsstandpunkt aus als verwerflich bezeichnet werden. Dasselbe ist von denjenigen »Kaminen« zu sagen, die nicht feuerbar sind, in denen vielmehr ein Ofen oder Zentralheizungskörper versteckt ist.

Durch die Kaminheizung wird meistens eine gute Lüftung des Raumes, jedoch eine oft mangelhafte Heizung erreicht. Die einseitige starke Strahlung, die ungleichmäßige Erwärmung des Raumes, das sofortige Erkalten des letzteren nach Erlöschen des Feuers sowie die Leichtigkeit des Zurücktretens der Rauchgase in den Raum sind die Hauptnachteile der Kaminheizung.

c) Kanalheizung.

Kanalheizungen kommen ebenfalls nur mehr in Ausnahmefällen zur Anwendung in kleineren Kirchen, Gewächshäusern u. dgl. Die Hauptteile, aus denen sich die Kanalheizung zusammensetzt, sind der Feuerherd zur Entwicklung der Wärme, die Kanalzüge, welche die Rauchgase durchströmen, um ihre Wärme durch Überleitung an den Raum abzugeben, und der Schornstein, der den zur Bewegung der Gase erforderlichen Auftrieb zu sichern hat. Meistens tritt dazu noch das Lockfeuer am Fuße des Schornsteines, das zur Vorwärmung des letzteren während des Anheizens und damit zur Sicherung der Wirkung bei der Inbetriebsetzung dient.

Der Feuerherd liegt entsprechend vertieft und erhält Planrost- oder Füllfeuerung, je nachdem unterbrochener oder fortlaufender Betrieb beabsichtigt ist.

Die Rauchkanäle bestehen entweder aus Mauerwerk oder aus glatten bzw. gerippten Gußröhren. Die schlechteste Ausführung ist die, bei der die gemauerten Rauchkanäle im Erdreich liegen, weil alsdann ein großer Teil der Wärme an letzteres verloren geht und nur die Kanaldecke zur Wärmeübertragung ausgenutzt wird. Am richtigsten führt man die Rauchzüge dicht über Fußboden frei durch den zu beheizenden Raum, so daß die Raumluft die Kanäle von allen Seiten umspülen kann. Gußröhren können auch in mit Gittern abgedeckten Fußbodenkanälen liegen, so daß die Luft die ersteren unbehindert umströmt. Alsdann darf die Wärmeübertragung für die Stunde und das Quadratmeter Oberfläche der Rauchzüge angenommen werden:

für gemauerte Kanäle	zu	800—1000	WE
» gerippte Gußrohre	»	1100—1200	»
» glatte »	»	1500	»

Dabei ist vorausgesetzt, daß die Verbrennungsgase beim Eintritt in den Schornstein noch wenigstens 200° C warm sind, um einen sicheren Zug aufrechtzuerhalten.

Die Verlegung der Rauchzüge muß mit Steigung von etwa 2 cm auf das laufende Meter nach dem Schornstein hin erfolgen.

Fugen, durch welche die Rauchgase bei schlechtem Schornsteinzug in den Raum austreten könnten, müssen vermieden werden. Eiserne Rauchkanäle müssen wegen ihrer Ausdehnung auf Rollen und an den Enden im Mauerwerk entsprechend verschiebbar gelagert sein. Die Länge eines Rauchkanales führt man üblicherweise nicht über 35 m aus. Ergibt die Berechnung größere Längen, so werden entsprechend mehrere Züge angelegt.

Der Schornstein berechnet sich nach den im Abschnitt 26 erfolgenden Angaben. Das Lockfeuer kann entweder am Fuße des Schornsteines in einer Erweiterung des letzteren untergebracht sein oder aber in einem Umgehungskanale, nach dem Schornstein durch Klappe oder Schieber absperrbar, liegen.

Die Nachteile der Kanalheizung sind zum Teil in ihrer Feuergefährlichkeit, zum Teil in ihrer schweren Regelungsfähigkeit und dem schlechten Wirkungsgrade begründet. Auch die hohe Oberflächentemperatur der eisernen Heizflächen bildet einen hygienisch unzulässigen Übelstand dieser Heizungsart.

d) Ofenheizung.

Die zurzeit in Deutschland bei weitem häufigste Heizungsart für Wohnräume ist die durch Öfen[1]). Diese zeichnen sich vor den Kaminen, abgesehen von den minderwertigen, überholten Ausführungen, durchweg durch einen höheren Wirkungsgrad aus, der durchschnittlich bis zu 50% und mehr, bei den besten Öfen bis 80% betragen kann. Diese bessere Ausnutzung des Brennstoffes hat ihren Grund darin, daß den Rauchgasen in einem Verbrennungsraume bzw. in den sog. Zügen Gelegenheit gegeben wird, ihre Wärme an die Ofenwandungen zu übertragen, die sie weiter an die Raumluft überleiten.

Als Baustoff wurde für die Öfen, wie wir in der Einleitung sagten, seit dem Mittelalter zunächst Ton verwendet, aus dem die Kacheln, glasiert oder unglasiert, hergestellt werden. Seit der Mitte des 19. Jahrhunderts verwendet man daneben auch das Eisen. Hieraus ergibt sich die Einteilung in Kachelöfen

---

[1]) Haase: Der Ofenbau. Berlin 1902. — Wolpert: Die Heizung (4. Bd.), Berlin 1904. — Wustandt (Jeep): Feuerungsanlagen, Leipzig 1905.

und eiserne Öfen, sowie ferner deren grundsätzlich verschiedenes Verhalten in bezug auf die Erwärmung: Eisen ist ein sehr guter Wärmeleiter, es nimmt die Wärme schnell auf und leitet sie schnell an die Raumluft über. Ton dagegen ist ein schlechter Wärmeleiter, er erwärmt sich also nur langsam, speichert jedoch infolge seiner bedeutenden Wärmeaufnahmefähigkeit eine große Wärmemenge in sich auf und gibt sie langsam an die berührende Raumluft ab. Der gegenseitige zeitliche Verlauf der entwickelten Wärmemengen *A* und der Wärmeabgabe *B* eines Kachelofens ist in Fig. 123 dargestellt[2]). Die Fläche W_s stellt die im Ofen aufgespeicherte Wärme, die Fläche W_a die vom Ofen in jeder Stunde an den Raum abgegebene Wärmemenge dar, die aus der Aufspeicherung gedeckt wird, und die ungefähr der Hälfte der gesamten abgegebenen Wärmemenge entspricht und noch

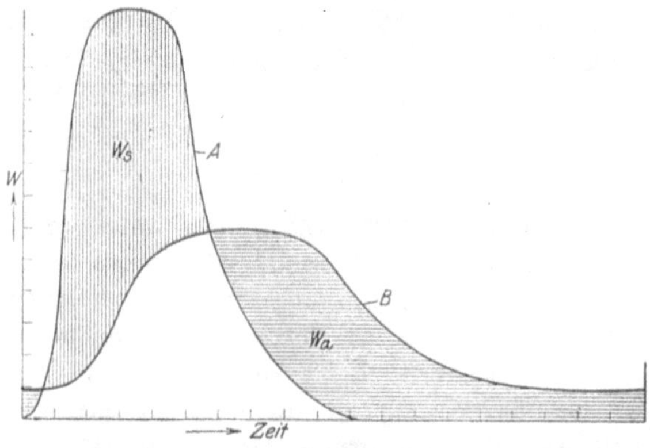

Fig. 123
Zeitlicher Verlauf der Wärmeaufnahme und -abgabe eines Kachelofens.

etwa 9 Stunden nach aufgehörter Wärmeentwicklung anhält. Je nach der Kachelstärke werden diese Kurven verschieden ausfallen. Weitere Beziehungen der Ofenheizung zur Wärmeaufstapelung der Raumwände hat de Grahl[1]) durch Versuche

[1]) Fudickar: Untersuchungen an Kachelöfen, Mitteilungen der Prüfanstalt für Heiz- und Lüftungsanlagen, 24. Mitteilung, Verlag R. Oldenbourg, München 1917.

[2]) de Grahl: Wärmeaufnahme und -Abgabe der Umfassungswände von Gebäuden, Festnummer der Zeitschr. »Gesundh.-Ing.« 1907.

festgestellt. Als Oberflächentemperaturen an Kachelöfen hat de Grahl bis rund 80° C und Fudickar bis rund 110° C gemessen. Wenn auch eine unmittelbare Messung der Heizleistung bisher bei Kachelöfen noch nicht gelungen ist, so konnte doch durch mittelbare Bestimmungen der Wirkungsgrad von de Grahl zu rund 79%, von Fudickar zu rund 83% berechnet werden. Dies sind Zahlen, die im praktischen Betriebe kaum vorkommen werden, weil die Bedienung während der Versuche eine sehr sorgfältige war. Außerdem ist zu beachten, daß auch der Wirkungsgrad eines Kachelofens keine feststehende Zahl ist, sondern von sehr vielen Umständen abhängt und daher großen Veränderungen unterliegt. Schließlich kommt es auf den Wirkungsgrad des Ofens letzten Endes auch gar nicht an, sondern darauf, wieviel von der nutzbar gemachten Wärme nun auch wirklich dem Raume zugute kommt. Brabbée hat auf diesen Umstand wiederholt besonders aufmerksam gemacht. Unzweckmäßige Eckaufstellung eines Ofens, vorspringende Gesimse, zu geringer Wandabstand verhindern die zur Wärmefortführung erforderliche Luftströmung längs der Ofenheizflächen und bewirken oftmals eine Erwärmung der Wände statt der Raumluft.

Handelt es sich darum, einen Raum langsam, aber nachhaltig zu erwärmen, so sind nach dem Vorgetragenen die Kachelöfen am Platze, bei denen man die Berliner Öfen mit dünnen Kacheln von 2 cm Dicke und die schwedischen und russischen Öfen mit dicken Kacheln von 20 cm Stärke unterscheidet. Erstere werden mit Preßbraunkohlen, letztere mit Holz gefeuert. Beide Arten von Öfen sind sehr umfangreich und werden meistens bis zu der beträchtlichen Höhe von mehreren Metern ausgeführt. Innen sind die Öfen in eine oft große Anzahl von senkrechten und wagerechten Feuerzügen eingeteilt, aus deren oberstem die Gase in den Schornstein entweichen. Beim Anheizen wird die Feuertür so lange offen gehalten, bis aller Brennstoff vollständig in Glut übergegangen ist; dann wird die Ofentür fest und möglichst luftdicht verschlossen. Die Ofenwandungen nehmen nun langsam eine bedeutende Wärmemenge auf und sind also fähig, eine sehr nachhaltige milde Erwärmung des Raumes aufrechtzuerhalten, selbst nachdem das Feuer längst erloschen ist. Aus diesem Grunde läßt allerdings auch der Kachelofen keine Regelung der Wärmeabgabe zu, und er ist den Schwankungen der Witterung in keiner Weise anpassungsfähig. Bei Überheizung des Raumes bleibt also kein anderes Mittel als das Öffnen der Fenster oder der Ofentüre, letzteres zum Auskühlen der Rauchzüge. Die Strahlung dieser Öfen ist, wenn sie mit einer Glasur versehen sind, auf ein Geringstmaß herabgesetzt.

Während in dem sog. Berliner Ofen die Rauchgaswärme in der Hauptsache durch Leitung in verschiedenen Zügen an die Kacheln übertragen wird, hat ein seit vielen Jahren von Burghard (siehe Fig. 124) angegebener Kachelofen im Gegensatz hierzu im oberen Teile eine geräumige Feuerkammer, in der die Strahlung des Verbrennungsraumes an die Ofenwandungen voll nutzbar gemacht wird.

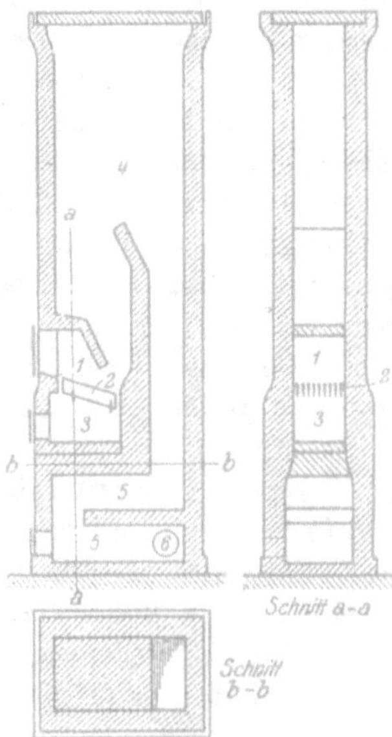

Fig. 124.
Kachelofen nach Burghard.
1 Kohlenraum. *2* Rost. *3* Aschfall. *4* Feuerkammer. *5* Züge. *6* Schornsteinanschluß.

Im Gegensatze zu den Kachelöfen eignen sich die eisernen Öfen vorzüglich zur schnellen, dafür aber nicht nachhaltigen Erwärmung von Räumen. Die einfachste Bauart ist der 1861 eingeführte sog. Kanonenofen, der aus einem einfachen, stehenden Eisenrohre besteht, in dessen unterem Teile die Kohle auf einem Roste brennt, und von dessen oberstem Punkte die Rauchgase in den Schornstein münden. Schlechte Ausnutzung der Gase, weil ihr Weg zu kurz, ferner das häufige Glühen der Ofenwände, die Strahlungsbelästigung und der schlechte Wirkungsgrad führten dazu, den Feuerherd aus Steinen herzustellen, den oberen eisernen Teil dagegen im Zickzack anzuordnen, um den Weg der Rauchgase zu verlängern. So entstand u. a. der Eremitagenofen.

Läßt man das Feuer in einem eisernen Ofen ausgehen, so hört auch die Erwärmung sofort auf, und so sind diese Öfen leichter den Schwankungen der Witterung anzupassen als die Kachelöfen, wozu allerdings eine unausgesetzte Aufmerksamkeit in der Bedienung erforderlich ist, ein Umstand, der den eisernen Ofen in seinen eben beschriebenen Formen keineswegs empfehlenswert erscheinen läßt.

Eine Vereinigung der eisernen mit den Kachelöfen führt zu den Kachelöfen mit eisernem Einsatz und zu den ausgemauerten eisernen Öfen. Beide Arten eignen sich zu schneller Erwärmung und längerem Nachheizen eines Raumes.

Die bisher besprochenen Öfen waren Bauarten für unterbrochenen Betrieb. Im Jahre 1877 führten sich die amerikanischen Dauerbrandöfen mit Regulierfüllung des Brennstoffes in Europa ein. Diese eignen sich einerseits für ununterbrochenen Betrieb, weil im Brennstoff, der in einem geräumigen Füllschacht lagert, eine bedeutende Wärmeaufspeicherung vorhanden ist; anderseits war aus diesem Grunde mittels Stellvorrichtungen eine Regelung der Verbrennung durch vermehrte oder verminderte Luftzufuhr zum Brennstoff erforderlich. Zur Erfüllung beider Umstände ist ein kurzflammiger, nicht backender Heizstoff mit geringem Aschengehalte notwendig, wozu sich nur Anthrazit, allenfalls bester Koks eignet. Wegen seiner hohen Verbrennungstemperatur darf dieser Brennstoff nicht an den Ofenwandungen anliegen und wird in einem Füllschacht auf sog. Korbrosten gelagert, so daß ein Glühendwerden der Öfen ausgeschlossen ist. Von außen ist das Feuer durch Glimmerscheiben in gefühlsmäßig ansprechender Weise sichtbar. Die Verbrennung in den Füllöfen[1]) ist bei schwacher Glut und hohen Brennstoffschichten nahezu vollkommen, daher die Nutzwirkung eine außerordentlich große. An europäischen Eigenbauarten von regelbaren Füllöfen sind vor allem bekannt die von Cadé, Meidinger, Keidel, Warstein, Lönholdt, der Pfälzer Ofen u. a.

Einige der genannten Bauarten werden mit einem Ofenmantel umgeben und führen dann den Namen Lüftungsöfen. Hierher gehört auch der Röhrenofen von A. Wolpert[2]). Zweckmäßig verbindet man den Mantelzwischenraum verstellbar mit der Außenluft, um auf diese Weise dem Raume vorgewärmte

[1]) Meidinger: Feuerungsstudien. Braunsche Hofbuchhandlung, Karlsruhe 1878.

[2]) Wolpert: Theorie und Praxis der Ventilation und Heizung, 4. Bd.: Die Heizung. Verlag W. u. S. Loewenthal, Berlin. 4. Aufl.

Frischluft zuführen zu können, die dann am oberen Rande ins Zimmer austritt. Um nun eine Lüftung des letzteren zu erreichen, ist für die Abführung der verbrauchten Luft aus dem Raum ein Abluftkanal vorzusehen, solange nicht die natürlichen Undichtigkeiten der Außenwände genügen.

Zur Berechnung der Ofenheizfläche können nach Rietschel für eiserne glatte Öfen bei unterbrochenem Betriebe 2500 WE/Std., bei nicht unterbrochenem Betriebe 1500 bis 2000 WE/Std. angesetzt werden, für gerippte eiserne Öfen entsprechend 2000 WE/Std. und 1000 bis 1300 WE/Std., für Kachelöfen etwa 500 bis 600 WE/Std. Jedoch lassen sich alle Öfen durch entsprechende Feuerung bedeutend anstrengen, natürlich auf Kosten der guten Nutzwirkung.

e) Petroleumheizung.

Petroleum- und Spiritusöfen kommen als Hilfsheizung in Frage, wenn ein Raum auf kurze Zeit schnell erwärmt werden soll. Dabei ist kein Fortschaffen von Asche notwendig, wohingegen die Öfen selbst leicht tragbar sind und wenig Platz in Anspruch nehmen. Letzteres erklärt sich aus dem hohen Heizwerte des Petroleums von etwa 10200 WE/kg.

Der Hauptnachteil dieser Öfen ist der, daß die Verbrennungsgase meistens in die Räume austreten und durch Verunreinigung und teilweise auch durch schlechten Geruch zur Güteverminderung der Wohnluft erheblich beitragen. Auch eine Entknallungsgefahr ist nicht ausgeschlossen. Ein regelrechter Heizbetrieb mit dieser Art Heizung ist also in keiner Weise empfehlenswert.

f) Gasheizung.

Die große Bequemlichkeit und Sauberkeit, welche die Heizung mit Leuchtgas bietet, hat in den letzten Jahrzehnten eine außerordentlich große Zahl verschiedener Gasheizöfen entstehen lassen. Dazu kommen noch Vorteile anderer Art, wie: Fortfall der Brennstoff- und Aschenverbringung, sofortige Betriebsbereitschaft, sehr schnelles Anheizen, geringste Beaufsichtigung, leichte Regelung, geringe Frostgefahr, bequeme Einrichtung, billige Anlage. Diesen bestechenden Vorteilen stehen jedoch eine Anzahl Bedenken gegenüber, die vor der Anwendung einer

Gasheizung wohl erwogen werden sollen: Neben dem teueren Betrieb ist es besonders die Entknallungsgefahr, die infolge Verlöschens der Flammen bei minderwertigen Gasöfen und Entstehens eines entknallfähigen Gasgemisches bei einer Mischung mit der 4- bis 13fachen Menge Luft eintreten kann, und die das Anwendungsgebiet der Gasheizung wesentlich einschränkt. Da es aus gesundheitlichen Gründen nicht angängig ist, die Verbrennungsgase frei in den Raum eintreten zu lassen, so müssen sie durch Mauerkanäle ins Freie geführt werden. Das sichere Arbeiten dieser Abzüge und im Falle des Versagens das Vorhandensein einer Sicherung gegen Entknallung ist also Voraussetzung für die Anwendung einer Gasheizung. In einem Vortrage hat Rietschel[1]) auf diese Gefahr bei mangelhaft gebauten Gasheizöfen hingewiesen, und die Heizkommission des Deutschen Vereines von Gas- und Wasserfachmännern hat daraufhin für den Bau und die Einrichtung von Gasheizöfen die folgenden Grundsätze aufgestellt:

1. Gasheizöfen sind an eine gut wirkende Einrichtung zur Abführung der Abgase anzuschließen;
2. die Gasheizöfen sind derart zu bauen bzw. einzurichten, daß unabhängig von der Wirksamkeit der Abzugsvorrichtung auch bei einem zeitweiligen Versagen derselben weder eine unvollständige Verbrennung des Gases, noch gar ein Verlöschen der Flammen eintreten kann.

Es soll nicht unerwähnt bleiben, daß die Entknallungsgefahr[2]) meist überschätzt wird, und daß die neueren Gasöfen eine größere Gewähr für sicheren Betrieb bieten.

Die verschiedenen Bauarten von Gasöfen können in zwei Gruppen eingeteilt werden, je nachdem sie hauptsächlich durch Lufterwärmung oder durch Strahlung wirken. Jede dieser Gruppen kann wieder Verbrennung mit leuchtender oder mit

[1]) Rietschel: Empfehlenswerte Sicherheitsmaßregeln bei Heizungsanlagen. Gesundh.-Ing. 1903, Nr. 26.

[2]) Franz Schäfer: Die angebliche Gefahrlichkeit des Leuchtgases im Lichte statistischer Tatsachen, 1906. Schäfer führt an, daß auf andere Ursachen mindestens ebenso viele ähnliche Unfälle zuruckzuführen sind wie beim Leuchtgas, wobei allerdings die Lichterzeugung inbegriffen ist. — Ders.: Kein Haus ohne Gas, 8. Aufl., 1909, Verlag R. Oldenbourg, München.

entleuchteter Flamme haben, wobei die entwickelte Wärmemenge beide Male die gleiche ist[1]). Besonderer Beliebtheit erfreuen sich die nach dem Grundsatz der Strahlenrückwerfung gebauten Öfen (Reflektoren); bei ihnen ist die damit verbundene Erwärmung des Fußbodens hygienisch beachtenswert. Eigenartig wegen Raumersparnis und in gesundheitlicher Hinsicht sind die Hängegasöfen von Junkers. Bekannt sind ferner die Prometheus-Element-Gasheizöfen des Eisenwerkes Meurer, auch Gasradiatoren genannt, die aus Gußeisen hergestellt werden.

Beachtenswerte Richtlinien von Franz Schäfer für die Anwendung des Gases zum Heizen enthält das Handbuch von Schilling und Bunte[2]). Ein Gasofen soll in sich selbst Zug haben, eine Forderung, die am besten dadurch erreicht wird, daß über den Brennern ein Verbrennungsraum mit seitlich geschlossenen Wandungen von genügender Höhe angeordnet wird, so daß die in ihm enthaltenen Gase eine den erforderlichen Auftrieb sicherstellende heiße Gassäule bilden. Anschließend können dann wagerechte oder auch fallende Züge eingerichtet werden. Der so erzeugte Auftrieb muß dazu hinreichen, daß der Gasofen auch ohne Anschluß an einen Schornstein ordnungsmäßig brennt. Der Schornstein soll im Gegensatz zu den Abzügen von Kohlenfeuerstätten keinen besonderen »Zug« auf die Gasflammen ausüben, weil die Flammenbildung durch die wechselnden Zugverhältnisse, nicht beeinflußt werden darf — ganz abgesehen davon, daß ja hier weder ein Rost- und Brennstoffwiderstand zu überwinden, noch die zur Verbrennung notwendigen Luftmengen anzusaugen sind. Der Schornstein einer Gasfeuerung soll vielmehr nur die Verbrennungserzeugnisse ungehemmt abziehen lassen. Zu scharfer Zug kann unter Umständen die Flammen zum Erlöschen bringen, ebenso wie plötzlicher Rückstau. Um beides hintanzuhalten, empfiehlt es sich, sog. Zugunterbrecher, wie sie in Fig. 125 dargestellt sind, in der Nähe des Gasofens in die Abzugröhren oder dort, wo diese den Dachboden durchqueren, einzubauen. Die Abbildungen lassen leicht erkennen,

---

[1]) Eine eingehendere Beschreibung von Einzelbauarten der Gasöfen findet sich bei Wolpert, 4. Bd.

[2]) Schilling u. Bunte: Handbuch der Gastechnik, Bd. VIII »Das Gas als Wärmequelle und Triebkraft«, Verlag R. Oldenbourg, München 1916.

daß jeder von oben her kommende Rückschlag durch die eingebauten schrägen Leitflächen unwirksam gemacht wird, so daß jeweilig eine geringe Menge der Abgase während der Störung durch den Unterbrecher in den beheizten Raum oder in den Dachraum frei austreten kann. Für die Ausmündung der Gasschornsteine über Dach gelten die gleichen Bedingungen wie für gewöhnliche Schornsteine. Eine ebene Deckplatte genügt für den Schutz der Mündung. Zu vermeiden ist die unmittelbare Ausmündung der Abgasröhren in den Dachraum hinein, weil die bei der Verbrennung des Gases entstehenden Wasserdämpfe

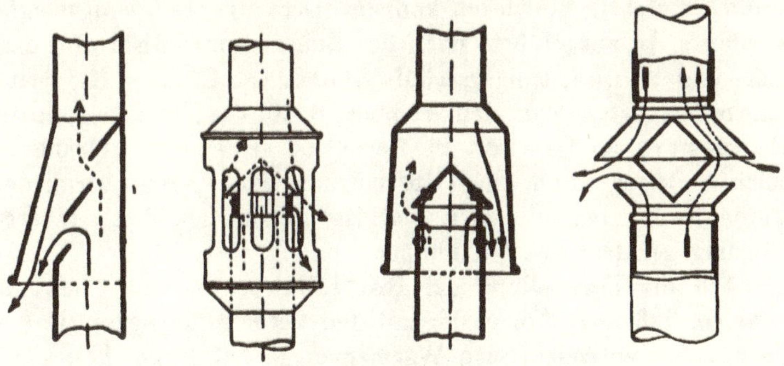

Fig. 125.
Zugunterbrechungen.

sich am Dachgebälk niederschlagen und dieses allmählich anfaulen würde. Die Schornsteine selbst sollten stets aus innen glasierten Tonröhren bestehen, um eine Durchnässung der Wände von innen heraus auszuschließen. Je nach der Größe der Gasöfen und nach der Höhe der Schornsteine genügen lichte Querschnitte von 5 bis 10 cm Durchmesser. Eine Hinabführung der Schornsteine zum Keller ist fehlerhaft, weil ja hier keine Flugasche sich ansammelt. Dagegen empfiehlt sich stets die Anbringung eines Entwässerungsröhrchens am Fuße des Schornsteines dicht beim Ofen, um das bei der Verbrennung entstehende Wasser in untergestellte Gefäße zum Abfluß zu bringen.

Hauptsächlich wird die Gasheizung für Besitzer von Gasanstalten, also z. B. für städtische Gebäude, Bedeutung haben, die sich das sonst teuere Gas zum Selbstkostenpreise erzeugen können. Für nicht oft benutzte Räume, wie Badestuben, Fremdenzimmer, Gasthäuser usw., als Hilfsheizung neben einer anderen, nicht immer (z. B. Sonntags) zur Verfügung stehenden Heizung, ferner in Wartehallen, Vorsälen usw. kann die Gasheizung alsdann gute Dienste tun.

Vorteilhaft ist es, die Gasöfen da, wo sie einmal ausnahmsweise als Dauerheizung eingerichtet sind, mit selbsttätigen Verbrennungsreglern auszustatten, die bei Überschreitung der normalen Raumtemperatur die Verbrennung unterbrechen, bei Unterschreitung sie aber wieder in Betrieb setzen. Die dazu nötige Betätigung des Gaszuleitungsventiles erfolgt vermittelst eines Ausdehnungskörpers, auf den die Schwankungen der Raumtemperatur einwirken können. Derartige Temperaturregler werden z. B. ausgeführt: nach der Bauart von Böhm von dem Gas- und Wasserleitungsgeschäft Stuttgart G. m. b. H., ferner andere Bauarten von den Firmen R. Kutzscher in Leipzig, Danneberg & Quandt in Berlin u. a. Durch Anbringung solcher Regler kann eine Überheizung der Räume vermieden werden, wobei bedeutende Ersparnisse im Betriebe dieser teueren Heizung gemacht werden können.

Für die Feststellung der Betriebskosten kann man annehmen, daß nach Abzug der mit den Verbrennungsgasen in den Schornstein entweichenden Wärmemengen auf 1 cbm Leuchtgas etwa 3500 bis 4500 WE/Std. für die Raumheizung nutzbar gemacht werden. Aus dem Preise des Gases, der sich nach dem Orte richtet, lassen sich dann die Heizkosten für einen bestimmten Fall leicht berechnen. Im allgemeinen werden also für Gasheizung die etwa 4fachen Betriebskosten gegenüber der Steinkohlenheizung anzusetzen sein.

g) Elektrische Heizung.

Die Kosten des elektrischen Stromes sind zurzeit noch so bedeutende, daß die Anwendung der elektrischen Heizung nur in Ausnahmefällen in Frage kommen kann. Dieses trifft besonders da zu, wo Wasserkräfte ausgenutzt werden können, oder wo der Verbrauch an Elektrizität zu Heizzwecken gegenüber den sonstigen Aufwendungen für Beleuchtung und Kraftübertragung nicht ins Gewicht fällt. In Amerika liefern z. B. die elektrischen Zentralen der Niagarafälle einen Teil des Stromes zu Heizzwecken, und in der Schweiz sind mehrere elektrisch geheizte Hotels, die den elektrischen Strom aus der billig zur

Verfügung stehenden Arbeit der Gebirgswässer erzeugen. Auch in elektrischen Bahnen findet sich die elektrische Heizung angewendet.

Nach dem Jouleschen Gesetz steigt die in einem Leiter entwickelte Stromwärme verhältnismäßig mit der Zeit, dem elektrischen Widerstande des Leiters und dem Quadrate der Stromstärke:

$$W = a \cdot R \cdot J^2 \cdot z, \quad \ldots\ldots \quad (60)$$

worin bedeutet:

W die erzeugte Wärmemenge WE/sek,
a das elektrische Wärmeäquivalent = 0,00024,
R den elektrischen Widerstand des Leiters in Ohm,
J die Stromstärke in Ampere,
z die Zeit in Sekunden, während welcher der Strom wirkte.

Bezeichnen wir noch mit E die Spannung des Stromes in Volt, so haben wir nach dem Ohmschen Gesetze die Beziehung:

$$J = \frac{E}{R}.$$

Dieser Wert in Gl. (60) eingesetzt, ergibt die in einer Stunde entwickelte Wärmemenge zu:

$$W = 3600 \cdot 0{,}00024 \cdot R \cdot \frac{E}{R} \cdot J$$

oder

$$W = 0{,}86 \cdot E \cdot J \text{ WE/Std.}, \quad \ldots\ldots \quad (61)$$

d. h. die in einem elektrischen Heizofen entwickelte Wärmemenge ist der Stromleistung oder der Anzahl der verbrauchten Watt ($E \cdot J$) verhältnisgleich.

Bedeutet ferner:

F die Heizfläche des wärmeabgebenden Körpers in qm,
T seine Temperatur in C°,
t die Raumtemperatur in C°,
c die Wärmeüberleitungszahl,

und beachten wir, daß im Beharrungszustande die entwickelte Wärme gleich der an die Luft abgegebenen ist, so haben wir:

$$0{,}86\, E\, J = F\, c\, (T - t),$$

woraus die Heizfläche des Heizkörpers folgt zu:

$$F = \frac{0{,}86\, E\, J}{c\,(T - t)} \text{ qm} \quad \ldots\ldots \quad (62)$$

Man unterscheidet hauptsächlich 3 Ausführungsformen der elektrischen Heizung: Entweder werden Freidrähte an Nichtleitern befestigt und in Spiralform in einem Rahmen ausgespannt, oder es werden isolierte Leiter auf einzelnen Gliedern befestigt, die zu Heizkörpern zusammengesetzt werden, oder die Widerstände bestehen aus Leuchtkörpern, also z. B. aus Glühlampen, die die Wärme zum größeren Teile durch Strahlung übertragen[1]). Ein elektrischer Ofen der letzteren Art ist in Fig. 126 dargestellt.

Fig. 126.
Elektrischer Heizkörper mit leuchtenden Gliedern der Allg. El.-Ges.

Bei der elektrischen Heizung kommt die ganze erzeugte Wärmemenge dem zu heizenden Raume zugute, da keine Wärme durch Abgase weggeführt wird. Die Einrichtung ist die denkbar einfachste, die Anlagekosten sind gering, ein Schornstein ist unnötig, die Heizkörper sind tragbar und verstellbar, so daß sie beliebig heute zu den Füßen, morgen zur rechten oder linken Körperseite oder sonstwie im Raum gestellt werden können.

[1]) Heepke: Die elektrische Raumheizung, Verl. Marhold, Halle a. S. 1904.

Dazu kommt in baukünstlerischer Beziehung der Vorteil des leichten Anpassungsvermögens der Heizung an den Raum, nach der technischen Seite der Vorteil der genauen Regelfähigkeit und in gesundheitlicher Hinsicht die größte Reinlichkeit des Betriebes. Auch kann die Oberflächentemperatur beliebig niedrig gewählt werden, wenn die Heizfläche entsprechend groß angenommen wird.

Fig. 127.
Warmwasserheizkörper von Gebr. Sulzer mit elektrischem Heizwiderstand.

Die Betriebskosten der elektrischen Heizung werden nach Kilowattstunden berechnet, von denen jede einer Wärmemenge von 864 WE/Std. gleichkommt. Die elektrische Raumheizung ist bislang die teuerste Heizungsart und im Mittel etwa achtmal so teuer wie die Gasheizung und 20mal so teuer wie gewöhnliche Steinkohlenheizung — falls nicht, wie eingangs erwähnt, besonders günstige Verhältnisse vorliegen, die das Preisverhältnis verschieben.

Unabhängig von den Betriebskosten dürfte aber die elektrische Heizung wegen ihrer großen Bequemlichkeit überall da in Betracht kommen, wo eine Hilfsheizung als erforderlich erachtet wird für die Übergangszeit, in der die allgemeine Heizung noch nicht im Gange ist. Die Fig. 127 zeigt beispielsweise einen Warmwasserheizkörper von Gebr. Sulzer, der in seinen unteren Verbindungen einen elektrischen Widerstand in Form eines Stabes besitzt. Durch einfaches Einschalten des Drehschalters erwärmt sich der elektrische Widerstandskörper und erwärmt den ihn umgebenden Wasserinhalt des Radiators, wobei natürlich der Regelhahn des letzteren geschlossen sein muß, damit das erwärmte Wasser nicht etwa durch die Zuleitung aus dem Heizkörper in das Rohrleitungsnetz entweichen kann.

20. Die Vorzüge der Zentralheizung.

Scheiden wir die Gas- und die elektrische Heizung vom Vergleich aus, da sie ihres teueren Betriebes wegen für die große Mehrzahl der Fälle nicht in Betracht kommen, so bietet die neuzeitliche Sammelheizung gegenüber der Einzelheizung eine ganze Reihe von Vorzügen[1]), die etwa folgendermaßen zusammengefaßt werden können.

Durch die zentrale Entwickelung der Wärme in einem gemeinschaftlichen Kesselraume kann der Verbrennungsvorgang wirtschaftlicher gestaltet werden, als es in den vielen Einzelfeuerstellen möglich wäre. Die Rauch- und Rußplage, an der in den Großstädten erfahrungsgemäß die Feuerungen der Stubenöfen den Hauptanteil haben, wird also wesentlich gemildert. Dazu trägt auch die bei den Zentralheizungen übliche Verwendung von gasarmen Kohlensorten, besonders die Koksfeuerung bei, die an und für sich fast rauchlos brennt.

Innerhalb des Hauses wird bei der Zentralheizung die Brennstoff- und Aschenverbringung und somit die Verunreinigung der Luft und der Räume durch Ofengase, Kohlenstaub und Asche vermieden. Das zeitraubende Anheizen und die lästige Bedienung der Öfen in den einzelnen Räumen fallen fort. Statt

---

[1]) Vgl. auch Paul Saupe: Unsere Zentralheizungen, Preisschrift, veröffentlicht vom Verb. d. Zentralheiz.-Ind., Verl. R. Oldenbourg, München 1910.

deren ist die zentrale Wartung der Feuerung zu besorgen, für die bei kleinen Anlagen keine besondere Bedienung angestellt zu werden braucht, weil sie im Nebenamt von einem Bediensteten geleistet werden kann, denn die Verbrennung wird durch selbsttätige Regler beeinflußt. Daraus folgt unmittelbar die Möglichkeit einer zentralen Regelung der Wärmeabgabe, die z. B. bei der Warmwasserheizung in hervorragendem Maße vorhanden ist. Daneben können die Heizkörper einzeln durch die Zimmerinsassen bequem in ihrer Leistung, je nach dem Wärmebedürfnis, durch einfaches Stellen des Regelhahnes geregelt werden. Endlich ist die in den letzten Jahren bei der Zentralheizung mit Erfolg eingeführte selbsttätige Temperaturregelung hervorzuheben, durch welche die Raumtemperatur auf gleichmäßiger Höhe erhalten bleibt — trotz größter Veränderlichkeit der Außentemperatur. Einer Überheizung der Räume wird damit wirksam vorgebeugt, und die erzielte Ersparnis an Brennstoff ist auf 5 bis 10% veranschlagt worden.

Den größten gesundheitlichen Wert bietet der Umstand, daß bei der Zentralheizung die Heizkörper vor den abkühlenden Flächen des Raumes angebracht werden können, während die einzeln gefeuerten Öfen in der Nähe der Schornsteine, also an der Innenwand, aufgestellt werden müssen, da die Schlote in den Außenwänden zu großer Abkühlung ausgesetzt sein und deshalb nicht ziehen würden. Die richtige Aufstellung der Heizkörper ist für die gleichmäßige Durchwärmung des Raumes von unschätzbarem Werte, besonders in sehr hohen Räumen mit bedeutender Abkühlung, z. B. in Kirchen, wo unter der Kuppel zur Vermeidung von Zugerscheinungen noch Heizrohre untergebracht werden müssen. Auch Räume, die bei der Ofenheizung nicht mitgeheizt werden können, wie Aborte, Treppen, Vorräume, sind durch passende Zentralheizungskörper mit Leichtigkeit zu erwärmen.

Die geringe Platzinanspruchnahme der Heizkörper, ihre niedrige Oberflächentemperatur, die Minderung der Feuersgefahr sind ebenfalls schätzenswerte Eigenschaften der Zentralheizung.

Dazu kommt die bequeme Versorgung des Gebäudes mit vorgewärmter Luft, die an zentraler Stelle im Keller mit Leichtigkeit auf die gewünschten Temperaturgrade gebracht werden kann.

Im Zusammenhange damit steht die Möglichkeit der zentralen Luftbefeuchtung.

Endlich hat die Sammelheizung mit den eisernen Regelfüll- oder Dauerbrandöfen den Vorzug gemein, daß sie ununterbrochen betrieben werden kann. Die Zentralheizkessel werden zu diesem Zwecke mit einem geräumigen Füllschachte zur Aufnahme einer so großen Menge von Brennstoff versehen, daß letzteres über Nacht, ohne die geringste Bedienung zu erfordern, schwach brennen kann. Der Dauerbetrieb der Heizung ist entschieden vom gesundheitlichen Standpunkt aus zu bevorzugen, da sich die Raumwände auf eine größere Tiefe zu erwärmen vermögen, als wenn über Nacht eine jedesmalige Auskühlung des Raumes stattfindet. Daraus folgt, daß die Oberflächentemperatur der Wände eine höhere sein wird als bei unterbrochenem Betriebe der Heizung. Der dadurch verminderte Wärmeverlust der Personen durch Strahlung an die Wände würde nun bei gleicher Lufttemperatur des Raumes eine zu geringe Entwärmung des menschlichen Körpers bewirken. Um einer dadurch bedingten Verweichlichung vorzubeugen, ist es gut, die Lufttemperatur ununterbrochen beheizter Räume um wenigstens 1 bis 2 Grade tiefer zu halten als unter gleichen Umständen bei unterbrochenem Heizbetriebe. Durch die Erfahrung wird diese Ansicht unmittelbar bestätigt. Der aus gesundheitlichen Gründen für den Menschen wünschenswerte Temperaturwechsel soll durch verschieden hohe Erwärmung der einzelnen Räume (Vorhallen, Treppen) möglich sein.

Trotz all der angeführten großen Vorzüge kann eine Zentralheizung nur dann vollkommen befriedigen, wenn sie sachgemäß und auf Grund einer genauen Berechnung ausgeführt ist. Dazu gehört aber unter allen Umständen ein bestimmter Kostenaufwand, der meistens beträchtlich größer ist als bei einer Ofenheizung. Allerdings können auch billige Zentralheizungen hergestellt werden, aber nur auf Kosten einerseits der Güte der Baustoffe und der Ausführung, anderseits der Vollständigkeit und Wirtschaftlichkeit der Anlage. Derartige Heizungen, die besonders gern von Ausbeutern in Mietshäusern eingerichtet werden, lassen vielfach alles zu wünschen übrig. Eines der leider sehr beliebten Mittel zur Erstellung billiger Zentralheizungen bildet die Anwendung der in hygienischer und auch schönheitlicher Beziehung so verwerflichen Rippenheizkörper. Auf diesen lagert sich der nur schwer zu entfernende Staub ab, der durch Erwärmung auf höhere Temperaturgrade jene bekannte Luftverderbnis hervorruft, die gewöhnlich von Laien mit dem im übrigen durch nichts begründeten Ausspruche bezeichnet wird: »die Dampfheizung trockne die Luft aus.« Es kann daher nur von der Anlage einer Sammelheizung abgeraten werden, die durch Abstriche auf das niedrigste Maß der Anlagekosten gebracht worden ist. In einem solchen Falle sollte man stets lieber eine gute Ofenheizung einrichten, die noch billiger in der Anlage ist, die aber ihren Zweck weit besser erfüllen würde als eine beschnittene Zentralheizung.

VIII. Abschnitt.

Der Wärmebedarf geschlossener Räume.

Durch die Heizung wird die Lufttemperatur t_i eines geschlossenen Raumes auf eine Höhe gebracht, die größer ist als die Außentemperatur t_a. Infolge des Temperaturunterschiedes $(t_i - t_a)$ besteht das Bestreben des Wärmeausgleiches durch die Umschließungswände des Raumes. Dieser Wärmeverlust muß durch Zuführung einer gleichen Wärmemenge, nämlich durch Heizung, immer wieder aufgehoben werden. Man unterscheidet das Hochheizen des Raumes, bis der Beharrungszustand eingetreten ist, und nach Abstellung der Wärmequelle die Abkühlung des Raumes.

Während im Beharrungszustande die durch die Umschließungswände nach außen abgegebene Wärmemenge gleich der dem Raum im Innern zugeführten ist, muß beim Hochheizen außerdem noch diejenige Wärmemenge durch die Heizung geliefert werden, die zur Erwärmung des Luftinhaltes, der Gegenstände des Raumes und vor allem der Umfassungswände dient.

21. Die Wärmeverluste von Gebäuden.

Wir betrachten zunächst den Beharrungszustand. Dabei findet durch die Begrenzungswände eines Raumes eine gleichmäßige (stationäre) Wärmeströmung statt, die sich in drei

Stadien abspielt, nämlich die Übertragung 1. der von der Luft in die Innenfläche der Wand eintretenden Wärme W_1, 2. der durch den Baustoff bis zur Außenfläche der Wand hindurchgeleiteten Wärme W_2 und 3. der von der Außenfläche der Wand an die Außenluft austretenden Wärme W_3. Diese Wärme $W_1 = W_2 = W_3$ ist die während des Beharrungszustandes durch die Wand verlorene Wärmemenge des Raumes, die man kurz den Wärmeverlust (Wärmetransmission) nennt.

a) Die Ableitung der Gleichung für den Wärmedurchgang.

Die Wärmeübertragung[1]) ist nun, außer vom Temperaturunterschiede und von der Dicke der Wand, in vielfacher Weise abhängig vom Baustoff, von der Beschaffenheit der Oberflächen, von der Bewegung der berührenden Luftschichten, von dem Feuchtigkeitsgehalte der Luft, von der Bestrahlung usw. Diese verschiedenen Einflüsse, deren Größe noch dazu fortwährend wechselt, machen es unmöglich, den Wärmeübertragungsvorgang durch einen genauen mathematischen Ausdruck wiederzugeben. Um daher zu einer für die Praxis brauchbaren, möglichst sicheren und einfachen Gleichung zu gelangen, schließen wir uns dem Newtonschen und Fourierschen Gesetze des Wärmeüberganges an und setzen die Wärmeübertragung verhältnisgleich den Temperaturunterschieden. Die praktische Unzulänglichkeit dieser Annahme gleichen wir durch Erfahrungszahlen aus, die nur innerhalb der hier praktisch vorkommenden Grenzen Gültigkeit haben.

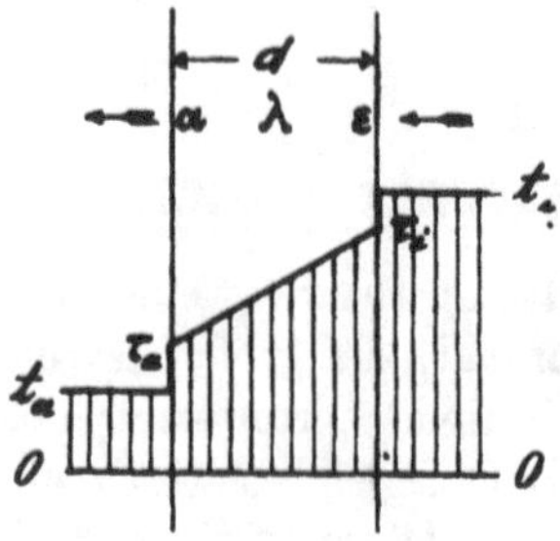

Fig. 128. Wärmeübertragung durch eine Wand.

Es bezeichnen also in Übereinstimmung mit Fig. 128:

F die Größe der wärmeaufnehmenden bzw. der wärmeabgebenden Fläche in Quadratmetern,

t_i die Temperatur der Luft auf der einen (Innen-) Seite der Fläche in Graden Celsius,

t_a desgl. auf der anderen (Außen-) Seite der Fläche,

---

[1]) Vgl. auch Péclet: Traité de la chaleur, 3. Aufl., übersetzt von Hartmann.

τ_i die Oberflächentemperatur auf der Innenseite in Graden Celsius,

τ_a desgl. auf der Außenseite,

d die Wandstärke in Metern,

ε die Wärmeübergangszahl für den Eintritt, d. h. diejenige Wärmemenge, die in die Wand in 1 Std. und auf 1 qm bei dem Temperaturunterschiede von 1° C aus der Luft übertritt,

α die Wärmeübergangszahl für den Austritt, d. h. diejenige Wärmemenge, die auf 1 qm/Std. bei 1° C Temperaturunterschied aus der Wand in die Umgebung austritt (α und ε heißen auch Zahlen der äußeren Wärmeleitung),

λ die Zahl der inneren Wärmeleitung des Baustoffes, d. h. diejenige Wärmemenge, die auf 1 qm/Std. bei 1° C Temperaturunterschied durch 1 m Stärke der Wand hindurchfließt.

Dann ist bei stetiger Wärmeströmung für $t_i > t_a$ unter Annahme der oben gemachten Voraussetzungen nach Fourier:

a) die in die Wand eintretende Wärmemenge in einer Stunde:

$$W_1 = F \varepsilon (t_i - \tau_i);$$

b) die durch das Innere der Wand von Oberfläche zu Oberfläche hindurchgeleitete Wärme, wenn wir gleichmäßigen Baustoff voraussetzen, wobei die Wärmeleitung im umgekehrten Verhältnis zur Wanddicke d steht:

$$W_2 = \frac{F \lambda (\tau_i - \tau_a)}{d};$$

c) die aus der Wand austretende Wärme:

$$W_3 = F \alpha (\tau_a - t_a).$$

In diesen drei Gleichungen sind die Oberflächentemperaturen τ_i und τ_a unbekannt. Diese sind nicht etwa ohne weiteres gleich den umgebenden Lufttemperaturen zu setzen; denn es besteht beim Überfließen der Wärme von der Oberfläche eines Körpers an die begrenzenden Luftschichten und umgekehrt ein Übergangswidsertand und somit eine Unstetigkeit in der Wärmeströmung, ein plötzlicher, unvermittelter Sprung, wie auch in Fig. 128 bereits zeichnerisch angedeutet ist. Rechnen wir nun τ_i und τ_a aus a) und c) aus unter Berücksichtigung, daß

$W_1 = W_2 = W_3$ gleich der übertragenen Wärmemenge W ist, so erhalten wir

aus a): $$\tau_i = t_i - \frac{W}{F\varepsilon}$$

aus c): $$\tau_a = t_a + \frac{W}{F\alpha}$$

und durch Abzug

d): $$\tau_i - \tau_a = t_i - t_a - \frac{W}{F}\left(\frac{1}{\varepsilon} + \frac{1}{\alpha}\right).$$

Ferner ist aber aus b)

e): $$\tau_i - \tau_a = \frac{W}{F} \cdot \frac{d}{\lambda},$$

so daß wir durch Gleichsetzung von d) und e) erhalten:

$$\frac{W}{F}\left(\frac{d}{\lambda} + \frac{1}{\varepsilon} + \frac{1}{\alpha}\right) = t_i - t_a$$

oder

$$W = \frac{F\,(t_i - t_a)}{\frac{1}{\varepsilon} + \frac{d}{\lambda} + \frac{1}{\alpha}} \qquad \ldots \quad (63)$$

Da nun ε, λ und α durch Versuche[1]) für jeden Stoff bestimmbare Größen sind, so können wir die Summe unter dem

---

[1]) Über die neueren Versuchsverfahren siehe:

Nusselt: Die Wärmeleitfähigkeit von Wärmeisoliermitteln, Forschungshefte Nr. 63 und 64, Jahrgang 1909, des Vereins Deutscher Ingenieure.

Gröber: Wärmeleitfähigkeit von Isolier- und Baustoffen, Zeitschrift des Ver. Deutsch. Ing., Jahrg. 1910, Nr. 32.

Poensgen: Ein technisches Verfahren zur Bestimmung der Wärmeleitfähigkeit plattenförmiger Stoffe, Zeitschrift des Ver. Deutscher Ing., Jahrg. 1912.

Redenbacher: Die Wärmeleitfähigkeit des gewachsenen Erdbodens, Dissertation, Verl. Kastner & Callwey, München 1917. Vgl. auch: Gesundh.-Ing. 1918, Nr. 38.

Wamsler: Die Wärmeabgabe geheizter Körper an Luft, Dissertation, München 1909, Akademische Buchdruckerei von F. Straub.

Jacob: Über einige neuere praktische Verfahren zur Messung des Wärmeleitvermögens von Bau- und Isolierstoffen, Zeitschr. d. Ver. Deutsch. Ing., Jahrg. 1919.

Bruchstrich zu einer gemeinsamen Unveränderlichen $\frac{1}{k}$ zusammenfassen und schreiben:

$$\frac{1}{\varepsilon}+\frac{d}{\lambda}+\frac{1}{a}=\frac{1}{k} \quad \ldots\ldots \quad (64)$$

Die Gleichung (63) geht dann über in die Form:

$$W=F\,k\,(t_i-t_a)\ \text{WE/Std.}, \quad \ldots\ldots \quad (65)$$

worin k die Wärmedurchgangszahl (Wärmetransmissionskoeffizient) heißt, deren Bedeutung wir erkennen, wenn wir F und (t_i-t_a) einzeln gleich eins setzen. Dann wird nämlich $k=W$, d. h.: k ist diejenige Wärmemenge, die stündlich bei 1° C Temperaturunterschied der Luft durch eine Wand von 1 qm Querschnittsfläche von der Innenluft an die Außenluft übergeht.

b) Die Berechnung der Wärmedurchgangszahlen.

Die Gleichung (64) gibt die Möglichkeit, die für die Heizungstechnik wichtige Wärmedurchgangszahl k zu berechnen. Im allgemeinen sind die in der Praxis vorkommenden Wände

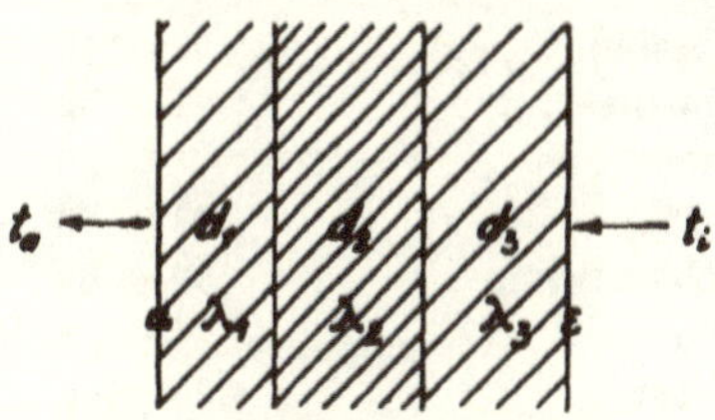

Fig. 129.
Wärmedurchgang durch eine zusammengesetzte Wand.

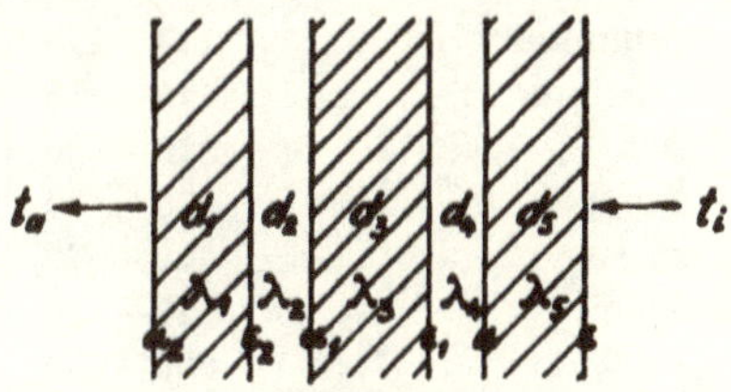

Fig. 130.
Wärmedurchgang durch eine Wand mit zwei Luftschichten.

nicht einfach, sondern aus Schichten zusammengesetzt, z. B. eine Außenwand: Tapete, Innenputz, Mauerwerk mit Mörtelfugen, Luftschicht, Mauerwerk, Außenputz; oder eine Decke: Putz, Holzschalung, Luftraum, Blendboden zwischen den Balken, Zwischenfüllung, Dielen, Linoleum. Wiederholt man für eine beliebige Anzahl Schichten (Fig. 129) die Ableitung, die zur Formel (64) geführt hat, so erhält man für n sich berührende Schichten die gleichartige Beziehung:

$$\frac{1}{k}=\frac{1}{\varepsilon}+\frac{d_1}{\lambda_1}+\frac{d_2}{\lambda_2}+\ldots+\frac{d_n}{\lambda_n}+\frac{1}{a} \quad \ldots \quad (66)$$

oder z. B. für eine dreifache Wand mit zwei Luftschichten wie in Fig. 130:

$$\frac{1}{k} = \frac{1}{\varepsilon} + \frac{1}{\varepsilon_1} + \frac{1}{\varepsilon_2} + \frac{d_1}{\lambda_1} + \frac{d_2}{\lambda_2} + \frac{d_3}{\lambda_3} + \frac{d_4}{\lambda_4} + \frac{d_5}{\lambda_5} + $$
$$+ \frac{1}{a} + \frac{1}{a_1} + \frac{1}{a_2} \quad . \quad . \quad . \quad . \quad . \quad (67)$$

Für den Fall, daß die Luftschichten hoch genug sind, so daß anzunehmen ist, daß sich in ihnen Wärmeströme bilden, findet keine eigentliche Wärmeleitung durch die Luft statt; dann fallen aus Gl. (67) die Glieder $\frac{d_2}{\lambda_2}$ und $\frac{d_4}{\lambda_4}$ heraus.

Für einen gegebenen Fall sind die Dicken d der einzelnen Stoffe und die Temperaturen t_i und t_a der Luft gegeben; ε und a müssen besonders bestimmt werden, während λ aus der folgenden Zusammenstellung zu entnehmen ist.

Werte λ der inneren Wärmeleitung[1])

WE/1 Std./1 qm/1 C°/m

(nach Neumann, Forbes, Péclet, Lorenz, H. F. Weber u. a.).

Metalle:

Aluminium	123—175	Messing	55—110
Antimon	14— 16	Neusilber	26— 32
Blei	26— 30	Nickel	50
Bronze	90—100	Platin	33— 60
Eisen	50— 72	Schweißeisen	50— 60
Stahl	22— 50	Quecksilber	6— 7
Gold	200—250	Silber	360—400
Gußeisen	40	Wismut	6
Konstantan	20	Zink	92—105
Kupfer	260—396	Zinn	51— 55

Andere Körper:

Backsteinmauerwerk	0,69—0,70	Filz	0,03—0,05
Baumwolle (gepreßt)	0,01—0,04	Flaum	0,04
Bruchsteinmauerwerk	1,3—2,1	Gips (Stuck)	0,33—0,63
Dachpappe	0,12	Gipsdiele	0,4 —0,52
Fichtenholz (Faserrichtung)	0,21	Glas	0,35—0,88
Eis	0,8 —2,0	Holzasche	0,06

[1]) Nach Landolt und Börnstein: Physik.-chem. Tabellen. Kohlrausch: Prakt. Physik. H. Recknagel: Kal. f. Gesundheitstechniker.

Holzkohlenpulver . . .	0,08	Papier	0,034–0,043
Isolierbims (lose)	0,066	Pappe	0,16
Isolierbimssteine	0,083	Quarzsand	0,27
Kalkstein (feinkörn.)	1,7 –2,1	Quarz	0,035
Kesselstein	2,0	Sägemehl	0,05–0,065
Kieselgurkomposition . .	0,136	Sandstein	1,3
Koks (dicht)	5,0	Schiefer	0,29
Kokspulver	0,16	Seidenabfall (Isoliermittel)	0,045
Kork	0,14–0,26	Steinkohle	0,11
Korkmasse	0,08	Tannenholz (Faserrichtung)	0,17
Kreidepulver	0,09	Tannenholz (senkrecht z. Faserrichtung)	0,10
Leroysche Masse	0,091	Ton (gebrannt) . . .	0,5 –0,7
Linoleum	0,16	Wolle	0,04
Luft (eingeschlossen)	0,02–0,07[1])	Zement	0,6
Marmor (feinkörnig) . .	3,48		
» (grobkörnig) . .	2,78		
» (n. Forbes) .	0,43–0,65		

Flüssigkeiten[2]):

Äther	0,15	Maschinenöle	0,1
Alkohol	0,18	Olivenöl	0,15–0,49
Glyzerin	0,24	Petroleum	0,13
Kochsalzlösung (spezifisch. Gewicht 1,178)	0,14	Wasser	0,51

Die Wärmeein- und Austrittszahlen ε bzw. α hängen nach Péclet bei Temperaturüberschüssen zwischen 25 und 65° von folgenden Größen ab:

1. von dem Temperatursprung $(t-\tau)$ bzw. $(\tau-t)$, den man nach Rietschel für die höchste Innen- und niedrigste Außentemperatur zu schätzen hat, und zwar:

Für Backsteinmauern von	0,12 m Stärke $(t-\tau)$ bzw. $(\tau-t)$ =	8°
» »	» 0,25 » » » » » =	7°
» »	» 0,38 » » » » » =	6°
» »	» 0,51 » » » » » =	5°
» »	» 0,64 » » » » » =	4°[3])
» »	» 0,77 » » » » » =	3°

[1]) Vgl. die von Nusselt gefundenen Werte S. 274.

[2]) Nach H. F. Weber. Die Werte gelten nur, wenn die Flüssigkeit nicht umströmt (z. B. Erwärmung von oben).

[3]) Dieser Wert stimmt mit Intzes Messungen ungefähr überein. Vgl. H. Fischer, Hdb. d. Arch. III. 4, S. 137, Verl. Kröner, Leipz. 1908.

Für Backsteinmauern von 0,90 m Stärke	$(t-\tau)$ bzw. $(\tau-t)$	= 2°
» » » 1,03 »	» » » »	= 1°
» » über 1,05 »	» » » »	= 0°
» einfache Glasfenster	» » »	= 20°
» doppelte »	» » »	= 10°
» Außenholztüren	» » »	= 2°
» Decken mit Füllung	» » »	= 1°
» Innenwände	» » »	= 0°

2. von der Wärmeüberleitung L zwischen Wand und Luft, und zwar:

$$L = l\,(\tau - t)\,[1 + 0{,}0075\,(\tau - t)], \quad . \; . \; . \quad (68)$$

wobei die Wärmeüberleitungszahl nach Ser gesetzt werden kann:

$l = 3$ für ruhende,

bis $l = 6$ für bewegte Luft.

3. von der Strahlung S, und zwar nach Péclet:

$$S = s\,(\tau - t)\,[1 + 0{,}0056\,(\tau - t)]. \quad . \; . \; . \quad (69)$$

Die Strahlungszahl s kann aus folgender Zahlentafel entnommen werden:

Wärmestrahlungszahlen s (WE/1 Std./1 qm/1° C).

Absolut schwarzer Körper[1]	4,76	Metalle:	
Baumwollenzeug	3,65	Messing, poliert	0,26
Bausteine	3,60	Silber	0,13
Glas[2]	2,91	Zink	0,24
Gips	3,60	Zinn	0,22
Holz	3,60	Ölanstrich	3,7
Kohlenpulver	3,42	Papier, gewöhnlich	3,8
Kohlenstaub	3,42	» versilbert	0,42
Kreide, zerpulvert	3,32	» vergoldet	0,23
Metalle:		Ruß	4,0
Eisen, oxydiert	3,36	Sand, feiner	3,62
Eisenblech, gewöhnlich	2,77	Sägespäne	3,53
» poliert	0,45	Seidenstoff	3,7
» verbleit	0,65	Wasser	5,3
Gußeisen, neu	3,17	Wollstoff	3,7
Kupfer	0,16		

[1]) Dimension: 4,76 WE/qm/Std./$°C^{-4}$ nach Kurlbaum.

[2]) Wo auf den Glasflächen Schwitzwasserbildung zu gewärtigen ist, setze man $s = 5{,}3$, d. h. die Strahlungszahl für Wasser! Die Ritzen bei Fenstern berücksichtige man dadurch, daß man für die Fläche den Fensterrahmen mitrechne!

Die in dieser Tabelle enthaltenen Pécletschen Werte sind allerdings — worauf schon Grashof, Paul, Nusselt, Wamsler aufmerksam gemacht haben, nicht einwandfrei, wie auch daraus hervorgeht, daß Péclet die Strahlungszahl für Wasser höher ansetzt als die des absolut schwarzen Körpers. Nach Untersuchungen von Wamsler sind die Strahlungszahlen, wenn die des absolut schwarzen Körpers = 4,61[1]) ist, für:

Lampenruß	s = 4,44	Oxydiertes, mattes Schmiedeeisen	4,40
Mattes Messing	1,03	Zink	0,97
Schwach poliertes Kupfer	0,79	Gußeisen	4,48
Hochpoliertes Schmiedeeisen	1,33	Kalkmörtel	4,30

Durch Zusammenfassung von 1., 2. und 3. erhalten wir endlich die Wärmeein- bzw. Austrittszahl als die Summe des Leitungs- und Strahlungsanteiles $(L + S)$ für 1° C Temperaturunterschied, nämlich:

$$\varepsilon \text{ bzw. } \alpha = l\,[1 + 0{,}0075\,(\tau - t)] + s\,[1 + 0{,}0056\,(\tau - t)] \quad (70)$$

Unter Einführung dieser Werte in die Gleichungen (64) bis (67) können nun die Gesamtwärmedurchgangszahlen k der einzelnen Baustoffe berechnet werden.

c) In der Praxis gebräuchliche Wärmedurchgangszahlen.

Für die wichtigsten in der Praxis vorkommenden Baustoffe sind die Wärmedurchgangszahlen k der Gleichung (65) auf die vorbeschriebene Weise durch Rechnung bestimmt worden. Die zeichnerische Darstellung Fig. 131 sowie die folgende Tafel enthalten Mittelwerte der Wärmedurchgangszahlen, wie sie teils von Rietschel angegeben, teils in der »Anweisung zur Herstellung und Unterhaltung von Zentralheizungs- und Lüftungsanlagen in den unter Staatsverwaltung stehenden Gebäuden Preußens«[2]) vom Jahre 1909 enthalten sind:

Balkenlagen mit halbem Windelboden:

als Fußboden	k = 0,35
» Decke	0,50
Gewölbe mit massivem Fußboden	1,00
» » Dielung darüber:	

[1]) Die Strahlungszahl 4,61 ist durch die neuere Bestimmung zu 4,76 bereits überholt.

[2]) Verlag Wilh. Ernst & Sohn, Berlin 1909.

als Fußboden	0,45
» Decke	0,70
Hölzerner, über dem Erdreich hohler Fußboden	0,80
desgl. in Asphalt verlegt	1,00
Massiver Fußboden über dem Erdreich	1,40
Einfache Fenster und Glasfüllungen in Türen	5,00
Einfache Fenster mit doppelter Verglasung	3,50

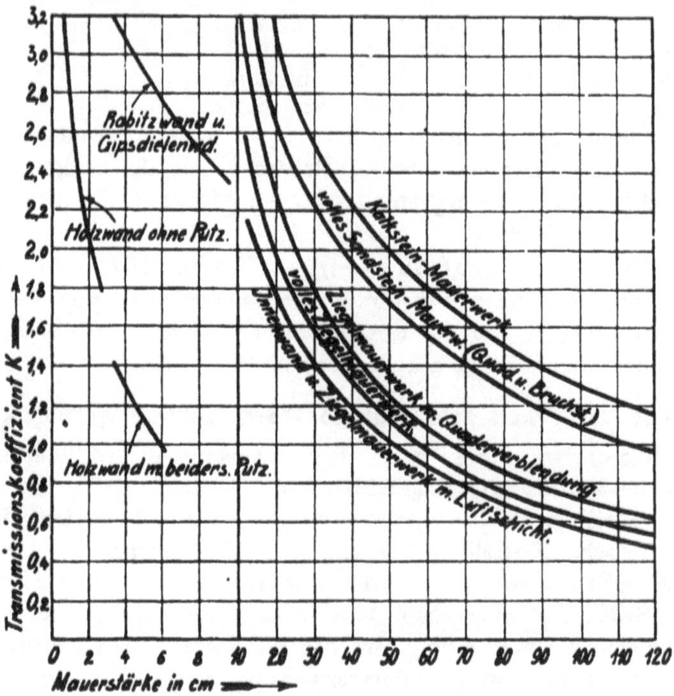

Fig. 131.
Wärmedurchgangszahlen k WE/qm/Std./C° der Umfassungswände von Gebäuden.

Doppelfenster	2,30
Einfache Oberlichter	5,30
Doppelte Oberlichter	2,40
Türen	2,00
Wagerechte Massivdecken bis auf weiteres je nach Art und Belag	1,50—3,00

ferner:

Dächer mit Schalung von 2,5 cm Stärke	2,20
Ziegeldach ohne Schalung	4,90
Holzzementdach	1,32
Wellblechdach ohne Schalung	10,40

Diese Wärmedurchgangszahlen sind in der Praxis gebräuchlich und haben sich im allgemeinen bewährt, da sie für die äußersten Temperaturen als reichlich bemessen anzusehen sind. Wie aus den Gleichungen (68) bis (70) hervorgeht, sind die Wärmeein- und -austrittszahlen von der Temperatur und von der Luftbewegung abhängig, während der Wert der inneren Wärmeleitung in den Tafeln S. 268 als unveränderliche Zahl angenommen ist. Eine lineare Zunahme der äußeren Wärmeleitfähigkeit von metallenen und lackierten Oberflächen mit der Luftgeschwindigkeit hat auch Ott[1]) nachgewiesen.

Wie erheblichen Anteil unter Umständen die Sonnenstrahlung an der Wärmeübertragung haben kann, hat Verfasser an einem besonderen Fall durch Versuche gezeigt[2]): Es bestand bei einem Raum ein Temperaturunterschied $(t_i - t_a) = 9^0$ C, und trotzdem fand kein Wärmedurchgang durch die Wand statt, weil Wärmegleichgewicht zwischen dem Wärmeverlust durch Leitung nach außen und der Wärmeeinstrahlung durch die Sonnenstrahlen vorhanden war.

Ferner wurde aus den eingehenden Untersuchungen, die Nusselt[3]) über die Wärmeleitfähigkeit von Wärmeschutzstoffen anstellte, die annähernd lineare Zunahme der inneren Wärmeleitung mit der Temperatur erwiesen. Es ergab sich, daß die Wärmeleitungszahl zwischen 0 und 100° für 1 Grad Temperatur-

---

[1]) Ott: Untersuchungen zur Frage der Erwärmung elektrischer Maschinen. Mitteilungen üb. Forschungsarbeiten, Heft 35/36. Verl. Jul. Springer, Berlin 1906.

[2]) Dietz: Beitrag zur Kenntnis des Wärmetransmissionskoeffizienten, Gesundheits-Ingenieur 1909, Nr. 12, Verlag R. Oldenbourg, München.

[3]) Nusselt: Die Wärmeleitfähigkeit von Wärmeisolierstoffen. Dissertation, Kgl. Techn. Hochschule München, Z. d. V. D. Ing. 1908, und Forschungsarbeiten Heft 63, Verlag Springer 1909.

erhöhung um etwa $\frac{1}{273}$ ihres Wertes bei 0° zunimmt nach der Gleichung:

$$\lambda_t = \lambda_0 \left(1 + \frac{t}{273}\right) \qquad (71)$$

Da die meisten Baustoffe in ihrem wärmephysikalischen Verhalten dem der Wärmeschutzstoffe verwandt sind, so besteht eine ähnliche Abhängigkeit zweifellos auch für die Umfassungswände der Gebäude, wie dies auch inzwischen die Versuche von Gröber (Z. d. V. D. I. 1910, Nr. 32) bestätigt haben. Daraus folgt dann unmittelbar, daß die Wärmeströmung in einer Wand im Beharrungszustande nicht linear verläuft, wie in Fig. 128 gezeichnet, sondern nach einer schwachgekrümmten Parabel, die durch die Punkte τ_i und τ_a geht. Aus der Zunahme des λ mit der Temperatur ergibt sich dann ebenfalls eine Abhängigkeit des k vom Temperaturunterschiede, was durch die soeben angeführte Arbeit des Verfassers in einem gegebenen Falle sich bestätigt fand.

Nusselt[1]) hat ferner die Wärmeschutzfähigkeit von Luftschichten untersucht; er fand bei kleineren Temperaturunterschieden ($\ll 20^0$) und bei annähernd Atmosphärentemperatur die gesamte durch den Luftmantel gegangene Wärmemenge:

$$W = F\left(\frac{\lambda'}{d} + \frac{1}{\frac{1}{c_1} + \frac{1}{c_2} - \frac{1}{c}}\right)(\tau_1 - \tau_2). \quad . \quad . \quad (72)$$

worin bedeutet:

F die Fläche der Begrenzung des Luftmantels in Quadratmetern,

λ' eine angenommene Wärmeleitzahl, und zwar
für Luftschichten von $d = 0{,}04$ bis 0,14 m Abstand
$\lambda' = 0{,}070$
» » » $d = 0{,}015$ m $\lambda' = 0{,}035$
für noch engere Luftschichten nähert sich λ' der reinen Wärmeleitzahl der Luft: $\lambda = 0{,}02$,

c_1 und c_2 die Strahlungszahlen der Oberflächen,

---

[1]) Nusselt: Die Wärmeleitfähigkeit von Wärmeisolierstoffen. Dissertation, Kgl. Techn. Hochschule München, Z. d. V. D. Ing. 1908, und Forschungsarbeiten Heft 63, Veflag Springer 1909.

c die Strahlungszahl des »absolut schwarzen« Körpers = 4,61 (vgl. hierüber S. 270),

$\tau_1 - \tau_2$ den Temperaturunterschied der den Luftmantel begrenzenden Flächen.

Mit zunehmender Temperatur nimmt also die Wärmeschutzwirkung des Luftmantels rasch ab. Den mit der Dicke des Zwischenraumes wachsenden Wärmeströmen ist durch λ' bereits Rechnung getragen; eine Unterteilung des Luftmantels durch eingemauerte Stege wirkt hemmend auf die Wärmeleitung durch Strömung, also verbessernd auf die Wärmeschutzwirkung des Luftmantels.

Inwieweit nach den angeführten Forschungen die auf S. 271 angegebenen Wärmedurchgangszahlen zu berichtigen wären, das zu prüfen würde eine besondere Untersuchung lohnen. Bei einer Änderung dieser Zahlen auf Grund neuerer Forschungen[1]) müßte aber jedenfalls das gesamte auf die bisherigen Werte abgestimmte und weiter aufgebaute, heutige Rechenverfahren zum mindesten in bezug auf seine Zuschläge ebenfalls erst einer Änderung unterzogen werden; denn die Praxis lehrt, daß der Erfolg in befriedigender Weise den Annahmen entspricht, die sich auf die im Vorstehenden vorgetragenen Werte gründen. Wir werden also mit diesen vorläufig weiter arbeiten müssen, die auch der Verband der Zentralheizungsindustrie in seine Normen übernommen hat.

Dazu kommt noch eine andere Tatsache, die in den obigen Tafeln für die innere Wärmeleitung zwar wissenschaftlich nicht berücksichtigt worden ist, der aber durch Erfahrungszuschläge in den »Normalien« des Verbandes der Zentralheizungsindustrie Rechnung getragen wurde: je nach der angewendeten Lüftungsart, ob Druck- oder Saugelüftung, hat die in den Poren der Umfassungswände eingeschlossene Luft eine Bewegungsrichtung von innen nach außen oder umgekehrt. Es findet also innerhalb der porösen Umfassungen eines Gebäudes eine Wärmeströmung neben der reinen Wärmeleitung statt, die die Wärmedurchgangszahl ebenfalls in bisher noch nicht geklärter Weise ver-

---

[1]) Vgl. Hencky: Der Wärmeschutz von Gebäuden, Bayer. Industrie- u. Gewerbeblatt, Jahrg. 1919, Nr. 7—8, Verl. Süddeutsche Verlagsanstalt, Munchen.

ändert. Daß endlich die Durchnässung einer Wand, d. h. die Erfüllung der Poren mit Wasser mit dessen großer Einheitswärme und hoher innerer Leitfähigkeit gegenüber Luft den Wärmedurchgang ganz bedeutend vermehrt, bedarf kaum der Erwähnung.

Neuerdings hat Hencky ein Verfahren[1]) mitgeteilt, das ohne große Kosten und auf verhältnismäßig einfache Weise die Bestimmung der Wärmedurchlässigkeit von Wänden an fertig ausgeführten Bauten ermöglicht. Ohne die Kenntnis der überfließenden Wärmemengen, sondern lediglich durch Temperaturmessung kann dabei unter Zuhilfenahme einer im Innern des Raumes vorzusetzenden Vergleichswand mit bekannter Wärmeleitzahl die Wärmeleitfähigkeit der Versuchswand gemessen werden. Das Verfahren würde sich also zur Feststellung neuer, praktisch brauchbarer Werte der Wärmedurchgangszahlen von Baustoffen eignen.

d) Aufstellung der stündlichen Wärmeverluste eines Raumes.

Wie bereits erwähnt, sind die im letzten Abschnitt angegebenen Wärmedurchgangszahlen als sichere Werte zu betrachten, sobald für die Wärmeverlustberechnung eines Raumes die höchste Innen- und die niedrigste Außentemperatur angesetzt werden. Als letztere gilt für Deutschland allgemein —20° C, in besonders kalten Gegenden —25° C. Die hygienisch wünschenswerten Innentemperaturen für die verschiedenen Raumgattungen sind bereits auf S. 67 angegeben worden. In bezug auf denjenigen Raum, dessen Wärmebedarf berechnet werden soll, sind die Temperaturen aller angrenzenden Räume ebenfalls als Außentemperaturen zu betrachten und dafür die für sie bestimmten Werte in Ansatz zu bringen. Für unbeheizte oder nicht täglich geheizte Räume sind nach der ministeriellen »Anweisung«[2]) im Mittel etwa folgende Temperaturen zu setzen:

für abgeschlossene Räume im Keller und in den übrigen Geschossen . . . . ± 0° C

[1]) Hencky: Ein einfaches, praktisches Verfahren zur Bestimmung des Wärmeschutzes verschiedener Bauweisen. Ges.-Ing. 1919, Nr. 46.

[2]) Anweisung zur Herstellung und Unterhaltung von Zentralheizungs- und Luftungsanlagen in den unter Staatsverwaltung stehenden Gebäuden Preußens. Verlag Wilh. Ernst & Sohn, Berlin 1909.

für öfter von der Außenluft bestrichene Räume, wie Durchfahrten, Vorhallen, Vorflure . . . . — 5° C
» unmittelbar unter der Dachfläche liegende Räume bei Metall- und Schieferdächern . . . . —10° C
» desgl. bei dichteren Bedachungsarten, wie Ziegel, Holzzement usw. . . . . — 5° C
» desgl. ohne Dachschalung . . . . —15° C
» die Erdbodentemperatur . . . . +5 bis + 7° C

Mit Hilfe der Gl. (65): $W = Fk\,(t_i - t_a)$ sind nun für den Beharrungszustand die stündlichen Wärmeverluste der Abkühlungsflächen jedes Raumes einzeln zu bestimmen, wie es in der folgenden Tafel für die Räume Nr. 1 und 2 der Fig. 132 geschehen ist: Man beginnt die Berechnung stets mit den Fenstern und Türen, deren Flächen dann von denen der Wände abzuziehen sind. Bei den Flächen der Fenster sind nicht nur die Glasflächen, sondern um die Undichtigkeiten zu berücksichtigen, die vollen Wandöffnungen in die Rechnung einzusetzen. Für die Flächen der Wände rechne man die lichte Länge bzw. Breite des Raumes, dagegen die ganze Stockwerkshöhe von Oberkante zu Oberkante Fußboden. Für die Fußböden und Decken sind die Lichtmaße des Raumes ausreichend. Grenzt der zu berechnende Raum an ein auf die gleiche Temperatur zu beheizendes Nachbarzimmer, so fällt die Wärmeübertragung für die betreffende Trennungsfläche

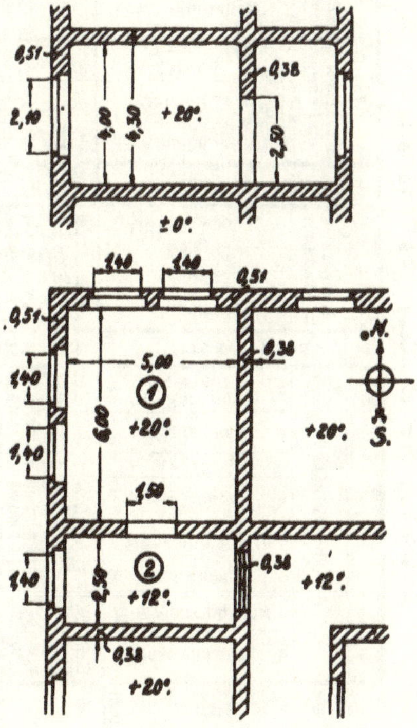

Fig. 132.
Berechnung der stündlichen Wärmeverluste von Räumen.

Berechnung der stündlichen Wärmeverluste.

Anlage D[1]).

1.	2					3								4	5			6	7			8		9	10
	Raum					Abkühlungsfläche									Temperatur in Grad Cels.				Wärmeeinheiten ohne Zuschläge			Zuschläge			
Nummer	a Bezeichnung und Nummer des Raumes	b Länge m	c Breite m	d Höhe m	e Inhalt cbm	a Bezeichnung	b Himmelsrichtung	c Länge m	d Höhe und Breite m	e Fläche qm	f Anzahl	g abzuziehen qm	h in Rechnung gestellt qm	Stärke der Wand cm	a innen	b außen	c Unterschied	Wärmedurchgangszahl	a Abgabe	b Gewinn	c im ganzen (a—b)	a für Himmelsrichtung bzw. Windanfall	b für Betriebsunterbrechung	Gesamtsumme der W.-E. einschl. der Zuschläge	Bemerkungen
1	Beratungszimmer (Eckzimmer)	5,00	6,00	4,00	120	E.F.	N.	1,4	2,1	2,94	2	—	5,88	—	+20	—20	+40	5,00	1176						Die Zahl in Spalte 7 wird erhalten durch Multiplikation der Zahlen in den Spalten 3h, 5c u. 6. Am Schlusse der Berechnung ist die Summe der Rauminhalte u. der Wärmeverluste sämtlicher Räume nach Heizarten getrennt in den Spalten 2e, 7c u. 9 zu ermitteln. Die Summe in Spalte 9 ist den statistischen Berechnungen (Anlage J) zugrunde zu legen.
						E.F.	W.	1,4	2,1	2,94	2	—	5,88	—	+20	—20	+40	5,00	1176						
						J.T.	—	1,5	2,5	3,75	1	—	3,75	—	+20	+12	+ 8	2,00	60						
						A.W.	N.	5,0	4,3	21,50	1	5,88	15,62	51	+20	—20	+40	1,10	687						
						A.W.	W.	6,0	4,3	25,80	1	5,88	19,92	51	+20	—20	+40	1,10	876						
						J.W.	—	5,0	4,3	21,50	1	3,75	17,75	38	+20	+12	+ 8	1,30	185						
						F.B.	—	5,0	6,0	30,00	1	—	30,00	—	+20	± 0	+20	0,35	210		4370				
2	Vorraum	5,0	2,5	4,0	50	E.F.	W.	1,4	2,1	2,94	1	—	2,94	—	+12	—20	+32	5,00	470	—					
						J.T.	—	1,5	2,5	3,75	1	—	3,75	—	+12	+20	— 8	2,00	—	60					
						A.W.	W.	2,5	4,3	10,75	1	2,94	7,81	51	+12	—20	+32	1,10	275	—					
						J.W.	—	5,0	4,3	21,50	1	3,75	17,75	38	+12	+20	— 8	1,30	—	185					
						J.W.	—	5,0	4,3	21,50	1	—	21,50	38	+12	+20	— 8	1,30	—	224					
						F.B.	—	5,0	2,5	12,50	1	—	12,50	—	+12	± 0	+12	0,35	53	—					
																			798	469	→ 329				

Es bedeutet: E. F. Einfache Fenster, D. F. Doppelfenster, J. T. Innentüren, A. T. Außentüren, J. W. Innenwände, A. W. Außenwände, F. B. Fußböden, D. Decken, E. O. Einfache Oberlichter, D. O. Doppelte Oberlichter. Für die Höhe einer senkrechten Wand ist die ganze Geschoßhöhe, zwischen den Fußböden-Oberkanten gemessen, einzusetzen.

[1]) Anweisung zur Herstellung und Unterhaltung von Zentralheizungs- und Lüftungsanlagen in den unter Staatsverwaltung stehenden Gebäuden Preußens, Verlag Wilh. Ernst u. Sohn, Berlin 1909.

aus. Ist jedoch die Temperatur des angrenzenden Raumes höher, so wird für diesen Fall $(t_i - t_a)$ negativ, d. h. der zu berechnende Raum gibt keine Wärme ab, sondern erhält von dieser Seite eine Wärmemenge $W = Fk\,(t_i - t_a)$, die von seinem Wärmeverlust abzuziehen ist, vgl. Spalte 7b der Tafel. Die algebraische Summe der Wärmeabgabe und des Wärmegewinnes wird in Spalte 7c eingetragen.

Um die Witterungseinflüsse genügend zu berücksichtigen, sind nach den Vorschlägen des Verbandes der Zentralheizungsindustrie mindestens folgende Zuschläge auf die betreffenden Außenflächen zu machen und in Spalte 8a einzutragen:

für Abkühlungsflächen nach N 20%
» » » NO, NW, O 15%
» » » W, SO, SW 10%
» » , die dem Windanfalle besonders ausgesetzt sind 15%
» Eckräume und solche mit einander gegenüberliegenden Außenwänden ist ein besonderer Zuschlag von . . . 5% auf alle Außenflächen zu machen.
» Räume von über 4 m Höhe sind für jeden angefangenen Meter Überhöhe auf die berechneten Wärmemengen zuzuschlagen 2,5%
(jedoch im ganzen nicht über 20%).

Bis hierher gilt die Wärmeverlustberechnung für den Beharrungszustand. Deshalb müssen für Anheizen und für Betriebsunterbrechung außerdem mindestens noch folgende Zuschläge auf den bis hierher berechneten Gesamtwärmeverlust des betreffenden Raumes gemacht werden:

für Räume, die bis abends geheizt werden, bei denen jedoch die Kesselanlage während der Nacht unter Feuer bleibt, so daß sie in der Nacht wenig auskühlen, wie Wohn- und Krankenräume, Wirtschaften und Gefängniszellen usw. 5%
» Räume, die nur bis zum späten Nachmittag beheizt werden und infolgedessen während der Nacht mehr auskühlen, wie Geschäfts- und Fabrikräume, Schulzimmer usw. 15%
» Räume, die nur selten geheizt werden,
bei 5 Stunden Anheizdauer 25%
» 4 » » 30%

bei 3 Stunden Anheizdauer 40%
» 2 » » 50%

Treppen und Flure erhalten nur die Witterungszuschläge, aber keine Zuschläge für Anheizen und Raumhöhe. Für etwaige Lüftung oder Luftbefeuchtung sind die betreffenden Wärmemengen getrennt zu bestimmen.

Sehr große Räume, wie z. B. Kirchen, können nicht nach den vorstehenden Angaben berechnet werden, da sie meistens außergewöhnlich starke Umfassungsmauern haben. Die Durchwärmung dieser gewaltigen Mauermassen würde unter Umständen ganz riesige Wärmemengen ergeben. Deshalb verzichtet man für solche Fälle lieber auf die Erreichung des Beharrungszustandes. Zur Berechnung des Wärmebedarfes schlägt dann Fischer[1]) folgendes Verfahren vor: Man berechne zunächst die Wärmemenge W_1, die erforderlich ist, um eine Innenschicht von 120 bis 150 mm Stärke der Umfassungswände und des Fußbodens auf die verlangte Innentemperatur zu erwärmen, wobei die spezifische Wärme für 1 cbm/^{0} C zu 270 bis 500 angenommen werden kann. Bei z Stunden Anheizdauer ist dann $\frac{W_1}{z}$ die erforderliche Wärmemenge in 1 Stunde. Ferner berechne man ebenfalls für die Anheizdauer z diejenige Wärmemenge W_2, die zur Erwärmung des Luftinhaltes der Kirche auf Innentemperatur nötig ist. Dies ergibt $\frac{W_2}{z}$ WE/Std. Endlich ermittele man die Wärmemenge W_3 für 1 Stunde, die im Beharrungszustande durch Fenster, Türen usw. nach außen verloren geht. Die Summe dieser drei Wärmemengen liefert alsdann brauchbare Werte für den stündlichen Gesamtwärmebedarf mittlerer Kirchen, die meistens nur auf wenige Stunden benutzt werden, wobei keine höhere Innentemperatur als 10 bis 12^0 gewünscht wird.

Für derartige Räume kann auch der Wärmebedarf W nach folgenden Erfahrungsformeln berechnet werden, die von Rietschel[2]) auf statistischer Grundlage gewonnen wurden und hier in vereinfachter Form gegeben werden,

[1]) H. Fischer: Heizung und Lüftung der Räume. Handbuch d. Architektur, 3. Teil, 4. Bd, Verl. Kröner, Leipzig 1908.

[2]) Rietschel: Leitfad. z. Ber. u. Entw. v. Lüftungs- u. Heizungsanlagen. Verl. Springer, Berlin 1902.

bei Wasser- oder Dampfheizung mit sehr gut verteilter Heizfläche:

$$W = 84 \cdot [EF] + \left(23 + \frac{60}{z}\right) \cdot [AW + JW + D + FB], \tag{73}$$

bei Luftheizung und bei Heizungen mit nicht gut verteilter Heizfläche:

$$W = 84 \cdot [EF] + \left(40 + \frac{120}{z}\right) \cdot [AW + JW + D + FB]. \tag{74}$$

In diesen Gleichungen, die den Wärmebedarf unmittelbar für eine Stunde liefern, bedeutet $z = 5$ bis 10 Stunden, nach Umständen auch mehr, die Anheizdauer. Bei Luftheizung ist dabei für jedes Meter über 12 m Raumhöhe noch 5% zum Wärmebedarfe zuzuschlagen. Die in den eckigen Klammern stehenden Bezeichnungen bedeuten die Abkühlungsflächen in qm, nämlich: einfache Fenster, Außen- und Innenwände, Decken und Fußböden.

e) Erwärmung und Abkühlung der Räume.

Durch die auf S. 279 nach Erfahrungen gemachten Anheizzuschläge zu der im Beharrungszustande erforderlichen Wärmemenge eines Raumes haben wir bereits dem Umstande Rechnung getragen, daß während des Hochheizens die Umfassungswände zu ihrer eigenen Erwärmung eine gewisse Wärmemenge verschlucken, die durch die Heizquelle zu decken ist. Wird später der Heizkörper abgestellt, so wird — unveränderte Witterungsverhältnisse vorausgesetzt — die oft bedeutende in den Wänden aufgespeicherte Wärmemenge[1]) zum Teile nach dem Raum hin wieder frei und verhütet ein zu schnelles Erkalten des letzteren. Bei Schwankungen in der Wärmelieferung wirken somit die Wände infolge ihrer großen Wärmeaufnahmefähigkeit als Wärmeregler. Wir können uns ihre Wirkung ähnlich vorstellen wie beim Vorgange der gedämpften Schwingungen.

In Fig. 133 sei der Querschnitt einer Mauer dargestellt, und von einer Nullinie ab seien die Temperaturen in den Wandquerschnitten 1, 2, 3, 4 und 5 als Senkrechte aufgetragen. Für

[1]) De Grahl: Wärmeaufnahme und -abgabe der Umfassungswände von Gebäuden. Gesundheits-Ingenieur v. 2. Juni 1907. Verl. R. Oldenbourg, München.

den Fall des Beharrungszustandes ergibt sich dann nach den besprochenen Regeln des Wärmedurchganges der stark gezeichnete Linienzug *a—a*, wobei auf der rechten Seite der geheizte Innenraum und links die Außenluft gedacht ist. Die Linie *a—a* ist gemäß Gl. (71) schwach parabelförmig gekrümmt.

Diese Temperaturkurve *a—a* läßt sich durch Versuche bestätigen, indem wir in der Wand Thermometer so anbringen, daß die Quecksilbergefäße in den Abständen 1, 2, 3, 4, 5 eingebettet sind, d. h. ohne Luftschichten dicht im Mauerwerk anliegen. Die Kapillaren müssen so weit aus der Wand hervorragen, daß die niedrigsten zu erwartenden Temperaturen noch ablesbar sind. Bequemer und genauer sind jedoch Thermo-

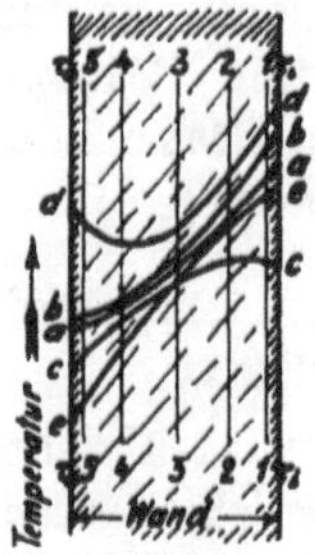

Fig. 133

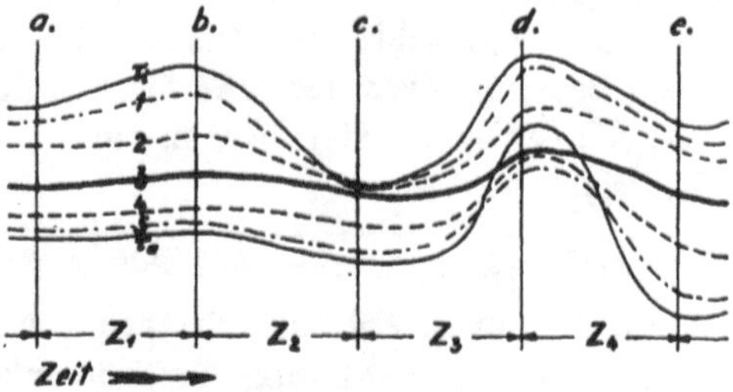

Fig. 134.

Örtlicher und zeitlicher Temperaturverlauf innerhalb einer Mauer.

elemente, deren Lötstellen in den Abständen 1—5 in der Wand liegen. Die Thermodrähte müssen von den Lötstellen ab erst mindestens je 10 cm auf einer Temperaturniveaufläche parallel den Wandflächen, ohne sich zu berühren, isoliert gelagert sein und werden von hier ab nach dem Raume hereingeführt. Hier sind sie mit den zu einem Umschalter führenden Kupferdrähten verlötet. Diese zweiten Lötstellen liegen zweckmäßig in Glasröhren und diese wiederum in schmelzendem Eise. Dadurch werden die betreffenden Wandtemperaturen annähernd verhältnisgleich der elektromotorischen Kraft gefunden. Durch entsprechendes Umlegen des Umschalters, der mit dem Galvanometer bzw. mit einer Ausgleichsschaltung verbunden ist, kann dann auf die einfachste Weise der Temperaturverlauf 1—5 in der Wand mit Hilfe einer Eichungskurve bestimmt werden. Natürlich wird sich die Kurve *a—a* nur ergeben, wenn während vieler Stunden ein Beharrungszustand der Innen- und Außentemperaturen voraufgegangen ist. Durch Fortführung der erhaltenen Kurve bis zum beiderseitigen Schnittpunkte mit der Wandbegrenzung erhalten wir die auf andere Weise kaum meßbaren Oberflächentemperaturen τ_i und τ_a für die Innen- und Außenflächen der Mauer. Nach Fig. 134 sind die Punkte τ_i, 1, 2, 3, 4, 5, τ_a auf die Senkrechte *a* übertragen.

Jetzt nehmen wir an, daß im Verlaufe einer gewissen Zeit z_1 die Raumtemperatur ansteige, womit sich auch die Oberflächentemperatur τ_i der Wand von *a* bis *b* erhebt. Dies hat zur Folge, daß der ganze Kurvenzug im Wandquerschnitt in *b*, 1, 2, 3, 4, 5, *b* übergeht; diese sieben Temperaturen sind in Fig. 134 auf der Senkrechten *b* verzeichnet. Alsdann möge nach Verlauf der Zeit z_2 die Raumtemperatur erheblich sinken, so daß auch τ_i bis auf *c* fällt. Naturgemäß stellt sich ein Temperaturabfall durch die ganze Wand hindurch ein, so zwar, daß die Temperaturen im Wandinnern träger folgen, so daß eine entgegengesetzte Krümmung der Temperaturkurve *c*, 1, 2, 3, 4, 5, *c* eintritt, deren Punkte wieder nach Fig. 134 auf die Senkrechte *c* übertragen sind. Wir sind jetzt in einem nicht gleichbleibenden Zustande der Temperaturbewegung und wollen annehmen, daß im weiteren Verlaufe der Zeit z_3 die Außentemperatur ziemlich plötzlich steige, so daß die Oberflächentemperatur τ_a bis *d* sich erhebt. Wir werden dann mit Hilfe der Thermoelemente mit Leichtigkeit die Kurve *d*, 5, 4, 3, 2, 1, *d* aufnehmen können, deren Punkte in Fig. 134 wieder auf die Senkrechte *d* übertragen sind. In dieser Fig. 134 ergibt sich nunmehr bereits je ein Linienzug für den zeitlichen Temperaturverlauf in den einzelnen Wandtiefen, und es zeigt sich, daß nach Ablauf der Zeit z_3 die Kurve der Oberflächentemperatur τ_a bereits die Innenwandtemperaturen 5, 4 und 3 überschneidet. Diese Erscheinung erklärt sich einfach daraus, daß die Wand, als schlechter Wärmeleiter, im Innern die plötzlichen Temperaturschwankungen nicht schnell genug mitmachen kann. Sinkt nun die Außentemperatur, so erhalten wir beispielsweise nach der Zeit z_4 die Kurve *e*, 5, 4, 3, 2, 1, *e* in Fig. 133, deren Punkte auf der Senkrechten *e* in Fig. 134 zur weiteren Fortführung des zeitlichen Temperaturverlaufes dienen.

Wir erkennen aus Fig. 134, daß der Verlauf der innersten Wandtemperatur 3 eine nur sehr schwach gewellte Linie ergibt, während die Schwankungen desto größer werden, je mehr wir uns den Wandoberflächen nähern, und daß sie für die letzteren am stärksten sind. Je dicker die Wand ist, desto kleiner sind naturgemäß die Abweichungen der Temperaturen im Wandinnern von der geraden Linie; und je dünner die Wand und je besser ihre Wärmeleitfähigkeit ist, desto weniger werden die Schwingungen der Temperaturkurven gedämpft und desto schneller muß sich die Raumheizung den Schwankungen der Witterung anzupassen vermögen.

Lehrreich und von höchster Wichtigkeit für die zu schaffende Größe der Heizfläche — die ja, wie wir sahen, von der Anheizdauer abhängt — ist nun die Frage nach der Abkühlung bzw.

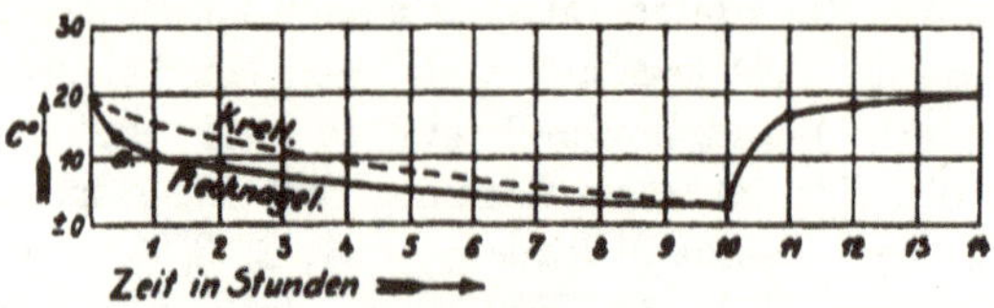

Fig. 135.
Abkühlung und Erwärmung eines Raumes.

Erwärmung eines Raumes, in dem die Heizung periodisch, z. B. des Morgens an- und des Abends abgestellt wird. Die Frage ist heute noch nicht gelöst. Sie hat zuerst Recknagel[1]), auf den Theorien Fouriers fußend, analytisch zu behandeln versucht. Die Ableitung ist jedoch für eine Wiedergabe an dieser Stelle zu verwickelt, deshalb mögen nur die Ergebnisse der Theorie für einen praktischen Fall mitgeteilt sein: Für einen Raum von 5 m Länge, 5 m Breite und 4 m Höhe, der nur eine einzige homogene, 50 cm starke Abkühlungswand an die Außenluft von — 20° C kehrt, errechnete Recknagel für windiges Wetter die in Fig. 135 eingezeichneten Werte der ausgezogenen Kurve. Nachdem der Raum zuerst im Dauerbetriebe geheizt war, wird zur Zeit 0 der Heizkörper abgestellt, so daß er keine Wärme mehr überträgt, und der Raum der Abkühlung überlassen; dann

[1]) G. Recknagel: Abkühlung und Erwärmung geschlossener Lufträume, Gesundh.-Ing. 1901, Nr. 17 und Z. d. V. D. Ing. 1901, Nr. 51; ferner: Separatabdruck aus d. Sitz.-Ber. d. Kgl. Bayer. Ak. d. Wissenschaften Bd. XXXI, Heft II. München 1901 (in Komm. d. G. Franzschen Verlages).

sinkt seine Lufttemperatur von 20° C, wie die Kurve zeigt, zunächst steil abfallend, dann langsam innerhalb 10 Stunden bis auf 3,3°. Wird nun die Heizung wieder in Betrieb gesetzt, so ergibt die Rechnung eine steil ansteigende Erwärmungskurve, die (mit der angenommenen stetigen Wärmelieferung einschließlich des Anheizzuschlages) nach weiteren vier Stunden die Anfangstemperatur wieder erreicht.

Mit der Praxis scheint Recknagels Theorie in qualitativer Beziehung gut übereinzustimmen. Fig. 136 gibt zwei Temperaturkurven wieder, die mit Thermographen aufgenommen wurden. Die obere Kurve ist von Meter mitgeteilt[1]) und bezieht sich auf die Heizung des 77 m langen, 14 m breiten und 19 m hohen

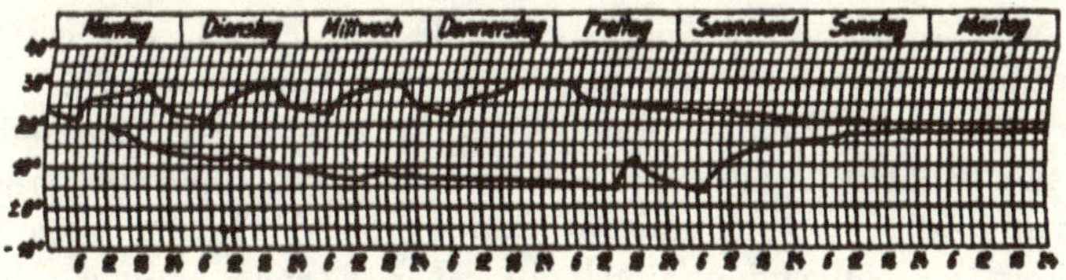

Fig. 136.
Aufgenommene Temperaturkurven bei der Erwärmung und Abkühlung von Räumen.

Büchersaales der Wiener Hofbücherei, deren Mauern 2,50 m, zum Teil über 3 m dick sind. Dieser Saal erhielt zu dem Besuche des deutschen Kronprinzen eine vorübergehende Heizung, die, innerhalb dreier Tage gebaut, 14 Tage lang in Benutzung gehalten und dann wieder entfernt wurde. Die ersten vier Kurvenzüge lassen nach Inbetriebnahme der Heizung die tägliche Abkühlung und Erwärmung von Montag bis Donnerstag erkennen, wobei die Temperatur der Innenluft bis auf 30° C stieg; am Freitag früh sechs Uhr wurde das Heizungsbehelf vollständig entfernt, und nun folgt die Abkühlung des Saales über Freitag, Sonnabend und Sonntag — an welchem Tage der beabsichtigte Empfang des Kronprinzen stattfand — bis auf +20° C Raum-

[1]) Meter: Die Erwärmung des Prunksaales der k. k. Hofbibliothek in Wien anläßlich des Besuches des Deutschen Kronprinzen am 14. April 1901, Gesundh.-Ing. 1901, Nr. 18. Verl. R. Oldenbourg, München.

temperatur. Die durchschnittliche Außentemperatur während dieser Zeit betrug +8,5° C.

Ein anderes Beispiel aus der Praxis des Verfassers gibt die untere Kurve der Fig. 136: Der beobachtete Raum war 11 m lang, 7 m breit und etwa 4 m hoch, und grenzte mit allen vier Außenwänden von 13 cm Stärke an die Außenluft; die Außentemperatur betrug im Mittel +1 bis +2° C. Die Temperaturkurve zeigt zunächst eine 4tägige ununterbrochene Abkühlung des Raumes, dann ein Anheizen, wieder eine Abkühlung und endlich ein stetiges Hochheizen über 2 Tage bis zum Übergang in den Dauerbetrieb mit +18° C Innentemperatur.

Alle solche aus der Praxis entnommenen Kurven zeigen also bei plötzlicher Außerkraftsetzung der Heizung denselben kennzeichnenden, von Recknagel aus der Theorie abgeleiteten Verlauf. Daß sowohl auf die Abkühlung als auch auf die Erwärmung der Räume die Witterungsverhältnisse, besonders Nässe, Wind und die Stärke der Sonnenstrahlung einen erheblichen Einfluß haben, und daß deshalb keine Theorie einen unbedingt befriedigenden Anhalt zu geben vermag, muß beachtet werden. Unter diesem Vorbehalte sind auch die Ableitungen von Krell[1]) aufzunehmen, der die Abkühlung der Gebäude auf derselben Grundlage behandelt wie die Abkühlung der Thermometer (vgl. S. 49). Nach Krell heißt die Zeit in Stunden, die verfließt, bis der Anfangstemperaturunterschied eines Raumes oder Gebäudes zwischen innen und außen bei gleichbleibender Außentemperatur sich auf die Hälfte vermindert, die Abkühlungszahl β. Diese soll für jedes Gebäude oder für jeden Raum eine unveränderliche Zahl sein. Nach den meisten dem Verfasser vorliegenden Abkühlungskurven ergeben sich jedoch Abweichungen von den tatsächlichen Verhältnissen, die ihren Grund wohl darin haben, daß β nicht unveränderlich bleibt, da die aufgenommenen Abkühlungskurven zu Anfang bedeutend schneller abfallen, als die nach Krell berechneten. Daß dies so sein muß, ist einleuchtend: denn nach dem plötzlichen Aufhören der Heizwirkung sinkt naturgemäß zuerst die Raumtemperatur, infolge des geringen Wärmeinhaltes der Luft und,

[1]) Krell sen.: Abkuhlung von Gebäuden, Gesundh.-Ing. 1907, Nr. 1. Verl. R. Oldenbourg, München.

da sich die Innenluft infolge der Abkühlung zusammenzieht, infolge des Zuströmens von Außenluft, ziemlich steil abfallend — wie die Kurven der Fig. 135 und 136 beweisen — bis unter die Oberflächentemperatur der Innenwand. Von diesem Zeitpunkt an findet eine allmähliche Wärmeabgabe von seiten der Wand an die Raumluft statt, deren Temperatur nun erst mit der Zeit langsamer abnimmt. (Nur beim Beginne der unteren Abkühlungskurve der Fig. 136 ist der steile Abfall nicht vorhanden; dies liegt jedoch daran, daß das Abstellen der Heizung gerade zu Mittag vorgenommen wurde, wo die Einwirkung der Sonne den normalen Verlauf der Kurve gestört hat, wie auch aus den folgenden Tageskurven hervorgeht.) Das Krellsche Verfahren ergibt also erst von dem Augenblick annähernd brauchbare Ergebnisse, in welchem die Temperaturen der Wandinnenfläche und der Raumluft annähernd gleich geworden sind. Darin liegt der Unterschied zwischen der Abkühlung eines Thermometers und eines Raumes, d. i. eines Körpers ohne und mit Luftinhalt. Ohne Berücksichtigung dieses Unterschiedes würde also die Krellsche Kurve in Fig. 135 wie punktiert verlaufen. Wird jedoch der Beginn der Kurve in den Ausgleichspunkt a, für den $t_i = \tau_i$ ist, verlegt, so fällt die Kurve mit der Recknagelschen ungefähr zusammen.

Dagegen wird die Krellsche Abkühlungskurve ein ungefähr richtiges Bild liefern[1]), wenn die Heizfläche im Raume zwar abgestellt ist, der Wärmeträger jedoch noch eine lang anhaltende, erst allmählich nachlassende Wärmelieferung gestattet, wie bei Kachelofen- oder Warmwasserheizungen, wie dies in Wirklichkeit in den meisten Fällen tatsächlich sein wird.

Krell hat für einige Gebäude die Abkühlungszahl β festgestellt und kann mit ihrer Hilfe eine Reihe von Aufgaben bezüglich der Abkühlung und Erwärmung von Räumen lösen, die ohne die Kenntnis von β nicht möglich wären.

Diese Eigenschaft der Umfassungswände, große Wärmemengen aufzunehmen und aufzustapeln, macht es verständlich, daß der Anheizvorgang zunächst zur Wärmeaufspeicherung in den Wänden dient, deren Wärmeinhalt dann später nach Ab-

---

[1]) Vgl. auch de Grahl: Abkuhlung von Gebäuden, Ges.-Ing., Festnummer 1913.

stellung der Wärmequelle dem Raume großenteils wieder zugute kommt und seine zu schnelle Abkühlung verhindert. Dies wird um so wirksamer der Fall sein, je stärker die Umfassungswände sind. Umgekehrt folgt aber aus diesem Verhalten unmittelbar die Erklärung dafür, daß bei starken Wänden der Einfluß von Witterungsschwankungen auf die Innentemperatur der Räume immer mit einer gewissen Nacheilung erfolgt, die viele Stunden, ja Tage betragen kann. Beispielsweise betrug sie nach den Untersuchungen von Schmidt[1]) für das Neue Rathaus in Dresden meist 12 bis 24 Stunden, was aus der Gegenüberstellung von Außentemperatur und Brennstoffverbrauch festgestellt wurde. Daraus erhellt ohne weiteres, daß selbst große Temperaturschwankungen der Außenluft gar nicht augenblicklich auf die Innentemperatur zur Geltung kommen, sondern eben erst mit der erwähnten Nacheilung, die für jeden Raum einen bestimmten, durch Versuche feststellbaren Wert in Stunden hat (wobei allerdings Störungen wie z. B. starke Sonnenbestrahlung durch die Fenster besonders zu berücksichtigen sind). Nun trifft es sich günstig, daß, wie de Grahl[2]) aus den in den Jahrbüchern des Preußischen Meteorologischen Institutes in Berlin veröffentlichten Lufttemperaturen der Jahre 1901 bis 1903 dargetan hat, die einzelnen Tagesmittel der Temperaturen fast genau mit den um 9 Uhr abends abgelesenen Außentemperaturen übereinstimmen; die Abweichungen betragen nur bis zu 0,3° C. Unter der berechtigten Annahme also, daß die jeweiligen Witterungsverhältnisse doch erst am nächsten Tage auf die Innentemperaturen Einfluß gewinnen, folgt hieraus, daß der Heizbetrieb bei Dauerheizung nach der Anzeige des Außenthermometers um 9 Uhr abends für das Tagesmittel des folgenden Tages einzurichten ist. Wir nehmen also als Regel an, daß der Heizer seine Öfen oder seinen Heizkessel an jedem Morgen gemäß der Temperatur um 9 Uhr abends des vergangenen Tages anheizt und betreibt und dabei dem augenblicklichen Windanfall dadurch Rechnung trägt, daß er die Heiz-

---

[1]) K. Schmidt: Fernwarmwasserheizung im Dresdener Rathaus im ersten Betriebsjahre. Ges.-Ing. 1911, Festnummer.

[2]) De Grahl: Wirtschaftlichkeit der Zentralheizung, S. 13–17, Verl. R. Oldenbourg, Munchen 1911.

wassertemperatur für diesen Gebäudeflügel einige Grade höher hält, dagegen bei Sonnenbestrahlung die betreffende Gebäudeseite mit einigen Graden Wassertemperatur niedriger heizt. Dieses Verfahren hat sich beispielsweise auch im Dresdener Rathause sehr gut bewährt[1]). Wird in dieser Weise geheizt, so ergibt sich die in völliger Übereinstimmung mit Theorie und Praxis beste Belastung des Kessels, der dann gleichmäßig durchbetrieben werden kann und weder zu schwach geheizt noch überlastet zu werden braucht, so daß er dauernd den günstigsten Wirkungsgrad, also den geringsten Brennstoffverbrauch aufweisen wird. Die sich bei diesem wie auch bei anderen Verfahren ergebenden Ungleichheiten in der Wärmedeckung der Räume durch die Raumheizkörper werden, wie oben gezeigt, durch die Wärmeaufspeicherung der Raumwände ausgeglichen. Wie groß diese Wärmeaufspeicherung ist, dafür geben die besprochenen Untersuchungen Krells[2]) und de Grahls einen Anhalt, nach denen von Fall zu Fall die Abkühlungszahl des in Frage stehenden Raumes oder Gebäudes durch Versuche festzustellen ist.

22. Die Deckung der Wärmeverluste durch Raumheizkörper.

Die Wärmemengen, die stündlich durch die Umfassungswände der Räume im Beharrungszustand verloren gehen, einschließlich der Witterungs- und Anheizzuschläge, müssen mit Hilfe der Heizkörper ersetzt werden. Zur Wärmeübertragung bedienen wir uns dabei der drei Wärmeträger: Luft, Wasser und Dampf. Die Wärmemitteilung durch die Luft erfolgt durch Einführung erwärmter Luft in die Räume und unmittelbare Mischung mit der Raumluft. Im Gegensatze dazu werden das erwärmte Wasser und der Dampf durch besondere Heizkörper geführt, die im Raum aufgestellt sind, und durch deren Wandungen die Wärmeabgabe an die Raumluft erfolgt.

---

[1]) Schmidt: Bericht über weitere Betriebserfahrungen mit der Fernwarmwasserheizungs- und Lüftungsanlage im Dresdener Rathause. Ges.-Ing. 1913, Nr. 20.

[2]) Vgl. auch die Ausfuhrungen in Abschnitt III, 6, dieses Buches über den Druckmaßstab fur den einzurichtenden Luftwechsel nach Krell, Seite 71.

Wir lassen die erstere Art, die Luftheizung, die keine Raumheizkörper benötigt, beiseite und beschäftigen uns mit der Ausführung und Wärmeabgabe der Wasser- und Dampfheizkörper in den Räumen.

a) Die Ausführung und Aufstellung der Raumheizkörper.

Für Wasser- und Dampfheizung werden zum größten Teile Heizkörper gleicher Bauart benutzt, die in der mannigfaltigsten Weise gestaltet werden. Man unterscheidet glatte, verzierte und gerippte Heizflächen. Die hauptsächlichsten Ausführungsformen der Heizkörper sind im folgenden beschrieben.

Der in der heutigen Heizungstechnik beliebteste Heizkörper ist zweifellos der Radiator[1]) oder Freistrahler, dessen Bauart aus Amerika stammt. Er wird in bezug auf gute Anpassungsfähigkeit an alle möglichen Verhältnisse, hinsichtlich

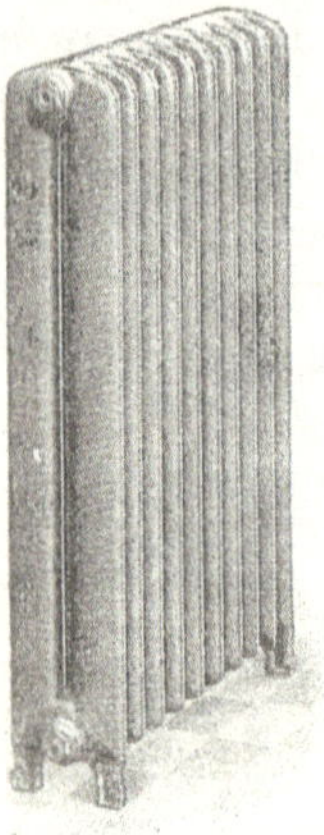

Fig. 137. Zweikanäliger Radiator

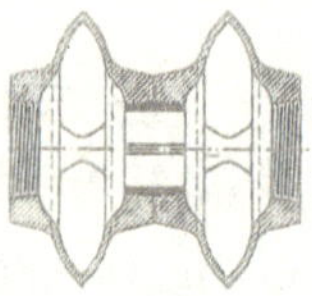

Fig. 137 a. Verbindung der Radiatoren mit konischen Rechts- und Links-Gewindenippeln.

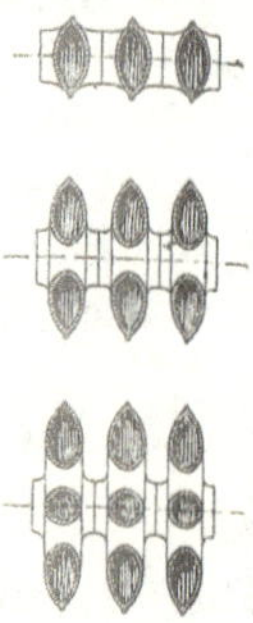

Fig. 137 b Grundrisse ein-, zwei- und dreikanäliger Radiatoren mit je drei Gliedern

[1]) Der aus dem Englischen übernommene Name »Radiator« ist schief gewählt, da die Wärmeabgabe ja nicht allein durch Strahlung erfolgt. Die deutsche Übersetzung »Strahler«, die hier und da angetroffen wird, hat sich nicht eingebürgert. Von anderer Seite ist »Freistrahler« vorgeschlagen, was mir noch eher annehmbar erscheint, da es gleichzeitig ausdrückt, daß diese Art Heizkörper frei, d. h. ohne Verkleidung aufzustellen sind. Letzten Endes kommt es doch nur darauf an, eine wenigstens einigermaßen annehmbare Begriffsdeckung zu finden.

Fig. 137 c.
verkleidete Heizkörper in der Wartehalle des Städt Volksbades Nürnberg.

vielfältigster Formengebung und technischer Brauchbarkeit von keinem anderen Heizkörper übertroffen und erfüllt dabei gleichzeitig die gesundheitlichen Anforderungen in fast vollkommenem Maße. Die Abbildung Fig. 137 gibt einen Freistrahler mit glatter Oberfläche wieder, während später bei der Dampfheizung noch andere Anwendungsformen folgen. Die Radiatoren werden in

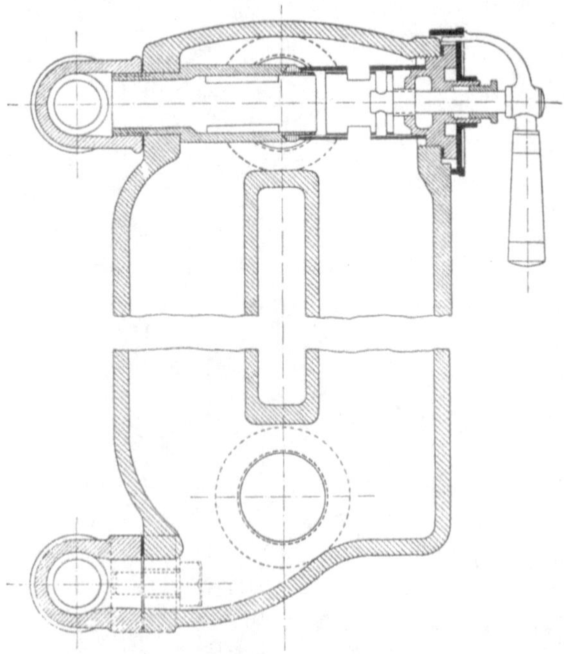

Fig. 137d.
Durchschnitt eines mittleren Heizkörpergliedes mit eingebautem Regelhahn, Zufluß- und Abflußrohr

Höhen von 300 bis 1500 mm ausgeführt und aus einzelnen Elementen, je nach Erfordernis der berechneten Heizfläche, zusammengesetzt. Vor dem Versand werden die fertig zusammengesetzten Freistrahler mit Wasserdruck von gewöhnlich 7 Atm. auf ihre Dichtigkeit geprüft. Die Verbindung der Glieder erfolgt, wie nach der Ausführung Fig. 137a der Nationalen Radiatorgesellschaft in Berlin, an den unteren und oberen Stutzen am besten durch konische Gewindenippel mit Rechts- und Linksgewinde, wodurch eine haltbar metallische Dichtung und eine durchlaufende Verbindung zum Umlauf des Wärmeträgers erzielt wird. Je nach der Anzahl der senkrechten Kanäle eines einzelnen Gliedes unterscheidet man 1-, 2-, 3- und 4kanälige Freistrahler,

Fig. 137e.
Verteilung der Radiatorenheizflächen vor den mittleren Fenstern der St. Nicolai-Kirche in Hamburg, ausgeführt von Rud. Otto Meyer.

wie Fig. 137b veranschaulicht. Mit der Anzahl der Kanäle nimmt die Wertigkeit des Radiators bezüglich Wärmeabgabe, leichter Reinigungsfähigkeit und geringer Rauminanspruchnahme ab. Aus gesundheitlichen Gründen ist auf gute Zugänglichkeit aller Teile der Oberfläche Rücksicht zu nehmen, damit die Reinigung bequem vorgenommen werden kann. Deshalb sind auch Verzierungen der Heizfläche nicht erwünscht und im allgemeinen nur bei niedrig erwärmten Wasserheizkörpern zulässig, auf deren Oberfläche der Staub nicht in Schwelung übergehen kann (vgl. S. 36). Beim technischen Entwurf ist darauf zu achten, daß sich über den oberen durchlaufenden Verbindungen keine Luftsäcke in den einzelnen Gliedern bilden dürfen, die besonders bei Wasserheizungen schon manchen Anlaß zu Störungen des Wasserumlaufes gegeben haben. Die Aufstellung der Radiatoren erfolgt entweder auf angegossenen Füßen oder, unabhängig von der Beendigung des Fußbodens beim Baue, auf Wandkonsolen. Daß

Fig. 138.
Doppelrohrregister von Käuffer & Co.

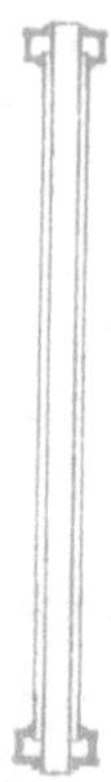

Fig. 138 a.
Querschnitt durch ein Doppelrohrregister.

die Heizkörper ohne Verkleidung aufgestellt werden sollen, ist bereits mit gesundheitlichen und künstlerischen Rücksichten begründet worden; dazu kommt noch als technischer Grund die Verminderung der Wärmeabgabe durch die Verkleidung. Als Beispiel der guten Einfügung zweier auf Anregung des Verfassers ohne Verkleidung in die Innenarchitektur zwanglos, aber an künstlerisch bemerkenswerter Stelle eingefügter Heizkörper sei die Abbildung Fig. 137c vom Neubau des Städtischen Volksbades in Nürnberg (Architekt Küfner) vorgeführt. Die Anordnung der Regelhähne ist hier gemäß der Schnittzeichnung Fig. 137d (Janeck u. Vetter) nicht seitlich, sondern in der Mitte der

Heizkörper getroffen worden. Daher konnten die geteilten Zuleitungen ebenso wie die Rückleitungen unsichtbar gemacht und unmittelbar nach hinten durch die Mauerwand abgeführt werden. Schwere, für den Fall besonders gegossene, unter die Endglieder gesetzte Konsolen geben der Anordnung eine erhöhte Tragwirkung.

Fig. 138b.
Aufstellung von Rohrregistern in den Fenstern eines Kaffeeraumes, ausgeführt von Rud. Otto Meyer.

Auf der Fig. 137e ist ferner noch die Verteilung von Radiatorenheizflächen in den mittleren Fenstern einer Kirche dargestellt. Sie dienen hier zum Abfangen des kalten Luftzuges, der durch Erwärmung der heruntersinkenden Luftschichten eine nach oben gerichtete Bewegung erhält und mit dem Luftinhalt im oberen Kirchenraum durcheinander gemischt wird.

Durch ihre ruhige, architektonische Wirkung zeichnen sich auch die Doppelrohrregister (Fig. 138) aus, die oft in Höhen von über 2,50 m zur Ausfuhrung kommen und sich daher besonders für Säle eignen. Diese Heizkorper bestehen aus je einem oberen und unteren Endkasten, in die eine oder zwei Reihen doppelt ineinander geschobener Röhren eingewalzt sind, Fig. 138a. Während in den Verbindungskästen und in dem Ringraume zwischen den Röhren der Wärmeträger umläuft, wird die Raumluft durch die inneren Röhren wie in einem Schornstein hochgetrieben und kommt oben erwärmt zum Ausfluß. Die Doppelrohrregister haben den Nachteil, daß sie bei schwachem Betriebe, wo der untere Teil des Heizkörpers kalt bleibt, den Fußboden und die unteren Luftschichten ungenügend erwärmen. Auch

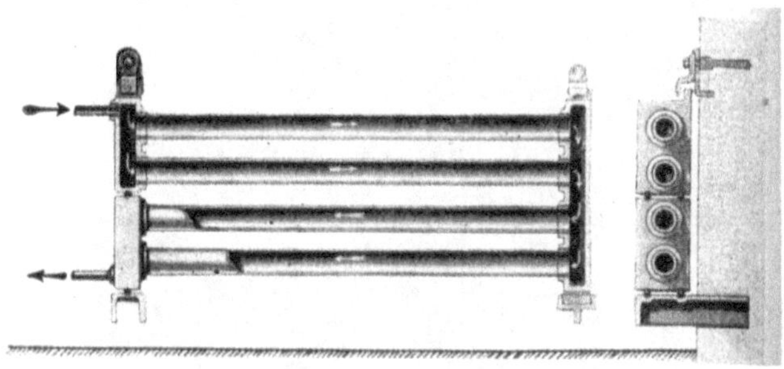

Fig. 139a.
Rohrregister in liegender Anordnung.

in bezug auf ihre Wärmeabgabe und Preisstellung stehen sie den Radiatoren nach, ebenso wie durch den Umstand, daß ihre Heizfläche im Notfalle nicht durch Wegnahme oder Hinzufügen von Gliedern sich ändern läßt. Doch leisten sie in besonderen Fällen durch ihre eigenartige Formgebung auch wieder besondere Dienste, wie z. B. die Fig. 138b zeigt, wo die Rohrregister in den seitlichen Fensternischen eines Kaffeeraumes untergebracht sind.

Statt der senkrechten Doppelröhren konnen auch liegende, einfache Rohre in Anwendung kommen, die entweder auch in Endkästen eingewalzt sind (Fig. 139a) oder in Schlangenform hin und her geführt werden. Ein solcher Schlangenheizkörper (Fig. 139b) hat vor der ersteren Anordnung den Vorzug der leichteren Ausdehnung durch die Wärme, während die Anordnung nach Fig. 139a ein gefälligeres Aussehen aufweist und dem Wasserumlauf einen geringeren Widerstand bietet. Besonders für Glasveranden, Wintergärten, Gewächshäuser, Krankenräume und Schulen, in denen die Gesundheitslehre eine sehr gleichmäßige Verteilung der Heizfläche über die ganze Außenwand der Räume fordert, eignen sich die Schlangenheizkörper vorzüglich. In der Fig. 139c ist die Verwendung der Röhrenheizfläche in einem Gewächshaus dargestellt. Die Anordnung wirkt bei gutem Einbau trotz ihres natürlich nüchternen Aussehens durchaus nicht häßlich, wenn ihr Farbanstrich auf den der Raumwände gut abgestimmt ist.

Gegenüber den besprochenen Heizkörpern sind die nun folgenden Rippenöfen, Fig. 140 bis 143, in jeder Beziehung im Nachteil, obwohl sie im allgemeinen den geringsten Platz be-

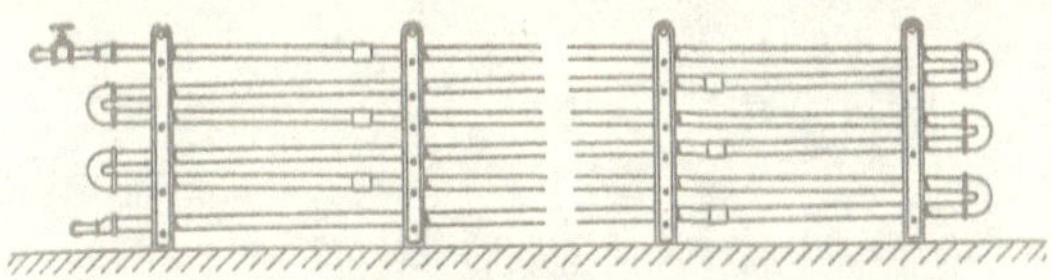

Fig. 139 b.
Rohrschlangenheizkörper.

anspruchen. Die Rippen können meistens nicht sehr sauber gegossen werden; infolgedessen setzt sich auf den Seitenflächen zwischen den Rippen der Staub ab, der nun kaum wieder entfernt werden kann und in die bekannte trockene Schwelung übergeht (S. 36). Dazu kommt, daß in allen bewohnten Räumen aus Schönheitsgründen eine Verkleidung der Rippenöfen sich als notwendig erweist. Dadurch wird sowohl der Vorteil der Billigkeit der gerippten Heizfläche wieder aufgehoben als auch der Verstaubung der beste Vorschub geleistet, ganz abgesehen von der verminderten Heizkraft (s. S. 304).

Am besten ist es noch mit den stehenden Rippenheizgliedern (Fig. 140) bestellt, die leichter zu reinigen sind und auch zur Not ohne Ummantelung aufgestellt werden können. Ihre Heizfläche kann sowohl durch Übereinanderbauen mittels Krümmer an den Stirnflächen als auch durch Nebeneinanderfügen der Rippenglieder vergrößert werden.

In Fig. 141 ist ein aus ⟝⟞förmigen Gliedern zusammengesetzter Rippenheizkörper abgebildet. Diese Heizkörper werden meistens in Längen von 500 bis 1500 mm hergestellt und können durch jede beliebige Anzahl aufeinandergeschraubte Rippenglieder vergrößert werden. Oft greifen die Rippen versetz ineinander, eine Bauart, die aber wegen schlechterer Wärme abgabe und verminderter Reinigungsfähigkeit nicht befürworte werden kann.

Rippenrohrstränge werden aus einzelnen Rippenröhre (Fig. 142) von gewöhnlich 2 m Länge und 70 oder 100 mı lichtem Durchmesser zusammengeschraubt. Solche Rippenrohr finden in längerer Ausdehnung besonders in Werkstätten Ar

Fig. 139c.
Anwendung der Röhrenheizfläche in einem Gewächshaus, ausgeführt von Rud. Otto Meyer.

wendung und können unter den Fenstern entlang geführt od an der Decke aufgehängt werden.

In Fig. 143 sind Rippenglieder mit schrägen Rippe abgebildet. Die Schrägstellung hat den Zweck, die empc steigende Luft aus ihrer Richtung abzulenken und sie zu zwinge schräg zwischen den Rippen emporzuströmen. Die beabsichtig bessere Wärmeabgabe hat sich jedoch nicht herausgestel Dagegen hat der Staub eine leichtere Ablagerung gefunde

Im allgemeinen ist von der Verwendung der Rippenheizkörper, vor allem aus gesundheitlichen Gründen, entschieden abzuraten. Auch statt der Rippenheizstränge (Fig. 142) in Fabriken und Werkräumen können glatte Heizröhren, gegebenenfalls aus genieteten Blechen, zur Anwendung kommen.

Neben den gußeisernen Heizkörpern haben sich in den letzten Jahren aus Stahlblechen geschweißte und im Vollbade

Fig. 140.
Senkrechter Rippenkastenheizkörper von Kaeferle.

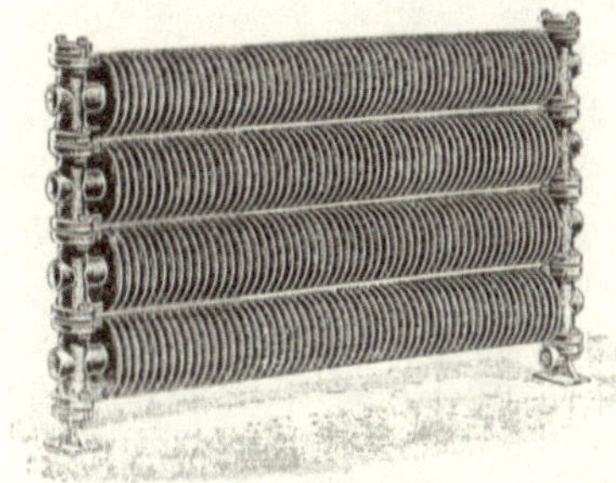

Fig. 141.
Rippenheizkörper von Körting.

verzinkte Heizkörper eingeführt, die in den mannigfachsten Formen auftreten. Die schmiedeeisernen Radiatoren und Rippenrohre haben die gleichen Formen wie die gußeisernen. Sie haben

Fig. 142.
Rippenrohr.

den Vorteil der geringeren Platzinanspruchnahme und ihres geringen Gewichtes, so daß u. a. auch die Versandgebühren geringer sind als bei Gußheizkörpern. Eine weitere Form schmiedeeiserner Heizkörper sind die sog. Plattenheizkörper der Zenithwerke in Dresden. Sie bestehen aus plattenförmigen Hohlkörpern, von denen einer, oder auch mehrere hintereinander genietet, parallel zur Wandfläche angeordnet werden. Diese Heizkörper eignen sich besonders für Fensternischen, denen sie in ihrer Größe besser angepaßt werden können als Radiatoren.

Ferner sind die **keramischen** Heizkörper[1]) zu erwähnen, wie sie zuerst 1906 von dem Arzt Dr. Ekstein in Teplitz vorgeschlagen wurden (Fig. 144) und jetzt vom Tonradiatorenwerk Gutmann in Kötzschenbroda ausgeführt werden. Die Heizoberfläche wird zum größten Teil glasiert hergestellt. Diese Heizkörper wirken durch ihre wuchtigen Formen künstlerisch, haben aber noch den Nachteil, nicht so widerstandsfähig gegen Schlag und inneren Druck zu sein wie die gußeisernen und schmiedeeisernen Heizkörper. Wegen ihrer milden Wärmeabgabe, auch bei Verwendung von Niederdruckdampf, die der der Kachelöfen entspricht, eignen sich diese Steingutheizkörper besonders für Kranken- und ähnliche

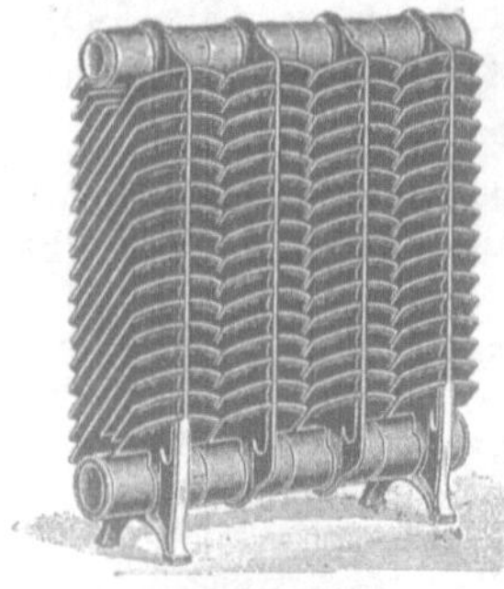

Fig. 143.
Rippen-Gliederheizkörper von Körting.

Fig. 144.
Keramischer Heizkörper des Tonradiatoren-Werkes von Alfred Gutmann in Naundorf-Kötzschenbroda.

[1]) Brabbée: Neuere Heizkörper, Ges.-Ing. 1912, Nr. 6. — Eckstein: Über keramische Heizkörper für Zentralheizungen, Ges.-Ing. 1914, Nr. 4.

Anstalten. Ein Schwelen des Staubes auf den glasierten Oberflächen findet nicht statt, die Luftfeuchtigkeit des Raumes wird durch das Schwitzen der nicht glasierten Oberfläche kaum merklich erhöht. Die Wärmeabgabe erreicht fast die der entsprechenden gußeisernen Radiatoren.

b) Die Bestimmung der Wärmeabgabe der Raumheizkörper.

Die Wärmeüberführung vom Wärmeträger durch die Heizkörperwandung an die Umgebung erfolgt grundsätzlich nach den im Abschnitt 21a besprochenen physikalischen Gesetzen der Wärmeübertragung. Es ist das Verdienst Rietschels, als erster umfassende Versuche über die bei der Wärmeabgabe von Heizkörpern mitspielenden Verhältnisse in seiner Prüfungsanstalt angestellt und veröffentlicht zu haben. Diese Versuche ergeben ungefähr das folgende Bild.

Bei dem Wärmeübergange von den Oberflächen der Heizkörper muß zwischen der Ausstrahlung an die umgebenden Körper und der Wärmeableitung an die Raumluft unterschieden werden.

Die Wirkung der Strahlung (vgl. auch S. 234) kann bei ein und demselben Heizkörper verschieden sein, d. h. man hat es in der Hand, durch matten, schwarzen Anstrich die Strahlung zu erhöhen oder durch glänzende, helle Farbe zu vermindern. Hieraus erklärt es sich, daß z. B. die Wärmeabgabe eines hellglänzenden Stahlblechradiators lediglich infolge Anstriches mit einer matten, dunkeln Farbe um 30% und mehr gesteigert werden kann. An und für sich strahlt die glatte Heizfläche am wenigsten, die verzierte mehr, und am meisten die gerippte. Die Strahlung der Heizkörper kommt außer den im Raume sich aufhaltenden Personen fast ausschließlich den Begrenzungswänden desselben zugute. Für die im Raume vorhandenen Möbel ist eine zu starke Strahlung oft verhängnisvoll, da das Holz austrocknet und leicht Risse bekommt. Auch von den Menschen wird die Strahlung meistens als unangenehm empfunden; jedoch hängt dies von der jeweiligen körperlichen Veranlagung ab. Auch kann man sich vor zu großer Strahlungsbelästigung durch die bekannten Ofenschirme hinreichend schützen, die jedoch nicht zu nahe dem Heizkörper aufgestellt werden dürfen, da sie sich sonst, je nach ihrer Wärmeaufnahmefähigkeit, ebenfalls erwärmen und nun ihrerseits strahlen würden. Im allgemeinen wird man es als hygienisch wünschenswert erstreben, durch hellen Anstrich der Heizkörperoberflächen die Strahlung, deren Anteil an der gesamten Wärmeabgabe eines Heizkörpers mit etwa 50 % anzusetzen ist (Wamsler), in mäßigen Grenzen zu halten; die Wärmeabgabe durch Leitung und Strömung wird dadurch praktisch nicht beeinflußt. In manchen Fällen kann die möglichste Ausschaltung der Strahlung für den Architekten sogar zur Pflicht werden. Wie unsachlich dabei aber manchmal vorgegangen wird, zeigt folgender Fall: In einer größeren Schule traf Verfasser die Anordnung, daß in jeder Klasse ein einziger Rippenheizkörper an der Innenwand aufgestellt war. Natürlich war die Strahlung für die in der Nähe sitzenden Kinder bald unerträglich geworden, und um gleichzeitig die häßliche Wirkung der Rippenöfen aufzuheben, hatte die Bauverwaltung diese mit eisernen Verkleidungen umgeben lassen, die unten und oben Öffnungen zum Zwecke der Luftbewegung besaßen. Die Wirkung war lediglich die, daß sich die Verkleidungen infolge der Wärmeaufnahme der Heizkörperstrahlung ebenfalls erwärmten und ihrerseits durch — wenn auch etwas verminderte — Strahlung belästigten. Bei dieser Anordnung ist es jedoch geblieben, obgleich dadurch der weitere Mißstand geschaffen wurde, daß nunmehr die Schule durch die schönsten Schmutzwinkel bereichert war. Denn da die Verkleidungen festgeschraubt sind und keine Türen besitzen, so ist natürlich eine Reinigung der Heizflächen von Staub zur Unmöglichkeit gemacht worden. Auch belieben ja die Kinder diese Stätten gern zur Ablagerung ihres Frühstückspapieres zu benutzen. Von welcher Beschaffenheit die Luft der Klassenzimmer, ganz abgesehen von der Verschlechterung durch den Atmungsprozeß, sein muß, kann man sich leicht vorstellen. — Natürlich strahlen die Heizkörper von Warmwasserheizungen unter gleichen Verhältnissen weniger als die von Dampfheizungen, da die Strahlung mit dem Unterschiede der vierten Potenzen der Temperatur zunimmt. Es mag jedoch darauf aufmerksam gemacht sein, daß ein matt-schwarzer Warmwasserheizkörper, der etwa mit Wasser von im Mittel 70° gefüllt sein möge, mehr durch Strahlung belästigt als ein gleicher Niederdruckdampfheizkörper mit glänzend-heller Oberfläche. Diese Erscheinung erklärt sich daraus, daß hier der Temperaturunterschied zwischen Heizkörper und Raum in bezug auf das Wärmeempfinden weniger

Einfluß hat, als die Größe der Strahlungszahl für matt-schwarze bzw. glänzend-helle Oberflächen.

Ebenso wie die Strahlung hängt auch die Wärmeableitung von der Gestaltung der Oberfläche ab, nur in umgekehrtem Maße: die Rippenheizflächen ergeben die geringste Ableitung der Wärme. Im Gegensatz zur Strahlung ist aber die Wärmeableitung vom Heizkörper an die umgebende Luft praktisch unabhängig von dem Anstrich oder der Oberflächenbeschaffenheit der Heizflächen, d. h. die Wärmeaufnahme der umspülenden Luft ist bei demselben Heizkörper praktisch gleich, mag er polierte oder rauhe Oberfläche, matt-dunkeln oder hell-glänzenden Anstrich haben. Ausschlaggebend ist auch die Geschwindigkeit, mit der die Luft an den Heizflächen vorbei streicht; mit zunehmender Luftgeschwindigkeit erhöht sich die Wärmeabgabe durch Leitung erheblich. Aus diesem Grunde können beispielsweise die Heizflächen in Fabrikbetrieben kleiner als gewöhnlich gehalten werden, weil die Luft durch die Bewegung der Menschen, Maschinen und Räderwerke in starker Bewegung sich befindet. Auch bei der Einrichtung der Vorwärmeflächen macht man von dieser Tatsache ausgiebig Gebrauch, indem man der Luft künstlich eine hohe Geschwindigkeit erteilt. Eine fernere Steigerung der Wärmeabgabe findet mit größerem Temperaturunterschiede statt.

Die beiden letzten Erscheinungen geben die Erklärung dafür, daß es für jede Heizkörperform eine gewisse Höhe geben muß, bei der die Gesamtwärmeabgabe einen günstigsten Wert erreicht, da mit der Höhe einerseits die Auftriebsgeschwindigkeit zunimmt, während anderseits der Temperaturunterschied sich vermindert. Allgemein haben die niedrigen Heizkörper eine um rund 8% bessere Wärmeabgabe als die hohen, und die dreikanäligen eine um rund 15% geringere Wärmeleistung als die zweikanäligen. Neuere Versuche von Brabbée ergaben folgende Wärmedurchgangszahlen für zwei- und dreikanälige, 620 und 1250 mm hohe, glatte Lollarradiatoren von 10 Gliedern, die in 60 mm Wandabstand unverkleidet aufgestellt waren:

Radiatoren	1250^{II}	620^{II}	1250^{III}	620^{III}
Niederdruckdampf .	7,9	8,5	6,7	7,3
Warmwasser 80/60° C	6,3	7,0	6,0	6,2

Die Geschwindigkeit der Luft infolge Auftriebes wird auch durch die Entfernung der Heizkörper von der Wand beeinflußt, wobei sich als günstigste für Radiatoren etwa 10 cm ergeben hat, während sie bei Rippenheizkörpern mit senkrechten Rippen auf die Hälfte ermäßigt werden kann. Dieses Verhalten hängt von dem Reibungswiderstande ab, den die aufsteigende Luft in dem Zwischenraume zwischen Heizkörper und Raumwand findet. Eine bestimmte Luftgeschwindigkeit zwischen Heizkörper und Raumwand ist zur Verhinderung einer zu großen Wärmeabführung durch die infolge Bestrahlung erwärmte Wand nach außen erforderlich, weil stärker bewegte Luft einen größeren Wärmebetrag von der bestrahlten Wandfläche wieder zur Raumerwärmung nutzbar aufnehmen kann. In den gleichen Zusammenhang ist die Wärmeabgabe der Heizkörper innerhalb einer Verkleidung zu bringen: je nach dem Widerstande, den die Luft in dem Zwischenraume zu überwinden hat, erhöht oder ermäßigt sich ihre Geschwindigkeit und Wärmeaufnahme. Wird am Fuße und über dem Heizkörper die genügende Ein- und Austrittsfläche für die Luft freigelassen, so ist bei günstigem Abstande der Ummantelung die Wärmeabgabe nahezu gleich der des frei vor der Wand stehenden Heizkörpers. Neuere Versuche von Brabbée[1]) haben gezeigt, daß bei heute durchaus üblichen Verkleidungen die Wärmeabgabe der Heizkörper bis zu 40% vermindert werden kann; die jetzt vielfach verwendeten Kettengehänge vermindern die Wärmeabgabe der Heizflächen um etwa 20%. Umgekehrt wirkt eine besonders hohe, vorn geschlossene Nische, die eine untere Einström- und eine obere Abströmöffnung für die durchströmende Luft hat, wie ein Schornstein und steigert dadurch die Luftgeschwindigkeit und somit die Wärmeabgabe des Heizkörpers. Hencky fand für eine solche Nische von 5 m Höhe bei einem dreikanäligen Radiator eine Steigerung der Wärmeabgabe um 14,5 % gegenüber dem frei aufgestellten, gleichen Heizkörper[2]). Ebenso wie die Bewegung der umgebenden Luft hat auch die Wasser- bzw.

---

[1]) Brabbée: Einfluß von Heizkörperverkleidungen auf die Wärmeabgabe von Radiatoren, Gesundh.-Ing. 1911, Nr. 44, und 12. Mitteilung der Prüfanstalt für Heiz- und Lüftungsanlagen der Techn. Hochschule Berlin.

[2]) Gesundh.-Ing. 1918, Nr. 8 u. 9.

Dampfgeschwindigkeit innerhalb des Heizkörpers auf die Wärmeabgabe einen kleinen Einfluß, der jedoch bei Raumheizkörpern im allgemeinen nicht ins Gewicht fällt. Nur bei Heizkörpern, die aus glatten, langen Rohrschlangen bestehen, ist der Einfluß der Wassergeschwindigkeit bemerkbar, sobald die sog. kritische Geschwindigkeit überschritten wird.

Alle diese Verhältnisse sind, wie gesagt, durch umfassende Versuche in der Prüfanstalt für Heiz- und Lüftungsanlagen der Technischen Hochschule in Charlottenburg von Rietschel und von Brabbée klargelegt worden. Da es trotz bester Einsicht in die Verhältnisse dennoch wegen der vielen mitspielenden Umstände bisher nicht möglich ist, die Wärmeabgabe eines gegebenen Heizkörpers allein durch Rechnung zu finden, so muß der Versuch an deren Stelle treten. Auch ist es aus den gegebenen Gründen nicht lohnend, die verschiedenen bei Heizflächen geltenden Formeln für Gegenstrom, Parallelstrom und Einstrom (siehe später) unter Anwendung des natürlichen Logarithmus für die Wärmeabgabe zu benutzen. Es genügt vielmehr für die Anwendung auch im vorliegenden Falle die im Abschnitte 21a abgeleitete einfache Gleichung der stündlichen Wärmeabgabe:

$$W = F \cdot k\,(t_m - t_i) \text{ WE/Std.}, \qquad (75)$$

worin für den Fall der Raumheizkörper bedeutet:

F qm die Heizfläche, d. h. die äußere, wärmeabgebende Oberfläche des Heizkörpers,

k die Wärmedurchgangszahl, d. h. die stündliche Wärmeabgabe in WE auf 1 qm und für 1° C Temperaturunterschied zwischen Wärmeträger und umgebender Luft, einschließlich des Strahlungsanteiles,

t_m die mittlere Temperatur in °C des Wärmeträgers, d. h. wenn dessen Eintrittstemperatur $= t_e$, seine Austrittstemperatur $= t_a$ ist:

$$t_m = \frac{t_e + t_a}{2} \qquad (76)$$

t_i die Innentemperatur des Raumes in °C.

Für die **versuchsmäßige Ermittelung der Wärmedurchgangszahl** k sind Versuche in- und ausländischer Verfasser bekannt. Man bedient sich zweckmäßig folgender von

Rietschel angegebener Verfahren[1]), die in der Prüfanstalt für Heiz- und Lüftungsanlagen zu Charlottenburg der Bestimmung der Wärmeabgabe von Heizkörpern zugrunde gelegt werden:

1. Für Warmwasserheizkörper wird nach Fig. 145 ein hochstehendes, wassergefülltes, gut gegen Wärmeabgabe geschütztes Gefäß mittels einer Dampfschlange auf eine bestimmte Temperatur geheizt, dann die Heizung abgestellt und das Wasser mittels eines Rührwerkes gut gemischt. In der Zuflußleitung, in dem mit Entlüftung versehenen Heizkörper und in der Abflußleitung wird sich dann bei einer gewissen Einstellung des Drosselventiles V ein bestimmter Beharrungszustand des Wasserflusses in der Versuchsanordnung einstellen, da die verfügbare Druckhöhe mit Hilfe eines Schwimmkugelgefäßes unveränderlich erhalten bleibt. Das Abflußventil wird so gedrosselt, daß der Temperaturunterschied zwischen Vor- und Rücklauf demjenigen gleich kommt, für den die Wärmeabgabe bestimmt werden soll. Wird nun die in einer Stunde in ein Wägegefäß ausgeflossene Wassermenge Q kg durch Wägung festgestellt, und werden in Zwischenräumen während der gleichen Zeit die Temperaturen t_e und t_a abgelesen[2]), so ergibt sich aus deren Mittelwerten die abgegebene Wärmemenge W des Heizkörpers zu:

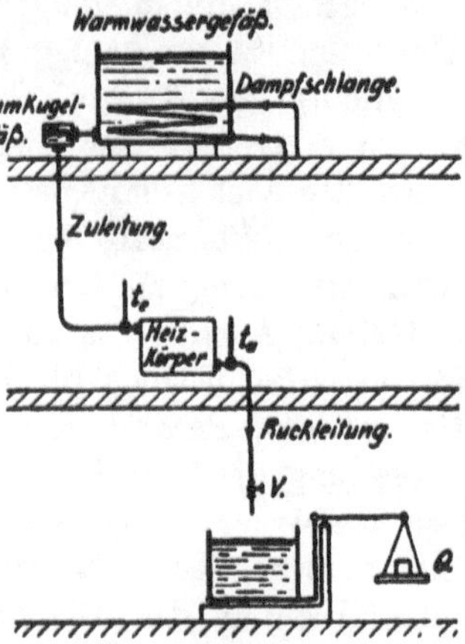

Fig. 145.
Versuchsmäßige Bestimmung der Wärmeabgabe von Warmwasserheizkörpern.

$$W = Q \cdot c_m (t_e - t_a),$$

[1]) Rietschel: Bericht über das Ergebnis des Preisausschreibens betr. Wärmeabgabe von Heizkörpern, Gesundheits-Ingenieur 1896, Nr. 20. Verl. R. Oldenbourg, München.

[2]) Es versteht sich, daß alle Temperaturen zur Erhaltung genauer Werte auf $^1/_{10}$ Grade genau abzulesen sind und neben der Eichverbesserung auch die Verbesserung für den herausragenden Faden gemacht werden muß.

wenn c_m die mittlere Einheitswärme des Wassers für $\frac{t_e + t_a}{2}$ bedeutet. Da ferner nach Gl. (75)

$$W = F k \, (t_m - t_i)$$

ist, so folgt durch Gleichsetzung der beiden letzten Formeln die Wärmedurchgangszahl k für die beobachtete Raumtemperatur t_i und mit $c_m = 1$ zu:

$$k = \frac{Q \cdot (t_e - t_a)}{F \left(\frac{t_e + t_a}{2} - t_i \right)} \text{ WE/Std/}^0\text{C/qm} \quad . \quad . \quad (77)$$

Auf die Erhaltung eines möglichst vollkommenen Beharrungszustandes ist dabei das größte Gewicht zu legen, da sonst die erhaltenen Werte für k leicht erheblich abweichen würden. Es ist ferner notwendig, daß diese Versuche, wenn sie brauchbare Vergleichswerte liefern sollen, in einem Raume vorgenommen werden, der keinen Wärmeschwankungen unterliegt, die von äußeren Witterungseinflüssen, Windstörungen u. dgl. herrühren. Rietschel hat deshalb einen eingeschlossenen Raum benutzt, der vollkommen von einem andern auf unveränderlicher Temperatur gehaltenen Raum umgeben war.

Soll die Wärmeabgabe eines Warmwasserheizkörpers untersucht werden, der innerhalb einer fertigen Anlage angeschlossen ist, so kann in der Weise verfahren werden, daß zunächst in die Zu- und Rückleitung Thermometer eingebaut werden, mit deren Hilfe die Zu- und Ablauftemperaturen t_e und t_a bei normalem Betriebe festgestellt werden. Alsdann wird die Rückleitung gelöst und die Geschwindigkeit des aus dem Heizkörper ausfließenden Wassers mit Hilfe eines in den Rücklauf eingebauten Ventiles so lange gedrosselt, bis t_e und t_a ihre vorher bestimmte Größe wieder erreicht haben. Aus der in einer Stunde aufgefangenen Wassermenge ergibt sich dann k nach Gl. (77).

2. Für Dampfheizkörper wird zur Aufnahme des Heizkörpers für die Untersuchung ebenfalls der genannte Innenraum verwendet. Das dabei zur Bestimmung der Wärmeabgabe benutzte Verfahren ist folgendes. Der gespannte Dampf durchströmt gemäß Fig. 146 einen Dampftrockner T_1 und gelangt durch ein Absperrventil und Druckminderungsventil, nach nochmaliger Trocknung T_2 in die Zuleitung E des Heizkörpers, wobei

die Eintrittsspannung p_e und Temperatur t_e gemessen werden. Aus dem Heizkörper fließt das Dampfwasser samt dem Dampfe von der Spannung p_a in ein vorzüglich wärmegeschütztes und entlüftetes Gefäß, das auf einer Wagschale steht und ein Thermometer zur Messung der Austrittstemperatur t_a des Dampfes trägt. Durch eine Rückleitung kann das Dampfwasser abgelassen werden, während nach Öffnen des Absperrventiles 1 und Schließen von 2, 3 und 4, sowie Lösung der oberen und unteren Kuppelungen der Dampf durch eine Umgehungsleitung U geführt werden kann. Das von den einzelnen Stellen abfließende Dampfwasser geht durch die Niederschlagswassertöpfe C_1, C_2, C_3 und C_4

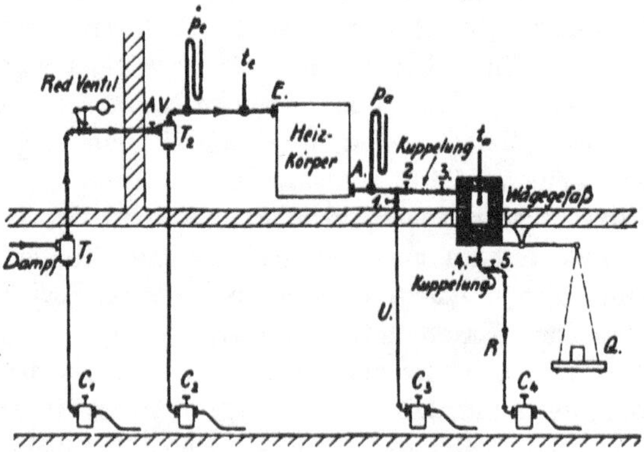

Fig. 146.
Versuchsmäßige Bestimmung der Wärmeabgabe von Dampfheizkörpern.

weg. Ist die Wage am Fußboden aufgehängt, so daß — wie in der Figur dargestellt — das Wägegefäß durch den Fußboden hindurchreicht, so ist darauf zu achten, daß infolge von etwa auftretenden Luftdruckunterschieden zwischen den übereinander liegenden Räumen kein Auftrieb das Wägungsergebnis beeinträchtigen kann. — Der Gang der Untersuchung ist nun folgender. Das Ventil 1 wird geschlossen, 2, 3, 4 und 5 dagegen geöffnet, so daß der Dampf durch den Heizkörper und durch das Wägegefäß über die Rückleitung R abströmt. Nachdem nach Verlauf mehrerer Stunden der Beharrungszustand eingetreten ist, darf angenommen werden, daß das Gefäß gut durchwärmt ist und nur noch eine zu vernachlässigende Wärmemenge nach außen abgibt. Deshalb werden 2, 3, 4 und 5 geschlossen, 1 geöffnet, die Kuppelungen gelöst und durch Wägung das Anfangsgewicht Q_a kg festgestellt. Alsdann wird die obere Kuppelung sowie 1 geschlossen, 2 und 3 geöffnet und eine Stunde lang der Dampf in das Gefäß geleitet. Nach Ablauf dieser Zeit wird wieder 2 und 3 geschlossen, 1 geöffnet, die Kuppelung gelöst und das Endgewicht Q_e kg bestimmt. $Q_e - Q_a$ ist dann das in einer Stunde durch die gesamte Anordnung niedergeschlagene Wasser, daher die abgegebene Wärmemenge

$$W_1 = (Q_e - Q_a) \cdot r_m \text{ WE/Std.},$$

wenn r_m die latente Wärme für die mittlere Temperatur $\frac{t_e + t_a}{2}$ nach den Dampftafeln bedeutet, und wenn die geringe Wasserabkühlung im Gefäße vernachlässigt bzw. durch den Unterschiedsversuch als aufgehoben betrachtet wird. Wird nämlich der Heizkörper ausgeschaltet und eine unmittelbare Verbindung der Zu- und Ableitung E und A hergestellt, so kann in einem zweiten Versuche von einer Stunde Dauer bei der gleichen mittleren Dampfspannung wie vorher die Wärmeabgabe der Anordnung ohne Heizkörper

$$W_2 = (Q'_e - Q'_a)\, r_m \text{ WE/Std.}$$

bestimmt werden. Die Wärmeabgabe W des Heizkörpers allein ist dann der Unterschied

$$W = W_1 - W_2.$$

Diese ist nach Gl. (75), wenn F die Heizfläche in qm und t_i die Innentemperatur des Raumes bedeuten:

$$W_1 - W_2 = F k \left(\frac{t_e + t_a}{2} - t_i \right),$$

woraus die Wärmedurchgangszahl folgt:

$$k = \frac{W_1 - W_2}{F\left(\frac{t_e + t_a}{2} - t_i \right)} \text{ WE/Std./}^0\text{C/qm.}$$

Annähernd kann auch die Wärmeabgabe eines an eine fertige Heizanlage angeschlossenen Dampfheizkörpers auf folgende Weise festgestellt werden: Die Rückleitung wird gelöst ndu das Dampfwasser in einem Meßgefäß aufgefangen, wobei natürlich mit Hilfe des Regelventiles der Dampfdruck dauernd von Hand so eingestellt werden muß, daß der ganze Heizkörper dampfheiß ist, ohne daß jedoch zu viel Dampf am Austritt verloren geht. Dabei muß der Dampf trocken gesättigt in den Heizkörper eintreten, weil durch etwa mitgerissenes Wasser die Messungen falsch werden würden. Die Beobachtung der Dampffeuchtigkeit kann zweckmäßig mit dem Drosselkalorimeter[1]) erfolgen. Werden die Zu- und Rückleitung entsprechend kurz gehalten und ihre Oberfläche der Heizfläche des Heizkörpers zugezählt, so ist ein Unterschiedsversuch zur Errechnung von k für diesen angenäherten Versuch nicht notwendig.

c) Werte der Wärmeabgabe von Heizkörpern.

Die beiden beschriebenen Untersuchungsverfahren liefern mit Hilfe der Gleichungen (77) und (78) im allgemeinen die Werte der Wärmedurchgangszahl für verschiedene mittlere Temperaturen t_m des Wärmeträgers und der Raumtemperatur t_i. Tragen wir nun k in Abhängigkeit von $(t_m - t_i)$ in einer zeichnerischen Darstellung auf, so erhalten wir nach Fig. 147 eine Kurve für k, die bei 0° zunächst senkrecht aufsteigt, um dann einen parabelförmigen, immer flacheren Verlauf zu nehmen.

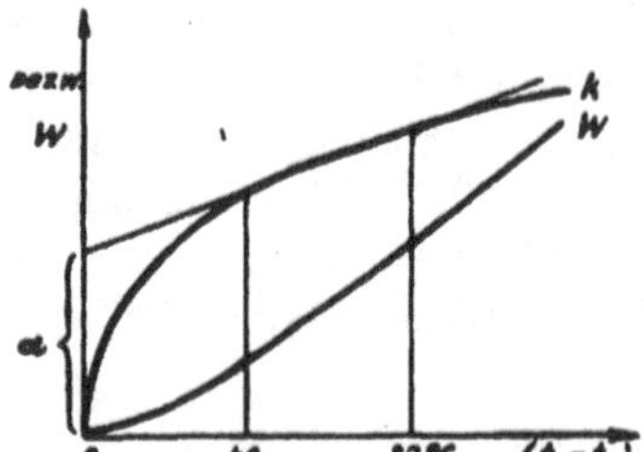

Fig. 147. Wärmeabgabe eines Heizkörpers als Funktion des Temperaturunterschiedes

Bei Warmwasserheizungen kann die so erhaltene Kurve zwischen $(t_m - t_i) = 40$ bis 80°, bei Dampfheizungen zwischen 80 und 100° mit größter Annäherung als gerade Linie[2]) angenommen werden, so daß sich innerhalb dieser Grenzen die Wärmedurchgangszahl k in Abhängigkeit von dem Temperaturunterschied $(t_m - t_i)$ darstellen läßt durch die Beziehung:

$$k = \alpha + \beta\,(t_m - t_i) \quad . \quad . \quad . \quad . \quad . \quad . \quad (78)$$

Diese Gleichung entspricht der in Fig. 147 gezeichneten geraden Linie, welche die senkrechte Achse im Abstand α schneidet

[1]) Sendtner: Die Bestimmung der Dampffeuchtigkeit mit dem Drosselkalorimeter, Dissertation, München 1910.

[2]) Durch eine Versuchsreihe ist diese Abhängigkeit auch von Hencky für einen dreikanäligen, in eine Nische von 5 m Höhe (mit unterer und oberer Luftöffnung in der sonst geschlossenen Vorderwand) eingebauten Radiator bestätigt worden (Gesundh.-Ing. 1917, Nr. 8, S. 78).

und deren Richtungszahl in den angegebenen Temperaturgrenzen von 40 bis 100° für alle Heizkörper als praktisch unveränderlich gesetzt werden darf, nämlich

$$\beta = 0{,}033 = {}^1/_{30}.$$

Die Wärmedurchgangszahl nimmt also innerhalb der angegebenen Grenzen bei allen Heizkörpern für je 1 Grad Temperaturunterschied um $^1/_{30}$ eines gewissen Grundwertes a zu.

Diese Gesetzmäßigkeit ist vom Verfasser aus der zeichnerischen Darstellung der umfangreichen, in Rietschels Leitfaden veröffentlichten Zahlentafeln[1]) abgeleitet worden, ebenso die Werte a, die aus der Zusammenstellung S. 314 zu entnehmen sind. Mit deren Hilfe kann nun die Wärmedurchgangszahl der gebräuchlichen Heizkörper aus Gl. (78) für jeden Temperaturunterschied in den Grenzen von 40 bis 100° berechnet werden. Die so erhaltenen Werte von k stimmen mit den von Rietschel angegebenen überein; sie können außerdem unmittelbar aus den in Fig. 148a—g abgebildeten Kurven entnommen werden.

Mit der vom Verfasser abgeleiteten Gleichung (78) befaßt sich nach einem Bericht von Biegeleisen eine Arbeit von Prof. Kougouschev[2]), der eine die Rietschelschen Versuchswerte noch besser fassende Gleichung für Wasserheizung:

$$k = \frac{1}{\dfrac{1}{\dfrac{2{,}051}{E} + 9{,}357} + \dfrac{1}{\left(\dfrac{0{,}344}{E} + 0{,}274\right)\left(\dfrac{t_e + t_a}{2} - t_i\right)}}$$

und eine ähnliche für Dampfheizung aufstellt. Ob es sich lohnt, derartig verwickelte Formeln aus Versuchen abzuleiten, die doch keinen Aufschluß über das Verhältnis des Strahlungsanteiles zum Leitungsanteil der Wärmeabgabe der Heizkörper geben, mag dahingestellt bleiben. (Vergl. hierzu Seite 319 u. 320.)

---

[1]) Rietschel: Leitfaden zum Berechnen und Entwerfen von Lüftungs- und Heizungsanlagen, 2. Teil. Verl. Julius Springer, Berlin 1902.

[2]) Kougouschev: Bestimmung des Wärmeabgabekoeffizienten der Heizkörper, Sonderabdruck aus den »Berichten der Warschauer Technischen Hochschule« Nr. 1, Jahrg. 1913. Bericht im Gesundh.-Ing. 1913, Nr. 29.

Die aus der Zahlentafel Seite 314 ersichtliche, erhebliche Abnahme der Wärmedurchgangszahl mit zunehmender Gliederzahl ist in den Kurven 148a—g ebenfalls zum Ausdruck gebracht. Auch Rietschel hat in seinem Leitfaden für die Abhängigkeit der Wärmeabgabe von der Gliederzahl eine Gleichung für Radiatoren in der erfahrungsmäßigen Formel

$$k = \frac{a + b\,(E-1)}{E}$$

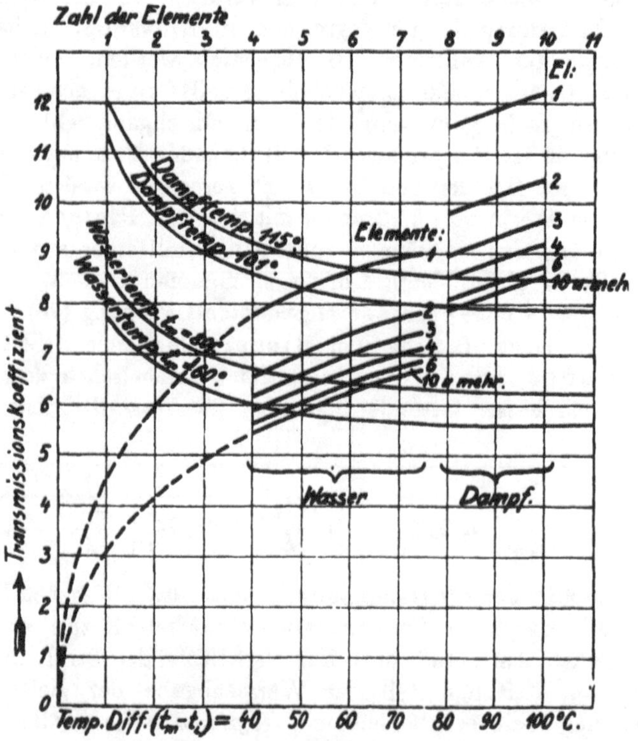

Fig. 148a.
Wärmeabgabe eines Radiators (siehe Abb. 137)

aufgestellt, in der E die Anzahl der Glieder, a und b Unveränderliche bedeuten, die aus einer besonderen Zahlentafel zu entnehmen sind.

Die von mir abgeleitete Gleichung $k = \alpha + \beta\,(t_m - t_i)$ ist inzwischen von Recknagel mit Vorteil fur die Berechnung der bei Warmwasserheizungen zu einer bestimmten Außentemperatur erforderlichen Heizwassertemperatur benutzt worden[1]).

Zu bemerken ist für sämtliche Werte noch, daß sie sich auf eine Bewegung des Wärmeträgers im Heizkörper von oben nach unten und auf natürlichen Auftrieb der Luft von unten nach oben, d. h. auf Gegenstrom, beziehen. Zur Untersuchung kamen lediglich Heizkörper mit nicht gestrichener Oberfläche; für mattdunkle Anstriche sind also die berechneten Werte von k

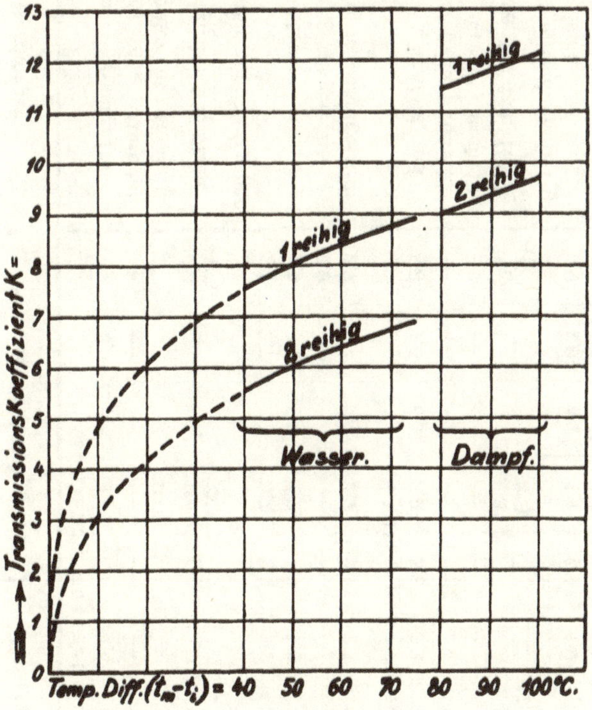

Fig. 148 b.
Wärmeabgabe von Rohrregistern (siehe Abb. 138).

etwas zu vergrößern, bei hellem, glänzendem Anstrich erheblich zu verkleinern. Für drei- und vierkanälige Radiatoren sind die Werte außerdem im allgemeinen ebenfalls bis 15% kleiner an-

[1]) Recknagel: Die Garantieprobeheizung bei jeder Außentemperatur für Wasser- und Dampfheizanlagen, Ges.-Ing. 1910, Nr. 20.

Tafel der Grundwerte α für Wasser- und Dampfheizkörper.

Figur	Heizkörper	Werte von α für eine Zahl der Glieder bzw. Rohre der Heizkörper von: 1	2	3	4	5	6	7	8	9	10
	a) Warmwasserheizung.										
137, 148a	Radiatoren, 2-kanälig, frei	6,6	5,3	4,9	4,6	4,5	4,4	4,3	4,1	4,06	4,05
138, 148b	Rohrregister wagerecht u. senkrecht einreihig	—	—	—	—	—	—	—	—	—	6,4
	Rohrregister wagerecht u. senkrecht zweireihig	—	—	—	—	—	—	—	—	—	4,4
139, 148c	Rohrschlange bis 1 m Höhe	9,5 (1″)	—	—	6,4 (2″)	—	—	6,9 (1 1/2″)	—	—	8,4 (1″)
140, 148d	Rippenkasten, senkr., Rippen 4 cm hoch	3,7	3,7	3,7	3,7	3,7	3,7	3,7	3,7	3,7	3,7
141, 148e	Rippenheizkörper	3,8	3,2	2,7	2,2	1,9	1,6	—	—	—	—
142, 148f	Rippenstrang, wagerecht	3,0	—	—	—	—	—	—	—	—	—
143, 148g	Rippenbatterie, schräge Ripp.	2,7	2,7	2,7	2,7	2,7	2,7	2,7	2,7	2,7	2,7
	b) Dampfheizung.										
137, 148a	Radiatoren, 2-kanälig, frei	8,8	7,0	6,3	5,8	5,6	5,4	5,3	5,25	5,20	5,20
138, 148b	Rohrregister wagerecht u. senkrecht einreihig	—	—	—	—	—	—	—	—	—	8,8
	Rohrregister wagerecht u. senkrecht zweireihig	—	—	—	—	—	—	—	—	—	6,4
139, 148c	Rohrschlange bis 1 m Höhe	10,4 (1″)	—	—	8,3 (2″)	—	—	8,8 (1 1/2″)	—	—	9,8 (1″)
140, 148d	Rippenkasten, senkrecht, Rippen 4 cm hoch	4,9	4,9	4,9	4,9	4,9	4,9	4,9	4,9	4,9	4,9
141, 148e	Rippenheizkörper	4,3	3,6	3,0	2,4	2,1	1,8	—	—	—	—
142, 148f	Rippenstrang, wagerecht	3,9	—	—	—	—	—	—	—	—	—
143, 148g	Rippenbatterie, schräge Ripp.	3,3	3,3	3,3	3,3	3,3	3,3	3,3	3,3	3,3	3,3

zusetzen; doch hängt dies ganz von der Bauart ab: Verfasser hat Heizkörper untersucht, bei denen sich für 3 und 4 Kanäle nur ein sehr geringer Unterschied in der Wärmeabgabe gegenüber 2 Kanälen ergab. Der Versuch hat also auch hier zu entscheiden. Als Abstand der Heizkörper von der Wand sind nicht mehr als 10 cm anzunehmen; für geringeren Abstand werden die Beiwerte

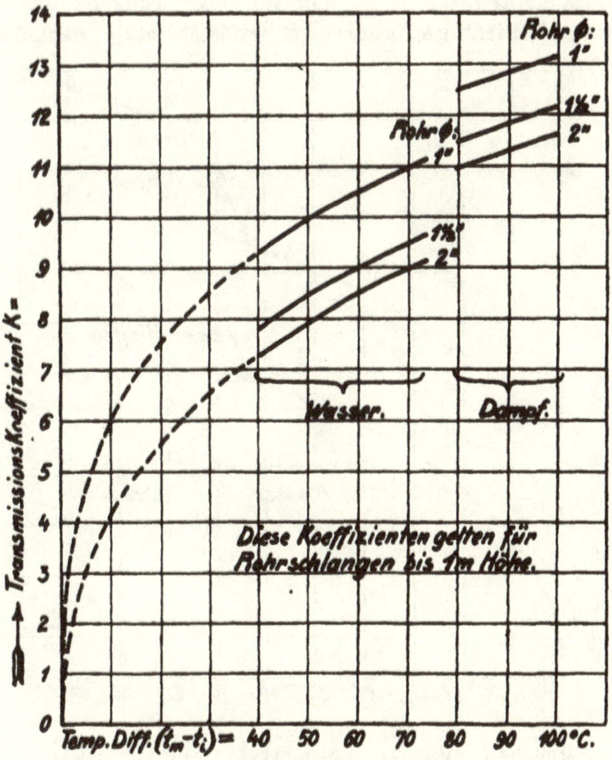

Fig. 148 c.
Wärmeabgabe von Rohrschlangen (siehe Abb. 139).

kleiner. Der Temperaturunterschied ($t_m - t_i$) ist aus der mittleren Temperatur des Wärmeträgers $\frac{t_e + t_a}{2}$ und aus der Raumtemperatur t_i zu bilden. Die Geschwindigkeit der abkühlenden Luft ist die durch den natürlichen Auftrieb infolge Erwärmung bedingte. — Angaben über die Wärmeabgabe der Heizkörper in

Vorwärmkammern bei Erhöhung der Luftgeschwindigkeit folgen in den Abschnitten über die Wasser- und Dampfluftheizung. — Im übrigen sind die gewonnenen Zahlen natürlich sichere Mittelwerte, die nach der Verschiedenheit der Bauarten der Heizkörper veränderlich sind und sich für einen bestimmten Heizkörper nur durch den Versuch gewinnen lassen.

Zu bemerken ist noch, daß die Wärmeabgabe der Heizkörper durch Strahlung anders zu bewerten ist, je nachdem sie

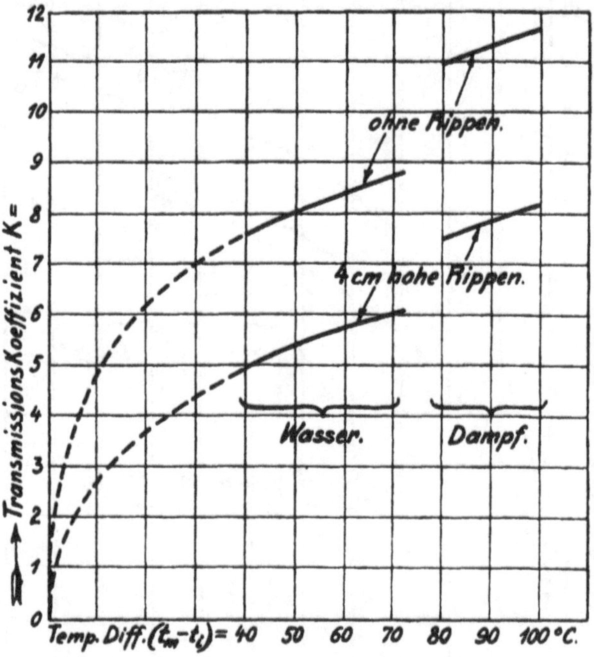

Fig. 148 d.
Wärmeabgabe eines vertikalen Rippenkastens (siehe Abb. 140).

an der Innen- oder Außenwand aufgestellt werden. Bei der Aufstellung an der Innenwand kommt nämlich die Erwärmung der hinter dem Heizkörper liegenden Wandfläche durch Strahlung dem anstoßenden Raume durch die Wärmeüberleitung der Wand wieder zugute, während dieser Wärmebetrag bei der Aufstellung der Heizkörper an der Außenwand dauernd an die Außenluft abgeführt wird. Anderseits pflegt unter den Fenster-

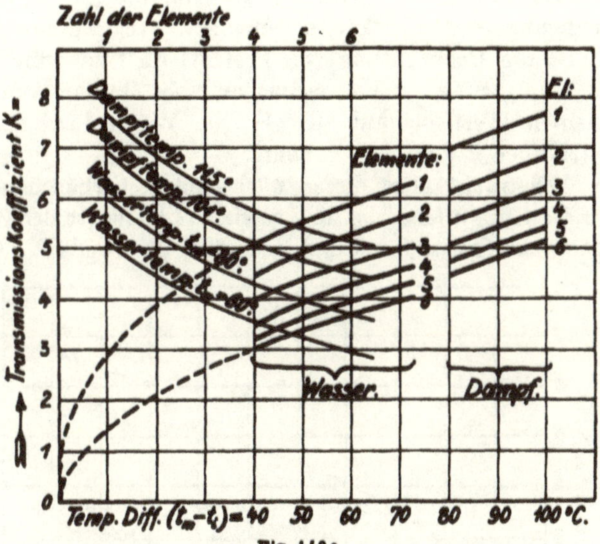

Fig. 148e.
Wärmeabgabe eines Rippenheizkörpers (siehe Abb. 141).

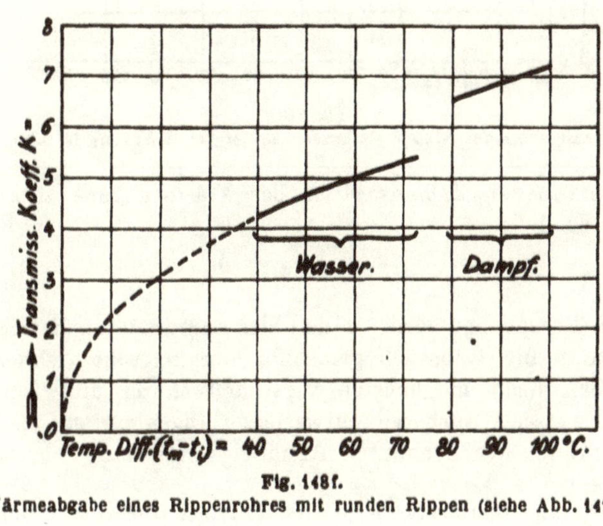

Fig. 148f.
Wärmeabgabe eines Rippenrohres mit runden Rippen (siehe Abb. 142).

flächen wegen der von ihnen herabfallenden kalten Luft eine stärkere Luftbewegung vorhanden zu sein, die günstig auf die Wärmeabgabe der Heizkörper einwirkt. In Zusammenhang hiermit ist die Beobachtung von Prof. Allen[1]) zu bringen, daß bei der Vermehrung der Fensterflächen eines Raumes von einem sehr kleinen Wert bis auf 40 v. H. die Wärmedurchgangszahl der Heizkörper k um 11% zunahm.

In Anbetracht aller dieser wechselnden Verhältnisse kann man für die Entwurfsbearbeitung gewisse Mittelwerte der Wärmedurchgangszahlen einführen und in Gl. (75) das Produkt $k\,(t_m - t_i)$

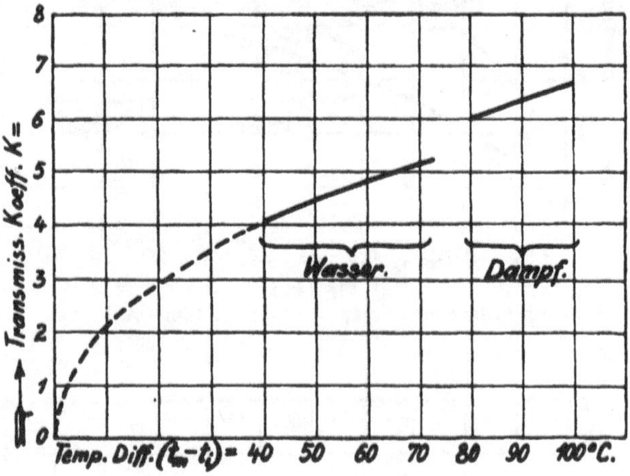

Fig. 148g.
Wärmeabgabe eines Rippen-Batterieelementes von Körting (s. Abb. 143).

zu einem neuen Zahlenwert K der Wärmeabgabe zusammenfassen, so daß:.

$$K = k\,(t_m - t_i)$$

wird.

Im Berufsleben wird von den hier angedeuteten Beziehungen noch zu wenig Gebrauch gemacht; hier herrscht vielmehr das Bestreben nach möglichster Vereinheitlichung und Normung. In der Tat hat auch der entwerfende Ingenieur gar nicht die Zeit, mit all den genannten Abhängigkeiten zu rechnen. Er

[1]) Allen: Wärmeabgabe von gußeisernen Radiatoren, übersetzt: Ges.-Ing. 1910, Nr. 32.

wird vielmehr in den weitaus meisten Fällen mit den bekannten, vom Verband der Zentralheizungs-Industrie vorgeschriebenen Normen (siehe weiter oben) auskommen, obwohl sich auch hier öfter die Notwendigkeit einer Umrechnung für außergewöhnliche Fälle geltend macht. Die besseren Firmen haben für derartige Fälle berechnete Tabellen, mit deren Hilfe dann der Übergang von einem Temperaturunterschied zum andern nicht schwer fällt. Für die Berechnung und Aufstellung derartiger Tabellen besteht aber immerhin bisher noch eine gewisse Unsicherheit und Umständlichkeit.

Auf Grund der vorhandenen Versuchsunterlagen erschien es daher dem Verfasser als eine dankbare Aufgabe, die Berechnung der Wärmeabgabe von Heizkörpern in ihrer Abhängigkeit vom Temperaturunterschied und von der Gliederzahl noch weiter zu vereinfachen, und womöglich zu einer neuen, einen noch größeren Geltungsbereich umfassenden Formel zu gelangen[1]). Durch Auftragen des Logarithmus K einmal über dem Logarithmus der Gliederzahl E und einmal über dem Logarithmus $(t_m - t_i)$ ergab sich

$$K = \frac{b}{E^q} \text{ und } K = a\,(t_m - t_i)^p \;{}^{2)}$$

---

[1]) Dietz: Die Ermittelung der Wärmeabgabe von Raumheizkörpern, Ges.-Ing. 1910, Nr. 18.

[2]) Hencky (Gesundh.-Ing. 1918, Nr. 8, S. 78 u. 79) hat diese Formel nachgeprüft und sie durch eine Versuchsreihe bestätigt. Er nennt sie zunächst eine »an sich bequeme Formel«, gleich darauf aber eine »kompliziertere Gleichung, zu der zwei variable Konstanten hinzukommen«, für die er andere Werte findet als ich. Er läßt aber dabei unberücksichtigt: erstens, daß er nur einen dreikanäligen Radiator untersucht hat, zweitens daß der von ihm untersuchte Radiator in einer hohen Nische stand, drittens daß von den drei Konstanten meiner Endgleichung (79) für verschiedenartige Radiatoren nur eine einzige variabel ist, und viertens daß die von mir ausgerechneten Exponenten p und q Mittelwerte aus einer großen Zahl von Einzelversuchen und auch von anderen Bauarten von Heizkörpern darstellen, während sein p aus einer einzigen Versuchsreihe nur eines einzigen Radiators gewonnen ist. Daher ist es nicht verwunderlich, daß seine Kurve etwas flacher verläuft als die meinige. Hencky mißt ferner der von mir aufgestellten Exponentialgleichung von Anfang an nur die Bedeutung einer empirischen Formel zu. Daß

und durch Vereinigung beider die stündliche Wärmeabgabe W eines Heizkörpers von der Heizfläche F qm zu

$$W = F \cdot \varkappa \cdot \frac{(t_m - t_i)^p}{E^q}, \quad \ldots \ldots \quad (79)$$

worin für zweikanälige (und wahrscheinlich auch für dreikanälige) Radiatoren

$$p = 1{,}4, \quad q = 0{,}119 \text{ und } \varkappa = 1{,}6$$

zu setzen ist, so daß hierfür die Gl. (79) lautet:

$$W = 1{,}6 \cdot F \cdot \frac{(t_m - t_i)^{1,4}}{E^{0,119}} \text{ WE/Std.}, \quad \ldots \quad (79\text{a})$$

wobei p und q Unveränderliche sind.

Diese Formel sieht nun freilich auf den ersten Blick etwas umständlich aus; in Wahrheit bietet sie aber außerordentliche Vorteile, denn sie deckt erstens den ganzen Temperaturbereich von 0—100°, sie gilt zweitens für jede beliebige Elementenzahl, und drittens ist der Beiwert $\varkappa$ eine unveränderliche Zahl, also nicht mehr in zweifacher Hinsicht veränderlich wie k in Gl. (78). Die Formel (79) ist also mit anderen Worten der analytische Ausdruck für die ganze mühselige zeichnerische Darstellung Fig. 148a; denn jeder Kurvenpunkt dieser Figur kann mit Gl. (79) auf Grund des einzigen Beiwertes $\varkappa$ berechnet werden. Die Übereinstimmung ist bis auf wenige Hundertteile genau.

Die neue Gleichung wird demnach hauptsächlich für Warmwasserheizkörper, jedoch nicht für den laufenden Gebrauch beim Entwerfen, sondern zur einmaligen Aufstellung von Zahlentafeln, ferner aber auch zur Prüfung und für Abnahmeversuche von Anlagen Anwendung finden können. Der Hauptvorzug der Gl. (79) ist der, daß für einen beliebigen Radiator nur ein einziger Wert $\varkappa$ durch den Versuch festgelegt zu sein braucht, um sofort die Wärmeabgabe für den ganzen Temperaturbereich und für alle Elementenzahlen mit ausreichender Annäherung beliebig ausrechnen zu können, da p und q sich ja nicht ändern.

---

sie keine Gesetzmäßigkeit im Sinne eines Naturgesetzes darstellt, müßte aber schon deswegen klar sein, weil sie aus den Versuchen von Rietschel abgeleitet ist, in denen eine Zerlegung der Wärmeabgabe in Strahlung und Leitung bekanntlich gar nicht vorgenommen ist. Welche Bedeutung meine Gleichung fur die Praxis hat, habe ich oben noch weiter auseinandergesetzt.

Der Verband der Centralheizungs-Industrie strebt eine Vereinheitlichung in der Annahme der Wärmedurchgangszahlen an und schreibt für unverkleidete Heizkörper und für 20° Raumtemperatur die folgenden Werte der Wärmeabgabe $K = k\ (t_m - t_i)$ vor, die aus dem Vorausgeschickten leicht errechnet werden können:

a) für Warmwasserheizung

bei einer höchsten Wassertemperatur von 95° und bei einem Temperaturunterschied zwischen Vor- und Rücklauf von 20°, p. h. bei $(t_m - t_i) = 65°$

für Radiatoren . . . . $K = 450$ WE/Std.
(nach Fig. 148 erhält man für $t_m - t_i = 65°$ für 10 Glieder und mehr $K = 65 \cdot 6{,}5 = 420$, für 3 bis 4 Glieder $K = 65 \cdot 7{,}0 = 460$)
» Rippenheizkörper . . . $K = 350$ WE/Std.
» glatte Rohrheizfläche . $K = 500$ »

b) für Niederdruckdampfheizung

für Radiatoren . . . . $K = 700$ WE/Std.
» Rippenheizkörper . . . $K = 450$ »
» glatte Rohrheizfläche . $K = 800$ »

Diese Zahlen sind der Berechnung der Heizflächen zugrunde zu legende Höchstwerte für 20° C Raumtemperatur, für andere Raumtemperaturen sind sie umzurechnen.

IX. Abschnitt.

Die Entwickelung der Wärme.

Die unmittelbare Benutzung der Sonnenstrahlung[1]) zur Entwicklung von Wärme für technische Zwecke ist über Versuche nicht hinausgekommen, zu denen Linsen und parabolische Strahlenwerfer (Reflektoren) dienten. Mouchot brachte mit einem solchen Sonnenspiegel von 4 m Durchmesser 35 Liter kaltes Wasser zum Kochen und erzeugte in 1½ Stunden eine Spannung von 8 Atm. im Kessel. Pifre erzielte mit parabolischen Hohlspiegeln von über 3,7 m Durchmesser in einem im Brenn-

[1]) Vgl. Gesundheits-Ingenieur 1881/82, ferner 1912 Nr. 7 u. 14. Verlag R. Oldenbourg, München. — Z. d. Bayer. Rev.-V. 1912, Nr. 1, Munchen.

punkte befindlichen Kessel mit 50 Litern Wasser in 40 Minuten 6 Atm. Spannung, die in je 8 Minuten um 1 Atm. stieg. Shuman entwickelte mit einer Sonnenkraftanlage in Philadelphia von 598 qm Kästchenheizfläche mit Sonnenspiegeln während eines 8 stündigen Sonnenscheines 2160 kg Dampf und erzielte eine Leistung von 32 PS.

Auch die Erdwärme ist in Amerika — wie übrigens auch bereits im Altertum — durch Sammlung heißen Quellenwassers und Fortleitung desselben zur Heizung benutzt worden. So soll nach einer Mitteilung der Zeitschrift »Gesundheits-Ingenieur«[1]) die Stadt Boise (Idaho, Ver. St. v. Nord-Am.) mit 15000 Einwohnern seit dem Jahre 1903 aus dem Erdinnern beheizt werden. Man hatte dort in einer Erdtiefe von 1000' Wasser von 40° R zunehmend auf 83° R in 2000' Tiefe entdeckt, das in Behältern gesammelt und aus diesen durch unterirdische Röhren mit Pumpen in alle öffentlichen Gebäude, Läden und Privatwohnungen geleitet wurde. Ein Teil des überschüssigen heißen Wassers wird zur Bewässerung der Straßen gebraucht; die Folge davon ist, daß schon im März das Gras und die Bäume in der Stadt grünen. Für die Bewohner stellten sich die Kosten dieser Heizung auf etwa ein Fünftel der gewöhnlichen für Feuerung.

Im folgenden soll nur die in den Brennstoffen aufgespeicherte Wärmeenergie für die Wärmeentwicklung zur Behandlung kommen. Vom Standpunkte der allgemeinen Kohlenwirtschaft aus kommen für die Ausnutzung der Kohle drei Verfahren in Betracht: die unmittelbare Verbrennung, die Entgasung und die Vergasung. Bei der Entgasung, die in den Kokereien, Gasanstalten und Braunkohlenschwelereien ausgeübt wird, werden außer den gasförmigen Erzeugnissen und dem Koks noch Nebenerzeugnisse, besonders Teer und verschiedene Öle gewonnen. Durch die Vergasung in Generatoren werden nach voraufgegangener Entgasung die brennbaren Bestandteile der Kohle vollkommen in Gase übergeführt, die auf Grundlage der Teerausscheidung bei tiefen Temperaturen (bei etwa 600° C) den Tieftemperaturteer (Urteer) liefern und eine ausgedehnte Nebenerzeugniswirtschaft in den vielfältigsten Gewerben zur Folge haben. Die Kohle wird hierbei an sich zweifellos am wirtschaft-

[1]) Vgl. Ges.-Ing. 1904, Nr. 25, S. 414.

lichsten ausgenutzt, so daß während der Abschnürung Deutschlands vom Weltmarkt als Folge des Krieges sich ein fast allgemeiner Ruf nach weitgehender Vergasung der Kohlen im Sinne einer besseren Wärmewirtschaft erhoben hat. Abgesehen aber davon, daß eine so grundsätzliche Umstellung unserer gesamten Kohlenwirtschaft nur sehr langsam und unter Aufwendung erheblicher Kosten möglich wäre, ist die Vergasung auch nach Klingenberg[1]) für nur weitere 6% der deutschen Kohlenerzeugung (des Jahres 1913) mit Aussicht auf wirtschaftlichen Erfolg durchführbar. Klingenberg weist nach, daß der Vernichtung bedeutender wirtschaftlicher Werte durch die unmittelbare Verbrennung der Kohle auf der andern Seite eine fühlbare Schonung unserer Kohlenvorräte gegenübersteht. Fest steht jedenfalls, daß wir nach dem heutigen Stande der Technik und Wirtschaft in der Kohlenausnutzung — unbeschadet des wünschenswerten weiteren Fortschreitens auf dem Wege der Vergasung — doch in bezug auf die Wärmeentwicklung nach wie vor im höchsten Maße auf die unmittelbare Verbrennung der Kohlen auf dem Rost angewiesen sind. Diese letztere Art der Kohlenverwertung wollen wir im folgenden nur betrachten, zuvor aber der Feuerung der Gase und Öle, die ja aus den Nebenerzeugnissen der Ent- und Vergasung erst gewonnen werden, unsere Aufmerksamkeit widmen. Dabei müssen die Feuerungsanlagen, die Übertragung der entwickelten Wärme und die Abführung der Rauchgase besprochen werden, und es soll das Hauptgewicht auf die Überwachung des Feuerungsbetriebes zur Erzielung möglichster Wirtschaftlichkeit der Heizanlagen gelegt werden.

23. Die Brennstoffe.

Für die Wärmeentwicklung stehen feste, flüssige und gasförmige Brennstoffe[2]) zur Verfügung. Eine andere Einteilung ist die in natürliche Brennstoffe (Holz, Torf, Kohle, Erdöl, Naturgas) und in künstliche Brennstoffe (Preßkohlen, Koks, Holz-

---

[1]) Klingenberg: Die Wirtschaftlichkeit von Nebenproduktenanlagen für Kraftwerke, Verlag Julius Springer, Berlin 1918.

[2]) Ferd. Fischer: Chemische Technologie der Brennstoffe. Verl. Vieweg & Sohn, Braunschweig 1897 u. 1901. — Aufhäuser: Vorlesungen über Brennstoffkunde, Verl. Boysen & Maasch, Hamburg 1910.

kohle, die verschiedenen Gasarten wie Leucht-, Wasser-, Generator-, Gicht- usw. Gase, Teeröle und die Erdölerzeugnisse wie Petroleum, Benzin usw.). Welcher Brennstoff im gegebenen Falle mit Vorteil zu verwenden ist, wird unter Berücksichtigung der Beschaffungskosten, des Heizwertes, der Bedienung und sonstiger Nebenumstände festzustellen sein. Billige Anfuhr der Brennstoffe, Entladevorrichtungen, einwandfreie Lagerung, Vermeidung der Selbstentzündung, selbsttätige Förderanlagen bis zu den Kesseln sind in jedem Einzelfalle zu bedenken und günstig zu lösen.

a) Die flüssigen und gasförmigen Brennstoffe.

Die flüssigen Brennstoffe kommen nur ausnahmsweise zur Anwendung. Außer der örtlichen Petroleumheizung (Abschnitt 19e) für Wohnräume kann Rohöl auch für zentrale Feuerungsanlagen in Frage kommen. Das Öl wird dann in Druckleitungen in den Feuerungsraum der Hochdruckdampfkessel befördert und hier zerstäubt, worauf es entzündet wird. In Südrußland stehen ergiebige Naphthaquellen zur Verfügung, die auch zum Teil für Kesselfeuerungen von Zentralheizungen Ausnutzung finden. Gebrüder Körting haben Naphthaölfeuerungen für normale Warmwasserheizungen vielfach in der Weise ausgeführt, daß ein Gemisch von Naphthaöl und Wasser auf eine glühende Schale tropft und so zur Entzündung gelangt. Dagegen ist die Naphthafeuerung wieder für Niederdruckdampfkessel wegen der Schwierigkeit der Verbrennungsregelung weniger geeignet. Auch entstehen infolge ungleichmäßiger Ausnutzung der Heizfläche wegen der vielen Züge leicht Kesselschäden[1]).

Unter dem Zwange der Kohlennot ist man in Deutschland seit 1917 in steigendem Maße zur Anwendung der Steinkohlenteerölfeuerung als Behelfsfeuerung für die Zeiten des Kohlenmangels übergegangen. Von einer größeren Zahl Kessel einer Anlage kann man einen oder mehrere mit Ölfeuerungen ausstatten, was ohne weitere Umbauten nach Herausnahme des Rostes möglich ist. Es gehören dazu nur ein Vorratsbehälter mit Anwärmeheizschlange (unter Verwendung von Kesseldampf), ein Hochbehälter, in den das Öl durch eine Kolbenpumpe gedrückt

[1]) Siehe Ges.-Ing. 1917, Nr. 44.

wird, und von wo es unter Freigefälle der Feuerung zufließt. Hier wird es mit Hilfe von Strahlgebläsen (Dampf, Preßluft)

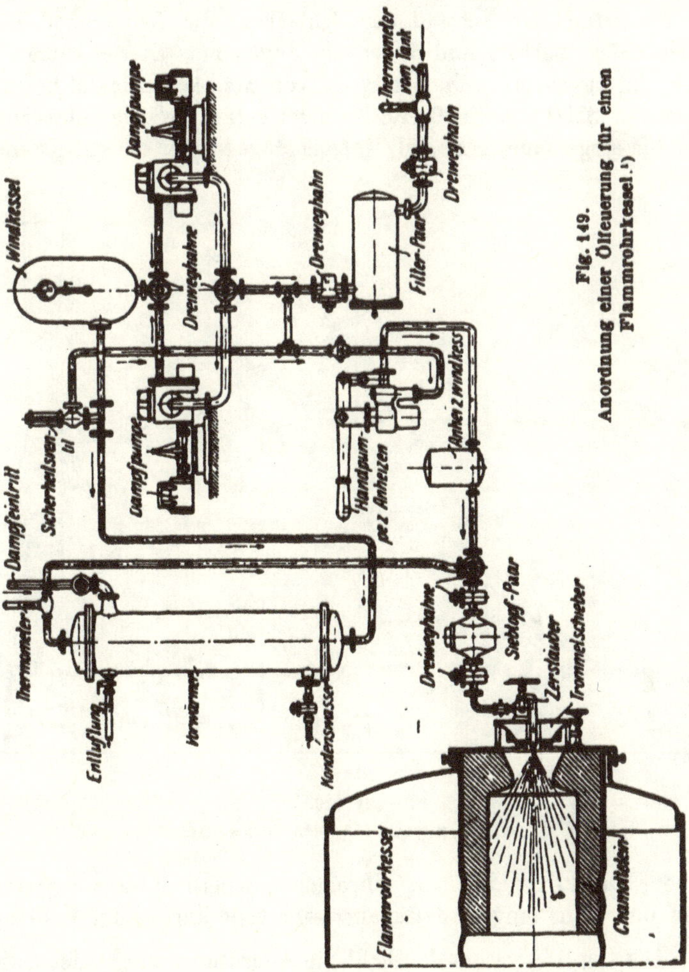

Fig. 149. Anordnung einer Ölfeuerung für einen Flammrohrkessel.[1])

zerstäubt und gelangt dabei im Feuerungsraum zur Verbrennung. Diese ist leicht regelbar und erfolgt mit hoher Ausnutzung des

[1]) Zeitschr. f. Dampfk.- u. Masch.-Betrieb 1919, Nr. 37.

theoretischen Heizwertes[1]), die mit 80—85% angesetzt werden kann, wobei große Belastungsschwankungen ohne wesentlichen Rückgang des Wirkungsgrades möglich sind. Die rauchlose Verbrennung, der Fortfall der Schlacken, die Reinlichkeit und leichte Regelbarkeit sind dabei sehr angenehme Betriebszugaben. Der untere theoretische Heizwert von Steinkohlenteeröl beträgt zwischen 8500 und 9000 WE. Leider eignet sich die Ölfeuerung nur für eingemauerte Kessel, weniger dagegen für die gußeisernen

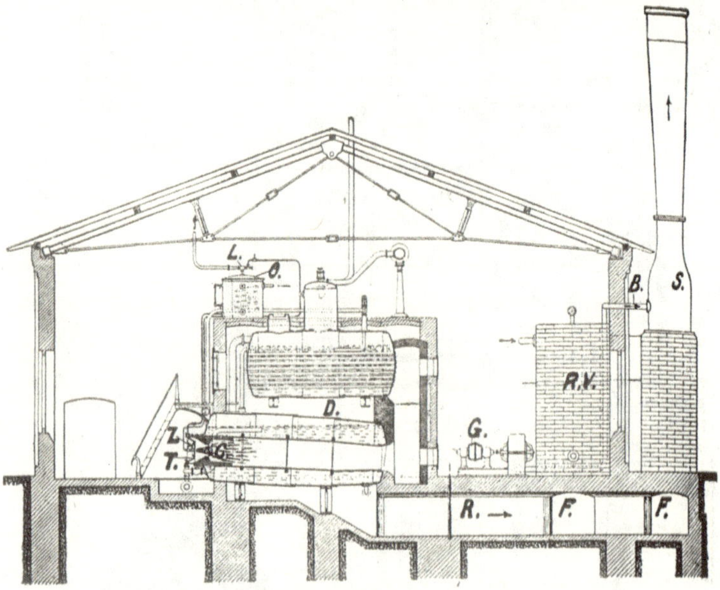

Fig. 150.
Zusatz-Ölfeuerung für einen Cornwallkessel.

Niederdruckkessel, die aus einzelnen Gliedern zusammengesetzt sind und keine langen, dafür aber sehr viele kurze Züge besitzen.

Die Fig. 149 veranschaulicht die Anordnung einer Ölfeuerung von Gebr. Körting A.-G. für einen Flammrohrkessel, wobei

---

[1]) Vgl. Josse: Neuere Kraftanlagen, Verl. R. Oldenbourg, München u. Berlin 1911, S. 18—20, wo Versuche mit verschiedenen Teerolfeuerungen und deren Ergebnisse mitgeteilt sind.

das Öl mit Hilfe einer Dampfpumpe (eine andere ist in Bereitschaft vorhanden) unter Druck durch einen Zentrifugalzerstäuber zugeführt wird. Die Luftzufuhr kann durch Verstellung eines Handrades mit Hilfe eines Trommelschiebers fein geregelt werden. Die Schamotteausfütterung des Flammrohrhalses ist zur Schonung der Kesselwandungen und als Wärmespeicher notwendig, an dem sich das Öl bei etwaigem kurzen Aussetzen der Flamme von selbst wieder entzündet. In Fig. 150 ist eine Ölfeuerung von Gebr. Körting für einen Doppelkessel dargestellt.

Von den gasförmigen Brennstoffen ist in erster Linie das Leuchtgas für örtliche Feuerungsstätten zu nennen; über seine Anwendung ist im Abschnitte 19f bei der Gasheizung bereits gesprochen worden.

Da die Gase infolge ihrer innigen Vermischung mit dem Luftsauerstoffe beim Verbrennungsvorgang sich am meisten der vollkommenen Verbrennung nähern, so ist von vornherein mit einem guten Wirkungsgrade der Verbrennung zu rechnen, im Mittel mit etwa 80—85%. Man hat daher alle Arten von Gasen zur Verbrennung unter Kesseln für Dampf- oder Warmwassererzeugung benutzt. Wirtschaftlich wichtig ist die Verwendung gasförmiger Brennstoffe, wenn sie als Nebenerzeugnisse gewonnen werden. Als solche sind hauptsächlich die aus den Hochöfen abziehenden Gichtgase zu nennen. Im rheinländisch-westfälischen Industriegebiet sind Ferngasversorgungsanlagen[1]) von mehreren hundert Kilometern Gesamtlänge für viele Stadt- und Landgemeinden im Betrieb. In Betracht kommen dabei die Gase aus den Kokereien von Zechen und Hütten. Aber man hat auch die gasförmigen Brennstoffe, zum Teil als Zusatz oder zur Aushilfe, in besonderen Generatoren durch Vergasung von Kohlen eigens zum Zwecke der Verfeuerung erzeugt. Diese Generatorgase sind das Luft- und das Wassergas, je nachdem der Sauerstoff zur Bildung des Kohlenoxyds aus Luft oder aus Wasserdampf entnommen wurde.

Endlich kommen brennbare Gase als sog. Naturgase an einzelnen Stellen in der Erde vor, besonders in Amerika. Diese Gase werden, da sie zum Teil unter hohem Druck ausströmen,

[1]) De Grahl: Wirtschaftliche Verwertung der Brennstoffe, Verl. R. Oldenbourg, München u. Berlin 1915.

direkt in Röhren gefaßt und den Feuerungs- bzw. Heizungsanlagen zugeleitet. Die Fig. 151 zeigt die Anlage von solchen Gasbohrlöchern in amerikanischen Ortschaften; dabei werden die in der Nähe des Stadtrohrnetzes bereits erschöpften Bohr-

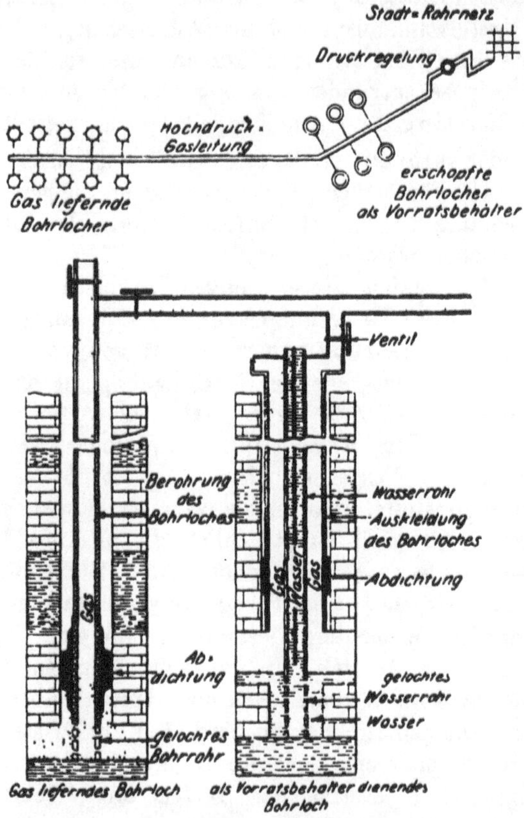

Fig. 151 und 152.
Erdgasfassung durch Bohrlöcher und Gasspeicherung durch erschopfte Bohrlöcher. (Z. f. Dampfk.- u. Masch.-Betr. 1919 Nr. 38.)

löcher weiter als Vorrats- oder Speicherbehälter benutzt, da sie sich — in die gemeinsame Hochdruckgasleitung eingeschaltet — unter dem hohen Gasdruck der gasliefernden Bohrlöcher allmählich immer wieder mit Gas fullen. In Fig. 152 sind die Einzelheiten beider Arten von Bohrlöchern dargestellt. Die

Druckregelung des nachströmenden Gases geschieht durch eingeschaltete Regelventile, die entweder von Hand bedient werden oder auch als Rückschlagklappen selbsttätig wirken. Wo sich in den erschöpften Bohrlöchern Wasser angesammelt hat, muß dieses durch eingeführte Langrohre ausgepumpt werden.

In Deutchland ist die vor einigen Jahren in Neuengamme bei Hamburg plötzlich aufgetretene Erdgasquelle berühmt geworden. Das Erdgas entströmt der Quelle mit auf 3,4 Atm. vermindertem Druck und wird durch eine Leitung aus Mannesmannrohren von 250 mm Durchmesser und über 15 km Länge den Dampfkesselfeuerungen des Hauptpumpwerkes der Stadt zugeführt. Nachdem hier der Druck weiter auf 3—4 m Wassersäule vermindert ist, wird das Gas durch einen Gasmesser den Hochdruckdampfkesseln mit 10 bis 14 cm Druck zur Verbrennung durch entsprechend gebaute Brenner zugeleitet.

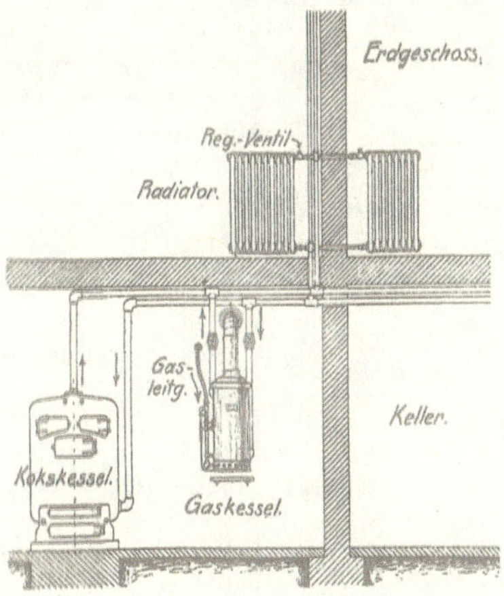

Fig. 153.
Ergänzung einer Warmwasserheizanlage durch einen Hilfsgaskessel.

Die Fig. 153 veranschaulicht, in welcher Weise die Gasheizung in Form eines mittels Gases gefeuerten Kessels in eine gewöhnliche Hauswarmwasserheizung als Hilfsheizung für die Übergangszeit oder zum schnellen Hochheizen der Anlage eingeschaltet werden kann.

Als selbständige Heizungsart eignet sich die Gasheizung besonders dann, wenn es sich um selten benutzte Räume handelt, die dann nur für kurze Zeit in Gebrauch genommen werden. So hat z. B. nach Fig. 154 der wöchentlich nur einige Male benutzte Rathaussitzungssaal in Nürnberg eine besondere Lüftungsanlage erhalten, die durch drei in der Luftvorwärmekammer *b* aufgestellte Karlsruher Gasöfen (Schulmodell) mit leuchtenden Flammen betrieben wird. Eine für diese drei Öfen besonders angeordnete Gasuhr gestattet den Gasverbrauch zu messen. Die Anlage hat sich vortrefflich bewährt.

b) Die festen Brennstoffe.

Die Wirtschaftlichkeit eines Betriebes hängt unter Umständen wesentlich davon ab, ob unter den vielen verfügbaren festen Feuerungsstoffen der richtige ausgewählt und verwendet wird. Man kann eine Einteilung in natürliche Brennstoffe, künstliche Erzeugnisse und feuerbare Abfallerzeugnisse treffen.

Die festen, **natürlichen Brennstoffe** werden außer den vegetabilischen (Holz, Stroh usw.) von den mineralischen, nämlich Torf einerseits

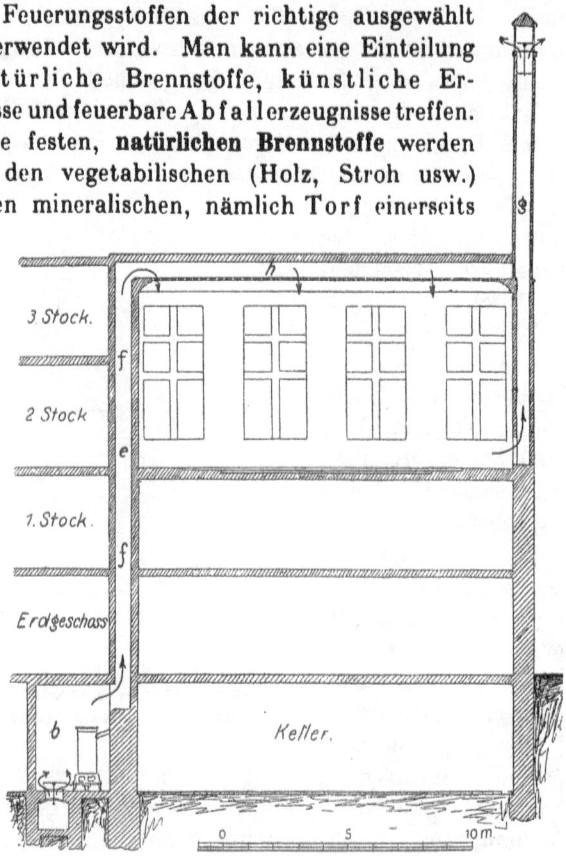

Fig. 154.
Gasöfen für Luftvorwärmung in einer Lüftungsanlage.

sowie Braunkohle und Steinkohle anderseits gebildet. Die letzteren sind nacheinander durch lange, fossile Umwandelungsvorgänge ebenfalls aus Pflanzenstoffen hervorgegangen, wobei die vormals in ihnen enthaltenen gasförmigen Verbindungen mit der Zeit sich verminderten, während der Gehalt an festem Kohlenstoffe zunahm. Die jüngere Braunkohle ist daher gasreicher als die ältere Steinkohle.

Das gleiche gilt im besonderen von der Steinkohle: die junge Steinkohle ist gasreicher als ältere und verbrennt infolgedessen mit längerer Flamme. Je älter die Steinkohlenlager, desto gasärmer ist die gewonnene Steinkohle, desto kurzflammiger brennt sie. Eine Steinkohle, die sehr gasarm geworden ist, bezeichnet man als Anthrazit, weil sie annähernd nur noch aus reinem Kohlenstoff besteht, der fast ohne Flamme verbrennt. Gasreiche Kohlen bezeichnet man als Fettkohlen, gasarme als Magerkohlen. Je nach dem Glanze kann man ferner Glanz- und Mattkohlen unterscheiden.

Ihr Verhalten im Feuer läßt weiter eine Einteilung der Steinkohle in Back-, Sinter- und Mager- (oder Sand-)kohle zu, je nachdem sie in der Hitze bäckt, d. h. zu größeren Klumpen zusammenschmilzt, oder sintert, d. h. weniger zu Stückenbildung neigt, oder mager, d. h. zusammenhanglos bleibt. Da diese Dreiteilung sowohl bei den langflammigen als auch bei den kurzflammigen Steinkohlen besteht, so ergibt sich folgende nach steigendem Kohlenstoffgehalt und fallendem Gasreichtume geordnete Einteilung derselben hinsichtlich Flammbarkeit und Schmelzbarkeit:

junge gasreiche	Magerkohlen	= magere Flammkohlen	langflammig
	Sinterkohlen	= sinternde »	
	Backkohlen	= backende »	
alte gasarme	Backkohlen	= Fettkohlen	kurzflammig
	Sinterkohlen	= Eßkohlen	
	Magerkohlen	= Anthrazitkohlen	

Wie aus dieser Zusammenstellung ersichtlich, sind die kohlenstoffärmsten (81%) und -reichsten (92%) Steinkohlen magere Kohlen, während die backenden Steinkohlen einen mittleren Kohlenstoffgehalt von 87% aufweisen und eine mittlere Flammenlänge haben.

Ferner kann man die Steinkohlen nach steigender Koksausbeute folgendermaßen einteilen:

	Koksmenge nach der Destillation:	Kohlenart:
1.	50—60%	Trockene Kohle mit langer Flamme (Sandkohle)
2.	60—68%	Fette Kohle mit langer Flamme (Gaskohle)
3.	68—74%	Fette Kohle (Schmiedekohle)
4.	74—82%	Fette Kohle mit kurzer Flamme (Kokskohle)
5.	82—92%	Magere Kohle oder Anthrazit mit kurzer Flamme

Eine weitere Einteilung ist die nach der Stückengröße in:

Förderkohlen mit 25% Stückgehalt,
Stückkohlen I über 80 mm Größe,
» II » 50 » »
» III » 35 » »
Würfelkohlen » 80×40 mm Größe,
Nußkohlen I etwa 50/80 mm Korngröße,
» II » 30/50 » »
» III » 15/30 » »
» IV » 10/15 » »
» V » 6/10 » »
Erbskohlen » Erbsengröße,
Klein- u. Feinkohlen etwa 0/6—0/10 mm Korngröße,
Kohlengrus,
Kohlenstaub.

Endlich kann man die für Deutschland zumeist in Betracht kommenden Kohlen nach ihren Lagerstätten bezeichnen als Ruhr- und Saarkohle, englische, böhmische, westfälische, sächsische, schlesische, oberbayerische usw. Kohle.

Eine ungefähre Vorstellung von der chemischen Zusammensetzung einiger Kohlensorten aus verschiedenen Revieren gibt folgende Tabelle nach Börnstein:

	C	H	N	O	S	Wasser	Asche
Holz	58,7	6,5	0,6	40,7	0,08	3,2	0,1
Torf	43,7	4,2	2,3	24,6	0,27	17,1	7,9
Märkische Braunkohle	32,98	2,5	0,6	21,8	1,9	33,4	6,8
Böhmische »	63,9	5,0	0,8	21,7	0,45	1,8	6,2
Oberschles. Steinkohle	77,1	4,4	1,08	11,66	0,9	2,85	1,9
Niederschles. »	82,7	5,1	0,8	5,3	1,5	0,89	3,6
Westfälische Eßkohle	85,5	4,28	0,9	2,9	2,2	0,6	3,5

Wie man leicht einsieht, ist der Wasserstoff- und Sauerstoffgehalt typisch für eine Kohle bezüglich deren Gasreichtum und Flammbarkeit. Jedoch kommen für die Gütebeurteilung nur der Kohlenstoff-, Wasserstoff-, Wasser- und Aschengehalt in Frage.

Zur Feuerung für Dampfkessel eignen sich hauptsächlich die sinternden und backenden Flammkohlen, Fettkohlen und Eßkohlen. Anthrazit ist der schwerst entzündbare Brennstoff, da er sehr gasarm ist. Er ist außerdem auf unserem Erdteil selten und deshalb teuer und kommt in mächtigeren Lagern hauptsächlich in Nordamerika vor. Dort wurde aus diesem Grunde auch Anthrazit als willkommener Brennstoff für Dauerbrandöfen benutzt, in denen ein backender Brennstoff unverwendbar ist.

Feste, **künstliche Brennstoffe** sind entweder die aus der Verkokung gewonnenen Koks, oder die in Pressen hergestellten Preßkohlen, oder endlich der durch Vermahlen erhaltene Kohlenstaub.

Das erstere Verfahren besteht darin, daß die natürlichen Kohlen unter Luftabschluß erhitzt und auf diese Weise die flüchtigen Gase ausgetrieben werden, während fast reiner Kohlenstoff zurückbleibt. Auf diese Weise wird Holzkohle in Kohlenmeilern oder Retorten aus dem Holze gewonnen. Die Eigenschaften der Holzkohlenfeuerung haben wir im ersten Abschnitt gelegentlich der Besprechung der Heizungseinrichtungen bei den Alten bereits kennengelernt. Aus Torf und Braunkohle werden die Torfkohle und der Braunkohlenkoks (Grudekoks) als Nebenerzeugnisse bei der Paraffin- und Solarölherstellung gewonnen. Heiztechnisch hat (neben dem neuerdings auch verwendeten böhmischen Braunkohlenkoks, der jedoch eine große Luftmenge, also bedeutenden Zug braucht) nur der aus der Verkokung einer backenden Steinkohle gewonnene Steinkohlenkoks größere Bedeutung. Er ist einerseits das Nebenerzeugnis der Leuchtgasherstellung als Gaskoks, anderseits das Haupterzeugnis eines Aufbereitungsvorganges als Hütten- oder Schmelzkoks Daraus geht schon hervor, daß Schmelzkoks das wertvollere Erzeugnis darstellt, da die zu seiner Erzeugung verwendete Steinkohle gut gesiebt und gewaschen zur erkokung kommt und somit einen größeren Kohlenstoffgehalt und bei der Verbrennung geringeren Schlackengehalt zeigt. Demgemäß ist also auch der Kohlenstoffgehalt des Hüttenkokses im allgemeinen größer als der des Gaskokses. Trotzdem wird in den meisten Zentralheizungskesseln mit Füllschächten gewöhnlich Gaskoks[1]) gefeuert, der billiger und bequemer zu beschaffen ist. Am meisten zur Kontaktfeuerung geeignet ist dagegen der kurzflammige Schmelzkoks wegen seiner höheren Verbrennungstemperatur und minder backenden Schlacke.

Die Preßkohlen, Torf- und Kohlenbriketts, werden gewöhnlich aus den pulverförmigen und feinkörnigen Kohlenabfällen hergestellt und unter Zusatz von geeigneten Bindemitteln mit Hilfe von Maschinen zu Kohlenziegeln geformt. Sie werden mit Vorliebe zur Heizung von Kachelöfen benutzt. Aber auch für den Dampfkesselbetrieb und in Zentralheizkesseln finden Braunkohlenbriketts in den letzten Jahren größere Anwendung.

Der Kohlenstaub muß künstlich in besonderen Mühlen gemahlen werden, um dann in den sog. Kohlenstaubfeuerungen Verwendung zu finden. Die so verursachten Herstellungskosten und auch der mechanische Betrieb der Feuerungen sind wohl mit daran schuld, daß die Kohlenstaubfeuerung nicht weitere Verbreitung gefunden hat. —

Ebenso wie wir als Nebenerzeugnisse den Gaskoks und die Gichtgase zur Feuerung benutzen, so stellt die Verwendung gewisser **Abfallerzeugnisse als Brennstoffe** einen wirtschaftlich gleichfalls hoch einzuschätzenden Faktor dar. Als solche Abfallstoffe erkennen wir z. B. Stroh, vor allem aber Holzspäne aus Holzbearbeitungswerkstätten und das Müll, wie es in gewaltigen Mengen aus den Haushaltungen der Städte hervorgeht, und den städtischen Klärschlamm[2]).

Vorrichtungen zur Verfeuerung von Späne- und Holzabfällen sind für Hochdruckdampfkessel seit langem in Gebrauch. Für gewöhnliche Zentralheizungen eignen sich besonders gewisse Typen der gußeisernen Gliederkessel, z. B. vom Strebelwerk Mannheim, zur Beschickung mit Sägespänen.

---

[1]) Schilling: Verwendung von Gaskoks für Zentralheizungen, Verl. R. Oldenbourg, 1909.

[2]) Meyer: Die Technik der Verbrennung und Energiegewinnung aus städtischen Abfallstoffen. Dissertation T. H. Berlin 1910.

Die Frage der vorteilhaftesten Müllbeseitigung[1]) spielt sowohl vom gesundheitlichen und ästhetischen als auch vom wirtschaftlichen Standpunkt aus für größere Gemeinwesen eine hervorragend wichtige Rolle. Bis vor Jahren wurde das Müll teils der Landwirtschaft zugeführt, teils diente es zum Bodenausgleich, oder es wurde an Stapelplätzen außerhalb der Stadt abgelagert. Mit der Zeit machte sich aber für viele Städte wegen ihrer grenzhaften Ausdehnung der Mangel an geeigneten Abfuhrplätzen unangenehm fühlbar. Deshalb schritt man zuerst in England in Manchester im Jahre 1876 zur Anwendung eines neuen Verfahrens, nämlich der Müllverbrennung. Dieses hat sich im Laufe der Zeit für viele Fälle als sehr vorteilhaft erwiesen, da die gewonnene Wärme zur Dampf-, Kraft- und Lichterzeugung sowie weiter zu Heizungszwecken Ausnutzung finden kann, während die Schlackenrückstände Rohstoff zur Herstellung von Beton, Mörtel, Wegeplatten usf. abgeben. Natürlich ist das Verfahren nur dann mit Vorteil anzuwenden, wenn das Müll genügend brennbare Stoffe enthält. Durch Versuche ist z. B. festgestellt worden, daß das Berliner und Charlottenburger Müll nur schwer brennt und geringwertig ist, weil zumeist in den Berliner Öfen Braunpreßkohlen ohne Rost gefeuert werden, die bis auf den letzten Rest verbrennen, so daß hier die anderswo durch die Rostspalten fallenden unverbrannten Kohlenteilchen im Mülle fehlen.

In den meisten Fällen ist es angebracht, von Haus aus ein Trennverfahren einzuführen, wobei Asche, Nahrungsrückstände und alle sonstigen Abfälle getrennt werden. Dabei können dann die Speisereste nach vorheriger Behandlung mit Wasserdampf zur Schweinefütterung Verwendung finden, während die Asche als Düngemittel der Landwirtschaft dient und der Kehricht endlich nach Absiebung der größeren festen Beimengungen ver-

[1]) Berlit: Der Bau der Kehrichtverbrennungsanstalt in Wiesbaden, Ges.-Ing. 1906, Nr. 34. Der gegenwärtige Stand der Müllverbrennungsfrage, Ges.-Ing. 1919, Nr. 30. — Thiesing: Neuere Erfahrungen auf dem Gebiete der Müllbeseitigung, Gesundh.-Ing. 1908, Nr. 30. — Harder: Verbrennungsversuche mit verschiedenen Mullarten im Dörrschen Mullverbrennungsofen, Ges.-Ing. 1908, Nr. 42. — Brandis: Die Wirtschaftlichkeit verschiedener Müllbeseitigungsverfahren, Zeitschrift d. Ver. Deutsch. Ing. 1909, Nr. 42.

brannt und zur Dampferzeugung verwendet wird. Durch Abgabe von Kraft und Elektrizität oder Heizdampf haben sich die Verbrennungsöfen in vielen Orten bereits als wirtschaftlich erwiesen.

c) Der Heizwert der Brennstoffe.

Die mittlere chemische Zusammensetzung der einzelnen Klassen der Brennstoffe ist nach den von Grashof[1]) vorgenommenen Zusammenstellungen die folgende, wobei die geringen wechselnden Mengen von Sauerstoff, Schwefel und Phosphor vernachlässigt sind. (Siehe S. 338.)

Die aus den verschiedenen Gruben stammenden Kohlen bzw. die einzelnen gasigen und flüssigen Brennstoffe werden natürlich unter Umständen eine erheblich andere Zusammensetzung als die angegebene normale haben. Die genauen Bestandteile können dann durch eine chemische Untersuchung bestimmt werden. Da nun die Wärmemengen bekannt sind, die bei vollkommener Verbrennung von 1 kg Kohlenstoff, Wasserstoff usw. entstehen, bzw. durch Verdampfung des chemisch gebundenen und hygroskopisch in 1 kg Brennstoff enthaltenen Wassers verbraucht werden, so stellt deren Summe, bezogen auf 1 kg, den theoretischen Heizwert oder totalen Heizeffekt E dar, nämlich

für feste Brennstoffe:

$$E = 8000\,C + 29060\,H - 680\,H_2O - 600\,W \text{ WE/kg} \qquad (80)$$

und für gasige Brennstoffe:

$$E = 29060\,H + 11710\,CH_4 + 11090\,C_2H_4 + 10840\,C_4H_8 + \\ + 2400\,CO \text{ WE/kg} \;\ldots\ldots \qquad (81)$$

Durch Versuche läßt sich der Heizwert der festen Brennstoffe mit Hilfe der (Krökerschen) Bombe und derjenige der gasförmigen und flüssigen Brennstoffe mit dem (Junkersschen) Kalorimeter bestimmen[2]). In der Praxis fährt man am bequemsten, indem man eine Probe des Brennstoffes zur Feststellung des Heizwertes an eine der diesem Zwecke dienenden

---

[1]) Grashof: Theoretische Maschinenlehre, I. Band, Verlag Voß, Leipzig 1875.

[2]) Brand: Techn. Untersuchungsmethoden zur Betriebskontrolle, Verl. Jul. Springer, Berlin 1907. — Gramberg: Techn. Messungen, insbesondere bei Maschinenuntersuchungen. Verl. Springer, Berl. 1905.

Prüfanstalten bei den Hochschulen oder Dampfkessel-Überwachungsvereinen oder beim Materialprüfungsamt in Gr.-Lichterfelde bei Berlin einsendet. Allgemein stellt man den sog. »unteren« Heizwert in Rechnung und nimmt gemäß Gl. (80) an, daß das in Dampfform entweichende Wasser die entsprechende Wärmemenge gebunden und unausgenutzt mitfortträgt.

Die so erhaltene, aus den Gleichungen berechnete oder versuchsmäßig unter vollkommener Verbrennung, d. h. bei genügender Sauerstoffzufuhr bestimmte Wärmemenge ist unabhängig von dem beim Verbrennungsvorgange verbrauchten Luftüberschuß und heißt auch theoretische kalorimetrische Heizwirkung. Wird jedoch gerade nur diejenige Luft- bzw. Sauerstoffmenge verbraucht, die zur vollkommenen Verbrennung notwendig ist, dann entsteht gleichzeitig die höchst erreichbare Verbrennungstemperatur, die über die Anfangstemperatur der Luft erreichbar ist, und die der theoretische pyrometrische Heizeffekt genannt wird, nach der Anzahl Grade Celsius, die ein eingesetztes Pyrometer anzeigen würde.

Die zur vollkommenen Verbrennung mindestens notwendige Luftmenge L ist nun von Grashof berechnet und in der folgenden Zahlentafel aufgenommen worden; ebenso sind für die einfache und doppelte Luftmenge L kg und $2\,L$ kg die folgenden Werte darin enthalten:

$G =$ Gewichtsmenge der gasförmigen Verbrennungserzeugnisse von 1 kg eines festen oder gasförmigen Brennstoffes,
$d =$ Dichtigkeit der Verbrennungsgase (Luft = 1),
$c =$ spezifische Wärme der Heizgase,
$t =$ theoretisch pyrometrischer Heizeffekt in C°,
$E =$ theoretisch kalorimetrischer Heizeffekt in WE/kg.

Als theoretischer Heizwert der für uns in Betracht kommenden Kohlen werden auch in der Zeitschrift d. Bayer. Revisionsvereins 1908 Nr. 13 die folgenden Zahlen mitgeteilt:

Ruhrkohle einschließlich Anthrazit . .	7000—8000	WE/kg
Briketts aus Ruhrkohle	7500—7800	»
Saarkohle und englische Kohle	6300—7500	»
Böhm. Steinkohle, sächs. u. schles. Kohle	5700—6900	»
Oberbayerische gewaschene Kohle . . .	4800—5500	»

Mittlere chemische Zusammensetzung von Brennstoffen nach Grashof.

	Kohlenstoff C	Wasserstoff H	Chem. gebund. Wasser H_2O	Hygroskop. Wasser W	Asche A	Sumpfgas CH_4	Äthylen C_2H_4	Butylen C_4H_8	Kohlenoxyd CO	Stickstoff N	Kohlensäure CO_2
Lufttrock. Holz	0,39	—	0,40	0,195	0,015	—	—	—	—	—	—
» Torf . . .	0,35	0,01	0,29	0,25	0,10	—	—	—	—	—	—
» Braunkohle . .	0,50	0,015	0,205	0,20	0,08	—	—	—	—	—	—
Magere Flammkohle .	0,809	0,035	0,156								
Sinternde »	0,834	0,039	0,127								
Backende » .	0,848	0,039	0,113	0,03	0,04	—	—	—	—		—
Fettkohle . . .	0,890	0,044	0,066								
Eßkohle	0,907	0,040	0,053								
Anthrazit	0,919	0,035	0,046								
Holzkohle	0,85	0,01	0,03	0,06	0,05	—	—	—	—	—	—
Steinkohlenkoks	0,87	0,005	0,015	0,05	0,06	—	—	—	—	—	—
Steinkohlenleuchtgas	—	0,05	—	—	—	0,54	0,10	0,08	0,15	0,08	—
Gichtgase von Steinkohlen . .	—	0,01	—	—	—	0,04	0,02	—	0,22	0,56	0,15
» » Holzkohlen . .	—	—	—	—	—	0,01	—	—	0,30	0,63	0,06
» » Koks	—	—	—	—	—	—	—	—	0,35	0,64	0,01
Generatorgase aus Holz . . .	—	0,01	—	—	—	—	—	—	0,34	0,53	0,12
» » Torf . . .	—	0,01	—	—	—	—	—	—	0,22	0,63	0,14
» » Holzkohle .	—	—	—	—	—	—	—	—	0,34	0,65	0,01
» » Koks . .	—	—	—	—	—	—	—	—	0,34	0,65	0,01

Briketts aus Braunkohle	4800—6500	WE/kg
Gute böhmische Braunkohle	4500—5500	»
Mittelgute böhmische Braunkohle . . .	3800—4500	»
Geringwertige böhmische Braunkohle .	3000—3800	»
Holz und Torf	3000—4000	»
Junge Braunkohle, Lignit u. Sägemehl	2000—3000	»

Ferner gibt der Magdeburger Verein für Dampfkesselbetrieb käufliche, ausführliche Listen heraus, die eine Sammlung von etwa 300 Heizwerten nebst Wasser- und Aschebestimmungen von über 100 Kohlensorten enthalten[1]).

24. Die Feuerung und die Vorkehrungen zur Rauchverminderung.

Wie aus den vorangehenden Überlegungen und Zahlentafeln hervorgeht, sind die festen Brennstoffe in der Hauptsache durch ihren Gehalt an Kohlenstoff und Wasserstoff gekennzeichnet. Der aus der vollkommenen Verbrennung[2]) dieser Elemente zu Kohlensäure und Wasser berechnete theoretische Heizwert wird nun im Betriebe nie erreicht. Die Gründe hierfür sind in der Hauptsache die folgenden: Erstens gelingt es nicht, die Verbrennungsluft in so vollkommener Verteilung durch die Brennstoffschichten zu leiten, daß der gesamte zugeführte Sauerstoff ausgenutzt wird. Es muß also zweitens eine größere Luftmenge als die einfache theoretische zur Verfügung gestellt werden, und zwar um so mehr, je backender die Kohle, je zerklüfteter also die Brennstoffschicht ist; dies hat eine Temperaturerniedrigung zur Folge, d. h. es muß auch die zur Erwärmung der überschüssigen Luft erforderliche Wärme mit aus der Verbrennungswärme gedeckt werden. (Bei den gasigen Brennstoffen

---

[1]) Bezuglich der Wahl des passendsten Brennstoffes vgl. Dürr: Brennstoffkosten, Heizwert und Dampfpreis, Zeitschr. d. Bayer. Rev.-Vereins 1908, Nr. 13. — Beachtenswerte Zusammenstellungen über Brennstoffe gibt auch Josse: Neuere Kraftanlagen, Verl. R. Oldenbourg, München 1911, und Hausbrand: Verdampfen, Kondensieren und Kuhlen, Verlag Springer, Berlin 1918.

[2]) Grashof: Theoretische Maschinenlehre. Verlag Voß, Leipzig 1875. — Haier: Dampfkesselfeuerungen zur Erzielung einer möglichst rauchfreien Verbrennung. Verlag Springer, Berlin 1910.

Zahlentafel der theoretischen Verbrennungsluftmengen, der pyrometrischen und kalorimetrischen Heizeffekte von Brennstoffen nach Grashof.

	L	für L kg				für 2 L kg			E
	kg	G	d	c	t	G	d	c	WE/kg
Lufttrockenes Holz	4,52	5,50	1,003	0,266	1860	10,02	1,002	0,254	2731
» Torf	4,41	5,31	0,993	0,268	1892	9,72	0,996	0,256	2743
» Braunkohle	6,32	7,24	1,023	0,258	2211	13,56	1,012	0,250	4176
Steinkohle	1067	11,63	1,043	0,250	2565	22,30	1,022	0,245	7483
Holzkohle	10,20	11,15	1,071	0,244	2574	21,35	1,036	0,242	7034
Koks	10,26	11,20	1,077	0,242	2593	21,46	1,039	0,241	7065
Steinkohlenleuchtgas	14,19	15,19	0,957	0,270	2466	—	—	—	10113
Gichtgase von Steinkohle	189	2,89	1,016	0,257	2032	—	—	—	1509
» » Holzkohle	0,92	1,92	1,080	0,242	1801	—	—	—	837
» » Koks	0,87	1,87	1,090	0,240	1872	—	—	—	840
Generatorgase von Holz	1,19	2,19	1,062	0,250	2022	—	—	—	1107
» » Torf	0,89	1,89	1,042	0,251	1726	—	—	—	819
» » Holzkohle	0,84	1,84	1,087	0,240	1848	—	—	—	816
» » Koks	0,84	1,84	1,087	0,240	1848	—	—	—	816

vollzieht sich die Vermischung mit dem Luftsauerstoff in nahezu vollkommener Weise, so daß die Gasfeuerungen eine sehr hohe Ausnutzung unter Einhaltung der theoretischen Luftmenge zeigen.) Drittens strömt beim jedesmaligen Öffnen der Feuertür ein Überschuß von Luft in die Feuerung. Dieser bewirkt unvollkommene Verbrennung, und die Rauchgase ziehen mit zu niedriger Temperatur nach dem Schornstein ab. Viertens entsteht durch Wärmeleitung und Ausstrahlung des Verbrennungsraumes nach außen ein entsprechender Verlust. Fünftens ist es nicht zu vermeiden, daß kleine Stücke des Brennstoffes durch die Rostspalten fallen und unverbrannt in die Asche gelangen.

a) Der Verbrennungsvorgang.

Bezüglich des eigentlichen Verbrennungsvorganges auf dem Roste können wir einen Unterschied zwischen der Verbrennung der gasarmen und der gasreichen Brennstoffe machen.

Die gasarmen Brennstoffe (Anthrazit, Holzkohle, Koks) bestehen fast ganz aus reinem Kohlenstoffe, dessen Entzündungstemperatur rund 700° C beträgt. Bei dieser Temperatur vereinigt sich je 1 Atom Kohlenstoff mit 2 Atomen Sauerstoff zu Kohlensäure nach der chemischen Gleichung

$$C + 2O = CO_2.$$

In den seltensten Fällen wird die so entstandene Kohlensäure mit dem etwa überschüssig vorhandenen Sauerstoff und mit dem Stickstoffe der Verbrennungsluft unmittelbar in den Schornstein abziehen; sie muß vielmehr auf ihrem Wege zuerst durch oder über die folgenden glühenden Kohlenschichten streichen, wobei eine teilweise Zerlegung in Kohlenoxyd stattfindet nach der Gleichung

$$CO_2 + C = 2CO.$$

Ist nun reichlich Verbrennungsluft vorhanden, so kann dieses Kohlenoxyd (bei genügend hoher Temperatur, die nur 300° beträgt und wohl stets im normalen Betriebe vorhanden ist) wiederum zu Kohlensäure verbrennen:

$$2CO + 2O = 2CO_2.$$

Andernfalls gelangt es unverbrannt in den Schornstein, was jedoch durch genügende Verbrennungsluftzufuhr vermieden werden kann, so daß hier die Verbrennung leicht vollkommen gestaltet werden kann. Wir sehen also, daß es außerordentlich leicht ist, für den besonders in der Zentralheizungstechnik für Warmwasser- und Niederdruckdampfheizungen fast ausschließlich benutzten Koks eine vollkommene, rauchschwache Verbrennung zu erzielen; es genügt eben hier, nur für ausreichende Verbrennungsluftzufuhr Sorge zu tragen.

Verwickelter sind die Verbrennungsvorgänge bei den in Hochdruckdampfkesselanlagen meist verfeuerten gasreicheren Steinkohlen, Braunkohlen, Torf und Holzabfällen. Dabei findet zunächst durch die Erhitzung eine Entgasung des Brennstoffes statt, so daß die eigentliche Verbrennung in zwei nebeneinander verlaufenden Vorgängen besteht: erstens in der Verbrennung der zurückbleibenden festen, kohlenstoffreichen Bestandteile und zweitens in der Verbrennung der durch die Entgasung gewonnenen gasförmigen Verbindungen.

Die entgasten kohlenstoffhaltigen, festen Bestandteile (Koks) verbrennen nun nach denselben Gesichtspunkten, wie sie oben für Anthrazit, Koks und Holzkohle dargelegt wurden. Sie bilden also eine um so kürzere Flamme, je gasärmer sie sind.

Die Verbrennung der aus dem Entgasungsvorgang entstandenen Schwefel-, Stickstoff- und Kohlenwasserstoffverbindungen dagegen geschieht unter starker Flammenbildung auf längerem Wege. Aus den Kohlenwasserstoffen verbrennt zunächst der Wasserstoff zu Wasser, so daß der Kohlenstoff frei wird. Dieser verbrennt entweder, wenn er genügende Mengen Sauerstoff trifft, zu Kohlensäure, andernfalls zu Kohlenoxyd, oder aber er scheidet sich in fein verteiltem Zustand als Ruß ab, falls nicht genügend Sauerstoff vorhanden bzw. die Entzündungstemperatur unterschritten ist — wie letzteres beispielsweise leicht beim Öffnen der Feuertür einzutreten pflegt. Mit den ebenfalls ausgetriebenen Teernebeln und dem verdampften Wasser zusammen bildet dann der Ruß den dunkeln undurchsichtigen Rauch, wie er oft den Schornsteinen entströmt, der jedoch größtenteils verhütet werden kann, wenn dafür gesorgt wird, daß dauernd die genügende Luftmenge an der richtigen Stelle mit genügend hoher Temperatur zuströmt, so daß sich die Luft mit den Kohlenwasserstoffen gut mischen kann. Das Mitreißen von Flugasche kann durch geschickte Anlage von Aschenkammern vermieden werden.

b) Die Rauchbekämpfung.

Eine Belästigung durch unvollkommene Verbrennung kann nach zwei Richtungen erfolgen, nämlich innerhalb und außerhalb des Hauses. Im ersteren Falle ist es die Bildung angreifender Gase, namentlich des giftigen Kohlenoxydes, die durch ungenügenden Zug des Schornsteines oder nachlässiges Schließen des Rauchschiebers in das Hausinnere überzutreten gezwungen werden. Aus diesem Grunde ist die Anwendung der früher üblichen Ofenklappen bei den Stubenöfen verboten worden. Auch bei Zentralheizungskesseln ist darauf zu achten, daß die Verbindungen des Fuchses mit dem Schornsteine dicht sind, und daß insbesondere der letztere durch sorgfältiges Ausstreichen der Fugen genügend undurchlässig hergestellt werde. Auch wenn im Schornstein Unterdruck herrscht, so kann dieser durch einen noch größeren plötzlich, also stoßweise auftretenden Unterdruck im anstoßenden Raume — z. B. infolge plötzlichen Öffnens einer dichtschließenden Tür — augenblicklich in Überdruck verwandelt werden. Ein Durchdringen des gefährlichen Kohlendunstes durch porige, dünnwandige Kaminmauern und Zwischendecken ist denn auch wiederholt beobachtet worden. Um das Zurücktreten von Kohlenoxyd aus der Feuerung zu verhindern, sollten stets Vorkehrungen getroffen sein, daß der Rauchschieber nicht vollkommen schließt, so daß stets für ein Mindestmaß von »Zug« gesorgt ist.

Im Freien[1]) dagegen ist es nicht das Kohlenoxyd, sondern unverbrannter Kohlenstoff, d. i. der Ruß, in Verbindung mit den unverbrannten Gasen, Teernebeln und schwefeliger Säure, die zusammengenommen eine Schädigung der menschlichen Gesundheit, des pflanzlichen Gedeihens und die Verwitterung der Denkmale und Bauwerke herbeiführen. Durch die Rauchplage wird die Wirkung der lebenspendenden Sonnenstrahlen geschwächt und eine dauernde Trübung der Himmelsbeleuchtung in den Städten hervorgerufen. Die dichten Nebel Londons und der englischen Fabrikstädte sind berüchtigt und werden be-

[1]) Rubner: Über trübe Wintertage, nebst Untersuchungen zur sog. Rauchplage der Großstädte, Archiv fur Hygiene, Bd. 57, Heft 4 und Bd. 59, Heft 2, Verlag R. Oldenbourg, München 1906.

günstigt durch das Zusammentreffen der hohen Luftfeuchtigkeit mit den dicken Auswürfen der Schornsteine. Einer zielbewußten Lufthygiene bietet sich also hier ein dankbares Feld zur Betätigung.

In gesundheitlicher Beziehung sind zwar die Ansichten noch nicht vollständig geklärt, doch findet Ascher[1]) einen Zusammenhang zwischen der Häufigkeit sowie dem schnelleren Verlaufe der Tuberkulose und dem Rauchgehalte der Luft in den großen Städten. Er weist auf die deutliche Abnahme der Lungenkrankheiten und Sterbefälle in englischen Städten seit Anfang der 90er Jahre des vergangenen Jahrhunderts hin und sucht die Erklärung in den energischen Maßregeln, die seit dieser Zeit gegen die Rauchplage getroffen wurden. In kultureller Hinsicht ist die rasche Schwärzung der Kunstdenkmale durch den Ruß und die Teernebel sowie ihre langsam sichere Zerstörung unter der Einwirkung der schwefeligen Säure zu beklagen. Aber auch in wirtschaftlicher Beziehung bedeutet die schlechte Ausnutzung der Kohle für jeden Staat eine jährliche Vergeudung an Volksvermögen, obwohl die Verluste, die durch das Qualmen der Schornsteine allein entstehen, meist erheblich überschätzt werden.

Dabei haben Erhebungen fast überall ergeben, daß an der Rauchplage weniger die gewerblichen Anlagen (abgesehen von ausgesprochenen Industriegebieten), sondern zum größten Teile die Feuerungen der Haushaltungen beteiligt sind. In Berlin entfielen 1907 beispielsweise 80% des jährlichen Kohlenverbrauches auf die Hausfeuerungen und die Betriebe der Kleingewerbe, die natürlich eine verhältnismäßig ungünstigere Ausnutzung der Kohle ergeben als die Großfeuerungen der Fabriken. Diese Tatsache hat sich ferner auch für die Stadt Königsberg herausgestellt. Dort hat Ascher[2]) die Verteilung des Rußes

---

[1]) Ascher: Rauchbekampfung in England und in Deutschland, Deutsche Vierteljahrsschrift f. off. Gesundheitspflege, Bd. 39, Heft 2, 1907, Verlag Vieweg & Sohn, Braunschweig. — Fr. Siemens: Bericht uber die Smoke Abatement Exhibition in London, Winter 1881 bis 1882, Verlag Jul. Springer, Berlin 1882.

[2]) Erster Bericht der Kommission zur Bekämpfung des Rauches in Königsberg i. Pr., verfaßt von Ascher, Kobbert, Rolin, Hurdelbrinck. Sonderabdruck aus den Schriften d. Physikal.-Ökon. Gesellschaft, Jahrg. 48, Heft 2, Königsberg i. Pr.

durch Untersuchung von Proben des in verschiedenen Stadtteilen gefallenen Schnees festgestellt, den er in vier gleichgroßen weithalsigen Flaschen aufsammelte. Schon das Schmelzwasser ließ eine verschiedene Färbung deutlich erkennen, und die chemische Untersuchung ergab, daß in je einem Liter Schnee die folgenden Beimengungen enthalten waren[1]):

Flasche Nr.	Sammelort	Rußgehalt Gesamt-unlösliches mg	Rußgehalt Anorganisches mg	Schwefelige Säure SO_2 mg	Schwefelige Säure SO_3 mg
1	Außerhalb der Stadt an der Ostseeküste	4,0	3,5	0,42	0,52
2	Am Stadtrand (Lokomotivfabr. und Gasanstalt in der Nähe)	51,0	32,0	6,7	8,4
3	In d. Mitte der Stadt (Kliniken)	49,5	25,0	4,4	5,5
4	In bester Wohngegend im Innern der Stadt (qualmender Schornstein in d. Nähe) . .	99,0	54,5	2,9	3,6

Man erkennt aus dieser Zusammenstellung leicht, daß der in der Luft gefundene Rußgehalt mit der Annäherung an die Stadt zunimmt und innerhalb dieser bis zur Stadtmitte, also mit der Zunahme der häuslichen Feuerstätten, ganz bedenklich hoch ansteigt.

Ein genaueres Verfahren zur Luftuntersuchung auf Rauch ist übrigens das nach Rubner, verbessert durch Renk[2]), wobei größere Mengen durch Gasmesser angesaugt und die festen Bestandteile durch Filter aufgefangen und gewogen werden, während die gasigen Beimengungen ihre Bestimmung durch die chemische Untersuchung erfahren. Nach Liefmann[3]) kann der Ruß-

[1]) Siehe dagegen Birkner: Zeitschrift für Hygiene 1911, ferner ebendort: Hahn, Gebecke, Kißkalt.

[2]) Siehe Gesundheits-Ingenieur 1909, S. 845.

[3]) Liefmann: Über die Rauch- und Rußfrage, Sonderabdruck d. Deutsch. Viertelj.-Zeitschr. f. öff. Gesundh.-Pflege, Bd. 40, Heft 2, Verlag Vieweg & Sohn, Braunschweig 1908.

gehalt auch kolorimetrisch bestimmt werden. Auch Ascher hat einen Apparat zur Rußbestimmung angegeben.

Die dauernde Beobachtung rauchender Schornsteine durch Beamte ist in verschiedenen Städten eingeführt. Dabei muß gewöhnlich eine Schätzung der Rauchstärke Platz greifen. Bei genaueren Untersuchungen bleibt kaum ein anderes Mittel als die Zuhilfenahme eines Photometers, dessen praktische Anwendung für diesen Zweck Haier[1]) beschrieben hat. Für die Bedienung einer Feuerung ist es unerläßlich, die Bauanlage so zu treffen, daß die Heizer entweder den Schornsteinkopf unmittelbar sehen, oder daß sie ihn durch Winkelspiegel bequem beobachten können. Zur vergleichenden Beurteilung der Rauchstärken bedient man sich allgemein der Ringelmannschen Rauchskala, die 5 Rauchstärken unterscheidet, und zwar ansteigend von Nr. 0 (hell) über Nr. 1, 2, 3, 4 bis Nr. 5 (schwarz). Von neuzeitlichen Kesselfeuerungen muß allgemein eine Rauchstärke Nr. 0 bis Nr. 1 verlangt werden. Koksfeuerungen arbeiten mit Rauchstärke Nr. 0. Erst durch vergleichende Messungen ist es möglich, der Rauchplage zu Leibe zu gehen.

Zur Bekämpfung der Rauchplage sind in allen beteiligten Staaten in den letzten Jahren erhebliche Anstrengungen gemacht worden, deren Erfolge bereits deutlich bemerkt werden. Das erste großartige Unternehmen, das der Rauchbekämpfung diente, war die Smoke Abatement Exhibition in London im Winter 1881/82. Über diese Ausstellung hatte Friedrich Siemens im Auftrage des Sächs. Ministeriums des Innern eingehend Bericht erstattet. Sein Buch[2]) enthält eine geordnete Zusammenstellung der Mittel, die bis dahin in England zur Beseitigung der Rauch- und Rußplage angewendet wurden.

Die preußische Regierung hat die Einrichtung von Heizerlehrgängen mit wissenschaftlicher Belehrung und praktischer Unterweisung durch Lehrheizer in die Wege geleitet[3]); in den

[1]) Haier: Feuerungsuntersuchungen des Vereines für Feuerungsbetrieb und Rauchbekämpfung in Hamburg, Verl. Springer, Berlin 1906.

[2]) Friedr. Siemens: Bericht über die Smoke Abatement Exhibition in London, Verl. Jul. Springer, Berlin 1882.

[3]) Erlaß des Preuß. Ministers betr. Bekämpfung der Rauchplage, veröffentl. im Ministerialblatt für Medizinalangelegenheiten 1909, Nr. 21, Verl. J. G. Cotta, Berlin.

größeren Städten bestehen private und städtische Verbände; in Hannover hat der Verein für öffentliche Gesundheitspflege ein »Merkheft in Sachen der Rauch- und Rußplage« herausgegeben, und ein anderes belehrt über die zweckmäßige Auswahl der Kohlen und die richtige Behandlung der Haushaltungsfeuerungen; in Hamburg hat sich 1902 der Verein für Feuerungsbetrieb und Rauchbekämpfung gebildet, der u. a. planmäßige Versuche mit den verschiedenen Arten von rauchverzehrenden Feuerungen anstellt; einige Städte, z. B. München, haben bereits scharfe polizeiliche Vorschriften erlassen; vielfach sind in den staatlichen, städtischen und größeren privaten Feuerungsanlagen Belohnungen für die Heizer ausgesetzt in der richtigen Berechnung, daß das sicherste Mittel der Rauchverminderung neben einer guten Anlage die dauernd pflichteifrige und sachgemäße Bedienung ist. Zu dieser Erkenntnis könnten die Verbände viel beitragen, wenn sie darauf hinwirkten, daß in den verschiedenen Feuerungsbetrieben nur geschulte Heizer eingestellt werden.

Eine eingehendere Behandlung hat die Rauch- und Rußfrage durch das Buch von Reich[1]) u. a. erfahren.

c) Technische Einrichtungen zur rauchschwachen Verbrennung.

Auf Grund des bisher Vorgetragenen sollte jede Feuerung, sowohl häusliche als auch gewerbliche, mit Rücksicht auf rauchschwache Verbrennung gebaut werden.

Am besten wird die Rauchverbrennung bei den Gasfeuerungen erreicht, und es wird deshalb besonders seit dem Kriege als zu erstrebendes Ziel angesehen, alle gasreichen Kohlen zuerst in Gaserzeugern zu verkoken und zu vergasen und dann das erzeugte Gas zu Feuerungszwecken in großen Druckleitungen zu den einzelnen Verbrauchsstellen zu schicken.

Aber auch Anthrazit und Koks brennen rauchschwach. Anthrazit kommt hauptsächlich in Korbrosten für die amerikanischen Dauerbrandöfen in Anwendung. Auch Koks kann für

[1]) A. Reich: Leitfaden für die Rauch- und Rußfrage, Verl. R. Oldenbourg, München u. Berlin 1917. — De Grahl: Wirtschaftliche Verwertung der Brennstoffe, Verl. R. Oldenbourg, München u. Berlin 1915. — Ferner seit 1910: Zeitschrift »Rauch und Staub«, Verlag August Bagel, Düsseldorf.

einige Regulieröfen verwendet werden, z. B. beim Meidingerofen, wo der Brennstoff den Fullschacht vollständig ausfüllt und von oben nach unten brennt, während die Verbrennungsluft den Koks von unten nach oben durchströmt und somit die für den Verbrennungsvorgang wünschenswerte Vorwärmung erfährt.

Wo in Hausfeuerungen minderwertige Brennstoffe verwendet werden und oft ein Nachlegen derselben stattfindet, da kann es von Nutzen sein, wenn auf dem hintersten Teile des Rostes stets eine Schicht Koks in Glut gehalten wird. Beim Aufgeben von frischem Brennstoffe müssen dann die Gase des letzteren über die Glut streichen, und die sonst unverbrannt abziehenden Kohlenwasserstoffe können durch Entzündung noch nutzbar gemacht werden. Besonders in Bäckereien, über deren qualmende Schornsteine von der Nachbarschaft viel geklagt wird, ist dieses Verfahren der Rauchverhütung angewendet worden.

Zur Verminderung des Rußens der Haushaltungsfeuerungen kann ferner in ausgezeichneter Weise durch Anwendung von gemischten Kohlen, z. B. Fett- und Magerkohlen oder Fettkohlen und Koks beigetragen werden. Als Fortschritt für häusliche Feuerungsherde ist auch die Unterschubfeuerung nach Stier zu nennen, die von der Hildesheimer Sparherdfabrik Senking gebaut wird.

Sehr günstig liegen die Verhältnisse in den gewöhnlichen Niederdruckdampf- und Warmwasserheizungen, die zum allergrößten Teile mit Koks gefeuert werden und deren Kessel über dem Planrost mit geräumigem Füllschachte zum ununterbrochenen Dauerbetrieb versehen sind. Der Feuerraum bleibt also fast ständig geschlossen, nur zum Abschlacken des Rostes braucht hin und wieder die Feuer- bzw. Aschenfalltür geöffnet zu werden. Die Verbrennungsluftzufuhr erfolgt selbsttätig durch Betätigung eines Zuluftreglers mit Hilfe des Dampfdruckes oder der Wassertemperatur. In dem Maße, wie der Brennstoff unten wegbrennt, rutscht der obere von selbst nach, bis der Schacht erst nach vielen Stunden frisch zu füllen ist. Eine unvollkommene Verbrennung infolge Auskühlens des Verbrennungsraumes ist also hier im normalen Betriebe ganz ausgeschlossen; ja, man kann sogar unter diesen Umständen den gesamten Feuerraum mit wasserkühlenden Heizflächen umgeben, ohne eine

Abkühlung unter die Entzündungstemperatur herbeizuführen, sofern nur die in Glut befindliche Koksmasse groß genug ist. Auf diese Weise kann man also eine Kontaktfeuerung wie in den Gliederkesseln schaffen, ohne das Entstehen von Kohlenoxyd befürchten zu müssen, wie z. B. durch Versuche von Bunte an Strebelkesseln nachgewiesen wurde. Im Gegenteil entsteht infolge des großen Temperaturunterschiedes und infolge der vollaufgenommenen Strahlung der glühenden Kohlenmassen an allen Teilen der Feuerheizfläche eine äußerst günstige Wärmeübertragung. Die Kurzflammigkeit des Koks, die keine langen Rauchzüge bedingt, kommt dieser Art Feuerung in außerordentlich glücklicher Weise entgegen.

Aber auch in Hochdruckdampfkesseln ist Koks auf Planrostfeuerungen vielfach gerade mit Rücksicht auf die Rauchvermeidung verwendet worden. Zwar ist Koks ein je nach seiner Beschaffenheit mehr oder weniger schwieriger Brennstoff und besonders wegen seiner geringen Entzündbarkeit, kleinen Brenngeschwindigkeit und starken Schlackenbildung für den Planrost wenig geeignet; trotzdem hat beispielsweise Nürnberg fast alle dem städtischen Bauamte zugeteilten Feuerungen auf Koksbetrieb gestellt — lediglich wegen der Rauchverhütung.

Je gasreicher aber eine Kohle ist, desto gewagter wird es, die Wärmeentziehung so sehr in eine Feuerheizfläche zusammenzudrängen, weil nach erfolgter Entgasung des Brennstoffes die zur Verbrennung der entstandenen Kohlenwasserstoffe notwendige Entzündungstemperatur nicht unterschritten werden darf, ohne daß Rußbildung eintritt. Erst nach stattgehabter vollkommener Verbrennung kann dann den Gasen Gelegenheit gegeben werden, die ihnen innewohnende Wärme in entsprechend langen »Zügen« abzugeben.

Beim unterbrochen von Hand beschickten Planroste, auf dem bei den Hochdruckkesseln gewöhnlich die gasreichere Steinkohle gefeuert wird, kann durch folgende Maßnahmen eine genügend rauchschwache Verbrennung erzielt werden. Beim Aufwerfen von Kohle muß verhütet werden, daß eine zu große Abkühlung des Verbrennungsraumes durch den plötzlichen Eintritt erheblicher Luftmengen erfolgt; deshalb ist eine Kuppelung des Essenschiebers mit der Feuertür angezeigt, so daß beim jedesmaligen Öffnen der letzteren der Rauchschieber zwangsweise fast geschlossen wird. Das Aufgeben frischen Brennstoffes geschieht am besten vorn auf dem Roste, damit die während der Vorentgasung entstehenden Kohlenwasserstoffgase beim Durchstreichen der hinteren Glut sich entzünden und verbrennen können. Kurz nach jeder Beschickung entsteht das Höchstmaß an Entgasungserzeugnissen, weshalb der Rauchschieber zur Abfuhr derselben sofort ganz zu öffnen ist; mit fortschreitendem Abbrande wird die Gasentwicklung geringer, und der Schieber ist dementsprechend langsam zu schließen. Zur sicheren Herbeiführung dieses allmählichen Schlusses sind selbsttätige Feuerzugregler auch für Hochdruckkessel gebaut worden, so z. B. von Hörenz in Dresden.

Die Beschickung des Rostes darf weder zu stark noch zu schwach erfolgen, da im ersteren Falle leicht Mangel an Sauerstoff, also Kohlenoxydbildung eintritt, zu schwacher Betrieb aber ein teilweises Leerbrennen des Rostes, und — infolge Ansaugung zu großer Luftmengen durch die unbedeckten Roststellen — zu niedrige Temperatur, also Abkühlung der Verbrennungsgase und somit Rußbildung zur Folge haben kann.

Verschiedene Einrichtungen zur Rauchverhütung für den von Hand beschickten Planrost sind erfunden und mit Erfolg angewendet worden. Zu erwähnen sind das Aufbringen des frischen Brennstoffes durch lange Muldenschaufeln bei geschlossener Feuertür, besondere Schür- und Abschlackverfahren bei bis auf einen Spalt geschlossener Feuertüre, gekühlte Roststäbe, die ein leichteres Abschlacken ermöglichen. Zu letzteren rechnen die Prometheusroste, die aus schmiedebarem Guß hohl hergestellt sind und von Kühlwasser durchflossen werden, indem sie als Wärmeaufnehmer in den Kreislauf einer Warmwasserbereitung eingeschaltet sind. Durch die so erreichte Kühlung der Roste wird ein Festbacken des Brennstoffes soweit als möglich hintangehalten.

Zur rauchlosen Verfeuerung minderwertigster Kohle, namentlich von Kohlenschlämme und Kohlengrus mit großem Wassergehalt u. ä. hat sich die Planrostfeuerung mit Unterwindzuführung durch Dampfstrahldüsen der Deutschen Evaporator-Aktiengesellschaft in Berlin nach Fig. 155 eingeführt. Die Evaporatorroststäbe bilden Hohlräume *g*, denen der Unterwind durch Kammern *f* mittels der Dampfdüsen *d* zugeführt wird. Durch feine Öffnungen im Planrost tritt das Dampfluftgemisch verteilt von unten her unter die Kohlenschicht. Der Dampfverbrauch von Dampfdüsen ist meist nicht unerheblich und kann zur Vergeudung führen; er beträgt oft bis etwa 7% der Dampfleistung des Kessels und bei unachtsamer Bedienung noch mehr. Die Evaporatorgesellschaft gibt 5% Dampfverbrauch an. Die Feuerung arbeitet mit sog. ausgeglichenem Zuge, d. h. über dem Roste soll möglichst nur Atmosphärenspannung herrschen, damit das Mitreißen von Flugasche vermieden wird. Statt des Dampfstrahles kann natürlich auch ein mechanisches Luftgebläse verwendet werden, doch hat die Dampfzuführung bei minder-

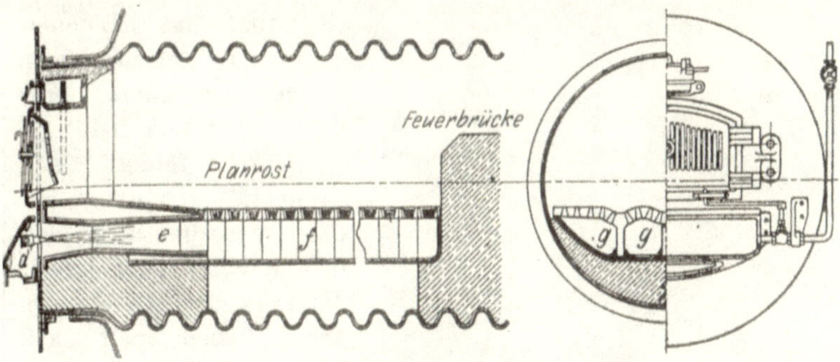

Fig. 155.
Evaporatorfeuerung.

wertigen Kohlensorten den Vorteil, daß die Schlacke locker gehalten wird und nicht so leicht am Rost anbackt.

Das Bestreben, eine Herabminderung der Temperatur beim periodischen Beschicken zu verhüten, führte zur Vorfeuerung und Einfassung des Feuerraumes mit Baustoffen von großer Wärmehaltung. Ferner kam man auf die regelbare Zuführung von vorgewärmter Nebenverbrennungsluft.

Einen Übergang zur selbsttätigen Feuerung bildete die Anwendung des Schrägrostes, wobei der am oberen Ende aufgegebene Brennstoff von selbst in dem Maße des Abbrandes nachrutscht und eine allmähliche Entgasung erfährt. Eine Erweiterung dieser Bauart liegt noch in der sog. Halbgasfeuerung von C. Reich in Hannover vor, die einen besonderen Füllschacht und regelbare Zuführungen von vorgewärmter Nebenluft besitzt.

Bei Feuerung mit minderwertiger Braunkohle, Sägespänen, usw. muß der Treppenrost zur Anwendung gelangen, wobei die Vorfeuerung mit Nebenluftzuführung in der eben beschriebenen Weise erfolgt, um eine nochmalige Entzündung der entstandenen Kohlenwasserstoffe zu ermöglichen.

Ein weiteres, mit großem Erfolg angewandtes Mittel zur Rauchverminderung ist die selbsttätige Zuführung der Kohle auf den Rost derart, daß sie eine allmähliche Entgasung durchmacht, bevor sie zur Verbrennung kommt. Hierher gehören die Unterschubfeuerungen der Berlin-Anhaltischen Maschinenbau-A.-G., von Wegener u. a. Besonders die Unterschubfeuerung der B.-A. M.-A.-G. (Fig. 156a) hat sich neuerdings mit entschiedenem Erfolge eingeführt: eine durch Triebwerk betätigte Schnecke fördert den Brennstoff von unten her ununterbrochen durch den längsgeteilten Rost derart, daß er — entgast — in dem oben offenen Spalt nach beiden Seiten auf Treppenrostflächen (Fig. 156 b) übergeschoben wird, wo dann die Verbrennung erfolgt. Diese Feuerung gestattet die Verbrennung auch der minderwertigen Kohlensorten, wenigstens was Stückgröße und Sortierung anbelangt. Man ist also mit dieser Feuerung tatsächlich in der Lage, sowohl jede Art Stückkohle bis zu einer bestimmten Korngröße, als auch Fein- und Staubkohle oder endlich unsortierte Gemische mit hohem Wirkungsgrade zu verbrennen. Dabei ist allerdings ein Unterwindgebläse erforderlich, das im Betrieb gehalten werden muß, sobald es sich um Staubkohlen oder um stärkere Belastungen handelt; für Kohle von guter Sortierung und bei nicht starker Belastung kommt man auch ohne Gebläse aus. Den Vorteil des letzteren erblicken wir aber gerade in der ermöglichten Unabhängigkeit von der Kohlen-

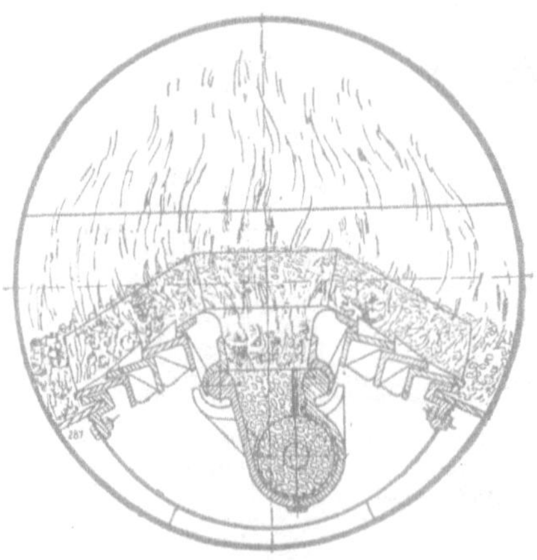

Fig. 156 a.
Unterschubfeuerung der Berlin-Anhaltischen Maschinenbau-A.-G.

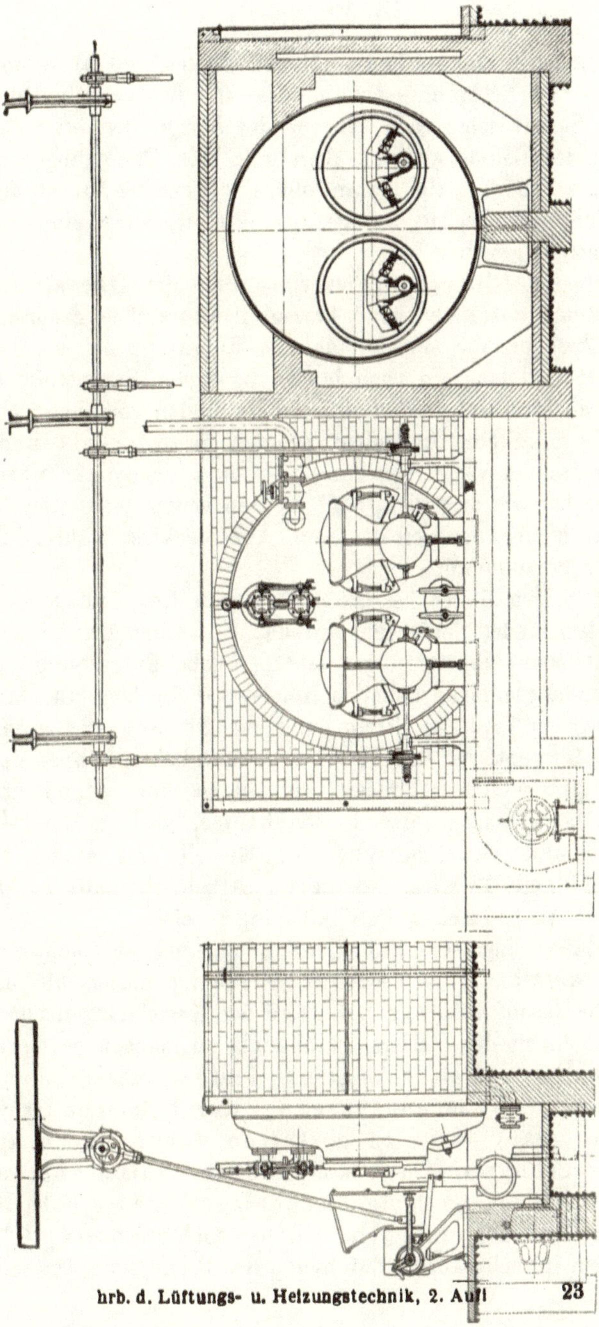

Fig. 156 b.
Bamag-Unterschubfeuerung.

art und in der erzielbaren guten Regelfähigkeit und Anpassungsfähigkeit des Verbrennungsvorganges an die Betriebsschwankungen. So hat sich gerade während des Krieges die Unterschubfeuerung der Bamag als eine allen gerechten Bedingungen entsprechende Feuerung für Flammrohrkessel erwiesen, durch deren Anwendung gleichzeitig infolge der Vorentgasung ein rauchfreier Betrieb gesichert ist.

Auch die Plutostokerfeuerung und die Düsseldorfer Sparfeuerung mit schwingend bewegten Roststäben gehören zu den Feuerungen, die eine allmähliche Entgasung der vorn aufgegebenen und langsam nach hinten bewegten Brennstoffe und daher Rauchfreiheit gewährleisten. Sie bilden sozusagen einen Übergang oder ein Bindeglied zu den Wanderkettenrostfeuerungen für Wasserrohrkessel, die die bisher vollkommenste Feuerungsbauart darstellen, weil zu den schon genannten Vorteilen noch der des selbsttätigen Abschlackens während des Betriebes hinzukommt.

Im übrigen findet bei größeren neuen Kesselanlagen auch das Entfernen der Schlacken und das Entaschen durch mechanisch betriebene Einrichtungen statt. Solche Entaschungs- und Entschlackungsanlagen bauen beispielsweise die Maschinenfabrik A. Borsig in Tegel bei Berlin und die Siemens-Schuckert Werke. Sie rentieren sich bei den heutigen hohen Löhnen durch Ersparung von Arbeitskräften und bilden eine gesundheitlich überaus hoch einzuschätzende Maßnahme, weil sie eine Verstaubung und Verschmutzung des Kesselhauses ausschließen und dem damit befaßten Manne die Arbeit ebenfalls zu einer hygienisch einwandfreien Beschäftigung machen.

Die Feuerungstechnik hat, ganz allgemein betrachtet, im letzten Jahrzehnt eine Entwicklung durchgemacht, die mehr und mehr darauf abzielt, den Betrieb der Kesselanlagen von der Geschicklichkeit des Heizers unabhängig zu machen, wenigstens soweit mittlere und große Anlagen in Frage kommen, d. h. also: den ganzen Feuerungsvorgang durch mechanischen Antrieb zwangläufig zu gestalten und dadurch auch die Witterungseinflüsse aufzuheben, dafür aber alle Einzelvorgänge nach den Bedarfsanzeigen einstellbar und regelfähig zu machen. Hierher sind besonders die Vorrichtungen für selbsttätige Zuführung der Brennstoffe, für selbsttätige Rostbeschickung, mechanische Luftzuführung zum Rost, Saugzuganlagen für die Abführung der Rauchgase zu zählen. Die Wirkungen des Krieges haben dann im besonderen zur Ausbildung der Feuerungen für minderwertige Brennstoffe beigetragen. So haben sich z. B. die Wurffeuerungen von dem Augenblick an nicht halten können, wo die gleichmäßig gekörnten Kohlen, die sich allein für diese Feuerungen eignen, nicht mehr geliefert werden konnten. Daher mußten in Deutschland alle betroffenen Wurffeuerungen im Laufe des Krieges stillgelegt und von Hand bedient werden. Überhaupt bildet die richtige Wahl der Feuerungsanlage für Hochdruckkesselanlagen seit dem Kriege bei dem herrschenden Brennstoffmangel und der Schwierigkeit der Kohlenzufuhr sowie bei der Arbeitsunlust und den hohen Löhnen eine der Hauptsorgen für den Heizungstechniker. Wir haben die verschiedenen Möglichkeiten bereits berührt; als empfehlenswerten Ausweg zur Aufrechterhaltung der Betriebe bei der jetzigen Notwendigkeit eines häufigeren Wechsels der Kohlensorten will uns zurzeit der gemischte Feuerungsbetrieb erscheinen, sofern es sich um eine Anlage mit mehreren Kesseln handelt: man wird gut tun, neben ein oder zwei selbsttätigen Feuerungsbauarten noch Handfeuerungen mit Unterwind unter Anwendung eines mechanisch betriebenen Gebläses oder Dampfstrahles (Evaporatorfeuerung, Treibelfeuerung usw.) und endlich eine Gas- oder Ölhilfsfeuerung in Aussicht zu nehmen, um gegen das Ausbleiben des einen oder des andern Brennstoffes und gegen eine Unterbrechung des Betriebes nach Möglichkeit gesichert zu sein.

25. Betriebsüberwachung der Feuerungsanlagen.

In wirtschaftlicher Beziehung ist es von Wichtigkeit für jeden Besitzer von Feuerungsanlagen, nach Möglichkeit einen rauchfreien Betrieb zu erzielen. Doch fällt selten die größte Betriebsersparnis mit der besten Rauchverzehrung genau zusammen. Diese Erscheinung hat, wie wir sahen, ihren Grund darin, daß wohl bei reichlichem Luftüberschuß eine vollständige Verbrennung, d. h. der höchste kalorimetrische Effekt erzielt wird; dies geschieht jedoch stets auf Kosten der Temperatur, d. h. des pyrometrischen Effektes. Die beste Brennstoffausnutzung tritt also meistens für einander bestimmt zugeordnete Werte der Luftmenge und

Verbrennungstemperatur ein, wobei die Verbrennungsgase im Fuchse keine unverbrannten Bestandteile mehr enthalten, und wobei der Gehalt der Abgase an Kohlensäure desto größer wird, je kleiner der Luftüberschuß ist. Diesen Zustand also, der sich für jede Belastungsstufe des Kessels etwas verschiebt, soll der Heizer jeweils aufrechtzuerhalten instand gesetzt werden. Es leuchtet ohne weiteres ein, daß dies ohne ausreichende Meßgeräte, die den Erfolg irgendeiner vorgenommenen Einstellung sofort erkennen lassen, nicht möglich ist. Voraussetzung für eine richtige Handhabung dieser Meßgeräte ist aber hinwiederum die Kenntnis, in welcher Weise die einzelnen Einflüsse auf die Brennstoffausnutzung einwirken. Es entsteht also die Forderung, daß für jeden Kessel die Wirkungsgradkurven in Abhängigkeit von den verschiedenen Belastungen unter Veränderung der Betriebsbedingungen aufzunehmen sind, um im Betriebe jederzeit mit Sicherheit erkennen zu können, nach welcher Richtung der augenblickliche Stand des Arbeitsganges beeinflußt werden muß, damit der Wirkungsgrad wieder seinen günstigsten Wert erreiche, wenn die Betriebsbedingungen sich verändert haben. Denn wir müssen uns stets vor Augen halten, daß der Wirkungsgrad auch eines Kessels niemals eine unveränderliche Zahl, sondern in vielfacher Weise abhängig ist von der Kesselbeanspruchung, von den Zugverhältnissen, von der Verbrennungsluftmenge, von dem Verschlakkungsstand des Rostes, vom Kesselsteinansatz, von der Flugaschenablagerung, von der Höhe der Abgastemperaturen, der Speisewassertemperaturen, von der Kohlenart u. a. m.

Die Verluste, welche die ungenügende Ausnutzung des Heizwertes der Kohle bedingen, ergeben sich durch unvollkommene Verbrennung, durch Strahlung und Leitung, durch unverbrannte Rückstände, durch Abwärme zur Erhaltung des Schornsteinzuges und infolge zu hohen Luftüberschusses.

Diese Verluste sind wechselnd und in hohem Maße vom Brennstoff, von der Art der Feuerung und von der Belastung des Kessels abhängig. Im allgemeinen halten sich die Verluste durch Rückstände und unvollkommene Verbrennung in den Grenzen von 1—6%. Der Hauptverlust ist fast immer in der Abwärme der Rauchgase mit etwa 15—25% enthalten; er wächst noch erheblich mit zunehmender Anstrengung des Kessels. Umgekehrt verhalten sich die Verluste durch Leitung und Strahlung, die bei normalem Betriebe in runden Zahlen 5—8% betragen können und mit zunehmender Anstrengung des Kessels gewöhnlich kleiner werden oder höchstens um ein Geringes zunehmen, während sie bei noch nicht erreichter Normalleistung des Kessels einen bedeutenden Anteil der Verluste (20% und mehr) ausmachen können.

Der Gesamtwirkungsgrad eines Kessels beträgt somit unter günstigen Umständen selten mehr als 80%, gewöhnlich bei normaler Belastung 70—60%, oft noch weniger, besonders bei stark

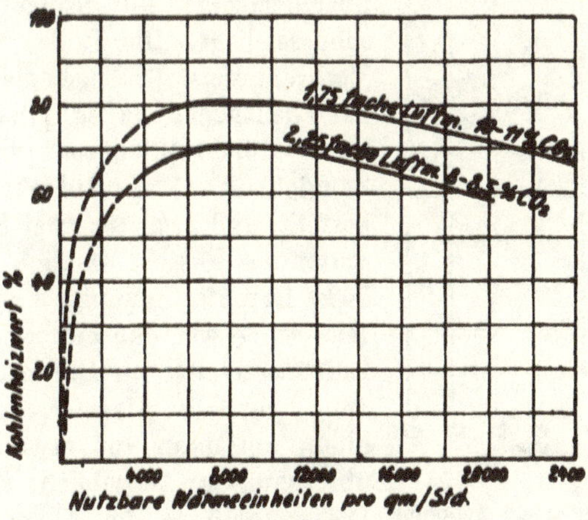

Fig. 157.
Ausnutzung der Kohle bei zunehmender Belastung eines Kessels.

wechselnder Beanspruchung und nachlässiger Bedienung bis herab zu 30%.

In welcher Weise sich die Ausnutzung der Kohle mit dem Luftüberschuß und der Belastung einer Feuerungsanlage ändert, können wir aus den sehr lehrreichen Versuchen entnehmen, die Haier[1]) in Hamburg mit einem Galloway-Zweiflammrohrkessel von 73 qm wasserberührter Heizfläche angestellt hat. Auf einem Planroste wurde z. B. in einem Falle westfälische Magerkohle verfeuert. In Fig. 157 ist die Brennstoffausnutzung in Abhängigkeit

[1]) Haier: Feuerungsuntersuchungen des Vereins fur Feuerungsbetrieb und Rauchbekämpfung in Hamburg, Verlag Springer, Berlin 1906.

von der Belastung des Kessels, wachsend von 4000 auf 24000 WE/-qm/Std., aufgetragen, und zwar einmal für 75% Luftüberschuß und das andere Mal für 125% Luftüberschuß; im ersteren Falle war der Kohlensäuregehalt der Abgase 10—11%, im zweiten Falle 8—8,5%. Wir erkennen, daß die anteilmäßige Ausnutzung der Kohle mit zunehmender Belastung zunächst erheblich schnell anstieg, um bei etwa 8400 WE langsam ihren Höchstwert mit 81% zu erreichen und bei weiterer Anstrengung nahezu geradlinig wieder abzufallen. Ferner sehen wir, daß die Ausnutzungskurve bei geringerem Luftüberschusse bedeutend über derjenigen mit großem Luftüberschusse liegt. Die Rolle, welche die Verbrennungsluftmenge spielt, ist dann noch deutlicher aus Fig. 158 erkennbar: hier ist die Kohlenausnutzung in Abhängigkeit vom Luftüberschusse dargestellt, und zwar für zwei Belastungsstufen des Kessels, nämlich für 12 und 24 kg Dampferzeugung für die qm/Std. Hier sehen wir, daß mit zunehmendem Luftüberschusse die Brennstoffausnutzung zunächst fast unveränderlich blieb, um dann von etwa 50% Luftüberschuß an erheblich abzusinken. Diese Abnahme der Ausnutzung des Kohlenheizwertes ist dadurch bedingt, daß mit zunehmendem Luftüberschuß auch der Abwärmeverlust entsprechend steigt, da eine zu große Luftmenge nutzlos auf die Temperatur der Abgase erwärmt wird. Der Verlust durch unvollkommene Verbrennung, der bei geringem Luftüberschusse noch vorhanden ist, nimmt mit vermehrter Luftzufuhr ab und wird schließlich Null bei gasarmer Kohle. Den niedrigsten Wert erreicht dieser Verlust jedoch gewöhnlich nicht bei der höchsten Ausnutzung der Kohle, sondern erst bei größerem Luftüberschusse.

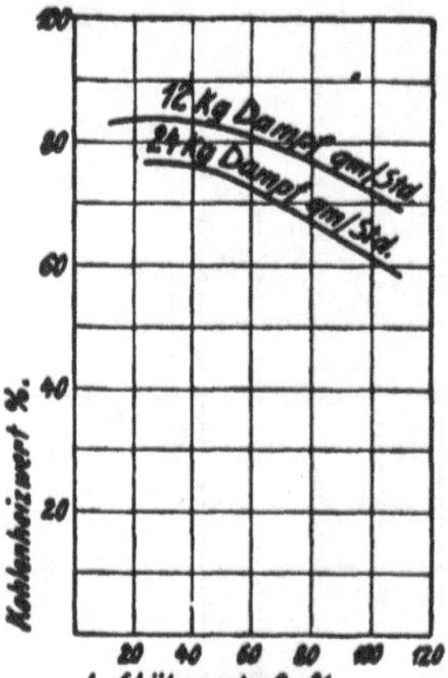

Fig. 158.
Wärmeverteilung mit Zunahme des Luftüberschusses einer Feuerung.

Wir können die Verhältnisse auch so beleuchten, daß wir sagen: mit wachsendem Luftüberschusse nimmt der pyrometrische Heizeffekt ab, von dem im wesentlichen die Wärmeübertragung an das Kesselwasser beeinflußt wird. Beispielsweise habe eine

Steinkohle einen kalorimetrischen Heizeffekt von 7500 WE; dann beträgt der pyrometrische Heizeffekt bei der theoretischen (einfachen) Verbrennungsluftmenge 2500° C, bei der doppelten Luftmenge jedoch nur mehr 1200°. Diese Temperaturen liegen praktisch gewöhnlich noch tiefer. Je höher aber die Anfangstemperatur der Verbrennungsgase, desto günstiger wird die Wärmeübertragung. Wie die letztere vom Anfang bis zum Ende der Kesselheizfläche erst ziemlich steil und dann langsamer abnimmt[1]), zeigt Fig. 159. Von einem gewissen Punkt *a* ab ist der Temperaturunterschied zwischen Rauchgasen und Wasser bereits so klein geworden, daß die Wärmeübertragung nur noch gering ist. Dieser Punkt liegt bei Hochdruckdampfkesseln etwa bei 250—300° C, mit welcher Temperatur die Rauchgase den Kessel verlassen. Bei den Niederdruckdampf- und Warmwasserkesseln der Zentralheizungen kann der Temperaturunterschied zwischen Rauchgasen und Flüssigkeit bis auf etwa 100—80° C getrieben werden. Eine weitere Vergrößerung der Züge hat dann keinen praktischen Wert mehr, außerdem muß in jedem Fall eine gewisse Temperatur zur Erzeugung des nötigen Schornsteinzuges vorhanden sein. Bei ungünstigen Zugverhältnissen werden aber die Abwärmeverluste infolge höherer Temperatur der abziehenden Rauchgase größer ausfallen als bei richtig bedientem Zuge.

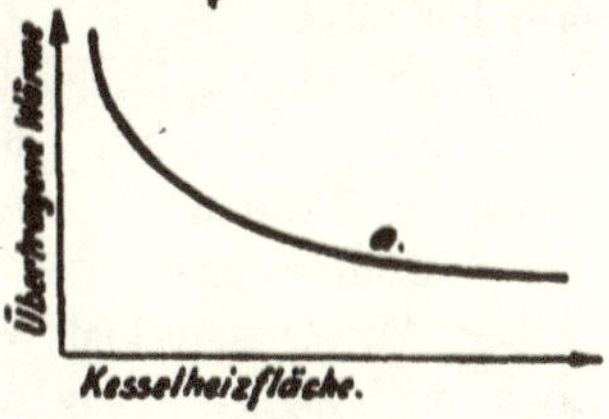

Fig. 159.
Wärmeaufnahme der Kesselheizfläche mit zunehmender Länge.

Wie sich die Höhe der Abgastemperatur zum Kohlensäuregehalte der Rauchgase verhält, erkennen wir aus folgender Überlegung: Mit kleiner werdendem Luftüberschusse nimmt neben dem Kohlensäuregehalt auch die Verbrennungstemperatur zu. Daraus würde zunächst folgen, daß die Abgastemperatur ebenfalls steigen

[1]) Fuchs: Der Wärmeübergang und seine Verschiedenheiten innerhalb einer Dampfkesselheizfläche. Zeitschrift des Vereins Deutscher Ingenieure 1904, Nr. 11, Verl. Springer, Berlin. — Dosch: Der Wärmedurchgang an Kesselheizflächen, Zeitschr. f. Dampfkessel- u. Masch.-Betrieb, Jahrg. 1910. — Reutlinger: Der Einfluß des Kesselsteines auf Wirtschaftlichkeit und Betriebssicherheit von Heizvorrichtungen, Zeitschr. d. Ver. Deutsch. Ing. 1910, Nr. 14—16.

müßte. Da jedoch anderseits bei den gleichen Voraussetzungen der abziehende Gasraum abnimmt, so verringert sich auch die Gasgeschwindigkeit. Damit stellt sich aber — infolge besserer Wärmeübertragung — ein größeres Temperaturgefälle der Rauchgase ein, und es ergibt sich, daß mit zunehmendem Kohlensäuregehalte die Abgastemperatur sinkt.

Diese Beziehungen liegen der Formel von Siegert zugrunde, nach welcher für Steinkohle der Abwärmeverlust V in % des Brennstoffheizwertes aus der Beziehung bestimmt werden kann:

$$V = 0{,}66 \cdot \frac{T - t}{CO_2} \;\%, \qquad (82)$$

worin bedeutet:

T die Abgastemperatur in C°,

t die Temperatur der zuströmenden Verbrennungsluft,

CO_2 die in den Rauchgasen gemessenen Raumhundertteile Kohlensäure.

Der Abwärmeverlust wird also um so geringer ausfallen, je kleiner die Abgastemperatur ist. Diese darf jedoch nicht etwa künstlich durch Hinzutreten »falscher« Luft durch den Rauchschieber oder durch schlecht gefugtes oder im Betriebe undicht gewordenes Kesselmauerwerk herabgedrückt werden, sonst würde im Gegenteil der Abwärmeverlust in einer Weise ansteigen, die durch die Formel (82) nicht mehr verfolgt werden kann. Bei Zentralheizungskesseln erfolgt oft die Verminderung der Wärmeentwickelung selbsttätig in der Weise, daß kalte Luft in die Rauchgaszüge durch den Verbrennungsregler eingelassen wird. Daß dieser Grundsatz unwirtschaftlich ist, folgt aus dem Gesagten ohne weiteres. Auch der übliche, stets undichte Rauchschieber sollte bei Hochdruckkesseln lieber durch eine Drehklappe oder noch besser durch ein Tellerventil ersetzt werden, deren Spindel durch eine gedichtete Stopfbuchse nach außen geführt ist.

Die Erhaltung eines möglichst großen Temperaturunterschiedes zwischen Verbrennungsraum und Fuchs ist natürlich an die Bedingung des richtigen Verhältnisses zwischen Rostgroße und Kesselheizfläche geknüpft.

Eine bessere Ausnutzung der Abgastemperaturen ist durch den Einbau von Rauchgasvorwärmern (Ekonomisern) zu erzielen, weil dabei die Warmeübertragung an das Kesselspeisewasser infolge des vorhandenen größeren Temperaturunterschiedes bedeutender ist. Voraussetzung ist dabei das Vorhandensein eines noch ausreichenden Schornsteinzuges, der gegebenen Falles durch künstlichen Zug (Schwabach u. a.) zu verstärken ist.[1])

Aus vorstehend Gesagtem geht nun deutlich hervor, daß wir zur Erzielung möglichster Sparsamkeit des Feuerungsbetriebes als auch der Rauchverminderung unbedingt auf die Verwendung von Meßgeräten angewiesen sind, die eine dauernde Überwachung der Temperaturen im Verbrennungsraum und im Fuchse, des Luftüberschusses bzw. des Schornsteinzuges und der Rauchgasprüfung gewährleisten. Für die kleinen Koksfüllfeuerungen der gewöhnlichen Zentralheizungen mag die Erfüllung dieser Forderung in aller Strenge aus schon besprochenen Gründen nicht so dringend erscheinen; immerhin ist auch bei ihnen der Einbau wenigstens eines Gasprüfers oder eines Fernthermometers in den Fuchs zur dauernden Kontrolle der Abgase geboten. Die genannten Meßgeräte müssen dann als selbstaufzeichnende ausgeführt sein, da die Verbrennung ohne Aufsicht mit Hilfe eines selbsttätigen Verbrennungsreglers erfolgt.

Schließlich gehört dann noch zur ordnungsgemäßen und wirtschaftlichen Führung von Kesselbetrieben die laufende Aufzeichnung der Speisewasser- und der verfeuerten Brennstoffmengen.

a) Die pyrometrischen Meßverfahren.

Zur Messung der Rauchgastemperatur ist das einfache Quecksilberthermometer — da der Siedepunkt des Quecksilbers bei 360° liegt — nicht mehr brauchbar. Unter Anwendung des schwerer schmelzbaren Jenaer Borosilikatglases 59^{III} ist es gelungen, das Quecksilberthermometer bis 550° C brauchbar zu machen. Um nämlich eine Verdampfung des Quecksilbers zu verhüten, wird der darüber befindliche Raum mit Stickstoff oder Kohlensäure unter einer Spannung bis zu 20 Atm. gefüllt. Temperaturen über 550° hält das Borosilikatglas nicht stand, da es mit Überschreitung dieser Grenze zu erweichen beginnt. Solche Stickstoff- bzw. Kohlensäurethermometer oder -pyrometer werden dann mit einem Eintauchrohr je nach Zweck bis zu 2 m Länge versehen, das unten das Quecksilbergefäß enthält und zum Schutze gewöhnlich mit einem Stahlrohr umgeben wird.

[1]) Trautmann: Die Anwendung des kunstlichen Zuges. Gesundh.-Ingenieur 1919, Nr. 18.

Bei der Anwendung[1]) dieser hochgradigen Thermometer ist besonders auf die Art der Eichung zu achten. Gewöhnlich werden sie in der Weise geeicht, daß der ganze Quecksilberfaden in das zu messende Temperaturgebiet eintaucht. Ist dies beim Gebrauche nicht der Fall, sondern hat ein Teil des Fadens eine niedrigere Temperatur, so muß die aus der Physik bekannte sog. Fadenberichtigung zu der abgelesenen Temperatur hinzugezählt werden, nämlich:

$$\text{Berichtigung} = \frac{n\,(t - t')}{6300}, \quad . \quad (83)$$

worin bedeutet:

n die Länge des herausragenden Fadens in C° ausgedrückt,

t die abgelesene Temperatur in C°,

t' die Temperatur der Umgebung, gleich der Fadentemperatur in C°.

Manchmal ist für eine bestimmte Eintauchtiefe und bekannte Umgebungstemperatur die Abkühlung des herausragenden Fadens bei der Eichung bereits in Rücksicht gezogen.

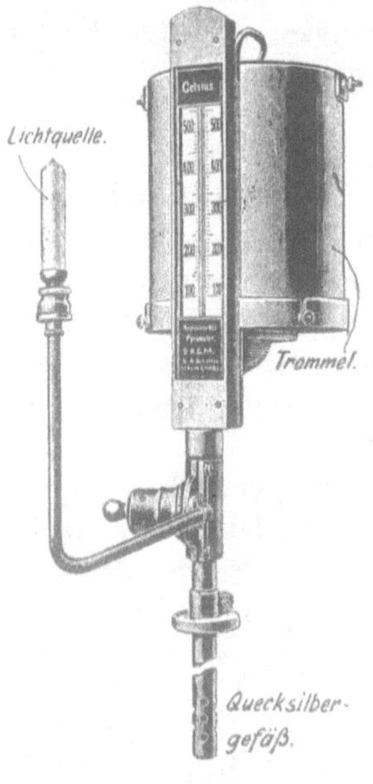

Fig. 160.
Selbstschreibendes Quecksilber-Kohlensäure-Thermometer von G. A. Schultze.

Quecksilberthermometer mit Kohlensäurefüllung werden von G. A. Schultze in Charlottenburg nach Fig. 160 als selbstschreibende Pyrometer ausgeführt: Eine sich drehende Trommel trägt einen lichtempfindlichen Papierstreifen, auf den der jeweilige Stand des Quecksilbers durch einen Spalt des Thermometerkörpers hindurch mit Hilfe einer davor befindlichen Lichtquelle fortlaufend photographiert wird. Auf diese Weise wird eine zeitliche Temperaturkurve erhalten. Bei der Bauart des Fernpyrometers von Schäffer und Budenberg wird die Bewegung des Quecksilbers durch eine von der Empfangs- bis zur Anzeigestelle reichende enge, mit Quecksilber

[1]) Knoblauch u. Hencky: Anleitung zu genauen technischen Temperaturmessungen mit Flüssigkeits- und elektrischen Thermometern, Verl. R. Oldenbourg, München u. Berlin 1919.

gefüllte Rohrleitung vermittelst einer Stahlrohrfeder auf eine Hebelübersetzung übertragen und auf eine Schreibtrommel selbsttätig aufgezeichnet.

Bis zu Temperaturen von 700° C ist das Quarzglas-Widerstandsthermometer von Heraeus in Hanau anwendbar und besonders bemerkenswert. Seine Bauart beruht auf dem Anwachsen des elektrischen Leitungswiderstandes der Metalle bei Temperaturerhöhung; diese Widerstandsänderung wird mit der Wheatstoneschen Brückenschaltung gemessen. Als Widerstand wird bei dem Thermometer von Heraeus ein chemisch reiner Platindraht verwendet, der unter Erwärmung spiralförmig auf eine Quarzglaskapillare aufgewickelt wird. Diese wird dann wiederum in eine engpassende Quarzglasröhre geschoben, letztere luftleer gemacht und erhitzt, bis das Quarzglas erweicht. Dabei schmilzt die äußere Quarzglasröhre fest auf die innere Spirale auf. Die Fig. 161 läßt diese Ausführung des Widerstandsthermometers W erkennen und gibt gleichzeitig das Schaltungsschema: Die Brückenzweige werden durch die Widerstände I, II, III und durch den Prüfwiderstand P gebildet. In die Brücke ist das nach Celsiusgraden geeichte Galvanometer G eingeschaltet. E ist eine Batterie und R ein Regelwiderstand mit Schleifstromschließer. Die Widerstände I, II und III sind gleich dem Thermometerwiderstand W bei 0°. An Stelle des letzteren kann nun mit Hilfe des Schalters Sch zunächst der Prüfwiderstand P eingeschaltet werden, der gleich dem Widerstande W bei einer bestimmten, auf dem Galvanometer rot angezeichneten Temperatur ist. Nach der Beziehung der Wheatstoneschen Brücke

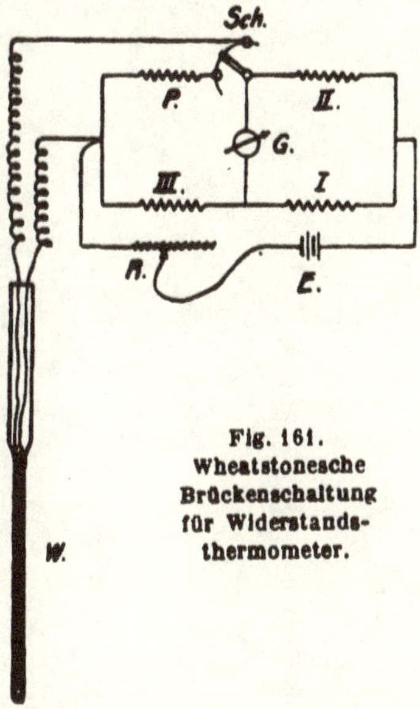

Fig. 161. Wheatstonesche Brückenschaltung für Widerstandsthermometer.

$$P \cdot I = II \cdot III$$

wird also durch Verschieben mit R die Galvanometernadel auf die rote Marke eingestellt, so daß die Brücke stets unveränderliche Spannung erhält, alsdann mit dem Schalter Sch das Thermometer W statt P eingeschaltet und nun am Ausschlage des Galvanometers G die richtige Temperatur unmittelbar abgelesen. — Die Fig. 162 gibt die äußere Ansicht der gesamten Einrichtung wieder. Das Thermometer ist an seinem oberen Teil zum Schutze gegen Beschädigung mit einem Stahlrohr umgeben, das einen Porzellankopf mit den Anschlußklemmen trägt. Die Länge der Zuleitungsdrähte ist beliebig, so daß das Schaltbrett an irgend einer passenden Stelle aufgestellt werden kann, wo der Verlauf der Temperatur durch den Heizer bequem zu verfolgen ist. Ein besonderer Vorteil des Quarzglaswiderstandsthermometers ist der, daß es dem schroffsten Temperaturwechsel ausgesetzt werden kann, ohne daß das Quarzglas springt. Von der Umgebungstemperatur sind die Angaben dieses Thermometers unabhängig. Durch eine einfache Schaltvorrichtung können beliebig viele Thermometer an eine gemeinsame Schalttafel angeschlossen werden. Durch Umlegen des Schalters werden dann nacheinander die Temperaturen der verschiedenen angeschlossenen Meßstellen in den Rauchgaskanälen angezeigt. Auch mit selbsttätiger Schreibvorrichtung können diese Thermometer versehen werden.

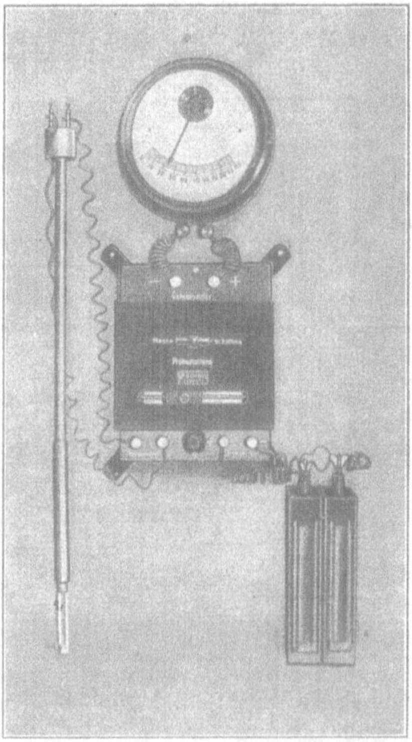

Fig. 162.
Quarzglas-Widerstandsthermometer von Heraeus.

Für höhere Temperaturen, von etwa 700 bis 1600°, ist das thermoelektrische Verfahren sehr beliebt, auf dem der Bau des Pyrometers Le Chatelier beruht, wie es von Keiser und Schmidt in Berlin, Hartmann u. Braun in Frankfurt a. M., Heraeus in Hanau u. a. ausgeführt wird. Letztere Handlung verwendet für technische Zwecke Thermodrähte von 0,6 mm Durchmesser, von denen der eine aus chemisch reinem Platin, der andere aus einer Legierung dieses Platins mit 10% chemisch reinem Rhodium besteht. Beide Drähte sind mit ihren Enden zusammengeschmolzen und mit den anderen Enden an die zum Galvanometer führenden kupfernen Meßdrähte angelötet. Durch Erwärmung der Schweißstelle entsteht im geschlossenen Kreise ein Thermostrom, der annähernd verhältnisgleich dem Temperaturunterschied $(T - t)$ zwischen der Schweißstelle (T) und den Anschlußklemmen (t) ist. Als Klemmentemperatur kann bei sachgemäßem Anschlusse des Pyrometers die Umgebungstemperatur eingesetzt werden. Eichungen der Physikalisch-Technischen Reichsanstalt ergaben nach Kohlrausch als Abhängigkeit der erzeugten Thermokraft (in Millivolt) vom Temperaturunterschied (in C°), die in Fig. 163 gezeichnete Kurve. Für dauernde Messung hoher Temperaturen hinter dem Verbrennungsraum ist besonders die Ausführung von Heraeus nach Fig. 164 geeignet: Die Elementendrähte liegen voneinander isoliert und gegen die Einwirkung schädlicher Gase geschützt in zwei ineinander geschobenen Porzellanrohren aus sog. Marquardtscher Masse, die bis 1600° hitzebeständig ist, jedoch bei raschem Temperaturwechsel leicht springt. Deshalb muß das Pyrometer sehr langsam der zu messenden Temperatur ausgesetzt werden und ist vor der Einwirkung von Stichflammen zu schützen. Die Einbringung in den heißen Meßraum erfolgt am besten senkrecht; bei wagerechter Lage muß das Pyro-

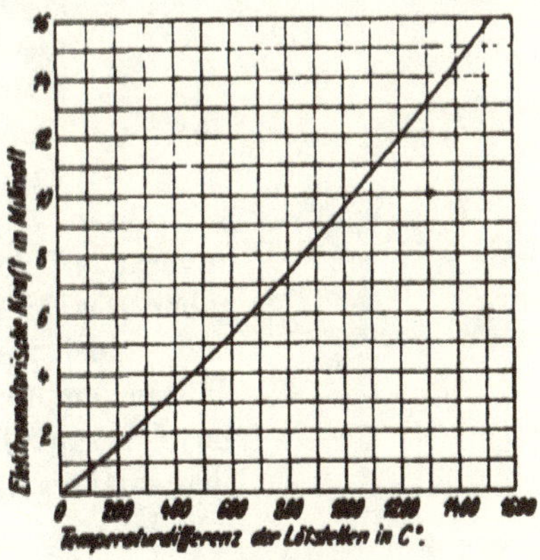

Fig. 163.
Elektromotorische Kraft des Thermoelementes Platin-Platinrhodium.

meter an mehreren Stellen gegen Durchbiegung unterstützt oder bis auf einige Zentimeter vom freien Ende in einem Chamotterohre gebettet sein. Das äußere Ende des Porzellanrohres ist ferner gegen mechanische Einflüsse durch ein Stahlrohr geschützt; zwischen beiden ist eine Asbestwickelung eingefügt. Auf dem Stahlrohre sitzt endlich wieder ein Porzellanflansch, der die Klemmen für den Anschluß der Galvanometerdrähte trägt. Das Galvanometer ist bei mittlerer Raumtemperatur versuchsmäßig auf Celsiusgrade geeicht, so daß die durch das Pyrometer gemessene Temperatur auf der Galvanometerteilung unmittelbar abgelesen werden kann. Je reiner die zu den Thermodrähten verwendeten Metalle sind, desto unveränderlicher bleiben die Temperaturangaben des Meßgerätes, dessen Nacheichung sich jedoch in Zwischenräumen von einigen Jahren empfiehlt. Bei der Anwendung des Le Chatelier-Pyrometers sind einige Vorsichtsmaßregeln geboten: es muß lange genug der zu messenden Temperatur ausgesetzt sein, weil seine Empfindlichkeit keine sehr hohe ist; es muß weit in den Rauchgaskanal hineinragen, damit durch die Wärmeableitung nach außen kein erheblicher Fehler entsteht; in Fällen, wo das ganze Pyrometer von einem Stahlschutzrohr umgeben ist, muß das letztere während der Messung entfernt werden, damit das Thermoelement schnell die richtige Temperatur annimmt und also Temperaturschwankungen sicher anzuzeigen vermag. Krell fand für ein bewehrtes Le Chatelier-Pyrometer von Heraeus eine Empfindlichkeitszahl (vgl. Seite 49) $\beta = 470$, also einen der schlechtesten Werte aller untersuchten Thermometer. Das Pyrometer darf deshalb, wie gesagt, nur ohne Eisenhülse dem Rauchgasstrom ausgesetzt werden, da es andernfalls die Temperaturänderungen dauernd zu spät anzeigen würde. Dabei ist dann die Meßgenauigkeit etwa $\pm 5^0$ C. Die Wärmequelle selbst muß natür-

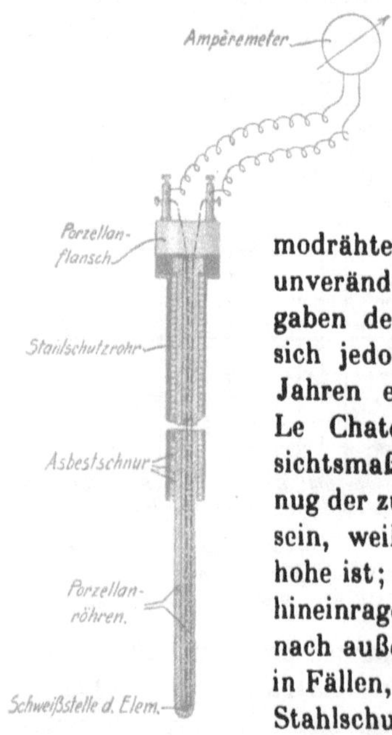

Fig. 164. Le Chatelier-Pyrometer.

lich im Verhältnis zur Masse des Pyrometers reichlich groß sein; deshalb gelingt es z. B. nicht, die Temperatur einer Gasflamme mit einem bewehrten Le Chatelier-Pyrometer auch nur annähernd genau festzustellen, weil so viel Wärme abgeleitet wird, daß leicht Fehler von mehreren 100 Graden entstehen können.

Von Siemens und Halske werden die Le Chatelier-Pyrometer mit einer selbsttätigen Vorrichtung zur zeitlichen Aufschreibung des Temperaturverlaufes ausgestattet.

Obwohl das Thermoelement Le Chatelier einen vorzüglichen Gradmesser für hohe Temperaturen darstellt, so leidet es doch, wenn es der Flamme unmittelbar ausgesetzt wird. Alle bisher besprochenen Thermometer zeigen überdies nur diejenige Temperatur an, die eben gerade an der Meßstelle herrscht. Sie lassen über die Temperaturverteilung bzw. über die mittlere Temperatur im Feuerraume Zweifel bestehen. Diesen Mängeln ist in glänzender Weise durch die optische Temperaturmessung abgeholfen worden. Als bestes Meßgerät ist das optische Pyrometer nach Wanner seit dem Jahre 1902 gebräuchlich.

Der Bau des optischen Pyrometers beruht auf der photometrischen Vergleichung der Strahlung des »absolut schwarzen Körpers« mit der bekannten Strahlung einer unveränderlichen Lichtquelle. Unter dem »absolut schwarzen Körper« versteht die Physik nach Kirchhoff einen Hohlraum, der von allen Seiten mit innen vollkommen zurückwerfenden Wänden umgeben ist, die keine Wärme nach außen hindurchlassen. Die Innentemperatur des Hohlraumes kann jede beliebige Höhe haben. Ist in einer solchen Wandung eine kleine Öffnung vorhanden, so wird alle durch diese nach innen gelangende Strahlung vollkommen aufgenommen. Umgekehrt senden die Innenwände der Umhüllung oder die innerhalb des Hohlraumes befindlichen Körper durch die kleine Öffnung den Höchstwert der Strahlung aus: diese Strahlung ist also »absolut schwarz.« Ein im Innern befindlicher glühender Körper wird demnach sichtbare Strahlen von jeder Wellenlänge aussenden, wie der absolut schwarze Körper von der gleichen Temperatur. Das nach außen gelangende Licht kann spektral zerlegt werden. Wird nun aus diesem Spektrum durch Abblenden ein homogener Teil von der Temperatur t mit bekannter Wellenlänge λ abgesondert, so kann seine Strahlungsintensität J nach dem Wienschen Gesetze berechnet werden. Diese Strahlung wird nun mit einer Lichtquelle J_0 von bekannter Temperatur t_0 verglichen. Der Vergleich der beiden Lichtstärken liefert:

$$\ln\frac{J}{J_0} = \frac{c}{\lambda}\left(\frac{1}{273+t_0} - \frac{1}{273+t}\right), \quad . \quad . \qquad (84)$$

woraus t zu berechnen ist. Aus einer Tabelle kann die gesuchte

Fig. 165.
Optisches Pyrometer nach Wanner

Temperatur t auch unmittelbar entnommen werden, wenn das Verhältnis $\frac{J}{J_0}$ durch Vergleich festgestellt worden ist.

Zum Wannerschen optischen oder Photopyrometer gehören nach Fig. 165 folgende Teile: eine Normal-Amylacetatlampe L,

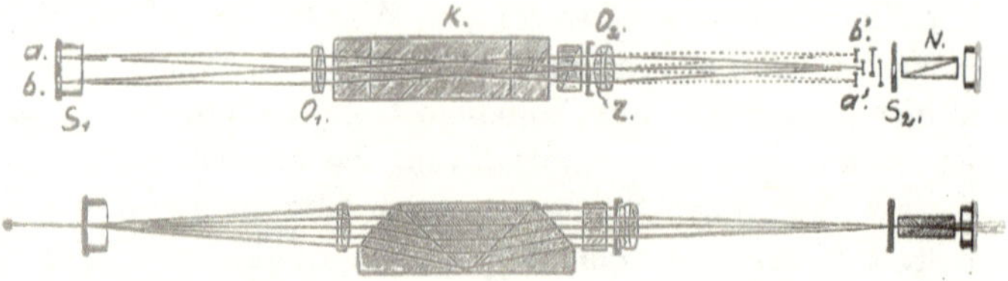

Fig. 166.
Photometereinrichtung des optischen Pyrometers Wanner.

das Photometer P mit einer eingeschlossenen Glühlampe G und einer Kreisscheibe K, eine Akkumulatorenbatterie A zur Speisung der Glühlampe und ein Voltmeter V zur Kontrolle der Spannung der Akkumulatoren.

Die innere Einrichtung des Photometers wird leicht durch die Fig. 166 im Aufriß und Grundriß deutlich: Bei S_1 treten durch zwei übereinander liegende Spalten die Strahlen der zu vergleichenden Lichtquellen ein, und zwar durch a die bekannte unveränderliche Strahlung der mit sechs Volt betriebenen Glühlampe, durch b die Strahlung beispielsweise eines Feuerraumes, auf den das Photometer gerichtet ist. In der Entfernung ihrer Brennweite folgt dann die Linse O_1, welche die beiden Strahlenbündel parallel macht. Die Strahlen durchlaufen ferner das geradsichtige Prisma K, durch das sie spektral zerlegt werden. Darauf werden beide Strahlen durch einen Kalkspat in je zwei zueinander senkrechte Richtungen polarisiert, von denen nur die eine zur Wirkung kommt, um durch ein Biprisma Z in zwei Teile zerlegt und beiderseits nach der Achse zu abgelenkt zu werden. Durch die Linse O_2 werden die Strahlen gesammelt und vor dem Okularspalt S_2 je zwei Bilder von a und b erzeugt. Das Doppelprisma Z ist nun derartig, daß zwei Bilder von a und b vor dem Okularspalt S_2 zusammenfallen, die senkrecht zueinander polarisiert sind und in unserem Falle der Fraunhoferschen Linie C im Spektrum entsprechen. Die zwei äußeren Bilder a' und b' sind dagegen durch S_2 abgeblendet worden. Vor S_2 erscheint also monochromatisches Licht in einem geteilten Gesichtsfelde derart, daß die obere Hälfte von a, d. h. von der Glühlampe, die untere von b, d. h. von der zu messenden Strahlung beleuchtet ist. Durch Drehung des Okularnikols N wird nun infolge Schwächung bzw. Stärkung der einen oder anderen Hälfte des Gesichtsfeldes gleiche Helligkeit der beiden Hälften eingestellt. Hiermit ist die Messung beendet. Aus dem auf der Kreisscheibe abgelesenen Drehungswinkel kann dann also mit Hilfe der beigegebenen Tabelle die Temperatur des glühenden Körpers ermittelt werden.

Vor jedesmaligem Gebrauch muß der Apparat auf Normallichtstärke eingestellt werden. Zu diesem Zwecke wird die Amylacetatlampe L angezündet, deren Licht durch b einfällt, und mit dem durch a einfallenden Lichte der Glühlampe A verglichen, die mit 6 Volt Spannung gespeist werden muß. A wird mit Hilfe einer Regulierschraube so lange vom Photometer entfernt bzw. ihm genähert, bis a und b gleiche Helligkeit im Okular zeigen. Dann ist das Pyrometer gebrauchsfertig, die Amylacetatlampe wird ausgelöscht, das Photometer — etwa mit Hilfe eines Ständers — auf die zu messende glühende Kohlenschicht gerichtet und die Kreisteilung K so lange gedreht, bis wieder die beiden Teile des Gesichtsfeldes a und b gleich hell erscheinen: der abgelesene

Drehungswinkel ergibt dann aus der Tabelle unmittelbar die Temperatur der Brennstoffschicht. Die Handhabung des Apparates ist also außerordentlich einfach, wie dies auch die Fig. 167 erkennen läßt. Der Hauptvorteil des Pyrometers Wanner ist der, daß es gar nicht in die Meßstelle eingesenkt zu werden braucht, daß vielmehr die Temperatur von außerhalb der Feuerung aus beliebiger Entfernung bestimmt werden kann, sobald das Photo-

Fig. 167.
Gebrauch des Wannerschen optischen Pyrometers.

meter auf das geöffnete Schauloch gerichtet wird. Der ganze Apparat ist leicht tragbar und deshalb ganz besonders für Abnahmeversuche geeignet, um schnell und sicher den augenblicklich erzielten pyrometrischen Effekt festzustellen, für dessen Ermittelung alle andern Hilfsmittel versagen. Die zu erreichende Meßgenauigkeit kann auf etwa $\pm 10^0$ geschätzt werden. Diese Angabe hat jedoch nur für den theoretischen absolut schwarzen Körper Gültigkeit, dem der geschlossene Feuerherd mit einem Schauloch sehr nahe kommt. Für offene, glühende feste oder flüssige Körper sind die Fehler größer, wenn auch noch zulässig. Für offene durchsichtige Flammen dagegen ist das Pyrometer Wanner nicht mehr brauchbar, da für diese das ihm zugrunde liegende Gesetz von Wien keine Gültigkeit hat.

Für Temperaturen von 700—1000° C hat Wanner neuerdings die Bauart seines Photopyrometers weiter vereinfacht. Beide Apparate, nach der einen wie nach der andern Ausführung, sind von Dr. R. Hase in Hannover zu beziehen. —

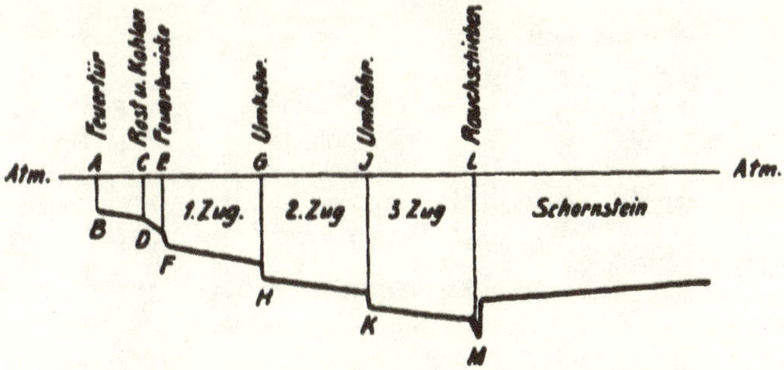

Fig. 168a.
Druckverhältnisse in der Feuerungsanlage eines Flammrohrkessels.

Als weitere Verfahren zur Bestimmung hoher Temperaturen seien der Vollständigkeit halber noch die bekannten Seegerschen Brennkegel und das Wasserkalorimeter genannt. Beide Hilfsmittel sind billig in der Anschaffung. Jedoch ist das Meßverfahren der Brennkegel zu ungenau, während die Handhabung des Kalorimeters umständlich ist und eine gewisse Geschicklichkeit voraussetzt. Auch nimmt die Temperaturbestimmung mit beiden Methoden stets eine gewisse Zeit in Anspruch, während die früher besprochenen Geräte die Temperatur ohne Mühe augenblicklich anzeigen.

b) Kontrolle des Zuges und des Luftüberschusses.

Abgesehen von dem selteneren Falle der Unterwindgebläse erfolgt die Zuführung der Verbrennungsluft zur Feuerung durch den natürlichen Schornsteinzug, hervorgerufen durch den Auftrieb der heißen, leichteren Rauchgase. Wir können also die Gasbewegung unter denselben mechanischen Gesichtspunkten betrachten wie die im Abschnitte 12a besprochene Lüftung mittels natürlichen Auftriebes. An Hand des Schemas Fig. 168a lassen sich die Zugverhältnisse[1]) längs des ganzen Gasweges verfolgen. Beim Eintritt der Verbrennungsluft wird der Druck AB zur Erzeugung der Geschwindigkeitshöhe verbraucht. Es folgt ein ge-

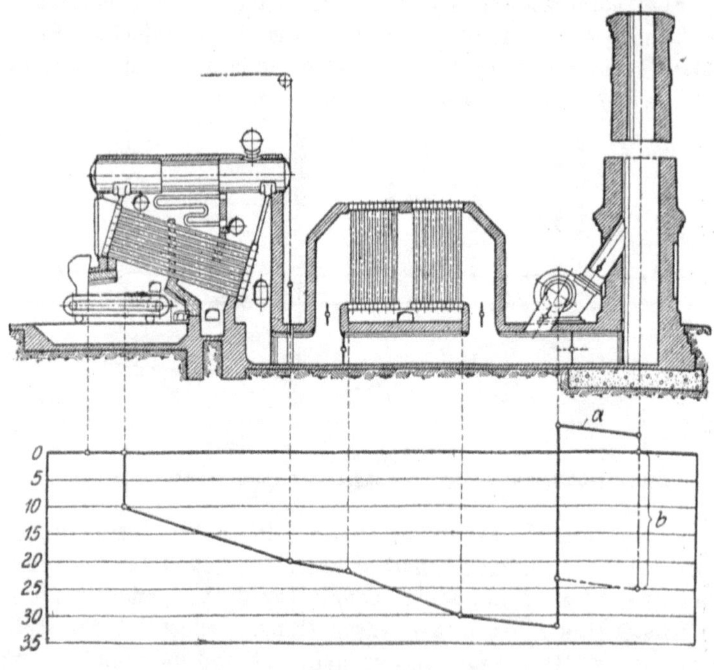

Fig. 168 b.
Druckverhältnisse der Saugzuganlage eines Wasserrohrkessels.

ringer Druckabfall bis zur Größe CD, wo Rost und Brennstoff den ersten größeren Widerstand bieten, so daß der Unterdruck zunimmt und bei der Strömung der Gase über die Feuerbrücke bis EF sinkt. Alsdann folgt die stetige Druckabnahme längs der drei Züge mit dem jedesmaligen Abfalle GH, IK, bei der Umkehr der Gase. Schließlich bietet der Essenschieber den letzten plötzlichen

[1]) Hottinger: Die Unterdruckverhältnisse im Innern einer Zentralheizungs-Kesselanlage, Gesundh.-Ing. 1908, Nr. 49.

Druckabfall bis zur Größe *LM*. Hinter dem Rauchschieber findet zunächst ein Druckanstieg wegen zutretender falscher Luft durch die Schieberspalten statt, woran sich endlich die stetige Druckabnahme längs des Fuchses und Schornsteines anschließt. Grundsätzlich bleiben diese Verhältnisse bei allen Feuerungs- und Kesselanlagen die gleichen. Die Fig. 168b gibt das Schema für eine Saugzuganlage in einem Wasserrohrkessel mit eingebautem Überhitzer und angeschlossenem Rauchgasvorwärmer. Hier wird der Druck in der Mittelachse des Gebläses positiv, sobald der Rauchschieber geschlossen wird (Kurve *a*); er bleibt negativ, wenn der Rauchschieber geöffnet ist, wenn also der Schornsteinzug mitwirkt (Kurve b)[1]).

Es leuchtet hiernach ohne weiteres ein, daß unter der Voraussetzung gleicher Fuchstemperatur die Zugwirkung durch Drosseln des Rauchschiebers geschwächt, durch Öffnen desselben verstärkt werden kann. Beim Drosseln nimmt der Unterdruck in den Zügen ab, die Linie *BM* verläuft näher der Atmosphärenlinie, die Bewegung der Gase wird langsamer, es tritt weniger Verbrennungsluft zur Feuerung; beim Öffnen des Rauchschiebers vergrößert sich der Zug, die Kurve *BM* entfernt sich von der atmosphärischen Linie, die Verbrennungsluft tritt lebhafter zur Feuerung. Die Größe des größten Unterdruckes im Fuchse kurz vor *LM* ist also ein Maß für die Verbrennungsluftzufuhr. Verbindet man nun diesen Raum durch einen Schlauch mit einer U-förmig gebogenen, mit Wasser gefüllten Glasröhre, deren anderer Schenkel mit der freien Luft in Verbindung ist, so läßt der Unterschied der Wasserspiegel jederzeit die Zugstärke in Millimetern Wassersäule erkennen. Um die Ablesung genauer zu machen, kann der eine Schenkel der Glasröhre, wie bei dem Unterdruckmesser von Krell, geneigt sein; oder es kommen Flüssigkeiten von wenig verschiedenem Einheitsgewichte als Unterschiedsdruckmesser (Differentialmanometer) zur Anwendung. Neben diesen einfachsten Zugmessern gibt es solche, bei denen der Druck entweder durch eine Feder oder durch einen Schwimmer auf einen Zeiger übertragen wird. Zu der letzteren Art gehört z. B. der Druckmesser von de Bruyn, Fig. 111. Eine andere bekannte Bauart ist die nach

[1]) Nerger: Künstlicher Saugzug bei Dampfkesselanlagen. Zeitschrift fur Dampfkessel- u. Masch.-Betrieb, Jahrg. 1919, Nr. 5.

Durr, welche von G. A. Schultze in Charlottenburg ausgeführt wird. Ein Schema des Dürrschen Zugmessers gibt die Fig. 169: Ein zylindrisches Gehäuse *H* ist zur Hälfte mit einer Sperrflüssigkeit (Paraffinöl) gefüllt, auf der die Glocke *G* schwimmt, die mit einem Gegengewicht *W* verbunden und drehbar auf einer Schneide gelagert ist. Der Hohlraum der Glocke ist durch das Rohr *R* mit der Zugmeßstelle im Fuchse verbunden. Entsprechend dem hier herrschenden Unterdrucke sinkt die Glocke in die Sperrflüssigkeit ein und nimmt die punktierte Lage an. Die Bewegung wird durch eine Übersetzung auf einen Zeiger übertragen.

Die Messung der Zugstärke auf die vorbeschriebene Art, wie sie vielfach geübt wird, ist aber nicht einwandfrei, da sie voraussetzt, daß der Widerstand, den die Verbrennungsluft beim Durchströmen durch die Rostspalten und durch den Brennstoff findet, unveränderlich bleibt. Dies ist jedoch keineswegs der Fall; im Gegenteil, der Widerstand des Brennstoffes ist nach dem Aufgeben von Kohle und bei starker Schlackenbildung groß und nimmt mit fortschreitendem Abbrande ab. Während sich im gleichen Sinne der erzeugte Unterdruck in den Zügen ändert, verhält sich die Luftmenge gerade umgekehrt. — Zu welch falschen Maßnahmen dabei die Verwendung eines einfachen Zugmessers führen kann, zeigt folgendes Beispiel: Ist die Verbrennung auf dem Roste weit vorgeschritten, so ist infolge vergrößerter Luftdurchlässigkeit der Brennstoffschicht die Luftzufuhr zu groß geworden, während der Zugmesser unter die normale Zugstärke zurückgegangen ist. Um die letztere wieder herzustellen, würde nun nach den Anzeigen des Zugmessers der Heizer fälschlicherweise veranlaßt, den Rauchschieber weiter zu öffnen. Dadurch würde jedoch noch mehr Verbrennungsluft zum Roste treten, der Luftüberschuß würde zu groß werden und der Kohlensäuregehalt sinken. Aber auch der Zugmesser würde, statt mehr anzuzeigen, nun stehenbleiben oder sogar zurückgehen, da eben mit vermehrter Zugkraft auch eine größere Gasmenge angesaugt wird, wobei naturgemäß der Geschwindigkeitsdruck zunimmt, aber der Gasdruck in den Zügen und im Fuchs in entsprechendem Maße abnehmen muß. Der Heizer würde also mit-

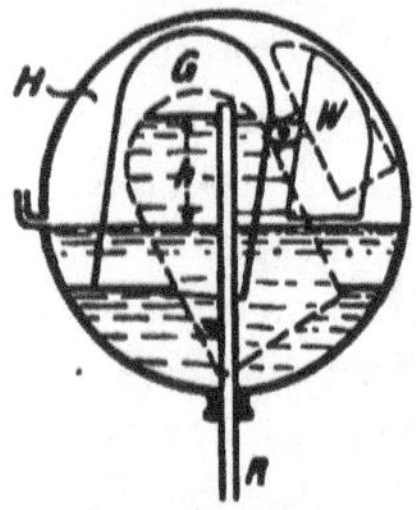

Fig. 169. Kesselzugmesser nach Dürr.

telbar darauf hingewiesen werden, frischen Brennstoff aufzugeben. Sofort würde wegen vermehrten Widerstandes auf dem Roste der Zugmesser ansteigen, obgleich jetzt eine Steigerung der Gasmenge infolge vermehrter Gasentwicklung eingetreten ist. Je nachdem also die Widerstände durch die Stellung des Rauchschiebers oder durch den Brennstoff geändert werden, treten gegenläufige Anzeigen des Zugmessers auf, die den Heizer zu irrigen Maßnahmen veranlassen können. Die Regelung und Einstellung der jeweils richtigen Verbrennungsluftmenge mit dem Rauchschieber wird aber noch dadurch wesentlich erschwert, daß einer gleichmäßig fortschreitenden Verstellung des Hubes nicht auch eine gleichmäßige Zunahme der Gasmenge — unveränderte Brennstoffschicht vorausgesetzt — entspricht. Beim Öffnen des Rauchschiebers aus der Schlußstellung nimmt zuerst die Gasmenge unverhältnismäßig schnell zu, um schon bei etwa Drittelöffnung des Schiebers nahezu den Höchstwert zu erreichen. Ein weiteres Öffnen des Rauchschiebers über die letzten zwei Dritteile seines Hubes bis zur Vollöffnung kann also nur noch eine verhältnismäßig geringe Zunahme der durchströmenden Gasmenge zur Folge haben. Ein Rauchschieber verhält sich in seiner Wirkung ebenso wie andere Drosselvorrichtungen, wie Luftklappen und Wasserschieber, die Verfasser im städtischen Volksbad in Nürnberg untersucht hat: er ist in den unteren Hubgrenzen außerordentlich empfindlich, wird aber beim Weiteröffnen über die Hubmitte hinaus so unempfindlich, daß auf der ganzen Hubstrecke von halb bis voll offen keine nennenswerte Vermehrung der durchströmenden Gasmenge mehr erfolgt[1]). Die gleichen Überlegungen gelten übrigens auch für die Regelung der Verbrennungsluftmenge durch Verstellung der Feuertüre oder einer Luftzuführungsöffnung in der letzteren oder auch, wie bei den Niederdruckkesseln mit Schüttfeuerung, einer besonderen Luftzuführungsklappe, die ja meistens selbsttätig durch den Verbrennungsregler betätigt wird.

Diesem Übelstande wird durch die Unterschiedszugmessung abgeholfen, welche sich darauf gründet, daß der Druckverlust BM zwischen der Feuerbrücke und dem Essenschieber (vgl. Fig. 168) nur von der durchströmenden Gasmenge abhängt,

[1]) Dietz: Die technischen Anlagen im städt. Volksbad Nürnberg. Verl. R. Oldenbourg, München u. Berlin 1918.

dagegen unabhängig von der Veranderung der äußeren Widerstände ist. Verbinden wir also die beiden Druckseiten eines der beschriebenen Zugmesser je mit dem Raume dicht hinter der Feuerbrücke und dicht vor dem Rauchschieber, so haben wir einen sog. Unterschiedszugmesser, dessen Angaben so lange ein Maß für die augenblicklichen Gasmengen sind, als eine Veränderung der Widerstände zwischen den beiden Meßstellen — abgesehen von der durch die Veränderung der Gasmengen selbst hervorgerufenen — nicht eintritt. Beispielsweise würde die Einschaltung eines Rauchgasvorwärmers bedingen, daß die zweite Meßstelle des Unterschiedszugmessers vor den Vorwärmer verlegt werden mußte; denn sonst würde das jedesmalige In- oder Außerbetriebsetzen des Vorwärmers auch eine jedesmalige Störung der Anzeigen des Unterschiedszugmessers zur Folge haben — es sei denn, daß letzterer zwei verschiedene Teilungen besäße. Es kommt also hier dasselbe Verfahren zur Anwendung, das wir auf S. 117 unten für die Luftmengenmessung in Lüftungsanlagen kennengelernt haben. Der Unterschiedszugmesser kann deshalb unmittelbar als Gasmengenmesser ausgebildet werden, wobei einem Steigen seiner Anzeige auch eine Zunahme der Gasmenge, also im allgemeinen auch der Verbrennungsluft, entspricht. Da nun die Verbrennung desto wirtschaftlicher erfolgt, je kleiner der Luftüberschuß ist, so muß der Heizer mit einer möglichst niedrigen Anzeige seines Unterschiedszugmessers auszukommen suchen, bei der gleichzeitig der Kohlensäuregehalt ein Höchstwert ist.

Zur Vermeidung unvollkommener Verbrennung ist natürlich ein Niedrigstmaß des Luftüberschusses noch erforderlich. Dieser Luftüberschuß wird nun aber bei den bisherigen Meßverfahren nicht unmittelbar gemessen, sondern im besten Falle immer nur zusammen mit der aus der Verbrennung entstandenen Gasmenge. Wollte man die Regelung des Luftüberschusses wirklich in der Hand behalten, so müßte man zu einer getrennten Messung der jeweiligen Verbrennungsluftmenge schreiten. In einer für den gewöhnlichen Betrieb bequemen Weise wird sich dies im allgemeinen nicht durchführen lassen, besonders dort nicht, wo etwa Nebenluft über den Rost geleitet wird. Wo aber, wie bei Unterwind, die gesamte Zuführung der Verbrennungsluftmenge durch getrennte Windleitungen mit Hilfe eines Schleudergebläses erfolgt, da liegt kein Grund vor, weshalb die Luftmengenmessung nicht genau so erfolgen könnte, wie wir es bei den Lüftungsanlagen besprochen haben. Es genügt hier ein einfaches Anzeigegerät, als welches sich am besten der Venturimesser eignen würde, wie er von Siemens u. Halske jetzt auch für Luftleitungen ausgeführt wird (vgl. S. 117).

Auf Grund von Untersuchungen empfiehlt Dosch[1]) die gleichzeitige Beobachtung des Unterdruckes im Feuerraum und des Druckunterschiedes zwischen der Anzeige der Strecke *BM* weniger Druck im Feuerraum.

Zur Erzielung zusammenhängender Anzeigen werden die Zug- und Unterschiedszugmesser auch als aufzeichnende Meßgeräte nach dem bekannten Verfahren der Zeigeraufschreibung auf sich drehender Trommel ausgeführt. Fig. 170 zeigt z. B. den schreibenden Unterschiedszugmesser nach Dürr, wie er von G. A. Schultze in Charlottenburg hergestellt wird.

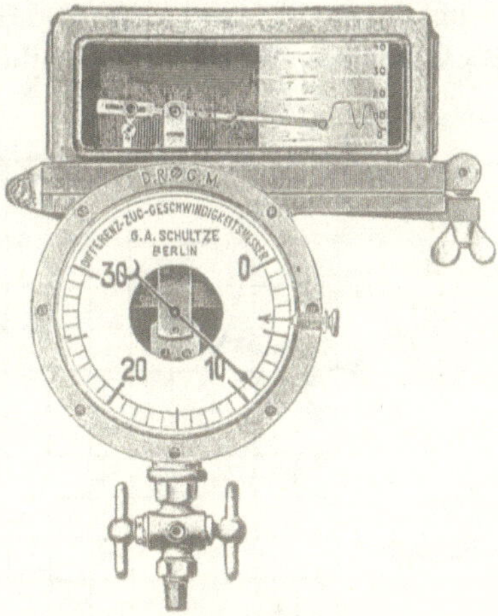

Fig. 170.
Selbstschreibender Unterschiedszugmesser nach Dürr.

c) Die Rauchgasprüfung.

Die dauernde Kontrolle des Kohlensäuregehaltes der Abgase ist die wichtigste Maßnahme zur Aufrechterhaltung eines wirtschaftlichen Kesselbetriebes. Die Darstellung in Fig. 171 gibt z. B. für eine Kohle mit 7000 WE Heizwert die Abnahme des Kohlensäuregehaltes der Abgase mit zunehmendem Luftüberschusse und gleichzeitig das Anwachsen des Kohlenverlustes, der unter gewöhnlichen Verhältnissen zu erwarten ist. Es liegt also im Vorteil eines jeden Kesselbesitzers, einen möglichst hohen Kohlensäuregehalt zu erzielen, der jedoch gewöhnlich bei 14—16% seine Grenze findet, weil darüber hinaus infolge zu geringen Luftüberschusses leicht unvollständige Verbrennung entsteht.

---

[1]) Dosch: Verbrennungsvorgänge in den Feuerungen und der Verbundzugmesser. Verlag Dr. Max Janecke, Hannover 1909.

Einen praktischen Wert gewinnt aber die Kohlensäurebestimmung erst durch die Anwendung selbsttätiger **Rauchgasprüfer**. Man unterscheidet die chemische Analyse und die Gewichtsanalyse. Die chemische Rauchgasprüfung beruht auf der Zusammenführung der Rauchgase mit Absorptionsflüssigkeiten. Als selbsttätige Meßgeräte sind zu nennen: der **Ados** und neuerdings der **Aci** der Feuerungstechnischen Gesellschaft zu Aachen, der **Ökonograph** der Allgemeinen Feuertechnischen Gesellschaft zu Berlin, der **selbstschreibende Gasprüfer** von Julius **Pintsch**. Das Gewichtsmeßverfahren beruht auf der Zunahme des Einheits-

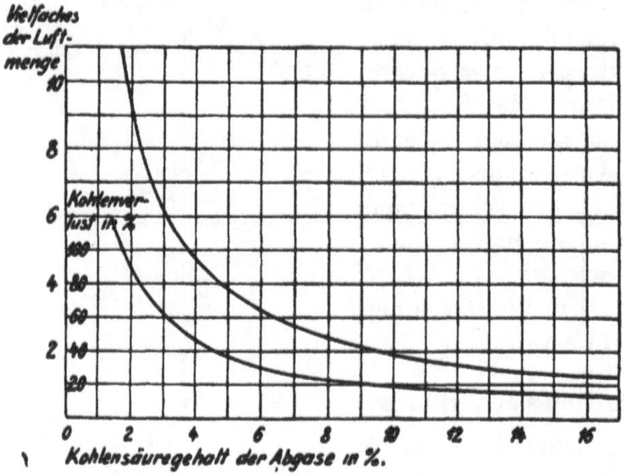

Fig. 171.
Abhängigkeit des Kohlenverlustes vom Kohlensäuregehalt und vom Luftuberschuß.

gewichtes der Rauchgase mit wachsendem Kohlensäuregehalte. Diese Anzeige findet selbsttätig durch den **Rauchgasprüfer Schultze-Krell** statt, für dessen Bauart der Krellsche Feindruckmesser Fig. 18 S. 84 Verwendung findet.

Näheres über die Durchführung der Rauchgasbestimmung kann im Rahmen dieses Buches nicht gegeben werden, weshalb auf die Werke von **Fuchs**[1]), **Brand**[2]) und

---

[1]) **Fuchs**: Generator-, Kraftgas- und Dampfkesselbetrieb, Verlag Springer, Berlin 1905.

[2]) **Brand**: Technische Untersuchungsmethoden zur Betriebskontrolle, Verlag Springer, Berlin 1907.

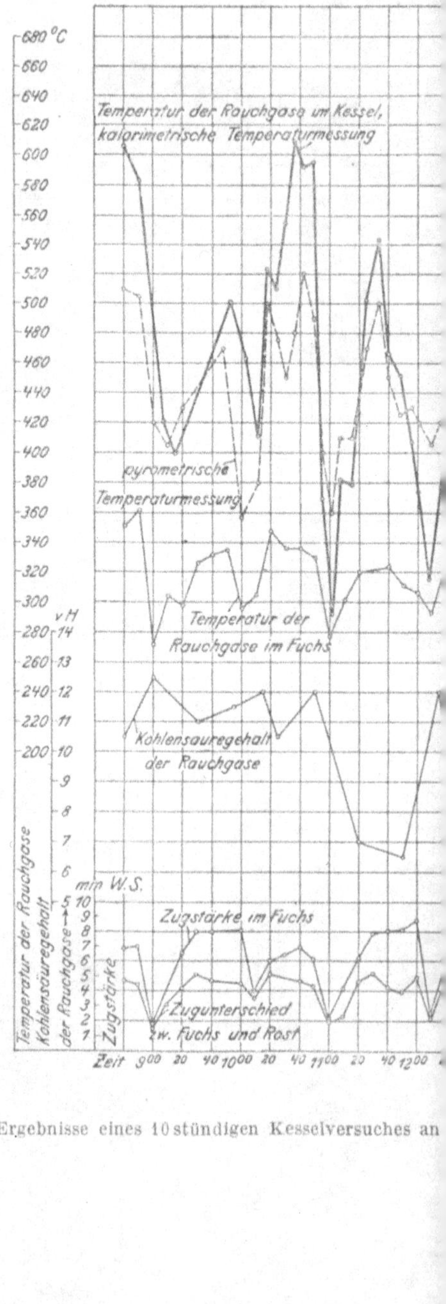

Ergebnisse eines 10stündigen Kesselversuches an

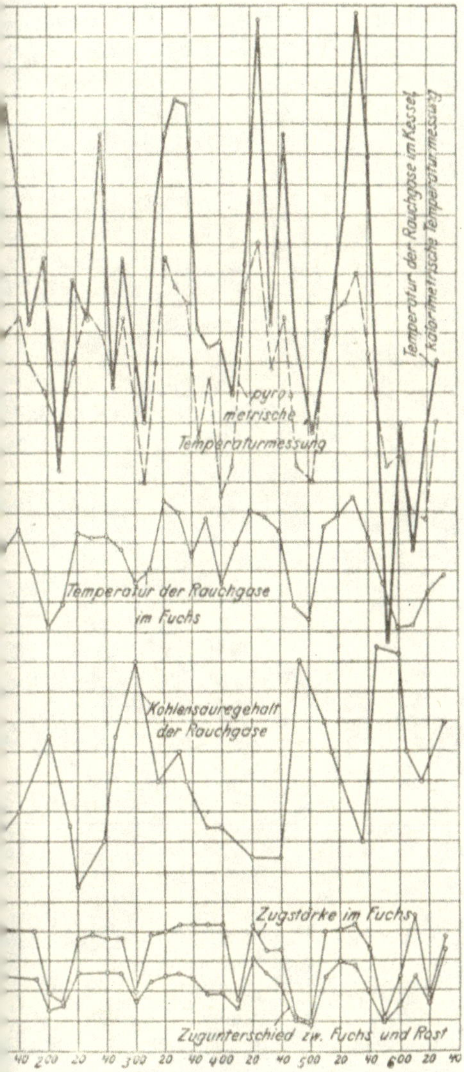

pfkessel der Techn. Hochschule zu Braunschweig.

Gramberg[1]) verwiesen sei, in denen diese Methoden ausführlich beschrieben sind.

d) Die Verwendung der Feuerungsmeßgeräte im Betriebe.

Es war bereits auf Seite 356 gesagt worden, daß die Kohlensäurekontrolle allein noch kein zuverlässiges Bild von der Güte einer Feuerungsanlage ergibt: es kommt dabei noch auf den pyrometrischen Effekt und vor allem auf möglichst geringe Austrittstemperatur der Abgase an. Auf Seite 360 erfuhren wir, daß im allgemeinen ein hoher Kohlensäuregehalt und eine niedrige Temperatur der Abgase zusammen auf die Verbesserung der Ausnutzung der Kohle hinwirken. Beide Forderungen lassen sich zu gleicher Zeit erfüllen, solange der Kessel nicht überangestrengt wird. Kohlensäuregehalt, Verbrennungs- und Abgastemperaturen sollten also gleichzeitig beobachtet werden, wobei die Anzeigen des Unterschiedszugmessers das unentbehrliche Hilfsmittel bieten, um die gegenseitigen Veränderungen der genannten Größen bequem verfolgen und — was wichtiger ist — mit Hilfe des Rauchschiebers beeinflussen zu können.

In sehr anschaulicher Weise hat Maercks[2]) Versuche zu einer zeichnerischen Darstellung vereinigt, die durch einen 10stündigen Kesselversuch an einem Wasserröhren-Dampfkessel der Technischen Hochschule zu Braunschweig gewonnen wurden: In Fig. 172 sind die Beobachtungszeiten als Abszissen aufgetragen, während als Koordinaten die Temperaturen der Rauchgase im Kessel und im Fuchse, der Kohlensäuregehalt der Rauchgase, die Zugstärke im Fuchs und der Unterschiedsdruck zwischen Fuchs und Rost dargestellt sind. Die Einzelbeobachtungen sind durch gerade Linien verbunden. Zunächst ist zu erkennen, daß die Temperaturen der Rauchgase im Kessel und im Fuchse stets in derselben Richtung sich ändern, also beide gleichzeitig fallen oder ansteigen. Beim jedesmaligen Aufgeben frischen Brennstoffes

[1]) Gramberg: Technische Messungen, insbesondere bei Maschinenuntersuchungen (1. Band), Verlag Julius Springer, Berlin, 3. Aufl. — Ders.: Maschinenuntersuchungen (2. Band) und das Verhalten der Maschinen im Betriebe, Verlag Julius Springer, Berlin 1918.

[2]) Maercks: Feuerungskontrolle und Dampfkesseluntersuchung, Zeitschr. d. V. D. I. 1909, Nr. 4, Verlag Springer, Berlin. Diesem Aufsatze ist die Fig. 172 entnommen.

auf den Planrost und beim Abschlacken war die Feuertur geoffnet, wobei die Zugstärke regelmäßig fiel und die Gastemperatur ganz erheblich sank. Genau entgegengesetzt verhält sich der Kohlensäuregehalt der Abgase, so daß also in der Tat von der Abgastemperatur auf den Kohlensäuregehalt ein Ruckschluß gemacht werden kann. Besonders lehrreich ist das Verhalten des einfachen und des Unterschiedszugmessers. Beispielsweise wurde von 1^{50} Uhr bis 2^{10} Uhr bei geöffneter Feuertür abgeschlackt, wobei nach der einfachen Heizerregel der Zugschieber etwas geschlossen wurde. Während des Abschlackens verminderte sich der Widerstand der Brennstoffschicht, es strömte mehr Luft durch den Rost, der einfache Zugmesser fiel, der Unterschiedszugmesser dagegen stieg bis 2^{10} Uhr. Nach Schließen der Feuertür steigen zuerst beide Kurven und bleiben annähernd unverändert, bis um 3^{00} Uhr wieder frische Kohlen aufgegeben wurden. Nach wiederum geschlossener Feuertür folgt nun ein längerer Brandabschnitt von 3^{10} Uhr bis 4^{00} Uhr, wobei der Zugwiderstand infolge Verschlackung des Rostes zunimmt; deshalb mußte, da die Luftmenge kleiner wurde, der Unterschiedsdruck sinken, der Zug im Fuchs dagegen ansteigen. Da hiergegen ein weiteres Öffnen des Rauchschiebers nicht half, so mußte um 4^{10} Uhr wieder abgeschlackt werden.

Alle Kontrollinstrumente sollten also, um ein wirkliches Bild der ganzen, sich äußerst verwickelt abspielenden Vorgänge zu gewinnen, selbstschreibend sein. Denn einerseits ist jeder vom Heizer vorzunehmende Eingriff in den Ablauf des Vorganges weniger abhängig von der jeweiligen absoluten Anzeige der Meßgeräte als vielmehr von der augenblicklichen Richtung, der Zielstrebigkeit des Vorganges: jeder augenblickliche Zustand, der von irgendeinem Meßgerät angezeigt wird, kann entstanden sein aus dem Fallen, aus dem Steigen oder aus der wagerechten Fortsetzung der betreffenden aufgezeichneten Kurve. Danach richtet sich aber der Sinn, die Richtung, in der eine vorzunehmende Beeinflußung stattfinden muß. Anderseits bietet das Studium der aufgezeichneten Kurven für den Betriebsleiter den besten Anhalt zur Beurteilung des Heizers und für letzteren wiederum den Ausweis fur gegebenen Falles zu beanspruchende Heizerbelohnungen.

Genau so wie bei den Lüftungsanlagen liegt auch hier der Gedanke nahe, sämtliche Meßgeräte auf einer gemeinsamen Schalttafel unterzubringen. Jedenfalls ist eine gute Übersicht deshalb geboten, weil gerade bei Heizungsanlagen der Wärmebedarf je nach der Witterung und Tageszeit ein außerordentlich schwankender ist. Im Vorteil eines wirtschaftlichen Feuerungsbetriebes liegt es dagegen, die Beanspruchung der Kesselanlage nach Möglichkeit gleichmäßig zu gestalten. In größeren Betrieben wird man deshalb einen Ausgleich zu schaffen suchen, der am zweckmäßigsten in der Kuppelung von Kraft-, Licht- und Heizbetrieben gegeben ist. Alsdann können mit den Feuerungsmeßgeräten zusammen auch noch Dampfmesser und Manometer für die verschiedenen abzweigenden Dampfleitungen angebracht werden. Auf diese Weise ist dann Verbrauch und Erzeugung in einwandfreier Weise zu regeln und ein wirtschaftlicher Betrieb zu erzielen.

Vor allem aber kommt es darauf an, nun auch von den etwa eingebauten Meßgeräten den denkbar besten Gebrauch zu machen, um wirkliche Brennstoffersparnisse zu erzielen. Dazu gehört zunächst eine gute Instandhaltung aller Apparate und deshalb ein geschultes Personal. Für manche Geräte, wie z. B. für die Rauchgasprüfer, Pyrometer usw. dürfte es sich empfehlen, eine Vereinbarung mit der ausführenden Firma auf regelmäßig wiederkehrende Nachschau bezüglich der richtigen Anzeige zwecks Nacheichung zu treffen. Weiter müssen Betriebsbücher richtig angelegt und nicht nur geführt, sondern auch entsprechend von der Betriebsleitung verwertet werden. Auf diese Weise würden vielfach laufende Mißstände in einfachster Art zu beseitigen sein. Beispielsweise wird — auch bei größten Kesselanlagen — der pyrometrische Effekt, also die Verbrennungstemperatur bei geringstem Luftüberschuß, fast gar nicht gemessen, obgleich gerade er vielfach sehr zu wünschen übrig läßt, indem die Temperaturen der Gase schon im ersten Zug, wo sie in Bezug auf die Wärmeübertragung wegen des großen Unterschiedes gegenüber dem Kesselinhalt besonders wirksam sein würden, viel zu niedrig sind, sei es infolge zu großen Luftüberschusses, sei es infolge unvollkommener Verbrennung wegen zu geringer Luftzufuhr kurz nach dem Aufgeben frischen Brennstoffes nach dem Abschlacken, also zu geringer Schornsteinleistung. Hier läßt sich ein Fingerzeig für den etwa notwendigen Einbau eines mechanischen Feuerzuges — lediglich für den genannten Zweck — herausfinden. Auf der andern Seite sind vielfach die Abgastemperaturen viel zu hoch und verlangen nach Ausnutzung der verlorenen Wärme durch Rauchgasvorwärmer. Ob für deren Einbau der genügende Schornsteinzug vorhanden ist, läßt sich wiederum nur durch Zugmesser feststellen. Unregelmäßigkeiten, die in den Anzeigen des Zugmessers auftreten, können u. a. einen recht guten Anhalt z. B. für eingetretene Undichtigkeiten des Kesselmauerwerkes oder der Fugen zwischen den Gliedern von Gußkesseln bieten. Solche Undichtigkeiten geben Anlaß zu unerwünschter Abkühlung der Rauchgase wegen des Eintrittes von falscher Luft in die Kesselzüge. Diese Luftmengen dürfen keinesfalls unterschätzt werden, da der Beweis, daß unverhältnismäßig große Luftmengen durch verhältnismäßig kleine Öffnungen strömen, erbracht ist, vgl. Seite 220, 375.

Die größten Ersparnisse können durch richtige Anpassung des Feuerungsbetriebes an den jeweiligen Bedarf erzielt werden. Bekanntlich ist gerade bei Heizungsanlagen die Belastung einer Kesselanlage von den Witterungsverhältnissen abhängig und daher schwankend und nicht so gut vorauszusehen wie bei einer Kraftkesselanlage. Hier sind deshalb in erster Linie Dampfmesser sehr am Platze, und zwar in einfachster Art, um dem Oberheizer einen Fingerzeig für die rechtzeitige In- oder Außerbetriebsetzung eines Kessels zu geben. Dieser Umstand ist so außerordentlich wichtig, weil der beste Kesselwirkungsgrad immer nur für bestimmte Belastungen auftritt, die bei den verschiedenen Bauarten verschieden sind. Zur besseren Anpassung an die Betriebsschwankungen kann auch die Regelung des etwa vorhandenen Saugzuges oder des Unterwindgebläses beitragen.

Daß zur besten Ausnutzung der Kesselheizfläche deren Reinhaltung — innen von Kesselstein[1]), außen von Flugasche — notwendig ist, sollte eigentlich selbstverständlich sein, ist aber doch nicht allen Betriebsführern klar, weil sie sonst eine häufigere Reinigung der Kessel vornehmen lassen würden.

Während eine große Reihe von Abnahmeversuchen — also unter günstigsten Bedingungen — beweisen, daß Kesselwirkungsgrade von 70—85% je nach Größe und Art der Kessel- und Feuerungsanlage sogar bei Verfeuerung minderwertiger Brennstoffe

---

[1]) Reutlinger: Über den Einfluß des Kesselsteines und ähnlicher wärmehemmender Ablagerungen auf Wirtschaftlichkeit und Betriebssicherheit von Heizvorrichtungen, Zeitschr. d. Ver. Deutsch. Ing. 1910, Nr. 14. Vgl. ferner: Z. d. V. D. I. 1910, S. 322 und Ges.-Ing. 1910, S. 171.

mit neuzeitlichen Anlagen ohne Schwierigkeiten erreicht werden, so steht doch auf der andern Seite die betrübende Tatsache fest, daß die Ausnutzung des Brennstoffwertes im laufenden Betriebe viel zu wünschen übrigläßt. Abgesehen von den gut geführten großen Kesselanlagen arbeitet die große Mehrzahl der Anlagen mit Wirkungsgraden, die vielfach noch nicht den Wert von 50% erreichen. Besonders gilt dies auch von den üblichen zentralen Niederdruckkesseln, was besonders Marx und wiederholt de Grahl durch Versuche nachgewiesen haben. Durch Veränderung der Rost- und Heizflächen mit Hilfe der Zuppingersteine, die von der Deutschen Evaporator-Gesellschaft vertrieben werden, lassen sich besonders die gußeisernen Gliederkessel den Außentemperaturen und daraus folgenden Belastungsschwankungen besser anpassen.

26. Berechnung der Feuerungs- und Kesselanlagen.

a) Rostgröße und Füllschacht.

Die Rostfläche muß für den größten Brennstoffverbrauch noch ausreichend sein. Dieser tritt jedoch bei Heizungsanlagen nur in Ausnahmefällen auf, so daß für alle übrigen Belastungen die Rostfläche erheblich zu groß wäre, wollte man sie für die größte Anstrengung berechnen. Im reinen Heizungsbetriebe wird man mit der Annahme der halben größten Wärmemenge im allgemeinen die passendste Rostfläche erhalten, bei der die Ausnutzung der Kohle am wirtschaftlichsten stattfindet. Alsdann kann man beim von Hand beschickten Planrost auf 1 qm ganzer Rostfläche zweckmäßig verbrennen:

		nach Rietschel	nach H. Recknagel	
Holz		47— 53	70—120	kg/Std.
Torf		47— 53	80—120	»
Braunkohle		42— 50	100—200	»
Steinkohle	Magerkohle	71— 83	50—120	»
	Backkohle	55— 66		
	Anthrazit	33— 40		
Koks		90—110	70—140	»

Die kleineren Werte gelten für geschonte Kessel.

Dabei nimmt man allgemein folgendes Verhältnis der freien zur totalen Rostfläche an:

für	Holz	$^1/_4$—$^1/_6$
»	Torf	$^1/_4$—$^1/_7$
»	Braunkohle .	$^1/_3$—$^1/_5$
»	Steinkohle .	$^1/_2$—$^1/_3$
»	Koks. . . .	$^1/_2$—$^1/_3$

Die Schichthöhe der Brennstoffe auf dem Rost beträgt gewöhnlich:

für	Holz	20—25	cm
»	Torf	20	»
»	Braunkohle .	15	»
»	Steinkohle .	12—15	»
»	Koks . . .	15—20	»

Je höher die Schichtung des Brennstoffes ist, desto größer muß unter sonst gleichen Verhältnissen der Schornsteinzug sein, da der Widerstand, den die Kohlen dem Luftdurchgang entgegensetzen, nach Grashof mit dem Quadrate der Schichthöhe wächst, unter der Voraussetzung, daß die Verbrennungsluft die ganze Schichthöhe durchstreichen muß. Bei den gewöhnlichen Zentralheizungskesseln mit Füllschacht ist dieses nicht der Fall; die Schütthöhe beträgt hier oft bis zu 2 m. Zu so bedeutenden Schichtungen eignet sich nur ein lockerer, nicht backender, großstückiger Brennstoff: der Koks. Die erforderliche Füllschachthöhe ist leicht auszurechnen aus der Brennstoffmenge und der Zeit, während welcher nicht nachgeschüttet werden soll, für den sog. Dauerbetrieb, unter der Annahme, daß 1 hl Koks etwa 1 Ztr. wiegt.

Den voraussichtlichen Jahresbedarf B einer Heizung an Brennstoff berechnet man ebenfalls allgemein für eine mittlere Kälte von $\pm 0^0$ als die Hälfte des größten Bedarfes unter der Annahme von rund 200 Heiztagen. Doch ist darauf hinzuweisen, daß die Dauer des jährlichen Heizabschnittes je nach dem Klima für die einzelnen Orte sehr verschieden ist.

Bedeutet ferner

n in Stunden die tägliche Benützungsdauer,

W die stündliche im höchsten Fall erforderliche Wärmemenge,

E den theoretischen Heizwert des Brennstoffes (S. 336 bis 338),

η die Ausnutzung desselben, im normalen Betriebe mit $\eta = 0{,}5$ anzunehmen,

so ergibt sich

$$B = \frac{200\, n \cdot W}{2 \cdot E \cdot \eta}$$

oder

$$B = 100\, \frac{n \cdot W}{E \cdot \eta}\ \text{kg/Jahr} \quad \ldots\ldots \quad (85)$$

Hin und wieder wird die ungebuhrliche Forderung an den Heizungsersteller gerichtet, er solle diesen Kohlenverbrauch gewährleisten. Das ist natürlich unmöglich, da der Kohlenverbrauch ja ganz von der Witterung und Benutzung, d. h. von der Aufmerksamkeit und dem guten Willen des Heizers, abhängig ist. Wohl aber kann der Abnehmer im Zusammenhang mit der Gewährleistung eines Kesselwirkungsgrades für normalen Betrieb auch eine Gewähr bezüglich der Ausnutzung der Verbrennungsgase fordern in der Form, daß eine bestimmte Rauchgastemperatur im Fuchse nicht überschritten werde.

b) Schornstein und Zugkraft.

Den Schornsteinquerschnitt berechnet man mangels genauerer Grundlagen meistens an der Hand statistisch gewonnener Formeln, von denen die folgenden im allgemeinen befriedigende Werte liefern.

Nach v. Reiche betrage der Schornsteinquerschnitt

$$\left.\begin{aligned} &\text{für Steinkohlen } f = \frac{R}{4}\ \text{qm} \\ &\text{für Braunkohlen } f = \frac{R}{6}\ \text{qm} \end{aligned}\right\} \quad \ldots\ldots \quad (86)$$

wenn R die ganze Rostfläche in qm bedeutet. Dabei soll die Schornsteinhöhe mindestens gleich dem 25fachen lichten Durchmesser sein.

Bei der Annahme einer künftigen Betriebsvergrößerung um 30% wird der lichte Durchmesser des runden oder die Seite des quadratischen Schornsteins nach v. Reiche:

$$d = 0{,}1\, B^{0{,}4}\ \text{Meter}, \quad \ldots\ldots \quad (87)$$

wo B die in der Stunde verfeuerte Brennstoffmenge in kg bedeutet.

Ferner ist unter der gleichen Voraussetzung die Höhe h des Schornsteines vom Rost bis zur Mündung:

$$h = 0{,}00277 \left(\frac{B}{R}\right)^2 + 6\,d \text{ Meter.} \qquad (88)$$

Nach Redtenbacher kann gesetzt werden

$$f = \frac{G \cdot B}{924\sqrt{h}} \text{ qm,} \qquad (89)$$

worin außer den früheren Bezeichnungen bedeutet:

G das Gewicht der bei der Verbrennung von 1 kg des Brennstoffes entstandenen Gase in kg, vgl. S. 340.

Die Größe des von einem Schornstein erzeugten Zuges ist von der Schornsteinhöhe und dem Temperaturunterschiede zwischen Rauchgasen und umgebender Luft abhängig. Dazu kommt die im Sinne des Auftriebes gerichtete Wirkung wagerechten Windes auf die Schornsteinmündung gemäß den auf Seite 126 mit Bezug auf Fig 42 gemachten Darlegungen. Diesen treibenden Kräften entgegen wirken die widerstehenden Reibungs- und Krümmungswiderstände bei der Gasbewegung vom Rost bis zur Schornsteinmündung. An Stelle der genauen Berechnung der Zugwirkung, zu deren hinreichender Feststellung die Annahmen noch fehlen, lassen wir die angenäherte auf Grund des statischen Gleichgewichtes der kalten und warmen Gassäule treten, zumal die verschiedenen Einflüsse sehr wechselnd sind.

Bezeichnet daher:

h die Schornsteinhöhe in m vom Rost bis zur Mündung,
T die mittlere Temperatur der Rauchgase innerhalb des Schornsteines in ^{0}C,
t die Temperatur der äußeren Luft in ^{0}C,
Z die Zugwirkung am Fuße des Schornsteines in mm WS,
γ das spezifische Gewicht der Luft,
δ das spezifische Gewicht der Rauchgase,

so haben wir die Beziehung für das statische Gleichgewicht der Gassäulen, also nach unserer Annahme die Zugstärke:

$$Z = h\left(\frac{\gamma}{1+\frac{t}{273}} - \frac{\delta}{1+\frac{T}{273}}\right) \text{mm WS} \qquad (90)$$

Setzen wir die mittlere Wintertemperatur $t = 0^0$ und für mittelfeuchte Luft $\gamma = 1{,}287$, ferner nach der Tabelle S. 340 die Dichte der Rauchgase im Mittel $\delta = 1{,}04 \cdot 1{,}287$, ferner in runden Zahlen $T = 180$ bis 300^0, so wird die Zugstärke

$$Z = 0{,}5\,h \text{ bis } 0{,}65\,h \text{ mm WS.} \quad \ldots \quad (91)$$

In diesen Gleichungen kommt die Gasgeschwindigkeit nicht vor, und in der Tat ergaben die Versuche von Haier, daß die Zugstärke sich bis zu Abgasgeschwindigkeiten von etwa 6 m/sek anteilmäßig sehr wenig ändert[1]), wenn die Kanalwiderstände an sich dieselben bleiben. Letztere lassen sich aber durch Bewegung des Essenschiebers in den weitesten Grenzen ändern, und somit kann jede beliebige, innerhalb der Leistungsfähigkeit des Schornsteines liegende Zugstärke je nach der Verbrennung eingestellt werden.

Die erforderliche Zugstärke hängt nun ferner vom Brennstoff, von seiner Korngröße und Schichthöhe ab. Für Koks z. B. können als Mindestmaß etwa 3—6 mm WS für normale Kesselbeanspruchung gerechnet werden, so daß sich nach Gl. (91) als unterste Grenze eine Schornsteinhöhe von etwa 12 m ergibt, die zur Erzeugung dieses Zuges gerade noch ausreichen dürfte. Für große Anlagen dürfte eine Zugstärke von 50 mm in den seltensten Fällen überschritten werden.

c) Berechnung der Kesselheizfläche.

Die Wärmeübertragung von den Heizgasen an das Kesselwasser nimmt zu mit der Reinheit der Kesselwandungen, mit der Größe des Temperaturunterschiedes und mit der Umlaufgeschwindigkeit des Wassers an den Kesselwandungen; sie nimmt dagegen ab mit der Geschwindigkeit der Rauchgase und mit der Länge der Kesselzüge. Ferner sind nicht alle Teile der Heizfläche eines Kessels gleichmäßig an der Wärmeübertragung beteiligt. Es ist allgemein bekannt, daß die Berührungs-(Kontakt)heizfläche in bezug auf Wärmeaufnahmefähigkeit am günstigsten dasteht. Nach

[1]) Die Versuche von Haier sind an einem Blechschornstein ausgeführt worden. Es ist jedoch anzunehmen, daß die Schlüsse auch für gemauerte Schornsteine gültig sind, sofern die letzteren nach Möglichkeit luftdicht hergestellt werden. — Vgl. auch Deinlein: Untersuchungen über den Schornsteinzug, Zeitschr. d. Bayer. Rev.-Vereins 1912, Nr. 2 u. folg.

dieser Richtung sind die Versuche von de Grahl[1]) und von Dosch[2]) äußerst lehrreich. Ersterer teilt folgende Ergebnisse mit:

1. Eingemauerter, stehender Kessel mit Füllschacht und senkrechten Rauchröhren, von 9,05 qm Heizfläche (ohne Schütttrichter):

spezifische Leistung		
des unteren Kesselbodens (Kontaktheizfläche)	38200	WE/qm/Std.
des Rauchröhrenbundels	3265	»
des oberen Kesselbodens und Außenmantels	1575	»

2. Eingemauerter, wagerechter Sattelkessel mit Füllschacht und wagerechten Rauchröhren von 36,6 qm Heizfläche (ohne Schütttrichter):

spezifische Leistung		
der Kontaktheizfläche	98700	WE/qm
des unteren Kesselbodens	69300	»
der Röhrenheizfläche	1500	»
der Seitenzüge	600	»

Aus diesen beiden Beispielen ist die sehr große Wärmeaufnahmefähigkeit der Berührungsheizfläche sowie die geringe Leistung der Rauchröhrenheizfläche klar ersichtlich. Ebenso erkennen wir, wie nach dem Fuchs hin der Wert der Heizfläche sehr schnell abnimmt. Natürlich richten sich die einzelnen Leistungen vor allem nach der Belastung des Kessels; mit zunehmender Anstrengung nehmen die angegebenen Werte zu und umgekehrt.

Aus der hohen Wertigkeit der Kontaktheizfläche erklärt sich zwanglos die sehr große Leistungsfähigkeit mancher gußeiserner Gliederkessel, die bei genügender Anstrengung leicht 20000 WE/qm/Std. als mittlere Leistung der ganzen Heizfläche ergeben, natürlich auf Kosten des Wirkungsgrades. Um letzteren im Betriebe möglichst günstig zu erhalten, soll die Belastung des Kessels selbst bei der größten Wärmelieferung einen gewissen Betrag nicht überschreiten.

---

[1]) de Grahl: Die spezifische Leistung der Heizkesselheizflächen. Gesundheits-Ingenieur 1906, Nr. 44, Verl. R. Oldenbourg, München.

[2]) Dosch: Der Wärmedurchgang an Kesselheizflächen, Zeitschr. für Dampfkessel- und Masch.-Betrieb vom 11. Febr. 1910 und Fortsetzung.

Als normale stündliche Leistung für die Berechnung der Kesselheizfläche können deshalb die folgenden Werte angenommen werden, die für normale Abgastemperaturen gelten:

	Flammrohrkessel WE/qm	Rauchrohrkessel WE/qm	Röhrenkessel mit Oberkessel WE/qm	Gußeiserne Gliederkessel WE/qm	
Hochdruck-Dampfkessel	10 000 bis 12 000	7 000 bis 9 000	8 000	—	
kg Dampf je qm/Std.	16—20	12—16	14—18		
Niederdruck-Dampfkessel	7 000 bis 9 000	6 000 bis 8 000	—	7 000 bis 10 000	mit Füllschacht und teilweiser Kontaktheizfläche
Warmwasser-Heizkessel	7 000 bis 9 000	6 000 bis 8 000	—	7 000 bis 10 000	

Mit vorstehenden Zahlen wird der Größtwert der Heizfläche berechnet, die natürlich im Betriebe bei reinen Heizungskesseln selten voll ausgenutzt wird. Würde man also nur einen einzigen Heizkessel aufstellen, so würde daraus folgen, daß dieser für den normalen Betrieb viel zu groß ist, also unwirtschaftlich arbeiten müßte. Wir hatten aus der Fig. 157 schon erkannt, daß der Wirkungsgrad sogar ganz bedeutend schnell absinkt, sobald eine — für jeden Kessel sich ändernde — bestimmte Belastungsgrenze unterschritten wird. Dies ist offenbar die Folge davon, daß bei sehr schwachem Betriebe einer Feuerung die Strahlungs- und Leitungsverluste einen großen Verlustanteil ausmachen. Kessel mit reiner Innenkontaktheizfläche (gußeiserne Gliederkessel) sind hier sehr im Vorteil gegenüber eingemauerten Kesseln mit Vorfeuerung oder mit langen Zügen. Deshalb empfiehlt es sich bei einigermaßen großen Anlagen, etwa schon von 5 qm Kesselheizfläche an aufwärts, in jedem Falle die Heizfläche zu teilen und mindestens 2 oder 3 Kessel aufzustellen. Bei Annahme von nur 2 Kesseln ist es ratsam, deren Größe verschieden, vielleicht im Verhältnis 1 : 2 anzunehmen. Damit werden in doppelter Weise Vorteile erzielt. Nämlich erstens kann stets die der jeweiligen Außentemperatur entsprechende Feuerung in Betrieb genommen werden. Zweitens werden die Kessel auch rein mechanisch geschont, da für den größten Teil des Heizabschnittes ein oder nach Umständen auch mehrere Kessel außer Betrieb zur Aushilfe verbleiben.

Die gesamte Kesselheizfläche ist alsdann reichlich zu wählen, also für den Höchstwärmebedarf beim Anheizen zu berechnen. Es ist somit diejenige Wärmemenge W zugrunde zu legen, die sich mit Einschluß aller auf S. 278—279 angegebenen Zuschläge Z ergibt. Hierzu pflegt man gewöhnlich noch 10% Verlustzuschlag zu geben. Dann ist die Kesselheizfläche

$$F = \frac{1{,}1\,(W + Z)}{K}\ \text{qm}, \quad . \quad , \quad . \quad . \quad . \quad (92)$$

worin K die aus vorangehender Tafel zu entnehmende Kesselleistung bedeutet. Oder man kann in der Weise verfahren, daß man die Wärmemenge in der Stunde ausrechnet, die notwendig ist, das gesamte Wassergewicht G_1 und Eisengewicht G_2 der Heizanlage innerhalb der Anheizzeit n von der Auskühlungstemperatur t auf Betriebstemperatur T zu bringen und zugleich die Abkühlungsverluste V zu decken. Dazu ist die spezifische Wärme des Eisens mit rund 0,12 in Ansatz zu bringen. Für diesen Fall erhält man die Kesselheizfläche:

$$F = \frac{W + [(T - t)\,(G_1 + 0{,}12\,G_2) + V] \cdot \frac{1}{n}}{K}\ \text{qm} \qquad (92\,\text{a})$$

Für kleinere Heizungen wird im allgemeinen die erste Gleichung ausreichende Werte liefern, für größere Anlagen dagegen empfiehlt sich stets die genauere Berechnung nach der letzten Gl. (92a)

X. Abschnitt.

Die Fortleitung der Wärme.

Die in der Feuerungsanlage entwickelte und auf den Wärmeträger — Luft, Wasser, Dampf — übertragene Wärme wird mit Hilfe dieser letzteren in besonderen Kanälen und Leitungen zu den Wärmeverbrauchsstellen, d. h. in die beheizten Räume geführt, um hier zum Teil nutzbar an die Raumluft und an die Raumwände überzugehen, während der Wärmeträger mit entsprechend vermindertem Wärmegrad in besonderen Rückleitungen zur Zentrale zurückgeführt wird, wo er — gewöhnlich — seinen Kreislauf von neuem beginnt. Diese Wärmeüberführung wird durch einen gewissen Arbeitsaufwand bestritten, der zur Bewegung des betreffenden Wärmeträgers in der vorgeschriebenen Weise dauernd geleistet werden muß. Zum Teil wird die nach voraufgegangener Wärmezufuhr in den Räumen erfolgende Abkühlung der Wärmeträger, also die dadurch hervorgerufene Änderung des spezifischen Gewichtes der angekommenen und zurückkehrenden oder verbrauchten Stoffe als treibende Kraft für die Bewegung benutzt: dann spricht man von einer Heizung mit natürlichem Auftrieb oder von Schwerkraftheizung. Zum andern Teil wird dem Wärmeträger, in diesem Falle dem Dampf, eine entsprechende Spannung im Dampfkessel mitgeteilt, die ihn befähigt, die Leitungswiderstände zu überwinden; dies ist stets nur bei der Dampfheizung der Fall. Man kann auch sagen, im Dampf sei durch Wärmezufuhr potentielle Energie aufgespeichert, die sich bei seiner Strömung in den Leitungen in kinetische Energie umsetze und so die Leitungswiderstände überwinde. Zum Teil endlich müssen Antriebsmittel — Luftgebläse, Pumpen — zu Hilfe genommen werden, um die gewollte Bewegung des Wärmeträgers zu erzielen; dann haben wir mechanisch betriebene Heizanlagen oder Gebläse- bzw. Pumpenheizungen.

Es leuchtet ein, daß einerseits die zur Bewegung benutzte Kraft — Gewichtsunterschied, Spannung, mechanischer Druck — den in der Leitung herrschenden Widerständen entsprechend bemessen werden muß, und daß anderseits die Wärmeüberführung derart erfolgen muß, daß auf ihrem Wege ein möglichst geringer Wärmeverlust stattfindet. Als dritte, selbstverständliche Forderung tritt hinzu, daß kein Stoffverlust auf dem Zufuhrwege stattfindet. Wir können somit von einem Druck- (manometrischen), Wärme- (thermischen) und Mengen- (volumetrischen) Wirkungsgrad jeder Wärmeleitung sprechen. Der Mengenwirkungsgrad kommt — obgleich er gewöhnlich gering ist — immerhin bei nachlässig ausgeführten Anlagen in Frage, z. B. bei Dampfheizungen durch Ausblasen, und durch Dampfwasser- oder Kondenstöpfe, bei Warmwasserheizungen am wenigsten, bei Luftheizungen durch nicht bemerkte oder vielfach vernachlässigte Undichtigkeiten der Luftleitungen. Ganz anders steht es jedoch mit den Druck-, Spannungs-

und Wärmeverlusten, die in der Heizungstechnik eine ganz bedeutende Rolle spielen, und von denen die Wirtschaftlichkeit eines jeden Betriebes zum großen Teil abhängig ist.

Die Ausführung der Leitungen und Kanäle für die Luftheizung können wir im folgenden übergehen, da diese bereits im II. Teile bei den Lüftungsanlagen ihre eingehende Besprechung gefunden haben. Es bleiben also zunächst die Rohrleitungen für Wasser und Dampf zu besprechen.

Zu betonen ist noch, daß es sich bei den Gas- und Ölheizungen nicht um die Fortleitung eines Wärmeträgers an sich handelt, sondern um die Bewegung des Heizstoffes, der erst an Ort und Stelle zur Wärmeentwicklung benutzt wird. Bei der elektrischen Heizung endlich handelt es sich um die Fortleitung der elektrischen Energie und Umsetzung derselben in Wärme an der Verbrauchsstelle.

27. Die Rohrleitung für Wasser- und Dampfheizung.

a) Die Ausführung der Rohrleitung.

Als Rohstoff für den Bau der Rohrleitungen kommt Gußeisen, Schmiedeeisen, Stahl, Blei, Kupfer und Messing in Betracht. Gußeisen wird seiner schwierigen Bearbeitungsfähigkeit und Gefährlichkeit wegen als Leitungsbaustoff für Heizungsleitungen heute nicht mehr verwendet und kommt nur noch für Ventile und Verbindungsstücke in Betracht, wobei für hohe Drucke Stahlguß anzuwenden ist. Kupfer ist seines teueren Preises wegen in der Mehrzahl der Fälle ebenfalls ausgeschlossen. Es wird jedoch mit Vorliebe da verwendet, wo Rostgefahr zu befürchten ist, oder wo sehr enge Leitungen in Betracht kommen, z. B. hin und wieder für Heizkörperanschlüsse, oder wo eine möglichst gute Wärmeübertragung gewünscht wird, also hauptsächlich als Heizschlangen in Warmwasserkesseln und Behältern. Genietete oder gelötete Blechröhren werden ihrer Billigkeit wegen öfter für niedrige Dampfspannungen als Heizrohre in Fabriken ausgeführt, beispielsweise von der Firma Dörfel in Kirchberg i. S. und von Franz Wagner in Crimmitschau i. S.

Die Stahl- und schmiedeeisernen Röhren[1]) sind die für gewöhnlich angewendeten. Die schmiedeeisernen bestehen am besten

[1]) Bousse: Herstellung der Schmiedeeisen- und Stahlrohre, Zeitschr. d. Ver. Deutscher Ingenieure 1908, Nr. 13.

aus Schweißeisen. Man unterscheidet gezogene, heute meist nahtlos hergestellte sog. Muffenröhren, die mit Gewinde und Muffenverbindung zusammengebaut werden, überlappt patentgeschweißte sog. Siederröhren und nahtlos hergestellte Mannesmann-Röhren. Die Verbindung und Dichtung der beiden letzteren erfolgt mit Hilfe von Flanschen oder jetzt mehr und mehr durch autogene Schweißung. Gemeinschaftlich haben der Verein Deutscher Ingenieure, der Verein Deutscher Gas- und Wasserfachmänner, der Verband der Zentralheizungs-Industrie und der Verband Deutscher Röhrenwerke im Jahre 1903 Normen für schmiedeeiserne Röhren geschaffen, die von den zu einem Syndikate vereinigten Rohrwalzwerken als »Verbandsrohr« geliefert werden, das eine besonders gute Beschaffenheit hat und größere Wandstärken aufweist als die gewöhnlichen Gasröhren. Dabei sind die äußeren Durchmesser die gleichen wie bei den gewöhnlichen Gasröhren, so daß also auch die Gasgewinde beibehalten sind; die inneren Durchmesser dagegen sind wegen der größeren Wandstärken um ein geringes kleiner als bei den gewöhnlichen Gasrohren. Die Verbandsrohre erhalten an den Enden das Verbandswarenzeichen als Stempel aufgedrückt. Vor dem Versand werden sowohl die Muffenrohre als auch die Siederohre des Verbandes nach Vorschrift auf 50 Atmosphären Überdruck geprüft.

Die Größenverhältnisse der Verbandsröhren des Röhrensyndikates sind aus der folgenden Tabelle ersichtlich.

Die Verbindung der Muffenrohre erfolgt mit Hilfe von Gewindeformstücken (Gewindefittings) aus Temper- oder Weichguß. Dazu werden die folgenden Stücke benutzt: Muffen, Teestücke, Kreuzstücke, Winkel, Bögen, Doppelbögen, Reduktionsmuffen, Nippel, Doppelnippel, Reduktionsnippel, Verschlußkapseln, Gegenringe. Diese Formstücke haben zum größten Teil Innengewinde und werden auf die Rohrenden fest aufgeschraubt, wobei die Dichtung mit Hanf und Dichtungskitt (Mennige, Mangankitt) in Rohrgewinde erfolgt. Bei Langgewindeverschraubung geschieht die Dichtung durch gegengeschraubten Gegenring. Eine rein metallische Dichtung kann nach Fig. 173 durch Rechts- und Linksgewinde hergestellt werden, wobei das eine Rohrende stumpf abgefeilt, das andere schneidenartig zugefräst und auf das stumpfe Ende mit Hilfe der Muffe fest aufgedreht wird. Kupferringdichtung gemäß Fig. 174 ist weniger zu empfehlen, weil sich das weiche

I. Muffenrohr mit Gewinde.

Bestell-nummer	Innerer Durchmesser		Äußerer Durch-messer	Wand-stärke	Ge-wicht	Ober-fläche	Quer-schnitt	Inhalt
	engl. Zoll	mm	mm	mm	kg/m	qm/m	qcm	l/m
1	3/8	11 1/4	16 1/2	2,6	0,88	0,052	1,00	0,10
2	1/2	14 1/2	20 1/2	2,95	1,26	0,064	1,65	0,17
3	3/4	20	26 1/2	3,25	1,87	0,083	3,15	0,32
4	1	25 1/2	33	3,75	2,68	0,104	5,11	0,51
5	1 1/4	34	42	4,0	3,74	0,132	9,08	0,91
6	1 1/2	39 1/2	48	4,3	4,62	0,150	12,25	1,23
7	1 3/4	43 1/4	52	4,4	5,06	0,163	14,68	1,47
8	2	49 1/2	59	4,75	6,38	0,185	19,24	1,92
26 a	2 1/2	65 1/2	76	5,25	9,10	0,239	33,70	3,37
26 b [1])	2 1/2	66 1/4	76	4,9	8,5	2,239	34,44	3,44

II. Patentgeschweißtes Siederohr mit Flanschen.

Bestell-nummer	Innerer Durch-messer	Äußerer Durch-messer	Wand-stärke	Gewicht-ohne Fl.	Ober-fläche	Quer-schnitt	Inhalt
	mm	mm	mm	kg/m	qm/m	qcm	l/m
9	57,5	63,5	3,0	4,45	0,199	25,97	2,60
10	64	70	3,0	4,90	0,200	32,17	3,22
11	70	76	3,0	5,35	0,239	38,48	3,85
12	76,5	83	3,75	6,35	0,261	45,96	4,60
13	82,5	89	3,25	6,78	0,280	53,46	5,35
14	94,5	102	3,75	9,01	0,320	70,14	7,01
15	106,5	114	3,75	10,10	0,358	89,08	8,91
16	119	127	4,0	12,03	0,399	111,22	11,12
17	131	140	4,5	14,10	0,440	134,78	13,48
18	143	152	4,5	16,22	0,478	160,61	16,06
19	156	165	4,5	17,65	0,518	191,13	19,11
20	169	178	4,5	19,08	0,559	224,32	22,43
21	192	203	5,5	26,60	0,638	289,53	28,95
22	216	229	6,5	35,30	0,719	366,44	36,64
23	241	254	6,5	39,50	0,798	456,17	45,62
24	264	279	6,5	49,60	0,877	547,39	54,74
25	290	305	7,5	54,70	0,958	660,52	66,05
26	302	315	8,0	60,50	0,999	716,30	71,63

[1]) Außer dem stumpfgeschweißten Rohre Nr. 26a wird noch das patentgeschweißte Rohr Nr. 26b hergestellt.

Kupfer zusammendrückt und die Verbindung mit der Zeit undicht wird.

Die Verbindung der Sioderöhren geschieht meist von 70 mm Innendurchmesser an aufwärts mit Flanschen, zwischen welche eine Dichtscheibe gelegt wird. Als solche haben sich für Warmwasserheizung am besten Gummiringe mit Drahteinlage bewährt, die für hohe Drucke auf beiden Seiten mit einer Mischung aus Mennige und Graphit bestrichen werden kann. Für Niederdruckdampf können Dichtscheiben aus Asbest mit Einlage verwendet werden, die vorher in Firnis genäßt wurden. Bei hochgespanntem Dampfe wird am besten Klingeritdichtung verwendet, ein lederartiges Erzeugnis, das sich auch bei überhitztem Dampfe bestens bewährt hat. Für Hochdruckdampfleitungen sind die Flanschen vorteilhaft mit Eindrehungen (Feder und Nut) zu versehen, in welche die Dichtscheibe zwecks Verhinderung des seitlichen Herausschleuderns eingelegt wird. Auch Metalldichtungen aus Wellblech sind mit Vorteil angewendet worden. Gegen Hochdruckdampf müssen auch die Gasröhren durch Flanschen gedichtet werden.

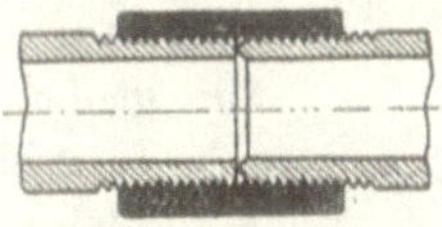

Fig. 173. Muffenrohrverbindung mit Schneidendichtung.

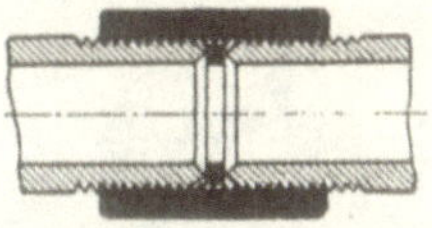

Fig. 174. Muffenrohrverbindung mit Kupferringdichtung.

Die Flanschen können lose oder fest auf den Rohrenden angebracht werden. Die erstere Methode liefert die lose oder Überwurfflansche. Sie kann auf doppelte Weise erzielt werden. Entweder werden die Flanschen lose über das Rohr geschoben und dann das Rohrende umgebördelt; diese Art ist die schlechteste Rohrverbindung, kann jedoch, wenn sie sauber und gewissenhaft ausgeführt wird, für niedrige Drucke bei Wasser- und Dampfleitungen in Frage kommen, wenn die Billigkeit ausschlaggebend ist. Besser und haltbarer ist die Ausführung der losen Flanschen, die sich gegen Bordscheiben legen, welche auf das Rohrende hart aufgelötet oder aufgewalzt werden. Die festen Flanschen werden auf die Rohre entweder ebenfalls hart aufgelötet oder aber aufgewalzt. In letzterem Falle müssen die Flanschen an den Aufwalzflächen mit eingedrehten Nuten versehen sein, in die das Rohr fest und dicht mit der Rohrwalze eingepreßt wird. Für Leitungen mit hohem Drucke genügen einfache Flanschen nicht mehr, weil die

Verbindungsfläche zu klein ist; es müssen alsdann Winkelflanschen zur Anwendung kommen, die auf längerer Strecke mit Nuten versehen werden können, wie es Fig. 175 zeigt. Über die Zweckmäßigkeit von Feder und Nut auf der ebenen Dichtfläche der Flanschen sind die Meinungen geteilt: zweifellos wird die Dichtung haltbarer und das Herausschleudern der Dichtscheibe mit Sicherheit verhindert, während anderseits die Schwierigkeit des Auseinandernehmens langer Leitungen besteht, da die letzteren in der Längsrichtung bewegt werden müssen, wozu oft große Kräfte nötig sind. Es versteht sich, daß Gußflanschen von der Anwendung ausgeschlossen sind: fur niedrige Drucke genügt Temperguß, besser ist Schmiedeeisen oder für große Beanspruchung Stahl.

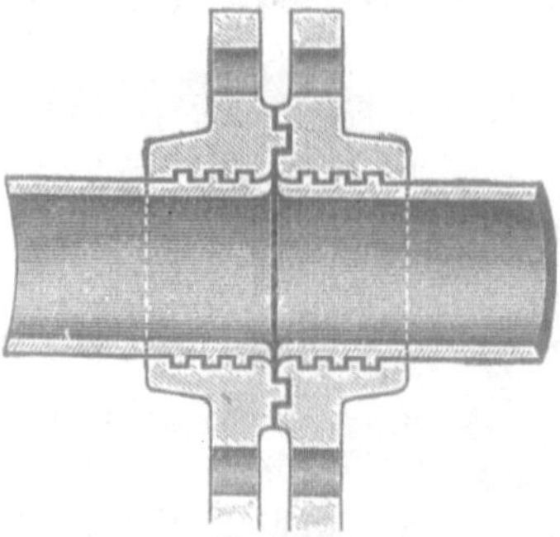

Fig. 175.
Aufgewalzte Flanschen für Hochdruckdampfleitungen.

Im übrigen können selbstverständlich, wo erforderlich, alle Arten von Röhren mit Flanschen verbunden werden, also auch die Muffenrohre. Für die Fortleitung hochgespannten Dampfes gelten dabei die vom Verein Deutscher Ingenieure aufgestellten »Normen (vom Jahre 1912) zu Rohrleitungen für Dampf von hoher Spannung«. Vgl. hierüber des Ingenieurs Taschenbuch »Hütte« und die üblichen Kalender.

Seit Jahren werden die Rohrverbindungen mit großem Erfolg auch nach dem autogenen Schweißverfahren hergestellt. Dabei ist nur darauf zu achten, daß die Schweißung auch wirklich über die ganze Dicke der Rohrwandung erfolgt und nicht nur auf der äußeren Oberfläche. Alsdann ist die erzielte Verbindung für immer und unbedingt dicht. Besonders bewährt haben sich die Wasserstoff-Sauerstoffschweißung und die Azetylen-Sauerstoffschweißung, die nicht nur für die Geradführung der Rohre, sondern auch für alle Abzweigungen zur Anwendung kommen können. Dieses Verfahren ist im ganzen genommen billiger als die Flanschenverbindungen und hat den großen Vorteil, daß Gußeisen bzw. Stahlguß nur noch für die Ventile und für einzelne auseinandernehmbare Stellen der Rohrleitung übrigbleibt.

b) Die Verlegung und der Längenausgleich der Rohrleitung.

Die Lagerung der Rohre erfolgt entweder in wagrechter Richtung als Verteilungsleitung, die an der Decke aufgehängt, vor der Wand entlang geführt und in Kanälen verlegt wird, oder als senkrechte Steige- und Fallstränge, die frei vor der Wand hochgeführt bzw. in Mauerschlitzen untergebracht werden.

Die Hauptschwierigkeit bei der Rohrlegung[1]) besteht in der Beseitigung der durch die Wärme erfolgenden Ausdehnung der Rohre, der unter allen Umständen Rechnung getragen werden muß. Andernfalls entstehen Undichtigkeiten an den Verbindungsstellen oder auch Rohrbrüche, die bei Dampfleitungen lebensgefährdend sind, jedenfalls aber den Betrieb der Heizanlage empfindlich stören können.

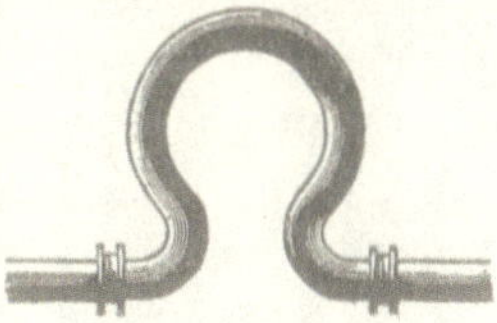

Fig. 176. Rohrausdehnungsbogen.

Bei der Erwärmung von Eisenrohren um 100° C ist für jeden laufenden Meter mit einer Ausdehnung von 1,3 mm zu rechnen. Unter gewöhnlichen Verhältnissen würden sich also bei 25° Umgebungstemperatur je 50 m Rohrlänge um folgende Beträge auszudehnen vermögen: bei Warmwasserheizung um 40 mm, bei Niederdruckdampfheizung um 50 mm, bei Hochdruckdampf von 3 Atm. um 80 mm, bei Hochdruckdampf von 8 Atm. um 100 mm. Diese Rohrausdehnung muß also durch entsprechende Vorrichtungen[2]) aufgehoben oder unschädlich gemacht werden. Zu diesem Zwecke werden die Rohre in gehörigen Entfernungen durch feste Rohrschellen mit dem Mauerwerke verankert. Zwischen je zwei derartigen Festpunkten erfolgt nun die Rohrdehnung, die in sog. Längenausgleichern (Kompensatoren) aufgefangen wird. Für Warmwasser und Niederdruckdampf haben sich die bekannten Ωförmigen kupfernen Ausdehnungsbögen nach Fig. 176 gut bewährt, die einen Schub von etwa 40 mm aufzunehmen vermögen. Bei höheren Temperaturen hält jedoch das Kupfer den fortwährenden Zug- und

[1]) Westphal: Praktische Erfahrungen und Mitteilungen über Rohrleitungen, insbesondere über Dampfrohrleitungen. Z. d. Ver. Deutsch. Ing. 1904, Nr. 17, Verlag Springer, Berlin.

[2]) Hübel: Rohrausgleicher für Rohrleitungen, Gesundh.-Ing. 1910, Nr. 28.

Druckbeanspruchungen nicht stand, es wird an der betreffenden Stelle hart und bricht. Deshalb biegt man die schmiedeeisernen Röhren selbst mit Vorteil in der durch Fig. 176 veranschaulichten Bogenform, oder man stellt diese Federbögen aus Stahlrohr her (vgl. Fig. 187). Der Bogendurchmesser muß dann aber entsprechend größer gehalten werden als bei Anwendung von Kupfer, da der Widerstand bedeutender ist, den die Festschellen zu leisten haben. Beim Biegen darf die Schweißnaht der Rohre nicht beansprucht werden, d. h. sie darf nicht in der Biegungsebene liegen. Mit der Herstellung von Rohrbogen beschäftigen sich bereits Sonderfabriken, so das Rohrbogenwerk G. m. b. H. in Hamburg.

Statt der Federrohre haben sich in neuerer Zeit die Metallschlauchausgleicher bis hinauf zu den größten Drücken gut bewährt. Fig. 177 gibt die Bauart der Metallschlauchfabrik Pforzheim wieder. Der Vorteil dieser Ausgleicher ist der, daß sie praktisch der Rohrdehnung keinen nennenswerten Widerstand entgegensetzen.

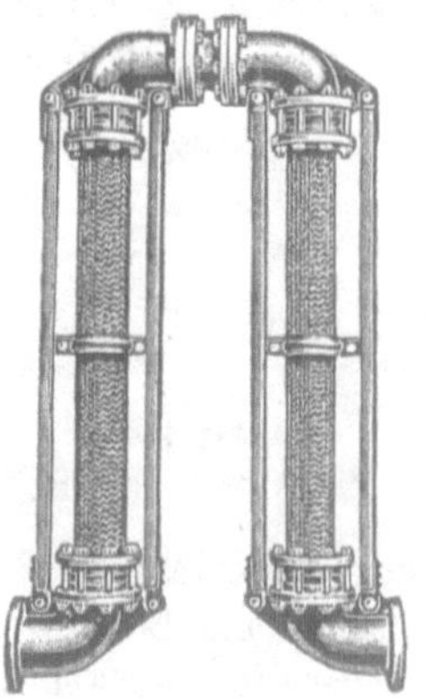

Fig. 177. Metallschlauch-Ausgleicher.

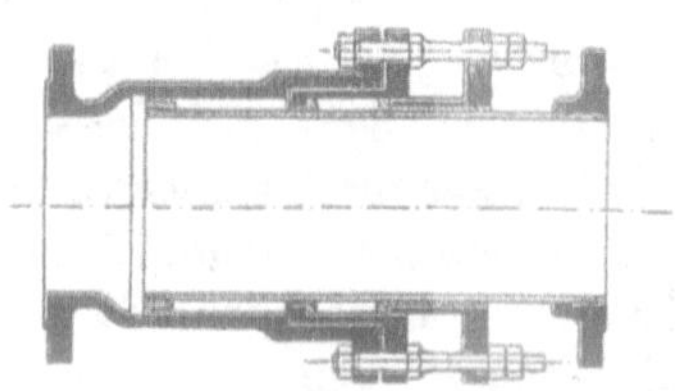

Fig. 178. Stopfbuchsen-Ausgleicher

Gegenüber den besprochenen Ausgleichern bedürfen die Stopfbüchsenausgleicher der dauernden Beaufsichtigung und Wartung, da die Führungen leicht festbrennen und die Packung von Zeit zu Zeit erneuert werden muß. Fig. 178 zeigt einen Stopfbüchsenausgleicher der Firma Seiffert & Co. in Berlin mit gußeisernem Gehäuse, Bronzeausstattung und schmiedeeisernem Degenrohr. Die Abbildungen Fig. 179a und 179b veranschaulichen die Bauart und Verwendung eines Kugelgelenkausgleichers, wie ihn dieselbe Firma in Lichtweiten von 100—350 mm ausführt. Der

Kraftaufwand für die Drehung bei dieser Ausführung ist geringer als bei der Anwendung von Stopfbüchsen.

Von allen Verfahren der Längenausgleichung von Rohrdehnungen ist schließlich diejenige die einfachste, bei der alle besonderen Längenausgleicher überhaupt vermieden sind und durch eine entsprechende Lagerung und Anordnung der Rohrführung dafür gesorgt ist, daß sich die Rohre in sich selbst frei ausbiegen können. Dabei ist lediglich eine sachgemäße Anordnung von Festpunkten (Fig. 180) zu treffen und eine öftere Biegung und absichtliche Zickzackführung der Rohrleitung vorzunehmen.

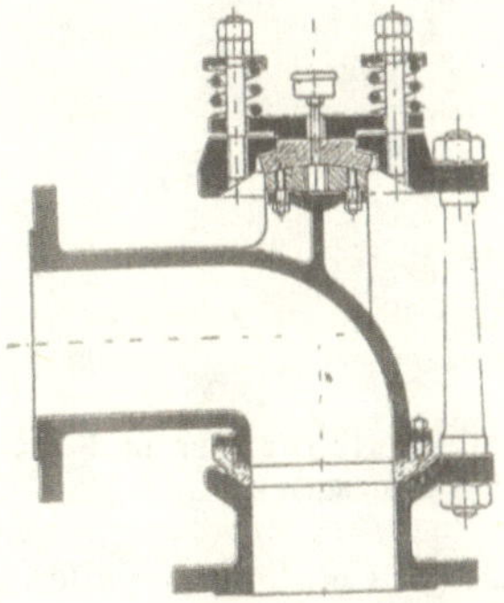

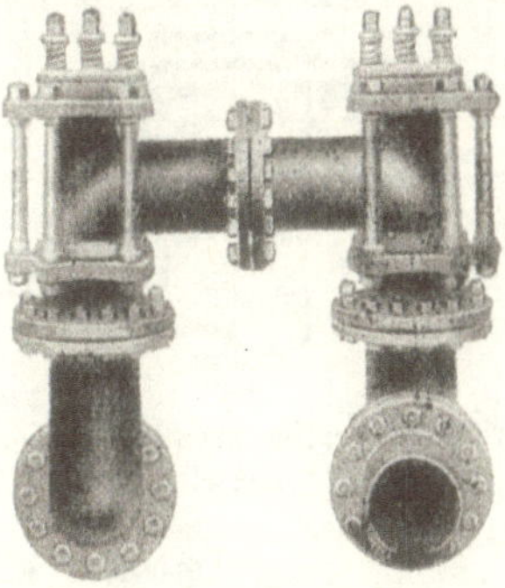

Fig. 179a. Fig. 179b.
Kugelgelenk-Ausgleicher von Seiffert & Co.

Dieses Verfahren wurde mit ausgezeichnetem Erfolge von Pfützner beim Bau des Staatlichen Fernheiz- und Elektrizitätswerkes in Dresden (vgl. Fig. 7, S. 26) angewendet.

Die Befestigung der Rohre richtet sich nach ihrer Lage. Die senkrechten Steige- und Fallstränge werden in Schlitzen und frei vor der Wand mit Hilfe von losen Rohrschellen gehalten. Ist das Gebäude ausnahmsweise hoch, so werden im mittleren Stockwerke zweckmäßig feste Schellen vorgesehen, so daß die Hälfte der Rohrausdehnung nach oben, die andere Hälfte nach unten erfolgen kann. Die an der Decke zu verlegenden Leitungen werden in sog. Hängeeisen aufgehängt, das sind Metallbänder, die mit Hilfe eines Querstückes und Gewinde an einem in die Decke eingegipsten oder einzementierten Rundeisen in ihrer Höhe verstellt werden können. Auf diese Weise kann ein bestimmtes Gefälle der Rohre bei der Verlegung mit Sicherheit erzielt werden. Bei den längs der Wand in wagerechter Richtung anzubringenden Rohren ist ein Unterschied bezüglich der Leitungslänge und des Durch-

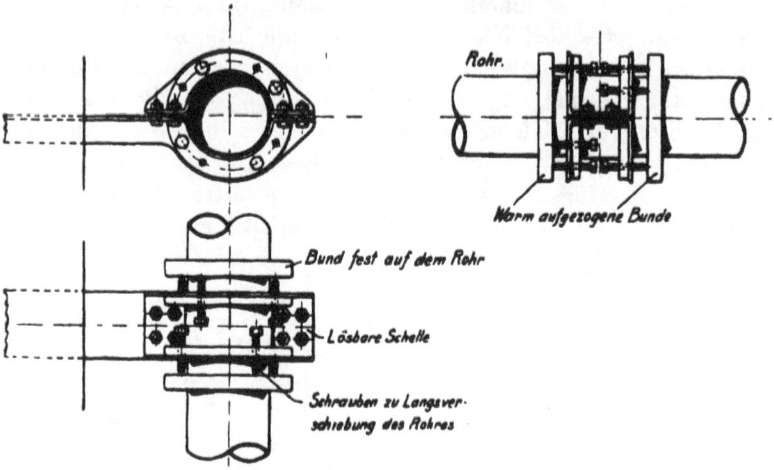

Fig. 180.
Verstellbare Festpunktschelle von Rietschel und Henneberg im Staatl. Elektrizitäts- und Fernheizwerk Dresden.

Fig. 181.
Rohrlagerung auf Wandkonsolen.

messers zu machen. In einfachen Fällen genügen einfache Wandhaken oder auch lose Schellen. Ist jedoch auf Längenausgleich besondere Rücksicht zu nehmen, so müssen, besonders bei größeren Rohrdurchmessern, besondere Wandlager angewendet werden. Fig. 181 zeigt eine entsprechende Bauart von Seiffert, bei der die obere Konsole nur eine axiale Verschiebung, die untere auf Kugeln gelagerte eine Längs- und Querbewegung der Rohrleitung gestattet. Zur genauen Verlegung im gewünschten Gefälle können die Konsolen in einem senkrechten Schlitze der Führung mit Hilfe von Schrauben beliebig hoch oder tief festgestellt werden, wie es auch die Fig. 182 zeigt.

Bei der Durchführung der Heizleitungen durch Mauerwände dürfen die Rohre niemals fest eingemauert werden, sondern es ist stets auf freie Bewegung Rücksicht zu nehmen. Am vorteilhaftesten für Wand- und Deckendurchführungen sind verzinkte Rohrhülsen, die fest eingesetzt werden, und in denen sich die Rohre

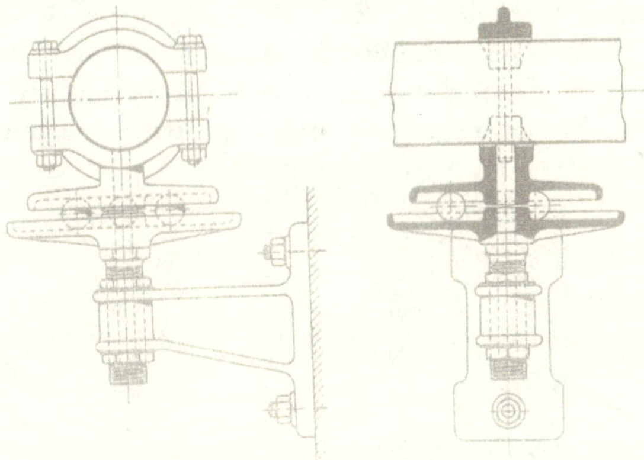

Fig. 182.
Rohrlagerung auf Kugelschlitten (Rud. Otto Meyer).

mit einigen Millimetern Spiel leicht bewegen können, wie in Fig. 183 dargestellt. In den Räumen wird der Rohraustritt aus der Mauer

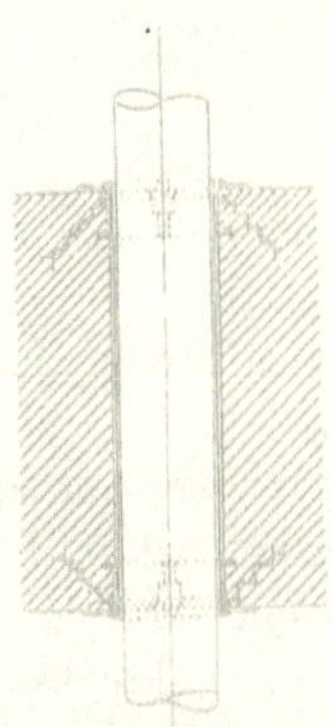

Fig. 183.
Rohrdurchführung durch eine Decke (Rud. Otto Meyer).

Fig. 184.
Wanddurchführung eines Rohres (Rud. Otto Meyer).

oder dem Fußboden am zweckmäßigsten mit einer Wandrosette verkleidet, ähnlich wie in Fig. 184 gezeigt. Rohrverbindungen, besonders Flanschen, dürfen nie innerhalb der Mauer unzugänglich liegen; denn andernfalls würde bei etwa eintretender Undichtigkeit sofort die ganze benachbarte Mauerpartie durchnäßt werden. Ebenso dürfen die Mauerschlitze nicht etwa mitsamt den Röhren fest zugemauert werden, sondern sie sind zugänglich zu halten entweder durch vorgeschraubte Schlitzbleche, die mit dem Putze bündig sitzen und mit der Wandfarbe überstrichen bzw. mit der Tapete bedeckt werden, oder durch Gipsdielen, die bündig mit

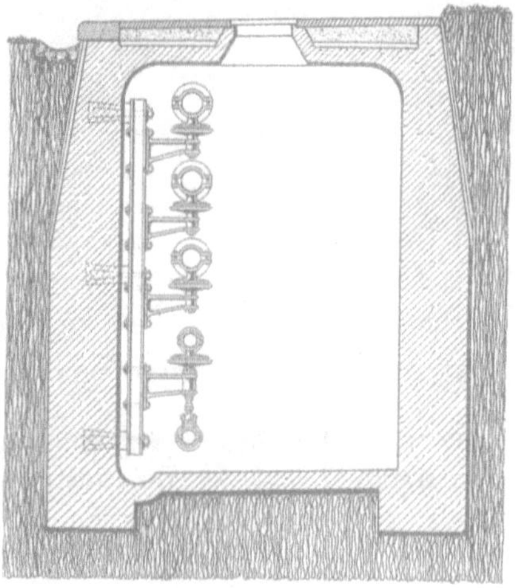

Fig. 185.
Rohrlagerung in einem Fernkanal (Rud. Otto Meyer).

dem Mauergrund eingegipst und dann mit eingeputzt werden können.

Auf welche Weise die Rohrleitungen zweckmäßig in einem Fernrohrkanal gelagert und geführt werden, ist in Fig. 185 dargestellt: Schmiedeeiserne Schienen werden senkrecht einzementiert. Die Rohrkonsolen können daran in senkrechter Richtung je nach dem Gefällerfordernis verstellt werden. Die feinere Einstellung des Gefälles geschieht durch Gewindeverstellung der Teller. Der Fernkanal besitzt in der Decke Einsteigschächte und im Fußboden eine Wasserrinne. Die Ansicht eines solchen Fernkanales in der Krankenanstalt Mühlhausen i. Els. zeigt Fig. 186, und die Anordnung der Ausgleichsfederrohre in der gleichen Anstalt ist in Fig. 187 veranschaulicht.

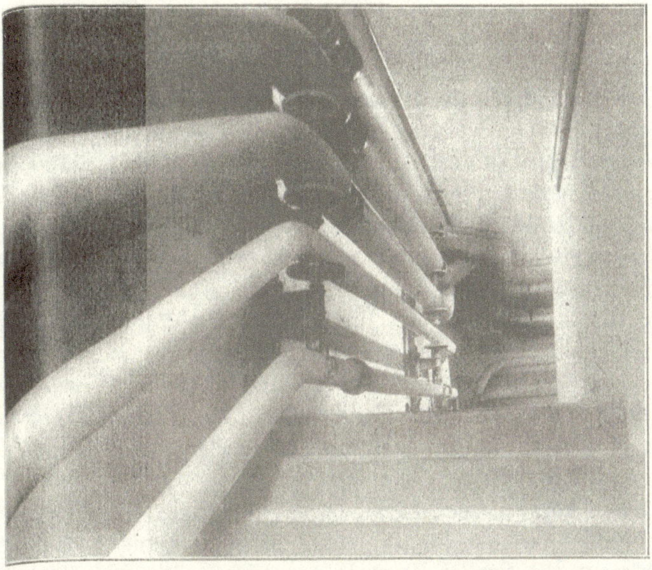

Fig. 186. Rohrleitungskanal in der Krankenanstalt in Mülhausen i. Els.

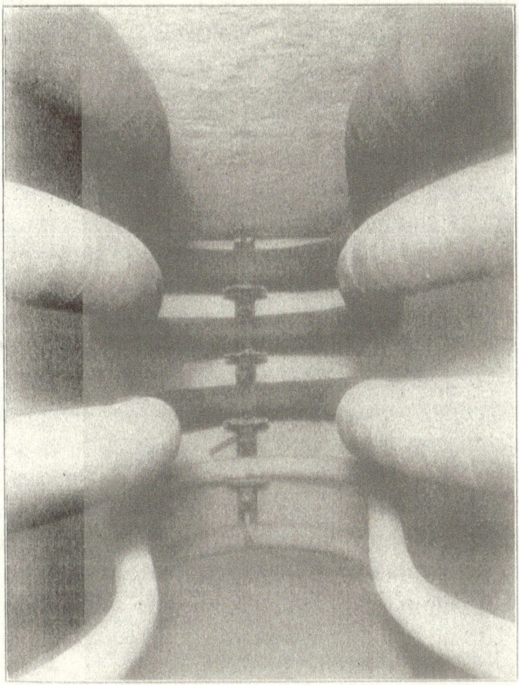

Fig. 187. Anordnung von Längenausgleichern in einem Rohrkanal der Krankenanstalt Mulhausen i. Els.

28. Der Wärmeschutz.

Ein besonderer Schutz der Leitungen gegen Wärmeverluste braucht nur dann vorgesehen zu werden, wenn die Fortleitung der Wärmeträger in metallenen oder gut leitenden Kanälen bzw. Röhren erfolgt. Bei der Führung der Luft in Mauerkanälen, Tonröhren oder Rabitzkanälen genügt es meist, wenn nur bei größeren Entfernungen und höheren Lufttemperaturen ein Wärmeschutz vorgesehen wird. Metalleitungen dagegen sind zum Vorteil einer guten Wärmewirtschaft mit einem passenden Wärmeschutzmittel zu umkleiden. Aber nicht nur Wärmeleitungen, sondern auch alle Arten von Wärmegefäßen, Warmwasserbehältern, Kesseln usw. unterliegen den gleichen Forderungen der Verminderung von Wärmeverlusten und ihrer Herabdrückung auf das wirtschaftlich geringste Maß.

Zwar kommt der Wärmeverlust innerhalb eines Gebäudes dem letzteren wieder zugute, jedoch meistens an der unrichtigen, nicht gewollten Stelle. Deshalb müssen die Wärmeverluste auf dem Zufuhrwege so gering wie möglich gehalten werden. Dafür spricht auch der Umstand, daß die nicht umhüllten Leitungen bei milderer Außentemperatur sehr leicht zur Überheizung der betreffenden Räume führen, da ja irgendwelche Regelung der Wärmeabgabe der Leitungen unmöglich ist.

Die Ersparnis, die unter Umständen durch Anwendung einer Wärmeschutzumhüllung zu erzielen ist, erhellt am besten aus einem drastischen Beispiel: Eberle hat nachgewiesen, daß bei einer umhüllten Dampfleitung von 175 mm Durchmesser lediglich durch den Wärmeschutz von 16 Flanschen und eines Ventiles noch weitere 23000 WE/Std. erspart werden können. Bei 300 Tagen und zwölfstündiger Benutzungszeit macht dies im Jahr 82800000WE. Rechnet man zur Erzeugung von je 100000 Dampfwärmeeinheiten mit einem Vorkriegspreis von rund 40 Pf. Kohlenkosten, so ergibt sich allein durch die Flanschenumhüllung eine jährliche Kohlenersparnis von 828 · 0,40 = 331,20 M. Die Kosten der Isolierung von 16 Flanschen und eines Ventiles betragen höchstens 150 M., so daß also die Summe bereits durch die Kohlenersparnis eines halben Heizabschnittes wieder gewonnen wird. Die angeführten Zahlen sind Vorkriegspreise; heute wird man mit den etwa 6fachen Kosten rechnen müssen. Und was vor dem

Kriege in bezug auf die Forderung eines guten Wärmeschutzes galt, das gilt heute in erhöhtem Maße und ist zu einer Pflicht jedes einzelnen der gesamten Volkswirtschaft gegenüber geworden.

Die Erkenntnis, daß durch sorgfältige Vermeidung aller unnötigen Wärmeverluste in ausgedehnten Betrieben jährlich ganze Vermögen erspart werden können, würde aber auch in vielen Fällen zur Erhöhung der Wirtschaftlichkeit und daher auch zur Erzielung eines größeren Gewinnes führen können. Zum Vorteil der Wirtschaftlichkeit seines Wärmebetriebes ist also jedem Besitzer von Heiz- und Kraftanlagen die zielbewußte Durchführung eines guten Wärmeschutzes dringend zu empfehlen.

a) Wärmeverlust der nackten Rohrleitung.

Man pflegt die durch Anwendung von Wärmeschutzmitteln erzielte Ersparnis in Hundertteilen der Wärmeabgabe der nicht umhüllten, nackten Rohrleitung anzugeben. Deshalb soll letztere hier zunächst in bezug auf ihre Wärmeverluste von Luft an Luft, Wasser an Luft und Dampf an Luft untersucht werden.

Der Wärmedurchgang von erwärmter Luft durch eine dünne Metallwand an die äußere Luft, wenn letztere nur die durch den Auftrieb bedingte Bewegung hat, ist nach Rietschel in Fig. 188 graphisch aufgetragen, und zwar für Luftgeschwindigkeiten von 0,5, 2, 6 und 10 m/sek innerhalb des Rohres. Wir sehen, daß auch hier das der Fig. 147 zugrunde liegende Gesetz befolgt wird, wonach die Wärmedurchgangszahl k mit wachsendem Unterschied ($t_m - t_i$) zwischen der Innen- und Außenluft zunimmt.

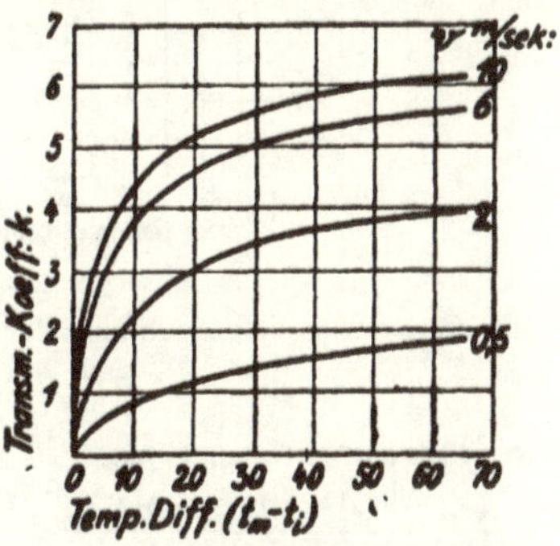

Fig. 188.
Wärmeübertragung k WE/qm/Std./C von Luft durch eine dünne Metallwand an Luft.

Für unverkleidete Hochdruckdampfleitungen haben eingehende, planmäßig durchgeführte Versuche von Eberle[1])

---

[1]) Forschungsarbeiten, Heft 78, Seite 18. Verlag Springer, Berlin 1909.

zu einer Bestätigung der folgenden Formel für die Wärmedurchgangszahl geführt:

$$k = k' + \frac{4}{t_m - t_i} \cdot \left\{ \left(\frac{t_m + 273}{100} \right)^4 - \left(\frac{t_i + 273}{100} \right)^4 \right\},$$

worin k' die Wärmeübergangszahl für Berührung bedeutet, so daß der Rest auf der rechten Seite der Gleichung den Strahlungsanteil darstellt. Eberle hat seine Versuche bei ruhendem Dampfe durchgeführt, so daß also nur das entstandene und abgeflossene Dampfwasser durch stetige Dampfzufuhr ersetzt wurde. Unter dieser Voraussetzung ist nach Eberle:

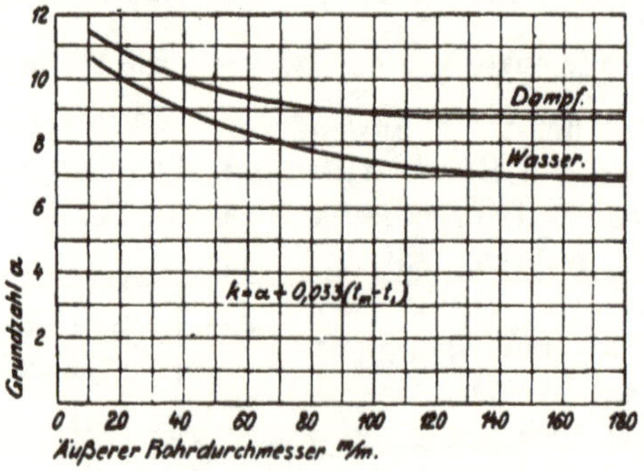

Fig. 189.
Grundwerte α zur Berechnung der Wärmedurchgangszahlen k für Dampf- und Warmwasserrohre.

für Rohrdurchmesser von 70 mm und

$(t_m - t_i) = 118{,}6$ bis $169{,}0$ . . . . $k' = 6{,}15$ bis $6{,}27$,

für Rohrdurchmesser von 130 mm und

$(t_m - t_i) = 110{,}6$ bis $155{,}4$ . . . . $k' = 5{,}74$ bis $6{,}24$.

Mit diesen Werten kann die Wärmedurchgangszahl k aus obiger Gleichung berechnet werden; sie ergibt sich bei den genannten Temperaturunterschieden

für Rohrdurchmesser von 70 mm zu $k = 13{,}1$ bis $15{,}4$,

» » » 130 mm zu $k = 13{,}0$ bis $15{,}8$.

Bei nackten Wasser- und Dampfleitungen kann auch zur Berechnung von k die vom Verfasser aufgestellte Gl. (78) benutzt werden (Seite 310):

$$k = \alpha + 0{,}033\,(t_m - t_i) \text{ WE/qm/Std./C}^0, \quad (93)$$

wobei die Grundwerte α aus Fig. 189 zu entnehmen sind.

Oberhalb der kritischen Wassergeschwindigkeit nähert sich der Wert α für Wasser allmählich dem Wert α für Dampf. Bei der Berechnung der Wärmeabgabe von Dampfleitungen müßte eigentlich ein Unterschied zwischen Sattdampf und Heißdampf gemacht werden; in Anbetracht der praktisch stets vorhandenen Luftströmungen, die sehr verschieden sein können und auf die Wärmeübertragung einen veränderlichen Einfluß ausüben, kann indessen k auch hier für die Vorausberechnung einheitlich angenommen werden. Verfasser hat aus den von Rietschel und von Eberle gefundenen Zahlen Mittelwerte für α ausgerechnet und in Fig. 189 zeichnerisch zur Darstellung gebracht. Mit Hilfe der Gl. (93), die für jeden Temperaturunterschied $(t_m - t_i)$ gültig ist, und für den vorliegenden Fall z. B. auch bei Heißdampf bis 400° C ausgedehnt werden darf, ist sodann leicht der Wärmeverlust der Leitung zu berechnen.

Auf ganz anderem Versuchswege, nämlich durch elektrische Heizung von Rohren hat dann weiter Wamsler[1]) die Gleichung für die Gesamtwärmeabgabe gefunden:

$$W = F \cdot \left\{ \frac{\left(\frac{t_m + 273}{100}\right)^4 - \left(\frac{t_i + 273}{100}\right)^4}{\frac{1}{s_m} + \frac{1}{s_i} - \frac{1}{s}} + k' (t_m - t_i) \right\},$$

worin außer den bekannten Bezeichnungen bedeuten:

s_m die Strahlungszahl des strahlenden Rohres (siehe Strahlungstabelle VIII 21b) WE/qm/Std./$^0C^{-4}$,

s_i desgl. des bestrahlten Raumes,

s desgl. des absolut schwarzen Körpers,

k' die Wärmeübergangszahl allein durch Berührung in WE/qm/Std./° C,

und zwar bei schmiedeisernen horizontalen Rohren:

Für $(t_m - t_i) = 50$	100	150° C
Bei einem Rohrdurchm. von 33 mm $k' = 7{,}0$	7,8	8,7
» » » » 50 » $k' = 6{,}6$	7,4	8,3
» » » » 89 » $k' = 4{,}7$	5,5	6,3

Unter Zugrundelegung obiger Gleichung berechnete Wamsler die Wärmedurchgangszahl k noch für verschiedene Rohr-

[1]) Wamsler: Die Wärmeabgabe geheizter Körper an Luft. Dissertation, München 1909.

durchmesser wie in der folgenden Tafel; daneben sind die Werte des Verfassers, wie sie sich aus Gl. (93) ergeben, zum Vergleiche aufgeführt; ebenso sind die von Eberle gefundenen Werte für verschiedene Rohrdurchmesser und Temperaturunterschiede eingeschaltet:

Temperaturunterschied $(t_m - t_l) =$	50° C Wamsler	50° C Dietz	100° C Wamsler	100° C Dietz	110, 118° C Eberle	110, 118° C Dietz	132, 144° C Eberle	132, 144° C Dietz	150° C Wamsler	150° C Dietz	155, 169° C Eberle	155, 169° C Dietz
Äußerer Rohrdurchmesser 33 mm	11,9	12,0	13,9	13,6					16,9	15,3		
59 »	11,6	11,1	13,6	13,0					16,6	14,5		
76 »		10,9		12,5		13,1 13,1		14,1 14,0				15,4 14,9
89 »	9,9	10,7	12,3	12,3					15,6	14,0		
140 »		10,6		12,2	13,0 12,5		14,3 13,3				15,8 14,0	

Wie die Tabelle zeigt, ist die Übereinstimmung zufriedenstellend, wenn man bedenkt, daß doch eigentlich die Versuchsbedingungen sehr verschiedene waren (Eberle: ruhender Hochdruckdampf, Rietschel: niedrigere Dampfspannungen, Wamsler: elektrisch beheizte Rohre). Berücksichtigt man ferner, daß bei allen dreien kein Temperaturabfall zwischen Rohranfang und Rohrende vorhanden war, so muß gesagt werden, daß die Versuchsverhältnisse gegenüber der Praxis mit großen Unterschieden zwischen Anfang und Ende von langen Rohrleitungen doch zu günstige waren. Bei langen Leitungen, also größeren Durchmessern, kann daher — zumal unter Einführung des arithmetischen Mittels zwischen Anfangs- und Endtemperatur — unbedenklich mit den kleineren Werten des Wärmeverlustes gerechnet werden.

Bezeichnen wir zusammenfassend mit:

t_e die Eintrittstemperatur des Wärmeträgers in C°,

t_a die Austrittstemperatur des Wärmeträgers in C°,

$t_m = \frac{t_e + t_a}{2}$ die mittlere Temp. des Wärmeträgers in C°,

t_l die Temperatur der umgebenden Luft in C°,

F die äußere Oberfläche der Leitung mit Einschluß der Flanschenoberfläche in qm,

G das zu fördernde Gewicht des Wärmeträgers in kg/Std.,

c_m die mittlere spezifische Wärme des Wärmeträgers, und zwar

für Luft $c = 0{,}237$,

» Wasser $c = 1{,}000$,

» Dampf c_p nach Fig. 190,

k die Wärmedurchgangszahl der Leitungswand, zu berechnen aus Gl. (93),

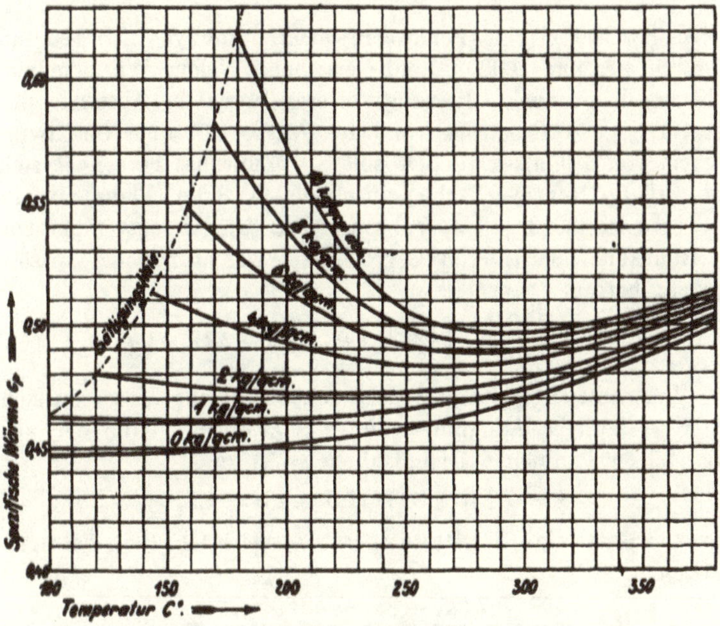

Fig. 190.
Spezifische Wärme c_p des gesättigten und überhitzten Wasserdampfes nach Knoblauch und Jacob.[1])

so kann der Wärmeverlust der Leitung sowohl mit Hilfe der Wärmedurchgangsformel als auch mit Hilfe des Temperaturabfalles ausgedrückt und geschrieben werden:

$$F\,k\left(\frac{t_e + t_a}{2} - t_i\right) = G\,c_m\,(t_e - t_a) \quad . \; . \; . \; . \; (94)$$

[1]) Knoblauch und Jacob, Forschungsarbeiten, Heft 36, Verl. Springer, Berlin 1906.

In den meisten Fällen ist die Wärmemenge am Ende der Leitung bzw. die Austrittstemperatur t_a gegeben, so daß aus dieser Gleichung die Eintrittstemperatur sich berechnen läßt zu:

$$t_e = \frac{F k \left(t_i - \frac{t_a}{2}\right) - G c_m t_a}{\frac{F k}{2} - G c_m} \quad . \; . \; . \quad (95)$$

Beispielsweise sei eine Fernwarmwasserleitung von 131/140 mm Durchmesser und 1000 m Länge gegeben. Welche Wärmemenge geht durch die nackte Leitung verloren, wenn die Austrittstemperatur $t_a = 70^0$ C betragen und das Wasser mit einer Geschwindigkeit von 1,0 m/sek fließen soll? — Zunächst berechnet sich die äußere Rohroberfläche einschließlich 3 qm Flanschen zu $F = 0{,}14 \cdot \pi \cdot 1000 + 3 = 443$ qm. Die Umgebungstemperatur im Rohrkanale sei $t_i = 23^0$ C geschätzt. Das stündliche Wassergewicht beträgt

$$G = \frac{0{,}131^2 \pi}{4} \cdot 1{,}0 \cdot 1000 \cdot 3600 = 48\,600 \text{ kg.}$$

Die Wärmedurchgangszahl k der nackten Leitung berechnet sich unter vorläufiger Annahme von $t_m = 71{,}8^0$ mit Hilfe der aus Fig. 189 entnommenen Grundzahl $a = 7{,}1$ zu

$$k = 7{,}1 + 0{,}033\,(71{,}8 - 23) = 8{,}7.$$

Somit würde die Eintrittstemperatur nach Gl. (95) betragen müssen:

$$t_e = \frac{443 \cdot 8{,}7\,(23 - 35) - 48\,600 \cdot 70}{0{,}5 \cdot 443 \cdot 8{,}7 - 48\,600} = 73^0 \text{ C.}$$

Mit diesem Werte verbessert sich die mittlere Temperatur zu

$$t_m = \frac{73 + 70}{2} = 71{,}5^0 \text{ C,}$$

statt 71,8 wie angenommen; k ändert sich dadurch so wenig, daß der Unterschied zu vernachlässigen ist; sonst müßte die Rechnung wiederholt werden.

Mit Hilfe von t_m kann jetzt der Wärmeverlust bestimmt werden, den die nackte Rohrleitung erleiden würde, nämlich:

$$V = F k\,(t_m - t_i) = 443 \cdot 8{,}7\,(71{,}5 - 23) = 187\,000 \text{ WE/Std.}$$

In den meisten Fällen wird man bei Heizungsanlagen der gewöhnlichen Art mit vorstehenden, angenäherten Berechnungen auskommen können. In Wirklichkeit spielen sich die sich gegenseitig beeinflussenden Vorgänge des Wärmeaustausches zwischen strömenden, warmen Gasen bzw. Flüssigkeiten und Rohrwand einerseits und der Reibungsarbeit zur Überwindung des Leitungswiderstandes anderseits natürlich viel verwickelter ab. Diesen Vorgängen ist in der Arbeit von Nusselt über den Wärmeübergang in Rohrleitungen[1]) Rechnung getragen. Nusselt fand eine vielfache Abhängigkeit der Wärmeübergangszahl ε vom Wärmeträger an die Rohrwandung:

$$\varepsilon = 15{,}90 \frac{\lambda_w}{D^{1-m}} \left(\frac{v \cdot \delta \cdot c_p}{\gamma_G}\right)^m \text{WE/Std/qm/}^0\text{C},$$

worin bedeuten:

λ_w die Wärmeleitfähigkeit des Wärmeträgers bei der Temperatur der Wand,

λ_G die Wärmeleitfähigkeit des Wärmeträgers bei der Temperatur desselben,

D den inneren Rohrdurchmesser,

m einen festen Wert, abhängig von der Rauhigkeit der Innenwandung des Rohres, und zwar abnehmend mit wachsender Rauhigkeit, für das untersuchte glatt gezogene Messingrohr $m = 0{,}786$,

δ die Dichte des Wärmeträgers,

c_p die spezifische Wärme bei gleichbleibendem Druck,

v die Strömungsgeschwindigkeit.

Für nicht zusammendrückbare Flüssigkeiten hat dann Nusselt noch die Abhängigkeit des Wärmeüberganges von der Rohrlänge[2]) behandelt. Er fand, daß ε von einem Höchstwert bei der Einströmung in das Rohr steil abfällt und schon nach kurzer Strecke fast den Kleinstwert erreicht, den es mit wachsender Rohrlänge schnell annimmt und behält.

---

[1]) Nusselt: Der Wärmeubergang in Rohrleitungen (Habilitationsschrift), Mitteilungen über Forschungsarbeiten des Vereines Deutscher Ingenieure, Heft 89; auch Zeitschr. d. Ver. Deutsch. Ing. 1909.

[2]) Nusselt: Die Abhängigkeit der Wärmeubergangszahl von der Rohrlänge, Zeitschr. d. Ver. Deutsch. Ing. 1910.

Ausgehend von diesen Nusseltschen Arbeiten hat dann Gröber[1]) aus eignen Versuchen eine Erfahrungsgleichung für die Wärmeübergangszahl ε abgeleitet:

$$\varepsilon = \left(3{,}81 + \frac{82{,}8}{t_i} - \frac{(273 - t_w)^2}{29100}\right) \cdot \frac{(v \cdot \gamma)^m}{D^{1-m}},$$

worin außer den schon aufgeführten Größen bedeutet:

t_w die Wandungstemperatur, die fast immer nahezu gleich der Temperatur des Wärmeträgers gesetzt werden kann, in °C,

γ das Einheitsgewicht der Luft in kg/cbm,

m einen Zahlenwert = 0,81 für das untersuchte Rohr von 62 mm innerem Durchmesser.

Diese Gleichung wurde zwischen Lufttemperaturen von 100 bis 325° C und Wandungstemperaturen von 75 bis 250° C durch den Versuch bestätigt.

b) Wärmeersparnis durch Umhüllung.

Die Wärmeschutzstoffe[2]) scheiden sich in zwei Gruppen: organische (Seide, Filz, Kork, Wolle usw.) und anorganische (Kieselgur, Asbest usw.). Die organischen Umhüllungen bieten einen besseren Wärmeschutz als die anorganischen; am besten schützend wirken Seide und Filz. Diese Stoffe haben jedoch den Nachteil, daß sie bei höheren Temperaturen mit der Zeit verkohlen, ja sich unter günstigen Bedingungen wohl selbst entzünden können. Bis zu 100° Temperatur, also bei gewöhnlichen Warmwasserheizungen, können Filz und Seide noch unbedenklich auf das nackte Rohr unmittelbar aufgelegt werden, ohne daß mit der Zeit eine Zerstörung zu befürchten wäre. Gegen das Verkohlen werden die organischen Schutzmittel vielfach mit einer erhaltenden Flüssigkeit durchtränkt. Besser verfährt man in der Weise, daß auf das heiße Rohr zunächst ein dünner Asbest- oder Kieselgurunterstrich aufgetragen wird, um den dann die Umhüllung herumgelegt wird. Nach Rietschels Versuchen genügt für Niederdruckdampf bis

[1]) Gröber: Der Wärmeübergang von strömender Luft an Rohrwandungen, Mitteilungen über Forschungsarbeiten, Heft 130, Berlin 1912.

[2]) Rietschel: Mitteilungen uber Versuche mit Wärmeschutzmitteln, Gesundh.-Ing. 1903, Nr. 28, Verl. R. Oldenbourg, München.

etwa 105° ein Unterstrich von 10 mm Stärke, für Hochdruckdampf bis 5 Atm. oder rund 160° wahrscheinlich eine Schicht von 20 mm. Bei noch höheren Temperaturen bis etwa 200° oder 12 Atm. Dampfdruck wird zunächst um den Unterstrich noch eine Luftschicht angeordnet, was vorteilhaft durch spiralförmiges Aufwickeln von ausgestanzten Weißblechstreifen erzielt wird, deren Spitzen nach außen gebogen sind. Hierauf wird dann die eigentliche Umhüllung mit Hilfe eines Weißblechmantels aufgetragen.

Die Erfahrung hat eine große Reihe von Umhüllungen gezeitigt, die unter verschiedenen Namen auf dem Markte sind. Wesentlich ist für die Erzielung eines guten Wärmeschutzes die

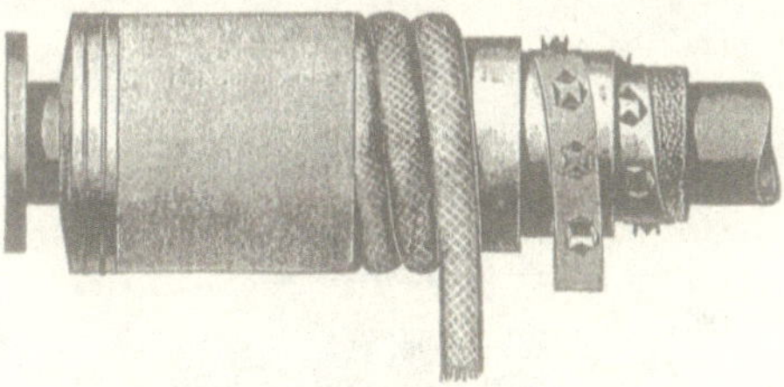

Fig. 191.
Seidenzopfumhüllung mit 2 Luftschichten der Firma Pasquay.

Herstellung von kleinen Lufträumen mit möglichst unbewegtem Luftinhalt, um das Auftreten von Wärmeströmungen tunlichst herabzumindern. Hier seien aus der Fülle von Möglichkeiten nur zwei bewährte Verfahren angeführt.

Die Firma E. & C. Pasquay in Wasselnheim verwendet bei überhitztem Dampfe für Temperaturen von 280—400° mit gutem Erfolge das durch Fig. 191 dargestellte Verfahren. Hier liegen folgende Schichten übereinander:

1. Rohrwand,
2. Unterstrich von Asbestmasse 20 mm,
3. Luftmantel, hergestellt aus gestanzten Weißblechspiralen 12—14 mm,
4. Weißblechmantel,
5. Luftmantel, wie vorher, 12—14 mm,
6. Weißblechmantel, wie vorher,
7. Seidenzopfwickelung von 20 mm Stärke,

8. Leinwand- oder Kartonumwickelung,
9. doppelter Öl- oder Wasserglasanstrich.

Statt der Seidenzöpfe verwenden Grunzweig & Hartmann in Ludwigshafen sog. Diatomitschalen, die fertig aufgelegt werden.

Ein anderes Verfahren ist das der Deutschen Patentwärmeschutz-Akt.-Ges. in Berlin unter Verwendung ihrer sog. Depegee-(Patentgurit)Masse nach Fig. 192, die sich ganz besonders auch für hochüberhitzten Dampf eignet. Das zu umhüllende Dampfrohr wird zunächst mit einer spiralförmigen Umwicklung von Holzwollseilen umgeben. Hierauf wird die zu einem Mörtel angerührte Depegeemasse aufgetragen, so daß die zwischen den Holzwollspiralen frei gebliebenen Zwischenräume von etwa 15 mm ausgefüllt werden. Von oben wird die Holzwolle gänzlich

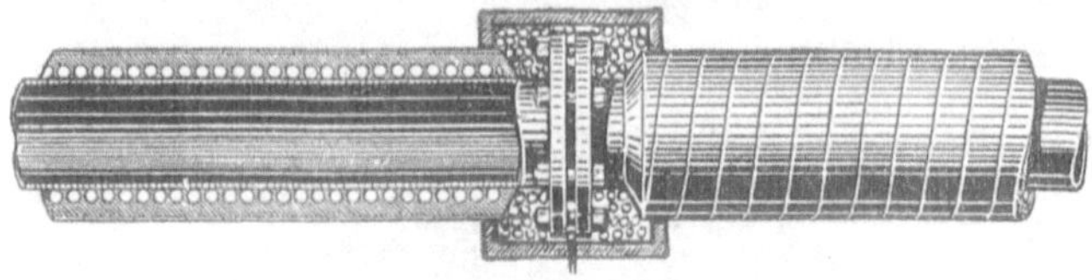

Fig. 192.
Depegee-Wärmeschutzumhüllung.

eingehüllt. Das Ganze erhält dann außen die übliche Umwickelung und entsprechenden Anstrich. Unter der Einwirkung der Dampftemperatur verkohlen nun im Betriebe die Holzwollspiralen, an deren Stelle ein Luftraum verbleibt. Diese Umhüllung zeichnet sich durch eine besondere Festigkeit aus. Die Wärmeersparnis beträgt bis etwa 85% des nackten Rohres.

Der äußere Abschluß, also die Umwickelung mit Anstrich, muß gegen mechanische Einflüsse genugend sicher sein und muß eine Oberfläche haben, die gegen Nässe unempfindlich ist, dem Eindringen von Ungeziefer standhält und eine geringe Strahlung besitzt, d. h. glänzend und von heller Farbe ist. Der Anstrich darf jedoch erst aufgetragen werden, wenn die Umhüllung nach tagelangem Heizen möglichst ausgetrocknet ist, da die Nässe die Wärmewirkung des Schutzmittels ganz erheblich herabsetzt. Dieser Umstand wird bei Umhüllungen, die in nassem Zustand aufgetragen werden müssen, nicht immer berücksichtigt und muß dann im Betriebe zu merkbaren Wärmeverlusten Veranlassung geben.

Die Flanschen, Ventilkörper usw. sind ebenfalls zu umhüllen, und zwar am besten durch einen mit einem Wärmeschutzstoff ausgefüllten Doppelblechmantel, der längs geteilt, leicht abnehmbar und unten mit einem Tropfröhrchen versehen ist (Fig. 192).

Was nun die Wirksamkeit der verschiedenen Umhüllungen betrifft, so kann man unter Einsetzung der inneren Wärmeleitzahlen λ für die einzelnen Schichten sowie unter Zugrundelegung bestimmter Wärmeüberleitungszahlen a und ε gemäß Gl. (67) die jeweiligen Wärmedurchgangszahlen k berechnen. Mit Hilfe des so gefundenen k würde sich dann der Wärmeverlust der umhüllten Leitung und schließlich die Wärmeersparnis gegenüber dem nackten Rohr ergeben. Würde z. B. gegenüber den unter 28a) zuletzt errechneten Wärmeverlusten der nackten Leitung von $V = 187\,000$ WE/Std. der Wärmeverlust der gleichen, aber unter sonst unveränderten Bedingungen umhüllten Leitung nur $v = 34\,000$ WE/Std. betragen, so würden wir einen Wirkungsgrad der Rohrumhüllung von

$$100 - 100 \cdot \frac{v}{V} = 100\left(1 - \frac{34\,000}{187\,000}\right) = 82\,\%$$

erzielt haben. Zu beachten ist hierbei der Zusatz »unter sonst gleichen Bedingungen«, wozu gleiche Strömungsgeschwindigkeit, gleiche Anfangstemperatur, gleiche Anfangsspannung, gleiche Umgebungstemperatur, gleiche Luftströmungsverhältnisse (Wärmeströmung!) der Umgebung zu rechnen sind, weil ja sonst ein Vergleich nicht möglich wäre. Zu diesen eigentlich selbstverständlichen Forderungen kommt beim Vergleich mehrerer Rohrumhüllungsarten untereinander noch die weitere Bedingung, daß die Beschaffenheit und das Strahlungsvermögen der Oberflächen — d. h. Art der Umwickelung, ihr Anstrich, der Glanz — genau die gleichen bei allen verglichenen Arten sein müssen. Nur unter dieser weiteren Voraussetzung ist es denkbar, mehrere Wärmeschutzarten durch einfache Angabe der Temperaturverluste zwischen Anfang und Ende der Leitung zu vergleichen. Ein Vergleich lediglich der Oberflächentemperaturen würde aber selbst unter den genannten Voraussetzungen zu völlig falschen Schlußfolgerungen führen.

Umfassende Versuche über die Wärmeleitzahl λ und über die schützende Wirkung von Luftmänteln sind aus dem Laboratorium für technische Physik der Technischen Hochschule München

(Leiter Professor Dr. Oskar Knoblauch) hervorgegangen. Zunächst hat hier Nusselt[1]) für die Wärmeleitzahl die bereits S. 274 erwähnten Ergebnisse gefunden, die in Fig. 193 aufgetragen sind. Ferner gehören hierher die Versuche von Gröber[2]) aus derselben Anstalt auf Grund eines anderen Verfahrens.

Weiter hat Eberle[3]) ausgedehnte Versuche mit Dampfleitungen von 70 und 150 mm Durchmesser für gesättigten und überhitzten Dampf angestellt, wodurch die Nusseltschen Ergebnisse bestätigt wurden. Unverhüllte Flanschen können bezüglich der Wärmeabgabe gleichwertig dem nackten Rohre gleicher

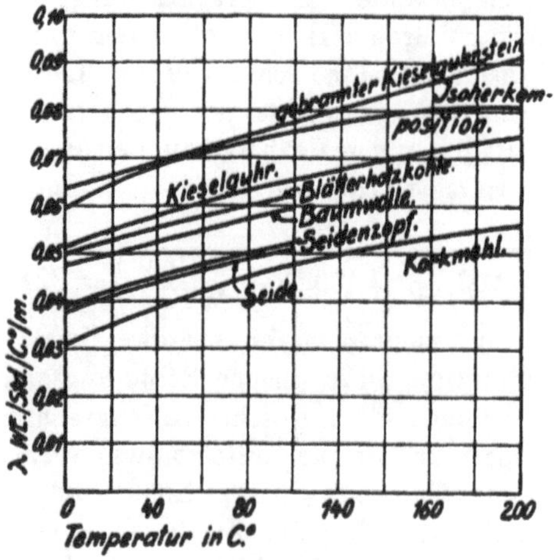

Fig. 193.
Innere Wärmeleitungszahlen λ verschiedener Wärmeschutzmittel nach Nusselt.

Oberfläche gerechnet werden. Der Wärmeverlust eines nackten Ventiles ist gleich dem von 1 m nackter Leitung. Bei gesättigtem

---

1) Nusselt: Die Wärmeleitfähigkeit von Wärmeisolierstoffen, Forschungsarbeiten, Heft 63, Verl. Springer, Berlin 1909.

2) Gröber: Die Wärmeleitfähigkeit von Isolier- und Baustoffen, Forschungsarbeiten Jahrg. 1911, Heft 104 und Zeitschr. d. V. Deutsch. Ing. 1910, S. 1319.

3) Eberle: Wärme- und Spannungsverlust bei der Fortleitung des gesättigten und überhitzten Wasserdampfes, Zeitschr. d. Bayer. Rev.-Vereines, München 1908, Nr. 6—20. Ferner: Versuche mit Isoliermitteln, Zeitschr. d. Ver. D. Ing. 1910, Nr. 16.

Dampf sowohl als auch bei Heißdampf hat die Dampfgeschwindigkeit auf den Wärmeverlust praktisch keinen Einfluß. Bei der Fortleitung überhitzten Dampfes kann Dampfwasser nicht entstehen, solange die Temperatur der äußeren Rohrwandung über der Sättigungstemperatur des Dampfes liegt, d. h. solange der Dampf überhitzt ist. Die Wärmeersparnis durch Rohrumhüllung steigt bei Heißdampf wesentlich langsamer als bei Sattdampf.

Die Versuche Eberles stimmen bezüglich der Wirkung der Wärmeschutzmittel der Güte nach vielfach mit den Vergleichsversuchen überein, die bereits früher Rietschel[1]) mit Wärmeschutzstoffen an einem Warmwasserrohre von 25/33 mm Durchmesser angestellt hat. Diese letzteren Versuche ergaben naturgemäß für die Dampfleitungen keine unbedingten Werte, aber doch jedenfalls zuverlässige Vergleichszahlen für die Güte der verschiedenen Umhüllungen. Die Untersuchungen wurden in der auf Seite 306 für Warmwasserheizkörper beschriebenen Weise durchgeführt; durch Abzug des Wärmeverlustes des umhüllten Rohres von dem des nackten ergab sich die durch die jeweilige Umhüllung gewonnene Wärmeersparnis.

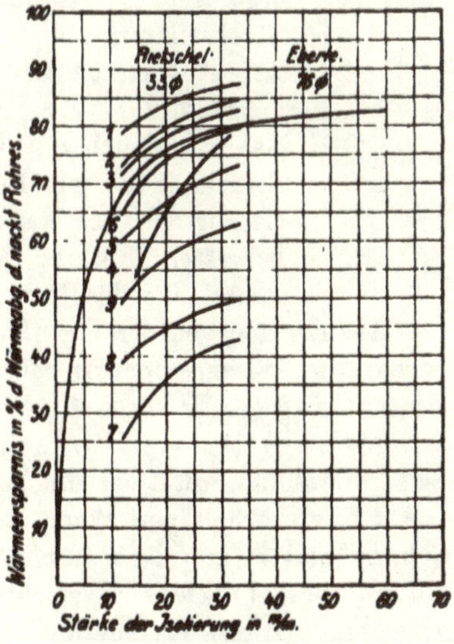

Fig. 194.
Wärmeersparnis durch verschiedene Wärmeschutzumhüllungen mit zunehmender Schichtstärke.

Im Gegensatze zu den Heizkörpern fand sich keine zu berücksichtigende Zunahme des Wärmeverlustes einer umhüllten Leitung bei steigendem Temperaturunterschiede, wohl aber eine Abnahme mit abnehmender Stärke der Umhüllung. Die folgende zeichnerische Darstellung, Fig. 194, gibt hierüber Aufschluß. Dabei haben die Ziffern 1—9 die folgende Bedeutung:

[1]) Rietschel: Leitf. z. Ber. u. Entw. v. Lüftungs- u. Heizungsanlagen, 1902.

1 = Filz (weicher, brauner Stoff) ohne Umwickelung, oder umwickelt und mit Dextrin gestrichen,
2 = Remanitpolster zwischen weitmaschigem, aus dünnem Eisendrahte bestehendem Gewebe,
3 = Seidenzöpfe ohne Luftschicht; Seide, darunter eine Schicht Kiselgur; Remanitzöpfe (verkohlte Seide),
4 = Korkschalen,
5 = Kunsttuffsteinschalen,
6 = Kieselgur ohne Fremdkörper, kalziniert, d. h. die organischen Bestandteile verbrannt,
7 = Strohseil mit Lehm,
8 = Asbest (Schnur aus Asbestklöppelung mit Asbestfaserfüllung),
9 = Asbestschlauch mit Kieselgurfüllung,
0 = Seidenpolster mit Luftschicht; letztere durch reibeisenartige, auf das Rohr gewickelte Blechstreifen hergestellt; Stärke der Luftschicht ∾ 30% der Gesamtstärke der Umhüllung.

Aus den Kurven der Fig. 194 ist also zu entnehmen, daß zunächst die Wärmeersparnis mit zunehmender Stärke der Umhüllung größer wird. Eine in Fig. 194 nach dem Nullpunkt verlängerte Kurve von Rietschel mit 15—30 mm Stärke der Seidenumhüllung und 33 mm Rohrdurchmesser geht über in die von Eberle erhaltenen Werte mit 30—60 mm Stärke der Umhüllung und 76 mm Rohrdurchmesser, wenn die letztere Kurve um 5% parallel nach oben verschoben wird, wie bereits in Fig. 194 gezeichnet. (Dieses Verfahren ist zulässig, da die beiderseits untersuchte Umhüllung nicht die gleiche war, und da es sich augenblicklich nicht um die absoluten Zahlenwerte, sondern um die Kurvenkennzeichnung handelt.) Sämtliche gekennzeichneten Kurven haben das Streben, mit stärker werdender Umhüllung schließlich wagerecht abzubiegen. Daraus geht hervor, daß eine Verstärkung der Umhüllung über eine bestimmte Grenze hinaus keinen wirtschaftlichen Vorteil mehr zu bringen vermag, da die Kurve im weiteren Verlaufe immer flacher wird, um schließlich wagerecht zu verlaufen. Ein ähnliches Verhalten fand Eberle bezüglich der Zunahme der Schutzwirkung einer Umhüllung von gleichbleibender Stärke mit wachsendem Rohrdurchmesser, wie Fig. 195 zeigt. Mit steigender Dampftemperatur bis 200° fand dagegen auch Eberle bei umhüllten Rohrleitungen mit ebenfalls umhüllten Flanschen eine fast gleichbleibende oder nur unwesentlich zunehmende Wärmeersparnis. Diese steigt bei überhitztem Dampfe und weiter bis 400° C zunehmender Temperatur noch langsamer an als bei Sattdampf.

Nach alledem läßt sich zusammenfassend sagen, daß bei einigermaßen planvollem Vorgehen eine Wärmeersparnis von 70—80% gegenüber den Wärmeverlusten der gleichen nackten Rohrleitung mit Sicherheit erzielt werden kann. Unter günstigen Umständen und bei sorgsamer Umhüllung aller Flanschen und Ventile lassen sich diese angegebenen Werte bis etwa 87% steigern.

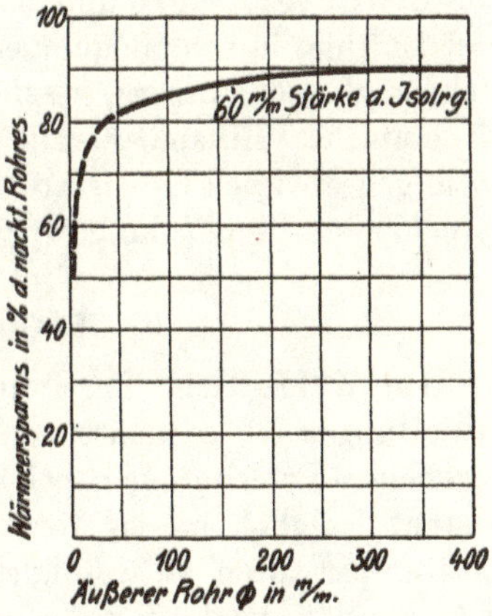

Fig. 195.
Zunahme der Wärmeschutzwirkung mit wachsendem Rohrdurchmesser.

Auf die Wärmeverluste einer Rohrleitung hat natürlich die mehr oder minder wärmedurchlässige Ausführung des Kanales, in dem das Rohr verlegt ist, einigen Einfluß. Denn bei guter Wärmeableitung von den Kanalwänden an den angrenzenden Keller oder das Erdreich wird die Kanaltemperatur verhältnismäßig niedrig ausfallen, und ein entsprechender Ersatz der durch die Kanalwände verlorenen Wärme durch vermehrte Wärmeabgabe der Rohrleitung an die Kanalluft wird die Folge sein müssen.

22. Die Berechnung der Rohrleitungen.

Für die Berechnung des Druckabfalles oder Reibungswiderstandes bei der Bewegung von Flüssigkeiten, Dämpfen und Gasen in Rohrleitungen sind im Laufe der Jahre zahlreiche Formeln aufgestellt worden. Wir haben im folgenden zunächst die brauchbarsten Gleichungen berücksichtigt, die den Reibungswiderstand gleich dem Quadrate der Strömungsgeschwindigkeit annehmen. Letzteres trifft jedoch nicht zu; es kommt vielmehr ein Exponent in Frage, der etwas kleiner als 2 ist, sobald der Druckverlust für 1 m Rohrlänge in der Form

$$p_e - p_a = c \cdot \frac{v^n}{d^m}$$

geschrieben wird, wobei also der Rohrdurchmesser d ebenfalls mit einem Exponenten behaftet erscheint, der etwas größer als 1 ist. Diese Formel läßt sich einheitlich auf die Bewegung von Gasen, Dämpfen und Flüssigkeiten in Rohrleitungen anwenden, was von Brabbée, Wierz und Bradtke für die Zwecke der Heizung und Lüftung in sehr bequemer Weise durch die Herausgabe von Rohrnetzberechnungen[1]) geschehen ist. Da letztere sich im Berufe als einfaches Hilfsmittel zur schnellen Berechnung von Rohrleitungen erwiesen haben, so ist im folgenden auf sie an den entsprechenden Stellen hingewiesen worden.

a) Warmluftleitungen.

Die rechnerische Bestimmung der Abmessungen von Heizluftleitungen ist in nichts verschieden von den im zweiten Teile gegebenen Berechnungen bei Lüftungsanlagen. Der Unterschied besteht lediglich in der Berücksichtigung der bei den höheren Lufttemperaturen auftretenden Wärmeverluste, die es nötig machen, daß die Luft mit einer der Abkühlung entsprechenden, höheren Temperatur in die Luftleitung eingeführt wird.

Wird beispielsweise am Ende einer 40 m langen Blechluftleitung eine stündliche Förderung von $W = 20000$ WE bei $t_a = 32^0$ C Lufttemperatur verlangt, so fragt es sich: Wie groß ist die Menge und die Temperatur der in die Leitung hineinzuschickenden Luft? — Zunächst berechnet sich das stündliche Luftgewicht aus der Gleichung

$$W = G\,c\,t \text{ WE/Std.}$$

$$\text{zu } G = \frac{W}{c\,t} = \frac{20000}{0{,}237 \cdot 32} = 2650 \text{ kg/Std.}$$

Wählen wir eine mittlere Luftgeschwindigkeit $v_m = 5$ m/sek,

---

[1]) Brabbée: Rohrnetzberechnungen in der Heiz- und Luftungstechnik auf einheitlicher Grundlage, Verlag Julius Springer, Berlin. 2. Auflage.

so erhalten wir den Querschnitt der Luftleitung aus der Beziehung

$$L = f \cdot v_m \cdot 3600 = \frac{G}{\gamma}(1 + a\,t_m) \text{ cbm/Std.}$$

von der mittleren Temperatur t_m °C.

Nehmen wir probeweise an, die Luft kühle sich beim Durchströmen der ganzen Leitung um 8° ab, wenn die Umgebungstemperatur 20° beträgt, so ist $t_m = \frac{32 + 40}{2} = 36^0$ C; also ist nach Fig. 10 der Wert $(1 + a\,t_m) = 1{,}13$, und es folgt der Leitungsquerschnitt

$$f = \frac{\frac{2650}{1{,}293} \cdot 1{,}13}{5 \cdot 3600} = 0{,}129 \text{ qm} = 0{,}45 \cdot 0{,}29 \text{ m}.$$

Weiter haben wir für einen Temperaturunterschied zwischen Kanal- und Umgebungsluft $t_m - t_i = 36 - 20 = 16^0$ C nach Fig. 188 für 5 m eine Wärmedurchgangszahl $k = \sim 4$ einzusetzen. Nach Gl. (95) folgt alsdann die Eintrittstemperatur der Luft in den Kanal zu:

$$t_e = \frac{F\,k\left(t_i - \frac{t_a}{2}\right) - G \cdot c \cdot t_a}{\frac{F\,k}{2} - G \cdot c}$$

oder mit Einsetzung der gefundenen Werte:

$$t_e = \frac{40\,(2 \cdot 0{,}45 + 2 \cdot 0{,}29) \cdot 4\,(20 - 16) - 2650 \cdot 0{,}237 \cdot 32}{0{,}5 \cdot 40 \cdot 1{,}48 \cdot 4 - 2650 \cdot 0{,}237}$$

$$t_e = \frac{+\,920 - 20000}{+\,2{,}96 - 626} = 37{,}4^0 \text{ C.}$$

Die Schätzung der Abkühlung der Luft in der Leitung war also zu hoch. Wir führen dieselbe Berechnung mit $t_m = 35^0$ C durch und erhalten

$$1 + a\,t_m = 1{,}13$$

$$f = 0{,}129 = 0{,}45 \cdot 0{,}29 \text{ m}$$

$$t_m - t_i = 15{,}0$$

$$k = 3{,}80$$

$$t_e = \frac{+\,325 - 20000}{+\,2{,}96 - 626} = 38{,}8^0 \text{ C,}$$

welcher Temperatur eine mittlere Kanaltemperatur $t_m = 35,4$ entspricht. Da dies mit der Annahme nahezu übereinstimmt, so behalten die letzten Zahlen ihre Gültigkeit. Der Gesamtwärmeverlust der nackten Leitung beträgt also

$$W = G \cdot c\,(t_e - t_a) = 2650 \cdot 0,237 \cdot 6,8$$

$$W = 4250 \text{ WE/Std.}$$

Verwenden wir aber eine Rohrumhüllung, die 80% Wärmeersparnis sichert, so würde der Wärmeverlust nur 4250—0,8·4250 = 850 WE/Std. betragen, und die Eintrittstemperatur berechnet sich dann unter Benutzung der Gl. (94) aus der Beziehung:

$$2650 \cdot 0,237\,(t_e - 32) = 850$$

zu $t_e = 33,3^0$ C, so daß nur $1,3^0$ (gegenüber $6,8^0$ bei der nicht isolierten Leitung) zwischen Eintritt und Austritt der Luft verloren gehen. —

Die Widerstände von Luftleitungen sind bereits bei den Lüftungsanlagen behandelt worden, eine Besprechung erübrigt sich also hier, da der Berechnungsvorgang genau der gleiche bleibt.

b) Warmwasserleitungen.

Grundsätzlich ist die Berechnung von Wasserleitungen dieselbe wie die der Luftleitungen.

Es bedeute:

l die Länge der Rohrleitung in m,
d den lichten Rohrdurchmesser in m,
v die mittlere Wassergeschwindigkeit im Rohre in m/sek,
ϱ die Reibungszahl,
p die wirksame Druckhöhe in m WS zur Überwindung aller Bewegungswiderstände in der Rohrleitung,
γ_m das mittlere Einheitsgewicht des Wassers in kg/l in der Rohrleitung.

Wir können dann allgemein die Bewegungsgleichung gemäß den früheren Formeln schreiben:

$$p = \frac{v^2}{2g}\gamma_m\left(1 + \frac{\varrho\, l}{d} + \Sigma\zeta\right) \text{m WS} \quad . \; . \; . \; . \quad (96)$$

Die Reibungszahl ϱ des Wassers nimmt hierin — ebenso wie bei der Luft — bei den kleinen Geschwindigkeiten erheblich zu. Aus Fig. 196 ist diese Abhängigkeit zu erkennen, die durch die früher gebräuchliche Weisbachsche punktierte Kurve zum

Ausdruck kommt. Eine von H. Lang aus Versuchen abgeleitete Formel liefert aber bessere Werte, weil sie neben der Wassergeschwindigkeit auch dem Rohrdurchmesser und dem Rauhigkeitsgrade der Rohrleitung Rechnung trägt. Die Formel von Lang lautet:

$$\varrho = a + \frac{b}{\sqrt{v d}}.$$

Unter Zugrundelegung des Bielschen Rauhigkeitsgrades II mit $a = 0{,}02$ (vgl. Seite 99 u. 100) und des Temperaturfaktors

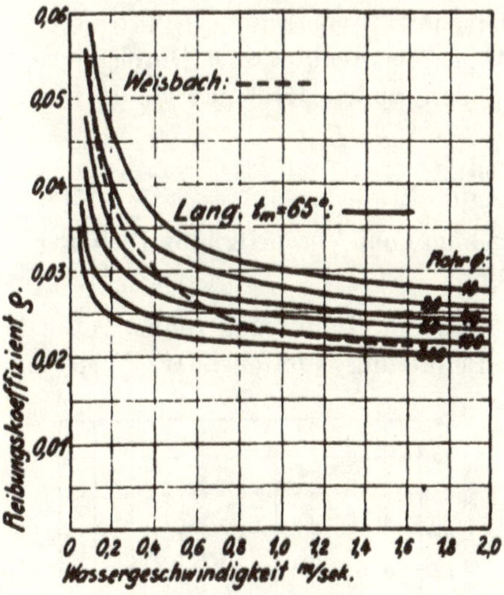

Fig. 196.
Reibungszahl ϱ des Wassers in schmiedeeisernen Rohrleitungen.

$b = 0{,}001$ für eine mittlere Wassertemperatur von 65° C wurde die letzte Formel vom Verfasser zur Berechnung der sechs ausgezogenen Kurven in Fig. 196 für Rohrdurchmesser von 10 bis 300 mm benutzt. Für alle dazwischen liegenden Durchmesser kann ϱ leicht mit hinreichender Genauigkeit geschätzt werden. Ganz ähnliche Werte für ϱ erhält man aus der bereits als Gleichung (27) mitgeteilten erweiterten Formel von Biel.

Die einmaligen Widerstandszahlen ζ infolge von Querschnitts- und Richtungsänderungen sowie für eingeschaltete Ventile und Hähne sind nach den neueren Untersuchungen von Brabbée weit größer als bisher angenommen. Sie betragen nach der jetzigen Kenntnis 70 bis 90% des Gesamtdruckes einer Anlage und sind aus folgender Zusammenstellung zu entnehmen:

rechtwinkeliges Knie ½—2″	ζ = 2,0—1,0
rundes Knie (Bogen) ½—2″	= 1,5—0,5
Doppelbogen eng	= 2,0
» weit	= 1,0
Querschnittsänderung und Widerstand durch Kessel, Heizkörper	= 3,0—2,5
geöffnete Hähne und Schieber, die den vollen Kreisquerschnitt freigeben	= 1,5—0,5
Hahn mit gerader, rechteckiger Durchgangsöffnung, den vollen Rohrquerschnitt freigebend	4,0—2,0
Strangventil ½″	= 16,0
desgl., ¾—2″	10,0—7,0
Eckventilgehäuse mit Voreinstellung (Schäffer & Öhlmann)	= 9,0.

Bögen mit großem Krümmungsradius geben keinen Widerstand. Unter Benutzung vorstehender Werte ist alsdann die

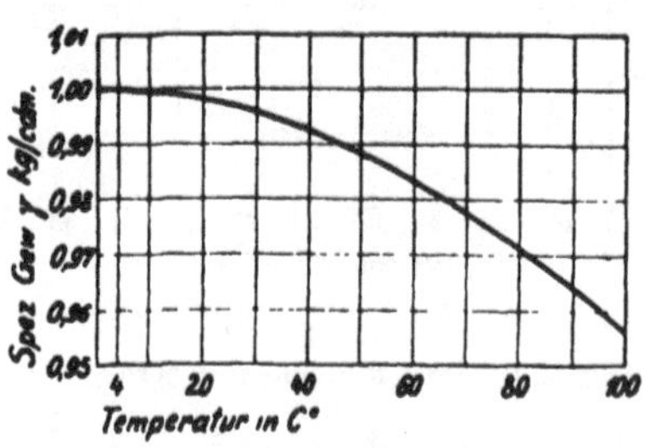

Fig. 197.
Einheitsgewicht des Wassers in Abhängigkeit von der Temperatur.

jeweilige einmalige Widerstandshöhe einer zusammengesetzten Leitung, wie früher bei den Luftleitungen:

$$p_s = \frac{v^2}{2g} \gamma_m \Sigma \zeta \text{ m WS} \quad \ldots \ldots \quad (97)$$

Das mittlere Einheitsgewicht γ_m des Wassers kann als Mittel zwischen Anfangs- und Endtemperatur in der Rohrleitung aus Fig. 197 ermittelt werden. Es hat jedoch nur Einfluß bei den kleinen Wassergeschwindigkeiten der Heizungen, die auf der Schwerkraftbauart beruhen, bei denen also der Temperaturunterschied die treibende Kraft liefert; bei Pumpenheizungen kann $\gamma = 1$ eingeführt werden, ohne Rücksicht auf die Temperatur.

Im übrigen wird auf die einschlägige Arbeit von Brabbée über Rohrnetzberechnungen verwiesen.

Mit Hilfe der mitgeteilten Angaben können wir jetzt das auf Seite 410 angefangene Berechnungsbeispiel weiterrechnen. Wir fanden für die nackte Rohrleitung:

ein stündliches zu bewegendes Wassergewicht

$$G = 48600 \text{ kg},$$

eine Eintrittstemperatur $t_e = 73^0$ C,
eine Austrittstemperatur $t_a = 70^0$ C,
eine verlorene Wärmemenge von 187000 WE/Std.

Hiervon können durch eine Umhüllung z. B. 75%, d. h.

$$0{,}75 \cdot 187000 = 140000 \text{ WE/Std.}$$

erspart werden, so daß $187000 - 140000 = 47000$ WE/Std. von der umhüllten Leitung nach außen abgegeben werden. Es besteht also die Beziehung

$$48600 \cdot t_e - 48600 \cdot 70 = 47000,$$

woraus sich die Eintrittstemperatur berechnet zu

$$t_e = \frac{47000 + 48600 \cdot 70}{48600} = 70{,}9^0 \text{ C}$$

statt 73° wie beim nackten Rohre.

Es ist ferner gegeben:

der Rohrdurchmesser $d = 0{,}131$ m,
die Rohrlänge $l = 2000$ m,
die Wassergeschwindigkeit $v = 1$ m/sek,
2 kupferne Ωförmige Ausdehnungsbögen in der Leitung mit je einer Widerstandszahl $\zeta = 1{,}0$.

Nehmen wir nun die gleiche Leitungslänge für die Rückleitung bis zur Pumpe, d. h. eine Ringleitung von 2000 m Länge an, so können wir nach Gl. (96) die zur Bewegung des Wassers aufzuwendende Druckhöhe einschließlich der Geschwindigkeitshöhe berechnen aus:

$$p = \frac{v^2}{2g} \gamma_m \left(1 + \frac{\varrho l}{d} + \Sigma \zeta\right).$$

Mit $\gamma_m = 0{,}98$ für $t_m = 65^0$ und mit $\varrho = 0{,}022$ nach Fig. 196 wird dann der Druckunterschied, der von der Pumpe erzeugt werden muß:

$$p = \frac{1{,}0^2}{19{,}62} \cdot 0{,}98 \left(1 + \frac{0{,}022 \cdot 2000}{0{,}131} + 4 \cdot 1{,}0\right) = 17 \text{ m WS.}$$

Auch hier ist das Rechenverfahren von Brabbée sehr bequem, wonach der auf den Reibungsverlust entfallende Anteil der Druckhöhe zu setzen ist:

für Muffenrohre:

$$p = 2570\, l \frac{v^{1,84}}{d^{1,26}},$$

für Flanschenrohre:

$$p = 4920\, l \frac{v^{1,80}}{d^{1,37}}.$$

Nach den Brabbéeschen Hilfstafeln ergibt sich

$$p = 0{,}05 + 2000 \cdot 0{,}0061 + (\Sigma\zeta =)\ 4 \cdot 50.$$
$$p = 13{,}25 \text{ m WS.}$$

c) Hochdruckdampfleitungen.

Auf den Spannungsverlust des Dampfes in Rohrleitungen hat bereits Fischer und später Gutermuth[1]) in seiner auf Versuche gegründeten Preisarbeit die bekannte auch von uns für Luft- und Wasserleitungen benutzte Gleichung angewendet:

$$p = \frac{v^2}{2g} \cdot \gamma \cdot \varrho \frac{l}{d} \text{ kg/qcm}, \quad . \quad . \quad . \quad . \quad . \quad (98)$$

worin bedeutet:

p den Druckverlust der gesamten Leitung in kg/qcm oder Atm.,
l die Länge der Leitung in m,
d den lichten Durchmesser der Leitung in m,
v die Dampfgeschwindigkeit in m/sek,
γ das spezifische Gewicht des Dampfes,
ϱ die Reibungszahl.

Die Gültigkeit dieser Gleichung ist bei mäßigem Spannungsabfalle durch die bereits mehrfach genannten Versuche

[1]) Gutermuth: Über die zweckmäßigste Dampfgeschwindigkeit in Dampfleitungsrohren. Zeitschr. d. Ver. Deutsch. Ingenieure 1887 Nr. 32—35, Verl. Springer, Berlin.

von Eberle für Rohrdurchmesser von 70—150 mm und für Spannungen von 3—10 Atm. sowie für gesättigten und überhitzten Dampf bei Dampfgeschwindigkeiten von 10—74 m/sek nachgewiesen worden. Gleichzeitig wurde dadurch die Reibungszahl für den genannten Untersuchungsbereich als unveränderliche Zahl gefunden und der Wert

$$\frac{\varrho}{2g} = \frac{10,5}{10^8} \quad . \quad . \quad . \quad . \quad . \quad . \quad . \quad . \quad (99)$$

festgelegt. Bis dahin wurde allgemein mit dem von Gutermuth gefundenen, um mehr als 40% höheren ϱ gerechnet, womit die Dampfleitungen erfahrungsgemäß meistens zu groß ausgeführt wurden.

Bei Dampfleitungen machen die Krümmungswiderstände einen sehr geringen Anteil des Reibungsverlustes aus; sie können deshalb, da sie in Gl. (98) nicht vorkommen, dadurch berücksichtigt werden, daß der berechnete Rohrdurchmesser für die Ausführung auf Handelsmaß abgerundet wird. Mit einer Vergrößerung des Rohrdurchmessers um wenige Millimeter sind diese Verluste meistens reichlich gedeckt. Der Widerstand eines Ventils kann nach Eberle gleich dem von 16 m Rohrlänge des gleichen Durchmessers gesetzt werden.

Der vorstehenden Berechnung liegt ferner die bei gut umhüllten Dampfleitungen praktisch erfüllte Annahme zugrunde, daß das Dampfgewicht am Eintritt und Austritt der Leitung nahezu das gleiche ist. Bei der nackten Leitung trifft diese Voraussetzung nicht zu. Bedeutet daher:

G_e das Dampfgewicht am Eintritt in kg,
G_a » » » Austritt » »,
V die Wärmeverluste der nackten Leitung in WE,
i_e den Wärmeinhalt des Dampfes am Eintritt,
i_a » » » » » Austritt,
i_w die Flüssigkeitswärme am Austritt,

so beträgt das entstandene Dampfwasser $(G_e - G_a)$ kg, und es besteht unter der Voraussetzung, daß der Dampf trocken gesättigt in die Leitung eintritt, die Gleichheit:

$$G_e \cdot i_e - V = G_a \cdot i_a + (G_e - G_a)\, i_w \quad . \quad . \quad . \quad . \quad (100)$$

Natürlich besteht die Gültigkeit dieser Gleichung auch bei ihrer Anwendung auf umhüllte Rohre.

Im ubrigen gelten auch hier die Gl. (94) und (95).

Die Ergebnisse der von Eberle durchgeführten Versuche bestätigen in befriedigender Weise die bereits früher mitgeteilten Gleichungen von Biel und von Fritzsche, in denen allerdings die Reibungszahl in geringem Maße als Veränderliche auftritt. Will man die Dampfleitungen nach Gl. (28) berechnen, so hat man nur in der auf Seite 101 genannten Zahlentafel für φ den Wert

$$\varphi' = 0{,}00315\,\varphi$$

einzusetzen. — Bei sehr großem Spannungsabfall und großer Abkühlung konnen alle diese Berechnungsverfahren nicht ohne weiteres angewendet werden[1]), sondern es sind dabei die folgenden Gesichtspunkte zu berücksichtigen.

Die im vorstehenden angegebene Berechnung von Dampfleitungen gilt, wie bereits hervorgehoben, bei kleinem Spannungsabfall und unter der Annahme, daß der Dampf annähernd ohne Ausdehnung strömt. Bei größerem Spannungsabfall wurde vorausgesetzt, daß das ein- und austretende Dampfgewicht dasselbe sei. Ist dieses nicht der Fall, wird z. B. in der Leitung viel Wasser niedergeschlagen, so findet mit abnehmender Spannung eine Zunahme des spezifischen Dampfvolumens und der Geschwindigkeit statt. Letztere kann wiederum, wenn aller Dampf in der Leitung niedergeschlagen wird, wie bei Heizschlangen, am Ende der Leitung Null werden. Wir sind in diesen Fällen nicht mehr berechtigt, die für eine kleine Rohrstrecke geltende und nach einer Polytrope $p \cdot v^m =$ konst. erfolgende Ausdehnung einfach auf die ganze Leitungslänge zu übertragen. Das Ausdehnungsgesetz wird sich im Gegenteil dauernd ändern, so daß v und γ in der Gl. (100) als Veränderliche eingeführt werden müssen.

Für diesen allgemeineren Fall hat nach dem Vorgange Fischers[2]) Rietschel[3]) eine Gleichung aufgestellt, die — unter Vertauschung der Gutermuthschen Reibungszahl gegen

[1]) Trautmann: Über die strömende Bewegung nasser Dämpfe in langen Leitungen. Ges.-Ingenieur 1908, Nr. 25.

[2]) H. Fischer; Über die zweckmaßigste Weite von Dampfrohrleitungen, Dinglers Polytechn. Journal, Band 236, und Handbuch der Architektur III, 4.

[3]) Rietschel: Leitfaden zum Berechnen und Entwerfen von Luftungs- und Heizungsanlagen, Seite 303. Verl. Springer, Berlin 1902.

die von Eberle gefundene — ohne Berücksichtigung der einmaligen Widerstände lautet:

$$p_e = \sqrt{\frac{0{,}195\, l}{(100\, d)^5}\,[W\,(W+V)] + (p_a + 3060)^2} - 3060, \quad (101)$$

worin außer den bisherigen Bezeichnungen bedeutet:

p_e und p_a die Eintritts- und Austrittsspannungen in kg/qm absolut,

D den äußeren Rohrdurchmesser in m,

V den Wärmeverlust der umhüllten Leitung in WE/Std.

Beispiel: Durch eine Dampfleitung von 100 m Länge sollen am Ende stündlich 1000000 WE übertragen werden; der Druck am Eintritt betrage 6 kg/qcm absolut, am Austritt wird eine Spannung von 3 kg/qcm absolut verlangt. Der Durchmesser und die Wärmeverluste der gut umhüllten Leitung sind zu berechnen.

a) Nach Molliers Tafeln ist die Verdampfungswärme des Dampfes von 3 kg Spannung am Austritt der Leitung $r_a = 518{,}1$ WE/kg, also das zu fördernde Dampfgewicht am Austritt der Leitung

$$G_a = \frac{1\,000\,000}{518{,}1} = 1930 \text{ kg/Std.}$$

Ferner ist nach Mollier das spezifische Volumen des Dampfes von einer mittleren Spannung $\frac{6+3}{2}$ oder 4,5 kg absolut:

$$\frac{1}{\gamma} = 0{,}422 \text{ cbm/kg},$$

also die mittlere Dampfgeschwindigkeit:

$$v = \frac{G_a \cdot \frac{1}{\gamma}}{3600 \cdot \frac{d^2 \pi}{4}} = \frac{1930 \cdot 0{,}422}{3600 \cdot \frac{d^2 \pi}{4}} \text{ m/sek.}$$

Diesen Wert führen wir in Gl. (98) ein und erhalten den Spannungsverlust:

$$p_e - p_a = \frac{v^2}{2g}\,\gamma\,\varrho\,\frac{l}{d} = \left(\frac{1930 \cdot 0{,}422}{3600 \cdot \frac{d^2 \pi}{4}}\right)^2 \frac{1}{0{,}422} \cdot \frac{10{,}5}{10^8} \cdot \frac{100}{d}$$

$$6 - 3 = \frac{1930^2 \cdot 0{,}422 \cdot 10{,}5 \,.\, 100}{3600^2 \cdot d^5 \cdot \frac{\pi^2}{16} \cdot 100\,000\,000}.$$

Daher ist der lichte Rohrdurchmesser:

$$d = \sqrt[5]{\frac{1930^2 \cdot 0{,}422 \cdot 10{,}5 \cdot 100 \cdot 16}{3 \cdot 3600^2 \cdot \pi^2 \cdot 100\,000\,000}}$$

$$\begin{array}{llll}
2 \cdot \log 1930 = \left\{\begin{array}{l}3{,}28556\\3{,}28556\end{array}\right. & & \log 3 & = 0{,}47712 \\
\log 0{,}422 = 0{,}62531 - 1 & & 2 \cdot \log 3600 & = \left\{\begin{array}{l}3{,}55630\\3{,}55630\end{array}\right. \\
\log 10{,}5 = 1{,}02119 & & & \\
\log 100 = 2{,}00000 & & 2 \cdot \log \pi & = 0{,}99386 \\
\log 16 = 1{,}20412 & & \log 100\,000\,000 & = 8{,}00000 \\
\hline
+ \; 10{,}42174 & & & = 16{,}58358 \\
- \; 9{,}58358 - 7 & & & = 9{,}58358 + 7 \\
\hline
\end{array}$$

$$d = N \log 0{,}83816 - 7\,/\,5 = 0{,}76763 - 2$$

$$\text{oder } d = 0{,}0586 \text{ m.}$$

Hierfür wird nach Seite 394 ein Handelsrohr vom Durchmesser 64/70 mm ausgefuhrt, womit sich die Spannungsverhältnisse ein wenig verschieben würden.

Die Dampfgeschwindigkeit v berechnet sich dabei zu

$$v = \frac{1930 \cdot 0{,}422}{3600 \cdot \frac{0{,}064^2 \pi}{4}} = \sim 70 \text{ m/sek im Mittel.}$$

b) Man könnte meinen, es sei unwirtschaftlich, im Kessel 6 Atm. Spannung zu erzeugen, da am Ende der Leitung nur 3 Atm. gebraucht werden. Um diesen Fall zu untersuchen, wählen wir den Durchmesser $d = 94{,}5/102$ mm und erhalten dann eine kleinere Anfangsspannung. Zur Berechnung der mittleren Geschwindigkeit v sei die mittlere Spannung $p_m = 3{,}2$ geschätzt, wofür wir $\frac{1}{\gamma} = 0{,}570$ finden. Mit diesen Werten ist dann wie vorhin

$$v = \frac{1930 \cdot 0{,}570}{3600 \cdot \frac{0{,}0945^2 \pi}{4}} = 43 \text{ m/sek.}$$

Es berechnet sich dann der Druck am Eintritt:

$$p_e = 3 + \frac{1930^2 \cdot 0{,}570 \cdot 10{,}5 \cdot 100}{3600^2 \cdot 0{,}0945^5 \cdot \frac{\pi^2}{16} \cdot 100\,000\,000} = 3{,}37 \text{ kg/qcm absolut.}$$

c) Schließlich wollen wir noch den äußersten Fall heranziehen und den Rohrdurchmesser berechnen, wenn für die im übrigen gleichen Verhältnisse eine Kesselspannung von 9 kg/qcm absolut zugrunde gelegt wird. Dann ist die mittlere Spannung 6 kg, wozu wir $\frac{1}{\gamma} = 0{,}322$ finden. Der Rohrdurchmesser ergibt sich dann zu 0,0483 m, wofür das Handelsmaß $d = 49{,}5/59$ mm ausgeführt werde. Die mittlere Dampfgeschwindigkeit für diesen Fall berechnet sich zu $v = \sim 90$ m/sek.

Da es für diesen Fall 3) wegen des sehr großen Spannungsabfalles nach den früheren Ausführungen fraglich erscheinen könnte, ob die Gl. (98) angewendet werden darf, so wollen wir zur Berechnung der Eintrittsspannung p_e eine Probe mit der Gl. (101) von Rietschel machen und erhalten:

$$p_e = \sqrt{\frac{0{,}267 \cdot 100}{(100 \cdot 0{,}0495)^5}\,[1\,000\,000\,(1\,000\,000 + 10800)] + (3 \cdot 10\,330 + 3060)^2} - 3060$$

$$p_e = 98\,040 \text{ kg/qm} = 9{,}5 \text{ kg/qcm absolut,}$$

d. h. 0,5 kg, d. h. 5,5% mehr als nach der ersten Berechnung. Wir erkennen also in der Tat, daß der Fall c) bereits die Grenze für die Anwendbarkeit der Gl. (98) darstellt.

Vergleichen wir nun für diese drei Fälle die eintretenden Wärmeverluste, so erhalten wir folgendes:

Fall a). Mit Hilfe von Fig. 189 berechnet sich die Wärmedurchgangszahl für ein Dampfrohr vom äußeren Durchmesser von 70 mm mit $\alpha = 9{,}3$ und bei einer Umgebungstemperatur $t_l = 20^0$ zu:

$$k = \alpha + 0{,}033\,(t_m - t_l) = 9{,}3 + 0{,}033\,(147{,}1 - 20) = 13{,}5.$$

Die äußere Oberfläche der geschweißten Leitung (also ohne Flanschen) beträgt $F = 100 \cdot 0{,}07 \cdot \pi = 22$ qm. Nehmen wir an, daß durch die angewendete Umhüllung der Leitung 70% Wärmeverluste gegenüber der nicht umhüllten Leitung erspart werden, so haben wir einen Wärmeverlust der umhüllten Leitung von

$$V = F\,k\left(\frac{100 - 70}{100}\right)(t_m - t_l) = 22 \cdot 13{,}5 \cdot 0{,}30\,(147{,}1 - 20)$$

$$V = 11\,500 \text{ WE/Std.}$$

Zur weiteren Übersicht wollen wir aus Gl. (100) das in der umhüllten Leitung niedergeschlagene Dampfwasser berechnen. Die Gl. (100) lautete:

$$G_e i_e - V = G_a i_a + (G_e - G_a) i_w.$$

Fur den Fall a) sind hierin die folgenden Werte bereits berechnet worden bzw. aus den Mollierschen Tafeln gegeben:

$$G_a = 1930 \text{ kg}; \quad V = 11\,500 \text{ WE};$$
$$i_e = 660{,}2; \quad i_a = 652{,}0; \quad i_w = 133{,}9.$$

Somit läßt sich das Anfangsdampfgewicht finden zu:

$$G_e = \frac{G_a(i_a - i_w) + V}{i_e - i_w} = \frac{1930\,(652{,}0 - 133{,}9) + 11\,500}{660{,}2 - 133{,}9}$$
$$= 1922 \text{ kg/Std}.$$

Da das Endgewicht des Dampfes 1930 kg war, so besagt also das Ergebnis, daß fast kein Dampfwasser in der Leitung entstanden ist, und daß der Dampf denselben Feuchtigkeitsgehalt, den er beim Eintritt in die Leitung hatte, am Ende derselben ebenfalls besitzt, d. h. daß er trocken gesättigt ankommt.

Fur den Fall b) beträgt der äußere Rohrdurchmesser 0,102 m, also der Wert $\alpha = 8{,}9$ und somit $k = 13{,}1$. Die Oberfläche der nackten Rohrleitung ist $F = 32$ qm, also betragen die Wärmeverluste der umhullten Leitung mit 70% Ersparnis $V = 16000$ WE/Std. Berechnen wir wieder das Eintrittsdampfgewicht, so erhalten wir $G_e = 1957$ kg. Folglich sind in der Leitung $G_e - G_a = 1957 - 1930 = 27$ kg Dampfwasser entstanden.

Fur den Fall c) haben wir ähnlich die folgenden Zahlen: $d = 0{,}059$ m; $\alpha = 9{,}5$; $k = 14{,}1$; $F = 18{,}5$; $V = 10800$ WE/Std. $G_e = 1900$ kg. Das in der Leitung entstandene Dampfwasser wurde demnach betragen mussen:

$$G_e - G_a = 1900 - 1930 = -30 \text{ kg/Std}.$$

Dieses negative Ergebnis will offenbar besagen, daß in der Leitung sich nicht nur kein Dampfwasser niedergeschlagen hat (wie im Fall a), sondern daß dem vorher gesättigten Dampfe auch noch Feuchtigkeit entzogen wurde, d. h. daß der Dampf überhitzt worden ist.

Es läßt sich leicht einsehen, daß die Überhitzung desto höher ausfällt, je größer der Spannungsabfall auf den lfd. m Leitung angesetzt, d. h. also, je größer die Dampfgeschwindigkeit angenommen wird. Aus der graphischen Darstellung der Berechnungsergebnisse in Fig. 198 läßt sich dieses Verhalten verfolgen: Wir erkennen, daß für den größten Rohrdurchmesser (Fall b) die Wärmeverluste und die Dampfwassermenge am bedeutendsten sind. Für einen mittleren Rohrdurchmesser (Fall a) wird das Dampfwasser praktisch gleich Null und die Wärmeverluste sind geringer. Für den kleinsten Durchmesser (Fall c) tritt Dampfüberhitzung ein, wobei aber die Wärmeverluste nur mehr unbedeutend abgenommen haben. Berücksichtigen wir nun, daß für Heizzwecke eine Überhitzung nicht wünschenswert ist, da die Wärmeübertragung durch Heizflächen mit dem Grade der Überhitzung abnimmt, so folgt daraus ohne weiteres, daß diejenige Leitung die vorteilhafteste sein wird, bei der der Dampf am Ende trocken gesättigt ankommt, also Fall a). Für Fall b) ist zwar die Anfangsspannung p_e bedeutend geringer, jedoch ergibt eine einfache Berechnung, daß der Kohlenmehraufwand für die Erzeugungswärme des Dampfes von 6 Atm. bedeutend kleiner ist als der für die laufenden großen Wärmeverluste des Falles b). Außerdem ist die engere Leitung des Falles a) bequemer zu verlegen und billiger.

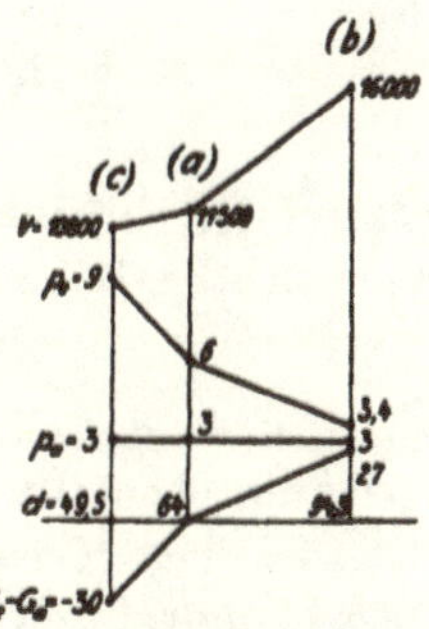

Fig. 198.
Ergebnisse der Berechnung einer Dampfleitung.

Es möge noch bemerkt werden, daß alle im Vorhergehenden angestellten Rechnungen natürlich nur angenäherte Ergebnisse liefern können. Die Fehler werden um so kleiner, je genauer die Schätzung der Wärmeschutzwirkung der gewählten Rohrumhüllung gelingt.

Brabbée gibt für Hochdruckdampfleitungen die Beziehung:

$$\frac{B_2 - B_1}{l} = \frac{p_e^{1,9375} - p_a^{1,9375}}{l} = \frac{5611 \cdot 10^6}{d^{4,987}} \left(G_a + \frac{q \cdot l}{2}\right)^{1,853},$$

worin bedeuten:

p_e und p_a den Eintritts- und Austrittsdruck in kg/qm absolut,

d den lichten Rohrdurchmesser in mm,

l die Rohrlänge in m,

G_a das Fördergewicht am Austritt aus der Leitung in kg/Std.,

q die dem Wärmeverlust entsprechende Dampfmenge in kg/Std., bezogen auf 1 m Rohr.

Durch die Hilfsblätter von Brabbée ist die Berechnung sehr vereinfacht. Im vorliegenden Falle haben wir:

$$B_2 = 1810 \cdot 10^6 \text{ (für } p = 60000\text{) und}$$
$$B_1 = 473 \cdot 10^6 \text{ (für } p = 30000\text{),}$$

also

$$\frac{B_2 - B_1}{l} = \frac{(1810 - 473) \cdot 10^6}{100} = 13\,370\,000,$$

was auf der Hilfstafel XI für ein Dampfgewicht von 1930 kg/Std. einen lichten Rohrdurchmesser

$$d = 57 \text{ mm}$$

liefert, d. h. dasselbe Ergebnis, das wir mit dem ersten Rechenverfahren ebenfalls gefunden hatten.

Die obige Gleichung ist von Zaruba[1]) für überhitzten Dampf umgeformt worden in:

$$\frac{B_2 - B_1}{l} = \frac{p_e^{1,9375} - p_a^{1,9375}}{l} = \frac{5611 \cdot 10^6}{d^{4,987}} \cdot \left[G\left(\frac{\mathfrak{V}_a}{\mathfrak{V}_s}\right)^{\frac{1}{1,853}}\right]^{1,853},$$

worin bedeutet:

$\mathfrak{V}_a$ den mittleren Rauminhalt des überhitzten Dampfes,
$\mathfrak{V}_s$ desgl. des gesättigten Dampfes,

so daß sich folgende zusammengehörigen Werte berechnen:

$$\frac{\mathfrak{V}_a}{\mathfrak{V}_s} = \quad 1,00 \quad 1,10 \quad 1,20 \quad 1,30 \quad 1,40 \quad 1,50.$$

$$\left(\frac{\mathfrak{V}_a}{\mathfrak{V}_s}\right)^{\frac{1}{1,853}} = 1,00 \quad 1,05 \quad 1,10 \quad 1,15 \quad 1,20 \quad 1,25$$

In dieser Heißdampfformel sind die Wärmeverluste $\frac{q\,l}{2}$ der Rohrleitung als für das Heißdampfgebiet nicht in Frage kommend vernachlässigt.

d) Niederdruckdampfleitungen.

Der auf Seite 428 erwähnte allgemeinere Fall tritt auch in Niederdruckdampfleitungen ein, in denen die Spannung von etwa 0,12 kg/qcm Überdruck (1,2 m WS) bis zur Atmo-

[1]) Zaruba: Rohrweiten für überhitzten Dampf. Gesundh.-Ing. 1917. Nr. 32.

sphärenspannung herab veränderlich zu sein pflegt, der Dampf sich also in großer Nähe des Niederschlagspunktes befindet. Das in bedeutender Menge entstehende Dampfwasser vermehrt ferner den Strömungswiderstand erheblich, und da der von Eberle gefundene Wert der Reibung $10{,}5 \cdot 10^{-8}$ für Niederdruckdampf noch nicht bestätigt worden ist, so wollen wir die bisher gebräuchliche, von Gutermuth gefundene Zahl $15 \cdot 10^{-8}$ beibehalten und die Widerstandszahl mit

$$\frac{\varrho}{2g} = 0{,}0015 \quad \ldots\ldots\ldots \quad (102)$$

einführen, wobei in der Berechnung zu beachten ist, daß die Spannung in kg/qm eingesetzt worden ist. Alsdann können wir die auf Fischers Theorie von Rietschel abgeleiteten Gleichungen benutzen, und rechnen:

für den Druck am Eintritt:

$$p_e = \sqrt{\frac{0{,}268\, l}{(100\, d)^5}\,[W \cdot (W + V)] + (p_a + 3060)^2} - 3060 \quad (103)$$

für den Rohrdurchmesser:

$$d = 0{,}01 \sqrt[5]{\frac{0{,}268\, l\,[W\,(W + V)]}{(p_e - p_a)\,(p_e + p_a + 6120)}} \quad \ldots \quad (104)$$

worin bedeuten:

p_e = Dampfdruck beim Eintritt in die Leitung in kg/qm absolut,
p_a = desgl. beim Austritt,
l = Länge der Leitung in m,
d = innerer Rohrdurchmesser in m,
W = Wärmemenge, die am Ende des Rohres je Std. gefordert wird, $= 530 \cdot G$,
V = Wärmemenge, die längs der Rohrleitung nach außen verloren geht, in WE/Std.

Der in Gl. (104) enthaltene Wärmeverlust V von Niederdruckdampfleitungen kann wieder mit Hilfe der von Eberle, Wamsler und vom Verfasser auf Seite 408 gegebenen Verfahren bestimmt werden. Brabbée setzt für gut vor Wärmeabgabe geschützte Rohre

$$W + \frac{V}{2} = 1{,}05\, W$$

und gelangt so für umhüllte Leitungen zu folgender einfachen Endgleichung für den Reibungswiderstand von 1 m Rohrlänge:

$$\frac{p_e - p_a}{l} = 4{,}1 \cdot \frac{(1{,}05\,W)^{1{,}853}}{d^{4{,}987}},$$

während für nicht umhüllte Leitungen, ebenfalls unter Berücksichtigung der Wärmeverluste, gilt:

$$\frac{p_e - p_a}{l} = \frac{4{,}1}{d^{4{,}987}} \left(\frac{W}{1{,}85}\right)^{1{,}853},$$

worin beide Male p_e und p_a in kg/qm abs., d in mm und l in m eingesetzt sind.

Für den Fall, daß der Dampf am Austritt aus der Dampfleitung vollkommen niedergeschlagen sein soll, ist die Endspannung gleich dem höchsten vorkommenden Atmosphärendrucke, also $= 10540$ kg/qm, in die Gleichung einzuführen, und man erhält dann nach Rietschel den Anfangsüberdruck über die Atmosphäre:

$$p_e = \sqrt{\frac{25\,160\,G_H^2\,l}{(100\,d)^5} + 13\,600^2} - 13\,600 \quad . \quad . \quad (105)$$

wobei bedeutet:

$G_H = \frac{W_H}{530} =$ stündl. Dampfgewicht, entsprechend der Wärmemenge W_H, die durch den Heizkörper (Rohrschlange) übertragen wird,

$d =$ innerer Rohrdurchmesser in m.

30. Die Kontrolle der fortgeleiteten Wärmemengen.

Oft tritt bei Zentralheizanlagen der Fall ein, daß die in gemeinsamer Kesselanlage entwickelte Wärme an verschiedene Abnehmer abgegeben wird. In solchen Fällen fragt es sich dann, in welchem Verhältnis die Betriebskosten an die einzelnen Mieter zu verteilen sind. Tritt zu der Wärmelieferung noch eine Kraftlieferung, wie bei Pumpenheizungen, so kommt außerdem noch der Teilbetrag der abgegebenen Arbeit zu den Heizungskosten hinzu.

Aber auch sonst ist es im wirtschaftlichen Vorteil eines jeden Besitzers von Wärmeanlagen gelegen, genau zu wissen, wo die Wärme im einzelnen verbleibt. Oft wird es möglich sein, dadurch Fehler der Anlage aufzudecken, die bis dahin mehr laufende Unkosten verursacht haben, als die einmalige Einrichtung einer technischen Kontrolle ausmacht. Zumal in großen oder weitverzweigten Betrieben empfiehlt es sich, die Kraft-, Stoff-, Druck-, Temperatur- und Wärmelieferungen nach den einzelnen Verteilungs- und Verbrauchsstellen hin dauernd durch eine gut geführte Meßanlage zu überwachen. Daraus entspringen auch manche unschätzbaren Vorteile für die Regelung und gegenseitige Abstimmung der Lieferungen; Störungen werden sofort kenntlich gemacht durch ungewöhnliche Anzeigen der betreffenden Meß-

Fig. 198a.
Schalttafel der Heizanlage in der Villa Hügel (Krupp) in Essen, ausgeführt von Rud. Otto Meyer.

geräte, und — was schließlich wohl am wichtigsten ist — Unregelmäßigkeiten im Verbrauch an einzelnen Stellen werden unmittelbar auf dem Meßgerät angezeigt, so daß ihnen der Betrieb der Kessel noch rechtzeitig nachzukommen vermag. Unnötige Überlastungen und dadurch bedingte schlechte Kesselwirkungsgrade werden vermieden, und der Betrieb kann wirklich wärmewirtschaftlich geleitet werden.

Zur unmittelbaren Messung bzw. selbsttätigen Aufzeichnung der Wärmemengen fehlen bisher fast überall noch zuverlässige Meßgeräte. Die durch irgendeine Leitung geförderte Wärmemenge ist deshalb aus dem Produkte: Stoffmenge × mittlere spezifische Wärme × Temperatur bzw. Temperaturunterschied zu berechnen.

In den meisten Fällen kommt es nur auf die anteilige Kostenberechnung nach Maßgabe der verbrauchten Stoffmengen an. Die Aufgabe läuft also auch hier wieder auf die Messung bzw. Selbstaufzeichnung der Temperaturen, der Drucke und Geschwindigkeiten der durch die Leitungen geförderten Wärmeträger oder Stoffmengen hinaus.

Fig. 198 b.
Schalttafel der Heizanlage in einem Gewächshaus der Villa Hügel (Krupp) in Essen, ausgeführt von Rud. Otto Meyer.

Wo es dem Zwecke dienlich ist, wird man die Meßgeräte — wie bereits bei den Lüftungsanlagen auf Seite 222 bis 227 beschrieben — wieder auf einer Schalttafel übersichtlich vereinigen. Beispielsweise ist auf der Fig. 198 a die Schalttafel der Heizungsanlage in der Villa Hügel (Krupp) in Essen abgebildet, die u. a. Meßgeräte und Schalter für die Gebläse, Pumpen, den Hochdruckdampf- und Niederdruckdampfstock, die Luftheizungen, Warmwasservor- und Rücklauftemperaturen, die Dampfturbine, Dampf-

und Wassermesser usw. enthält. Die Fig. 198b zeigt Kontrollgeräte der Schalttafel für ein Gewächshaus der Villa Hügel, und zwar u. a. für Rückspeisepumpe, Umwälzpumpe, Pumpendruck (in der Mitte oben), Außentemperatur, Dampfdruck, Wassertemperatur usw. — Je nach dem Bedürfnis wird man die Meßgeräte in passender Zusammenstellung vereinigen.

a) Temperaturmessung in Wasser-, Dampf- und Heizluftleitungen.

Die Messung der Temperaturen[1]) ist grundsätzlich nicht verschieden von den bereits früher besprochenen Verfahren. Bei der Anwendung von Quecksilberthermometern werden die Quecksilbergefäße wegen der Gefahr des Zerbrechens beim Abdichten zweckmäßig nicht unmittelbar in das Wasser oder den Dampf eingeführt, sondern in eine abgedichtete dünnwandige Hülse aus Stahl eingesteckt, die in die Wandung eingeschraubt oder eingelötet oder eingeschweißt und mit Quecksilber oder Eisenfeilicht gefüllt ist. Auf diese Weise wird zwar die Empfindlichkeit der Temperaturanzeige vermindert, dafür aber mit Sicherheit ein Herausschleudern des Thermometers infolge zu hohen Druckes vermieden. Das Thermometergefäß soll dem Flüssigkeitsstrom entgegen gerichtet sein. Selbstschreibend können Quecksilberthermometer nach der Schultzeschen Methode (Fig. 160) ausgeführt werden.

Metallthermometer haben den Vorteil der bequemen selbsttätigen Aufzeichnung des Temperaturverlaufes, ohne daß eine Energiequelle nötig wäre. Jedoch ändert sich die Hebelübersetzung durch mancherlei äußere Einflüsse mit der Zeit, so daß eine öftere Nacheichung dieser Meßgeräte erfolgen muß.

Das thermoelektrische Verfahren gestattet eine unmittelbare Messung des Temperaturunterschiedes, indem die eine Lötstelle in den Vorlauf, die andere in den Rücklauf bei Warmwasserleitungen eingeführt werden kann. Da die Temperaturen t_e und t_a annähernd verhältnisgleich der erzeugten

---

[1]) Vgl. auch Knoblauch und Hencky: Anleitung zu genauen technischen Temperaturmessungen mit Flussigkeits- und elektrischen Thermometern, Verlag R. Oldenbourg, München u. Berlin 1919.

elektromotorischen Kraft e sind, so ist die in jedem Augenblick übertragene Wärmemenge

$$W = Q\,(t_e - t_a) = Q \cdot a \cdot e \quad . \quad . \quad . \quad . \quad . \quad (106)$$

Bemerkenswert ist, daß in weiten, wagerechten Warmwasserleitungen, noch eher aber in Heizluftkanälen, bei geringer Geschwindigkeit eine sehr unregelmäßige Temperaturverteilung auftreten kann, wie Fig. 199 zeigt. Dies rührt daher, daß unterhalb der kritischen Geschwindigkeit, also bei mangelnder Durchwirbelung der Luft- bzw. Wasserschichten, bei der Strömung sich die wärmere Luft über der kälteren lagert. Es ist also nicht gleichgültig, in welchem Abstande von der Wandung die Temperatur gemessen wird: die richtige mittlere Temperatur t_m muß jedenfalls vorher durch Versuche ermittelt werden. Das Gleiche gilt auch für überhitzten Dampf, der wegen seiner Annäherung an die beständigen Gase ein schlechter Wärmeleiter ist. Die Temperatur nimmt hier von dem heißen Kerne nach den Rohrwandungen hin allmählich ab. Für genaue Messungen sind mehrere Thermometer über den Rohrquerschnitt zu verteilen und gegebenenfalls auch Strahlungshülsen oder elektrische Hilfsheizung zu verwenden[1]).

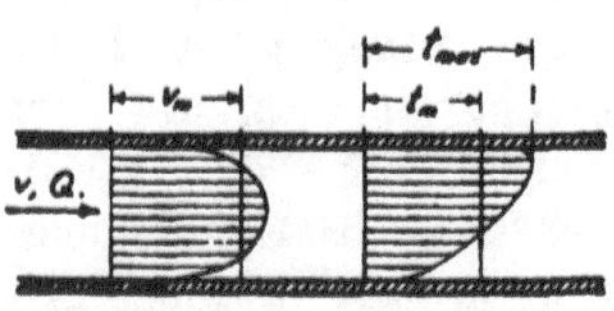

Fig. 199.
Geschwindigkeits- und Temperaturverteilung in einer wagrechten Rohrleitung bei sehr kleiner Geschwindigkeit.

Im Gegensatze hierzu ist nach den Versuchen von Eberle[2]) in Dampfleitungen die Temperaturverteilung uber den ganzen Rohrquerschnitt praktisch gleichmäßig. In diesem Falle und bei Flüssigkeitsleitungen mit größerer Strömungsgeschwindigkeit kann daher die Innentemperatur wegen der großen Wärmeleitfähigkeit der Metallwandung sogar durch ein auf die Wandungsoberfläche aufgelegtes Thermoelement[1]), also von außen,

[1]) Es würde im Rahmen der vorliegenden Arbeit zu weit fuhren, die Einzelheiten dieser schwierigen Messungen vorzufuhren. Das Nahere ist in dem mehrfach erwahnten Buch von Knoblauch und Hencky »Anleitung zu genauen technischen Temperaturmessungen« nachzulesen.

[2]) Eberle: Wärme- und Spannungsverlust bei der Fortleitung des gesattigten und uberhitzten Wasserdampfes. Zeitschr. d. Bayer. Rev.-Vereines. 1908, Nr. 6—20, München.

gemessen werden. Die Thermodrähte sind dabei zur Verhinderung stärkerer Wärmeableitung eine Strecke auf der Temperaturfläche anliegend zu führen, noch besser mit einem schlechten Wärmeleiter zu umgeben.

Um von dem gemeinsamen Bedienungsraum aus eine einheitliche Regelung der Heizung durchführen zu können, wird es z. B. in Fernheizwerken nötig, die Temperatur des in den einzelnen Gebäuden oder wenigstens im entferntesten Gebäude ankommenden Wassers jederzeit verfolgen zu können. Dazu können Fernthermometer in der bereits beschriebenen Art zur Anwendung kommen, vgl. Seite 209 u. folg.

Zu erwähnen sind auch die Thalpotasimeter von Schäffer & Budenberg, deren Tauchrohr für Temperaturen von 35—180° mit Äther, für 360—750° mit Quecksilber gefüllt ist. Bei der Temperatursteigerung verdampfen die Flüssigkeiten zum Teil und übertragen ihre Spannung auf einen Metallfederdruckanzeiger. Die eindeutige Beziehung zwischen Spannung und Temperatur dieser gesättigten Dämpfe wird dazu benutzt, um die Zeigerangaben auf einem Zifferblatte nach Temperaturen zu eichen. Bei größeren Entfernungen sind aber wegen der starken Wärmeableitung der Verbindungsröhren in geringerer Umgebungstemperatur zu niedrige Anzeigen zu erwarten.

b) Ermittelung des Druckes und Druckverlustes in Wasser- und Dampfleitungen.

Genau so wie bei der Druckmessung in Luftleitungen müssen wir auch bei Wasserleitungen streng zwischen dem Geschwindigkeitsdruck und dem Widerstandsdruck unterscheiden. Kommt es auf den letzteren allein an, so messen wir ihn, wie bereits in Fig. 31 bei β angegeben, in der Weise, daß wir mit einem Druckrohre senkrecht von der Rohrwandung abzweigen, wobei die Mündung, die nur wenige Millimeter Durchmesser haben soll, im Rohrinnern sorgfältig von jedem vorstehenden Grate befreit sein muß, um jegliche von der Wassergeschwindigkeit herrührende Saug- oder Druckwirkung auszuschließen. Bei Rohrleitungen empfiehlt es sich daher, das Meßloch so herzustellen, daß das Rohr von einer Seite durch beide Wandungen, also durch und durch gebohrt und alsdann dasjenige Bohrloch benutzt wird, das von innen her gebohrt wurde, während das andere wieder verschlossen wird.

Betrachten wir gemäß Fig. 200 in einer nach oben und unten fortgesetzt zu denkenden Rohrleitung R, die in der Pfeilrichtung von Wasser durchflossen werde, die Strecke A B. Dann herrscht infolge Druckverlustes von A nach B in Punkt A ein höherer Widerstandsdruck als in B. Denn im Punkt A ist bis zum Ende der Leitung der Gesamtdruck

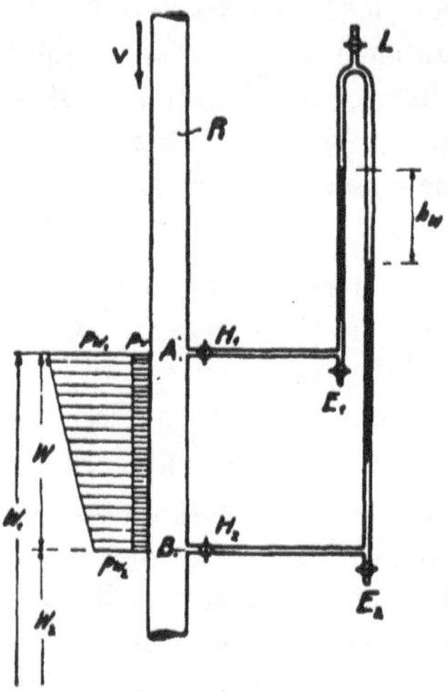

Fig. 200.
Druckmessung mit dem geschlossenen Standrohrdruckmesser.

$$p_v + p w_1 = \frac{v^2}{2g}(1 + W_1)$$

zu überwinden, in B nur noch der Gesamtdruck

$$p_v + p w_2 = \frac{v^2}{2g}(1 + W_2),$$

vorausgesetzt, daß die beiden Meßquerschnitte der Leitung gleich groß sind. Der Druckverlust zwischen A und B ist also:

$$p w_1 - p w_2 = \frac{v^2}{2g}(W_1 - W_2),$$

da sich der Geschwindigkeitsdruck beim Abziehen heraushebt.

Schließen wir also in A und B Druckmeßröhren an, die oben durch einen gemeinsamen Luftraum verbunden sind, so daß beiderseits auf den Wasserspiegeln der gleiche Luftdruck lastet, so überträgt sich der Druckunterschied auf die beiden Flüssigkeitssäulen in den senkrechten Glasröhren. Der Höhenunterschied der Wasserstände muß also unmittelbar den Druckverlust h_W in mm WS angeben, so daß zu schreiben ist:

$$hw = \frac{v^2}{2g}(W_1 - W_2) \text{ mm WS} \quad . \ . \ . \quad (107)$$

Eine derartige Vorrichtung heißt ein geschlossener **Standrohrdruckmesser (Piezometer)** — im Gegensatze zum offenen Standrohr, dessen Schenkel bis zum Oberwasserspiegel der Rohrleitung reichen müssen, da das übrig bleibende Gewicht der vorhandenen Wassersäule die Wasserstände nach oben schiebt.

Die Gl. (107) hat natürlich nur für den Fall Gültigkeit, daß die spezifischen Gewichte der beiden Wassersäulen in den Schenkeln des Meßgerätes gleich sind. Bei der Druckmessung an Warmwasserheizungen müssen deshalb die wagerechten Abzweigröhren so lang ausgeführt werden, daß bei der Druckübertragung unter keinen Umständen warmes Wasser aus der Leitung in den linken Schenkel des Standrohres geschoben werden kann. Bei der praktischen Ausführung werden ferner an der Leitung die beiden Hähne H, oben der Lufthahn L und unten die Entwässerungshähne E vorgesehen. Werden H_1 und H_2 — am besten gleichzeitig durch Stangenkuppelung — geschlossen und L geöffnet, so können die Wasserstände in den Schenkeln durch Wasserabfluß aus E_1 und E_2 in bequeme Ableshöhe gebracht werden. Überhaupt ist die Anzeige h_W von der Höhenlage der Wasserstände vollkommen unabhängig, da der auf den Schenkeln lastende Wasserdruck jederzeit durch den über den Wasserständen eingeschlossenen Luftdruck vollkommen aufgehoben wird.

Für sehr kleine Druckunterschiede von wenigen Millimetern Wassersäule ist die Genauigkeit des beschriebenen Meßgerätes nicht ausreichend. Es wird alsdann der Luftraum über den Wasserständen mit einem spezifisch nicht viel leichteren Öle (Paraffinöl $\gamma = 0{,}9$, Rizinusöl $\gamma = 0{,}96$, Petroleum $\gamma = 0{,}8$) gefüllt. Dadurch wird der Ausschlag n-mal so groß, weil nur der Unterschied der spezifischen Gewichte $(1 - \gamma)$ des Wassers und Öles wirksam ist, und wir erhalten den Druckverlust

$$h_W = n\,(1 - \gamma)\ \text{mm WS} \quad . \; . \; . \; . \; . \quad (108)$$

Deshalb ist ein solches Meßgerät ein Kleindruckmesser (Differentialmanometer). Je kleiner $(1 - \gamma)$ angenommen wird, desto größer wird die Übersetzung n. Bei 1 mm WS ergibt sich z. B. das Übersetzungsverhältnis:

$$\text{für Petroleum } n = \frac{1}{1 - 0{,}8} = 5$$

$$\text{» Paraffinöl } n = \frac{1}{1 - 0{,}9} = 10$$

$$\text{» Rizinusöl } n = \frac{1}{1 - 0{,}96} = 25.$$

Dieser Kleindruckmesser ist von Danckwerts[1]) in sehr geschickter Weise praktisch vervollkommnet worden und wird in dieser Ausführung von der Firma Fueß in Steglitz bei Berlin hergestellt. In dieser Anwendung haben Temperaturverschiedenheiten in den Glasschenkeln naturgemäß eine noch viel größere Ungenauigkeit zur Folge, da die Anzeigen um so empfindlicher werden, je kleiner $(1-\gamma)$ gewählt ist; auch ändert sich das Übersetzungsverhältnis n mit der Temperatur der Flüssigkeit. Aus einer Berechnung kann für alle Temperaturen leicht eine Eichungskurve aufgezeichnet werden, die dann der Auswertung zugrunde zu legen ist.

Für große Druckunterschiede, wie sie z. B. bei Pumpenheizungen vorkommen, bedarf es dagegen einer Verkleinerung des Ausschlages der Flüssigkeitsspiegel. Zu diesem Zweck eignet sich die Verwendung von Quecksilber vom Einheitsgewichte $\gamma = 13{,}6$.

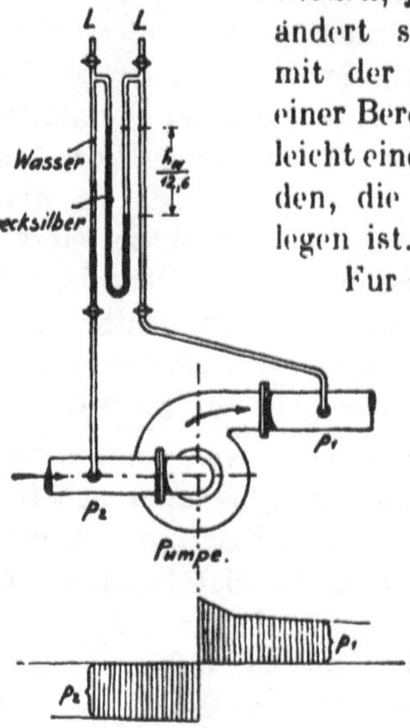

Fig. 201.
Druckmessung mit dem Quecksilberdruckmesser.

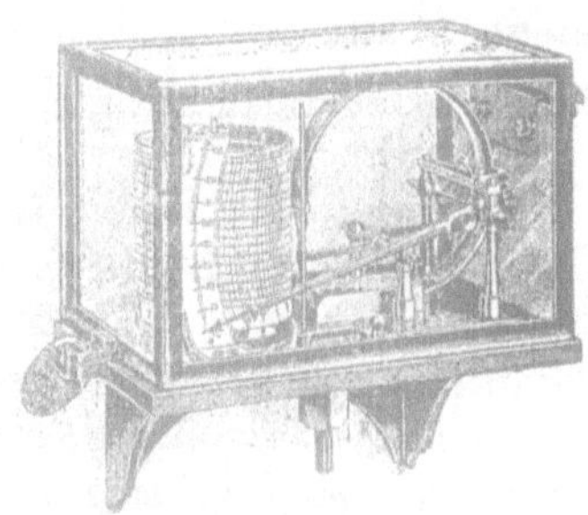

Fig. 202.
Schreibender Metallfederdruckmesser von Schaffer & Budenberg.

Soll z. B. der Druckunterschied h_W zwischen der Saug- und Druckseite einer Schleuderpumpe nach Fig. 201 gemessen werden, so haben wir die Beziehung:

$$h_W = n(\gamma - 1) = n(13{,}6 - 1) \text{ mm WS},$$

---

[1]) Danckwerts; Ölheber zur Messung geringer Wassergeschwindigkeiten und Wasserhöhen. Zentralblatt der Bauverwaltung, 1909, Nr. 13, herausgeg. vom Ministerium der öffentl. Arbeiten, Berlin.

oder es ist für 1 mm WS die Übersetzung

$$n = \frac{1}{12{,}6}.$$

Bei Drucken bis zu 20 oder 30 mm WS wird man zweckmäßigerweise einen Kleindruckmesser wählen; von da ab bis zu etwa 1000 mm WS kommt man mit dem geschlossenen Standrohrdruckmesser (Fig. 200) aus; für höhere Drucke eignen sich dann die Quecksilberdruckmeßgeräte.

Je erheblicher die zu messenden Drucke sind, mit desto größerem Vorteil können auch die bekannten Metallfederdruckanzeiger mit Zeigerspiel auf rundem Zifferblatt in Anwendung kommen. Die Fig. 202 zeigt einen solchen Druckmesser von Schäffer & Budenberg in Magdeburg-Buckau, dessen Zeigerbewegung gleichzeitig dazu benutzt wird, eine Zeitdruckkurve auf eine sich drehende Trommel aufzuzeichnen.

Wasser-, Quecksilber- und Metalldruckmesser werden ebenso zur Druckmessung bei der Niederdruckdampfheizung verwendet. Für Hochdruckdampf kommen im Betriebe nur Metalldruckanzeiger in Betracht, sofern es sich nicht um kleine Spannungsunterschiede handelt, die genauer mit Flüssigkeitsdruckanzeigern gemessen werden müssen.

Als besonderer Fall ist noch der zu betrachten, wo in Dampfheizungen der Druck am Ende einer längeren Dampfleitung, vielfach einer Fernleitung von mehreren 100 Metern oder noch größerer Länge, auf gleichbleibender Höhe erhalten werden soll. Dieser Enddruck fällt offenbar mit steigender Dampfentnahme und steigt bei schwächerem Wärmebedarf der angeschlossenen Heizung. Im ersteren Falle muß daher der Anfangsdruck der Leitung entweder durch Erhöhung des Kesseldruckes oder — bei genügend hohen Kesselspannungen — durch weiteres Öffnen des Dampfventiles gesteigert werden; der sinkenden Dampfentnahme dagegen muß der Maschinenmeister durch allmähliches Drosseln des Dampfventiles oder weiter durch Senkung der Kesselspannung, also Dämpfung des Feuers, nachkommen, um ein zu hohes Ansteigen der Endspannung der Fernleitung zu vermeiden. Wie kann aber die Endspannung der Dampffernleitung von der oft Hunderte von Metern entfernt liegenden Zentrale aus verfolgt werden? Am zweckmäßigsten benutzt man hier, sofern es sich um gesättigten Dampf handelt, das bekannte Gesetz, daß einer jeden Dampfspannung immer eine bestimmte Temperatur zugeordnet ist. Diese letztere finden wir in den Mollierschen Tafeln, die nach Versuchen von Regnault, Knoblauch, Linde und Klebe zusammengestellt sind[1]). Wir messen also wegen der Umständlichkeit der Übertragung des Dampfdruckes auf so große Entfernungen statt dessen die Temperaturen durch elektrische Fernmeldung in der gleichen Art wie in dem Abschnitt über Temperaturmessung beschrieben, mit dem Unterschiede, daß wir das Meßgerät nicht mit einer Temperaturteilung, sondern gleich mit der entsprechenden Druckteilung beschaffen. Bei gesättigtem Dampf ist auch die Anbringung der Thermoelemente insofern sehr einfach, als die Oberflächentemperaturen mit hinreichender Annäherung an Stelle der Dampftemperaturen treten können: das Thermoelement wird auf die Rohroberfläche aufgelötet, und die Enden der Thermodrähte werden mehrmals fest um das Rohr geschlungen und dann befestigt, um einer Wärmeableitung zu begegnen; darauf wird die Wärmeschutzumhüllung des Rohres angebracht. Durch einen Vorversuch kann überdies der Unterschied zwischen der Dampf- und der Wandtemperatur bei der Teilung des Meßgerätes berücksichtigt werden.

Schwieriger ist dagegen die Ferndruckmessung bei überhitztem Dampf, wo ein gesetzmäßiger Zusammenhang zwischen Dampftemperatur und Spannung nicht besteht. Bei reinen Fernheizleitungen wird man Heißdampf überhaupt nur zur Herabsetzung der Wärmeverluste anwenden und daher die Anfangsüberhitzung nur so groß wählen, daß sie am Leitungsende fast aufgebraucht ist, so daß also der Dampf bei seiner Ankunft an der Verbrauchsstelle nur um wenige Grade heißer als Sattdampf ist. In solchen Fällen bleibt nichts anderes übrig, als den Spannungsabfall der Leitung zwischen Anfang und Ende durch Vorversuche bei verschiedenen Dampfgeschwindigkeiten festzulegen und an einem eingebauten Dampfmesser die Endspannung nach der jeweils herrschenden Anfangsdampfspannung bei der betreffenden Dampfmenge zu bestimmen, was an Hand einer Tafel oder einer zeichnerischen Darstellung leicht möglich ist. Die Über-

[1]) Mollier: Tabellen und Diagramme fur Wasserdampf, Verl. Julius Springer, Berlin.

hitzungstemperatur selbst am Ende der Leitung ergibt sich alsdann durch Ablesung der Heißdampftemperatur und Abzug der Sättigungstemperatur, die zu der mittelbar bestimmten Endspannung gehört. Die Messung der Heißdampftemperatur an sich ist ebenfalls schwieriger als bei Sattdampf, weil sie vom Dampfkern nach der Rohrwandung hin soviel abnimmt, daß diese Abnahme nicht mehr vernachlässigt werden kann. Bei überhitztem Dampf hat beispielsweise Hencky aus der Temperaturbestimmung mit Hilfe von 7 in das Dampfrohr eingesetzten, der Dampfströmung mit den Spitzen entgegengerichteten Thermoelementen als mittlere Dampftemperatur 151,7° C und als zugehörige mittlere Wandtemperatur 143° C gefunden, d. h. einen Unterschied von 8,7° der erst bei Anbringung einer elektrischen Schutzheizung der Rohrwandung verschwand[1]). Man wird also gut tun, für den Betrieb auch diese Unterschiede durch einen Vorversuch zu bestimmen und für die laufenden Betriebsbeobachtungen auf dem Zifferblatt des Temperaturmeßgerätes entsprechend zu berücksichtigen. Nach der gleichen Quelle ergibt ein Rohr von 40 mm Innendurchmesser, in dem überhitzter Dampf von 300° C und 9 Atm. Überdruck mit einer Geschwindigkeit von etwa 2,5 m/sek strömt, bei nicht umhülltem Rohr eine Wandungstemperatur von 250° C, bei umhülltem Rohr eine solche von 283° C, d. h. Unterschiede von 50 bzw. 17° C, die also nicht zu vernachlässigen sind.

c) Betriebskontrolle der geförderten Wassermenge.

Für Versuchszwecke kommt die Wassermessung mittels Wägung, Ausflußdüse und Wehrüberfall in Frage. Wir sehen hier von der Beschreibung dieser Meßgeräte ab und beschränken uns auf diejenigen Apparate, die zur Betriebskontrolle fließenden Wassers dienen. Dabei unterscheiden wir offene und geschlossene Wassermesser.

In Fig. 203 ist ein offener Wassermesser der Firma L. u. C. Steinmüller in Gummersbach dargestellt, wie er zur Messung des Kesselspeisewassers üblich ist, sich aber für alle die Fälle vorzüglich eignet, wo Wasser, also z. B. aus einer Heizung zurück-

---

[1]) Hencky: Über die Abnahmeprüfung von Wärmeschutzanlagen durch Messung der Oberflächentemperaturen. Gesundh.-Ing. 1918, Nr. 10, S. 99/100.

kehrendes Niederschlagswasser, frei ausfließt. Das durch die Zuleitung ankommende Wasser fließt über eine Kippschale in eines der beiden Wägegefäße und füllt es bis zu einer bestimmten Höhe an. Ist eine bestimmte Marke erreicht, so kantet das gefüllte, auf Schneiden ruhende Wägegefäß um seine Drehachse und entleert das Wasser durch einen Saugheber in den gemeinschaftlichen Wasserbehälter, aus dem es mit Hilfe der Kesselspeisewasserpumpe in die Kessel zurückgedrückt wird. Durch das Kanten des Wagegefäßes wird selbsttätig und gleichzeitig die Kippschale nach der anderen Seite umgesteuert, so daß nunmehr das ankommende Wasser in das andere Wägegefäß über-

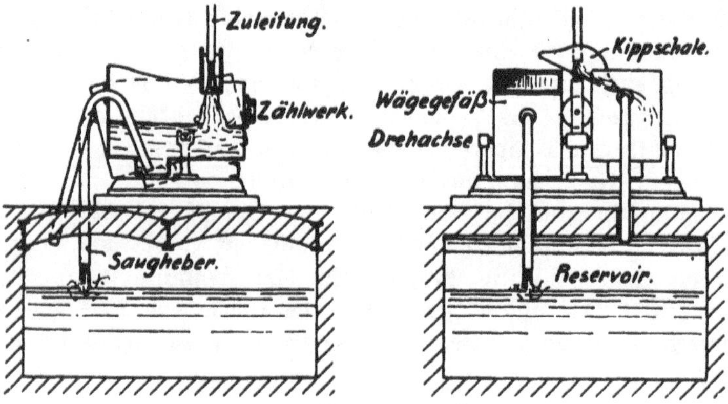

Fig. 203.
Kippwassermesser von Steinmuller.

fließt. So geht das Spiel hin und her. Die Anzahl der Hube wird durch Hebel auf ein Zählwerk übertragen, das durch einen Vorversuch auf das Gewicht des geförderten Wassers in Kilogrammen geeicht ist. Ähnliche Meßgeräte werden auch z. B. von Eckardt in Stuttgart, von Schatz in Oberursel und anderen gebaut.

Die Messung fließenden Wassers in geschlossenen Rohrleitungen gliedert sich in die Druckmessung und in die Strömungsmessung (manometrisches und volumetrisches Verfahren).

Bei der manometrischen Wassermessung wird gemäß den Abbildungen Fig. 200 und 201 zwischen zwei Punkten der Rohrleitung der Druckverlust, der sich nur mit der Geschwindigkeit des Wassers ändern kann, auf einen Flüssigkeitsdruckanzeiger übertragen. Die Teilung des letzteren ist durch einen besonderen Eichversuch in Wassermengen (Liter, Kubikmeter) für die Zeiteinheit (Std., Min., Sek.) einzuteilen. Zu diesem Zwecke wird die — etwa geschlossene — Leitung an passender Stelle auseinandergenommen und das bei verschiedenen Geschwindigkeiten durch ein Drosselgerät ausfließende Wasser für verschiedene Geschwindigkeitsstufen durch Wägung gemessen. Das gewogene, in einen zweiten Behälter sich entleerende Wasser wird während der gleichen Zeit durch das andere offene Rohrende der Leitung wieder angesaugt. Besitzt die Kreisleitung keine Pumpe, so ist eine solche für die Dauer dieses Vorversuches einzuschalten. Da die Wassertemperatur auf den Reibungsverlust Einfluß hat, so ist der Eichversuch entweder für die mittlere im Betriebe

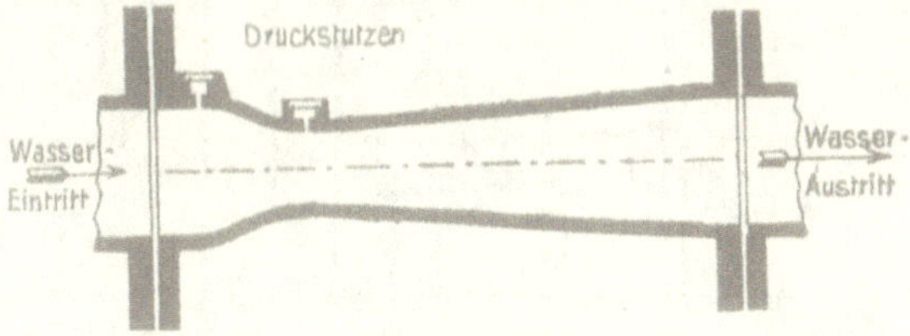

Fig. 204.
Venturi-Wassermesser.

vorkommende Wassertemperatur vorzunehmen oder für verschiedene Temperaturen durchzuführen. Die Ergebnisse sind dann durch eine Zahlentafel oder Kurve festzulegen. Nach beendeter Eichung wird die Leitung wieder zusammengeschraubt, und der Flüssigkeitsdruckzeiger wird dann bei den gleichen Bewegungszuständen des Wassers auch im normalen Betriebe dieselben Ausschläge wie bei der Eichung anzeigen.

Auf der Änderung des Geschwindigkeits- und Widerstandsdruckes in verschieden großen Querschnitten beruht das Gesetz des im Jahre 1887 von Herschel in New York eingeführten und nach dem italienischen Gelehrten Venturi benannten Venturi-Wassermessers. Strömt nach Fig. 204 Wasser durch eine Rohrleitung aus dem großen Querschnitt F in den kleinen f über[1]), so ändert sich der Geschwindigkeitsdruck von $\frac{v^2}{2g}\gamma$ in $\frac{V^2}{2g}\gamma$. Da

[1]) Vergl. auch Seite 115, Fig. 35.

aber die Energie der Raumeinheit oder die Summe $p_v + p_W$ oder der Gesamtdruck, abzüglich eines geringen, im Verhältnis zur Gesamtdruckhöhe zu vernachlässigenden Druckverlustes h gleich bleiben muß, so folgt daraus eine bestimmte Änderung der Widerstandsdrucke p und P, die nur mehr von der Wassergeschwindigkeit abhängen und sich bestimmen aus:

$$\frac{V^2}{2g}\gamma + p = \frac{v^2}{2g}\gamma + P \quad . \quad . \quad . \quad . \quad . \quad (109)$$

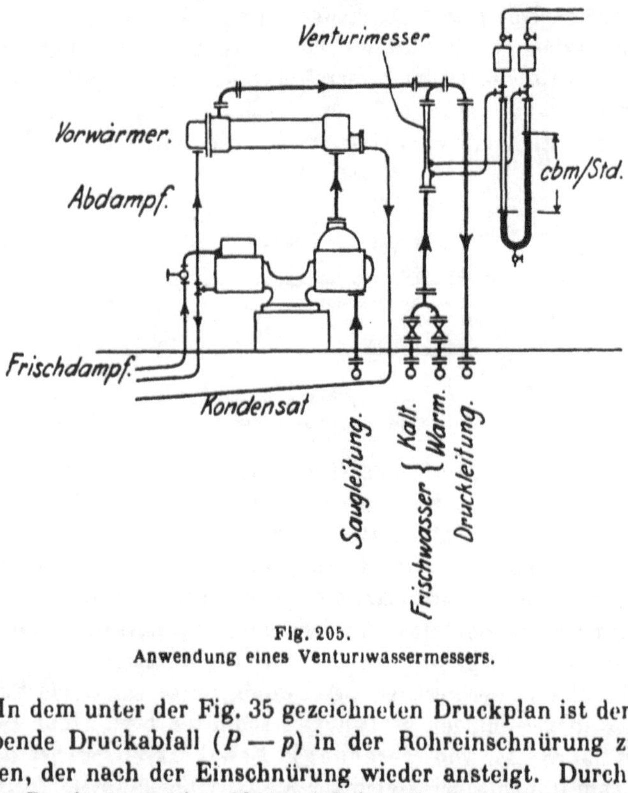

Fig. 205.
Anwendung eines Venturiwassermessers.

In dem unter der Fig. 35 gezeichneten Druckplan ist der sich ergebende Druckabfall $(P - p)$ in der Rohreinschnürung zu erkennen, der nach der Einschnürung wieder ansteigt. Durch vorherige Bestimmung der Abhängigkeit zwischen den Größen der Gl. (109) lassen sich die Anzeigen des Druckmessers nach Geschwindigkeiten oder Wassermengen bei verschiedenen Wassertemperaturen, also veränderlichem γ, eichen. Die Druckänderungen können auf ein Schreibwerk übertragen werden. Der Venturi-Wassermesser wird von Siemens & Halske ausgeführt. Er bietet den Vorteil, daß er die augenblicklichen, durch eine Leitung strömenden Wassermengen unmittelbar anzeigt, so daß man, unabhängig von jeder Zeitbeobachtung, sowohl die jeweilige Belastung einer Leitung unmittelbar verfolgen kann, als auch die täglichen Aufzeichnungen des Schreibwerkes zur Verfügung hat. Die Meßgenauigkeit des Venturimessers beträgt bis $\pm 1\%$. Er wird auch in der Weise gebaut, daß die Drucksenkung zum Betriebe eines Nebenschlußflügelradmessers mit Zählwerk benutzt wird.

Die Fig. 205 stellt z. B. eine vom Verfasser im städtischen Volksbad Nürnberg angewendete Anordnung des Venturimessers dar, wo ein bestimmter Frischwasserzusatz zu einer durch Abdampf erwärmten, unter wechselndem Pumpendrucke stehenden Warmwasserleitung zu verfolgen ist.

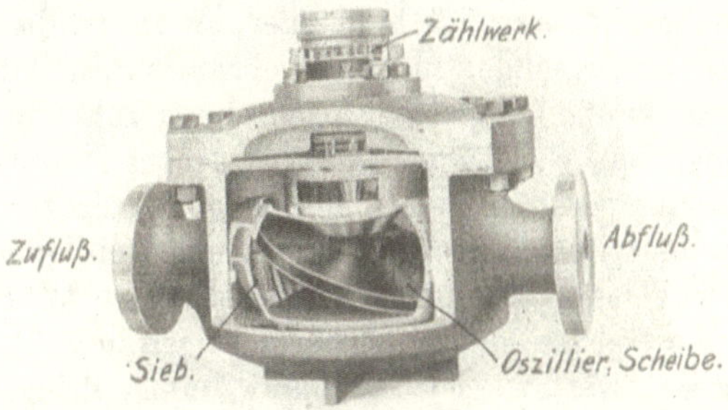

Fig. 206.
Scheibenwassermesser von Siemens & Halske.

Gegenüber dem folgenden Verfahren haben die beiden beschriebenen Druckmeßweisen den großen Vorteil, daß mit der Messung gar kein oder doch nur ein verschwindend kleiner Druckverlust für die Wasserbewegung verbunden ist.

Die zweite Art, die volumetrische Wassermessung in geschlossenen Leitungen, beruht auf der Umdrehungsanzeige eines in die Wasserleitung eingeschalteten Flügelwerkes oder auf der Zählung der Hübe von hin und her gehenden Kolben oder schwingenden Scheiben. Die Fig. 206 zeigt den Scheibenwassermesser von Siemens & Halske. Das durch ein Sieb in den Meßraum eintretende Wasser versetzt eine Scheibe in eine schwingende Bewegung, deren Wechsel durch einen Mitnehmerstift auf ein Zählwerk übertragen werden.

Kolbenwassermesser sichern nur bei sorgfältiger Wartung befriedigende Ergebnisse und veranlassen, wie alle geschlossenen volumetrischen Wassermesser, einen großen Druckverlust des sie durchfließenden Wassers. Diese volumetrischen Methoden sollten daher nur in Leitungen mit hohem Umtriebsdruck angewendet werden, so daß der entstehende Druckverlust einen nur geringen Anteil des Gesamtdruckes ausmachen kann. Auf eigenartige und einfache Weise ist die Wassermessung bei Kolbenpumpen durch ein Schreibgerät gelöst, das von Schmidt in Berlin vertrieben wird[1]). Hier wird die Kolbenantriebspumpe selbst zur Wassermessung benutzt unter Zugrundelegung ihrer theoretischen Leistung. Durch einen Exzenter werden die Umdrehungen der Kolbenpumpe mit Hilfe einer Schneckenübersetzung als fortlaufende Diagrammlinie der Wasserförderung auf eine sich drehende Trommel aufgezeichnet. Für Schleuderpumpen ist dieses Schreibgerät bei Zentralheizungen nicht zu gebrauchen, weil die Leistung der Schleuderpumpe bei gleicher Umdrehungszahl von der Druckhöhe abhängig ist. Bei Kolbenpumpen dagegen ist durch Hubzahl und Wassertemperatur die Liefermenge eindeutig festgelegt.

Es sei hier noch angefügt, daß gerade auf diesem Gebiet vielfach der Versuch gemacht worden ist, einen Wärmemesser zu bauen, um den besonderen Anforderungen gerecht zu werden, welche die Fernwarmwasserheiztechnik immer dringender stellt. Der neueste Versuch ist der von Schulze in Dresden, dessen Patentwärmemesser gerade von Siemens & Halske als Versuchsmesser fertiggestellt ist. Betriebsergebnisse liegen bis jetzt nicht vor. Der Grundgedanke ist der, daß zwei in die Vorlauf- und Rücklaufleitung eingebaute Flügelradmesser auf ein gemeinsames Differentialgetriebe arbeiten, wobei der Geschwindigkeitsunterschied zwischen der wärmeren Vorlaufleitung und der kälteren Rückleitung zur Aufzeichnung gelangt, der ja verhältnisgleich der durchfließenden Wärmemenge ist.

d) Dampfmessung.

Gegenüber den anderen Flüssigkeitsmessungen besteht bei der Dampfmessung die besondere Schwierigkeit in dem Umstande,

---

[1]) Mehrhardt, Registrierapparat für die von einer Pumpe geforderten Wassermengen und Turenzahlen. Journal f. Gasbeleuchtung und Wasserversorgung, 1908. Verl. R. Oldenbourg, München.

daß der Dampf in drei Zuständen auftreten kann, nämlich als trocken gesättigter, als nasser und als überhitzter Dampf. Es ist also im Betriebe jederzeit wichtig, daß man weiß, welcher Dampfzustand in den Leitungen vorhanden ist. Zur Feststellung der Dampffeuchtigkeit kann man sich des Sendtnerschen Drosselkalorimeters[1]) bedienen. Trocken gesättigter Dampf ist in der Leitung vorhanden, sobald die zusammengehörig gemessenen Werte von Spannung und Temperatur den Angaben der Dampftabellen entsprechen. Darüber hinaus gemessene Temperaturen sind die Überhitzungstemperaturen.

Wo es sich also etwa um das vielfach angewendete Verfahren handelt, die Spannungsmessung am Ende einer Fernleitung durch eine elektrische Temperaturmessung zu ersetzen und letztere zur Schalttafel zurückzuleiten, da müssen diese Verhältnisse berücksichtigt werden.

Die zuverlässige Messung der in jedem Augenblicke durch eine Leitung strömenden Dampfmenge ist bezüglich der rechtzeitigen Anpassung der Dampferzeugung an die jeweilige Dampfentnahme von großer Wichtigkeit, vgl. S. 382 oben. Besonders bei Heizungsanlagen wechselt ja der Wärmebedarf nach den Witterungsverhältnissen und Tageszeiten in sehr starkem Maße. Daher wird auf die Verwendung von Dampfmessern mehr und mehr Wert gelegt. Nachdem diese Apparate jetzt zu brauchbaren Meßgeräten vervollkommnet worden sind, ist ihre Einführung, besonders in verzweigten Betrieben, zur weiteren wirtschaftlichen Dampferzeugung in raschem Steigen begriffen.

Die Dampfmeßgeräte können in Schwimmerdampfmesser und Strömungsdampfmesser eingeteilt werden. Eine Zusammenstellung der bis 1907 gebräuchlichen Bauarten hat Bendemann[2]) in einer verdienstvollen Arbeit gegeben. Außerdem gibt es noch Dampfwassermesser.

---

[1]) Sendtner: Die Bestimmung der Dampffeuchtigkeit mit dem Drosselkalorimeter, Dissertation, München 1910.

[2]) Bendemann: Über den Ausfluß des Wasserdampfes und über Damfmengenmessung. Forschungsarbeiten, Heft 37, Verlag Springer, Berlin 1907.

Ders.: Dampfmesser. Zeitschr. d. Ver. D. Ing. 1909, Nr. 1 u. 4.

Ferner Rummel: Versuche mit selbstaufzeichnenden Dampfmessern, Zeitschr. d. Ver. D. Ing. 1910, Nr. 7 u. 8.

Zu der erstgenannten Art gehört der Dampfmesser der Farbenfabriken Bayer & Co. in Elberfeld (Fig. 207). Der Dampf strömt von e aus in das Gehäuse a und dann von oben her durch den konischen Hals b über den Teller c, der durch ein Gewicht d beschwert ist, nach dem Austrittstutzen. Der Teller c bleibt bei seiner Auf- und Abwärtsbewegung in derjenigen Ruhelage schweben, für die Gleichgewicht zwischen dem Strömungsdrucke des Dampfes und der Gewichtsbelastung herrscht. Für diesen Zustand bleibt für den Durchgang des stündlichen Dampfgewichtes G kg der Ringquerschnitt F qm frei. Es hat sich gezeigt, daß für jede Stellung des Tellers die Dampfmenge verhältnisgleich dem freien Querschnitt F ist. Dieser kann wiederum leicht so ge-

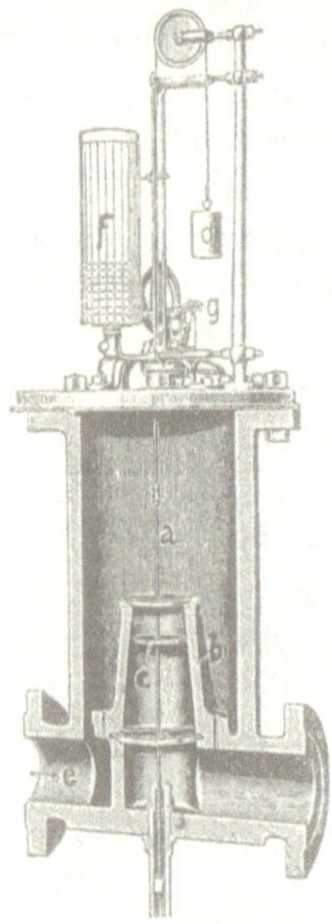

Fig. 207. Selbstschreibender Dampfmesser von Bayer & Co.

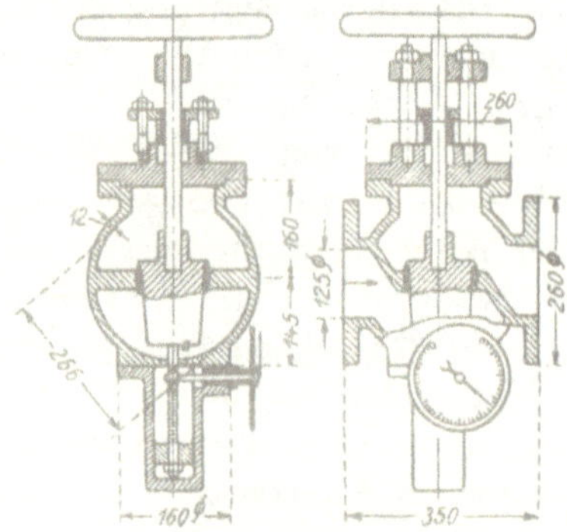

Fig. 208. Dampfmesser nach Classen.

formt werden, daß die durchströmende Dampfmenge unmittelbar im Verhältnis des Hubes zunimmt. Ist v die Dampfgeschwindigkeit und γ das Einheitsgewicht des Dampfes, so besteht also die Beziehung:

$$G = F\, v\, \gamma \text{ kg/Std.} \quad \ldots \ldots \quad (110)$$

Da nun nach demselben Gesetze wie bei den Gasen und Flüssigkeiten die Geschwindigkeit für kleine Druckunterschiede sich verhältnisgleich der Quadratwurzel aus der Druckänderung ergibt, so gehört zu jedem Werte $\sqrt{p_e - p_a}$ eine bestimmte Tellerstellung, die mittels einer Schreibfeder auf die sich drehende Trommel f als Zeitkurve aufgezeichnet wird. Außerdem wird durch den Federdruckmesser g auf denselben umlaufenden Papierstreifen der Dampfdruck aufgezeichnet. Beide Kurven müssen planimetriert werden, so daß sich aus der ersteren der Querschnitt F, aus der letzteren das spezifische Gewicht γ unter der Voraussetzung trocken gesättigten Dampfes ermittelt. Also kann nach Gl. (110) das Dampfgewicht G berechnet werden. Diese Berechnung findet nach den täglichen Mittelwerten der aufgenommenen Diagramme statt. Bemerkenswert ist übrigens das von Bendemann festgestellte Ergebnis, daß auch bei nassem Dampfe und wechselnder Dampfmenge der Wärmewert der durchströmenden Gesamtmenge (Dampf + Wasser) nahezu der gleiche ist, wie wenn nur trocken gesättigter Dampf den Ausschlag bedingt hätte. Dieser Satz, der besonders für Heizungsanlagen wichtig ist, gilt für alle auf dem Ausflußverfahren beruhenden Dampfmesser.

Als neuester Schwimmerdampfmesser ist der von Claassen zu nennen, der auch gemäß Fig. 208 als Absperrventil mit Dampfverbrauchsanzeigevorrichtung ausgeführt wird. Der Ventilkegel ist nicht an der Spindel befestigt, sondern als Schwimmerkonus ausgebildet und lose auf ihr verschieblich, wird aber in der Schlußstellung des Ventils durch das Handrad fest auf den Sitz niedergeschraubt. Beim Öffnen des Ventiles durch Aufdrehen des Handrades wird der Kegel durch die Dampfströmung gehoben, stellt sich schwebend gemäß der wechselnden Dampfgeschwindigkeit ein und überträgt seine Auf- und Abwärtsbewegung durch ein Zahnrad in drehende Bewegung auf eine durch eine Stopfbuchse nach außen geführte Zeigerspindel. Durch einen Vergleichsversuch mit Niederschlagswassermessung wird die Anzeigevorrichtung unmittelbar auf Dampfmengen geeicht. Obgleich diese sehr einfachen Dampfmesser ganz sicher für wechselnde Dampfmengen, Spannungen und Temperaturen nur rohe Ablesungen ermöglichen, sind sie offenbar vorzüglich zum Aufbau auf Dampfverteiler zu gebrauchen, so daß bei einer ganzen Ventilreihe die unter gleichen Bedingungen nach den einzelnen Verbrauchsstellen strömenden augenblicklichen Dampfmengen durch Ablesen vergleichbar sind und dem Wärter ein vorzügliches Bild des jeweiligen Standes der Dampflieferung geben. Zweckmäßig wird hier das Zifferblatt nicht nach »Kilogramm Dampf«, sondern nach »Wärmeeinheiten« geeicht.

Eine der einfachsten Messungen für Dampf (die sich übrigens auch für Gase und Wasser eignet) ist die durch Einsetzung eines sog. Meßflansches in die Verbrauchsleitung, d. h. einer mit Durchflußöffnung versehenen Scheibe. Die Vorder- und Rückseite dieser Drosselscheibe wird bei Dampfmessungen durch enge Röhren mit einem Queck-

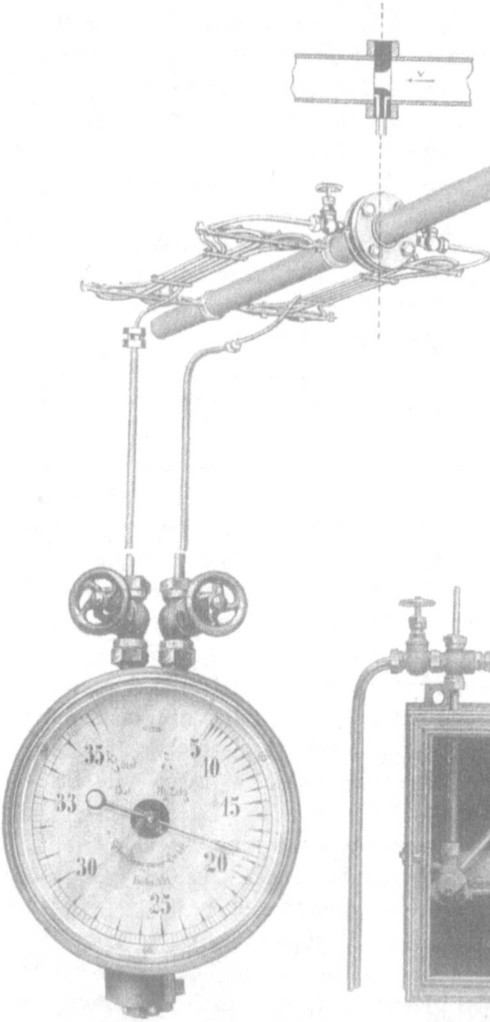

Fig. 209. Dampfmesser nach Gehre.

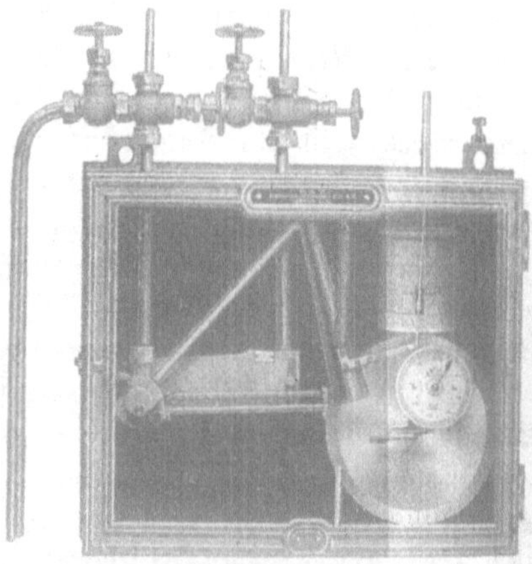

Fig. 210. Dampfmesser nach Gehre.

silberdruckanzeiger verbunden, auf dessen einem Spiegel ein Schwimmer die mit der Dampfgeschwindigkeit sich ändernden

Druckschwankungen sichtbar macht. Das letztere geschieht entweder durch Zahnradübertragung in drehende Bewegung auf ein rundes Zifferblatt (Fig. 209) oder durch einfache Hebelübersetzung auf einen Schreibstift, der die Kurven auf eine sich drehende Trommel aufschreibt (Fig. 210). In einfachster Art können auch die Hebungen und Senkungen des Quecksilberspiegels durch ein Glasrohr unmittelbar sichtbar gemacht werden. Jedenfalls müssen die Anzeigen, um für den Betrieb brauchbar zu sein, durch Messung des aus dem Dampfverbrauch entstandenen Dampfwassers auf Dampfgewichte in kg/Std. oder auf Dampfgeschwindigkeiten oder auch auf die Verdampfungsziffer eines Kessels geeicht sein, damit die gewünschten Anzeigen unmittelbar abgelesen werden können. Außerdem werden diese Dampfmesser auch mit einem Zählwerk vereinigt, das die Ablesung des Dampfverbrauches innerhalb einer bestimmten Zeit, z. B. in 24 Stunden, ermöglicht. Über den Quecksilberspiegeln des Druckanzeigers steht Niederschlagswasser bis in die Höhe des Meßflansches in der Rohrleitung. Die Schwankungen in den Wasserspiegeln, die hier infolge der wechselnden Dampfgeschwindigkeiten entstehen würden, werden durch die sog. Wasserregelung, d. s. die in der Abbildung erkennbaren Wasserschleifen, aufgehoben, in denen sich die Wasserspiegel wagerecht verschieben. Am bequemsten sowohl für die unmittelbare Verbrauchsanzeige als auch für den Stand der augenblicklichen Kesselbelastung ist die Dampfuhr (Fig. 209). Die beschriebenen Meßgeräte werden von der Gehre-Dampfmesser-Ges. in Berlin hergestellt. Für die Anzeigen, die von den Schwankungen der Dampfentnahme, des Dampfdruckes und des Dampfzustandes beeinflußt sind, werden besondere Berichtigungstafeln bei der Ablesung zu Hilfe genommen. Die Entfernung zwischen Anzeigegerät und Meßstelle kann nach den Angaben der Gesellschaft bis zu 30 m betragen.

Andere einfache Dampfmesser, die ebenfalls auf dem Strömungsprinzip beruhen, sind die von Hallwachs & Co., Malstadt-St. Johann a. d. Saar, und von Eckardt in Cannstatt. Der letztere Apparat beruht auf der Messung des Spannungsabfalles, der nach Stodola im Anfange von konisch erweiterten Dampfdüsen eintritt. Ebenso haben Siemens & Halske einen Dampfmesser nach dem Venturigesetz gebaut.

Bemerkenswert ist der neuerdings bekannt gewordene selbsttätige elektrische Dampfmesser von Mattern in Hildesheim, der es sich durch eine sehr sinnreiche Verbindung des Drosselscheibenmeßverfahrens mit einer elektrischen Regelung zur Aufgabe gemacht hat, die aus den Schwankungen des Dampfdruckes und des Dampfzustandes sich ergebenden Ungenauigkeiten der Anzeigen auszuschalten.

Endlich ist noch ein Verfahren der Messung von gelieferten Dampf- bzw. Wärmemengen zu erwähnen, das in der Registrierung des aus den Heizungsrückleitungen abfließenden Niederschlagswassers besteht, nämlich die sog. Dampfwassermesser. Diese

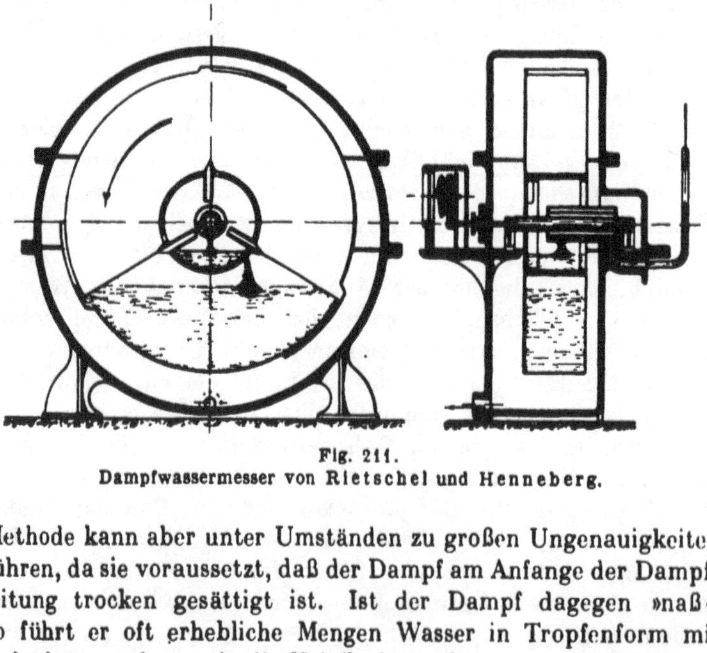

Fig. 211.
Dampfwassermesser von Rietschel und Henneberg.

Methode kann aber unter Umständen zu großen Ungenauigkeiten führen, da sie voraussetzt, daß der Dampf am Anfange der Dampfleitung trocken gesättigt ist. Ist der Dampf dagegen »naß«, so führt er oft erhebliche Mengen Wasser in Tropfenform mit sich, das — sofern es in die Heizflächen gelangt — natürlich durch den Dampfwassermesser mitgemessen wird. Für die leichte, laufende Kontrolle eines solchen Zustandes fehlen jedoch noch die Meßgeräte. Annähernd wird die Bedingung aber durch zweckmäßigen Einbau eines gut wirkenden Dampftrockners erfüllt. Anderseits wird aber auch solches im Dampfe mitgeführtes Niederschlagswasser unterwegs schon durch Dampfwassertöpfe aus der Dampfleitung entfernt, bevor es in die Heizflächen gelangt: der Dampf wird »entwässert«. Das Meßergebnis ist dann um den entsprechenden Gewichtsanteil geringer. Handelt es sich daher nur um verhältnismäßigen Vergleich der von verschiedenen Abnehmern verbrauchten Wärmemengen, so ist das genannte Verfahren der Dampfmessung gut anwendbar und auch vielfach in Gebrauch. Es genügt dann auch der Einbau von Flügelradwassermessern in die einzelnen Dampfwasserrücklaufleitungen. Die Fig. 211 gibt im Längs- und Querschnitt den Dampfwassermesser wieder, wie ihn Rietschel & Henneberg beim Bau des staatlichen Elektrizitäts- und Fernheizwerkes in Dresden verwendet haben. Im Querschnitt ist das von der Achse betätigte Zählwerk gezeichnet.

XI. Abschnitt.

Ausführung der Zentralheizungsanlagen.

In den voraufgehenden Abschnitten haben wir die gemeinsamen wissenschaftlichen Grundlagen der Heizung behandelt, so daß nun im folgenden die praktische und wirtschaftliche Ausführung der verschiedenen Heizungsarten beschrieben werden kann. Wir übergehen dabei alle veralteten Bauweisen, wie z. B. die Kanalheizung, die Mitteldruckwasserheizung, die Perkins-Heißwasserheizung sowie die im übrigen sehr lehrreichen Stufen in der Entwicklung der Niederdruckdampfheizung, um dagegen ein möglichst treffendes Bild von dem gegenwärtigen Stande der Heiztechnik und ihrer neuzeitlichen Bauarten zu geben.

31. Die Luftheizung.

In ihrer grundsätzlichen Durchbildung und Bauanordnung stellt die Luftheizung nichts anderes als eine mit höherer Lufttemperatur betriebene Lüftungsanlage dar. Deshalb gilt alles das, was im ersten Teil über die Lüftungsanlagen ausführlich dargelegt wurde, auch für die Luftheizungen. Insbesondere können die Fig. 22 und 40 auch für die Luftheizung in ungeänderter Weise als Grundform dienen.

Auch können wir ebenso wie bei den Lüftungsanlagen Luftheizungen mit natürlichem Auftrieb und solche mit Gebläsebetrieb unterscheiden. Je nach der Art der Lufterwärmung — ob mittels unmittelbar gefeuerter Öfen, mittels Warmwasser- oder Dampfheizungskörper — ergibt sich ferner die Einteilung in Feuerluftheizung, Wasserluftheizung und Dampfluftheizung.

Eine Erweiterung der Ausführung gegenüber den Lüftungsanlagen besteht endlich darin, daß die Abluft sowohl unmittelbar ins Freie geleitet als auch durch Umschaltung mit Hilfe eines besonders angelegten Kanales wieder zur Heizstelle zurückgeführt werden kann. Die so ausgeführten Heizungen führen den Namen Umluft-(Zirkulationsluft-)heizungen, weil ständig die gleiche, in den Räumen abgekühlte Luft im Kreislauf von neuem zur Erwärmung gelangt. Zum Unterschiede heißen diejenigen Anlagen, bei denen die verbrauchte Luft abgeführt und dauernd durch frisch geheizte ersetzt wird, Frischluft-(Ventilationsluft-)heizungen. Es ist ohne weiteres einleuchtend, daß vom gesundheitlichen Standpunkte der dauernde Betrieb mit einer Umluftheizung für benutzte Räume unzulässig ist, da die bereits verdorbene Luft den Räumen wiederholt zugeführt wird. Deshalb kann diese Anordnung auch lediglich als Hilfsheizung in Frage kommen, als solche aber allerdings zu wesentlichen Kohlenersparnissen führen. Denn da die Umluft bereits auf Raumtemperatur vorgewärmt dem Heizapparate zuströmt, ist die zu ihrer Erwärmung nötige Wärmemenge wegen des geringeren Temperaturunterschiedes erheblich kleiner, als wenn Frischluft auf die gleiche Temperaturstufe geheizt werden müßte. Man wird deshalb zweckmäßig die Umluftheizung zur Schaffung des beim Anheizen vor Benutzung der Räume erforderlichen größeren Wärmebedarfes verwenden, um den Heizapparat nicht unnötig überlasten zu müssen. Beim Erscheinen der den Raum benutzenden Menschen wird alsdann die Umluft abgestellt und die Anlage als Frischluftheizung weiter betrieben. In Kirchen und Sälen, die nach der Betriebsunterbrechung eine längere Anheizdauer beanspruchen, kann auf diese Weise ein sehr wirtschaftlicher Betrieb erzielt werden.

Nach dem Gesagten ergibt sich also folgende Einteilung:

m. nat. Auftrieb	Feuerluftheizung	m. Umluft
» Gebläsebetrieb	Wasserluftheizung	» Frischluft.
	Dampfluftheizung	

Innerhalb dieser drei Gruppen ist jede Zusammenfassung möglich. Welche Verbindung im gegebenen Sonderfall anzuwenden ist, ergibt sich teils aus der zur Verfügung stehenden Wärmequelle, teils aus den Forderungen, die zu erfüllen sind. Dies wird aus der folgenden Besprechung noch klar werden.

a) Feuer- oder Luftofenheizung.

Die Feuerluftheizung hat heute nicht mehr entfernt die Bedeutung, die ihr um die Mitte des 19. Jahrhunderts noch zukam. Durch den Umstand, daß ihre Ausführung damals fast nur auf erfahrungsmäßiger Grundlage und vielfach rein handwerksmäßig erfolgte, entstanden ebenso viele verfehlte Anlagen, die diese Heizbauart in argen Mißruf gebracht haben. Außerdem haften der Feuerluftheizung auch heute noch bei vielen Ausführungen Nachteile verschiedenster Art an, besonders die leicht bis über Rotgluthitze gesteigerte Erwärmung der Heizflächen, auf denen der Staub verbrennt, dessen brenzliche Erzeugnisse dann den Räumen zugeführt werden, ferner das Gebundensein der Heizungswirkung an die Lüftungsgröße u. a. m. Die Luftheizung ist deshalb heute in Deutschland fast gänzlich durch die Warmwasser- und Niederdruckdampfheizungen verdrängt. Dennoch kann die Luftheizung in manchen Fällen, z. B. in abgelegenen Dorfgegenden für Wohnhäuser, kleinere Kirchen u. dgl. Gebäude auch heute noch eine sehr zweckmäßige Heizung darstellen, wenn sie von sachkundigen Heizungsbaumeistern ausgeführt wird. Ihr Betrieb ist dann verhältnismäßig leicht zu handhaben, und im Notfalle kann eine Ausbesserung, wenn eine solche überhaupt nötig wird, von jedem Handwerker ausgeführt werden.

Die Wärme wird in einem im Keller aufzustellenden **Luftheizofen**, dem sog. Kalorifer, entwickelt, dessen Züge von den Heizgasen durchstrichen und von der zugeführten Luft umspült werden. Früher wurde der Luftheizofen vielfach gemauert, heute besteht meistens nur der Anfang der Züge, um das Glühendwerden zu vermeiden, aus Schamotte, der eigentliche Ofen aber aus Gußeisen. Die Züge werden aus einzelnen Gliedern zusammengesetzt und hintereinander oder in Reihe geschaltet.

Die Oberfläche der Wandungen kann gerippt oder besser glatt sein. Jedenfalls muß die Bauart eine leichte Reinigungsfähigkeit zulassen, damit etwa abgelagerter Staub leicht entfernt werden kann. Wagerechte Heizflächen sollen deshalb möglichst vermieden werden. Damit nicht doch an einzelnen Stellen, besonders an den Ecken, ein Glühen der Wandungen eintreten kann, soll für gute Abrundung der letzteren und für möglichst gleichmäßige Luftströmung, d. h. Kühlung der Oberflächen, gesorgt werden. Große Luftgeschwindigkeiten an der Heizvorrichtung sind aus diesem Grunde und auch wegen besserer Wärmeaus-

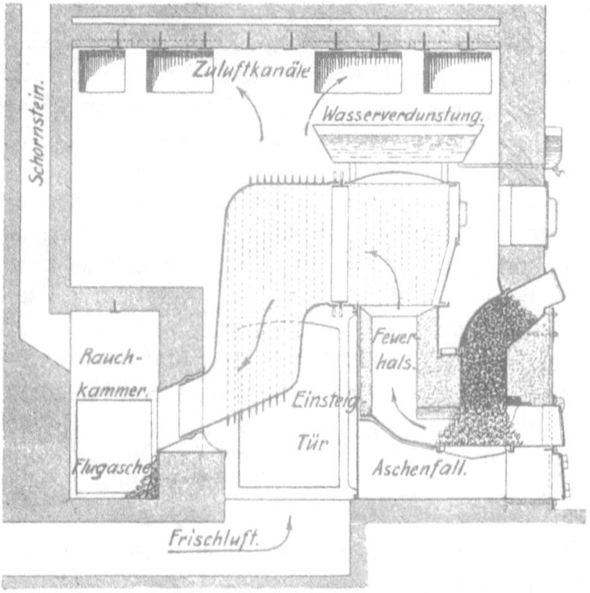

Fig. 212.
Zentralschachtofen vom Eisenwerk Kaiserslautern.

nutzung der Heizfläche angezeigt. Durch die hohe Erwärmung seitens der Heizgase ist meistens eine beträchtliche Ausdehnung der Ofenwandungen bedingt. Deshalb ist den Dichtungen besondere Sorgfalt zuzuwenden, um bei vorkommenden ungünstigen Zugverhältnissen ein Übertreten der Rauchgase in die Warmluftkanäle mit Sicherheit zu vermeiden. Wegen dauernd guter Wärmeübertragung muß auf eine leichte Reinigungsmöglichkeit des Ofeninnern besonders Bedacht genommen werden. Diese Reinigung soll von außerhalb der Heizkammer erfolgen können, damit

Ruß und Flugasche nicht etwa in die Atemluft überzugehen vermögen. Als Brennstoff ist am meisten Koks oder eine wenig backende Steinkohle zu empfehlen. Aber auch Braunkohle kann verwendet werden; sie muß wie üblich auf Schrägrosten verfeuert werden. In allen Fällen ist die Anwendung eines Füllschachtes zur Aufspeicherung eines genügend großen Brennstoffvorrates ratsam. Alsdann ist der Ofen zum Dauerbetriebe geeignet, und das Feuer kann schwach über Nacht gehalten werden, wenn die Luftzufuhr nur einen Spalt weit offengelassen wird.

Die Fig. 212 gibt den Längsschnitt durch einen Luftheizofen, den sog. Zentralschachtofen vom Eisenwerk Kaiserslautern, der aus mehreren nebeneinander liegenden schmalen Rippengliedern der gezeichneten Form besteht. Von der über dem Schamottehals gelagerten Verteilungskammer aus durchziehen die Rauchgase gleichzeitig alle Glieder und werden sodann in der hinteren Fuchskammer gesammelt, um gemeinsam durch den anschließenden Schornstein abzugehen. Die Frischluft tritt von links her durch den unteren Kanal in die Heizkammer ein und umspült die einzelnen Glieder von unten nach oben längs der Rippen, um an der Decke der Heizkammer durch die vier Luftmündungen in die nach den Räumen führenden Zuluftkanäle einzutreten. Über dem Ofen ist ein Wasserbehälter zur Luftbefeuchtung gelagert, der von außen mittels Schwimmkugelhahnes ununterbrochen gespeist wird. Die Heizkammer kann zwecks Reinigung durch die in der hinteren Seitenwand gezeichnete Türe betreten werden. Die innere Reinigung der Heizglieder findet durch eine über dem Füllschacht in der Stirnwand vorgesehene Türe statt.

Der Luftheizofen der Firma Kelling in Berlin ist in der Figur 213 im Längsschnitt und Grundriß dargestellt. Die Verbrennungsgase durchströmen vom Rost aus zunächst hochsteigend den Schamottehals und treten von oben her in die Ofenglieder über, die nacheinander von oben nach unten durchströmt werden. In der Abbildung sind zwei senkrechte Reihen rohrförmiger Heizglieder mit glatter Oberfläche gezeichnet, die unten durch einen gemeinsamen Stutzen mit dem Schornsteine verbunden sind. Über diesen Gliedern ist wieder eine Verdunstungsschale angeordnet, die von außen durch ein Schwimmkugelgefäß gespeist wird. Der mit Schrägrost und Füllhals versehene Luftheizofen ist für Braunkohlen-, Steinkohlen- und Koksfeuerung eingerichtet und mit Nebenluftzuführung zur Rauchverzehrung ausgestattet.

Ein sehr zweckmäßig gebauter Luftheizofen ist ferner der von Kori in Berlin, Fig. 214, der eine äußerst gedrängte Form aufweist. Der Brennstoff gelangt aus dem Füllschacht auf einen mit Schamottefütterung rings umgebenen Planrost. Die Heizgase ziehen in dem Mittelkörper nach oben und treten hier in die einzelnen strahlenförmig angeschlossenen Heizglieder. Aus letzteren werden die Rauchgase unten in einer gemeinsamen Fuchskammer gesammelt, um schließlich in den Schornstein zu entweichen. Der obere Verteilungsdeckel ist zur Verhinderung des Glühendwerdens mit Formsteinen ausgesetzt. Die Frischluft tritt von unten rechts her in die Heizkammer ein, wird durch Bleche zur innigen Berührung der Ofenwände gezwungen und strömt an letzteren im Gegenstrom nach oben zu den Warmluftkanälen. —

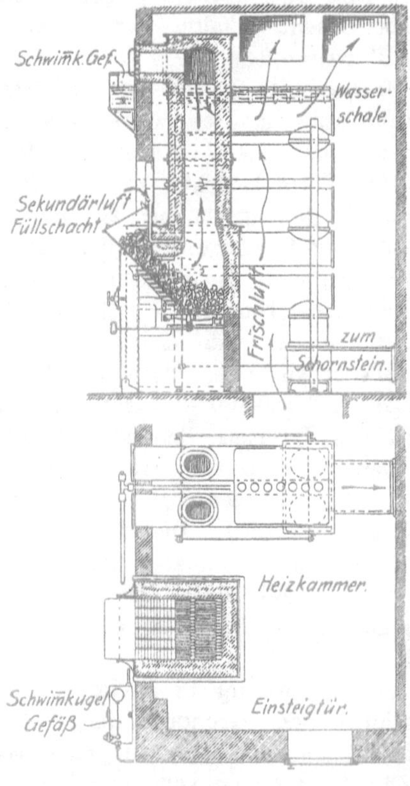

Fig. 213.
Luftheizofen von Emil Kelling.

Die **Heizkammer** soll innen möglichst glatt ausgeführt sein. Die Mauerfugen müssen mit Zement flach ausgestrichen sein. Die Heizkammerwände werden vor Wärmeabgabe durch Luftschichten geschützt, ebenso die Decke. Unter der letzteren zweigen die Warmluftkanäle nach oben ab, die bei reiner Auftriebswirkung ohne starke Krümmungen möglichst nicht mehr als 10—12 m weit in wagerechter Richtung mit wenig Steigung geführt werden, um mit einer Abrundung in die senkrechten Kanäle überzugehen.

Von hier ab gleicht dann die Luftheizung vollkommen einer Lüftungsanlage. Ebenso wie bei letzterer erfolgt auch bei der Luftheizung die Einströmung der Zuluft in die Wohnräume unter der Zimmerdecke, um Belästigungen der Insassen durch heiße Luftströme zu vermeiden. Doch kann in Versammlungsräumen, bei denen es sich um Erzeugung von Überdruck im Rauminnern, also um möglichste Tieflegung der neutralen Zone, handelt, die Zulufteinführung in den Raum natürlich in jede erwünschte Wandhöhe verlegt werden. Vor der Benutzung der Räume ist es unter Umständen zweckmäßiger, die Luft dicht über Fußboden einströmen zu lassen. Die Zuluftkanäle werden für diesen Zweck mit zwei Mündungen versehen, die beide Regelklappen zur Einstellung der Luftmenge erhalten.

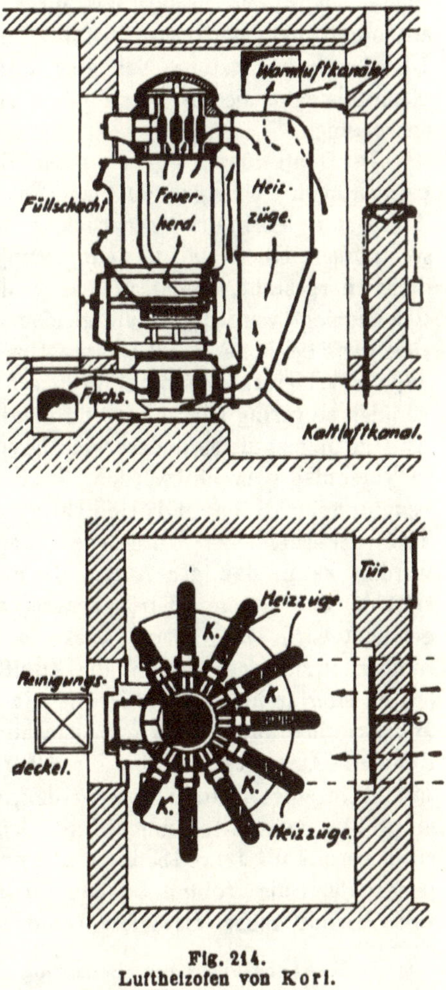

Fig. 214.
Luftheizofen von Kori.

In Frankreich ist die Luftheizung auch heute noch eine beliebte Heizungsbauart und ist dementsprechend dort mehr verbreitet als in Deutschland. Die Zuluftkanäle führen die Franzosen mit innen glasierten Tonröhren aus, während die Abluftkanäle meistens fortgelassen werden. Die ziemlich hoch erwärmte Zuluft muß sich also nach erfolgter Abkühlung ihren Weg durch Spalten und Ritzen in den Fenstern und Türen nach außen suchen, wozu sie infolge des ihrer hohen Eintrittstemperatur entsprechenden Auftriebes befähigt ist. Wir haben somit einen Überdruck im Raume, der aber auf Kosten der hygienischen Nachteile geht, die aus der zu hohen Vorwärmtemperatur der Luft entspringen.

In Deutschland legt man der Berechnung eine Zulufttemperatur von höchstens 40 bis 50° C zugrunde. Soll bei dieser Temperatur ebenfalls Überdruck in den Räumen erzielt werden, so müssen einerseits die Umfassungswände nach Möglichkeit dicht hergestellt, anderseits aber die Heizkammer möglichst tief angelegt werden, um die gleiche wirksame Druckhöhe zu erzielen wie bei hoher Zulufttemperatur. Bedingung ist dann ferner, daß die Widerstände sowohl im Frischluft- als auch in den Zuluftkanälen so gering wie nur irgend möglich gehalten werden. Diese Ausführung ist als besonders wichtig von Rietschel[1]) für Kirchen in Vorschlag gebracht worden. In Kirchen besteht, infolge ihrer bedeutenden Höhe und Undichtigkeit der Decke, im unteren Teil ein erheblicher Unterdruck, der nur dadurch aufgehoben werden kann, daß der Außenluft möglichst ungehinderter Zutritt in den unteren Kirchenraum, also dicht über Fußboden, gewährt wird. Zu diesem Zwecke muß, schon damit Zugerscheinungen vermieden werden, die Zuluft vorgewärmt werden. Es ergibt sich somit die Forderung einer möglichst tief liegenden Heizkammer mit geringen Widerständen, also großen Luftmündungen. Unterstützt kann die Überdruckwirkung naturgemäß mit Hilfe eines Luftgebläses werden, das die Luft in den Raum einpreßt. Feuerluftheizungen mit Gebläsebetrieb sind in Frankreich bereits im Jahre 1886 von d'Anthonay ausgeführt worden, der in Paris die größten Gebäude, u. a. auch die großen Säle des Louvre mit mehr als 200000 cbm Inhalt, durch diese »Aero-

---

[1]) Rietschel: Über Beheizung von Kirchen, insbesondere über die Beheizung des Ulmer Munsters. Gesundheits-Ingenieur 1899, Nr. 17—18.

Vgl. ferner: Schweer, Rietschel, Ritt uber Besprechung der Zugerscheinungen in Kirchen. Gesundh.-Ing. 1905, Seite 36, 93, 141, 181 und 300.

Kalorifers« geheizt hat[1]). Durch Anwendung des Gebläsebetriebes kann natürlich die Luft auf beliebig weite Strecken in Kanälen geführt werden.

Der **Berechnung der gewöhnlichen Feuerluftöfen** kann eine Wärmeabgabe zugrunde gelegt werden:

bei gerippter Heizfläche $K = 1200$ bis 1800 WE/Std./qm,
» glatter » $K = 1500$ » 2000 »

Bei genügend starker Luftbewegung längs der Heizfläche können die vorstehenden Werte auf das Doppelte und mehr erhöht werden. Die Größe des Heizofens muß alsdann so bemessen sein, daß er zu liefern vermag: 1. die Wärmemenge W_1 zur Erwärmung der größten Luftmenge von -20^0 auf die angenommene oder berechnete Einströmungstemperatur der Luft, 2. die Wärmeabgabe W_2 für die Verdampfung der zur Luftbefeuchtung erforderlichen Wassermenge und 3. die Wärmemenge W_3 zur Deckung der Wärmeverluste des Luftheizofens und der Leitungen nach außen, wofür 10% Zuschlag unter mittleren Verhältnissen reichlich gerechnet sind. Demnach beträgt die Ofenheizfläche:

$$F = \frac{W_1 + W_2 + W_3}{K} \text{ qm} \quad . \quad . \quad . \quad . \quad . \quad (111)$$

Zur Berechnung der Heizfläche des Heizapparates dient die früher bei den Lüftungsanlagen schon abgeleitete Gl. (10) bzw. (58):

$$W = \frac{0{,}306\, L\, (t' - t'')}{1 + \frac{t}{273}},$$

wobei:

L die Luftmenge bei -20^0 C Außentemperatur,
t die Raumtemperatur in C^0,
t' die Einströmtemperatur der Heizluft in C^0,
t'' die Temperatur der dem Heizapparat zugeführten Luft

bedeuten.

Diese Gleichung gilt auch für die Dampf- und Wasserluftheizung.

---

[1]) Debesson: Le Chauffage des Habitations. Dunot et Pinat Editeurs, Paris 1908.

Als obere Grenze gelten praktisch etwa 50 qm für einen Ofen. Bei größerem Heizflächenbedarfe sind entsprechend mehrere Öfen aufzustellen. Die Berechnung des Kanalnetzes erfolgt sodann genau in derselben Weise, wie bei den Lüftungsanlagen bereits auseinandergesetzt wurde.

b) Dampf- und Wasserluftheizung und Gebläseheizkörper.

Statt der unmittelbar gefeuerten Öfen kann man für die Erwärmung der Luft auch Dampf- oder Warmwasserheizkörper anwenden. An solchen Heizflächen strömt die zu erwärmende Luft dann meistens mit einer erheblich höheren Luftgeschwindigkeit als bei den Raumheizkörpern vorbei, weil sie ja eine größere Auftriebshöhe besitzt. Es wäre daher falsch, die bei den Raumheizkörpern mitgeteilten Wärmedurchgangszahlen der Berechnung zugrunde zu legen; der Wärmedurchgang nimmt vielmehr mit der Steigerung der Luftgeschwindigkeit rasch zu. Man erhält also wesentlich kleinere Heizflächen, wobei allerdings der Bewegungswiderstand steigt. Man hat diese Tatsache benutzt, um der Luft künstlich durch Gebläsebetrieb eine erhöhte Luftgeschwindigkeit zu erteilen, und erreichte auf diese Weise den doppelten Vorteil der kleineren Heizflächen und des geringeren Raumbedarfes, also niedrige Anlagekosten. Anderseits wachsen mit dem Widerstande der Kraftbedarf und daher die Betriebskosten. Es ist Sache des gewissenhaften Erbauers von Lüftungs- und Heizungsanlagen, festzustellen, bei welcher Luftgeschwindig-

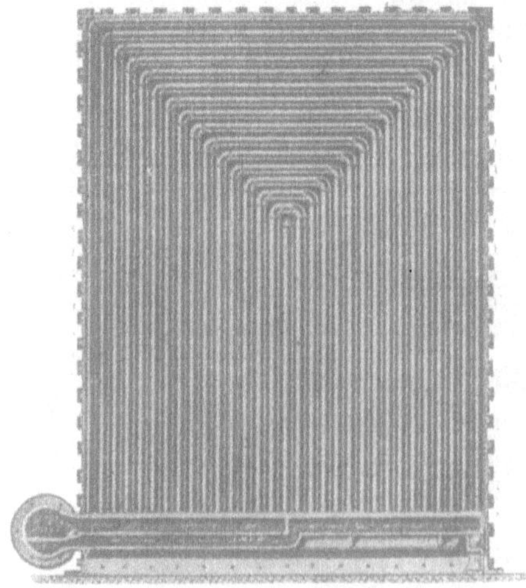

Fig. 215.
Heizröhren nach dem Sturtevant-System.

keit die Wirtschaftlichkeit der jeweiligen Anlage unter Berücksichtigung der Anlage- und Unterhaltungskosten, Verzinsung, Abschreibung und Tilgung sowie der laufenden Betriebskosten einen günstigsten Wert erreicht. In solchen Betrieben, in denen etwa Abwärme zur Heizung oder Abkraft zur mechanischen Luftbewegung zur Verfügung steht, wird man getrost höhere Anlagekosten zugunsten des sich ohnehin billig stellenden Betriebes in den Kauf nehmen können; denn hier ist ja die Betriebsersparnis eine Jahr für Jahr dauernde, also die Vermögensanlage eine werbende.

Als solche Gebläseheizkörper werden nun in der üblichen Ausführung verwendet:

1. Glatte Heizröhren von etwa $^3/_4$ bis $1^1/_2''$, durch die das Heizmittel hindurchströmt, und die von der Luft umspült werden, nach Fig. 215. Diese Dampfheizkörper werden hauptsächlich von den Amerikanern nach der **Sturtevant-Bauart** angewendet. Fig. 215 zeigt die Anordnung: Der Dampf strömt in den Dampfsammler und verteilt sich von unten her an die Heizröhren, durchströmt die linke Hälfte derselben von unten nach oben, kommt aus der rechten Hälfte von oben her zurück und fließt als Niederschlagswasser aus dem unteren Teile des Sammlers wieder ab. Je nach der Höhe der gewünschten Lufterwärmung werden zwei und mehr Rohrreihen hintereinander geschaltet. Das ganze Röhrenbündel wird nach Art der Fig. 81 und 95 in einem Blechkasten untergebracht. In der Prüfanstalt für Heiz- und Lüftungsanlagen ist die Wärmeabgabe von Röhren von 33 mm äußerem Durchmesser mit gegenseitigem Zwischenraume von 5 mm bei Warmwasser von 80° C mittlerer Temperatur und bei Dampf von 1 bis 5 Atm. abs. untersucht worden[1]), wobei zwei, drei und vier Rohrreihen und Wassergeschwindigkeiten von 0,025 bis 2,00 m/sek angewendet wurden. Die nachstehenden Zahlen beziehen sich auf eine Wassergeschwindigkeit von 0,06 m/sek. Bei Wassergeschwindigkeiten von 2 m/sek erhöhen sich die Wärmedurchgangszahlen nur um 10% und erreichen daher die für Dampfheizung ermittelten Zahlen:

---

[1]) Heft 3 der »Mitteilungen der Prüfungsanstalt für Heizungs- und Lüftungseinrichtungen«. Verlag von R. Oldenbourg in München 1910.

Luftgeschwindigkeit im engsten Querschnitt zwischen den Röhren m/sk.	Wärmedurchgangszahlen WE/qm/°C/Std.					
	Warmwasser			Dampf		
	2 Rohrreihen	3 Rohrreihen	4 Rohrreihen	2 Rohrreihen	3 Rohrreihen	4 Rohrreihen
1,0 m	18	19	20	18	20	21
Druck mm WS.	0,10	0,14	0,18			
3,0 m	33	36	38	35	38	40
mm WS	0,74	1,04	1,28			
5,0 m	44	47	50	47	51	54
mm WS	1,87	2,61	3,15			
10,00 m	65	69	73	71	76	82
mm WS	6,47	9,10	10,7			
20,00 m	93	98	104	107	115	123
mm WS	23,0	31,7	36,6			

2. Eine andere Art Gebläseheizkörper sind die **Röhrenluftkessel**, deren Rohre längs von der Luft durchzogen und vom Dampf umspült werden, nach Fig. 22. Die Fig. 216 gibt hierfür eine Ausführungsart. Der Dampf strömt durch die starke obere Rohrleitung zu, das Dampfwasser durch die untere enge Leitung ab. Über den beiden Kesseln sind Umgehungs- bzw. Mischklappen angeordnet, die eine Regelung der Lufttemperatur durch Zumischung nicht erwärmter Luft gestatten und mittels nachspannbaren Seilzuges vom Schaltraum aus einzustellen sind. Für derartige Kessel ermittelte die Prüfanstalt bei einem lichten Rohrdurchmesser von 33 bis 82 mm die Wärmeabgabe nach folgender Zahlentafel für Wasser von 80° C mittlerer Wassertemperatur, Luft von 0° und Dampf von 1 bis 5 Atm. abs. Die gleichen Zahlen fand Josse an einem Rohre von 23 mm innerem Durchmesser[1]) bei Atmosphärendruck und bis zu 10 m Geschwindigkeit der Luft.

---

[1]) Josse: Versuche über Oberflächenkondensationen. Zeitschr. d. Ver. Deutsch Ing. 1909, Nr. 9, Fig. 16.

Luftgeschwindigkeit in den Röhren m/sek.	Wärmedurchgangszahlen WE/qm/°C/Std. für lichte Rohrdurchmesser von: 33,5 mm Wasser	33,5 mm Dampf	57,5 mm Wasser	57,5 mm Dampf	82,5 mm Wasser	82,5 mm Dampf
1,0 m	6,5	6,6	6,0	6,1	5,7	5,7
mm WS	$h_R = 0{,}093$ $h_W = 0{,}046$		0,044 0,053		0,028 0,050	+ 0,02
3,0 m	15,5	15,8	14,1	14,4	13,5	13,6
mm WS	$h_R = 0{,}66$ $h_W = 0{,}41$		0,33 0,47		0,21 0,53	+ 0,18
5 m	22,7	23,6	20,9	21,6	19,8	20,4
mm WS	$h_R = 1{,}71$ $h_W = 1{,}15$		0,85 1,31		0,54 1,48	+ 0,40
10 m	38,3	40,8	35,3	37,4	33,5	35,3
mm WS	$h_R = 6{,}16$ $h_W = 4{,}60$		3,11 5,25		1,96 5,81	+ 1,97
20 mm	63,5	70,5	58,7	64,7	55,7	61,1
mm WS	$h_R = 22{,}2$ $h_W = 18{,}4$		11,2 21,0		7,08 23,6	+ 7,8
30 m	84,1	97,1	78,1	89,1	74,2	84,0
mm WS	$h_R = 47{,}1$ $h_W = 41{,}4$		23,7 47,2		15,0 53,2	+ 17,8

Hierin bedeuten:

h_R die Reibungshöhe für 1 m Rohrlänge,

h_W die Widerstandshöhe beim Luftein und -austritt, falls hinter dem Kessel eine Rohrleitung angeschlossen ist. Ist letzteres nicht der Fall, so sind die Werte h_W um die +Werte zu vergrößern.

3. **Dachförmig gestellte Radiatoren**, nach Art der Fig. 88 schräg gegeneinander gestellt, wofür zuerst Hüttig[1]) für Warmwasser Versuche angestellt hat. Die Fig. 82 zeigt eine Luftwärmkammer mit dachartig zusammengestellten Heizkörpern, deren offene, dreieckige Endflächen mit verstellbaren Blechen abgeschlossen sind. Letztere haben den Zweck, der Luft ihren Weg entweder zwischen den Heizkörpergliedern hindurch oder nebenbei durch die offenen Endflächen zu weisen. Die Prüfanstalt hat

[1]) Hüttig; Versuche üb. Wärmeabgabe v. Warmwasserheizkörpern bei Luftzuführung mittels Ventilators. Ges.-Ing. 1908, Nr. 1 u. 39.

die dachförmige Anordnung der Radiatoren ebenfalls untersucht, und zwar sowohl für Wasser mit 80° mittlerer Temperatur als auch für Dampf von 1 bis 3 Atm. abs. Die Lufttemperatur ist

Fig. 216.
Röhrenluftheizkessel vom Hoftheater in Cassel.

in der folgenden Zahlentafel zu 0° angenommen; bei Erhöhung der Lufttemperatur bis auf 50° C nehmen die Zahlenwerte um 10% ab. Bemerkenswert ist, wie aus der Zahlentafel hervorgeht, daß die Wärmedurchgangszahlen für Wasser mit der Wassergeschwindigkeit zunehmen, bis sie für 2 m/sek den gleichen Wert wie für Dampfheizung erreichen. Aus dem Verhältnis $\frac{k\text{Wasser}}{k\text{Dampf}}$

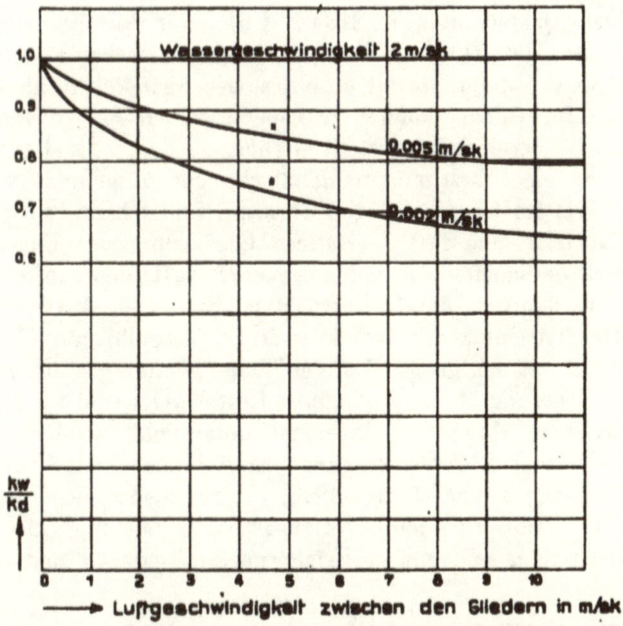

Fig. 217. Wärmedurchgang bei dachförmig gestellten Radiatoren.

hat **Margolis** für die Wassergeschwindigkeiten 0,002 und 0,004 m den Zusammenhang mit der Luftgeschwindigkeit durch die

Luftgeschwindigkeit im Zuluftkanal m/sek.	Wärmedurchgangszahl WE/qm/° C/Std.				Druckverlust
	Warmwasser $v =$			Dampf	
	0,002	0,005	2,00	1—3 Atm.	mm WS
0,2	6,6	6,9	7,2	7,2	0,007
0,4	9,5	10,2	10,9	10,9	0,023
0,6	11,8	12,8	14,0	14,0	0,048
1,0	15,2	17,0	19,1	19,1	0,120
1,5	18,5	21,2	24,5	24,5	0,250
2,0	21,0	24,5	29,2	29,2	0,419
2,5	23,2	27,5	33,5	33,5	0,626
3,0	25,0	30,1	37,5	37,5	0,869

Kurvendarstellung in Fig. 217 gefunden: mit geringer werdender Luftgeschwindigkeit nähern sich die Werte k_w und k_d, bis sie für $v = 0$ einander gleich werden, d. h. es wird dabei das Wärmedurchgangsverhältnis für Wasser zu Dampf gleich 1.

4. **Rhombicus-Lufterhitzer** sind Radiatoren mit rhombusförmigem Querschnitt (Fig. 218a und b), deren Glieder ineinander greifen und also nur enge Luftquerschnitte zwischen sich lassen, durch welche die Luft mit erhöhter Geschwindigkeit hindurchströmt. Die Glieder können zu beliebig vielen Reihen vereinigt und auch übereinander gestellt werden, so daß jeder Raum zur Erzielung einer bestimmten Heizfläche gut ausgenutzt werden kann. Wie der Grundriß Fig. 218b zeigt, findet beim Lufteintritt und -austritt eine fast verlustlose Umsetzung der Druckhöhe in Geschwindigkeitshöhe und umgekehrt statt, und sanfte Übergänge vermindern durch düsenartige Ein- und Austrittsquerschnitte den einmaligen Druckverlust. Die senkrechten Flächen im Verein mit den großen Luftgeschwindigkeiten gestatten keine Staubablagerung. Diese Rhombicus-Lufterhitzer sind für Dampfheizung von Margolis eingehend untersucht worden[1]). Die Ergebnisse des Wärmedurchganges sind in der Zeitschrift »Gesundheits-Ingenieur«, Jahrg. 1916, Nr. 19, niedergelegt, auf die hier verwiesen werden muß. Auszugsweise seien einige Leistungen für dreireihige Rhombicus-Heizkörper mitgeteilt, und zwar:

a) für Dampfheizung:

Mittlere Dampftemp.	100	100	105	110	120	130	°C
» Lufttemp.	+10	+5	+5	+5	±0	−5	°C
Gesamtlufterwärmg.	60	30	40	50	33,75	37,5	°C
Wärmeleist. d. Heizfl.	1230	5200	3600	2600	8400	10 000	WE/qm/Std.
Luftwiderstand	0,53	10,5	4,2	2,0	17,5	19,0	mm WS

Aus den Werten für Dampf hat Margolis mit Hilfe der in Fig. 217 gefundenen Beziehungen die umfangreichen, im »Gesundheits-Ingenieur« veröffentlichten Zahlentafeln für Wasserheizung gefunden, aus denen die folgenden Zahlen einen Auszug darstellen:

[1]) Margolis: Die Bewertung von Lufterhitzern unter besonderer Berücksichtigung des Rhombicus-Lufterhitzers. Gesundh.-Ing. 1916, Nr. 19.

Fig. 218a und 218b. Rhombicus-Lufterhitzer (Rud. Otto Meyer).

b) für Wasserheizung:

Mittlere Wassertemp.	70	75	80	85	90	90	°C
Lufttemp. .	−5	+5	+12,5	+20	−10	0	°C
Gesamtlufterwärmg. .	30	26,3	25	22,5	50	40	°C
Wärmeleist. d. Heizfl.	1460	1480	1440	1500	890	1620	WE/qm/Std.
Luftwiderstand . . .	2,0	2,4	2,4	3,0	0,48	1,5	mm WS

Für den wirtschaftlichen Vergleich verschiedener Lufterhitzerbauarten ist offenbar die Tatsache maßgebend, daß unter sonst gleichen Verhältnissen derjenigen Bauart der Vorzug gebührt, die bei gleichem Luftwiderstand die größte Wärmeleistung liefert, d. h. deren Verhältnis $\frac{k(t_e - t_a)}{h}$ den größeren Wert ergibt. Für einen normalen Röhrenluftkessel nach Fig. 216 mit Heizröhren von 57,5 mm lichtem Durchmesser und 1,5 m Länge ist von Margolis ein solcher Vergleich gemäß folgender Zusammenstellung berechnet worden:

	h	$t_e - t_a$	k	$\frac{k(t_e - t_a)}{h}$
Röhrenkessel . .	2,9	42	21	300
Rhombicuserhitzer	2,9	42	32	460

Der geringe Raumbedarf der Rhombicus-Lufterhitzer und ihre bequeme Unterbringung haben die Firma Rud. Otto Meyer zum Bau von Einzellufterhitzern mit Rhombicus-Heizflächen gemäß Fig. 218c veranlaßt. Diese Anordnung wird unmittelbar in dem zu beheizenden Raume (meist Fabriksäle) aufgestellt. Die Raumluft wird dabei mittels eines in den Kasten eingebauten Luftgebläses durch die Heizflächen hindurchgesaugt und strömt erwärmt durch die obere Luftöffnung aus. Statt des in der Fig. 218c sichtbaren Riemenbetriebes kann auch ein Antriebsmotor ebenfalls in die Verkleidung eingebaut werden. Diese Heizapparate können sogar fahrbar eingerichtet werden, so daß sie sich besonders auch zur zeitweisen Heizung von Neubauten oder Behelfsräumen eignen und dann von einer Lokomobile mit Dampf zu speisen sind.

5. Ein ähnlicher Heizapparat wie der vorbeschriebene ist der **Sendric-Heiz- und Kühlapparat** der Gebr. Sulzer A.-G.,

über dessen Wärmeleistungen Versuche von Hottinger[1]) vorliegen. Fig. 219a zeigt den Querschnitt der Sendricglieder im Grundriß, Fig. 219b und 219c veranschaulichen den Zusammenbau der Glieder und die Kuppelung des in einen Kasten eingebauten fertigen Heizkörpers mit dem Luftgebläse. Der Grundgedanke des Aufbaues ist der gleiche wie bei den Rhombicus-Heizkörpern. Ein Unterschied besteht darin, daß auf die Glieder quer herumlaufende Rillen aufgegossen sind, die die Aufgabe haben,

Fig. 218c.
Rhombicus-Einzellufterhitzer. (Rud. Otto Meyer.)

einesteils ein fortwährendes Zerschneiden und ein dauerndes Umwälzen des Luftstromes herbeizuführen, andernteils die Heizfläche zu vergrößern, um auf kleinem Raume eine große Leistung unterzubringen. Die Fig. 219d gibt noch die Darstellung des wagrechten Zusammenbaues der Sendric-Apparate als Gebläseheizkörper für die Verwendung in Werkstätten.

[1]) Hottinger: Die Sendric-Heiz- und Kühlapparate. Gesundh.-Ing. 1916, Nr. 25.

Die Sendric-Heizkörper werden auch zu allen möglichen anderen Verwendungsarten herangezogen, z. B. für Luftbefeuchtung, Kühlung, Trocknung, als Dampfverdichter zur Ausnutzung der Abdampfwärme von Dampfmaschinen, als Kühlwasserrückkühler für Dieselmotoren, als Rauchgasvorwärmer in Dampfkesseln, als Abhitzeverwertungsapparat in den Retorten von Gasanstalten u. a. m.

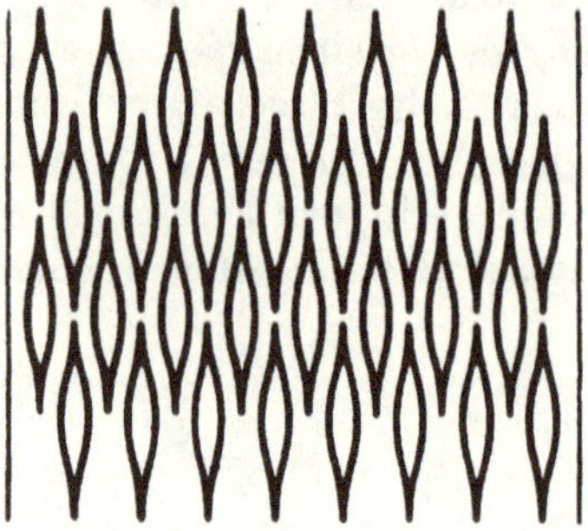

Fig. 219 a.
Querschnitt der Sendric-Heizkörper (Gebr. Sulzer).

Die mit den Sendric-Heizkörpern erreichten Wärmeleistungen betragen etwa 8000 WE/Std. auf 1 qm Oberfläche beim Übergang von Dampf an Luft.

Fig. 219 b.
Zusammengesetzter Sendric-Heizkörper (Gebr. Sulzer).

6. Einer der ersten und bekanntesten Gebläseheizkörper ist der **Lamellenheizkörper von Junkers**[1]), der aus flachen Kanälen

[1]) Zeitschrift »Gesundheits-Ingenieur« Jahrg. 1913, Nr. 3, Verlag von R. Oldenbourg, München.

von durchschnittlich 8 mm l. W. besteht, durch die das Heizmittel (Warmwasser, Dampf) fließt und die in einem Abstande

Fig. 219c.
Kupplung eines Sendric-Luftwasch- und Heizapparates (Gebr. Sulzer).

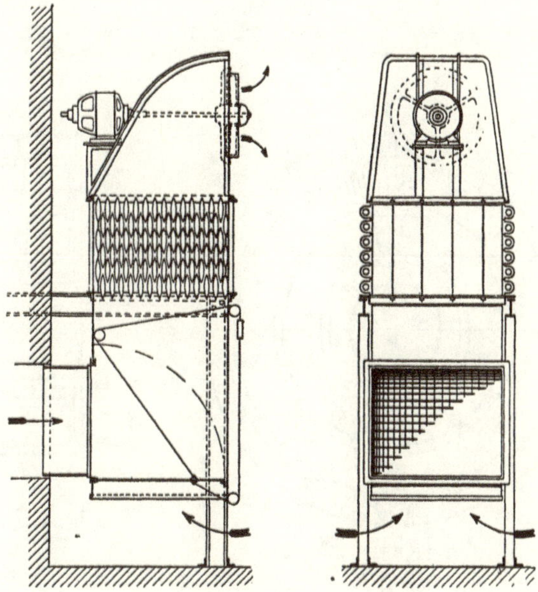

Fig. 219d.
Sendric-Gebläseheizung für Werkstätten (Gebr. Sulzer).

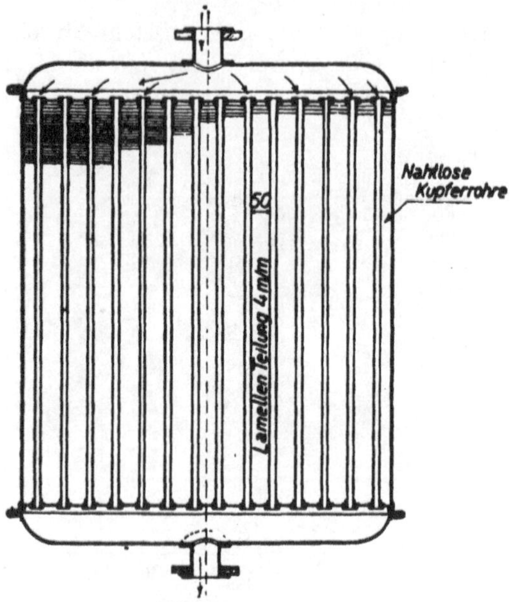

Fig. 220 a.
Professor Junkers' Lamellenheizkörper für eine stündliche Leistung von 120 000 Wärmeeinheiten.

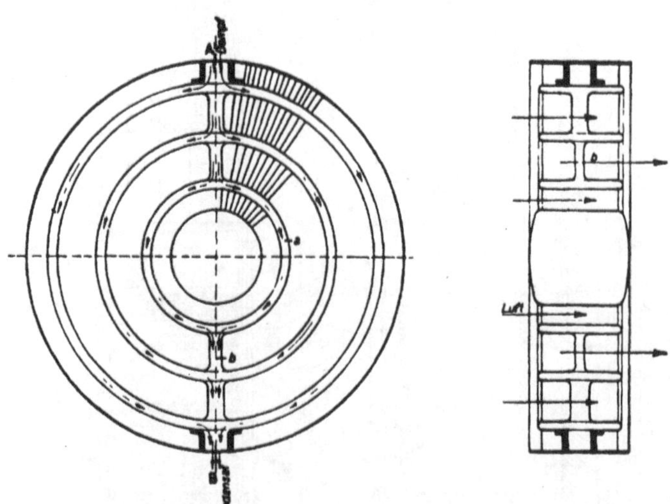

Fig. 220 b.
Ringbauart von Prof. Junkers Lamellenheizkörper.

von etwa 50 mm auseinander stehen und durch dünne Kupferbleche (Lamellen) verbunden sind. Bei den Lufterhitzern beträgt der Abstand der Kupferbleche etwa 4 bis 5 mm. Die Ausführung ist aus Fig. 220a in rechteckigem Querschnitt und aus Fig. 220b in rundem Querschnitt zu ersehen. Die Fig. 220c zeigt den Zusammenbau der Ringbauart mit einem Gebläse, fertig zur Anbringung in dem zu beheizenden Raume; die Anordnung ist unter der Bezeichnung »Zephirlüfter« bekannt. Die Wärmeübertragung ist naturgemäß sehr groß: bei normaler Lamellentiefe von 200 mm beträgt die Heizfläche für 1 qdm Stirnfläche

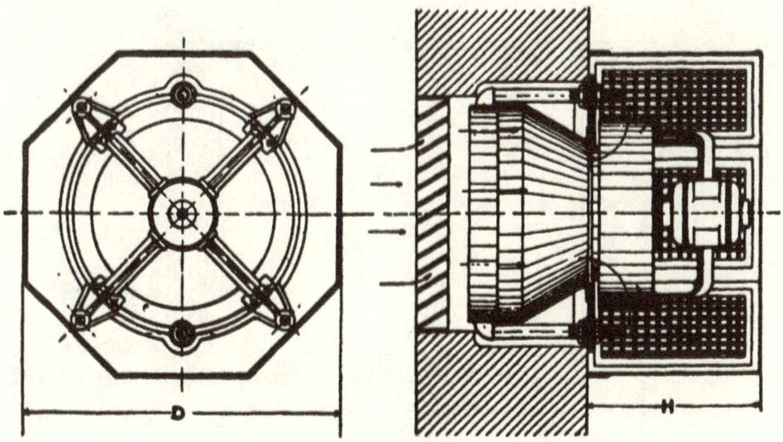

Fig. 220c.
»Zephir«-Lüfter nach Professor Junkers.

des Apparates 1 qm, bei 6 m/sek Luftgeschwindigkeit gegen einen Luftwiderstand von 3 mm WS, bei 10 m/sek gegen 8,3 mm WS.

7. Endlich werden auch **Gebläseheizkörper aus Rippengliedern** hergestellt, z. B. von Danneberg und Quandt, von Rud. Otto Meyer, Junkers, Winkelmüller & Co. in Leipzig (Fig. 221) und anderen. —

Kurz zusammengefaßt können wir sagen, daß man mit allen diesen Bauarten von Gebläseheizkörpern darauf hinausgeht, unter hinreichender Steigerung der Luftgeschwindigkeit eine erhöhte Wärmeübertragung zu erzielen, um auf kleinem Raume eine große Wärmeleistung unterzubringen. Dabei werden, wie aus den mitgeteilten Zahlen hervorgeht, Wärmedurchgangszahlen von über

100 WE/qm/Std./° C erreicht, d. h. mehr als das Zehnfache gewöhnlicher Raumheizkörper. Neben der Raumersparnis läuft eine Wärmeersparnis einher insofern, als gegenüber der bisher üblichen Anordnung von großen, meistens gemauerten Heizkammern die Wärmeverluste des nunmehr äußerst gedrängten Aufbaues sehr eingeschränkt sind. In technischer Beziehung ist der maschinenmäßige Aufbau der ganzen Anordnung und deren von den Raumverhältnissen fast unabhängige Unterbringung erwähnenswert. Endlich ist in gesundheitlicher Hinsicht besonders

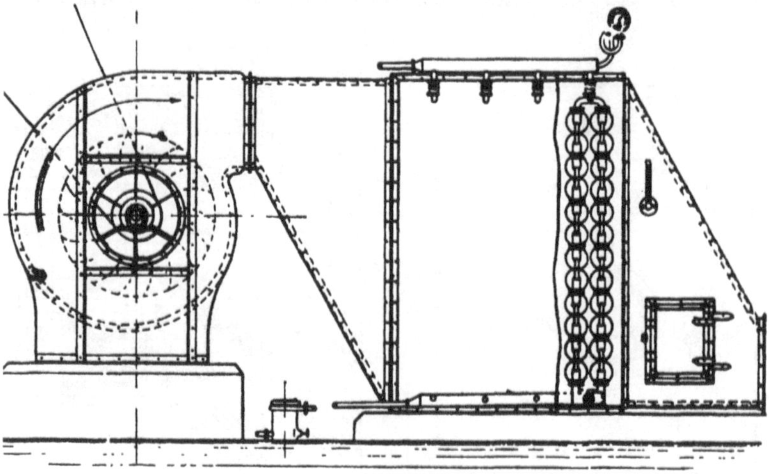

Fig. 221.
Gebläseheizapparat von Winkelmuller & Co. in Leipzig.

hervorzuheben, daß diese Gebläseheizkörper mit ihren großen Luftgeschwindigkeiten von vielfach 10 m in der Sekunde selbstreinigend sind, weil der Staub auf den Heizflächen gar nicht zur Ablagerung kommen kann, sondern von der Luft mit durchgerissen wird. Dazu kommt, daß wegen der kurzen Berührungsdauer der Luft mit den Heizflächen von Bruchteilen von Sekunden kaum eine Zersetzung des organischen Staubes stattfinden kann, so daß die Luft auch in erwärmtem Zustande erfrischend wirkt.

Wenn wir nun noch nach den physikalischen Zusammenhängen bei der gesteigerten Wärmeübertragung fragen, so finden wir ihre augenscheinliche Erklärung in der Tatsache, daß wir uns hier in einem Strömungsgebiet bewegen, das erheblich oberhalb der sog. kritischen Luftgeschwindigkeit liegt, d. h. derjenigen, oberhalb der nicht mehr eine Parallelbewegung der Luftfäden, sondern »Wirbelströmung« (Turbulenz) stattfindet. Durch die lebhafte Durcheinanderwirbelung der Luftteilchen, die mit der Luftgeschwindigkeit zunimmt, findet ein immer rascherer Ersatz an den Heizwandungen und daher eine starke Wärmeentziehung statt. Diese Erscheinung setzt voraus, daß auf der anderen Seite der Rohrwand nun auch eine erhöhte Wärmezufuhr stattfindet, die bei Dampf infolge der lebhaften Molekelbewegung jederzeit bis zur Dampfverdichtung erfolgt, bei Wasser aber nur bei gleichfalls gesteigerter Wassergeschwindigkeit zu erzielen ist und oberhalb der kritischen Wassergeschwindigkeit so stark zunimmt, daß der Wärmeübergang an die Rohrwandung schließlich dem des Dampfes nahezu gleichkommt. Gehen wir von der Grundgleichung für die Wärmedurchgangszahl k aus, nämlich von Gl. (64):

$$\frac{1}{k}=\frac{1}{\varepsilon}+\frac{d}{\lambda}+\frac{1}{\alpha},$$

so sind die Wärmeübergangszahlen für gesättigten Dampf nach allen Forschungsergebnissen so groß (nach Nusselt bis zu 10000), daß $\frac{1}{\varepsilon}$ etwa gleich 0,0001 wird. Ebenso ist wegen der außerordentlich guten Wärmeleitfähigkeit λ und der geringen Wandstärken d der Wert $\frac{d}{\lambda}$ kleiner als 0,0001. Daher wird für Dampf $k=\alpha$, wofür die folgenden Werte gelten:

nach Brabbée beim Röhrenkessel:

$$k=0{,}0059\cdot\frac{G^{0,79}}{d^{1,74}}=3{,}145\cdot\frac{(\gamma v)^{0,79}}{d^{0,16}},$$

nach Brabbée beim Sturtevant-Heizkörper:

$$k=15{,}8 \text{ bis } 18{,}1\cdot(\gamma v)^{0,59} \text{ für 2 bis 4 Rohrreihen,}$$

nach Margolis beim Rhombicus-Heizkörper:

$$k=9{,}85\left(\frac{v}{1+\frac{t_m}{273}}\right)^{0,65}$$

Wenn wir vergleichen, so finden wir gegenüber einer Wärmeübergangszahl ε vom Dampf an die Heizfläche von über 10000 eine Wärmeübergangszahl α von der Heizfläche an die Luft, die mit den üblichen Gebläseheizkörpern im besten Falle etwas über 100 liegt, also etwa den hundertsten Teil von jener beträgt.

Für Warmwasser, das in einem Rohre von 1 bis $1\frac{1}{4}''$ strömt, fand Brabbée aus den Versuchen mit dem Sturtevantheizkörper die Wärmeübergangszahl an die Heizfläche $\varepsilon = 6410 \cdot v^{0{,}8}$, während nach Nusselt[1]) und Soennecken[2]) ganz allgemein

$$\varepsilon = c \cdot \frac{v^n}{d^{1-n}} \text{ bzw. } \varepsilon = c \cdot \frac{v^n}{d^{1-n}} \cdot (1 + x \cdot t_{\text{Wand}}) \cdot (1 - y \cdot t_{\text{Wasser}})$$

zu setzen ist, woraus sich die in obigen Zahlentafeln mitgeteilten k-Werte unter Vernachlässigung des kleinen Bruches $\frac{d}{\lambda}$ errechneten.

Mit den gefundenen Werten von k ist dann die gesuchte Heizfläche H aus der bekannten Gl. (65) oder (75):

$$W = F \cdot k \cdot \left(t_{\text{Dampf}} - \frac{t_e + t_a}{2}\right) \text{ bzw.} = F \cdot k \cdot \left(t_{m\text{Wasser}} - \frac{t_e + t_a}{2}\right)$$

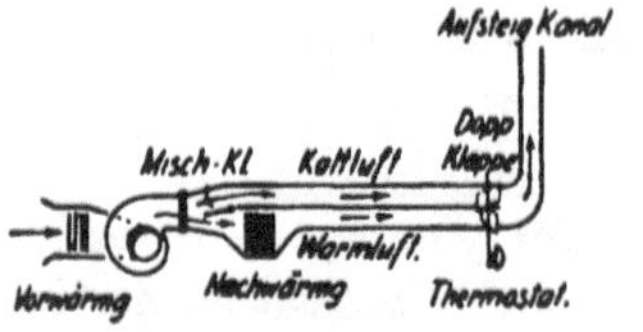

Fig. 222.
Selbsttätige Klappenstellung.

zu berechnen. Auf die Anwendung des Gegenstromgesetzes beim Wärmedurchgang kann in Anbetracht der geringen Abweichungen gegenüber den vorzunehmenden Abrundungen verzichtet werden. Wegen der Einzelheiten der Berechnung von Zahl und Größe der Heizglieder sei auf die bereits angezogenen Veröffentlichungen von Brabbée und Margolis verwiesen.

Ein Hauptnachteil der Luftheizung, wie sie meistens bei uns noch ausgeführt wird, ist der, daß bei bestimmter Zulufttemperatur die zugeführte Luftmenge eine Funktion des Wärmebedarfes ist. Da letzterer in weitesten Grenzen je nach den Witterungsverhältnissen schwankt, so führt eine Regelung der Zuluftklappen für die verschiedenen Räume oft zu Unzuträglichkeiten, weil durch die Änderung einer Klappenstellung auch die Luftförderung für die übrigen Räume geändert wird. Eine Regelung der Wärmezufuhr durch Veränderung der Zulufttemperatur ist noch unbequemer, weil dann jeder Zimmerkanal seine besondere Erwärmung haben müßte. Dazu kommt, daß sowohl eine Rege-

[1]) Nusselt: Die Abhängigkeit der Wärmeübergangszahl von der Rohrlänge. Z. d. V. D. I. 1910, Nr. 28.

[2]) Soennecken: Der Wärmeubergang von Rohrwänden an stromendes Wasser, Dissertation, Technische Hochschule München, 1910.

lung der Zuluftmenge durch Klappenstellung als auch eine Regelung der zuzuführenden Wärmemenge durch Ventilverstellung ihre Schwierigkeiten hat wegen der sich ändernden Wirkung dieser Organe je nach ihrer augenblicklichen Einstellung[1]). Die Amerikaner sind zuerst allen diesen Schwierigkeiten dadurch aus dem Wege gegangen, daß sie nach dem Schema der Fig. 222 jeden nach oben führenden Luftkanal doppelt ausführen, und zwar einmal als Warmluftkanal, das andere Mal als Kaltluftkanal. Ersterer ist durch die Heizkammer hindurch, letzterer an ihr vorbei geführt. Beide gehen neben- oder übereinander getrennt bis zum Fuße des senkrecht nach dem betreffenden Raume hochführenden Kanales. An der Vereinigungsstelle ist eine Doppelklappe (Fig. 223) eingebaut, die durch einen selbsttätigen Temperaturregler betätigt wird. Der Aufnahmekörper des letzteren sitzt in dem betreffenden Raume und öffnet oder schließt je nach der Innentemperatur selbsttätig eine Druckluftleitung, die zu dem Luftdruckmotor (Fig. 223) führt. Beim Schließen der Druckluftleitung wirkt die Druckluft auf eine im Motorgehäuse angeordnete Membran, die niedergedrückt wird und ihre Bewegung auf den Klappenhebel überträgt. Die Doppelklappe wird also im ganzen um 90° gedreht. War ihre Stellung vor der Drehung so, daß der Warmluftkanal geöffnet war, so ist nach der Betätigung durch die Membran der Warmluftkanal geschlossen, der Kaltluftkanal dagegen geöffnet. Durch abwechselndes Öffnen und Schließen der Warm- und Kaltluftkanäle wird also der eingestellte Temperaturzustand in den Räumen aufrechterhalten. Haben beide Kanäle den gleichen Querschnitt, so wird also durch die Änderung der Klappenstellung der Gesamtkanalwiderstand ungeändert bleiben, also auch die dem Raume zugeführte Luftmenge stets die gleiche sein. Die Lüftung ist also vollständig unabhängig von der Heizung geworden, und

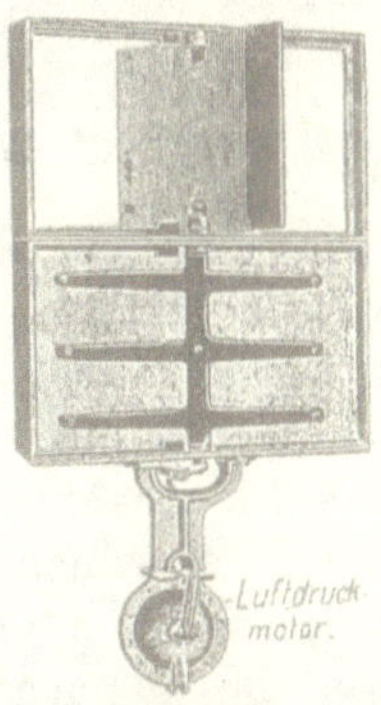

Fig. 223. Doppelumstellklappe mit Johnson-Membranventil.

[1]) Vgl. Dietz: Die technischen Anlagen im Städt. Volksbad Nürnberg. Verlag R. Oldenbourg, München 1918.

durch Stellung einer Klappe werden die übrigen Luftförderungen nicht beeinflußt. Ein Nachteil ist jedoch damit verbunden, nämlich der, daß die Temperatur der in den Raum einströmenden Luft beim jedesmaligen Umstellen der Klappe sich plötzlich stark ändert. Dieser Umstand, der bei den in dieser Beziehung nicht empfindlichen Amerikanern in keiner Weise zu Störungen des Wohlbefindens führt, kann bei uns gegebenenfalls zu lebhaften Klagen über Zugerscheinungen Veranlassung geben. Deshalb empfiehlt es sich, keine volle Schließung der Klappe einzurichten, sondern nur einen Teilschluß zuzulassen, der dann stets nur eine Veränderung im Mischungsverhältnis von warmer zu kalter Luft bewirkt.

c) Kritik und Anwendung der Luftheizung.

Die einfache Feuerluftheizung mit natürlichem Auftrieb ist außerordentlich von Windeinflüssen abhängig, und zwar in doppelter Weise. Erstens übt der Wind seine Wirkung auf die Luftentnahme aus, und es sind aus diesem Grunde möglichst zwei Luftentnahmestellen auf entgegengesetzten Seiten des Hauses anzuordnen. An der Vereinigungsstelle dieser beiden Frischluftkanäle sitzt dann unter der Heizkammer eine Umschaltklappe, die je nach der Windrichtung entsprechend eingestellt werden muß. Zweitens wirkt stärkerer Windanfall auf die Räume selbst in der Weise ein, daß die der Windrichtung zugekehrten Räume im Innern Überdruck, die abgekehrten Unterdruck erhalten, vgl. Seite 88 und 89. Der Überdruck in den ersteren kann unter Umständen so hoch anwachsen, daß die weitere Einströmung der Warmluft aus der Heizung in Frage gestellt ist, so daß die betreffenden Zimmer kalt bleiben. Ja, es kann leicht zu einer umgekehrten Luftbewegung in der ganzen Heizung oder einem Teile derselben kommen. Daraus folgt, daß in Landhäusern, die auf Anhöhen liegen oder die auch sonst erheblichem Luftanfall ausgesetzt sind, besser keine Luftheizung einzurichten ist, es sei denn, daß die Außenwände besonders dicht hergestellt und mit dichtschließenden Doppelfenstern ausgestattet werden. Gegen die Einwirkung des Windes auf die Luftentnahmemündung kann man sich vorübergehend durch die Inbetriebnahme der Umluftheizung schützen.

Unabhängig von den äußeren Windeinflüssen wird aber die Wirkung der Luftheizung erst durch Anwendung eines Luftgebläses. Die Luftheizung kann dann zu einem sehr angenehmen Heizbetriebe führen, wenn alle benutzten Räumlichkeiten demselben Abnehmer gehören. Nehmen jedoch verschiedene Parteien an der Heizung teil, so führt dieser Umstand sicher zu allerhand Unzuträglichkeiten bezüglich der Regelung, sofern sie nicht selbsttätig wirkt. Daß letzteres ausschlaggebend ist, beweist am besten die Tatsache, daß in Amerika die größten Häuser mit Räumen ganz verschiedener Benutzung, wie z. B.

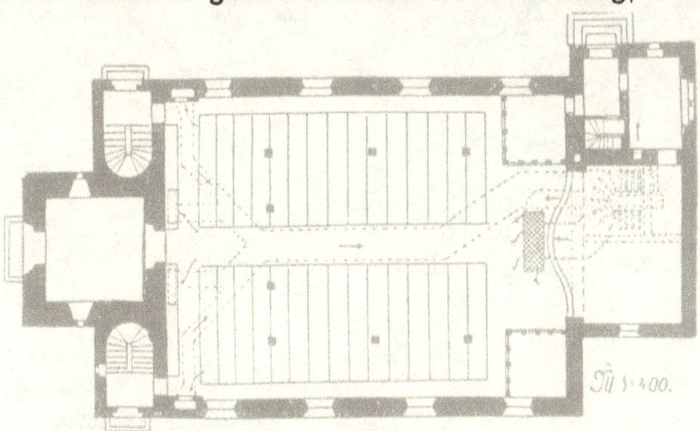

Fig. 224.
Feuerluftheizung in einer Kirche (H. Kori, Berlin.)

Gasthäuser, unbedenklich mit selbsttätig geregelten Luftheizungen ausgestattet werden.

Das hauptsächlichste Anwendungsgebiet für die Luftheizung sind einzelne Räume mit großem Luftinhalt, wie Versammlungssäle, Fabriken, Kirchen usf. Für diese ist vor ihrer Benutzung durch die Umluftheizung der große Vorteil des raschen Hochheizens infolge starker Durcheinanderbewegung der Luftschichten zu erzielen. In Versammlungssälen hat dann die Luftheizung den wesentlichen Vorzug, daß sie nach erfolgter Besetzung des Saales als Lüftungsanlage betrieben werden kann; denn jetzt müssen die durch die Anwesenden und durch die Beleuchtung erzeugte Wärmemenge und der Wasserdampf abgeführt werden, so daß die Eintrittstemperatur der Zuluft herabgesetzt werden kann.

Die Fig. 224 veranschaulicht eine von H. Kori ausgeführte Kirchenluftheizung. Der Feuerluftheizofen (vgl. Fig. 214) ist unter dem Altarplatz in einem Kellerraume durch eine Trepp vom Flur eines Nebeneinganges aus zugänglich. Fast unmittelba über dem Ofen ist das Luftausströmgitter vor den Altarstufe angeordnet; ein weiteres Warmluftgitter ist für die Beheizung de Sakristei vorhanden. Nachdem die Zuluft ihre Wärme dem Kirchen raume mitgeteilt hat und dadurch schwerer geworden ist, fäll sie in die Umluftkanäle durch vier Rückluftgitter auf der gegen überliegenden Kirchenseite und kommt so durch den mittleren

Fig. 225 a.
Großraumluftheizung von Danneberg und Quandt, Berlin.

unter Fußboden gelegenen Hauptluftkanal wieder zu erneute Erwärmung zum Luftheizofen zurück. Will man durch eine solch Heizung im Kircheninnern Überdruck erzielen (vgl. Seite 466 und hierdurch dem kalten Luftzug entgegenwirken, so muß de Luftheizofen mit einem möglichst großen und kurzen Frischluft kanal (mit geringem Widerstand!) verbunden und alle Um fassungswände des Kirchenraumes müssen durch besonder Mittel baulich so dicht wie möglich hergerichtet werden. Ebens müssen die Umluftkanäle nur geringe Widerstände aufweisen Ferner muß der Heizofen entsprechend tief angeordnet werden damit er imstande ist, die nötige Auftriebs- oder Druckhöhe zu

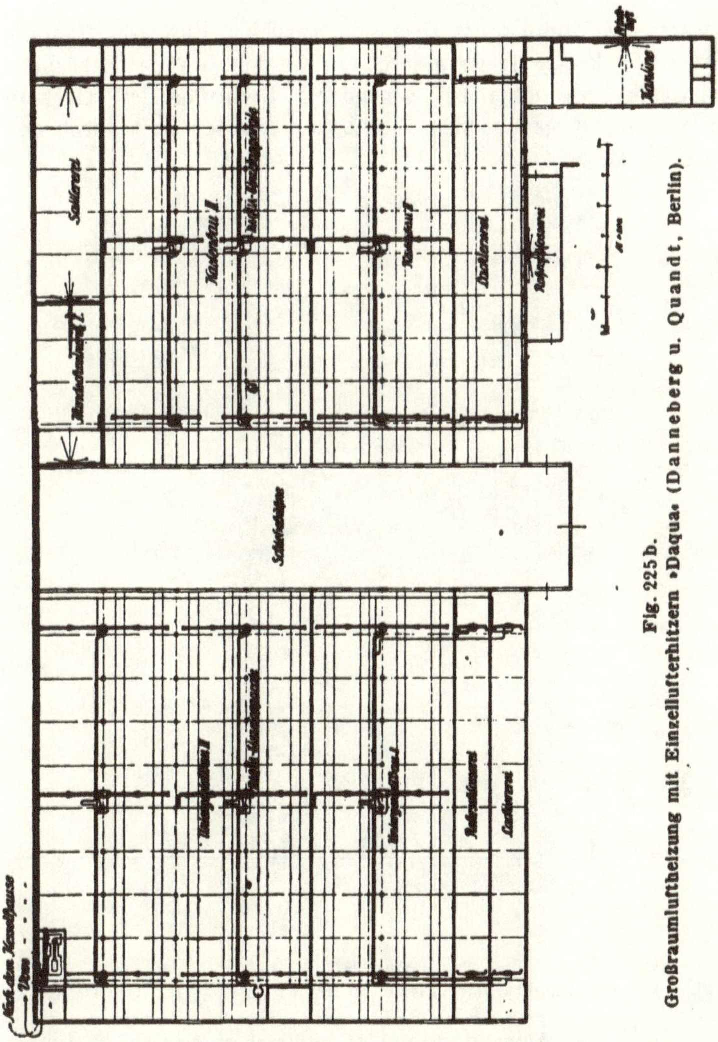

Fig. 225 b.
Großraumluftheizung mit Einzellufterhitzern »Daqua« (Danneberg u. Quandt, Berlin).

erzeugen, um die neutrale Zone (vgl. S. 80) möglichst unter Fußboden zu verlegen. Die beiden in der Fig. 224 neben der Hauptkirchentüre gelegenen Rückluftgitter nehmen alsdann die bei etwa nicht genügendem Überdruck beim jedesmaligen Eintreten der Kirchengänger am Fußboden hereinströmende kalte Außenluft sofort auf und führen sie durch den Mittelrücklaufkanal zur

Erwärmung durch den Heizofen zurück. Für Abluftkanäle braucht in keiner Weise gesorgt zu werden, da der natürliche Luftwechsel — auch bei besonderer Dichtung des Kirchenraumes — für genügenden Ersatz von frischer Luft durch den Frischluftkanal sorgt.

Fig. 226.
Lufterhitzer mit Dampfturbinenantrieb auf Betonbühne. (Rud. Otto Meyer.)

Ein großes Anwendungsgebiet hat sich seit etwa 10 Jahren die Dampf- bzw. Warmwassergebläseluftheizung in den Werkstätten, Fabrikräumen und Hallen aller Art besonders als Großraumheizung erobert. Sie hat gegenüber den örtlichen Dampf- oder Warmwasserheizkörpern den Vorzug der geringeren Platzinanspruchnahme, des größeren Stromkreises für die Raumerwärmung, des schnelleren Hochheizens, der Verbindung mit

Lüftung und, sobald Abwärme zur Verfügung steht, der größeren Wirtschaftlichkeit. Die Fig. 225a veranschaulicht die Warmluftverteilung durch Blechleitungen in einem Fabrikraume, der wie in Fig. 225b durch eine Luftheizung erwärmt wird. Die Luft wird hier durch Dachaufsätze aus dem Freien entnommen, in Einzel-»Daqua«-Lufterhitzern erwärmt und durch Blechluftleitungen im Raume verteilt. Der Antrieb der Luftgebläse an den Lufterhitzern erfolgt dabei in wirtschaftlichster Weise durch kleine Dampfturbinen, Fig. 226, deren Abdampf fast restlos zur Beheizung verwendet wird, so daß der Turbinen- und Gebläsebetrieb fast kostenlos ist.

Die Fig. 227 zeigt die Aufstellung von Sendric-Heizapparaten in einem Fabrikraume ohne Warmluftleitungen: die Heizluft wird unmittelbar in den Raum eingeblasen.

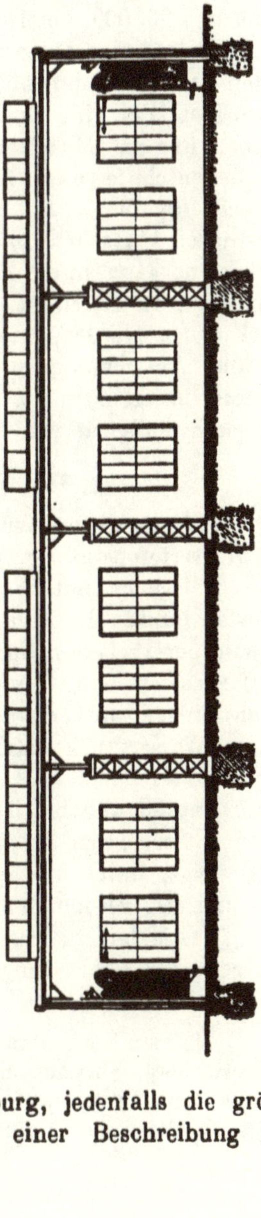

Fig. 227. Sendric-Luftheizapparate in einem Fabrikraum. (Gebr. Sulzer.)

Als besonders günstig hat sich die Luftheizung auch für Wagenhallen erwiesen, in denen wegen des Offenstehens der großen Eingangstore bei Dampf- oder Wasserheizung die Gefahr des Einfrierens besteht. Da die Warmluftleitungen in den Wagengruben verlegt werden, so trägt die hier unter den Wagengestellen der darüber gefahrenen Straßenbahnwagen ausströmende warme Luft im Winter zu einem schnellen Abtauen des Schneebelages der Wagen bei.

Auch eine der größten Hallenbauten, die 1914 erbaute Automobilausstellungshalle in Charlottenburg, jedenfalls die größte aller Ausstellungshallen, ist nach einer Beschreibung von

Marx[1]) durch Gebr. Körting, A.-G., mit Gebläseluftheizung geheizt, wobei die Luftheizapparate von Danneberg & Quandt in Berlin verwendet wurden. Die Halle hat bei 16500 qm Grundfläche und 200000 cbm Inhalt eine Länge von 225 m, eine Breite von 50 m und eine Höhe von 17 m im Mittelschiff, während die beiden damit zusammenhängenden Seitenhallen 12 m breit und 215 m lang sind. Die Decke hat 72 Oberlichter von je 6×12 m Fläche. Für das Mittelschiff wurde eine Dampfluftheizung, für die Seitenschiffe und Nebenräume eine Niederdruckdampfheizung ausgeführt. Aus sechs Heizkammern werden bei einem stündlichen 1½fachen Luftwechsel 300000 cbm Luft durch einen Deckenlängskanal in die Halle geblasen, und zwar bei 0° Außentemperatur als Frischluft, wobei über Fußboden 2 mm WS-Überdruck erzielt wurden, und bei —20° C als Umluft mit den sich für die Zwischentemperaturen ergebenden Abstufungen der Frischluftmengen. In den Austrittsöffnungen der Abluft wird eine Luftgeschwindigkeit von 10 m/sek erzielt.

32. Die Warmwasserheizung.

Die Warmwasserheizung wird je nach der Außentemperatur mit Wassertemperaturen von etwa 30 bis 90° C betrieben. Die ganze Anlage ist mit Wasser gefüllt, dessen Wasserspiegel am höchsten Punkte der Anlage sich in dem offenen Ausdehnungs-(Expansions-)gefäße befindet. Bei rund 100° C wird demnach das Wasser sieden und Dampfbildung eintreten. Bei einer 30 m hohen Anlage würden auf dem im Keller aufgestellten Kessel 3 Atm. Wasserdruck lasten, so daß der Siedepunkt des Wassers hier erst bei rund 140° C erreicht würde. Jedoch wird auch hier Dampfbildung bereits bei Überschreitung von 100° C eintreten müssen, weil das überhitzte Wasser in der Rohrleitung emporsteigt, durch die erfolgende Druckentlastung entspannt wird und also verdampfen muß. Solche Dampfbildung ist unter allen Umständen zu vermeiden, weil dadurch starke Wasserschläge in der Rohrleitung entstehen. Deshalb sollte das Wasser im Kessel nicht über 90° C geheizt werden.

[1]) Marx: Die Automobilausstellungshalle am Kaiserdamm in Charlottenburg, Vorträge und Aussprachen der »Freien Vereinigung Berliner Heizungsingenieure«, herausg. von Ginsberg, Jahrg. 1915, Verlag R. Oldenbourg, München.

Wird das Ausdehnungsgefäß jedoch erheblich höher als die obere Verteilungsleitung aufgestellt, so kann das Heizwasser im Kessel um diejenigen Temperaturgrade, die der Überhöhung entsprechen, höher erwärmt werden. Eine solche Bauart in Verbindung mit dem Einrohrsystem ist die Krellsche Überdruckwasserheizung[1]).

Bis vor wenigen Jahren wurden noch zwei andere Wasserheizbauarten ausgeführt, die geschlossen waren, und zwar die Perkins- oder Hochdruck-Heißwasserheizung, in der das Wasser bis 180° C und mehr erwärmt wurde, und die Mitteldruckwasserheizung mit Wassertemperaturen bis etwa 120°. Beide Bauarten sind, ihrer Gefährlichkeit und gesundheitlichen Nachteile wegen, heute wohl gänzlich verlassen worden. Im Unterschied zu ihnen heißt die hier näher zu besprechende gewöhnliche Warmwasserheizung auch Niederdruck-Wasserheizung.

Je nachdem der Wasserumlauf durch den Unterschied der Einheitsgewichte der erwärmten und abgekühlten Wassersäulen entsteht oder durch besondere Mittel ein schnellerer Umlauf des Wassers erzielt wird oder endlich das Wasser durch Pumpen bewegt wird, unterscheidet man die Schwerkraftheizung, die Schnellumlaufheizung und die Pumpenheizung.

Endlich unterscheidet man noch die Zweirohrbauart und die Einrohrbauart, je nachdem für die senkrechten Heizkörperstränge getrennte Hin- und Rückleitungen ausgeführt oder diese beiden zu je einem senkrechten Strange vereinigt werden.

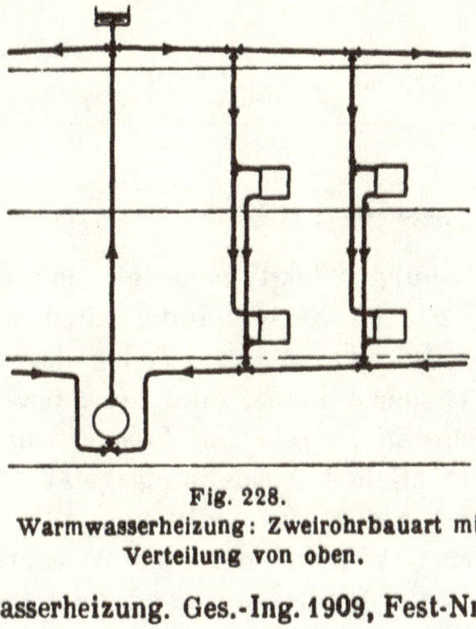

Fig. 228.
Warmwasserheizung: Zweirohrbauart mit Verteilung von oben.

a) Schwerkraft-Warmwasserheizung.

Der einfache Grundgedanke der gewöhnlichen Warmwasserheizung ist durch die Fig. 228 gegeben. Aus dem am tiefsten Punkte der Anlage

[1]) Krell sen.: Überdruckwasserheizung. Ges.-Ing. 1909, Fest-Nr.

eingebauten Kessel wird das erwärmte Wasser von dem nachdringenden abgekühlten in die Steigeleitung gehoben, durch die es zum Dachboden geleitet wird. Hier erfolgt die **Rohrverzweigung**, die sog. **Verteilung von oben**, und die einzelnen Fallstränge führen das Wasser zu den in den Stockwerken stehenden Heizkörpern, wo das Wasser, sich abkühlend, einen Teil seiner Wärme an den Raum abgibt. Mit verminderter Temperatur fließt das Wasser, schwerer geworden, aus den Heizkörpern in die Fallstränge ab, die sich zu der an der Kellerdecke aufgehängten Hauptrückleitung vereinigen. Diese führt endlich das um 20 bis 30° abgekühlte Wasser zum Kessel zurück, in dem seine erneute Erwärmung erfolgt, wodurch ein ununterbrochener Wasserumlauf im ganzen System unterhalten wird.

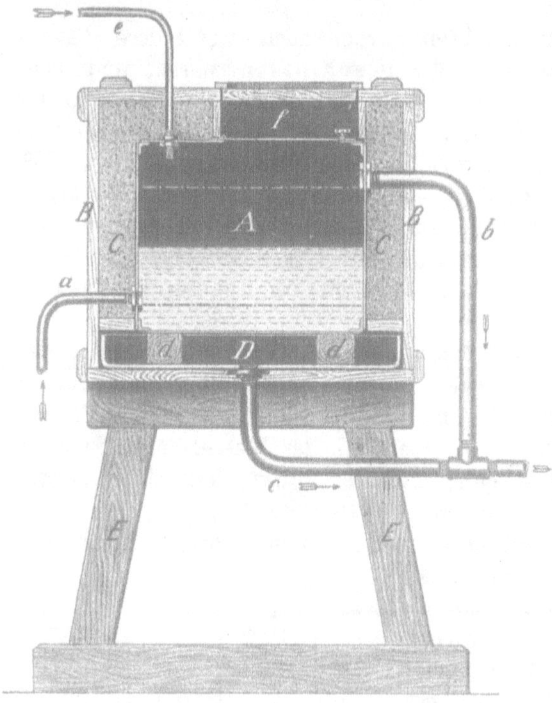

Fig. 229.
Ausdehnungsgefäß von Rietschel u. Henneberg.

Damit aus allen Teilen der Heizung die Luft ungehindert entweichen kann, muß die ganze Anlage Steigung nach einem höchsten Punkte hin haben, von dem aus eine Luftleitung zu dem offenen Ausdehnungsgefäße führt. Würde sich an irgendeiner Stelle der Leitungen oder der Heizkörper ein Luftsack bilden können, der den Wasserumlauf unterbricht, so kann die betreffende Leitung oder der Heizkörper nicht an dem gemeinsamen Kreislaufe des Wassers teilnehmen und bleibt kalt. An derartigen Punkten ist dann eine Entlüftung, d. h. ein Hahn oder besser eine besondere Luftleitung, anzubringen, die mit der gemeinsamen Ausdehnungsleitung verbunden wird. Manchmal ist es aus den baulichen Verhältnissen heraus, z. B. unter Durchfahrten, nicht möglich, die Leitung mit ständiger Steigung zu verlegen; in solchen Fällen muß dann der eben bezeichnete Ausweg beschritten werden.

Das **Ausdehnungsgefäß** (Fig. 229) muß so groß sein, daß es das bei der Erwärmung in der Heizanlage sich ausdehnende Wasser durch eine reichlich bemessene Verbindungs- oder Ausdehnungsleitung aufzunehmen vermag. Gegen das Einfrieren müssen das Ausdehnungsgefäß und die Ausdehnungsleitung gemäß preußischem Ministerialerlasse vom 10. Februar 1914 durch genügend wirksame Maßnahmen geschützt sein, und es müssen überdies die Steigeleitungen bis zum Ausdehnungsgefäß überall genügend weit bemessen sein, damit ein Platzen der Kessel wegen gehinderter Ausdehnung des Wassers vermieden wird. Das Ausdehnungsgefäß besitzt ferner als Untersatz eine Tropfschale mit Abfluß und wird gewöhnlich mit einem Deckel versehen, von dem aus eine kurze Luftleitung hochgeführt wird. Ferner erhält das Ausdehnungsgefäß einen Überlauf, der mit der Kanalleitung verbunden wird, und in $^1/_3$ der Höhe eine Probierleitung von etwa $^1/_2''$ Durchmesser, die bis zum Heizerstand im Keller zurückgeführt ist, so daß der Heizer durch Öffnen eines Hahnes erkennen kann, ob die Anlage noch genügend gefüllt ist. Andernfalls muß Wasser durch einen am Kessel in die Rückleitung einzubauenden Füllhahn nachgespeist werden. Jedoch ist die beschriebene, vielfach benutzte Anordnung als Meldeleitung fragwürdig, weil ja beim Probieren zuerst das im Rohre stehende Wasser abfließen muß. Man ersetzt daher diese Leitung lieber durch einen möglichst empfindlichen Höhenanzeiger in Form der bekannten Metallfedermanometer mit großer Teilung.

Meistens ist die Anlage mit **Verteilung von unten** billiger als die mit Verteilung von oben. Bei ihrer Anordnung gestaltet sich die Wasserführung wie in Fig. 230. Die einzelnen Fallstränge müssen zur Entlüftung je eine vom höchsten Punkt weggeführte Luftleitung erhalten, die sich im Dachgeschosse vereinigen und wieder in das Ausdehnungsgefäß münden. Da die Verteilungsleitung mit 1 bis 2 cm Steigung auf jeden Meter Länge anzulegen ist, so kann die Verteilung von unten bei in wagerechter Richtung sehr ausgedehnten Anlagen nur dann erfolgen, wenn die Keller genügend hoch sind.

Bei der Verteilung von oben hat das Wasser bis zu den letzten Heizkörpern im Erdgeschoß einen sehr langen Weg zurückzulegen und kühlt dementsprechend stärker aus. Deshalb sind die Heizkörper des Erdgeschosses während des Anheizens

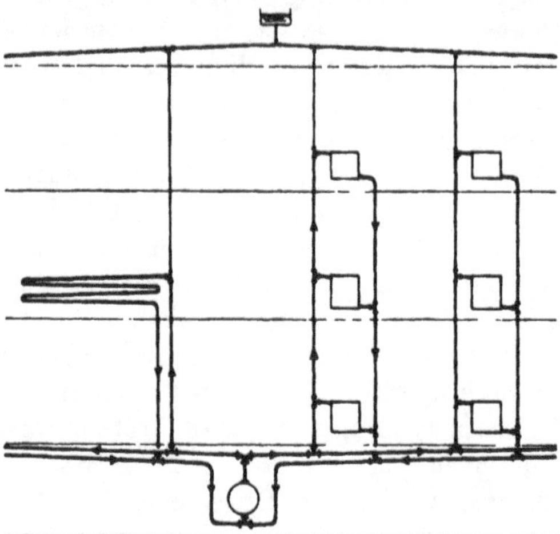

Fig. 230.
Warmwasserheizung: Zweirohrbauart mit Verteilung von unten.

benachteiligt. Dieser Übelstand wird durch die Verteilung von unten vermieden. Ein Nachteil der unteren Verteilung ist der, daß die Keller durch die Zuleitungen etwas mehr erwärmt werden als bei der oberen Verteilung. Dagegen tritt hier wieder der besondere Vorteil hervor, daß bei unterer Verteilung jeder Steigestrang — sowohl Vorlauf als auch Rücklauf — im Keller mit je einem Absperrhahn zum vollkommenen Abstellen oder auch zum Regeln des Wasserzuflusses ausgestattet werden kann. Da das Wasser bei den besprochenen Anordnungen in besondere Rückleitungen abfließt, die gewöhnlich als Fallstränge neben den aufsteigenden Leitungen entweder frei auf der Wandfläche oder in einem Mauerschlitze verlegt werden, so führt eine solche Bauart den Namen Zweirohrsystem.

Fließt dagegen das von oben kommende Wasser, wie in Fig. 231, aus den Heizkörpern wieder in denselben Zuleitungsstrang hinein nach unten weiter, so haben wir es mit dem **Einrohrsystem** zu tun. Hier kann naturgemäß nur die Verteilung von oben in Frage kommen. Die Wirkungsweise des Einrohrsystemes beruht wiederum darauf, daß das die Heizkörper durchfließende Wasser einer fortwährenden lebhaften Abkühlung unterworfen ist. Es fließt daher, schwerer geworden, aus den Heizkörpern dauernd ab und wird durch nachfließendes warmes Wasser ersetzt. Das die untersten Heizkörper speisende Wasser muß bei dem Einrohrsystem zum Teil nacheinander die Heizkörper der oberen Stockwerke durchflossen haben. Damit also die unteren Heizkörper nicht zu kaltes Wasser bekommen können, darf letzteres in den einzelnen Stockwerksheizkörpern nur in mäßigen Grenzen abgekühlt werden, was durch entsprechende Rohrbemessung erreicht wird.

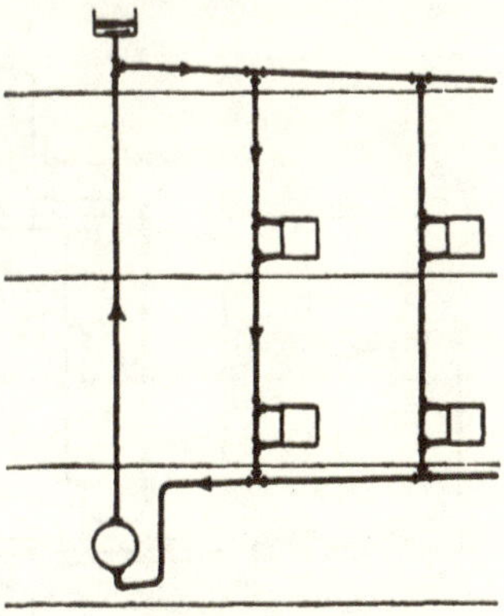

Fig. 231.
Warmwasserheizung-Einrohrbauart.

Der **Anschluß der Zulaufleitung** an die Heizkörper kann an dem oberen oder unteren Stutzen der letzteren erfolgen. Bei oberem Anschlusse befindet sich das einströmende, heißeste Wasser in den oberen Teilen der Heizkörper und tritt um etwa 20 bis 30° abgekühlt in den Rücklaufstutzen ein. Beim unteren Anschluß dagegen muß das einströmende warme Wasser, da es einen größeren Auftrieb hat, die den Heizkörper anfüllenden abgekühlten Wassermassen teils nach oben durchbrechen, teils findet dabei gleichzeitig eine Wassermischung statt. Bei unterem Anschluß ist deshalb die Wassertemperatur über die ganze Heizkörperhöhe gleichmäßiger verteilt, und die oberen Flächen, auf denen sich nur Staub ablagern kann, werden nicht so heiß wie bei dem Anschluß der Rohrleitung von oben. Eine Staubversengung (vgl. S. 36 unten) ist also bei unterem Anschlusse der Heizkörper auch dann nicht zu befürchten, wenn die Eintrittstemperatur 90° beträgt. Damit die Luft oben aus dem Heizkörper entweichen kann, muß letzterer bei unterem Anschluß entweder an eine Luftleitung angeschlossen sein oder an der oberen Verbindung einen Lufthahn besitzen, der bei der Füllung so lange offen gehalten wird, bis Wasser ausfließt, sodann aber geschlossen wird. In England und Amerika ist der untere Anschluß der Heizkörper sehr üblich, während bei uns der obere Anschluß bevorzugt wird.

In Fig. 232 ist ein Schema gezeichnet, das die verschiedenen, besprochenen Ausführungsarten vereinigt. Dabei ist es wichtig, für jeden einzelnen Heizkörper seinen bestimmten »Strom-

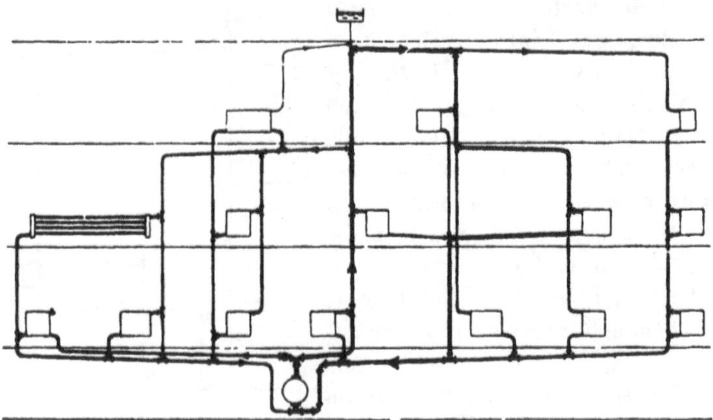

Fig. 232.
Schema einer Warmwasserheizung mit den verschiedenartigsten Verbindungen der Heizkörper.

kreis« für den Wasserumlauf vom Kessel durch die Vorlaufleitung, über den Heizkörper, durch den Rücklauf wieder zum Kessel zurück, verfolgen zu können. In Fig. 232 ist ein solcher Stromkreis durch besonders starke Linien herausgehoben.

Um jeden Heizkörper für sich in Betrieb setzen und ausschalten zu können, wird in jede Zu- oder Rücklaufverbindung — vielfach auch in beide — eine Absperrvorrichtung eingebaut. Grundsätzlich ist es vollkommen gleichgiltig, ob diese im Zulauf oder im Rücklauf sitzt; praktisch ist der Rücklauf vorzuziehen, weil bei einer etwa vorkommenden Ausbesserung und deshalb notwendigen Entleerung der Anlage die Heizkörper gefüllt bleiben können. Das ist deshalb von Vorteil, weil dadurch, besonders bei großen Anlagen, deren Füllung manchmal mehrere Stunden dauert, Zeit gespart wird, und weil ferner durch jede neue Wasserfüllung frischer Sauerstoff in die Heizung kommt, der zum Rosten der Rohrleitungen und Kessel beiträgt. Trotzdem wird bei den meisten Ausführungen der Einbau der Absperrhähne in die obere Anschlußleitung der bequemeren Handhabung wegen bevorzugt. Vielfach werden auch die Heizkörper sowohl im Zulauf als auch im Ablauf mit Absperrhähnen versehen, damit jeder Heizkörper nach Bedarf vergrößert, verkleinert oder aus der Anlage entfernt und ausgewechselt werden kann, ohne daß die ganze Anlage vom Wasser entleert werden muß.

Da es nun — wie wir noch sehen werden — nicht möglich ist, die Rohrleitung so genau zu berechnen, daß alle Heizkörper unbedingt gleichmäßig in der gewollten Weise am Wasserumlaufe teilnehmen, so ist es meistens notwendig, vor den einzelnen Heizkörpern künstliche Widerstände zu schaffen, die bei der Einregelung der Anlage derartig ein für alle Male eingestellt werden, daß der beabsichtigte Wasserumlauf erzwungen wird. Das geschieht durch Betätigung einer sog. »Voreinstellung«, die im Drosselquerschnitt des Hahnes oder Ventiles angebracht sein muß und unabhängig von der eigentlichen »Handregelung« eingestellt werden kann. Durch Verbindung dieser Voreinstellung mit dem Absperrhahn entstand das **Regelventil** bzw. der Regelhahn. Das Wesen der Regelvorrichtungen besteht also darin, daß sie es ermöglichen:

1. durch die feste »Voreinstellung« beim normalen Gang der Heizanlage eine bestimmte Heizleistung des Heizkörpers oder bei bestimmter Temperatur des Heizwassers eine bestimmte »Füllung« zu geben, und

2. durch die nunmehr erfolgende »Handregelung« jede beliebige Zwischenheizleistung oder Zwischenfüllung von »Offen« bis »Geschlossen« auf der Teilscheibe einzustellen.

Es gibt unzählige, mehr oder minder vollkommene Bauarten solcher Regelvorrichtungen. In Fig. 233 ist einer der einfachsten Regelhähne abgebildet. In dieser Abbildung ist der Hahn geschlossen und der Durchgang im Küken ist nach vorn gedreht. Die Handregelung erfolgt durch Drehung des Griffes mit Zeiger um 90°, wodurch der Hahn ganz geöffnet wird. Um nun eine bestimmte Drosselung des Wasserdurchganges mit Hilfe der Voreinstellung zu erzielen, ist es nur notwendig, das Küken entsprechend zu senken. Dies läßt sich auf sehr einfache Weise dadurch bewerkstelligen, daß die Schraube des Handgriffes gelöst, letzterer abgenommen, verkehrt wieder aufgesetzt und nunmehr die Spindel einige Male heruntegedreht wird, bis der Durchgang im Küken auf das entsprechende Maß verringert ist. Dann wird der Griff wieder richtig aufgesetzt, und der Zeiger wird nun in einem Schlitze der runden Teilungsscheibe von »Offen« bis »Zu« geführt und kann auf jede Zwischenstellung eingestellt werden. Die jeweilig erreichte Höhenstellung ist auf einer Gradeinteilung des Zeigers abzulesen. Je nach der Zeigerstellung auf der Teilscheibe fließt alsdann mehr oder weniger Wasser durch den Heizkörper, und es wird mehr bzw. weniger Wärme durch letzteren übertragen.

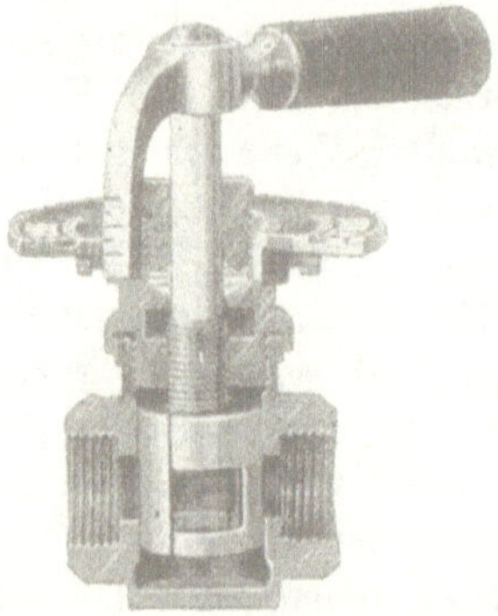

Fig. 233.
Regelhahn der Nationalen Radiator-Gesellschaft, Berlin.

In bezug auf den Regelvorgang an sich ist zu bemerken, daß eine gewöhnliche Absperrvorrichtung in der Stellung kurz vor »Zu« sehr empfindlich ist, d. h. einer ganz geringen Zeigerdrehung entspricht hier bereits eine große Änderung der durchfließenden Wassermenge. Nach der Stellung »Offen« hin nimmt die Empfindlichkeit ganz erheblich ab. Letzterem Umstande kann durch eine ungleiche Teilung auf der Teilscheibe einigermaßen Rechnung getragen werden.

Genannter Erscheinung hatte bereits Gramberg[1]) eine eingehende rechnerische Behandlung gewidmet. Im Betriebe des städtischen Volksbades Nürnberg hatte dann Verfasser Gelegenheit, den Regelungsvorgang durch ausgeführte eigene Messungen zu untersuchen[2]) und fand dabei für einen Durchgangs-

[1]) Gramberg: Heizung und Lüftung von Gebäuden. Verlag Jul. Springer, Berlin 1909.

[2]) Dietz: Versuche über die Regelung der Durchflußmengen von Wasser und Luft durch Drosselorgane. Zeitschr. »Gesundh.-Ing.« 1917, Nr. 36.

wasserschieber von 40 mm lichtem Durchmesser die in Fig. 234 dargestellte Kurve. Aus dieser geht hervor, daß bei $\frac{1}{4}$-Öffnung des Schiebers bereits $\frac{5}{6}$ der vollen Wassermenge durch den Schieber geht, während der ganze Rest, d. h. eine $\frac{3}{4}$ Öffnung des Schiebers nur noch eine Steigerung des Durchflusses um $\frac{1}{6}$ bewirkt. Endlich ist für die hier behandelten Regelungsvorrichtungen

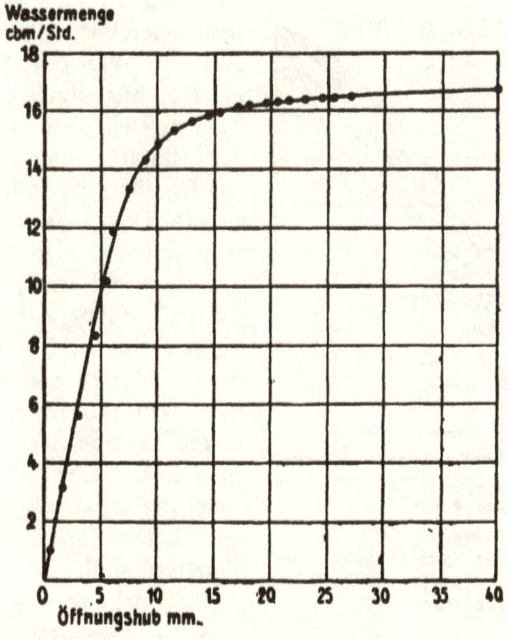

Fig. 234.
Abhängigkeit der Wassermengen vom Öffnungshub eines Wasserschiebers.

der Heizkörper zum erstenmal eine planmäßige Vergleichung auf dem Versuchsstande der Prüfanstalt für Heiz- und Lüftungsanlagen der Technischen Hochschule Berlin von Ambrosius[1]) durchgeführt worden. Durch Auftragung von Regel- und Füllungskurven über den Winkelstellungen der Handregelung bei ver-

[1]) Ambrosius: Untersuchungen an Regelvorrichtungen für Dampf- und Wasserheizkörper, 25. Mitteilg. d. Prüfanst. f. Heiz- u. Luftungsanlagen der Techn. Hochschule Berlin. Verlag R. Oldenbourg, München 1919. (Die Abbildungen 235—238 sind dieser Arbeit entnommen.)

schiedenen Voreinstellungen ist hier eine unmittelbare Vergleichsmöglichkeit verschiedener Regelvorrichtungen bei unverändertem Druckabfall geschaffen. Beispielsweise sind in Fig. 235 die Füllungskurven eines Eckhahnes der Nationalen Radiatorgesellschaft aufgetragen, dessen Bauart des Kükens aber genau die gleiche ist wie beim Durchgangshahn in Fig. 233. Die Kurven Nr. I bis IV entsprechen verschiedenen Voreinstellungen des Hahnes. Wäre die Füllung in jeder Hahnstellung genau verhältnisgleich dem Drehwinkel der Handregelung, so würde das Ergebnis die dünn gezogene gerade Diagonale in Fig. 235 sein müssen. Obgleich diese nicht erreicht wird, sind doch die aufgenommenen Füllungskurven immerhin noch befriedigend, da sie sich nicht allzu weit (mit Ausnahme der Kurve IV) von der Diagonalen entfernen. Eine kleine Veränderung ergab die gestrichelten Kurven, die wesentlich günstiger sind.

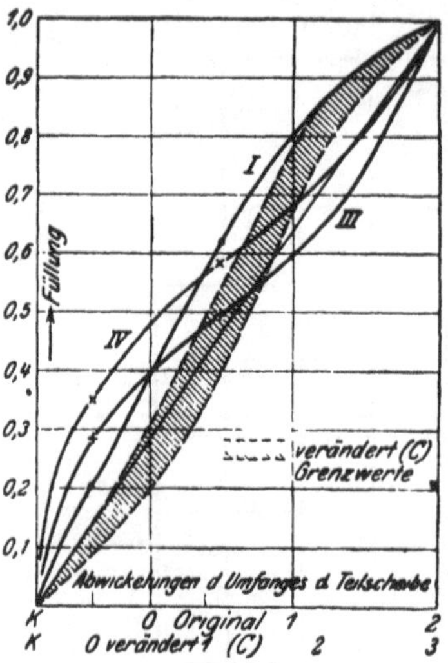

Fig. 235.
Füllungskurven eines Eckhahnes der Nationalen Radiator-Gesellschaft.

Die Wirkung einer Abschrägung im Regelungsquerschnitt eines Regelventiles von Rietschel & Henneberg (vgl. Fig. 236a, b und c) ist aus Fig. 237 als eine ausgezeichnete zu erkennen. Die Stellung I entspricht »ganz offen«, III entspricht »halbgeschlossen«, die übrigen Stellungen liegen zwischen den gezeichneten Kurven I und III.

Zum Vergleich sei noch von einem anderen Regelhahn die Fig. 238 angeführt, um die großen Abweichungen für veränderte Voreinstellung zu zeigen. Dabei zeigen wieder die gestrichelten Kurven die Wirkung einer angebrachten Abänderung.

Wir erkennen jedenfalls aus den vorgeführten Beispielen, daß man auch bei der Auswahl der Regelvorrichtungen mit Sachkunde vorzugehen hat.

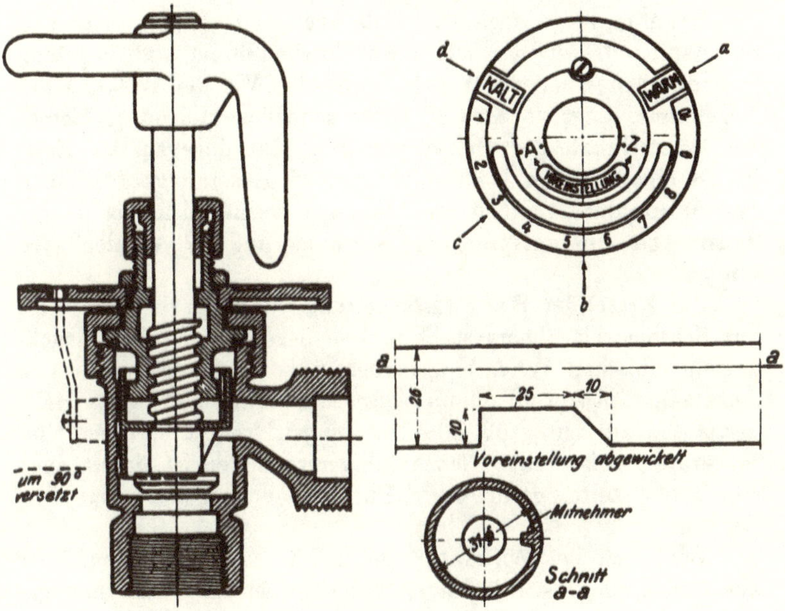

Fig. 236 a, b, c.
Regelventil von Rietschel u. Henneberg.

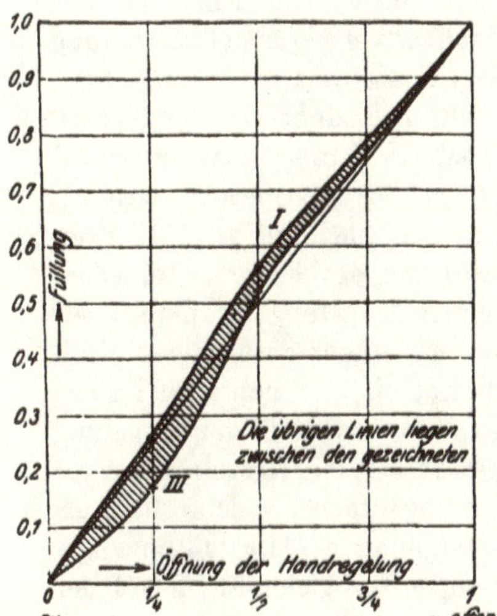

Fig. 237.
Drosselwirkung der Handregelung bei verschiedenen Voreinstellungen des Eckhahnes der Nationalen Radiator-Ges. (Fig. 235).

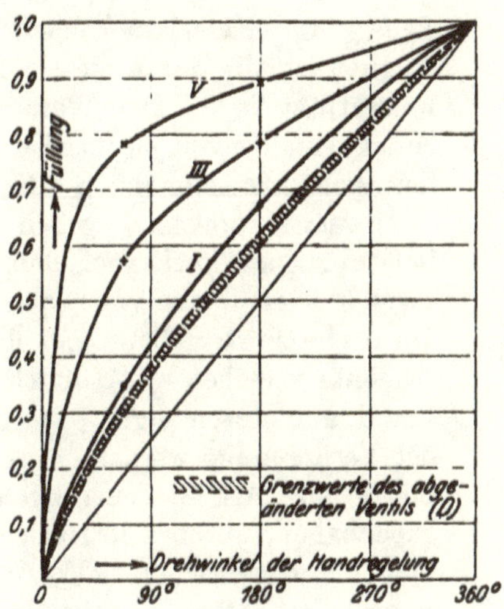

Fig. 238.
Drosselwirkung der Handregelung eines Regelorganes.

Erwähnt möge noch sein, daß eine solche Regelvorrichtung nur dann voll wirksam ist, wenn Voreinstellung und Regelung in demselben Querschnitt sich befinden. Was die Wirkung der Regelung anlangt, so wird sie desto schneller erfolgen, je kleiner der Wasserinhalt des Heizkörpers ist. Hat dagegen der Heizkörper einen großen Wasserinhalt, so wird es infolge der hohen Wärmeaufnahmefähigkeit des Wassers verhältnismäßig länger dauern, bis eine entsprechende Verminderung der Wärmeabgabe erfolgt.

Die **Kessel der Warmwasserheizung** wurden früher allgemein aus Schmiedeeisen hergestellt und in der auch bei Hochdruckkesseln üblichen Weise eingemauert. Heute werden außer den eingemauerten sowohl schmiedeeiserne als auch gußeiserne Heizkessel bis zu den größten Abmessungen frei, d. h. ohne Ummauerung, aufgestellt. Neben billigerer Anlage ist damit auch eine große Zeitersparnis beim Einbau der Heizungsanlage verbunden.

Bezüglich der Wirkungsweise der Kessel gilt im Grundsatz alles, was in dem betreffenden Abschnitt über die Kessel im allgemeinen gesagt worden ist.

Die Warmwasserheizung hat allen übrigen Heizungsbauarten gegenüber den großen Vorzug, daß auch nach Abstellen des Feuers im Kessel noch eine nachhaltige Wärmeübertragung möglich ist, die durch die Größe des Kesselinhaltes bedingt bzw. unterstützt wird. Der Wasserumlauf hält dabei in der ganzen Anlage solange vor, als überhaupt noch ein Temperaturunterschied der sich nur allmählich abkühlenden Wassermassen besteht. Großwasserraumkessel geben also die nachhaltigste Wärmelieferung auch noch nach dem Erlöschen des Feuers. Im allgemeinen werden die Warmwasserkessel der Heizungsanlagen für Dauerbetrieb gebaut und daher mit einem geräumigen Füllschachte versehen. Der übliche Brennstoff, der sich zum Dauerbrand am besten eignet, ist Koks. Zur selbsttätigen Regelung der Verbrennung werden — wenigstens bei den Kesseln mittlerer und großer Art — Feuerungsregler angebracht, welche die Aufgabe haben, durch selbsttätige Verstellung der Luftzuführungsklappe zur Feuerung die Wassertemperatur gleichmäßig auf der eingestellten Höhe zu erhalten. Weiter gehören zur Ausrüstung eines Warmwasserheizkessels noch (selbstschreibende) Thermometer in der Vorlauf- und Rücklaufleitung, sowie in dem Rauchfuchs ein Zugmesser, ein Rauchschieber mit Stell- und Anzeigevorrichtung, Füll- und Entleerungshahn, Absperrschieber im Vor- und Rücklauf nach Bedarf, ein Wassersäulenanzeiger mit Abstellhahn und endlich noch das Schürzeug, bestehend aus Kesselreinigungsbürste, Schlackeneisen, Aschenkrücke, Stoßeisen, Schaufel, Aschenkasten sowie Aufhängerechen.

Die Bauarten sowohl der schmiedeeisernen als auch der gußeisernen Kessel stimmen mit denen der Niederdruckdampfheizung bis auf die durch den anderen Wärmeträger bedingten Abweichungen überein, so daß bei beiden dieselben Typen verwendet werden. Als schmiedeeiserne, eingemauerte Kessel kommen hauptsächlich der Sattelkessel und der Cornwallkessel, beide mit oder ohne

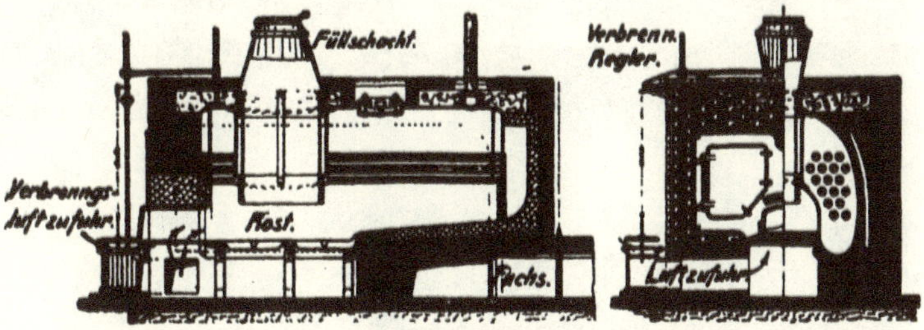

Fig. 239.
Eingemauerter schmiedeeiserner Sattelkessel von Käuffer & Co.

Rauchröhren, in Betracht, vgl. Fig. 239 und 240. Für kleinere Anlagen bis zu etwa 12 qm Heizfläche verwendet man auch stehende, eingemauerte oder nicht eingemauerte Kessel mit innen liegendem Schütttrichter und mit den Wasserraum von unten nach oben durchziehenden Rauchröhren. Von 5 bis 20 qm sind die Sattelkessel am Platze und von etwa 15 bis 50 qm werden zweckmäßigerweise die Cornwallkessel ausgeführt.

Als Urform der gußeisernen, freistehenden Kessel ist der von Strebel († 1898) im Jahre 1893 eingeführte Kessel des Strebelwerkes Mannheim durch die Fig. 241 bis 243 wiedergegeben. Dieser Kessel ist aus einzelnen Gliedern zusammengesetzt, wie eines in Fig. 244 in der Ansicht und aufgebrochen dargestellt ist. Die Glieder enthalten zur Aufnahme des Wassers ringsherum laufende Hohlräume W, die oben und unten beim Zusammen-

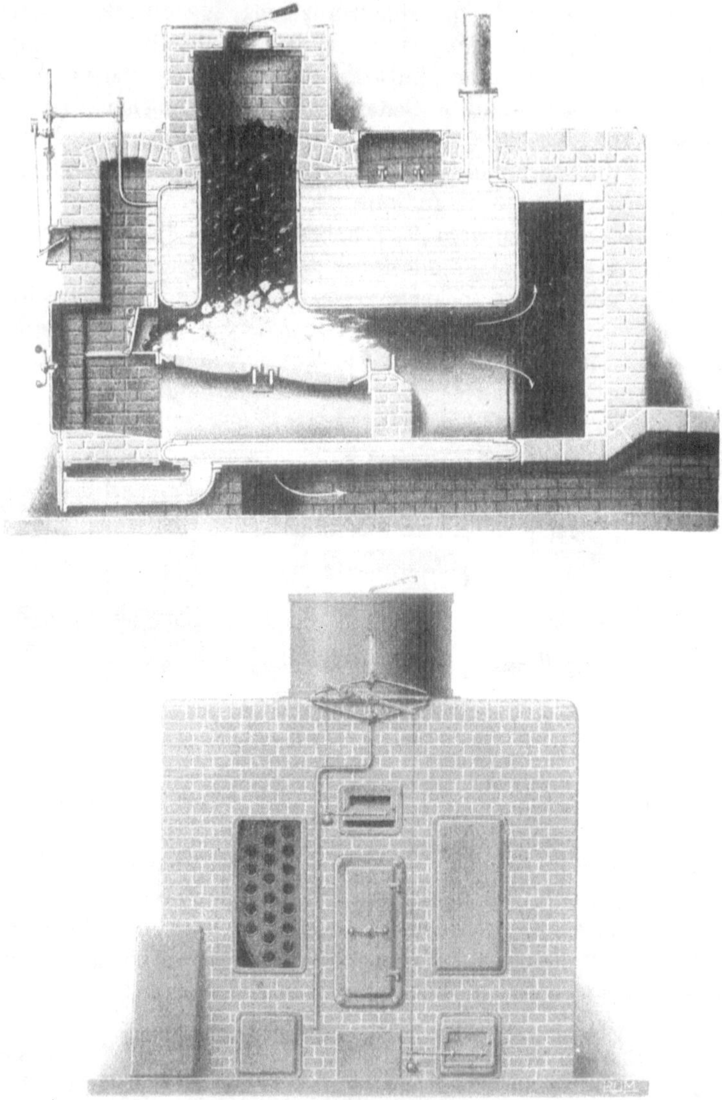

Fig. 240.
Eingemauerter schmiedeeiserner Flammrohrkessel mit Rauchröhren.
(Rud. Otto Meyer.)

setzen durch eingepreßte Stutzen untereinander eine durchgehende Verbindung haben, in der das Wasser frei umlaufen kann. Zu beiden Seiten der Wasserkanäle *W* werden durch angegossene Rippen beim Zusammensetzen der Glieder Rauchkanäle *K* gebildet. Angegossen ist innen an jedes Glied der in der Mitte geteilte Rost *R*. Das vordere Glied enthält oben die Füllschachttür *F* und unten die Aschfalltür *S*, während das hintere Glied eine Reinigungstür *O* trägt. Bei der neuesten Bauart sind ferner die Rauchkanäle nach oben durchgebrochen und mit Vorreiberdeckeln

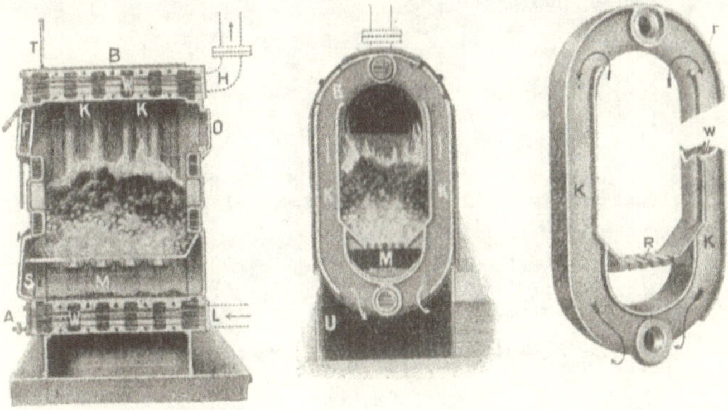

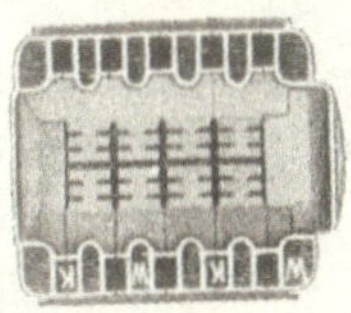

Fig. 241—243.
Strebel-Kessel für Warmwasserheizung.

verschlossen, die zwecks Reinigung abgehoben werden. Der ganze Kessel ruht auf einem hohlen eisernen Untersatze, in den die Rauchzüge einmünden, und von dem der Fuchs abzweigt. Die Vorlaufleitung wird bei *H*, der Rücklauf bei *L* angeschlossen. Im Grundriß ist der Rost in der Mitte genauer zu erkennen, der rings von den einander abwechselnden Wasserkanälen *W* und Rauchzügen *K* umgeben ist. Der ganze Innenraum über dem Roste wird mit Koks vollgeschüttet, dessen Verbrennungsgase von oben her die Rauchkanäle *K* im Gegenstrom zu den Wasserkanälen *W* durchziehen und unten sofort in die Rauchkammer entweichen. Auf den vorzüglichen Wirkungsgrad der Strebelkessel ist bereits

Seite 348 und 349 hingewiesen worden Die Fig. 244 zeigt eine Reihe von vier solchen Strebelkesseln mit den durch Schieber absperrbaren Zu- und Rückleitungen; die beiden letzten Kessel sind Niederdruckdampfkessel, ebenfalls von der Strebelbauart.

Jeder Kessel wird außerdem mit einem selbsttätigen **Verbrennungsregler** ausgestattet, dessen Wirkungsweise aus Fig. 245

Fig. 244.
Freistehende Strebel-Gußkessel.

klar wird: Ein parallelogrammförmig gebogenes Stahlrohr 1 ist in der einen Diagonalrichtung durch einen Querbalken festgehalten, der in der Mitte drehbar den Doppelhebel 4 faßt. Dieser trägt an einem Ende das verschiebbare Gewicht und die Kette 6, die mit einer an der Aschfalltür sitzenden Klappe verbunden ist. Diese Klappe dient zur Verbrennungsluftzufuhr für den Rost. In der durch Fig. 246 wiedergegebenen Stellung des Hebels ist die Luftzuführungsklappe offen. Tritt nun im Kessel durch irgendwelche Umstände eine zu große Erwärmung des Wassers ein, so wird das in der Richtung von 8 nach 7 vom heißen

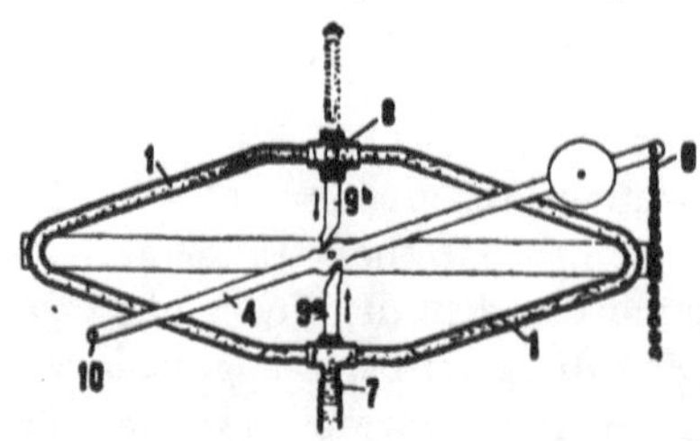

Fig. 245.
Verbrennungsregler zum Strebel-Warmwasserkessel.

Wasser durchflossene Parallelogramm in senkrechter Richtung ausgedehnt, so daß mit Hilfe der Stäbe 9a und 9b die Kette 6 nach unten bewegt, d. h. die Luftzufuhr zum Roste geschlossen bzw. vermindert wird. Dieser Zustand hält so lange an, bis infolge eingetretener Abkühlung des Wassers der Hebelpunkt 6 sich wieder hebt und die Luftklappe öffnet. So geht das Spiel um einen eingestellten Normalzustand selbsttätig hin und her, d. h. die Temperatur des Kesselwassers wird annähernd auf gleicher Höhe gehalten. In ähnlicher Bauart wird dieser Regler auch von Walz & Windscheid in Düsseldorf ausgeführt.

Fig. 246.
Ecakessel des Strebelwerkes Mannheim.

Der Strebelkessel hat einer Reihe ähnlicher gußeiserner Gliederkessel anderer Kesselgießereien als Vorbild gedient. Wir erwähnen hier die Lollarkessel der Buderusschen Eisenwerke in Wetzlar, die Nationalkessel der Nationalen Radiatorgesellschaft in Schönebeck a. d. Elbe, ferner Gebr. Sulzer in Winterthur und andere. Ohne den **Großgußkesselbau** anderer Fabriken irgendwie zurücksetzen zu wollen, verfolgen wir hier die Weiterentwicklung des Gußkesselbaues beim Strebelwerk. Nachdem gewisse Vorzüge der Gußkessel in bezug auf geringe Platzbeanspruchung, billige Anlage, schnellen Einbau, leichte und schnelle Auswechslung von Gliedern bei vorkommenden Schäden, Verminderung der Rostgefahr, sich bewährt hatten, ging man zur Herstellung größerer Einheiten über. So entstand schließlich der Ecakessel für Heizflächen von 12 bis 40 qm, dessen Bau leicht aus Fig. 246 klar wird. Hier sind die Glieder in zwei Teilen gegossen, um den Gußspannungen und dem Springen der Kessel nach Möglichkeit entgegenzuwirken. Endlich veranschaulicht Fig. 247 den Catenakessel, der in Einheiten von 28 bis 207 qm Heizfläche zusammengebaut wird.

Da die Gußkessel große Füllschächte, dagegen sehr geringe Längen der Rauchgaszüge besitzen und daher sehr leicht überlastet werden können, so liegt die Gefahr nahe, daß die Abgase mit zu hoher Temperatur in den Schornstein ziehen, der bei oberem Abbrand meistens eine reichlich große Zugkraft aufweist, während es bei unterem Abbrand in niederen Häusern oft an dem erforderlichen Zuge fehlt. Rauchgasthermometer und Zug-

Fig. 247.
Catenakessel des Strebelwerkes Mannheim.

messer sind daher für die Betriebsüberwachung von Gußkesseln auf das angelegentlichste zu empfehlen, schon um Brennstoffverschwendungen vorzubeugen.

Auch gußeiserne Kessel für den Kleinbetrieb werden hergestellt; so fertigt das Strebelwerk den Rova-Kleinkessel von 0,6 bis 4 qm Heizfläche. Eine ähnliche Bauart (Fig. 248) ist der Lollar-Kleinkessel der Buderus-Eisenwerke, der sich besonders für Stockwerkheizungen, kleine Einfamilienhäuser u. dgl. eignet. Der rings von Wasser gekühlte Innenschacht wird von links her mit Brennstoff vollgeschüttet; die Rauchgase ziehen oben rechts zum Schornstein ab. —

Einige **Beispiele ausgeführter Großgußkesselanlagen** mögen noch deren Anordnung erläutern. Vielfach sind Gußkessel zum

Baue sehr großer Kesselanlagen verwendet worden. Das Schöneberger Rathaus[1]) beispielsweise besitzt acht Catenakessel von je drei Feuern mit einer Gesamtheizfläche von 468 qm, wie die Fig. 249 zeigt. Bei solchen großen Kesselanlagen ist natürlich besondere Sorgfalt auf die bequeme Zubringung des Brennstoffes zu verwenden. Während kleine Kessel durch Herantragen des Kokses und Einwerfen in die vordere Schüttür bedient werden, empfiehlt es sich bei größeren Anlagen, den Koksraum in die Höhe der Kesseloberkante zu verlegen. Der Brennstoff wird dann am besten durch Schienenwagen oder Hängewagen über die Kessel gefahren und durch Auskippen in die Schütttrichter von oben her in die Kessel entleert. Die Asche und Schlacke ist in Karren mit drei Rädern zu einer gemeinsamen Sammelstelle zu fahren, von wo sie durch einen Aufzug auf den Hof gehoben werden kann.

Fig. 248a und 248b. Gußeiserner Kleinkessel von Buderus in Wetzlar.

Eine sehr bequeme Lösung ist bei der Pumpenwarmwasserheizung im Rappolthaus in Hamburg nach Fig. 250 von der Firma Rud. Otto Meyer dadurch gefunden worden, daß der Koksraum genau über dem Kesselraum angeordnet wurde. Die Schütttrichter der Kessel sind durch die Decke des Kesselraumes nach oben geführt, so daß der Brennstoff unmittelbar von oben eingeschaufelt werden kann.

Die größte zurzeit vorhandene Großgußkesselanlage ist für das Zentralkesselhaus der AEG.-Fabriken in Hennigsdorf-Süd bei Berlin von Gebr. Körting, A.-G., ausgeführt worden. Sie ist in Fig. 251 dargestellt, wobei nur die eine Hälfte gezeichnet ist. Der ganze Raum ist 50 m lang. Die gesamte Kesselanlage besteht aus 40 gußeisernen Eca-Großkesseln von je 40 qm, also

[1]) Marx: Die Heizungs- und Lüftungsanlage des neuen Rathauses der Stadt Berlin-Schöneberg. Vortrag in der Freien Vereinigung Berliner Heizungsingenieure, Vorträge und Aussprachen 1913/14, herausg. von Ginsberg, Verlag R. Oldenbourg, München.

Fig. 249.
Catenakessel der Warmwasserheizung im Rathause zu Berlin-Schoneberg
(Titel & Wolde.)

insgesamt 1600 qm Heizfläche. Der tägliche Höchstverbrauch an Koks beträgt bei —20°C Außentemperatur und +20°C Raumtemperatur etwa 60000 kg oder drei Eisenbahnwagen. Der Koksraum ist über dem Kesselraum angeordnet. Mittels eines Becherwerkes wird der Koks von den Eisenbahnwagen in den Koksraum befördert und gleichmäßig verteilt. Durch 20 in der Decke des Kesselraumes angebrachte Öffnungen, die mit Schieberverschlüssen versehen sind, fällt der Koks in je nach Bedarf darunter gefahrene Kokswagen. Die Deckenöffnungen sind so angeordnet, daß über je zwei Kesseln eine Öffnung liegt. Die Bedienung der Schieberverschlüsse geschieht von Hand; sie können jederzeit leicht geschlossen werden, so daß ein Überschütten der Kokswagen vermieden wird. Um ein Danebenfallen von Koksstücken auf die Gleise zu ver-

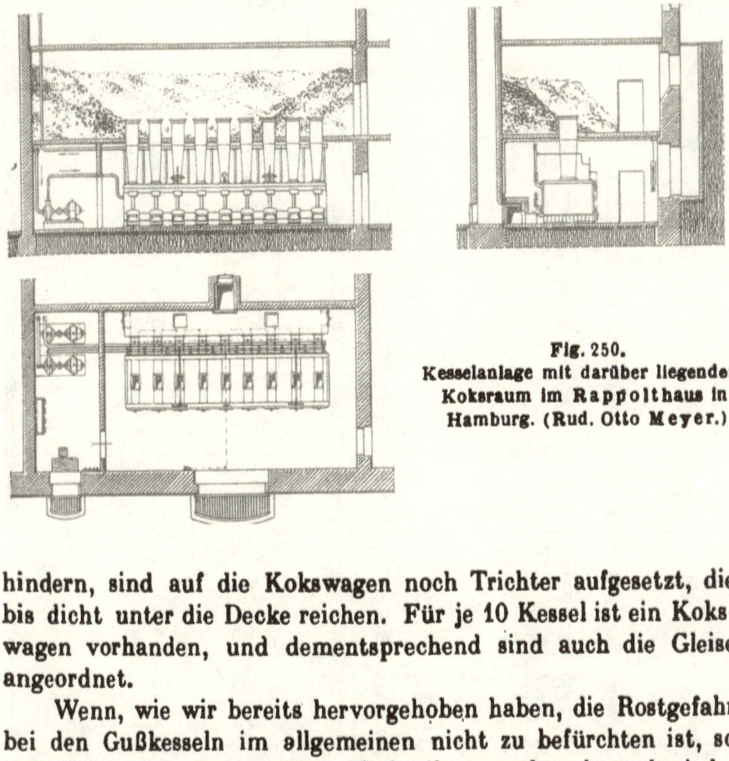

Fig. 250.
Kesselanlage mit darüber liegendem Koksraum im Rappolthaus in Hamburg. (Rud. Otto Meyer.)

hindern, sind auf die Kokswagen noch Trichter aufgesetzt, die bis dicht unter die Decke reichen. Für je 10 Kessel ist ein Kokswagen vorhanden, und dementsprechend sind auch die Gleise angeordnet.

Wenn, wie wir bereits hervorgehoben haben, die Rostgefahr bei den Gußkesseln im allgemeinen nicht zu befürchten ist, so haben sie doch einen großen Nachteil gegenüber den schmiedeeisernen Kesseln, nämlich die **Gefahr des Zerspringens.** Es zeigen sich feinste Rißbildungen, die meistens mit bloßem Auge nicht wahrnehmbar sind, sondern nur dadurch aufgefunden werden, daß aus ihnen Wasser ausläuft. Fichtl führt diese Risse auf

Wärmestauungen und Wärmespannungen[1]) in den Gußwandungen zuruck. Erstere sind oft durch **Kesselsteinansatz** auf der Was-

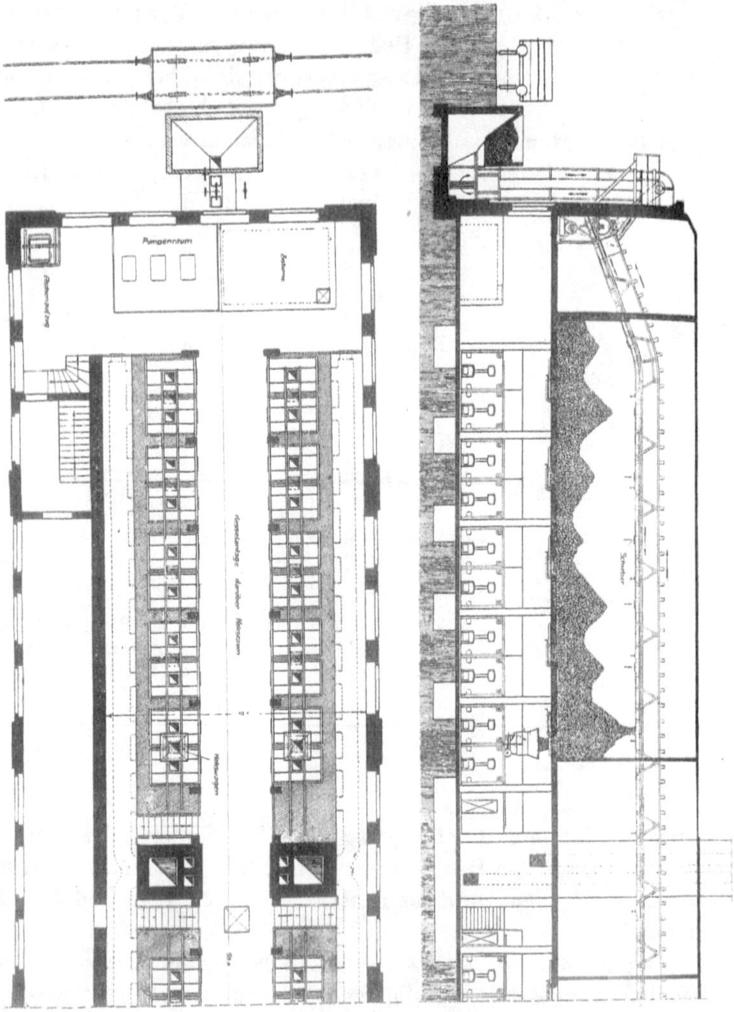

Fig 251.
Koksbeschickungsanlage für das Zentralkesselhaus der A.E.G.-Fabriken in Hennigsdorf-Süd bei Berlin, ausgeführt von Gebr. Körting, Berlin.

---

[1]) Fichtl: Über die Bewertung von gußeisernen Zentralheizungskesseln. Zeitschr. d. Bayr. Rev.-Ver., München 1914.

Ders.: Rißbildungen in gußeisernen Heizkesseln. Gesundh.-Ing. 1914, Nr. 40.

serseite zu erklären, wenn infolge verschiedener Ursachen ein oftmaliges Nachspeisen mit kalkhaltigem Wasser stattgefunden hat. Fichtl führt aus, daß selbst bei Warmwasserkesseln sich unter der Voraussetzung vielfachen Nachspeisens von Wasser mit viel kohlensaurem Kalk auch auf rechnerischem Wege bereits nach einigen Jahren ein oft bestätigter Kesselsteinbefund von mehreren Millimetern Dicke in der Feuerzone nachweisen läßt. Ähnlich verhalten sich natürlich Rostbildungen da, wo sie vorkommen sollten. Wassermangel wird viel häufiger bei den Niederdruckdampfkesseln zum Springen der Gußglieder führen, bei Warmwasserkesseln können dagegen ähnliche Ursachen auftreten, z. B. Dampfbildung wegen geschlossenen Vorlaufschiebers. Das Kesselwasser wird dabei durch die Dampfspannung in den Rücklauf gedrückt und die vom Wasser nicht mehr gekühlte Kesselwandung brennt durch. Bei Niederdruckkesseln sind die Erscheinungen in dieser Beziehung die gleichen, wie sie von den Hochdruckdampfkesseln her bekannt sind. Weiter führt sehr oft das aus Ängstlichkeit unvorsichtige Nachspeisen mit kaltem Wasser bei plötzlich wahrgenommenem Wassermangel in den womöglich stellenweise schon glühenden Kessel zum Zerspringen der Wandungen. Eine weitere Möglichkeit zu Rißbildungen ergibt sich bei geschlossenen Vorlauf- und Rücklaufschiebern, beim Einfrieren des Ausdehnungsgefäßes oder bei zu enger oder verstopfter Ausdehnungsleitung zu letzterem: infolge Ausdehnung des geheizten Wasserinhaltes tritt ein hoher innerer Wasserdruck auf, der den Kessel zum Platzen bringt, wobei infolge plötzlicher Entspannung beim Ausströmen des Wassers die bekannten Erscheinungen heftiger Dampfbildungen auftreten. Hier werden die neuen behördlichen Vorschriften über Sicherheitsleitungen in Zukunft vorbeugend wirken. Auch dauernde Überanstrengung der Kesselheizflächen führt oft zum Platzen der Gußwandungen und ist überdies unwirtschaftlich, also schon aus Gründen der Brennstoffersparnis zu vermeiden. Schließlich tragen natürlich nicht zum wenigsten die Gußspannungen als Folge schlechten Gusses oder mangelhafter Bauart zum Zerspringen der Kesselglieder beim Auftreten von Temperaturunterschieden bei.

Wir sehen also, daß der Kesselbetrieb — obgleich ja Niederdruckwasserheizkessel nicht genehmigungspflichtig sind — bei nachlässiger Bedienung doch zu Storungen Veranlassung geben kann. Auf die Zahl der Unfälle, die allerdings sehr gering ist, kann aus dem von Fichtl mitgeteilten Anteil von $\sim 1\frac{3}{4}\%$ der bei den Kesselgießereien zurückkommenden schadhaften Kesselglieder geschlossen werden, wovon etwa die Hälfte Kesselsteinschäden darstellen. Daraus folgt die Wichtigkeit der Vorschrift, das Nachfüllen einer Wasserheizung entweder mit Regenwasser oder besser mit abgekochtem oder enthärtetem Wasser und möglichst nur dann vorzunehmen, wenn der Kessel außer Betrieb ist. Während des Betriebes sollte nur mit warmem Wasser und im Notfalle erst nach vorherigem Herausreißen des Feuers vorsichtig nachgefüllt werden. Um schließlich nach Möglichkeit den Unfällen vorzubeugen, die durch nachlässige Handhabung der Absperrschieber entstehen können, bestimmt ein preußischer Ministerialerlaß[1]), daß zur Vermeidung unzulässiger Drucksteigerungen nachstehende Forderungen betr. **Sicherheitsvorrichtungen für Warmwasserheizkessel** berücksichtigt werden müssen:

»1. Jeder absperrbare oder nicht absperrbare Heizkessel ist mit dem Ausdehnungsgefäß durch mindestens eine nicht verschließbare Sicherheits-Rohrleitung zu verbinden, deren lichter Durchmesser an keiner Stelle geringer als

(1) . . . . . . $d = 14{,}9\, H^{0{,}356}$

sein darf; die Sicherheitsleitung darf auch ganz oder teilweise als Vorlaufleitung benutzt werden.

Hierin bedeuten:

d den lichten Rohrdurchmesser in mm,

H die gesamte von den Heizgasen bespülte Kesselfläche (bei Gliederkesseln auch einschl. Rippen- und Rostheizfläche) in qm.

2. Sind Heizkessel im Vor- oder Rücklauf oder in beiden Leitungen absperrbar, so ist um jede Absperrvorrichtung eine

---

[1]) Ministerialerlaß betreffend Sicherheitsvorrichtungen für Warmwasserheizkessel vom 10. Februar 1914, ergänzt durch Änderung vom 8. Juli 1915. Vergl.:

Recknagels Kalender für Gesundheitstechniker, Jahrg. 1919, Seite 147—150. Verlag R. Oldenbourg, München.

Ferner: »Bemerkungen und Erläuterungen« zu vorstehendem Erlaß, herausgeg. vom Verb. d. Zentralh.-Ind., Verlag R. Oldenbourg, München 1915.

Umgehungsleitung mit eingeschaltetem Wechselventil anzulegen, dessen Ausblaserohr im Kesselhaus sichtbar so enden muß, daß Personen durch austretende Dampf- und Wassergemische nicht gefährdet werden. Die Umgehungsleitungen sollen nicht länger als 3 m, die Ausblaserohre nicht länger als 15 m sein, andernfalls sind die nachstehend angegebenen Lichtweiten zu vergrößern.

Wird zwischen dem Kessel und der Absperrung im Vorlauf eine nicht verschließbare Sicherheitsleitung, die in ihren Abmessungen der Formel (1) entspricht, angebracht, so ist die Umgehungsleitung nur im Rücklauf erforderlich.

Die lichten Durchmesser der Umgehungs- und Ausblaseleitung sowie die entsprechenden Durchgangsquerschnitte der Wechselventile dürfen nirgends geringer als

(2) . . . . $d = 13{,}8\,H^{0{,}435}$

sein, worin d und H dieselbe Bedeutung wie in Ziffer 1 haben.

Die Vorlaufsammelleitung ist möglichst hoch, tunlichst nicht unter 500 mm über Kesseloberkante zu legen.

Können bei bestehenden Anlagen die Umgehungsleitungen der örtlichen Verhältnisse halber (auch etwa nur für den Rücklauf) nicht eingebaut werden, so sind alle Absperrvorrichtungen am Kessel zu entfernen.

Werden besondere Gruppen- und Strangabsperrungen außer den oder statt der Absperrungen am Kessel eingebaut, so sind auch diese mit Umgehungsleitungen, Wechselventilen und Ausblaserohren in den nach Formel (2) zu berechnenden Abmessungen zu versehen, es sei denn, daß so viele Stränge unabsperrbar bleiben, daß ihr Gesamtquerschnitt dem nach Formel (1) zu berechnenden freien Querschnitt der Sicherheitsrohre mindestens gleichkommt.

Andere als die nach Ziffer 1 und 2 zu fordernden Sicherheitsvorrichtungen können zugelassen werden, wenn ihre genügende Wirksamkeit durch Versuche vor den zuständigen Zentralbehörden nachgewiesen wird.

Wir bemerken, daß Warmwasserbereitungen, deren Heizmittel (Dampf, Wasser) Temperaturen aufweisen, die erheblich niedriger sind, als dem statischen Druck im Warmwasserbereiter entspricht, nicht unter die Bestimmungen des Erlasses fallen.

Warmwasserkessel zum Betriebe von Warmwasserbereitungsanlagen fallen unter die Erlasse.

3. Die Sicherheitsleitung und das Ausdehnungsgefäß sind gegen Einfrieren durch genügend wirksame Maßnahmen zu schützen.

Die Formeln (1) und (2) ergeben folgende Werte:

(1) Sicherheitsleitungen.

Kessel			bis	4 qm	Heizfläche	$d = 25$ mm,
»	über	4	»	10 »	»	$d = 34$ »
»	»	10	»	15 »	»	$d = 39$ »
»	»	15	»	28 »	»	$d = 49$ »
»	»	28	»	42 »	»	$d = 57$ »
»	»	42	»	60 »	»	$d = 64$ »

(2) Umgehungs-Ausblaseleitungen und die entsprechenden freien Querschnitte der Wechselventile.

Kessel			bis	4 qm	Heizfläche	$d = 25$ mm,
»	über	4	»	8 »	»	$d = 34$ »
»	»	8	»	11 »	»	$d = 39$ »
»	»	11	»	18 »	»	$d = 49$ »
»	»	18	»	26 »	»	$d = 57$ »
»	»	26	»	34 »	»	$d = 64$ »
»	»	34	»	42 »	»	$d = 70$ »
»	»	42	»	50 »	»	$d = 76$ »
»	»	50	»	60 »	»	$d = 82$ »
»	»	60	»	70 »	»	$d = 88$ »
»	»	70	»	80 »	»	$d = 94$ »
»	»	80	»	95 »	»	$d = 100$ »

Besondere Aufmerksamkeit erfordert der Bau der Wechselventile, deren freie Durchgangsquerschnitte an keiner Stelle geringer sein dürfen, als den Querschnitten der zugehörigen Rohre entspricht.

Sollte eine Abnahme der Anlagen erwünscht erscheinen, so dürfen nach Lage der Gesetzgebung besondere Abnahmegebühren dafür nicht erhoben werden, da die Prüfung der Rohrleitungen in sicherheitspolizeilicher Hinsicht nicht als eine baupolizeiliche Prüfung angesehen werden kann. Die Abnahme, die im übrigen auf die Feststellung der Rohrweiten zu beschränken, also sehr einfacher Art ist, ist vielmehr gebotenenfalls bei Gelegenheit der Gebrauchsabnahme des Baues oder der Feuerstelle zu bewirken.

Der Minister d. öffentl. Arbeiten. Im Auftrage: Hinkeldeyn.

Der Minister f. Handel u. Gewerbe. Im Auftrage: Dr. Neuhaus.«

Warmwasserheizungen, die durch Dampf oder Heißwasser geheizt werden, unterliegen ebenfalls dieser Verordnung; dabei sind 1 qm Dampfheizfläche bzw. 2 qm Heißwasserheizfläche gleichwertig mit 4 qm feuerberührter Heizfläche zu setzen[1]). Über Sicherheitsvorrichtungen an Warmwasserkesseln hat besonders Schmidt in Dresden Versuche im Betriebe angestellt und auch einen eigenen Sicherheitswechselschieber zur Ausführung gebracht[2]). —

Die Tatsache, daß sich im Laufe der Jahre beim Betriebe von Niederdruckheizungsanlagen infolge Fahrlässigkeit der Heizer eine Reihe von Unglücksfällen durch Ersticken an ausgeströmten Kesselgasen zugetragen haben, gab Veranlassung zu verschiedenen Polizei-Verordnungen über die **Anlage von Heizräumen**, von denen wir die des Polizei-Präsidenten von Berlin im Wortlaut hersetzen[3]):

»In letzter Zeit haben sich im Landespolizeibezirk Berlin wiederholt Unglücksfälle, zum Teil mit tödlichem Ausgang, ereignet, die durch Ausströmen giftiger Verbrennungsgase in den Heizraum der Warmwasserversorgungsanlagen mit Koksfüllfeuerung verursacht worden sind.

Um die Wiederkehr derartiger Unfälle möglichst zu verhüten, ersuche ich, bei der baupolizeilichen Genehmigung dieser Anlagen künftig folgende Grundsätze zur Richtschnur zu nehmen:

---

[1]) Jaeger: Sicherheitsmaßnahmen zur Verhütung der Zerstörung von Niederdruck-Warmwasserheizkesseln. Gesundheits-Ing. 1914, Nr. 21.

[2]) K. Schmidt: Sicherheitsvorrichtung f. Warmwasserheizungen, Vortrag in der »Freien Vereinigung Berliner Heizungsingenieure«; Vortr. und Aussprachen 1913/14, herausg. von Ginsberg. Verlag R. Oldenbourg, München.

Ders.: Verschiedene neuere Ausführungsformen der Sicherheitswechselabsperrvorrichtung für Warmwasserheizungen, die den ministeriellen Erlassen über Sicherung von Warmwasserheizungen entsprechen. Gesundh.-Ing. 1917, Nr. 3.

Ders.: Vergleich der Anschaffungskosten der verschiedenen vorgeschriebenen und zugelassenen Sicherungen fur Warmwasserheizungen. Gesundh.-Ing. 1918, Nr. 47.

[3]) Verfügung des Polizeipräsidenten von Berlin, betr. die Bedingungen f. d. Herstellung v. Warmwasserversorgungsanlagen mit Koksfeuerung, vom 14. Januar 1914.

1. Der Heizkessel ist möglichst unmittelbar neben dem Schornstein aufzustellen, so daß die erforderliche Rauchrohrverbindung von der Ausmündung am Kessel bis zur Einmündung in den Schornstein höchstens 3 m beträgt. Sie ist mit Steigung im Verhältnis von mindestens 1:6 zum Schornstein zu führen und darf keine scharfen Krümmungen besitzen. Eiserne Rauchrohre müssen mindestens 2 mm Wandstärke haben, mit den nötigen Reinigungsverschlüssen versehen und zum Schutze gegen Abkühlung mit feuersicherer Isoliermasse umkleidet sein.

2. In den für die Heizungsanlage bestimmten Schornstein dürfen weder Rauchrohre anderer Feuerungen noch Entlüftungsrohre geleitet werden.

3. Abschlußvorrichtungen für den Rauchabzug des Ofens dürfen das Abzugsrohr nicht völlig abschließen, sondern es muß eine Öffnung von mindestens 20 qcm i. L. verbleiben, die jedoch nicht am unteren Rande der Abzugsvorrichtung liegen darf.

4. Der Schornstein soll — wenn irgend möglich — in Innenwänden liegen. Eine Prüfung auf seine Dichtigkeit hat nötigenfalls durch Qualmfeuer bei abgedeckter Schornsteinmündung zu erfolgen.

5. Für jeden Heizraum ist ein möglichst unmittelbar neben dem Schornstein liegender, unverschließbarer Abluftkanal von mindestens 250 qcm l. Querschnitt und in der Außenmauer oder im Fenster eine unverschließbare Öffnung zur Einführung frischer Luft von mindestens 500 qcm l. W. anzulegen.

Von der Herstellung des Abluftkanales kann ausnahmsweise abgesehen werden, wenn der Heizraum nach zwei verschiedenen, möglichst entgegengesetzten Himmelsrichtungen durch unverschließbare Öffnungen von mindestens 500 qcm l. Querschnitt und anschließenden Kanälen von gleichem Querschnitt mit der Außenluft zur dauernden Durchlüftung in Verbindung gebracht wird. Diese Kanäle dürfen nicht unmittelbar unter Fenstern bewohnter Räume ausmünden.

6. Die Decke des Heizraumes und der mit ihm in unmittelbarer Verbindung stehenden Nebenräume ist zu putzen und mit einem möglichst luftundurchlässigen Ölfarben- oder Wasserglasanstrich zu versehen. Rohrdurchführungen aller Art, auch Durchführungen von Kabeln sind besonders sorgfältig abzudichten.

Für Kessel mit Koksfüllfeuerung und nach unten gerichteten Feuerzügen empfiehlt sich ferner eine Einrichtung, die beim Anheizen und bei der Neubeschickung mit Brennmaterial die Feuergase vorübergehend vom oberen Teile des Füllschachtes aus unmittelbar ansteigend zum Schornstein leitet.

Für derartige Öfen erscheint also ein oberer Rauchabzug empfehlenswert, dessen Absperrklappe mit der Verschlußvorrichtung des Füllschachteinwurfes derart in Verbindung zu bringen ist, daß die letztere nur bei offener Rauchklappe geöffnet werden kann. In Vertretung: gez. Feigell.«

Diese Verordnung ist zwar für Warmwasserversorgungsanlagen erlassen, gilt aber sinngemäß auch für Warmwasserkessel- und Niederdruckdampfkesselräume. Gegen das Verlangen der unteren Abluftöffnung in den Kesselräumen hat Marx Stellung genommen[1]). Sehr beachtenswerte Winke bei der Anlage von Kesselräumen gibt Uber[2]) und vertritt dabei die Forderung des unteren Abluftkanales in Kesselräumen. Das Heftchen von Uber enthält auch Abbildungen über die Anlage und Vereinigung der unteren und oberen Abluft von Kesselräumen und ihre Führung über Dach bzw. ins Freie.

Bei größeren Heizungsanlagen wird sich die in der letzten Verordnung enthaltene Vorschrift nicht immer durchführen lassen, daß nämlich die Rauchrohrverbindung zwischen Kessel und Schornstein nur 3 m betragen soll: in solchem Falle sowie überhaupt in allen Fällen unsicheren Schornsteinzuges empfiehlt sich der Einbau von Lockfeuern in die Schornsteine. Ein weiteres Mittel, die Gefahr der Erstickung nach Möglichkeit zu vermeiden, besteht in der Anordnung zweier voneinander unabhängiger Zugangstüren, deren eine auf dem kürzesten Wege und unmittelbar ins Freie führen sollte. Ein sehr zweifelhaftes Mittel ist aber die in der letzten Polizeiverordnung geforderte Öffnung von 20 qcm Querschnitt im Rauchschieber. Bei einem kleineren Kessel entspricht diese Öffnung ungefähr 5% des Rauchrohrquerschnittes,

---

[1]) Marx: Die Lüftung der Kesselräume. Vortrag in der Freien Vereinigung Berl. Heiz.-Ing., Vortr. u. Misspr., herausg. v. Ginsberg, Jahrg. 1915, Verlag R. Oldenbourg, München.

[2]) Uber: Bau- und Betriebstechnisches für Zentralheizungen in preußischen Staatsgebäuden. Verlag Wilh. Ernst & Sohn, Berlin 1916.

so daß bei entsprechend offener Verbrennungsluftklappe durch diese kleine Öffnung in Anbetracht ihrer günstigen Form gemäß den Untersuchungen des Verfassers[1]) über die Regelung der Durchflußmengen durch Drosselorgane mit Sicherheit 25% der gesamten Rauchgasmenge verloren geht. Mit der Regelungsfähigkeit des Zuges durch den Rauchschieber ist es demnach — wenigstens bei kleineren Kesseln — vorbei[2]). Mindestens hätte die Größe der geforderten Öffnung in einem bestimmten Verhältnis zum Querschnitt des Rauchkanales stehen sollen.

Aber ganz abgesehen von Unvollkommenheiten ist nicht zu bestreiten, daß diese behördlichen Verordnungen, die ja gewiß manches Gute haben, doch nicht eine Reihe von Unglücksfällen aus den letzten Jahren haben verhindern können, die Marx[3]) ausführlich besprochen hat, wobei er diese Fälle in vier Gruppen einteilte, nämlich: a) Rauchgasvergiftungen, b) Verbrennungen, c) Verbrühungen, d) Kesselzerknalle bei Warmwasserversorgung. Die letzteren gehören nicht eigentlich in unseren hier betrachteten Zusammenhang. Marx kommt auf Grund eingehender Besprechung der Vorfälle zu nachstehenden Folgerungen:

Zu a): Rauchgasvergiftungen:

1. »Jedes Anheizen bei höherer Außentemperatur oder nach längeren Betriebspausen ist mit Gefahren verknüpft, die von der Mehrzahl der Heizer noch viel zu wenig beachtet werden.

2. Der zurzeit gelieferte Koks, insbesondere der Gaskoks ist wegen seiner Neigung zur Entwicklung von Kohlenoxyd mit Vorsicht zu verfeuern.

3. Bei jeder Rauchentwicklung, namentlich aber bei solchen bei höherer Außentemperatur oder nach längeren Be-

---

[1]) Siehe Gesundh.-Ing. 1917, Nr. 36.

[2]) Der Rauchschieber hat bekanntlich den Zweck, die für einen bestimmten Verbrennunugszustand erforderliche geringste Zugstärke einzustellen, die zur Ansaugung der Verbrennungsluftmenge und zur Abfuhrung der Rauchgase erforderlich ist und vom Widerstand des Brennstoffes, seiner wechselnden Körnung und Schichtstärke, von der Verschlackung, Abgastemperatur u. s. w. abhängig ist. Das Fehlen eines Rauchschiebers würde zur Brennstoffverschwendung führen. Vgl. auch Seite 375.

[3]) Marx: Über neuere Unglücksfälle beim Betriebe zentraler Feuerungsanlagen. Gesundh.-Ing. 1917, Nr. 12 und 13.

triebspausen sind alle Türen und Fenster des Heizraumes sofort und ganz zu öffnen.

4. Heizer und Monteure sollen den Heizraum bei der geringsten Benommenheit sofort verlassen.

5. Kehrdeckel und Schornsteintüren dürfen bei Rauchentwicklung der Kessel nicht geöffnet werden.

6. Lockfeuerungen dürfen erst in Gang gesetzt werden, wenn das Feuer in den Kesseln wieder erloschen ist und jede Rauchentwicklung aufgehört hat.

7. Lockfeuerungen dürfen nur im senkrechten Teile des Schornsteines angemacht werden, um Roste, Wechselklappen usw. zu ersparen, zweckmäßig am Fuße des Schornsteines. Dieser Teil muß daher stets bequem zugänglich sein.

8. Das Feuer in den Kesseln darf erst dann wieder angezündet werden, wenn die Lockfeuerung beendigt ist und alle Öffnungen im Fuchse und Schornsteine wieder geschlossen sind.

9. Berechnet man den Schornstein für den Januar, für die Anheizzeit und für unterbrochenen Betrieb, soll man den nötigen Querschnitt auf mindestens zwei Schornsteine verteilen und an jeden die Hälfte der Kesselfläche anschließen.

10. Die Rauchgase von Warmwasser-Versorgungsanlagen dürfen nicht in den Schornstein von Zentralheizungen geführt werden.

11. Lange Füchse sollten verboten werden. Wenn schon bei Warmwasserversorgungsanlagen, vgl. Seite 521, nur eine größte Entfernung von 3 m zugelassen wird, ist hier eine entsprechende Beschränkung erst recht am Platze.

12. Das im Rauchschieber vorgeschriebene Loch hat nur geringen Wert.

13. Rauchschieber sollten am besten ganz verboten, die Regulierung des Feuers also in die Zuluft verlegt werden.[1]) Mindestens aber müssen etwaige Rauchschieber bequem zugänglich sein, die Stellvorrichtung muß unbedingt vor den Kesseln liegen.

14. Trotzdem ein großer Teil der Unglücksfälle auch bei günstigen Raumverhältnissen eingetreten ist, zeigen die übrigen

---

[1]) Vgl. jedoch S. 522, Anm. 2 (d. Verf.)

Fälle doch, namentlich auch der unter B behandelte, daß man die Mindestgrundfläche und die Mindesthöhe von Kesselräumen vorschreiben sollte, natürlich abhängig von der eingebauten Kesselfläche.

15. Ein Abluftkanal kann derartige Unglücksfälle überhaupt nicht verhindern. Zur gelegentlichen Entlüftung der Kesselräume ist aber zu beachten, vgl. S. 80 des Jahrganges 1915 des »Gesundh.-Ing.«:

a) Die Abluft muß unter der Decke des Kesselraumes entnommen werden;[1])

b) die Zugkraft des Abluftkanals muß gesichert sein, er soll also möglichst neben dem Schornsteine liegen und ebenfalls bis über Dach geführt werden;

c) sein Querschnitt sei mindestens 1 v. T. der Kesselfläche;

d) es muß eine Zuluftöffnung von mindestens 5 v. T. der Kesselfläche vorhanden sein.

16. Die Anforderungen an den Beruf eines Heizers werden fast stets unterschätzt, Vorbedingungen sind zum mindesten eine gewisse Auffassungsgabe, die nötige Unterweisung, Fleiß und körperliche Rüstigkeit. Man sollte daraufhin das Heizerpersonal auswählen und gegebenenfalls diese Auswahl behördlich sicherstellen. Zum mindesten sollte man Heizerkurse einrichten und für jede Anlage eine Betriebsanweisung verlangen, die an deutlich sichtbarer Stelle im Heizraume angebracht sein muß.«

Zu b): Verbrennungen:

»17. Bei Beschickung von oben ist oberhalb der Kesseldecke mindestens 1,80 m Kopfhöhe zu verlangen.

18. Bei Beschickung von oben sind Schüttlochaufsätze von mindestens 0,80 m Höhe erforderlich, und zwar um die Gefahr des Hineinfallens, der Stichflammen und des Gasaustrittes für die Bedienung zu beseitigen.

19. Jede Absperrvorrichtung hinter der Feuerung ist zu vermeiden, die Regulierung der Feuerung ist in die Zuluft zu verlegen.[2])

---

[1]) Siehe dagegen Uber (d. Verf.)

[2]) Vgl. jedoch Seite 522, Anm. 2 (d. Verf.)

20. Falls man aber Rauchschieber anordnet, sind wenigstens Hauptrauchschieber zu vermeiden.[1])«

Zu c) Verbrühungen:

21. »Die Ausdehnung durch die Wärme ist bei allen Anlagen sorgfältig zu beachten.

22. Bei stark beanspruchten Anlagen ist auch das entsprechende Material für die einzelnen Teile der Anlage zu wählen.

23. Das Anlassen einer Dampfleitung soll möglichst langsam geschehen[2]), schon Bruchteile des ersten Ganges eines Absperrventiles genügen zunächst vollkommen.

24. Aussteigeschächte sind notwendig, können aber meistens ein Unglück weder verhüten noch auch nur mildern.«

Als **Heizkörper** können bei der Wasserheizung alle im Abschnitte 22a beschriebenen Bauarten verwendet werden. Bei den meisten Heizkörpern tritt das Wasser aus der engen Anschlußleitung plötzlich in einen größeren, durch die verschiedenen Heizkörperglieder unterteilten Querschnitt ein. Die Wassergeschwindigkeit wird also fast unvermittelt stark verringert, und es entsteht durch Wirbelbildung ein entsprechender Druckverlust. Der Beiwert des einmaligen Heizkörperwiderstandes ist auf Seite 424 bereits zu $\zeta = 2{,}5$ bis 3,0 angegeben worden. Werden die Heizkörper aus Rohrschlangen nach Fig. 139 gebildet, so muß der Widerstand jedesmal mit Hilfe der Reibungszahlen besonders berechnet werden, weil sonst infolge falscher Druckverteilung der Wasserumlauf der Anlage empfindlich gestört werden würde.

Die **Heizflächenberechnung** der Heizkörper erfolgt nach den im Abschnitt 22b gemachten Angaben. Der Temperaturunterschied zwischen Zu- und Rücklauf wird dabei für das Zweirohrsystem am besten zu rund 20° C angenommen. Diese Annahme bietet gegenüber anderen die meisten praktischen Vorteile bezüglich der Bemessung der gesamten Anlage. Bei der Annahme von 30° Unterschied wird zwar nach der auf Seite 306 gegebenen Beziehung $W = Q \cdot c_m \cdot (t_e - t_a)$ bei der gleichen Wärmeleistung W die den Heizkörper durchfließende Wassermenge Q geringer; außerdem wird die wirksame Druckhöhe vergrößert. Die ganze Rohrleitung kann also aus beiden Gründen

[1]) Vergl. jedoch Seite 522, Anm. 2. (d. Verf.)

[2]) Nr. 23 bezieht sich nur auf Dampfheizungen (d. Verf.).

einen kleineren Durchmesser erhalten und fällt daher billiger aus. Jedoch ist nicht zu übersehen, daß gleichzeitig in der Gl. (75): $W = Fk \cdot (t_m - t_i)$ bei gleicher Vorlauftemperatur die mittlere Temperatur t_m und damit auch k geringer wird, sö daß größere Heizflächen notwendig werden. Welche Anordnung, im ganzen genommen, die billigere ist, hängt von der Gesamtanordnung ab und müßte rechnerisch im Einzelfalle festgestellt werden. Bei der Annahme von 30° Temperaturunterschied werden infolge der großen wirksamen Druckhöhe in sehr hohen Gebäuden die Anschlüsse der obersten Heizkörper rechnungsmäßig so klein, daß sie meistens in der Praxis größer ausgeführt werden müssen als erforderlich ist. Daraus ergibt sich dann die Notwendigkeit, künstliche Widerstände durch Drosselung der Voreinstellung in den Regelhähnen einzuschalten, damit der Wasserumlauf ordnungsmäßig erfolgen kann. Hieraus kann aber wiederum eine Störung in der allgemeinen Regelung der Gesamtanlage hervorgehen. Denn bei verlangsamter Wassergeschwindigkeit wächst nach Fig. 196 von einer gewissen Grenze ab nach unten hin die Reibungszahl ϱ erheblich an. Da nun die Rohranschlüsse der unteren Heizkörper im Verhältnis zu denen der oberen sehr groß sind, so kommen die ersteren bei schwachem Betriebe der Anlage schneller und früher in das bezeichnete Gebiet der sog. Grenzgeschwindigkeiten als die kleinen Rohre der oberen Heizkörper, deren künstlicher Drosselwiderstand außerdem in geringerem Maße von der Geschwindigkeit ahängig ist als der Reibungswiderstand, da die Beiwerte der einmaligen Widerstände von v nicht beeinflußt werden, vgl. S. 102 u. 424. Dazu kommt, daß der ohnehin sehr große Anteil der Einzelwiderstände am Gesamtwiderstand des Rohrnetzes bzw. Stromkreises mit größer werdenden Rohrweiten an und für sich wächst. Aus alledem folgt eine merklich schnellere Abnahme der Widerstände für die kleinen Rohrdurchmesser gegenüber den großen bei abnehmender Wassergeschwindigkeit oder Wärmelieferung. Die Folge davon ist ein verhältnismäßiges Anwachsen der Widerstände für die Heizkörper in den unteren Stockwerken. Der Wasserumlauf ist also dann hier gehemmt, und die unteren Heizkörper werden ungenügend warm oder bleiben von vornherein teilweise oder ganz kalt. Bei milder Außentemperatur muß dann infolgedessen die gesamte Heizung mit einer höheren Vorlauftemperatur betrieben werden als sonst nötig wäre, was wegen der Unwirtschaftlichkeit des Betriebes verwerflich ist. Daß dieser Nachteil nicht noch bedeutend schroffer auftritt als meistens beobachtet wird, ist lediglich eine Folge der Selbstregelung der Heizkörper (vgl. Abschn. 32 b). Für den seltenen Fall, daß alle Heizkörper in gleicher Höhenlage stehen, kommen natürlich alle diese Nachteile in Fortfall. Bezüglich der absoluten Größe des Temperaturunterschiedes $(t_m - t_i)$ in Gl. (75) ist zu berücksichtigen, daß sich das Wasser bei sehr ausgedehnten Anlagen infolge der kleinen Wassergeschwindigkeit fühlbar abkühlen kann, so daß $(t_m - t_i)$ für die im Rohrzuge entfernteren Heizkörper merklich kleiner wird als für die dem Kessel näher gelegenen. Es empfiehlt sich also, die entfernteren Heizkörper nach Maßgabe einer kleineren Wärmedurchgangszahl k (vgl. Fig. 147) fortschreitend in ihrer Heizfläche größer zu bemessen als die im Anfange der Rohrleitung angeschlossenen. Die Berechnung der Abkühlung der Rohrleitungen ist dabei in derselben Weise vorzunehmen, wie sie in den Abschnitten 28a und 29b durchgeführt wurde.

Beim Einrohrsystem ist die Berechnung der Heizflächen der Heizkörper deshalb schwieriger, weil die Temperaturen der unteren Heizkörper eines jeden Fallstranges durch die der oberen Heizkörper bedingt, d. h. durch Mischung der aus dem darüber liegenden Heizkörper und der aus der senkrechten Strangleitung abfließenden Wassermengen mit ihren bezüglichen Temperaturen entstanden sind. Auch beim Abstellen irgend eines Heizkörpers durch Schließen des betreffenden Hahnes wird deshalb die Wassertemperatur aller folgenden Heizkörper entsprechend beeinflußt. Die Heizflächenberechnung eines jeden Heizkörpers hat natürlich wieder nach Gl. (75) stattzufinden. Die Beeinflussung der Heizkörper untereinander fällt desto weniger ins Gewicht, je geringer von vornherein die Temperaturunterschiede zwischen Heizkörpervor- und rücklauf der Berechnung zugrunde gelegt werden, je kleiner also die Heizkörper ausgeführt werden. Es empfiehlt sich also hier, eine Abkühlung von höchstens 10° C zwischen Vor- und Rücklauf der Heizkörper anzunehmen. Dieses Verfahren ergibt dann für die unteren Heizkörper eine niedrigere mittlere Temperatur, also wesentlich größere Heizkörper als in den oberen Stockwerken, außerdem aber insgesamt eine geringere Heizfläche aller Heizkörper als beim Zweirohrsystem. Die Rohrleitung wird dagegen stärker — besonders auch in den Heizkörperanschlüssen —, dafür aber bedeutend einfacher und bequemer für den Zusammenbau. Die Einrohrheizung hat sich, besonders nach der Bauart Krell mit Überdruck, in vielen Nürnberger Schulen und sonstigen Gebäuden unter der Annahme reichlicher Rohrweiten sehr gut bewährt[1]). Je größer ferner die Geschwindigkeit des umlaufenden Wassers ist, desto mehr werden die einzelnen Heizkörper in ihrer Wirkung voneinander unabhängig. Das Einrohrsystem kommt also besonders auch für Schnellstrom- und Pumpenheizungen in Frage und ist deshalb hier in der Tat meistens der Zweirohrheizung vorzuziehen.

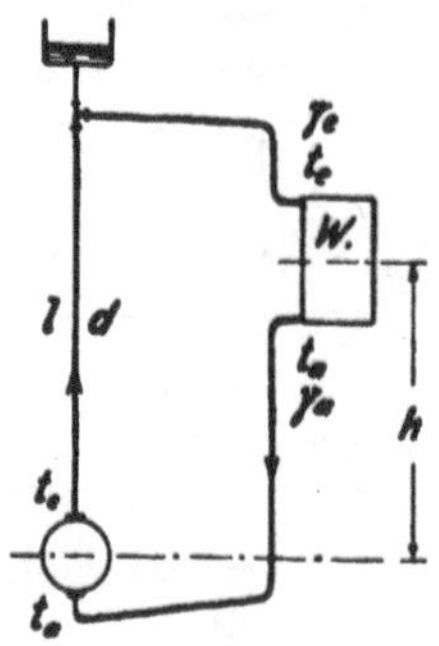

Fig. 252. Zweirohr-Warmwasserheizung.

Wir kommen zunächst zur **Berechnung des Rohrnetzes**[2]) ohne Berücksichtigung der Wärmeverluste, die auf dem Wege der Fortleitung der Wärme eintreten. Als einfachstes Schema ergibt sich die Fig. 252. Bezeichnen wir die Eintrittstemperatur des Wassers in den Heizkörper mit t_e, die Austrittstemperatur mit t_a, so herrschen diese beiden Temperaturen auch an den Kesselstutzen, wenn wir die bei gutem Wärmeschutz zulässige Voraussetzung machen, daß längs der Rohrleitung von der Gesamtlänge l Meter keine Wärme abgegeben wird. Da die stündliche Wärmemenge W, die der

[1]) Krell: Warmwasserheizung, Einrohrsystem mit sekundärer Zirkulation, Gesundh.-Ing. 1905, Nr. 26 und 30. — Ferner andere Arbeiten Krells im Gesundheits-Ing. 1909, Festnummer; 1913, Festnummer.

[2]) Rietschel-Brabbée: Leitfaden z. Berechn. u. Entw. v. Lüftungs- u. Heizungsanl., Verlag Springer, Berlin 1913.

Tichelmann: Die Bewertung der in Warmwasserheizungssystemen tätigen Krafte. Ges.-Ing. 1911, Nr. 23.

Ginsberg: Zur Theorie und Praxis der Rohrleitungsberechnung bei Warmwasserheizungen. Freie Vereinigung Berliner Heizungsingenieure, Vorträge und Aussprachen 1913/14. Verlag R. Oldenbourg, München.

Recknagel: Die Berechnung der Warmwasserheizungen. Verlag R. Oldenbourg, München 1913.

Heizkörper zu leisten hat, gegeben ist, so berechnet sich die nötige Wassermenge G aus der Beziehung

$$W = G \cdot c_m \cdot (t_e - t_a)$$

zu

$$G = \frac{W}{t_e - t_a} \text{ kg/Std.} \quad . \; . \; . \; . \; . \; . \quad (112)$$

Bedeutet ferner v die Wassergeschwindigkeit in m/sek sowie γ_e und γ_a die Dichtigkeit des Wassers bei den Temperaturen t_e und t_a, so ist $\frac{\gamma_e + \gamma_a}{2}$ die mittlere Dichtigkeit, und es ist die Wassermenge für einen Durchmesser d auch:

$$G = 3600 \cdot v \cdot \frac{d^2 \pi}{4} \cdot 1000 \frac{\gamma_e + \gamma_a}{2} \text{ kg/Std.} \quad . \; . \; . \quad (112a)$$

Durch Gleichsetzung der beiden letzten Ausdrücke ergibt sich:

$$\frac{W}{t_e - t_a} = 3\,600\,000\, v \frac{d^2 \pi}{4} \frac{\gamma_e + \gamma_a}{2}.$$

Für die Dichtigkeiten können nach Fig. 197 die mittleren Werte $\gamma_e = 0{,}963$ und $\gamma_a = 0{,}984$ gesetzt werden. Die mittlere Dichtigkeit ist also $\gamma_m = 0{,}974$, womit sich die erforderliche Wassergeschwindigkeit berechnet zu:

$$v = \frac{W}{2\,753\,700\, d^2 (t_e - t_a)} \text{ m/sek} \quad . \; . \; . \; . \quad (113)$$

Ob die Geschwindigkeit v erreicht wird, hängt von den Bewegungswiderständen in der Anlage ab, die sich nach S. 422 berechnen zu:

$$p = \frac{v^2}{2g} \gamma_m \left(1 + \frac{\varrho l}{d} + \Sigma \zeta\right) \quad . \; . \; . \; . \quad (114)$$

Dieser Widerstand p muß gleich der treibenden Kraft sein, die in unserem Falle durch den Gewichtsunterschied der erwärmten und abgekühlten Wassersäule von der Höhe h gebildet wird. Es wird also

$$p = h \gamma_a - h \gamma_e \quad . \; . \; . \; . \; . \; . \; . \; . \quad (115)$$

Durch Vereinigung von Gl. (114) und (115) und Vernachlässigung der Geschwindigkeitshöhe erhalten wir:

$$h \frac{\gamma_a - \gamma_e}{\gamma_m} = \frac{v^2}{2g} \left(\frac{\varrho l}{d} + \Sigma \zeta\right).$$

Die Größe $\frac{\gamma_a - \gamma_e}{\gamma_m}$ ist nun bei bestimmten Annahmen des Temperaturunterschiedes für jede Anlage ein fester Wert $= a$, so daß sich als Grundgleichung die von Rietschel angegebene Form ergibt:

$$a \cdot h = \frac{v^2}{2g}\left(\frac{\varrho\, l}{d} + \Sigma\zeta\right) \quad . \quad (116)$$

Die Größe $a \cdot h$ stellt also die treibende Kraft dar und heißt die wirksame Druckhöhe zur Überwindung aller im Stromkreise vorhandenen Widerstände. Dabei ist h für jeden Heizkörper der Abstand von seiner Mittelebene bis zur Kesselmitte in m, während a unter Annahme von t_e und t_a sich leicht mit Hilfe der Fig. 197 finden läßt. In einer verwickelteren Warmwasserheizung, wie sie z. B. durch die Fig. 232 gegeben ist, läßt sich für jeden Heizkörper ein geschlossener Stromkreis verfolgen. In Fig. 232 ist ein solcher durch den besonders starken Linienzug für einen Heizkörper hervorgehoben. Ein derartiger Stromkreis besteht also gewöhnlich aus einzelnen Teilstrecken von verschiedenen Leitungsdurchmessern, verschiedenen Längen und verschiedenen Widerständen. Ferner ist die Annahme einer einzigen treibenden Kraft mit der einen Höhe h nur eine grobe Annäherung. In Wahrheit treten mehrere Höhen h in die Rechnung ein, für die infolge verschiedenartiger Abkühlung der gleich hohen steigenden und fallenden Wassersäulen je ein bestimmtes a gefunden wird. Sind nun m solche wirksame Druckhöhen und n Teilstrecken für jeden Heizkörper vorhanden, so lautet die letzte Gleichung:

$$\sum_1^m a\, h = \sum_1^n \frac{v^2}{2g}\left(\frac{\varrho\, l}{d} + \Sigma\zeta\right) \quad . \quad (116a)$$

Die weitere Untersuchung dieser Verhältnisse hat Rietschel[1]) auf die verschiedenen praktisch möglichen Fälle ausgedehnt.

Dabei hat auch die Einrohrheizung ihre rechnerische Lösung gefunden, die durch Fig. 252a in der einfachsten Form dargestellt ist. Hier können wir einen Hauptstromkreis über den Heizkörper, nämlich $K\,A\,W\,B\,K$, und einen Nebenstrom-

---

[1]) Rietschel: Die Berechnung der Warmwasserheizung unter Berücksichtigung der Wärmeverluste der Rohrleitungen. Gesundh.-Ing. 1908, Nr. 51.

kreis *K A B K* unterscheiden. Ist wieder der Temperaturunterschied $t_e - t_a$ gegeben, so berechnet sich für eine geforderte Wärmemenge *W* die in der Stunde durch den Heizkörper umfließende Wassermenge G_H wie früher nach Gl. (112a). Ferner berechnet sich nach Gl. (116a) die wirksame Druckhöhe $\Sigma\, a\, h$, die zur Überwindung der Widerstände aufgeboten werden muß. Diese Widerstandshöhe zerlegt sich aber in der Heizkörperhöhe in zwei Teile, so daß die Gesamtwassermenge *G* gleich der durch den Heizkörper gehenden G_H und der durch die Umgehungsleitung *A B* fließenden G_U gesetzt werden muß. Die Leitung *A B* muß nun derartig bemessen werden, daß in der gemeinsamen Abflußleitung die Eintrittstemperatur für den darunter folgenden Heizkörper als Mischtemperatur der beiden betrachteten Teilstrecken auftritt. Die Berechnung ist des näheren in der eben angegebenen Arbeit von Rietschel durchgeführt.

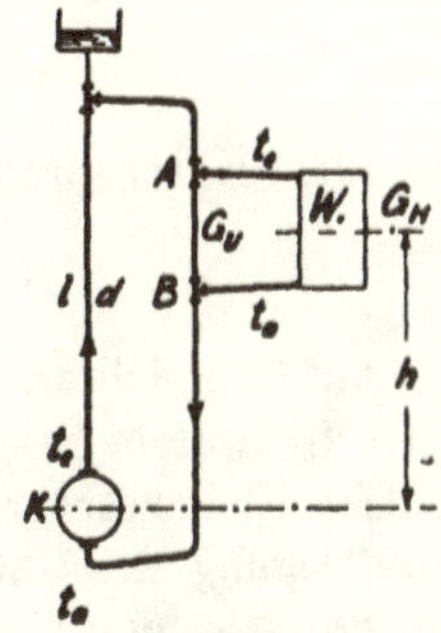

Fig. 252a. Einrohr-Warmwasserheizung.

Es ist einleuchtend, daß desto mehr Wasser durch den Heizkörper fließen muß, je enger die Verbundleitung *A B* gehalten wird. Durch entsprechende Bemessung kann also jede beliebige Wasserverteilung in der Anlage erzielt werden.

Eine für manchen Ausführenden vielleicht bequeme Berechnungsweise der Einrohrbauart hat Probst[1]) abgeleitet. Es sei auch auf diese Arbeit hingewiesen, da die Einrohrwasserheizung wegen ihrer unübertroffenen Einfachheit eine weitere Verbreitung als bisher verdient.

Durch die mehrfach erwähnte, von Brabbée eingeführte **Vereinheitlichung der Berechnungsverfahren**[2]) ist nun auch die Berechnung der Warmwasserheizung auf eine neue Grundlage

[1]) Probst: Bestimmung der Heizkörperanschlüsse bei Einrohrwasserheizungen. Ges.-Ing. 1919, Nr. 12.

[2]) Brabbée: Rohrnetzberechnungen in der Heiz- und Lüftungstechnik auf einheitlicher Grundlage. Verlag Julius Springer, Berlin.

gestellt worden. Hiernach sind die Einzelwiderstände wie früher zu setzen:

$$Z = \Sigma \zeta \cdot \frac{v^2}{2g} \gamma,$$

ferner die Reibungswiderstände für Muffenrohre:

$$R = \frac{p_2 - p_1}{l} = 2570 \cdot \frac{v^{1,84}}{d^{1,26}}$$

und für Flanschenrohre:

$$R = \frac{p_2 - p_1}{l} = 4920 \cdot \frac{v^{1,80}}{d^{1,37}}.$$

Auf Grund dieser Gleichungen sind die Rietschel-Brabbéeschen Hilfstafeln bzw. Hilfsblätter I bis IV im »Leitfaden« und in den »Rohrnetzberechnungen« abgeleitet worden. Unter Zugrundelegung der Untersuchungen von Biel hatte Kretschmer eine ähnliche graphische Tafel entworfen, in deren Rahmen dann die von der Prüfanstalt gefundenen neuen Werte durch Margolis übertragen wurden. Diese dem Verfasser freundlichst zur Verfügung gestellte und hier beigefügte Fig. 253 stellt also im Grunde genommen eine Zusammenfassung der 4 Tafeln von Brabbée dar. Ihre Benutzung dürfte ohne weiteres klar sein, da sie sich ähnlich gestaltet, wie in den »Rohrnetzberechnungen« dargelegt ist.

b) Regelung der Warmwasserheizung.

Die Warmwasserheizung hat vor allen Heizungsbauarten den großen Vorzug voraus, daß durch Anpassung der Wassertemperatur im Kessel an die Außenwitterung die Wärmeabgabe aller Heizkörper vom Kessel aus allgemein beeinflußt werden kann. Man nennt dieses Verfahren die allgemeine (generelle) Regelung der Wasserheizung. Diese wird mit Hilfe der verschiedenen Bauarten von Verbrennungsreglern bewirkt, von denen eine Ausführung gemäß Fig. 245 näher beschrieben worden ist. Diese Feuerzugregler haben Vorrichtungen, die eine Verstellung der Verbindung mit der Luftklappe derart ermöglichen, daß die jedes Mal eingestellte Wassertemperatur auf gleicher Höhe erhalten bleibt. Wird bei nicht außergewöhnlichen Witterungsverhältnissen und bei — 20° C Außentemperatur die höchst zulässige Vorlauftemperatur des Wassers mit 90° angenommen, so muß bei — 10° mit etwa 75° Kesseltemperatur geheizt werden, bei — 5° mit etwa 69°, bei ± 0° mit etwa 62° und so fort. So ergeben sich

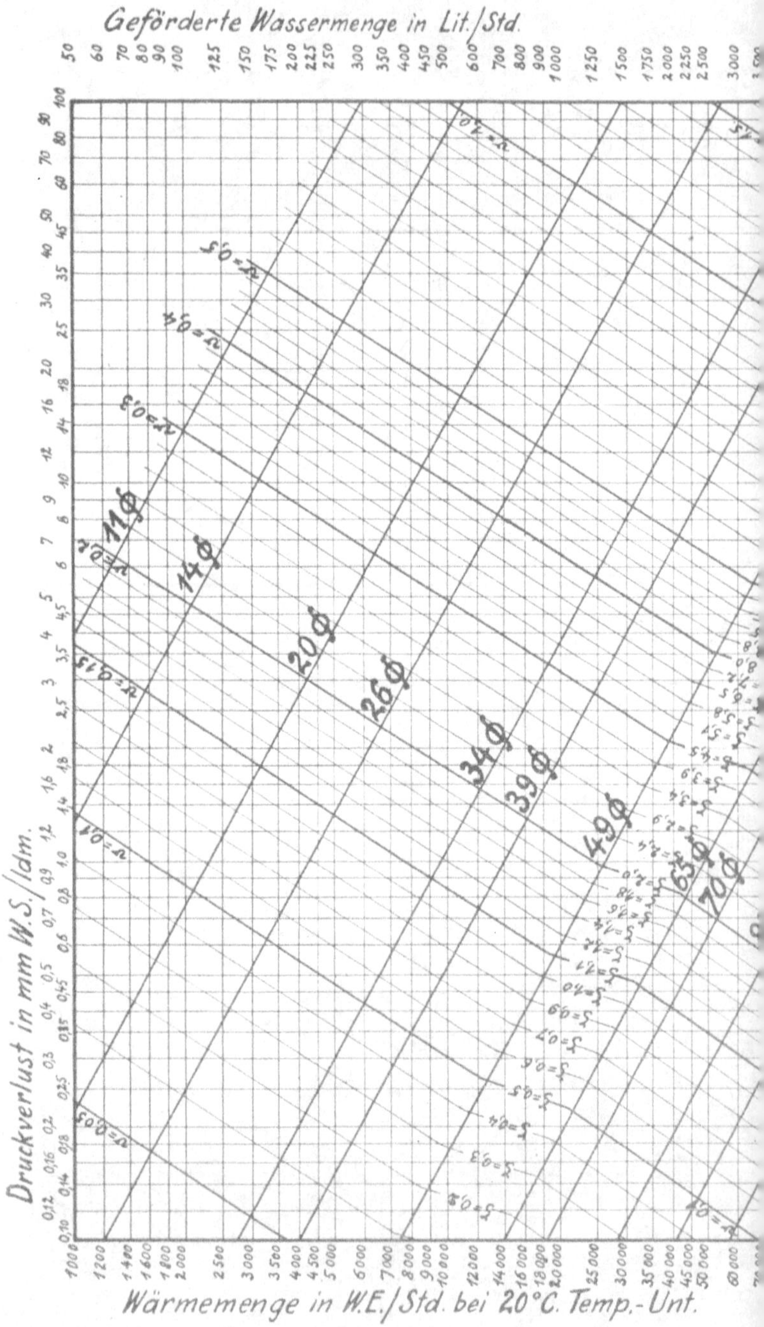
Geförderte Wassermenge in Lit./Std.
Druckverlust in mm W.S./ldm.
Wärmemenge in W.E./Std. bei 20°C. Temp.-Unt.
11 Φ
14 Φ
20 Φ
26 Φ
34 Φ
39 Φ
49 Φ
65 Φ
70 Φ

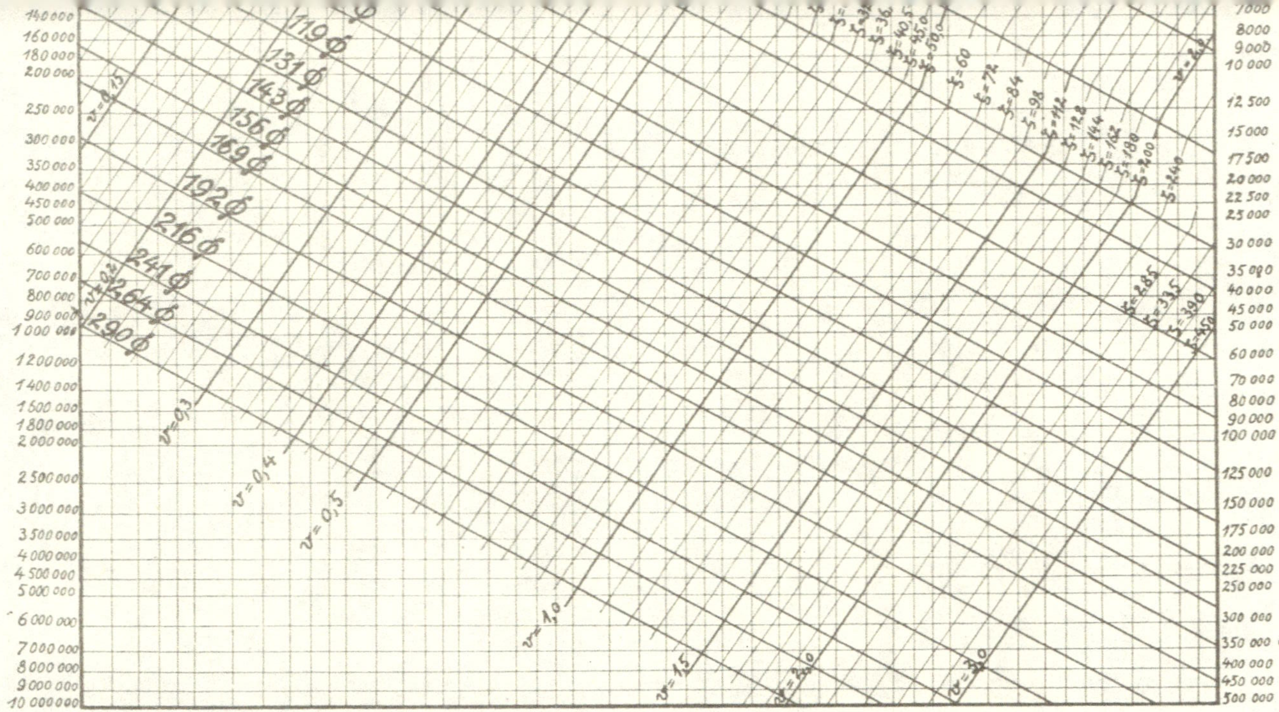

Fig. 253.

Tafel zur Berechnung von Warmwasserheizungen.

nach verschiedenen Quellen die folgenden zusammengehörigen Werte für die verschiedenen Außentemperaturen und Kesseltemperaturen:

Quelle	−20°	−15°	−10°	−5°	±0°	+5°	+10°	+12°
Recknagel[1]) für 90/65°	90	84	77	70	62	54	44	—
de Grahl[2])	90	82	75	66	58	49	39	36
Schmidt[3]) (bei Pumpenwasserheizung)	—	(76)	73	69	63	56	47	41
Liersch[4]) (für Radiatoren) $\frac{90+70}{2}$ bei −20°	90	84	75	70	62	54	45	(40)
Marx[5])	90	87	82	77	71	62	53	—
Rietschel und Henneberg[6])	90	83	78	71	64	57	49	—
	für 85/55° Kesselwassertemperatur:							
nach Recknagel[7])	85	79	73	67	60	55	42	—
	für 80/60°:							
nach Recknagel[7])	80	75	69	63	56	49	41	—

Die Werte von Recknagel, de Grahl und Liersch sind errechnet, die von Schmidt und Marx aus Versuchen festgestellt und die von de Grahl durch Versuche an seiner eigenen Anlage bestätigt. Die Zahlen, die Recknagel und Liersch durch unmittelbare Ableitung aus der vom Verfasser aufgestellten Gleichung für die Wärmeabgabezahl der Heizkörper[8]) $k = \alpha + \beta \cdot (t_m - t_i)$ gewonnen haben, stimmen sehr gut mit den wohl als recht zuverlässig anzuerkennenden Versuchsergebnissen überein, die Schmidt an der ausgedehnten Heizung des neuen Rathauses in Dresden feststellen konnte. Nachdem wir nun einer-

[1]) Siehe Ges.-Ing. 1910, Nr. 20.
[2]) Siehe Ges.-Ing. 1913, Nr. 20.
[3]) Siehe Ges.-Ing. 1913, Nr. 20 (aus der Kurve entnommen).
[4]) Siehe Ges.-Ing. 1912, Nr. 26.
[5]) Siehe Ges.-Ing. 1916, Nr. 32.
[6]) Siehe Druckschrift der Firma.
[7]) Siehe Ges.-Ing. 1916, Nr. 34.
[8]) Vgl. Seite 310.

seits gesehen haben[1]), daß die Temperaturschwankungen der Außenluft infolge der Wärmeaufstapelungsfähigkeit der Mauerwände gewöhnlich erst am folgenden Tage ihren Einfluß auf die Raumtemperaturen massiver Aufenthaltsräume ausüben, und daß anderseits die mittlere Tagestemperatur um 9 Uhr abends abzulesen ist, gewinnen wir die sehr bequeme Einsicht, daß wir die Raumwärme durch Einstellung der Kesseltemperatur nach der Außentemperatur um 9 Uhr abends des vorhergehenden Tages allgemein regeln können. Nach diesen Grundsätzen werden seit Jahren die Dresdener Rathausheizung und viele andere Heizanlagen mit bestem Erfolge betrieben[2]). Bei Windanfall muß selbstverständlich eine Erhöhung der jeweiligen Kesseltemperatur, je nach der Windstärke um 2 bis 4°, stattfinden; ebenso wird im Frühjahre bei Sonnenschein die Kesseltemperatur des Dresdener Rathauses um 2 bis 4° tiefer gehalten; die einmal eingestellte Kesseltemperatur wird aber unverändert 24 Stunden lang durchgehalten. Dabei müssen diejenigen Gebäudeflügel, die infolge ihrer Lage nach Süden der täglichen Sonnenbestrahlung unmittelbar ausgesetzt sind, rechtzeitig abgeschaltet werden, um ihre Überwärmung zu verhüten.

Wir müssen also den oben aufgestellten Satz dahin einschränken, daß die allgemeine Regelungsfähigkeit der Warmwasserheizung sich in erster Linie auf die Wassertemperatur und, nur für die gleichartig gelegenen Räume auch auf die Raumtemperatur erstreckt. Denn letztere hängt von der Lage der einzelnen Räume zur Himmelsrichtung, zum Windanfall und zur augenblicklichen Sonnenbestrahlung ab und kann naturgemäß nicht für jeden Raum von der Kesselfeuerung aus gleichmäßig beherrscht werden. Man hilft sich deshalb meistens in der Weise, daß man die Heizung des Gebäudes in Gruppen nach der Himmelsgegend und dem Windanfall einteilt. Jede Gruppe wird dann für sich durch einen besonderen Schieber absperrbar bzw. regelbar eingerichtet. Es genügt vollkommen, wenn die Rückleitungen zu solcher gruppenweisen Regelung nach dem Kesselraume zurückgeführt werden,

[1]) Vgl. Seite 288.

[2]) Naturlich wird der Krieg mit dem Zwange der täglichen Unterbrechung des Heizbetriebes auch durch diese Rechnung hier und da einen Strich gemacht haben; das andert aber an der Tatsache an sich nichts.

wo dann die Regelventile zur bequemen Bedienung für den Heizer auf einem Ventilstock vereinigt werden. Diese Einrichtung ist jedoch nur in solchen Fällen von Nutzen, in denen für ständige Beaufsichtigung der Heizung durch besondere Bedienung gesorgt ist, und wo Fernthermometer die in einzelnen Räumen erreichte Temperatur nach dem Heizerstande melden, also hauptsächlich in öffentlichen Gebäuden (Schulen, Verwaltungen u. s. w).

Statt dieser Anordnung kann man an geeigneten Stellen die Vor- und Rückläufe verbinden und dann durch Zwischenschaltung einer Drosselvorrichtung beliebige Mischtemperaturen des Wassers herstellen. Man erhält auf diese Weise die Mischwasserheizung von Reck[1]).

Jedenfalls gibt das oben geschilderte Verfahren[2]) des Heizbetriebes die Möglichkeit, die Kessel dauernd gleichmäßig und nicht zu hoch zu belasten und daher sparsam zu heizen. Überlastung der Kessel bedeutet Brennstoffverschwendung wegen zu hoher Abgastemperaturen. Solche würden aber an der Tagesordnung sein, wenn man den Schwankungen der Witterungsverhältnisse mit der Kesseltemperatur immer unmittelbar folgen würde. Dies ist auch, wie gesagt, nur in bezug auf die Sonnenbestrahlung und den Windanfall erforderlich, während wir im übrigen den Ausgleich ruhig der selbstregelnden Tätigkeit der Umfassungswände überlassen können, die infolge ihrer Wärmeaufnahmefähigkeit wie ein Speicher wirken, der bei Überfluß aufnimmt und bei Mangel wieder hergibt. Deshalb verschlucken die Raumwände gerade beim Hochheizen nach unterbrochenem Heizbetrieb unverhältnismäßig viel Wärme; und da sich nun gerade die Wasserheizung wegen ihrer niedrigen Temperatur wenig zum schnellen Hochheizen eignet, so verführt sie nach einer Heizunterbrechung geradezu zur Überanstrengung der Kessel. Wir sehen also hierin den Grund, weswegen gerade bei der Warmwasserheizung der möglichst ununterbrochene Heizbetrieb am Platze ist. Räume, die täglich oder in größeren Zwischenräumen nur kurze Zeit benutzt werden, so daß sich für sie ein ununterbrochener Heizbetrieb nicht rechtfertigen läßt, sollten daher besser nicht mit Warmwasser sondern mit Niederdruckdampf beheizt werden.

---

[1]) Gesundh.-Ing. 1907, Nr. 34; 1908, Nr. 15 u. 30; 1911, Nr. 29.

[2]) Vgl. auch Seite 288.

Je mehr also ein gleichmäßiger Betrieb der Wasserheizung aufrecht erhalten werden kann, desto weniger braucht an den Regelhähnen der einzelnen Heizkörper gestellt zu werden. In allen anderen Fällen muß die örtliche Regelung mit Hilfe der Regelhähne an den Heizkörpern ausgeübt werden. Diese Regelung wird desto empfindlicher sein, je kleiner der Wasserinhalt der Heizkörper ist. Denn durch einen großen Wasserinhalt ist infolge der hohen spezifischen Wärme des Wassers auch eine große Wärmeaufstapelung gegeben, d. h. es dauert dann längere Zeit, bis das Wasser nach dem Drosseln des Hahnes eine so niedrige Temperatur angenommen hat, daß der Wärmegrad des Zimmers dadurch merklich beeinflußt wird. Beispielsweise errechnete Krell[1]) für einen von der Heizanlage abgeschalteten, mit Wasser von 80° C bei 20°C Raumtemperatur gefüllten Radiator mit einer Abkühlungszahl $\beta = 2$ Stunden[2]), der also bei einem Temperaturunterschied $(t_m - t_i) = 60°$ zwischen Wasser und Raum 510 WE/qm abgab, vom Augenblicke der Abstellung an folgende zusammengehörigen Werte:

nach	0	1	2	3	4	6	10 Stunden,
$(t_m - t_i) =$	60°	42,5°	30,0°	21,0°	15°	7,5°	1,87° C,
WE/qm =	510	361	255	200	128	64	16 WE.

Demgegenüber ist für ein Schulzimmer I die Abkühlungszahl $\beta = 20$, so daß es sich in der gleichen Zeit von 10 Stunden bei einer Außentemperatur von — 25° C von einer Anfangsinnentemperatur von 18° C nur auf + 5° C abkühlen würde, während diese Abkühlung beim Radiator von 80° auf 22° erfolgt. Dabei sind die Annahmen für das Schulzimmer noch die denkbar ungünstigsten. Ein anderes Schulzimmer II kühlte sich bei — 1° C Außentemperatur von + 17° in 14 Stunden nur auf + 10° C ab. In Fig. 254 sind diese Abkühlungsverhältnisse zeichnerisch

---

[1]) O. Krell sen.: Abkühlung von Gebäuden. Ges.-Ing. 1907, Nr. 1.

[2]) Vgl. Seite 73, 286, 287, 288 und 289. In der auf Seite 73 gegebenen Reihenfolge der Tabelle seien die folgenden, von Krell gefundenen Abkühlungszahlen β aufgeführt: Radiator = 2, Gewächshaus = 3, Schulzimmer = 20, Theater Nürnberg = 35, Egidienkirche Nürnberg = 125, Olaikirche = 710, und Isaakskirche = 4000 Stunden.

veranschaulicht, und zwar ergeben sie, zusammengestellt, die folgenden Temperaturen bei der Abkühlung:

	nach:	1	2	3	Stunden
Radiator . . .	80°	63°	50°	41°	bei + 20° C
Schulzimmer I	18°	15°	13°	11°	bei — 25° C
Schulzimmer II	17°	15°	13°	12°	bei — 1° C

Auch diese Zahlenreihen zeigen, wie verhältnismäßig schnell einerseits der Wasserheizkörper in 3 Stunden abkühlt[1]), und wie

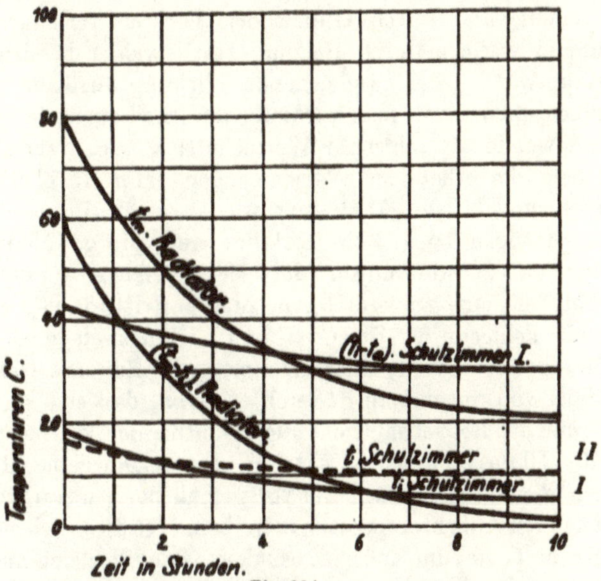

Fig. 254.
Abkühlungsverhältnisse von Heizkörpern und Räumen.

langsam anderseits die Temperatur eines Schulzimmers in der gleichen Zeit sinkt, wobei es obendrein, wie man sieht, nicht sehr viel ausmacht, ob die Abkühlung bei — 25° C oder bei — 1° C Außentemperatur stattfindet. Daraus folgt aber wiederum die den Wärmeausgleich stark hemmende Wirkung der massiven Wände, die

[1]) Ein Dampfheizkörper würde allerdings noch viel schneller, jedenfalls innerhalb einer Stunde, vollständig erkalten.

selbst bei fehlender Heizung keine große Schwankung zuläßt und der regelnden Wirkung der Heizkörper ein sehr geringes Feld zuweist. Die Regelung der Heizflächen braucht also — wie oben bereits hervorgehoben — nicht allen Schwankungen der Außentemperatur und Witterung sofort zu folgen; das wäre sogar vollkommen unnütz: es genugt vielmehr, über den ganzen Tag die gleichmäßige, der mittleren Außentemperatur des vorhergehenden Tages entsprechende Stundenleistung der Heizkörper den Räumenzuzuführen. Selbst die starke, aber nur vorübergehend einwirkende Wärmeentwicklung der Anwesenden oder das zeitweise Öffnen der Türen kann keine großen Temperaturschwankungen hervorrufen, und durch Öffnen der Fenster verursachte Abkühlungen werden durch Heizung rasch wieder beseitigt, weil die Raumwände eine ausgleichende Wirkung ausüben.

Nach allem kann man zusammenfassend sagen, daß massive Gebäudewände als schlechte Wärmeleiter große Wärmespeicher darstellen, die erhebliche Wärmemengen beim Hochheizen aufzustapeln und bei der Abkühlung wieder an die Raumluft abzugeben vermögen, so daß sie imstande sind, die gewöhnlich vorkommenden Schwankungen des Heizbetriebes auszugleichen. Wo trotzdem eine größere Überheizung auftritt, da liegen entweder grobe Fehler in der Heizungs- und Lüftungsanlage oder in der Bedienung vor. Viele Überheizungen von Räumen lassen sich jedenfalls von vornherein dadurch erklären, daß sich die Bedienung und die Betriebsaufsicht die Kenntnis der Wärmeaufstapelung der Umfassungswände noch nicht zu eigen gemacht haben, sondern die Heizung nach wie vor gemäß der augenblicklich herrschenden Außentemperatur betreiben. Ist diese beispielsweise von einem Tage zum andern gesunken, so wird gleich am selben Tag entsprechend stärker geheizt, statt daß der folgende Tag abgewartet wird. Kommt dann noch die Versammlung einer größeren Menschenzahl in einem Raume hinzu, so wird eine Überheizung wohl im allgemeinen nicht zu vermeiden sein. Vielfach handelt es sich aber auch bei den üblichen Überheizungen nur um vereinzelte Räume eines Gebäudes, bei denen beispielsweise die Wirkung der Sonnenbestrahlung nie richtig in Rechnung gestellt wird. In der ganzen Frage, die noch der näheren wissenschaftlichen Klärung bedarf, ist jedenfalls ein sehr dankbares Feld für weitere eingehende Beobachtungen gegeben.

Wir hatten bereits nachgewiesen, daß durch die Hahnregelung an irgendeinem Heizkörper der normale Umlauf der übrigen Heizkörper beeinflußt wird. In besonders starker Weise trat diese Störung in sehr hohen Gebäuden an den Heizkörpern des untersten Stockwerkes bei der Zweirohrheizung auf. Aber auch durch die allgemeine Änderung der Wassertemperatur im Kessel wird der Gang der einzelnen Heizkörper nicht ganz gleichmäßig beeinflußt; denn einerseits werden infolge der dadurch geänderten Wassergeschwindigkeit die Widerstandsverhältnisse je nach dem Rohrdurchmesser in ungleicher Weise verschoben, anderseits tritt infolge der Abhängigkeit der Wärmeabgabe der Rohre und Heizkörper von der Temperatur eine andere Verteilung der Wärmeverluste im Rohrnetz auf. Es ist nun eine Eigentümlichkeit der Schwerkraftwarmwasserheizungen, daß jedesmal derjenige Heizkörper, der in seinem Wasserzuflusse benachteiligt wird, infolgedessen mehr auskühlt, also von selbst eine größere wirksame Druckhöhe $a \cdot h$ erzeugt, die nun ihrerseits für schnelleren Wasserersatz sorgt. Man nennt diese Erscheinung die Selbstregelung der Schwerkraftheizung.

Die Selbstregelungsfähigkeit der Schwerkraftheizung bietet auch die einzige Erklärung dafür, daß die aus noch zwei anderen Gründen bisher nicht einwandfreie Bestimmung der Rohrweiten im praktischen Betriebe meist zu keinen erheblichen Unregelmäßigkeiten geführt hat. Die Widerstände infolge Reibung wurden bisher allgemein verhältnisgleich dem Quadrate der Wassergeschwindigkeit in die Berechnung eingeführt. Wir sahen aber, daß die sog. kritische Geschwindigkeit die Grenze für diese Annahme bildet. Bei der Schwerkraftheizung liegen nun fast alle vorkommenden Wassergeschwindigkeiten bei mittlerer Wintertemperatur in der Nähe der kritischen Geschwindigkeit, unterhalb welcher der Reibungsverlust eine lineare Funktion der Geschwindigkeit ist. Dieser Einfluß ist jedoch nicht wesentlich, da der Fehler sich im gleichen Sinne für das ganze berechnete System geltend macht. Bedenklicher ist schon die bisherige Annahme der Reibungszahlen nach Weisbach, die unabhängig vom Rohrdurchmesser waren. Daß dies keineswegs zutrifft, sahen wir auf Seite 423. In der Tat zeigten auch viele Ausführungen daß die kleinen Rohre zu knapp bemessen waren. Daher das beliebte »Aufrunden« auf das nächst größere Rohrmaß und die

Scheu vieler Praktiker, überhaupt noch Rohre unter $^3/_4$″ anzuwenden! Nach den neueren Reibungszahlen von Lang (Fig. 196) ergeben sich für die kleinen Rohre größere Durchmesser, für die großen Rohre kleinere Durchmesser als nach Weisbach. Es wird also bei den bisherigen Anlagen in den kleinen Rohren eine geringere Geschwindigkeit als berechnet herrschen. Die dadurch hervorgerufene größere Abkühlung der betreffenden Heizkörper wirkt aber ihrerseits auf Vermehrung der zu kleinen wirksamen Druckhöhen gegenüber den Berechnungsannahmen und bewirkt wiederum eine Erhöhung der Geschwindigkeit. So sehen wir, daß die Eigenart der Selbstregelungsfähigkeit des Systemes stets einen Ausgleich für unrichtige Annahmen der Berechnung herbeizuführen bestrebt ist.

Die neuesten Untersuchungen Brabbées über die Reibungs- und einmaligen Widerstände in Warmwasserleitungen haben endlich auch diese Ungleichheiten beseitigt, und die neuen Rechenverfahren gewährleisten ebenfalls eine gute allgemeine Regelungsfähigkeit der Wasserheizung.

c) Selbsttätige Temperaturregelung.

Aus dem, was wir unter b) von den Eigenschaften der Wasserheizung kennen gelernt haben, kann ohne weiteres der Schluß gezogen werden, daß neben der wärmeausgleichenden Wirkung der massiven Raumwände irgendeine andere selbsttätige Regelung überflüssig erscheint. Wenn wir die letztere trotzdem an dieser Stelle besprechen, so geschieht dies, um sie im Zusammenhang mit der hier durchgeführten Besprechung der allgemeinen Regelung der Wasserheizung gleich zu behandeln, obwohl sie z. B. bei der Dampfheizung viel eher angebracht ist als bei der Wasserheizung.

Wir hatten im Abschnitte 4 die gesundheitlichen Nachteile der Wärmestauung eingehend besprochen, die aus der Überwärmung unserer Aufenthaltsräume für den menschlichen Körper entstehen. Als ein Mittel gegen die Wirkungen der Wärmestauung hatten wir ferner an derselben Stelle die Luftbewegung besprochen und haben dann im ersten Teile des Buches jene lüftungstechnischen Einrichtungen erläutert, mit deren Hilfe dieses Ziel zu erreichen ist. Aber es gibt hierfür noch ein ursprünglicheres Mittel, nämlich die Verhütung der Überwärmung durch eine selbsttätige Regelung der Temperatur in den Räumen in der Weise, daß der Wärmegrad überhaupt nicht eine derartige Höhe zu erreichen vermag, daß daraus gesundheitliche Schädigungen entspringen können. Daß diese Aufgabe keineswegs leicht zu lösen ist, erhellt z. B. aus folgenden, auf Schulheizungen zugeschnittenen Betrachtungen, die aber leicht mit den entsprechenden Erweiterungen auch auf andere Versammlungsräume übertragen werden können.

Es ist bekannt, daß beispielsweise besonders häufig in den Schulklassen, sei es wegen mangelhafter Bedienung, sei es infolge verfehlter Anlage, sei es durch plötzlich einsetzende Sonnenbestrahlung der nach Süden gelegenen Räume oder durch andere Umstände eine Überheizung einzelner Räume einzutreten pflegt. Flügge[1]) sagt darüber: »In Schulen, wo vielleicht noch die sorgfältigste Kontrolle der Beheizung stattfindet, kommen in dieser Beziehung geradezu unglaubliche Zustände vor. Wo immer ich in den letzten Jahren Gelegenheit gehabt habe, Wintertemperaturen von Schulräumen kennen zu lernen, habe ich fast täglich 23 bis 26° und darüber beobachten können. Beispielsweise verfüge ich über eine Beobachtungsreihe von 29 Tagen des Januar und Februar (1905) in einer in Breslau vor wenigen Jahren erbauten höheren Schule, wo die Lehrer sich der Mühe unterzogen, in sieben Räumen die Temperatur an frisch geeichten, frei aufgehängten Thermometern abzulesen und die Resultate zu notieren. Schon zu Anfang des Unterrichtes stieg die Temperatur in drei Klassen achtmal, in einer zehnmal, in einer 16mal und in einer 18mal über 22°, häufig zwischen 24 und 26°! Durch den Aufenthalt der Schüler stieg dann die Hitze bis zur Unerträglichkeit, und es wurden die Fenster geöffnet. Nun sank die Temperatur stetig, aber so stark, daß gegen Schluß der Stunde meist zu niedere Temperaturen, oft nur 14, ja 13,1° konstatiert wurden! In derselben Klasse betrug die Schwankung der Temperatur an einem und demselben Vormittag 10,1°. In anderen Schulen, wo weniger die Fenster geöffnet wurden, stieg die Temperatur während des Unterrichtes immer höher und erreichte in der letzten Stunde

---

[1]) Siehe Zeitschr. für Hygiene und Infektionskrankheiten 1905, Band 49.

das Maximum, das auch hier fast stets zwischen 24 und 26° lag!« Wir sahen aus dem vorhergehenden Abschnitt, daß solche Zustände nicht etwa der Warmwasserheizung an sich zur Last zu schreiben sind, sondern lediglich entweder der mangelhaften Anlage oder der ungenügenden Bedienung durch den Heizer. Bei Dampfheizung ist allerdings die Möglichkeit einer leichteren Überheizbarkeit der Räume zuzugeben. Treten zu dieser Eigentümlichkeit der Heizungsart noch ungünstige äußere Umstände, wie Sonnenbestrahlung, oder nachlässige Bedienung oder gar Fehler in der Anlage der Heizung und Lüftung hinzu, so sind Überheizungen der oben geschilderten Art — wenn auch nur ausnahmsweise — möglich. Treten aber die Kinder unter solchen Verhältnissen nach Schulschluß in die kalte Luft hinaus, so sind Erkältungen und Katarrhe die unvermeidliche Folge der überheizten Schulzimmer. Daß aber auch das Öffnen der Fenster an kalten Tagen während des Unterrichtes eine große Gefahr für die Gesundheit der Schüler darstellt, darüber sagt wieder Flügge: »Wird mit der steigenden Temperatur die Haut unseres Körpers allmählich hyperämisch und feucht, so ist sie in diesem Zustande gegen zu starke oder zu anhaltende Abkühlung äußerst empfindlich. . . Ein Wechsel der Temperatur gibt nun leicht Anlaß zu Erkältungen . . . Diese Gefahr bedroht z. B. auch die Schüler, wenn während des Unterrichtes wegen unerträglicher Überwärmung die Fenster geöffnet werden. In letzterem Falle senkt sich die einströmende kalte Luft zu Boden und erzeugt im unteren Teile des Zimmers kalte Strömungen, die zu starker Abkühlung der Füße und Beine eines Teiles der Schüler führen.«

Um den Übelständen der Überheizung aus dem Wege zu gehen, war man natürlich von jeher außer auf die Benutzung der Lüftung auf die Regelung der Heizung angewiesen. Diese kann mit Hilfe von Fernthermometern und Fernstellvorrichtungen vom Heizerstand aus für die ungünstigsten Räume geschehen, d. h. für Zimmer, die nach Norden gelegen oder der Witterung besonders ausgesetzt sind, sich also sehr schwer heizen lassen, bzw. für Zimmer, die nach Süden gehen und unter der Sonnenbestrahlung stark leiden, also zur Überheizung neigen. Wo solche Fernstelleinrichtungen nicht vorhanden sind, muß die Regelung örtlich erfolgen, und zwar entweder innerhalb des Raumes oder, wenn die Regelhähne entsprechend in der Flurmauer untergebracht sind, von außerhalb des Raumes. In Schulen sollte stets die Regel befolgt werden, daß den Lehrern und Schülern die Temperaturregelung entzogen wird. Denn das persönliche Empfinden für Temperaturen ist zu verschieden: der eine Lehrer ist kränklich und empfindet eine höhere Temperatur als durchaus angemessen, während der andere von gesundem Körperbau und an ständige Bewegung gewöhnt, mit einem niedrigeren Temperaturgrad als dem normalen auszukommen pflegt. Solchem Gutdünken wird deshalb die Regelung dadurch entzogen, daß die Regelhähne nur vom Flur aus durch den Heizer zu bedienen sind. Soll aber die Heizung durch eine solche Regelungsart den Witterungsschwankungen in befriedigender Weise angepaßt werden, so gehört dazu ein hohes Maß von Pünktlichkeit, Zuverlässigkeit und Geschicklichkeit von seiten des Heizers, dem es oft trotz der größten Aufmerksamkeit nicht gelingen wird, die Überwärmung zu verhindern.

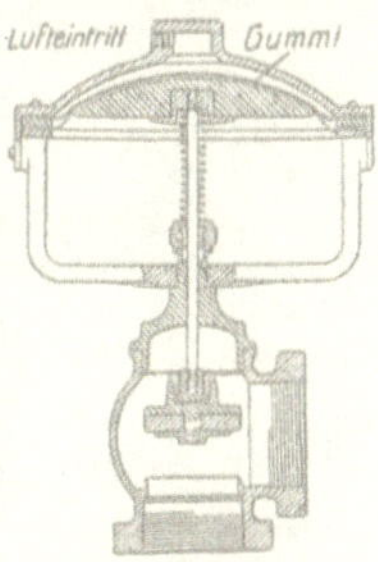

Fig. 255. Membranventil zum selbsttätigen Temperaturregler von Johnson.

Diesen Unzuträglichkeiten ist nun in befriedigender Weise durch die selbstätige Temperaturregelung abzuhelfen versucht worden. Man unterscheidet unterbrochen und stetig arbeitende selbsttätige Regler, die beide auf die Änderungen der Raumtemperatur ansprechen.

Zu den bekanntesten Bauarten[1]) der ersteren Art gehört der Johnson-Regler, der in Amerika bereits seit den 90er Jahren des vorigen Jahrhunderts in Anwendung ist und seit 1907 von der Gesellschaft für selbsttätige Temperaturregelung in Berlin geliefert wird. Dieser Regler besteht im wesentlichen aus drei Teilen: 1. aus den an den Heizvorrichtungen angebrachten Membranventilen (Fig. 255), die mittels einer Spiralfeder geöffnet gehalten und durch über die Membran eingeleiteten Luftdruck geschlossen werden; 2. aus den in den Räumen in Kopfhöhe an der Wand aufgehängten Thermostaten (Fig. 256) und 3. aus einer im Kellergeschosse des Hauses aufgestellten, gemeinsamen Kompressoranlage (Fig. 257), in der selbsttätig

[1]) Ohmes: Selbsttatige Temperaturregler bei Zentralheizung in den Vereinigten Staaten von Nordamerika. Gesundh.-Ing. 1904, Nr. 34.

durch Leitungswasser ein Luftdruck von 1 Atm. in einem Luftverteilungsnetz aufrecht erhalten wird. Die Fig. 256 zeigt eine Einzelanordnung für einen Raum: Vom Kompressor führt eine Luftleitung den Luftdruck zum Thermostaten, wo ihm der Austritt durch eine Doppelmetallfeder gehindert wird, die sich auf die feine Austrittsöffnung auflegt. Würde nun die Raumtemperatur über die normale steigen, so würde die Metallfeder durch Krümmung antworten und die Luftöffnung derartig freigeben, daß der Luftdruck auf das Membranventil geleitet wird und letzteres

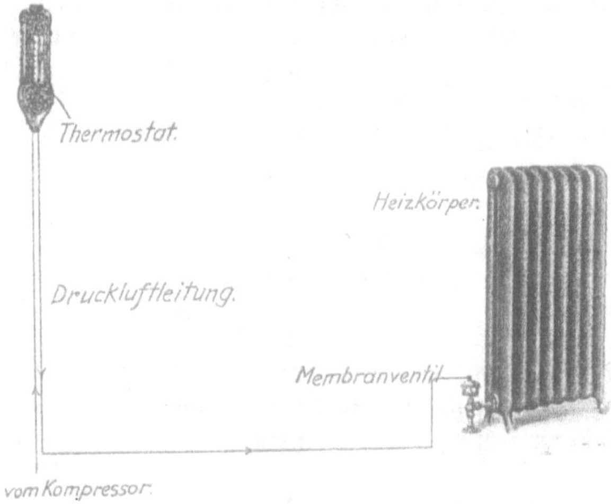

Fig. 256.
Selbsttätige Temperaturregelung nach Johnson.

schließt. Dadurch wird der Zufluß des Wärmeträgers zum Heizkörper abgesperrt, letzterer hört allmählich auf, Wärme zu übertragen, und der Raum kühlt sich ab. Bei Unterschreitung einer einzustellenden Raumtemperatur krümmt sich die Feder im Thermostaten nach der anderen Seite, schließt die Kompressorleitung und läßt die Luft aus der Ventilleitung frei ausblasen. Die Membran wird dadurch entlastet, die Feder hebt den Ventilkegel, der Wärmeträger kann den Heizkörper wieder anfüllen und seine Wärme so lange an den Raum übertragen, bis das selbsttätige Spiel von neuem beginnt.

Die Fig. 257 gibt das Schema einer vollständigen Temperaturregelungsanlage nach Johnson in einem Gebäude wieder. Diese

Bauart kann sowohl bei Dampf- und Wasserheizungen zum Regeln des Dampf- und Wassereintrittes als auch bei Luftheizanlagen zum Stellen von Klappen, also zum Regeln des Lufteintrittes, benutzt werden. In Fig. 257 wird die Frischluft mit Hilfe eines Gebläses durch ein Filter gesaugt, durch die Vorwärmungskammer in die Nachwärmung geblasen und strömt dann in das Luftverteilungsnetz mit nebeneinander geführten Warm- und Kaltluftkanälen. Die Druckluft der Temperaturregelungsanlage wird nun vom Kompressor in einen Luftkessel gedrückt und von hier nach allen Seiten im Gebäude entsprechend

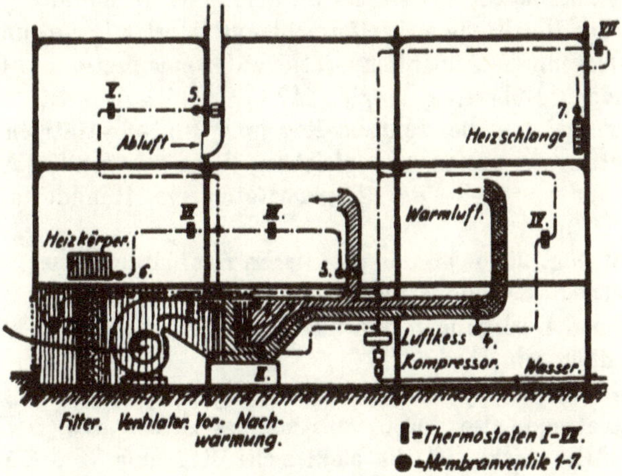

Fig. 257.
Heizungsanlage mit selbsttätiger Temperaturregelung nach Johnson.

verteilt. Von dieser Verteilungsleitung gehen dünne Rohrabzweige von 3 bis 6 mm Durchmesser zu den Bedarfsstellen, und zwar jedesmal über die Thermostaten I bis VII zu den zugehörigen Membranventilen 1 bis 7. Es sind vorgesehen:

ein Thermostat I in der Frischluftkammer zum Anstellen der Nachwärmeschlangen mit Hilfe des Membranventiles 1, sobald die Außentemperatur unter eine bestimmte Grenze sinkt (vgl. S. 173);

ein Thermostat II im Kaltluftkanal mit Membranventil 2, das die Vorwärmeheizfläche derartig regelt, daß im Kaltluftkanal stets 18° C gehalten werden (vgl. S. 173);

ein Thermostat III, verbunden mit dem Membranventil 3, das eine Zuluftklappe des Heißluftkanales dem Wärmebedarfe des betreffenden Raumes entsprechend regelt (vgl. S. 219);

ein Thermostat IV, mit Membranventil 4 zur Stellung einer Wechselklappe im Warm- und Kaltluftkanale (vgl. S. 485);

ein Thermostat V, der die Abluft eines Entlüftungskanales in einem Saale öffnet, sobald die Temperatur über die normale steigt, oder wenn stark geraucht wird (vgl. S. 219);

ein Thermostat VI zu dem am meisten vorkommenden Falle, nämlich der gewöhnlichen Regelung eines Ventiles;

ein Thermostat VII zur Beeinflussung des Membranventiles 7, das $^1/_3$ der Heizfläche einer Heizschlange selbsttätig ein- und ausschaltet, wenn die Außentemperatur unter eine bestimmte Grenze sinkt oder sie übersteigt (vgl. S. 173).

Ferner kann die Johnson-Regelung zur selbsttätigen Luftbefeuchtung in genau der gleichen Weise verwendet werden, wobei nur an Stelle des Thermostaten ein Humidostat tritt (vgl. S. 172).

Auf Fig. 257a ist die praktische Ausführung einer solchen selbsttätigen Regelungsanlage dargestellt, die nach den voraufgegangenen Darlegungen und aus den Beischriften ohne weiteres verständlich sein wird.

Ein anderes System der selbsttätigen Temperaturregelung, das aussetzend, also durch vollständiges Öffnen bzw. Schließen des Ventiles wirkt, ist die elektrische Regelung von Käferle. Hier öffnet oder schließt eine wärmeempfindliche Metallfeder beim Berühren oder Loslassen eines Kontaktes den Stromkreis einer Akkumulatorenbatterie. Dadurch wird ein Anker angezogen oder losgelassen, der im Reglerventil sitzt und den Ventilkegel trägt, der mitgehoben oder -gesenkt wird.

Die zweite Art der selbsttätigen Regelung der Raumtemperatur ist die stetige, die hauptsächlich durch die Bauarten von G. A. Schultze-Clorius, R. Fuess-Brabbée und Samson vertreten wird. Hier wird in Kopfhöhe an der Wand an einer Stelle mittlerer Raumtemperatur ein mit irgendeiner passenden Flüssigkeit gefüllter Metallaufnahmekörper angebracht und durch eine dünne Kupferleitung mit dem am Heizkörper sitzenden Regelventile verbunden. Steigt die Raumtemperatur, so dehnt sich die Flüssigkeit aus und schließt den Ventilkegel; sinkt die

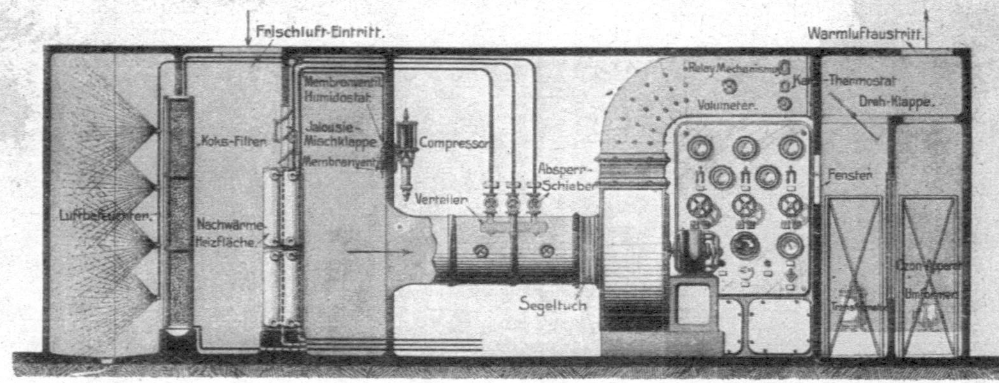
Frischluft-Eintritt.
Warmluftaustritt.
Relay Mechanismus
Thermostat
Dreh-Klappe.
Volumeter.
Membranventil
Humidostat
Jalousie-
Mischklappe
Membranventil
Koks-Filter.
Compressor
Absperr-
Schieber
Verteilen
Fenster
Luftbefeuchter.
Nachwärme-
Heizfläche.
Segeltuch

Schnitt A-B.

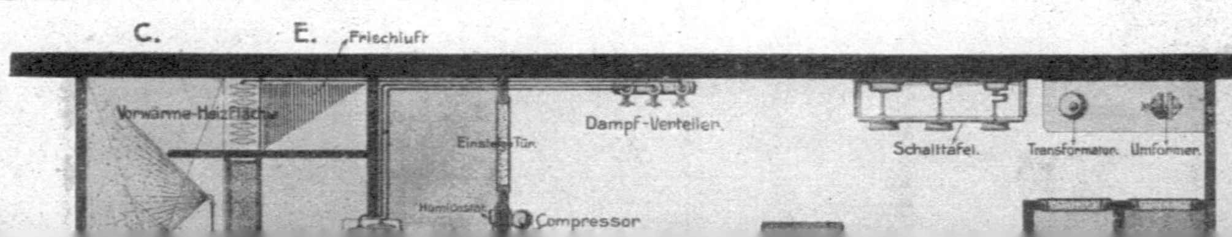
C.
E.
Frischluft
Vorwärme-Heizfläche
Dampf-Verteilen.
Schalttafel.
Transformator.
Umformer.
Compressor

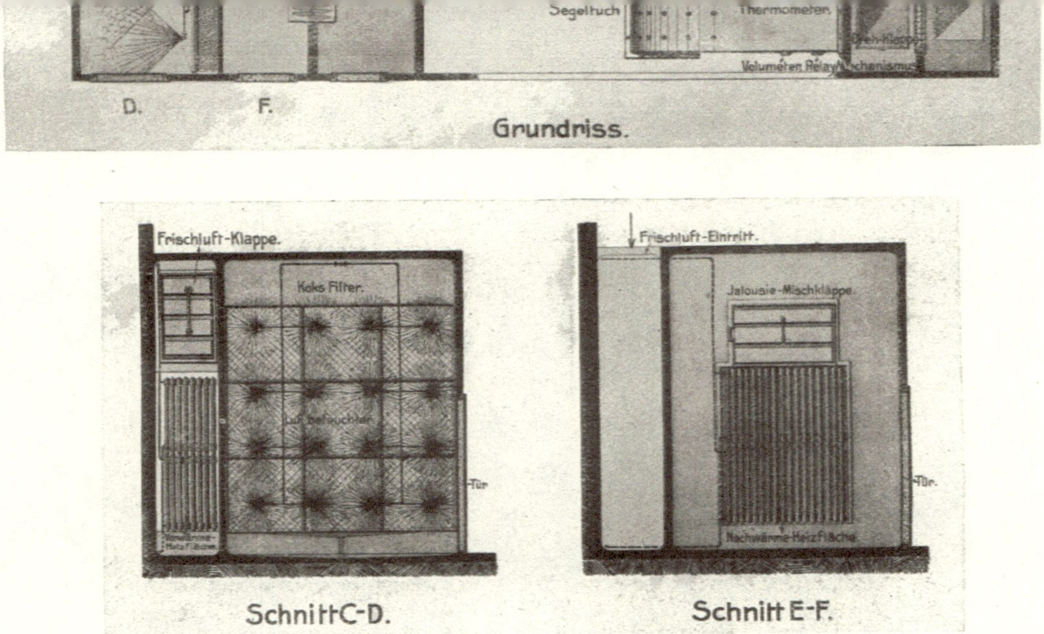

Fig. 257 a.
Heizkammer für Drucklüftung mit selbsttätiger Regelung und Einrichtungen zum Vor- und Nachwärmen, Befeuchten, Reinigen und Ozonisieren der Frischluft. (Rud. Otto Meyer in Hamburg.)

Temperatur, so wird letzterer gehoben. Durch dieses Spiel wird allmählich der Durchflußquerschnitt für den Wärmeträger nach dem jeweiligen Wärmebedarfe des Raumes eingestellt.

Der nach diesem Grundsatz gebaute Temperaturregler von Brabbée ist in Fig. 258 dargestellt.[1]) Wird der Aufnahmekörper mit einem guten Strahlungsschutz, also am besten mit einer hochglanzpolierten Metallhülse, umgeben, so kann er unmittelbar mit dem Regler vereinigt werden. Die Fig. 259 zeigt diese Anordnung.

Eine ähnliche Bauart weist der Temperaturregler »Samson« der Firma Sandvoß & Fischer in Berlin auf, dessen Anwendung bei einem Gasofen die Fig. 260 und bei einer Warmluftheizungsklappe die Fig. 261 zeigt.

Auf einem anderen Gedanken beruht die elektrische Temperaturregelung von Rennert in München, die mit Quecksilberthermometern mit eingeschmolzenen Kontakten arbeitet und bei Stromschluß durch Betätigung eines Relais einen Elektromotor rechts bzw. links laufen läßt, der dann das Regelventil entsprechend öffnet oder schließt, vergl. Fig. 266.

Ein guter Temperaturregler soll die Raumtemperatur mit einer Abweichung von $\pm$ 0,5° unveränderlich erhalten, eine Forderung, die bei sorgfältiger Anordnung von den genannten Apparaten erfüllt wird. Dabei muß

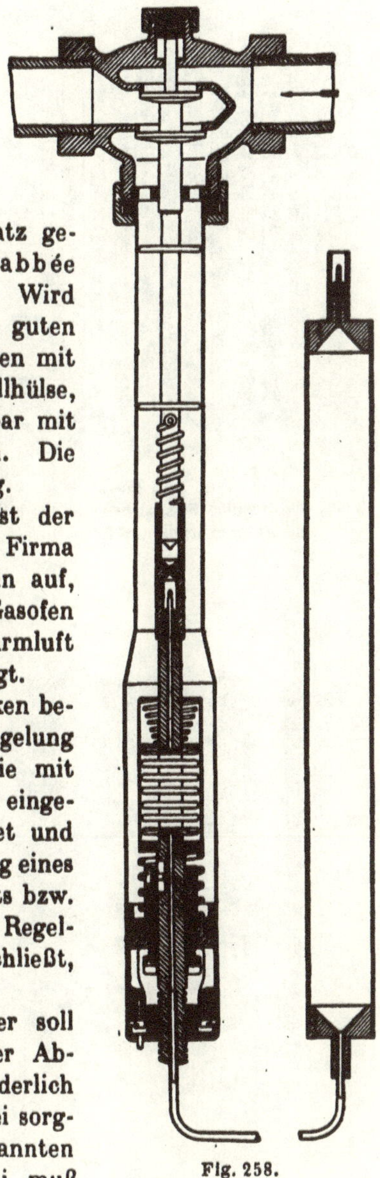

Fig. 258.
Selbsttätiger Temperaturregler nach Brabbée-Fuess.

[1]) Gesundh.-Ing. 1912, Nr. 21.

Fig. 259.
Temperaturregler Brabbée-Fuess, mit Aufnahmekörper am Radiator.

Fig. 260.
Temperaturregler »Samson« an einem Gasofen.

allerdings für die unterbrochen arbeitenden Regler die Einschränkung gemacht werden, daß bei Warmwasserheizungen der Wasserinhalt der Heizkörper genügend klein ist, um zu verhüten, daß nach dem Absperren des Reglers eine zu große Nachwärmung des Raumes stattfindet. In der Prüfanstalt für Heiz- und Lüftungsanlagen durchgeführte Versuche[1]) ergaben, daß Unterbrechungsregler Raumtemperaturschwankungen von $\pm$ 2° C zeigten, zu denen bei unterbrochenem Heizbetrieb Überwärmungen des Raumes während des Anheizens um 2° C hinzutreten können. Ein Warmwasserregler wird desto genauer regeln, je größer die Heizkörperfläche *F*, je besser die Wärmedurchgangszahl *k* und je kleiner der Wasserinhalt *J* ist. Die Güte ε

---

[1]) Heft 2 der Mitteilungen der Prüfungsanstalt für Heizungs- und Lüftungseinrichtungen, Verlag R. Oldenbourg, München 1910.

der Regelung kann also verhältnisgleich dem wachsenden Bruch $\frac{F \cdot k}{J}$ gesetzt werden. Hiernach ergibt sich die folgende Beurteilung[1]) verschiedener Heizflächen bezüglich ihrer Eignung zur selbsttätigen Temperaturregelung:

Verbandsrohr von 1" . . . . ε	=2,2
» » 1½".	1,1
» » 2".	0,9
» » 2½".	0,7
Rippenrohr von 70 mm l Durchm. . . .	1,8
» » 100 » » » . . .	1,1
Radiatoren 1—4 kanälig	0,5—0,8 je nach der Ausführung

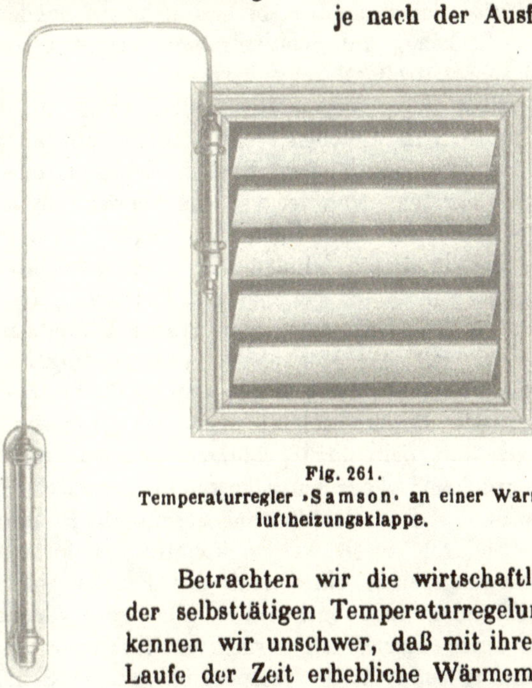

Fig. 261.
Temperaturregler »Samson« an einer Warmluftheizungsklappe.

Betrachten wir die wirtschaftliche Seite der selbsttätigen Temperaturregelung, so erkennen wir unschwer, daß mit ihrer Hilfe im Laufe der Zeit erhebliche Wärmemengen erspart werden können, die sonst durch Überheizung verloren oder zum offenen Fenster hinausgeheizt worden wären. Diese Wärmeersparnis kann sehr verschieden sein, sie

[1]) Heft 2 der Mitteilungen der Prüfungsanstalt für Heizungs- und Lüftungseinrichtungen, Verlag R. Oldenbourg, München 1910.

kann unter gewissen Verhältnissen 10 % und mehr betragen, so daß die Anlagekosten besonders in Schulen, Verwaltungsgebäuden, Versammlungsräumen usw. in kurzer Zeit durch Wärmeersparnisse gedeckt werden können. Leider sind aber die in dem letzten Jahrzehnt mit den selbsttätigen Temperaturreglern gemachten Betriebserfahrungen doch nicht derart gewesen, daß man diese Einrichtungen nun etwa überall uneingeschränkt empfehlen könnte. Sie sind vor allem empfindlich und bedürfen meistens einer wiederholten Nachstellung auf die einzuhaltende Raumtemperatur. In großen Mengen eingebaut, erfordern sie also eine umfangreiche Aufsicht und Unterhaltung, verbunden mit entsprechenden Kosten und Störungen. Ihre Anwendung dürfte sich deshalb mehr und mehr auf Sonderfälle beschränken. In bezug auf Schulheizungen urteilt beispielsweise Hauser [1]) sehr zutreffend folgendermaßen:

»Mit selbsttätiger Temperaturregelung sind in den Jahren 1907 bis 1912 in München sechs Schulgebäude ausgestattet worden, 5 hiervon mit Reglern System Johnson, eine Anlage mit Samsonapparaten. Von der weiteren Verwendung automatischer Temperaturregler, auch Dampfdruckregler, haben wir nach den inzwischen in diesen Schulen mit ihnen gemachten Erfahrungen Abstand genommen aus folgenden Gründen. Jeder derartige Apparat stellt einen mehr oder minder komplizierten Mechanismus dar mit der Möglichkeit von Störungen und der Notwendigkeit fortlaufender Instandsetzungsarbeiten bei späterer Abnutzung; der Einbau solcher Apparate, insbesondere der Johnsonregler mit dem dazu gehörigen Rohrnetz macht einen sehr beträchtlichen Teil der Anlagekosten der gesamten Heizungsanlage aus, ohne daß im Schulbetrieb wesentliche Brennmaterialersparnisse dadurch erzielt werden könnten; ja dort sogar, wo in den Übergangszeiten ein Öffnen der Fenster während der Unterrichtsstunden nicht verboten ist oder trotz Verbotes doch erfolgt, ist unter Umständen vermehrter Kohlenverbrauch mit der Einrichtung selbsttätiger Temperaturregler in Schulen verknüpft. Nach alledem vermögen wir diesen Apparaten in Schulen nur mehr dort eine Berechtigung zuzuerkennen, wo ein eigener Heizer nicht vorhanden ist, die Bedienung der Zentralheizung

[1]) Hauser: Die gesundheitstechnischen Einrichtungen in den Münchener Volksschulen. Ges.-Ing. 1916, Nr. 15.

also im Nebenamt erfolgt; wo dagegen, wie in München, durchgängig für alle Zentralheizungsanlagen in Schulen eigene Heizer angestellt sind, sind die vorerwähnten Apparate unwirtschaftlich, denn auch ohne sie können Vorkehrungen in einfacherer Form getroffen werden, um unzulässige Temperatursteigerungen mit den gesundheitlich schlimmen Folgen der Übererwärmung der Schulräume hintanzuhalten. Solche Vorkehrungen treffen wir nunmehr in der Austeilung getrennter Dampfverteilungsleitungen auf die einzelnen Flügel eines Schulhauses......«

Durch dieses Urteil wird aber der Wert der selbsttätigen Temperaturregelung an sich nicht geschmälert, und am richtigen Orte angewendet wird sie sicher eine angenehme und auch wirtschaftliche Vervollkommnung der Heizung darstellen.

d) Schnellstromheizung.

Bei der gewöhnlichen Schwerkraft-Warmwasserheizung ergibt die Berechnung meistens im Verhältnis zur Dampfheizung ziemlich große Rohrdurchmesser, da die zur Verfügung stehende wirksame Druckhöhe nicht groß ist. Auch wurde es als besonderer Nachteil empfunden, daß die Heizkörper, außer bei der Einrohrheizung, nicht tiefer als der Kessel aufgestellt werden dürfen, um den Umlauf des Wassers zu sichern. Endlich ist das Anwendungsgebiet der gewöhnlichen Warmwasserheizung mit etwa 100 m Entfernung vom Kessel beschränkt.

Zur Behebung dieser Nachteile wurden verschiedene Heizungen mit beschleunigtem Wasserumlauf[1]) gebaut. Dieser konnte auf verschiedenartigste Weise durch Schaffung einer besonderen Zusatzdruckhöhe zu der Druckhöhe durch Temperaturunterschied erzielt werden; in der Tat gibt es eine sehr große Zahl Patente auf Schnellumlaufheizungen. Zu den Mitteln, mit deren Hilfe die Zusatzhöhe hervorgerufen werden kann, zählen hauptsächlich die Zuführung von Dampf oder Druckluft in den Wasservorlauf, die Überhitzung des Wassers, die Schaffung von Übergefälle, Erzeugung von Mischwasser, Pumpenantrieb.

Die erste, bekannteste und verbreitetste Schnellstromheizung ist die nach dem dänischen Erfinder Reck genannte,

---

[1]) Meter: Warmwasser-Schnellumlaufheizungen. Gesundh.-Ing. 1907, Nr. 29, Verlag R. Oldenbourg, München.

im Jahre 1900 von ihm eingeführte **Reckheizung** Fig. 262 bis 263. Hier ist neben dem Warmwasserkessel ein besonderer Niederdruckdampfkessel aufgestellt, dessen Dampf aus einer Steigeleitung durch eine Brause in eine Erweiterung der Warmwassersteigleitung, den sog. Zirkulator, einströmt. Die Dampfbläschen, die im Wasser nicht niedergeschlagen werden, erzeugen in dem nach oben anschließenden Triebrohr einen wirksamen Auftrieb, dessen Größe sich aus der Höhe des Triebrohres und aus dem spezifischen

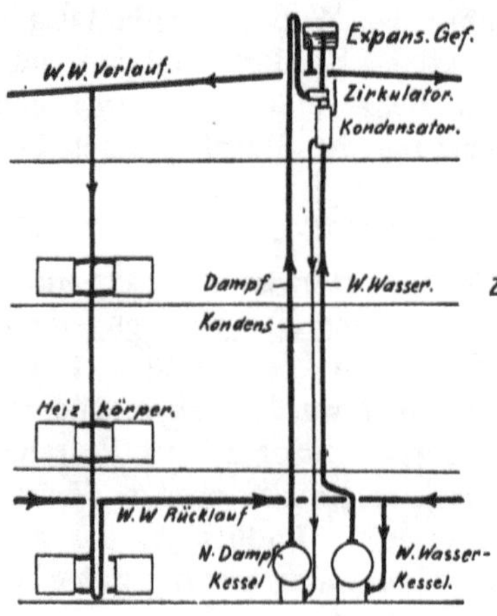

Fig. 262.
Anordnung der Reckheizung.

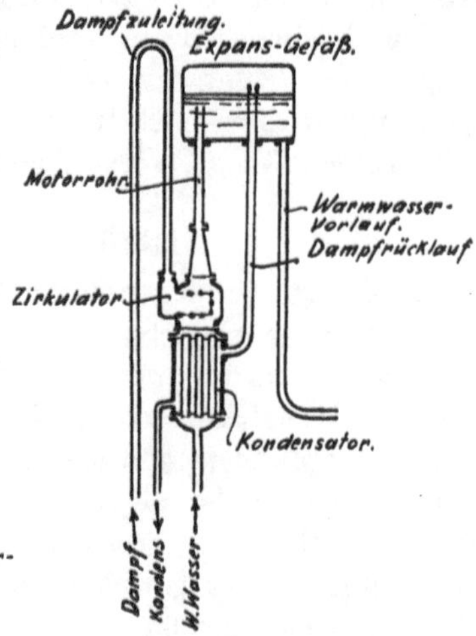

Fig. 263.
Schnellumlaufvorrichtung der Reckheizung.

Gewichte des Wasserdampfgemisches berechnen läßt. Der nicht niedergeschlagene Rest des Dampfes gelangt in das geschlossene Ausdehnungsgefäß, von wo er durch ein Überfallrohr wieder nach unten fließt und an der Kühlfläche des in die Warmwassersteigleitung eingebauten Verdichters niedergeschlagen wird. Das entstandene Dampfwasser fließt vom Verdichter nach unten zum Niederdruckdampfkessel zurück. Vom Ausdehnungsgefäße zweigt nun nach unten die im Dachgeschoß gelagerte Warmwasservorlaufleitung ab, von der wie in einer gewöhnlichen Warmwasserheizung die Verteilung des Wassers nach den einzelnen Heizkörpern erfolgt. Das in letzteren abgekühlte Wasser wird durch die Rücklaufleitung an der Kellerdecke gesammelt und gelangt zur erneuten Erwärmung in den Warmwasserkessel. Somit ergeben sich zwei Kreisläufe: ein Dampf- und ein Wasserkreislauf. Letzterer hat nun gegenüber einer gewöhnlichen Schwerkraftheizung den großen Vorteil, daß an ihn die Heizkörper ohne Schwierigkeit tiefer als Kesselmitte angeschlossen werden und also Kellerräume geheizt werden können, wobei die Rückleitung einfach wieder zur Kellerdecke emporsteigt, wie in Fig. 262 gezeichnet. Ohne Zusatzgefälle zum Gewichtsunterschied der warmen und kalten Wassersäulen wäre diese Art der Heizkörperaufstellung ausgeschlossen.

Infolge der erzielten großen Wassergeschwindigkeit in den Schnellstromheizungen wird hier mit Vorteil die Einrohrheizung angewendet. Wir erhalten also sehr kleine Rohrdurchmesser; die Leitungen können beliebig mit Steigung und Gefälle verlegt werden, da etwaige Luftblasen vom Wasser fortgeführt werden; die wagerechte Ausdehnung der Anlage ist, soweit praktische Verhältnisse in Betracht kommen, unbeschränkt.

Die Reckheizung kann bei milderer Außentemperatur, also schwächerem Betriebe, auch ohne den Dampfkessel als einfache Schwerkraftwasserheizung betrieben werden, oder es genügt auch umgekehrt die Heizung des Dampfkessels, wobei das Wasser im Steigrohre seine Wärme durch den zugeführten Dampf im Zirkulator und im Kondensator aufnimmt. Diese immerhin beschränkte Regelungsfähigkeit hat Reck[1]) veranlaßt, neuerdings sein System durch Einbau von Mischventilen in hervorragender Weise zu verbessern. Der leitende Gedanke ist die beliebig einstellbare Verbindung des Wasserrücklaufes mit dem Vorlaufe, wodurch die unbedingte allgemeine Regelungsfähigkeit der Reckheizung gewährleistet ist. Die Anlage ist dabei noch in der Weise vereinfacht, daß der Warmwasserkessel weggelassen und mit der Schnellumlaufvorrichtung selbst verbunden wurde.

Aus der Menge der vorhandenen praktisch eingeführten Schnellstromheizungen seien als bekannte Bauarten nur noch die von Brückner und Göbel genannt. Um das Jahr 1910 herum war die Zeit der Schnellstromheizungen, wo sich die Heizungs-

[1]) Die Warmwasserheizung System Reck mit Wassermischung. Gesundheits-Ing. 1907, Nr. 34. Verlag R. Oldenbourg, München.

bauanstalten in der Herstellung solcher Heizungen überboten. Diese Mode ist glücklicherweise bald vorübergegangen. Man ist wieder zu der alten, einfachen, zuverlässigen Warmwasserheizung zurückgekehrt und wird heute eine Schnellstromheizung nur noch notgedrungen bauen, am ehesten noch als Pumpenheizung.

e) Stockwerkheizung.

In Häusern mit mehreren Parteien, also vor allem in Miethäusern, ist es zur Vermeidung von Streitfällen wünschenswert, daß jeder Mieter seine eigene Zentralheizung habe. Dies kann dadurch erreicht werden, daß in jedem Stock, z. B. in der Küche, neben dem Herd oder mit diesem vereinigt, ein Warmwasserkessel aufgestellt wird. Die Vorlaufleitung wird an der Decke verteilt, die Rückleitung liegt entweder im Fußboden oder an der Decke des darunterliegenden Stockwerkes. Die Heizkörper kommen bei dieser Anordnung in die gleiche Höhe mit dem Kessel oder sogar etwas tiefer zu stehen. Daß trotzdem ein regelrechter Wasserumlauf erfolgt, ist auf die Abkühlung der senkrechten Rohrstränge zurückzuführen, wodurch eine zusätzliche wirksame Druckhöhe erzeugt wird. Unter Berücksichtigung der Abkühlung der Leitung kann also eine Stockwerkheizung sehr gut berechnet werden, so daß keine Störung und nachträgliche Höherstellung irgendeines Heizkörpers zu erfolgen braucht.

Die Firma Gebr. Körting führt Stockwerk-Schnellumlaufheizungen nach ihrem Wasserüberhitzungssystem aus, und auch sonst ist der Schnellumlauf auf den Bau der Stockwerkheizungen angewendet worden.

Leider erfüllen sich die Erwartungen großer Wirtschaftlichkeit, wie sie manche Geschäftsanpreisungen durch bessere Ausnützung der Herdwärme — gleichzeitig für Kochen und Heizen — in Aussicht stellen, meistens nicht. Denn in den seltensten Fällen werden Kochbetrieb und Heizbetrieb zeitlich so zusammenfallen, daß es sich lohnt, aus diesem Grunde den Heizkessel an das Herdfeuer anzuschließen Meistens wird der Kochbedarf in den späteren Vormittagstunden liegen, nachdem das Hochheizen, also der größte Wärmebedarf für Raumheizung in den frühen Morgenstunden, längst vorüber ist. Doch soll nicht in Abrede gestellt werden, daß es auch viele Fälle gibt, in denen eine weitere Ausnützung der Herdgase zu Heizungszwecken im Winter und zur

Warmwasserbereitung im Sommer möglich ist. Ein Vorteil der Stockwerkheizung ist gewiß der, daß der Keller des Hauses von warmen Rohrleitungen und vom Kesselbetrieb verschont bleibt: dafür fällt aber wieder die ganze Sorge für den Heizungsbetrieb dem Mieter zur Last.

f) Pumpenheizung.

Auch die Wasserheizung, die mittels einer in den Wasserkreislauf eingeschalteten Pumpe[1]) betrieben wird, kann als Schnellstromheizung bezeichnet werden, als welche sie zuerst der Firma Bolze

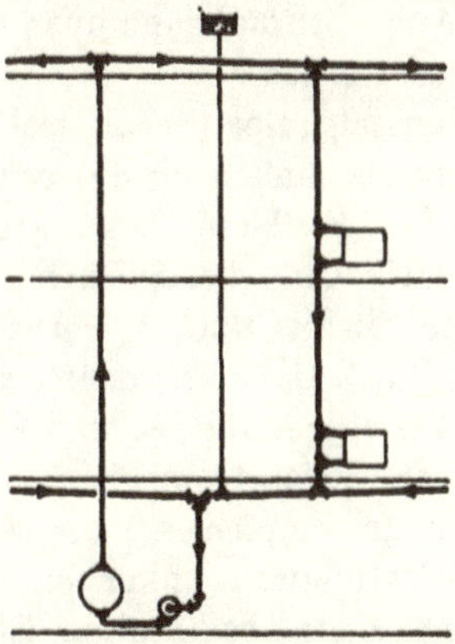

Fig. 264 a.
Pumpenheizung nach der Einrohrbauart.

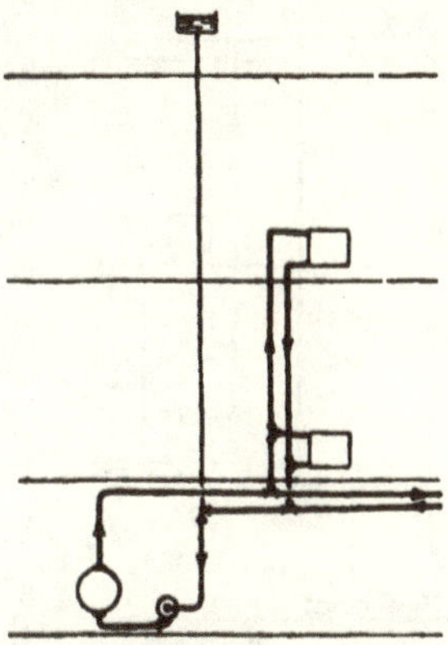

Fig. 264 b.
Pumpenheizung nach der Zweirohrbauart mit unterer Verteilung.

in Hannover patentiert wurde. Da aber durch die Pumpe als Umtriebsmaschine ein neuer Gesichtspunkt in den Heizungsbetrieb hineinkommt, und da die Pumpenheizung ein Gegenstück zu dem im Abschnitt 31b des Buches behandelten Luftgebläsebetriebe bei der Gebläseheizung darstellt, so wollen wir sie gesondert besprechen. Der Einbau der Pumpe geschieht am zweckmäßigsten in den Wasserrücklauf vor dem Eintritt in den Kessel. Bei der Anordnung im Wasservorlauf würde beim Saugen zu heißen Wassers durch die Pumpe leicht Dampfbildung im Saugrohr auftreten können, was zu Wasserschlägen in der Leitung führen würde.

[1]) Anm.: Die erste Pumpenheizung in Deutschland wurde von Bonne in Plauen i. V. unter Einschaltung einer Heberpumpe zur Ausführung gebracht.

Es ergeben sich die mannigfaltigsten Ausführungsformen der Pumpenheizung nach dem Einrohr- und Zweirohrsystem, wie sie etwa in den Fig. 264a—c dargestellt sind. Das Ausdehnungsgefäß ist, wenn offen, natürlich mit dem Rücklauf zu verbinden. Besondere Entlüftungsleitungen sind außer der Ausdehnungsleitung nicht erforderlich, wohl aber die Sicherheitsvorrichtungen S. 516.

Als Pumpen selbst stehen Kreisel- oder Schleuder-(Zentrifugal)-pumpen, Riemenscheiben-Kolbenpumpen oder selbsttätige Dampfpumpen nach dem bekannten Doppelsystem, das gewöhnlich zur Kesselspeisung verwendet wird, zur Verfügung. Auch Schraubenpumpen sind angewendet worden.

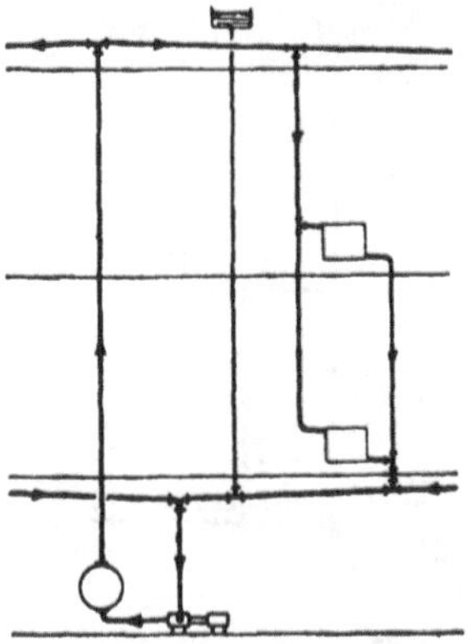

Fig. 264c
Pumpenheizung nach der Zweirohrbauart mit oberer Verteilung.

Die **Kreiselpumpe** verhält sich betriebstechnisch ähnlich wie das Schleudergebläse[1]). Es kann daher grundsätzlich auf den bezüglichen Abschnitt 12c dieses Buches verwiesen werden. Wird also, wie meist, elektrischer Antrieb gewählt, so sind Drehstrom- oder Gleichstromnebenschlußmaschinen zu empfehlen, die trotz großer Belastungsschwankungen ihre Drehzahl annähernd beibehalten. Ebenso wie bei den Schleudergebläsen stehen auch bei den Kreiselpumpen die Fördermenge, Umlaufzahl und Druckhöhe in ziemlich verwickeltem Zusammenhange untereinander, der nur aus dem Verlaufe der kennzeichnenden Kurven erkannt werden kann. Wählen wir wieder die *QH*-Kurve als Kennlinie, so ergibt sich bei den Schleuderpumpen ein ganz ähnlicher Verlauf wie in Fig. 62. In dem hauptsächlichen Be-

---

[1]) Kux: Wirkungsgrade von Zentrifugalpumpen, Z. d. V. D. Ing. 1907, Nr. 9. Vgl. ferner die Fußnoten auf S. 141.

Busse: Zur Theorie der Zentrifugalpumpen und Ventilatoren bei veränderlichen Betriebsbedingungen unter Voraussetzung einer parabolischen *Q·H*-Charakteristik. Zeitschrift für das gesamte Turbinenwesen, Jahrg. 1909, 9. Jan. u. folg.

Gramberg: Maschinenuntersuchungen und das Verhalten der Maschinen im Betriebe. Verl. Jul. Springer, Berlin 1918.

nutzungsgebiete gilt also auch hier der Satz, daß mit zunehmendem Drucke bei unveränderter Umlaufzahl die Fördermenge abnimmt. Das heißt: Werden zufällig im Gebäude eine ganze Anzahl Heizkörper auf einmal abgestellt, so daß sich bei der Zweirohrheizung der Pumpengegendruck erhöhen muß, so nimmt die geförderte Wassermenge von selbst ab. Da aber gleichzeitiges Abstellen einiger Heizkörper meistens ein Zeichen der Überheizung einer großen Zahl von Räumen ist, so ist der neue Betriebszustand der Pumpe nur als günstig zu bezeichnen, weil jetzt weniger Wärme geliefert wird. Selbst das plötzliche Außerbetriebsetzen einer sehr großen Anzahl von Heizkörpern würde keinen gefährlichen Einfluß bezüglich der Erhöhung des Druckes in den Leitungen zur Folge haben, wie aus der Kennlinie Fig. 62 hervorgeht. Ist aber umgekehrt die Pumpe bei normaler Liefermenge für einen bestimmten Druck gebaut worden und stellt sich bei der Inbetriebsetzung heraus, daß dieser Druck auch nicht annähernd erreicht wird, sondern stets erheblich unter dem berechneten bleibt, so ist von vornherein mit einem sehr unwirtschaftlichen Betrieb der Pumpe zu rechnen. Denn nach Fig. 63 und 64 nimmt in diesem Falle der Wirkungsgrad sehr schnell ab, und die zugeführte Leistung steigt rasch hoch an. In solchen Fällen, in denen also die Pumpe aus Unkenntnis ihres Verhaltens und der Sicherheit wegen für einen zu hohen Druck bestellt worden ist, bleibt als einziger Ausweg nur die künstliche Erhöhung des Gegendruckes durch einen einmaligen Drosselwiderstand in der Leitung, wenn es nicht vorzuziehen ist, die Pumpe gegen eine mehr entsprechende auszuwechseln. Infolge des ziemlich verwickelten Verhaltens der Kreiselpumpe im Betriebe ist es im allgemeinen ratsam, auf eine Regelung des Ganges der Pumpe durch Verstellen der Umlaufzahl zu verzichten. Man lasse vielmehr die Pumpe ruhig mit unveränderlicher Drehzahl laufen und bewirke die allgemeine Regelung der Warmwasserheizung durch Änderung der Wassertemperatur. Durch Beobachtung der Temperaturanzeige im Rücklauf kann der Heizer alsdann bequem verfolgen, ob wenige oder viele Gebäude oder Heizkörper innerhalb der Anlage an- oder abgestellt wurden. Diese Kenntnis ist aber für ihn ein Anhalt für die Veränderungen, die er in der Vorlaufwassertemperatur vorzunehmen hat. Bei sachgemäßer Anlage einer Kreiselpumpe ergibt sich ein ziemlich einfacher

Betrieb der Heizung, auch kann die Pumpe ruhig ohne Beaufsichtigung, z. B. während der Nachtzeit, weiterlaufen.

In den letzten 15 Jahren hat die **Ausführung der Schleuderpumpen** eine große Vervollkommnung erfahren. Die früher bei Kreiselpumpen erzielten Wirkungsgrade von höchstens 50% haben heute bei gleichzeitiger Steigerung der Druckhöhe den Betrag von 70 bis 80% erreicht. Man kann Niederdruck-Schleuderpumpen bis etwa 20 m Druckhöhe und Hochdruck-Schleuderpumpen mit größerer Druckhöhe unterscheiden. Bei den größeren Kreiselpumpen wird das Wasser beim Austritt aus dem Leitrade in günstiger Weise geführt. Die Umsetzung der Wassergeschwindigkeit erfolgt durch einen am Umfange des Gehäuses angebrachten spiralförmigen Hohlraum, den Diffusor, allmählich und möglichst ohne Stoßverlutse in nutzbare Druckhöhe. Die Hochdruckkreiselpumpen werden gewöhnlich als Turbinenpumpen ausgeführt, wobei mehrere Laufräder nebeneinander auf gemeinschaftlicher Welle sitzen. Das Wasser durchfließt nacheinander die einzelnen Lauf- und Leiträder. Je höher der zu erzielende Druck ist, desto mehr Stufen werden angewendet. Für diese Abstufung ist außer dem Raddurchmesser folgende Erwägung maßgebend. Für jede Umdrehungszahl eines Kreisels ist ein größter Wirkungsgrad vorhanden. Der geometrische Ort dieser η_{max} ist nach Fig. 64 annähernd eine Parabel, aus deren Verfolgung vom Ursprung des Koordinatensystemes ab sich erkennen läßt, daß der beste Gesamtwirkungsgrad zunächst bis zu einer gewissen Umlaufzahl n_x zunimmt, um sodann wieder abzufallen. Der dieser Umlaufzahl n_x zugehörige Druck wird also annähernd der Mittelwert sein, der durch das erste Laufrad zu erstreben ist; das zweite Laufrad erzeugt sodann die zweite Druckstufe und so fort, bis die zu erzielende wirksame Druckhöhe der betreffenden Anlage erreicht ist. Bei mechanisch betriebenen Warmwasserheizungen werden jedoch selten mehrstufige Turbinenpumpen zur Anwendung zu kommen brauchen, da außer in Fernwarmwasserheizungen die Druckhöhe gewöhnlich geringer ist.

Für die meisten Fälle des Heizungsbetriebes genügen jedenfalls Niederdruckkreiselpumpen, von denen die Fig. 265 eine Bauart der Firma Schiele & Co. in Frankfurt a. M.-Bockenheim wiedergibt. Diese Pumpen werden dann einstufig ausgeführt, wobei auch meistens das Leitrad weggelassen wird. Der Antrieb kann durch Riemenscheibe oder, da hohe Umlaufzahlen erreicht werden, mittels unmittelbar auf gleicher Achse gekuppelten Elektromotors oder auch mit Dampfturbine bzw. Drehkolbendampfmaschine erfolgen.

Da wo Schleuderpumpen in der Nähe bewohnter Räume, in Verwaltungsgebäuden oder in sonstigen Gebäuden aufgestellt werden, die Ruhe verlangen, ist wieder die Schalldämpfung der laufenden Kreiselpumpen eine sehr schwierige Aufgabe. Besonders auch aus dem Grunde, weil sich die Schallwellen durch Leitung in den Rohren sehr scharf bis an entferntest gelegene Räume fortpflanzen. Es bedarf also hier neben den Vorkehrungen auf Seite 180

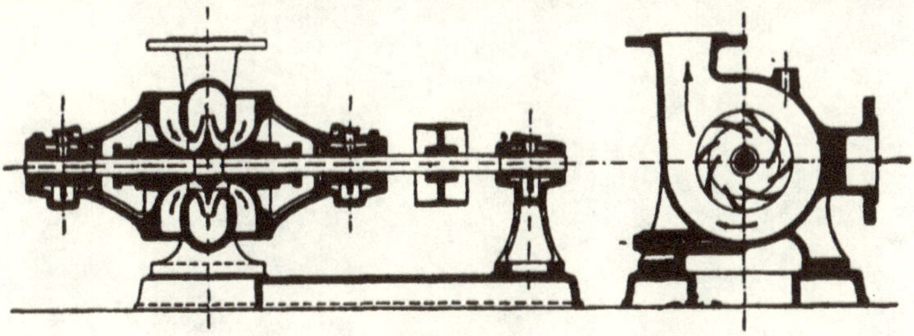

Fig. 265.
Niederdruckkreiselpumpe von G. Schiele & Co.

in besonderen Fällen noch außergewöhnlicher schalldämpfender Mittel zwischen Pumpe und Vorlauf- und Rücklaufleitung.

Man kann das Anlassen und die Regelung des Pumpenlaufes einer Warmwasserheizung auch selbsttätig gemäß den im Warmwasserkessel erreichten Temperaturen einrichten. Eine solche Anordnung zeigt die Fig. 266, welche die elektrische Regelung der von Joh. Haag in Augsburg ausgeführten Pumpenwasserheizung im Münchener Rathause nach dem System Rennert in München[1]) darstellt. Die stufenweise Schaltung des Pumpenmotors erfolgt durch einen Stufenschalter, der vermöge seiner Verbindung mit einem Kontaktthermometer im Dampfwasserkessel je nach den erreichten Temperaturen die entsprechende Auslösung eines Stromes veranlaßt und einen Elektromagneten zum Anziehen bringt.

[1]) Vgl.: Ges.-Ing. 1911, Nr. 34, S. 640.

Bei der **Auswahl der Schleuderpumpe** muß, genau wie bei den Schleudergebläsen, große Sorgfalt obwalten, damit der theoretisch zu erreichende günstige Wirkungsgrad auch im wirklichen Betriebe wenigstens annähernd erreicht wird. Es empfiehlt sich deshalb, vor der Bestellung der Pumpe den Widerstand der Leitung für verschiedene Wassergeschwindigkeiten so genau

Fig. 266.
Pumpenheizung im Rathaus zu München mit elektrischer Regelung von Rennert

wie irgend möglich rechnerisch festzulegen und für den normalen Betrieb die Fördermenge, die Geschwindigkeits- und Widerstandshöhe auszurechnen. Diese Angaben sind alsdann der Pumpenfirma mit der annähernd verlangten mindesten und höchsten Leistung der Pumpe zu übermitteln. An die dann zu wählende Pumpe ist vor allem die Anforderung zu stellen, daß die Wirkungsgradkennzeichnung (Fig. 63 und 64) in den angegebenen Grenzen einen möglichst flachen Verlauf mit möglichst hohem η aufweist. Der Wirkungsgrad selbst hängt von dem verwendeten

Pumpenmodell ab: für kleine Druckhöhen werden zweckmäßig rückwärts gekrümmte Laufradschaufeln angewendet; je größer die Druckhöhe ist, desto steiler werden die Schaufeln zu wählen sein, damit die Umlaufzahlen nicht zu hoch ausfallen. Bei zu großer Umdrehungszahl steigen die Reibungs-, Stoß- und Spaltverluste; letztere nehmen anderseits ebenfalls zu, wenn wegen zu klein gewählter Drehzahl der Raddurchmesser zu groß ausgefallen ist. Hier den richtigen Mittelweg zu wählen, muß der Erfahrung der pumpenliefernden Firma überlassen bleiben. Jedenfalls geht aus Vorstehendem bereits zur Genüge hervor, daß es behufs zweckmäßiger Auswahl[1]) einer möglichst vollständigen Angabe der Rechnungsunterlagen seitens des Bestellers bedarf. Vielleicht empfiehlt es sich unter Umständen, wenn sehr wechselnder Betrieb vorauszusehen ist, zwei nebeneinander geschaltete, einzeln absperrbare Pumpen einzubauen, von denen die eine für große, die andere für kleine Belastung den günstigsten Wirkungsgrad hat. Die Pumpen hätten dann abwechselnd entsprechend den Betrieb zu übernehmen, eine Ausführung, die neben dem Vorteil der stets vorhandenen Aushilfe den eines sehr wirtschaftlichen Betriebes gewährleistet und um so mehr empfohlen werden kann, als die Kreiselpumpen im Preise bedeutend billiger sind als Kolbenpumpen gleicher Leistung.

Ganz anders und mehr durchsichtig als das der Kreiselpumpen ist das Verhalten der gewöhnlichen **Kolbenpumpe** im Betriebe. Bei ihr ist die geförderte Wassermenge jederzeit verhältnisgleich der Zahl der Hübe, also auch der Umdrehungszahl. Der Gegendruck spielt dabei nur insofern eine Rolle, als sich natürlich bei anwachsenden Widerständen in der Rohrleitung der Arbeitsbedarf entsprechend erhöht, während die Liefermenge bei unverändertem Gange der Pumpe vollkommen unbeeinflußt bleibt. Ein Überschreiten des zulässigen Höchstdruckes muß selbstverständlich durch eine entsprechende Sicherheitsvorrichtung ausgeschlossen werden. Verwendet man beispielsweise schwungradlose doppeltwirkende Dampfpumpen, so werden diese natürlich, sobald sie größeren Gegendruck erhalten, anfangen lang-

---

[1]) P. Hartmann: Über die Auswahl und Beurteilung der Zentrifugalpumpen. Berg- und Hüttenmänn. Zeitschrift »Glückauf« 1908, Nr. 37, Essen-Ruhr.

samer zu laufen und also insofern ein ähnliches Verhalten wie die Kreiselpumpen zeigen, als beide in einem solchen Falle weniger Wasser fördern, wenn auch aus verschiedenen Gründen, die erstere wegen verminderter Hubzahl, die Kreiselpumpe wegen erhöhten Druckes. Die Dampfpumpen haben den Vorteil für sich, daß der zur Arbeitsleistung verbrauchte Dampf noch zur Wärmeverwendung herangezogen werden kann, daß also der mechanische Betrieb der Heizanlage fast kostenlos ist. Die Wahl des Dampfkolbenquerschnittes hat so zu erfolgen, daß die Pumpe bei unzulässig hoher Drucksteigerung von selbst stehen bleibt.

Wo in einer Anlage Dampfdruck von etwas über 1 Atm. zur Verfügung steht, da kommen vor allem die schwungradlosen

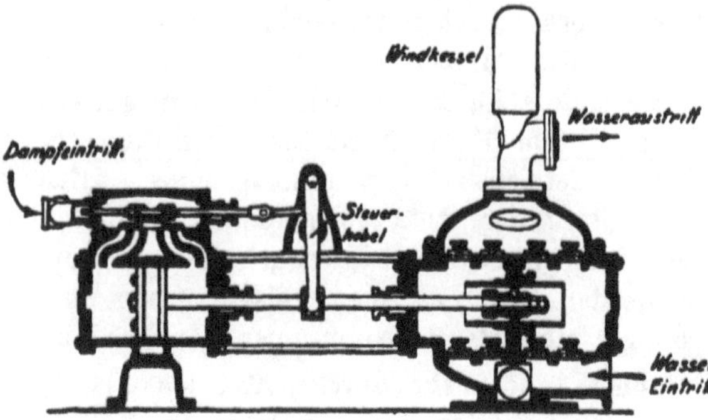

Fig. 267.
Worthington-Dampfpumpe.

Doppeldampfpumpen in Betracht, wie sie etwa von der Worthingtonpumpenkompagnie oder von Schwade in Erfurt, Schäffer & Budenberg u. a. ausgeführt werden. Die Fig. 267 stellt den Längsschnitt einer Worthingtonpumpe dar, die seit 1845 vielfach verbessert worden ist. Die vorgenannten Pumpen tragen hintereinander auf derselben Stange den Dampf- und den Pumpenkolben. Der Gang wird selbsttätig durch einen Steuerhebel beeinflußt, so daß die Pumpe in jeder Stellung ohne weiteres anläuft. Die Hubzahl kann innerhalb bestimmter Grenzen beliebig hoch oder niedrig eingestellt werden. In den Pumpenzylinder tritt das Wasser von unten her durch die Saugkammer ein und gelangt in die obere Druckkammer, auf der der Wind-

Fig. 268.
Pumpenheizungs- und Warmwasserbereitungsanlage im Krankenhaus München-Schwabing, ausgeführt von Joh. Haag in Augsburg.

kessel angebracht ist. Der Abdampf dieser Pumpen wird wieder zur Heizung ausgenutzt.

Der **Arbeitsbedarf der Pumpen** beträgt nach der bekannten Gleichung

$$N = \frac{Q\,H}{75\,\eta}\ \text{PS}, \qquad (117)$$

worin bedeutet:

Q die geförderte Wassermenge in l/sek,

$H = H_v + H_W$ die von der Pumpe zu überwindende Gesamtdruckhöhe in m WS,

η den Wirkungsgrad, für den Betrieb mit höchstens etwa 0,5 einzusetzen.

Die **Bestimmung des Wirkungsgrades** auf elektrischem Wege erfolgt grundsätzlich in der gleichen Art, wie bei den Gebläsen im zweiten Teile genauer beschrieben wurde. Er ist demnach bei Kreiselpumpen in ähnlicher Weise, wie durch die Fig. 64 dargestellt, von der Liefermenge, dem Druck und der Umdrehungszahl abhängig. Eine Schleuderpumpe, deren Wirkungsgradkurve in mittlerer Höhe nach Fig. 63 möglichst flach verläuft, ist also einer anderen vorzuziehen, bei der diese Kurve spitz zu einem sehr hohen Wert ansteigt, für benachbarte Belastungen aber steil auf einen niedrigen Betrag absinkt. Denn jene günstigsten Verhältnisse, bei denen η den Höchstwert erreicht, werden selten oder nie in der ausgeführten Heizanlage vorkommen. Den Angaben der Anpreisungen, in denen also ohne irgendwelche Beziehungnahme zu den genannten drei Größen Q, H und n ohne weiteres ein Wirkungsgrad von 80% und mehr versprochen wird, ist deshalb mit Vorsicht zu begegnen. Jedenfalls muß η für die Berechnung des Arbeitsbedarfes in Gl. (117) erheblich niedriger eingesetzt werden. —

Die Pumpenwarmwasserheizung eignet sich ihrer Natur nach besonders da, wo entweder sehr große Entfernungen (siehe Fernwarmwasserheizung) in Frage kommen, oder wo es nicht möglich oder nur mit großen Kosten durchführbar ist, den Kessel tiefer als die Heizkörper zur Erzeugung der notwendigen Auftriebshöhe aufzustellen. Letzterer Fall lag z. B. bei einem im Talgrunde zu beheizenden Gebäude vor, weil die Anlage einer Esse wegen der Gefahr der Rußbelästigung für die Umwohner des Talgrundes nicht gestattet wurde. Da das demselben Besitzer gehörige, höher liegende Nachbargrundstück bereits eine Niederdruckdampfheizung besaß, wurde dessen Kesselraum mitbenutzt zur Aufstellung von Kreiselpumpen für die Warmwasserheizung des im Talgrunde gelegenen Hauses. Die Höhenlage der Pumpe ist ja vollkommen unabhängig vom Heizsystem. Die Pumpen werden wegen gegenseitiger Aushilfe zweckmäßig doppelt aufgestellt.

Die Abbildung Fig. 268 veranschaulicht die durch Joh. Haag in Augsburg erfolgte Aufstellung der durch Elektromotoren angetriebenen Pumpen für die Fernwarmwasserheizung und die Warmwassernutzleitung im Krankenhause zu München-Schwabing.

Eine ausgedehnte Pumpenheizung ist auch im neuen Rathause der Stadt Dresden ausgeführt worden, über deren Betriebserfahrungen später in der Zeitschrift »Gesundheits-Ingenieur« Berichte[1]) erschienen sind, auf die hier verwiesen wird.

Auch zum zeitweiligen Einschalten in eine gewöhnliche Schwerkraftwarmwasserheizung eignet sich die Pumpe, so daß eine solche Anlage[2]) beispielsweise zur Erzielung einer kürzeren täglichen Anheizdauer als Pumpenheizung laufen kann.

g) Dampf-Warmwasserheizung.

Wird der Kessel einer Warmwasserheizung der bisher besprochenen Arten nicht durch Feuer, sondern durch Dampf geheizt, so haben wir es mit einer Dampf-Warmwasserheizung zu tun. Die Wärmeübertragung geschieht durch kupferne, messingene oder schmiedeeiserne Dampfschlangen in stehenden oder liegenden Zylinderkesseln, die je nach der beabsichtigten Größe der Wärmeaufspeicherung einen großen oder kleinen Wasserinhalt haben können.

Fig. 269 stellt einen stehenden Dampf-Warmwassererzeuger mit großem Wasserinhalt zur reichlichen Wärmeaufspeicherung

---

[1]) Ostermeyer: Die Pumpenwarmwasserheizungs- und Lüftungsanlage fur das neue Rathaus zu Dresden. Ges.-Ing. 1910, Nr. 37.

K. Schmidt: Die Fernwarmwasserheizung im neuen Dresdener Rathaus im ersten Betriebsjahr. Ges.-Ing. 1911, Festnummer, S. 37.

Ders.: Bericht uber weitere Betriebserfahrungen mit der Fernwarmwasserheizungs- und Luftungsanlage im Dresdener Rathaus. Ges.-Ing. 1913, Nr. 20.

[2]) Brune: Warmwasserheizung nach dem Einrohrsystem mit zeitweise motorischem Umtrieb. Ges.-Ing. 1912, Nr. 29.

dar, wie er von der Firma Schaffstaedt in Gießen auch als Wärmespeicher für überschüssigen Abdampf oder als Warmwasserspeicher Verwendung findet. Der Dampf gibt beim Durchströmen der Röhren in der durch die Abbildung gekennzeichneten Richtung seine Wärme an das umgebende Wasser ab, während das Niederschlagswasser der Kesselspeisepumpe wieder zufließt.

Die Fig. 270 veranschaulicht die bewährte Bauart eines liegenden Dampfwarmwasserkessels nach Pfützner mit großem Wasserinhalt. Von besonderem Werte ist, daß der Reinigungsdeckel *F*, durch dessen Öffnung die bei *DE* lösbaren Heizröhren *C* auf den Längsschienen nach hinten herausgezogen werden, auch nach dem Wiedereinsetzen dauernd dicht hält. Dazu muß er in schwerer Ausführung mit starken Rippen versehen sein, so daß ein Schiefwerden der großen Dichtungsflächen durch das Anziehen der Schrauben nicht möglich ist. Der Kessel ist im übrigen mit voller Ausrüstung dargestellt: *a b* Absperrschieber, *d* Thermometer, *g* der selbsttätig auf das Doppelsitzhubventil *f* wirkende Regler für die Vorlauftemperatur nach Beuthner, *h* Dampfwasserableiter, *i* Entleerungshahn. Um die Heizung dem Bedarfe besser anpassen zu können, wird es oft zweckmäßig sein, die Heizfläche zu teilen und statt des einen Röhrenbündels deren zwei im Kessel nebeneinander anzuordnen.

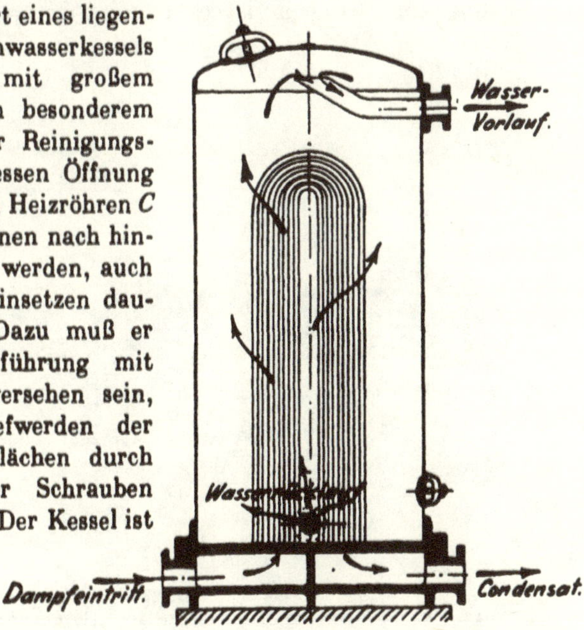

Fig. 269.
Dampfwarmwasserkessel stehender Bauart (Schaffstaedt).

Fig. 271 a zeigt einen Dampf-Warmwasserkessel von Schaffstaedt mit kleinem Wasserinhalt, wie er für Heizungen verwendet wird. Die Dampf- und Wasserströmung erfolgt, wie aus der Abbildung ersichtlich, im Gegenstrom, wodurch eine sehr große Wärmeübertragung mit kleinen Heizflächen gesichert ist. Die Apparate heißen daher kurz »Gegenstromapparate«. Neben der in Fig. 271a dargestellten Anordnung ist auch die andere mit ⊂-förmig gebogenen Heizröhren üblich: Fig. 271b.

Bei diesen Kleinwasserraumapparaten tritt sehr leicht eine Überwärmung des geringen Wasserinhaltes und dann Dampfbildung ein. Deshalb ist es ratsam, derartige Apparate mit

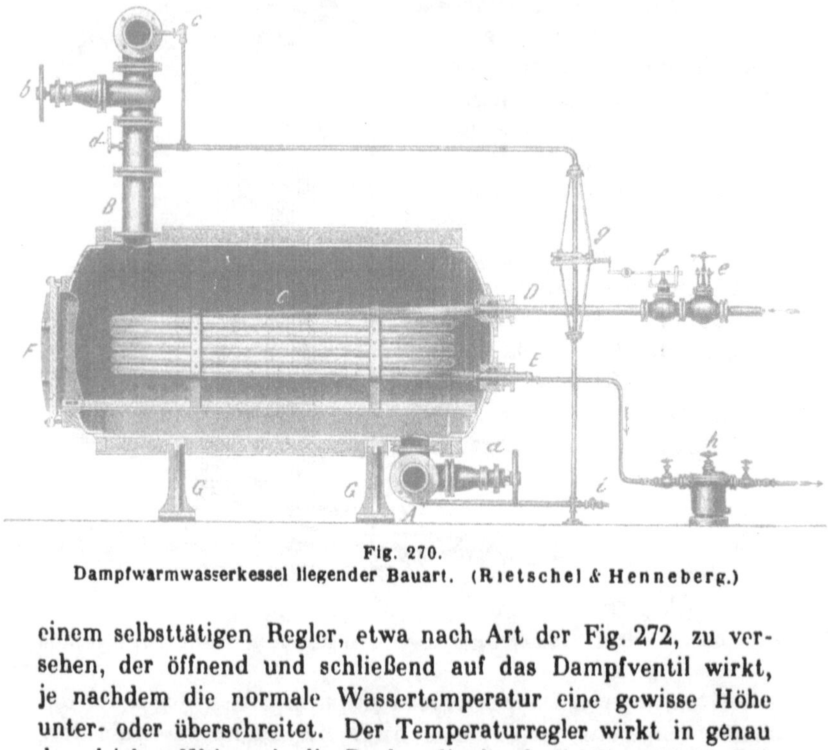

Fig. 270.
Dampfwarmwasserkessel liegender Bauart. (Rietschel & Henneberg.)

einem selbsttätigen Regler, etwa nach Art der Fig. 272, zu versehen, der öffnend und schließend auf das Dampfventil wirkt, je nachdem die normale Wassertemperatur eine gewisse Höhe unter- oder überschreitet. Der Temperaturregler wirkt in genau der gleichen Weise wie die Regler, die durch die Fig. 258 bis 261 veranschaulicht sind. Anderseits ist leicht einzusehen, daß die Regelung der Wassertemperatur desto genauer und schneller vonstatten geht, je kleiner der Wasserinhalt ist. Großwasserraumkessel sind dagegen sehr unempfindlich, und es dauert bei ihnen lange, bis die gewünschte Temperaturänderung eintritt.

Statt der beschriebenen Art der Regelung durch Drosselung der Dampfzufuhr, die in vollkommen zuverlässiger Weise bei der großen spezifischen Wärme des Wassers und bei sich ändernder Wassergeschwindigkeit nicht gelingt, hat Krell das Regelungs verfahren durch Dampfwasserstauung angewendet[1]). Das Ver-

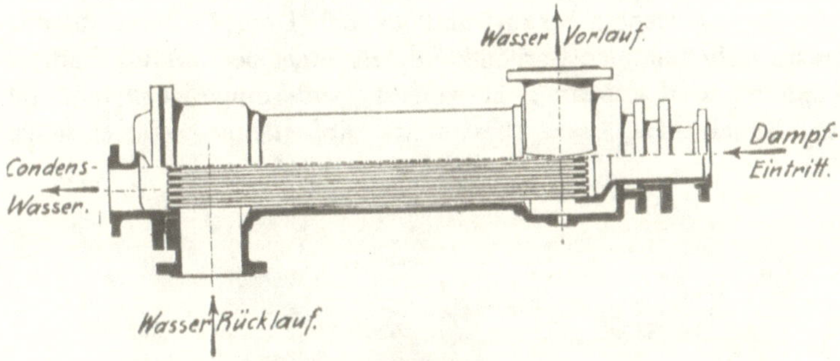

Fig. 271 a.
Gegenstrom-Dampfwarmwasserheizapparat mit geraden Heizrohren. (Schaffstaedt.)

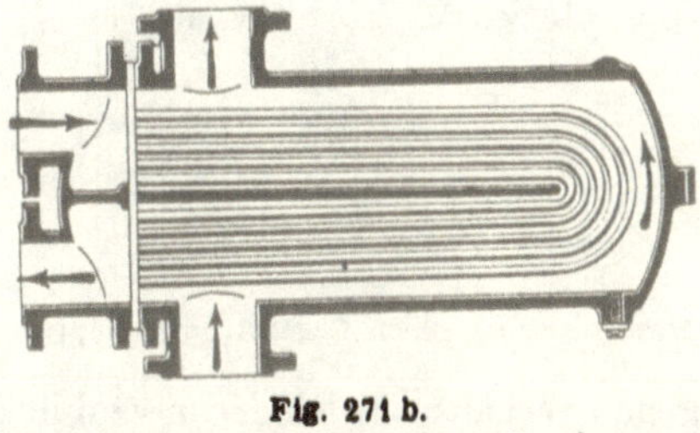

Fig. 271 b.
Gegenstrom-Dampfwarmwasserheizapparat mit gebogenen Heizröhren.

fahren eignet sich nur für Hochdruckdampf, der mit seiner vollen Spannung und bei stets geöffnetem Zulaßventil in die Heizfläche, beispielsweise eines Dampfwarmwasserkessels nach Fig. 273, eingelassen wird. Bei diesem Kessel kommt das zu erwärmende Rücklaufwasser der Heizung durch das starke Rohr rechts unten an und verläßt den Kessel erwärmt oben rechts. Der Heizdampf strömt oben links in die Dampfspiralen ein und wird durch die Wasser-

[1]) O. Krell sen.: Direkte Nadelventil-Hochdruckdampfheizung. Ges.-Ing. 1911, Nr. 2.

kühlung niedergeschlagen. Das die Spiralen allmählich anfullende Dampfwasser wird durch den auf ihm lastenden Dampfdruck durch die Rückleitung hochgedrückt und fließt in dem Maße ab, wie es die Einstellung des in Fig. 274 dargestellten Nadelventiles gestattet. Letzteres ist, wie leicht erkennbar, derart gebaut, daß die Drosselung des selbst bei großen Wärmeleistungen in nur sehr schwachem Strahle abfließenden Dampfwassers auf das feinste vorgenommen werden kann. Bei einer bestimmten Dampfspannung wird also im Beharrungszustande einer jeden Stellung des Nadelventiles eine bestimmte abfließende Wassermenge

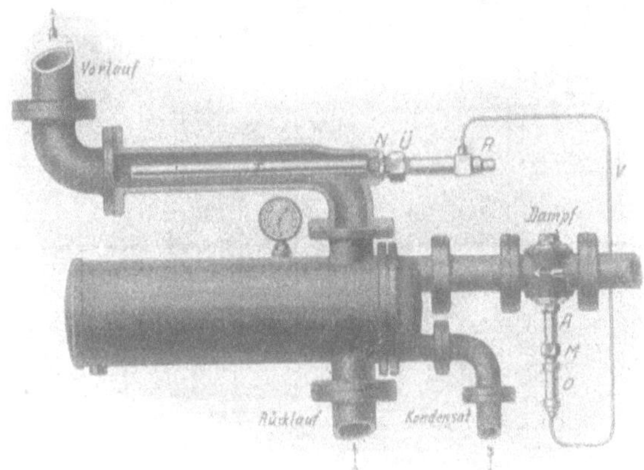

Fig. 272.
Samson-Temperaturregler an einem Gegenstrom-Dampfwarmwasserkessel

zugehören, die genau verhältnisgleich der augenblicklichen Dampfleistung der Dampfheizfläche ist. Dies geht so weit, daß der Heizer bei einiger Übung imstande ist, von dem Aussehen des abfließenden Wasserstrahles auf die jedesmalige Wärmeabgabe der Heizfläche zu schließen. Zur Erleichterung der Wartung ist von Krell im Reinigerhause des städtischen Gaswerkes in Nürnberg die in Fig. 275 abgebildete Anordnung ausgeführt worden. In dieser Abbildung bedeuten:

a die Dampfzuleitung,
b einen Dampfdruckanzeiger,
c das Hauptabsperrventil, das beim Betriebe der Heizung stets voll geöffnet ist,

ddd die Heizschlangen aus 50 mm Eisenrohr,

e die Dampfwasserrückleitung mit Umgehungsleitung zum Durchblasen während des Anheizens,

f ein Ausblasventil in der Umgehungsleitung, das während des Heizbetriebes geschlossen bleibt,

g das Nadelventil,

h ein Auffangbecken, das unten mit der zum Kesselspeisewasserbehälter zurückführenden Wasserabflußleitung verbunden ist.

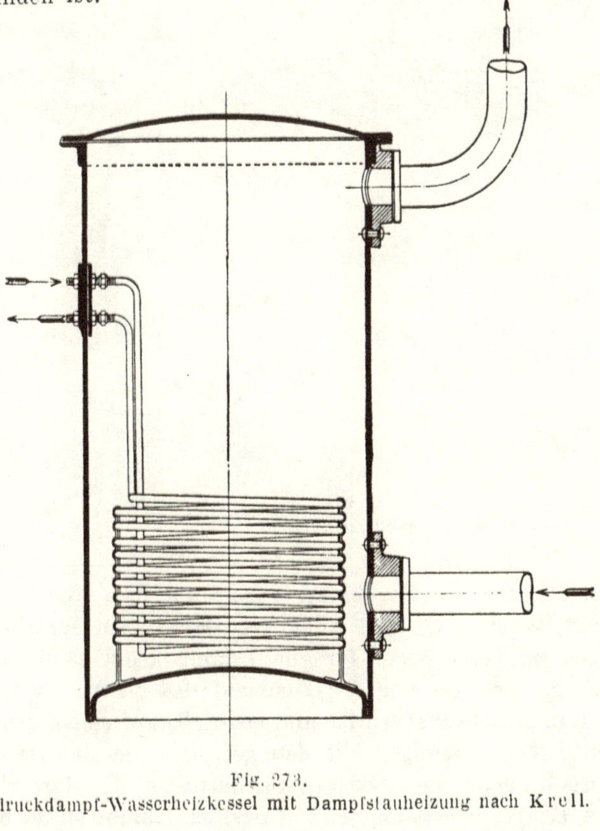

Fig. 273.
Hochdruckdampf-Wasserheizkessel mit Dampfstauheizung nach Krell.

Eine solche Kontrollstelle kann sich in großer Entfernung von der Wärmeübertragung befinden und kann beliebig viele getrennte Rückleitungen mit ebenso vielen nebeneinander angeordneten Nadelventilen umfassen. In großen Verwaltungsgebäuden oder auch sonst werden oft über den Geländegrundriß verteilt eine größere Anzahl Dampfwarmwasserkessel für die einzelnen Wasserheizsysteme aufgestellt. Hier empfiehlt sich die Anordnung, wie sie gemäß Fig. 276 im städtischen Volksbad zu Nürnberg[1]) mit 32 nebeneinander angeordneten Nadelventilen von Schaffstaedt zur Ausführung gekommen ist. Diese Anordnung unterscheidet sich auch noch dadurch von der alten in

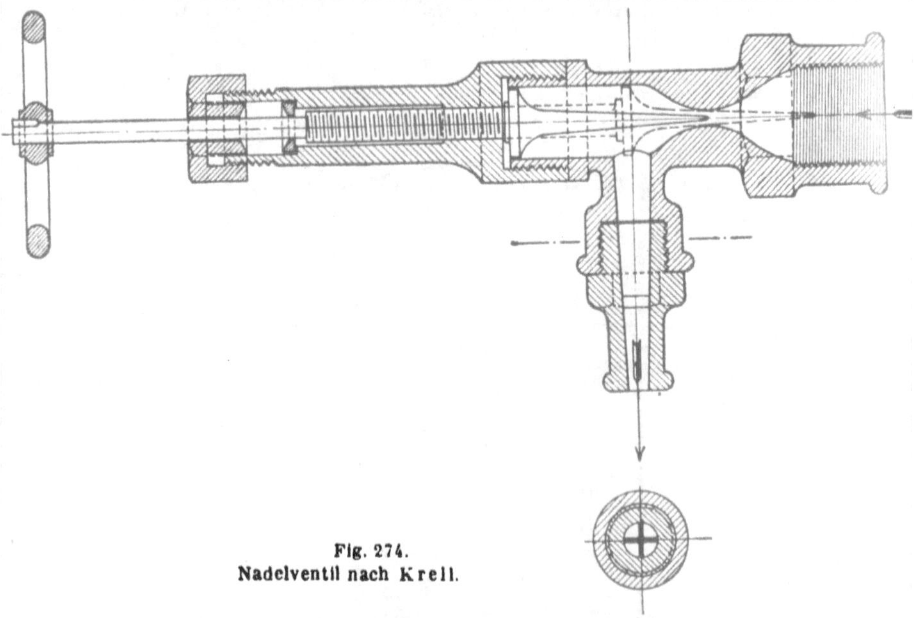

Fig. 274.
Nadelventil nach Krell.

Fig. 275, daß das Durchblaseventil *f* mit dem Nadelventil *g* vereinigt ist. Außerdem ist jedem Nadelventil ein Fernthermometer zugehörig, und zwar für die Dampfwarmwasserkessel je eine Anzeige für Vor- und für Rücklauf des warmen Wassers. Die 32 Dampfzuleitungsventile sind ebenfalls auf einem gemeinsamen Ventilstock vereinigt. Mit den getrennt aus den Nadelventilen ausfließenden Wassermengen kann natürlich, wo erforderlich, leicht eine Leistungsmessung jeder einzelnen Dampfspirale durch einfache Einschaltung je eines kleinen Wassermessers verbunden

[1]) Dietz: Die technischen Anlagen im städtischen Volksbad Nürnberg. Verl. R. Oldenbourg, München 1918, Seite 39.

werden, deren Anzeigen bei gleicher Dampfspannung und bestimmten Wassertemperaturen in den Dampfwarmwasserkesseln je verhältnisgleich den Wärmeleistungen sein müssen, also auf stündlich übertragene Wärmeeinheiten unmittelbar geeicht sein können. Hierzu eignet sich ganz besonders der Wasserdurchflußmesser von Grefe in Lüdenscheidt i. W. Gehen sämtliche Hochdruckdampfzuleitungen von demselben Dampfventilstock aus, und lastet auf allen Heizschlangen der gleiche Druck, dann sind auch die Anzeigen einer ganzen Reihe solcher Wassermesser bei jedem Dampfdruck unmittelbar untereinander vergleichbar.

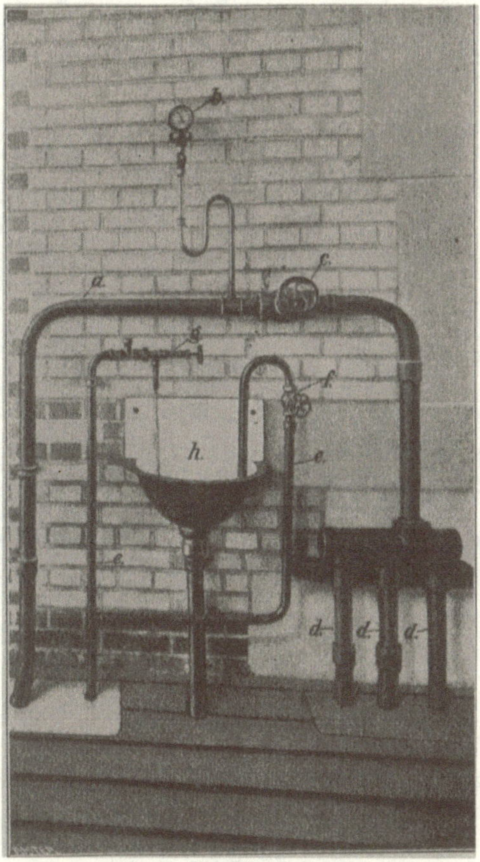

Fig. 275.
Regelungsvorrichtung der Hochdruckdampfheizung im Reinigergebäude des Gaswerkes Nürnberg.

Die Vorteile der Nadelventilregelung gegenüber der üblichen durch Dampfdrosselung sind demnach: vollkommene Unabhängigkeit von der Tieflage des Dampfwarmwasserapparates, da das Dampfwasser hochgedrückt wird; Fortfall aller Dampfwassertöpfe und daher Vermeidung aller hiermit verbundenen Dampfverluste; vollkommenste Ausnutzung der Dampfheizfläche bis auf die Wassertemperatur; jederzeit bequeme Messung der Wärmeübertragung; vollkommenste Regelfähigkeit und vereinfachte und durchsichtige Bedienung.

Die Wärmeübertragung von Dampf an Wasser ist sehr groß. Als Wärmedurchgangszahl kann fur wenig bewegtes Wasser (Fig. 270) $k = 1000—2000$ WE/qm/Std/C⁰ bei $v = 0{,}2—0{,}5$ m/sek, für schnell fließendes Wasser (Fig. 271) und Gegenstrom $k = 3000$ bis 5000 WE/qm/Std/C⁰ eingesetzt werden, je nach der Wasser-

Fig. 276
Nadelventilregelung im Städt. Volksbad zu Nürnberg
(ausgeführt von H. Schaffstaedt in Gießen).

geschwindigkeit ($v = 1 - 2$ m/sek), nach der mittleren Wassertemperatur und Dampfspannung.[1])

Die Berechnung des Durchmessers der Dampfleitungen bzw. Heizschlangen, die im Wasser ihre Wärme an letzteres abgeben, erfolgt auf Grund der Voraussetzung, daß der hineingeschickte

[1]) Vergl. hierzu die umfangreichen und besonders sorgfaltigen Zusammenstellungen von Zahlenstoff und ausgerechneten Zahlentafeln in:

Hausbrand: Verdampfen, Kondensieren und Kühlen. Verl. Julius Springer, Berlin 1918, 6. Aufl.

Dampf am Austritt gerade vollkommen niedergeschlagen ist, nach den Gl. in Abschnitt 22 c, bzw. nach dem dort besprochenen Rechenverfahren von Brabbée.

In großen Gebäuden werden meistens mehrere Dampf-Warmwasserheizsysteme ausgeführt, die nach den Himmelsrichtungen zu verteilen sind, damit eine gute allgemeine Regelung der Gesamtanlage durchzuführen ist. Um diese Regelung vom Zentralbedienungsraume jederzeit vornehmen zu können, werden gewisse Aufenthaltsräume eines jeden Wasserheizsystemes ebenfalls mit elektrischen Fernthermometern ausgerüstet, die im zentralen Bedienungsraume auf der gemeinsamen Schalttafel vereinigt sind und so ein Abgleichen in bezug auf die Wärmeversorgung der einzelnen Gebäudeteile ermöglichen.

33. Die Hochdruckdampfheizung.

Als selbständiges Heizungssystem wird die Hochdruckdampfheizung bei uns auch als Fabrikheizung heute nur verhältnismäßig selten noch ausgeführt. Sie kommt als eigentliche Heizung mit höherer Spannung nur in Dampfwarmwasserkesseln und mit geringerem Druck bis zu etwa 1 Atm. in Dampfluftheizkörpern bei erhöhter Luftgeschwindigkeit oder für einzelne große Arbeitsräume in Verbindung mit der Krellschen Nadelventilregelung oder endlich nach dem Kranzschen Dampfkreislaufheizverfahren in Frage. In allen andern Fällen werden nur die Zuleitungen als Hochdruckdampfleitungen ausgeführt, während für die eigentliche Heizung der Dampfdruck durch besondere Druckminderer entsprechend herabgedrosselt wird. Anderseits eignet sich Hochdruckdampf wegen der engen Rohrleitungen sehr vorteilhaft zur Wärmeübertragung auf größere Entfernungen, d. h. also für Ferndampfheizungen. Schließlich wird Dampf von höherer Spannung außer zur Heizung in vielen Gebäuden, wie z. B. in Krankenhäusern, zum Wirtschaftsbetrieb, zur Bereitung von Badewasser, zur Desinfektion, zum Betriebe von Maschinen usw. gebraucht.

Es wird sich also darum handeln, diejenigen im Zusammenhange mit den Hochdruckdampfleitungen stehenden Einrichtungen zu beschreiben, die noch nicht in den allgemeinen Abschnitten 27 bis 30 ihre Erledigung gefunden haben.

a) Anordnung und Verteilung der Hochdruckdampfheizung.

Zur Erzielung möglichst günstiger wirtschaftlicher Verhältnisse ist auf die Entnahme trockenen Dampfes das größte Gewicht zu legen. Aber auch am Ende der einzelnen Verteilungsleitungen soll der Dampf möglichst trocken gesättigt ankommen, weil bis dahin jeder Niederschlag von Dampf einen Wärmeverlust bedeutet. Trockener Dampf kann auf viererlei Art erzeugt werden: 1. durch Anwendung möglichst großer Dampfgeschwindigkeiten, wie aus dem Rechnungsbeispiele Seite 432 hervorgeht, und wobei gleichzeitig die kleinsten Rohrdurchmesser sich ergeben; ist diese Ausführung nicht gangbar, weil der Spannungsabfall nicht groß genug angenommen werden kann, so kommt 2. die Drosselung in Frage, bei der infolge des plötzlichen Spannungsabfalles ohne Wärmeabfuhr, d. h. adiabatischer Ausdehnung, sogar Überhitzung des Dampfes auftreten kann; 3. durch Anwendung von Dampftrocknern oder Überhitzern in der Kesselanlage. Jedoch ist die Überhitzung nicht zu weit zu treiben, da überhitzter Dampf in den Heizleitungen sich nicht niederschlägt, sondern dazu erst die Überhitzungswärme abgegeben haben muß, so daß im allgemeinen 30 bis 40° Überhitzung im Anfange der Dampfleitung genügen werden; 4. durch besondere Trocknung des Dampfes in Dampftrocknern, d. h. durch mechanische Wasserabscheidung.

Die absperrbare Haupthochdruckdampfleitung wird nun vom Dampfsammler der Kesselanlage zunächst zu einem gemeinsamen **Dampfverteiler** geführt, der in einem zentralen Regelungsraum anzuordnen ist. Von diesem Hauptdampfverteiler gehen dann die einzelnen Dampfleitungen nach den Bedarfsstellen. Jede abzweigende Dampfleitung wird absperrbar eingerichtet und erhält ihre Bezeichnung, am besten durch ein kleines Emailleschild mit gut lesbarer schwarzer Schrift auf weißem Grunde. Sind die einzelnen Heizungen in Gruppen zusammenzufassen, so gehen die Leitungen erst zu kleineren Gruppendampfverteilern. Die einzelnen Dampfverteiler sollen Druckanzeiger besitzen und müssen entwässert sein. Die Fig. 277 zeigt den von der Firma Fritz Käferle in Hannover eingerichteten Regelungsraum mit den Dampfverteilern für die dortige städtische Badeanstalt.

Die Hauptbedingung für den Entwurf des Regelungsraumes ist eine übersichtliche Anordnung der Dampfleitungen, die etwa

Fig. 277
Zentraler Regelungsraum der städt. Badeanstalt in Hannover, ausgeführt von Fritz Kaeferle.

nach folgenden Gruppen erfolgen kann: Hauptdampfverteiler mit Abzweigen zu den Dampfpumpen, Injektoren usw. und zu den einzelnen Dampfverteilern für Luftvorwärmung, Luftnachwärmung, Luftbefeuchtung, Dampfwarmwasserkessel, Niederdruckdampfheizung, Warmwassererzeugung und anderes mehr. Auch können in manchen Fällen Gruppenverteiler nach der Einteilung: Hochdruck, Mitteldruck, Niederdruck angezeigt erscheinen. Statt

Fig. 278.
Maschinen- und Regelungsraum im städt. Volksbad zu Nürnberg.
ausgeführt von H. Schaffstaedt in Gießen

dieser Gruppenteilung kann auch je nach Umständen eine Verteilung nach den einzelnen Gebäudeteilen vorgenommen werden, z. B. Nordflügel, Südflügel, Flure und Treppen, Aborte, Sitzungssaal, Festsaal usf. Überhaupt darf hier kein Schematismus obwalten, sondern die Verteilung hat sich nach der Eigenart des Gebäudes und nach den zur Anwendung gebrachten Heizungsbauarten zu richten. In allen Fällen sind die Heizungseinrichtungen mit denen für die Lüftung in demselben Bedienungsraum unterzubringen, wie schon auf Seite 221 und 222 angedeutet worden ist. Alle Fernmeldeapparate und Fernstellvorrichtungen, die im einzelnen bereits eingehend beschrieben worden sind, werden ebenfalls übersichtlich in diesen Regelungsraum eingeordnet, so daß von hier aus eine geordnete Bedienung der gesamten, vielfach verzweigten Heizungs- und Lüftungsanlagen möglich ist. Als Beispiel einer solchen Anordnung ist

Fig. 279.
Regelungsraum im Spital Mülhausen, ausgeführt von Rud. Otto Meyer, Hamburg.

in Fig. 278 der Maschinen- und Regelungsraum des städtischen Volksbades zu Nürnberg[1]) und in Fig. 279 der des Spitales in Mülhausen abgebildet.

Das ganze aus der Heizung zurückkommende Dampfwasser wird in einem gemeinsamen **Dampfwasserbehälter** gesammelt (vgl. Fig. 312), in das die einzelnen Rückleitungen, vereinigt oder in Gruppen mit Schildern versehen, einmünden. Eine solche Bezeichnung ist notwendig, damit der Heizer jederzeit in der

[1]) Dietz: Die technischen Einrichtungen im städtischen Volksbad Nürnberg. Verlag R. Oldenbourg, München 1918.

Lage ist festzustellen, welche Rückleitungen etwa Dampf durchschlagen lassen, was nach Möglichkeit verhütet werden muß. Dieser Sammelbehälter kann gemauert sein, wird aber wegen der Verbindung mit den Leitungen zweckmäßiger aus Eisenblech hergestellt und erhält ein Wrasenrohr sowie einen Überlauf, der mit der Kanalleitung verbunden wird. Um jedoch nach Möglichkeit Wasserverluste zu vermeiden, ist der Behälter so reichlich zu bemessen, daß er die größte von der Heizung gelieferte Wassermenge bei normalem Pumpenbetriebe noch mit Sicherheit aufzunehmen vermag. Der Deckel des Behälters ist wrasendicht aufzuschrauben und mit Einsteigklappe zu versehen. Eine Wasserstandsanzeige entweder mittels Schwimmers oder seitlichen Glases oder auch Tauchglocke mit Druckluftanzeiger für Fernmeldung ist ebenfalls wünschenswert.

Die **Rückspeisung des Dampfwassers** in die Kesselanlage erfolgt wohl am bequemsten mit Hilfe der bekannten selbsttätigen doppeltwirkenden Dampfpumpen (Fig. 267), die in jeder Stellung anlaufen und deren Gang durch das Dampfventil bequem auf eine bestimmte Hubzahl eingeregelt werden kann. Die Pumpe muß möglichst unterhalb des Wasserstandes aufgestellt sein, damit ihr das Wasser zufließen kann; andernfalls würde in der Saugleitung bei heißem Wasser leicht Dampfbildung und daher ein Versagen der Pumpe eintreten. Statt der Dampfpumpe kann auch ein Strahlapparat angewendet werden. Ist der Dampfdruck nicht in genügender Höhe von mindestens 1 Atm. Überdruck vorhanden, so würde eine durch Riemen angetriebene Pumpe, eine Wasserstrahl- oder auch eine elektrisch angetriebene Kreiselpumpe in Frage kommen. Wünschenswert ist ferner eine Vorrichtung, mit deren Hilfe die Pumpe selbsttätig ein- und ausgeschaltet wird, wenn der Wasserspiegel im Wasserbehälter eine bestimmte Höhe über- oder unterschreitet. Sind mehrere Kessel vorhanden, so drückt die Pumpe in einen gemeinschaftlichen Verteiler, von dem die Speiseleitungen, durch Ventile absperrbar, nach den einzelnen Kesseln hin abzweigen. Der Abdampf der Pumpe ist zur Heizung zu verwenden, wie es Fig. 279 auf der linken Seite zeigt.

Die **Führung der Dampf- und Niederschlagsleitungen** nach und von den Bedarfsstellen geschieht oft in einem unterirdischen, begehbaren Kanale, der das ganze Gebäude durchzieht und gleichzeitig als Frischluftzuführungskanal dient. Daß eine solche

Anordnung aus gesundheitlichen Gründen nicht empfehlenswert ist, wurde auf Seite 194 näher auseinandergesetzt. Jedenfalls ist die Trennung der Dampf- und Luftleitungen, wie sie von den amerikanischen Heizungsbaumeistern, und jetzt auch mehr und mehr bei uns, durchgeführt wird, auch aus baulichen und technischen Rücksichten bei weitem vorzuziehen.

Bei der Fortleitung überhitzten Dampfes braucht auf eine Führung der Rohre mit stetigem Gefälle nicht Bedacht genommen zu werden, sofern man sicher ist, daß der Dampf mindestens noch trocken gesättigt am Ende der Leitung ankommt. Es kann in diesem Falle kein Dampfwasser entstehen, und die Leitung darf

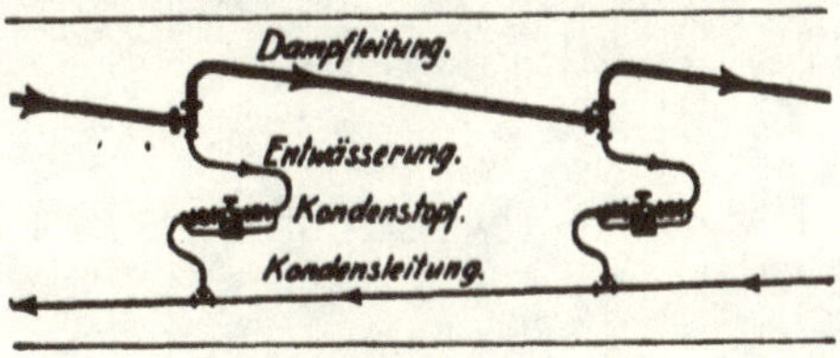

Fig. 280.
Anordnung des Sägegefälles bei Hochdruckdampfleitungen.

beliebig steigend und fallend verlegt werden[1]). Anders bei gesättigtem Dampfe, der bei erfolgender Abkühlung Wasser niederschlägt: dies bedingt eine Verlegung der Hochdruckleitung mit Gefälle in der Dampfrichtung, so daß das entstandene Niederschlagswasser am Ende durch Dampfwassertöpfe abgeleitet werden kann. Bei sehr langen Leitungen steht oft nicht die für die Verlegung erforderliche bauliche Höhe zur Verfügung; dann wird die Dampfleitung nach Fig. 280 mit Sägegefälle verlegt und an jedem Steigepunkte durch einen Dampfwassertopf entwässert. Fig. 281 zeigt die praktische Ausführung eines solchen Sägegefälles mit Entwässerung der Dampfleitungen. Alle Abzweige sind der freien Ausdehnung wegen in Schleifenform anzuordnen. Die Niederschlagsleitung wird meistens mit der halben Stärke der Dampfleitung ausgeführt, ist jedoch in besonderen Fällen einer Berechnung zu unterwerfen. Die allgemeinen Gesichtspunkte bei der Ausführung der Rohrleitung waren bereits in früheren Abschnitten besprochen worden.

[1]) Über ausgeführte Starkstrom-Ferndampfheizungen vgl. Oslender, Techn. Gemeindeblatt, Jahrg. 1912.

b) Die Ausrüstung der Hochdruckdampfheizung.

Die zum Ausscheiden des schwebend im Dampfstrom enthaltenen Wassers dienenden Apparate sind die **Dampftrockner**. In ihnen wird der Dampf gezwungen, mehrfach seine Richtung

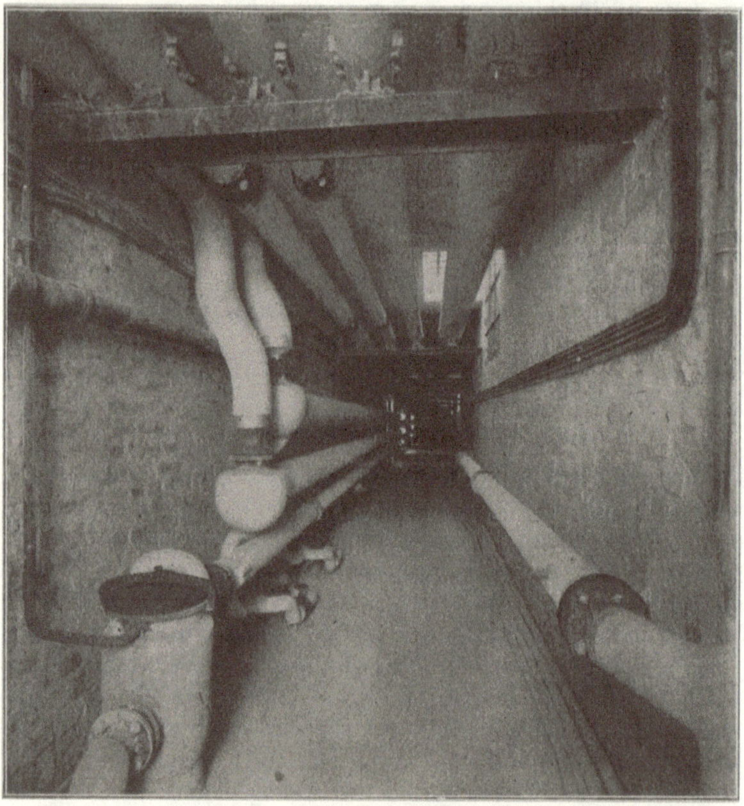

Fig. 281.
Sägegefälle bei den Hochdruckdampfleitungen im Krankenhaus Barmen, ausgeführt von Bechem u. Post.

zu wechseln und somit beim Auftreffen auf entgegenstehende Flächen die Wassertröpfchen abzusetzen. Die Fig. 282a und 282b veranschaulichen diesen Grundsatz: der Dampf strömt in der Richtung AB durch den Apparat, das abgesetzte Wasser fließt bei W fort. Bei einem von Rietschel angegebenen Wasserabscheider strömt der nasse Dampf tangential in den Zwischenraum eines Doppelrohres ein und setzt seine Feuchtigkeit beim spiralförmigen Durchgange an den Wandungen ab, während der getrocknete Dampf durch das innere Rohr nach oben wegströmt.

Die **Dampfwasserableiter** dienen dazu, das in der Dampfleitung durch Abkühlung entstandene, mitströmende Dampfwasser selbsttätig zu entfernen. Man unterscheidet Ausdehnungswasserableiter, Schwimmertöpfe und Dampfwasserstauer.

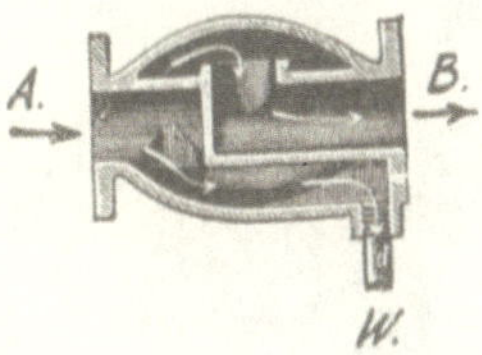

Fig. 282 a.
Dampftrockner von Kaeferle.

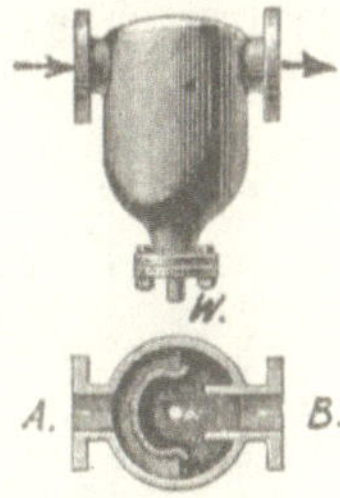

Fig. 282 b.
Dampftrockner von Schäffer & Budenberg.

Bei der ersteren Art, den **Ausdehnungsableitern**, bewirkt die Ausdehnung eines metallenen Stabes oder Bügels den Abschluß, die Zusammenziehung desselben das Öffnen des Wasserablasses, je nachdem Dampf oder Wasser den Ausdehnungskörper berührt. Fig. 283 zeigt den nach diesem Grundsatz gebauten Universum-Dampfwasserableiter im Grundriß ohne Deckel dargestellt. Die im Innern sichtbare Rohrfeder ist mit einer leicht siedenden Flüssigkeit gefüllt. Tritt nun das Dampfwasser durch den linken Anschluß in den Apparat ein, so dehnt sich die Feder aus, sobald alles Wasser aus der Dampfleitung abgeflossen ist und der nun nachströmende Dampf die Feder berührt. Dadurch wird der Ventilkegel links auf die Eintrittsöffnung fest aufgepreßt, so daß der Zufluß des Dampfes gehindert

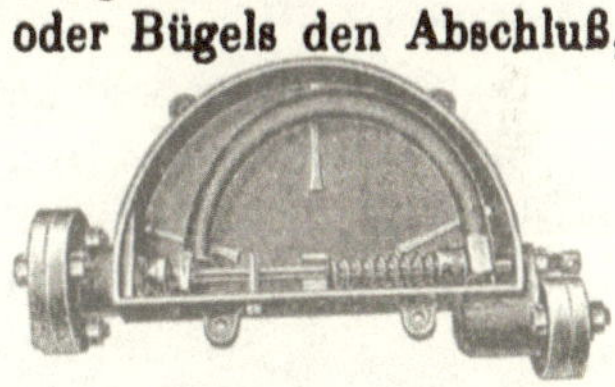

Fig. 283.
Dampfwasserableiter »Universum«.

ist, bis sich neues Dampfwasser in der Zuflußleitung angesammelt hat. Gleichzeitig zieht sich die Feder, da sie durch Wasser gekühlt wird, allmählich wieder zusammen, öffnet das linke Ventil und es tritt das von neuem angesammelte Dampfwasser ein, das nach rechts durchfließt, bis wieder Dampf nachströmt, wodurch das Einlaßventil geschlossen wird, usw. Genau der gleiche Gedanke wird durch die einfachere Bauart Fig. 284 von Gebrüder Körting vertreten, bei der das innere Messingrohr das Abfluß-

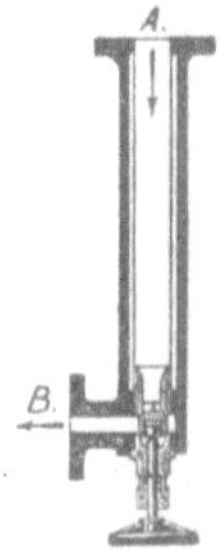

Fig. 284.
Dampfwasserableiter von Gebr. Körting.

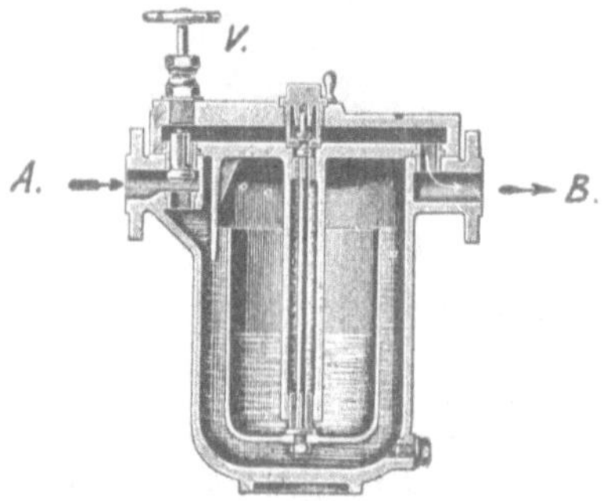

Fig. 285.
Dampfwassertopf von Schäffer & Budenberg.

ventil bei B öffnet oder schließt, je nachdem Wasser oder Dampf im Apparat ist.

Das Prinzip der Schwimmertöpfe erhellt aus der Fig. 285, die den Simplextopf von Schäffer & Budenberg darstellt: Das aus der Dampfleitung abgeflossene Wasser durchströmt den Topf in der Richtung AB, füllt ihn an und fließt über den Rand in das Innere des Schwimmers, bis der zunehmende Wasserinhalt den Schwimmer niederdrückt. Dadurch wird das durch eine Stange mit dem Schwimmer verbundene obere Nadelventil geöffnet, und der Wasserinhalt wird durch den Dampfdruck in der Richtung nach B hinausgetrieben, bis der Topf leichter geworden ist, wieder Auftrieb erhält und das Nadelventil schließt, also den nachströmenden Dampf zurückhält. Jetzt muß sich der Topf wieder füllen, damit das Spiel von neuem beginnen kann. Diese Schwimmertöpfe arbeiten also periodisch, und zwar desto schneller, je mehr Wasser in der Zeiteinheit durch den Topf hindurchfließt. V ist ein Umgehungsventil, das geöffnet wird, wenn vorübergehend sehr große Wassermengen abgeleitet werden müssen, wie z. B. beim Anheizen, wobei durch die Umgehung gleichzeitig die Entlüftung erfolgen muß.

Andere Schwimmertöpfe, die nach Art der Schwimmkugelgefäße gebaut sind, arbeiten auch stetig, wie die Ausdehnungswasserableiter. Die Fig. 286 zeigt den Schwimmkugeltopf von der Ed. Kluge G. m. b. H. in Leipzig. Hier stellt sich die Ventilerhebung nach der Menge des durchfließenden Dampfwassers selbsttätig ein. Dampfverluste sind bei diesen Töpfen ausgeschlossen, weil das Ventil stets unter Wasser steht, also auch bei Heißdampf. Durch Herumlegen eines Anlüfthebels kann das Ventil während des Betriebes mit Dampf durchgeblasen und von Schlamm gereinigt werden; aus diesem Grunde eignen sich die Töpfe auch zum Ableiten ölhaltigen Wassers in Verbindung mit Abdampfentölern.

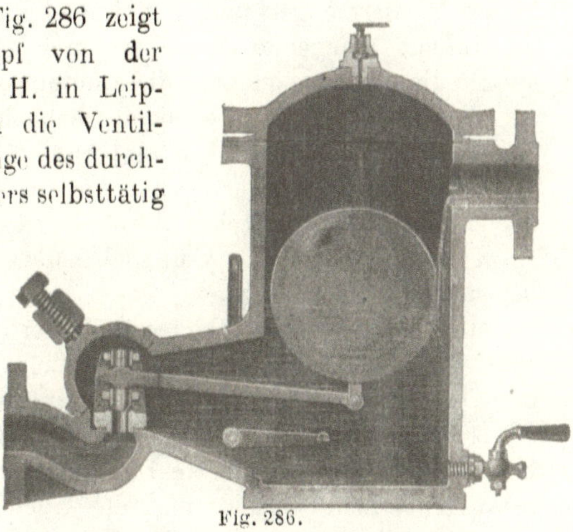

Fig. 286.
Dampfwasserableiter von Kluge in Leipzig.

Nach dem Stau- und Drosselgedanken arbeiten die Kreuzstrom-Dampfwasserableiter der Westfälischen Apparate-Vertriebsgesellschaft in Hagen i. W., Fig. 287. Das bei A eintretende Dampfwasser trifft gegen eine Scheidewand und kann in einer Vorkammer Schlamm und Unreinigkeiten absetzen, bevor es den mit gegenläufig sich kreuzenden Rillen versehenen Konus K durchströmt und durch B den Topf verläßt. Beim Durchströmen der Rillen im Konus muß Reibungsarbeit ge-

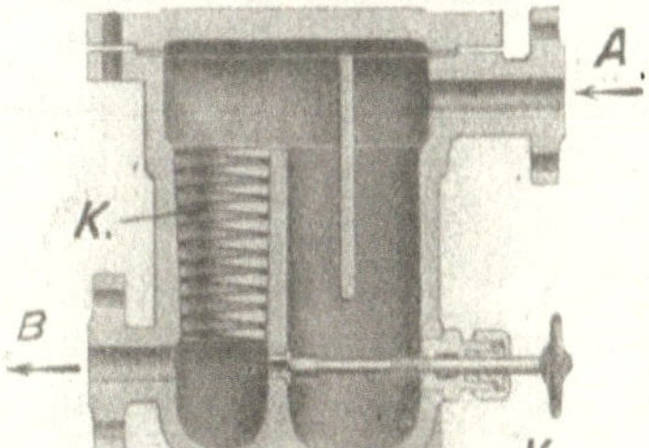

Fig. 287.
Kreuzstrom-Dampfwassertopf der Westf. Apparate-Vertriebs-Gesellschaft.

leistet werden und finden Stoßverluste statt, infolge deren das Wasser gestaut wird. Die Konusse werden nach Dampfdruck und Wassermenge so ausgesucht, daß das Niederschlagswasser gerade abfließen kann, ohne daß Dampf mit durchgelassen wird. Beim Anlassen dient das Umgehungsventil *V* zum Hindurchführen großer Wassermengen und zum Entlüften.

Infolge mangelhafter Bauart und Abnutzung der Ventilspitzen im Betriebe können die Dampfwasserableiter, vor allem also die mit beweglichen Teilen, zu erheblichen Dampfverlusten führen, wie Josse[1]) und Eberle[2]) u. a. nachgewiesen haben. Da ferner die Dampfwassertöpfe unter steter Beobachtung und behutsamer Wartung stehen müssen, so hat die Häufigkeit ihrer Anwendung in einer Anlage unter Umständen einen unwirtschaftlichen Betrieb zur Folge.

Um für alle Fälle möglichste Sicherheit zu haben, und um Betriebsstörungen zu vermeiden, empfiehlt es sich, den Anschluß der Töpfe mit äußeren Umgehungsleitungen auszustatten, in die Absperrventile einzubauen sind. Dann können ausbesserungsbedürftige oder verschmutzte Dampfwassertöpfe aus der Leitung herausgenommen werden, und die Umgehungsleitung mit den entsprechend gedrosselten Absperrventilen übernimmt vorübergehend ihre Arbeit. Statt der selbsttätigen Dampfwassertöpfe werden auch, wo es die Anlage gestattet, des öfteren die Niederschlagsleitungen an ihrem Ende einfach mit Drosselventilen versehen, die von Hand derart eingestellt werden, daß das Wasser abfließen kann, der Dampf aber zurückgehalten wird. Eine solche Anlage ist z. B. im Reichstag ausgeführt worden. Krell hat dieses Verfahren, wie wir aus den Fig. 274 bis 276 gesehen hatten, durch sein Nadelventil verfeinert.

Dampfdruckminderungsventile haben die Aufgabe, den Druck des Dampfes auf eine dem betreffenden Heizsystem angepaßte Minderspannung selbsttätig abzudrosseln. Die Bauart der Minderungsventile muß eine möglichst gleichbleibende Minderspannung auch bei wechselndem Dampfverbrauche und veränderlicher Spannung des zufließenden Dampfes gewährleisten. Jedes Minder-

[1]) Josse: Neuere Wärmekraftmaschinen. Verlag R. Oldenbourg, München 1905, S. 2 u. 3.

[2]) Eberle: Zeitschr. d. Ver. Deutsch. Ingen. 1908, S. 484 bis 485. Verlag Springer, Berlin.

ventil muß deshalb einen Druckanzeiger für den verminderten Dampfdruck besitzen, damit sein Arbeiten jederzeit genau verfolgt werden kann. Bei dem in Fig. 288 abgebildeten Minderventil von Schäffer & Budenberg strömt der Dampf bei *A* in das Ventil und verläßt es bei *B* in herabgemindertem Zustande. Das entlastete Doppelsitzventil wird durch den zuströmenden Dampf nicht beeinflußt. Der von der Seite *B* her durch die abgeminderte Spannung auf das Ventil ausgeübte Druck wird wiederum

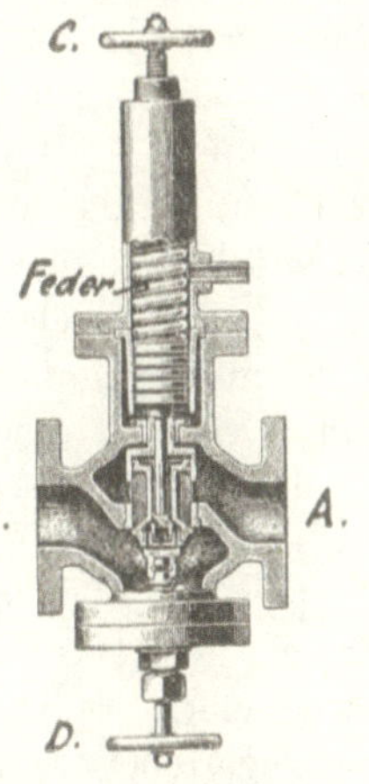

Fig. 288.
Dampfdruckminderer von Schäffer & Budenberg.

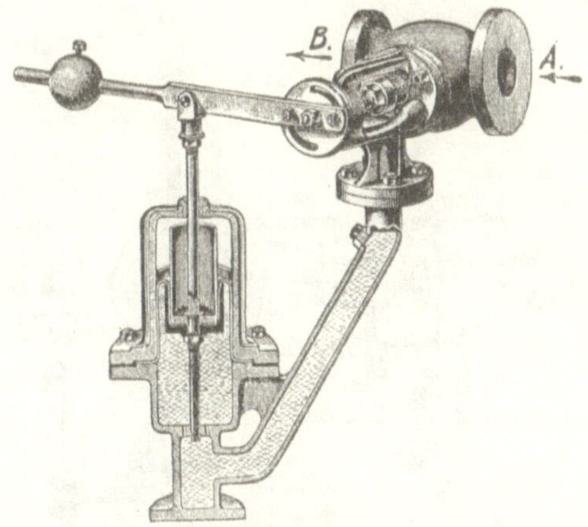

Fig. 289.
Dampfdruckminderer von Jaeger, Rothe & Nachtigall.

durch eine von oben durch das Handrad *C* belastete Feder aufgehoben. Beim Anstellen wird also durch *C* die Federspannung so lange niedergehalten, bis der Druckzeiger den gewünschten Minderdampfdruck anzeigt. Mit Hilfe des unteren Handrades *D* kann das Doppelventil auf seinen Sitz gepreßt, d. h. die Dampfzufuhr unterbrochen werden, so daß das Minderungsventil gleichzeitig als Absperrorgan dient.

Bei dem Druckminderventil von Jaeger, Rothe & Nachtigall durchströmt der in seinem Druck zu vermindernde Dampf ein gewöhnliches Absperrventil (Fig. 289) in der Richtung *AB*. Von der Niederdruckseite dieses Ventiles aus pflanzt sich der verminderte Druck durch einen Kanal auf eine Quecksilber- oder Wassersäule fort, die einen durch Ledermanschette nach außen abgedichteten Kolben anhebt. Dieser betätigt durch einen Hebel die Drehung der Ventilspindel. Ist durch ein Gegengewicht ein bestimmter verminderter Druck eingestellt worden, und wird dieser um ein Geringes überschritten, so wird durch die beschriebene Vorrichtung die Ventilspindel gedreht und der durchströmende Dampf gedrosselt, so daß die Spannung wieder auf den normierten Betrag sinken muß.

Sehr empfindlich und deshalb für die niedrigsten Dampfspannungen geeignet ist der Dampfdruckminderer von Käferle in Hannover, Fig. 290: Der gespannte Dampf tritt auf der Hochdruckseite in das Minderventil ein und verläßt es auf der anderen Seite mit vermindertem Drucke, indem er das zwischen beiden sitzende entlastete Doppelventil durchströmt. Letzteres wird durch einen Schwimmer gesteuert, der auf Quecksilber schwimmt. Wie aus der rechtsseitigen Fig. 290 zu erkennen ist, hält der Niederdampfdruck einer Quecksilbersäule h das Gleichgewicht, die durch ein senkrecht verschiebbares Druckgefäß vergrößert oder verkleinert werden kann. Durch diese Vorrichtung kann ein beliebiger Minderdruck innerhalb gewisser Grenzen eingestellt werden. Steigt nun beispielsweise die Niederdruckspannung über die eingestellte Grenze, so wird ein Teil Quecksilber aus dem Schwimmergehäuse nach dem Druckgefäß emporgehoben; infolgedessen sinkt der Schwimmer, zieht das Doppelsitzventil tiefer auf seine Sitzflächen und sorgt somit durch stärkere Drosselung des durchströmenden Dampfes für die genaue Wiederherstellung des ursprünglichen Niederdruckes. Diese Schwankungen sind so gering, daß sie praktisch überhaupt nicht in Frage kommen.

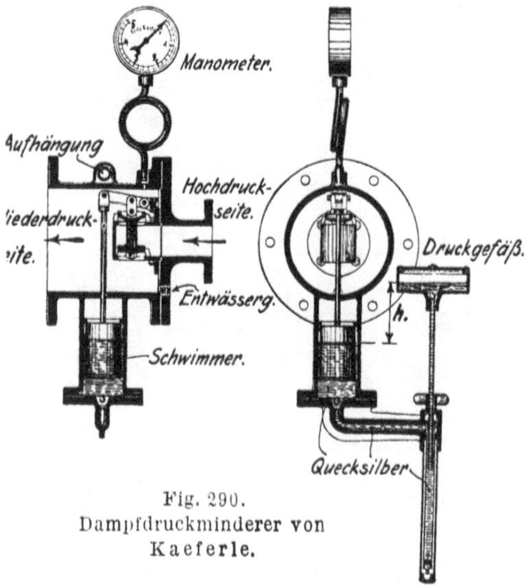

Fig. 290. Dampfdruckminderer von Kaeferle.

Fig. 291.
Schema der **Hochdruckdampfheizung** des städtischen Volksbades Nürnberg.
(Ausführung von H. Schaffstaedt in Gießen).

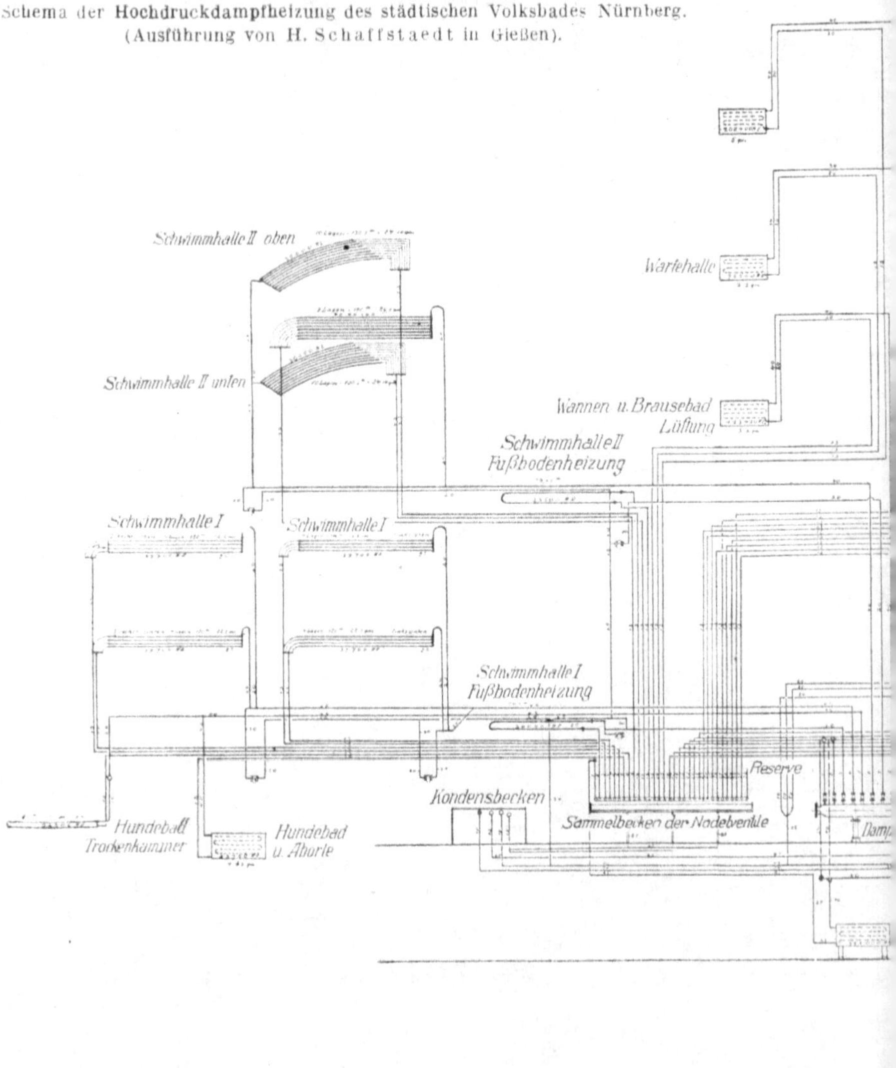

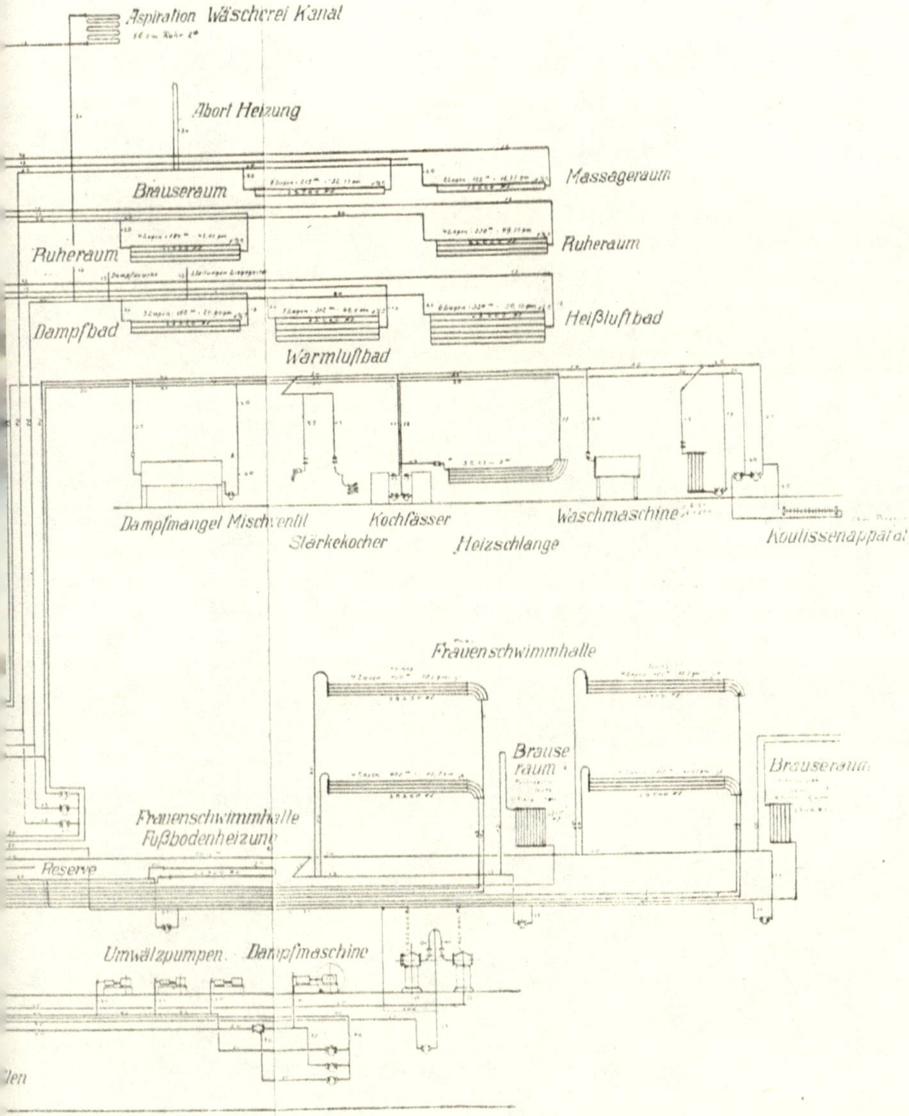

Aspiration Wäscherei Kanal
Abort Heizung
Brauseraum
Massageraum
Ruheraum
Ruheraum
Dampfbad
Heißluftbad
Warmluftbad
Dampfmangel
Mischventil
Kochfässer
Waschmaschine
Stärkekocher
Heizschlange
Koulissenapparat
Frauenschwimmhalle
Brause raum
Brauseraum
Frauenschwimmhalle Fußbodenheizung
Reserve
Umwälzpumpen
Dampfmaschine

Von der Hochdruckspannung wird das Doppelsitzventil, da es entgegengesetzte Druckflächen hat, nicht beeinflußt: die Spannung des zuströmenden Dampfes kann also ruhig in weitesten Grenzen schwanken, ohne daß die festgesetzte Höhe der Minderspannung dadurch beeinträchtigt würde. Auch bei stark und schnell wechselnder Dampfentnahme stellt der Apparat die eingeregelte Niederspannung im Augenblick wieder her. Ein Auswerfen von Quecksilber wird bei dieser Bauart durch besondere Kugelventile vermieden.

Bei allen Dampfdruckminderventilen ist auf vorherige gute Trocknung des eintretenden Dampfes das größte Gewicht zu legen. Denn das Drosselventil hält gewöhnlich nur einen Ringspalt von sehr geringer Weite geöffnet. Sehr feuchter Dampf kann aber bei der Drosselung durch das mitgerissene Wasser zu erheblichen Schlägen und zur Zerstörung der Apparate und Druckanzeiger führen.

Bei der Bestellung von Dampfdruckminderern sind den liefernden Firmen die Spannung des eintretenden und austretenden Dampfes, die gewünschten Grenzen der Regelung sowie die niedrigste, normale und größte stündliche Dampfmenge aufzugeben.

c) Die Hochdruckdampfheizkörper.

Als Heizkörper können alle im Abschnitt 22 besprochenen Bauarten Verwendung finden. Jedoch kommen, da es sich hier nur um Fabrik- oder ähnliche Heizungen handelt, in der Hauptsache längere Rohrzüge in Frage, die längs der Fenster am Fußboden oder unter der Decke entlang geführt werden. Eine Regelung der Wärmeabgabe von Hand ist nur unvollkommen durch vollständiges Öffnen und Schließen der Absperrventile möglich. Vorteilhaft sind deshalb hier selbsttätige Temperaturregler zu verwenden, die nach dem Unterbrechungsverfahren arbeiten.

Beim Anstellen der Heizkörper muß zunächst die in ihnen enthaltene Luft durch den Dampf verdrängt werden. Zu diesem Zwecke werden beim Niederschlagswasseranschluß von Hand stellbare Luftschräubchen angebracht, die zugedreht werden, sobald der Dampf den Heizkörper ganz anfüllt; oder es werden selbsttätige Entlüftungs- und Belüftungsventile an der gleichen Stelle eingebaut. Der zugrunde liegende Gedanke ist der gleiche wie der der

Ausdehnungsdampfwasserableiter, und ihre Bauart entspricht der in Fig. 284: ein Metallstab wird durch den ankommenden Dampf erwärmt und ausgedehnt und schließt so den Luftaustritt. Wird der Heizkörper abgestellt, so erkaltet der Stab, zieht sich zusammen und gestattet den Rücktritt der Luft in den Heizkörper. Letzteres ist bei genieteten, dünnwandigen Blechröhren wichtig, da diese durch die entstehende Luftleere leicht vom äußeren Luftdrucke zusammengedrückt werden können.

Als Nachteile der Hochdruckdampfheizkörper können in der Hauptsache angeführt werden: schlechte Regelung, Staubversengung, Strahlungsbelästigung, Geräusch des strömenden Dampfes, Wasserschläge, Gefährlichkeit wegen hoher Dampfspannung, Nachteile, die aber bei sachgemäßer Ausführung und Wartung nicht auftreten.

Als Beispiel einer ausgeführten Hochdruckdampfheizung sei die im städtischen Volksbad Nürnberg in Fig. 291 angefügt. Das Schema, nach dem Krellschen System der Dampfwasserstauung mit Nadelventilen durchgeführt, bedarf keiner näheren Erklärung, da es durch die beigegebenen Aufschriften in seinen Einzelheiten erläutert wird. Diese Anlage hat sich im Betriebe vorzüglich bewährt.

34. Die Niederdruckdampfheizung.

Neben der Warmwasserheizung ist heute die Niederdruckdampfheizung die beliebteste Zentralheizungsart, nachdem sie von Käuffer durch Erfindung der Ventilregelung bereits im Jahre 1884 auf eine hohe Stufe der Vollkommenheit gebracht worden war. Sie arbeitet mit sehr niedriger Dampfspannung von etwa 0,12 Atm. Überdruck im Kessel abwärts, die sich dann in den Heizkörpern vollends auf Atmosphärendruck ausgleicht. Deshalb ist sie im Gegensatze zur Hochdruckdampfheizung nicht genehmigungspflichtig, so daß die Dampfkessel unter oder neben bewohnten Räumen ohne jede Gefahr aufgestellt werden können. Bedingung hierfür ist nur die Anbringung des gesetzlich vorgeschriebenen Standrohres von höchstens 5 m Höhe, das einerseits mit dem Dampfraume des Kessels Verbindung hat, anderseits einen Wasserabschluß bildet und offen in die Atmosphäre mündet. Also ist es unmöglich, daß der Dampfdruck über 0,5 Atm. ansteigt, bei welchem Druck das Wasser aus dem Standrohr ausgeworfen wird.

a) Allgemeine Ausführung.

Die verschiedenen Bauarten der Niederdruckdampfheizung unterscheiden sich grundsätzlich nur durch die Art der Regelung der Heizkörper.

Die Regelung der Wärmeabgabe durch eine über den Heizkörper gestülpte Verkleidung, wie sie früher von Bechem & Post eingeführt worden war, ist als unvollkommen und unhygienisch heute gänzlich aufgegeben. Auch die von Schweer angegebene Regelung durch Wasseranstauung in den Heizkörpern erscheint für die meisten Fälle als zu umständlich.

Gegenwärtig wird von den meisten Firmen die **offene Bauart mit Ventilregelung** und Luftverdrängung aus den Heizkörpern

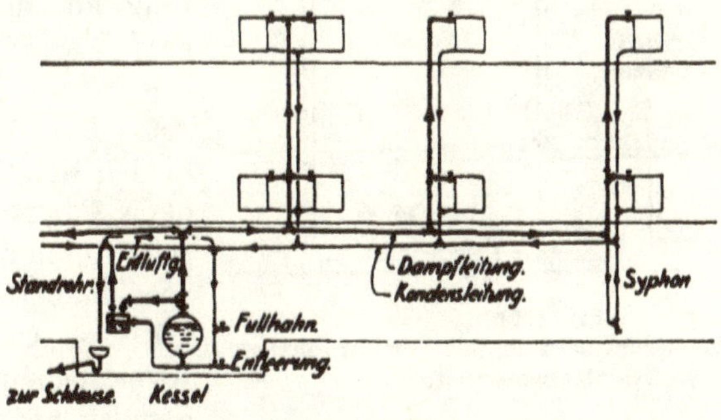

Fig. 292a.
Offene Niederdruckdampfheizung mit »trockener« Niederschlagswasserleitung.

ausgeführt, deren Schema in Fig. 292a wiedergegeben ist. In dem Niederdruckdampfkessel wird Dampf mit einer Spannung von etwa 0,04 bis 0,12 Atm. Überdruck — je nach der Ausdehnung der Anlage — entwickelt. Der Dampf wird durch eine an der Kellerdecke aufgehängte, mit Gefälle in der Dampfrichtung verlegte Verteilungsleitung zu den einzelnen aufsteigenden Strängen geführt und von diesen nach den Heizkörpern in den Stockwerken geleitet. Diese Dampfleitungen werden so berechnet, daß der Dampfdruck beim Eintritt in den Heizkörper nahezu aufgebraucht ist. Der größte Druckabfall soll in den dem Kessel nahe gelegenen Dampfleitungen herrschen, damit deren Durchmesser klein werden, ein Umstand, der bei der Ausführung noch mehr beachtet werden sollte, da er zu den geringsten Anlagekosten führt. Für die meisten

Heizkörper ist sodann die Annahme einer Dampfspannung von 5 bis 10 mm WS Überdruck am Eintrittsventil vollkommen ausreichend, nur für längere Rohrschlangen muß die Eintrittsspannung nach Gl. (105) so berechnet werden, daß der Dampfdruck am Austritt — wie bei allen Heizkörpern — gleich der Atmosphärenspannung ist. Die Heizfläche jedes Heizkörpers muß also gerade hinreichen, um allen eintretenden Dampf vollkommen niederzuschlagen. Diese Forderung ist deshalb wichtig, weil zur Vermeidung von Wasserschlägen kein Dampf in die Dampfwasserrückleitung eintreten darf. Das in den Heizkörpern niedergeschlagene Wasser fließt durch eine besondere, neben der Dampfleitung zurückgeführte Niederschlagsleitung ab, die unter dem Wasserstand in den Kessel einmündet. Der Rückfluß in den Kessel erfolgt ohne Pumpe selbsttätig durch den eigenen Staudruck des Wassers. Durch die Kesselspannung wird nämlich das Dampfwasser in dem zum Kessel herabführenden senkrechten Dampfwasserrohre um eine bestimmte Höhe hochgedrückt, also um 1 m bei 0,1 Atm. Dampfspannung usw. Durch diese Höhe darf die unter der Kellerdecke verlaufende Dampfwasserleitung noch nicht erreicht werden, d. h. die letztere muß mit ihrem tiefsten Punkte noch wenigstens 20 cm höher liegen, damit das Kesselwasser nicht in sie hineingedrückt werden kann. Oberhalb dieses Punktes wird die Niederschlagwasserleitung mit der Atmosphäre — meistens mit dem offenen Schenkel des Standrohres — durch eine Entlüftungsleitung in freie Verbindung gebracht.

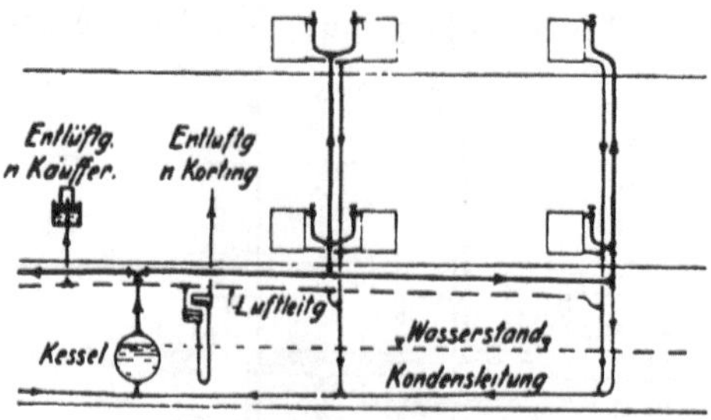

Fig. 292 b.
Geschlossene Niederdruckdampfheizung mit »nasser« Niederschlagswasserleitung.

Bei dem **geschlossenen Niederdruckdampfheizsystem** von Käuffer mündet die Entlüftungsleitung nicht frei in die Atmosphäre, sondern in ein mit Wasser gefülltes Gefäß (Fig. 292b) unter den Luftraum eines Schwimmers. Beim Vordringen des Dampfes in den Heizkörper wird also die in diesem enthaltene

Luft durch die Rückleitung unter die Schwimmerglocke geschoben und diese entsprechend angehoben. Der Gegendruck ist deshalb nicht mehr unveränderlich wie bei der offenen Bauart.

Ein anderes geschlossenes System stellt die Siphonregulierung von Gebrüder Körting dar: Die durch den Dampf aus den Heizkörpern verdrängte Luft füllt ein am Ende der Luftleitung angebrachtes Gefäß (ebenfalls in Fig. 292b eingezeichnet) und drückt aus diesem mit Hilfe einer Schleife Wasser in ein wenige Zentimeter höher gelegenes gleich großes Gefäß.

Der Zweck der geschlossenen Bauarten ist ein doppelter. Erstens wird damit beabsichtigt, in der Rohrleitung ständig die gleiche Luft zu halten, damit nicht, wie beim offenen Systeme, durch die fortwährende Ent- und Belüftung eine dauernde Sauerstoffzufuhr und somit ein Verrosten der Rückleitungen einzutreten vermag. Die Erfahrung zeigt jedoch in dieser Beziehung bisher keinen Unterschied zwischen den offenen und geschlossenen Bauarten. Ein zweiter Vorteil wird in der Verhinderung zu raschen Durchschlagens der Heizkörper erblickt: wenn nämlich plötzlich mehrere Heizkörper gleichzeitig abgesperrt werden, so kann der Feuerzugregler nicht rasch genug wirken, und es tritt leicht eine Dampfdruckerhöhung ein, die bewirkt, daß der Dampf durch die im Betrieb befindlichen Heizkörper hindurch in die Rückleitung überströmt und dort das bekannte Knattern hervorruft. Jedoch läßt sich auch dieser Übelstand bei sorgfältig ausgeführten offenen Systemen vermeiden, wenn die Heizkörper reichlich bemessen werden. Das Durchschlagen der Heizkörper verhüten übrigens auch die in den letzten Jahren angewendeten Dampfwasser- (Kondens-) stauer, die bei der später folgenden Besprechung der Heizkörper beschrieben sind.

Der Regelungsvorgang am Heizkörper ist nun nach Fig. 293 folgender. Der Dampf strömt, die im Heizkörper befindliche Luft vor sich herschiebend, durch das Regelventil bei dem größten Wärmebedarf in den Heizkörper in dem Maße nach, daß er am Heizkörperende gerade niedergeschlagen ist. Ist die Heizfläche zu klein bemessen, so nutzt auch eine vermehrte Dampfspannung nichts, um eine größere Wärmeleistung des Heizkörpers zu erzielen, denn der überschüssig eingeführte Dampf würde sofort zum Teil die Rückleitung anfüllen, wo lautes Knattern und Knallen durch das Zusammentreffen mit dem Niederschlagswasser und durch eigene Dampfverdichtung entstehen würde. Die Heizflächen der Heizkörper müssen also unter allen Umständen für den größten bei der Anlage vorkommenden Wärmebedarf der Räume ausreichend sein. Wird aber bei milderer Außentemperatur in dem betreffenden Raume weniger Wärme beansprucht, so muß das Regelventil durch den Bewohner etwas zugedreht werden. Dadurch wird die Dampfspannung soweit gedrosselt, daß sie nicht mehr imstande ist, den Heizkörper ganz mit Dampf zu versorgen, denn durch die Drosselung geht die Dampfspannung soweit zurück, daß im Heizkörper durch die Dampfverdichtung ein geringer Unterdruck entsteht, der seinerseits die in den Rückleitungen befindliche Luft zum Rücktritt in den Heizkörper zwingt. Der Dampf wird also nur mehr bis zu einer gewissen Zone in den Heizkörper strömen, wo er bereits vollkommen niedergeschlagen ist; den unteren Teil des Heizkörpers wird aus der Rückleitung nachgeströmte Luft ausfüllen.

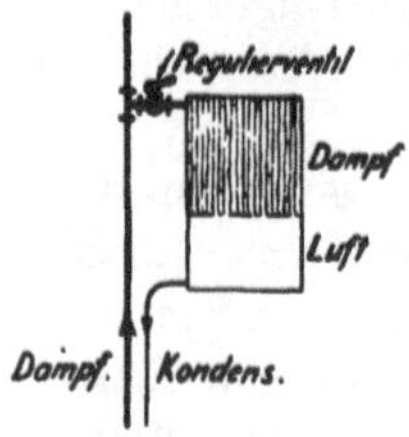

Fig. 293. Ventilregelung mit Luftverdrängung.

Fig. 294. Querschnitt einer Niederdruck-Dampfwasserrückleitung.

Der normale Betrieb wird also der sein, daß je nach dem Wärmebedarfe diese Zone durch Drosselung des Regelventiles heraufgerückt oder durch Öffnen desselben hinuntergeschoben wird, so daß immer der darüber befindliche Teil mit Dampf, der Teil darunter mit Luft erfüllt ist. Die luftgefüllten unteren Enden der Heizkörperglieder bleiben also stets kalt. Damit die Be- und Entlüftung rasch und ohne Schwierigkeiten erfolgen kann, müssen die Rückleitungen so reichlich bemessen werden, daß ihr Querschnitt durch das Dampfwasser nicht voll ausgefüllt wird (Fig. 294). Für die meisten Fälle genügt das halbe Maß der Dampfleitung, jedoch soll ½″ die kleinste zulässige Größe der Rückleitung sein.

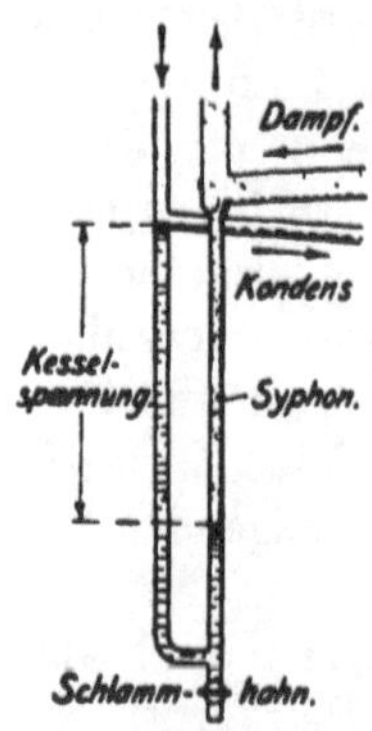

Fig. 295. Entwässerungsschleife.

Die Entwässerung der Dampfleitungsenden geschieht mittels der sog. Schleifen. Eine solche Schleife zeigt

Fig. 295. Der in der Pfeilrichtung strömende Dampf drückt das in der Leitung entstandene Dampfwasser, seiner Spannung entsprechend, gegen eine gewisse Wassersäule *h* in dem anderen Schenkel der Schleife nach oben und bringt es dauernd zum Überlauf in die Rückleitung, durch die es gemeinsam mit dem aus dem Heizkörperstrange kommenden Wasser zum Kessel zurückfließt. Um ein Durchschlagen der Schleife bei unvorhergesehener Dampfdrucksteigerung mit Sicherheit auszuschließen, sollte die Schleife mindestens 2 m lang ausgeführt werden. Unten wird ein Ablaßhahn zum Entfernen des Schlammes angebracht. Gegen Einfrieren sind die Entwässerungsschleifen auf der ganzen Höhe durch Umhüllung zu schützen.

Damit die Spannung im Kessel keinen gefährlichen Druck erreichen kann, ist die Standrohreinrichtung vorgeschrieben, deren einfachstes Schema aus Fig. 292a ersichtlich ist: Von der Dampfleitung zweigt an geeigneter Stelle ein bis zu 82 mm weites Rohr ab, das von oben in den Deckel des Standrohrgefäßes mündet. Vom Boden dieses Gefäßes, also unter Wasserspiegel, beginnt das höchstens 5 m hohe, gewöhnlich aber nur mehr bis zur Kellerdecke geführte Standrohr, das mit seinem anderen offenen Schenkel frei in einen Ausguß mündet. Steigt der Dampfdruck, so wird eine entsprechende Wassersäule im Standrohr angehoben, die bei weiterer Steigerung des Dampfdruckes zum Überfließen kommt. Steigt der Druck immer mehr, so wird schließlich alles Wasser aus dem Standrohrgefäße hochgedrückt und ausgeworfen, und der nachströmende Dampf bläst ebenfalls aus, so daß der Kesseldruck sinken muß. Bis zum Ausblasen des Dampfes wird es in den seltensten Fällen kommen, da der Feuerzugregler für die Aufrechterhaltung einer normalen Dampfspannung zu sorgen hat.

Die bundesratlichen **„Allgemeinen polizeilichen Bestimmungen über die Anlegung von Landdampfkesseln“** vom 17. Dezember 1908 enthalten in § 1b, Absatz 3b, die Verordnung, daß diesen Bestimmungen **nicht** unterworfen sind:

»Kessel, die mit einer Einrichtung versehen sind, welche verhindert, daß die Dampfspannung ½ Atm. Überdruck übersteigen kann (Niederdruckdampfkessel). Als Einrichtungen dieser Art gelten:

α) ein unverschließbares, vom Wasserraum ausgehendes Standrohr von nicht über 5000 mm Höhe und mindestens 80 mm Lichtweite;

β) ein vom Dampfraum ausgehendes, nicht abschließbares Rohr in Heberform oder mit mehreren auf- und absteigenden Schenkeln, dessen aufsteigende Äste bei Wasserfüllung zusammen nicht über 5000 mm, bei Quecksilberfüllung nicht über 370 mm Länge haben dürfen, wobei die Lichtweite dieser Rohre so bemessen werden muß, daß auf 1 qm Heizfläche (§ 3, Abs. 3)[1]) ein Rohrquerschnitt von mindestens 350 qmm entfällt. Die Lichtweite der Rohre muß mindestens 30 mm betragen und braucht 80 mm nicht überschreiten;

γ) jede andere von der Zentralbehörde des zuständigen Bundesstaates genehmigte Sicherheitsvorrichtung.«

Es würden sich somit unter Zugrundelegung der Verbandsrohrdurchmesser nachstehende Abmessungen ergeben:

Standrohr	von	34	mm	l.	Durchm.	ausreichend	bis	2,60	qm	Kesselfläche
»	»	39,5	»	»	»	»	»	3,50	»	»
»	»	49,5	»	»	»	»	»	5.50	»	»
»	»	65,5	»	»	»	»	»	9,63	»	»
»	»	70	»	»	»	»	»	11,00	»	»
»	»	76	»	»	»	»	»	12,96	»	»
»	»	82	»	»	»	»	»	bis und über 15,09	qm	Kesselheizfläche.

Statt an der Kellerdecke, als sog. „trockene" Dampfwasserrückleitung, kann diese auch am Fußboden entlang (Fig. 292 b) zum Kessel zurückgeführt werden. Sie liegt dann ihrer ganzen Länge nach unter dem Kesselwasserstand, ist also mit Wasser angefüllt, das auch in den einzelnen Fallsträngen noch entsprechend hoch steht. Eine solche Leitung, die als „nasse" Niederschlagswasserrückleitung bezeichnet wird, darf natürlich viel schwächer als die »trockene« bemessen werden, muß aber mit einer besonderen Entlüftungsleitung von ihren oberen Punkten ab versehen sein, die wie üblich nach oben ins Freie mün-

[1]) § 3, Absatz 3: »Als Heizfläche der Dampfkessel gilt der auf der Feuerseite gemessene Flächeninhalt der einerseits von den Heizgasen, anderseits vom Wasser berührten Wandungen.«

det. Bei dieser Anordnung entfallen alle Entwässerungsschleifen. Im Fußboden müssen, wo nötig, Kanäle zur Lagerung der Leitung vorgesehen werden. Ein Vorteil der »nassen« Leitung ist der, daß sie stets mit Wasser gefüllt bleibt, also dem Verrosten nicht ausgesetzt ist, wie die »trockene« Dampfwasserleitung, die von dem stets sich neu ersetzenden Sauerstoffe der Luft durchspült wird.

b) Niederdruckdampfkessel mit Zubehör.

Die Kessel werden entweder aus Schmiedeeisen genietet oder geschweißt; sie werden als solche eingemauert oder frei aufgestellt; oder sie bestehen aus Gußeisen, bei kleinen Ausführungen in einem Stück, bei größeren aus einzelnen Gliedern zusammengesetzt, die stets ohne Einmauerung zur Aufstellung gelangen. Der Fortfall der Einmauerung bietet natürlich große Vorteile bezüglich Billigkeit, schneller Aufstellungsmöglichkeit und Raumersparnis. Zur Anwendung kommen im allgemeinen dieselben Typen von Kesseln wie bei der Warmwasserheizung, zu deren Ergänzung hier einige Beschreibungen folgen mögen.

Die Ausrüstung der Niederdruckdampfkessel ist reichlicher, als bei der Wasserheizung. Jeder Kessel muß mit folgenden Apparaten ausgestattet sein: Standrohr zur Verhinderung des Druckanstieges über 0,5 Atm., Feuerzugregler zur selbsttätigen Aufrechterhaltung unveränderlichen Dampfdruckes, Dampfdruckanzeiger zur Erkennung der Dampfspannung, Wasserstand zur Beobachtung des Wasserinhaltes; vielfach wird auch ein Sicherheitsventil und eine Speiserufepfeife angebracht. Ferner werden die Kessel selbstverständlich mit Füllschacht zum Dauerbetrieb eingerichtet. Dazu kommt das Schürgerät, wie bei den Wasserkesseln bereits beschrieben. Auch sonst gilt für die Auswahl und die Größenverhältnisse der Niederdruckdampfkessel im allgemeinen das, was bereits bei der Warmwasserheizung darüber gesagt worden ist. (Vgl. S. 504)

Als **eingemauerter Kessel** wird für große Heizanlagen der **Flammrohrkessel** (Fig. 296) ausgeführt, der mit eingewalzten Rauchröhren versehen wird. Der Brennstoff, meistens Koks, wird von oben her in den Füllschacht eingeschüttet und rutscht, in dem Maße seines Abbrandes auf dem Planrost, von selbst nach. Die Rauchgase bestreichen dann zunächst nach hinten das Flammrohr, durchziehen von hinten nach vorn beiderseits die Rauchrohre und kehren in den seitlichen Zügen und unten zurück, um in den Fuchs zu entweichen. In Fig. 296 ist der Dampfdom zum Anschlusse des Hauptdampfrohres um den Koksfüllhals herum ausgebildet; bei anderen Bauarten ist er gesondert an der Stelle des Mannloches auf den Kesselkörper aufgenietet. Ferner ist die Standrohreinrichtung in Fig. 296 an den Schornstein angeschlossen.

Der **Verbrennungsregler** ist in Fig. 296 durch das untere Rohr mit dem Wasserraume des Kessels verbunden. Das Wasser wird in ein Gefäß hochgedrückt und hebt einen Schwimmer, sobald der Dampfdruck steigt. Dadurch wird die Luftzuführungs-

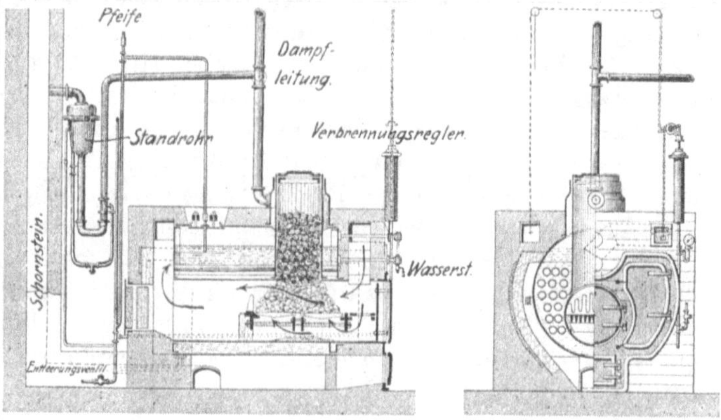

Fig. 296.
Flammrohr-Niederdruckdampfkessel (Eisenwerk Kaiserslautern).

klappe zur Feuerung etwas geschlossen, die Verbrennung also so lange gedämpft, bis die Dampfspannung wieder etwas gesunken ist, der Wasserstand im Gefäß, also auch der Schwimmer, sinkt und die Luftzufuhr wieder etwas öffnet usf. Auf diese Weise wird der normale Dampfdruck selbsttätig auf einer mittleren Höhe gehalten. Bei etwaiger größerer Überschreitung der Dampfspannung steigt der Schwimmer weiter und öffnet mit Hilfe einer zweiten Schnur eine Klappe, die Kühlluft in die Rauchgaszüge treten läßt. Letzteres ist unwirtschaftlich, kommt aber selten vor und bietet somit nur einen Ausweg für den Notfall.

Ein ebenfalls besonders für Gußkessel verwendeter Verbrennungsregler ist der in Fig. 297 abgebildete Membranzugregler: Der Dampfdruck wirkt von unten her mittels Wassersäule auf eine federnde Membran, wodurch wiederum ein Hebel zur Betätigung der Luftklappe bewegt wird.

Eine klassisch einfache Bauart eines selbsttätigen Verbrennungsreglers ist die von Käuffer & Co. (Fig. 298), die gleichzeitig als Standrohr dient: Der Dampfdruck wirkt auf eine Wassersäule, die bei Überschreitung der normalen Spannung mit ihrem oberen Spiegel einen allmählichen Abschluß der Verbrennungsluftzufuhr, bei Unterschreitung ein Öffnen derselben bewirkt und somit die Verbrennung regelt.

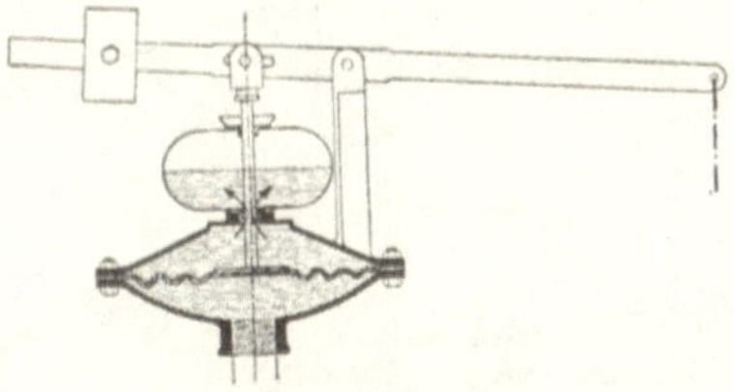

Fig. 297.
Membranzugregler der Apparate- und Armaturenbauanstalt Dortmund.

Die Bauarten aller bisher beschriebenen und meistens angewendeten Feuerzugregler beruhen auf dem Grundgedanken, die Dampfspannung im Kessel als Betätigungsmittel für eine selbsttätige Vorrichtung zu nehmen, die ohne eine sonstige äußere Energiequelle arbeitet. Auf einer völlig anderen Lösung der Aufgabe beruht der selbsttätige Regler von Rennert in München, Fig. 299, bei dem die Höhe der jeweiligen Dampfspannung nur zur Auslösung eines elektrischen Stromes benutzt wird, der aus dem Starkstromnetz zu entnehmen ist, und der durch Ingang- oder Außerbetriebsetzung eines Elektromotors die Luftzufuhr zur Verbrennung regelt. Aus der Beschreibung, die der »Gesundheits-Ingenieur«, Jahrgang 1911, Nr. 34, bringt, sei das Folgende wiedergegeben:

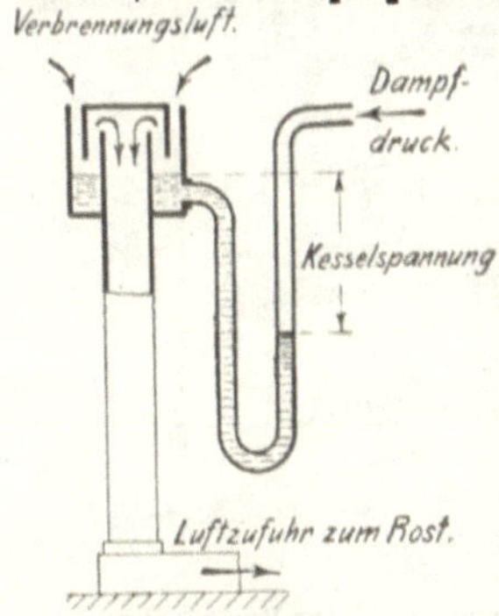

Fig. 298.
Verbrennungsregler von Käuffer & Co. in Mainz

Der Elektromotor wird mit einem Wechselgetriebe auf einer kräftigen Grundplatte montiert und auf einer Konsole an der Wand befestigt. Der ganze Apparat ist zum Schutz gegen Eindringen von Staub und sonstige Beschädigungen, welche eine

Betriebsstörung hervorrufen könnten, in einen dichtschließenden, leicht abnehmbaren Kasten gestellt.

Das Thermometer oder Manometer, welches die Wassertemperatur oder die Dampfspannung im Kessel anzeigt, besitzt einen deutlich sichtbaren Quecksilberstreifen und eine leicht ablesbare Skala. Je nach der für die Zentralheizung gewünschten

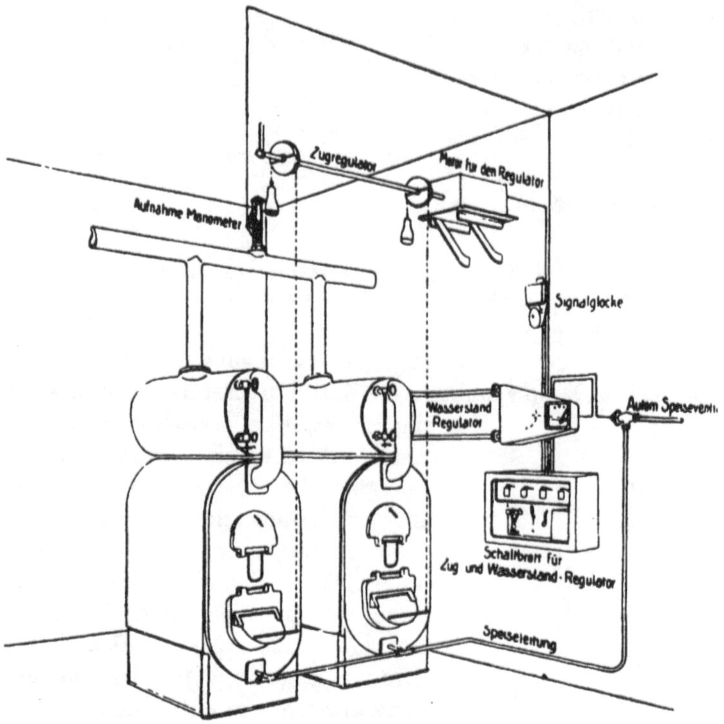

Fig. 299.
Selbsttätige Regelung von Niederdruck-Dampfkesseln nach der Bauart Rennert, München.

Dampfspannung oder Wassertemperatur wird in den Apparat eine Anzahl Platinkontakte nach besonderem Verfahren eingeschmolzen. Die Platinkontakte werden nach außen geleitet und unter einem Schutzkasten mit den elektrischen Leitungen, welche zu den übrigen Einrichtungsgegenständen führen, verbunden.

Die Schalttafel wird in einem Holzschränkchen untergebracht und enthält einen Zeitschalter, die verschiedenen Hebel für die Einstellung von Minimal- oder Maximal-Dampfspannung oder -Wassertemperatur, einen Hebel für die vollkommene Einschaltung oder Ausschaltung des Regulators sowie die notwendigen einzelnen Relais, welche das Schließen oder Öffnen der elektrischen Ströme beim Steigen bzw. Fallen der Quecksilbersäule im Manometer bzw. Thermometer bewirken. Ebenso befindet sich noch eine Vorrichtung an der Schalttafel, mittels welcher der Regulator durch direkten Eingriff schnell vollkommen geöffnet bzw. geschlossen werden kann.

Die Gesamtanordnung an einer Niederdruckdampfkesselanlage zeigt Fig. 299 zugleich mit der Anordnung einer selbsttätigen Kesselspeisevorrichtung (Wasserstandsregulierung), die ebenfalls nach System Rennert konstruiert ist, und deren Einzelheiten noch weiter unten besprochen werden sollen.

Über die Anordnung und Handhabung des selbsttätigen Zugreglers sei noch folgendes erwähnt: Am Dampfsammler des Kessels befindet sich das Manometer, an der Wand auf einer Konsole mit Schutzkasten versehen der Antriebsmotor, ebenso in handlicher Höhe die Schalttafel und außerdem eine Alarmglocke. Auf der Welle des Motors befindet sich ein Rad, über welches die Kette zur Frischluftzuführungsklappe der Kesselfeuerung läuft. Die ganze Einrichtung ist an das Starkstromsystem des Elektrizitätswerks angeschlossen.

Die Bedienung gestaltet sich folgendermaßen: Nachdem der Heizer den Kesselwasserstand kontrolliert und das Feuer in Betrieb gesetzt hat, zieht er an der Schalttafel den Zeitschalter auf. Je nach der Außentemperatur ist alsdann die Dampfspannung im Schalter einzustellen, und zwar kann dieselbe im vorliegenden Falle beliebig zwischen 0,025, 0,05, 0,08, 0,1 und 0,13 Atm. gehalten werden. Für den Fall, daß sie 0,05 Atm. betragen soll, stellt der Heizer den Hebel für das Minimum auf 0,025 Atm. und für das Maximum auf 0,05 Atm. Solange nun die Dampfspannung im Kessel nicht 0,05 Atm. erreicht hat, öffnet der Elektromotor in gewissen Zeitabschnitten, welche durch den Zeitschalter reguliert werden, so lange die Frischluftklappen, bis die eingestellte Dampfspannung von 0,05 Atm. im Kessel erreicht ist. In dem Augenblicke, wo das Quecksilber des Manometers den Platinkontakt, welcher bei 0,05 Atm. eingeschmolzen ist, erreicht, schließt sich ein Stromkreis und die Tätigkeit des Motors setzt so lange aus, bis die Dampfspannung im Kessel sinkt; die Luftklappe bleibt ebenfalls solange in der sich ergebenden Stellung. Sollte durch irgendeine Unachtsamkeit (durch Offenstehenlassen der Aschentüre) die Dampfspannung trotzdem weiter steigen, so fängt der Motor, sobald die Spannung von 0,05 Atm. überschritten wird, an, in entgegengesetzter Richtung zu laufen und schließt die Luftklappe so lange, bis der Dampfdruck wieder 0,05 Atm. hat. Wenn aber bei ganz geschlossener Luftklappe infolge des Offenstehens der Aschentüre der Dampfdruck noch weiter steigen würde, so wird beim Erreichen einer Dampfspannung von 0,16 Atm. die Alarmglocke in Tätigkeit gesetzt und somit der abwesende Heizer noch

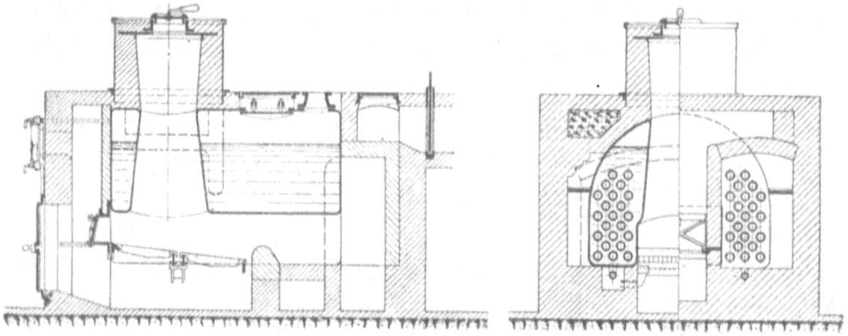

Fig. 300.
Schmiedeeiserner, eingemauerter Sattelkessel von Rud. Otto Meyer, Hamburg.

vor dem Abblasen des Sicherheitsventils bzw. der Sicherheitsstandrohreinrichtung auf die Unregelmäßigkeit aufmerksam gemacht. Die Alarmglocke kann an jeder beliebigen Stelle, am besten in der Hausmeisterwohnung oder dem Heizerzimmer, untergebracht werden.

Diese ganze, etwas verwickelte Anordnung dürfte sich aber im allgemeinen nur in besonderen Ausnahmefällen empfehlen, besonders dann, wenn von dem Rennertschen System der selbsttätigen Regelung bereits für andere Zwecke der gleichen Anlage ausgiebiger Gebrauch gemacht wird.

Als schmiedeeiserner, eingemauerter Kessel mittlerer Größe ist der sog. **Sattelkessel** mit Rauchröhren zu empfehlen, wie er in Fig. 300 abgebildet ist. Die Rauchgase nehmen ihren Weg vom Rost unter dem Sattel nach hinten, kommen durch die Rauchröhren nach vorn und strömen beiderseits an den Seitenwandungen des Kessels wieder nach hinten, um in den Fuchs zu entweichen.

Als Vorzüge der eingemauerten Kessel sind besonders der große Wasserinhalt und die große Verdampfungsoberfläche zu schätzen, die einen gleichmäßigen Betrieb ohne schwankenden Dampfdruck und die Lieferung trockenen Dampfes ermöglichen, wie es besonders für große Heizungen, die ununterbrochen betrieben werden, erwünscht ist.

Eine Vereinigung der schmiedeeisernen eingemauerten mit den gußeisernen freistehenden Kesseln stellt der Niederdruckkessel

Fig. 301.
Schmiedeeiserner Niederdruckdampfkessel mit gußeisernem, wassergekühltem Schachtrost und Standrohrregler von Gebr. Körting.

von Gebrüder Körting, A.-G., (Fig. 301) dar, wie er für größere Heizungsanlagen gebaut wird. Ein schmiedeeiserner, von Rauchröhren durchzogener Walzenkessel steht durch Verbindungsstutzen unter und über dem Wasserspiegel mit den untereinander verschraubten gußeisernen Gliedern eines Füllschachtes in Verbindung, der zur Aufnahme des Brennstoffes dient. Diese mit Wasser gefüllten Glieder besitzen ebenfalls mit Wasser gefüllte untere Ansätze, die einen stehenden Rost und zugleich den Verbrennungsraum bilden. Das in diesen Rostgliedern zur Verdampfung kommende Wasser strömt als Dampf in den schmiede-

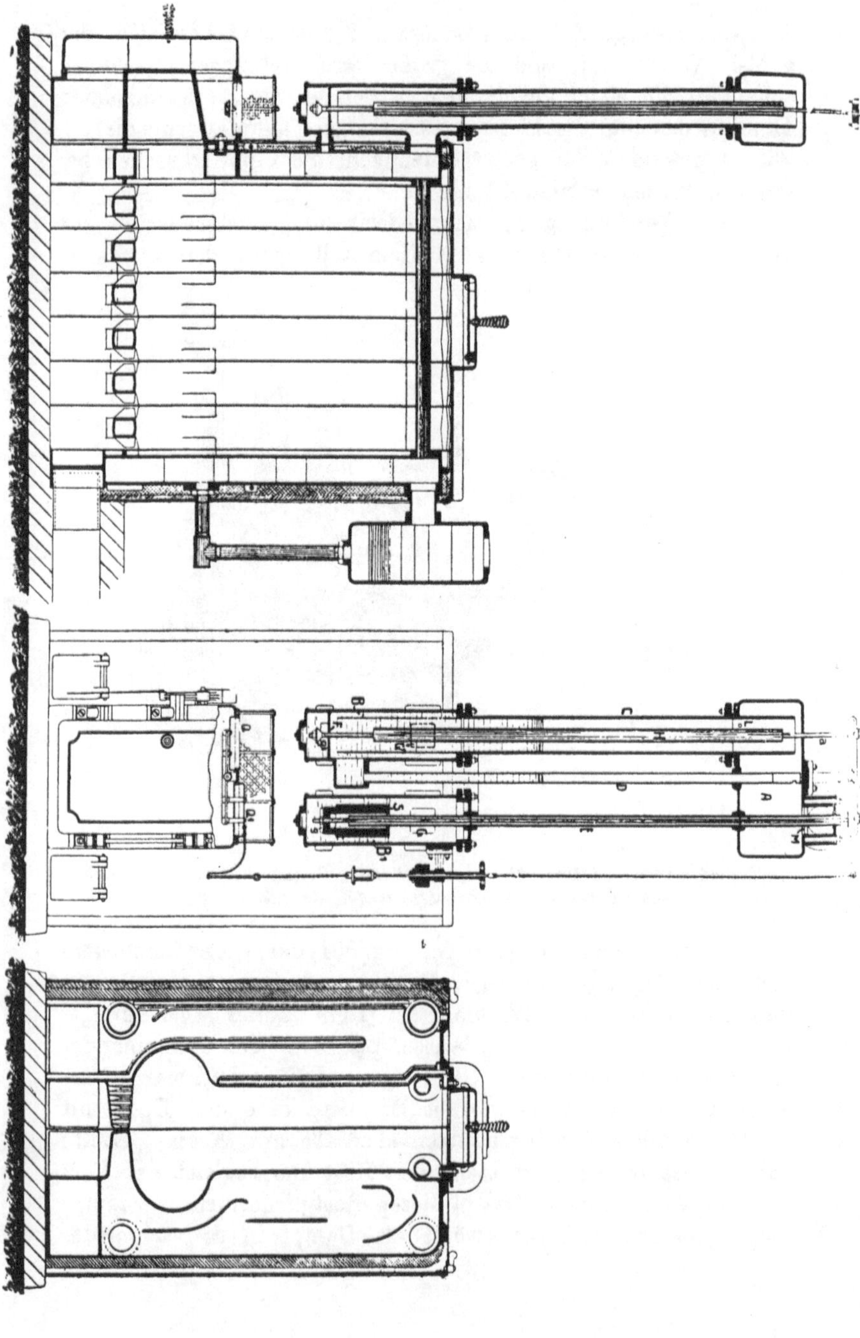

Fig. 302. Gußeiserner Gliederkessel von Gebr. Körting.

eisernen Kessel über. Die Rauchgase selbst ziehen durch die senkrechten Rostspalten nach hinten durch die Rauchrohre des Walzenkessels, bestreichen auch dessen Seitenwandungen und gehen durch einen Unterzug in den Fuchs. Der Feuerungsregler ist in geschickter Anordnung der Feuerung vorgebaut.

Was die Empfindlichkeit der einzelnen Verbrennungsregler anbetrifft, so liegen darüber Versuche leider noch nicht vor. Nach den Mitteilungen von Werner[1]) hat man aber selbst bei den besten Reglern im Betriebe immer noch mit Druckschwankungen von wenigstens 100–150 kg/qm nach oben und nach unten von der eingestellten Spannung ab zu rechnen. Die Abweichungen werden bei niedriger Kesselspannung größer sein als bei hoher und etwa auf 20% bei 500 mm WS Dampfdruck und wenigstens 5 % bei etwa 2000 mm WS Kesseldruck anzusetzen sein.

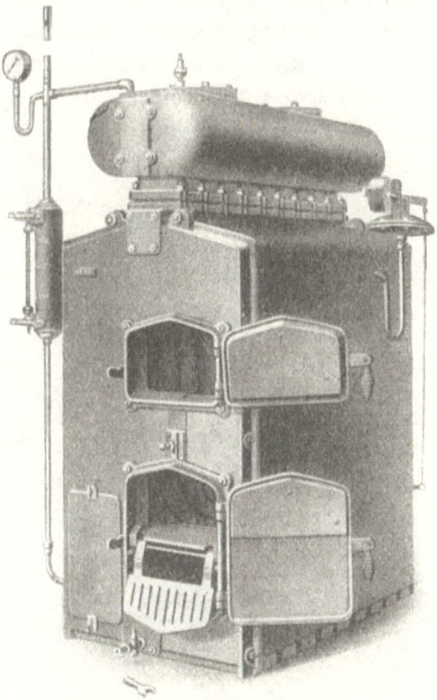

Fig. 303. Niederdruckdampfkessel der Buderus-Eisenwerke in Wetzlar.

Auch für die **gußeisernen Glieder-Niederdruckdampfkessel** werden dieselben Bauarten verwendet wie bei der Warmwasserheizung. Diejenigen Kessel, die einen sehr kleinen Dampfraum haben würden, erhalten dafür einen besonderen Dampfsammler, der Verbindung mit jedem einzelnen Kesselgliede besitzt. Als

[1]) Werner: Untersuchungen über Luftumwälzungsverfahren bei Niederdruckdampfheizungen. Verlag R. Oldenbourg, München 1914. (Heft 9 der »Mitteilungen« der Prüfungsanstalt für Heizung und Lüftung der Techn. Hochschule Berlin).

verbreitetste Kessel sind auch hier die als die ältesten derartigen Kessel bekannten Strebelkessel zu nennen. Die Fig. 302 zeigt ferner den gußeisernen Kessel von Gebrüder Körting. Der Querschnitt ist durch den inneren Füllschacht auf der linken Seite mit den herumgelagerten Rauchkanälen, auf der rechten Seite mit dem Wasser- und Dampfraum, gelegt. Der Feuerungsregler ist bei diesem Kessel unter dem Namen Standrohrregler mit dem

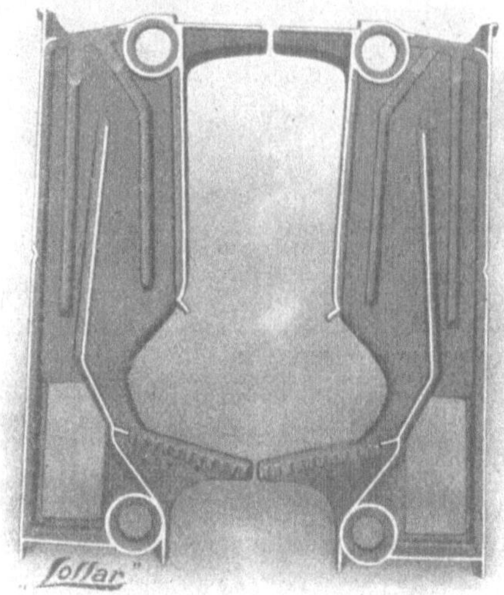

Fig. 304.
Querschnitt durch die Rauchkanäle eines Lollar-Großkessels der Buderusschen Eisenwerke.

Standrohre vereinigt, durch dessen Aufbau der ganze Kessel eine sehr gedrängte, organisch gut durchgebildete Bauform erhält.

Es würde zu weit führen, wollten wir hier alle die einzelnen Bauarten von Gußkesseln der verschiedenen Fabriken besprechen. Deshalb möge eine Auslese genügen, die eine Übersicht über den inneren Bau und die Aufstellung und Verwendung solcher Kessel gibt. Fig. 303 zeigt einen normalen Lollarkessel der Buderusschen Eisenwerke mit Dampfsammler, zugleich für niedrige Keller passend. Die Fig. 304 zeigt zwei Halbglieder des Lollar-Großkessels im Querschnitt durch die Rauchkanäle mit unterem Abbrand. Fig. 305 gibt einen Querschnitt, links durch die Rauchzüge mit oberem Abbrand, rechts durch den Wasser- und Dampfraum, eines Gliederkessels der Nationalen Radiator-Gesellschaft. Endlich gibt die Fig. 306 noch ein Bild von einer Großdampfkesselanlage, bestehend aus Nationalkesseln.

c) Die Bauarten der Niederdruckdampfheizkörper.

Für die Heizkörper gilt wieder alles, was im Abschnitt 22 des näheren ausgeführt ist; auf die dort beschriebenen Bauarten ist auch alles das zu beziehen, was bei der Besprechung der allgemeinen Anordnung der Niederdruckdampfheizung bezüglich der Regelung der Wärmeabgabe gesagt wurde.

Fig. 305.
Schnitt durch einen Gliederkessel der Nationalen Radiator-Gesellschaft, Berlin.

Die Dampfheizkörper wirken wie Oberflächenverdichter. Zur Regelung der Wärmeabgabe dienen die am Dampfeintritt angebrachten **Regelventile**. Diese besitzen, wie bei der Warmwasserheizung, eine Voreinstellung, die beim Beginne des ersten Heizabschnittes eingestellt werden muß und dann für immer ungeändert bleibt. Zu diesem Zwecke wird der Kessel auf Normaldampfdruck geheizt und werden alle Heizkörperventile vollständig aufgedreht. Die Rohrleitung wird nun niemals so genau bemessen sein, daß die Heizkörper alle gleichmäßig mit Dampf angefüllt werden: bei vielen Heizkörpern wird vielmehr zunächst der Dampf in die Rückleitung durchschlagen. Deshalb wird die Voreinstellung an den Regelventilen soweit gedrosselt, daß alle Heizkörper bis unten gleichmäßig warm werden, so daß nur ein Bruchteil der Heizfläche eines jeden Heizkörpers unten mit Luft erfüllt ist und also kalt bleibt. Diese Arbeit des Einregelns muß sehr sorgfältig vorgenommen werden, da sie für das spätere einwandfreie Arbeiten der gesamten Anlage von größter Bedeutung ist. Die weitere normale Regelung der Wärmeabgabe im Betriebe mittels Dampffüllung ist bereits auf Seite 592 beschrieben worden.

Statt vieler Ventilbauarten sei hier nur eine, nämlich das Eckregelventil von Rud. Otto Meyer (Fig. 307), besprochen.

Fig. 306.
Großgußkesselanlage für Niederdruckdampfheizung. (National-Füllschachtkessel).

Bei diesem Ventil[1]) wird die Voreinstellung dadurch erreicht, daß eine Voreinstellungshülse drehbar und unter bestimmten Winkeln feststellbar ist. Diese Drehung ist unabhängig von der Stellung des Handrades zur Teilung, durch welches die weitere Handregelung im normalen Betriebe erfolgt. Bei der Drehung des Handrades wird vielmehr der Ventilkegel nur gehoben oder gesenkt, so daß die Hülse in ihrer Drosselstellung unverändert bleibt. Diese Stellung entspricht bei ganz geöffnetem Ventil der größten Dampffüllung, wenn die Voreinstellungshülse in der in Fig. 307 gezeichneten Stellung sich befindet. Nach den Untersuchungen von Ambrosius[1]) ergaben sich nun für das Ventil der Fig. 307 die in Fig. 307a ausgezogenen Regelkurven. Daraus geht hervor, daß die Regelungswirkung für offene Voreinstellung (Kurve I) recht annehmbar, für andere Voreinstellungen III und IV dagegen verhältnismäßig ungünstig ist. Durch eine kleine Änderung wurde jedoch der schraffierte Regelbereich erzielt, der als günstig anzusprechen ist. (Vergl. auch S. 501).

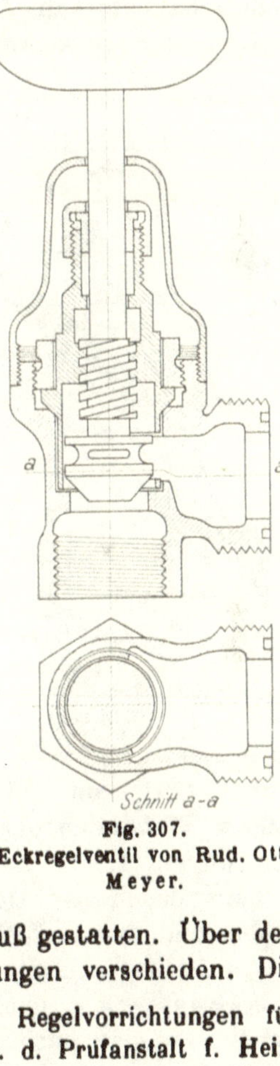

Fig. 307.
Eckregelventil von Rud. Otto Meyer.

Wie schon auf Seite 591 erwähnt, werden gegen das Durchschlagen der Heizkörper vielfach sog. **Dampfstauer** verwendet, die in den Wasserabfluß der Heizkörper eingebaut werden. Diese Apparate wirken nach Art der Dampfwassertöpfe, d. h. sie stauen den Dampf im Heizkörper und verhindern somit seinen Eintritt in die Niederschlagsleitung, während sie dem Wasser den Abfluß gestatten. Über den Wert dieses Hilfsmittels sind die Meinungen verschieden. Die

[1]) Ambrosius: Untersuchungen an Regelvorrichtungen für Dampf- und Wasserheizkörper. 25. Mitteilg. d. Prüfanstalt f. Heiz- und Lüftungsanlagen der Techn. Hochschule Berlin, Verlag R. Oldenbourg, München 1919, Abb. 29 und 35.

Dampfstauer bieten den Vorteil, daß die Heizfläche der Heizkörper voll ausgenutzt werden kann, ohne daß eine Reserve verbleibt, d. h. eine gewisse mit Luft gefüllte Höhe der Glieder gegen das Durchschlagen vorhanden ist. Dadurch werden die Anlagen etwas billiger in der Ausführung. Auch das Anheizen geht rascher von statten, da vorübergehend mit etwas größerem Dampfdruck, also höherer Temperatur geheizt werden kann. Anderseits haben die Dampfstauer den Nachteil, daß sie, wenn in Unordnung gekommen, natürlich versagen und nachgesehen werden müssen. Auch die Regelung der Dampfzufuhr mit Hilfe des Regelventiles leidet durch den Einbau von Dampfstauern, da der unveränderliche Luftgegendruck, also die Voraussetzung für die Regelfähigkeit, fehlt. Die einfachere Anordnung ohne die Stauung dürfte deshalb im allgemeinen wohl mehr zu empfehlen sein.

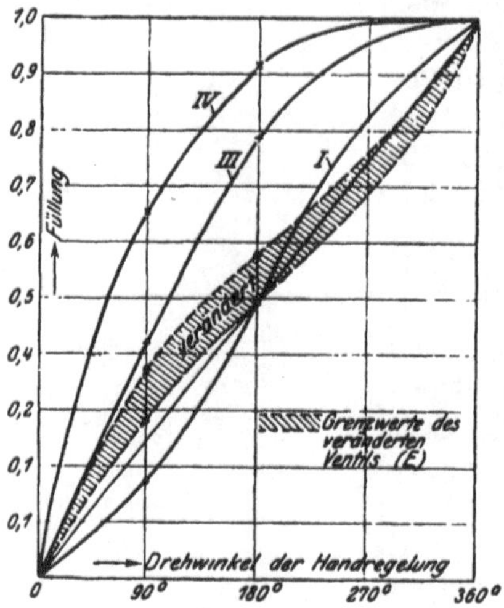

Fig. 307 a.
Regelwirkung beim Eckregelventil von Rud. Otto Meyer.

Eine besondere Bauart der Niederdruckdampfheizkörper ist die mit **Luftumwälzung**. Die Fig. 308 gibt die Anordnung wieder, wie sie von Gebrüder Körting in Hannover seit vielen Jahren ausgeführt wird: Der Dampf tritt von unten her in der Pfeilrichtung durch ein inneres Verteilungsrohr in den dreikanäligen Heizkörper ein. Von diesem Rohre zweigen nach oben in jedes Glied Düsen ab, aus denen der Dampf mit großer Geschwindigkeit ausströmt und den Luftinhalt des Heizkörpers mitreißt. Es bildet sich auf diese Weise ein Dampfluftgemisch, das in dem mittleren Kanal nach oben strömt und in den beiden seitlichen Kanälen wieder nach unten zu erneutem Kreislaufe zurückkehrt. Das entstandene Dampfwasser fließt unten ab. Bei der Mischung von Dampf mit Luft entsteht nun eine geringere

Temperatur, als sie der Dampf bei der gleichen Spannung allein haben würde. Der große gesundheitliche Wert liegt also in der niedrigen Oberflächentemperatur der Heizkörper, bei der ein Versengen des organischen Staubes und eine daraus entstehende Reizung der Atmungsschleimhäute (vgl. S. 36) nicht mehr eintreten kann. Aber noch der weitere Vorteil einer, wenn auch bedingten, allgemeinen Temperaturregelung durch die Höhe der Dampfspannung, also der Umlaufgeschwindigkeit und Temperatur des Gemisches, ist auf diese Weise erreicht worden. Hierüber hat Werner eingehende Untersuchungen[1]) an der Prüfungsanstalt für Heizung und Lüftung der Technischen Hochschule Berlin angestellt, auf Grund deren er allerdings zu dem Endergebnis kommt, daß wegen der großen Dampfdruckschwankungen, die bei den üblichen Druckreglern vorkommen, eine Einstellung auf eine bestimmte Oberflächentemperatur und Wärmeleistung beim Luftumwälzungsverfahren nicht möglich ist. Auch das Abstellen einzelner Heizkörper einer größeren Anlage ruft Störungen in der Zusammensetzung des Dampfluftgemisches der übrigen Heizkörper hervor, so daß deren Oberflächentemperaturen zunehmen. Mit der Veränderung der Kesselspannung ändern sich die Oberflächentemperaturen der Heizkörper mit Luftumwälzung in ungleichem Maße. Eine bestimmte Oberflächentemperatur wird also nur bei kleineren Anlagen und nur dann einzuhalten sein, wenn bei der normalen Kesselspannung alle Heizkörper voll angestellt sind.

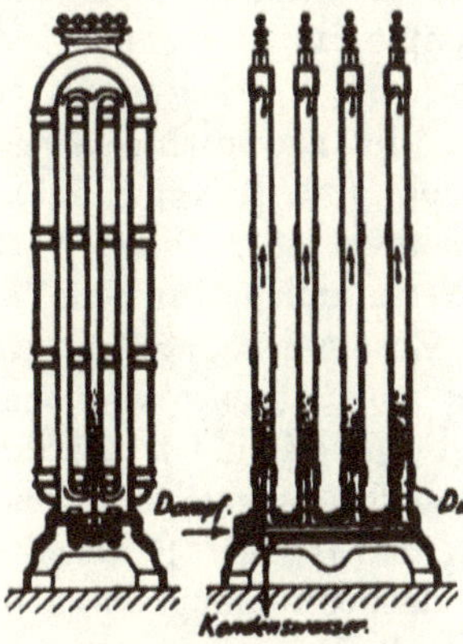

Fig. 308.
Heizkörper mit Luftumwälzung von Gebr. Körting.

Ähnliche Heizkörper mit Luftumwälzung werden von Käuffer & Co. sowie von Käferle ausgeführt.

[1]) Werner: Untersuchungen über Luftumwälzungsverfahren bei Niederdruckdampfheizungen. Heft 9 der »Mitteilungen der Prüfungsanstalt für Heizungs- und Lüftungseinrichtungen der Techn. Hochschule zu Berlin«. Verlag R. Oldenbourg, München 1914.

d) Anwendung der Niederdruckdampfheizung.

Gegenüber der Schwerkraftwarmwasserheizung liefert die Berechnung bei der Niederdruckdampfheizung bedeutend engere Rohrleitungen. Dabei kann der Dampf bequemer auf größere Reichweiten in wagerechter Richtung geschickt werden. Daraus folgt, daß für mittlere und große Anlagen die Niederdruckdampfheizung stets billiger sein wird als die Wasserheizung, zumal auch die Heizkörper wegen der höheren Dampftemperatur gegenüber der Warmwasserheizung kleiner ausfallen. In bezug auf die Empfindlichkeit in der Regelung der Wärmeabgabe steht die Dampfheizung ebenfalls voran, da ein abgestellter Heizkörper sehr schnell erkaltet, im Gegensatz zum Wasserheizkörper, bei dem die gewünschte Wirkung der Wärmeverminderung oft erst so spät eintritt (vgl. S. 537), daß sich die Überheizung nicht mehr aufhalten läßt. Dieser Vorteil der Dampfheizung ist besonders in Versammlungsräumen, Theatern usw. sehr erwünscht, besonders im Zusammenhange mit selbsttätiger Temperaturregelung, die hier genau ebenso angewendet wird wie bei der Wasserheizung (vgl. Seite 540 u. f.). Allerdings liegt gerade bei der Dampfheizung wegen ihrer schnellen Wärmewirkung auch wieder die Gefahr einer Überheizung der Räume besonders nahe, wenn z. B. plötzliche Sonnenbestrahlung durch die Fenster im Zimmer eintritt. Die Dampfheizung erfordert in solchen Fällen eine besonders achtsame Bedienung.

Eine allgemeine Regelung der Wärmeabgabe vom Kessel aus ist ebenfalls nicht durchführbar, oder doch nur in bedingtem Maße. Auch das Auftreten störender Geräusche in den Rohrleitungen und beim Einströmen des Dampfes in die Heizkörper ist ein Nachteil der Niederdruckdampfheizung. Das Sausen beim Einströmen des Dampfes in die Heizkörper läßt sich durch genaue Berechnung der Rohrleitungen vermeiden, da es gewöhnlich als Folge zu starker Abdrosselung des Dampfdruckes durch das Regelventil eintritt.

Aus dem Gesagten geht hervor, daß die Niederdruckdampfheizung hauptsächlich dort in Frage kommt, wo der Wärmebedarf schnell wechselt, also vor allem in Gasthäusern, Versammlungsräumen, ferner in sehr großen Räumen, z. B. in Kirchen, wo die Heizkörper mit Hilfe enger Rohre bequem an den Abkühlungsflächen der Decke, auf den Emporen usw. aufzustellen sind, wie Fig. 137e zeigt. Ferner wird die Niederdruckdampfheizung als geminderte Hochdruckheizung und als Abdampfheizung in gewerblichen Betrieben vorteilhaft zur Anwendung kommen, besonders auch da, wo die Wärme durch lange Heizleitungen auf weite Strecken gleichmäßig zu verteilen ist.

35. Die Unterdruckdampfheizung.

Dampfheizungen, die mit einer noch unterhalb des atmosphärischen Druckes gehaltenen Dampfspannung betrieben werden, sind zuerst in Nordamerika etwa seit dem Jahre 1890 als sog. Vakuumheizungen[1]) mit Erfolg gebaut worden. Die Abhängigkeit zwischen Unterdruckdampf und Temperatur ist in Fig. 309 dargestellt. Herrscht also in einer Dampfheizung 50% Luftleere, so wird danach mit einer Dampftemperatur von nur etwas über 80° C an den Heizflächen zu rechnen sein. Je nach der Einstellung der Dampfspannung, d. h. des Unterdruckes, kann also die Heizkörpertemperatur beliebig hoch oder tief gehalten werden. Zu diesem gesundheitlichen Vorteil tritt noch der praktische, daß nach diesem System gebaute Abdampfheizungen, von denen noch im nächsten Abschnitte die Rede sein wird — wirtschaftlicher arbeiten können, weil der Gegendruck auf die Maschine verringert ist. Ferner ergeben sich kleinere Rohrabmessungen, ein Umstand, der be-

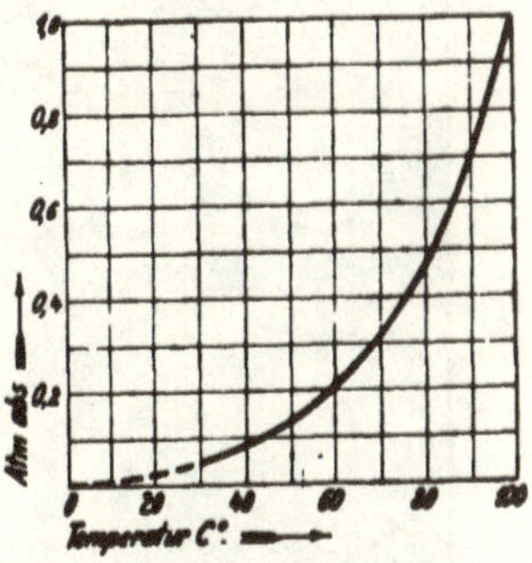

Fig. 309.
Beziehung zwischen Temperatur und Unterdruck bei Dampfheizungen.

[1]) Dye: A practical Treatise upon Steam Heating. Verlag Spon & Chamberlain. New York 1901.

Ohmes: Niederdruckdampfheizungen in den Vereinigten Staaten von Nordamerika. Ges.-Ing. 1903, Nr. 35. Verlag R. Oldenbourg, München.

v. Boehmer: Vakuum-Dampfheizung. Ges.-Ing. 1904, Nr. 34.

Snow: Principles of Heating. Verlag David Williams Company, New York 1907.

Ohmes: Antwort zur Frage »Luftpumpen und selbsttätige Dampffänge fur Vakuumheizung«. Gesundh.-Ing. 1908, Nr. 2.

sonders in hohen Gebäuden, wie z. B. den amerikanischen Wolkenkratzern, von Vorteil sein kann, weil dort an einen senkrechten Strang leicht bis zu 100 Heizkörper angeschlossen werden müssen.

a) Grundsätzliche Ausführung.

Die Unterdruckdampfheizungen können nach zwei Verfahren ausgeführt werden. Entweder wird die ganze Heizung zunächst vollkommen unter Dampf gesetzt und dann luftdicht abgeschlossen; der nun sich verdichtende Dampf wird mit Hilfe besonders gebauter Ventile auf einer bestimmten Luftleere gehalten. Sicherer

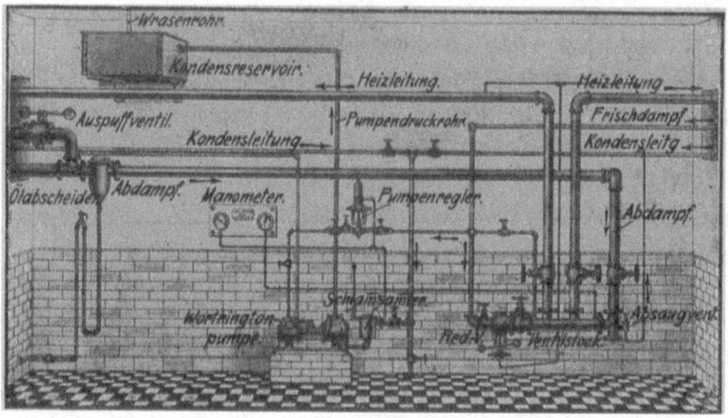

Fig. 310.
Unterdruckdampfheizung für Abdampf mit druckvermindertem Frischdampf.

ist die zweite Ausführung, bei der an die Niederschlagswasserleitung eine nasse Luftpumpe zur Erhaltung der Luftleere angeschlossen wird.

Nach dieser zweiten Art ist das Webstersystem der Atmospheric Steam Heating Co., London, gebaut. Die Fig. 310 zeigt die Anordnung einer Abdampfheizung nach Webster: Von links kommt der Abdampf von der Maschine, der bei Nichtbenutzung der Heizung durch ein Auspuffventil ausblasen kann. Gewöhnlich wird er durch einen Ölabscheider vom beigemischten Schmieröl befreit und strömt dann zu einem Ventilstock. Am Eintritt in diesen sitzt zwecks Entwässerung ein Absaugeventil, das nach Art der Dampfstauer derart gebaut ist, daß das Wasser abfließen kann, der Dampf aber zurückgehalten wird. Von diesem Ventile führt eine Leitung zu der gemeinsamen Dampfwasserleitung, die mit einer Worthingtonpumpe unter Zwischenschaltung eines Schlammsammlers verbunden ist. Die Pumpe saugt nun, einen geringen Unterdruck in der Dampfwasserleitung erzeugend, das Dampfwasser an und befördert es in einen hochgelegenen Behälter. Zum Betriebe der Pumpe dient eine Frischdampfleitung, deren Dampfentnahme durch ein von der Luftleere gesteuertes Membranventil beeinflußt wird. Ferner kann Frischdampf direkt oder mit Hilfe eines von der Heizleitung beeinflußten Membrandruckminderers in den Ventilstock und damit in die Heizung eingelassen werden. An die Heizleitung sind die Heizkörper in üblicher Weise angeschlossen. Am Dampfwasseraustritt der Heizkörper ist ein gleiches Absaugventil wie am Ventilstock eingebaut, das für Aufrechterhaltung der Luftleere sorgt. Die Drucke in der Heizleitung und in der Dampfwasserleitung werden mit Hilfe von Druckmessern überwacht.

Als einzige Anlage in Deutschland nach dem beschriebenen System ist die in den Werken der Singer-Co. in Wittenberge, Bezirk Potsdam, zu bezeichnen, die seit 1905 zur Zufriedenheit arbeiten soll.

Es gibt in den Vereinigten Staaten von Nordamerika noch eine große Anzahl Bauarten von Unterdruckheizungen, deren Beschreibung aber zu weit führen würde.

b) Anwendung und Regelung der Unterdruckdampfheizung.

Die Unterdruckdampfheizung eignet sich vor allem — aber nicht nur — als Abdampfheizung. Als besondere Vorteile werden ferner angegeben: Der Dampf füllt mit großer Schnelligkeit auch den entferntesten Heizkörper voll an, so daß stets die ganze Heizfläche gleichmäßig mild erwärmt ist. Eine allgemeine Regelung der Wärmeabgabe läßt sich in engen Grenzen durch Veränderung der Luftleere erzielen. Die Heizkörper können tiefer als der Kessel angeschlossen werden, da infolge des Unterdruckes das Dampfwasser hochgesaugt wird. Die Leitungsröhren ergeben sich enger als in gewöhnlichen Dampfheizungen. Infolge der niedrigen Dampftemperaturen sind Ersparnisse durch geringeren Wärmeverlust als bei gewöhnlicher Dampfheizung unverkennbar. Auch bleiben alle diejenigen Dampfleitungen, deren Heizkörper zeitweilig abgestellt sind, kalt, da der Dampf nur nach den Verbrauchsstellen gesaugt wird.

36. Energie- und Wärmewirtschaft.

Der hinter uns liegende Weltkrieg als Gewaltunternehmung von Macht- und Wirtschaftspolitikern mit seiner Vernichtung gewaltiger Handels- und Industriewerte und die in seinem Gefolge durchgeführte Umwälzung des Staats- und Wirtschaftslebens haben uns zwangläufig zur Besinnung gebracht in bezug auf unsere ganze bisherige Energie- und Wärmegewinnung und -verwertung. Es hat sich jetzt bei uns allgemein die Erkenntnis durchgerungen, daß wir mit unserer bisherigen Wärmewirtschaft ungezählte Kohlen- und Geldwerte jahrein jahraus vergeuden, und daß wir überhaupt mit unserer gesamten Energie- und Wärmewirtschaft bisher nicht auf dem richtigen Wege waren, sondern daß wir sie künftig — kurz gesagt — von der Verbrennung der Kohle auf die Vergasung derselben umstellen und die Nebenerzeugnisse verwerten müssen. Dies kann aber nur im Laufe vieler Jahre geschehen, und so sind wir inzwischen auf eine wirtschaftlichere Verwendung der Wärme in allen ihren Erscheinungsformen angewiesen. Wir wollen damit nichts grundsätzlich Neues, sondern fahren nur zielbewußt in der Richtung weiter fort, die verständige Wärmetechniker bereits vor dem Kriege mit Erfolg eingeschlagen haben. Auch die folgenden Abschnitte dieses Buches bringen daher kaum etwas grundsätzlich Neues, sondern geben in gedrängter Form eine Übersicht über das vom Heizungsbaumeister ins Auge zu fassende Arbeitsgebiet. Eine erschöpfende Behandlung würde ein eigenes umfangreiches Buch[1]) beanspruchen.

a) Maßnahmen zur besseren Ausnutzung der Wärme- und Energiequellen.

Für die Gesamtheit unserer Kraft- und Wärmebetriebe läßt sich eine Verbesserung ihrer Wirtschaftlichkeit nach folgenden Gesichtspunkten anstreben: Verminderung der Wärmeverluste, Verwendung der Abfallerzeugnisse, Ausnutzung der Abfallwärme, Gewinnung von Abfallkraft, Vereinigung von Kraft- und Heizwerken, stärkere Ausnutzung der natürlichen Kraft- und Wärmequellen.

---

[1]) de Grahl: Wirtschaftliche Verwertung der Brennstoffe. Verlag R. Oldenbourg, München 1915.

Zur Verminderung der Wärmeverluste können wir zunächst die Feuerungsanlagen aller Art, Hausbrand- und gewerbliche Betriebe, ins Auge fassen. Die Arbeitsbedingungen sind gerade hier von Fall zu Fall so außerordentlich verschieden, daß eine jede Feuerungsanlage — und sei sie noch so klein — eigentlich ihre eigene wissenschaftliche Betriebsführung verlangt. Gerade bei den ungezählten kleinen Feuerungen des Hausbrandes ist es nur deshalb so schwierig, Ersparnisse zu erzielen, weil dem Bedienungspersonal gewöhnlich die grundlegenden Anschauungen der Naturlehre fehlen. Hier werden die im Gange befindlichen Vereinheitlichungsbestrebungen also wenigstens in der Richtung ihr Gutes bringen, daß zum mindesten für Neuanlagen die ungezählten Einzelbauarten von Öfen und Herden einigen guten Typen Platz machen werden. Für Wohnungsheizungen sei auf den in der Prüfanstalt für Heiz- und Lüftungsanlagen der Technischen Hochschule Berlin entstandenen Einheitsofen mit Vorwärmung der Verbrennungsluft und mit großem Strahlungsraum hingewiesen. Vor allem kommt es, wie Brabbée gezeigt hat, sehr darauf an, daß ein Ofen mit einem hohen feuerungstechnischen Wirkungsgrad nun auch wirklich die entwickelte Wärme möglichst restlos dem beheizten Raume mitteilt, was oft wegen mangelnder Ausführung und Aufstellung nur zu einem geringen Teile der Fall ist.

Im Wohnhausbau muß eine gegenüber den bisherigen Gepflogenheiten gänzlich veränderte Beurteilung bereits beim Entwurf und bei der Genehmigung des Gebäudes Platz greifen, wobei eine gute Wärmehaltung des Baues neben den statischen und gesundheitlichen Rücksichten mit als vornehmste Forderung zu gelten hat. Bayern hat in dieser Hinsicht durch besondere Anpassung der baupolizeilichen Prüfung der Bauten den ersten Schritt getan. Als Ersatz der bisherigen Ziegelbauten werden wir vorerst mit der Lehmbauweise zu rechnen haben und müssen in jeder Beziehung den Wärmeschutz der Außenwände durch Ausstattung mit wärmehaltigen Baustoffen, durch Einbau von Luftschichten, durch Anwendung von dichtschließenden Doppelfenstern und Türen mit geringeren Abmessungen als bisher fordern. Die Geschoßhöhen werden auf das geringst zulässige Maß zu verringern, die Fußböden des Erdgeschosses und die Dächer wärmeundurchlässiger herzustellen sein. Bei der Auswahl der äußeren Baubekleidungen wird besondere Rücksicht darauf zu nehmen sein, daß dem Regen der Eintritt in die Poren der Wände verwehrt wird, weil die Wärmeleitfähigkeit und deshalb auch die Wärmeverluste durchnäßter Umfassungswände um das Mehrfache großer sind als in trockenem Zustande. Beim Gesamtentwurf sollte der Einzelhausbau gegenüber der wärmehaltigeren Reihenbauweise tunlichst zurücktreten. Die richtige Stellung des Hauses zur Wetter- und zur Sonnenseite ist mehr als bisher von wärmetechnischen Gesichtspunkten zu beurteilen. Luftdurchzug und dadurch bedingte Auskühlung des Hauses sind durch sachkundige Anlage der Durchgänge und Türen zu vermeiden. Weiter läßt sich die Lösung des Gebäudegrundrisses auch wärmetechnisch derart einrichten, daß alle Feuerungsanlagen, Öfen, Herde, Koch-, Wasch- und Backeinrichtungen tunlichst zusammengedrängt werden, um die Vereinzelung der Wärmeverluste zu beschränken. Dabei ist die Beheizung mehrerer Räumlichkeiten durch gemeinsame Feuerstellen anzustreben, deren Schornsteine nebeneinander zu legen sind. Zu wünschen wäre es, daß die eingehende Kenntnis des Hauses mit allen seinen Einrichtungen bereits in der Schule vermittelt würde, damit jedes ins Leben hinaustretende Mädchen und jeder auch einem andern als dem Bauberufe sich zuwendende junge Mann in den Besitz der für das Leben notwendigen Grundlehren vom Wohnen gelange.

Bei den Klein- und Großfeuerungsanlagen der Industrie ist besonders auf gute Betriebsüberwachung an Hand von zuverlassigen Aufschreibungen Wert zu legen. Die Herdrückstände sind wieder zu verwerten. Vor allem ist der Ausnutzung der Abwärme in Form von fuhlbarer Wärme und von Verlusten an unverbrannten Gasen sowie der Vermeidung von Flugasche und Ruß das Augenmerk zuzuwenden. Neben der Warmwassererzeugung und Trocknungsverwendung ist die Einführung künstlichen Zuges zur Herabminderung der Abgastemperaturen ins Auge zu fassen. Die hohen Abgastemperaturen vieler Gewerbe harren noch der Verwertung, wie in Ton- und Glasöfen, Hüttenbetrieben usw. Die brennbaren Abgase der Hoch- und Koksöfen sind in noch weiterem Umfange zur Kraftgewinnung in Verbrennungskraftmaschinen, zur Beleuchtung, Heizung, Warmwasserbereitung, Trocknung usw. heranzuziehen. Fühlbare Abwärme liefern die Gaserzeuger der Gasanstalten, die oft sehr große Wärmemengen fortführen. Groß sind ferner noch in vielen Feuerungsbetrieben mit mehreren Einheiten die Verluste durch unrichtige Belastung, besonders Überbelastung, aber auch Unterbelastung. Auch die Unterbrechungs- und Stillstandsverluste werden vielfach noch unterschätzt. Oft sind die Rostflächen, besonders bei den für die niedrigste Außenkälte berechneten Heizanlagen, zu reichlich; hier kann die Zuppingersche Einrichtung der Rostabdeckungssteine Nutzen bringen.

Ein weiteres großes Feld der Wärmeverluste ist bei der Wärmefortleitung in Heizbetrieben gegeben. Bester Wärmeschutz der Leitungen und Apparate, die nicht zur unmittelbaren Heizung dienen, ist angezeigt und lohnt sich meistens reichlich. Vor allem aber ist dem ausgiebigsten Wärmeschutz der Gebäude von jetzt ab die größte Fürsorge zu widmen. Wärmewirtschaftliche Bauweise mit baupolizeilicher Begutachtung der Grundrißlösung ist wie gesagt eine dringende Notwendigkeit.

Die wirtschaftliche **Verwendung der Abfallerzeugnisse** war von jeher der Stolz sorgsamer Betriebsleiter. Späneabfälle werden nach neuerem Verfahren durch Blechleitungen am Entstehungsorte triebwerkmäßig abgesaugt und unmittelbar in die Feuerung geblasen.

Eines der wichtigsten Abfallerzeugnisse von volkswirtschaftlicher und gesundheitlicher Bedeutung ist das Müll. Hier ist von Fall zu Fall die Frage, ob landwirtschaftliche Verwendung oder Verbrennung, neu zu entscheiden. Die Müllverbrennung liefert zweifellos erhebliche Wärmemengen, besonders in den großen Städten, zur Dampf- und Kraftgewinnung und Stromerzeugung in Anlehnung an Elektrizitätswerke mit anschließender Abwärmeheizung und Weiterverarbeitung der anfallenden Nebenerzeugnisse, nämlich der Schlacken, zu Pflaster- und Bausteinen. Auch die Vergasung des Mülls in Retorten in Verbindung mit Gasanstalten kommt in Frage.

Ähnlich steht es mit dem städtischen Klärschlamm, der unter sonst günstigen Umständen nach erfolgter Trocknung ebenfalls, sei es durch Verbrennung, sei es durch Vergasung, seine wärmetechnische Verwendung finden und so zur Ersparung gleichwertiger Kohlenmengen beitragen kann.

Eine **bessere Ausnutzung der natürlichen Energie- und Wärmequellen** ist durch Gewinnung der Windkraft und weiteren Ausbau der Wasserkraftanlagen anzustreben. Ob es gelingen wird, die atmosphärische Elektrizität mit Vorteil zur Arbeitsleistung zu gewinnen, wird eine nahe Zukunft lehren, da ernsthafte Versuche im Gange sind. Die Verwendung der Sonnenstrahlung hat bereits zu greifbaren Erfolgen geführt. Erdgase und Erdöle werden bereits überall, wo sie vorkommen, durch Verbrennung ihrer nutzbaren Verwendung zugeführt, und die Fassung heißer Quellen ist von alters her üblich.

Die **Ausnutzung der Abfallwärme von Kraftanlagen** zur Heizung und Warmwasserbereitung bietet bei weitem die größten Aussichten auf Erfolg in bezug auf die Höhe der ersparten Be-

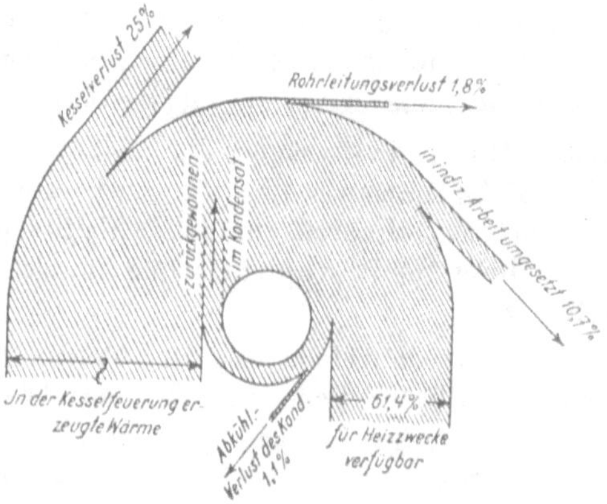

Fig. 311.
Wärmeverteilung einer Heißdampf-Einzylinder-Auspuffdampfmaschine mit Abdampfverwertung.

triebskosten. Während man unter Abwärme die in technischen Wärmebetrieben am Ende des Umsetzungsvorganges übrigbleibende, ungenutzt abgehende Wärmemenge, im Gegensatze zu der im Verlaufe dieses Vorganges durch Abkühlung usw. verlorenen Wärme versteht, könnten wir mit Abfallwärme jene Wärmemengen bezeichnen, die bei irgendeinem technischen Vorgang anderer Art, z. B. bei der Arbeitsgewinnung, sozusagen als Nebenerzeugnis abfallen. Doch sind beide Begriffe im Sprachgebrauch etwas flüssig und auch technisch nicht streng zu scheiden. Berücksichtigt man, daß der thermische Wirkungsgrad einer Dampfkraftmaschine theoretisch noch nicht 20% erreichen kann, und daß im laufenden Betriebe bisher kaum 13% erzielt wurden, so sind alle Versuche zu begrüßen, die darauf ausgehen, auf andere Weise, nämlich durch Ausnutzung eines möglichst großen Temperaturgefälles, eine bessere Wärmenutzung herbeizuführen. Die Anwendung der Verdichtungsanlagen mit hoher Luftleere, die Verwendung hoher Dampfspannungen und Überhitzungsgrade hatten bereits das ihrige geleistet. Zu erwähnen sind nach dieser Richtung noch die Rateauschen Abdampfturbinen und die durch Josse betriebsfähig gestaltete Behrendsche Mehrstoffdampfmaschine. Eine wirklich durchgreifende Verbesserung der Wärmeausnutzung beim Dampfkraftmaschinenbetrieb läßt sich aber nur durch die Angliederung von Heizungsanlagen dadurch erreichen, daß das untere, zur Arbeitsleistung wirtschaftlich nicht mehr ausnutzbare Temperaturgefälle des Dampfes zur Wärmeausnutzung herangezogen wird. Bei voller Ausnutzung des Abdampfes können auf diese Weise mehr als 80% von der gesamten der Dampfkraftmaschine zugeführten Wärme, also etwa 60% der aufgewendeten Kohlenmenge eingespart werden. Die Erklärung hierfür ist eben in der durch die Natur des Dampfes gegebenen Tatsache zu suchen, daß zwar fast das gesamte Druckgefälle vom Anfangsdruck des Dampfes bis nahe an die Luftleere sich zur Leistung mechanischer Arbeit durch die Maschine benutzen läßt, daß aber bei diesem Vorgang von der im zugeführten Dampfe enthaltenen Wärme nur etwa 13% zur Arbeitsgewinnung nutzbar gemacht werden, während unter Abzug von Umsetzungsverlusten noch etwa 60 % der Brennstoffwärme im Abdampfe zur weiteren Wärmeübertragung zur Verfügung bleiben.

Die Grundlage derartiger Betrachtungen hat die aus den Messungen aufzustellende sog. Wärmebilanz abzugeben. Beispielsweise hat Barth[1]) an einer Einzylinder-Auspuffmaschine von 200 PSi, die mit überhitztem Dampfe von 300° C bei

[1]) Barth: Dampfmaschine oder Elektromotor? Verlag R. Oldenbourg, München 1915.

10 Atm. Überdruck und 0,1 Atm. Auspuffdruck einen stündlichen Dampfverbrauch von 7,5 kg/PSi aufwies, folgende Wärmebilanz aufgemacht, deren Ergebnisse in Fig. 311 zeichnerisch dargestellt sind:

Kesselverlust	25,0% =	327 900 WE/Std.
Rohrleitungsverlust	1,8% =	24 000 »
in indizierte Arbeit umgesetzt	10,7% =	140 000 »
für Heizzwecke verfügbar im Auspuffdampf	61,4% =	804 700 »
Abkühlungsverlust des Niederschlagwassers der Heizung	1,1% =	15 000 »
Summe	100,0 %	1311600 WE/Std.

im Brennstoff aufzuwendende Wärme.

Da die der Maschine im Frischdampfe zugeführte Wärmemenge 959700 WE. betrug, so berechnet sich die aus dem Auspuffdampf zurückzugewinnende Wärmemenge zu $\frac{804\,700}{959\,700} = \backsim 84\%$ der Frischdampfwärme.

In dem letzten Jahrzehnt haben wir, dem Vorbilde der nordamerikanischen Maschinen- und Heizungsbaumeister folgend, hervorragende, wirtschaftlich günstig arbeitende Heizungsanlagen geschaffen, in denen die Abdampfverwertung zu Heizzwecken in vorbildlicher Weise durchgeführt worden ist. Gleichzeitig wurde von der neueren Zeit mit ihrer besseren Kenntnis des Arbeitsvorganges in der Maschine die Aufgabe gelöst, die durch Anschluß der Heizung an Kraftbetriebe zu erwartende Wirtschaftlichkeit der Wärmeanlagen gesetzmäßig zu begründen. Eberle[1]), Biegeleisen[2]), Urbahn[3]),

[1]) Eberle: Verschiedene Aufsätze in d. Zeitschr. d. Bayer. Rev.-Vereines, München 1902—1908.

[2]) Biegeleisen: Die Abdampfheizung mit Berucksichtigung der Wirtschaftlichkeit des Dampfmaschinenbetriebes. Sonderabdruck aus dem Gesundheits-Ingenieur. Verlag R. Oldenbourg, Munchen 1906.

[3]) Urbahn: Ermittelung der billigsten Betriebskraft fur Fabriken. Verlag Springer, Berlin 1907.

Deinlein[1]), Josse[2]), Reutlinger[3]), Schneider[4]) und andere haben dieses Gebiet versuchsmäßig und wissenschaftlich bearbeitet.

Stehen für den Entwurf eines Maschinenbetriebes mehrere Kraftanlagen zur Wahl und ist vorauszusehen, daß der gesamte Abdampf einer Dampfmaschine zu irgendwelchen Heizzwecken Ausnutzung finden kann, so ist auch stets im Betriebe die Dampfmaschine die billigste Kraftanlage. Bei einem Kraftbedarfe von 320 PSe und bei voller Abdampfverwertung von 2000000 WE/Std. gibt Josse folgende Vergleichszahlen des Brennstoffverbrauches für Kraft und Heizung zusammengenommen (Vorkriegspreise):

bei Dampfbetrieb . . . . 12,28 M.
» Sauggas (Heizgas durch besondere Kessel) 17,30 »
» Dieselmotoren (desgl.) . . . . 16,85 »

Trotz der großen Wirtschaftlichkeit der Sauggas- und Dieselmaschinen bezüglich der Arbeitsleistung stehen also diese Kraftanlagen bezüglich ihrer Gesamtausnutzung doch erheblich hinter der Dampfmaschine zurück, wenn ein entsprechender Bedarf an Wärme für Heizungszwecke vorhanden ist.

Im Sommer entfällt allerdings die Raumheizung, und es wird von der Leichtigkeit der Beschaffung des Kühlwassers und seines Preises abhängen, ob die Dampfmaschine während der heißen Jahreszeit als Kondensationsmaschine zu betreiben ist. Eine besondere Rechnung muß dann im Einzelfalle dartun, ob die Kosten der Unterhaltung sowie die Verzinsung und Tilgung der Anlagekosten der Verdichteranlage im Verein mit dem verminderten Dampfverbrauche die Anlage einer Kondensation, gegebenen Falles mit Kühlturm unter Rückkühlung, rechtfertigen, oder ob im Sommer Auspuffbetrieb vorzuziehen ist.

---

[1]) Deinlein: Dampfmaschinen und Heizungsanlagen. Zeitschrift d. Bayer. Rev.-Vereines, München 1908, Nr. 2—5.

[2]) Josse: Neuere Kraftanlagen. Verlag R. Oldenbourg, München 1911, 2. Auflage.

[3]) Reutlinger: Zwischendampfverwertung in Entwicklung, Theorie und Wirtschaftlichkeit. Verlag Julius Springer, Berlin 1911.

[4]) Schneider: Über die Verwertung des Zwischendampfes und Abdampfes der Dampfmaschinen zu Heizzwecken. Verlag Julius Springer, Berlin 1913.

Urbahn hat berechnet, daß gegenüber anderen Wärmekraftmaschinen die Dampfmaschine unter mittleren Verhältnissen auch dann noch die wirtschaftlich vorteilhaftere Anlage bildet, wenn auch nur an 130 Heiztagen wenigstens $^1/_3$ der gesamten Abdampfmenge zu Heizungszwecken nutzbar gemacht werden kann. Daraus geht schon ohne weiteres hervor, daß in Betrieben, die auch im Sommer nur einen kleinen Teil des Abdampfes für Bade-, Wasch-, Koch-, Trocken-, Desinfektionsanlagen oder dgl. gebrauchen, stets die Dampfmaschine bzw. Dampfturbine als Kraftanlage die größte Brennstoffersparnis gewährleistet. Hierher gehören u. a. Brauereien, Färbereien, Trockenanstalten, Ziegeleien, Papierfabriken, vor allem aber Badeanstalten und auch Krankenhäuser.

Bei einem Teile dieser Betriebe wird auch Dampf von etwas höherer Spannung gebraucht, als sie der Auspuffbetrieb liefert. Für diesen Fall kann sich also beispielsweise selbst bei geringem Kraftbedarfe die Aufstellung einer Zweizylindermaschine als wirtschaftlich erweisen, wobei dann der Dampf aus dem Aufnehmer entnommen wird, nachdem er im Hochdruckzylinder nützliche Arbeit geleistet hat. Ohne diese Überlegung wäre die Anlage einer Einzylindermaschine erfolgt, und der Heizdampf hätte aus dem Kessel unmittelbar als Frischdampf entnommen werden müssen: der Betrieb wäre entsprechend unwirtschaftlicher ausgefallen, denn die Dampfmaschine muß nach dem Gesagten als ein besserer Dampfdruckminderer angesprochen werden, als es irgendeine andere Bauart zu sein vermöchte. Statt einer Zweizylinderdampfmaschine kann mit Vorteil die Einstromdampfmaschine von Stumpf gewählt werden, die sich besonders zur Entnahme von Anzapfdampf zur Heizung eignet.

In dem dritten Falle, wo bedeutend mehr Dampf in der betreffenden Anlage zur Heizung gebraucht wird, als die Betriebsdampfmaschine zu liefern vermag, sollte man auch dann erst zur Frischdampfentnahme schreiten, wenn alle anderen Möglichkeiten erschöpft sind. Zu erwägen ist jedenfalls die Lichterzeugung auf elektrischem Wege unter Verwendung des Abdampfes, z. B. in Badeanstalten, Krankenhäusern usw., und dabei die Lieferung der überschüssig gewonnenen Elektrizität in das allgemeine Netz.

Bezüglich der besonderen Wirtschaftlichkeit der Abdampfheizung ist zu beachten, daß natürlich jene Anordnung den größten Wirkungsgrad der Gesamtanlage gewährleistet, bei der das Spannungs- und Temperaturgefälle am größten ist und gleichzeitig am weitesten ausgenutzt wird: in den oberen Temperatur- und Druckstufen zur Arbeitsleistung, in den unteren zur Heizung. Die Unterdruckabdampfheizung wird deshalb rein dampftechnisch höher zu bewerten sein als die gewöhnliche Niederdruck-Auspuffheizung. Denn die erstere arbeitet, wie wir im Abschnitt 35 sahen, mit einer teilweisen Luftleere und ersetzt also gleichzeitig wenigstens zum Teile die Verdichteranlage, bzw. sie kann zwischen die letztere und die Maschine eingeschaltet werden. Die Auspuffheizung dagegen kann bei mangelhafter Bemessung der Anschlußleitungen einen Gegendruck auf den Kolben der Dampfmaschine hervorrufen und zu erheblichen Arbeitsverlusten führen. Bei normaler Ausführung wird aber der Gegendruck nicht mehr als bei gewöhnlichem Auspuffbetrieb, d. h. 0,1 bis 0,12 Atm. Überdruck betragen. Ob nun bei der Ausführung für die anzuschließende Heizung Niederdruck oder Unterdruck zu wählen ist, das kann immer nur von Fall zu Fall nach den besonderen vorliegenden Verhältnissen entschieden werden, wobei die Bedienung und die Art des Heizbetriebes entsprechend zu berücksichtigen sind. Dabei ist noch besonders zu bemerken, daß die Unterdruckheizung durchaus nicht als ausgedehnte Raumheizung ausgeführt zu werden braucht. Sie kann vielmehr in der Weise angelegt werden, daß die Abfallwärme zwischen Dampfmaschine und Verdichter in einem Röhrenkessel an das Heizwasser übertragen wird, das dann mittels einer Pumpe durch die Heizung in Umlauf versetzt wird. An den Röhrenkessel schließt sich der eigentliche Verdichter mit der Luftpumpe an, der den etwaigen, für die Heizung nicht verwendbaren Rest des Abdampfes völlig niederschlägt.

Bei dem Wettbewerb zwischen der Kolbendampfmaschine und der Dampfturbine fragt es sich, welche von beiden zur Abdampfausnutzung geeigneter ist. Die Dampfturbine ist sehr empfindlich gegen die Heraufsetzung der Luftleere, d. h. erhöhten Gegendruck, wobei ihr Dampfverbrauch unverhältnismäßig ansteigt, während sich die Dampfmaschine hiergegen unempfindlicher verhält. Der Grund hierfür liegt darin, daß die Dampfmaschine einen höheren Wirkungsgrad im Hochdruckgebiet besitzt, während die Dampfturbine in den Niederdruckstufen wirtschaftlicher, d. h. mit geringerem Dampfverbrauch als die Dampfmaschine arbeitet.

Besonderer Erwägung bedarf noch die Frage, ob bei der elektrischen Lichterzeugung der Kraft- und Heizungsbedarf zeitlich zusammenfallen oder nicht. Wenn dies nicht der Fall ist, dann können in günstigen Fällen Wärmespeicher in Frage kommen, die in Form von großen Wasserbehältern die Abwärme aufspeichern und sie nach einigen Stunden, dem Heizbedarfe entsprechend, in eine Wasserheizung abgeben. Vielfach liegen allerdings die Benutzungszeiten so sehr verschieden, daß eine Dampfkraftanlage nicht in Frage kommen kann.

Alle diese Überlegungen schließen natürlich auch die Verwendung des elektrischen Stromes als Kraftquelle keineswegs aus. Es müssen eben in jedem Einzelfalle die Erfordernisse genau geprüft und eine Wirtschaftlichkeitsberechnung aufgemacht werden. Die letzere kann unter Umständen sogar eine Elektrizitätsanlage als wirtschaftliche Notwendigkeit erweisen.

b) Einrichtung der Abdampfheizungen.

Für die voraufgeführten Fälle kann das folgende Schema zur Erläuterung der Ausführungsmöglichkeiten dienen[1]). Die Abänderung der Fig. 312 für jeden besonderen Fall wird unter Berücksichtigung der gegebenen Erfordernisse nicht schwierig sein.

Der in Fig. 312 dem Hochdruckdampfkessel entnommene Frischdampf wird zunächst zu einem Hochdruckdampfverteiler geführt, von dem eine gemeinsame Betriebsdampfleitung mit Abzweigen zur Dampfmaschine, zur Speisepumpe und zur Luftpumpe einer Unterdruckdampfheizung führt. Der Abdampf dieser Pumpe wird ebenfalls in einer gemeinschaftlichen Abdampfleitung gesammelt, die dicht bei der Dampfmaschine einen Ölabscheider einschließt.

---

[1]) Vgl. auch Ohmes: Einiges über Dampfkraftanlagen, Abdampfheizungen usw. in den Vereinigten Staaten von Nordamerika. Gesundh.-Ing. 1906, Nr. 22. — Gramberg: Über Druckwasserheizung. Gesundh.-Ing. 1908, Nr. 52. und 1909, Nr. 1. — Ders.: Heizung und Lüftung von Gebäuden. Verlag Springer. Berlin 1909.

Die Trennung des Öles vom Dampf ist einerseits notwendig, weil durch abgesetztes Öl die Wirkung der Heizflächen vermindert und durch in den Kessel rückgespeistes ölhaltiges Niederschlagwasser die Kesselsteinbildung begünstigt wird; ander-

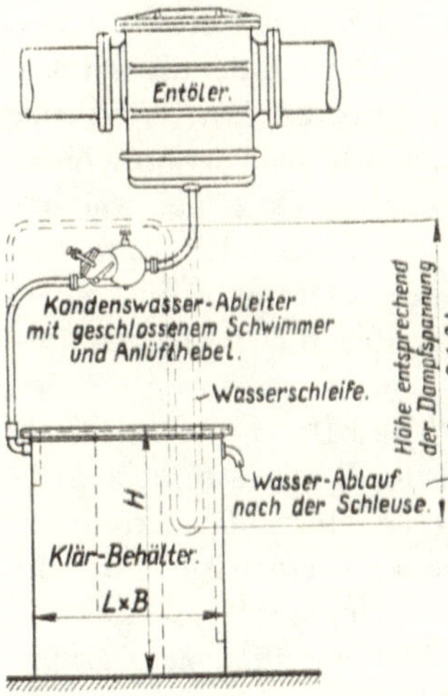

Fig. 313 a.
Abdampf-Entölungs-Anlage fur Auspuffmaschinen. (E. Kluge in Leipzig.)

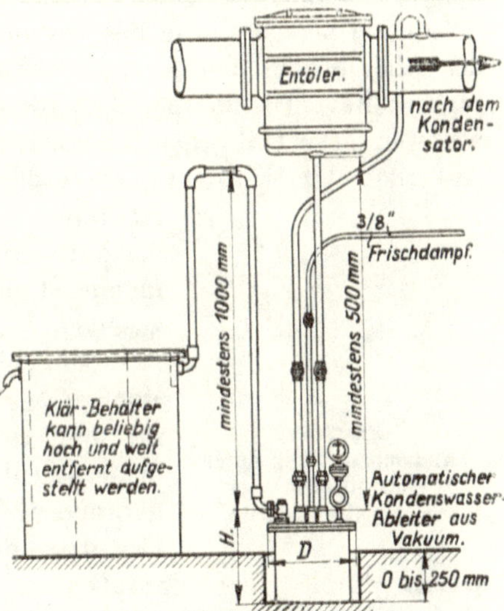

Fig. 313 b.
Abdampf-Entölungs-Anlage fur Kondensations-Maschinen. (E. Kluge in Leipzig.)

seits ist die gute Abscheidung des Öles aus dem Dampfe mit erheblichen praktischen Schwierigkeiten verbunden, und ein unbedingt ölfreier Dampf wird mit den bisherigen Hilfsmitteln nicht erzielt. Das abgeschiedene Öl fließt aus einem Zwischengefäß ab, wird aufgefangen, gereinigt und dann wieder zur Schmierung verwendet. Die Abbildungen 313a nnd b zeigen Abdampfentölungsanlagen nach E. Kluge G. m. b. H. in Leipzig. Die innere Einrichtung eines solchen Entölers mit senkrecht stehenden Winkelflächen, an denen der quer durchströmende Dampf seinen Ölgehalt absetzt, ist in Fig. 313c veranschaulicht. Das Öl fließt in den Eckrinnen *R R* nach unten aus dem Apparat ab. Je größer die Menge des stündlich durchströmenden Dampfes, je höher die Temperatur des Frischdampfes und je niedriger die Spannung des zu entölenden Abdampfes ist, desto größer muß der Entöler gewählt werden.

Von dem Ölabscheider gelangt der Dampf in ein Umschaltventil und kann nun je nach der Stellung des Handrades in den Verdichter oder in die Abdampfheizung gelassen werden. Am Anfange der letzteren ist ein Abdampfregler eingebaut, dessen Aufgabe es ist, den Abdampf selbsttätig so zu steuern, daß bei etwaiger Überschreitung des Gegendruckes von der Heizung her der Abdampf in den Auspuff abblasen kann. Ein aufgesetztes Sicherheitsventil, das bei 0,12 bis 0,15 Atm. abbläst, dient zur weiteren Sicherheit gegen Rückdruck auf den Kolben der Maschine. Außerdem ist es ratsam, ein größeres Ausgleichsgefäß, wie die Abbildung zeigt, einzuschalten, um die Auspuffstöße der Maschine in einen möglichst gleichmäßigen Dampfstrom umzusetzen.

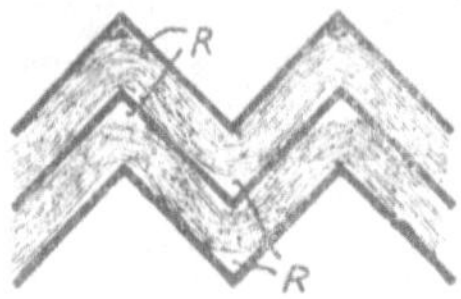

Fig. 313 c. Abdampfentölung durch Winkelflächen nach E. Kluge, Leipzig

Nun gelangt der Dampf weiter durch einen Gegenstrom-Warmwasserheizapparat und, falls er noch nicht vollkommen niedergeschlagen ist, in einen Niederdruckdampfverteiler. Jedenfalls fließt das im Gegenstromapparat entstandene Dampfwasser durch einen Dampfwassertopf zum gemeinsamen, tiefliegenden Niederschlagswasserbehälter ab.

Alle Dampfverteiler, die Enden der einzelnen Dampfleitungen usw. sind natürlich durch besondere Dampfwassertöpfe entwässert und geben das Dampfwasser je nach Umständen in getrennte oder gemeinsame Entwässerungsleitungen, die es zum Sammelgefäße zurückbringen. Ebenso wird alles von der Heizung zurückkehrende Dampfwasser durch besondere Rückleitungen und Töpfe in das Wassersammelgefäß zurückgeleitet.

Vom Hochdruckventilstock zweigt ferner eine Dampfleitung ab, die doppelt in den Niederdruckverteiler einmündet, und zwar einmal durch ein Druckminderventil, das auf denselben Druck eingestellt wird, den der Abdampf anzeigt, und das andere Mal über ein Zumischventil, das gestattet, den Hochdruckdampf im Bedarfsfalle strahlartig unmittelbar in die Niederdruckleitung einzublasen. Zur Überwachung der Spannungen sind Druckmesser an den Dampfverteilern unentbehrlich. Von den beiden Verteilern zweigt ferner je eine Dampfleitung für den Wirtschaftsbetrieb zum Kochen, Trocknen,

Sterilisieren usw. ab. Eine Niederdruckleitung führt mehrfach verteilt zu den Heizkörpern der Unterdruckheizung, aus denen das Dampfwasser durch eine daneben verlegte Rückleitung von der Luftpumpe unter Zwischenschaltung eines Dampfstauers abgesaugt und in den gemeinsamen Wasserbehälter zurückbefördert wird.

Die zweite im Schema Fig. 312 vorgesehene Heizungsart ist eine durch Kreiselpumpe betriebene Pumpenwarmwasserheizung, von der nur die Zu- und Rückleitung angedeutet sind. Die Pumpe drückt das von der Heizung zurückkommende Wasser durch den Gegenstromapparat und auch, nach Umschaltung der betreffenden Dampfventile und Wasserschieber, durch einen Wärmespeicher, das ist ein Wassergefäß mit entsprechend großem Wasserinhalt. Wenn nämlich vorübergehend in den Nachtstunden kein Bedarf an Heizdampf vorhanden ist, so kann der Abdampf entweder durch das hinter dem Ölabscheider sitzende Umschaltventil in den Verdichter geleitet, oder aber je nach Umständen zum Laden des Wärmespeichers verwendet werden. In letzterem Falle wird dann der Wasserrücklauf durch Öffnen des in der Verbindungsleitung sitzenden Schiebers kurzgeschlossen. Ist dies geschehen, so drückt die Pumpe während der Übergangszeit ohne Heizbedarf das Wasser nicht mehr durch die Heizkörper, sondern durch die kurzgeschlossene Umlaufleitung, so daß der Kreislauf: Pumpe—Gegenstromapparat—Speicher—Verbindungsleitung—Pumpe entsteht. Tritt dann nach einigen Stunden des Morgens der Bedarf an Heizung wieder ein, so wird die Umlaufleitung umgeschaltet und das Wasser des Wärmespeichers so lange durch die Warmwasserheizkörper gepumpt, bis eine entsprechende Abkühlung des Speicherwassers sich einstellt. Während dieser Zeit kann nämlich der Abdampf wieder durch ein hinter dem Ausgleichgefäß eingebautes Umschaltventil unter Umgehung des Gegenstromapparates in den Ventilstock geschickt werden, der seinerseits den in den Morgenstunden auftretenden Mehrbedarf an Wirtschaftsdampf zu decken hat, oder er wird unter gleichzeitiger Nebenschaltung des Gegenstromapparates zur Warmwasserheizung mitbenutzt, bis nach entsprechender Entladung des Wärmespeichers dessen Verwendung überflüssig wird. Nun wird der normale Heizbetrieb wiederhergestellt, d. h. der Wärmespeicher wird ausgeschaltet und der

Gegenstromapparat in den Dampf- und Wasserkreislauf wieder voll eingeschaltet.

Wird der Betrieb in der beschriebenen oder in ähnlicher Weise, je nach den Umständen, gehandhabt, so kann Abdampf nur dann verloren gehen, wenn er im Überschuß vorhanden ist, wenn sich also der Rückdruck erhöht und infolgedessen der Abdampfregler den Dampf in den Auspuff entweichen läßt. Auch der sich im Niederschlagswasserbehälter aus dem heißen Rücklaufwasser bildende Wrasen wird oft nicht unmittelbar ins Freie gelassen, sondern seinerseits durch eine Kupferschlange in einen Wasserkessel, den sog. Wrasenverdichter, geschickt, wo er niedergeschlagen wird und durch eine Wasserschleife zum Wasserbehälter zurückfließt.

Zu bemerken ist noch, daß die zahlreichen kleinen Entwässerungsleitungen von den Dampfrohren, der Dampfmaschine, den Pumpen usf., um die Übersichtlichkeit nicht zu stören, in die Fig. 312 nicht eingetragen sind. Diese Leitungen müssen natürlich alle in den gemeinsamen Wassersammelbehälter münden.

Zur Bedienung und Regelung einer solchen Abdampfheizung gehört Umsicht, die sich der Maschinenführer aber bald aneignet, sofern ihm die nötigen Meßgeräte an den einzelnen Apparaten zur Anzeige der wechselnden Betriebsverhältnisse zur Verfugung stehen. Der Abdampf selbst wird nicht immer in gleicher Menge vorhanden sein, sondern richtet sich nach der wechselnden Belastung der Dampfmaschine. Tritt zeitweiliger Mangel an Abdampf ein, so sorgt das Druckminderungsventil für Ersatz aus dem Kessel. Übrigens sind als Minderungsventile bei Abdampfheizungen nicht die gewöhnlichen, sondern empfindliche Flüssigkeitsdruckminderer (etwa nach Fig. 289, 290) anzuwenden, die den eingestellten Minderdruck auch bei starken Änderungen der Dampfentnahme unveränderlich halten. Andernfalls kommen leicht Störungen vor.

Wird eine Unterdruckdampfheizung als Ersatz des Maschinenverdichters eingebaut und demgemäß notwendig mit hoher Luftleere betrieben, so kann durch Veränderung der letzteren eine allgemeine Regelung der Heizung vorgenommen werden. Mit einer Verkleinerung der Luftleere ist zwar ein größerer Dampfverbrauch der Dampfmaschine verknüpft, jedoch ist der Unterschied nicht so erheblich, daß er wirtschaftlich von Bedeutung wäre. Bemerkbar ist die damit verbundene Minderleistung der Maschine, weshalb es sich empfiehlt, die Maschine mit Rücksicht auf diesen Umstand von vornherein entsprechend größer zu bauen.

Die Entfernung, auf die eine Abdampfheizung ausgedehnt werden darf, ist bei Abdampfwarmwasser-Pumpenheizung unbegrenzt innerhalb der vorkommenden Möglichkeiten: eine solche Heizung kann auf mehrere 1000 Meter ausgedehnt werden und erhält dadurch den Charakter einer Fernheizung. Niederdruck- oder Unterdruckabdampfheizung wird man kaum über 500 bis 1000 m ausführen. Die Grenze wird sich durch eine Rechnung bezüglich des Wärme- und Spannungsverlustes in der Rohrleitung leicht feststellen lassen.

c) Ausnutzung des Turbinenabdampfes.

Bei Dampfturbinen liegen die Verhältnisse insofern etwas anders als bei Dampfmaschinen, als die Leistung und der geringe Dampfverbrauch von Dampfturbinen wesentlich an eine hohe Luftleere gebunden sind. Wird diese herabgesetzt, so entsteht sofort eine erhebliche Verminderung der Leistung und eine Vermehrung des Dampfverbrauches, der bis auf das Doppelte und Mehrfache des Verbrauches gleich großer Dampfmaschinen ansteigen kann. Daraus folgt einerseits, daß sich eine Abdampfverwertung bei Dampfturbinen lohnt, wenn eine Unterdruckabdampfheizung mit großer Luftleere eingerichtet wird und auf eine Veränderung der letzteren verzichtet werden kann. In diesem Fall aber ist zu bedenken, daß z. B. die Erwärmung des Umlaufwassers für eine anzuschließende Warmwasserheizung noch nicht einmal auf jene Temperatur gebracht werden kann, die der Luftleere entspricht und aus Fig. 309 zu entnehmen ist. Eine Warmwasserheizung würde also in diesem Falle wegen der geringen Oberflächentemperaturen und großen Heizflächen sehr teuer werden, und eine unmittelbare Abdampf-Unterdruckheizung würde besser am Platze sein. Anderseits kann es sich bei großem Heizbedarfe lohnen, um die mehrfachen Vorteile der Dampfturbinen auszunutzen, den Dampf aus einer Zwischenstufe zu entnehmen oder sogar die Dampfturbine als Gegendruckturbine zu bauen, womit der eben erwähnte Nachteil fortfällt,

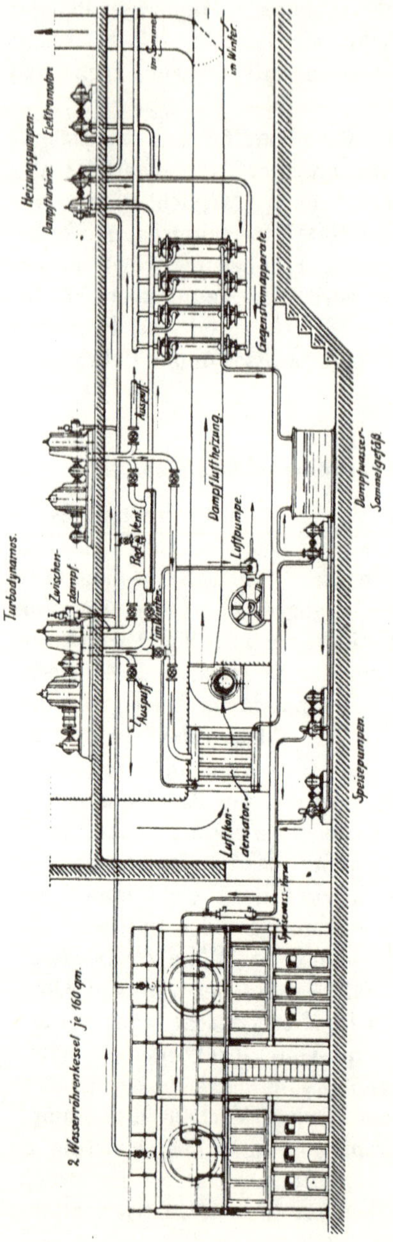

Fig. 314.
Schema eines Elektrizitäts- und Heizungswerkes mit Zwischendampf-, Abdampf- und Unterdruckdampfverwertung, ausgeführt von Rud. Otto Meyer im Klöpperhaus in Hamburg.

dafür aber hoher Dampfverbrauch eintritt.

Alsdann bietet die Dampfturbine gegenüber der Dampfmaschine die außerordentlich hoch einzuschätzende Annehmlichkeit, daß das Dampfwasser vollkommen ölfrei ist. Damit entfallen alle zeitraubenden und kostspieligen Reinigungen der Gegenstromapparate, da die Heizflächen dauernd sauber bleiben. Auch die örtlichen Heizkörper in den Räumen können nichts an Heizkraft einbüßen, wie es mit der Zeit bei ungenügend entöltem Abdampfe von Dampfmaschinen beobachtet wird. Die übrigen Vorteile der Dampfturbine gegenüber der Dampfmaschine aufzuzählen, ist hier nicht der Ort, da sie bekannt sein dürften.

Die Fig. 314 gibt als Schema ein im Klöpperhaus in Hamburg ausgeführtes Elektrizitäts- und Heizungswerk mit Zwischendampf-, Abdampf- und Unterdruckdampfverwertung. Der in zwei Wasserröhrenkesseln von je 160 qm Heizfläche erzeugte Hochdruckdampf speist zwei Turbodynamos von 210 bzw. 110 kW Leistung, ferner eine Dampfturbinenpumpe für den Betrieb einer Fernwarmwasserheizung, für die als Ersatz noch eine elektrisch betriebene Kreiselpumpe vorhanden ist. Außerdem geht der Hochdruckdampf noch durch ein Druckminderungsventil in einen Niederdruckventilstock, der auch den Abdampf der beiden Turbodynamos und der Heizungsturbopumpe sowie den Zwischendampf der größeren Turbodynamo aufnimmt. Der Niederdruckdampfventilstock versorgt nun einerseits vier Gegenstromwarmwasserapparate für die Fernwasserheizung mit Dampf, anderseits mittelbar einen Gebläselufttheizapparat, der als Verdichter für die Dampfturbinen dient und durch eine Luftpumpe unter regelbarer Luftleere gehalten wird. Sämtliches Niederschlagwasser fließt in einen Sammelbehälter zusammen, von wo es mittels zwei Kreiselspeisepumpen durch einen Vorwärmer in die Kessel zurückgespeist wird.

d) Verwertung der Abwärme von Verbrennungskraftmaschinen.

Gegenüber der so großen Wirtschaftlichkeit der Verwendung des Abdampfes bei Dampfmaschinen und Dampfturbinen tritt die Verwertung der Abfallwärme, die in den Verbrennungsgasen anderer Kraftmaschinen enthalten ist, sehr zurück. So kann man z. B. bei Sauggasmaschinen 350 bis 700 nutzbare Wärmeeinheiten auf 1 PS-Std. rechnen; das ist etwa der zehnte Teil der bei Dampfmaschinen zur Verfügung stehenden Wärme. Bei Dieselmaschinen fallen 400 bis höchstens 500 WE/PS-Std. an. In denjenigen Fällen, in denen also der Kraftbedarf gegenüber dem Heizungsaufwand ausschlaggebend ist, wird eine Verbrennungskraftmaschine mit ihrem an und für sich gegenüber der Dampfmaschine viel besseren thermischen Wirkungsgrad am Platze sein. Eine einfache Rechnung wird ergeben, ob sich der Wärmebedarf der vielleicht wenigen heizbaren Räumlichkeiten durch die Abwärme der Auspuffgase zur Dampferzeugung oder durch Benutzung des auf etwa 50 bis 80° C erwärmten Kühlwassers decken läßt oder nicht. Aus der ferneren Überlegung, ob Kraft- und Heizbedarf zeitlich zusammenfallen oder getrennt sind, ergibt sich dann die Entscheidung über die Notwendigkeit eines besonderen Heizkessels. Fällt aber die Wahl auf eine Verbrennungskraftmaschine, so ist natürlich auch die Verwertung von deren Abwärme auf jeden Fall nutzbringend.

Vielfach werden die Abgase von Gasmaschinen lediglich zum Leimkochen, zur Warmwasserbereitung, zum Trocknen oder ähnlichem benutzt.

37. Kraft- und Fernheizwerke.

a) Die Verbindung von Kraft-, Licht- und Heizwerken.

Bei den Fernheizungen wird die in einem gemeinsamen Kesselhaus erzeugte Wärme auf weite Entfernungen bis zu mehreren Kilometern geleitet und an eine große Anzahl von Gebäuden abgegeben. In wirtschaftlicher Weise läßt sich aber eine solche Unternehmung erst durchführen, wenn die Betriebe für Licht, Kraft und Heizung vereinigt und dadurch die Erzeugungs- und Betriebskosten herabgesetzt werden. Auch diesen großzügigen Gedanken haben zuerst die Amerikaner in die Tat umgesetzt. Die Heating and Lighting Company[1]) in Toledo im Staate Ohio liefert seit dem Jahre 1896 von einer Zentrale aus an 450 Häuser elektrisches Licht und beheizt von zwei Kraftheizungswerken aus 101 Häuser auf eine größte Entfernung von 2600 m und 98 Häuser auf 2520 m Länge mittels in Rohrleitungsnetzen verteilten warmen Wassers. Ein noch älteres Fernheizwerk ist die New York Steam Company[2]), die seit 1879 Dampf an Behörden und Private liefert und bereits im Jahre 1908 in zwei Werken insgesamt 28500 qm Kesselheizfläche besaß, von denen aus 500 bzw. 650 Gebäude Tag und Nacht mit Hochdruckdampf von etwa 5,5 Atm. Überdruck auf Entfernungen von rund 1000 m versorgt werden, in ähnlicher Weise wie bei den elektrischen, den Gas- und Wasserleitungsnetzen der Städte (vgl. Fig. 315). Dieser Dampf wird in den einzelnen Gebäuden außer zur Heizung

---

[1]) Anklam: Das Fernheiz- und Lichtwerk in Toledo. Ges.-Ing. 1901, Nr. 5.

[2]) Ohmes: Einiges über die New York Steam Company. Ges.-Ing. 1908, Nr. 17.

Ders.: Heizungs-, Lüftungs- und Dampfkraftanlagen in den Vereinigten Staaten von Amerika. Verlag R. Oldenbourg, München 1912.

auf das verschiedenste ausgenutzt, und zwar zur Erzeugung von elektrischer Energie, zum Betriebe von Aufzügen, Pumpen, zur Warmwasserbereitung, zu Wasch- und Kochzwecken usw. Die Abgabe des Dampfes zu Kraftzwecken macht das Werk besonders auch für den Sommer wirtschaftlich, wo die Heizung wegfällt. Im Winter dagegen kann der Dampf in den einzelnen Gebäuden zuerst in Dampfmaschinen arbeitsverrichtend ausgenutzt werden und steht alsdann in Form von Abdampf für die Heizung zur Ver-

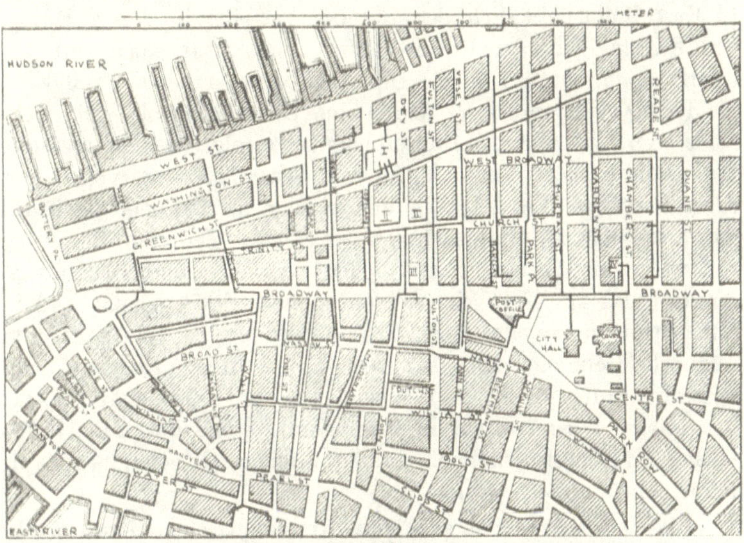

Fig. 315.
Dampfrohrnetz für Städteheizung in New-York.

fügung. Der Dampfverbrauch in den einzelnen angeschlossenen Häusern wird mittels Dampfmessers festgestellt, und je 1000 kg Dampf werden zu Monatspreisen bezahlt, die sich nach dem jeweiligen Gesamtverbrauche richten. Es wird berichtet, daß bei einem monatlichen Dampfverbrauche von 80000 kg Dampf die Kosten von je 1000 kg Dampf 5 M. und von je 100000 WE 0,75 M. betragen (im Jahre 1909). Somit ergibt sich für amerikanische Verhältnisse, daß der Bezug von Straßendampf etwas billiger ist, als sein Preis bei Erzeugung in eigenen Kesseln zu stehen käme.

Das erste große Unternehmen ähnlicher Art auf unserem Erdteil ist das von Temper geplante, im Jahre 1900 eröffnete

Staatl. Fernheiz- und Elektrizitätswerk zu Dresden[1]), dessen heiztechnischer Teil durch Rietschel und Henneberg unter der Leitung von Pfützner ausgeführt worden ist. (Vgl. Fig. 7). Auf Seite 26 wurde berichtet, daß im Jahre 1905 vom Betriebsgebäude aus auf eine größte Entfernung von 1040 m 11 Gebäude mit Heizungsdampf und 20 Gebäude mit elektrischem Strom für Kraft und Beleuchtung versorgt wurden, darunter die hauptsächlichsten Staats- und Prachtgebäude Dresdens. Die Gesamtkesselheizfläche von 2800 qm ist auf 14 Kessel einschließlich der Reserve verteilt, in denen Dampf von 8 Atm. Überdruck und 220° Temperatur, also mit 45° Überhitzung, erzeugt wird. Die Abgabepreise betrugen 0,80 M. für 100000 WE und 0,40 M. für eine Kilowattstunde. Die Kontrolle der gelieferten Dampfmengen erfolgt durch Messung des Dampfwassers mit Hilfe von Wassermessern von Gebr. Siemens (vgl. Fig. 211) in den einzelnen Häusern. Die Abfallwärme der Dampfmaschinen wird zum Teil zur Bereitung von warmem Wasser, zum Kochen, Waschen und Baden ausgenutzt, das im Fernheizwerk auf nahezu 100° geheizt und in Rohrleitungen an das Kgl. Schloß und einige staatliche und städtische Gebäude abgegeben wird[2]). Die Anlage für die Warmwasserbereitung reicht zum Anschlusse von 1000 Gebäuden aus. Das warme Wasser fließt in ständigem Strome durch die Rohrleitung und kann jederzeit durch einfaches Öffnen eines Zapfhahnes entnommen werden.

Diese erweiterte Anlage ist seit 1911 in Betrieb, und zwar nachdem die Firma Doerfel sie auf Unternehmerkosten gemäß einem im Jahre 1910 mit dem Sächsischen Finanzministerium auf 15 Jahre abgeschlossenen Vertrage zur Verwertung der Abfallwärme als Unterdruckfernwarmwasserheizung erbaut hatte. Es ist dies bei uns der erste Fall, daß ein Städteheizwerk — ebenso wie noch zahlreiche Gas- und Elektrizitätswerke — als Privatunter-

---

[1]) Pfützner: Fernheizwerke. Zeitschr. d. Ver. Deutsch. Ing. 1902, Nr. 1. — Rietschel: Fernheizungen. Zeitschr. d. Ver. Deutsch. Ing. 1902, Nr. 26; und Ges.-Ing. 1902, Nr. 15 und 16. — Trautmann: Über die Betriebsergebnisse des Kgl. Fernheiz- und Elektrizitätswerkes zu Dresden. Ges.-Ing. vom 2. Juni 1907.

[2]) Vgl. Zeitschrift »Gesundheit«, Leipzig, 15. März 1909.

nehmen betrieben wird[1]), das nach den vorliegenden Berichten als durchaus geglückt zu bezeichnen ist.

In den letzten Jahren sind weiter in Deutschland eine stattliche Zahl großer und größter Fernheizwerke entstanden oder in der Entstehung begriffen, zumeist für Krankenhausbauten[2]), teils als Dampf-, teils als Warmwasserfernheizungen. Die Fernheizung wird für einzelne Stadtteile oder Villenkolonien auch wohl als Distriktheizung, für zusammengehörige, einander naheliegende Gebäude als Blockheizung bezeichnet.

Die Vorteile der Fernheizung liegen in der durch die gegenseitige Ergänzung der wärme- und maschinentechnischen Anlagen und durch die Abfallwärmeausnutzung bedingten Wirtschaftlichkeit des vereinigten Kraft-, Licht- und Heizbetriebes, in der Verminderung der Rauch- und Rußplage, in vermehrter Reinlichkeit in den Haushaltungen und nicht zum wenigsten in der größeren Feuersicherheit der angeschlossenen Gebäude: z. B. wurde für ein an das Fernheizwerk in Dresden angeschlossenes Gebäude die Feuerversicherungsprämie von den Gesellschaften um 10% ermäßigt.

Die Frage, wann Fernheizung und wann einzelne Zentralheizungen in einem gegebenen Falle zur Ausführung kommen sollen, muß unter Berücksichtigung der Entfernungen und der ferngeleiteten Wärmemengen entschieden werden. Mit der Ausdehnung der Anlage wachsen naturgemäß die Wärmeverluste der Fernleitungen. Die Kosten für die Verluste und Leitungen sowie für die zur Aufnahme der letzteren herzustellenden Mauerkanäle werden aber anteilmäßig desto höher ausfallen, je kleiner die zu liefernden Wärmemengen und je größer die Entfernungen

---

[1]) Schulze: Verbindung von Kraft- und Heizbetrieben. Bericht über den IX. Kongreß für Heizung und Lüftung. Verlag R. Oldenbourg, München 1913.

[2]) Rietschel: Heizung und Lüftung in Krankenhäusern. Ges.-Ing. 1907, Nr. 23.

Dietz: Technische Energieversorgung der Krankenhäuser. Beitrag zum Handbuch für Bau, Einrichtung und Betrieb der Krankenhäuser, herausg. von Grober. Verlag Gust. Fischer, Jena 1911.

Ders.: Fortschritte in der technischen Versorgung von Krankenanstalten. Aus »Ergebnisse und Fortschritte des Krankenhauswesens«, herausg. v. Dietrich und Grober. Verlag Gust. Fischer, Jena 1912.

sind. Eine weitverzweigte Kleinhaussiedlung mit kleinen Einfamilienhäusern durch eine Fernheizung mit Wärme zu versorgen, dürfte demnach nur in Ausnahmefällen mit wirtschaftlichen Vorteilen verbunden sein. Dagegen führt Margolis[1]) an, daß nach durchgerechneten Entwurfen sich für Reihenbau die Anlagekosten bei der Gartenstadt Piesteritz mit Gruppen- oder Fernheizung billiger stellten als mit Einzelwasserheizungen. Je größer aber die zu liefernden Wärmemengen sind, desto weniger fallen die Wärmeverluste der Fernleitungen ins Gewicht gegenüber den inneren Verlusten der zentralen Anlage bei der Kesselfeuerung, der Wärmeumsetzung, dem Betriebe der Dampfpumpen usw.

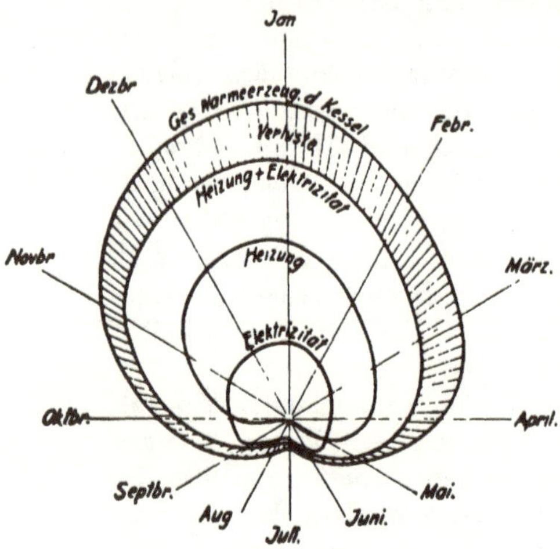

Fig. 316.
Jahreswärmeverteilung des Staatl Fernheiz- und Elektrizitätswerkes zu Dresden.

Das Schaubild Fig. 316 gibt eine Übersicht über die monatliche Verteilung der für Heizung und Elektrizität verbrauchten und der gesamten in den Kesseln erzeugten Wärmemengen beim Staatlichen Fernheiz- und Elektrizitätswerk Dresden. Der Unterschied beider Wärmemengen, im Diagramme die schraffierte Fläche, stellt den Verlust dar, der im vorliegenden Falle 10 bis 12% als Jahresmittel beträgt. Aus der Darstellung ist ferner zu ersehen, in wie günstiger Weise sich die Verbrauchszahlen für Wärme und Elektrizität in den einzelnen Monaten decken; beide erreichen ihren Höchstwert im Januar und ihren Niedrigstwert im Juli. Die Zahlen für den Höchstwert sind bestimmend für die Größe der Kesselheizfläche.

Für die einzelnen Tage dagegen pflegt das Gegenteil einzutreten: an den Vormittagen herrscht der größte Bedarf an Wärme, der kleinste an Licht.

[1]) Margolis: Über die Beheizung von Kleinhaussiedelungen. Bauwelt, Heft 19 vom 8. Mai 1919.

In den Fig. 317a und 317b sind der Wärme- und der Elektrizitätsbedarf einer größeren Krankenanstalt einander gegenübergestellt. Wir können aber annehmen, daß die Kurven auch für die Energielieferung eines Elektrizitätswerkes und für den Wärmebedarf städtischer Gebäude — natürlich mit den entsprechenden größeren oder kleineren Abänderungen von Fall zu Fall — ganz allgemein gelten. Beim Vergleich erkennt man folgendes: Der Bedarf an elektrischer Energie ist in der Nacht von 12 bis 5 Uhr am kleinsten, ebenso der Heizungsbedarf. Beide steigen dann mit dem Beginn des Tagewerkes, und zwar der Wärmebedarf

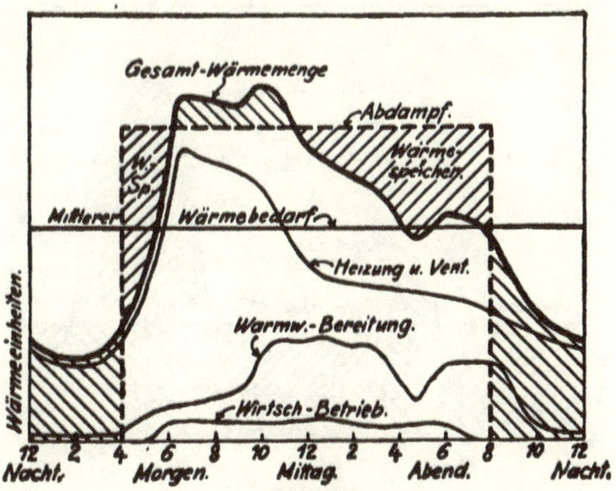

Fig. 317 a.
Wärmebedarfskurven und Abdampfverwertung mit Wärmespeicherung in einer Krankenanstalt.

gleich bis auf seinen täglichen Höchstwert von 6 bis 10 Uhr morgens. Der Elektrizitätsbedarf erreicht zuerst einen kleineren Höchstwert zwischen 6 und 9 Uhr, um dann gewöhnlich — je nach dem Bedarf an Kraftstrom in dem betreffenden Ort — mehr oder weniger abzufallen. Gegen Abend um 4 Uhr steigt aber der Elektrizitätsbedarf auf seinen zweiten (viel größeren) Höchstwert bis um etwa 10 Uhr abends, um dann wieder auf die Nachtkurve zu sinken. Der Wärmebedarf dagegen fällt von seinem Höchstwert um 10 Uhr früh unregelmäßig bis auf den Niedrigstwert in der Nacht. Wollte man nun beide Anlagen getrennt voneinander betreiben, so hätte man in jeder Anlage eine größere

Anzahl Kessel aufzustellen, so daß täglich jeweils mehr oder weniger Kessel, je nach der Kurve, an- und abgeheizt werden müßten, was schon erhebliche Bereitschafts- und Stillstandsverluste für beide Betriebe bedeuten würde. Um diese zu vermeiden, kann man im Elektrizitätswerk so verfahren, daß man entweder die Maschinen ganz gleichmäßig, nach der Figur etwa den ganzen Tag über von 4 bis 7 Uhr, laufen läßt, so daß der Inhalt des punktierten Rechteckes gleich dem rechtsschraffierten Inhalt des mittleren Energiebedarfes ist und der Überschuß zum Laden der Akkumulatoren dient, um die beiden Spitzen aus den letzteren

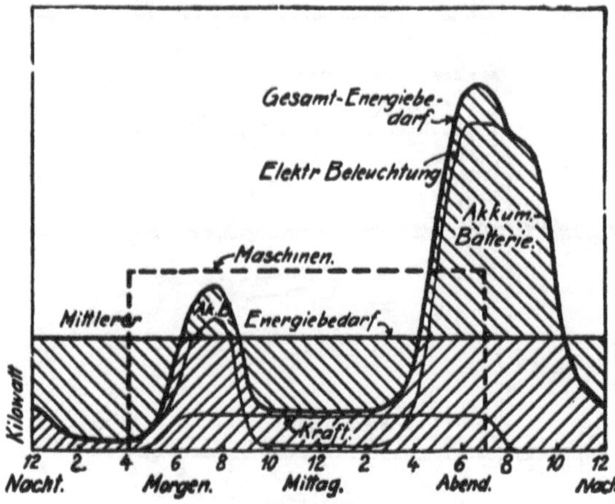

Fig. 317 b.
Elektrischer Energiebedarf einer Krankenanstalt.

zu decken; oder man läßt den kleineren Maschinensatz am Tage, den größeren am Abend laufen und drückt dadurch das verlustreiche Laden und Entladen der Akkumulatoren auf das geringste Maß herab. Bei der Heizanlage gilt ähnliches: Entweder Zu- und Abschalten verschiedener Kessel genau nach der Wärmebedarfskurve oder aber gleichmäßiger Kesselbetrieb nach dem punktierten Rechteck, das inhaltsgleich der Fläche unter der starkgezogenen Kurve ist, wobei die überschüssig erzeugten Wärmemengen jeweils vorübergehend in Wärmespeichern unterzubringen sind. Aus dem Vergleich der beiden Fig. 317a und 317b sehen wir, daß die eingezeichneten Betriebszeiten der Kessel bzw. Dampfmaschinen annähernd zusammenfallen. Es liegt also der Gedanke

Fig. 318.
Warmwasserkessel, zugleich als Wärmespeicher für die Fernwarmwasserheizung und Warmwasserversorgung im Krankenhaus München-Schwabing, ausgeführt von Joh. Haag, Augsburg.

nahe, die Kesselanlage nur einmal, entweder im Elektrizitätswerk oder in der Heizanlage, aufzustellen und den Wärmebedarf durch Abdampf zu decken, wenn die Entfernung zwischen beiden Orten dies zuläßt, die nach dem heutigen Stande der Technik nur ausnahmsweise mehr als etwa 2 bis 4 km betragen dürfte. Meistens wird aber der Betrieb auf beiden Seiten nicht ohne weiteres zeitlich zusammenfallen: dann müßte eben auf der einen oder der anderen Seite gespeichert werden.

Die Wärmespeicher haben also den Zweck, überschüssig entwickelte Wärmemengen aufzunehmen und sie während der Bedarfszeiten entsprechend an die Heizung abzugeben. Man hat Wärmespeicher für Niederdruckdampf nach der Rateauschen Art oder auch in Gestalt von Schwimmglocken nach dem Vorbild der Gasbehälter, beide kommen aber im allgemeinen für Heizzwecke nicht häufig zur Anwendung. Dagegen besteht das gebräuchliche Mittel darin, große Wasserbehälter durch eingelegte Schlangen entweder unmittelbar durch den Abdampf zu heizen oder aber den letzteren in kleineren Wärmeaustauschapparaten oder Verdichtern niederzuschlagen und dann erst das in diesen erwärmte Wasser in die großen Wärmespeicher zu schicken. Auf der Fig. 318 sind fünf solche Speicher von zusammen 100 cbm Inhalt abgebildet, wie sie im Krankenhaus München-Schwabing nach dem Entwurf von Hauser zur Aufstellung gekommen sind. Die frühere Fig. 268 zeigt auf der Gegenseite die im gleichen Raume aufgestellten zwei Paar zugehörigen Umwälzpumpen.

Die oben angestellten Erwägungen führten im Laufe der letzten Jahre immer mehr und mehr dazu, sowohl Neuanlagen von Elektrizitätswerken mit in der Nähe neu erbauten Krankenanstalten und Verwaltungsgebäuden wärmetechnisch derart zu vereinigen, daß die Abfallwärme des Elektrizitätswerkes zur Beheizung und Warmwasserversorgung von Nachbarbauten oder ganzen Anstalten ferngeleitet wurde, als auch bereits vorhandene Elektrizitätswerke und nahe gelegene Anstalten mit Wärmebedarf, die bis dahin mit getrennten Anlagen versehen waren, eigens zum Zwecke der Kohlenersparnis durch Fernheizleitungen zu kuppeln.

Was dies letztere bedeutet, erhellt daraus, daß beispielsweise eine einzige große Krankenanstalt nach den heutigen Preisen einen jährlichen Kohlenhaushalt von einer Million Mark und darüber haben kann, eine Summe, die durch geschickte Vereinigung mit einem nicht zu weit entfernt liegenden Kraftwerk fast ganz erspart werden kann. Für das Königreich Sachsen hat A. Schulze auf Grund des Statistischen Jahrbuches ausgerechnet, daß durch die greifbare Abwärmeausnutzung allein seiner im Jahre 1910 vorhandenen ortsfesten Dampfmaschinen jährlich für 11,5 Millionen Mark Kohle zu sparen wären, was einem heutigen Preise von rund 60 Millionen Mark entspricht. Für die Stadt Berlin könnten durch Kuppelung staatlicher, städtischer und privater Kraftwerke und Wärmebetriebe schätzungsweise jährlich für 20 Millionen Mark an Kohlen gespart werden. Für das ganze Deutsche Reich dürfte die Möglichkeit einer jährlichen Einsparung von 1 bis 2 Milliarden Mark Kohle durch sorgsame Ausnutzung aller greifbaren Abwärmemengen kaum zu hoch geschätzt sein; es entspricht diese Zahl, die Tonne Kohlen zu 100 M. gerechnet, einer jährlichen Kohlenmenge von 10 bis 20000000 t. Dazu sind natürlich — besonders für den Umbau bereits bestehender Werke — einmalige Anlagekosten in Höhe des mehrfachen Betrages der jährlichen Ersparnisse aufzuwenden. Diese Kosten würden aber in obigem Sinne als werbende Werte angelegt sein, da sie im Laufe von wenigen Jahren vollständig herausgewirtschaftet sein würden und von da ab laufende jährliche Überschüsse einbringen könnten, während die jährlichen Kohlenersparnisse vom Augenblick der Inbetriebsetzung an voll zu erzielen wären.

Der hier skizzierte Weg ist für die meisten Fälle und für die kommenden Jahrzehnte dort der einzig gangbare, um in großzügiger Weise eine einträgliche Wärmewirtschaft zu treiben, wo die Umstellung der jetzigen Kohlenwirtschaft auf Vergasung noch nicht so schnell durchführbar ist, und wo alle anderen Betriebsersparnisse feuerungstechnischer Art — wie Verbesserung der Kesselanlagen und der Verbrennung und bessere Betriebsüberwachung derselben —, so erwünscht sie an sich sind, nicht entfernt die Ersparnisse erreichen können, die durch die Einführung einer grundsätzlich richtigen Verwaltung und Betriebsführung, nämlich durch wärmetechnische Vereinigung der Kraft- und Heizwerke[1]), erzielbar sind. Um hier nur einen ungefähren Anhalt

[1]) Dietz: Das Heizungs- und Maschinenbauwesen im Städtebau, eine Denkschrift mit besonderer Berücksichtigung der Berliner u. Groß-berliner Verwaltg. Ges.-Ing. 1919, Nr. 32. Verl. R. Oldenbourg, München.

für die Tragweite etwaiger verwaltungstechnischer Entschließungen zu geben: so dürften durch Verbesserung der Feuerungsanlagen in diesen Betrieben im Mittel etwa 10%, durch Kuppelung derselben Betriebe dagegen vielleicht 60% laufende Betriebsersparnisse in Ansatz gebracht werden können. Die weitere Verbesserung der Feuerungsanlagen jener Betriebe, die sich wegen zu großer Entfernung voneinander nicht kuppeln lassen, bleibt hiervon natürlich unberührt.

Während nun Privatbesitzer von benachbarten Kraft- und Heizbetrieben durch gegenseitige Verständigung in der angedeuteten Richtung zum Ziele kommen können, gibt es für städtische und staatliche Verwaltungen zwei Wege: entweder die Verwaltung übernimmt den Bau derartiger gekuppelter Kraft- und Heizwerke selber, oder aber sie überläßt die Herstellung gegen bestimmte Abgaben auf Grund von Verträgen einem privaten Fachunternehmen. Es ergibt sich hier ganz naturgemäß die gleiche Lage, wie bisher bei den Gas-, Wasser- und Elektrizitätswerken und Bahnen: das »Kraftheizwerk« kann als öffentliches oder als privates Unternehmen gegründet und betrieben werden. Den letzteren Weg hat z. B. — wie oben mitgeteilt — der sächsische Staat für das Staatliche Fernheiz- und Elektrizitätswerk in Dresden beschritten, indem er die Form des Privatbetriebes wählte und den laufend anfallenden Abdampf der Maschinenanlagen vertragsmäßig einer Unternehmung zur Verfügung stellte, die nun ihrerseits, nach Erstellung der entsprechenden technischen Anlagen auf eigene Kosten, die Wärmelieferung für öffentliche und private Bauten als Geschäft betreibt und die »Wärme« nunmehr durch Straßenleitungen genau so liefert, wie wir es für Gas, Wasser und Elektrizität seit langem gewohnt sind. Zu der vierteljährlichen Gas usw. -Rechnung ist in Dresden die »Heizrechnung« und »Warmwasserrechnung« hinzugekommen! Dieses Verfahren bietet gleichzeitig den Hausbesitzern große Annehmlichkeiten dadurch, daß sie keine Ausgaben für teure technische Anlagen und Unterhaltungskosten sowie für Bedienung zu machen brauchen, daß Zufuhr von Kohle und Abfuhr von Asche entfällt, und daß außerdem auch noch ihre Kellerräume frei von Kesselanlagen und Brennstofflagern sind, die ja nach Einführung der Straßenwärmelieferung überflüssig werden.

Übernimmt dagegen die öffentliche Verwaltung die Errichtung der Kraftheizwerke, so ergeben sich noch weitere

Möglichkeiten der Wechselwirkung auch auf anderen Gebieten, z. B. der Tarifpolitik, des Siedlungswesens, des Verkehrswesens, der öffentlichen Wohlfahrtspflege und ähnlichen. Zunächst folgt aus der Vereinigung zweier verschiedenen Zwecken dienender Betriebe, daß die Einsparung an Kohlen nicht einem Betriebe allein zugute geschrieben werden kann. Haushaltmäßig wären die Kosten — in den ersten Jahren die Lasten, in den späteren der Gewinn — nach Maßgabe des Anteiles jedes betroffenen Betriebes zu verteilen (was technisch gar nicht immer so leicht zu entscheiden ist), um deren Einzelwirtschaftlichkeit durch jährliche Rechnungslegung weiter zu verfolgen. Finanzpolitisch kann aber eine andere Verteilung erwünscht sein, z. B. derart, daß der Gesamtgewinn immer nur den sog. »erwerbenden« Betrieben (also den Elektrizitäts- usw. -Werken) zufällt, so daß die »verzehrenden« Betriebe stets unbeteiligt bleiben. Dann drückt sich der gesamte Erfolg immer durch die Höhe der Einheitskosten für die Kilowattstunde aus. Wir kommen dadurch auf das Gebiet der Tarifpolitik, deren Handhabung es beispielsweise ermöglichen könnte, daß auf Grund der aus der Abdampfgewinnung erzielten Ersparnisse wiederum die Erschließung eines Baugeländes durch eine Bahnlinie für eine Kleinhaus- oder Arbeitersiedlung gerechtfertigt würde. Sollte dann für letztere etwa ein Schwimmbad errichtet werden, so könnte die Gelegenheit zur örtlichen Verbindung mit einem Kraftwerk in der Weise gesucht werden, daß die Abdampfwärme des letzteren zur Badewassererwärmung des Volksbades nutzbar gemacht wird. Die Bauentwürfe der Gemeinden könnten nach technisch-wirtschaftlichen Gesichtspunkten derart aufgestellt werden, daß überhaupt Wohlfahrtseinrichtungen mit großem Wärmebedarf wo möglich in der Nähe von Kraftwerken errichtet werden oder umgekehrt, wobei selbstverständlich die sonstigen bei der Platzwahl mitsprechenden guten Zweckmäßigkeitsgründe nicht vergewaltigt werden dürfen. Beispielsweise hat der Magistrat Berlin einen dahingehenden Beschluß bezüglich der Platzwahl der etwa zu errichtenden neuen Volksbäder bereits gefaßt. Für Badeanstalten ist auch die Ausnutzung der Abhitze der Gaserzeuger in Gasanstalten[1]) verschiedentlich mit Erfolg

[1]) Henig: Die Abhitzegewinnung und -verwertung im städtischen Gaswerk Tübingen. Journal für Gasbeleuchtung und Wasserversorgung. Verlag R. Oldenbourg, München 1918, Nr. 45.

durchgeführt worden. Sehr wirtschaftlich erscheint auch die Verbindung von Volksbadeanstalten mit Eiserzeugungsanlagen infolge der Möglichkeit der Verwendung der Badewasserabwärme für die Kältemaschine[1]). Überhaupt sind Kältemaschinenanlagen in Verbindung mit irgendwelchen Kraftheizungsanlagen, z. B. in Brauereien, Schlachthöfen usw., deshalb sehr wirtschaftlich, weil das Kühlwasser des Kältemaschinenkondensators zur weiteren Niederschlagung des Abdampfes im Dampfmaschinenverdichter und so zu einer gesteigerten Gewinnung von Warmwasser zu Heizungszwecken benutzt wird.

In diesen ganzen Zusammenhang der Energie- und Wärmewirtschaft der Gemeinden gehört auch die Frage der Zusammenziehung oder Aufteilung der Elektrizitätserzeugung (Zentralisation oder Dezentralisation). Es unterliegt keinem Zweifel, daß ein selbst mit den besten Hilfsmitteln der Technik ausgestattetes Großkraftwerk im allgemeinen unwirtschaftlicher arbeiten muß, wenn es die Abwärme nicht auszunutzen vermag, als eine größere Krankenanstalt mit eigenem Elektrizitätswerk unter Ausnutzung der Abfallwärme, falls ihr gestattet wird, den überschüssig erzeugten Strom jederzeit in das Netz des genannten Großkraftwerkes abzugeben. Fast immer liegen nämlich die Verhältnisse derartig, daß eine Krankenanstalt erheblich mehr Wärme zur Heizung, Lüftung, Warmwasserbereitung und zum Apparatebetrieb[2]) benötigt, als sie aus einem nur auf den eigenen Bedarf zugeschnittenen Elektrizitätswerk zu decken vermöchte, so daß die Eigenerzeugung von Strom teurer wird als der Bezug aus einem billigen Großnetz. Entwirft man aber die Stromerzeugung unter dem Gesichtspunkt, daß die aufzustellenden Dampfdynamos den Wärmeverbrauch der ganzen Anstalt als Abdampf liefern sollen, dann kehrt sich das Bild um, wenn nicht sonst außergewöhnliche Umstände entgegenstehen: dann wird das Werk so groß, daß es den außergewöhnlich billig erzeugten Strom nicht in der eigenen Anstalt aufzubrauchen imstande ist, sondern ihn als Nebenerzeug-

[1]) Altenkirch: Die Erhöhung der Wirtschaftlichkeit von Heizungsanlagen durch den Einbau von Kältemaschinen. Zeitschr. f. d. ges. Kälte-Industrie, München 1918, Heft Juli und August; Gesundh.-Ing. 1919, Nr. 26.

[2]) Dietz: Statistik des Wärmebedarfes in neueren Krankenanstalten. Ges.-Ing. 1912, Verlag R. Oldenbourg, München.

nis zu veräußern gezwungen ist. Wenn trotzdem vielfach kein Vertrag mit dem in Frage kommenden Elektrizitätswerk auf Übernahme des Stromes in sein Netz zustande kommt, dann liegt dies gewöhnlich in der Tarifpolitik der Werke begründet, die lieber ein Untergebot zu einem niedrigeren Ausnahmetarif machen, als daß sie sich den Anschluß einer großen Anstalt entgehen ließen, die ja zur besseren Ausnutzung der eigenen Werkanlagen erheblich beizutragen imstande ist. Inwieweit ein solches Verfahren gerechtfertigt ist, kann nur von Fall zu Fall entschieden werden.

Hier müssen als wesentlich auch die Betriebsverhältnisse während der Sommermonate zur Beurteilung mit herangezogen werden, wo in der Krankenanstalt kein Bedarf an Raumheizung vorliegt, und wo auch der Verbrauch an Elektrizität erheblich gegen den Winterverbrauch zurückgeht.

Folgender Fall ist ein Schulbeispiel: Im Krankenhausneubau München-Schwabing ist die Energieversorgung[1]) von Hauser im Einvernehmen mit den städtischen Elektrizitätswerken so gelöst worden, daß die letzteren ein Nebenwerk in der Nähe des Krankenhauses errichteten und betreiben, das in seiner Größe genau auf den Wärmebedarf der Krankenanstalt abgestimmt ist. Fast der ganze Wärmebedarf der Anstalt kann auf diese Weise mit Abdampf bestritten werden, so daß ein denkbarst wirtschaftlicher Betrieb erzielt ist und die Kilowattstunde vor dem Kriege zu 0,5 Pf. geliefert werden konnte, da aller Überschuß unabhängig von Menge und Zeit des Anfalles in das städtische Netz geht. Durch diese Lösung wurden der Stadtgemeinde insgesamt 140000 Mark Anlagekosten und 16000 Mark — bezogen auf das Jahr 1909 — jährliche Betriebskosten erspart.

Im Hinblick auf großen, aus Abdampf zu deckenden Wärmebedarf auch während des Sommers stehen die Hallenschwimmbäder besonders vorteilhaft da. Ihr Betrieb ist daher schon vielfach der Gegenstand von Erörterungen in Verbindung mit Kraftwerken zwecks Abdampfausnutzung gewesen. Und in der Tat

---

[1]) Hauser: Das Fernheizwerk im neuen III. Krankenhaus München. Gesundh.-Ing. 1909, Festnummer.

Ders.: Die heiz- und maschinentechnischen Einrichtungen des städt. Krankenhauses München-Schwabing. Verlag Leineweber, Leipzig 1914.

haben sich die auf dieser Grundlage ausgeführten Badebetriebe gut bewährt und als sehr wirtschaftlich erwiesen.

In Berlin wird die Abdampfwärme eines städtischen Pumpwerkes der Kanalwerke zum Betriebe der dicht dabei liegenden Badeanstalt an der Schillingsbrücke vorteilhaft verwendet, und ein ähnlicher Entwurf für die Badeanstalt an der Bärwaldstraße ist in Bearbeitung.

Es ließen sich noch mehr Beispiele aus dem umfangreichen Gebiete der Kuppelung von Kraft- und Heizwerken, besonders für die Städteheizung, anführen, doch mögen die vorstehenden wenigen Andeutungen wenigstens als Richtlinien an dieser Stelle genügen. Sie sollten zeigen, daß die Ausnutzung der Dampfwärme, die in Dampfkraftbetrieben im Mittel nur zu etwa 10% möglich ist, durch Vereinigung von Kraft- und Heizbetrieben zu »Kraftheizwerken« bis auf etwa 70% erhöht werden kann: hier sind jährliche Millionen- und Milliardengewinne zu heben, die der Allgemeinheit bisher verloren gegangen sind, und es eröffnet sich besonders der gemeindlichen Wirtschaftspolitik ein weites, fruchtbares Feld zur Beackerung. So sind denn auch beispielsweise bei der Berliner Stadtverwaltung zurzeit mehrere große Entwürfe für städtische Fernheizungen in Verbindung mit Kraftwerken in Bearbeitung bzw. in der Ausführung[1]) begriffen.

b) Ferndampfheizung.

Nach dem Gesagten könnte es scheinen, als ob die **Hochdruckdampfheizung** als Frischdampfheizung erledigt sei. Aber ganz abgesehen davon, daß Dampf von höherer Spannung auch noch als Anzapfdampf, der in einem höheren Druckgebiet der Dampfmaschine bereits Arbeit geleistet hat, entnommen werden kann, wird Hochdruckdampf als Fernträger der Wärme stets dort in Frage zu kommen haben, wo auch in den einzelnen Gebäuden noch für andere Zwecke Dampf gebraucht wird, also z. B. für Dampfwäschereien, zum Kochen, Sterilisieren, Trocknen usw. In solchen Fällen hat dann die Ferndampfheizung den großen Vorzug sehr schneller Wärmelieferung und schneller Änderungen in den

---

[1]) Die Abdampfverwertungsanlage der städtischen Zentrale Buch-Berlin ist während der Drucklegung des vorliegenden Werkes inzwischen fertiggestellt und in Betrieb genommen worden. D. Verf.

gelieferten Wärmemengen. Da Auspuffdampf zur Fernleitung seltener in Frage kommt, so richtet sich die Dampfspannung hauptsächlich nach der Ausdehnung der Anlage, während die

Fig 319
Hauptdampfverteiler in der Provinzialpflegeanstalt Warstein (Bechem & Post, Hagen i. W.)

Spannung des in den Gebäuden anlangenden Dampfes von der Art der dort verwendeten Heizung abhängig ist.

Die Fig. 319 gibt die Abbildung des Hauptdampfverteilers in der Zentrale der Provinzialpflegeanstalt Warstein, die 1904 bis 1909 mit 36 Gebäuden für 1470 Insassen erbaut wurde und ein Dampfmaschinenkraftwerk mit drei Auspuffmaschinen von 65,

90 und 110 PS mit Abdampfausnutzung besitzt. Außerdem gehen aber vom Hauptverteiler noch Dampffernleitungen zu einzelnen Gebäuden. In diesen letzteren sind Unterzentralen eingerichtet, die den Dampfdruck vermindern und den Dampf den einzelnen Verbrauchsstellen zuleiten. Die Fig. 320 zeigt eine solche Unterzentrale: links ist der Hochdruckdampfverteiler mit Umführung zum Mitteldruck- und Niederdruckverteiler, Dampfdruckminderer zwischen zwei Absperrventilen, weiter der Mitteldruckdampfverteiler für 0,3 bis 0,5 Atm. mit Abzweigen für Kochapparate, Heizkammern und Lüftungsschächte, endlich rechts hinten der Dampfdruckminderer mit Umführung für die Heizung der Kochküche. In Fig. 321 ist dann noch eine Dampfdruckumsetzungs-Unterzentrale für ein Haus mit Dampfwarmwasserheizung abgebildet: ein Beuthner-Regler betätigt ein Ventil in der Niederschlagswasserrückleitung zum Regeln der Wassertemperatur im Gegenstromapparat, der rechts dargestellt ist.

Bei Anwendung von Dampfwarmwasserheizung werden etwa 1 bis 2 Atm. Überdruck vor den Wasserkesseln erwünscht sein. Auch bei Dampfluftheizung und bei verminderter Hochdruckdampfheizung wird man mit der Endspannung zweckmäßig nicht unter die bezeichnete Grenze gehen, um bei Spannungsschwankungen in der Zentrale eine gewisse Deckung zu haben. Druckminderventile in den einzelnen Gebäuden sorgen für die weiter gewünschte Druckerniedrigung des Dampfes. Die Anfangsspannung wird je nach der Länge der Fernleitung zwischen 8 und 4 Atm. Überdruck betragen können. Von Einfluß ist ferner der zu wählende Leitungsdurchmesser, der möglichst klein sein soll, damit die Leitungsverluste gering werden. Zur gegenseitigen Aushilfe und zur Sicherheit werden am besten zwei nebeneinander geführte Dampfleitungen gebaut, die beide zusammen den Höchstwärmebedarf zu liefern imstande sind. Die beiden Leitungsquerschnitte werden zweckmäßigerweise ungleich groß gemacht, damit die Leitungen abwechselnd, bei mildem Wetter die kleine und bei strengerer Außentemperatur die große und nach Bedarf auch beide gleichzeitig, im Betriebe sein können. Die Durchmesser sind so zu wählen, daß der Dampf unter den genannten Voraussetzungen trocken gesättigt am Ende ankommt. Alsdann kann eine Überhitzung am Anfange der Leitung vorgesehen werden; dabei sind 30 bis 40° Überhitzung für mittlere Längen vollauf aus-

Fig. 320
Unterzentrale in der Kochküche der Provinzialpflegeanstalt Warstein, ausgeführt von Bechem & Post

Fig. 321
Unterzentrale für Dampfwarmwasserheizung in der Provinzialpflegeanstalt Warstein, ausgeführt von Bechem & Post.

reichend. Die Reichweite der Ferndampfleitungen wird je nach den Ergebnissen einer Wirtschaftlichkeitsberechnung verschieden sein. Nach Wissen des Verfassers ist man bis heute über 2000 m nicht hinausgegangen.

Der notwendigen Sicherheit halber sollen die zur Aufnahme der Rohrleitungen bestimmten unterirdischen Mauerkanäle begehbar, in gewissen Abständen belichtet und mit der äußeren Umgebung leicht verbindungsfähig sein. Die Fig. 322 zeigt, wie die Lösung etwa gesucht werden muß. Die Rohrdehnung ist am

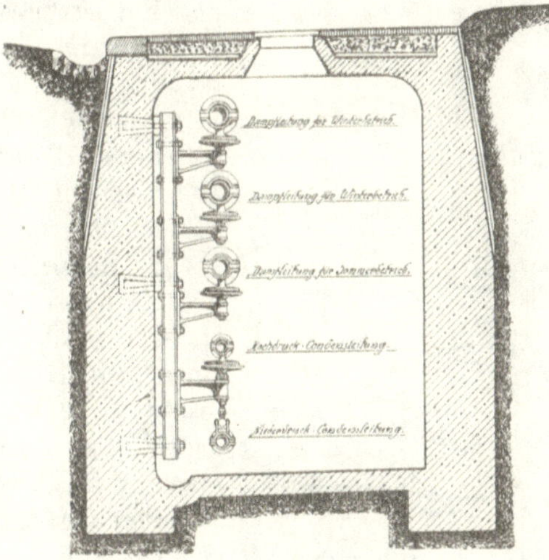

Fig. 322.
Begehbarer Fernkanal für Ferndampfleitungen. (Rud. Otto Meyer, Hamburg.)

besten durch Zickzackführung des Kanales aufzuheben, wie es in Dresden zuerst mit großem Erfolg ausgeführt wurde, vgl. den Plan der Fig. 7, Seite 26. Die Dampfleitungen werden ferner gewöhnlich mit Sägegefälle und jedesmaliger Entwässerung eingebaut. Zur möglichsten Betriebssicherheit sollen auch Rohrbruchventile[1]) vorgesehen werden, die sich beim plötzlichen Ausströmen von Dampf durch eine Auslösevorrichtung von der Zentrale aus schließen lassen. Um das Anlassen der langen Dampfleitungen stets sachgemäß gehandhabt zu wissen, ist es ratsam,

[1]) Koehler: Rohrbruchventile. Zeitschr. d. Ver. Deutsch. Ing. 1908, Nr. 11; und Forschungsarbeiten, Heft 34. Verlag Springer.

das Hauptdampfventil mit einer engen, absperrbaren Umgehungsleitung zu versehen, die zuerst vorsichtig geöffnet wird. Der Dampf füllt dann langsam die Fernleitung, und die Ausdehnung kann nie mit gefährlicher Plötzlichkeit auftreten: erst wenn angenommen werden darf, daß die ganze Leitung vorgewärmt ist, wird das Umgehungsventil geschlossen und das Hauptventil geöffnet. Für letzteres empfiehlt sich die in Fig. 323 dargestellte Form eines Schiebers von Schäffer & Budenberg. Dieser hat einen viel kleineren Durchgangsquerschnitt als die zugehörige Rohrleitung, bietet aber einen geringeren Widerstand und hat deshalb auch einen geringeren Druckverlust als die üblichen Dampfventile zur Folge. Er macht bei vorsichtiger Handhabung sogar eine Umgehungsleitung überflüssig und eignet sich auch für hochgespannten Heißdampf.

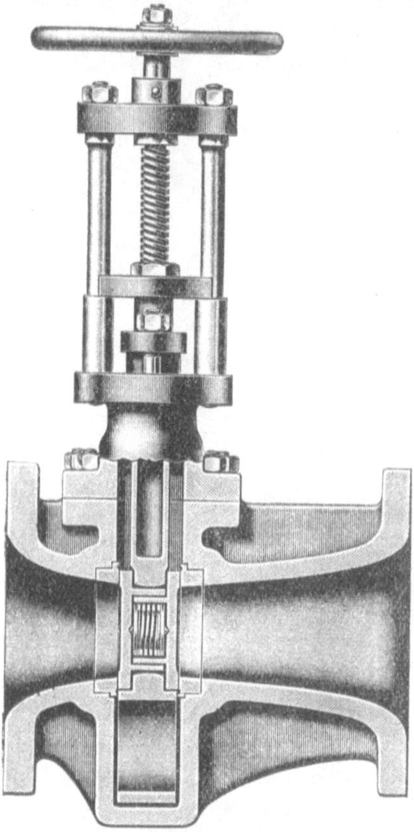

Fig. 323.
Hochdruckdampfschieber von Schäffer & Budenberg.

Das Dampfwasser fließt, wo angängig, mit Freigefälle zum Hauptsammelbehälter zurück; wo Geländeschwierigkeiten hindernd im Wege stehen, müssen Pumpen zur Rückführung angewendet werden.

Auch die **Niederdruck-** bzw. **Abdampfheizung** kann bisweilen als Ferndampfheizung in Frage kommen. Die Entfernungen, auf die der Dampf ferngeleitet werden kann, werden dann allerdings nicht größer sein als einige hundert Meter, je nach der Anfangsspannung. Um zu hohen Gegendruck auf die Maschine zu vermeiden, empfiehlt sich der Einbau einer Vorrichtung zur selbsttätigen Öffnung der Auspuffleitung bei unzulässiger Druckerhöhung. Anderseits ist der Einbau eines sich bei Dampfmangel selbsttätig öffnenden Dampfzumischventiles nach Fig. 324 erforderlich.

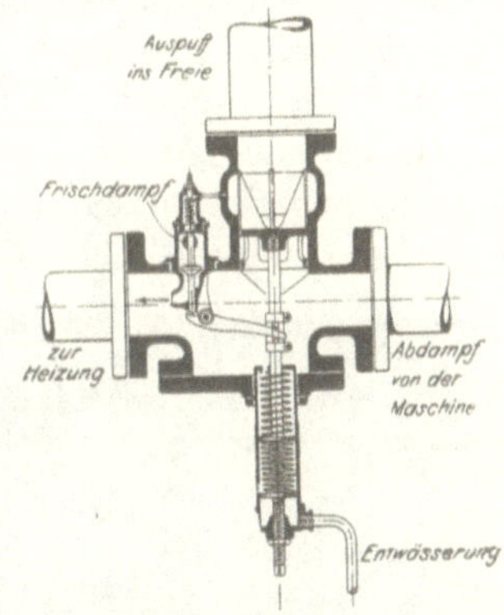

Fig. 324.
Selbsttätiges Dampfzumischventil.

c) Fernwasserheizung.

Die Fernübertragung von Wärme durch mechanisch mit Hilfe von Pumpen umgetriebenes warmes Wasser[1]) hat eine Reihe bestechender Vorzüge gegenüber der Ferndampfheizung. In wirtschaftlicher Beziehung vor allem ist bei Kuppelung mit einer Dampfkraftanlage stets die Möglichkeit der Abdampfverwendung in Dampfwarmwasserkesseln zur Umsetzung der Dampf- in Wasserwärme vorhanden. Sodann ist es die weniger große Möglichkeit lebengefährdender Rohrbrüche, die es gestattet, nur eine Leitung zu verlegen statt zweier, wie bei der Dampfheizung. Ferner sind die Wärmeverluste der Fernleitung erheblich geringer als bei den Ferndampfleitungen: letztere haben nahezu unabhängig von der Außenwitterung stets die gleichen Abkühlungsverluste, entsprechend der Dampftemperatur; bei der Fernwasserheizung verringern sich diese Verluste bei mildem Wetter, da alsdann mit niedrigerer Wassertemperatur geheizt werden kann. Geländeverschiedenheiten verursachen bei der Fernwasserheizung keinerlei Schwierigkeiten bezüglich der Rohrführung. Die Rohrleitung wird wegen geringerer Ausdehnung durch die Wärme weniger stark beansprucht. Alle diese Gründe sind maßgebend dafür, daß der Bau eines teueren, begehbaren

[1]) Tichelmann: Fernwasserheizung. Ges.-Ing. 1901, Nr. 18.
Haller: Die Wärmeversorgung großer Gebäudekomplexe mit Dampf und Warmwasser. Gesundh.-Ing. 1907, Nr. 3.
Karsten: Mitteilungen über die Beheizung einiger größerer Gebäudegruppen mit Warmwasser. Gesundh.-Ing. 1907, Nr. 21.
Rietschel: Fernwarmwasserheizung. Gesundh.-Ing. 1908, Nr. 51.

Rohrkanales bei der Fernwasserheizung durch einen einfachen, nicht weiter zugänglichen oder doch nur beschlupfbaren Kanal ersetzt werden darf.

Zwar wird bei etwaigem Rohrbruche das ganze Wasser der Heizung austreten können, doch dürfte dieser Fall sich kaum verwirklichen. Außerdem kann dem durch den Einbau von Schiebern in gewissen Abständen vorgebeugt werden.

Ein fernerer Vorzug gegenüber der Dampffernheizung besteht in der großen Einfachheit der ganzen Rohrlegung, da die vielen

Fig. 325.
Pumpenanlage in den Städt. Krankenanstalten in Essen a. d. Ruhr. (Rud. Otto Meyer, Hamburg.)

Hilfsapparate — Dampftrockner, Entwässerer, Dampftöpfe, Druckminderventile usw. — nicht notwendig sind, deren Fehlen auch eine erhebliche Bedienungsarbeit entbehrlich macht.

Endlich ist eine gewisse allgemeine Regelungsfähigkeit der Fernwasserheizung durch Abstufung der Wassertemperaturen gemäß der jeweilig herrschenden Außenkälte ein weiterer Vorteil gegenüber der Verwendung von Dampf. Allerdings wird dieser Vorzug um so geringer werden, je ausgedehnter die Anlage ist, denn wegen nicht allzu großer Wassergeschwindigkeiten — bei 3 m/sek dürfte die zulässige Höchstgrenze liegen — dauert es lange, bis ein Wasserteilchen seinen Weg von der Zentrale bis in das betreffende Gebäude zurückgelegt hat. Bei 1 m/sek Wassergeschwindigkeit und 1000 m Entfernung beträgt z. B. die Zeit des Wasserlaufes 17 Minuten.

Als neuer Bestandteil kommt die Pumpe hinzu, bezüglich deren Auswahl und Betrieb auf den Abschnitt 32f verwiesen sei. Bei der Wahl der Pumpen ist stets auf eine Hilfspumpe Bedacht zu nehmen. Für die verschiedenen Pumpen sollten wo irgend

Fig. 326.
Pumpen- und Gegenstromapparateraum im Fernheizwerk Danzig. (Rudolf Otto Meyer, Hamburg.)

möglich, verschiedenartige Antriebsmaschinen angewendet werden. Beispielsweise wurden von Rud. Otto Meyer bei der Fernwarmwasserheizung in den Krankenanstalten zu Essen nach Fig. 325 ein Elektromotor, eine Dampfturbine und eine Drehkolbendampfmaschine angewendet. Auch in dem 1910 ausgeführten Fernheizwerk im Krankenhause Danzig sind nach Fig. 326 zwei Elektromotoren und eine Dampfturbine aufgestellt, deren Abdampf zur Wassererwärmung in Gegenstromapparaten verwendet wird, die in dem übersichtlich eingerichteten Schalt- und Pumpenraum Aufstellung gefunden haben.

Als ein Beispiel für die Verwendung des Abdampfes sei das einer stehenden Dampfmaschine des Staatlichen Fernheiz- und Elektrizitätswerkes Dresden durch die Fig. 327 veranschaulicht: der Gegenstromvorwärmer ist zwischen dem Niederdruckzylinder und dem Verdichter eingeschaltet, welch letzterer unter Luftleere gehalten wird, die je nach der Außenwitterung oder dem Wärmebedarf geregelt wird, so daß die Temperatur der Fernwasserheizung dem Bedarf auf die einfachste Weise angepaßt werden kann. In Fig. 328 ist das ganze Schema dieser

Fig. 327.
Einbau eines Abdampfvorwärmers in die Dampfmaschinenanlage des Staatl. Fernheiz- und Elektrizitätswerkes Dresden. (Ausgeführt von der Fa. Richard Dörfel.)

nach dem Gedanken und unter der Leitung von Oberingenieur A. Schulze ausgeführten Städteheizung wiedergegeben[1]).

Die Weiterleitung der auf das Wasser übertragenen Wärme erfolgt nun durch die Fernwarmwasserleitungen, die in einem Kanale nebeneinander liegend eine Ringleitung bilden, in deren Rücklauf die zum Umtrieb des Wassers dienende Pumpe ein-

[1]) A. Schulze: Verwertung der Abwärme in Elektrizitätswerken. Vortrag auf der 23. Hauptversammlung der Vereinigung der Elektrizitätswerke in Freiburg i. Br. am 17. Juni 1914.

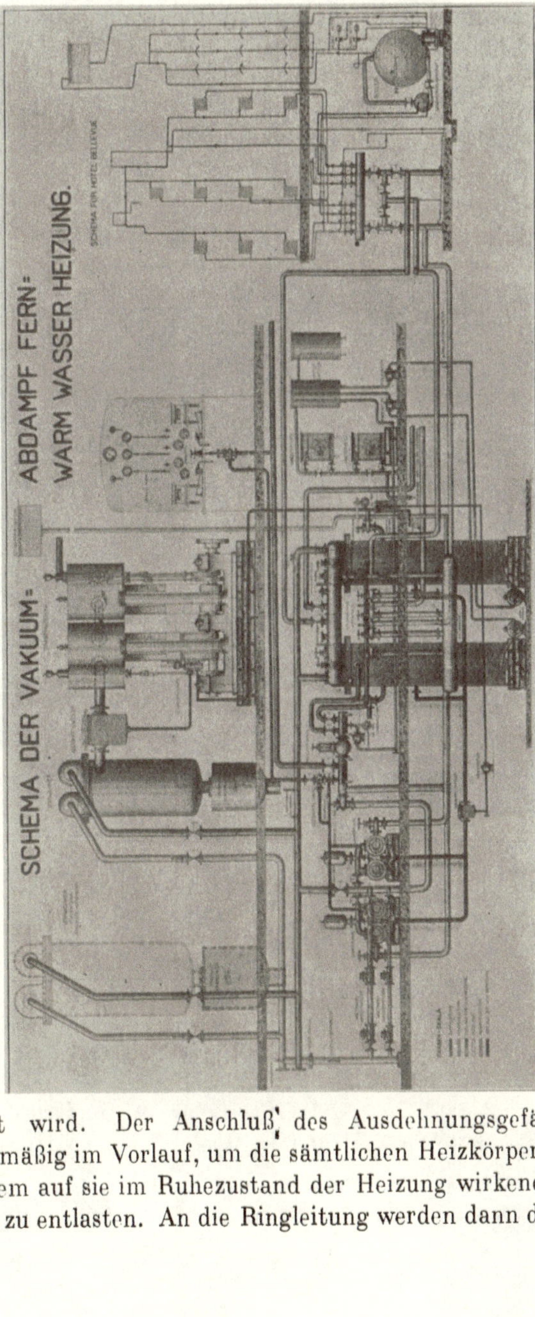

Fig. 328.
Schema des Heizkraftwerkes des Staatl. Fernheiz- und Elektrizitätswerkes Dresden.
(Ausgeführt nach dem Entwurf von A. Schulze.)

gebaut wird. Der Anschluß des Ausdehnungsgefäßes erfolgt zweckmäßig im Vorlauf, um die sämtlichen Heizkörper der Anlage von dem auf sie im Ruhezustand der Heizung wirkenden Wasserdruck zu entlasten. An die Ringleitung werden dann die einzelnen

Gebäude durch einfache Vorlauf- und Rücklauf-Abzweigleitungen angeschlossen, in die zur einmaligen Einregelung der Wassermenge je ein Drosselventil eingebaut wird. Diese Leitungen können dann wieder zu Vor- und Rücklaufsammlern führen, von denen die einzelnen Gebäudestränge abzweigen.

Eine bemerkenswerte Fernwarmwasserheizung hat das Neue Rathaus in Charlottenburg[1]) im Anschluß an das städtische Elektrizitätswerk erhalten, das den nötigen Frischdampf für

Fig. 329.
Heizungsschaltraum im Rathause zu Charlottenburg. (Rud. Otto Meyer, Berlin.)

stündlich 4000000 WE Heizungsbedarf auf 2 bis $\frac{1}{2}$ Atm. vermindert liefert, in welchem Zustande er durch Gegenstromapparate seine Wärme an das Heizungswasser überträgt. Um nun die Wirtschaftlichkeit der Fernheizung nicht allzusehr in Frage zu stellen, wird das Vorlaufwasser auf 135° C erwärmt und kehrt mit 70° C zurück. Jedes Kilogramm Wasser gibt also nicht wie sonst üblich 90—70 = 20 WE nutzbar ab, sondern 135—70 = 65 WE, so daß die umlaufende Wassermenge nur etwa ein

[1]) O. Schmidt: Das Fernheizwerk für das Rathaus in Charlottenburg. Gesundh.-Ing. 1919, Nr. 1.

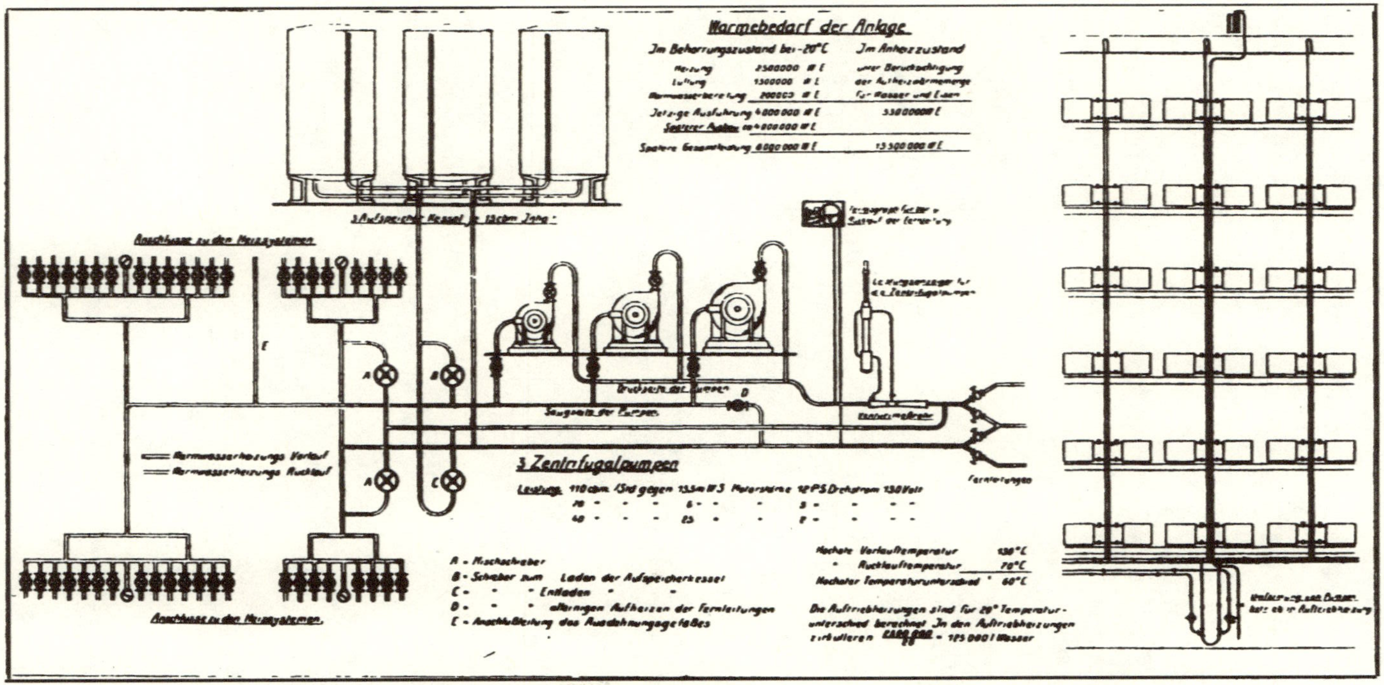

Fig. 330.
Schaltungsschema der Fernwarmwasserheizung im Rathaus Charlottenburg. (Rud. Otto Meyer, Berlin)

Drittel der sonst erforderlich gewesenen beträgt: entsprechend konnten die Rohrleitungen, also die Anlagekosten geringer und vor allen Dingen die Betriebsausgaben für den Pumpenantrieb kleiner werden. Im Rathause sind an die Fernleitung 20 einzelne Heizungssysteme angeschlossen, deren Wassertemperaturen durch Mischventile gemäß dem Schaltungsschema Fig. 330 verändert werden können. Fig. 329 zeigt den Maschinen- und Schaltraum im Rathause, der hervorragend ausgestattet ist.

d) Gasfernheizung.

Im Gegensatz zur Ferndampfheizung und Fernwasserheizung wird bei der Gasfernheizung nicht das Heizmittel, sondern der Brennstoff ferngeleitet. Das Gas wird also von seiner Erzeugungsstelle aus in Gasrohren zur Verbrauchsstelle geführt und hier in der örtlichen Heizanlage verbrannt. Wir haben die verschiedenen Arten der Gasheizungen bereits besprochen, nämlich die Raumgasheizung auf Seite 252, die Gasheizung von Niederdruckkesseln, die Gasheizung für Luftöfen und die Gasheizung von Hochdruckkesseln auf Seite 327—330. Die Gasfernheizung steht also auf der gleichen Stufe mit der Ölfernheizung, und wir kommen hier noch einmal auf sie zurück, weil im Zusammenhange mit der Ferndampf- und Fernwarmwasserleitung die Anwendungsmöglichkeit der Gasfernleitungen und ihr Wettbewerb mit den beiden ersteren noch zu besprechen bleibt.

Eigentlich haben wir ja in unseren gewöhnlichen Raumgasheizungen die Frage der Städteheizung bereits gelöst, da selbst die kleinsten Städte ein Straßengasnetz zur Verteilung des Gases in die Räume besitzen. Aber wir können beim Gas noch weiter gehen und die Versorgung ganzer Ortschaften mit Abfallgas ins Auge fassen. Nach de Grahl[1]) hat sich die Ferngasversorgung aus den Zechen der westlichen Industriegebiete Deutschlands bereits so glänzend bewährt, daß im Rheinland und in Westfalen im Jahre 1913 das Versorgungsgebiet schon 117200 ha mit einem Gasleitungsnetz von 396,2 km umfaßte. Ganze Städte und Ortschaften sind durch Gasfernleitungen von vielen Kilometern Länge an die Kokereien der Hüttenbetriebe angeschlossen, die das Gas billiger als die städtischen Gaswerke zu liefern imstande sind,

[1]) de Grahl: Wirtschaftliche Verwertung der Brennstoffe. Verlag R. Oldenbourg, München 1915.

weil es am Gewinnungsort der Kohle und als Abfallerzeugnis anfällt.

Nachdem nun die Erkenntnis durchgedrungen ist, daß wir mit der unmittelbaren Verbrennung unserer Kohlen auf den Feuerungsrosten größtenteils einen Raubbau am Volksvermögen treiben, hat sich die andere entgegengesetzte Forderung der restlosen Entgasung und Vergasung[1]) unserer Kohlenschätze unter Ausbeutung der Nebenerzeugnisse erhoben (vgl. Seite 32). Aber bereits Klingenberg[2]) hat vor Übertreibungen gewarnt und durch eingehende Wirtschaftlichkeitsnachweise dargetan, daß nach dem Stande der Technik »nur für weitere 6% der deutschen Kohlenversorgung des Jahres 1913 Aussicht besteht auf wirtschaftliche Gewinnung der Nebenprodukte durch Vergasung der Kohle in Generatoren. Voraussetzung dieses Ergebnisses ist die Stabilität des Marktes nach dem Kriege, insbesondere für die Stickstoffverbindungen. Es läßt sich noch merklich verbessern, wenn auf dem Gebiete der Tieftemperaturteergewinnung Fortschritte gemacht werden sollten«. Das vorstehende Urteil Klingenbergs baut sich auf der rechnerischen Gegenüberstellung von drei Arten von Kraftanlagen auf, nämlich:

A Dampfturbinenkraftwerk mit kohlengefeuerten Kesseln,

B. Gasmaschinenkraftwerk mit Nebenproduktenanlage,

C. Dampfturbinenkraftwerk mit gasgefeuerten Kesseln und Nebenproduktenanlage,

und kommt zu dem Ergebnis, daß der Kohlenverbrauch A:B:C sich verhält wie

1:1,13:1,92 für eine mittlere Nutzleistung von 100000 kW,

1:1,25:2,2 für eine mittlere Nutzleistung von 50000 kW,

1:1,4:2,5 für Belastungen, die etwa dem heutigen mittleren Belastungsfaktor (etwa 0,25) von Elektrizitätswerken entsprechen (30000 kW).

Klingenberg kommt noch zu dem bemerkenswerten Schluß, daß der Gedanke aussichtslos sei, den Verbrauchern die für Raumbeheizung erforderliche Wärme nur noch in Form von Gas zuzuführen. Die Gaswerke müßten dann für die Höchstbeanspruchung

[1]) Dyes: Wärme — Kraft — Licht, eine dringend notwendige Reform. Carl Heymanns Verlag, Berlin 1918.

[2]) Klingenberg: Die Wirtschaftlichkeit von Nebenproduktenanlagen für Kraftwerke. Verlag Julius Springer, Berlin 1918.

im Winter bemessen werden und wären während des größten Teiles des Jahres schlecht ausgenutzt . . . Für Generatoranlagen bestehen die gleichen Verhältnisse . . . . Eine Aufspeicherung des Gases zwecks Erzielung eines günstigeren Belastungsfaktors sei nicht möglich . . . Demgegenüber sei es weit billiger, den großen Wärmebedarf des Winters durch Anhäufung von Kokslagern in den Gasfabriken und von Kohlen- und Brikettlagern auf den Zechen und bei den Händlern zu decken.

Hiergegen weist Brabbée[1]) darauf hin, daß wir noch im Anfange der Entwicklung bezüglich des Generatorenbaues, der Gasturbinenherstellung und der Vergasungstechnik mit Urteergewinnung stehen, und daß die nächste Zukunft weitere Fortschritte bringen werde.

Aber auch der Leiter des Kaiser-Wilhelm-Instituts für Kohlenforschung in Mülheim a. d. Ruhr, Professor Dr. Fischer, hat in einem Vortrag[2]) in der Brennkrafttechnischen Gesellschaft vor einer planlosen Vergasung der Kohlen gewarnt und dabei zwei Tafeln vorgeführt, aus denen die zweckmäßigste Verwendung der Kohlensorten zum Vorteil unserer Mineralölversorgung und Teergewinnung hervorgeht:

I. Wünschenswerte Verwendung der Steinkohlen.

Magerkohlen und Anthrazit	kein Teer	für direkte Verbrennung
Fettkohlen, backende . .	3—4 % Teer	» Kokerei
» nicht backende		» direkte Verbrennung
Gas- und Gasflammkohlen	8—10 % Teer	» Gasanstalten und zur Gewinnung von Urteer unter Vergasung oder Halbkokserzeugung

II. Wünschenswerte Verwendung der Braunkohlen.

Bitumenarme Braunkohle .		für direkte Verbrennung
Zur Brikettierung geeignete Braunkohle	mittl. Bitumengehalt	» direkte Verbrennung oder für Vergasung
Bitumenreiche Braunkohle .		» Vergasung unter Gewinnung von Urteer

[1]) Brabbée: Deutschlands zukünftige Kohlenwirtschaft. Verlag Julius Springer, Berlin 1918.

[2]) Fischer: Über den Stand der Kohlenforschung mit besonderer Berücksichtigung der Destillation bei niederer Temperatur. Verlag Wilh. Knapp, Halle a. d. Saale, 1919.

Aus dieser Zusammenstellung ist zu erkennen, daß das Problem, ob Verbrennung oder Vergasung, nicht allein eine Zwangsfrage ist, sondern daß die Besonderheit der einzelnen Kohlensorten, ihre Teerergiebigkeit, bei der Steinkohle die Backfähigkeit und bei der Braunkohle die Eignung zur Preßkohlenherstellung ausschlaggebend sein müssen. —

Überblickt man hiernach die Möglichkeiten der Gasfernleitung und -Verwendung gegenüber der Warmwasser- und Dampffernleitung, so ergibt sich folgendes Bild. Während die Grenze für die Fernleitung von Warmwasser und Dampf wegen der Wärmeverluste und teueren Kanalherstellung schon bei wenigen Kilometern gegeben ist, kann Gas unter einfachster Lagerung der Röhren im Erdreich und unter Druck auf 100 und mehr Kilometer ferngeleitet werden, da hiermit keine Wärmeverluste verbunden sind. Die Gasfeuerung in den Raumheizungen, in den gewerblichen und häuslichen Öfen und Herden sowie Warmwasserbereitungskesseln wird weiter bestehen bleiben wie bisher. Zentralheizungskessel werden in weiterem Umfange als bisher mit Gas gefeuert werden, wobei eine der Gasfeuerung besser angepaßte Bauart zu verwenden wäre. Vielleicht wird es sich auch ergeben, daß diese Anlagen, die ja bisher schon mit einem entgasten Brennstoff, dem Koks, geheizt werden, wegen des entstehenden Überangebotes von Koks in der gleichen Weise weiter betrieben werden können.

Es bleibt dann im wesentlichen der schärfer einsetzende Wettbewerb bei den Kraft- und Heizwerken bzw. vereinigten Kraftheizungswerken. Hier werden in der Hauptsache wärmewirtschaftliche Untersuchungen nach Maßgabe der in den Abschnitten 36 und 37 dargelegten Gesichtspunkte unter Zugrundelegung von genauen Wirtschaftlichkeitsberechnungen nach Art der von Klingenberg angegebenen von Fall zu Fall aufgestellt werden müssen. Hier geben die Untersuchungen von Josse wertvollen Zahlenstoff[1]) für vergleichende Rechnungen. Dabei wird es sich zeigen, ob neben der Gasmaschine, welche die Wärme der Hütten- und Zechenabgase verhältnismäßig günstig in mechanische Arbeit umsetzt, auch die Gasturbine[2]) sich in weiterem

[1]) Josse: Neuere Kraftanlagen. Verlag R. Oldenbourg, München 1911.

[2]) Holzwarth: Die Gasturbine. Verl. R. Oldenbourg, München.

Umfange einzuführen vermag, wobei die Verwendungsmöglichkeit der Abfallwärme eine ausschlaggebende Rolle mit spielen wird. Auch die Dieselmaschine wird sich infolge der mit der weiteren Kohlenvergasung anfallenden großen Teerölmengen, die sie mit ihrem hohen thermischen Wirkungsgrad vorzüglich ausnutzen kann, weiter einführen. Im übrigen werden bis dahin unter dem Zwange der Wirtschaftsnot viele Abdampf-Kraftheizungswerke, sei es durch Umbau bestehender Anlagen und Kuppelung von Kraft- und Heizbetrieben, sei es durch Neubau entstanden sein. Diese Anlagen, die dann schon abgeschrieben sind und erkleckliche laufende Ersparnisse bringen werden, werden in den weitaus meisten Fällen als solche weiter betrieben werden können. Sie können genau so wie bisher auch weiter gebaut werden, da es schwer sein dürfte, die Wirtschaftlichkeit des Abdampfbetriebes zu überbieten, dessen weitere Durchführung also angesichts der Entwicklung der Vergasungstechnik nicht aufgehalten zu werden braucht. Dagegen wird es sich darum handeln, die Dampfkesselfeuerungen auf Gasfeuerung umzustellen. Die Gasfeuerung hat sich — wegen des Wettbewerbes der Gasmaschinen — bei den Dampfkesseln bis heute trotz des erreichten hohen Wirkungsgrades von 80 bis 90% in nennenswertem Maße nicht eingeführt, und es sind notwendigerweise auch hier noch Verbesserungen der Brenner mit regelbarer Luftzuführung zu erwarten.

Im übrigen werden wir mit der weiteren Umstellung unserer Verbrennungstechnik auf Vergasung alle die der Gasfernversorgung beizumessenden gesundheitlichen und sonstigen Vorteile erhalten, wie Verminderung der Rauch- und Rußplage, Wegfall der Brennstoffanfuhr und der Aschen- und Schlackenabfuhr, Verschönerung des Ortschafts- und Städtebildes durch Fortfall der hohen Schornsteine, und nicht zu vergessen die größere Bequemlichkeit, Einfachheit und Sauberkeit bei der Betriebsführung der Kraft- und Heizanlagen aller Art.

Zum Schluß sei noch eine sehr lehrreiche Zusammenstellung von de Grahl[1]) über die Möglichkeiten der heizkrafttechnischen Ausnutzung unserer Brennstoffe gegeben:

---

[1]) de Grahl: Die Ausnutzung der Kohle bei ihrer Verbrennung, Entgasung und Vergasung. Vortrag, gehalten im Verein Deutscher Maschinen-Ingenieure zu Berlin am 20. März 1917.

Bemerkungen.

A Koksofen.
E Gaskraftmaschine.
F Abwärmeverwerter.
H Hochofen.
I Heißdampfmaschine.
J Verbrennungskraftmaschine.
K Gaserzeuger.
M Dampfmaschine mit Abdampfturbine.
N Verbunddampfmaschine oder Anzapfturbine.
O Dampfmasch. mit Zweidruckturb.

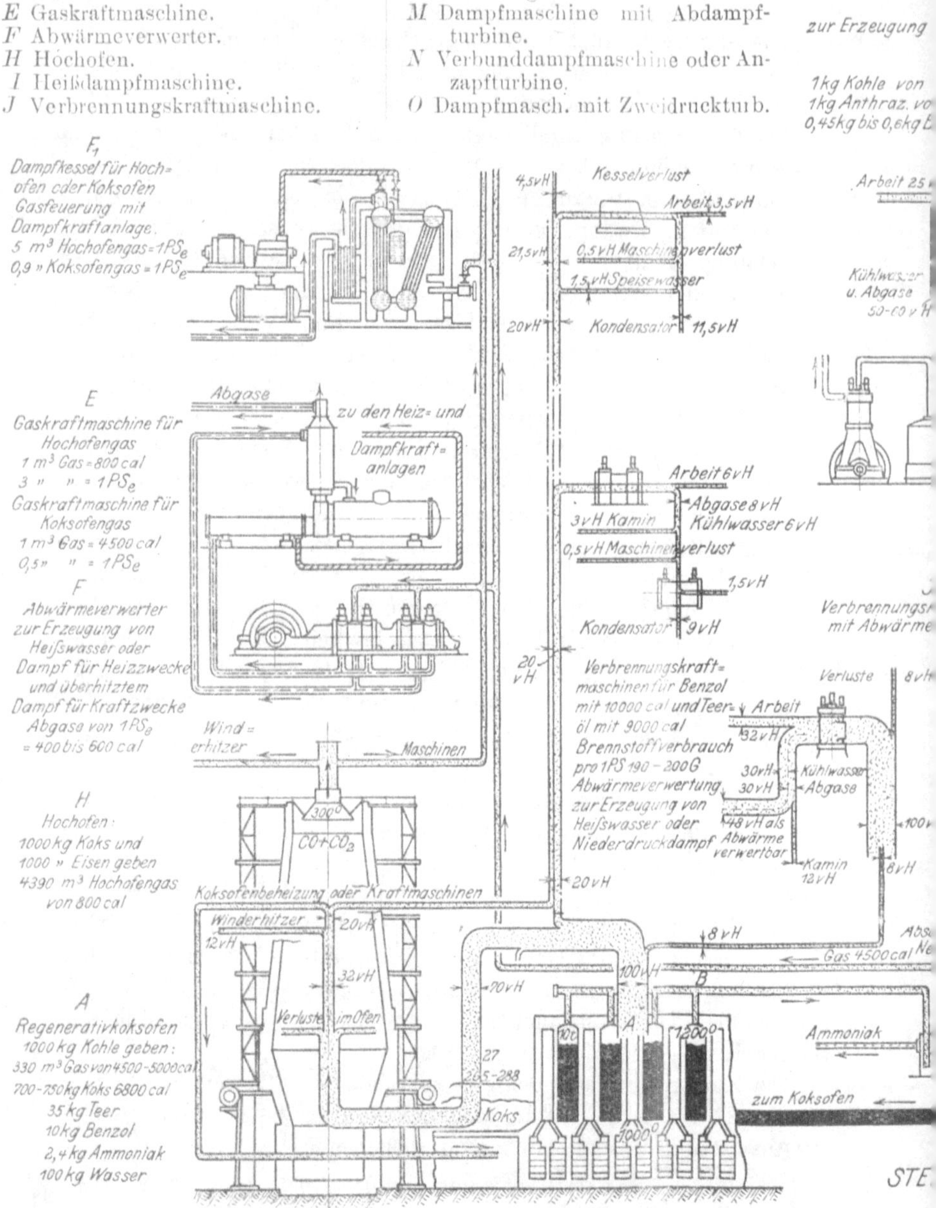

Zusammenstellung de

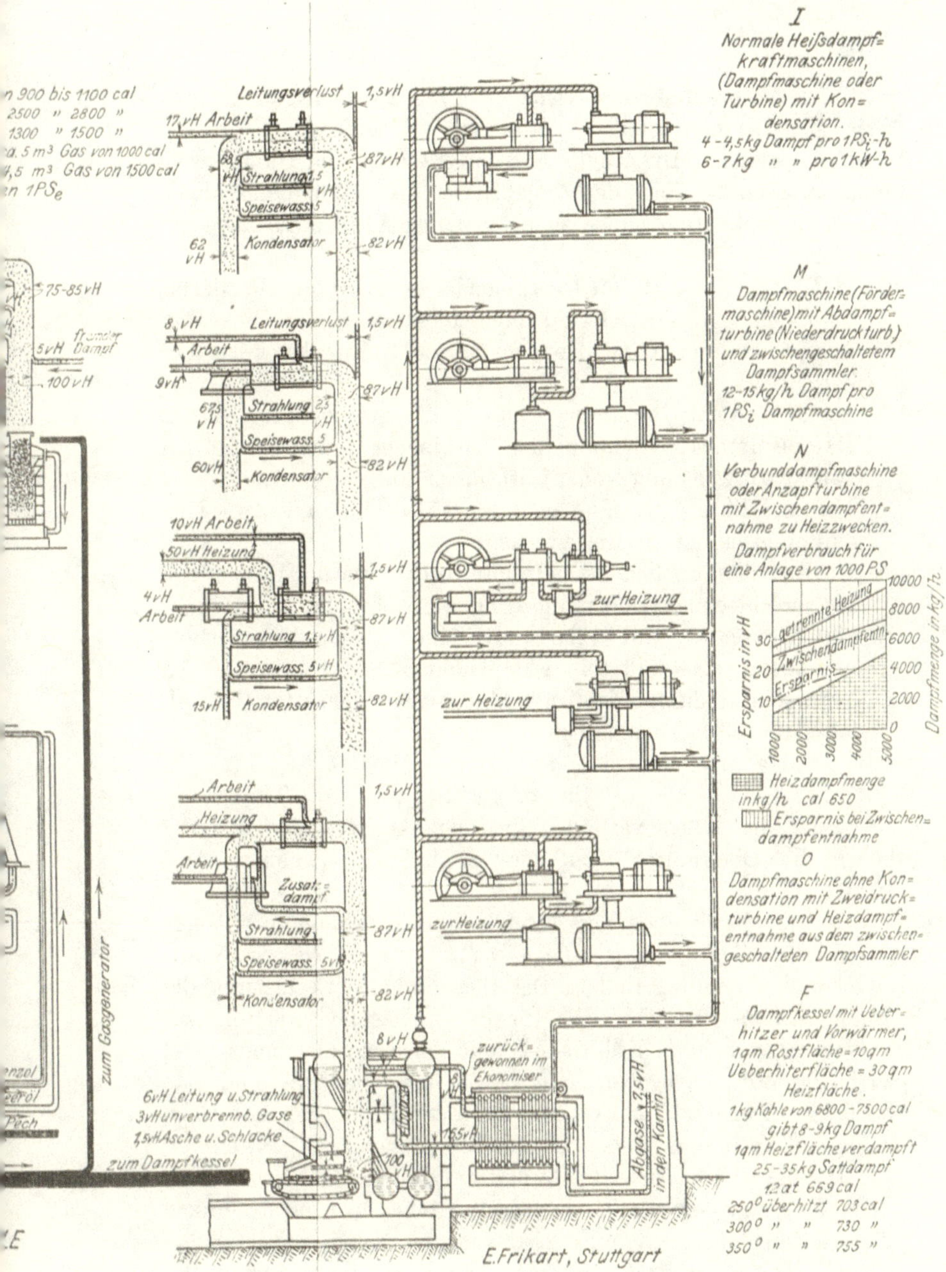

Fig. 331.

ten für die bessere Ausnützung der Kohle.

»Die Verbrennung der Kohle ist in Fig. 331 rechts dargestellt. Wir sehen einen Steilrohrkessel mit Kettenrost, Überhitzer und Economiser. Die Kohle wird mit 82% für die Dampferzeugung ausgenutzt. Nach den Angaben der Elsässischen Maschinenfabrik in Mülhausen haben sich dabei folgende Verhältnisse gut bewährt:

1 qm Rostfläche = 10 qm Überhitzerfläche = 30 qm Heizfläche.

An den Dampfkessel sind angeschlossen:

O Dampfmaschine ohne Kondensator mit Zweidruck-Turbine kombiniert,

Heizdampfentnahme aus dem zwischengeschalteten Dampfsammler. Abdampf der Turbine geht durch Boiler zwecks Anwärmung von Speisewasser.

N Verbund-Dampfmaschine oder Anzapfturbine mit Zwischendampfentnahme zu Heizzwecken.

Aus dem seitlichen Diagramm rechts sind die Ersparnisse bei verschiedenen Heizdampfmengen ersichtlich.

M Fördermaschine mit Abdampfturbine (Niederdruckturbine und zwischengeschaltetem Dampfsammler).

I Normale Heißdampf-Kraftmaschine mit Kondensation (Dampfmaschine oder Turbine).

Dampfverbrauch je Stunde und PSi = 4—4,5 kg,
» für die kW-Std.. . . 6—7 kg.

Über die Wärmeverteilung bei den Anordnungen *O* bis *I* geben die Diagramme über dem Steilrohrkessel nähere Auskunft.

In der Mitte oben der Tafel ist die Vergasung der Kohle durch eine Generatorgas-Anlage vertreten, wie sie zu Kraftzwecken Verwendung findet. Der thermische Wirkungsgrad des Motors ist hier zu 25%, die für die Abwärmeverwertung zur Verfügung stehenden Kühlwasser- und Abgaswärmemengen sind zu 50 bis 60% angegeben. Zur Erzeugung einer PSe sind 0,45 bis 0,6 kg Brennstoff, je nachdem die unter *K* angegebenen Heizwerte zur Verfügung stehen, zugrunde zu legen.

Die bei weitem vielseitigste und nutzbringendste Verwertung weist die Entgasung der Kohle auf. Wir sehen hier auf der linken Seite unten den Koksofen, dessen von den Nebenprodukten befreites Gas für Gaskraftmaschinen und zum unmittelbaren Beheizen von Dampfkesseln Verwendung findet; die als Nebenprodukte gewonnenen Bestandteile Benzol und Teeröl dienen als Treibmittel für Verbrennungskraftmaschinen (auf der Tafel mit *J* bezeichnet), deren thermischer Wirkungsgrad zu 32 angegeben ist. Wegen der hohen Heizwerte des Benzols (10000 WE) und des Teeröls (9000 WE) beläuft sich der Brennstoffverbrauch auf 1 PS und Stunde nur auf 190 bis 200 g. Durch die Abwärmeverwertung werden unter Umständen noch 48% ausgenutzt. Der Koksofen liefert dem Hochofen den Koks und erhält dafür als Entgelt einen Teil des Hochofengases für die Erwärmung seiner Heizkammern. So wäscht eine Hand die andere. Die Gaskraftmaschinen können ebensowohl durch Koksofengas als durch Hochofengas betrieben werden. Die Auspuffgase dienen zur weiteren Erwärmung des mit etwa 50° abfließenden Kühlwassers oder zu dessen Verdampfung. Mit 3 cbm Hochofengas von 800 WE oder mit 0,5 cbm Koksofengas gewinnen wir eine PSe. Die Abgase von 1 PSe enthalten noch 400 bis 600 WE, die bei der Abwärmeverwertung unter Benutzung des Kühlwassers noch 12 bis 13% Ersparnisse ergeben können. Im Kessel verbrannt, ergeben 0,9 cbm Koksofengas 1 PS, während bei Verwendung von Hochofengas dagegen 5 cbm nötig sind.

38. Zentrale Überwachung und Regelung der Heizungsanlagen.

Die Betriebsüberwachung der Heizanlagen von einem gemeinsamen Maschinen-, Schalt- und Regelungsraum aus muß Hand in Hand mit der der Lüftungsanlagen erfolgen. Wir verweisen hierzu hauptsächlich auf die Abschnitte IV 11 und VI 16 und 17 und ferner auf das in den Abschnitten IX 25 und X 30 bereits über die Kontrolle der Heizanlagen Vorgetragene. Bezüglich der Einrichtung der heute üblichen Schalttafeln zur Beherrschung des Ganges einer Lüftungs- und Heizungsanlage sei zunächst noch einmal auf die Fig. 116, 117, 118, 119, 198 a u. b, 257 a, 275, 276, 278, 279, 325 und 329 aufmerksam gemacht, in denen neben den Kontrolleinrichtungen für die Lüftung überall auch solche für die Heizung enthalten sind. Wir setzen endlich die Kenntnis der allgemeinen Einrichtung und des Aufbaues einer Schalttafel, vgl. Seite 222 bis 227, voraus.

Bei der Behandlung der Regelung der Heizungsanlagen drängt sich in erster Linie die Frage nach der **Beherrschung der Wärme-**

entwicklung in der Kesselanlage auf, die sich naturgemäß nach dem schwankenden Wärmeverbrauch richten muß, so daß man vielleicht eine Vereinigung der Schaltgeräte anstreben könnte. Es empfiehlt sich jedoch, wenigstens bei größeren Anlagen, die Schaltung des Wärmeverbrauches in einen besonderen Verteil- und Schaltraum zusammen mit der Lüftungskontrolle zu verlegen und die Wärmelieferungskontrolle bei der Kesselanlage

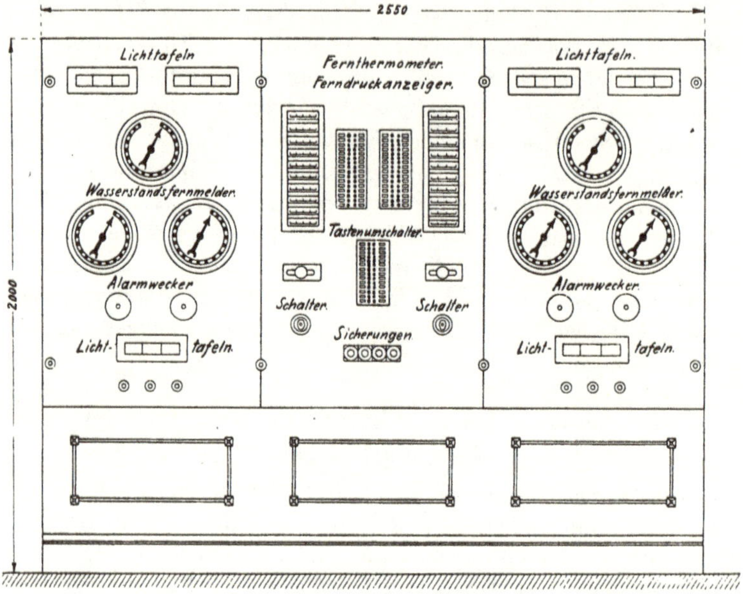

Fig. 332.
Kesselhausschalttafel der Städt. Zentrale Buch-Berlin. (Siemens & Halske.)

zu belassen. Für die Wärmeentwicklung und -lieferung kommen die im Abschnitt IX 25 besprochenen Geräte zur messenden Verfolgung der Feuerung, des Luftüberschusses, der Verbrennungs- und Abgastemperaturen, der Rauchgasprüfung usw. in Betracht, die — soweit dadurch die Übersichtlichkeit gefördert wird — auf einer gemeinsamen Schalttafel zu vereinigen sein werden. Gerade hier wird man aber nicht zu weit gehen dürfen, da sich im allgemeinen doch die Zuteilung bestimmter Apparate an ihren Verwendungsort unbedingt empfiehlt. So könnte man z. B. beim

Vorhandensein nur weniger Kessel die Stellvorrichtungen der Rauchschieber an einer bequemen Bedienungsstelle auf eine gemeinsame Betätigungsvorrichtung mit Stellteilungen zusammenführen; für viele Kessel lohnt sich dies wieder nicht mehr, weil hier eine größere Übersichtlichkeit erreicht wird, wenn jede Rauchschieberstellvorrichtung bei ihrem Kessel sitzt. Ähnliches gilt für die Rauchgasprüfer und andere Geräte, je nach der Eigenart des Betriebes und der Bedienung.

Für den Zusammenhang zwischen Wärmeentwicklung und Wärmeverbrauch ist es wichtig, eine zweckmäßige Kontrolle durch den Einbau von Temperatur- und Mengenmeßgeräten, Wärmemessern und Dampfmessern und beim gleichzeitigen Betrieb von Kraftanlagen durch Leistungsmesser einzurichten.

Als Beispiel einer solchen Kesselhausschalttafel möge die in Fig. 332 abgebildete Schalttafel vorgeführt sein, die auf Veranlassung des Verfassers in dem größten deutschen Kraftheizwerk, nämlich der städtischen Zentrale in Buch-Berlin mit 26 Zweiflammrohr-Hochdruckdampfkesseln von je 120 qm Heizfläche, durch Siemens & Halske aufgestellt ist. An Meßgeräten sind die folgenden teils auf der Schalttafel eingebaut, teils weiter darauf vorgesehen:

1. Temperaturmeßeinrichtung mit Tastenschaltern für die Kohlenbunker zur Fernmeldung gefährlicher Temperaturerhöhung in den Kohlenlagern zwecks Vermeidung von Selbstentzündungen der Kohlen,

1. Dampfdruckfernmessung für die III. und IV. Irrenanstalt mit 4 Geräten für dauernde Anzeigen,

2 Wasserstandsanzeiger für das Wassersammelbecken im Heimstättenkanal mit Anzeigenstufen von 2 zu 2 cm Wasserhöhe,

1. desgl. für die Sammelgrube der III. Irrenanstalt,

1. desgl. für die Sammelgrube im Kesselhause,

1. desgl. für Ölbehälter im Kesselhaus,

1. Lichtzeichen mit einer 220 Volt-Glühlampe für den Fernsprechwecker mit Abstellung durch Aufrichten der Fallklappe,

2 Lichtzeichen für die Wasserstandsanzeiger, betätigt durch Höchst- und Niedrigstkontakte mit Weckereinschaltung und Starkstromrelais, Abstellung durch besondere Abstellkontakte mit selbsttätiger Wiedereinschaltung bei Veränderung des Wasserspiegels,

1 Rauchgaspyrometer für 26 Dampfkessel mit parallel geschaltetem Schreibapparat und 30 Meßtasten,

1 desgl. für die Rauchgasvorwärmer mit 4 Meßtasten unter Mitbenutzung des vorherigen Schreibapparates,

1 Speisewasservorwärmer-Fernthermometer mit 4 Meßtasten für die Wassertemperaturen vor und hinter den Rauchgasvorwärmern und mit Schreibapparat,

7 Licht- und Alarmzeichen für Wasserstandsregler mit 220 Volt-Lampen, parallel geschaltet zu der Kontrollaterne am Kessel,

1 Dampftemperaturfernmessung für den Haupt- und Hochdruckdampfverteiler im Kesselhaus und für den Dampfverteiler der Turbodynamos im Licht- und Kraftwerk, 3 Meß- und 2 Hilfstasten und Schreibapparat,

1 Batteriespannungsmesser mit 10 Meßtasten.

Welche Wichtigkeit dem einwandfreien Zusammenarbeiten der einzelnen Betriebseinrichtungen beizumessen ist, schildert Josse bei der Besprechung der Stillstands- und Bereitschaftsverluste[1]: »Zur näheren Aufteilung dieser Verluste im praktischen Betriebe soll im folgenden kurz eine Unterteilung derselben, wie sie sich in einem großen Elektrizitätswerk und in einem umfangreichen Heizungsbetrieb einstellen, gegeben werden. Im Kesselbetrieb ist die Verteilung der Belastung der Zeit nach von großer Bedeutung. Bei Elektrizitätswerken mit reinem Lichtbetrieb tritt in den Abendstunden eine Belastung ein, die zum Tagesbedarf oft in gar keinem Verhältnis steht . . . . Von den 40 Kesseln ist nur einer dauernd im Betrieb, alle anderen werden in Zwischenräumen von Viertel- zu Viertelstunden ein- und ausgeschaltet; dabei beträgt die maximale Leistung, die nur während eines kurzen Zeitraumes zwischen 4 und 7 Uhr abends eintritt, das 25fache der minimalen und das 2,2fache der mittleren Belastung. Infolge dieser Schwankungen entstehen größere Verluste, die sich je nach der Zeitdauer des Inreservestehens und dem Belastungsgrade der einzelnen Kessel (äußere Wärmeverluste, Undichtigkeiten) richten. Große Elektrizitätswerke rechnen in dieser Beziehung mit Verlusten von 3 bis 8% des Kohlenverbrauches, und es ist

[1]) Josse: Neuere Kraftanlagen. Verlag R. Oldenbourg, München 1911.

sicher, daß in vielen Betrieben noch wesentlich höhere Verluste eintreten. In Fig. 333 ist ferner die Belastung einer großen Heizzentrale an einigen Wintertagen dargestellt. Der Dampfverbrauch sowie der Kohlenverbrauch schwanken in weiten Grenzen (vgl. Abbildung), dementsprechend ist die Anzahl der im Betrieb befindlichen Kessel, wie Fig. 333 zeigt, sehr verschieden. Das Maximum tritt in diesem Betriebe beim Anheizen in den Morgenstunden ein, während in der Nacht fast kein Verbrauch stattfindet. Von den 14 Kesseln, die täglich in Betrieb kommen, sind während der Nacht nur zwei erforderlich. Zwölf Kessel werden täglich, und zwar stundenweise, ein- und ausgeschaltet.« Es ist ohne weiteres einleuchtend, daß derartigen Schwankungen am zweckmäßigsten von vornherein durch die

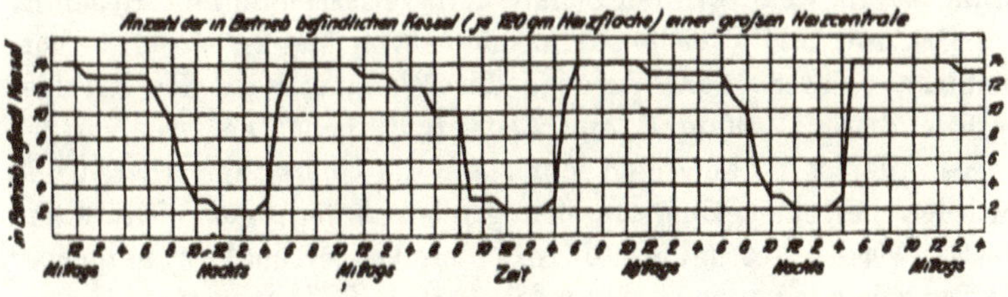

Fig. 333.
Belastung der Kesselanlage einer großen Heizzentrale nach Prof. Josse

richtige Planung der ganzen Anlage unter Zugrundelegung eines Arbeits- und Verbrauchsdiagrammes und unter Verwendung von Speichern für Elektrizität und Wärme, Wasser und Dampf begegnet werden muß, soweit nicht hierdurch etwa noch größere Umsetzungsverluste entstehen. Die dann noch verbleibenden, unvermeidlichen Schwankungen im Kesselbetriebe müssen so rechtzeitig durch Dampfmengenmesser und sonstige Meßgeräte gemeldet werden, daß ihnen ohne Überlastung der Kessel gefolgt werden kann.

Bei den **Heizungsanlagen** können wir ebenso wie bei der Lüftung zwischen Fernmeldeapparaten und Fernstell- oder Regelvorrichtungen unterscheiden. Die Fernstellung irgendeines in der Heizanlage entfernt sitzenden Ventiles, z. B. eines Rohrbruchventiles mit Hilfe der Reißleine, oder die Regelung der Dampfheizfläche eines Dampfwarmwasserkessels durch Nadelventile oder die Drosselung der Dampfendspannung irgendeiner

Fernleitung usw. sollen niemals aufs Geratewohl, sondern immer nur auf Grund einer Fernmeldung vorgenommen werden. Grundsatz ist also: An dem Orte, wo die Stellvorrichtung sitzt, soll auch das Fernmeldegerät angebracht sein; beide gehören zusammen wie Hand und Gehirn. Das hat den Vorteil, daß entweder sofort nach der Einregelung oder nach Ablauf einer gewissen Zeit, d. h. nach Eintritt des Beharrungszustandes, durch den gleichen Anzeigeapparat auch die selbsttätige Rückmeldung über den Erfolg der vorgenommenen Einregelung oder Fernstellung stattfindet: denn ohne diese Rückmeldung, die gewöhnlich durch einen Zeiger auf einer Meßteilung geschieht, würden wir ja völlig im Unklaren darüber bleiben, was wir mit unserer Fernstellung erreicht haben. Es würde auch unnütz sein, wenn wir den Schaltraum verlassen und die Regelung an Ort und Stelle, vielleicht hunderte von Metern entfernt, vornehmen würden; ohne Anzeige der Wirkung oder des Erfolges würde dieses Verfahren nur Zeitverlust bedeuten, wir würden wegen planloser Laufereien sehr rasch die Übersicht verlieren und würden bei einer einigermaßen großen Anlage gar nicht allein fertig werden; es müßte das Bedienungspersonal in unnötiger Weise erheblich vermehrt werden (vgl. S. 227, oben und Anmerkung). Aber auch dieser Ausweg wäre völlig umsonst beschritten, denn es kommt ja im Grunde gar nicht darauf an, zu wissen, wie weit etwa ein Wasserschieber geöffnet ist, sondern welche Wassermenge bei der betreffenden Stellung hindurchgeht; oder welche Temperaturerhöhung durch das Öffnen einer Heizluftklappe auf eine bestimmte Stellung eingetreten ist (wieweit die Klappe dabei geöffnet ist, das muß zunächst ganz gleichgiltig sein, weil die Öffnungsweite sich je nach dem Luftdruckunterschied ändert); oder ob und um wieviel die Warmwassermenge durch Erhöhung der Umlaufzahl der Schleuderpumpe ab- oder zugenommen hat, ob dadurch die Erwärmung des Wassers hinauf- oder herabgesetzt worden ist und demnach das Dampfventil zu- oder aufzudrehen ist, und anderes mehr.

Während nun bei den Lüftungsanlagen Fernmelde- und Fernstellapparate meistens nach ihrer Zusammengehörigkeit auf der Schalttafel und an ihrem Sockel untergebracht werden konnten, ist dies bei den Heizungsstellvorrichtungen teils wegen ihres erheblichen Gewichtes, teils wegen der hohen Temperaturen, teils wegen mitunter auftretender Undichtigkeiten von Stopfbüchsen usw. nicht immer möglich. Doch sollen beide im gleichen Schaltraum möglichst übersichtlich geordnet und durch Täfelchen bezeichnet angebracht sein. So gehören z. B. im Städtischen

Fig. 334.
Zentralschalttafel im Fernkraft- und Heizwerk der Krankenanstalt III zu München-Schwabing.

Volksbad Nürnberg die 13 Raumtemperaturanzeigen der Fig. 119 zusammen mit den 13 genau gleichartig bezeichneten Dampfventilen der Fig. 276 und mit den 13 ebenfalls gleichartig bezeichneten Nadelventilen derselben Abbildung. Die Regelung dieser ganzen Anlage ist in dem Buche des Verfassers über das Volksbad Nurnberg[1]) genau beschrieben. Eine solche Vereinigung in dem gleichen Schaltraum ist auch deswegen erforderlich, weil durch die Verstellung eines Regelorganes gewöhnlich benachbarte Leitungen in ihren Liefermengen oder Temperaturen usw. be einflußt werden und nun ihrerseits einer Nachregelung bedürfen.

Fig. 335
Schalttafel in der Provinzialpflegeanstalt Eickelborn i. W.

In welcher Weise sich die zentrale Beaufsichtigung eines größeren Fernheizwerkes regeln läßt, veranschaulicht die Fig. 334 welche die Zentralschalttafel im Heizungskraftwerk der Kranken anstalt III in München-Schwabing[2]) wiedergibt, von der aus des ganze Betrieb mit Hilfe einer über das Gelände angelegten Fern meldeanlage der Firma Alois Zettler in München überwach werden kann. Auf einem Übersichtsplan ist an allen Punkten der

[1]) Dietz: Die technischen Einrichtungen im Städt. Volksbad Nürnberg. Verlag R. Oldenbourg, München 1918.

[2]) Hauser: Neuzeitliche Heiztechnik in München. Bayer. Industrie- u. Gewerbeblatt 1914.

Fig

Schalttafel im Rathause zu Charlottenburg, ausgeführ

berg & Kurda, das Mittelfeld von Siemens & Halske.

Anstalt, wo draußen im Gelände eine Meldevorrichtung ist, ein Lämpchen angebracht, das in dem Augenblicke aufleuchtet, in dem durch Schließung des Kontaktes irgendeine Störung an der betreffenden Stelle im Geländenetz auftritt. Die Lämpchen erglühen in verschiedenen Farben und haben ihre besonderen Bezeichnungen, so daß der überwachende Maschinenmeister die Art und den Ort der Störung sofort bemerken muß. Ferner sind auf der Schalttafel eine Anzahl Fernmeßgeräte für Dampfdrücke und Wassertemperaturen sowie eine Fernsprechanlage angeordnet, mit deren Hilfe die Zentrale von einzelnen Stellen der Anlage angerufen werden kann.

Fig. 335 zeigt die Schalttafel einer Fernwarmwasserheizung von Bechem & Post in der Provinzialpflegeanstalt Eickelborn i. W.: links die Anlasser für die Pumpen usw., rechts Druckmesser, Temperaturmesser, ein selbstschreibender Woltmann-Wassermesser sowie Johnson-Thermostaten für die Heizleitungen. Neben der Schalttafel stehen rechts zwei Gegenstromapparate für die Fernwarmwasserleitungen. Weiter rechts blickt man in das Maschinenhaus.

Fig. 336 veranschaulicht die Hauptschalttafel der Fernheizung von Rud. Otto Meyer im Rathause zu Charlottenburg[1]). Diese Schalttafel ist dreiteilig von Grünberg & Kurda gebaut. Auf dem linken Felde sind die Schalter, Anlasser und Sicherungen für die Luftgebläse und die roten Meldelampen für die Abluftgebläse. In der Mitte befindet sich ein Wasserhöhenanzeiger, die Anzeigegeräte und Druckknopfschalter der Fernthermometeranlage sowie die Anlasser, Schalter, Hauptsicherungen und Anzeigegeräte von Siemens & Halske für eine elektrische Fernschaltung der Luftklappen der Heiz- und Luftkammern. Auf dem rechten Felde befinden sich Anlasser, Schalter und Sicherungen der vier Pumpen. Unter jedem Felde ist je ein Kraftzähler für den Stromverbrauch des betreffenden Feldes eingebaut. Aus der früheren Fig. 329 ist die Aufstellung der Schalttafel im Schaltraum zu ersehen, während in Fig. 330 das Schema der Verteilungszentrale mit den drei Warmwasserspeichern dargestellt ist, die während der Zeiten des Höchstbedarfes des Elektrizitätswerkes mit Wärme geladen werden.

---

[1]) O. Schmidt: Das Fernheizwerk für das Rathaus in Charlottenburg. Gesundh.-Ing. 1919, Nr 1.

Diese Speicher mit je 13 cbm Inhalt stehen zu beiden Seiten hinter den Verteilern. Auf jedem Verteiler ist ein Druckanzeiger vorhanden, auf den Vorlaufverteilern je ein gemeinsames Thermometer und auf den Rücklaufverteilern über jedem Schieber ein besonderes Thermometer. Von den Verteilern des Schaltraumes

Fig. 337.
Schalt- und Meßtafel des Abwärmefernheizwerkes (Staatl. Fernheiz- und Elektr.-Werk) in Dresden.

kann jedes der vorhandenen 20 Heiz- und Lüftungssysteme geschaltet und auf das genaueste geregelt werden. Die Regelung der Heizung erfolgt fast nur durch die Betätigung der Rücklaufschieber. Zur dauernden Überwachung der in den Fernleitungen umlaufenden Wassermengen ist ein Venturiwassermesser eingebaut und zur gleichzeitigen Ablesung der Temperaturen der Fernleitungen ein selbstaufzeichnendes Doppeltemperaturschreibgerät. Aus dem Produkt von Wassermenge und Temperaturunterschied ergibt sich die jeweilig geförderte Wärmemenge.

In welcher Weise die Fernregelung der von Oberingenieur A. Schulze gestalteten Abwärmeheizung des Staatlichen Fernheiz- und Elektrizitätswerkes Dresden geschieht, ist an Hand der in Fig. 337 dargestellten Meßtafel zu verfolgen. Auf dieser befinden sich Unterschiedsthermometer für die laufende selbsttätige Aufschreibung der Vor- und Rücklauftemperaturen der Wasserheizung und Warmwasserbereitung zwecks Berechnung der Wärmemengen aus Wassermengen und Temperaturunterschieden. Weiter enthält die Schalttafel Druckmesser für die Frischdampfspannung, die Nachwärmerspannung und den Pumpenabdampf, ferner Unterschiedsdruckanzeiger für die von den Pumpen erzeugte Druckhöhe der einzelnen Gruppen. Ferner sind Kapillarfernthermometer für Zu- und Rückläufe eingestellt, nach denen die Maschinenmeister die jeweilige Wassertemperatur regeln. Außerdem sind ein Wasserstandsanzeiger, der die Füllung des Systemes erkennen läßt, sowie die Apparatentafelbeleuchtung nebst Schaltern angebracht. Rechts und links ist noch Platz für Aufstellung von Wassermesserschreibgeräten vorgesehen. Der Gang der Umwälzpumpen kann ebenfalls an der Marmortafel durch ein mit Meßteilung versehenes Ventil geregelt werden. Endlich sind, damit der Betriebsmann jederzeit sofort die Belastung des Rohrnetzes, d. h. die in jedem Augenblick umgepumpte Wassermenge erkennen kann, zwei Meßgeräte aufgestellt, die den Druckunterschied vor und hinter Drosselscheiben angeben. —

Mögen die vorgeführten Beispiele genügen, um Anregung für die weitere Verbesserung der Schaltung und Regelung zu bieten.

Wir wollen aber nicht unterlassen, ganz besonders vor einer kritiklosen Anwendung der beschriebenen Meßgeräte zu warnen. Gerade die Mechanik der Lüftungs- und Heizungsanlagen gehört keineswegs zu den leichten Gebieten, und die Einrichtung von Überwachungsanlagen erfordert deshalb gerade hier eine besondere Sachkenntnis. Auch ist es nicht mit dem Einbau der Einrichtungen schlechthin getan: nein, auch die Instandhaltung und die Benützung der einzelnen Apparate erfordert mehr oder weniger Sachkenntnis und Übung. Dringend ist deshalb eine öfter wiederholte Eichung der Meßgeräte zu empfehlen, weil sonst naturgemäß die Einregelung nach falschen Anzeigen erfolgen würde. Für die Bedienung der Anlage ist es weiter von Wichtigkeit, daß laufende Aufschreibungen der regelmäßigen Ablesungen seitens des Betriebspersonals in besonders angefertigte Betriebsbücher eingetragen werden (vgl. S. 226). Gerade die Heizungs- und Lüftungsanlagen gehören zu jenen technischen Gebieten, bei denen viele Fragen noch der wissenschaftlichen Klärung harren, weil die entsprechenden Versuche noch nicht durchgeführt werden können; und gerade diese Lücke könnte durch sachkundige und sorgfältige Auswertung der laufend geführten Betriebsbücher ausgefüllt werden. Besonders die Betriebe von Staat und Gemeinden sollten in dieser Beziehung mustergültig sein, schon um jedes Jahr aus den veränderten Betriebsbedingungen und dem hierfür aufgewendeten Brennstoffe eine Bilanz aufstellen zu können und die erzielte Wirtschaftlichkeit des Betriebes in Zahlen und mit anderen Betrieben vergleichbar angeben zu können. Zur ordentlichen Wertung der Anlagen gehört endlich die Anbringung von Übersichtszeichnungen im Bedienungsraume mit den eingetragenen Hauptabmessungen der Kessel, Leitungen, Heizkörper usw. und mit Angaben über die Leistung der eingebauten Anlage und ihrer Anschlußwerte. Diese Angaben müssen bei Änderungen der Anlage auf den Plänen nachgetragen werden. Nur wenn die Anlagen in dieser Weise bedient werden, können wirkliche wirtschaftliche Ergebnisse erzielt und nachgewiesen werden.

Namenverzeichnis.

(Die Zahlenangaben bedeuten Buchseiten.)

Sachverzeichnis.

(Die Zahlenangaben bedeuten Buchseiten.)

Auszüge aus den Besprechungen der 1. Auflage.

Haustechn. Rundschau. 1909. Nr. 9:

. . . Wenn die Bezeichnung „aktuell“ auch auf ein technisches Handbuch angewendet werden kann, dann darf mit Recht „Ventilations- und Heizungsanlagen von Ingen. Ludw. Dietz“ als eine aktuelle literarische Erscheinung bezeichnet werden.

Das Buch ist ein Spiegelbild des heutigen Standes der wissenschaftlichen Heizungs- und Lüftungstechnik in ihrem Verhältnis zur gewerblichen Praxis . . .

Die große Zahl der Interessenten für Lüftungsfragen: Behörden, Architekten, Ingenieure, haustechnische Unternehmer, Bauherren usw. werden „die Ventilationsanlagen“ aus diesem Werke mit Nutzen aufnehmen können, zumal auch die mechanischen Lüftungen bis auf die neuesten Ausführungen auf diesem Gebiete zum Vortrag kommen . . .

Die „Ventilations- und Heizungsanlagen“ behandeln den Stoff in einer Eigenart, die dieses Handbuch mit besonderem Interesse lesen und benutzen läßt, um mit allen Fortschritten in den einschläg. Fächern bis auf die Gegenwart vertraut zu bleiben. Dieses Handbuch sollte in keiner heiztechnischen Bibliothek fehlen, wo es oft zum nützlichen Ratgeber werden kann.

M.

Zeitschrift des Vereins Deutscher Ingenieure. 1909. Nr. 52:

Durch diese Veröffentlichung ist die Literatur der Heiz- und Lüftungstechnik um ein allgemein gehaltenes, gut ausgestattetes Werk bereichert worden, das einen vielseitigen Überblick über dieses Fach und dessen angrenzende Gebiete gibt.

M. Hottinger.

Gesundheits-Ingenieur. 1909. Nr. 34:

Oldenbourgs Technische Bibliothek hat in Band XI eine sehr wertvolle Bereicherung erfahren. Diese neue Erscheinung in der Fachliteratur ist um so verdienstvoller, als die an sich keineswegs poetische Materie, sowohl in bezug auf die Einteilung des Stoffes als auch stilistisch so vortrefflich behandelt ist, daß sich der Leser mit Genuß in den Inhalt des Werkes vertieft.

Umfassend und präzis wird der neueste Stand dieser Wissenschaft in einer auch dem Techniker geläufigen Form bekanntgegeben. Nicht weniger zu begrüßen ist die ausführlichere Behandlung der notwendigsten einschlägigen Untersuchungs- und Meßmethoden . . .

H. Recknagel.

Dinglers Polytechn. Journal. 1910. Nr. 6:

Bei der Durchsicht des mit Fleiß und Sachkenntnis durchgearbeiteten Buches weht einem eine frische Brise moderner Anschauungen entgegen. Seine Darstellungsweise ist wegen des experimentellen Vortrages interessant und wirkt deshalb nicht ermüdend . . . . . . überall wird experimentiert; die Instrumente werden vor Augen geführt und ihre Bezugsquelle genannt. Das ausführliche Literaturverzeichnis ist besonders anerkennenswert, da es jedem, der sich über den Stoff des einen oder anderen Kapitels näher unterrichten will, den einzuschlagenden Weg weist. *de Grahl.*

R. Oldenbourg / München und Berlin